ELEMENTE

DER

PHYSIKALISCHEN UND CHEMISCHEN KRYSTALLOGRAPHIE

VON

PAUL GROTH

MIT 4 TAFELN, 962 TEXTFIGUREN UND
25 STEREOSKOPBILDERN

MÜNCHEN UND BERLIN 1921
DRUCK UND VERLAG VON R. OLDENBOURG

Vorwort.

Vor fünfzig Jahren, in einer während des Sommersemesters 1870 an der Berliner Bergakademie gehaltenen Vorlesung, an der auch eine größere Zahl von Studierenden der Universität teilnahm, versuchte der Verfasser zum ersten Male, die Krystallographie auf physikalischer Grundlage zu behandeln[2]). Aus dieser von 1872 ab an der Universität Straßburg fortgesetzten Vorlesung ist dann das unter dem Titel »Physikalische Krystallographie« 1876 erschienene Lehrbuch des Verfassers hervorgegangen. Nach einer elementaren Darstellung der allgemeinen physikalischen Verhältnisse der Krystalle, besonders der für die praktische Anwendung wichtigen optischen und der zum Verständnis der kristallographischen Gesetze unentbehrlichen thermischen Eigenschaften, wurden hier deren Beziehungen zur Krystallform in den Satz zusammengefaßt, daß krystallographisch gleichwertige Richtungen stets auch physikalisch gleichwertig seien. Im speziellen Teile des Werkes wurde noch die von Naumann herrührende Systematik zugrunde gelegt und nur die damals in Deutschland noch wenig gebrauchte, der älteren Weiß-Naumannschen weitaus vorzuziehende Bezeichnung der Flächen durch ihre Indices eingeführt, welche in der 2. Auflage (1885), durch Benutzung der stereographischen Projektion unterstützt, noch mehr in den Vordergrund gestellt wurde. In einem Schlußabschnitte wurden die Methoden krystallographischer Bestimmungen und die dazu nötigen Apparate ausführlich beschrieben.

Das steigende Interesse an der Erforschung der Krystalle, welches sich auch in dem baldigen Erscheinen mehrerer ausgezeichneter Handbücher der »physikalischen Krystallographie« aussprach, führte in jener Zeit zu einer Weiterentwicklung der Theorie über die Struktur der Krystalle und zu der Auffassung, daß ihre geometrischen Verhältnisse und deren Gesetzmäßigkeiten durch den regelmäßigen Aufbau aus den Molekülen der Krystalle zu erklären sei und daher die frühere, rein beschreibende Behandlung der Krystallographie verlassen werden müsse. Dementsprechend wurde in der 3. Auflage (1895) jenes Lehrbuches der allgemeinen Betrachtung der physikalischen Eigenschaften ein Abschnitt über Krystallstruktur mit eingehender Behandlung der Theorie der Raumgitter angefügt und hier gezeigt, wie die Gesetzmäßigkeiten der

[1]) Später wurde allerdings bekannt, daß bereits 1839 Frankenheim an der Breslauer Universität eine Vorlesung über »physikalische Krystallkunde« angezeigt habe (Privatmitteilung von Hintze 1911), es konnte aber nicht mehr festgestellt werden, ob diese Vorlesung zustande gekommen sei.

Krystallformen und namentlich deren Symmetrieverhältnisse sich daraus ergeben. Dies führte notwendig zu einer von der früheren ganz abweichenden Systematik der Krystalle, bei welcher aus dem (eine direkte Folge ihrer regelmäßigen Struktur bildenden) Grundgesetze, dem der Rationalität der Indices, die überhaupt möglichen Krystallformen von den einfachsten bis zu den kompliziertesten, d. h. denen mit der höchsten Symmetrie, abgeleitet werden. Noch einen Schritt weiter wurde in der 1905 erschienenen 4. Auflage gegangen, indem als Bausteine der Krystallstruktur die Atome betrachtet wurden, eine Anschauung, welche der Verfasser schon vorher in seinen Vorlesungen zugrunde gelegt und 1904 in einem Vortrage vor der chemischen Sektion der britischen Naturforscherversammlung in Cambridge behandelt hatte, ohne zu ahnen, daß es jemals möglich sein würde, diese Hypothese experimentell zu prüfen.

Im Jahre 1912 lehrte bekanntlich die Entdeckung der Beugung der Röntgenstrahlen in den Krystallen durch M. v. Laue, daß in diesen tatsächlich die Atome in Raumgittern angeordnet seien, und es gelang bald, von einer Reihe krystallisierter Substanzen die Anordnung ihrer Atome zahlenmäßig zu bestimmen. Damit war nun für die Krystallographie eine feste Grundlage gewonnen, und es ergab sich bei der Verwendung derselben in den Vorlesungen des Verfassers, daß das Lehrgebäude dieser Wissenschaft auf ihr in sehr viel einfacherer Gestalt aufgebaut werden konnte. Nach jener Entdeckung konnte kein Zweifel mehr bestehen, daß die Krystallstruktur eines Stoffes direkt von der Natur der ihn zusammensetzenden Atome abhängig ist und daß daher die Erforschung der gesetzmäßigen Beziehungen zwischen der chemischen Konstitution einer Verbindung und ihren krystallographischen Eigenschaften zu einer wichtigen Aufgabe der chemischen Wissenschaft geworden ist. Aber obgleich die Krystallform eines Körpers das sicherste Mittel zu seiner Identifizierung und ihre Beschreibung gleichsam das Signalement des Stoffes bildet, fehlt in den neueren Lehrbüchern der Chemie jede Angabe darüber, und selbst umfangreiche Handbücher (mit Ausnahme von Gmelin-Kraut) enthalten nur unzureichende und zum Teil unrichtige Daten. Daß die Mehrzahl der heutigen Vertreter der Chemie der Beschäftigung mit der Krystallographie aus dem Wege gegangen ist, liegt wohl großenteils daran, daß dieselbe an den meisten Hochschulen noch immer nur in Verbindung mit der Mineralogie gelehrt wird und daß die auch in den Lehrbüchern der letzteren noch übliche Behandlung derselben als einer rein beschreibenden Wissenschaft einen abschreckend umfangreichen Ballast von Begriffen und Namen erfordert, der jetzt entbehrt werden kann. Die gesamte Krystallkunde, d. h. die Kenntnis der physikalischen und geometrischen Eigenschaften der krystallisierten Stoffe und deren gesetzmäßigen Beziehungen zueinander und zur chemischen Konstitution bildet vielmehr ein besonderes Fach im Gebiete der physikalisch-chemischen Wissenschaften, welches natürlich ebenso unentbehrlich ist für die Beschäftigung mit der Mineralogie, deren Gegenstand die in der Erdkruste beobachteten Substanzen bilden, besonders deren Entstehung und die Art ihres Vorkommens.

Diese Erwägungen legten es dem Verfasser nahe, seine langjährigen Lehrerfahrungen zur Ausarbeitung eines Lehrbuches der gesamten Krystallkunde, d. i. der physikalischen und der chemischen Krystallographie, zu verwerten, welches zugleich die Lehrbücher der Chemie dadurch zu ergänzen geeignet ist, daß es die wesentlichen Eigenschaften aller wichtigeren kristallisierten Stoffe enthält. Dies wurde dadurch erleichtert, das jetzt in des Verfassers fünfbändigem Handbuche der chemischen Krystallographie eine kritische Durcharbeitung des bisherigen Materials der krystallographischen Erforschung der Stoffe vollendet vorliegt. Indessen zeigte sich, daß ausreichende krystallographische Daten über manche wichtige Substanzen noch fehlten; der langjährige Mitarbeiter des Verfassers Dr. Steinmetz hat diese, soweit möglich, durch neue Untersuchungen beschafft, so daß die Angaben jenes Werkes durch das vorliegende noch mancherlei Ergänzungen und Verbesserungen erfahren. Dadurch ist die Anzahl der Textillustrationen eine sehr große geworden, und es mußten zahlreiche neue Originale angefertigt werden, deren Konstruktion sich Dr. H. Steinmetz und Dr. L. Weber, zum Teil unterstützt durch einige unter ihrer Leitung arbeitende Praktikanten des hiesigen mineralogischen Instituts, freundlichst unterzogen. Wenn trotz des elementaren Charakters des Werkes, welches keine anderen Kenntnisse voraussetzt, als die der Experimentalphysik und -chemie, sein Inhalt mit den heutigen Anschauungen über die Natur der Materie im Einklang steht, so verdankt der Verfasser dies dem Umstand, daß er sich durch Erörterungen über eine Reihe allgemeinerer Fragen bei befreundeten Kollegen, Vertretern der Chemie, Physik und Mathematik, fortdauernd informieren konnte. Unter den engeren Fachgenossen hat namentlich Prof. Johnsen in Kiel (jetzt Frankfurt) der Arbeit ein großes Interesse gewidmet, eine regelmäßige Durchsicht der Korrekturbögen vorgenommen und dabei mancherlei Verbesserungen des Textes veranlaßt. Die Originalaufnahmen zu den von der lithogr. Kunstanstalt von Köhler hergestellten Stereoskopbildern nach den Modellen des hiesigen mineralogischen Instituts hat Dr. Steinmetz mit einem gütigst von Herrn General Harlander geliehenen vortrefflichen Apparat angefertigt. Die auf Tafel I und II abgebildeten Interferenzerscheinungen sind Kopien aus dem bekannten Werke von H. Hauswaldt, dessen Witwe hierzu in liebenswürdigster Form ihre Erlaubnis erteilte.

In besonders dankenswerter Weise hat die Verlagsbuchhandlung weder Mühe noch Kosten gescheut, um das Werk trotz der großen, heute entgegenstehenden Schwierigkeiten in geeigneter Weise herzustellen und auszustatten.

München, November 1920.

P. Groth.

Inhaltsverzeichnis.

Physikalische Krystallographie. Allgemeiner Teil.

Seite

Einleitung 1

Die physikalischen Eigenschaften der Krystalle.

Optische Eigenschaften.
Einfachbrechende Krystalle 5
Doppeltbrechende Krystalle 7
Optisch einaxige Krystalle 12
Optisch zweiaxige Krystalle 23
Arten der optischen Symmetrie zweiaxiger Krystalle 31
Kombinationen doppeltbrechender Krystalle 39

Thermische Eigenschaften.
Wärmeleitung 43
Ausdehnung durch die Wärme 44

Magnetische und elektrische Eigenschaften.
Para- und Diamagnetismus 48
Elektrische Eigenschaften 49

Einwirkung äußerer Kräfte.
Elastische Deformationen. Polare Piëzo- und Pyroelektrizität 50
Kohäsion, Härte und Gleitung 53
Auflösung und Wachstum 59

Die Struktur der Krystalle.
Theorien der Krystallstruktur 65
Experimentelle Bestimmung der Krystallstruktur 74

Die geometrischen Verhältnisse der Krystalle.
Hauysches Grundgesetz 78
Zonenverband der Krystallflächen 84
Symmetrieverhältnisse 88

Physikalische Krystallographie. Spezieller Teil.

Einleitung 101
Triklines Krystallsystem 105
Pediale (asymmetrische) Klasse 106
Pinakoïdale Klasse 108
Monoklines Krystallsystem 114
Sphenoïdische Klasse 116
Domatische Klasse 124
Prismatische Klasse 127
Rhombisches Krystallsystem 149
Disphenoïdische Klasse 151
Pyramidale Klasse 162
Dipyramidale Klasse 167

Seite

Tetragonales Krystallsystem 184
Disphenoïdische Klasse 187
Pyramidale Klasse 188
Skalenoëdrische Klasse 190
Trapezoëdrische Klasse 192
Dipyramidale Klasse 195
Ditetragonal-pyramidale Klasse 197
Ditetragonal-dipyramidale Klasse 199

Hexagonales Krystallsystem 203
Pyramidale Klasse 205
Trapezoëdrische Klasse 208
Dipyramidale Klasse 210
Dihexagonal-pyramidale Klasse 211
Dihexagonal-dipyramidale Klasse 213

Trigonales Krystallsystem 216
Pyramidale Klasse 221
Trapezoëdrische Klasse 223
Dipyramidale Klasse 228
Ditrigonal-pyramidale Klasse 229
Ditrigonal-dipyramidale Klasse 232
Rhomboëdrische Klasse 233
Ditrigonal-skalenoëdrische Klasse 235

Kubisches Krystallsystem 244
Tetraëdrisch-pentagondodekaëdrische Klasse 248
Pentagonikositetraëdrische Klasse 253
Dyakisdodekaëdrische Klasse 256
Hexakistetraëdrische Klasse 259
Hexakisoktaëdrische Klasse 261

Schlußbetrachtungen 268

Chemische Krystallographie.

Chemische und krystallographische Symmetrie 273
Krystallochemische Verwandtschaft (Morphotropie, Isomorphie) 277
Polymorphie 313

Anhang. Anleitung zur Krystallbestimmung.

Einleitung 333
Mikroskop 337
Refraktometer 339
Konoskop 339
Goniometer 341

Berichtigungen und Nachträge 347
Register 349

Physikalische Krystallographie.

Allgemeiner Teil.

Einleitung.

Nach den heutigen physikalischen Anschauungen besteht die Materie aus Atomen, welche zusammengesetzt sind einerseits aus den schweren, elektrisch positiven Atomkernen, deren Komplikation mit ihrem Gewichte steigt, anderseits aus den leichten, negativ geladenen Elektronen, deren Zahl jedesmal der Stellung des Atoms im natürlichen System der Elemente entspricht. Vermöge ihrer Eigenschaften können mehrere Atome gleicher oder verschiedener Art sich zu einer nur auf chemischem Wege zerlegbaren Masseneinheit verbinden, innerhalb deren Gleichgewicht der zwischen den Atomen wirkenden Kräfte herrscht, dem Molekül. Die Zahl der das Molekül zusammensetzenden Atome kann sehr verschieden sein; es gibt Moleküle, welche nur aus einem Atom bestehen, bis zu solchen, welche mehr als 10000 Atome enthalten; stets aber ist diese Anzahl für jede Substanz eine ganz bestimmte; aus ihr und dem Gewicht der Atome ergibt sich das Molekulargewicht der Substanz.

Die Moleküle der gasförmigen Stoffe (unter denen es mehrere »einatomige« gibt) sind, ihrem Wärmeinhalt entsprechend, in regelloser Bewegung befindlich, wobei das einzelne Molekül geradlinig fortschreitet, bis es an ein anderes anprallt. Wird die Weglänge der Moleküle durch Kompression oder Abkühlung soweit verringert, daß anziehende Kräfte zwischen ihnen auch als Kapillaritätskräfte in Wirksamkeit treten, so entsteht eine tropfbare Flüssigkeit; beim kritischen Punkt existiert zwischen den beiden Zuständen gasförmig-flüssig kein Unterschied. Die halbflüssigen Kolloide (Gele) endlich bilden den Übergang zu den Stoffen, bei welchen die Weglänge der Moleküle bei der Abkühlung derart verkleinert und dadurch die innere Reibung so stark vergrößert wird, daß sie die Eigenschaften eines starren Körpers erhalten (Gläser, Harze); dieser Übergang findet allmählich statt, und ebenso umgekehrt schmelzen solche Stoffe nicht bei einer bestimmten Temperatur, sondern gehen nach und nach unter kontinuierlicher Änderung ihrer Eigenschaften in den flüssigen Zustand über.

Allen angeführten Arten von Stoffen ist gemeinsam, daß sie keine eigene Form anzunehmen imstande sind; sie werden daher als amorph bezeichnet. Jede ihrer physikalischen Eigenschaften hat in allen Richtungen den gleichen numerischen Wert; z. B. pflanzt sich eine Wellenbewegung wie die des Lichtes in einem solchen Körper nach allen Richtungen gleich schnell fort, wird also gleich gebrochen, daher sie auch isotrope heißen. Die Unabhängigkeit jeder physikalischen Eigenschaft von der Richtung in einem amorphen Stoffe folgt aus der regellosen Orientierung seiner Moleküle, denn wenn diese auch nicht isotrop sind,

d. h. sich nicht nach allen Richtungen gleich verhalten, so wird auf endlichen Strecken jede Messung einer physikalischen Größe doch stets den Mittelwert liefern. In den amorphen (isotropen) Körpern sind daher alle Richtungen gleichwertig.

Ganz andere Verhältnisse zeigt ein Stoff, welcher aus dem gasförmigen, geschmolzenen oder gelösten (allgemein: amorphen) Zustande in den krystallisierten übergegangen ist. Diese Umwandlung vollzieht sich bei einer bestimmten Temperatur, dem Erstarrungs- bzw. Schmelzpunkte, und unter Wärmetönung, indem die bis dahin voneinander unabhängig bewegten Moleküle sich zu einem Atomgitter, d. h. zu einer regelmäßigen Anordnung von Atomen, vereinigen; die Art dieser Anordnung bezeichnet man als Struktur des Krystalls. Ein solcher Vorgang setzt voraus, daß die im amorphen Zustande regellos orientierten Moleküle einander so nahe kommen, daß sie Richtkräfte aufeinander ausüben und sich in bestimmter Weise, z. B. parallel, einstellen. In dem alsdann entstehenden Gitter sind daher die ausgezeichneten Richtungen der Atome entweder (im Falle der Parallelstellung) sämtlich oder wenigstens teilweise gleich orientiert, und infolgedessen muß sich ein solches Medium in gewissen Richtungen anders verhalten als in anderen. Ein Krystall zeigt daher in verschiedenen Richtungen im allgemeinen nicht mehr gleiche Eigenschaften, er ist anisotrop. Sein Wachstum findet statt durch Anlagerung neuer Moleküle, wobei die entstehende Anordnung der Atome durch diejenige im Molekül bestimmt wird (weil beide von den Atomkräften abhängen), so daß bei der Auflösung, dem Schmelzen oder der Verdampfung des Krystalls die chemischen Moleküle unverändert wieder entstehen. Hört das Wachstum, d. i. die Anlagerung neuer Moleküle, auf, so endigt das Gebilde mit ebenen Flächen, deren Stellung von der Art der Gitterstruktur abhängt; setzt sich dagegen das Wachstum bis auf eine zufällige Begrenzung des Raumes fort, so entsteht natürlich eine unregelmäßige Grenzfläche des Krystalls; beginnt endlich die Krystallisation gleichzeitig an zahlreichen Stellen und schreitet bis zur gegenseitigen Berührung der wachsenden Krystalle fort, so entsteht ein »krystallinisches Aggregat«, dessen einzelne Partikel naturgemäß eine verschiedene Orientierung ihrer ausgezeichneten Richtungen besitzen und einander in unregelmäßigen Flächen berühren[1]). Ein solches Aggregat kann sich in seinen Eigenschaften einem amorphen Körper dadurch nähern, daß seine Partikel sehr klein werden (mikro- bzw. kryptokrystallinisches Aggregat) und infolgedessen für die meisten physikalischen Eigenschaften scheinbar eine Gleichwertigkeit aller Richtungen eintritt. Aber abgesehen von der Eigenschaft, durch welche die Krystallstruktur festgestellt wird (Verhalten zu kurzwelligen Strahlen), unterscheiden sich solche »pseudoisotrope« Aggregate von wirklich isotropen Stoffen dadurch, daß sie bei einer bestimmten Temperatur, unter einer der beim Erstarren entgegengesetzten Wärmetönung und unter diskontinuierlicher Änderung ihrer Eigenschaften, schmelzen. Thermisch

[1]) »Unlösliche« d. h. sehr schwer lösliche Stoffe scheiden sich in Form eines Pulvers aus, d. i. eines aus losen Partikeln bestehenden krystallinischen Aggregates; solche Substanzen wurden, wenn ihre Partikel so klein sind, daß auch bei starker Vergrößerung ihre Krystallinität nicht mehr erkannt werden kann, bisher gewöhnlich als »amorph« bezeichnet; es ist aber jetzt (durch Debye und Scherrer) nachgewiesen, daß selbst die allerfeinsten derartigen Pulver, die des sog. »amorphen Kohlenstoffes«, lediglich aus winzigen Partikeln von krystallisiertem Kohlenstoff (Graphit) bestehen.

besteht ferner ein Unterschied in der Abhängigkeit der Wärmeleitungsfähigkeit von der Temperatur, indem diese Eigenschaft bei den amorphen Körpern, z. B. Glas, mit abnehmender Temperatur kleiner wird, während sie bei den Krystallen (und infolgedessen auch bei krystallinischen Aggregaten) sehr stark zunimmt. Es erklärt sich dies daraus, daß die Wärmeschwingungen der Atome um die den Gitterpunkten entsprechenden Lagen bei sinkender Temperatur immer kleiner werden, die Anordnung sich also immer mehr derjenigen größter Regelmäßigkeit nähert, d. h. dem Zustande beim absoluten Nullpunkt, bei welchem die Atome sich in den Gitterpunkten selbst ruhend befinden; Regelmäßigkeit der Anordnung erhöht aber die Fähigkeit, Wärme zu übertragen, wie daraus hervorgeht, daß ein krystallinisches Aggregat kleinere Wärmeleitungsfähigkeit besitzt als ein Krystall derselben Substanz.

Der krystallisierte Zustand eines Stoffes ist aber verschiedener Modifikationen fähig, denn die Art der regelmäßigen Anordnung, die Krystallstruktur, entspricht dem Gleichgewicht der Kräfte, mit welchen die Atome aufeinander wirken, und dieses wird notwendig von dem Wärmeinhalt, d. h. von den Schwingungen, welche die Atome um die mittleren Lagen ausführen, beeinflußt. Es kann also bei einer anderen Temperatur sowie bei anderem Druck eine andere Anordnung einem stabileren Gleichgewicht entsprechen; dann krystallisiert der Stoff mit der diesem Gleichgewicht entsprechenden Struktur, und bei Überschreitung der (vom Druck abhängigen) Grenztemperatur der beiden Stabilitätsgebiete wird eine Umwandlung erfolgen, welche, wie bei dem Übergang aus dem krystallisierten in den amorphen Zustand (beim Schmelzen), unter Wärmetönung und unter diskontinuierlicher Änderung der Eigenschaften stattfindet. Da die Verschiedenheit der Krystallstruktur solcher Modifikationen einer Substanz Verschiedenheit ihrer Krystallform bedingt, wird das Vorhandensein mehrerer derartiger Zustände als Polymorphie und werden diese selbst als verschiedene Modifikationen des betreffenden Stoffes bezeichnet[1]). Gelingt es, bei einer Substanz den Umwandlungspunkt zu überschreiten und sie ohne Umwandlung zu schmelzen, so erfolgt dies bei einer niedrigeren Temperatur; die in beiden Fällen entstehenden Schmelzflüsse zeigen aber keinerlei Unterschied, entsprechen also einem und demselben amorphen Zustande.

Wie es nach dem Vorhergehenden zwei prinzipiell verschiedene Arten von Zuständen einheitlicher (homogener) Stoffe, den amorphen und den krystallisierten, gibt, so unterscheiden sich auch die physikalischen Eigenschaften in zwei Arten.

Skalare Eigenschaften heißen solche, die von der Richtung unabhängig sind und daher durch eine einzige Größe gemessen werden. Dazu gehört die spezifische Wärme und die für die Krystalle besonders wichtige Eigenschaft der Dichte, welche gemessen wird durch die Masse eines Kubikzentimeters der betr. Substanz (das sog. »spezifische Gewicht«).

Vektoriell wird eine Eigenschaft genannt, wenn sie durch einen Zahlenwert und eine dazu gehörige Richtung gegeben ist, wenn ersterer

[1]) Statt dessen wird auch der Name »physikalische Isomerie« gebraucht zum Unterschied von der chemischen Isomerie, in welchem Verhältnisse diejenigen Körper zueinander stehen, deren Moleküle die gleichen Atome enthalten, welche aber in verschiedener Weise miteinander verbunden sind.

also von der Richtung abhängig ist. Eigenschaften, welche notwendig in den beiden entgegengesetzten Richtungen einer Geraden gleichen Zahlenwert besitzen, nennt man »bivektorielle«, solche, für die eine Notwendigkeit hierzu nicht besteht, für welche also jene beiden Richtungen auch ungleichwertig sein können, heißen »univektorielle« oder »polare« Eigenschaften[1]).

Darnach besitzen die amorphen Körper nur skalare Eigenschaften, während den krystallisierten Substanzen sowohl skalare, als vektorielle Eigenschaften zukommen.

Die Gesetzmäßigkeiten, nach denen die Zahlenwerte vektorieller Eigenschaften der Krystalle von der Richtung abhängen, sind je nach der Art der Eigenschaft verschiedenartig. Den höchsten Grad von Regelmäßigkeit (Symmetrie) zeigen diejenigen bivektoriellen Eigenschaften, deren Zahlenwert, wenn er für drei bestimmte, zueinander senkrechte Richtungen bekannt ist, für jede Richtung bestimmt wird durch die Radienvektoren eines »dreiaxigen Ellipsoïdes«; zu diesen, den Ellipsoïdeigenschaften, gehören die optischen, die thermischen und die allgemeinen magnetischen und elektrischen Eigenschaften. In dem besonderen Falle, daß jene drei ausgezeichneten Richtungen gleichwertig sind, geht das Ellipsoïd in eine Kugel über, und dann ist der Zahlenwert der betr. Eigenschaft in allen Richtungen der gleiche, d. h. durch eine derartige Eigenschaft kann die Existenz ausgezeichneter Richtungen nicht erkannt, ein Krystall also nicht von einem amorphen Körper unterschieden werden. Andere bivektorielle Eigenschaften zeigen einen geringeren Grad von Symmetrie; für sie werden die verschiedenen Richtungen zugehörigen Zahlenwerte bestimmt durch die Radienvektoren einer weniger einfachen Fläche, welche niemals die Gestalt einer Kugel annehmen kann, daher sich in bezug auf eine solche Eigenschaft ein Krystall in keinem Falle nach allen Richtungen gleichartig verhalten kann. Hierzu gehört die Festigkeit (Cohäsion = Widerstand gegen Trennung); demzufolge zeigt ein Krystall die Eigenschaft der Spaltbarkeit nach Ebenen, senkrecht zu denen die Trennung am leichtesten erfolgt, eine Eigenschaft, welche die einfachste Unterscheidung eines krystallisierten von einem amorphen Körper gestattet. Den niedrigsten Grad von Symmetrie zeigen die univektoriellen Eigenschaften; dazu gehören einige Arten des Verhaltens gegen äußere Kräfte sowie die Eigenschaften, welche die Krystalle in bezug auf Auflösung und Wachstum zeigen, wobei sie sich unter gewissen Umständen auch nach den beiden entgegengesetzten Richtungen ungleich verhalten; die Gesetzmäßigkeit, nach welcher das Wachstum eines Krystalls von der Richtung abhängig ist, bestimmt die Krystallform.

---

[1]) Beide Arten von Eigenschaften werden auch als »centrisch-symmetrische« und »acentrische« unterschieden.

Die physikalischen Eigenschaften der Krystalle.

Optische Eigenschaften.

Einfachbrechende Krystalle.

Den einfachsten Fall der optischen Verhältnisse stellen diejenigen Krystalle dar, in welchen drei zueinander senkrechte, ausgezeichnete Richtungen vollkommen gleichwertig sind und die nach S. 4 nicht nur in diesen drei, sondern auch in allen übrigen Richtungen (wie die isotropen Stoffe) den gleichen Zahlenwert für eine jede optische Eigenschaft ergeben. Hierher gehört die Mehrzahl der chemischen Elemente, soweit sie krystallographisch bekannt sind, viele einfach zusammengesetzte Substanzen (Halogenide der Alkalien, Verbindungen zweiwertiger Metalle mit einem Atom Sauerstoff oder Schwefel, einfache Kohlenwasserstoffe u. a.), aber auch eine Anzahl komplizierterer Verbindungen, wie die Alaune.

Da in solchen Krystallen die Schwingungen des Lichtes einer jeden Farbe, sie mögen stattfinden nach welcher Richtung es sei, die gleiche Fortpflanzungsgeschwindigkeit besitzen, so werden sie auch in der gleichen Weise gebrochen; der Brechungsindex (Brechungsexponent oder -quotient) eines derartigen Krystalls hat also für eine bestimmte Farbe (Wellenlänge) und für eine bestimmte Temperatur einen konstanten, d. h. von der Richtung des Lichtstrahles unabhängigen Wert, dessen Messung nach einer der folgenden Methoden erfolgen kann:

1. Durch ein Prisma, welches so gestellt wird, daß die hindurchgehenden Lichtstrahlen die kleinste Ablenkung erfahren, in welchem Falle der Brechungsindex n, d. h. das Verhältnis der Lichtgeschwindigkeit in der Luft zu der im Krystall, gegeben ist durch die Gleichung

$$n = \frac{\sin \frac{\alpha + \delta}{2}}{\sin \frac{\alpha}{2}},$$

wo α der Winkel zwischen der Ein- und Austrittsfläche des Lichtes (brechender Winkel des Prismas) und δ die kleinste Ablenkung der Lichtstrahlen;

2. durch Bestimmung des Grenzwinkels der totalen Reflexion an einer ebenen Fläche des Krystalls gegen eine ihn umgebende, stark brechende Flüssigkeit; wenn nämlich das Verhältnis der Lichtgeschwindigkeit in der letzteren zu der im Krystall kleiner als 1 ist, so werden die Strahlen von dem Einfallswinkel ab, dessen Sinus gleich dem Brechungsindex, total reflektiert, so daß aus der Messung dieses Winkels und der bekannten Lichtgeschwindigkeit in der Flüssigkeit (welche auch durch ein stark brechendes Glas ersetzt werden kann) sich die im Krystall ergibt;

3. der Brechungsindex eines mikroskopischen Krystalls kann auch bestimmt werden durch den Betrag der Änderung, welche die scharfe Einstellung eines Objektes nach der Einfügung des Krystalls über dem Objekte erfordert (Methode des

Herzogs von Chaulnes) oder durch Beobachtung der Erscheinungen der Totalreflexion am Rande des Krystalls gegen eine ihn umgebende Flüssigkeit (Beckesche Methode).

Eine Lichtschwingung — sei es eine geradlinig polarisierte, d. h. in einer bestimmten, durch die Richtung des Strahles und die dazu senkrechte Schwingungsrichtung gehenden Ebene (Schwingungsebene) stattfindende, sei es eine Schwingung des sog. gewöhnlichen Lichtes, deren Schwingungsebene rasch nacheinander jede mögliche, dem Lichtstrahl parallele Stellung einnimmt — erfährt beim Durchgang durch einen einfach brechenden Krystall keine Änderung ihrer Schwingungsebene. Darauf beruht die Methode, welche zur Erkennung der Zugehörigkeit eines Krystalls zu der Abteilung der einfach brechenden dient: man läßt parallele Lichtstrahlen, welche durch ein Nicolsches Prisma, den Polarisator, geradlinig polarisiert sind, senkrecht auf eine ebene Fläche des Krystalls fallen und nach dem Austritt aus der parallelen Gegenfläche durch ein zweites, gegen das erste um 90° gedrehtes Nicolsches Prisma, den Analysator, gehen; alsdann wird die durch die Kreuzung der Nicols hervorgebrachte Auslöschung des Lichtes durch den Krystall keine Änderung erfahren, der letztere also stets dunkel erscheinen, auch wenn ihm durch Drehen eine andere Stellung gegeben wird.

Eine Ausnahme hiervon bildet eine kleine Anzahl einfach brechender Krystalle, wie z. B. die des Natriumchlorats, in welchen, wie in gewissen organischen Flüssigkeiten (Zuckerlösung, Terpentinöl) die Schwingungsebene eines geradlinig polarisierten Lichtstrahls eine der Dicke der durchstrahlten Schicht proportionale Drehung um dessen Fortpflanzungsrichtung erfährt; die Größe dieser Drehung ist in einem einfach brechenden Krystall, entsprechend der optischen Gleichwertigkeit aller Richtungen in demselben, wie in den genannten amorphen Stoffen, unabhängig von der Fortpflanzungsrichtung des Lichtes. Dagegen hängt sie, außer von der Dicke, von der Farbe ab, und zwar ist sie, wie die Brechbarkeit, in der Regel um so größer, je kleiner die Wellenlänge ist (außerdem ändert sie sich mit der Temperatur des Krystalls); infolgedessen werden die Schwingungen einer bestimmten Farbe durch den Analysator erst nach der entsprechenden Drehung desselben ausgelöscht, und bei Anwendung von weißem Lichte kann in keiner Stellung des Analysators Dunkelheit des Krystalls eintreten, da von den dispergierten Schwingungen der verschiedenen Farben immer nur diejenige ausgelöscht wird, deren Schwingungsebene den Winkel 90° mit der des Analysators bildet, die anderen jedoch mit um so größeren Anteilen durchgelassen werden, je kleiner jener Winkel ist. Ein derartiger Krystall zeigt daher eine von Weiß verschiedene Mischfarbe, welche sich beim Drehen des Analysators ändert, und zwar werden diese Farben in der Reihenfolge der Brechbarkeit (rot, orange, gelb, grün, blau, violett) durchlaufen bei einer Rechtsdrehung desselben (im Uhrzeigersinne), wenn der Krystall rechtsdrehend ist, in der umgekehrten Reihenfolge, wenn er linksdrehend ist. Der Betrag der Drehung ist stets der gleiche in beiden Fällen für dieselbe Substanz bei gleicher Dicke der Krystallschicht, aber verschieden für verschiedene Substanzen.

Wie die Fortpflanzungsgeschwindigkeit der Lichtstrahlen in einem einfach brechenden Krystall für alle Richtungen die gleiche ist, so ist auch der Betrag an Helligkeit, welcher durch Absorption im Krystall scheinbar verloren geht, unabhängig von der Richtung und der Orientierung der Schwingungsebene der sich darin fortpflanzenden Strahlen. Besitzt der Krystall eine ausgesprochene Körperfarbe, d. h. werden die verschiedenen, das weiße Licht zusammensetzenden Farben in merklich anderem Verhältnis ihrer Intensität absorbiert, als sie im weißen Lichte vorhanden sind, so erscheint die dadurch sich ergebende Farbe des Krystalls bei gleicher Dicke der durchstrahlten Schicht genau gleich bei jeder beliebigen Richtung des hindurchgelassenen Lichtes, gleichviel ob es sich um gewöhnliches oder polarisiertes Licht handelt und ob die Färbung des Krystalls eine von seiner chemischen Natur abhängige oder durch einen bei der Krystallisation aufgenommenen, in fester Lösung im Krystall vorhandenen (diluten) Farbstoff verursachte ist. Auch die sog. »Oberflächenfarbe«, welche gewisse Substanzen (Metalle, Platincyanverbindungen, manche organische Farbstoffe) infolge ungleicher Absorption der reflektierten Strahlen zeigen, erweisen sich an einfachbrechenden Krystallen als unabhängig von der Schwingungsrichtung, und das gleiche gilt auch für die Fluoreszenz und Phosphoreszenz derselben.

Doppeltbrechende Krystalle.

Die Krystalle der meisten Substanzen besitzen nicht, wie die einfachbrechenden, drei gleichwertige, aufeinander senkrechte, ausgezeichnete Richtungen, verhalten sich also optisch nicht übereinstimmend für Lichtschwingungen jeder beliebigen Orientierung. Fällt senkrecht auf eine ebene Fläche eines solchen Krystalls ein Strahl gewöhnlichen Lichtes, dringen also in den Krystall rasch nacheinander Schwingungen ein, die zwar alle parallel der Eintrittsfläche, aber in verschiedenen, um die Richtung des Strahles gedrehten Ebenen stattfinden, so gilt für sämtliche hierher gehörige Krystalle, daß die Richtungen der beiden Schwingungen, welche sich unter allen der Eintrittsfläche parallelen am schnellsten bzw. am langsamsten fortpflanzen, aufeinander senkrecht stehen. Diese beiden Schwingungsrichtungen mögen mit OR bzw. OS, die Fortpflanzungsgeschwindigkeit der entsprechenden Strahlen mit v_r bzw. v_s bezeichnet werden. In dem Augenblicke, in welchem der eindringende Lichtstrahl die Schwingungsrichtung OR besitzt, wird also eine Wellenbewegung beginnen, sich in das Innere des Krystalls fortzupflanzen, der die Geschwindigkeit v_r zukommt. In einem äußerst wenig späteren Augenblicke langt an der Eintrittsfläche eine Schwingung an, welche um einen Winkel gegen OR gedreht ist; diese kann zerlegt gedacht werden in eine Komponente nach OR und eine nach OS; beide pflanzen sich nach Innen mit den verschiedenen Geschwindigkeiten v_r und v_s fort, es bleibt also die zweite immer mehr gegen die erste zurück. Wenn die Drehung den Wert 90° erreicht hat, so dringt eine Wellenbewegung in den Krystall ein, welche nach OS stattfindet und sich, da alsdann die Komponente nach OR gleich Null ist, allein und mit der Geschwindigkeit v_s in das Innere fortpflanzt. Bei weiterer Drehung entsteht wieder eine Komponente nach OR, welche bei dem Drehungswinkel 180° die einzige wird, so daß das in diesem Augenblicke eindringende Licht wieder mit der gesamten Intensität und der Geschwindigkeit v_r seinen

Weg im Krystall fortsetzt. Ein gewöhnlicher Lichtstrahl verwandelt sich infolgedessen im Innern eines solchen Krystalls in zwei Wellenzüge mit senkrecht zueinander stehenden Schwingungsrichtungen, auf deren jedem die Amplitude der Schwingungen, also die Intensität der Bewegung (Helligkeit des Lichtstrahles) außerordentlich rasch nacheinander wechselt von Null bis zur vollen Intensität des eindringenden Strahles (abgesehen von dem Betrag der Absorption), und zwar derart alternierend, daß das Maximum der einen Schwingung dem Minimum der anderen entspricht; wegen der Schnelligkeit dieses Wechsels scheint jeder dieser beiden Strahlen eine konstante Helligkeit zu besitzen, welche (wenn die im allgemeinen geringe Absorption vernachlässigt wird) genau die Hälfte der ursprünglichen beträgt. Da diese beiden Strahlen eine verschiedene Fortpflanzungsgeschwindigkeit haben, werden sie beim Austritt aus einer gegen die Eintrittsfläche geneigten Grenzebene des Krystalls verschieden gebrochen, und zwar um so mehr verschieden, je größer die Differenz der beiden Geschwindigkeiten v_r und v_s bzw. die der beiden Brechungsindices n_r bzw. n_s ist; diese letztere Differenz $n_s - n_r = \frac{v}{v_s} - \frac{v}{v_r}$ (wo v die Geschwindigkeit der betreffenden Lichtart in der Luft ist) bezeichnet man als die Stärke der Doppelbrechung des Krystalls in der Richtung der Strahlen.

Krystalle mit starker Doppelbrechung, d. h. solche, bei denen jene Differenz sehr groß ist, lassen die doppelte Brechung des Lichtes ohne weitere Hilfsmittel erkennen, um sie aber in allen Fällen, also auch bei den am schwächsten doppeltbrechenden und bei den kleinsten Krystallen nachzuweisen, bedarf es einer Methode, welche auf der Interferenz geradlinig polarisierter Lichtstrahlen beruht. Diese besteht darin, den Krystall auf einem drehbaren Objekttisch zwischen zwei gekreuzten Nicols zu betrachten. Während nach S. 6 ein einfach brechender Krystall hierbei in jeder Stellung dunkel erscheint, ist dies bei einem doppeltbrechenden Krystall nicht der Fall. Seien die beiden Schwingungsrichtungen der Lichtstrahlen, welche durch das dem Objekttisch parallele Flächenpaar des Krystalls senkrecht dazu hindurchgegangen sind, OR und OS, und OP und OQ die Schwingungsrichtungen der beiden Nicols, so wird der Krystall dunkel erscheinen, wenn durch Drehen des Objekttisches der Krystall in die Stellung gebracht wird, bei welcher OR parallel OP ist, weil dann die aus dem Polarisator austretende Schwingung keine Zerlegung erfährt, also durch den Analysator vollständig ausgelöscht wird; das gleiche ist aber auch der Fall nach einer Drehung von 90°, weil dann die Schwingungsrichtung OS des Krystalls mit der des Polarisators OP übereinstimmt, also ebenfalls keine zweite Komponente zustande kommt, und ebenso erscheint, wie leicht einzusehen, der Krystall dunkel nach einer Drehung von 180° und 270°, also viermal bei einer ganzen Umdrehung. Anders ist aber sein Verhalten in den Zwischenstellungen, denn hier bildet die eintretende Schwingung einen schiefen Winkel mit OR bzw. OS, daher sie in zwei Komponenten zerlegt wird, deren Größe von jenem Winkel abhängt; diese erhalten im Krystall einen Gangunterschied, welcher der Dicke der durchstrahlten Schicht d und der Stärke der Doppelbrechung proportional ist, dessen Betrag also $= d\,(n_s - n_r)$.

Von jeder dieser beiden Schwingungen läßt der zweite Nicol nur die seiner Schwingungsrichtung entsprechende Komponente hindurch, so daß nunmehr zwei Strahlen mit der gleichen Schwingungsebene entstehen, welche sich durch Interferenz zu einer einzigen Schwingung zusammensetzen können. Diese Interferenz findet aber bei gekreuzten Nicols mit einer Phasendifferenz statt, welche derjenigen, mit welcher die Strahlen aus dem Krystall austraten, entgegengesetzt ist.

Daß dem so sein muß, läßt sich leicht aus Fig. 1 ersehen, in welcher PP' die Schwingungsrichtung des Polarisators, QQ' die des Analysators, RR' und SS' die beiden Schwingungsrichtungen des Krystalls sind. Treten die beiden Strahlen mit gleicher Phase aus dem Krystall aus, d. h. hatte eine Schwingung OP in letzterem eine Zerlegung in Or und Os erfahren, so wird von ersterer die Komponente $O\varrho$, von letzterer $O\sigma'$ durch den Analysator hindurch gelassen, beide Strahlen interferieren also mit entgegengesetzter Phase. Besaßen die beiden aus dem Krystall austretenden Schwingungen aber entgegengesetzte Phase, lieferte die Zerlegung von OP also die Komponenten Or und Os', so liegen deren durch den zweiten Nicol hindurchgehenden Anteile $O\varrho$ und $O\sigma$ nach derselben Seite und interferieren daher mit gleicher Phase.

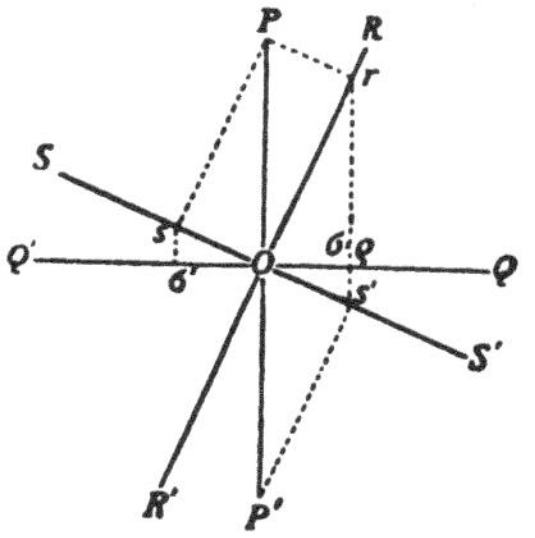

Fig. 1.

Werde nun monochromatisches Licht angewendet und sei die Dicke der in Betracht kommenden Schicht des Krystalls derart, daß die beiden Strahlen beim Austritt einen Gangunterschied von einer halben Wellenlänge der benutzten Lichtart oder von einem ungeraden Vielfachen davon besitzen; alsdann interferieren sie mit gleicher Phase, durch ihre

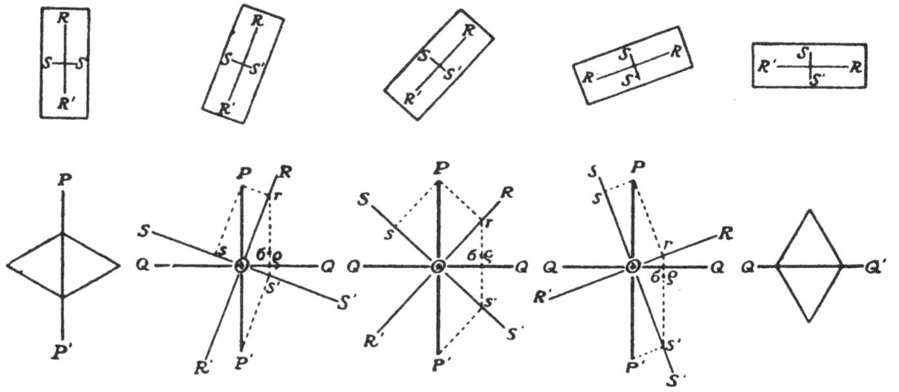
Fig. 2.

Addition ergibt sich also eine Helligkeit des Krystalls, welche, wie Fig. 2 lehrt, am größten in der Diagonalstellung ist, d. h. wenn die Schwingungsrichtungen der Nicols und des Krystalls 45° miteinander bilden. Wendet man statt des monochromatischen Lichtes weißes an, so wird die größte Aufhellung des Krystalls für diejenige Farbe eintreten, für welche der Gangunterschied genau $\frac{1}{2}\lambda$, $\frac{3}{2}\lambda$ usf. beträgt, während die Farben mit anderer Wellenlänge nicht mit gleicher Phase interferieren, daher deren Helligkeit nicht der Summe der beiden interferierenden Komponenten entspricht. Der Krystall erscheint infolgedessen beim Drehen um 360° viermal dunkel und dazwischen in einer von Weiß verschiedenen Mischfarbe, welche in den vier Diagonalstellungen am intensivsten ist. Diese Interferenzfarbe (auch Polarisationsfarbe genannt) wird aber eine andere bei einer anderen Dicke der durchstrahlten Krystallschicht, weil alsdann die Gangunterschiede $\frac{1}{2}\lambda$, $\frac{3}{2}\lambda$ usf. für eine andere Farbe gelten.

Ist die Schicht des betrachteten Krystalls so dünn, bzw. derselbe so schwach doppeltbrechend, daß der Gangunterschied der beiden Strahlen nur eine halbe Wellenlänge einer Farbe des violetten Endes im Spektrum beträgt, so wird diese in der Interferenzfarbe am meisten vorherrschen, da aber dieser Teil des Spektrums eine sehr geringe Intensität besitzt, so wird die Mischfarbe sich nur wenig von Hellgrau unterscheiden. Erst wenn der Gangunterschied die Hälfte der Wellenlänge des sehr hellen gelben Teils im Spektrum erreicht, wird die Interferenzfarbe in lebhaftes Gelb übergehen. Bei weiter steigender Dicke des Krystalls ändert sich dieselbe verhältnismäßig schnell durch Orange in Rot, welches besonders lebhaft wird, wenn der Gangunterschied gleich der ganzen Wellenlänge des intensivsten Grün im Spektrum ist; alsdann wird diese Farbe nämlich nach obigem vollständig vernichtet, während die übrigen Farben um so größeren Anteil an der Mischfarbe nehmen, je größer im Spektrum ihr Abstand vom Grün ist. Eine geringe Zunahme der Dicke der durchstrahlten Krystallschicht bewirkt einen Übergang dieser Interferenzfarbe, das sog. Rot I. Ordnung[1]), ins Violett, nämlich bei Erreichung eines Gangunterschiedes, welcher gleich $\frac{3}{2}\lambda$ des hellsten Violett und annähernd gleich λ vom Gelb der Linie D ist, denn bei der Interferenz wird ersteres das Maximum der Intensität erhalten, letzteres vollständig vernichtet werden. Von Violett durchläuft die Interferenzfarbe nun die sog. Farben zweiter Ordnung, Blau, Grün, Gelb, Orange bis zu einem zweiten Rot, welches bei einem Gangunterschied zustande kommt, der das Doppelte von dem des Rot I. Ordnung beträgt; bei weiter steigender Dicke des Krystalls folgen wieder als Farben III. Ordnung Blau, Grün, Gelb, Orange, Rot (das letzte bei dem dreifachen Gangunterschied des Rot I. Ordnung) usf. Dabei werden aber die Farben immer weniger rein und satt, denn der Gangunterschied, welcher z. B. das Rot IV. Ordnung hervorbringt, d. i. 4λ des intensivsten Grün im Spektrum, ist gleich 3λ eines sehr lebhaften Rot und 5λ einer Farbe im Blau; es werden also

[1]) Eine durch Spaltung hergestellte dünne Platte von Gyps, welche das Rot I. Ordnung liefert, kann zur Erkennung sehr schwacher Doppelbrechung mikroskopischer Krystalle benutzt werden; wird dieselbe in das mit zwei gekreuzten Nicols versehene Mikroskop in der Diagonalstellung der Schwingungsrichtungen (s. S. 9) eingeschoben, so erscheint das Gesichtsfeld rot, die darin befindlichen Krystalle jedoch in derjenigen Stellung, in welcher die Schwingungsrichtung der darin sich schneller fortpflanzenden Strahlen parallel mit der Schwingungsrichtung der im Gyps langsamer fortschreitenden Lichtbewegung ist, orange, weil dann der Gangunterschied im Gyps durch den im Krystall vermindert wird; dreht man das den zu prüfenden Krystall enthaltende Präparat um 90°, sodaß der Gangunterschied im Gyps durch den im Krystall vermehrt wird, so erscheint letzterer violett. Von dem noch vollkommener spaltbaren Glimmer kann man Lamellen herstellen, welche nur einen Gangunterschied von $\frac{1}{4}\lambda$ für mittlere Farben hervorbringen; wird eine solche »Viertelundulations-Glimmerplatte« statt der Gypsplatte in das Mikroskop eingeschoben, so erscheint das Gesichtsfeld bei gekreuzten Nicols hellgrau, während sehr schwach doppeltbrechende Krystalle, je nachdem sie eine Vergrößerung oder eine Verminderung des Gangunterschiedes bewirken, heller oder dunkler grau erscheinen.

jetzt diese drei Farben durch die Interferenz vollkommen vernichtet (wie man bei spektraler Zerlegung des Rot IV. Ordnung durch das Auftreten dreier dunkler Streifen im Spektrum erkennen kann), der Eindruck der entstehenden Mischfarbe muß sich daher dem des Weiß nähern, und dies ist noch mehr der Fall, wenn die Dicke des Krystalls und damit der Gangunterschied noch größer wird. Beträgt derselbe ein Vielfaches der Wellenlänge jenes Grün, so werden noch zahlreiche andere Farben im Spektrum vorhanden sein, für welche der Gangunterschied ebenfalls ein, aber größeres oder kleineres, Vielfaches ihrer Wellenlänge beträgt, die also sämtlich durch die Interferenz vernichtet werden, an deren Stelle also bei der Zerlegung durch ein Prisma im Spektrum dunkle Streifen erscheinen. Daraus folgt, daß von einer gewissen Dicke ab ein doppeltbrechender Krystall beim Drehen zwischen gekreuzten Nicols das »Weiß der höheren Ordnung«, d. h. eine Aufhellung zeigt, welche sich nicht von Weiß unterscheiden läßt, weil die durch die Interferenz vernichteten Schwingungen über alle Farben des Spektrums gleichmäßig verteilt sind. Die Dicke, bei welcher dies eintritt, ist offenbar um so geringer, je stärker die Doppelbrechung des Krystalls ist.

Die im vorstehenden beschriebenen Interferenzfarben würden vollständig mit den sog. »Newtonschen Farben dünner Blättchen« übereinstimmen, wenn die Stärke der Doppelbrechung für alle Farben die gleiche wäre. Dies ist jedoch niemals genau der Fall, vielmehr zeigen die verschiedenen doppeltbrechenden Krystalle eine »Dispersion der Doppelbrechung« von verschiedenem Grade, infolgederen die Interferenzfarben kleinere oder größere Abweichungen von den Newton-Farben zeigen, sie sind daher nur für diejenigen der gleichen Substanz genau die gleichen. Sie bieten ein Mittel dar, um bei bekannter Doppelbrechung des Krystalls seine Dicke zu bestimmen, und ebenso umgekehrt die Doppelbrechung, wenn die Dicke bekannt ist. Dadurch haben sie eine große Wichtigkeit für die Bestimmung der Mineralien bei der mikroskopischen Untersuchung der Gesteine in Dünnschliffen.

Die Stellungen, in welchen der Krystall Dunkelheit zeigt, bestimmen die Schwingungsrichtungen desselben, da letztere mit denjenigen der Nicols zusammenfallen, welche zu diesem Zwecke im Gesichtsfeld des Mikroskops durch zwei zueinander senkrechte Fäden bezeichnet sind. Ist eine Schwingungsrichtung im Krystall parallel einer ihn begrenzenden Geraden, so erscheint er im Maximum der Dunkelheit, wenn diese Gerade mit einem der Fäden zur Deckung gebracht wird; bildet sie damit einen Winkel, so muß man das Präparat um den gleichen Winkel drehen, um die vollständige Dunkelstellung des Krystalls zu erhalten; diesen Winkel nennt man die »Auslöschungsschiefe«. Auch diese Bestimmung spielt eine wesentliche Rolle bei der Feststellung der Natur eines Krystalls durch seine optischen Eigenschaften.

Krystallinische Aggregate, wie sie in der Natur häufig als »dichte« Mineralien vorkommen, zeigen im Dünnschliff, wenn sie aus einer regellosen Zusammenhäufung der Krystallpartikel bestehen, in jedem derselben eine andere Orientierung der Schwingungsrichtungen und eine andere Interferenzfarbe (sog. Aggregatpolarisation). Sind Teile eines Krystalls infolge von Störungen bei seinem Wachstum nicht genau parallel den übrigen, so weichen in solchen auch die Schwingungsrichtungen von denen der anderen ab, und diese Abweichung zeigt sich durch nicht gleichzeitige Auslöschung des ganzen Krystalls beim Drehen. Auch wenn während des Wachstums eines Krystalls eine allmähliche Änderung der chemischen Zusammensetzung stattgefunden hat, so daß die nach außen angelagerten Schichten immer mehr von den inneren abweichen, und wenn diese Abweichung mit einer Änderung der Orientierung der Schwingungsrichtungen verbunden ist, erscheint der Krystall nicht in seiner ganzen Ausdehnung gleichzeitig dunkel, sondern die Auslöschung wandert beim Drehen über denselben hin (»undulöse« Auslöschung). Einen besonderen Fall der krystallinischen Aggregate bilden die zuweilen namentlich beim Erstarren aus dem Schmelzflusse entstehenden »Sphärolithen«, von einem Punkte aus radial fortgewachsene Krystallaggregate, deren radialfaserige Textur sich oft nur durch die Beobachtung zwischen gekreuzten Nicols erkennen läßt; ein durch die Mitte eines solchen gehende, sehr dünne Schliffplatte zeigt ein dunkles Kreuz, dessen Arme den in der Dunkelstellung befindlichen Krystallen entsprechen, zu welchem noch Farbenringe hinzutreten, wenn der Schliff auch exzentrische Schichten enthält, deren ungleich schiefe Stellung zur Schliffebene andere Interferenzfarben bedingt.

Die Oberfläche, bis zu der eine allseitig sich ausbreitende Wellenbewegung in einer bestimmten Zeit, z. B. während einer Schwingungsdauer, fortgeschritten ist, die Wellenfläche, kann nach dem Huyghensschen Prinzip dazu benutzt werden, die Frontebene paralleler Strahlen nach einer Brechung zu bestimmen als diejenige Ebene, welche die von den einzelnen Punkten der brechenden Fläche ausgehenden Wellenflächen berührt. Während die Wellenfläche der einfach brechenden Krystalle, entsprechend der nach allen Richtungen gleichgroßen Fortpflanzungsgeschwindigkeit, die Form einer Kugel hat, ist diejenige der doppeltbrechenden Krystalle, in welchen in einer Richtung zwei Schwingungen mit ungleicher Geschwindigkeit fortschreiten, eine doppelte Fläche, deren Gestalt abhängt von der Art der gesetzmäßigen Änderung der Größe der Doppelbrechung mit der Richtung der Strahlen. Von den verschiedenen, hierbei möglichen Fällen soll zuerst der einfachste behandelt werden.

Optisch einaxige Krystalle.

Die hierher gehörigen Krystalle besitzen eine ausgezeichnete Richtung, zu welcher keine gleichwertige vorhanden ist, die optische Axe. In dieser Richtung verhalten sie sich dem Lichte gegenüber wie einfach brechende Krystalle, d. h. ihr parallel sich fortpflanzende Strahlen von gewöhnlichem oder polarisiertem Lichte, welches auch ihre Farbe sei, erfahren keine Zerlegung in zwei senkrecht zueinander stattfindende Schwingungen. Lichtstrahlen, welche mit der optischen Axe einen Winkel bilden, erleiden Doppelbrechung, deren Wert von Null (in der Richtung der Axe) stetig zunimmt bis zu einem Maximum für diejenigen Strahlen, deren Winkel mit der Axe 90° beträgt, und zwar hängt die Differenz der beiden Brechungsindices eines Krystalls für eine bestimmte Farbe nur von dem Winkel zwischen der Fortpflanzungsrichtung des Lichtes und der optischen Axe des Krystalls ab, d. h. sie ist genau gleich groß für alle Strahlen, welche den gleichen Winkel mit der optischen Axe bilden.

Eine der beiden, aus einem Strahle von beliebiger Richtung entstehenden Schwingungen findet stets senkrecht zu der Ebene statt, welche den Strahl und die optische Axe enthält und als »Hauptschnitt« bezeichnet wird, sie ist daher stets senkrecht zur Axe und pflanzt sich dementsprechend mit konstanter Geschwindigkeit fort (sie heißt deshalb die »ordinäre«); der Durchschnitt ihrer Wellenfläche mit dem Hauptschnitt hat die Gestalt eines Kreises. Die zweite Schwingung, die »extraordinäre«, findet im Hauptschnitt statt, und ihre Richtung ändert sich daher mit der des Strahles; ist dieser parallel zur optischen Axe, so ist sie senkrecht dazu und ihre Fortpflanzungsgeschwindigkeit gleich der der ordinären Schwingung; ist dagegen die Richtung der Fortpflanzung senkrecht zur optischen Axe, so ist die der extraordinären Schwingung parallel zur Axe und ihre Geschwindigkeit unterscheidet sich am meisten von derjenigen der ordinären Schwingung; anderen Richtungen der Strahlen entsprechen zwischenliegende Schwingungsrichtungen, und solchen kommt eine Geschwindigkeit zu, welche zwischen den beiden äußersten Werten gelegen ist. Nach welchem Gesetze sich die Fortpflanzungsgeschwindigkeit des extraordinären Strahles mit dem Winkel zur optischen Axe ändert, wurde bereits 1678 von Huyghens festgestellt an den besonders stark doppeltbrechenden Krystallen des Kalkspats: ist für eine bestimmte Farbe v_o die Geschwindigkeit des senkrecht zur Axe schwingenden Strahles (also gleich der des ordinären) und v_e die des parallel zur Axe schwingenden, so ist die Geschwindigkeit eines in einer Zwischenrichtung schwingenden Strahles der ihm parallele radius vector einer Ellipse, deren kleine und große Axe die beiden Längen v_o und v_e sind; der Durchschnitt der Wellenfläche der extraordinären Strahlen mit dem Hauptschnitt ist also eine Ellipse. Die Ausbreitung einer monochromatischen Lichtbewegung in einem Hauptschnitt wird daher dargestellt durch einen Kreis und eine Ellipse, welche einander in zwei gegenüberliegenden Punkten berühren (Fig. 3); die Verbindung dieser beiden Punkte entspricht der Richtung der optischen Axe. Da nun alle Richtungen rings um die Axe, welche mit ihr gleiche Winkel bilden, sich optisch gleich verhalten, folglich alle Ebenen, welche durch die Axe gehen, gleichwertige optische Hauptschnitte sind, so findet die Ausbreitung des Lichtes in jeder solchen Ebene in der gleichen Weise statt; man erhält daher die vollständige Wellenfläche der betreffenden Lichtart, wenn man sich Fig. 3 um die senkrecht stehende Axe rotierend denkt, d. h. die Wellenfläche der allseitig sich ausbreitenden Strahlen besteht aus zwei Schalen, einem Rotationsellipsoïd und einer dasselbe in zwei Punkten berührenden Kugel; ersteres bestimmt die Ausbreitung der extraordinären, letztere die der ordinären

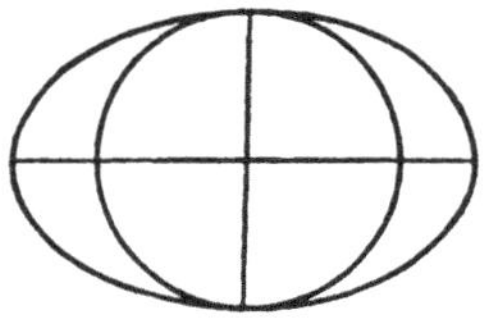

Fig. 3.

Wellen (s. das Stereoskopbild Nr. 1)[1]. Ihre Gestalt ist somit vollständig bestimmt durch das Verhältnis von v_e zu v_o. Die beiden entsprechenden Brechungsindices, derjenige der parallel zur Axe schwingenden Strahlen ε und der für senkrecht dazu stattfindende Schwingungen ω, werden die Hauptbrechungsindices, ihre Differenz die »Stärke der Doppelbrechung« des Krystalls genannt. Wenn v die Fortpflanzungsgeschwindigkeit des Lichtes der betreffenden Farbe in der Luft, so ist

$$\omega = \frac{v}{v_o} \qquad \varepsilon = \frac{v}{v_e}.$$

Für eine andere Lichtart ist das Verhältnis zwischen v_o und v_e wegen der bereits S. 11 erwähnten Dispersion der Doppelbrechung ein anderes, und es steht daher der Abstand der beiden kreisförmigen Durchschnitte der Wellenfläche mit der zur optischen Axe senkrechten (Äquatorial-)Ebene in einem anderen Verhältnisse zu dem Abstand der beiden Berührungspunkte; die Gestalt der gesamten Wellenfläche ändert sich also mit der Wellenlänge des Lichtes.

In Fig. 3 wurde der Deutlichkeit halber jener Abstand übertrieben groß dargestellt; in Wirklichkeit ist die Verschiedenheit des Ellipsoides von der Kugel geringer, denn selbst für den stark doppeltbrechenden Kalkspat sind die betreffenden Werte folgende:

für die Spektrallinie A:	$\omega = 1{,}6499$	$\varepsilon = 1{,}4826$
» » » D:	$1{,}6583$	$1{,}4864$
» » » H:	$1{,}6832$	$1{,}4977$.

Daraus folgt die Stärke der Doppelbrechung

für A:	$\omega - \varepsilon = 0{,}1673$
» D:	$0{,}1719$
» H:	$0{,}1855$

und für das Axenverhältnis der Ellipse

für A:	$v_e : v_o = 1{,}1128$
» D:	$1{,}1157$
» H:	$1{,}1238$.

Bei den meisten optisch einaxig krystallisierenden Substanzen sind die Differenzen der beiden Hauptbrechungsindices erheblich geringer, und bei einzelnen betragen sie nur eine oder wenige Einheiten der 4. Dezimale[2]).

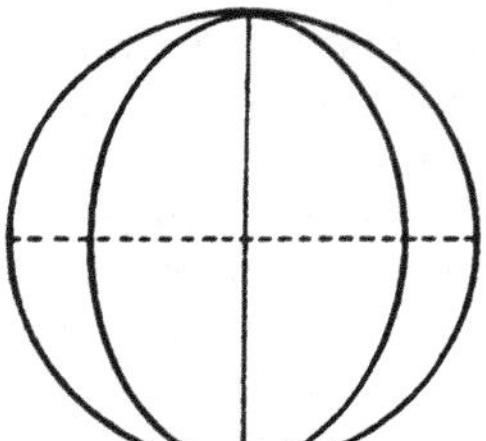

Fig. 4.

Außer durch die Stärke der Doppelbrechung unterscheidet sich ein Teil der optisch einaxigen Krystalle noch dadurch vom Kalkspat, daß von den beiden Strahlen nicht der extraordinäre der schneller sich fortpflanzende ist, sondern umgekehrt der ordinäre, wie es in einem Hauptschnitt in Fig. 4 dargestellt ist; alsdann besteht die Wellenfläche aus einem Rotationsellipsoïd, dessen Rotationsaxe die große Axe der erzeugenden Ellipse ist und welches von der Kugel umhüllt wird (s. das Stereoskopbild Nr. 2). Man bezeichnet solche Krystalle, in denen also der extraordinäre Strahl stärker gebrochen wird als der ordinäre, als positive, diejenige der vorher betrachteten Art (Fig. 3) als negative.

Durch die Wellenfläche ist es nun ebenso, wie bei den einfach brechenden Krystallen, mit Hilfe des Huyghensschen Prinzips mög-

---

[1]) Wiedergabe eines Modells, in welchem die beiden Kurven der Fig. 3 in einer größeren Anzahl von Hauptschnittebenen durch Messingstäbe dargestellt sind und dadurch die räumliche Vorstellung der doppeltschaligen Fläche hervorgebracht werden soll.

[2]) S. im speziellen Teile unter den Beispielen: Kaliumhexachlorocadmiat und Pennin.

lich, die Änderung zu bestimmen, welche eine in beliebiger Richtung fortschreitende Wellenfront durch die Brechung an einer Krystallfläche erfährt, nur daß es sich jetzt um zwei, je die eine der beiden Schalen der einzelnen Wellenflächen umhüllende, abgelenkte Wellenfronten handelt. Wenn *BC* und *EF* (Fig. 5 u. 6) zwei zu einem Bündel gehörige parallele Strahlen darstellen, deren Front die zur Zeichnungsebene, senkrecht durch *FC* gelegte Ebene ist, und das Licht durch die ebenso durch *FD* gelegte Ebene in den Krystall (dessen optische Axe parallel *AA'*) eintritt, so breiten sich von *F* aus zwei Wellenbewegungen bis zu der ausgezogenen doppelten Oberfläche fort, während der Strahl *BC* sich noch in der Luft bis *D* fortpflanzt; alsdann sind die durch die Tangenten *DG* und *DH* gehenden, zum dargestellten Hauptschnitt senkrechten Ebenen die gebrochenen Wellenfronten und *FG* bzw. *FH*

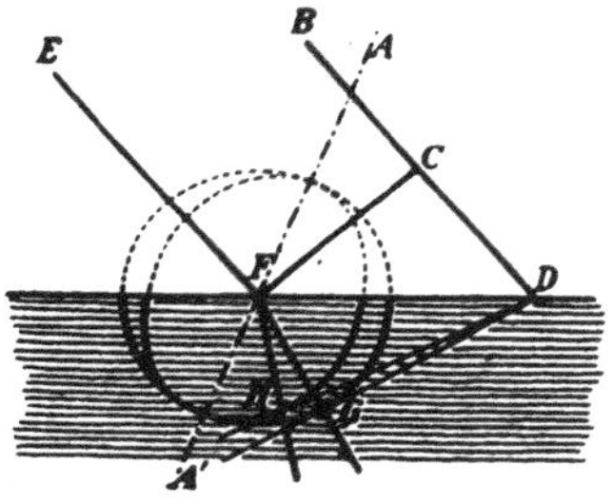

Fig. 5.

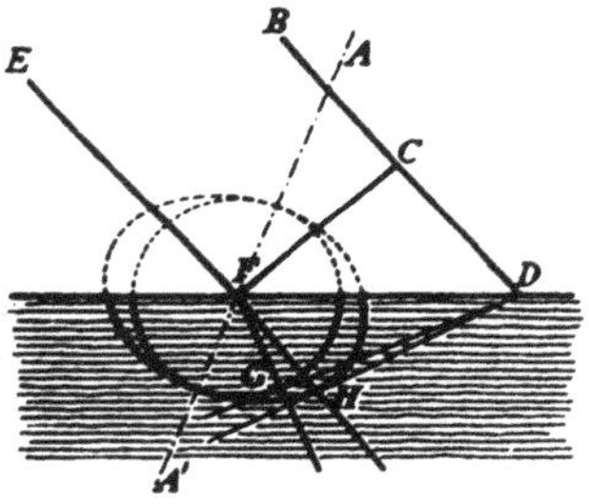

Fig. 6.

die Richtungen des sich im Krystall fortpflanzenden ordinären und extraordinären Strahles, welche in dem hier dargestellten Falle, in welchem die Einfallsebene des Lichtes mit einem Hauptschnitte der Wellenfläche zusammenfällt, innerhalb der gleichen Ebene sich fortpflanzen.

Die Messung der beiden Hauptbrechungsindices eines einaxigen Krystalls setzt voraus, daß von den Schwingungen die eine senkrecht, die andere parallel der optischen Axe stattfindet. Dies ist bei Anwendung der Prismenmethode der Fall, wenn die brechende Kante des Prismas der Axe parallel oder dazu senkrecht ist, im zweiten Falle aber nur dann, wenn die beiden Flächen des Prismas zur Axe gleich geneigt sind. Die Methode der Totalreflexion kann dagegen bei beliebiger Orientierung der benutzten Ebene des Krystalls angewandt werden, da in einer solchen stets eine Richtung existiert, welche 90° mit der Axe einschließt, in welcher sich also zwei in bezug auf ihre Schwingungsrichtungen der obigen Bedingung genügende Strahlen fortpflanzen; diese zeigen den größten Abstand der beiden Grenzen der Totalreflexion, während beim Drehen der Krystallplatte in ihrer Ebene dieser Abstand kleiner und nach 90° Drehung ein Minimum wird; ist die Ebene der Platte der Axe parallel, so vereinigen sich alsdann die beiden Grenzen der Totalreflexion, daher man mit einer solchen Platte bei gleichzeitiger Totalreflexion aller in der Ebene der Platte sich ausbreitenden Strahlen eine objektive Darstellung eines Schnittes der Wellenfläche, wie Fig. 3 oder 4, hervorbringen kann.

Interferenzerscheinungen einaxiger Krystalle im parallelen Lichte. Als optisches Verhalten »im parallelen Lichte« oder »im Orthoskop« bezeichnet man dasjenige einer von zwei parallelen Ebenen begrenzten und diesen parallel auf einem drehbaren Objekttische aufliegenden Krystallplatte, in welche in der Richtung ihrer Normalen parallele, von einem Polarisator kommende Strahlen eintreten und nach dem Austritte durch einen Analysator auf eine Schwingungsebene gebracht werden; falls die Dimensionen der Krystallplatte für das freie Auge zu geringe sind, benutzt man als Orthoskop ein in seinem oberen und unteren Teile mit je einem Nicol versehenes Mikroskop mit drehbarem Objekttisch.

Handelt es sich um eine einaxige Krystallplatte von beliebiger Orientierung — in Fig. 7 durch den Hauptschnitt, welcher die Strahlen und die optische Axe *A A'* enthält, dargestellt —, so liefert (falls nicht der betrachtete Hauptschnitt mit der Schwingungsebene eines Nicols zusammenfällt) jeder der von unten eintretenden Strahlen *s* eine ordinäre Schwingung *o*, welche sich ungebrochen fortpflanzt, und eine abgelenkte extraordinäre *e*; bei gleichmäßiger Beleuchtung des Krystalls durch parallele Strahlen wird daher zu jedem ordinären der extraordinäre Anteil eines anderen einfallenden Strahles gehören, welcher sich mit ihm nach dem Austritte auf der gleichen Bahn *s'* fortpflanzt, so daß beide nach der Zurückführung auf eine Schwingungsebene mit dem im Krystall erhaltenen Gangunterschiede zur Interferenz gelangen. Es werden somit die S. 10 bis 11 beschriebenen Erscheinungen eintreten. Nur für den Fall, daß die Krystallplatte von genau zur optischen Axe senkrechten Ebenen begrenzt ist, werden die Strahlen keine Doppelbrechung erfahren, der Krystall also beim Drehen in jeder Stellung dunkel erscheinen; strenggenommen ist dies allerdings nur für mikroskopische Krystalle gültig, da eine größere Krystallplatte im Orthoskop stets auch von etwas von der Normalen zu ihrer Ebene abweichenden Strahlen, welche daher eine Aufhellung erfahren, beleuchtet wird.

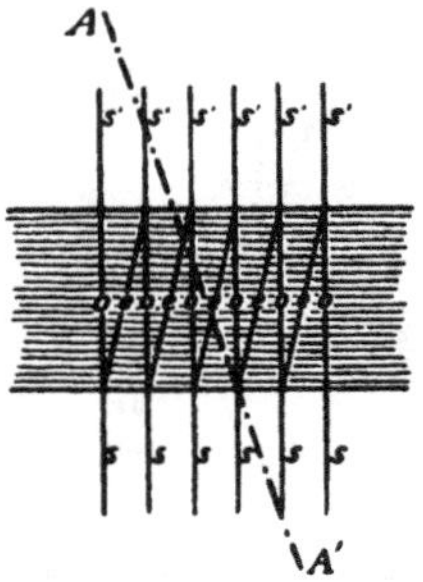

Fig. 7.

Denkt man sich nun aus einem einaxigen Krystall eine große Anzahl Platten von gleicher Dicke hergestellt, deren Orientierung von einer zur Axe senkrechten um kleine Winkel bis zu einer ihr parallelen geändert ist, so daß die hindurchgehenden Strahlen mit der optischen Axe Winkel von 0° bis 90° bilden, so müssen diese Platten im weißen Lichte nacheinander alle S. 10 u. f. beschriebenen Interferenzfarben zeigen, natürlich mit den durch die Dispersion der Doppelbrechung (s. S. 11) der betr. Substanz bedingten Verschiedenheiten, und zwar wird das Weiß der höheren Ordnung in der Reihe um so früher eintreten, je größer die Dicke der Platten und je stärker die Doppelbrechung des Krystalls ist. Diese durch eine Reihe von Platten hervorgebrachten Interferenzerscheinungen werden nebeneinander beobachtet, wenn z. B. im Dünnschliff eines Gesteins zahlreiche Querschnitte eines einaxig krystallisierenden Minerals enthalten sind; alsdann erscheinen einzelne, welche der Schliff zufällig senkrecht zur optischen Axe getroffen hat, beim Drehen konstant dunkel, während die übrigen Farben von um so höherer Ordnung zeigen, je mehr die Orientierung ihres Querschnittes von der jener einzelnen abweicht; ist der Schliff so dünn, daß kein Weiß der höheren Ordnung entstehen kann, so läßt die Interferenzfarbe der höchsten Ordnung unter allen die der optischen Axe parallelen Querschnitte erkennen, somit, bei bekannter Dicke des Präparates, die Stärke der Doppelbrechung des betr. Minerals und dadurch dieses selbst bestimmen (vgl. S. 8).

Im Falle einer sehr schwachen Doppelbrechung und relativ starken Dispersion derselben kann es vorkommen, daß ein Krystall, welcher für Rot positive Doppelbrechung besitzt, wenn diese mit abnehmender Größe der Wellenlänge ebenfalls abnimmt, für eine Farbe, z. B. für ein bestimmtes Gelb, einfache Brechung zeigt und für noch kleinere Wellenlängen, also für Grün, Blau und Violett optisch negativ ist oder umgekehrt. Alsdann zeigt eine sehr dünne Platte desselben, deren Normale wenig zur Axe geneigt ist, statt des Hellgrau I. Ordnung (s. S. 10) ein lebhaftes Violettrot, weil die hellsten Strahlen im Spektrum, die gelben, in jeder Stellung der Platte ausgelöscht werden, während die Aufhellung beim Drehen am stärksten ist für das violette und das rote Ende des Spektrums.

Interferenzerscheinungen einaxiger Krystalle im konvergenten Lichte. Um die Wirkung eines Krystalls auf Lichtstrahlen, welche ihn unter möglichst verschiedenen Richtungen durchlaufen, mit einer Platte desselben gleichzeitig beobachten zu können, bedient man sich eines Polarisationsinstrumentes, welches so konstruiert ist, daß stark konvergente Strahlen in den Krystall eintreten und das daher Konoskop genannt wird.

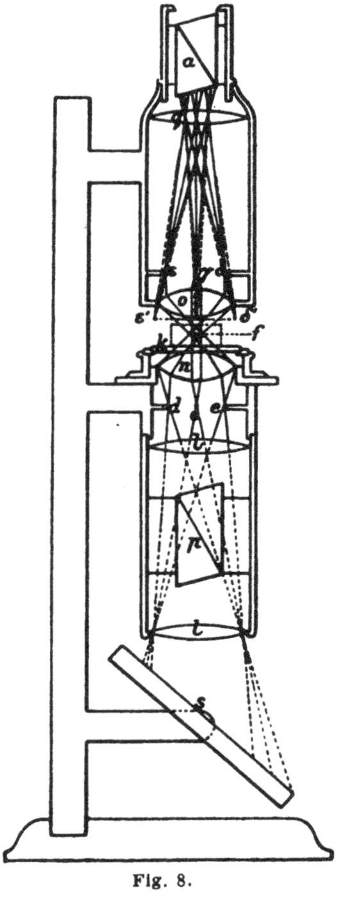

Fig. 8.

Dieses Instrument ist in Fig. 8 durch einen senkrechten Mittelschnitt dargestellt. Sein Stativ trägt unten einen drehbaren Spiegel *s*, welcher das Licht des Himmels oder einer sonstigen leuchtenden Fläche senkrecht nach oben reflektiert. Darauf folgt der Polarisator *p*, welcher von zwei Linsen *l*, *l* eingeschlossen ist, welche nur dazu dienen, möglichst viel Licht durch ihn hindurchzulassen. Darüber befindet sich ein Diaphragma mit der kreisrunden Öffnung vom Durchmesser *de*; jeder Punkt dieser Öffnung wird durch einen Strahlenkegel beleuchtet, dessen Basis die untere Linse *l* ist (in der Figur sind diese Strahlenkegel für die beiden Randpunkte *d*, *e* und für den Mittelpunkt *c* des Diaphragmas angegeben, aber unterhalb der obersten Linse *l* nur punktiert fortgeführt, weil der wahre Gang der Lichtstrahlen zwischen *l*, *l* und *s* wegen der Brechung in den Linsen ein anderer, und zwar derart ist, daß alle vom Spiegel auf die untere Linse parallel auffallenden Strahlen nach ihrem Austritte aus der oberen wieder einander parallel, natürlich aber alsdann Bestandteile verschiedener auf *c*, *d*, *e* usf. auffallender Lichtkegel werden). Die von unten her durch linear polarisiertes Licht erleuchtete helle Öffnung *de* ist es nun, nach welcher wir durch das Instrument hinblicken. Wir können daher jeden Punkt derselben, z. B. *d*, als einen solchen betrachten, von welchem divergierende Lichtstrahlen ausgehen; jedoch gehen dieselben nicht, wie von einem selbstleuchtenden Punkte, nach allen Seiten aus, sondern nur nach denjenigen, welche innerhalb der Divergenz des Kegels liegen, dessen Spitze *d* und dessen Basis die untere Linse *l* ist; die von *d* ausgehenden Strahlen sind die geradlinigen Fortsetzungen derjenigen des betreffenden Kegels. Verfolgen wir deren Weg nach aufwärts, so sehen wir sie divergierend auf eine Linse *n* von starker Krümmung auftreffen; diese steht von dem Diaphragma *de* genau im Abstande der Brennweite, so daß also alle von einem Punkte der Brennebene *de* divergierende Strahlen durch *n* in parallele verwandelt werden. Oberhalb *n* befindet sich eine Linse *o* von derselben Größe und Krümmung, welche an der Unterseite eines in der Höhe verstellbaren Rohres befestigt ist, in welchem sich außerdem das Ocular *q* befindet;

dieses verstellbare Rohr ist so weit gesenkt, daß der Brennpunkt von *o* und der von *n*, welche gleiche Focallänge besitzen, in *f* zusammenfallen. Der von *d* ausgehende Strahlenkegel wird auf der linken Seite von *n* gebrochen und dabei in einen Strahlenzylinder verwandelt; dieser geht durch die rechte Seite von *o* und wird, da die Strahlen parallel sind, in der Brennebene von *o*, und zwar an dem *d* entsprechenden Punkte *δ* derselben, wieder vereinigt. In der Figur ist die gleiche Konstruktion ausgeführt für die Strahlen, welche von dem Mittelpunkte *c* der hellen Öffnung *de* ausgehen und sich in *γ* vereinigen müssen, endlich für diejenigen, welche, von *e* kommend, in *ε* konvergieren. Da dasselbe für alle Punkte der erleuchteten Öffnung *de* gilt, so muß in der Ebene *δε* ein Bild jener Öffnung entstehen. Dieses betrachten wir nun mit einer sehr schwach vergrößernden Lupe, nämlich mit dem Ocular *q*, durch welches wir ein sogenanntes virtuelles Bild, etwa in der Ebene *δ'ε'*, erblicken. Die Strahlen, welche von diesem Bilde zu kommen scheinen, gehen, ehe sie ins Auge gelangen, durch den analysierenden Nicol *a*, welcher gegen den unteren um 90° gedreht werden muß. Legen wir nun auf den drehbaren Krystallträger *k* eine planparallele Krystallplatte so auf, daß sich *f* innerhalb derselben befindet (in der Figur ist eine solche punktiert angedeutet), so gehen durch dieselbe Strahlensysteme von sehr verschiedener Richtung; alle Strahlen gleicher Richtung vereinigen sich in einem einzigen Punkte des Bildes *δ'ε'*; alle von abweichenden Richtungen an andern Punkten. In dem Bilde *δ'ε'* vermögen wir also mit einem Blicke alle Interferenzerscheinungen zu übersehen, welche Strahlen von sehr mannigfaltigen Richtungen — nämlich von allen, welche innerhalb des von *f* auf den Umfang der Linse *n* gefällten Kegels liegen — in dem zu untersuchenden Krystalle erleiden; wir sehen dann im Gesichtsfelde ein sog. »Interferenzbild« des Krystalls, dessen verschiedene Stellen, verschiedenen Richtungen der Strahlen im Krystalle entsprechend, verschiedene Farbe und Lichtintensität zeigen. Je kürzer die Brennweite von *n* und *o* ist, einen desto größeren Öffnungswinkel besitzt jener Kegel, desto größer ist das Gesichtsfeld des Instrumentes. Da es häufig der Vereinigung von Strahlen innerhalb des Gesichtsfeldes bedarf, welche unter sehr divergierenden Richtungen durch den Krystall gegangen sind, so hat zuerst Nörremberg jede der beiden Linsen *n* und *o* durch ein System mehrerer plankonvexer, einander fast berührender Gläser ersetzt, welche zusammen wie eine Linse von sehr kurzer Brennweite wirken. In dieser jetzt allgemein gebräuchlichen Form konstruiert, heißt der Apparat deswegen häufig »das Nörrembergsche Polarisationsinstrument«.

Hebt man den oberen Tubus, so erblickt man durch das Instrument den Krystall selbst und kann es daher auch als Orthoskop (s. S. 8 u. 15) verwenden, wobei nur zu berücksichtigen ist, daß das Bild des Krystalls verkehrt erscheint.

Umgekehrt kann man auch ein mit zwei gekreuzten Nicols versehenes Mikroskop in ein Instrument zur Beobachtung der Interferenzerscheinungen mikroskopisch kleiner Krystalle im konvergenten Lichte verwandeln, indem man unter dem drehbaren Objekttisch eine Sammellinse (entsprechend *n* in Fig. 8) einfügt und nach Einstellung des Krystalls in die Mitte des Gesichtsfeldes das Ocular entfernt oder in den Tubus ein Hilfsocular einschiebt, welches die Einstellung auf das durch den Krystall hervorgebrachte Interferenzbild bewirkt.

Das Verhalten im konvergenten Lichte dient dazu, sowohl die Einaxigkeit eines Krystalls, als die Orientierung seiner optischen Axe festzustellen. Ist die zu untersuchende Platte senkrecht zur Axe, was sehr häufig für ein Paar paralleler Krystallflächen oder Spaltungsebenen gilt, so zeigt sie im Konoskop bei Benutzung monochromatischen Lichtes (am geeignetsten zur Beobachtung ist das Gelb einer Natriumflamme) die folgenden Erscheinungen: die Mitte des Gesichtsfeldes ist dunkel, da dort die im Krystall parallel der Axe sich fortpflanzenden Strahlen vereinigt werden. Die Vereinigungspunkte solcher Strahlen, welche den gleichen Winkel mit der Axe einschließen, liegen im Gesichtsfelde auf einem die Mitte umgebenden Kreise. Handelt es sich um so wenig geneigte Strahlen, daß sie im Krystall nur eine halbe Wellenlänge der betreffenden Farbe Gangunterschied erhalten, so wird auf dem zugehörigen Kreise durch die Interferenz Helligkeit entstehen, und zwar die größte an den vier Stellen, die zu den Schwingungsrichtungen der beiden Nicols diagonal liegen (s. S. 9); von diesen Stellen ab muß die Helligkeit beiderseits abnehmen und an denjenigen, wo der Kreis von den Schwingungsrichtungen der Nicols geschnitten wird, ganz verschwinden, da in den beiden diesen Richtungen parallelen Hauptschnitten der Krystallplatte nur eine Komponente der Schwingung zustande kommt, welche vollständig ausgelöscht wird; dies gilt offenbar für jede Neigung der Strahlen zur Axe, daher müssen die beiden Durchmesser des Gesichtsfeldes, welche den Schwingungsrichtungen der Nicols entsprechen, als ein dunkles Kreuz erscheinen. Alle Strahlen, welche einen Gangunterschied von einer ganzen Wellenlänge des angewandten Lichtes erfahren, vereinigen sich auf einem Kreise von größerem Abstand von der Mitte, da aber hier die beiden entstehenden Komponenten bei der Interferenz jedesmal vollständig vernichtet werden, so erscheint in dem betreffenden Abstande ein in seinem Umfange gleichmäßig dunkler Ring, dessen Dunkelheit nur nach innen und außen allmählich abnimmt. Bei dem Abstand, welcher einem Gangunterschied von $^3/_2\,\lambda$ entspricht, tritt wieder die größte Helligkeit an den vier diagonalen Stellen auf; in der Entfernung von der Mitte, in welcher sich alle Strahlen vereinigen, denen im Krystall ein Gangunterschied von $2\,\lambda$ zuteil wurde, erscheint wieder ein kreisförmiger dunkler Ring, usf. (s. Taf. I, Fig. 1, in welcher PP' und QQ' die Schwingungsrichtungen der beiden Nicols bedeuten). Der Abstand der folgenden Ringe muß aber nach dem Rande des Gesichtsfeldes hin immer kleiner werden, weil mit der zunehmenden Neigung der Strahlen zur Axe außer der steigenden Stärke der Doppelbrechung auch eine Vergrößerung der in der Krystallplatte zurückgelegten Strecke eintritt, welche ebenfalls eine, und zwar mit ihr proportionale Vergrößerung des Gangunterschiedes bewirkt. Fig. 1, Taf. I stellt die Interferenzfigur eines sehr schwach doppeltbrechenden Krystalls oder einer sehr dünnen Platte eines stärker doppeltbrechenden Krystalls dar, in welcher die am Rand des Gesichtsfeldes vereinigten, also sehr schief zur optischen Axe durch den Krystall hindurchgegangenen Strahlen nur einen Gangunterschied von wenig mehr als vier Wellenlängen des angewandten Lichtes erhalten haben. Ist die Platte dick oder besteht sie aus einer sehr stark doppeltbrechenden Krystallsubstanz, so wird dieser Gangunterschied schon bei geringer Neigung zur Axe eintreten, der vierte dunkle Ring also nicht weit von der Mitte des Gesichtsfeldes entfernt zustande kommen; alsdann zeigt das Interferenzbild zahlreiche dunkle Ringe, welche nach dem Rande hin immer feiner und dichter geschart sind (Taf. I, Fig. 2).

Wäre zur Beobachtung einfarbiges Licht von größerer Wellenlänge verwendet worden, so würde bei gleichbleibender Stärke der Doppelbrechung eine größere Neigung der Strahlen zur optischen Axe erforderlich sein, damit ihre beiden Komponenten in der Krystallplatte eine ganze Wellenlänge Gangunterschied erhalten, der erste dunkle Ring würde also einen entsprechend größeren Durchmesser haben und ebenso alle folgenden; bei kleinerer Wellenlänge werden umgekehrt die Ringe enger. Diese durch die Wellenlänge des angewandten Lichtes bedingten Unterschiede in der Weite der dunklen Ringe werden außerdem durch die bei verschiedenen Substanzen verschiedene Dispersion der Doppelbrechung beeinflußt und je nach deren Sinn der Durchmesser der Ringe verkleinert oder vergrößert.

Läßt man statt einfarbigen Lichtes weißes in das Konoskop eintreten, so müssen notwendig von der Mitte des Gesichtsfeldes nach dem Rande hin alle diejenigen Interferenzfarben aufeinander folgen, welche eine Reihe von Platten mit immer zunehmender Schiefe zur optischen Axe im parallelen Lichte zeigen (S. 16), und jede Farbe muß ihre größte Intensität in den beiden diagonalen Durchmessern zeigen. Es entsteht daher ein Interferenzbild, wie es Fig. 1, Taf. III für eine sehr dünne Kalkspatplatte darstellt; bei Anwendung einer dickeren Platte würden die Farbenringe enger sein und allmählich in das Weiß der höheren Ordnung übergehen, welches dann die äußeren Teile der vier Quadranten bildet und von den Diagonalen aus nach den Armen des dunklen Kreuzes hin an Helligkeit stetig abnimmt. Wenn die Doppelbrechung mit abnehmender Wellenlänge bedeutend kleiner ist, so daß die Ringe für Blau und Rot ungefähr den gleichen Durchmesser haben, erscheinen keine farbigen, sondern dunkle und nahezu weiße Ringe (»Leukocyklite«).

Während das Interferenzbild einer genau zur optischen Axe senkrechten Platte beim Drehen um die letztere Richtung, wegen der Gleichwertigkeit aller Hauptschnitte rings um die Axe, ebenso unverändert bleibt, wie bei einer Verschiebung der Platte parallel ihre Ebene, so ist dies nicht mehr der Fall, wenn die Normale der Platte einen von Null verschiedenen Winkel mit der optischen Axe des Krystalls bildet. Taf. I Fig. 3 stellt die monochromatische Interferenzfigur einer Platte dar, deren Normale ca. 30° zur Axe geneigt ist, und zwar in derjenigen Stellung, bei welcher diese Neigung in eine der diagonalen Ebenen fällt; hier werden also die der optischen Axe parallelen Strahlen noch im Gesichtsfelde vereinigt in der Mitte des dunklen Kreuzes, und dieser Punkt ist umgeben von Ringen, deren Gestalt von der genauen Kreisform etwas abweicht, weil die verschiedenen Stellen eines solchen entsprechenden Strahlen verschieden schief durch die Platte gegangen und daher verschieden stark gebrochen worden sind. Taf. I Fig. 4 zeigt, ebenfalls in diagonaler Stellung und in einfarbigem Lichte, das Interferenzbild einer Platte mit 50° bis 60° Neigung der Normale zur Axe, daher von dem Ringsystem nur die äußeren Teile eines Quadranten in das Gesichtsfeld fallen. Endlich stellt Taf. I, Fig. 5 die Erscheinung dar, welche eine der optischen Axe parallele Platte zeigt, nämlich ein System von hyperbolischen Kurven gleichen Gangunterschiedes (mit ihren rechtwinkeligen Asymptoten) für den Fall, daß die Mitte des Gesichtsfeldes einem Gangunterschied von einem Vielfachen einer ganzen Wellenlänge entspricht; in diesem Bilde ist in dem rechten oberen und dem linken unteren Quadranten jede nach außen folgende Kurve durch die Interferenz von Strahlen entstanden, deren Komponenten um eine ganze Wellenlänge weniger Gangunterschied erhalten haben (weil die Richtung der Strahlen sich immer mehr der optischen Axe nähert), während in der von links oben nach rechts unten, also senkrecht zur Axe laufenden Diagonale der Abstand zweier Kurven der Zunahme um eine ganze Wellenlänge entspricht (weil die Weglänge im Krystall, also auch der Gangunterschied, trotz der gleichbleibenden Doppelbrechung, größer wird). Im weißen Lichte zeigen natürlich derartige Platten keine Kurven, sondern nur das Weiß der höheren Ordnung, außer wenn sie so dünn sind, daß die senkrecht hindurchgehenden Strahlen nur wenige Wellenlängen Gangunterschied erhalten.

Drehungsvermögen einaxiger Krystalle. Auch unter den einaxig krystallisierenden Substanzen gibt es eine Anzahl, deren Krystalle »optisch aktiv« sind, d. h. in welchen die Schwingungsebene eines geradlinig polarisierten Lichtstrahles eine Drehung erfährt. Für diese gilt die gleiche Abhängigkeit von der Dicke der Platte und von der Farbe des Lichtes, wie bei den optisch aktiven einfach brechenden Krystallen (s. S. 6), aber hier ist dieses Verhalten beschränkt auf die Richtung der optischen Axe. Für die wichtigste hierher gehörige Substanz, den Quarz, ist nachgewiesen, daß diese Eigenschaft auf einer beim Eintritt in den Krystall stattfindenden Zerlegung der geradlinigen Schwingung in zwei kreisförmige (zirkular polarisierte) von entgegengesetztem Sinne der Rotation beruht, welche sich mit verschiedener Geschwindigkeit fortpflanzen und beim Austritt aus dem Krystall sich wieder zu einer geradlinigen Schwingung zusammensetzen, die jedoch eine von dem Gangunterschiede der beiden zirkularen Schwingungen abhängige Drehung erfahren hat. Weicht die Richtung der Strahlen von der der optischen Axe ab, so verwandeln sich die beiden zirkularen Schwingungen in elliptische, und zwar ist schon bei geringer Abweichung die Elliptizität eine so starke, daß die kleinen Axen verschwindend kurz gegen die großen werden, d. h. daß nur noch zwei zueinander senkrechte geradlinige Schwingungen in Betracht kommen. Infolgedessen sind die Interferenzerscheinungen im konvergenten Lichte die gleichen wie bei den optisch inaktiven Krystallen, nur mit dem Unterschiede, daß bei einfarbigem Lichte im Axenbilde die Mitte des Ringsystems aufgehellt ist und im weißen Lichte dort diejenige Mischfarbe erscheint (s. Fig. 2, Taf. III), welche durch die Dispersion der Drehung hervorgebracht wird, d. i. diejenige, welche eine zur Axe senkrechte Platte von derselben Dicke im parallelen Lichte zeigt. Durch die Drehung des Polarisators kann man ebenso, wie bei einem einfach brechenden Krystall, rechts- und linksdrehende Krystalle unterscheiden.

Fügt man zwei zur Axe senkrechte Quarzplatten von gleicher Dicke, von denen eine rechts, die andere links dreht, übereinander in das Konoskop ein, so erscheinen im Gesichtsfelde die sog. Airyschen Spiralen, und zwar so wie Taf. I, Fig. 6a, wenn das Licht zuerst durch die linksdrehende Platte, wie Fig. 6b, wenn es zuerst durch die rechtsdrehende Platte gegangen ist. Die Krystalle des sog. Amethysts bestehen meist aus dünnen abwechselnden Schichten von Rechts- und Linksquarz; wenn diese sehr zahlreich sind, so daß die gesamte Dicke beider sich wenig unterscheidet, so ist natürlich die Drehung Null, und eine aus sehr dünnen Schichten entgegengesetzter Art bestehende Platte zeigt das optische Verhalten gewöhnlicher einaxiger Krystalle.

Absorption in optisch einaxigen Krystallen. Der Betrag an Intensität einer Lichtart, welcher von einer Krystallschicht von bestimmter Dicke absorbiert wird, ist für Schwingungen parallel und senkrecht zur optischen Axe verschieden und hat für intermediär gerichtete Schwingungen einen dazwischen liegenden Wert. Ist die Absorption sehr gering und für die verschiedenen Farben des Weiß wenig verschieden, d. h. ist der Krystall farblos, so unterscheiden sich geradlinig polarisierte Strahlen verschiedener Schwingungsrichtung nach dem

Durchgange durch den Krystall höchstens in ihrer Helligkeit einigermaßen. Werden dagegen gewisse Farben auch bei gleicher Schwingungsrichtung sehr viel stärker absorbiert als andere, so erscheint im durchgelassenen weißen Lichte der Krystall ausgesprochen farbig, und diese Färbung ändert sich mit der Schwingungsrichtung des Lichtes. Wenn das Verhältnis der Intensität der verschiedenen Farben des Weiß nach dem Durchgange der Strahlen durch den Krystall für Schwingungen parallel und senkrecht zur Axe nur wenig verschieden ist, so unterscheidet sich die entstehende Körperfarbe für beide nur wenig, ist aber dieses Verhältnis für die beiden Schwingungsrichtungen sehr verschieden, so ist die Mischfarbe nach dem Durchgange eine wesentlich andere. Läßt man gewöhnliche weiße Lichtstrahlen senkrecht auf eine der optischen Axe parallele Platte fallen, so daß jeder derselben in eine zur Axe senkrechte und eine zu ihr parallele Schwingung zerlegt wird, deren Farben mit o und e bezeichnet werden mögen, so erscheint die Platte durchsichtig in einer Farbe, welche der Mischung von o und e entspricht; eine zur Axe senkrechte Platte, durch welche also nur ordinäre Schwingungen hindurchgehen, erscheint dagegen in der Farbe o; je mehr sich o und e selbst unterscheiden, desto größer wird auch der Unterschied der Körperfarbe der beiden Platten sein. In einzelnen Fällen ist dieser so groß, daß schon eine mäßige Neigung der hindurchgegangenen Strahlen zur optischen Axe eine deutliche Änderung der Körperfarbe bewirkt; alsdann sieht man durch eine vor das Auge gehaltene, zur Axe senkrechte Platte am hellen Himmel in der Richtung der Axe einen verwaschenen runden Fleck von abweichender Farbe.

Fig. 9.

Die Eigenschaft farbiger einaxiger Krystalle, nach verschiedenen Richtungen verschiedene Körperfarben zu zeigen, bezeichnet man als »Dichroïsmus« oder richtiger, weil die Farben der zur Axe senkrechten und der ihr parallelen Platten nur die beiden Extreme der Reihe von Farben sind, welche Platten von intermediärer Orientierung zeigen, als »Pleochroïsmus«.

Zur Erkennung eines schwachen Pleochroïsmus dient das Haidingersche Dichroskop, auch »dichroskopische Lupe« genannt. Dieses Instrument besteht aus einem in einem Rohre befestigten Kalkspatprisma von der Form, wie es zur Herstellung eines Nicols benutzt wird, dessen Hauptschnitt durch *abcd* in Fig. 9 dargestellt ist; *g* und *g'* sind aus Glas gefertigte Keile; durch eine Linse *l* erblickt das in *A* befindliche Auge zwei Bilder der kleinen quadratischen Öffnung *o*, von denen eines durch die im Hauptschnitte des Kalkspats schwingenden, das andere durch die ordinären Strahlen gebildet wird. Bringt man nun einen einaxigen Krystall so vor die Öffnung *o*, daß seine beiden Schwingungsrichtungen denen des Kalkspats parallel sind, so zeigt das eine Bild nur die Farbe e der senkrechten, das andere nur o, die der horizontalen Schwingungen, daher durch die unmittelbare Vergleichung selbst sehr kleine Unterschiede der Farbe und der Helligkeit erkennbar werden; außerdem unterscheiden sich natürlich o und e mehr voneinander, als die ohne das Instrument beobachteten Farben o und o + e (die Mischung beider) zweier Platten parallel und senkrecht zur Axe.

Zeigt ein optisch einaxiger Krystall im reflektierten Lichte Oberflächenfarbe, so ist diese ebenfalls für die Schwingungen parallel und senkrecht zur Axe am meisten verschieden. Die gleiche Abhängigkeit von der Schwingungsrichtung gilt endlich auch für Intensität und Farbe des Fluoreszenz- und des Phosphoreszenzlichtes.

Optisch zweiaxige Krystalle.

Das Verhalten eines einaxigen Krystalls gegenüber den Lichtstrahlen einer bestimmten Farbe ist ebenso vollständig, wie durch die Wellenfläche, bestimmt durch das Indexellipsoïd, d. i. ein einfaches Rotationsellipsoïd, dessen Rotationsaxe mit der optischen Axe zusammenfällt und dessen Durchmesser parallel der Axe sich zu dem dazu senkrechten verhält, wie die Brechungsindices ε und ω der diesen beiden Richtungen parallel schwingenden Strahlen. Das Indexellipsoïd eines positiven Krystalls hat somit die Form eines nach der optischen Axe verlängerten, das eines negativen Krystalls die eines nach der Axe plattgedrückten Rotationsellipsoïdes (s. Taf. I, Fig. 7a, b). Fallen parallele Strahlen der betreffenden Lichtart auf eine beliebig orientierte Ebene des Krystalls senkrecht auf, und denkt man sich dieser Ebene, d. i. der Front der Strahlen, parallel einen Schnitt durch die Mitte des Indexellipsoïdes gelegt, so ist die Figur dieses Schnittes eine Ellipse, deren große und kleine Axe die Schwingungsrichtungen und die Fortpflanzungsgeschwindigkeit der beiden aus der zur Schnittebene parallelen Fläche des Krystalls austretenden Strahlen bestimmen, da deren Längen sich verhalten wie die Brechungsindices der ihnen parallel schwingenden Strahlen. Ist die Eintrittsfläche ein Hauptschnitt, so ist die Schnittfigur die erzeugende Ellipse, deren Axen in dem Verhältnis der beiden Hauptbrechungsindices ε und ω stehen. Bei sehr schwacher Doppelbrechung unterscheidet sich das Indexellipsoïd sehr wenig von einer Kugel, und in dem S. 17 erwähnten Falle ist es für eine bestimmte Farbe genau kugelförmig, für die übrigen teils plattgedrückt, teils verlängert ellipsoïdisch. Die Indexellipsoïde der einfachbrechenden Krystalle haben dagegen für alle Farben die Gestalt einer Kugel.

Ebenso wie die Kugel als spezieller Fall ($\omega = \varepsilon$) des Rotationsellipsoïdes erscheint, kann auch das letztere als ein spezieller Fall einer noch allgemeineren krummen Fläche angesehen werden, nämlich des »dreiaxigen Ellipsoïdes«; ein solches besitzt einen größten Durchmesser, einen dazu senkrechten kleinsten, während der zu beiden normale Durchmesser eine zwischenliegende Länge hat; diese drei Durchmesser heißen die »Hauptaxen« des Ellipsoïdes. Eine durch die Mitte gelegte Ebene von beliebiger Orientierung schneidet die Fläche im allgemeinen in einer Ellipse; geht die Ebene durch zwei der Hauptaxen, so ist sie eine »Symmetrieebene« des Ellipsoïdes, d. h. sie teilt dasselbe in zwei gleiche und entgegengesetzte Hälften (von denen die eine das Spiegelbild der anderen ist). Während das Rotationsellipsoïd nach unendlich vielen Ebenen symmetrisch ist, da jede durch die Axe gehende Ebene (bei der Kugel überhaupt jede Ebene) sie in gleiche und entgegengesetzte Hälften teilt, besitzt das dreiaxige Ellipsoïd nur drei Symmetrieebenen (Hauptschnitte). Ist die Länge der »mittleren«

Axe näher an der kleinsten, so ist die Form ähnlich der eines verlängerten Rotationsellipsoïdes, d. h. des Indexellipsoïdes eines positiven Krystalls (Taf. I, Fig. 8a); je näher jedoch die mittlere Axe der größten ist, um so mehr nähert sich die Form der eines nach der kleinsten Axe plattgedrückten Rotationsellipsoïdes (s. Taf. I, Fig. 8b), d. i. dem Indexellipsoïde eines negativ einaxigen Krystalls.

Die große Mehrzahl der doppeltbrechenden Krystalle ist nun so beschaffen, daß die Abhängigkeit des Brechungsindex einer bestimmten Farbe von der Schwingungsrichtung nicht durch ein Rotationsellipsoïd, sondern nur durch ein dreiaxiges Ellipsoïd dargestellt werden kann. Die drei Hauptaxen desselben heißen die Hauptschwingungsrichtungen, die ihnen entsprechenden Brechungsindices die Hauptbrechungsindices, von denen man den kleinsten mit α, den größten mit γ und den mittleren, d. h. den für Schwingungen senkrecht zur Ebene des größten und des kleinsten Durchmessers des Indexellipsoïdes, mit β zu bezeichnen pflegt. Werden durch die in Fig. 8a und b, Taf. I nach links gerichtete mittlere Axe Ebenen verschiedener Neigung gelegt, so schneidet unter diesen die senkrechte, d. h. zugleich durch die große Axe γ gehende, die Form in einer Ellipse mit den Axen γ und β; etwas dagegen (gleichgültig ob nach rechts oder links) geneigte Ebenen bilden Schnittellipsen mit einer großen Axe, welche kleiner ist als γ, und endlich die 90° mit der großen Axe bildende Ebene liefert eine Ellipse, deren zur mittleren Axe des Ellipsoïdes senkrechte Axe den kleinsten Wert α hat; es muß also bei einer zwischenliegenden Neigung (und zwar wegen der oben erwähnten Symmetrie des Ellipsoïdes unter dem gleichen Winkel nach rechts und links) eine Schnittellipse resultieren, deren in der Ebene der größten und kleinsten Hauptaxe liegende Axe ebenfalls die Länge β besitzt, d. h. ein Kreis. Während das Rotationsellipsoïd nur einen Kreisschnitt (senkrecht zur Axe) hat, muß daher das dreiaxige Ellipsoid zwei Kreisschnitte (in Fig. 8a u. b, Taf. I durch kräftige schwarze Linien dargestellt, während die drei Hauptschnittellipsen weiß sind) haben, und weil die beiden zu ihnen normalen Richtungen ähnliches Verhalten zeigen, wie die Richtung der optischen Axe in den einaxigen Krystallen, nennt man sie ebenfalls »optische Axen« und deshalb die hierher gehörigen Krystalle »optisch zweiaxige«. Wie aus Fig. 8a u. b, Taf. I ersichtlich, schließen die beiden Kreisschnitte im ersteren Falle einen größeren Winkel mit der großen Axe des Ellipsoïdes ein, als im zweiten, ihre beiden Normalen bilden also in Fig. 8a einen kleineren, in Fig. 8b einen größeren Winkel mit der großen Axe des Ellipsoïdes; man bezeichnet daher auch diejenigen zweiaxigen Krystalle, deren spitzer Axenwinkel von der Schwingungsrichtung der kleinsten Fortpflanzungsgeschwindigkeit (der des größten Brechungsindex) halbiert wird, als positive, diejenigen, in denen die Halbierende des spitzen Axenwinkels die kleinste Axe des Indexellipsoïdes, also die Schwingungsrichtung der größten Lichtgeschwindigkeit ist, als negative. Diejenige der beiden Hauptaxen des Ellipsoïdes, welche den spitzen Winkel der Axen halbiert, heißt erste, die Halbierende des stumpfen Winkels zweite Mittellinie und die Ebene derselben die Ebene der optischen Axen; für die Normale der letzteren, die mittlere Hauptaxe des Indexellipsoïdes, wird auch oft der Name »optische Normale« gebraucht.

Für die zweiaxigen Krystalle gilt nun ebenso wie für die einaxigen (s. S. 23), daß durch eine planparallele Platte senkrecht hindurchgehende Strahlen in zwei Schwingungen zerlegt werden, welche parallel den beiden Axen derjenigen Ellipse stattfinden, in der die Ebene der Platte, durch die Mitte des Indexellipsoïdes gelegt, dieses schneidet, und daß die Brechungsindices jener beiden Schwingungen sich verhalten wie die Längen der beiden Axen dieser Ellipse. Da nun die Fortpflanzungsgeschwindigkeiten sich umgekehrt verhalten wie die Brechungsindices, so kann man aus dem Indexellipsoïd für eine beliebige Strahlenrichtung das Verhältnis der Längen finden, um welche sich die beiden zugehörigen Schwingungen in gleicher Zeit, z. B. während einer Schwingungsdauer, fortpflanzen und kann daher, wenn man dieses Verfahren auf Strahlen aller möglichen Richtungen anwendet, die natürlich ebenfalls zweischalige Wellenfläche für die betreffende Farbe konstruieren. Es ist dies im Prinzip auch der Weg gewesen, auf welchem man die Wellenflächen der zweiaxigen Krystalle erforscht hat, da ihre Gestalt sehr viel komplizierter ist als diejenige der Wellenflächen der

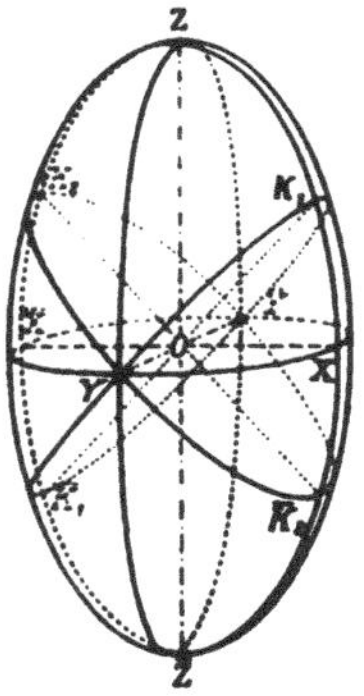

Fig. 10.

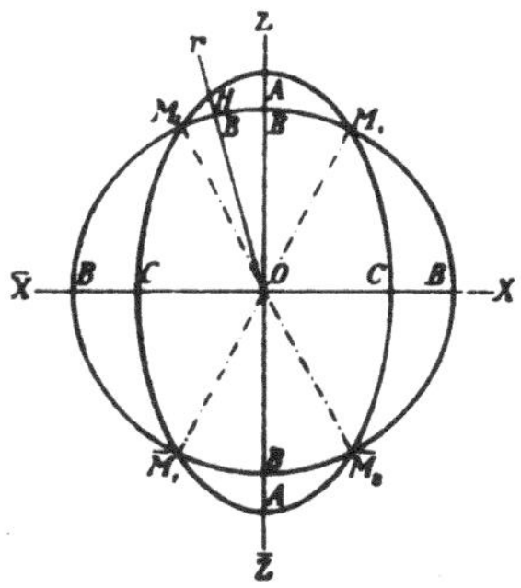

Fig. 11.

einaxigen Krystalle. Um eine Vorstellung einer solchen Fläche zu erhalten, werde zuerst ihr Durchschnitt mit der Ebene der Axen hergeleitet. Seien in Fig. 10 $OX = \alpha$, $OY = \beta$, $OZ = \gamma$, d. h. proportional dem kleinsten, mittleren und größten Brechungsindex eines positiven Krystalls für eine bestimmte Farbe und die beiden Kreisschnitte die Ebenen durch OK_1 und OK_2, deren Längen also $= OY = \beta$, so werden sich in der Ebene XZ Strahlen fortpflanzen, deren eine Schwingung (die ordinäre) stets parallel OY stattfindet, also die dem mittleren Brechungsindex β entsprechende Geschwindigkeit hat; diese breitet sich daher in der Ebene XZ nach allen Richtungen mit konstanter Geschwindigkeit aus, welche in Fig. 11 durch die Länge OB dargestellt ist. Die zweite zugehörige Schwingung hat die größte Geschwindigkeit OA entsprechend dem kleinsten Brechungsindex α, wenn die Schwingung parallel OX stattfindet — dagegen die kleinste Geschwindigkeit OC, wenn die Fortpflanzungsrichtung parallel OX, die Schwingungsrichtung also die dem größten Brechungsindex γ entsprechende OZ ist; die Strecke, um welche sich dieser zweite (der extraordinäre) Strahl in einer dazwischen liegenden Richtung in der gleichen Zeit fortpflanzt, ist der betreffende Radiusvektor einer Ellipse mit dem Axenverhältnis

$OA : OC$, und diese wird daher viermal von dem Kreise mit dem Radius OB geschnitten. In der gleichen Weise ergeben sich die beiden Kurven, in welchen die Wellenfläche von den Ebenen XY bzw. YZ geschnitten wird, diese sind in Fig. 12 u. 13 dargestellt, während in Fig. 14 die drei zueinander senkrechten Durchschnitte vereinigt sind, um von dieser doppelschaligen Oberfläche, welche auch die Fresnelsche Fläche genannt wird, einigermaßen eine räumliche Vorstellung zu geben (besser geschieht dies durch ein Modell, wie es das Stereoskopbild Nr. 3 zeigt, in welchem sie durch ein Netzwerk von Drähten in Form ge-

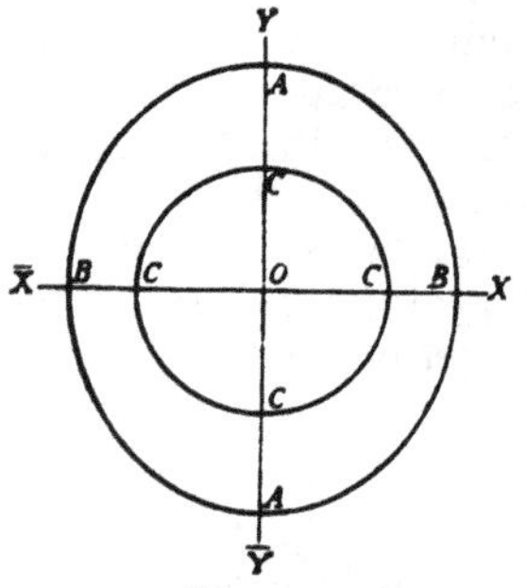

Fig. 12.

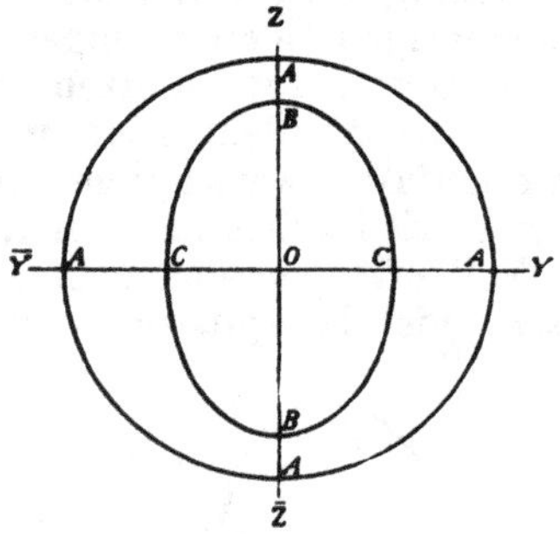

Fig. 13.

eigneter Kurven dargestellt wird). Die beiden Schalen dieser Fläche durchdringen einander in vier Punkten (M_1 M_2 $\overline{M}_1$ $\overline{M}_2$ in Fig. 11) so, daß irgendeine durch einen solchen Punkt gehende Kurve hier ohne Knick von der äußeren Schale auf die innere oder umgekehrt gelangt. Die durch einen solchen Punkt, z. B. M in

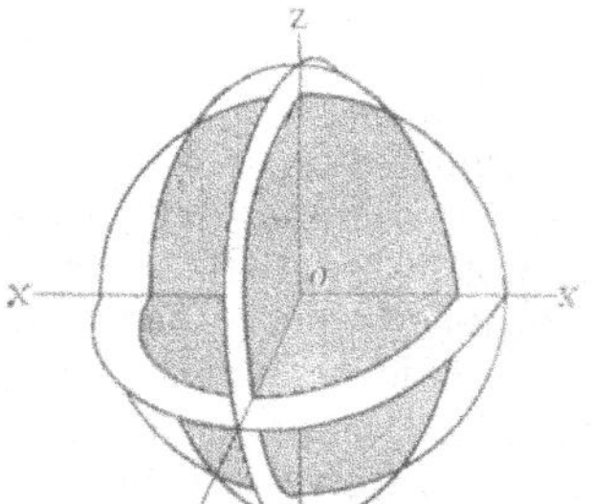

Fig. 14.

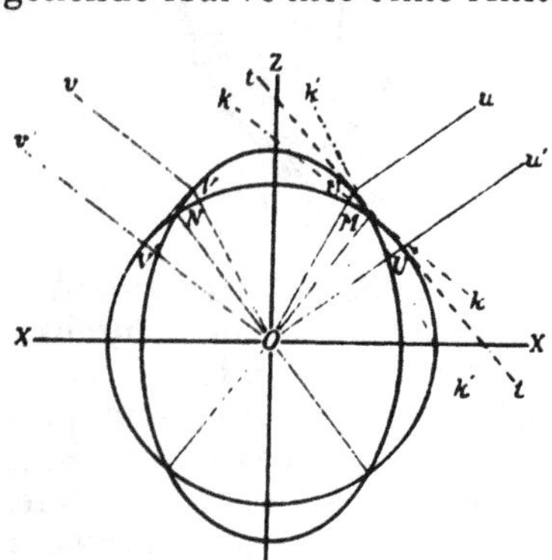

Fig. 15.

Fig. 15, an den Kreis und die Ellipse gelegten Tangenten kk und $k'k'$ sind verschieden, während beide Kurven eine gemeinsame Tangente in tt haben; legt man durch letztere eine Ebene senkrecht zu der von Fig. 15, so berührt sie die Wellenfläche über dem Punkte M ringsum in einem Kreise, der einem Kegel[1]) (OUU' im Durchschnitt) von

[1]) Da in den Fig. 10 f. der Deutlichkeit wegen die Differenzen der Brechungsindices stark übertrieben worden sind, weichen in Wirklichkeit die elliptischen Kurven der Durchschnitte viel weniger von den kreisförmigen ab und daher ist der durch OUU' angedeutete Kegel stets viel spitzer als er in Fig. 15 gezeichnet wurde.

Strahlen mit gemeinsamer Wellenfront angehört. Diese Ebene ist nun parallel einem Kreisschnitte des Indexellipsoïdes, ihre Normale *Uu* (//*OU'*) ist also die Richtung einer der beiden optischen Axen, daher einer in dieser Richtung fortschreitenden Wellenfront die mittlere Geschwindigkeit *OB*, einem in der optischen Axe sich fortpflanzenden Strahl also der Brechungsindex β zukommt. Die drei in Fig. 14 dargestellten Ebenen sind die einzigen, in denen sich Strahlen mit konstanter Geschwindigkeit (ordinäre) fortpflanzen, wie im Hauptschnitte eines einaxigen Krystalls; während letzterer aber unendlich viele gleichwertige Hauptschnitte hat, besitzt die Wellenfläche eines zweiaxigen Krystalls nur drei voneinander verschiedene Hauptschnitte und diese sind zugleich die Symmetrieebenen der Wellenfläche wie des Indexellipsoïdes. Fällt nämlich die Einfallsebene des Lichtes nicht mit einer dieser drei Ebenen zusammen, teilt sie die Wellenfläche nicht in symmetrischer Weise, so liefert die den Fig. 5 und 6 (S. 15) analoge Huyghenssche Konstruktion der gebrochenen Wellenfronten zwei Tangentialebenen, welche nicht, wie in jenem Falle, die Wellenfläche in der Einfallsebene angehörenden Punkten berühren, so daß die beiden Strahlen aus dieser Ebene heraustreten, d. h. keiner von ihnen mehr dem gewöhnlichen Brechungsgesetze folgt.

Die Messung der drei Hauptbrechungsindices kann nach der Prismenmethode in zweierlei Weise erfolgen: entweder dienen dazu drei Prismen, für deren Orientierung nur die eine Bedingung gilt, daß die brechende Kante je einer Hauptschwingungsrichtung parallel ist, weil alsdann der in dieser Richtung schwingende Strahl dem gewöhnlichen Brechungsgesetze gehorcht — oder es genügen zwei Prismen, von denen aber das eine so orientiert sein muß, daß der Winkel seiner beiden Flächen von einem Hauptschnitte der Wellenfläche halbiert wird; alsdann liefert jeder der beiden aus dem Prisma austretenden Strahlen bei der Einstellung auf das Minimum der Ablenkung einen Hauptbrechungsindex. Für die Methode der Totalreflexion bedarf es nur einer Ebene des Krystalls, welche einer Hauptschwingungsrichtung parallel ist; in dieser Richtung pflanzen sich zwei nach den beiden anderen Axen des Indexellipsoids schwingende Strahlen fort, daher ihre Grenzwinkel zwei Hauptbrechungsindices bestimmen; dreht man die Platte in ihrer Ebene um 90°, so erhält man wieder zwei Grenzwinkel, von welchen der in der vorigen Fortpflanzungsrichtung schwingende dem dritten Hauptbrechungsindex entspricht. Eine Ebene des Krystalls, welche einem optischen Hauptschnitt parallel ist, liefert nach dem S. 15 angegebenen Verfahren eine objektive Darstellung eines der Durchschnitte mit der Wellenfläche Fig. 11 bis 13.

Interferenzerscheinungen zweiaxiger Krystalle in einfarbigem Lichte. Die beiden Schwingungsrichtungen der Strahlen, welche senkrecht aus einer planparallelen Platte von beliebiger Orientierung austreten, werden, wenn die Richtungen der beiden optischen Axen des Krystalls in bezug auf die Ebene der Platte bekannt sind, durch die folgende Regel bestimmt: Legt man durch die Normale der Platte und durch eine optische Axe je eine Ebene, so schneiden diese beiden Ebenen die der Platte in zwei Geraden; die beiden Halbierenden der Winkel zwischen diesen Geraden sind die gesuchten Schwingungsrichtungen. Nach dieser Regel kann man nun auf rechnerischem oder graphischem Wege für einen bekannten Krystall die Orientierung der Schwingungsrichtungen in einer Anzahl von Ebenen ableiten, welche sämtlich einer ausgezeichneten Richtung des Krystalls parallel sind; aus den Resultaten dieser Ableitung ergibt sich dann, in welchen Grenzen der Winkel einer Schwingungsrichtung mit jener ausgezeichneten Richtung liegen kann und welche Winkelwerte bei einer größeren Zahl der betreffenden Ebenen die häufigsten sind. Handelt es sich nun z. B. in einem Gestein um die Erkennung eines Minerals, für welche die erwähnten optischen Verhältnisse festgestellt worden sind und in dessen im Dünnschliffe des Gesteins sichtbaren Querschnitten die betreffende ausgezeichnete Richtung durch Umrißlinien oder Spaltungsrisse erkannt werden kann, so liefern die an solchen Schnitten beobachteten Werte der Auslöschungsschiefe im Orthoskop (s. S. 11) ein praktisches Mittel zur Beantwortung der Frage, ob diese Schnitte dem betr. Mineral angehören.

Die wichtigste Aufgabe bei der Erforschung der optischen Eigenschaften eines Krystalls ist die Aufsuchung der Richtungen seiner optischen Axen, durch welche zugleich die Orientierung seiner Hauptschwingungsrichtungen (als ihrer Mittellinien und der Normalen zu ihrer Ebene) und damit die Möglichkeit zur Bestimmung der Hauptbrechungsindices nach S. 27 gegeben ist. Diese Aufsuchung erfolgt im Konoskop, welches zu diesem Zwecke vorteilhaft ein möglichst großes Gesichtsfeld besitzt, durch die Beobachtung der im monochromatischen Lichte erscheinenden Kurven gleichen Gangunterschiedes. Fällt der Punkt, in welchem sich die parallel einer Axe durch den Krystall gegangenen Strahlen vereinigen, der »Axenpunkt«, noch innerhalb des Gesichtsfeldes, so ist er umgeben von dunklen Ringen, welche analog denen der einaxigen Krystalle (s. S. 19), den Gangunterschieden λ, 2λ, 3λ . . . der betreffenden Farbe entsprechen, nur mit dem Unterschied, daß diese Ringe hier, auch in dem Falle einer genau zur optischen Axe senkrechten Platte, nicht kreisförmig sein können, weil der Abstand der beiden Schalen der Wellenfläche nicht, wie bei der einaxigen, ringsum die Axe nach allen Seiten gleichmäßig zunimmt. Wenn der spitze Winkel der optischen Axen nicht allzu groß ist und der mittlere Brechungsindex β (welcher nach S. 27 die Brechbarkeit der einer optischen Axe parallelen Strahlen bestimmt) keinen sehr hohen Wert hat, so sind bei geeigneter Orientierung der Platte beide Axenbilder innerhalb des Gesichtsfeldes.

Sind die letztgenannten Bedingungen erfüllt und ist außerdem die Krystallplatte genau senkrecht zur 1. Mittellinie der optischen Axen für die betreffende Farbe, so müssen die beiden Axenpunkte gleichen Abstand von der Mitte des Gesichtsfeldes haben. Man beobachtet dann im Konoskop das in Fig. 9a, Taf. I dargestellte Interferenzbild, wenn die Ebene der optischen Axen parallel der Schwingungsebene des einen der beiden gekreuzten Nicols ist, dasjenige Fig. 9b, Taf. I nach einer Drehung der Platte von 45° um ihre Normale. Die Kurven gleichen Gangunterschiedes haben die Gestalt von sog. Lemniscaten, von denen die innersten aus zwei in sich geschlossenen Zweigen bestehen, welche auch (wie die der dritten Lemniscate in den Figuren) einander berührend eine Brillenfigur bilden können, während die äußeren sich immer mehr der Gestalt eines einfachen Ovals nähern. Diese Kurven werden bei der in Fig. 9a, Taf. I zugrunde gelegten Stellung der Platte durchschnitten von einem dunkeln Kreuz, dessen senkrechte Arme sehr breit und verwaschen sind, während die horizontalen, besonders in der Nähe der Axenpunkte, schmal und scharf erscheinen. Daß dem so sein muß, geht aus Fig. 16 hervor, in welcher für eine größere Anzahl von Punkten des Gesichtsfeldes die beiden zugehörigen Schwingungsrichtungen durch ein kleines Kreuz eingezeichnet sind, wie sie aus der S. 27 angegebenen Regel folgen; denn es muß offenbar an allen Stellen, wo die Schwingungsrichtungen genau horizontal und vertikal sind, vollständige Auslöschung eintreten, und je schneller die Abweichung der Schwingungsrichtungen der Platte von denen der Nicols zunimmt, um so rascher muß die Dunkelheit abnehmen. In der Diagonalstellung der Platte (Fig. 9b, Taf. I) müssen natürlich alle die Stellen der Fig. 16 dunkel erscheinen, an denen die Kreuzesarme diagonal stehen, weil diese nach der Drehung von 45° mit den Schwingungsrichtungen der Nicols zusammenfallen; infolgedessen erscheinen zwei dunkle Hyperbeln, welche an den Axenpunkten, d. h. ihren Scheiteln, am schmalsten sind und nach außen büschelartig verlaufen.

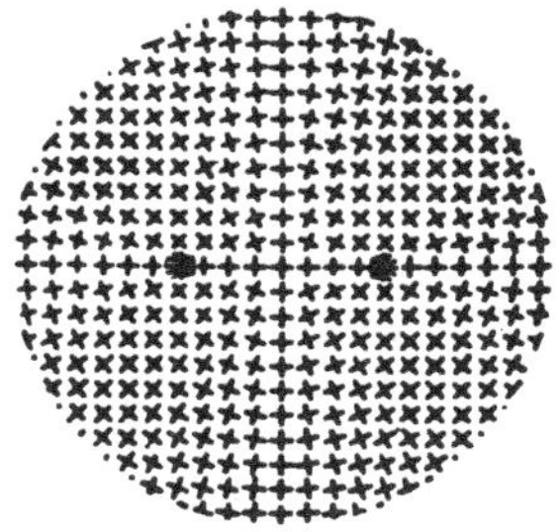

Fig. 16.

Die Fig. 1 u. 2, Taf. II stellen die Interferenzbilder zweier ungleich dicker Platten eines Krystalls dar, und zwar letztere die der dünneren, in welcher deshalb erst bei weit größerer Neigung der Strahlen zur Normale der Platte der Gangunterschied λ zustande kommt, daher der erste dunkle Ring erst in einem Abstande von der Mitte des Gesichtsfeldes erscheint, in welchem das Interferenzbild der dickeren Platte bereits den zehnten oder elften Ring zeigt. Wäre der Axenwinkel noch kleiner als in dem hier gewählten Beispiele, so würden die dunklen Ringe noch weniger oval erscheinen und die Scheitel der beiden Hyperbeln in Fig. 2b einander noch mehr genähert sein, d. h. mit der Annäherung des Axenwinkels an Null, den speziellen Fall eines für die betreffende Farbe einaxigen Krystalls, nähert sich das Interferenzbild einem aus kreisförmigen, von einem dunklen Kreuz durchschnittenen Ringen bestehenden.

Wenn der Axenwinkel sehr groß oder die Ebene der Platte senkrecht zur 2. Mittellinie ist, die Richtungen der optischen Axen daher im allgemeinen außerhalb des das Gesichtsfeld begrenzenden Strahlenkegels fallen, so zeigen die Kurven gleichen Gangunterschiedes die in Fig. 3, Taf. II abgebildete Form. Je mehr sich der Winkel der beiden optischen Axen mit der Normale der Platte dem Werte 90° nähert, desto ähnlicher werden die Kurven Hyperbeln, und wenn endlich die Platte parallel der Ebene der optischen Axen ist, so sind die Kurven gleichen Gangunterschiedes hyperbolische, welche sich aber von denjenigen einer einaxigen Platte parallel zur Axe (Fig. 5, Taf. I) dadurch unterscheiden, daß ihre Asymptoten einen schiefen Winkel bilden.

Das Interferenzbild einer zur 1. Mittellinie senkrechten Platte ist von besonderer Bedeutung, weil dasselbe gestattet, den Winkel der optischen Axen für die betreffende Farbe[1]) zu bestimmen, denn diesem entspricht im Gesichtsfelde der Abstand der beiden Axenpunkte, d. i. die Entfernung der Scheitel der beiden dunklen Hyperbeln bei der diagonalen Stellung der Platte. Wenn der Winkel einer optischen Axe

[1]) Man verwendet hierzu außer dem gelben Natriumlicht gewöhnlich noch für Rot eine mit Lithiumsulfat, für Grün eine mit Thalliumsulfat gefärbte Bunsenflamme oder eine Quecksilberlampe mit geeigneten Lichtfiltern (s. Anhang).

mit der Plattennormale, d. h. der halbe Axenwinkel, mit V bezeichnet wird und mit E der Winkel, welchen die parallel der Axe im Krystall fortgepflanzten Strahlen mit der Plattennormale nach ihrer an der Austrittsfläche erfolgten Brechung bilden, so gilt die Gleichung $\sin E = \beta \sin V$; den hierdurch bestimmten Winkel $2E$, welchen die den beiden optischen Axen entsprechenden Strahlen nach ihrem Austritt in die Luft bilden, nennt man den scheinbaren Axenwinkel, zum Unterschied von dem wahren $2V$. Eine approximative Bestimmung von $2E$ kann man erhalten, wenn im Gesichtsfelde des Konoskops eine Mikrometerskala angebracht ist, deren Winkelwert man kennt. Genauer kann dagegen der scheinbare Axenwinkel gemessen werden, wenn mit dem Konoskop eine Vorrichtung verbunden wird, welche gestattet, die Krystallplatte um die Normale zur Axenebene zu drehen und diese Drehung zu messen; man bringt alsdann einmal den Scheitelpunkt der einen dunklen Hyperbel, das zweite Mal den der anderen mit dem durch ein Fadenkreuz (oder durch den Mittelstrich des Mikrometers) bezeichneten Mittelpunkt des Gesichtsfeldes zur Deckung und erhält als Differenz der diesen beiden Stellungen der Platte entsprechenden Ablesungen den gesuchten scheinbaren Axenwinkel in Luft. Ist der Axenwinkel sehr groß, so umgibt man die Krystallplatte mit einer stark brechenden Flüssigkeit, welche in ein mit parallelen Glasfenstern versehenes Gefäß gefüllt wird; alsdann erhält man durch das beschriebene Messungsverfahren den scheinbaren Axenwinkel in der betreffenden Flüssigkeit, und dieser nähert sich dem wahren um so mehr, je weniger sich der Brechungsindex der Flüssigkeit von dem mittleren des Krystalls (β) unterscheidet. Man kann nach diesem Verfahren in den meisten Fällen mit Hilfe einer zur 2. Mittellinie senkrechten Platte auch den scheinbaren stumpfen Winkel der Axen in der Flüssigkeit messen und ist unter Anwendung beider Platten sogar imstande, den wahren Axenwinkel $2V$ des Krystalls festzustellen, ohne den Brechungsindex der Flüssigkeit und β des Krystalls zu kennen; eine einfache Rechnung lehrt nämlich, daß $\tang V = \frac{\sin H_a}{\sin H_o}$, wo H_a die Hälfte des spitzen scheinbaren Axenwinkels in der Flüssigkeit, H_o die des stumpfen ist.

Aus den drei Hauptbrechungsindices folgt der wahre Axenwinkel nach der Gleichung

$$\operatorname{tang} V = \sqrt{\frac{\frac{1}{\alpha^2} - \frac{1}{\beta^2}}{\frac{1}{\beta^2} - \frac{1}{\gamma^2}}},$$

worin V der Winkel einer optischen Axe mit der Schwingungsrichtung des größten Brechungsindex, d. i. $U'OZ$ in Fig. 15, S. 26; wie aus dieser Formel ersichtlich, ist der Winkel $V = 45^0$, der Axenwinkel gleich 90^0, wenn β so zwischen α und γ liegt, daß $\frac{1}{\alpha^2} - \frac{1}{\beta^2} = \frac{1}{\beta^2} - \frac{1}{\gamma^2}$; es handelt sich daher um einen positiven Krystall, in welchem die 1. Mittellinie der Axen die Schwingungsrichtung der kleinsten Fortpflanzungsgeschwindigkeit ist (s. S. 24), wenn der Zähler des unter dem Wurzelzeichen stehenden Bruches kleiner ist als der Nenner — im umgekehrten Falle um einen negativen.

Arten der optischen Symmetrie zweiaxiger Krystalle.

Alle bisherigen Auseinandersetzungen über die optisch zweiaxigen Krystalle bezogen sich auf Licht irgendeiner, aber immer einer bestimmten Farbe. Für verschiedene Lichtarten sind nicht nur die drei Hauptbrechungsindices, sondern auch ihre Dispersionen verschieden, so daß für eine andere Farbe die Verhältnisse der drei Axen des Indexellipsoïdes andere sind und folglich auch der davon abhängige Axenwinkel größer oder kleiner ist; im weißen Lichte sind also die optischen Axen dispergiert. Diese Dispersion beträgt bei einzelnen krystallisierten Stoffen nur wenige Minuten, meist jedoch 1 bis 2°, zuweilen aber auch bedeutend mehr. Infolge derselben kann es vorkommen, daß für gewisse Farben diejenige Hauptschwingungsrichtung 1. Mittellinie der optischen Axen ist, welche für andere ihren stumpfen Winkel halbiert, daß also ein Krystall teils positiv, teils negativ ist und für eine Lichtart genau den Axenwinkel 90° besitzt, wie oben angeführt wurde. Ist dagegen der Winkel der Axen klein und ihre Dispersion eine starke, so kann der Fall eintreten, daß für eine mittlere Farbe $V = 0$ wird; alsdann ist der Krystall für diese Lichtart einaxig, während die optischen Axen für die Farben auf einer Seite des Spektrums in einer Ebene, die der anderen Seite in der dazu senkrechten Ebene divergieren, und zwar um so mehr, je weiter die Farben von jener mittleren entfernt sind; man sagt alsdann, der Krystall besitze »gekreuzte Axenebenen«.

Durch die Dispersion der optischen Axen werden natürlich die Interferenzerscheinungen im weißen Lichte weit kompliziertere als die im homogenen, d. i. einfarbigen. Zu der Verschiedenheit der Gestalt der Wellenfläche für die verschiedenen Farben kann aber noch eine Verschiedenheit der Orientierung der Hauptschwingungsrichtungen hinzutreten, und in dieser Beziehung sind drei Fälle möglich. Erstens können die drei Hauptschwingungsrichtungen, also auch die drei Symmetrieebenen der Wellenflächen, für alle Farben zusammenfallen; alsdann ändern sich sämtliche optische Eigenschaften des Krystalls mit der Richtung symmetrisch in bezug auf jene drei Ebenen; solche Krystalle sollen als optisch trisymmetrische bezeichnet werden. Besitzt dagegen nur eine der drei Hauptschwingungsrichtungen die gleiche Orientierung für alle Farben, so findet optische Symmetrie nur statt in bezug auf einen Hauptschnitt der Wellenfläche, nämlich den zur gemeinsamen Hauptschwingungsrichtung senkrechten, in welchem dann die beiden anderen liegen; alsdann tritt zu der Dispersion der optischen Axen noch eine solche zweier Hauptschwingungsrichtungen, und der Krystall ist optisch monosymmetrisch. Der dritte mögliche Fall ist der, daß alle drei Hauptschwingungsrichtungen dispergiert sind; da in diesem die Symmetrieebenen der Wellenflächen für die einzelnen Farben sämtlich verschieden orientiert sind, kann es keine Ebene im Krystall geben, in bezug auf welche die Änderung der optischen Eigenschaften mit der Richtung für alle Farben symmetrisch vor sich geht, daher solche Krystalle als optisch asymmetrische zu bezeichnen sind. Diese drei Arten von zweiaxigen Krystallen zeigen verschiedenes Verhalten im weißen Lichte, besonders im konvergenten, und können hierdurch unterschieden werden.

Drehungsvermögen zeigen gewisse optisch zweiaxige wie die einaxigen in der Richtung ihrer optischen Axen, es ist aber hier, der Dispersion und anderer Ursachen wegen, schwieriger festzustellen und daher erst bei einer kleinen Zahl von Substanzen nachgewiesen.

Optisch trisymetrische Krystalle.

Da hier drei Ebenen optischer Symmetrie vorhanden sind, müssen je zwei Richtungen, welche in bezug auf eine derselben gleich und entgegengesetzt liegen, nicht nur die Wellenfläche einer bestimmten Farbe in gleichen Entfernungen von der Mitte schneiden, sondern auch die aller anderen Farben, wenn auch diese Entfernungen bei anderer Wellenlänge natürlich andere sind. Für die Interferenzerscheinungen ergibt sich aus der Coïncidenz der drei Axen der Indexellipsoïde für alle Farben das im folgenden beschriebene Verhalten.

Im Orthoskop wird bei Anwendung weißen Lichtes eine einem Hauptschnitte parallele Platte beim Drehen für alle Farben gleichzeitig dunkel, ebenso eine solche, die nur einer der drei gemeinsamen Hauptschwingungsrichtungen parallel ist; ein nach einer derartigen Richtung prismatisch ausgebildeter Krystall löscht infolgedessen parallel seiner Längsrichtung aus. Sind dagegen die Ein- und Austrittsfläche des Lichtes keiner der drei Axen der Indexellipsoïde parallel, so sind ihre Schwingungsrichtungen dispergiert, denn sie hängen nach der S. 27 gegebenen Regel von dem Winkel der optischen Axen ab; meist ist jedoch diese Dispersion so gering, daß die Platte bei der Beobachtung in weißem Lichte beim Drehen eine nahezu gleichzeitige Auslöschung zeigt. Dagegen wird eine Platte senkrecht zu einer optischen Axe, was wegen der Axendispersion immer nur für eine einzelne Farbe möglich ist, niemals vollständig dunkel, wie die eines einaxigen Krystalls (s. S. 16). Dadurch kann man die Querschnitte eines Minerals im Dünnschliffe eines Gesteins als die von zweiaxigen Krystallen erkennen, was sich natürlich durch Übergang zum konvergenten Licht ebenfalls konstatieren läßt; die Doppelbrechung der Schnitte, welche die höchsten Interferenzfarben zeigen, entsprechen hier natürlich der größten Differenz der Brechungsindices, nämlich $\gamma - \alpha$.

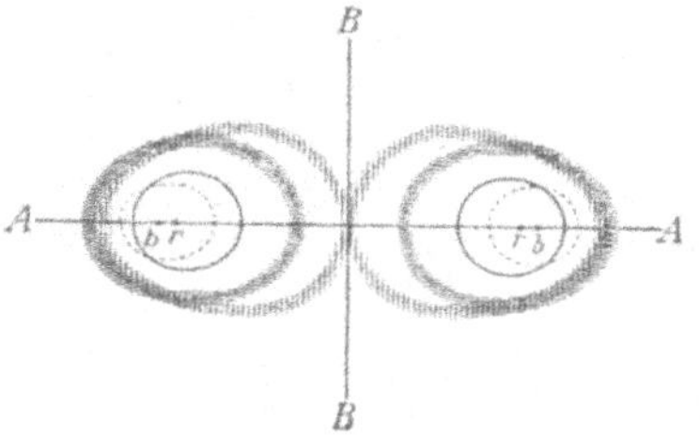

Fig. 17.

Wesentlich verschieden von dem Verhalten im einfarbigen Lichte ist jedoch das im weißen Lichte, wenn dasselbe konvergent ist, und zwar kommt auch hier besonders das Interferenzbild einer zur 1. Mittellinie senkrechten Platte in Betracht. Fig. 17 stellt in schematischer Weise die inneren Lemniscaten für ein bestimmtes Rot (ausgezogen bzw. vertikal schraffiert) und Blau (punktiert bzw. horizontal schraffiert) dar, für welche die Axenpunkte *rr* bzw. *bb* sind; Schwingungsrichtungen der Nicols *AA* und *BB*. Man ersieht daraus, daß im weißen Lichte zwar den Lemniscaten ähnliche Farbenringe die Axenpunkte umgeben müssen, daß aber die Farbe nicht im ganzen Umfange eines Ringes die gleiche sein kann, vielmehr an der nach außen gekehrten Seite andere Farben und in anderer Reihenfolge auftreten müssen, als an der der Mitte zugekehrten Seite; dagegen muß die Farbenverteilung vollkommen symmetrisch sein nach den Geraden *AA* und *BB*, also in den beiden Axenbildern gleich und entgegengesetzt; da *AA* und *BB* zweien für alle Farben gemeinsamen Hauptschnitten entsprechen, so muß das schwarze Kreuz ebenso erscheinen, wie in einfarbigem Lichte. Fig. 3a der Taf. III gibt das Interferenzbild einer derartigen Platte von Aragonit wieder, Fig. 3b dasselbe nach einer Drehung von 45° um die 1. Mittellinie. Während im einfarbigen Lichte bei der diagonalen Stellung der Platte einfache dunkle Hyperbeln erscheinen (siehe Fig. 2b, Taf. II), sind diese im weißen Lichte an ihren inneren (konvexen) Seiten blau, an den äußeren (konkaven) rot; die Erklärung dieses Verhaltens zeigt Fig. 18, in welcher auch die dunkeln Hyperbeln für beide Farben ebenso wie in Fig. 17 unterschieden sind; da an den beiden Innenseiten Rot ausgelöscht ist, muß hier Blau in der Mischung der Farben vorherrschen, an den Außenseiten dagegen Rot, weil dort Blau bzw. Violett vernichtet ist. Wäre der Axenwinkel für Rot nicht kleiner, sondern größer als für Violett, so wäre das Umgekehrte der Fall (der Sinn der Dispersion wird abgekürzt bezeichnet mit $\varrho < v$ bzw. $\varrho > v$). Wenn die Dispersion der Axen kleiner ist als in dem gewählten Beispiele, so findet eine weitergehende Überdeckung der dunklen Hyperbeln für die verschiedenen Farben statt, und es erscheint nur ein schmaler Farbensaum an beiden Seiten derselben. Es gibt aber auch Substanzen mit so starker Dispersion, daß keine dunklen Hyperbeln zustandekommen können, sondern nur farbige, und wenn endlich die optischen Axen für die verschiedenen Farben in gekreuzten Ebenen liegen, so treten auch an Stelle der Lemniscaten farbige Kurven von der Gestalt, wie sie z. B. das Interferenzbild des Brookit in Fig. 4 der Tafel zeigt, in welcher die Axen teils in der horizontalen, teils in der vertikalen Ebene liegen.

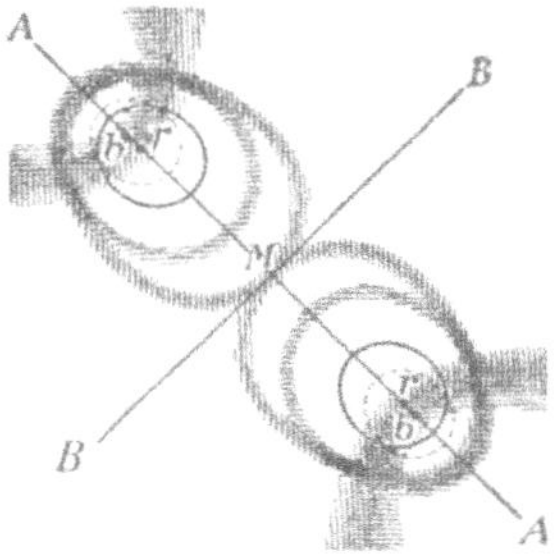

Fig. 18.

Da in allen hierher gehörigen Krystallen die beiden Richtungen der optischen Axen für irgendeine Farbe optisch gleichwertig sind, so zeigen sie auch im Falle eines optisch aktiven Krystalls die gleiche Drehung der Schwingungsrichtung des ihnen parallel sich fortpflanzenden, geradlinig polarisierten Lichtes, daher die Axenpunkte des im Konoskop beobachteten einfarbigen Interferenzbildes nur nach einer entsprechenden Drehung des Analysators dunkel erscheinen und im weißen Lichte daselbst Farben auftreten müssen (Beispiel: Bittersalz).

Die Absorption des Lichtes in zweiaxigen Krystallen kann für irgendeine Farbe in ihrer Abhängigkeit von der Schwingungsrichtung dargestellt werden durch ein dreiaxiges Ellipsoid, dessen drei Axen, die »Absorptionsaxen«, sich umgekehrt verhalten wie die Helligkeiten der durch eine gleichdicke Schicht des Krystalls hindurchgegangenen Strahlen der entsprechenden Schwingungsrichtung. In den trisymmetrischen Krystallen sind nun diese drei Richtungen der größten, mittleren und kleinsten Absorption für alle Farben parallel den drei Axen der Indexellipsoïde, daher auch die Absorption des Lichtes die gleiche Symmetrie nach den drei zueinander senkrechten Hauptschnitten zeigen muß, wie alle übrigen optischen Erscheinungen. Sind bei großer Verschiedenheit der Stärke der Absorption für verschiedene Farben des Weiß, also bei ausgesprochener Farbigkeit des Krystalls, die Formen der Absorptionsellipsoïde einigermaßen ähnlich, so ändert sich die Farbe des Krystalls nur wenig mit der Schwingungsrichtung des Lichtes, der Krystall zeigt schwachen Pleochroïsmus (s. S. 22); stehen jedoch die Axenlängen der Absorptionsellipsoïde in sehr verschiedenen Verhältnissen, entspricht z. B. der stärksten Absorption für eine Farbe die schwächste für eine andere, so ändert sich die Farbe des durch den Krystall gegangenen weißen Lichtes sehr stark mit der Schwingungsrichtung, der Krystall ist stark pleochroïtisch.

Die den drei Hauptschwingungsrichtungen, also den Brechungsindices α, β, γ entsprechenden Farben, die »Axenfarben« des Krystalls, welche mit $\mathfrak{a}$, $\mathfrak{b}$, $\mathfrak{c}$ bezeichnet werden sollen, können bei Anwendung des Dichroskops (s. S. 22) mit zwei Platten, deren jede einem optischen Hauptschnitt parallel ist, bestimmt werden, denn wenn eine derartige Platte so vor der Öffnung des Instrumentes angebracht wird, daß ihre Schwingungsrichtungen mit denen des Kalkspats zusammenfallen, so erscheinen die beiden den Schwingungsrichtungen der Platte zugehörigen Axenfarben getrennt in den beiden Bildern der Öffnung. Läßt man ohne Dichroskop weißes Licht senkrecht durch eine solche Platte gehen, so beobachtet man natürlich die Mischung ihrer beiden Axenfarben, also je nach der Orientierung der Platte die Mischung von $\mathfrak{a}$ und $\mathfrak{b}$, von $\mathfrak{a}$ und $\mathfrak{c}$ oder von $\mathfrak{b}$ und $\mathfrak{c}$, und diese Mischfarben müssen um so größere Verschiedenheit erkennen lassen, je größer die Unterschiede der einzelnen Axenfarben sind. Solche Krystalle besitzen also in den drei Hauptrichtungen dreierlei Körperfarbe, daher sie auch »trichroïtisch« genannt werden, aber dies sind nur Extreme der Farbenreihe, welche der Krystall in zwischenliegenden Richtungen zeigt. Geht man von einer Hauptrichtung aus nach einer zweiten hin, so nähert sich die Körperfarbe der der letzteren und zwar gleichmäßig, ob die Änderung der Richtung nach der einen oder anderen Seite stattfindet; liegt die Neigung der Strahlen nicht in einem Hauptschnitte, so treten Übergänge der Farbe nach denen der beiden anderen Hauptrichtungen ein, stets aber findet die Änderung symmetrisch statt in bezug auf alle drei Hauptschnittebenen des Krystalls.

Denselben Gesetzmäßigkeiten unterliegt auch die Oberflächenfarbe solcher trisymmetrischer Krystalle, welche das Licht verschiedener Farben mit sehr verschiedener Intensität reflektieren.

Einige besonders stark absorbierende Krystalle endlich zeigen durch Platten, welche zu einer optischen Axe senkrecht sind, in deren Richtung eine helle Stelle, von der zwei dunkle Büschel ausgehen (Fig. 4, Taf. II). Im Falle eines trisymmetrischen Krystalls tritt diese Erscheinung an beiden Axen genau in gleicher Weise ein.

Optisch monosymmetrische Krystalle.

Fällt nur eine der drei Hauptschwingungsrichtungen für alle Farben zusammen, liegen also die beiden anderen dispergiert in der dazu senkrechten Ebene, so kann nur nach diesem, für alle Farben gemeinsamen Hauptschnitte optische Symmetrie herrschen. Eine dieser Ebene parallele Krystallplatte, z. B. eine Spaltungslamelle von Gyps, zeigt demzufolge, mit verschiedenfarbigem Lichte beleuchtet, eine verschiedene Auslöschungsschiefe gegen eine die Platte begrenzende Gerade; ist die Dispersion der Schwingungsrichtungen keine sehr große, so ergibt die Beobachtung der größten Dunkelheit bei Anwendung von weißem Lichte eine ungefähre Bestimmung der Auslöschungsschiefe für mittlere Farben; in Fällen sehr großer Dispersion gibt es jedoch im weißen Lichte überhaupt keine Dunkelstellung der Platte, sondern nur wechselnde Farben beim Drehen. Keine Verschiedenheit der Schwingungsrichtungen zeigen nur solche Platten, deren Ebenen senkrecht zu dem für alle Farben gemeinsamen Hauptschnitt, also parallel der einzigen gemeinsamen Hauptschwingungsrichtung sind, denn die letztere ist dann stets die eine, die in den gemeinsamen Hauptschnitt fallende die zweite Schwingungsrichtung der Platte; ist also ein Krystall durch Vorherrschen zweier derartig orientierter Flächenpaare prismatisch ausgebildet, so zeigt er eine seiner Längsrichtung genau parallele Auslöschung für alle Farben, demnach auch im weißen Lichte. In Platten, deren Ebene einen schiefen Winkel mit dem für alle Farben gemeinsamen Hauptschnitt bilden, sind natürlich die Schwingungsrichtungen dispergiert; von einer Reihe solcher Platten, die sämtlich durch eine der Ebene der optischen Symmetrie angehörige Gerade begrenzt sind, zeigt diejenige, für welche der erwähnte Winkel 90° beträgt, nach obigem die Auslöschungsschiefe 0° gegen jene Gerade; mit abnehmendem Winkel nimmt sie einen von Null verschiedenen Wert an, und zwar genau den gleichen bei derselben Neigung nach beiden Seiten, endlich für den Winkel 0°, d. i. beim Parallelismus mit dem gemeinsamen Hauptschnitt, erreicht der Wert der Auslöschungsschiefe den für letztere Ebene gültigen; diese Werte ändern sich aber keineswegs proportional mit der Neigung der Platte zur Ebene der optischen Symmetrie und können je nach der Orientierung der optischen Axen auch für einen zwischen 90° und 0° liegenden Winkel ein Maximum erreichen[1]).

Die Interferenzerscheinungen im konvergenten weißen Lichte gestalten sich verschieden, je nachdem die für alle Farben gemeinsame Hauptschwingungsrichtung dem mittleren Brechungsindex oder einem der beiden anderen entspricht. In dem ersteren Falle müssen die optischen Axen für alle Farben in dem gemeinsamen Hauptschnitte liegen und nur ihre Mittellinien in dieser Ebene eine verschiedene Neigung gegen eine ebenfalls darin liegende Gerade besitzen. Alsdann kann eine Platte zwar senkrecht zur Ebene der optischen Axen für alle Farben hergestellt werden, senkrecht zur ersten Mittellinie aber immer nur für eine einzelne Lichtart. Entspricht z. B. in der schematischen Fig. 19 *C* der Normalen zur Platte, *SS* der Ebene der optischen Axen (also *MM* der Schwingungsrichtung der mittleren Lichtgeschwindigkeit) und seien *R* und *V* die Punkte des Gesichtsfeldes, in denen sich die parallel der 1. Mittellinie für Rot bzw. Violett durch den Krystall gegangenen Strahlen vereinigen, so werden, wenn $\varrho < v$, die Axenpunkte *r* und *v* in den beiden Axenbildern verschiedenen Abstand besitzen und können

[1]) Über die praktische Wichtigkeit der Auslöschungsschiefen solcher Ebenen s. S. 28 oben.

bei starker Dispersion der Mittellinien sogar von der Mitte aus in umgekehrter Reihenfolge angeordnet sein. Wie aus dem Verlauf der für Rot und Violett ebenso wie in Fig. 17 für Rot und Blau angedeuteten Lemniscaten hervorgeht, müssen die im weißen Lichte erscheinenden Farben in den beiden Axenbildern verschieden sein und können nur in bezug auf die Gerade *SS* Symmetrie zeigen; die Farbensäume der in der Diagonalstellung der Platte sie durchschneidenden beiden Hyperbeln müssen ebenfalls verschieden sein, und zwar muß bei dem in der Figur gewählten Beispiele das rechte Axenbild eine dunkle Hyperbel mit sehr schwachen Farbensäumen (innen rot, außen blau) zeigen, während die Dispersion im linken Axenbilde eine sehr starke ist und daher hier breite Farbensäume, innen blau, außen rot, erscheinen müssen. Da die Abweichung derartiger Interferenzbilder von den höher symmetrischen, wie sie Fig. 17 (S. 32) entsprechen, auf der verschiedenen Neigung der Mittellinien zur Plattennormale beruhen, hat

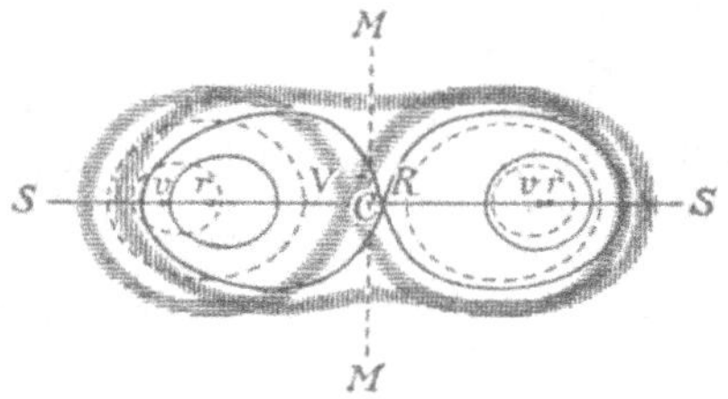

Fig. 19.

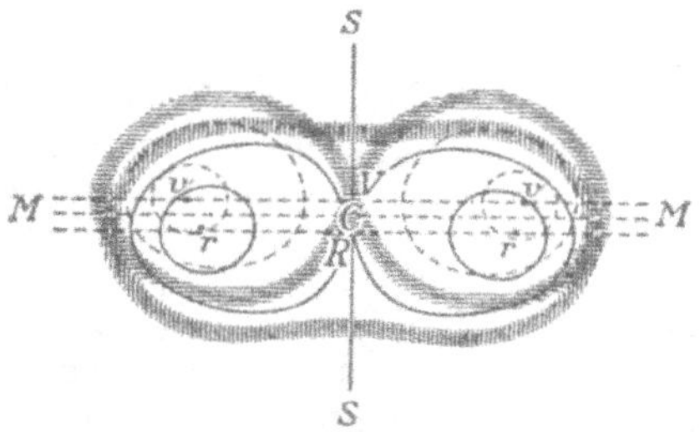

Fig. 20.

man diese Art monosymmetrischer Dispersion die »geneigte« genannt. In Fig. 5a u. 5b, Taf. III sind die Interferenzbilder einer zur 1. Mittellinie für mittlere Farben senkrechten Platte von Gyps dargestellt; in diesem zeigt die Hyperbel des stärker dispergierten Axenbildes außen Rot, innen Blau.

Wenn dagegen die für alle Farben gemeinsame Hauptschwingungsrichtung nicht der mittleren, sondern der größten oder der kleinsten Lichtgeschwindigkeit, also einer der beiden Mittellinien der optischen Axen entspricht, so liegt die andere in dem gemeinsamen Hauptschnitte, hier aber dispergiert; alsdann ist die Ebene der optischen Axen für jede Farbe senkrecht zu diesem Hauptschnitte, für verschiedene Farben aber gedreht um die gemeinsame Mittellinie. Halbieren die im gemeinsamen Hauptschnitte liegenden Mittellinien die spitzen Winkel der optischen Axen, so beobachtet man die Dispersion der Axenebenen durch eine zur 1. Mittellinie für eine mittlere Farbe senkrechte Platte so, wie es sich aus der schematischen Fig. 20 ergibt, in welcher *C*, *R*, *V*, *r*, *v* dieselbe Bedeutung haben wie in Fig. 19 und ebenso *SS* dem gemeinsamen Hauptschnitte, d. i. der Ebene der optischen Symmetrie entspricht, während die Ebenen der optischen Axen (von denen die Spuren, derjenigen für Rot, für eine mittlere Farbe und für Violett, durch horizontale Gerade (*MM*) angedeutet sind) sämtlich dazu senkrecht stehen; in diesem Falle müssen die Farbenkurven der oberen Hälfte des Gesichtsfeldes verschieden sein von denen der unteren Hälfte und ebenso der obere Farbensaum des horizontalen dunklen

Balkens von dem unteren, während in jeder horizontalen Richtung nach rechts und links von *SS* die Farben symmetrisch aufeinander folgen müssen; man nennt daher diese Art die »horizontale Dispersion«; ein Beispiel derselben liefert der Sanidin (Feldspat), dessen Interferenzfiguren in Fig. 1a u. 1b der Taf. IV dargestellt sind. Ist die gemeinsame Hauptschwingungsrichtung nicht die 2., sondern die 1. Mittellinie der Axen, so beobachtet man die Dispersion der Axenebenen durch eine Platte parallel dem gemeinsamen Hauptschnitte; alsdann ist *C* in Fig. 21 der der 1. Mittellinie für alle Farben und der Plattennormale entsprechende Punkt, um welchen die durch punktierte Gerade angedeuteten Spuren der Axenebenen für die verschiedenen Farben gedreht sind; man ersieht ohne weiteres aus der Figur, daß sie »zentralsymmetrisch« ist, indem die Farbenkurven nur in bezug auf den Punkt *C* Symmetrie zeigen können, d. h. in gleicher Entfernung von diesem nach entgegengesetzten Richtungen übereinstimmen müssen und der horizontale dunkle Balken im rechten Axenbild oben blau, unten rot, im linken mit den gleichen Farben, aber umgekehrt, gesäumt sein muß, daher man diese Dispersion die »gekreuzte« nennt. Fig. 2a u. 2b, Taf. IV zeigen die Erscheinung, welche eine Platte von Borax in den beiden Stellungen zu den Nicols hervorbringt.

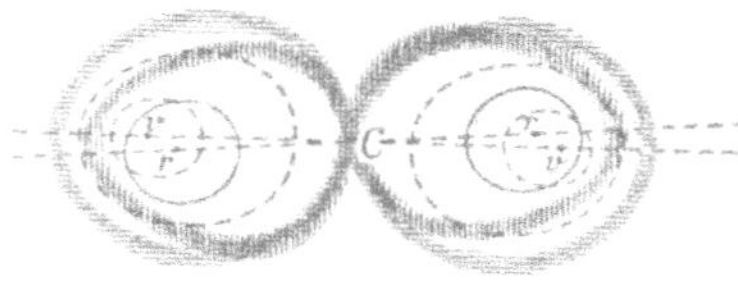

Fig. 21.

Für die Orientierung der Axenebenen sind sonach bei den optisch monosymmetrischen Krystallen nur zwei Fälle möglich: entweder fallen sie mit der Ebene der optischen Symmetrie zusammen und dann liegen die Axen für alle Farben in dieser Ebene oder sie sind senkrecht dazu und dann sind die Axenebenen für die verschiedenen Farben dispergiert.

Aus der Gleichwertigkeit je zweier Richtungen, deren Winkel von der Normale des gemeinsamen Hauptschnittes halbiert wird, folgt, daß die beiden optischen Axen eines Krystalls mit Drehungsvermögen, wenn sie in einer zur Ebene der optischen Symmetrie senkrechten Ebene liegen, genau gleiches Drehungsvermögen zeigen müssen (Beispiel: Weinsäure); liegen sie aber in der Ebene der Symmetrie, so entsprechen sie nicht zwei Richtungen, welche in allen optischen Beziehungen gleichwertig sind, zeigen daher verschiedenes Drehungsvermögen, dessen Sinn sogar der entgegengesetzte sein kann (Beispiel: Rohrzucker).

Den gleichen Gesetzmäßigkeiten folgt auch die Absorption des Lichtes in den hierher gehörigen Krystallen, d. h. von den drei Absorptionsaxen (s. S. 33) hat nur eine für alle Farben die gleiche Richtung, sie fällt mit einer der Hauptschwingungsrichtungen zusammen; die beiden anderen liegen in der dazu senkrechten Ebene dispergiert, und nur in bezug auf diese Ebene sind die Farben symmetrisch. Betrachten wir also einen stark pleochroïtischen Krystall dieser Art in einer der Ebene der optischen Symmetrie parallelen Richtung und ändern die Richtung der Strahlen nach beiden Seiten von jener Ebene aus, so ändert sich die Farbe in derselben Weise; ändert man aber die Richtung innerhalb jener Ebene, so findet man keine Richtung, von der aus die Änderung der Farbe genau symmetrisch erfolgt. Das Verhalten im Dichroskop muß daher diejenigen Abweichungen von dem der trisymmetrischen Krystalle zeigen, welche durch die Dispersion zweier

Absorptionsaxen bedingt wird. Wenn in den Richtungen der beiden optischen Axen Büschelerscheinungen auftreten, so müssen diese nach dem vorhergehenden genau die gleichen sein, wenn die Ebenen der Axen senkrecht zur Symmetrieebene sind, dagegen mehr oder weniger verschieden, wenn die optischen Axen in der Symmetrieebene liegen.

Optisch asymmetrische Krystalle.

In solchen besitzen die Indexellipsoïde für verschiedene Farben nicht nur ungleiche Gestalt, sondern auch verschiedene Orientierung. Infolgedessen sind die Schwingungsrichtungen in jeder Platte dispergiert und in Platten verschiedener Stellung in verschiedenem Grade. Meist betragen die Unterschiede derselben für die äußersten Farben nur 1 bis 2°[1]), und dann erfolgt ihre approximative Bestimmung für mittlere Farben nach S. 11; da auch die Dispersion der Axen jene Grenzen nicht häufig überschreitet, liefert auch hier das S. 11 angegebene Verfahren eine angenäherte Bestimmung der Hauptschwingungsrichtungen für mittlere Farben. Zur genauen Feststellung der optischen Eigenschaften eines hierher gehörigen Krystalls ist jedoch für mehrere, besonders wichtige homogene Lichtarten vor der Messung der Brechungsindices eine Bestimmung der Winkel erforderlich, welche die Hauptschwingungsrichtungen mit den durch Krystallflächen, Spaltungsebenen usw. gegebenen ausgezeichneten Richtungen einschließen.

Die Zugehörigkeit eines Krystalls zu den optisch asymmetrischen kann, wenn die Dispersion der Hauptschwingungsrichtungen nicht eine sehr schwache ist, durch die Beschaffenheit des Interferenzbildes erkannt werden, welches eine ungefähr senkrecht zur 1. Mittellinie für eine mittlere Farbe, z. B. Gelb, geschnittene Platte im konvergenten weißen Lichte hervorbringt. In Fig. 22, durch welche dies erläutert werden soll, sind *R*, *C*, *V* die Punkte des Gesichtsfeldes, in denen sich die parallel der 1. Mittellinie für Rot, Gelb und Violett durch den Krystall gegangenen Strahlen vereinigen und *rr*, *gg*, *vv* die entsprechenden Axenpunkte, daher die punktierten Geraden die Spuren der Axenebenen für die drei Farben angeben; wie aus dem Verlauf der Lemniscaten für Rot und Violett hervorgeht, können die im weißen Lichte entstehenden Farbenringe keinerlei Symmetrie zeigen, müssen also in allen vier Quadranten des Axenbildes andere sein, und ebenso müssen die Arme des dunklen Kreuzes und die dunklen Hyperbeln in den beiden Hauptstellungen der Platte mit unsymmetrischen Farbensäumen versehen sein, wie dies die Fig. 3a u. 3b der Taf. IV für eine Platte von Kupfervitriol zeigen. In Fällen sehr großer Dispersion der Axenebenen können überhaupt keine eigentlichen Farbenringe mehr zustande kommen.

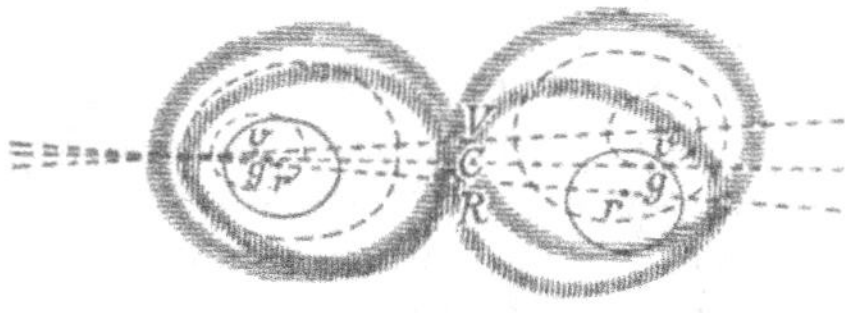

Fig. 22.

Wenn ein Krystall dieser Art Drehungsvermögen besitzt (bisher ist noch kein hierher gehöriger Krystall in dieser Hinsicht untersucht

[1]) Einen Fall ungewöhnlich großer Dispersion der Schwingungsrichtungen stellt das 2,6-Dijod-4-nitrophenol dar (s. spez. T.).

worden (s. S. 32 oben), so kann dieses niemals in beiden optischen Axen das gleiche sein. Ebenso gibt es keine Richtung in einem optisch asymmetrischen Krystalle mit ausgesprochener Körperfarbe, von welcher aus mit einer Änderung der Richtung der hindurchgehenden Strahlen eine symmetrische Änderung der Farbe verbunden ist, da auch zwischen den Orientierungen der Absorptionsaxen für die verschiedenen Farben ebensowenig eine Gesetzmäßigkeit besteht, wie zwischen denen der Hauptschwingungsrichtungen für verschiedene Farben.

Kombinationen doppeltbrechender Krystalle.

Es wurde bereits S. 10 Anm. als geeignet für die Erkennung schwacher Doppelbrechung eine Kombination des zu untersuchenden Krystalls mit einer dünnen Platte eines anderen (Gyps oder Glimmer) von bekanntem Gangunterschiede angegeben. Die daselbst erwähnte »Viertelundulations-Glimmerplatte« dient nun in einfacher Weise dazu, in dem konoskopischen Interferenzbilde ein- und zweiaxiger Krystalle zu bestimmen, ob es sich um positive oder negative Doppelbrechung handelt. Der Glimmer ist negativ zweiaxig und die 1. Mittellinie seiner optischen Axen ist nahe senkrecht zu der Ebene seiner außerordentlich vollkommenen Spaltbarkeit; in einer rectangular geschnittenen dünnen Spaltungslamelle, deren längere Seiten der Ebene der optischen Axen parallel sind, ist daher die Längsrichtung parallel der Schwingungsrichtung der kleinsten, die kürzere Seite parallel der Schwingungsrichtung der mittleren Fortpflanzungsgeschwindigkeit des Lichtes. Sei Fig. 5a, Taf. II die Interferenzfigur eines positiv einaxigen Krystalls, so wird, wenn die Glimmerplatte so in den Weg der Lichtstrahlen eingefügt wird, daß ihre Längsrichtung den rechten oberen und den linken unteren Quadranten halbiert, der Gangunterschied, welchen der Krystall bewirkt, in diesen beiden Quadranten des Bildes um $\frac{1}{4}\lambda$ vermehrt; der erste dunkle Ring muß also in kleinerem Abstand von der Mitte erscheinen, d. h. da erscheinen, wo ohne Glimmerplatte nur $\frac{3}{4}\lambda$ Gangunterschied vorhanden wäre; dagegen wird der Gangunterschied in den beiden anderen Quadranten um ebensoviel verringert, hier erscheint also der dunkle Ring erweitert und in der Diagonale zwischen ihm und der nun hellen Mitte Dunkelheit da, wo ohne Glimmerblatt der Gangunterschied $\frac{1}{4}\lambda$ betragen würde; es entsteht also das Interferenzbild Fig. 5b, Taf. II. Handelt es sich dagegen um einen negativ einaxigen Krystall, so folgt aus Fig. 6a u. b, Taf. II, daß die beiden dunklen Flecke, die statt des dunklen Kreuzes erscheinen, in der anderen Diagonale liegen müssen und die Erweiterung der Ringe im rechten oberen und linken unteren Quadranten, die Verengerung in den beiden anderen stattfindet.

Eine ganz analoge Änderung erfährt die Interferenzfigur eines zweiaxigen Krystalls. Wird die Glimmerplatte in derselben Weise, wie oben angegeben, eingeschoben, so beobachtet man, wenn der Krystall positiv ist, d. h. wenn die 1. Mittellinie der optischen Axen die

Schwingungsrichtung der kleinsten Lichtgeschwindigkeit ist, die in Fig. 7, Taf. II dargestellte Erscheinung, bei negativer Doppelbrechung die der Fig. 8, Taf. II. Es ist klar, daß eine zur 2. Mittellinie senkrechte Platte eines positiv zweiaxigen Krystalls, wenn beide Axenbilder noch in das Gesichtsfeld fallen, ebenfalls die Erscheinung Fig. 8 liefern würde, d. i. diejenige, bei welcher die Mittellinie der Schwingungsrichtung der größten Lichtgeschwindigkeit entspricht.

Die Erscheinungen, welche Kombinationen mehrerer gleichartiger, doppeltbrechender Krystallplatten im polarisierten Lichte liefern, sind für das Studium der Krystalle deshalb wichtig, weil häufig während des Wachstums eines Krystalls die Anlagerung der Moleküle (s. S. 2) statt in paralleler, in einer anderen Stellung erfolgt, welche ebenfalls einem Gleichgewichte der zwischen den Molekülen wirkenden Kräfte entspricht und in bestimmter Beziehung zu deren ausgezeichneten Richtungen steht; es entsteht alsdann eine regelmäßige Verwachsung mehrerer Krystalle, ein »Zwilling«, »Drilling« usw. In vielen Fällen haben diese Gebilde das Aussehen einfacher Krystalle, und in solchen bietet die optische Untersuchung ein wertvolles Hilfsmittel, um festzustellen, daß die ausgezeichneten Richtungen der gesetzmäßig miteinander verwachsenen Einzelkrystalle verschieden orientiert sind. Wird ein Zwillingskrystall derart in das Konoskop gebracht, daß die Strahlen beide Teile nacheinander durchlaufen, so muß sie diejenige Erscheinung zeigen, welche von zwei in entsprechender Orientierung aufeinander gelegten Platten hervorgebracht wird. Werden z. B. zwei schief zur optischen Axe geschnittene Kalkspatplatten so aufeinander gelegt, daß ihre Hauptschnitte mit dem eines Nicols zusammenfallen, ihre optischen Axen aber nach entgegengesetzten Seiten geneigt sind, so sieht man bei gleicher Schiefe und gleicher Dicke der Platten beide Interferenzbilder gleichweit von der Mitte, aber außerdem dazwischen ovale, die Mitte umgebende, dunkle und helle (im weißen Lichte farbige) Streifen, welche der Differenz der durch die beiden Platten hervorgebrachten Gangunterschiede entsprechen; aus dem Zusammenwirken beider Platten ergibt sich ferner eine Durchkreuzung der engen äußeren Ringe beider Systeme, welche natürlich nur in einfarbigem Lichte zu sehen sind. Ähnliche komplizierte Interferenzstreifen beobachtet man auch, wenn man zwei Platten eines zweiaxigen Krystalls, schief zu einer Axe geschnitten, in gleicher Weise kombiniert, und dadurch unterscheidet sich das Interferenzbild von dem einer einfachen Platte senkrecht zur 1. Mittellinie; an natürlichen Zwillingsplatten sind selbstverständlich niemals beide Teile genau gleich dick und infolgedessen stets die Lemniscaten des einen Axensystems enger als die des anderen. Zwei mit ihren Axenebenen gekreuzt übereinander gelegte zweiaxige Krystallplatten, senkrecht zur 1. Mittellinie, zeigen vier Ringsysteme mit zwischenliegenden sekundären Interferenzstreifen usf.

Zu den Zwillingsbildungen gehören auch die parallelen Verwachsungen zweier Krystalle von entgegengesetztem Drehungsvermögen, z. B. eines rechts und eines links drehenden Quarzes; wird aus einem solchen Zwilling eine Platte senkrecht zur optischen Axe so geschnitten, daß sie von gleichdicken, übereinander liegenden Schichten beider gebildet wird, so zeigt sie die in Fig. 6a, 6b Taf. I (s. S. 21) abgebildeten Airyschen Spiralen.

Nicht selten findet die Zwillingsbildung in der Weise statt, daß während des Wachstums die Orientierung der beiden Krystalle periodisch wechselt, so daß ein »polysynthetisches« Gebilde entsteht, welches aus alternierenden, äußerst dünnen Lamellen beider Stellungen zusammengesetzt ist und ebenfalls äußerlich oft einem einfachen Krystalle gleicht. Das optische Verhalten solcher Zwillingsbildungen ist dasselbe, wie das von Paketen dünner, in abwechselnder Stellung übereinander geschichteter Krystalllamellen, wie man sie am geeignetsten durch Spaltung von Glimmer bis zu einem Gangunterschied von einem Bruchteil einer Wellenlänge herstellen kann. Legt man eine große Anzahl solcher gleichdünner Glimmerplatten abwechselnd so aufeinander, daß ihre Axenebenen einen schiefen Winkel einschließen, so wirkt dieses Paket wie ein einfacher zweiaxiger Krystall, dessen Axenebene den spitzen Winkel, den die Axenebenen beider Systeme bilden, halbiert und dessen Axenwinkel um so kleiner ist, je größer jener Winkel; sind die beiden Systeme rechtwinkelig gekreuzt (Nörrembergsche Glimmerkombination), so zeigt das Paket im Konoskop das Interferenzbild eines einaxigen Krystalls. Dieses beobachtet man auch in derartig aufgebauten Zwillingen an denjenigen Stellen, wo ungefähr gleichdicke Schichten beider Stellungen übereinander liegen; wo jedoch die Dicke des einen Systems überwiegt, erscheint ein zweiaxiges Axenbild, dessen Axenwinkel von dem Verhältnis der Dicken beider Systeme abhängt; solche, wenn auch äußerlich scheinbar einfache, polysynthetische Krystalle sind also dadurch gekennzeichnet, daß sie an verschiedenen Stellen teils Einaxigkeit, teils Zweiaxigkeit mit wechselndem Axenwinkel zeigen.

Von besonderem Interesse sind die sog. Reuschschen Glimmerkombinationen, die aus ebensolchen Lamellen wie die oben beschriebenen, aber in drei verschiedenen Stellungen aufgebaut sind; dies kann, wie Fig. 23 lehrt, in zweierlei Weise erfolgen: a) so, daß jede Platte gegen die darunter liegende um 60° im Uhrzeigersinne gedreht ist, oder b) so, daß die Drehung den entgegengesetzten Sinn hat; die Lamellen bilden daher in Fig. 23a gleichsam eine von links nach rechts ansteigende Wendeltreppe oder eine rechte Schraube, in Fig. 23b eine linke. Der mittlere Teil einer solchen Kombination zeigt nun ebenfalls, wie der einer Nörrembergschen, das Verhalten eines einaxigen Krystalls, aber verbunden mit einer Drehung der Schwingungsebene des polarisierten Lichtes, welches in den beiden Arten der Kombination entgegengesetzt ist, d. h. *a* verhält sich wie eine senkrecht zur Axe geschnittene Platte von rechtsdrehendem Quarz, *b* wie eine solche von linksdrehendem, und zwar um so vollkommener, je dünner und je zahlreicher die dazu verwendeten Glimmerlamellen sind. Das gleiche ist auch der Fall, wenn vier Systeme solcher Lamellen mit einem Drehungswinkel von 45° aufeinander geschichtet werden, usf. Es geht daraus hervor, daß ein Drehungsvermögen in Krystallen hervorgebracht werden kann durch einen schraubenförmigen Aufbau.

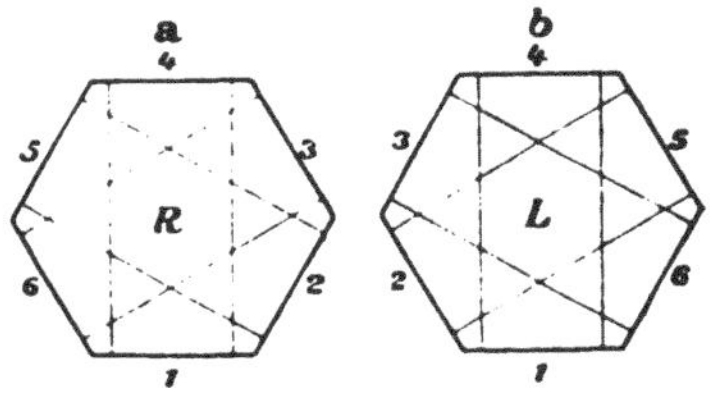

Fig. 23.

Zusammenfassung. Einteilung der Krystalle nach ihren optischen Eigenschaften.

Die S. 38 betrachteten, optisch asymmetrischen Krystalle stellen den allgemeinsten Fall dar, von welchem die vorhergehenden als spezielle Fälle betrachtet werden können, entsprechend dem teilweisen oder vollständigen Zusammenfallen der Hauptaxen der Indexellipsoïde für die verschiedenen Farben oder dadurch, daß zwei dieser Axen oder daß endlich alle drei gleichen Wert annehmen. So ergeben sich durch die optischen Eigenschaften fünf Abteilungen der Krystalle, welche, mit dem allgemeinsten Falle beginnend, in folgender Weise charakterisiert werden können:

I. Optisch asymmetrische Krystalle. Zu einer beliebigen Richtung gehört keine zweite, mit ihr optisch gleichwertige, ausgenommen die entgegengesetzte. Die Gleichwertigkeit der beiden entgegengesetzten Richtungen jeder Geraden folgt daraus, daß die optischen Eigenschaften bivektorielle sind, d. h. die Erscheinungen völlig die gleichen sind, in welchem Sinne sich das Licht in einer Geraden fortpflanze, daher jede optische Konstruktion auch im umgekehrten Sinne gültig ist.

II. Optisch monosymmetrische Krystalle. Mit einer beliebig gegen die Ebene der optischen Symmetrie geneigten Richtung ist diejenige optisch gleichwertig, welche zu jener Ebene gleich und entgegengesetzt geneigt ist, so daß der Winkel beider durch die genannte Ebene halbiert wird; mit den beiden entgegengesetzten existieren also hier je vier optisch gleichwertige Richtungen, von denen je zwei durch eine Drehung von 180° um die Normale zur Symmetrieebene vertauscht werden. Es wird sich später zeigen, daß diese Normale, die gemeinsame Hauptschwingungsrichtung für alle Farben, zugleich eine ausgezeichnete Richtung der betreffenden Krystalle in bezug auf deren Form ist.

III. Optisch trisymmetrische Krystalle. Zu einer beliebigen Richtung, welche mit den drei gemeinsamen Axen der Indexellipsoïde für alle Farben die Winkel x, y, z bildet, gehören noch sieben andere, nämlich die zu jener symmetrischen in bezug auf die drei für alle Farben gemeinsamen Hauptschnitte; diese acht, optisch gleichwertigen Richtungen bilden die Gesamtheit aller, für welche jene drei Winkelwerte gelten. Je zwei derselben werden vertauscht durch eine halbe Umdrehung um die Normale zu einem jener Hauptschnitte, und auch von diesen drei Normalen wird es sich erweisen, daß sie zugleich ausgezeichnete Richtungen der geometrischen Form solcher Krystalle sind.

IV. Optisch einaxige Krystalle. Die für alle Farben identisch orientierte optische Axe ist zugleich eine betreffs der Krystallform ausgezeichnete Richtung; andere können auf optischem Wege nicht erkannt werden, da alle den gleichen Winkel mit der Axe einschließenden Richtungen optisch gleichwertig sind.

V. Einfach brechende Krystalle. Da hier alle Richtungen optisch gleichwertig sind, so kann durch optische Eigenschaften, wie bereits S. 4 bemerkt, keinerlei ausgezeichnete Richtung eines solchen Krystalls erkannt werden.

Abgesehen von dem aus obigem hervorgehenden Umstande, daß in gewissen Fällen auf optischem Wege die Orientierung von Richtungen, denen in bezug auf die Form der Krystalle Bedeutung zukommt, festgestellt werden kann, beruht die allgemeinste Wichtigkeit der optischen Eigenschaften der Krystalle darauf, daß ihre geometrischen Verhältnisse, wie später gezeigt werden wird, zu einer Einteilung aller Krystallformen in dieselben fünf Abteilungen führen, so daß durch die Zugehörigkeit zu einer der obigen zugleich die zu einer bestimmten Abteilung von Krystallformen erkannt ist.

Alles dies gilt nun auch von den im folgenden behandelten thermischen Eigenschaften, sowie von den allgemeinen elektrischen und magnetischen Eigenschaften der Krystalle, so daß die Erkennung der Zugehörigkeit eines Krystalls zu einer der fünf geometrischen Abteilungen ebenso wie durch seine optischen Eigenschaften, auch durch eine der letztgenannten erfolgen kann.

Thermische Eigenschaften.

Wärmeleitung.

Die Krystalle besitzen im allgemeinen zwei zueinander senkrechte Richtungen, in denen ihre Leitfähigkeit für die Wärme am größten bzw. am kleinsten ist und senkrecht zu denen sie einen mittleren Wert hat; derjenige in einer beliebigen anderen Richtung entspricht dem Radiusvektor eines dreiaxigen Ellipsoïdes, dessen drei Axen jene drei thermischen Hauptrichtungen sind. Je nach der Existenz von mehr oder weniger thermisch gleichwertigen Richtungen, d. h. solchen, in denen die Wärmeleitfähigkeit gesetzmäßig gleich groß ist, unterscheiden sich die durch die optischen Eigenschaften sich ergebenden fünf Abteilungen in ganz analoger Weise.

Die einfachbrechenden Krystalle zeigen in allen Richtungen gleiche Wärmeleitfähigkeit.

In den optisch einaxigen Krystallen ist das Wärmeleitungsellipsoïd ein Rotationsellipsoïd; sie haben entweder in der Richtung der optischen Axe die größte Wärmeleitfähigkeit, welche mit der Neigung zur Axe abnimmt und am kleinsten ist in allen dazu normalen Richtungen — oder die kleinste Leitfähigkeit findet parallel der optischen Axe statt und die größte senkrecht dazu.

Die optisch trisymmetrischen Krystalle leiten die Wärme am besten bzw. am wenigsten gut in zweien ihrer Hauptschwingungsrichtungen, d. h. die drei Axen ihres Wärmeleitungsellipsoïdes fallen der Richtung nach mit den drei Axen ihrer optischen Indexellipsoïde (also mit drei ausgezeichneten Richtungen der Krystalle) zusammen.

In den optisch monosymmetrischen Krystallen hat nur eine der Axen des Wärmeleitungsellipsoïdes eine in Beziehung zu den optischen Eigenschaften stehende Richtung, sie ist die für alle Farben gemeinsame Hauptschwingungsrichtung, also eine ausgezeichnete Richtung des Krystalls (s. vor. S.).

In den optisch asymmetrischen Krystallen endlich ist die Orientierung des Wärmeleitungsellipsoïdes gänzlich unabhängig von der

der Indexellipsoide, wie diese eine verschiedene für verschiedene Farben ist.

Einer Ungleichheit der inneren Wärmeleitfähigkeit für zwei verschiedene Richtungen entspricht auch eine Differenz ihrer oberflächlichen Leitfähigkeit. Man kann daher auf die Gleichheit oder Verschiedenheit der Ausbreitung der Wärme nach verschiedenen Richtungen im Innern eines Krystalls schließen aus der Art, wie ihre Ausbreitung nach verschiedenen Richtungen auf den ebenen Flächen desselben erfolgt. Die letztere ist leicht zu bestimmen nach dem Verfahren von Sénarmont, welches darin besteht, daß man die Fläche mit einer sehr dünnen Wachs- oder Paraffinschicht überzieht und ihr durch eine heiße Metallspitze von einer Stelle aus Wärme zuführt; alsdann schmilzt der Überzug rings um diese Stelle und die Kurve, bis zu welcher die Schmelztemperatur beim Aufhören des Versuchs vorgeschritten ist, hat die Gestalt eines Kreises bei gleicher Wärmeleitfähigkeit aller der Krystallfläche parallelen Richtungen — oder die einer Ellipse, deren große Axe unter jenen Richtungen derjenigen der größten Leitfähigkeit entspricht.

Aus der obigen Zusammenstellung ergibt sich nun, daß jede Fläche eines einfach brechenden Krystalls einen Kreis liefern muß, ferner, daß bei den optisch einaxigen Krystallen ein solcher nur auf einer zur Axe senkrechten Fläche erscheinen kann, während die Flächen aller übrigen Krystalle stets Ellipsen liefern. Man kann also durch diesen Versuch auch an einem undurchsichtigen Krystall (einer metallischen Substanz) den Nachweis der Zugehörigkeit zu einer der beiden ersten Abteilungen führen und im Falle der zweiten die Richtung der optischen Axe bestimmen, ebenso von einem trisymmetrischen Krystall (Beispiel: s. Antimonit im speziellen Teile) die Orientierung der drei Hauptschwingungsrichtungen des Lichtes usf. Der Versuch läßt außerdem auch feststellen, welche Richtungen im Krystall die der größten und kleinsten bzw. der größten, mittleren und kleinsten Wärmeleitfähigkeit sind.

Ausdehnung durch die Wärme.

Das Verhalten der Krystalle bei einer Erhöhung ihrer Temperatur, welches von fundamentaler Bedeutung für das Verständnis der krystallographischen Gesetze ist, wurde durch sehr genaue Messungen der Ausdehnungskoeffizienten, besonders von Fizeau, festgestellt. Es haben sich dabei die gleichen Gesetzmäßigkeiten für die Abhängigkeit dieser Größe von der Richtung ergeben wie bei den optischen Eigenschaften.

Die einfach brechenden Krystalle besitzen den gleichen Ausdehnungskoeffizienten nach allen Richtungen. Sei aus einem solchen eine Kugel hergestellt und werde deren Temperatur gleichmäßig erhöht, so dehnt sich folglich jeder Radius der Kugel um gleichviel aus, jedes Flächenelement derselben, z. B. *a*, Fig. 24, welches der Tangentialebene an der betreffenden Stelle parallel ist, erleidet also eine Parallelverschiebung, d. h. es bildet mit einem anderen Flächenelement, z. B. *b*, den gleichen Winkel wie vorher. Daraus folgt der wichtige Satz, daß die Winkel zwischen den Flächen einfach brechender Krystalle konstante (von der Temperatur unabhängige) Größen sind.

In den optisch einaxigen Krystallen ist die Axe entweder die Richtung des größten Ausdehnungskoeffizienten und dann nimmt dieser mit der Neigung zur Axe ab und ist am kleinsten in allen Richtungen senkrecht zu ihr — oder er hat den kleinsten Wert in der Richtung der optischen Axe und den größten senkrecht dazu. Im ersten Falle verwandelt sich eine bei einer bestimmten Temperatur hergestellte Kugel

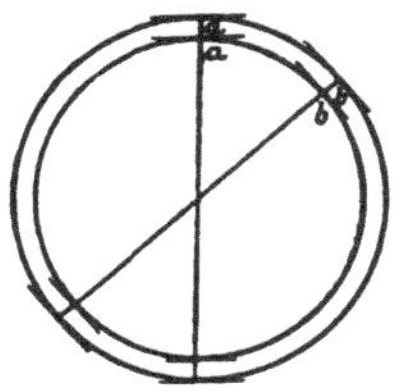

Fig. 24.

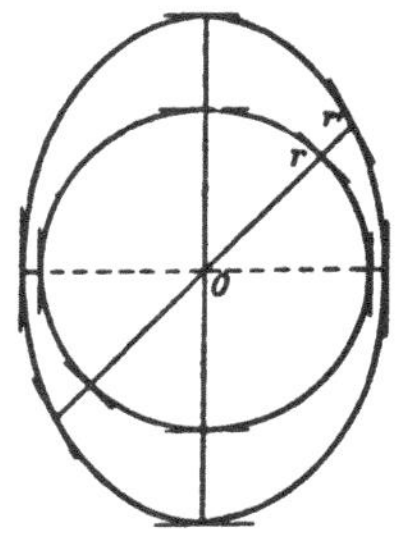

Fig. 25.

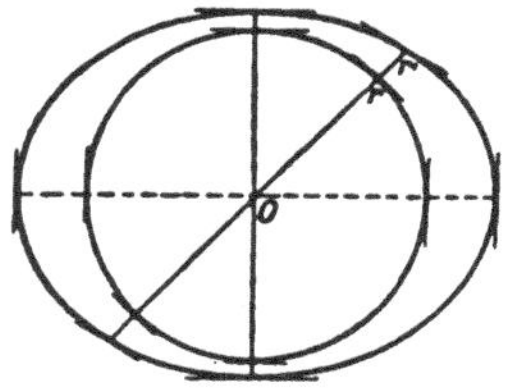

Fig. 26.

durch Erhöhung der Temperatur in ein verlängertes Rotationsellipsoïd; dieses besitzt einen Kreisschnitt, in welchem alle Radien gleiche Ausdehnung erfahren, sich also verhalten wie die von Fig. 24, während ein dazu senkrechter, also durch die Axe gehender Schnitt in Fig. 25[1]) dargestellt ist; aus letzterer geht hervor, daß außer den der Axe parallelen Ebenen nur die beiden zu ihr senkrechten eine Parallelverschiebung erleiden, daß dagegen die durch Tangentialebenen repräsentierten beiden Flächenelemente an den Enden eines zwischenliegenden Durchmessers, z. B. r, zwar einander parallel bleiben, aber eine Drehung erfahren, durch welche der von ihnen mit der Axe eingeschlossene Winkel kleiner wird. Ist die optische Axe die Richtung des kleinsten Ausdehnungskoeffizienten, so verwandelt sich die Kugel durch die Temperaturerhöhung in ein plattgedrücktes Rotationsellipsoïd, und Fig. 26 lehrt, daß alsdann die zur Axe geneigten Flächenelemente eine Drehung erfahren, bei der ihr Winkel zur Axe sich vergrößert. Es ergibt sich also der Satz: an einem optisch einaxigen Krystall sind die Winkel aller der Axe parallelen Flächen konstant und ebenso die dazu senkrechte Stellung des zur Axe normalen Paares paralleler Flächen; alle anderen Flächenpaare erfahren durch Temperaturerhöhung eine Abnahme oder Zunahme der Winkel, welche sie mit der Axe bilden. Wenn diese Änderungen auch meist für mäßige Temperaturdifferenzen nur sehr klein sind, so ergeben sich doch aus diesem Satze wichtige Folgerungen für die geometrischen Verhältnisse der Krystalle. Eine genaue Messung der Winkel bei verschiedenen Temperaturen gestattet übrigens, wie leicht einzusehen, eine approximative Bestimmung des Verhältnisses, in welchem der größte und der kleinste Ausdehnungskoeffizient zueinander stehen[2]).

[1]) In dieser, wie in den beiden nebenstehenden Figuren ist selbstverständlich der Deutlichkeit wegen die Größe der Ausdehnung außerordentlich übertrieben dargestellt.

[2]) Die Änderung der Winkel durch Temperaturänderung wurde zuerst am Kalkspat beobachtet von Mitscherlich (1823) und aus derselben und derjenigen des Volumens berechnet, daß die Krystalle dieses Minerals parallel der optischen Axe eine sehr starke Ausdehnung, senkrecht dazu eine schwache Zusammenziehung beim Erwärmen erfahren, dazwischen also eine Neigung zur Axe existiert, für welche keins von beiden stattfindet.

Die optisch trisymmetrischen Krystalle zeigen nach drei zueinander senkrechten Richtungen den größten, mittleren und kleinsten Ausdehnungskoeffizienten, und eine bei einer bestimmten Temperatur aus einem solchen hergestellte Kugel nimmt durch gleichmäßige Erhöhung ihrer Temperatur die Gestalt eines dreiaxigen Ellipsoïdes an, dessen drei Axen mit den drei für alle Farben gemeinsamen Hauptschwingungsrichtungen zusammenfallen. Da die drei Paare von Ebenen, welche das dreiaxige Ellipsoïd an den Enden seiner drei Axen berühren, die einzigen Tangentialebenen sind, welche zu den Durchmessern senkrecht stehen, so sind die den drei optischen Hauptschnitten parallelen Ebenen die einzigen, welche ihre Winkel zueinander (= 90°) bei allen Temperaturen bewahren. Da ferner die Tangentialebenen eines dreiaxigen Ellipsoïdes an jedem Punkte seiner drei Hauptschnittkurven senkrecht zu deren Ebenen stehen, so ändern Flächen, welche einer Hauptschwingungsrichtung parallel sind, zwar ihre Winkel zueinander, bewahren aber ihren Parallelismus mit jener Richtung. Flächenpaare, welche keiner Hauptschwingungsrichtung des Lichtes parallel sind, ändern durch Temperaturerhöhung ihre Neigung zu allen drei Hauptschwingungsrichtungen, und zwar zu jeder in anderem Betrage. Es leuchtet ein, daß durch solche Winkeländerungen die Verhältnisse der drei Hauptausdehnungskoeffizienten ermittelt werden können.

Die Verhältnisse der optisch monosymmetrischen Krystalle in bezug auf die Ausdehnung durch Wärme unterscheiden sich dadurch von denen der trisymmetrischen Krystalle, daß nur eine der drei Hauptrichtungen thermischer Dilatation mit einer Hauptschwingungsrichtung zusammenfällt. Eine bei einer bestimmten Temperatur hergestellte Kugel verwandelt sich bei einer Temperaturerhöhung also ebenfalls in ein dreiaxiges Ellipsoïd, dessen eine Symmetrieebene mit einem optischen Hauptschnitte übereinstimmt, aber die beiden in dieser Ebene liegenden Ausdehnungsaxen haben eine von den darin liegenden Hauptschwingungsrichtungen unabhängige Orientierung, welche sogar für verschiedene Intervalle, in denen die Temperaturänderung stattfindet, nicht genau die gleiche ist. Daraus ergeben sich für die Stellung der Ebenen an einem solchen Krystall folgende Sätze: alle Flächen, welche der für alle Farben gemeinsamen Hauptschwingungsrichtung parallel sind, bewahren diesen Parallelismus bei jeder Temperatur, ändern aber ihre Winkel zueinander; die Stellung aller anderen Flächen variiert in der Weise, daß je zwei, welche mit dem gemeinsamen Hauptschnitte gleiche Winkel bilden, diese Beziehung auch bei anderen Temperaturen beibehalten. Durch die Messung einer genügenden Zahl von Winkeln bei verschiedenen Temperaturen kann auch hier eine Bestimmung der Lage und der Axenverhältnisse des Ausdehnungsellipsoïds erfolgen.

In den optisch asymmetrischen Krystallen ist die Orientierung der drei Axen der thermischen Ausdehnung von optisch oder sonstwie ausgezeichneten Richtungen ganz unabhängig und bedarf daher für jeden Krystall sowie für verschiedene Temperaturintervalle einer besonderen Bestimmung. Die Größe aller Winkel derartiger Krystalle ist mit der Temperatur variabel und verschiedene Winkel eines solchen erfahren ungleiche Änderungen, aus denen auf die Orientierung des Ausdehnungsellipsoïdes geschlossen werden kann.

Einfluſs der Wärme auf die optischen Eigenschaften.

Die Änderung der Dichte eines Stoffes durch Erhöhung seiner Temperatur bewirkt stets auch eine Änderung der Fortpflanzungsgeschwindigkeit des Lichtes in demselben, also seines Brechungsindex, welcher in den meisten Substanzen mit steigender Temperatur abnimmt, in mehreren dagegen zunimmt; eine genaue Messung desselben bedarf daher stets auch einer Temperaturbestimmung. Da die Ausdehnung der Krystalle nach verschiedenen Richtungen im allgemeinen eine verschiedene ist, so müssen auch die nach verschiedenen Richtungen stattfindenden Lichtschwingungen in denselben im allgemeinen eine verschiedene Änderung durch die Wärme erfahren, und zwar hängen die Gesetzmäßigkeiten dieser Änderungen notwendig von denen ab, welche für die thermische Ausdehnung gelten.

In einfach brechenden Krystallen müssen wegen ihrer für alle Richtungen gleichen Ausdehnung Schwingungen jeder Richtung gleiche Änderung erfahren; diese Krystalle bewahren daher ihren Charakter als einfach brechende bei jeder gleichmäßigen Änderung der Temperatur. Im Falle eines Drehungsvermögens wird zwar auch dieses geändert, bleibt aber immer unabhängig von der Richtung im Krystall.

Da in den optisch einaxigen Krystallen alle Richtungen, welche den gleichen Winkel mit der Axe bilden, eine gleiche Ausdehnung durch die Wärme erfahren, ist auch die Änderung des Brechungsindex der ihnen parallel schwingenden Strahlen die gleiche; ein solcher Krystall bleibt also bei jeder Temperatur optisch einaxig. Da jedoch parallel und senkrecht zur Axe die Ausdehnung verschieden ist, so muß auch die Abhängigkeit der beiden Hauptbrechungsindices von der Temperatur eine verschiedene sein und daher die Stärke der Doppelbrechung sich mit der Temperatur des Krystalls ändern. Das gleiche ist auch der Fall mit dem Betrage der Drehung in einem optisch aktiven Krystall.

Ebensowenig kann die optische Symmetrie geändert werden bei den optisch trisymmetrischen Krystallen, da hier die drei Hauptausdehnungsrichtungen mit den drei Hauptschwingungsrichtungen zusammenfallen und deshalb die Orientierung der Axen des Indexellipsoïdes eine konstante ist. Die Werte α, β, γ der drei Hauptbrechungsindices erfahren aber naturgemäß eine ungleiche Änderung, und da von deren Verhältnissen der Winkel der optischen Axen abhängt (siehe S. 30), so wird dieser bei zunehmender Temperatur des Krystalls größer oder kleiner. Einer kleinen Verschiedenheit der Verhältnisse von α, β, γ entsprechen relativ große Differenzen des Axenwinkels; daher kann die durch die Wärme hervorgebrachte Änderung des letzteren sehr groß sein, derart, daß die Axen sogar in verschiedenen, zueinander senkrechten Ebenen liegen; in einem solchen Falle gibt es natürlich für die betreffende Farbe eine bestimmte Temperatur, bei welcher infolge des Gleichwerdens zweier Hauptbrechungsindices der Axenwinkel den Wert Null annimmt (Beispiel: Glykosaccharinsäureanhydrid). Wegen der Verschiedenheit der Änderung der Hauptbrechungsindices mit der Farbe variiert ferner mit der Temperatur nicht nur die Stärke der Doppelbrechung, sondern auch die der Dispersion der optischen Axen.

In den optisch monosymmetrischen Krystallen findet die Ausdehnung durch die Wärme symmetrisch statt in bezug auf den für alle Farben gemeinsamen Hauptschnitt; infolgedessen erfahren auch die Schwingungen von Strahlen, deren Winkel von dieser Ebene halbiert wird, die gleiche Änderung ihrer Fortpflanzungsgeschwindigkeit. Wenn die Ebene der optischen Axen senkrecht zu jenem Hauptschnitte ist, so erfahren beide die gleiche Vergrößerung oder Verkleinerung ihrer Neigung zu demselben. Liegen die beiden optischen Axen jedoch in der Ebene der optischen Symmetrie, so müssen sie durch Erwärmung des Krystalls eine verschiedene Änderung ihrer Lage erfahren, weil die Orientierung ihrer Mittellinien, welche mit den in derselben Ebene liegenden beiden Ausdehnungsaxen verschiedene Winkel bilden, mit der Temperatur sich ändert; nimmt der Axenwinkel, wie es beim Gyps der Fall ist, sehr stark ab, so nähern sich die beiden optischen Axen der ihre Richtung stetig ändernden Mittellinie mit ungleicher Geschwindigkeit, gehen aber, wenn die Temperatur der Einaxigkeit überschritten ist, in der zur Ebene der optischen Symmetrie senkrechten Ebene mit gleicher Geschwindigkeit auseinander, da dann der vorher betrachtete Fall vorliegt.

Die optisch asymmetrischen Krystalle erfahren notwendig Änderungen der optischen Eigenschaften, welche in unsymmetrischer Weise vor sich gehen. Die Orientierung der Hauptschwingungsrichtungen und die Verhältnisse der Hauptbrechungsindices für irgendeine Farbe zeigen also eine Abhängigkeit von der Temperatur des Krystalls, welche durch keine allgemeine Gesetzmäßigkeit geregelt ist.

Magnetische und elektrische Eigenschaften.

Para- und Diamagnetismus.

Um nachzuweisen, ob die Substanz eines Krystalls para- oder diamagnetisch ist, bedarf es im allgemeinen der Untersuchung eines krystallinischen Aggregates, in welchem die Verschiedenheiten der magnetischen Induktion nach verschiedenen Richtungen durch die regellose Orientierung der Partikel ausgeglichen wird (vgl. S. 2); gewöhnlich wird hierzu ein Pulver der krystallisierten Substanz verwendet und dieses durch Einfüllen in ein sehr dünnes Glasröhrchen in die Form eines Stäbchens gebracht, dessen Einstellung im Magnetfelde beobachtet werden kann.

Die einfach brechenden Krystalle sind die einzigen, in denen nach allen Richtungen gleichstarker Para- oder Diamagnetismus induziert wird. Eine aus einem hierher gehörigen Krystall angefertigte Kugel nimmt daher keine bestimmte Stellung zu den Kraftlinien an.

In den optisch einaxigen Krystallen ist die Induktion in der Richtung der Axe entweder am größten oder am kleinsten. Eine aus einem paramagnetischen Krystall angefertigte Kugel, zwischen den Magnetpolen so aufgehängt, daß sie um einen zur optischen Axe senkrechten Durchmesser rotieren kann, stellt sich mit der Axe, wenn diese die Richtung der stärksten magnetischen Induktion ist, parallel zu den Kraftlinien, wenn sie die Richtung der schwächsten Induktion ist, senkrecht dazu; eine aus einem diamagnetischen Krystall angefertigte Kugel verhält sich umgekehrt.

In den optisch zweiaxigen Krystallen entspricht die Größe der nach verschiedenen Richtungen stattfindenden magnetischen Induktion den Radien eines dreiaxigen Ellipsoïdes, dessen Axen im Falle eines optisch trisymmetrischen Krystalls mit den Hauptschwingungsrichtungen des Lichtes zusammenfallen, während bei den monosymmetrischen nur eine davon die Orientierung einer Hauptschwingungsrichtung hat und in den asymmetrischen Krystallen keine Beziehung zwischen den magnetischen und optischen Hauptrichtungen besteht. Daraus ergibt sich die Einstellung einer Kugel im Magnetfelde für para- und diamagnetische Krystalle einer jeden dieser drei Abteilungen.

Die gleichen Gesetzmäßigkeiten gelten auch für den dauernden Magnetismus, welcher z. B. in optisch einaxigen Krystallen den größten Wert parallel der Axe und den kleinsten senkrecht dazu besitzt oder umgekehrt.

Elektrische Eigenschaften.

In denjenigen Krystallen, welche Leiter der Elektrizität sind, unterliegt die Abhängigkeit der Leitfähigkeit von der Richtung denselben Gesetzen, wie alle bisher betrachteten Eigenschaften; sie ist also in einem einfach brechenden Krystall nach allen Richtungen gleichgroß, in einem optisch einaxigen am größten parallel der Axe und am kleinsten senkrecht dazu oder umgekehrt, während sie in den zwischenliegenden Richtungen den Radienvektoren eines Rotationsellipsoïdes entspricht usf.

Auch die thermoelektrische Kraft leitender Krystalle ist, abgesehen von einfach brechenden, für verschiedene Richtungen verschieden, so daß, wenn die Berührungsstelle zweier ungleich orientierter Krystalle derselben Substanz erwärmt wird, ein Thermostrom entsteht. Einige Stoffe bilden zweierlei Krystalle, welche entgegengesetzten Enden der thermoelektrischen Spannungsreihe angehören und daher miteinander kombiniert stets einen thermoelektrischen Strom geben, auch wenn in ihnen die Leitfähigkeit von der Richtung unabhängig ist.

Krystalle, welche die Elektrizität nicht leiten, nehmen, wie die Isolatoren überhaupt, im elektrischen Felde durch Induktion Polarität an, deren Stärke bestimmt wird durch die Dielektrizitätskonstante, eine Größe, welche zu dem Brechungsindex des Lichtes in gesetzmäßiger Beziehung steht. Infolgedessen ist die elektrische Erregung nur in den einfachbrechenden Krystallen für alle Richtungen gleichgroß, und eine aus einem solchen hergestellte Kugel nimmt im elektrischen Felde keine bestimmte Einstellung an. In den optisch einaxigen Krystallen ist die Dielektrizitätskonstante am größten in der Schwingungsrichtung des größten Brechungsindex, in den optisch trisymmetrischen entspricht den Schwingungsrichtungen des größten, mittleren und kleinsten Brechungsindex im allgemeinen auch die Richtung des größten, mittleren und kleinsten Wertes der Dielektrizitätskonstante usf.

Gewisse, nicht leitende Krystalle zeigen eine besondere elektrische Eigenschaft, die polare Piezo- und Pyroelektrizität, welche zu den univektoriellen gehört und daher erst an einer späteren Stelle behandelt werden soll.

Einwirkung äußerer Kräfte.

Elastische Deformationen. Polare Piezo- und Pyroelektrizität.

Als Elastizität bezeichnet man die Eigenschaft eines festen Körpers, durch Zug oder Druck eine Formänderung zu erleiden, welche nach dem Aufhören der Beanspruchung wieder rückgängig wird. Die Grenze, welche von der wirkenden Kraft nicht überschritten werden darf, wenn keine dauernde Formänderung entstehen soll, heißt die »Elastizitätsgrenze«.

Wäre ein Krystall an allen Stellen einem allseitig wirkenden, gleich großen Zug unterworfen, so würde er eine Ausdehnung erleiden, welche mit der durch eine Temperaturerhöhung bewirkten übereinstimmt; es würde also eine aus einem einfach brechenden Krystall hergestellte Kugel die gleiche Dehnung aller ihrer Radien erfahren, eine aus einem optisch einaxigen Krystall angefertigte Kugel würde sich in ein Rotationsellipsoïd, eine aus einem optisch zweiaxigen Krystall hergestellte in ein dreiaxiges Ellipsoïd verwandeln. Entsprechend wirkt ein allseitig gleicher Druck wie eine Erniedrigung der Temperatur und müßte also analoge Deformationen einer Kugel hervorbringen, je nachdem sie einer oder der anderen Abteilung angehört. Alle derartigen Deformationen haben das gemeinsam, daß eine Gerade des nicht deformierten Körpers auch nach der Deformation eine Gerade ist, wenn auch ihre Richtung eine Änderung erfahren hat, und daß zwei in dem ursprünglichen Körper parallele Gerade auch nach der Deformation noch parallel sind, wie sich auch ihre Richtung geändert habe. Solche Deformationen nennt man homogene und bezeichnet die geometrische Beziehung zwischen der Gestalt des Körpers vor und nach der Deformation als »Affinität«. Da allseitig gleicher Zug bzw. Druck ebenso wirken wie eine gleichmäßige Änderung der Temperatur, so gelten für ihren Einfluß auf die optischen Eigenschaften der Krystalle die S. 47 f. auseinandergesetzten Gesetzmäßigkeiten, d. h. die optische Symmetrie erfährt durch diese Deformationen keine Änderung.

Ganz anders gestalten sich die Verhältnisse, wenn die äußere Kraft in einer bestimmten Richtung wirkt. Während ein amorpher Körper, in welcher Richtung auch Zug oder Druck auf ihn ausgeübt wird, durch das gleiche Gewicht stets dieselbe Dehnung bzw. Zusammenpressung erfährt, ist der Widerstand gegen eine derartige Deformation in allen Krystallen, auch den einfach brechenden, je nach der Richtung, in welcher die Kraft wirkt, verschieden. Die Größe der Dehnung, welche aus einem Krystall hergestellte Stäbe von gleicher Länge und demselben Querschnitt, aber verschiedener Orientierung, durch das gleiche Gewicht erfahren, hängt in gesetzmäßiger Weise von der Richtung ab;

die Oberfläche, deren Radien den entsprechenden Dehnungen proportional sind, hat daher eine regelmäßige, stets aber eine von der Kugel verschiedene Gestalt. Die der einfachbrechenden Krystalle zeigt z. B. drei zueinander senkrechte, ausgezeichnete Richtungen, in denen sie entweder gleiche Minima oder gleiche Maxima der Länge ihrer Radien zeigt und von denen aus sich diese nur nach gewissen Ebenen symmetrisch ändern. Ebenso erweisen sich in einem optisch einaxigen Krystall außer der Axe noch andere Richtungen dadurch, daß ihnen parallel die Dehnung ein Maximum oder Minimum erreicht, als ausgezeichnete Richtungen des Krystalls, und es zeigt sich, daß es unter den einaxigen Krystallen mehrere Arten der Symmetrie für die Abhängigkeit der Dehnung von der Richtung gibt. Dagegen sind die optisch trisymmetrischen Krystalle auch bei einer in bestimmter Richtung wirkenden Kraft trisymmetrisch und die gleiche Übereinstimmung der Symmetrie beider Arten von Eigenschaften gilt auch für die monosymmetrischen und asymmetrischen Krystalle. Während also die Ellipsoïdeigenschaften in den einfachbrechenden und den optisch einaxigen Krystallen nach unendlich vielen Ebenen Symmetrie zeigen, ist diese hier beschränkt auf gewisse Ebenen, daher die Elastizität zu den Eigenschaften gehört, welche S. 4 als »bivektorielle[1]) von geringerem Grade der Symmetrie« bezeichnet wurden.

Durch einen in bestimmter Richtung wirkenden Zug oder Druck wird die Dichte des Körpers in dieser Richtung gegenüber anderen Richtungen verkleinert bzw. vergrößert, und es muß demnach auch der Brechungsindex der jener Richtung parallel schwingenden Lichtstrahlen eine Änderung erfahren. Infolgedessen muß in einem einfachbrechenden Krystalle eine Ungleichheit des Brechungsindex für verschiedene Schwingungsrichtungen, d. h. Doppelbrechung entstehen, welche von der Stärke der entstandenen Spannung abhängt und daher in einem in bestimmter Richtung gedehnten oder gepreßten Krystall im allgemeinen an verschiedenen Stellen ungleich groß ist. Ebenso bewirkt eine Zug- oder Druckspannung, welche einen optisch einaxigen Krystall unter schiefem oder rechtem Winkel zur Axe beansprucht, eine optische Zweiaxigkeit, wobei die Größe des Axenwinkels, von dem Betrage der Spannung abhängig, ebenfalls an verschiedenen Stellen verschieden sein kann. Zweiaxige Krystalle endlich erfahren lokale Vergrößerung oder Verkleinerung des Axenwinkels, je nach Richtung und Art der Spannung, der sie unterworfen werden. Diese vorübergehenden »optischen Anomalien« können auch dauernde werden, wenn die sie verursachenden Spannungen nicht wieder rückgängig werden können, wie es z. B. der Fall ist in Erstarrungsgesteinen, Gemengen von Mineralien, welche aus einem gemeinsamen Schmelzfluß auskrystallisierten und bei der Abkühlung ungleiche Zusammenziehung erfuhren.

Gewisse, die Elektrizität nicht leitende Krystalle besitzen eine oder mehrere ausgezeichnete Richtungen, in denen sie sich anders verhalten, als in den entgegengesetzten. Wenn in einer solchen Richtung ein derartiger Krystall einem steigenden Drucke ausgesetzt wird, so nimmt

[1]) Bivektoriell sind die elastischen Eigenschaften, da Dehnung und Zusammenpressung bei entgegengesetzter Richtung der sie bewirkenden Kraft die gleichen sind.

seine Oberfläche an den beiden gegenüberliegenden, der Druckrichtung entsprechenden Stellen elektrische Polarität an, und zwar ist die hier entstehende positive bzw. negative, freie Elektrizität um so stärker, je rascher die Druckänderung erfolgt; durch abnehmenden Druck wird die entgegengesetzte Polarität erzeugt. Eine derartige Richtung bezeichnet man als »elektrische Axe« und die angegebene Eigenschaft, welche zu den S. 4 erwähnten univektoriellen gehört, als polare Piëzoelektrizität. Ein Krystall kann mehrere elektrische Axen besitzen, z. B. gibt es einfachbrechende mit vier gleichwertigen Richtungen derartiger Polarität, welche mit dem S. 5 erwähnten drei aufeinander senkrechten Richtungen gleiche Winkel bilden.

Entsprechend der Tatsache, daß ebenso wie durch steigenden Druck durch Abnahme der Temperatur eine Zusammenziehung bewirkt wird, entsteht die gleiche elektrische Polarität auch durch Abkühlen des vorher erwärmten Krystalls, und diese univektorielle Eigenschaft gewisser Krystalle, die polare Pyroelektrizität, welche weit früher entdeckt und näher studiert wurde als die Piëzoelektrizität, bietet eines der wichtigsten Hilfsmittel dar, um die Ungleichwertigkeit entgegengesetzter Richtungen in den Krystallen festzustellen.

Analog der durch Druck erzeugten ist die bei der Abkühlung auftretende freie Elektrizität um so stärker, je schneller die Temperaturänderung vor sich geht, und sie ist die entgegengesetzte, wenn statt der Abkühlung eine Erwärmung des Krystalls stattfindet. Derjenige Pol der elektrischen Axe, welcher bei Zunahme der Temperatur positiv, beim Abkühlen negativ elektrisch wird, heißt der »analoge«, der andere, bei dem das Vorzeichen der Temperaturänderung und das der Elektrizität entgegengesetzt sind, der »antiloge«.

Der Nachweis der polaren Pyroelektrizität kann mit einem Elektrometer erbracht werden, doch ist die geeignetste Methode die von Kundt eingeführte, nach welcher der vorher erwärmte Krystall während der Abkühlung durch ein feines baumwollenes Sieb mit einem Pulver bestäubt wird, das aus einem Gemenge von Schwefel und Mennige besteht; die durch die Reibung an den Maschen des Siebes negativ gewordenen Schwefelpartikel haften dann nur an den positiv elektrischen Stellen der Krystalloberfläche, während die dort abgestoßene, elektrisch positive Mennige sich nur an den negativen Stellen ansammelt. Stellt man aus einem optisch einaxigen Krystall, der nur eine elektrische Axe besitzt, wie Turmalin, eine Kugel her, so liefert das beschriebene Verfahren die stärkste Anhäufung des gelben bzw. roten Pulvers an den beiden Enden des Durchmessers, welcher der elektrischen Axe parallel ist, und diese Richtung ist zugleich die der optischen Axe. Ein einaxiger Krystall kann aber auch mehrere gleichwertige elektrische Axen senkrecht zur optischen haben; so z. B. besitzt der Quarz deren drei, welche gleiche Winkel miteinander bilden; eine erwärmte Quarzkugel, beim Abkühlen bestäubt, zeigt daher in der Ebene senkrecht zur optischen Axe in Abständen von 60° abwechselnd Anhäufungen von Schwefel- und Mennigepulver. Diese Methode kann aber auch auf beliebig gestaltete Krystalle angewandt werden, und wenn auch durch deren Ecken und Kanten einzelne Unregelmäßigkeiten in der Verteilung des Pulvers bewirkt werden, so bietet sie doch ein ausreichendes Mittel dar, um die Existenz und Richtung einer elektrischen Axe festzustellen. Z. B. erscheinen an dem sechsseitigen Prisma, der gewöhnlichen Form der Quarzkrystalle, die drei abwechselnden Kanten rot, die drei anderen gelb, wenn der Krystall ein einfacher ist; es gibt aber von diesem Mineral auch Zwillingskrystalle, welche vollständig das Aussehen von einfachen haben, in denen jedoch die ungleichwertigen entgegengesetzten Richtungen umgekehrt liegen, und ein solcher Krystall ist bei Anwendung der Bestäubungsmethode dadurch von einem einfachen zu unterscheiden, daß er an benachbarten Kanten das gleiche Vorzeichen der Elektrizität zeigt.

Kohäsion, Härte und Gleitung.

Wenn die auf einen festen Körper ausgeübte Kraft die Elastizitätsgrenze überschreitet, wird die Deformation nach dem Aufhören der Einwirkung der Kraft nicht mehr vollständig rückgängig. Die Eigenschaft eines Körpers, infolge weiterer Beanspruchung durch äußere Kräfte bleibende, aber allmählich und stetig vor sich gehende Veränderungen seiner Gestalt zu erleiden, ist die Plastizität. Steigt die deformierende Kraft noch weiter, so erreicht sie endlich die »Festigkeitsgrenze«, bei welcher eine vollständige Trennung der Teile des Körpers eintritt; der Widerstand gegen die Trennung, die Festigkeit oder Kohäsion, wird gemessen durch das Gewicht, welches zum Zerreißen eines bestimmten Querschnittes erforderlich ist, und zwar handelt es sich hier, wie bei der Elastizität, um eine bivektorielle Eigenschaft. Wenn Elastizitäts- und Festigkeitsgrenze sehr weit voneinander entfernt sind, die Substanz also sehr leicht dauernde Formänderungen erleidet und diese sehr groß werden können, ohne daß eine Trennung der Teile stattfindet, so bezeichnet man eine solche Substanz als eine sehr plastische, dagegen als eine besonders spröde, wenn fast unmittelbar nach Überschreitung der Grenze der Elastizität auch die der Festigkeit erreicht wird.

Alle genannten Eigenschaften haben nur in einem amorphen festen Körper nach jeder Richtung den gleichen Wert, in den Krystallen hängt derselbe in gesetzmäßiger Weise von der Richtung ab, in welcher die Kraft wirkt, und besonders die Kohäsion ist in manchen Krystallen so verschieden, daß sie in einer Richtung das Mehrfache derjenigen in einer anderen Richtung beträgt. Die Folge davon ist, daß eine an einem Punkte beginnende Trennungsfläche sich nicht in geänderter Stellung fortsetzen kann —, da alsdann die Richtung, in welcher das Zerreißen stattfände, eine andere, d. h. eine solche würde, in der die Kohäsion einen größeren Wert besitzt, — sondern sich als ebene Trennungsfläche, senkrecht zu der Richtung der kleinsten Kohäsion, fortsetzen muß; je rascher diese mit der Abweichung der Richtung von der des Minimums wächst, um so vollkommener ist die Spaltbarkeit nach einer Ebene. Durch die Eigenschaft, nach bestimmten Ebenen zu spalten, ist daher am leichtesten ein krystallisierter Körper von einem amorphen zu unterscheiden und ist zugleich die ausgezeichnete Richtung, in welcher die Kohäsion ein Minimum erreicht, bestimmt.

Die Kohäsion hängt nun in mehr oder weniger symmetrischer Weise von der Richtung in den Krystallen ab, und darnach unterscheiden sich letztere in sieben Abteilungen:

A. In den einfachbrechenden Krystallen sind die S. 5 erwähnten drei, aufeinander senkrechten, ausgezeichneten Richtungen auch in bezug auf die Kohäsion gleichwertig; wenn sie deren kleinsten Werten entsprechen, so findet die Spaltbarkeit nach drei dazu senkrechten Ebenen gleich vollkommen statt, so daß durch zweimaliges Spalten nach einer jeden in gleichem Abstande die Form des Würfels (Kubus) Fig. 27 erhalten wird; da für alle einfachbrechenden Krystalle diese drei Ebenen eine ganz besondere Bedeutung haben, führen sie auch den Namen kubische Krystalle. Sind in einem solchen die Normalen der Würfelflächen Maxima der Kohäsion, so sind die Minima entweder in den

Richtungen, welche mit jenen dreien gleiche Winkel einschließen — dann sind es vier und man erhält durch Spaltung in der angegebenen Weise das reguläre Oktaëder Fig. 28 — oder in den sechs Richtungen, welche die Winkel zwischen zwei Würfelnormalen halbieren, in welchem Falle man durch Spalten das Rhombendodekaëder Fig. 29 herstellen kann.

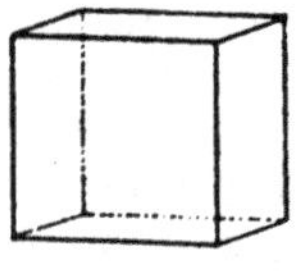
Fig. 27.

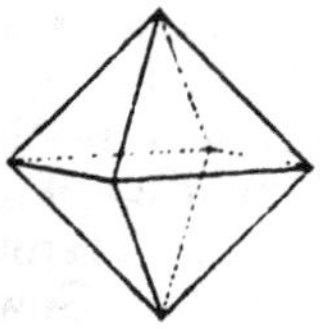
Fig. 28.

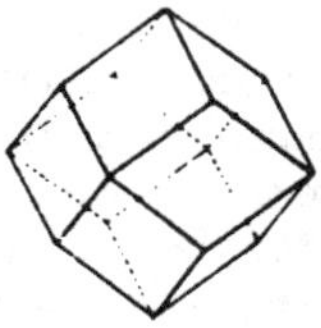
Fig. 29.

Es kommt auch der Fall vor, daß eine vollkommene Spaltbarkeit nach einer der genannten Formen und eine weniger vollkommene nach einer der beiden anderen vorhanden ist. Durch die Kohäsionsverhältnisse können also dreierlei ausgezeichnete Richtungen in den kubischen Krystallen erkannt werden; von diesen aus nimmt der Widerstand gegen die Trennung zu oder ab, je nachdem es Minima oder Maxima sind, und zwar symmetrisch in bezug auf die drei den Würfelflächen parallelen Ebenen, sowie auch in bezug auf die sechs (Rhombendodekaëder-) Ebenen, welche den Winkel zweier kubischer Ebenen halbieren (es ist diese Symmetrie nach neun Ebenen die höchste an Krystallen existierende).

Die optisch einaxigen Krystalle haben ein singuläres (von allen anderen verschiedenes) Minimum oder Maximum der Kohäsion in der Richtung der optischen Axe; in ersterem Falle spalten sie nach der Ebene senkrecht zur Axe und liefern dadurch Platten, deren optisches Verhalten S. 18 f. beschrieben wurde. Bei anderer Richtung der kleinsten Kohäsion sind stets mehrere gleichwertige, schief oder senkrecht zur optischen Axe, vorhanden, nach deren Zahl und Orientierung die einaxigen Krystalle in drei Abteilungen zerfallen.

B. Hexagonale Krystalle mit sechs gleichwertigen Richtungen kleinster Kohäsion, welche den gleichen Winkel mit der optischen Axe bilden; in dem allgemeinen Falle, dem eines schiefen Winkels, spalten solche Krystalle nach einer hexagonalen Dipyramide Fig. 30[1]). Der gewöhnliche Fall ist der, daß jener Winkel 90° beträgt, alsdann fallen je zwei Minima in dieselbe Gerade und als Spaltungsform resultiert das hexagonale Prisma, welches in Fig. 31 mit der ein reguläres Sechseck bildenden Basis, d. i. dem Flächenpaar senkrecht zur optischen Axe, abgebildet ist. Letztere kann natürlich ebenfalls einer Spaltbarkeit entsprechen, aber von anderem Grade der Vollkommenheit. Die Kohäsion ändert sich mit der Richtung in einem hexagonalen Krystall symmetrisch in bezug auf die Ebene der Basis und auf sechs in der optischen

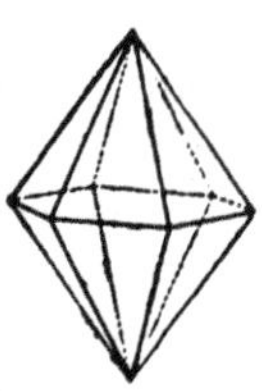
Fig. 30.

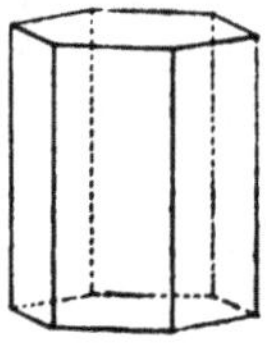
Fig. 31.

[1]) Eine solche Spaltbarkeit ist aber aus einem später (s. Krystallstruktur) zu erwähnenden Grunde niemals die vollkommenste.

Axe einander schneidende Ebenen, von denen je drei einander gleichwertig sind und sich unter gleichen Winkeln (60° bzw. 120°) schneiden, während ihre spitzen Winkel von den drei anderen halbiert werden. Dadurch sind in der zur optischen Axe senkrechten Ebene sechs ausgezeichnete Richtungen solcher Krystalle bestimmt.

C. Tetragonale Krystalle mit vier gleichwertigen Richtungen minimaler Kohäsion unter gleicher Neigung zur optischen Axe; dann spalten sie nach einer tetragonalen Dipyramide Fig. 32, in dem speziellen Falle, daß der Winkel zur Axe = 90°, nach einem tetragonalen Prisma, in Fig. 33 mit quadratischer Basis, welche natürlich auch Spaltungsebene sein kann, abgebildet. Die Kohäsionsverhältnisse sind symmetrisch nach der Basis und vier dazu senkrechten Ebenen, von denen je zwei gleichwertig sind und einander unter 90°, die des anderen Paares unter 45° schneiden. Dadurch sind in der zur optischen Axe senkrechten Ebenen vier ausgezeichnete Richtungen bestimmt, von denen je zwei rechtwinkelige gleichwertig sind und den Winkel der beiden anderen halbieren; beide Paare können auch Minima sein, und dann spaltet der Krystall nach zwei tetragonalen, um 45° gegeneinander um die Axe gedrehten Prismen, aber mit ungleicher Vollkommenheit.

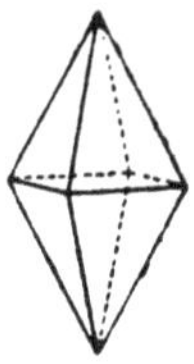

Fig. 32.

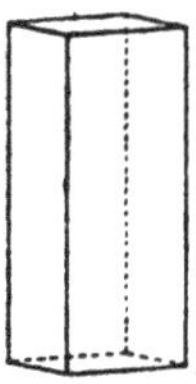

Fig. 33.

D. Trigonale Krystalle mit drei gleichwertigen Richtungen minimaler Kohäsion unter gleicher Neigung zur optischen Axe; ist diese kleiner als 90°, so ist die Spaltungsform ein Rhomboëder Fig. 34[1]); liegen die drei Minima in der zur Axe senkrechten Ebene, so ist es das hexagonale Prisma Fig. 31. Symmetrieebenen der Kohäsion sind hier nur drei vorhanden, die durch die optische Axe und durch die drei am Pol derselben zusammenstoßenden Kanten des Rhomboëders gehen.

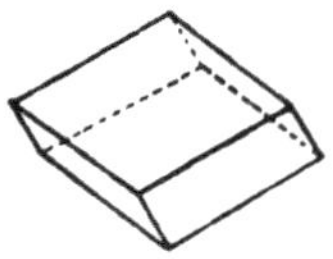

Fig. 34.

E. Die optisch trisymmetrischen Krystalle zeigen auch in bezug auf die Kohäsion die gleiche Symmetrie. Jede der drei Hauptschwingungsrichtungen kann einem Minimum entsprechen und dann spaltet der Krystall nach dem dazu senkrechten optischen Hauptschnitt; das gleiche ist auch für zwei oder für alle drei Hauptschwingungsrichtungen möglich, wodurch sich Spaltbarkeit nach zwei bzw. nach den drei Hauptschnitten ergibt, aber mit ungleicher Vollkommenheit. Es können aber auch zwei gleichwertige Minima in der Ebene zweier Hauptschwingungsrichtungen liegen; dann erfordert die Symmetrie, daß ihre Winkel von diesen beiden Richtungen halbiert werden, und die Spaltungsform ist ein rhombisches Prisma Fig. 35 (deren Basis, einer der drei optischen Hauptschnitte, kann natürlich auch Spaltbarkeit zeigen, aber von anderem Grade der Voll-

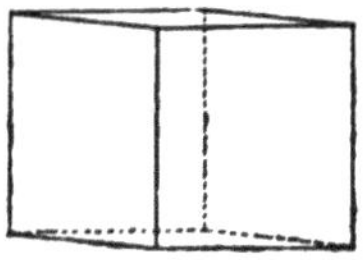

Fig. 35.

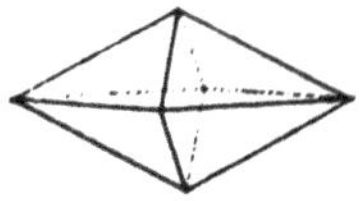

Fig. 36.

[1]) Die Richtung der optischen Axe ist die Senkrechte.

kommenheit). Endlich können die Minima der Kohäsion gegen alle drei Hauptschwingungsrichtungen geneigt sein, dann müssen deren vier gleichwertige existieren, und durch doppelte Spaltung senkrecht zu diesen kann man eine rhombische Dipyramide (Fig. 36) erhalten. Es kommt vor, daß ein Krystall sowohl nach einer Form der letzterwähnten Art, wie nach einem rhombischen Prisma und außerdem auch nach einem optischen Hauptschnitt spaltet, aber dann unterscheiden sich diese drei Arten von Spaltungsebenen durch ihre Vollkommenheit.

F. In den optisch monosymmetrischen Krystallen ändern sich die Kohäsionsverhältnisse mit der Richtung symmetrisch nach derselben Ebene, wie die optischen Eigenschaften. Diese ist eine singuläre Spaltungsebene, wenn senkrecht zu ihr ein Minimum der Kohäsion, zu dem ein zweites gleichwertiges unmöglich ist, existiert. Dagegen erfordert die Symmetrie, daß zu jedem Minimum der Kohäsion schief zu jener Ebene, ein gleichwertiges, denselben Winkel nach deren anderer Seite bildendes Minimum gehört, so daß als Spaltungsform ein Prisma entsteht, dessen Winkel von der Symmetrieebene halbiert wird. In dem speziellen Falle, daß der Winkel, welchen ein Minimum der Kohäsion mit der Symmetrieebene bildet, gleich Null ist, fallen die beiden Ebenen des Prismas zusammen zu einer singulären Spaltbarkeit senkrecht zur Symmetrieebene, und solche können mehrere, ungleich vollkommene, existieren, wie *a* und *b* Fig. 37, in welcher *s* die Symmetrieebene ist, während Fig. 38 die Kombination einer prismatischen Spaltungsform *m* mit einer zur Symmetrieebene senkrechten *c* darstellt. Auch hier können alle drei Fälle vereinigt sein, wie es z. B. beim Gyps der Fall ist.

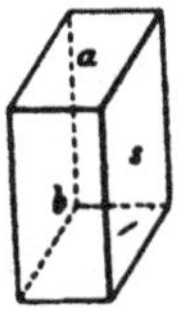

Fig. 37.

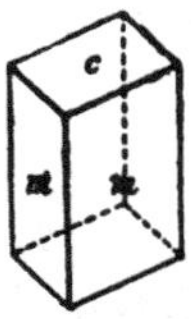

Fig. 38.

G. Die optisch asymmetrischen Krystalle besitzen nur singuläre Minima der Kohäsion, spalten also niemals nach zwei verschiedenen Ebenen gleich vollkommen. Die durch die Spaltbarkeit sich ergebenden ausgezeichneten Richtungen fallen hier nicht mit optisch ausgezeichneten zusammen, da die Hauptschwingungsrichtungen eine von der Farbe abhängige Orientierung besitzen, und das gleiche gilt auch für die in der Symmetrieebene der monosymmetrischen Krystalle liegenden, durch die Spaltbarkeit ausgezeichneten Richtungen.

Trotzdem ist eine Beziehung zwischen der Kohäsion und der optischen Orientierung dadurch unverkennbar, daß in der großen Mehrzahl monosymmetrischer und asymmetrischer Krystalle, wie zahlreiche Beispiele im speziellen Teile zeigen werden, eine optisch wichtige Richtung, namentlich oft die 1. Mittellinie der optischen Axen, nahezu senkrecht zu der Ebene vollkommenster Spaltbarkeit steht; das ausgezeichnetste Beispiel hierfür bietet der Glimmer dar, in welchem die Kohäsion parallel der Spaltungsebene diejenige in anderen Richtungen derart übertrifft, daß sogar andere, gleichzeitig krystallisierende Mineralien (Quarz, Granat, Turmalin) zu dünntafeliger Ausbildung zwischen den Glimmerlamellen gezwungen werden.

Mit der Kohäsion stehen in naher Beziehung zwei andere Eigenschaften, die Härte der Krystalle und die Fähigkeit ihrer Teile, parallel bestimmten Ebenen zu gleiten. Während aber die Festigkeit unter allen Umständen in den beiden entgegengesetzten Richtungen jeder Geraden gleich groß ist, haben Härte und Gleitfähigkeit den Charakter von univektoriellen Eigenschaften (s. S. 4).

Die Härte in ihrer Abhängigkeit von der Richtung kann bestimmt werden durch die Belastung einer Spitze, welche erforderlich ist, mit ihr eine Krystallfläche in einer bestimmten Richtung zu ritzen. Das zu diesem Zwecke benutzte Instrument, das Sklerometer, besteht aus einem auf Rollen beweglichen Wagen, welcher die zu untersuchende Krystallplatte trägt, und einer aus hartem Material bestehenden Spitze, welche mit Gewichten belastet werden kann; die Platte wird so orientiert, daß sie durch die Bewegung des Wagens in der gewünschten Richtung unter der Spitze weggezogen wird und die Belastung der Spitze so lange gesteigert, bis ein feiner Ritz auf der Oberfläche der Krystallplatte zu beobachten ist. Eine kubische Spaltungsplatte von Steinsalz z. B. zeigt bei diesem Versuche nach den zueinander senkrechten, den beiden anderen Würfelflächen parallelen Richtungen Minima der Festigkeit, Maxima in den Diagonalen; trägt man die Werte der zum Ritzen erforderlichen Gewichte auf die Richtungen auf, so erhält man die Härtekurve in Form einer vierseitigen Rosette mit tiefen Einbuchtungen in den Richtungen der vier Minima (in diesem Falle sind die entgegengesetzten Radien gleichlang). Bestimmt man in derselben Weise die Härtekurve einer Rhomboederfläche des Kalkspats (s. Fig. 34), so findet man ihre Radien gleichgroß in der horizontalen Diagonale, entsprechend der Symmetrie der Kohäsionsverhältnisse, dagegen sehr verschieden in der dazu senkrechten Diagonale je nachdem das Ritzen von oben nach unten (nach den stumpfen Winkeln der beiden andern Rhomboëderflächen hin) oder von unten nach oben (gegen die spitzen Winkel zwischen den Spaltungsflächen) geht; noch größer sind die Unterschiede der Härte in entgegengesetzten Richtungen auf einer zur optischen Axe des Kalkspats senkrechten Fläche.

Bei der Bestimmung der Härte durch Vergleichung mit einer Härteskala, wie sie zur Unterscheidung ähnlich aussehender Mineralien angewendet wird, handelt es sich nur um ungenaue Schätzungen, da auf die Unterschiede der Härte in verschiedenen Richtungen hierbei im allgemeinen keine Rücksicht genommen wird. Genauer und für technische Zwecke wichtig sind diejenigen Verfahren, nach welchen die Härte durch die Abnutzung des Materials beim Schleifen bestimmt wird. Wendet man eine solche Methode auf in bezug auf die Minima und Maxima der Härte verschieden orientierte Flächen eines Krystalls an, so ergibt sich natürlich unter gleichen Umständen eine oft recht verschiedene Abnutzung.

Eine geringe Härte ist bei manchen Substanzen verbunden mit großer Plastizität, aber beide Eigenschaften stehen keineswegs in einem allgemein bestimmten Verhältnisse, so ist z. B. der Flußspat härter als der Kalkspat und besitzt trotzdem einen höheren Grad von Plastizität.

Gewisse Krystalle, teils solche von geringer Härte und großer Plastizität, teils aber auch sehr harte und spröde, erfahren durch äußere Kräfte eine Verschiebung eines Teiles parallel einer Ebene, welche Gleitfläche genannt wird. Hierbei sind aber zwei Fälle zu unterscheiden:

1. Der verschobene Teil hat die Orientierung des übrigen Krystalls beibehalten, d. h. die ausgezeichneten Richtungen beider Teile sind nach wie vor an allen Stellen parallel. Solche Deformationen bezeichnet man als Translationen; die Größe der Verschiebung hängt von der Stärke und der Dauer des Druckes ab. Die Gleitfläche kann mit einer Spaltungsebene zusammenfallen wie beim Graphit, Talk, Gyps, d. s. Mineralien, welche nach einer Ebene sehr vollkommen spalten und nach einer oder mehreren in derselben Ebene liegenden Richtungen sehr leicht verschoben werden können, sie kann aber auch eine andere Orientierung haben. Beim Steinsalz z. B. sind die Ebenen des Rhombendodekaëders, welche den Winkel zweier Würfelflächen halbieren, die Gleitflächen; wenn ein Druck senkrecht auf eine Würfelfläche ausgeübt wird, so gleiten nach vier Seiten unter 45° Teile nach abwärts, und der Würfel erfährt eine Verkürzung in der Druckrichtung. Krystalle mit großer Translationsfähigkeit erleiden leicht Biegungen der Gleitfläche um eine Gerade, welche in derselben senkrecht zur Translationsrichtung verläuft (Beispiel: Gyps, Antimonit). Eine wichtige Rolle spielen die Gleitflächen bei manchen Metallen, deren scheinbare große Plastizität wahrscheinlich auf der Leichtigkeit beruht, mit welcher Translationen in denselben entstehen.

2. In dem anderen Fall wird ein Teil des Krystalls in eine bestimmte andere Orientierung umgeklappt, es entsteht ein Zwilling. Eine solche Deformation bezeichnet man als Schiebung nach Gleitflächen; sie wurde zuerst nachgewiesen und näher studiert am Kalkspat von Reusch. In diesem sind die Gleitflächen die drei Ebenen, welche an dem Rhomboëder Fig. 34 die drei am Pol der Axe zusammenstoßenden Kanten so abstumpfen, daß sie mit den beiden anliegenden Spaltungsflächen gleiche Winkel bilden. Preßt man ein Spaltungsstück dieses Minerals, dessen optischer Hauptschnitt in Fig. 39 dargestellt ist, in den Richtungen der Pfeile zusammen, so gleitet der rechte Teil nach abwärts, der linke nach aufwärts, und parallel der zur Zeichnungsebene senkrechten Gleitfläche entsteht eine Zwillingslamelle, d. h. eine planparallele Schicht des Krystalls erfährt eine Umklappung in die in bezug auf die Gleitfläche symmetrisch entgegengesetzte Stellung. Wenn bei dieser Umlagerung die Mitte zwischen beiden Stellungen überschritten ist, vollzieht sie sich weiter ohne äußere Kraft, war die Mitte noch nicht erreicht, so wird sie beim Aufhören des Druckes wieder rückgängig; daraus ist zu schließen, daß die Mittelstellung einem labilen, die beiden entgegengesetzten Stellungen einem (übereinstimmenden) stabilen Gleichgewichte entsprechen.

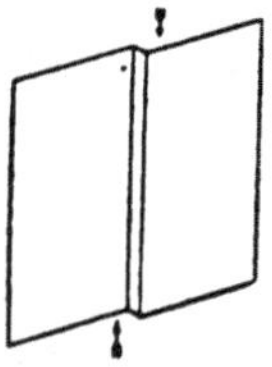

Fig. 39.

Während man nach dem angegebenen Verfahren meist nur eine oder mehrere künstliche Zwillingslamellen von geringer Dicke erhält, ist es möglich, besonders durch eine von Mügge angegebene Methode, ein ganzes Kalkspatrhomboëder in die neue Orientierung umzuklappen. Ein bequemes Verfahren, einen beliebigen Teil des Krystalls in die symmetrisch entgegengesetzte Stellung überzuführen, hat Baumhauer angegeben: Setzt man ein prismatisch geformtes Spaltungsstück (Fig. 40) auf eine stumpfe Kante, und zwar so auf, daß die lange Diagonale *ce* der rechten Endfläche *cdef* horizontal ist, und drückt am Punkte *a* die zur oberen Kante senkrechte Schneide eines Messers ein, so verschiebt sich der rechts davon befindliche Teil unter Umlagerung in die Zwillingsstellung, und gelingt es, das Messer bis zur Mitte einzupressen, so hat die über *ce* gelegene Hälfte der ursprünglichen Fläche *cdef* nunmehr die Stellung *ceg*; die früher stumpfe Ecke *f* ist nunmehr die spitze *g* geworden und die optische Axe des umgelagerten Teiles liegt nun im Hauptschnitte nach links geneigt, während sie im unveränderten Teile um ebensoviel nach rechts geneigt ist. Die Größe der Verschiebung ist also hier, und dies bedingt einen weiteren Unterschied von der Translation, eine ganz bestimmte, nämlich in der Gleitfläche gleich Null und nach oben zunehmend proportional mit dem Abstande von derselben bis zum Werte *ab*.

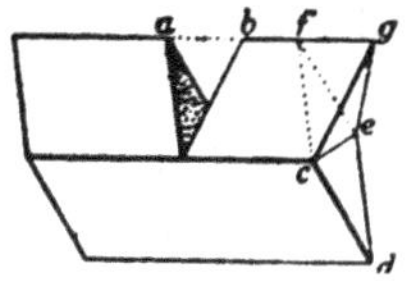

Fig. 40.

Die Entstehung von Zwillingslamellen durch Druck ist außer am Kalkspat noch an einer Reihe anderer Substanzen nachgewiesen worden. Da durch ungleichmäßige Temperaturänderung Spannungen erzeugt werden, so kann auch durch Erwärmen die lamellare Zwillingsbildung veranlaßt werden.

Auflösung und Wachstum.

Eine Trennung der Teile eines Krystalls kann auch bewirkt werden durch Auflösung, sei es, daß hierbei die Substanz als solche in die Lösung übergeht, oder daß gleichzeitig eine chemische Umsetzung stattfindet wie bei der Auflösung von Quarz in Flußsäure oder von Kalkspat in einer sauer reagierenden Flüssigkeit. Der Widerstand, welchen die inneren Kräfte eines Krystalls dem entgegensetzen, hängt ebenso, wie derjenige gegen eine mechanische Beanspruchung, in gesetzmäßiger Weise von der Richtung ab, und infolgedessen ist die Geschwindigkeit, mit welcher die Auflösung[1]) vorschreitet, nach ungleichwertigen Richtungen eine verschiedene. Dies kann am besten beobachtet werden, wenn man gleichlange Strecken gleichzeitig der Wirkung eines Lösungsmittels aussetzt; bringt man z. B. eine aus einem Alaunkrystall angefertigte Kugel in Wasser oder, um die Einwirkung zu verlangsamen, in eine ungesättigte wässerige Alaunlösung, so verwandelt sich dieselbe nach und nach in ein reguläres Oktaëder und behält diese Form bei bis zum vollständigen Verschwinden. Fig. 41 enthält von einem solchen Oktaëder, wie es einem bestimmten Augenblicke während des Auflösungsprozesses entspricht, einen Durchschnitt nach einer Ebene des Rhombendodekaëders; wie aus der Vergleichung mit den Fig. 27—29 (S. 54) hervorgeht, liegen in der Zeichnungsebene die Normalen zu den beiden horizontalen Würfelflächen (*h*), die zu denjenigen zwei vertikalen Flächen des Rhombendodekaëders, welche zur Zeichnungsebene senkrecht stehen, (*d*), endlich die Normalen zu vier Oktaëderflächen (*o*); wie die Figur zeigt, ist die Auflösungsgeschwindigkeit in den ersten

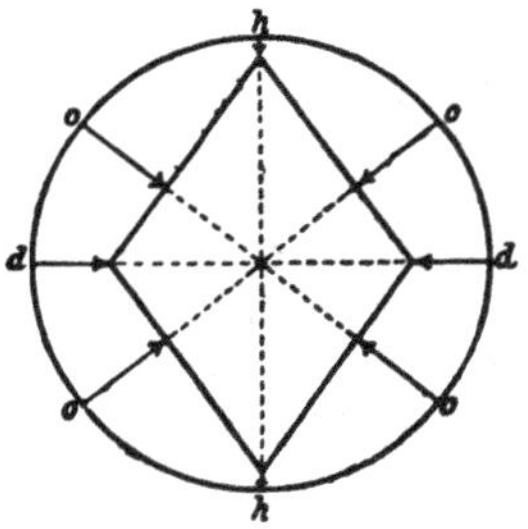

Fig. 41.

[1]) Analog verhalten sich die Krystalle auch beim Schmelzen und beim Verdampfen.

am kleinsten, in den letzten am größten. Unterwirft man eine Kugel von Quarz der Auflösung durch Flußsäure, so resultiert ein nach der optischen Axe flacher, dreiseitiger Lösungskörper; die kleinste Lösungsgeschwindigkeit ist hier in der Ebene senkrecht zur Axe in drei, unter 120° divergierenden Richtungen, während sie in den drei entgegengesetzten erheblich größer ist. Ein geringerer Unterschied der entgegengesetzten Richtungen zeigt sich in der zur optischen Axe senkrechten Ebene des Kalkspats bei der Behandlung einer Kugel mit Salpetersäure durch die Entstehung eines Lösungskörpers, welcher einer hexagonalen Dipyramide (Fig. 30) ähnlich ist.

Der verschiedene Widerstand ungleichwertiger Richtungen eines Krystalls gegen die Auflösung zeigt sich auch darin, daß durch ein Lösungsmittel ungleichwertige Ecken, Kanten und Flächen desselben in verschiedener Weise angegriffen werden, und dieses Verhalten bietet ein wichtiges Hilfsmittel dar zur Erkennung der Ungleichwertigkeit von Richtungen im Krystall. Es wurde bereits S. 52 erwähnt, daß die vier Diagonalen des Würfels mancher einfachbrechenden Krystalle elektrische Axen sind; die Ungleichwertigkeit der beiden entgegengesetzten Richtungen jeder dieser Diagonalen erweist sich nun ebenso, wie durch polare Piëzo- oder Pyroelektrizität, dadurch, daß die vier abwechselnden Ecken eines solchen Würfels sich gegen ein Lösungsmittel anders verhalten als die vier anderen. Besitzt ein Krystall nur eine elektrische Axe, und ist er nach dieser prismatisch ausgebildet, so lösen sich die beiden Enden desselben mit ungleicher Geschwindigkeit, und dies läßt sich selbst an einer mikroskopischen Nadel dadurch erkennen, daß sie sich in einem Lösungsmittel nicht nur verkürzt, sondern auch nach einer Seite hin zu verschieben scheint. An den S. 52 unten erwähnten Quarzkrystallen kann die Einfachheit bzw. Zwillingsnatur ebenso durch die ungleiche bzw. gleiche Angreifbarkeit benachbarter Kanten durch Flußsäure festgestellt werden.

Das weitaus wichtigste Hilfsmittel zur Unterscheidung gleichwertiger und ungleichwertiger Richtungen in den Krystallen bieten aber die Ätz- und Korrosionsfiguren dar. Wenn ein Lösungsmittel auf einer Krystall- oder Spaltungsfläche nur an einer Stelle zur Wirkung gelangt, so entsteht durch das ungleich schnelle Fortschreiten der Auflösung nach verschiedenen Richtungen von dieser Stelle aus eine Vertiefung mit regelmäßigem Umriß, eine »Lösungsfigur«. Beginnt die Einwirkung des Lösungsmittels gleichzeitig an zahlreichen Stellen der Fläche und wird unterbrochen, ehe die entstehenden Vertiefungen zusammenfließen, so zeigt die Fläche zahlreiche regelmäßige Figuren, welche im allgemeinen um so schärfer erscheinen, je kleiner sie sind und daher meist mikroskopischer Beobachtung bedürfen, während für das freie Auge die Fläche durch die Ätzung ein mattes Aussehen erhalten hat. Die Ätzfiguren zeigen nun stets Symmetrieverhältnisse, welche denen des Krystalls in gesetzmäßiger Weise entsprechen, und aus ihrer Gestalt können daher Schlüsse auf jene gezogen werden; sie hängen aber außerdem ab von dem Lösungsmittel, daher es vorkommt, daß zwei ungleichwertige Richtungen bei der Ätzung mit einem Lösungsmittel sehr geringe Verschiedenheiten zeigen, bei Anwendung eines anderen sehr erhebliche. Aus diesem Grunde darf man z. B. aus der quadratischen Gestalt der auf den Würfelflächen eines einfachbrechenden Krystalls entstandenen Ätzfiguren, welche den Kanten oder den Diagonalen des Würfels parallel sind, noch nicht sicher schließen, daß die sämtlichen Eigenschaften des Krystalls, wie es für die Kohäsion der Fall ist, sowohl nach den Ebenen des Würfels, wie nach denen des Rhombendodekaëders symmetrisch sich mit der Richtung ändern, denn wenn dies etwa nur in bezug auf die letzteren Ebenen der Fall wäre, so könnte jene quadratische Form daher rühren, daß für das angewandte Lösungsmittel ihre beiden Diagonalen sich nur sehr wenig unterscheiden, und ein anderes Ätzmittel könnte größere Unterschiede zeigen und deutliche Rhomben erzeugen; alsdann wäre bewiesen, daß nach den Würfelflächen keine Symmetrie vorhanden ist. Es ist daher nötig, bei der Prüfung der Symmetrie durch die Ätzfiguren zur größeren Sicherheit Versuche mit verschiedenen Lösungsmitteln anzustellen, denn unzweifelhaft nachgewiesen ist durch ein einziges Lösungsmittel die Ungleichwertigkeit zweier Richtungen nur dann, wenn die dadurch entstandenen Ätzfiguren eine deutliche Verschiedenheit der Lösungsgeschwindigkeit in den beiden Richtungen erkennen lassen.

Wie mit Hilfe der Ätzmethode die Unterschiede der Symmetrie nahe verwandter Substanzen erkannt werden können, mag an dem Beispiele des Kalkspates (Calciumcarbonat) und des Dolomits (Calcium-Magnesiumcarbonat) gezeigt werden; beide spalten nach einem sehr ähnlichen Rhomboëder (s. S.55), während aber beim ersteren die Ätzfiguren (s. z. B. Fig. 42) auf einer Fläche desselben stets symmetrisch nach deren kurzer Diagonale sind, zeigen die mit Salzsäure erhaltenen Ätzfiguren des Dolomits Fig. 43 die Ungleichwertigkeit der beiden entgegengesetzten Richtungen der längeren Diagonale; damit ist erwiesen, daß die Krystalle des letzteren Minerals keine Symmetrie nach den drei senkrechten Ebenen besitzen, welche durch die optische Axe und die kürzeren Diagonalen der Rhomboëderflächen gehen.

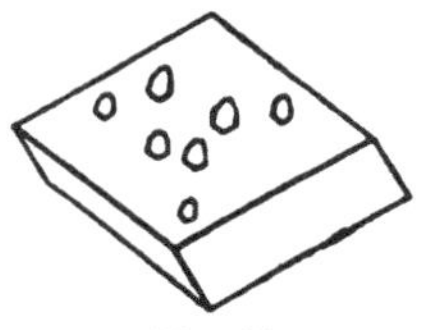

Fig. 42.

Fig. 43.

Durch derartige Untersuchungen ist festgestellt worden, daß die eigentliche Symmetrie eines Krystalls, d. h. diejenige der Gesamtheit seiner Eigenschaften, eine niedrigere sein kann, als die für die Kohäsionsverhältnisse geltende, und daß jede der sieben Abteilungen, welche sich aus den letzteren ergeben (s. S. 53 f.), in mehrere Unterabteilungen (Symmetrieklassen) zerfallen, welche sich durch den Grad der Symmetrie, d. i. durch die größere oder geringere Zahl gleichwertiger Richtungen unterscheiden.

Wie bei der Auflösung ein Krystall schließlich in einer bestimmten Form verschwindet, so zeigt er auch umgekehrt bei der Ausscheidung aus der Lösung von Beginn an, d. h. sobald er in den Bereich mikroskopischer Sichtbarkeit tritt, eine bestimmte Form, die eines von ebenen Flächen begrenzten Polyëders. Durch weitere Anlagerung von Substanz findet das Wachstum des Krystalls in der Weise statt, daß jede Fläche sich nach der Lösung hin parallel verschiebt; die Richtung, in welcher dies geschieht, d. i. die Normale zur Fläche, heißt ihre »Wachstumsrichtung«, die Geschwindigkeit des Fortschreitens der Fläche ihre »Wachstumsgeschwindigkeit«. Dem Umstande, daß das Wachstum ein der Auflösung entgegengesetzter Vorgang ist, entspricht es, daß die Geschwindigkeiten beider insoweit im umgekehrten Verhältnisse stehen, als es die Abhängigkeit der Lösungs- und der Wachstumsgeschwindigkeit von der Konzentration der Lösung gestattet. Diese Beziehung sowie die Verschiedenheit der Wachstumsgeschwindigkeit nach ungleichwertigen Richtungen kann wieder am besten aus einem Versuch ersehen werden, bei welchem gleiche Radien dem Fortwachsen ausgesetzt werden; bringt man eine aus einem Alaunkrystall angefertigte Kugel in eine gesättigte Alaunlösung und sorgt dafür, daß die durch Verdunstung erfolgende Ablagerung weiterer Substanz auf ihr von allen Seiten gleichmäßig erfolgen kann, so verwandelt sie sich allmählich in ein Oktaëder, welches in einem bestimmten Augenblicke im Verhältnis zur Kugel die in Fig. 44 im Querschnitt parallel einer Rhombendodekaëderfläche dargestellte Größe hat; wie ersichtlich, haben hier von den ebenso wie in Fig. 41 (S. 59) bezeichneten Richtungen *h* die größte und *o* die kleinste Wachstumsgeschwindigkeit. Da die Löslichkeit einer Substanz nicht nur von der Art des Lösungsmittels, sondern bei dem gleichen auch von dessen Konzentration, Temperatur usw. abhängt, so ist zu erwarten, daß auch das Verhältnis der Wachstumsgeschwindigkeiten nach ungleichwertigen Richtungen von allen jenen Faktoren beeinflußt wird; wenn nun infolge anderer Beschaffenheit der Lösung, aus welcher die Abscheidung erfolgt, in dem obigen Beispiele das Verhältnis der Längen *h* : *o* kleiner wird, so müßten alsdann in dem betreffenden Abstande von der Kugeloberfläche die horizontalen Ebenen des Würfels in der entsprechenden Größe erscheinen. In der Tat bilden sich aus alkalischer Lösung Krystalle von Alaun, welche außer dem Oktaëder auch die Flächen des Würfels zeigen, und stärker alkalische Lösungen liefern reine Würfel. Es hängt also von den Umständen bei der Bildung eines Krystalls ab, ob er nur von gleichwertigen Flächen und von welchen, oder ob er von einer Kombination ungleichwertiger Flächen begrenzt wird, und unter diesen werden diejenigen am größten ausgebildet sein, welche die kleinste Wachstumsgeschwindigkeit haben. Ein und dieselbe Substanz kann also in Krystallen von verschiedener Tracht (Habitus) auftreten.

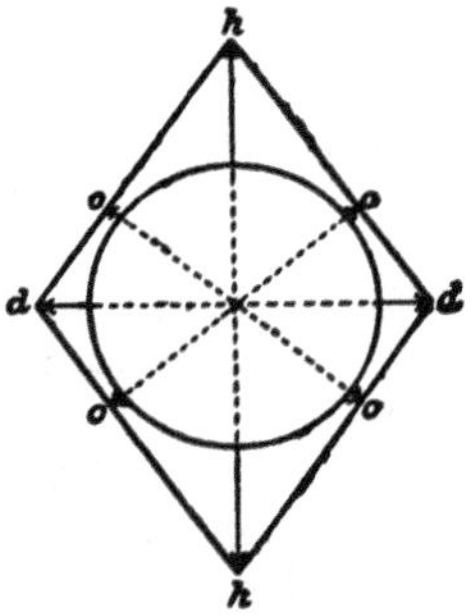

Fig. 44.

Sowohl bei der Auflösung, als beim Wachstum war bisher vorausgesetzt, daß im ersten Falle die Fortführung des gelösten Materials, im zweiten die Zuführung von Substanz an dem wachsenden Krystall von allen Seiten genau die gleiche sei. Nur dann können beim Wachstum die gleichwertigen Flächen genau gleichgroß werden und zu den etwa noch sich bildenden anderen dasjenige Größenverhältnis zeigen, welches dem Verhältnis der Wachstumsgeschwindigkeiten beider entspricht. Diese Bedingung ist jedoch, selbst durch besondere Maßregeln bei der Krystallisation, nur angenähert zu erreichen; es wird also das durch das Wachstum einer Kugel von Alaun entstehende Oktaëder nicht wie das ideale reguläre Oktaëder der Geometrie genau gleichen Abstand seiner vier Paare paralleler Flächen haben, es werden die vier Kanten einer Ecke nicht genau in dem gleichen Punkte zusammenlaufen usw. Unter den gewöhnlichen Umständen der Krystallisation einer Substanz, besonders wenn ein wachsender Krystall auf einer seiner Flächen aufliegt und dadurch von dieser Seite der Zufluß von Material verhindert ist, wird das Wachstum auch der gleichwertigen Flächen ein mehr oder weniger ungleiches sein und werden dadurch in dem obigen Beispiele Formen erzeugt, welche mit dem idealen Oktaëder nur das gemeinsam haben, daß ihre Flächen sich genau unter den gleichen Winkeln schneiden. Das Wesentliche bei der Krystallisation ist demnach nur die Richtung des Wachstums, nicht der Ort, bis zu welchem sich eine Fläche vorgeschoben hat, denn dieser hängt von Verhältnissen ab, welche mit der Natur des Krystalls nichts zu tun haben; es ist daher nicht geeignet, wie es vielfach geschieht, Formen mit ungleicher Größe der gleichwertigen Flächen als »Verzerrungen« zu bezeichnen. Eine Fläche behält ihre krystallographische Bedeutung, wenn sie parallel sich selbst verschoben wird, d. h. konstant sind an den Krystallen nur die Winkel, welche die Flächen miteinander bilden (abgesehen von den kleinen Änderungen, die sie durch Temperaturänderung erfahren (siehe S. 45).

Außer der Verschiedenheit der Größe gleichwertiger Flächen hängen noch andere Wachstumserscheinungen von den Verhältnissen der den wachsenden Krystall umgebenden Lösung ab. Eine wichtige Rolle spielen hierbei die Diffusionsströmungen, welche infolge der Substanzausscheidung am wachsenden Krystall entstehen und besonders bei der Krystallisation einer warm gesättigten, sich schnell abkühlenden Lösung ein rasches Wachstum an den Ecken und Kanten der Krystalle bewirken, wodurch treppenförmige Vertiefungen der Flächen und in extremen Fällen »Krystallskelette« hervorgebracht werden, bestehend aus nach den bevorzugten Wachstumsrichtungen aneinander gereihten parallelen Einzelkrystallen, wie sie besonders die kubisch krystallisierenden Halogenide des Ammoniums zeigen (Fig. 45). Die Strömungen in der Lösung, die außerdem durch jede Temperaturdifferenz in der Umgebung des Krystalls veranlaßt werden, bedingen wohl auch die sehr häufige Unregelmäßigkeit, daß eine Fläche des Krystalls aus einem treppenförmigen Wechsel zweier Ebenen von wenig verschiedener Stellung besteht, nach deren Schnittrichtung sie infolgedessen gestreift erscheint; diese »Kombinationsstreifung« ist wohl zu unterscheiden von einer »Zwillingsstreifung«, hervorgerufen durch die ein- und ausspringenden Winkel von Zwillingslamellen, wie sie z. B. auf einer Spaltungsfläche von Kalkspat (s. S. 58) und überhaupt bei lamellar zusammengesetzten Zwillingskrystallen (s. S. 41) auftritt. Nahe verwandt mit jener Erscheinung ist ferner diejenige der sog. »Vizinalflächen«, Ebenen, welche nahezu die

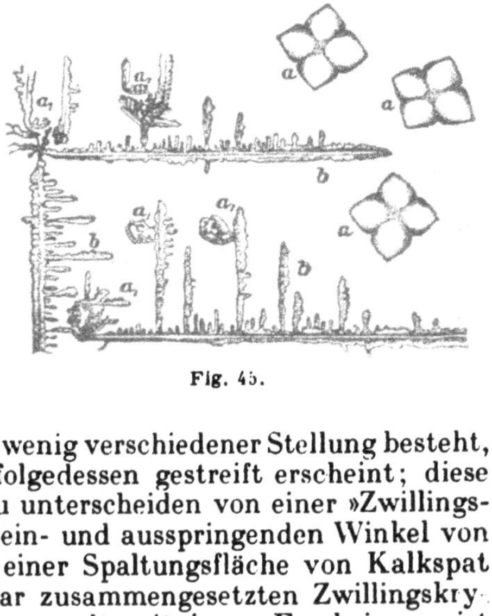

Fig. 45.

Stellung normaler ausgezeichneter Flächen des Krystalls haben, sowie die wirklich gekrümmter Flächen an Stelle normaler Ebenen des Krystalls. Zu den Störungen der regelmäßigen Krystallisation gehören endlich auch die Abweichungen einzelner Teile des Krystallinnern vom Parallelismus mit den übrigen, wodurch auch Abweichung der äußeren Flächen von der normalen Stellung, also scheinbare Krümmungen hervorgebracht werden, welche oft in einem bestimmten Sinne stattfinden, entsprechend dem Umstande, daß der Widerstand des wachsenden Krystalls gegen störende Einflüsse nach gewissen Richtungen geringer ist als nach anderen. Es handelt sich bei solchen Krystallbildungen also eigentlich um krystallinische Aggregate, in denen nur eine gewisse Richtung noch den einzelnen Krystallen gemeinsam ist.

Gegenüber der regellosen Stellung der Partikel eines Aggregates liegt in den Zwillingen eine Gesetzmäßigkeit in der Orientierung der ausgezeichneten Richtungen des einen Krystalls gegen den anderen vor, darauf beruhend, daß außer dem Parallelismus noch andere gegenseitige Stellungen zweier Krystalle einem stabilen Gleichgewicht entsprechen können, wie aus den Versuchen über die künstliche Zwillingsbildung am Kalkspat hervorgeht (s. S. 58). Das parallele Fortwachsen des Krystalls setzt offenbar voraus, daß die in die Nähe seiner Oberfläche gelangenden Moleküle der gelösten Substanz durch die vom Krystall auf sie wirkenden Kräfte eine Drehung in die Parallelstellung erfahren, ehe sie sich anlagern; wenn ihre vorher zufällige Orientierung eine kleinere Drehung erfordert, um in eine andere Lage stabilen Gleichgewichts zu der Krystallfläche zu gelangen, als sie zur Erreichung der Parallelstellung nötig ist, so werden sie sich leichter in jener Stellung anlagern und dadurch Zwillingsbildung veranlassen. Damit steht im Einklange, daß Zusätze zur Lösung, welche eine Zunahme ihrer inneren Reibung bedingen, also einer Drehung entgegenwirken, die Zwillingsbildung begünstigen. Stets sind es besonders ausgezeichnete Richtungen bzw. Ebenen, welche die beiden zu einem Zwillinge vereinigten Krystalle gemeinsam haben; man bezeichnet eine solche Richtung als Zwillingsaxe, wenn die Stellung des einen Krystalls durch eine halbe Umdrehung um diese Richtung in die Stellung des anderen übergeführt werden kann, als Zwillingsebene diejenige Ebene, gegen welche beide Krystalle symmetrisch entgegengesetzte Orientierung besitzen. Die beiden Krystallen gemeinsame Ebene muß nach obigem eine solche sein, innerhalb deren besonders große Kohäsion herrscht, und in der Tat lehrt die Erfahrung, daß dieselbe meist entweder mit der Ebene der vollkommensten Spaltbarkeit zusammenfällt oder wenigstens zu ihr in naher Beziehung steht.

Die Struktur der Krystalle.

Theorien der Krystallstruktur.

Die Vorstellungen, welche man sich früher von der inneren Beschaffenheit der Krystalle, d. i. von der Art ihres Aufbaues aus gleichartigen kleinsten Teilchen, gemacht hat, beruhen im wesentlichen auf der Kenntnis ihrer Fähigkeit, durch Spalten in Partikel geteilt zu werden, welche auch bei beliebiger Kleinheit stets gleichbeschaffen sind.

Hauy gelangte 1781 zu der Entdeckung des im nächsten Abschnitte behandelten Grundgesetzes der geometrischen Krystallographie durch die Annahme, die Krystalle seien aus lückenlos aneinander gelegten »Molekülen« aufgebaut, deren Gestalt, die »Primitivform«, im allgemeinsten Falle die eines aus drei schiefwinkelig einander schneidenden Paaren von Ebenen gebildeten Parallelepipeds sei; die Seiten dieses Parallelepipeds sind parallel der vollkommensten, der weniger vollkommenen und der unvollkommenen Spaltbarkeit; im speziellen Falle kubischer Spaltbarkeit geht die Primitivform in den von drei zueinander senkrechten, gleichwertigen Flächenpaaren gebildeten Würfel über. Wie aus gleichgroßen Würfeln durch Auflagerung von Schichten, deren jede gegen die vorhergehende um eine, zwei usf. Reihen von Würfeln zurücktritt, Formen aufgebaut werden können, deren Flächen mit denen des Würfels 45° (Rhombendodekaëder) bzw. entsprechend spitzere Winkel einschließen, so lassen sich auch die Formen anderer Abteilungen der Krystalle aus der entsprechenden, weniger symmetrischen Primitivform herleiten.

Nachdem erkannt worden war, daß die »Moleküle« der festen Körper durch Abstände voneinander getrennt sein müßten, welche dem Gleichgewicht der zwischen ihnen wirkenden Kräfte entsprechen, führte die Eigenschaft der Spaltbarkeit dazu, anzunehmen, daß in den Krystallen die Moleküle parallel den Spaltungsflächen in Ebenen und auf den Schnittlinien je zweier Spaltungsflächen in Geraden angeordnet seien, derart, daß diese Anordnung in allen parallelen Ebenen bzw. Geraden die gleiche ist. Die Schwerpunkte der (ruhend gedachten) Moleküle bilden dann ein regelmäßiges System von Punkten, ein parallelepipedisches Raumgitter, in welchem (unbegrenzt gedacht) die Anordnung aller Punkte um jeden derselben herum die gleiche ist.

In Fig. 46 ist ein begrenztes Stück eines solchen Raumgitters allgemeinster Art dargestellt; *1* und *2* sind zwei benachbarte, um *a* voneinander entfernte Punkte in der Geraden XX, welche an allen Stellen in derselben Weise mit Punkten besetzt ist; ein außerhalb derselben nächstliegender Punkt *3* bestimmt eine ebenfalls äquidistant, aber mit den Abständen *b* besetzte Punktreihe $Y\bar{Y}$; durch jeden Punkt der letzteren geht eine weitere Gerade parallel $X\bar{X}$, deren Punkte den Abstand *a* haben, und dadurch wird ein (unendlich ausgedehnt zu denkendes) ebenes Gitter oder eine Netzebene, deren Maschen Parallelogramme mit den Seiten *a* und *b* sind, gebildet. Ist *5* ein außerhalb dieser Ebene so gelegener Punkt, daß kein anderer ihr näher liegt, so wird durch *1* und *5* eine Gerade $Z\bar{Z}$ mit dem Abstande *c* zweier benachbarter Punkte bestimmt und durch jeden ihrer Punkte ein neues zu dem ersten paralleles ebenes Gitter, welches die Punkte in derselben Anordnung, in den Ecken von Parallelogrammen mit den Seiten *ab*, enthält. Die Gesamtheit dieser Netzebenen, das Raumgitter, kann aber ebenso betrachtet werden als zusammengesetzt aus ebenen Gittern parallel $X\bar{X}$ und $Z\bar{Z}$, endlich auch aus solchen parallel $Y\bar{Y}$ und $Z\bar{Z}$, wie es auch aus Punktreihen nach jeder dieser drei Richtungen bestehend gedacht werden kann. Verbindet man irgendeinen Punkt des Raumgitters, statt mit einem nächstliegenden, mit irgendeinem anderen, so enthält die dadurch bestimmte Gerade zwar auch nur äquidistante Punkte, deren Abstände sind aber größer, und jede ihr parallele, durch andere Punkte gelegte Gerade ist in denselben Abständen mit Punkten besetzt; man kann also das Raumgitter auch zusammensetzen aus Punktreihen, welche durch irgend zwei Punkte desselben gehen. Durch die vier Punkte *3*, *4*, *5*, *6* ist ein ebenes Gitter bestimmt, dessen Parallelogrammseiten die Länge *a* und die der Diagonale des Parallelogramms *bc* sind, und dieselbe Anordnung der Punkte besitzt jede parallele Ebene durch irgend vier analog liegende Punkte, so daß das Raumgitter auch aus Netzebenen dieser Art bestehend gedacht werden kann; diese ebenen Gitter sind aber, da ihre Parallelogramme einen größeren Flächeninhalt haben, weniger dicht mit Punkten besetzt. In noch höherem Grade ist dies der Fall, wenn man eine Ebene durch irgend drei bzw. vier weiter voneinander entfernte Punkte als die das Raumgitter zusammensetzende Ebene annimmt. Es gilt nun für die parallelepipedischen Raumgitter der Satz: je dichter eine Gitterebene mit Punkten besetzt ist, desto größer ist ihr Abstand von der nächsten parallelen Gitterebene[1]). Da parallel der Spaltungsebene die größte, senkrecht dazu die geringste Festigkeit besteht, so ist anzunehmen, daß nach einer Ebene um so vollkommener Spaltbarkeit stattfinden müsse, je dichter dieselbe mit Molekülen besetzt sei.

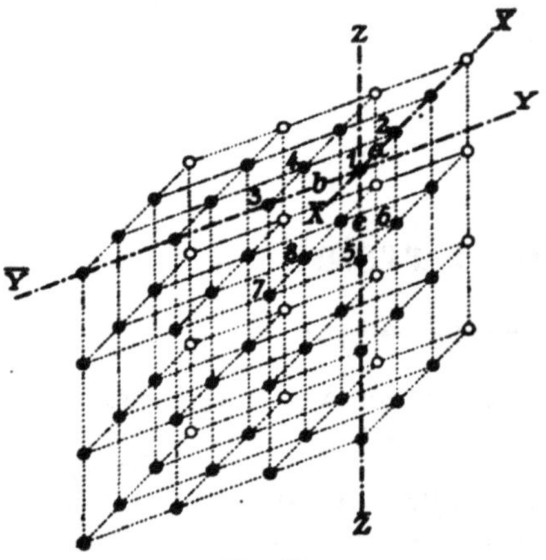

Fig. 46.

[1]) Zum Verständnis dieses Satzes, wie auch der folgenden Erläuterungen ist es geeignet, die Vorstellung zu unterstützen durch Modelle aus Glasperlen, welche auf dünne Drahtstäbe aufgesteckt werden, oder durch die Betrachtung der diesem Buche beigegebenen stereoskopischen Bilder Nr. 4—17.

Das der Fig. 46 (Stereoskopabbildung Nr. 4) zugrunde gelegte Raumgitter stellt den allgemeinen Fall dar, in welchem zu einer Punktreihe **keine** zweite von anderer Orientierung mit den gleichen Abständen gehört. Das von den nächstbenachbarten Punkten *1* bis *8* gebildete Elementarparallelepiped (ebenso aber auch jedes andere, dessen Eckpunkte in weiterer Entfernung voneinander liegen) hat drei ungleich lange Kanten und drei ungleiche Winkel, und infolgedessen sind in einem solchen Raumgitter nur die beiden entgegengesetzten Richtungen einer und derselben Punktreihe gleichwertig. Es sind aber auch spezielle Fälle von Raumgittern denkbar, in denen Punktreihen von verschiedener Stellung in gleicher Weise mit Punkten besetzt sind, und solche entsprechen der Struktur von Krystallen, in denen gleichwertige Richtungen verschiedener Orientierung existieren, denn die Gleichheit aller physikalischen Eigenschaften in solchen Richtungen bedingt notwendig gleiche Abstände der kleinsten Teilchen als von dem Gleichgewicht der inneren Kräfte abhängige Größen.

Frankenheim (1835) versuchte zuerst festzustellen, welche Arten von Punktanordnungen der Bedingung der Regelmäßigkeit — nämlich der, daß die Anordnung um jeden Punkt die gleiche ist wie um jeden anderen — genügen und ob diese den verschiedenen Fällen entsprechen, welche die Kohäsionsverhältnisse und die geometrischen Formen der Krystalle zeigen. In strengerer Weise bewies Bravais 1848, daß es vierzehn mögliche Arten von Raumgittern gebe; da sich aber von diesen die Hälfte durch Verdoppelung bzw. Vervierfachung von den übrigen ableiten läßt, so gibt es in Wirklichkeit nur sieben Arten von einfachen Raumgittern, diese entsprechen genau den S. 53 f. aufgezählten sieben Abteilungen und sollen hier in der Reihenfolge betrachtet werden, wie sie sich am einfachsten aus dem allgemeinen, an die Spitze gestellten Falle durch Spezialisierung ergeben.

1. Das Elementarparallelepiped des Raumgitters Fig. 46 (Stereoskopbild 4) ist in Fig. 47 abgebildet; da es drei ungleiche Kanten a, b, c und drei ungleiche Winkel α, β, γ besitzt, werden derartige Raumgitter trikline genannt. Mangels einer Symmetrieebene entsprechen diese den optisch asymmetrischen Krystallen, in denen nie zwei Ebenen von verschiedener Stellung gleich dicht mit Teilchen besetzt sein können, also niemals gleich vollkommene Spaltbarkeit nach verschiedenen (nicht parallelen) Ebenen existieren kann (s. S. 56). In dem hier gewählten Beispiele ist $a : b : c = 1{,}2136 : 1 : 0{,}9630$, $\alpha\,(\wedge\, bc) = 66^\circ 53'$, $\beta\,(\wedge\, ac) = 102^\circ 48'$, $\gamma\,(\wedge\, ab) = 105^\circ 40'$, also ist die größte Netzdichtigkeit, entsprechend der vollkommensten Spaltbarkeit, in der Ebene bc.

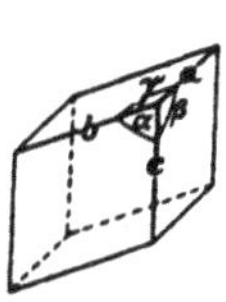

Fig. 47.

2. In dem speziellen Falle, daß eine der drei ungleichen Kanten (b in Fig. 48) auf den beiden anderen senkrecht steht, das Elementarparallelepiped also nur einen schiefen Winkel besitzt, ist es ein monoklines. Denkt man sich in ein solches Raumgitter, wie es in dem stereoskopischen Bilde Nr. 5 zu sehen ist, ein zweites, damit kongruent, so hineingestellt, daß die Punkte des zweiten in die Mitte einer der rektangulären Flächen, z. B. $a\,b$, fallen, so entsteht eine Punktanordnung (s. Stereoskopbild Nr. 6), die (wie es von Bravais geschah) auch als ein einfaches Raumgitter betrachtet werden kann, indem man die

Punkte so zusammenfaßt, wie es in dem strichpunktierten Elementarparallelepiped in Fig. 49 geschehen ist, welches die Gestalt eines »monoklinen Prismas« besitzt, d. h. eines rhombischen Prismas mit schiefer Basis, deren Diagonalen *a* und *b* sind. Gemeinsam haben beide Arten von monoklinen Raumgittern die Symmetrie nach jeder Ebene, welche parallel *a* und *c*, d. i. senkrecht zu *b*, durch irgendeinen Punkt des Gitters gelegt wird. Außerdem gelangen sie (immer unendlich ausgedehnt gedacht) bei einer Drehung von 180° um irgendeine Punktreihe parallel *b* mit sich selbst zur Deckung, also bei einer ganzen Umdrehung zweimal; eine solche Drehungsaxe nennt man eine zweizählige Symmetrieaxe. Die monoklinen Raumgitter besitzen daher eine Ebene und eine dazu senkrechte zweizählige Axe der Symmetrie, und das gleiche gilt für die optisch monosymmetrischen Krystalle sowohl in bezug auf ihre Ellipsoïdeigenschaften, als auf ihre Kohäsionsverhältnisse. Ist in dem Raumgitter eines solchen die Ebene *ac* am dichtesten mit Punkten besetzt, so spaltet der Krystall am vollkommensten nach der Symmetrieebene —, wenn eine der rektangulären Flächen, *ab* oder *b c*, den kleinsten Flächeninhalt hat, nach einer zur Symmetrieebene senkrechten Fläche; ist jedoch die größte Dichtigkeit in den diagonalen Ebenen, d. h. in den Seitenflächen des monoklinen Prismas Fig. 49, so sind diesen parallel zwei gleichwertige Spaltungsebenen vorhanden.

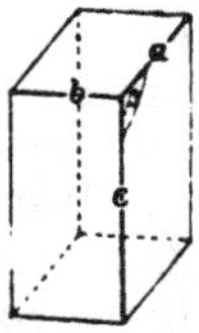
Fig. 48.

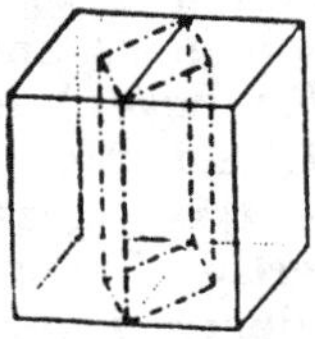
Fig. 49.

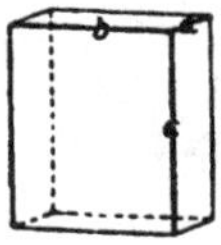
Fig. 50.

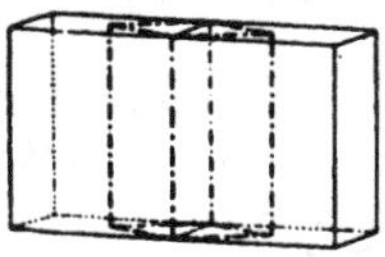
Fig. 51.

Fig. 52.

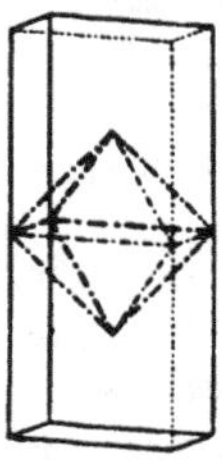
Fig. 53.

3. Bei Ungleichheit der drei Kanten des Elementarparallelepipeds bleibt nur noch der eine Fall übrig, daß alle drei Winkel rechte sind; dann entsteht das rektanguläre Parallelepiped Fig. 50. Wird in ein rektangulär-parallelepipedisches Raumgitter (Stereoskopbild Nr. 7) ein zweites, damit kongruentes so hineingestellt, wie es oben bei der Verdoppelung des monoklinen Raumgitters der Fall war, so resultiert das in dem Stereoskopbild Nr. 8 dargestellte zusammengesetzte Punktsystem, welches auch als einfaches Raumgitter betrachtet werden kann, dessen Elementarparallelepiped ein rhombisches Prisma mit gerader Basis ist (vgl. Fig. 51); dieses hat nur zweierlei Kanten, die Seiten der rhombischen Basis, deren Diagonalen die Längen *a* und *b* haben, und die Höhe *c*. Die Zentrierung dieses Raumgitters durch ein zweites kongruentes, also die Vervierfachung des rektangulär-parallelepipedischen, führt zu einer Anordnung, in welcher je sechs benachbarte Punkte eine »rhombische Dipyramide« (Fig. 52 und das Stereoskopbild Nr. 9) bilden. Die Verdoppelung des einfachen rektangulär-parallelepipedischen Raumgitters kann aber auch in der Weise stattfinden, daß die Punkte des zweiten die Mittelpunkte der Elementarparallelepipede des ersten bilden: in dem so entstehenden »zentrierten

rektangulär-parallelepipedischen Raumgitter« (Stereoskopbild Nr. 10) bilden sechs benachbarte Punkte die Ecken einer »rektangulären Dipyramide«, d. h. einer Kombination zweier horizontaler rhombischer Prismen, deren Winkel verschiedene sind (s. Fig. 53). Sämtliche vier in den stereoskopischen Bildern 7 bis 10 dargestellten Arten von Raumgitter haben gemeinsam, daß sie nach den drei Ebenen des Elementarparallelepipeds der ersten Art, d. h. desjenigen des einfachen Raumgitters, symmetrisch sind und daß sie durch eine halbe Umdrehung um dessen Kanten *a*, *b*, *c* mit sich selbst zur Deckung gebracht werden können; sie haben also drei zueinander senkrechte Symmetrieebenen und drei zu diesen normale zweizählige Symmetrieaxen. Dies sind aber die Symmetrieverhältnisse der optisch trisymmetrischen Krystalle, und sie gelten ebenso für deren Kohäsion. In den hierher gehörigen Raumgittern ist die größte Dichtigkeit entweder in einer der Ebenen des rektangulären Parallelepipeds oder in zwei gleichwertigen Flächen eines rhombischen Prismas oder in den vier Flächen einer rhombischen Dipyramide, entsprechend den Spaltungsverhältnissen der trisymmetrischen Krystalle, welche S. 55 angegeben wurden.

4. Wenn von den dreierlei Kanten des rektangulären Elementarparallelepipeds zwei, z. B. *a* und *b*, gleich lang sind, so verwandelt sich dasselbe in ein tetragonales Prisma, dessen Basis ein Quadrat ist (Fig. 54). Wird das entsprechende Raumgitter (Stereoskopbild Nr. 11) durch Zentrierung verdoppelt, so bilden sechs benachbarte Punkte die Eckpunkte einer »tetragonalen Dipyramide« (s. Fig. 55 und Stereoskopbild Nr. 12). Das einfache und das zentrierte tetragonale Raumgitter sind symmetrisch nach der Ebene der quadratischen Basis und nach den vier Ebenen, welche durch die Kanten *c* und die Seiten bzw. Diagonalen der Basis gehen. Sie gelangen durch eine halbe Umdrehung mit sich selbst zur Deckung, wenn die Drehung erfolgt um eine Seite oder eine Diagonale der Basis, dagegen viermal bei einer ganzen Umdrehung um die Normale zur Basis, d. h. um *c*; sie besitzen also vier zweizählige Symmetrieaxen parallel der Basis und eine vierzählige senkrecht dazu. Diese Symmetrieverhältnisse kommen der Kohäsion der tetragonalen Abteilung C (S. 55)[1]) der optisch einaxigen Krystalle zu; größte Dichtigkeit bzw. vollkommenste Spaltbarkeit ist entweder nach der Basis oder nach einem tetragonalen Prisma oder nach einer tetragonalen Dipyramide möglich.

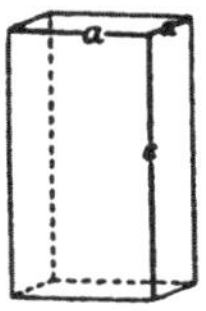

Fig. 54.

Fig. 55.

5. Das Elementarparallelepiped des einfachen Raumgitters 4 kann auch betrachtet werden als ein spezieller Fall (nämlich der der Rechtwinkeligkeit) des rhombischen Prismas Fig. 51. Von derselben Form würde ein weiterer spezieller Fall mit höherer Symmetrie derjenige sein, in welchem die Seitenflächen des Prismas 60° miteinander bilden, d. h. die kurze Diagonale der rhombischen Basis gleich deren Seite ist. Alsdann sind in der Basis drei gleichwertige Richtungen vorhanden, welche

[1]) Die dort abgebildeten beiden Formen Fig. 32 und 33 unterscheiden sich von den beiden obigen nur dadurch, daß sie um 45° um die optische Axe gedreht erscheinen.

einander unter gleichen Winkeln (60°) durchschneiden, und sechs benachbarte Punkte des Raumgitters bilden die Eckpunkte eines gleichseitigen »trigonalen Prismas«; wie aus Fig. 56 hervorgeht, bilden sechs solche Prismen mit einer gemeinsamen Kante zusammengestellt ein »hexagonales Prisma mit zentrierter Basis« und dieses liegt dem hexagonalen Raumgitter zugrunde (s. das stereoskopische Bild Nr. 13). Dasselbe hat außer der Basis noch sechs, dazu senkrechte Symmetrieebenen, von denen drei gleichwertige durch die Diagonalen der Basis (Fig. 56) gehen, die drei anderen, ebenfalls untereinander gleichwertig, die Winkel der ersteren halbieren. Die Normale der Basis ist eine sechszählige Symmetrieaxe, die Normalen der sechs anderen Symmetrieebenen zweizählige. Das hexagonale Raumgitter hat die Symmetrie der hexagonalen Abteilung der optisch einaxigen Krystalle in bezug auf die Kohäsion (S. 54), entspricht also je nach der Netzdichtigkeit einer Spaltbarkeit nach der Basis, einem hexagonalen Prisma oder einer hexagonalen Dipyramide[1]).

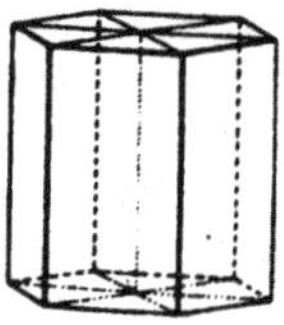

Fig. 56.

6. Es bleibt noch übrig die Betrachtung der Elementarparallelepipede mit drei gleichwertigen Kanten; diese gehören aber zwei verschiedenen Arten an, je nachdem ihre Kanten schiefe oder rechte Winkel miteinander bilden. Im ersten Falle handelt es sich um ein »Rhomboëder« Fig. 57; das sich ergebende rhomboëdrische Raumgitter (siehe das stereoskopische Bild 14) kann auch aufgefaßt werden als zusammengesetzt aus zwei kongruenten Raumgittern, deren Elementarparallelepiped ein Rhomboëder mit doppelter Axenlänge und entgegengesetzter Stellung (180° um die Axe gedreht) ist und von dem die Punkte des einen die Mitten der Elementarparallelepipede des anderen einnehmen. Es hat nur drei Symmetrieebenen, welche sich in der Axe des Rhomboëders schneiden, entsprechend der Symmetrie der trigonalen Abteilung der optisch einaxigen Krystalle (S. 55) und drei zu jenen Ebenen senkrechte, zweizählige Symmetrieaxen. Je nach der Größe des Rhomboëderwinkels entspricht ein solches Raumgitter einer vollkommensten Spaltbarkeit nach der trigonalen Basis (im Falle eines spitzen Rhomboëders, dessen horizontale Netzebenen die größte Netzdichtigkeit besitzen), nach einem Rhomboëder oder einem hexagonalen Prisma[2]).

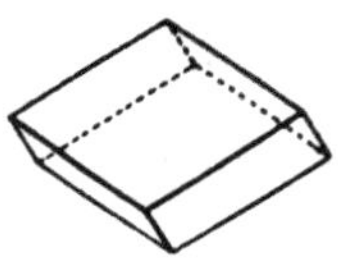

Fig. 57.

7. Bilden die drei gleichen Kanten des Elementarparallelepipeds miteinander rechte Winkel, so nimmt es die Gestalt des »Würfels« (»Kubus«) (Fig. 58) an und das Raumgitter ist das einfache kubische (Stereoskopbild 15); wird ein zweites der gleichen Dimensionen so hineingestellt, daß die Punkte desselben die Mittelpunkte der Elementarparallelepipede des ersten bilden, so entsteht das »zentrierte kubische« Raumgitter (Stereoskopbild 16), in welchem 14 Punkte die Lage der

[1]) Die letztere hat stets eine geringere Flächendichtigkeit, als die beiden anderen, daher nach ihren Flächen höchstens eine weniger vollkommene Spaltbarkeit möglich ist (vgl. S. 54 Anm.).

[2]) Ein rhomboëdrisches Raumgitter kann man sich auch aufgebaut denken aus drei ineinander gestellten hexagonalen — und ebenso könnte man auch ein hexagonales Raumgitter zerlegen in drei ineinander gestellte rhomboëdrische; in beiden Fällen wird aber durch eine solche Ineinanderstellung die Symmetrie geändert, während bei den übrigen einfachen Raumgittern die Bildung zusammengesetzter keine Änderung der Symmetrieverhältnisse bewirkt.

Ecken des Rhombendodekaëders besitzen (s. Fig. 59); endlich resultiert durch Ineinanderstellung von vier einfachen kubischen Raumgittern, deren drei ihre Punkte in den Mitten der Flächen des vierten haben, das »flächenzentrierte kubische« Raumgitter (Stereoskopbild Nr. 17), in welchem sechs benachbarte Punkte den Ecken des regulären

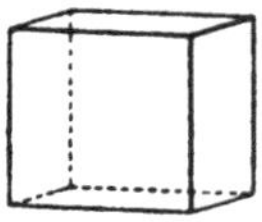

Fig. 58.

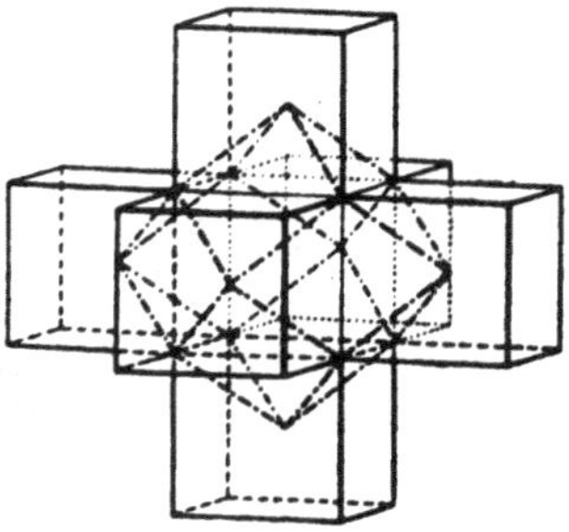

Fig. 59.

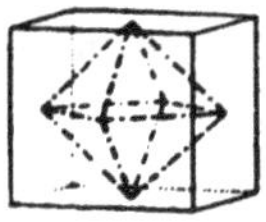

Fig. 60.

Oktaëders entsprechen (s. Fig. 60)[1]). Diese drei Arten von Anordnungen sind symmetrisch nach den drei Ebenen des Würfels und den sechs diagonalen Ebenen des Rhombendodekaëders; sie besitzen drei vierzählige Symmetrieaxen senkrecht zu den Würfelflächen, vier dreizählige normal zu den Oktaëderflächen und sechs zweizählige senkrecht zu den Ebenen des Rhombendodekaëders. Alle diese Ebenen und Axen gelten auch für die Kohäsionsverhältnisse der einfach brechenden Krystalle (S. 53), deren Gleichheit aller Richtungen für die Ellipsoïdeigenschaften aus der Gleichwertigkeit der drei Kanten des Würfels folgt. Das einfache kubische Raumgitter hat die dichteste Besetzung mit Punkten in den Würfelflächen, entspricht also Krystallen mit vollkommenster Spaltbarkeit nach dem Würfel (regul. Hexaëder), daher es auch als »hexaëdrisches« bezeichnet werden kann; das zentrierte kubische Raumgitter hat die größte Dichtigkeit in den Ebenen des Rhombendodekaëders, nach denen Krystalle mit derartiger Struktur am besten spalten würden, daher es auch »rhombendodekaëdrisches« heißt; endlich kann das flächenzentrierte kubische Raumgitter auch als »oktaëdrisches« bezeichnet werden, weil es seine größte Netzdichtigkeit in den Oktaëderebenen hat und daher einer oktaëdrischen Spaltbarkeit entspricht.

Wie aus dem vorhergehenden ersichtlich, erklärt die Raumgittertheorie der Krystalle in befriedigender Weise deren verschiedene Verhältnisse in bezug auf Kohäsion (daher auch auf die nach S. 64 damit in naher Beziehung stehende Zwillingsbildung) und in bezug auf sämtliche Ellipsoïdeigenschaften. Da aber die beiden entgegengesetzten Richtungen jeder Punktreihe in einem Raumgitter gleichwertig sind, so gibt die Theorie keine Rechenschaft von dem Vorhandensein einer Polarität in einer ausgezeichneten Richtung (elektrischen Axe) des Krystalls; es muß daher angenommen werden, daß diese in einer gerin-

---

[1]) Aus einem einfachen kubischen Raumgitter kann durch einen Zug oder Druck in einer bestimmten Richtung jedes der anderen Arten von einfachen Raumgittern erhalten werden. Unterwirft man ein zentriertes oder ein flächenzentriertes kubisches Raumgitter einer solchen homogenen Deformation (s. S. 50), so erhält man ebenfalls stets Punktanordnungen, welche sich mit solchen der unter 1.—6. aufgezählten Arten von Raumgittern identifizieren lassen.

geren Symmetrie der einzelnen Moleküle begründet sei, daß z. B. (wie es Bravais annahm) diejenigen eines kubischen Raumgitters auch die Gestalt von regulären Tetraëdern haben könnten, welche nach den Diagonalen des Würfels polar sind. Dagegen kann auf diese Weise nicht erklärt werden das Verhalten gewisser Substanzen, wie Natriumchlorat (S. 6), Quarz (S. 21), Bittersalz (S. 33) u. a., deren Krystalle ein rechtes oder linkes Drehungsvermögen besitzen, deren Lösung aber nicht optisch aktiv ist; da deren Drehungsvermögen bei der Auflösung vernichtet wird und die Lösung einer Art, z. B. von nur rechtsdrehenden Krystallen, wieder beide Arten liefert[1]), so kann das Drehungsvermögen nur durch den verschiedenartigen Aufbau des Krystalls aus den gleichen Molekülen verursacht sein; die Anordnung der Reuschschen Glimmerkombinationen (S. 41) macht es sehr wahrscheinlich, daß die Krystallstruktur des Quarzes eine rechts- bzw. linksgewundene schraubenförmige ist; solche Anordnungen finden sich aber nicht unter den Raumgittern.

Daß die sog. Bravaissche Theorie überhaupt keine vollständige Rechenschaft von den verschiedenen bei den Krystallen vorkommenden Symmetrieverhältnissen geben kann, ist darin begründet, daß die Raumgitter nur dann die Gesamtheit regelmäßiger Anordnungen darstellen, wenn die an Stelle der Punkte zu denkenden Moleküle sämtlich parallel orientiert sind. Da nun die natürliche und künstliche Zwillingsbildung lehrt, daß die kleinsten Teilchen der Krystalle auch andere Gleichgewichtslagen zueinander haben können, so ist jene Beschränkung unzulässig. Auf Grund dieser Erwägung hat Sohncke 1879 eine Theorie der Krystallstruktur entwickelt durch Aufsuchung aller regelmäßigen Anordnungen, in welchen jedes Massenteilchen in gleicher Weise von der Gesamtheit aller übrigen umgeben ist; die Schwerpunkte der Massenteilchen bilden alsdann ein »regelmäßiges Punktsystem«. Die Ableitung aller möglichen derartigen Anordnungen erfolgte durch die Untersuchung der Bewegungen, welche ein solches System (immer unbegrenzt gedacht) mit sich selbst zur Deckung bringen; diese sind dreierlei: 1. Translation (Deckschiebung) parallel einer Punktreihe um den Abstand irgend zweier Punkte der Reihe (solche Parallelverschiebungen sind natürlich auch Deckbewegungen aller Raumgitter); 2. Drehung um eine Axe; 3. Kombination dieser beiden Deckbewegungen, d. i. Schraubung um eine Axe. Die Untersuchung ergab, daß außer den triklinen Raumgittern noch 64 Arten regelmäßiger Punktsysteme möglich seien, welche sämtlich aus mehreren ineinander gestellten kongruenten Raumgittern, jedes mit gleicher Orientierung der Moleküle, zusammengesetzt sind, während die Moleküle der verschiedenen Raumgitter eines solchen Systems im allgemeinen verschiedene Stellung haben. Diese Punktsysteme sind nun besonders charakterisiert durch ihre Symmetrieaxen, welche entweder »Drehungsaxen« (wie bei den Raumgittern) oder »Schraubungsaxen« sind, und zwar gilt auch für die letzteren das für die ersteren bereits bei den Raumgittern gefundene Resultat, daß es keine anderen geben könne, als zwei-, drei-, vier- und sechszählige.

---

[1]) Und zwar in gleicher Menge, falls nicht durch die Anwesenheit fester Partikel der einen Art, durch sogen. Impfen, die Bildung dieser begünstigt wird.

Aus einem einfachen monoklinen Raumgitter, wie es in Fig. 61, auf die Symmetrieebene projiziert, durch die mit aufrechtstehendem *a* bezeichneten Kreise gebildet wird, leitet sich durch Drehung von 180° um eine zur Symmetrieebene senkrechte Axe, welche durch einen der in der Figur enthaltenen Punkte geht, das aus den umgekehrt stehenden Kreisen bestehende Raumgitter ab. Während das so entstehende Punktsystem die gleiche Symmetrie besitzt wie die beiden es zusammensetzenden Raumgitter, ist dies nicht der Fall bei den folgenden Beispielen.

Fig. 62 stellt durch weiß gelassene Kreise die in der Basis liegenden Punkte eines hexagonalen Raumgitters (s. S. 70) dar. Durch Drehung von 120° um eine zur Basis senkrechte Axe, welche durch einen der in der Figur enthaltenen Punkte

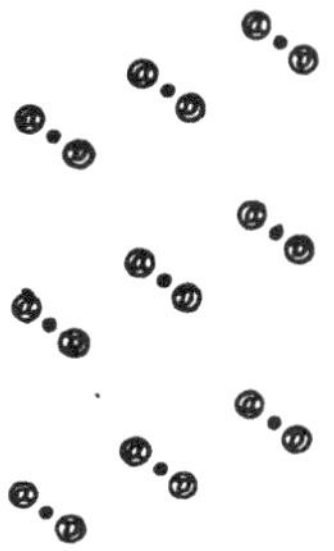

Fig. 61.

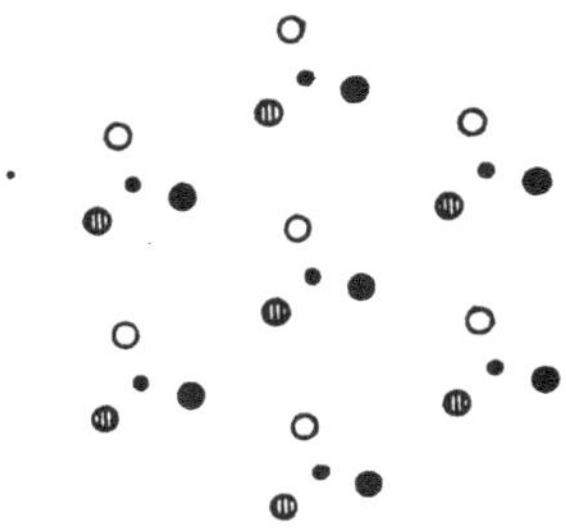

Fig. 62 a.

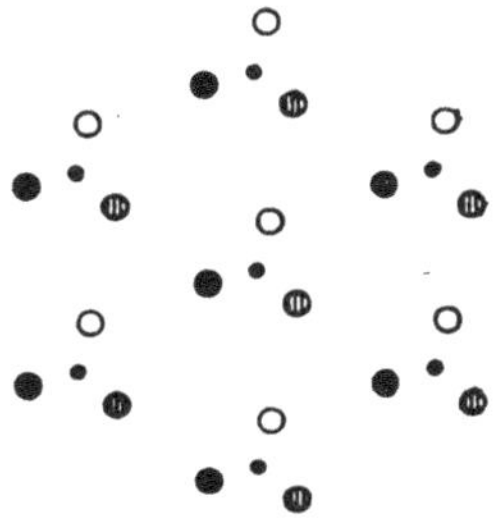

Fig. 62 b.

geht, und gleichzeitige Schiebung um $^1/_3$ der Höhe des hexagonalen Prismas entsteht daraus ein zweites derartiges Raumgitter (durch schwächere Schraffierung bezeichnet) und durch Wiederholung dieser Schraubung ein drittes (dunkler schraffiert); die Fortsetzung dieser Operation bringt wieder das Raumgitter der ersten Stellung hervor. Je nach dem Sinne der Schraubung entsteht dabei das rechte bzw. das linke »Dreipunktschraubensystem« (Fig. 62a bzw. b); beide haben weder eine der S. 70 erwähnten Ebenen, noch eine der zweizähligen Axen der Symmetrie und statt der sechszähligen Drehungsaxe nur eine dreizählige Schraubungsaxe, also eine viel geringere Symmetrie.

Denkt man sich jedoch aus dem ersten (weiß gelassenen) hexagonalen Raumgitter zunächst durch Drehung um die in den Figg. 63 senkrechte punktierte Gerade ein zweites erzeugt, so daß dann ebensolche (weiß gelassene) Doppelschichten entstehen wie in Fig. 61, und unterwirft dieses Doppelsystem derselben Schraubung, wie im vorigen Falle das einfache hexagonale Raumgitter, so erhält man die in Fig. 63a u. b dargestellten, aus sechs einfachen hexagonalen Raumgittern zusammengesetzten Punktsysteme, welche außer der dreizähligen Schraubungsaxe noch die drei durch punktierte Linien angedeuteten zweizähligen Drehungsaxen besitzen. Dies ist aber genau die Symmetrie der Quarzkrystalle, und da eine schraubenartige Übereinanderlagerung von monoklinen Glimmerlamellen (s. S. 41) um so vollkommener die Eigenschaften eines Quarzkrystalls zeigt, je dünner die Lamellen sind, so ergibt sich aus der Annahme einer derartigen Krystallstruktur die Möglichkeit der Existenz von rechts- und linksdrehenden Krystallen derselben Art mit spiegelbildlich entgegengesetzter Struktur.

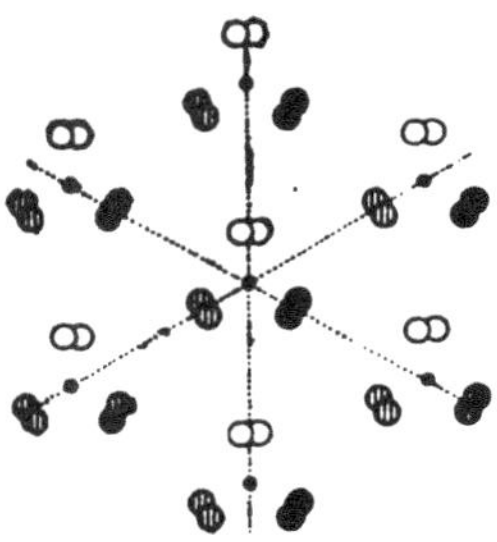

Fig. 63 a.

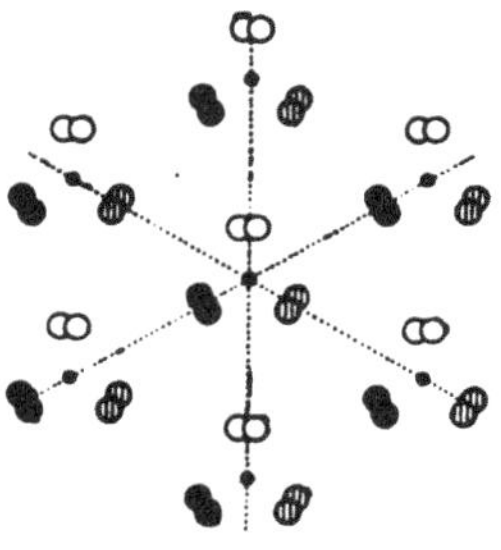

Fig. 63 b.

Aus vorstehenden Beispielen ist ersichtlich, daß die von Sohncke entwickelte Theorie den Verhältnissen von Symmetrieklassen (s. S. 61) der Krystalle gerecht zu werden imstande ist, welche einen geringeren

Grad von Symmetrie besitzen, als er den Raumgittern der Frankenheim-Bravaisschen Theorie zukommt. Dies gilt aber nicht für alle durch die Auflösung und das Wachstum sicher erkannten Symmetrieverhältnisse.

Eine vollständige Lösung des Problems, alle möglichen Anordnungen unendlich vieler, im Raume periodisch verteilter, gleichartiger Massenteilchen zu ermitteln, gelang erst später, unabhängig voneinander, Fedorow und Schoenflies (1891), indem sie zur Herleitung derselben außer Translationen und Drehungen auch Spiegelungen und deren Kombinationen mit Translationen und Drehungen als Symmetrieoperationen benutzten. Dadurch entstehen auch aus an sich unsymmetrischen Massenteilchen symmetrische Gruppen, und es ergeben sich im ganzen 230 Arten von möglichen Anordnungen, unter denen sich natürlich auch die 65, von Sohncke entwickelten als besondere Fälle befinden; eine Anzahl derselben entsprechen je einer Symmetrieklasse und solcher gibt es zweiunddreißig. Dieselben 32 Arten der Symmetrie folgen nun, wie sich weiterhin zeigen wird, in sehr einfacher Weise auch aus den geometrischen Verhältnissen der Krystalle als die allein möglichen, und nur die ihnen entsprechenden Symmetrieverhältnisse sind bisher durch Auflösung oder Wachstum der Krystalle beobachtet worden.

Als Massenteilchen wurden in den erwähnten Theorien Moleküle vorausgesetzt, wobei aber unbestimmt blieb, ob diese sog. »Krystallmoleküle« mit den chemischen Molekülen identisch oder, wie vielfach angenommen wurde, Multipla derselben seien. Gelegentlich einer Erweiterung seiner Theorie, derzufolge die Krystalle auch aus mehreren regelmäßigen Punktsystemen mit verschiedenartigen Massenteilchen bestehen können, sprach bereits 1888 Sohncke die Ansicht aus, daß man als Bausteine der Krystallstruktur auch die einzelnen Atome betrachten könne. In der Tat wurde durch die im nächsten Abschnitte auseinandergesetzten physikalischen Forschungen erkannt, daß die Krystalle aus periodisch im Raume sich wiederholenden Anordnungen der Atome nach Raumgittern bestehen, und kurz darauf (1915) durch Schoenflies gezeigt, wie sich dieses Resultat in den Rahmen der von ihm aufgestellten mathematischen Theorie der Krystallstruktur einordnen lasse.

Experimentelle Bestimmung der Krystallstruktur.

Die physikalische Erforschung des Aufbaues der Krystalle wurde ermöglicht durch die Entdeckung von Laue (1912), daß die Röntgenstrahlen durch eine Krystallplatte ebenso Beugung erfahren wie die gewöhnlichen Lichtstrahlen durch ein feines Gitter, wodurch zugleich die Natur der Röntgenstrahlen als elektromagnetische Wellen, nur mit mehrere tausendmal kleinerer Wellenlänge als der des Lichtes, außer Zweifel gesetzt wurde. Seine mit Friedrich und Knipping ausgeführten Versuche zeigten, daß die gitterförmige Anordnung der Atome Interferenzen der Röntgenstrahlen bewirkt, welche durch ihre Maxima auf einer photographischen Platte ein System von Flecken hervorbringen, dessen Symmetrie von der Art des Krystalls und seiner Orientierung gegen die einfallenden Strahlen abhängt. Durch Anwendung homogener

Röntgenstrahlen gelang es 1913 W. H. und W. L. Bragg nachzuweisen, daß die Atomschichten im Innern eines Krystalls jene Strahlen mit merklicher Intensität nur unter gewissen Einfallswinkeln reflektieren und aufeinanderfolgende Atomschichten dabei einen Gangunterschied erzeugen, durch welchen Interferenzmaxima entstehen; die davon aufgenommenen Photogramme (Röntgenogramme) gestatten nun, die Abstände benachbarter Atomschichten von verschiedener Orientierung im Krystall und durch deren Kombination, mit Zuhilfenahme der Dichte und des Atomgewichtes, die Abstände der Atome selbst zu berechnen und zwar nicht nur dann, wenn die Schichten aus gleichartigen Atomen bestehen, sondern auch im Falle einer Verbindung, welche aus mehreren Arten von Atomen zusammengesetzt ist. Die Anordnung der Atome in einem Krystall kann aber auch durch das Lauesche Verfahren bestimmt werden, wie die Erweiterungen desselben von Ewald, von Schiebold und von Groß gezeigt haben. Endlich hat Debye 1915 nachgewiesen, daß die photographischen Interferenzbilder um so weniger verwaschen werden, je niedriger die Temperatur des Krystalls ist, weil dessen Atome alsdann kleinere Bewegungen um ihre Gleichgewichtslagen ausführen, und 1916 gab Derselbe ein Verfahren an, welches die Strukturanalyse durch die Röntgenstrahlen auf einen weit größeren Kreis von Krystallarten auszudehnen gestattet. Letzteres besteht in der Anwendung eines feinen Pulvers der krystallisierten Substanz, in welchem die reflektierenden Atomschichten der einzelnen Partikel regellos orientiert sind, daher die mit dem einfallenden Röntgenstrahl einen bestimmten Winkel bildenden unter ihnen im Photogramm statt eines Punktes eine Kurve liefern; auch diese Aufnahmen gestatten noch die Berechnung der Anordnung der Atome im Krystall und bieten zugleich ein Mittel dar, Aggregate, deren Partikel nur aus einer sehr kleinen Anzahl von Atomen bestehen, von amorphen Körpern zu unterscheiden (vgl. S. 2).

Die angeführten Methoden haben nun für jeden der untersuchten Krystalle das Resultat geliefert, daß die Orte gleichartiger Atome die Punkte von Raumgittern mit einem bestimmten, für die Substanz charakteristischen Elementarparallelepiped bilden, deren eine Anzahl parallel orientiert in gesetzmäßiger Weise ineinander gestellt sind, d. h. daß die Anordnung der Atome diejenige eines regelmäßigen Punktsystems oder Gitterkomplexes ist, wie sie von der Theorie der Krystallstruktur erfordert wurde. Aus der somit experimentell festgestellten Tatsache, daß die Krystalle Gitterkomplexe sind, lassen sich auch im wesentlichen alle in den ersten Abschnitten betrachteten physikalischen Eigenschaften und deren Gesetzmäßigkeiten theoretisch herleiten.

Was die Symmetrie der Krystalle betrifft, so hängt diese aber nicht nur von der Anordnung der Atome, sondern auch von deren eigener Symmetrie[1]) und von ihrer Orientierung ab, daher ein und dasselbe regelmäßige Punktsystem mehreren Symmetriearten entsprechen und die Symmetrie des Gitterkomplexes eine

---

[1]) Daß die Symmetrie eines Atoms auf diejenige seiner Verbindungen einen bestimmenden Einfluß ausübt, geht aus verschiedenen Gesetzmäßigkeiten der chemischen Krystallographie hervor. Dementsprechend haben Born und Landé nachgewiesen, daß gewisse Arten krystallographischer Symmetrie den Aufbau von Atomen bestimmen können, indem sie einem Gleichgewicht der in harmonisch ineinander greifenden Bahnen sich bewegenden Elektronen entsprechen.

höhere sein kann als die des Krystalls; die Zugehörigkeit eines Krystalls zu einer der 32 möglichen Symmetrieklassen (s. S. 74) kann also nicht eindeutig durch die Röntgenanalyse, sondern nur durch die Gesamtheit der physikalischen und krystallographischen Eigenschaften der betreffenden Substanz festgestellt werden. Dagegen liefert die röntgenometrische Untersuchung in der Anordnung der Atome die Kenntnis der Gestalt und der Dimensionen des Elementarparallelepipeds, welches der Struktur des untersuchten Krystalls zugrunde liegt, und damit die sichere Grundlage für die richtige Auffassung der krystallographischen Verhältnisse, wie dies im nächsten Abschnitte auseinandergesetzt werden wird.

Zur näheren Erläuterung des Vorstehenden soll hier eine Anzahl von Beispielen röntgenometrisch gefundener Anordnungen kurz beschrieben werden, welche den bisher vorwiegend untersuchten Abteilungen der einfach brechenden und der optisch einaxigen Krystalle angehören.

Wolfram = W. Zwei einfache kubische Raumgitter, mit der Länge der Würfelkante $a = 0{,}318\ \mu\mu$, zu einem »zentrierten kubischen« Raumgitter (s. S. 70 und Stereoskopbild Nr. 16) ineinander gestellt.

Kupfer = Cu. Vier einfache kubische Raumgitter, deren $a = 0{,}361\ \mu\mu$, zu einem »flächenzentrierten kubischen« Raumgitter (s. S. 71 und Stereoskopbild 17) vereinigt.

Silber = Ag. Die gleiche Struktur wie Kupfer, aber mit der Würfelkante $a = 0{,}408\ \mu\mu$.

Gold = Au. Ebenso; $a = 0{,}407\ \mu\mu$.

Diamant (β-Kohlenstoff) = C. Zweimal vier einfache kubische Raumgitter, deren $a = 0{,}356\ \mu\mu$, je zu einem »flächenzentrierten kubischen« Raumgitter vereinigt und beide (im Stereoskopbild Nr. 18 durch weiße und schwarze Kugeln repräsentiert) so ineinander gestellt, daß das eine gegen das andere in der Diagonale des Würfels um ¼ von deren Länge verschoben ist; alsdann ist jedes Kohlenstoffatom der einen Art von vier der anderen in der Weise umgeben, daß diese die vier Eckpunkte eines regulären Tetraëders bilden, in dessen Mitte sich das erste Kohlenstoffatom befindet, so daß die Geraden zwischen benachbarten Atomen den Valenzrichtungen des Kohlenstoffs bei gleichartiger Sättigung seiner Valenzen entsprechen.

Zinkblende = ZnS. Acht einfache kubische Raumgitter mit $a = 0{,}541\ \mu\mu$ bilden zwei »flächenzentrierte kubische« Raumgitter, eines aus Zink, das andere aus Schwefelatomen bestehend, welche ebenso ineinander gestellt sind wie die des Diamant (s. Stereoskopbild Nr. 18, in welchem jetzt die weißen Kugeln die Zinkatome, die schwarzen die Schwefelatome darstellen, während für den Diamant alle Kugeln gleichwertig zu denken sind).

Steinsalz (Natriumchlorid) = NaCl. $a = 0{,}549\ \mu\mu$. Die Chloratome bilden ein aus vier einfachen bestehendes flächenzentriertes kubisches Raumgitter, die Natriumatome ein gleiches, dessen Punkte die Mitten der Würfelkanten des ersten besetzen (Stereoskopbild Nr. 19; wie dieses zeigt, würde das Punktsystem, wenn man sich alle Punkte mit gleichartigen Atomen besetzt denkt, einem einfachen kubischen Raumgitter mit der Würfelkante ½ a entsprechen).

Bleiglanz (Galenit) = PbS. Die Blei- und Schwefelatome sind so angeordnet, wie die Natrium- und Chloratome im Steinsalz. $a = 0{,}594\ \mu\mu$.

Flußspat (Fluorit) = CaF_2. Die Calciumatome bilden ebenfalls ein flächenzentriertes kubisches Gitter mit $a = 0{,}545\ \mu\mu$, die Fluoratome zwei solche, die in der Diagonale des Würfels um ¼ bzw. ¾ deren Länge verschoben sind; der Gitterkomplex besteht also aus zwölf einfachen kubischen Raumgittern (Stereoskopbild Nr. 20).

Rotkupfererz (Cuprit) = Cu_2O. Die Kupferatome bilden vier einfache kubische Raumgitter mit $a = 0{,}429\ \mu\mu$, zu einem flächenzentrierten kubischen Gitter vereinigt, die Sauerstoffatome ein aus zwei einfachen bestehendes zentriertes, welches in der Diagonale des ersten um ¼ ihrer Länge verschoben ist.

Anatas (Titandioxyd) = TiO_2 (Stereoskopbild Nr. 21). Die Hälfte der Titanatome (schwarz) bildet einen Komplex von vier tetragonalen Prismen (Fig. 54,

S. 69) von der Basisseite $a = 0{,}527\ \mu\mu$ und der Höhe $c = 0{,}937\ \mu\mu$, so ineinander gestellt, daß das zweite und dritte die Seitenflächen und das vierte die Basis des ersten zentrieren; die andere Hälfte bildet einen ebensolchen Komplex, derart mit dem ersten verbunden, daß er in einer Diagonale des Elementarparallelepipeds um ¼ derselben gegen jenen verschoben ist (die Gesamtheit der Titanatome bildet sonach ein Punktsystem, welches dem der Kohlenstoffatome im Diamant analog ist, wenn man das Elementarparallelepiped des letzteren, den Würfel, durch das tetragonale Prisma von den angegebenen Dimensionen ersetzt). In jeden dieser beiden Titankomplexe sind nun acht, mit deren einfachen Gittern kongruente Sauerstoffgitter (von weißen Kugeln gebildet) so hineingestellt, daß sich in der vierzähligen c-Axe über und unter jedem Titanatom in $0{,}195\ \mu\mu$ Abstand je ein Sauerstoffatom befindet.

Rutil (bis. Titandioxyd) $= Ti_2O_4$. Die Titanatome bilden zwei, einander zentrierende, einfache, tetragonale Raumgitter von den Dimensionen $a = 0{,}453\ \mu\mu$, $c = 0{,}292\ \mu\mu$. Mit jedem derselben sind zwei einfache Sauerstoffgitter der gleichen Dimensionen so verbunden, daß sie in einer Diagonale der Basis um $0{,}199\ \mu\mu$ nach den beiden entgegengesetzten Richtungen verschoben sind, und zwar befinden sich die Sauerstoffatome des einen Titandoppelgitters in der einen, die des zweiten in der anderen Diagonale (s. Stereoskopbild Nr. 22).

Zirkon $= ZrSiO_4$ (Stereoskopbild Nr. 23). Das Elementarparallelepiped ist ein dem des Rutil sehr ähnliches, aber mit den doppelt so großen Dimensionen $a = 0{,}920\ \mu\mu$, $c = 0{,}587\ \mu\mu$. Vier solche Raumgitter von Zirkoniumatomen (schwarze Kugeln) sind so ineinandergestellt, daß zwei die Seitenflächen, das vierte die Basis des ersten zentrieren, und ein zweiter gleicher Komplex von vier einfachen Zirkoniumgittern ist gegen den ersten um ¼ der Diagonale des Elementarparallelepipeds verschoben (die Anordnung der Zr-Atome ist also analog derjenigen der Ti-Atome im Anatas). Ein zweites gleiches System von acht einfachen Raumgittern bilden nun auch die durch graue Kugeln dargestellten Siliciumatome, welche die Mitten der Kanten der »Elementarzellen«[1]) der Zirkoniumatome besetzen (beide Systeme verhalten sich also zueinander, wie die der Na- und Cl-Atome im Steinsalz). Zu jedem der Zr- und Si-Atome gehören zwei Sauerstoffatome (weiße Kugeln), welche um $0{,}271\ \mu\mu$ (Zr) bzw. $0{,}108\ \mu\mu$ (Si) in einer der Diagonalen der Basis des Elementarparallelepipeds davon entfernt sind, so daß also die Sauerstoffatome zweiunddreißig einfache Raumgitter bilden. — Denkt man sich in dieser Anordnung die Zr- und Si-Atome beide durch Ti-Atome ersetzt und dementsprechend die Abstände der Sauerstoffatome auch gleichgroß (gleich dem dazwischen liegenden Wert $0{,}199\ \mu\mu$), so erhält man das Punktsystem des Rutils (Stereoskopbild Nr. 22), aber nur ungefähr halb so große Werte von a und c; die hieraus hervorgehende Analogie der Krystallstrukturen beider Mineralien ist die Veranlassung, für den Rutil die chemische Formel $TiTiO_4$ anzunehmen.

Graphit $= C$ (Stereoskopbild Nr. 24). Das Elementarparallelepiped ist ein sehr spitzes Rhomboëder mit dem Kantenwinkel (an der Spitze) $39^0\,45'$ und der Kantenlänge $0{,}370\ \mu\mu$; zwei solche rhomboëdrische Raumgitter, durch zweierlei Kugeln (weiße und schwarze) dargestellt, in der Axe des Rhomboëders um $^1/_3$ ihrer Länge verschoben, bilden das Punktsystem dieser Kohlenstoffmodifikation; es besteht aus dreierlei Schichten senkrecht zur Axe, welche in Abständen von $0{,}341\ \mu\mu$ aufeinander folgen und in denen die C-Atome reguläre Sechsecke, deren Seite $= 0{,}145\ \mu\mu$, bilden.

Kalkspat (Calcit) $= (CO_3)Ca$ (Stereoskopbild Nr. 25). Die Calciumatome (durch graue Kugeln repräsentiert) bilden vier rhomboëdrische, der Fig. 57 (S. 70) entsprechende Raumgitter, welche so ineinander gestellt sind, daß drei die Flächen des vierten zentrieren; Kantenwinkel an der Spitze 102^0, Kantenlänge $0{,}638\ \mu\mu$. Die Kohlenstoffatome (schwarze Kugeln) befinden sich in der Mitte der Kanten der von den Calciumatomen gebildeten Rhomboëder; ihr Komplex ist also der gleiche, nur um die halbe Kantenlänge verschoben. Die Sauerstoffatome endlich (weiße Kugeln) liegen in den von den C-Atomen gebildeten basischen Netzebenen zwischen zwei benachbarten Kohlenstoffatomen, je drei in ungefähr $^1/_3$ des Abstandes von einem entfernt, und bilden zwölf einfache rhomboëdrische Raumgitter.

[1]) Abgekürzter Name für »Elementarparallelepiped«.

Die geometrischen Verhältnisse der Krystalle.

Hauysches Grundgesetz.

Die S. 65 erwähnte Anschauung über den inneren Bau der Krystalle führte Hauy zu der Feststellung, daß alle noch so mannigfaltigen, an einer krystallisierten Substanz beobachteten geometrischen Formen sich durch Verhältnisse ganzer Zahlen auf eine einzige einfache »Primitivform« beziehen lassen. Dieses Gesetz und damit die Beziehung der einen Krystall begrenzenden Ebenen zu seiner inneren Struktur ergibt sich aber ebenso als notwendige Folge der nunmehr sicher erkannten Tatsache der Gitterstruktur der Krystalle, wie aus folgendem hervorgeht.

Wenn man die einem chemischen Molekul entsprechenden Atome des Krystallbaues zusammenfaßt, z. B. in der Struktur des Steinsalzes (Stereosk.-Bild Nr. 19) je ein Natriumatom mit dem unmittelbar darunter befindlichen Chloratom, so bilden die Schwerpunkte aller dieser Atomgruppen das gleiche, der Struktur zugrunde liegende einfache Raumgitter wie die Na- und Cl-Atome für sich. Jede einer Netzebene dieses Raumgitters parallele, durch irgendein Atom gelegte Ebene ist offenbar überall mit Atomen gleichartig besetzt, hat also den Charakter einer Krystallfläche, d. h. einer Ebene, welche an allen Stellen das gleiche physikalische Verhalten zeigt. Gleichwertige, d. h. sich ebenso verhaltende Ebenen entsprechen Netzebenen des Raumgitters, in denen die gleiche Anordnung der Atome vorhanden ist, ungleichwertige solchen, in denen eine andere Anordnung der Atome herrscht. Demgemäß erhalten wir die Gesamtheit aller möglichen Flächen eines Krystalls, wenn wir sämtliche Netzebenen seines Raumgitters feststellen, d. h. alle diejenigen, denen parallel der Krystall beim Wachstum aufgebaut werden kann. Dies sind nach S. 66 unendlich viele, nämlich alle durch je drei Punkte des Raumgitters gehenden Ebenen. Dieselben zeigen aber eine um so geringere Netzdichtigkeit, je weiter ihre Punkte von einander entfernt sind: Geht man von irgendeinem Punkte des allgemeinen Falles eines Raumgitters Fig. 64 als »nullten« aus und legt durch

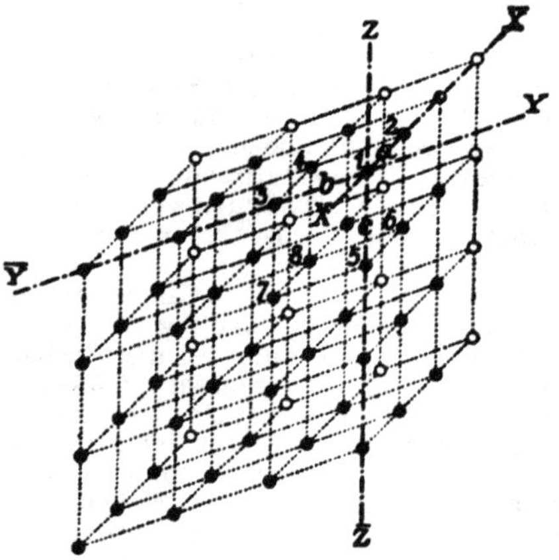

Fig. 64.

diesen oder irgendeinen anderen Punkt der X-Axe eine Ebene parallel Y und Z, so entspricht diese einer Krystallfläche, welcher parallel der Krystall die größte Netzdichtigkeit besitzt, eine Netzebene parallel X und Z der Krystallfläche mit der nächst kleineren Netzdichtigkeit usf. Eine beliebige Netzebene, welche durch den $m$ten Punkt auf der X-Axe, den $n$ten auf der Y-Axe und $o$ten auf der Z-Axe geht, entspricht einer Krystallfläche, deren Stellung durch die Verhältnisse der drei Längen $ma : nb : oc$ bestimmt ist.

Die den Punktreihen mit dichtester Besetzung entsprechenden Kanten des Elementarparallelepipeds, $X\bar{X}$, $Y\bar{Y}$, $Z\bar{Z}$, sollen nun als krystallographische Axen und die zweien derselben parallelen Ebenen, d. s. die Flächen des Elementarparallelepipeds, als Axenebenen bezeichnet werden. Alsdann sind die den drei Axenebenen parallelen Krystallflächen die am dichtesten mit Atomen besetzten Netzebenen, und zwar in der Reihenfolge abnehmender Dichtigkeit: bc, ac, ab; am nächsten kommt diesen die Netzebene durch die Punkte 1, 4, 5, 8 und die ihr parallelen; weniger dicht sind die durch ein anderes Paar gegenüberliegender Kanten des Elementarparallelepipeds gehenden Ebenen; auf diese folgen die Netzebenen durch die Punkte 1, 4, 6 sowie die übrigen durch entsprechend gelegene Ecken des Elementarparallelepipeds bestimmten Ebenen usf. Allgemein ist eine Netzebene, welche, von dem Punkte 1 an gerechnet, durch den $m$ten Punkt auf der $X\bar{X}$-Axe, den $n$ten auf der $Y\bar{Y}$-Axe und den $o$ten auf der $Z\bar{Z}$-Axe bestimmt ist, um so weniger dicht mit Atomen besetzt, je größer die auf ihren kleinsten Ausdruck gebrachten ganzen Zahlen m, n, o sind; eine solche Ebene schneidet auf den drei Axen die Längen ma, nb, oc ab, welche als ihre Parameter bezeichnet werden. Eine Ebene, deren Parameter die Kantenlängen a, b, c des Elementarparallelepipeds selbst sind, heißt Einheitsfläche (auch »Primär- oder Grundform«) und die Gesamtheit der drei Größen a, b, c und der drei Axenwinkel α, β, γ die Elemente des Krystalls.

Da nur solche Ebenen, für die m, n, o ganze Zahlen sind, Netzebenen des Raumgitters sein können, so ist durch die Elemente die Gesamtheit aller an den betreffenden Krystallen möglicher derartiger Ebenen gegeben und durch die Faktoren m, n, o zugleich die Dichtigkeit ihrer Besetzung mit Atomen bestimmt. Am größten ist diese in denjenigen Flächen, welche zweien der Axen parallel sind, für die also zwei jener Faktoren unendlich groß werden; weniger dicht besetzt sind die einer Axe parallelen, für die also nur einer der Faktoren den Wert ∞ hat, ferner die Einheitsflächen, sehr gering endlich die Flächen mit großen, aber noch endlichen Werten von m, n und o. Eine beliebige einer Netzebene parallele Krystallfläche ist ihrer Stellung nach schon vollkommen bestimmt durch die Verhältnisse, in denen ihre drei Parameter zueinander stehen, sie kann daher bezeichnet werden durch ein Symbol wie $(ma : nb : oc)$ oder $(ma' : nb : oc)$, worin der Akzent bedeutet, daß sie die negative Seite der betreffenden Axe schneidet[1]). Vorzuziehen ist aber eine Bezeichnung, welche die Stellung

[1]) Diese Bezeichnungsweise der Flächen rührt von Weiß her, welcher die »Axen« in die Betrachtung der Krystallformen einführte; eine (praktische) Abkürzung der Weißschen Symbole stellen die sogen. Naumannschen Zeichen dar, welche z. Z. in Deutschland noch vielfach gebraucht werden.

der Fläche charakterisiert durch die reziproken Verhältnisse der Faktoren m, n, o, d. h. durch die Angabe, der wievielte Teil ihre Parameter von denen der Einheitsfläche sind. Da durch eine Multiplikation oder Division aller drei Parameter mit einer beliebigen Zahl ihr Verhältnis zueinander, also auch die Stellung der Fläche, nicht geändert wird (eine solche Operation entspricht nur einer Parallelverschiebung), so kann für die Relation

$$ma : nb : oc,$$

nach Division mit mno, auch geschrieben werden:

$$\frac{a}{no} : \frac{b}{mo} : \frac{c}{mn} \text{ oder } \frac{a}{h} : \frac{b}{k} : \frac{c}{l}$$

wo h, k, l als Produkte ganzer Zahlen ebenfalls solche sind. Diese drei, die Stellung der Fläche bestimmenden Zahlen heißen deshalb die Indices der Fläche, und ihr daraus gebildetes Symbol (hkl) wird, wenn ein Index sich auf einen der negativen Seite der bezüglichen Axe angehörigen Parameter bezieht, mit einem über diesen Index gesetzten Strich versehen[1]).

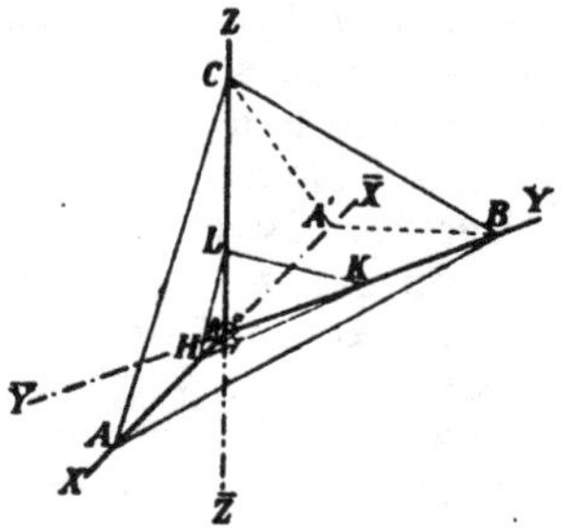

Fig. 65.

In Fig. 65 sind auf die Axen $X\bar{X}$, $Y\bar{Y}$ und $Z\bar{Z}$, deren Schnittpunkt mit O bezeichnet sei, drei Längen OA, OB, OC aufgetragen, welche sich verhalten wie die Parameter der Einheitsfläche (111), d. h. der durch die Punkte 2, 3, 5 in Fig. 64 gehenden Ebene, während z. B. OA', OB, OC den Parametern der Einheitsfläche ($\bar{1}11$), d. h. der Netzebene durch die Punkte 1, 4, 7 von Fig. 64 entspricht; wenn nun OH der $h$te Teil von OA (z. B. $1/4$) OK der $k$te von OB (z. B. $1/2$) und OL der $l$te von OC (z. B. $1/3$), so wird das Symbol der durch HKL gelegten Ebene (hkl). Ist ein Parameter unendlich groß, die Fläche also einer Axe parallel, so muß der betreffende Index gleich Null gesetzt werden; eine Fläche, welche durch den Punkt A geht und der Y- und der Z-Axe parallel ist, erhält also das Symbol (100) usf.

Bei Benutzung dieser Bezeichnungsweise ergibt sich also entsprechend der S. 78 f. die Reihenfolge der Flächen nach abnehmender Dichtigkeit ihrer Besetzung: (100), (010), (001), ($1\bar{1}0$), (011), ($\bar{1}01$), (110), ($0\bar{1}1$), (101), ($\bar{1}11$), ($1\bar{1}1$), ($\bar{1}\bar{1}1$), (111), ($1\bar{2}0$), (021), ($\bar{1}02$) .... (211), (121), (112) usw. Die gleiche Dichtigkeit besitzen die parallelen entgegengesetzten Flächen, deren Symbol man erhält, wenn man in den obigen alle Indices mit -1 multipliziert. Es ergibt sich also, daß die Besetzung einer krystallographischen Ebene mit Atomen um so dichter ist, je kleiner die Werte ihrer Indices sind.

Statt der acht benachbarten Punkte 1 ... 8 in Fig. 64 kann man aber, und zwar auf unendlich viele Arten, acht andere Punkte des Raumgitters zu einem Parallelepiped verbinden, d. h. drei beliebige Punktreihen zu Axen wählen. Alsdann erhält man andere, und zwar größere

[1]) Vorgeschlagen wurde diese Bezeichnungsweise zuerst von Whewell, in die Krystallographie eingeführt von Miller, daher sie gewöhnlich die Millersche genannt wird.

Kantenlängen des Parallelepipeds, dessen Ebenen also nicht mehr diejenigen mit der dichtesten Besetzung sind; aber gültig bleibt natürlich der Satz, daß nur solche Ebenen Netzebenen des Raumgitters sind, deren Parameter sich durch ganze Zahlen auf die Kantenlängen des gewählten Parallelepipedes beziehen lassen. Auch bei einer solchen Wahl der Elemente ergeben sich daher für alle möglichen Flächen rationale Indices, d. h. solche, die, ohne die Verhältnisse ihrer Werte zueinander zu ändern, auf den Ausdruck dreier ganzer Zahlen gebracht werden können; nur ist alsdann die oben auseinandergesetzte Beziehung zwischen der Einfachheit der Symbole der Flächen und der Dichtigkeit ihrer Besetzung nicht mehr vorhanden, ja die Wahl der Axen kann so erfolgen, daß die am dichtesten mit Atomen besetzten Ebenen sehr komplizierte Symbole, d. h. solche mit großen Werten der Indiceszahlen, erhalten.

Man kann daher das Gesetz der Rationalität der Indices oder, wie das Grundgesetz auch kurz genannt wird, das »Rationalitätsgesetz« auch in folgender Form aussprechen:

»Wählt man drei beliebige Flächen eines Krystalls zu Axenebenen (also drei beliebige Kanten zu Axen) und eine beliebige vierte Fläche, welche keiner der drei Axen parallel ist, zur Einheitsfläche, so haben, auf diese bezogen, die Indices aller anderen Flächen des Krystalls rationale Werte.«

In dieser allgemeinsten Form ist es zugleich ein Erfahrungsgesetz, welches an jedem untersuchten Krystall durch die Beobachtung bestätigt wird.

Das Verfahren der Ableitung der »Elemente« aus den Winkeln der vier gewählten Flächen, den sog. Elementarflächen, ist das folgende:

Es seien in Fig. 65 die Ebenen YOZ, XOZ und XOY die drei Axenebenen (100), (010) und (001); gemessen worden seien die Winkel (010) : (001) = A, (100) : (001) = B und (100) : (010) = C. Wie aus der Figur ersichtlich, sind diese drei Flächenwinkel die Winkel eines sphärischen Dreiecks, dessen gegenüberliegende Seiten die drei Axenwinkel α, β, γ sind, welche nach einer bekannten Formel der sphärischen Trigonometrie aus jenen berechnet werden können. Wenn die Flächenwinkel auf eine Minute genau bestimmt worden sind (eine Genauigkeit, welche nach der Beschaffenheit der meisten Krystalle nur in sehr seltenen Fällen überschritten werden kann), so kommt den daraus abgeleiteten Kantenwinkeln α, β, γ natürlich auch keine höhere Genauigkeit zu; eine Berechnung derselben auf Sekunden hätte ferner auch deshalb keine Bedeutung, weil sie sich im allgemeinen mit der Temperatur stetig ändern und nur in gewissen Fällen bzw. bei geeigneter Wahl der Axen bestimmte konstante Werte haben, sonst überhaupt nur angenähert bestimmt werden können. Sind nun außer jenen drei Flächenwinkeln diejenigen gemessen worden, welche die Einheitsfläche mit zweien der Axenebenen bildet, z. B. der von ABC mit YOZ = (111) : (100) und der von ABC mit XOZ = (111) : (010), so sind diese beiden und der bereits bekannte Flächenwinkel C = (100) : (010) ebenfalls die Winkel eines sphärischen Dreiecks, in welchem daher zwei Seiten berechnet werden können, nämlich die Winkel, welche die Kanten AC bzw. BC mit der Z-Axe bilden. Alsdann sind sämtliche Winkel der ebenen Dreiecke OBC und OAC bekannt und damit die Verhältnisse $OC : OB$ und $OA : OC$, die der Parameter der Einheitsfläche.

Durch die fünf der Rechnung zugrunde gelegten Flächenwinkel, die sog. Fundamentalwinkel, sind somit die »Elemente« des Krystalls bestimmt, allerdings nur mit den relativen Werten $a : b : c$, da die absoluten Dimensionen nur aus der röntgenometrischen Untersuchung des Raumgitters abgeleitet werden können. Man pflegt jene Verhältnisse nun so anzugeben, daß man einen der Parameter (gewöhnlich $b = OB$) der Einheit gleichsetzt und die relativen Werte der anderen auf vier Dezimalen berechnet, was ungefähr der oben erwähnten Genauigkeit entspricht. Für das in Fig. 64 und 65 gewählte Beispiel nehmen alsdann die Elemente folgende Gestalt an:

$$a : b : c = 1{,}2136 : 1 : 0{,}9630$$
$$\alpha = 66^\circ 53' \qquad \beta = 102^\circ 48' \qquad \gamma = 105^\circ 40$$

Eine genauere Berechnung, als sie eben angegeben wurde, hat nur dann eine Bedeutung, wenn die Beschaffenheit des gemessenen Krystalls eine solche ist, daß bei der Beobachtung der Fundamentalwinkel noch die Sekunden berücksichtigt werden können; dann gelten die berechneten Zahlen aber nur für eine bestimmte Temperatur, denn da es sich im allgemeinen bei den drei Axen um physikalisch ungleichwertige Richtungen handelt, so dehnt sich der Krystall beim Erwärmen nach den drei Axen im allgemeinen in ungleicher Weise aus, das Verhältnis zweier ihnen paralleler Strecken ändert sich also, wie die Axenwinkel, mit der Temperatur stetig. Die durch die Fundamentalwinkel bestimmten Elemente sind also Größen, welche überhaupt nur angenähert angegeben werden können (die konstanten, also die wahren Werte sind die für den absoluten Nullpunkt der Temperatur, d. h. für die Anordnung der ruhenden Atome gültigen).

Für jede der übrigen Flächen des Krystalls, z. B. für HKL in Fig. 65, liefert nun, wenn die Flächenwinkel derselben mit zweien der Axenebenen gemessen worden sind, eine der obigen analoge Berechnung die Verhältnisse ihrer Parameter OH, OK, OL, und diese können durch Multiplikation mit der entsprechenden Zahl immer auf eine Form gebracht werden, bei der sie den $h$ten, $k$ten bzw. $l$ten Teil der Parameter der Einheitsfläche bilden, so daß h, k, l Werte erhalten, welche sich nahezu so zueinander verhalten, wie ganze Zahlen. Daraus, daß diese Annäherung um so größer wird, je genauer die der Rechnung zugrunde gelegten Messungen sind, folgt, daß die ganzen Zahlen selbst die wahren Werte darstellen. Da die durch Temperaturänderung hervorgebrachte Deformation der Krystalle eine homogene ist (vgl. S. 50), so kann durch sie das Verhältnis zweier in der gleichen Richtung gelegener Strecken nicht verändert werden, also müssen die Indices auch auf Grund dieser Erwägung konstante, von der Temperatur unabhängige Größen sein, d. h. es müssen an Stelle der angenäherten, bei der Berechnung sich ergebenden Werte diejenigen ganzen Zahlen eingesetzt werden, denen sich die berechneten nähern[1]). Durch die »Elemente« ist also die Gesamtheit der möglichen Flächen des betreffenden Krystalls gegeben, da nur solche Ebenen an demselben auftreten können, welche durch ein Symbol (hkl), d. h. durch drei ganze Zahlen, bestimmt sind.

Die Wahl der Elementarflächen unterliegt bei den Krystallen von höherer Symmetrie gewissen Beschränkungen, während sie für die den allgemeinen Fall darstellenden triklinen Krystalle eine ganz beliebige ist, also auch so getroffen werden kann, daß für die Gesamtheit der beobachteten Flächen die Indices die einfachsten Werte annehmen. Bei einer solchen Wahl der Axenebenen und der Einheitsfläche zeigen nun die Beobachtungen an den krystallisierten Substanzen, deren Kry-

[1]) Da diese Annäherung um so größer ist, je genauer die Messungen sind, so müssen die Differenzen zwischen den beobachteten Werten der Winkel und den nach Einsetzung der ganzen Zahlen berechneten Werten derselben innerhalb der Fehlergrenzen der Beobachtung liegen.

stallstruktur nicht durch Symmetrieverhältnisse besonders kompliziert ist (vgl. S. 72), namentlich an den triklinen Krystallen, daß im allgemeinen die Flächen mit den einfachsten Werten der drei Indices am häufigsten und am größten ausgebildet auftreten, ferner die Ebene vollkommenster Spaltbarkeit bzw. die Gleitfläche und bei einer häufigen Zwillingsbildung auch die den beiden Krystallen gemeinsame Ebene (vgl. S. 64) zu den Elementarflächen gehört. Daraus muß geschlossen werden, daß die Flächendichtigkeit der verschiedenen Netzebenen des Raumgitters nicht nur für die Kohäsion und Zwillingsbildung, sondern auch für die Entstehung der ihnen parallelen Krystallflächen maßgebend ist, d. h. daß eine bestimmte Ebene sich um so leichter als Begrenzung des Krystalls bildet, je dichter die Besetzung der betreffenden Netzebene des Raumgitters mit Atomen ist. Alsdann ist die Wahrscheinlichkeit der Entstehung einer bestimmten Krystallfläche im allgemeinen um so größer, je einfacher ihre Indices sind. Als Maß für die Einfachheit der Indices ist am geeignetsten die Summe ihrer Quadrate, weil diese in einer besonders einfachen gesetzmäßigen Beziehung zu der Netzdichtigkeit der betreffenden Fläche steht[1]).

Dadurch wird nun das Mittel dargeboten, die richtige Wahl der Elementarflächen auch für solche Krystalle zu finden, für welche die experimentelle Bestimmung der Gestalt und der Dimensionen des Elementarparallelepipeds zurzeit noch fehlt, wie für die triklinen Krystalle, von denen noch keiner röntgenometrisch untersucht worden ist. Da jedoch die Bildung der Krystallflächen auch von den Verhältnissen während des Wachstums mehr oder weniger beeinflußt wird (s. S. 62), so genügt dazu nicht eine einzelne Krystallisation, sondern es muß die Substanz unter möglichst verschiedenen Umständen (aus verschiedenen Lösungsmitteln und auch mit Zusatz anderer Substanzen, bei verschiedener Temperatur usw.) zur Krystallisation gebracht werden, um zu erkennen, welche Flächen sich unter allen Umständen am leichtesten bilden und welche nur unter besonderen Umständen entstehen.

Hat man so auf statistischem Wege eine Reihenfolge der Flächen nach ihrer Wichtigkeit festgestellt, und stimmt mit dieser auch der Umstand überein, daß die Ebene der vollkommensten Spaltbarkeit und die gemeinsame Ebene der häufigsten, d. h. wichtigsten Zwillingsbildung zu den Elementarflächen gehört, dann ist die Wahrscheinlichkeit, daß die so bestimmten Elemente wirklich dem Elementarparallelepiped entsprechen, die Flächen also um so dichter mit den Atomen besetzt sind, je einfacher ihre Indices sind, eine sehr große. Schwieriger ist die Entscheidung über die richtige Wahl der Elementarflächen nur bei denjenigen Substanzen, deren Krystalle keine vollkommene Spaltbarkeit und keine Zwillingsbildung zeigen (z. B. Kupfervitriol), d. h. bei denen das Elementarparallelepiped der Struktur wenig verschiedene Kantenlängen besitzt bzw. mehrere Parallelepipede des Raumgitters existieren, deren Seitenflächen denen des elementaren an Dichtigkeit der Besetzung nahekommen: in der Tat ist dann auch die Mannigfaltig-

[1]) Die Quadratsumme der Indices beträgt für die den drei Axenebenen entsprechenden Flächen **1**, für die Flächen (110), $(1\bar{1}0)$, $(\bar{1}10)$, $(\bar{1}\bar{1}0)$, (011) . . (101) . . **2**, für die acht Einheitsflächen **3**, für die nächst häufigsten Flächen (120) $(1\bar{2}0)$ . . (210), $(\bar{2}10)$ . . (021), $(0\bar{2}1)$ . . (012), $(0\bar{1}2)$, . . (102), $(10\bar{2})$ . . **5**, für (211), $(2\bar{1}1)$ . . (121), $(1\bar{2}1)$ . . , (112), $(1\bar{1}2)$ . . **6**, für (221) . . (212) . . (122) . . **9**, für (310), $(3\bar{1}0)$, . . **10**, für (311) . . **11**, für (320) . . . **13**, für (321) . . **14** usf.

keit der Tracht, d. i. der Ausbildung der Krystalle eine größere, und es müssen in einem solchen Falle die Bedingungen der Krystallisationen um so mehr variiert werden, um mit einiger Sicherheit die Reihenfolge der Flächen nach ihrer Wichtigkeit feststellen zu können.

Die eben erörterten Grundsätze für die rationelle »Aufstellung« der Krystalle, d. h. für die richtige Wahl der Elementarflächen, sind deshalb von grundlegender Wichtigkeit, weil diese Wahl die Kenntnis der Struktur vermittelt und letztere die Voraussetzung bildet für die Erforschung der Gesetze der chemischen Krystallographie, welche auf der Vergleichung der Struktur chemisch verwandter Stoffe beruht.

Zonenverband der Krystallflächen.

Unter einer »Zone« versteht man die Gesamtheit der Flächen, welche einander in parallelen Kanten schneiden, die also sämtlich einer und derselben Richtung parallel sind. Diese Richtung, die »Zonenaxe«, ist bestimmt durch drei Größen u, v, w, welche man die »Indices der Zone« nennt, und die sich aus den Indices zweier beliebiger Flächen der Zone, $(h_1 k_1 l_1)$ und $(h_2 k_2 l_2)$, durch Multiplikation und Subtraktion in folgender Weise ergeben:

$$\begin{array}{ccccccccc} h_1 & & k_1 & \times & l_1 & \times & h_1 & \times & k_1 & & l_1 \\ h_2 & & k_2 & & l_2 & & h_2 & & k_2 & & l_2 \\ \hline & & & k_1 l_2 - k_2 l_1 & & l_1 h_2 - l_2 h_1 & & h_1 k_2 - h_2 k_1 & & & \\ & & & = u & & = v & & = w & & & \end{array}$$

Eine Fläche (pqr) gehört der durch das Symbol $[uvw]$ charakterisierten Zone an, wenn ihre Indices die folgende Bedingung erfüllen:

$$pu + qv + rw = 0.$$

Die Zugehörigkeit einer Fläche zu einer Zone ist daher völlig unabhängig von den Elementen des Krystalls. Durch Einsetzen derjenigen ganzen Zahlen für p, q und r, welche dieser Gleichung genügen, erhält man also die Symbole aller möglichen Flächen dieser Zone. Die Stellung jeder dieser Flächen ist durch einen einzigen Winkel, den sie mit einer bekannten Fläche der Zone bildet, bestimmt.

Wenn eine Fläche gleichzeitig zwei Zonen angehört, so ist sie ohne Winkelmessung bestimmt, da die Stellung einer Ebene bekannt ist, wenn zwei in ihr liegende Richtungen (in diesem Falle die beiden Zonenaxen) gegeben sind. Hat man in der oben angegebenen Weise aus zwei bekannten Flächen der einen Zone deren Symbol $[u_1 v_1 w_1]$ und aus zwei ebenfalls bekannten Flächen der zweiten Zone das Symbol $[u_2 v_2 w_2]$ der letzteren berechnet, so ergeben sich für die Indices der beiden Zonen gemeinsamen Fläche (pqr) die folgenden aus den Indices der Zonen nach demselben Schema wie oben abgeleiteten Werte:

$$p = v_1 w_2 - v_2 w_1 \qquad q = w_1 u_2 - w_2 u_1 \qquad r = u_1 v_2 - u_2 v_1.$$

Da nach der Art ihrer Herleitung sowohl die Indices der Zonen als auch die drei Werte p, q, r in rationalen Verhältnissen zueinander stehen müssen, so ergibt sich daraus der wichtige Satz: Eine Fläche, welche zwei Zonen eines Krystalls angehört, ist stets eine mögliche Fläche desselben. Das Grundgesetz der geometrischen Krystallographie kann daher auch so ausgesprochen werden:

»Wenn man von vier beliebig gewählten, durch ihre Winkel bestimmten Elementarflächen ausgeht, so bilden diese ein Tetraeder, dessen sechs Kanten ihrer Richtung nach bekannt sind; diese bilden somit die Axen von sechs möglichen Zonen des Krystalls. Legt man nun durch je eine dieser Kanten eine Ebene, welche der gegenüberliegenden Kante parallel ist, so erhält man die Stellung dreier Paare paralleler Ebenen, welche möglichen Krystallflächen entsprechen, da jede derselben zwei Zonen angehört, also rationale Indices hat. Die dadurch erhaltenen möglichen Kanten können nun wieder mit den vorigen paarweise so verbunden werden, daß parallel zweien derselben sich neue mögliche Flächen ergeben usf.

Man kann die Gesamtheit der möglichen Flächen eines Krystalls aber noch auf eine andere Art erhalten.

Durch Addition der entsprechenden Indices zweier Flächen $(h_1 k_1 l_1)$ und $(h_2 k_2 l_2)$ ergibt sich das Symbol $(h_1 + h_2,\ k_1 + k_2,\ l_1 + l_2)$ einer Fläche, welche die Kante der beiden ersten abstumpft, d. h. zwischen ihnen mit parallelen Kanten gelegen ist. Handelt es sich hierbei um zwei »gleichwertige« Flächen (s. S. 62), so ist die durch Summierung der Indices sich ergebende Fläche eine »gerade Abstumpfung« der Kante (d. h. sie bildet mit den beiden gleichwertigen Flächen gleiche Winkel), im anderen Falle ist es eine »schiefe«. Unter allen Umständen aber ist es diejenige, welche von sämtlichen Abstumpfungsflächen jener Kante die einfachsten Indices hat; zwei weitere Flächen erhält man, wenn man zu diesen Indices diejenigen der einen bzw. der anderen Ausgangsfläche addiert usf.

Um aus den Elementarflächen alle übrigen abzuleiten, beginnt man diese Operation mit den Axenebenen, indem man aus je zweien die Flächen der betreffenden Zone ableitet, z. B. aus (100) und (010) die Zone der *c*-Axe, deren Symbol sich nach S. 84 als [001] ergibt; man findet alsdann durch Addition aus der folgenden ersten Reihe die zweite, durch Addition beider die dritte usf.

$(100)\ \dots\dots\dots\ (010)\ \dots\dots\dots\ (\bar{1}00)\ \dots\dots\dots\ (0\bar{1}0)\ \dots\dots\dots\ (100)$

$(110)\ \dots\dots\dots\ (\bar{1}10)\ \dots\dots\dots\ (\bar{1}\bar{1}0)\ \dots\dots\dots\ (1\bar{1}0)$

$(210)\ ..\ (120)\ ..\ (\bar{1}20)\ ..\ (\bar{2}10)\ ..\ (\bar{2}\bar{1}0)\ ..\ (\bar{1}\bar{2}0)\ ..\ (1\bar{2}0)\ ..\ (2\bar{1}0)$[1]) usf.

Nachdem die gleichen Operationen für die Zonen der *b*-Axe [010] und der *a*-Axe [100] ausgeführt und so die Flächen (101) und (011) abgeleitet sind, addiert man die Indices von (110) und (001), (101) und (010), (011) und (100); diese Addition führt zu der gleichen Fläche (111), der einfachsten Abstumpfung der von den drei Axenebenen gebildeten Ecke, welche man auch durch Addition der drei Symbole (100), (010), (001) erhält[2]). Das Verfahren wird nun mit den drei neuen Zonen (111) . . . (110), (111) . . . (101), (111) . . . (011) fortgesetzt usw.

Umgekehrt läßt die Spaltung der Indices einer Fläche in einfachster Weise erkennen, welchen Zonen sie angehört, z. B.

liegt (211)	in	der	Zone	$[0\bar{1}1]$	zwischen	(111)	und	(100)
	»	»	»	$[1\bar{1}\bar{1}]$	»	(110)	»	(101)
	»	»	»	$[\bar{1}20]$	»	(210)	»	(001).

[1]) Ob die gleicheinfachen Symbole einer solchen Reihe, z. B. (210) und (120) Flächen von gleicher Wichtigkeit (vgl. S. 83) entsprechen, hängt natürlich von der Struktur des betreffenden Krystalls ab.

[2]) Auch für die Abstumpfung einer Ecke durch eine Fläche gilt der Satz, daß sie eine »gerade« ist, d. h. die Fläche gleiche Winkel mit den drei Flächen, durch deren Summation sie erhalten wird, bildet, wenn letztere gleichwertig sind und gleiche Winkel miteinander bilden.

Die im vorstehenden angegebenen, aus dem Gesetz der Rationalität der Indices folgenden Beziehungen finden eingehende Anwendung bei der Bestimmung der Krystallformen, denn das am Schlusse dieses Buches beschriebene Verfahren der Krystallmessung liefert in erster Linie den Zonenverband der Flächen und gestattet daher, jene Beziehungen als Hilfsmittel zu benutzen. Dadurch ist es möglich, nicht nur die Richtigkeit der Berechnung der Indices aus den gemessenen Winkeln zu kontrollieren, sondern auch in allen Fällen, in denen die Zugehörigkeit einer Fläche zu zwei bekannten Zonen festgestellt ist, ohne weiteres deren Indices anzugeben bzw. die den richtigen Parametern derselben entsprechenden Winkel zu berechnen und mit den beobachteten zu vergleichen (s. S. 82 Anm.).

Aus diesem Grunde ist eine Übersicht über den Zonenverband der Flächen für die Bestimmung der Krystalle von größter Wichtigkeit, und diese wird namentlich bei flächenreichen Krystallen wesentlich erleichtert durch eine Projektion der Krystallflächen.

Besonders geeignet für diesen Zweck ist die sog. stereographische Projektion, zu deren Herstellung die Flächen zunächst in folgender Weise auf eine Kugelfläche projiziert werden. Von dem innerhalb des Krystalls gelegenen Mittelpunkt der Kugel werden die Normalen zu den einzelnen Flächen errichtet, d. h. deren »Wachstumsrichtungen« (s. S. 61); der Ort, wo diese die Kugeloberfläche treffen, heißen die Pole der Flächen. Da die Normalen aller Flächen einer Zone in einer Ebene liegen, befinden sich ihre sämtlichen Pole auf einem größten Kreise der Kugel, und zwar in Abständen, welche ihren Flächenwinkeln[1]) entsprechen. Der Schnittpunkt zweier solcher Großkreise ist der Pol der beiden Zonen gemeinsamen Fläche: hier schneiden sich die beiden Zonenkreise unter demselben Winkel, welchen die Axen der Zonen, d. h. die beiden entsprechenden Kanten miteinander bilden. Durch die Zonenkreise wird also die Kugelfläche in sphärische Dreiecke zerlegt, deren Seiten den Flächenwinkeln und deren Winkel den Kantenwinkeln des Krystalls gleich sind.

Diese sphärische Projektion wird nun auf eine Ebene abgebildet, welche durch die Kugelmitte geht und die Pole einer wichtigen Zone enthält bzw. einer wichtigen Krystallfläche parallel ist: der diese enthaltende größte Kreis heiße der »Grundkreis«. Die eine der beiden durch die Projektionsebene getrennten Hälften der Kugel wird nun so auf diese Ebene projiziert, daß man sich das Auge in den am weitesten entfernten Punkt der anderen Hälfte (welcher von allen Punkten des Grundkreises 90° absteht) versetzt denkt; wenn man sich also von diesem Punkte aus Gerade nach allen Polen der zu projizierenden Hälfte gezogen denkt, so sind die Schnittpunkte dieser Geraden mit der Ebene des Grundkreises die Projektionen der Flächenpole. Ebenso kann man die zweite Hälfte der Kugel auf die gleiche Ebene projizieren, indem man von dem Punkte der Kugeloberfläche, welcher dem ersten Augenpunkte entgegengesetzt ist, Gerade nach den Flächenpolen der zweiten Kugelhälfte zieht. Eine derartige Projektion hat die Eigenschaft, daß in derselben die größten Kreise der Kugel sich als Kreisbögen projizieren,

[1]) Unter einem »Flächenwinkel« wird hier und in Folge immer der Winkel zweier Flächen verstanden, um welchen der Krystall gedreht werden muß, damit ihre Stellung vertauscht wird, d. i. das Supplement des inneren, von der Substanz des Krystalls ausgefüllten Winkels.

welche einander unter denselben Winkeln schneiden wie die Großkreise auf der Kugel.

Im folgenden sollen nun an der Hand der stereographischen Projektion die Zonenverhältnisse desjenigen Krystalls als Beispiel des allgemeinsten Falles betrachtet werden, welcher dem triklinen Raumgitter Fig. 64 (S. 78) sowie den Erörterungen über die Flächendichtigkeit (S. 80) und über deren Beziehung zur Häufigkeit der Flächen, der Spaltbarkeit usw. (s. S. 83) zugrunde gelegt wurde. Es ist dies das Strontiumditartrat-Tetrahydrat = $(C_4H_4O_6)_2H_2Sr \cdot 4\,H_2O$, an welchem A. Scacchi zuerst (1863) die Existenz »asymmetrischer« Krystalle nachgewiesen hat, d. h. solcher, in denen keiner Richtung eine zweite gleichwertig ist, so daß auch die beiden entgegengesetzten Richtungen derselben Geraden und infolgedessen auch je zwei parallele entgegengesetzte Flächen stets ungleichwertig sind.

In Fig. 66 ist die Kombination sämtlicher an den Krystallen des genannten Salzes beobachteten Flächen abgebildet, während Fig. 67 eine Projektion auf die horizontale (zur *c*-Axe senkrechte) Ebene ist, in welcher demnach die Pole der vertikalen Flächen in den Grundkreis fallen; die Pole der oberen Hälfte sind durch ausgefüllte, die der unteren durch leere Kreise bezeichnet und die Zonenkreise der ersten Hälfte durch ausgezogene, der anderen Hälfte durch punktierte Kreisbögen wiedergegeben[1]). Am größten ausgebildet ist an den Krystallen stets die hintere Fläche ($\bar{1}00$), nächst ihr die parallele vordere (100), welche sich durch ihre Ätzfiguren, ihre

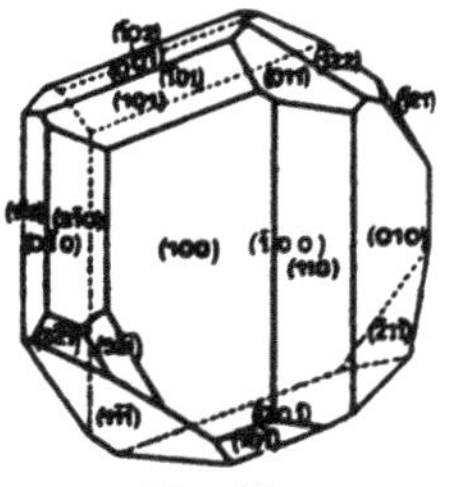

Fig. 66.

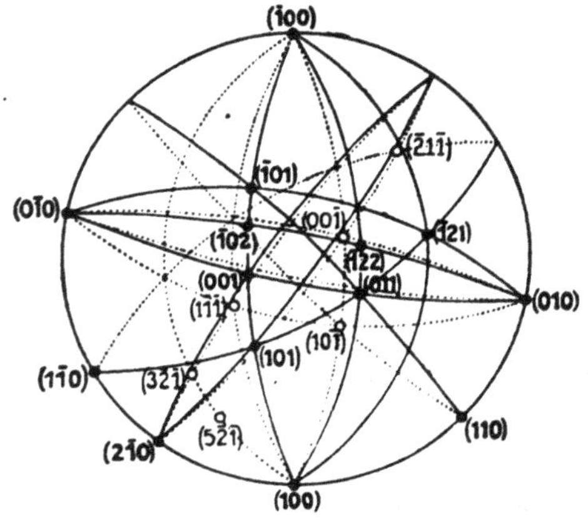

Fig. 67.

Wachstumserscheinungen und durch elektrische Polarität bei einer Temperaturänderung von ihr unterscheidet; parallel diesen beiden Flächen sind die Krystalle vollkommen spaltbar. Die nach diesen stets am meisten vorherrschenden Flächen sind (010) und ($0\bar{1}0$), durch ihre Flächenbeschaffenheit meist sehr deutlich voneinander abweichend. Es folgt alsdann ($00\bar{1}$), während (001) gewöhnlich kleiner ausgebildet ist. Recht groß erscheint oft die Fläche ($1\bar{1}\bar{1}$), während eine zu ihr parallele niemals beobachtet wurde. In der stets vorherrschenden Zone der *c*-Axe, deren Zonenkreis daher in Fig. 67 zum Grundkreise gewählt wurde, liegen außer den vier Polen der Flächen (100), (010), ($\bar{1}00$) und ($0\bar{1}0$) noch diejenigen von (110), ($1\bar{1}0$) und ($2\bar{1}0$) mit den Flächenwinkeln:

(100) : (110)	=	44° 56′	
(100) : (010)		78 13	
($1\bar{1}0$) : (100)	=	59° 39′	
($2\bar{1}0$) : (100)		35 57	

[1]) Die untere Hälfte eines Zonenkreises liegt in der Projektion umgekehrt in bezug auf den Durchmesser des Grundkreises, welcher die beiden ihnen gemeinsamen Pole verbindet.

Die Lage des Poles von (001) auf der Kugel und darnach die in der stereographischen Projektion ist gegeben durch die Winkel:

(001) : (100) = 82° 31′
(001) : (0$\bar{1}$0) 69 14

Der Pol der Gegenfläche (00$\bar{1}$) befindet sich in Fig. 67 an der Stelle, welche vom Mittelpunkte des Grundkreises gleichweit wie (001) nach der entgegengesetzten Seite entfernt ist. Auf dem Zonenkreise [100, 001] liegen nun außer ($\bar{1}$00) und (00$\bar{1}$) noch die Pole der Flächen (101), ($\bar{1}$02), ($\bar{1}$01) und (10$\bar{1}$), bestimmt durch folgende Winkel:

(101) : (001) = 34° 29′
(001) : ($\bar{1}$02) = 21 29
($\bar{1}$02) : (101) = 18° 12′
(10$\bar{1}$) : (100) = 57 48

In der Zone [001, 0$\bar{1}$0] ist außer (00$\bar{1}$) und (0$\bar{1}$0) nur noch die Fläche (011) vorhanden mit dem Winkel

(011) : (001) = 52° 47′.

Letztere bestimmt einen Zonenkreis [100, 011], auf welchem der Pol der nicht selten auftretenden Fläche ($\bar{1}$22) liegt, außerdem aber auch auf der unteren Hälfte der der Einheitsfläche (1$\bar{1}\bar{1}$); die Flächenwinkel in dieser Zone haben die Werte:

(011) : (100) = 73° 1′
($\bar{1}$22) : (011) = 19 38
(1$\bar{1}\bar{1}$) : (100) = 68 14

Die Indices von ($\bar{1}$22) sind aber auch ohne Messung schon bestimmt durch deren Zugehörigkeit zu den beiden Zonen [100, 011] = [0$\bar{1}$1] und [010, $\bar{1}$02] = [201], die von (1$\bar{1}\bar{1}$) durch die beiden Zonen [100, 011] = [0$\bar{1}$1] und [010, $\bar{1}$01] = [101]; daß letztere die einfachste Fläche zwischen (10$\bar{1}$) und (0$\bar{1}$0) ist, folgt aus der Addition der Indices dieser beiden Symbole. In der Zone [101, 011] = [$\bar{1}\bar{1}$1] liegt die weniger häufige Fläche ($\bar{1}$21), zugleich der Zone [010, 10$\bar{1}$] = [101] angehörig, aber nicht die einfachste Abstumpfung zwischen ($\bar{1}$01) und (010) bildend. Untergeordnet und nur unter gewissen Umständen bilden sich die Flächen (3$\bar{2}\bar{1}$) und (5$\bar{2}\bar{1}$). Erstere liegt in den Zonen [101, 1$\bar{1}\bar{1}$] = [12$\bar{1}$] und [$\bar{1}$21, 100] = [01$\bar{2}$], letztere in der Zone [3$\bar{2}\bar{1}$, $\bar{1}$00] = [0$\bar{1}$2]; diese bedarf, da eine zweite Zone nicht vorhanden ist, zu ihrer Bestimmung einer Winkelmessung

(5$\bar{2}\bar{1}$) : (100) = 28° 32′.

Der Zone [12$\bar{1}$] gehört außer (3$\bar{2}\bar{1}$) auch die bereits bei der Zone des Grundkreises erwähnte, ebenfalls nicht häufige Fläche (2$\bar{1}$0) an, deren Symbol sich durch die Addition der Indices von (101) und (1$\bar{1}\bar{1}$) ergibt. Endlich existiert noch eine Fläche ($\bar{2}$1$\bar{1}$), deren Indices durch die Zugehörigkeit zu den Zonen [001, 2$\bar{1}$0] = [120] und [101, 1$\bar{1}$0] [11$\bar{1}$] bestimmt wird.

Außer der praktischen Bedeutung, welche der stereographischen Projektion für die Bestimmung der Krystallflächen zukommt, hat sie noch den Vorzug, das Verständnis der im folgenden Abschnitte behandelten Verhältnisse der Symmetrie der Krystallformen wesentlich zu erleichtern.

Symmetrieverhältnisse der Krystalle.

Das im vorstehenden behandelte Beispiel stellt den allgemeinsten Fall eines krystallographischen Polyeders dar, nämlich eines solchen, dessen ebene Begrenzungsflächen durch keine anderen Beziehungen verbunden sind, als diejenigen, welche sich aus dem Gesetze der Rationalität der Indices bzw. aus dem Zonengesetze (S. 85) ergeben. Ein derartiger Krystall, in welchem zu einer Richtung keine gleichwertige vorhanden ist (in welchem also auch die beiden entgegengesetzten Richtungen einer und derselben Geraden nicht gleichwertig sind), wird ein asymmetrischer (unsymmetrischer) genannt.

Symmetrisch heißt dagegen ein Krystall, wenn zu irgendeiner Richtung in demselben eine oder mehrere gleichwertige existieren,

d. h. solche, in denen alle Eigenschaften des Krystalls den gleichen Wert besitzen. Von der Zahl und Anordnung der gleichwertigen Richtungen hängt der Grad der Symmetrie ab, und die Gesamtheit aller Krystalle mit gleicher Anzahl und gleicher Anordnung der gleichwertigen Richtungen wird als eine Symmetrieklasse bezeichnet. Da gleichwertige Richtungen durch eine Temperaturänderung die gleiche Deformation erfahren, wird durch eine solche die Symmetrie eines Krystalls nicht geändert, solange nicht eine Umwandlung seiner Substanz in eine andere Modifikation stattfindet (s. S. 3).

Wie aus dem Folgenden hervorgehen wird, sind an einem krystallographischen Polyëder, d. h. einem solchen, dessen Flächen dem Gesetze der Rationalität der Indices unterworfen sind, nur gewisse Arten der Symmetrie möglich.

Als gleichwertige Flächen wurden S. 62 solche bezeichnet, deren »Wachstumsrichtungen« gleichwertig sind, welche daher, wenn beim Wachstum des Krystalls die Zuführung von Substanz von allen Seiten genau die gleiche wäre, genau gleiche Größe haben würden. Ein so ausgebildeter Krystall, gleichsam das geometrische Ideal, von dem natürlich die wirklichen Krystalle durch ungleiche Größe der gleichwertigen Flächen mehr oder weniger abweichen, würde nun die Symmetrie ohne weiteres dadurch erkennen lassen, daß er durch gewisse Operationen mit sich selbst wieder zur Deckung gelangt, wobei jede Fläche desselben in die Stellung einer gleichwertigen kommt. Hierbei werden gleichwertige Wachstumsrichtungen miteinander vertauscht und dies kann erfolgen a) durch eine Drehung um eine Axe, b) durch eine Spiegelung nach einer Ebene oder c) durch die letztere Operation verbunden mit einer Drehung (Drehspiegelung). Diese drei »Symmetrieoperationen« sollen nunmehr näher betrachtet werden.

a.

Symmetrieaxe wird eine Gerade genannt, um welche gedreht ein krystallographisches Polyëder während einer ganzen Umdrehung mehrere Male mit sich selbst zur Deckung gelangt, z. B. zweimal, d. h. jedesmal nach einer Drehung von 180°, dreimal, d. h. jedesmal nach einer Drehung von 120° usf. Darnach bezeichnet man sie als zweizählig, dreizählig usw.[1]).

Für alle Symmetrieaxen gilt der Satz, daß eine solche stets einer möglichen Kante des Krystalls parallel und zu einer möglichen Fläche desselben senkrecht ist.

Es läßt sich ferner beweisen, daß der kleinste Winkel, welcher zur Deckung führt, infolge der Gültigkeit des Rationalitätsgesetzes für das Polyëder einen rationalen Wert seines Cosinus besitzen muß, daher nur folgende Winkel möglich sind: 180° (— 1), 120° (— ½), 90° (0), 60° (½). Den Krystallen können also keine anderen Symmetrieaxen zukommen als zweizählige (digonale oder binäre), dreizählige (trigonale oder ternäre), vierzählige (tetragonale oder quadratische) und sechszählige (hexagonale oder senäre).

Dadurch ist zunächst die Möglichkeit von vier Klassen gegeben, deren jede die Gesamtheit der Krystalle mit nur einer Symmetrieaxe

[1]) In der Struktur entsprechen ihnen sowohl die Drehungsaxen, als die Schraubungsaxen (s. S. 72) der gleichen Zähligkeit.

von einer der genannten vier Arten umfaßt. Außerdem sind aber, wie bei der Betrachtung der einzelnen Symmetrieklassen gezeigt werden wird, gewisse Kombinationen mehrerer Symmetrieaxen möglich, nämlich die einer zweizähligen, dreizähligen usw. mit zwei bzw. drei usw. zweizähligen Symmetrieaxen in der zur ersten senkrechten Ebene, wodurch vier weitere Klassen bestimmt sind, endlich zwei Arten noch höherer Symmetrie, nämlich die Kombination von drei aufeinander senkrechten zwei- bzw. vierzähligen Axen mit vier einander unter gleichen Winkeln schneidenden dreizähligen.

Die Krystalle dieser zehn Symmetrieklassen haben mit denen der asymmetrischen Klasse (S. 88) das gemeinsam, daß das Spiegelbild eines jeden derartigen Krystalls ein Polyëder mit denselben Winkeln ist, welches mit ihm jedoch durch keine Drehung zur Deckung gebracht werden kann. Zwei solche symmetrisch gleiche, aber nicht deckbar gleiche Polyeder nennt man enantiomorph.

Die Beziehungen zweier enantiomorpher Krystallformen lassen sich ganz allgemein an einem der asymmetrischen Klasse angehörigen Beispiele, wie an dem S. 87 betrachteten des Strontiumtartrates, dessen Abbildung in Fig. 68a (aber mit vereinfachter Bezeichnung der Flächen durch Buchstaben) wiederholt ist, feststellen. Fig. 68b ist das Spiegel-

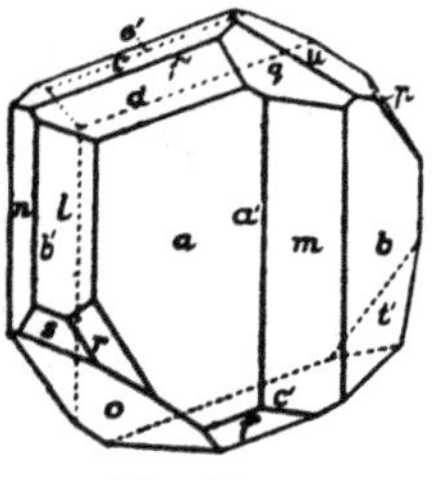
Fig. 68 a.

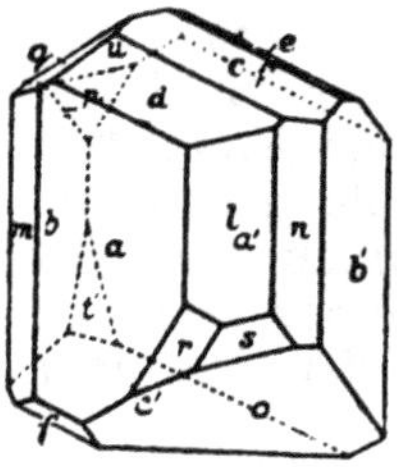
Fig. 68 b.

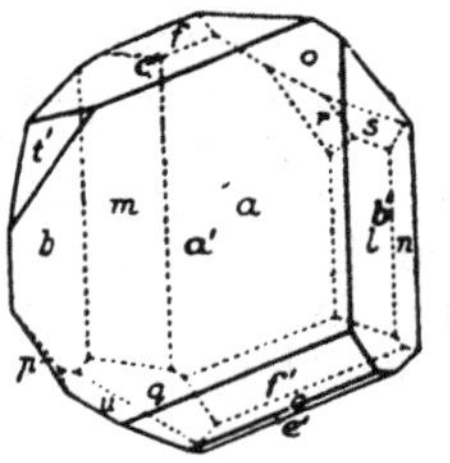
Fig. 69.

bild dieses Krystalls in derjenigen Stellung, für welche $b(010)$ die Spiegelungsebene ist; um dieses zweite Polyëder auf die Elemente des ersten zu beziehen, muß man es um 180° um die Normale zur Spiegelungsebene drehen, und in dieser Stellung ist es in Fig. 69 abgebildet. Die Vergleichung von Fig. 68a und 69 zeigt nun, daß jede Fläche der ersten Form in der zweiten durch die entgegengesetzte parallele Fläche ($a(100)$ durch $a'(\bar{1}00)$ usf.) ersetzt ist, daß man also die Indices der Flächen des enantiomorphen Krystalls erhält, wenn man die Indices aller Flächen des ersten mit -1 multipliziert.

Wie S. 72 auseinandergesetzt wurde, muß für diejenigen Krystalle, welche die Schwingungsebene des polarisierten Lichtes drehen, eine Struktur angenommen werden, welche für die rechts- und linksdrehenden Krystalle entgegengesetzt ist, und dementsprechend lehrt die Erfahrung, daß den optisch aktiven Krystallen zwei enantiomorphe Krystallformen zukommen[1]. In den S. 72 erwähnten

[1] Die Theorien der Krystallstruktur, welche S. 72 f erwähnt wurden, haben eine Reihe von regelmäßigen Punktsystemen als möglich festgestellt, von denen zwei spiegelbildlich entgegengesetzte und nicht deckbare Anordnungen existieren, welche aber keinerlei Schraubenaxen enthalten, so daß für Krystalle mit einer solchen Struktur die S. 41 angenommene Ursache zu einem Drehungsvermögen nicht vorhanden ist. In der Tat existieren in jeder der erwähnten 11 Klassen ebensowohl Krystalle mit, als solche ohne Drehungsvermögen, erstere aber nur in diesen 11 Symmetrieklassen.

Fällen handelt es sich um Substanzen, welche in Lösung kein Drehungsvermögen besitzen, bei denen also die Ursache der Enantiomorphie lediglich auf der Krystallstruktur beruht. Unter den organischen Verbindungen gibt es aber nun eine große Zahl solcher, deren Molekül in zweierlei nicht deckbar, sondern nur spiegelbildlich gleicher Weise aufgebaut ist; die Lösung dieser, der »optisch aktiven Substanzen«, dreht die Schwingungsebene des polarisierten Lichtes je nach dem Bau der darin enthaltenen Moleküle entweder rechts oder links. An den hierzu gehörigen Salzen der Rechts- und Linksweinsäure beobachtete zuerst (1848) Pasteur, daß dieselben enantiomorphe Krystallformen besitzen, und zahlreiche Untersuchungen haben seitdem gezeigt, daß allgemein die sog. »optischen Antipoden« der aktiven Verbindungen bei der Krystallisation Formen liefern, welche gleiche Winkel zeigen, aber durch Drehung nicht zur Deckung gebracht werden können. Es ist daher anzunehmen, daß die Enantiomorphie des chemischen Moleküls eine solche der Krystallstruktur bedingt, daher die Krystalle einer jeden optisch aktiven Substanz einer jener elf Symmetrieklassen angehören müssen, welche einer Symmetrieebene entbehren (Pasteursches Gesetz). In den meisten Fällen, in welchen man bisher sowohl das molekulare Drehungsvermögen der Substanz als auch die Größe der von der Krystallstruktur bewirkten Drehung bestimmen konnte, hat sich die letztere als stärker erwiesen, d. h. zu der durch die Moleküle bewirkten Drehung tritt alsdann noch eine gleichsinnige durch die Struktur hervorgebrachte hinzu; bei einzelnen Substanzen ist jedoch die Krystalldrehung der molekularen entgegengesetzt und alsdann ist das Drehungsvermögen der Krystalle gleich der Differenz beider.

b.

Wenn ein krystallographisches Polyëder eine Symmetrieebene besitzt, d. h. so beschaffen ist, daß es durch eine Ebene in zwei gleiche und entgegengesetzte Hälften geteilt werden kann, so erzeugt jede dieser Hälften die andere durch Spiegelung an jener Ebene, folglich gelangt durch diese Operation das ganze Polyëder mit sich selbst zur Deckung.

Für die Symmetrieebenen gelten folgende Sätze: Jede Symmetrieebene eines Krystalls ist eine mögliche Fläche desselben. Die Normale zu einer Symmetrieebene ist stets eine mögliche Kante des Krystalls.

Von den durch Symmetrieebenen charakterisierten Klassen der Krystalle wird eine bestimmt durch die Existenz einer einzigen Symmetrieebene, während die übrigen sich durch die Kombination mehrerer bzw. durch die von Symmetrieebenen mit Symmetrieaxen ergeben. Ist nur je eines dieser beiden Symmetrieelemente vorhanden, so ist dies nur möglich, wenn dieselben normal zueinander sind, also gibt es weitere vier Klassen der Krystalle mit einer zwei-, drei-, vier- oder sechszähligen Axe und einer dazu senkrechten Symmetrieebene. Kombinationen mehrerer Symmetrieebenen sind folgende möglich: zwei unter 90°, drei unter 60°, vier unter 45°, sechs unter 30° einander in einer zwei-, drei-, vier- bzw. sechszähligen Axe schneidend; dieselben vier Fälle mit einer weiteren Symmetrieebene senkrecht zu der betreffenden Symmetrieaxe; die beiden ersten kombiniert mit zwei bzw. drei zweizähligen Axen, welche zur zwei- bzw. dreizähligen Axe senkrecht stehen und die Winkel der zwei bzw. drei Symmetrieebenen halbieren. Endlich sind noch Krystalle möglich mit drei zueinander senkrechten gleichwertigen Symmetrieebenen (Flächen des Würfels), solche mit sechs gleichwertigen, welche einander unter 60°, 90° und 120° (Flächen des Rhombendodeboëders) und solche mit beiden, also neun Symmetrieebenen; in diesen letzten drei Fällen sind außerdem noch drei aufeinander senkrechte zwei- oder vierzählige und vier einander unter gleichen Winkeln schneidende dreizählige Symmetrieaxen vorhanden. Die Gesamtzahl der Krystallklassen mit einer oder mehreren Symmetrieebenen ist also achtzehn.

c.

Die dritte Art von Operationen, durch welche ein krystallographisches Polyëder mit sich selbst zur Deckung gebracht werden kann, besteht in der Kombination einer Drehung um eine Axe mit einer Spiegelung an einer zu jener Axe senkrechten Ebene (Drehspiegelung oder zusammengesetzte Symmetrie).

Ist hierbei die Drehungsaxe eine zweizählige, so wird durch eine solche Operation eine Richtung in die entgegengesetzte, ein Flächenpol somit in den der parallelen Gegenfläche übergeführt; das Polyëder besitzt alsdann ein Symmetriezentrum, d. h. es erzeugt sich selbst wieder, wenn jede Fläche mit der in bezug auf den Mittelpunkt entgegengesetzten und von diesem gleichweit entfernten Fläche vertauscht wird. Letztere Operation, welche man als »Inversion« bezeichnet, kann also ersetzt werden durch eine Spiegelung, verbunden mit einer Drehung von 180° um die Normale zur Spiegelungsebene, wobei die letztere jede beliebige Orientierung haben kann[1]).

Außer der zweizähligen Axe der zusammengesetzten Symmetrie ist auch eine vierzählige und eine sechszählige möglich[2]), aber nur eine solche, die mit einer möglichen Kante des Krystalls zusammenfällt, so daß alsdann auch die Spiegelungsebene eine mögliche Fläche ist. Kombination mehrerer Drehspiegelungsaxen dagegen ergeben sich, wie aus den Darlegungen des speziellen Teiles hervorgehen wird, als notwendige Folge des Vorhandenseins von Axen und Ebenen der einfachen Symmetrie, so daß zu den vorher erwähnten Klassen nur drei neue hinzukommen, charakterisiert durch eine Ebene und eine zwei- bzw. vier- oder sechszählige Axe der zusammengesetzten Symmetrie. Solche Krystalle können durch Drehung mit ihrem Spiegelbilde zur Deckung gebracht werden, besitzen also ebensowenig wie die mit einer oder mehreren Ebenen der einfachen Symmetrie zwei enantiomorphe Formen.

Es gibt also im ganzen zweiunddreißig Symmetrieklassen der Krystalle. Diese sind die gleichen, welche sich aus der allgemeinen Theorie der Krystallstruktur (s. S. 74) ergeben. Andere Symmetrie-

---

[1]) Es ist dies die gleiche Operation, durch welche aus einem Polyeder, welches keine Ebene der einfachen oder zusammengesetzten Symmetrie besitzt, das enantiomorphe hervorgeht (S. 90).

[2]) Eine dreizählige Axe der zusammengesetzten Symmetrie führt zu keiner neuen Krystallklasse, wie sich leicht an einer stereographischen Projektion mit dem Pol dieser Axe im Mittelpunkt des Grundkreises zeigen läßt: die Drehung um 120° und Spiegelung an der Ebene des Grundkreises erzeugt aus einem Pol der oberen Hälfte einen der unteren, dieser wieder einen der oberen Hälfte usf.; man erhält schließlich drei obere und drei untere Pole, welche zur Grundkreisebene symmetrisch liegen, d. h. den Fall einer Ebene und dreizähligen Axe der einfachen Symmetrie.

verhältnisse als diese wurden auch niemals an den Krystallen beobachtet, doch ist die Häufigkeit des Auftretens derselben eine sehr verschiedene; während gewisse Klassen durch sehr zahlreiche Substanzen vertreten sind, kennt man von anderen nur wenige oder nur einen einzigen Vertreter. Daß diese 32 Symmetrieklassen die einzigen sind, welche mit dem durch Theorie und Erfahrung sicher festgestellten Hauyschen Grundgesetze der Krystalle vereinbar sind, bewies zuerst Hessel (1830), unabhängig davon später Bravais (1848) und Gadolin (1867).

Die Gesamtheit der infolge der Symmetrie eines Krystalls gleichwertigen Flächen desselben wird als einfache Form, eine Krystallform, welche von mehreren ungleichwertigen Arten von Flächen begrenzt wird, als Kombination bezeichnet.

An den asymmetrischen Krystallen existiert zu keiner Fläche eine gleichwertige, ein zu dieser Klasse gehöriger Krystall ist also stets eine Kombination von so vielen einfachen Formen, als er Flächen zeigt. Den niedrigsten Grad von Symmetrie haben die Krystalle mit einer Ebene und einer zweizähligen Axe der zusammengesetzten Symmetrie, denn hier ist zu einer Richtung nur die entgegengesetzte derselben Geraden gleichwertig, die vollständige einfache Form wird hier also von zwei parallelen Flächen gebildet, deren Symbole (hkl) und ($\bar{h}\bar{k}\bar{l}$) man auch durch ein einziges Zeichen ($\dot{h}kl$) ersetzen kann. Diese Klasse und die asymmetrische haben das gemeinsam, daß zu einer Geraden, wie sie auch orientiert sei, außer den ihr parallelen keine gleichwertige existiert; der Struktur solcher Krystalle muß daher ein triklines Raumgitter (S. 67) zugrunde liegen; man faßt deshalb beide Klassen zu einer Gruppe zusammen unter dem Namen triklines Krystallsystem[1]). Dasselbe ist charakterisiert durch drei schiefwinkelige Axen, welche bei richtiger Aufstellung (s. S. 83) den Kanten des Elementarparallelepipeds entsprechen.

In den Krystallen mit einer zweizähligen Axe der einfachen Symmetrie geht eine Richtung durch Drehung von 180° in eine gleichwertige über, es sind also auch je zwei Flächen, welche durch diese Operation zur Deckung gelangen, gleichwertig. Besitzt ein Krystall dagegen eine Ebene der einfachen Symmetrie, so besteht die vollständige einfache Form ebenfalls aus zwei Flächen, die aber so gelegen sind, daß der zwischen ihnen befindliche Winkel nicht von einer Symmetrieaxe, sondern von einer Symmetrieebene halbiert wird. Ist sowohl eine zweizählige Axe als eine dazu senkrechte Ebene der einfachen Symmetrie vorhanden, so sind zu jedem Flächenpaare, welches sich in den beiden vorhergehenden Fällen ergibt, noch die beiden parallelen Gegenflächen gleichwertig, die vollständige einfache Form besteht also aus vier Flächen. Die Symmetrieverhältnisse dieser drei Klassen entsprechen denen der monoklinen Raumgitter; nach den Darlegungen S. 82 f. müssen bei richtiger Aufstellung der Krystalle den Ebenen gleicher Dichtigkeit gleiche numerische Werte der Indices zukommen, daher müssen die Elemente des Krystalls so gewählt werden, daß sie mit den Kanten des Elementarparallelepipeds (Fig. 48) zusammenfallen, d. h. eine parallel der Sym-

---

[1]) Statt des Namens »Krystallsystem« wird in neuerer Zeit auch vielfach »Syngonie« gebraucht.

metrieaxe bzw. senkrecht zur Symmetrieebene des Krystalls, die beiden anderen in der zur ersten senkrechten Ebene liegen. Alsdann erhält nämlich die mit einer Fläche (hkl) durch eine zweizählige Axe verbundene die Indices $(\bar{h}k\bar{l})$, die durch Spiegelung an der Symmetrieebene entstehende die Indices $(h\bar{k}l)$ und die parallele Gegenfläche die Indices $(\bar{h}\bar{k}\bar{l})$. Auf Grund dieser Aufstellung des Krystalls kann also auch in jedem dieser drei Fälle die vollständige einfache Form mit einem einzigen Symbol **(hkl)** bezeichnet werden. Für alle drei Klassen ergibt sich also ein monoklines Axensystem, und deshalb nennt man die sie umfassende Gruppe von Symmetrieklassen das monokline Krystallsystem.

Das rektanguläre und die davon abgeleiteten Raumgitter (S. 68, Fig. 50 bis 53) entsprechen der Struktur der Krystalle dreier weiterer Symmetrieklassen: 1. derjenigen mit drei zueinander senkrechten zweizähligen Axen der einfachen Symmetrie, auf welche als krystallographische Axen die Formen bezogen werden müssen, damit die gleichwertigen Flächen gleiche Indices erhalten; es sind nämlich dann mit einer beliebigen Fläche (hkl) gleichwertig die Flächen $(h\bar{k}\bar{l})$, $(\bar{h}\bar{k}l)$ und $(\bar{h}k\bar{l})$; 2. derjenigen mit einer solchen Axe und mit zwei in ihr einander rechtwinkelig schneidenden Symmetrieebenen, in welchem Falle deren beide Normalen und jene Axe die gleiche Rolle spielen, so daß eine einfache Form (hkl) die Gestalt einer rhombischen Pyramide mit den Flächen (hkl), $(h\bar{k}l)$, $(\bar{h}kl)$, $(\bar{h}\bar{k}l)$ hat; endlich 3. derjenigen mit drei aufeinander senkrechten Symmetrieebenen und drei dazu normalen zweizähligen Axen, auf welche die Formen bezogen werden müssen; alsdann besteht eine vollständige einfache Form **(hkl)** aus den acht Flächen einer rhombischen Dipyramide (Fig. 36), d. h. aus sämtlichen Flächen mit den gleichen Werten von **h**, **k**, **l**, welche man erhält, wenn man den Indices der Flächen der rhombischen Pyramide auch die mit negativem Werte von l hinzufügt. Man bezeichnet die Gesamtheit dieser drei Symmetrieklassen als rhombisches Krystallsystem. Die Elemente eines rhombischen Krystalls sind also gegeben durch Gestalt und Dimensionen des rektangulären Elementarparallelepipeds Fig. 50, welches den vier Arten von rhombischen Raumgittern zugrunde liegt.

Unter den zahlreichen Klassen der Krystalle mit einer drei-, vier- oder sechszähligen Drehungs- bzw. Drehspiegelungsaxe schließen sich derjenigen mit drei aufeinander senkrechten Axen der einfachen Symmetrie am nächsten die Krystalle mit einer vierzähligen Axe der zusammengesetzten Symmetrie an. Diese und noch sechs andere Klassen bilden das tetragonale Krystallsystem, d. i. die Gesamtheit aller Krystalle, deren Struktur ein tetragonales Raumgitter (S. 69) zugrunde liegt und welche bezogen werden müssen auf drei zueinander senkrechte krystallographische Axen, deren eine die vierzählige Drehungs- oder Drehspiegelungsaxe ist, während die beiden anderen zwei einander gleichwertige Kanten des Krystalls sind.

Den Verhältnissen der tetragonalen Krystalle am ähnlichsten sind diejenigen des hexagonalen Krystallsystems, d. h. der Gesamtheit der Krystalle mit einer sechszähligen Axe der einfachen Symmetrie, deren Struktur aus hexagonalen Raumgittern so zusammengesetzt ist, daß dadurch die Sechszähligkeit jener Axe nicht aufgehoben ist. Je nach dem Vorhandensein weiterer (zweizähliger) Axen oder von Symmetrieebenen gehören diese fünf verschiedenen Klassen an.

Eine dreizählige Symmetrieaxe besitzen sieben als trigonales Krystallsystem zusammengefaßte Klassen, unter denen sich zwei befinden, deren dreizählige Axe zugleich eine sechszählige der zusammengesetzten Symmetrie ist. Die Dreizähligkeit dieser ausgezeichneten Richtung bedingt, daß je drei zu ihr gleichgeneigte Kanten, welche auch einander unter gleichen Winkeln schneiden, gleichwertig sind. Dies ist nach S. 70 charakteristisch für das rhomboëdrische Raumgitter, und die Zugehörigkeit der Struktur eines Krystalls zu einem Raumgitter dieser Art ist ohne weiteres zu erkennen, wenn er Spaltbarkeit nach einem Rhomboëder zeigt. Aber auch beim Fehlen einer solchen bzw. bei basischer oder hexagonal-prismatischer Spaltbarkeit kann diese Zugehörigkeit erkannt werden durch die Reihenfolge der auftretenden Formen nach ihrer Häufigkeit (vgl. S. 83 f.); diese entspricht nämlich nur dann der Reihenfolge nach der größeren oder geringeren Einfachheit der Indices, wenn diese bezogen sind auf die drei Kanten des rhomboëdrischen Elementarparallelepipeds (Fig. 57, S. 70), also auf drei gleichwertige Kanten des Krystalls als Axen. Wie aber das Beispiel der wahrscheinlichen Struktur des Quarzes (s. S. 73) lehrt, kann eine Krystallstruktur mit einer dreizähligen Symmetrieaxe auch zustande kommen durch Ineinanderstellung von hexagonalen Raumgittern (S. 70), und wenn dieser Fall vorliegt, wird die erwähnte Reihenfolge der Flächen eine andere, nämlich so, daß die Flächen zweier Rhomboëder von gleicher Gestalt, aber entgegengesetzter Stellung (das eine um die dreizählige Axe 180° gedreht), welche zwar nicht in bezug auf das zusammengesetzte Punktsystem, wohl aber in bezug auf das zugrundeliegende Raumgitter (s. Fig. 56) gleichwertig sind, im allgemeinen gleich häufig sind. Alsdann erhält man die richtigen, d. h. in bezug auf Häufigkeit des Auftretens und Einfachheit der Indices übereinstimmenden Symbole nur dann, wenn als krystallographische Axen die dreizählige Symmetrieaxe und, wie im hexagonalen System, drei zu ihr senkrechte, einander unter gleichen Winkeln schneidende, gleichwertige Kanten des Krystalls gewählt werden.

Hieraus ist ersichtlich, daß das trigonale und das hexagonale Krystallsystem einander viel näher stehen, als es sonst zwischen zwei Krystallsystemen der Fall ist (vgl. auch die Anmerkung[2]) zu S. 70), ja daß sie sogar die Form des hexagonalen Prismas (mit sechs gleichwertigen Flächen) gemeinsam haben. Sie werden deshalb auch vielfach unter dem Namen des hexagonalen zu einem Krystallsystem vereinigt.

Es bleiben jetzt nur noch fünf Symmetrieklassen übrig, welche gemeinsam vier einander unter gleichen Winkeln schneidende dreizählige Symmetrieaxen (in zwei dieser Klassen sind diese zugleich sechszählige Drehspiegelungsaxen) haben; dadurch sind zugleich drei aufeinander senkrechte, gleichwertige zwei- oder vierzählige Axen der einfachen bzw. vierzählige der zusammengesetzten Symmetrie bedingt; drei der Klassen dieser Gruppe besitzen auch Symmetrieebenen, entweder drei zueinander senkrechte oder sechs einander unter 60°, 120° und 90° schneidende oder endlich beide Arten. Diese Symmetrieverhältnisse entsprechen den kubischen Raumgittern (S. 71), welche daher der Struktur aller diesen fünf Klassen angehörigen Krystalle zugrunde liegen, deren Gesamtheit als kubisches Krystallsystem bezeichnet wird. Die Anzahl der mit den Punkten eines kubischen Raumgitters gleichartig besetzten Netzebenen von beliebiger, in bezug auf die drei Kanten des Würfels ungleicher Orientierung bestimmt die Anzahl gleichwertiger Flächen in den einzelnen Klassen; letztere beträgt zwölf, vierundzwanzig oder im Falle der höchsten Symmetrie achtundvierzig. Diesen kommen gleiche Indiceszahlen h, k, l nur dann zu, wenn als krystallographische Axen die drei zueinander senkrechten, gleichwertigen, zwei- oder vierzähligen Symmetrieaxen, d. h. als Axenebenen die des Kubus genommen werden und als Einheitsfläche diejenige, deren Parameterverhältnis $a : b : c = 1 : 1 : 1$, d. h. eine Oktaëderfläche gewählt wird. Die allgemeinste einfache Form (hkl) der höchst symmetrischen Klasse enthält dann in jedem der von den Axenebenen gebildeten acht Oktanten sämtliche sechs Flächen, welche durch die der Gleichwertigkeit der Axen entsprechende Vertauschung aller drei Zahlen h, k, l sich ergeben.

Aus vorstehenden Darlegungen ist ersichtlich, daß die S. 82 erwähnten Beschränkungen in der Wahl der Elemente mit dem höheren Grade der Symmetrie in immer steigendem Maße wirksam sind.

Bei dem älteren Verfahren der Krystallbeschreibung, wie es besonders durch Naumann (1828) systematisch ausgearbeitet worden ist, ging man in jedem Krystallsystem von derjenigen Klasse aus, deren »einfache Form« die größte Flächenzahl besitzt und bezeichnete diese als »holoëdrische« (ganzflächige), während man die der anderen davon durch »Meroëdrie« (Teilflächigkeit) ableitete und hierbei »hemiëdrische« (halbflächige), »tetartoëdrische« (viertelflächige), »ogdoëdrische« (achtelflächige) und »hemimorphe« (nach einer Axe polare) Formen unterschied. Der oben benutzte umgekehrte Weg, welcher mit der einzelnen Fläche als vollständige »einfache Form« beginnt und durch Hinzufügung von Symmetrieelementen die flächenreicheren nach und nach entwickelt, hat außer seiner Folgerichtigkeit noch den Vorzug, daß er gestattet, an der Hand der stereographischen Projektionen der »einfachen Formen« in denkbar einfachster Weise den Nachweis zu führen, daß in der Tat keine anderen Symmetrieverhältnisse mit dem Gesetze der Rationalität der Indices vereinbar sind als die erwähnten 32 Klassen. Diese sollen daher in dem nun folgenden speziellen Teile in der bei den Raumgittern S. 67 f. angenommenen Reihenfolge behandelt und durch Beispiele erläutert werden.

Den fünf Abteilungen, in welche nach ihren optischen Eigenschaften die Krystalle zerfallen (s. S. 42), entsprechen nach den bei Betrachtung der Raumgitter gegebenen Feststellungen (S. 67 f.) die sieben Krystallsysteme in folgender Weise: das trikline den optisch asymmetrischen Krystallen, das monokline den optisch monosymmetrischen, das rhombische den optisch trisymmetrischen; das tetragonale, hexagonale und trigonale Krystallsystem, denen die Gleichwertigkeit von drei oder mehr gleiche Winkel mit der drei-, vier- bzw. sechszähligen Axe bildenden Richtungen (wodurch notwendig der Fall der Rotationsellipsoïde für die Bezugsfläche der optischen Eigenschaften bedingt wird) gemeinsam ist, entsprechen den optisch einaxigen Krystallen, endlich das kubische Krystallsystem den einfachbrechenden. Damit sind auch für alle übrigen physikalischen Eigenschaften die allgemeinen Beziehungen zu der Einteilung der Krystalle nach ihren geometrischen Verhältnissen festgestellt.

Was endlich die Häufigkeit des Auftretens der verschiedenen Symmetriearten betrifft, so krystallisieren innerhalb jedes der sieben Krystallsysteme die meisten Substanzen in der Klasse mit der höchsten Symmetrie, während von einigen der weniger symmetrischen Klassen nur einzelne Vertreter sicher nachgewiesen worden sind.

Physikalische Krystallographie.

Spezieller Teil.

Einleitung.

In jeder der nunmehr einzeln zu behandelnden Krystallklassen wird durch deren Symmetrie eine Art von Formen (hkl) bestimmt, welche den allgemeinen Fall darstellt, d. i. den des Fehlens jeder besonderen Bedingung für die Werte von h, k und l; ein solcher Komplex gleichwertiger Flächen soll als »allgemeine Form« bezeichnet und nach ihm die Krystallklasse benannt werden.

In den beiden Klassen des triklinen Systems haben auch die übrigen Formen, welche sich in besonderen Fällen ergeben, nämlich bei der Gleichheit zweier oder aller Indices bzw. wenn einer oder zwei derselben den Wert Null annehmen, die gleiche Gestalt wie die allgemeine Form. In den übrigen Krystallsystemen entstehen jedoch in solchen Fällen Formen mit einer im allgemeinen geringeren Anzahl der gleichwertigen Flächen, und die größte Mannigfaltigkeit von einfachen Formen innerhalb einer Klasse erscheint da, wo diese am flächenreichsten sind, d. h. in denen des kubischen Krystallsystems.

Wie aus den Darlegungen S. 83 und dem S. 87 f. behandelten Beispiele eines asymmetrischen Krystalls hervorgeht, müssen zwei entgegengesetzte, also parallele, aber nicht gleichwertige Flächen um so häufiger zusammen an den Krystallen einer Substanz auftreten, je dichter die ihnen parallele Netzebene mit Atomen besetzt ist, d. h. je einfacher bei richtiger Aufstellung des Krystalls ihre Indices sind. Wenn also an einer asymmetrisch krystallisierenden Substanz nur die den drei Axenebenen parallelen Flächen und etwa noch ein oder zwei andere Paare von Flächen mit einfachen Indices, z. B. (110) und ($\bar{1}\bar{1}0$) oder (111) und ($\bar{1}\bar{1}\bar{1}$), beobachtet werden, so ist auf rein geometrischem Wege nicht zu entscheiden, ob der Krystall der ersten oder zweiten Klasse des triklinen Systems angehört. Es muß alsdann die Gleichwertigkeit oder Ungleichwertigkeit der entgegengesetzten Flächen durch Versuche über Wachstum, Auflösung (Ätzfiguren s. S. 60 f.) oder polare Pyroelektrizität nachgewiesen werden, und da die Verschiedenheit derartiger univektorieller Eigenschaften für zwei entgegengesetzte Flächen auch eine nur geringe sein kann, kommt es vor, daß die Entscheidung über die Zugehörigkeit zu der einen oder anderen Symmetrieklasse nur durch umfangreiche und sorgfältige Untersuchungen der angegebenen Art getroffen werden kann. Die vorstehenden Erwägungen gelten auch für die drei Klassen des monoklinen Systems, und bei den übrigen Krystallsystemen, in denen ebenso die Kombinationen einer Klasse scheinbar die Ausbildung von Formen einer höher symmetrischen zeigen können, tritt noch der Umstand hinzu, daß die verschiedenen Klassen gewisse einfache Formen gemeinsam haben, so daß selbst an Krystallen, welche eine aus durchweg gleichwertigen Flächen bestehende Form zeigen, deren Symmetrie nur durch physikalische Eigenschaften der oben genannten Art erkannt werden kann. Für viele der bisher krystallographisch bestimmten Substanzen, an denen nur eine geringe Anzahl von Flächen beobachtet wurde, fehlen noch diejenigen Untersuchungen, die zu entscheiden gestatten, welcher Klasse des betreffenden Krystallsystems sie angehören, und selbst von einzelnen sehr wichtigen Substanzen ist diese Zugehörigkeit noch nicht ganz sicher festgestellt, so daß man sie nur mit einem gewissen Grade von Wahrscheinlichkeit einer bestimmten Symmetrieklasse zurechnen kann.

Nicht selten sind sog. pseudosymmetrische Krystalle, deren Struktur eine große Annäherung an diejenige eines höher symmetrischen Krystallsystems zeigt, z. B. einem rhombisch oder monoklin prismatischen Raumgitter (s. S. 68) entspricht, dessen Winkel nahe 90° oder angenähert 60° bzw. 120° beträgt. Alsdann ist die Krystallstruktur nahezu eine tetragonale bzw. hexagonale (s. S. 69 bzw. 70), d. h. die Anordnung der Atome ist in den beiden Diagonalen der fast quadratischen Basis des Prismas bzw. in den Seiten und der kurzen Diagonale des Rhombus von c. 60 bzw. 120° — im letzteren Falle also in drei, einander unter nahe gleichen Winkeln schneidenden Richtungen — fast genau die gleiche; infolgedessen haben Flächen, welche den nahe gleichwertigen Richtungen parallel sind, annähernd gleiche Dichtigkeit ihrer Besetzung mit Atomen, bilden sich also fast gleich leicht. An den Krystallen derartiger Substanzen treten daher gewöhnlich Kombinationen auf, welche scheinbar tetragonale bzw. hexagonale Symmetrieverhältnisse zeigen und deshalb als »pseudotetragonale« bzw. »pseudohexagonale« bezeichnet werden. Sind die beiden Diagonalebenen eines pseudotetragonalen Prismas bzw. die drei Ebenen eines pseudohexagonalen Prismas diejenigen größter Flächendichtigkeit, so können sie auch fast gleich vollkommene Spaltbarkeit zeigen; besonders häufig kommt aber der Fall vor, daß durch regelmäßige Verwachsung symmetrisch nach den Flächen eines rhombischen oder auch eines monoklinen Prismas von nahe 90° bzw. 60°, d. h. durch Zwillings- bzw. Drillingsbildung, welche durch Vertauschung der zwei bzw. drei annähernd gleichwertigen Richtungen zustande kommt, Gebilde entstehen, welche tetragonalen bzw. hexagonalen Krystallen noch ähnlicher sind, als die erwähnten Kombinationen der einfachen Krystalle.

Wenn regelmäßige Verwachsungen der eben beschriebenen Art »polysynthetische« sind, d. h. aus zahlreichen dünnen, abwechselnd orientierten Lamellen parallel einer Ebene (meist eine solche ausgezeichneter Spaltbarkeit) bestehen, kann das so zusammengesetzte Paket äußerlich sogar vollkommen eine tetragonale bzw. hexagonale Form annehmen. Die Zwillingsnatur solcher Krystalle kann aber dann erkannt werden durch Anomalien der optischen Eigenschaften, indem nur an denjenigen Stellen, wo die das Paket zusammensetzenden Lamellen verschiedener Orientierung genau oder wenigstens sehr nahe die gleiche Dicke besitzen, eine vollständige Kompensation der optischen Eigenschaften und daher die Interferenzfigur eines optisch einaxigen Krystalls (s. S. 41) eintritt, während an anderen Stellen noch Zweiaxigkeit mit wechselndem Axenwinkel zu beobachten und aus der Lage der Axenbilder auf die Orientierung der Lamellen zu schließen ist.

S. 41 wurde gezeigt, daß durch eine bestimmte Art des Aufbaues lamellarer Pakete der hier beschriebenen Art optische Einaxigkeit verbunden mit Drehung der Schwingungsebene des Lichtes hervorgebracht wird, und zwar um so vollkommener, je dünner die einzelnen Lamellen sind. Hierdurch wird es wahrscheinlich, daß das Drehungsvermögen der Krystalle auf einem enantiomorphen (rechts bzw. links schraubenartigen) Aufbau aus Atomschichten verschiedener Orientierung beruht, wie ihn z. B. die für den Quarz anzunehmende Struktur (s. S. 73) zeigt. Damit stimmt überein, daß manche Krystalle mit Drehungsvermögen, besonders tetragonale und hexagonale mit vollkommener basischer Spaltbarkeit, optische Anomalien der S. 102 unten erwähnten Art zeigen.

Die beiden Mineralien Natron- und Kali-Feldspat, Si_3O_8AlNa bzw. Si_3O_8AlK, krystallisieren triklin in Formen, welche denen monokliner Krystalle sehr nahe stehen[1]), und zeigen infolge der Analogie ihrer chemischen Konstitution eine große Ähnlichkeit ihrer Ausbildung, Flächenwinkel und Kohäsionverhältnisse, welche notwendig auf Übereinstimmung ihrer Krystallstruktur beruht, eine Beziehung, welche als »Isomorphie« bezeichnet wird. Sie erscheinen fast nur in regelmäßigen Verwachsungen, und zwar vorherrschend nach einem Gesetze, bei dem eine durch Spaltbarkeit ausgezeichnete Fläche die Zwillingsebene ist. Während aber die Krystalle der Natriumverbindung sowohl in Verwachsungen zweier, relativ dicker Tafeln, als auch in Gebilden vorkommen, welche aus zahlreichen alternierenden Zwillingslamellen bestehen, tritt die Kaliumverbindung nur in Form von Paketen äußerst dünner, oft die Grenze mikroskopischer Sichtbarkeit erreichenden Lamellen auf, und in manchen Krystallen finden sich allmähliche Übergänge in Partien, welche auch in stärkster Vergrößerung keine Lamellen mehr erkennen lassen, aber genau die einer Übereinanderlagerung nach jener Zwillingsebene symmetrisch orientierter Atomschichten entsprechenden physikalischen Eigenschaften besitzen; endlich gibt es Krystalle von Kalifeldspat (die des sog. Adular), welche durchweg die letzterwähnten Eigenschaften und äußere Formen zeigen, die vollkommen symmetrisch in bezug auf die genannte Ebene sind. Da an diesen Krystallen keine Abweichung von monokliner Symmetrie nachzuweisen ist, werden sie im folgenden auch unter den Beispielen des monoklinen Krystallsystems aufgeführt werden, aber als »pseudomonoklin«, um anzudeuten, daß man sie als aus submikroskopischen Lamellen der triklinen Form aufgebaut zu betrachten hat. Das Verhältnis der beiden Formen ist in diesem Falle ganz verschieden von demjenigen »polymorpher Modifikationen« (s. S. 3), denn letztere besitzen eine verschiedene Krystallstruktur und infolgedessen Formen ohne nähere Verwandtschaft, ferner verschiedene Dichte, sowie optische Eigenschaften, von welchen die des einen Zustandes sich nicht in der oben angedeuteten Weise aus denen des anderen ableiten lassen; endlich findet der Übergang einer polymorphen Modifikation in die andere bei einem bestimmten Temperaturpunkt unter diskontinuierlicher Änderung der Eigenschaften statt, während bei lamellierten Feldspatkrystallen durch Erwärmen (jedenfalls infolge der hierbei entstehenden Spannung, vgl. S. 59) eine Änderung

[1]) Näheres hierüber s. unter den Beispielen der betr. Symmetrieklassen.

der Lamellierung, also eine Umlagerung in die Zwillingsstellung stattfinden kann, aber allmählich und nicht bei einer bestimmten Temperatur erfolgt.

Nach dem Vorhergehenden erscheint es möglich, daß von zwei chemisch analog konstituierten Verbindungen die eine in einfachen Krystallen, die andere in submikroskopisch lamellaren Zwillingsbildungen auftritt, welche einem höher symmetrischen Krystallsystem angehören, ohne daß eine Polymorphie vorliegt. In der Tat findet sich von den beiden Mineralien Kalk- und Kupferuranit, $(PO_4)_2(UO_2)_2\,Ca \cdot 8\,H_2O$ bzw. $(PO_4)_2(UO_2)_2\,Cu \cdot 8\,H_2O$, das erste nur in rhombischen, ausgezeichnet pseudotetragonalen Krystallen mit sehr vollkommener basischer Spaltbarkeit, das zweite nur in optisch einaxigen tetragonalen Krystallen mit fast genau denselben Flächenwinkeln, an denen aber die kleinen, die rhombische Symmetrie des ersten bedingenden Differenzen fehlen, ferner ebenfalls mit sehr vollkommener basischer Spaltbarkeit, d. h. in Krystallen, welche man wohl als Pakete submikroskopischer Zwillingslamellen mit fast genau rechtwinkeliger Durchkreuzung (analog den Nörrembergschen Glimmerkombinationen S. 41), somit als pseudotetragonal aufzufassen hat.

Die hier wegen der in der Beschreibung der einzelnen Klassen aufgenommenen Beispiele berührten Beziehungen zwischen chemischer Konstitution und Krystallstruktur werden ihre allgemeine Erörterung in dem Abschnitte über die chemische Krystallographie erfahren.

Triklines Krystallsystem.

Die Krystalle mit drei ungleichwertigen Parametern und drei voneinander verschiedenen schiefen Axenwinkeln als Elemente zerfallen nach S. 93 in zwei Klassen, die asymmetrische und diejenige mit einer Ebene und einer zweizähligen Axe der zusammengesetzten Symmetrie, d. h. mit einem Symmetriezentrum. Die allgemeine Form der ersten ist eine einzelne Fläche, ein »Pedion« (*το πεδίον*, die Ebene), daher diese Klasse auch »pediale« genannt wird; die allgemeine Form der zweiten ist ein Paar paralleler Flächen, ein »Pinakoïd« (von *ὁ πίναξ*, die Tafel), daher ihr Name »pinakoïdale Klasse«. In Fig. 70 ist die stereographische Projektion (vgl. Fig. 67 S. 87) der drei Zonenkreise [001], [010] und [100], d. h. die, deren Axen die drei krystallographischen Axen sind, und der Pol einer allgemeinen Form (hkl) der ersten Klasse eingetragen, in Fig. 71 die Pole (hkl) und ($\bar{h}\bar{k}\bar{l}$) eines Pinakoïdes (hkl) und die Normale zur Projektionsebene als zweizählige Drehspiegelungsaxe durch das Zeichen O ihres Pols charakterisiert (dieser Pol ist zugleich der Punkt, in welchem die *c*-Axe die Kugelfläche schneidet).

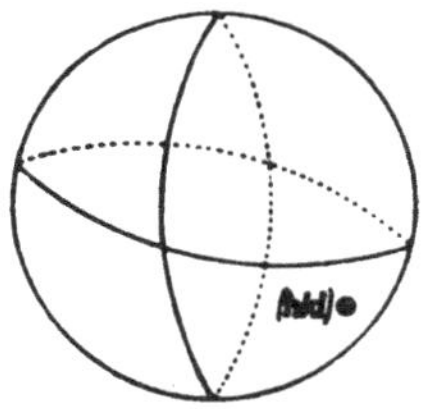

Fig. 70.

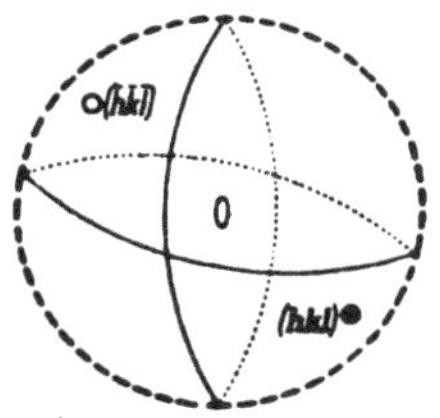

Fig. 71.

Wie S. 101 auseinandergesetzt wurde, unterscheiden sich die Krystalle der ersten dieser beiden Klassen von denen der zweiten nur durch Eigenschaften univektoriellen Charakters, also durch ungleiche Härte, Wachstums- und Auflösungsgeschwindigkeit, Verschiedenheit der Ätzfiguren und polare Pyroelektrizität entgegengesetzter Flächen, sowie durch ungleiche Löslichkeit entgegengesetzter Kanten.

»Zwillingsebene« kann in beiden Klassen jede beliebige Fläche sein, doch ist insofern ein Unterschied vorhanden, als in der ersten Klasse die spiegelbildlich entgegengesetzte Stellung des einen Krystalls zum anderen bedingt, daß die Verwachsung von zwei enantiomorphen Krystallen gebildet wird, während dies bei den Krystallen der zweiten Klasse nicht der Fall ist, weil das Spiegelbild eines solchen durch Drehung von 180° um die Normale zur Zwillingsebene mit ihm zur Deckung gelangt. Die regelmäßige Verwachsung zweier gleichartiger asymmetrischer Krystalle kann daher nur so erfolgen, daß die Normale zu der beiden gemeinsamen Fläche oder eine in der letzteren liegende Kante »Zwillingsaxe« ist (s. S. 64). Die Rolle, welche die Ebene und die in ihr liegenden Richtungen größter Kohäsion bei der Zwillingsbildung trikliner Krystalle spielen, wird bei einzelnen Beispielen (Disthen, Feldspat) deutlich hervortreten.

Gemeinsam sind notwendig den Krystallen beider Klassen alle bivektoriellen Eigenschaften. Das trikline Krystallsystem umfaßt also alle optisch asymmetrischen Krystalle (s. S. 38 f.) und die der entsprechenden Abteilungen in thermischer (s. S. 46), magnetischer und elektrischer Beziehung.

Wenn auch aus den S. 101 erwähnten Gründen für eine erhebliche Anzahl triklin krystallisierender Substanzen ihre Zugehörigkeit zu der einen oder anderen der beiden Klassen noch nicht sicher festgestellt ist, so genügen die vorhandenen Beobachtungen doch, zu zeigen, daß die Krystalle der optisch aktiven Substanzen, dem Pasteurschen Gesetze entsprechend, sämtlich der pedialen Klasse, die Mehrzahl der übrigen Substanzen jedoch der höher symmetrischen pinakoïdalen Klasse angehören.

Pediale (asymmetrische) Klasse[1]).

Wenn die Elemente eines triklinen Krystalls bekannt sind und ihm durch die (beliebige) Wahl der einen Axe als *a*-, der beiden anderen als *b*- bzw. *c*-Axe eine bestimmte Aufstellung gegeben ist, so wird jede seiner Flächen durch ihr Symbol (hkl) unzweideutig bestimmt. Sie kann aber auch benannt werden nach dem aus der folgenden Tabelle ersichtlichen einfachen Schema.

(100) als erstes positives, $(\bar{1}00)$ als erstes negatives Pedion,
(010) als zweites positives, $(0\bar{1}0)$ als zweites negatives Pedion,
(001) als drittes positives, $(00\bar{1})$ als drittes negatives Pedion,
(0kl) als ein Pedion erster Art,
(h0l) als ein Pedion zweiter Art,
(hk0) als ein Pedion dritter Art,
(hkl) als ein Pedion vierter Art.

Hier sind die Benennungen der den drei Axenebenen parallelen Flächen so gewählt, wie sie den Vorzeichen der Axen in Fig. 65 S. 80 entsprechen; für die nur einer oder keiner Axe parallelen Flächen sind nur allgemeine Symbole angegeben, wobei zu bemerken ist, daß man diejenigen Flächen, unter deren Indices kein höherer Wert als 1 vorkommt, »primäre« Formen der betreffenden Art zu nennen pflegt.

Wie die folgenden Beispiele zeigen, wird sehr häufig das Zusammenauftreten der parallelen Gegenformen (vgl. S. 101) beobachtet, deren verschiedenes Wachstum sich jedoch in gewissen Fällen durch ungleiche Flächenbeschaffenheit, in anderen auch durch konstantes Fehlen oder kleinere Ausbildung der einen Form erkennen läßt.

Beispiele.

Optisch inaktive Substanzen.

Rubidiumhexacyanoferroat- (Ferrocyanrubidium-) **Dihydrat** = $Fe(CN)_6Rb_4$. a : b : c = 1,9855 : 1 : 1,0760; $\alpha = 96^\circ 59\frac{1}{2}'$, $\beta = 109^\circ 35\frac{1}{2}'$, $\gamma = 87^\circ 11\frac{1}{2}'$. Aus warmer wässeriger Lösung (unter 25° entsteht das mit dem Kaliumsalze isomorphe Trihydrat) bilden sich Kombinationen der Formen *a* (100), *α* $(\bar{1}00)$, *m* (110), *β* $(0\bar{1}0)$, *k* $(0\bar{1}1)$, *ϰ* $(01\bar{1})$, *b* (010), *c* (001), *q* (011), *μ* $(\bar{1}\bar{1}0)$, *r* (101), *s* $(\bar{1}01)$, *γ* $(00\bar{1})$, *ϱ* $(\bar{1}0\bar{1})$,

[1]) Dem S. 96 erwähnten Prinzipe gemäß wird diese Klasse auch die »triklin hemiëdrische« oder die »hemipinakoïdale« genannt.

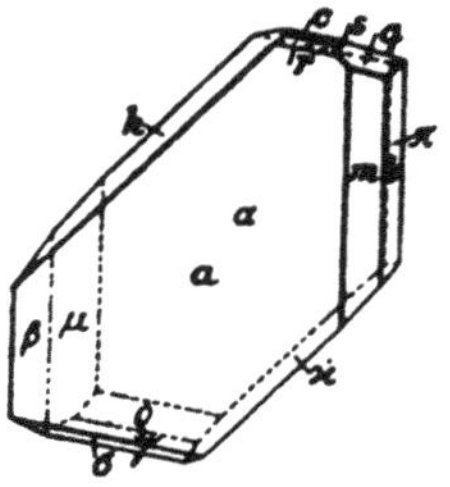

Fig. 72.

$\sigma(10\bar{1})$ mit sehr mannigfaltiger Ausbildung (z. B. Fig. 72 und 73). Spaltbarkeit nach (100) unvollkommen. Doppelbrechung positiv; eine Schwingungsrichtung in a (100) bildet mit der c-Axe $66\frac{1}{2}^0$ im stumpfen Winkel α, die der Axenebene entsprechende Schwingungsrichtung in $\varkappa(0\bar{1}1)$ $26\frac{1}{2}^0$ mit der Kante [$0\bar{1}1$, 100], $49\frac{3}{4}^0$ mit [$0\bar{1}1$, 001]; durch $\varkappa$ ($0\bar{1}1$) das Interferenzbild der 1. Mittellinie und einer stark dispergierten optischen Axe sichtbar, das der anderen, unmerklich dispergierten, durch c (001) und s ($\bar{1}01$); $2\,V$ ca. 75^0.

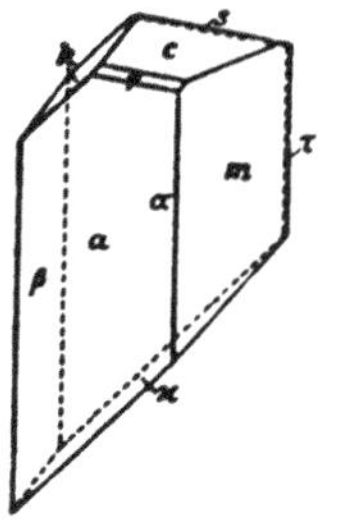

Fig. 73.

Kaliumdichromat $= Cr_2O_7K_2$. a : b : c = 0,5575 : 1 : 0,5511; $\alpha = 82^0 0'$, $\beta = 90^0 51'$, $\gamma = 83^0 47'$. Kombination (Fig. 74): b (010), β ($0\bar{1}0$), a (100), α ($\bar{1}00$), μ ($\bar{1}\bar{1}0$), m (110), n ($1\bar{1}0$), ν ($\bar{1}10$), $\varkappa$ ($0\bar{1}\bar{1}$), λ ($0\bar{2}1$), q (011), l ($02\bar{1}$), t ($01\bar{1}$), τ ($0\bar{1}1$), c (001), γ ($00\bar{1}$), σ ($\bar{1}01$), ω ($\bar{1}11$), s ($10\bar{1}$), o ($1\bar{1}\bar{1}$); sehr häufig fehlen die kleineren Flächen, nicht selten auch l ($02\bar{1}$), während λ ($0\bar{2}1$) stets groß ausgebildet ist. Zwillinge kommen nach drei Gesetzen vor: 1. Zwillingsebene b (010), 2. Zwillingsaxe die c-Axe, 3. Zwillingsaxe die b-Axe; in allen Fällen sind die Krystalle mit der ihnen gemeinsamen Fläche b bzw. β verwachsen. Spaltbarkeit nach b (010) bzw. β ($0\bar{1}0$) sehr vollkommen, nach a (100) (α ($\bar{1}00$)) und c (001) (γ ($00\bar{1}$)) deutlich. Doppelbrechung positiv, Axenebene nahe senkrecht zu c (001) und zwischen den Flächen a (100) und β ($0\bar{1}0$) gelegen, 1. Mittellinie im linken unteren Oktanten vorn; $2\,V = 51^0 53'$, $2\,E = 98^0 58'$ (Na). An den Krystallen Fig. 74 wird b (010) beim Abkühlen positiv elektrisch, β ($0\bar{1}0$) negativ; bei den enantiomorphen Krystallen umgekehrt.

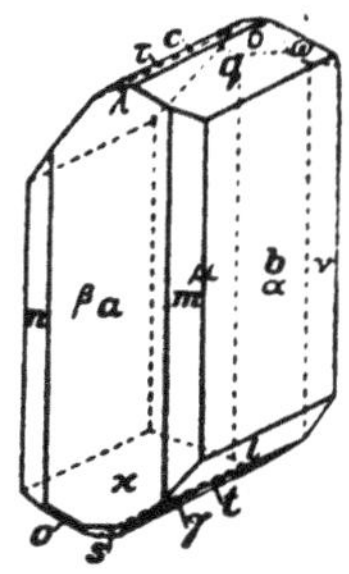

Fig. 74.

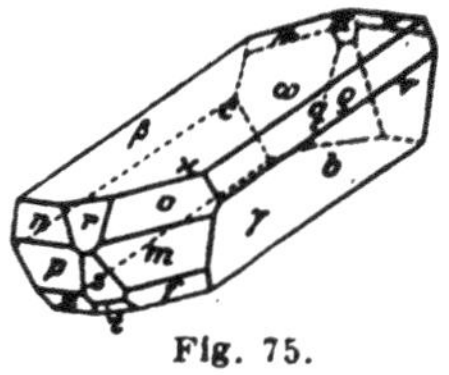

Fig. 75.

Calciumthiosulfat-Hexahydrat $= S_2O_3Ca.\ 6\ H_2O$. a : b : c = 0,7828 : 1 : 1,5170; $\alpha = 72^0 30'$, $\beta = 98^0 34'$, $\gamma = 96^0 46'$. Beobachtete Formen (Fig. 75): c (001), γ ($00\bar{1}$), b (010), $\varkappa$ ($0\bar{1}\bar{1}$), β ($0\bar{1}0$), q (011), ω ($\bar{1}\bar{1}\bar{1}$), ν ($\bar{1}\bar{1}0$), ϱ ($\bar{1}0\bar{1}$), o (111), m (110), p ($1\bar{1}\bar{1}$), n ($1\bar{1}0$), f ($11\bar{1}$), r (101), s ($10\bar{1}$), t ($10\bar{2}$), μ ($\bar{1}\bar{1}0$), π ($\bar{1}11$), α ($\bar{1}00$). Spaltbarkeit nach c (001) ziemlich vollkommen. Durch c (001) ein Axenbild nahe zentral sichtbar, durch b (010) das andere in stark geneigter Richtung.

Tetramethylammoniumpikrat $= C_6H_2(NO_2)_3\ [O.N(CH_3)_4]$. a : b : c = 0,8839 : 1 : 0,6520; $\alpha = 82^0 32'$, $\beta = 99^0 57\frac{1}{2}'$, $\gamma = 118^0 3\frac{1}{2}'$. Kombination (Fig. 76): a (100), α ($\bar{1}00$), c (001), ν ($\bar{1}10$), n ($1\bar{1}0$), $\varkappa$ ($0\bar{1}\bar{1}$), p ($1\bar{1}\bar{1}$), s ($10\bar{1}$), γ ($00\bar{1}$); häufig ist jedoch γ ebenso groß wie c und p klein, während $\varkappa$ und s ganz fehlen. Keine vollkommene Spaltbarkeit. Farbe rotgelb mit starkem Pleochroïsmus. In a (100) bildet eine Schwingungsrichtung 20^0 mit der c-Axe.

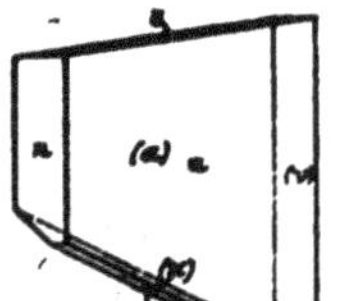

Fig. 76.

Methyläthyldipropylammoniumpikrat $=$ $C_6H_2(NO_2)_3\ [O.N(CH_3)(C_2H_5)(C_3H_7)_2]$. a : b : c = 0,6163 : 1 : 0,7732; $\alpha = 81^0 18\frac{1}{2}'$, $\beta = 98^0 5'$, $\gamma = 88^0 36\frac{1}{2}'$. Beobachtete Formen (Fig. 77): c (001), γ ($00\bar{1}$), μ ($\bar{1}\bar{1}0$), n ($1\bar{1}0$), m (110), ν ($\bar{1}10$), b (010), β ($0\bar{1}0$), ω ($\bar{1}\bar{1}1$), π ($\bar{1}11$). Spaltbarkeit vollkommen nach c (001), durch das ein Axenbild sichtbar ist.

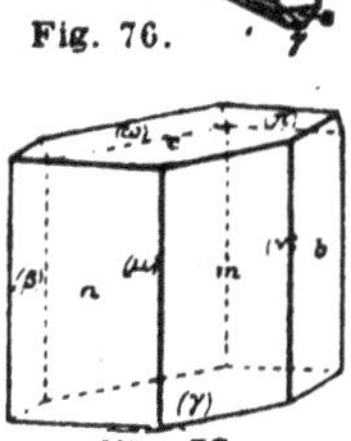

Fig. 77.

Optisch aktive Substanzen.

d-Strontiumditartrat-Tetrahydrat $= (C_4H_4O_6)_2\ SrH_2 \cdot 4\ H_2O$. a : b : c = 1,2136 : 1 : 0,9630; $\alpha = 66^0 53'$, $\beta = 102^0 48'$, $\gamma = 105^0 40'$. Die Kombination aller an diesem Salze beobachteter Formen ist bereits in Fig. 66 bzw. 68a abgebildet und

Fig. 78.

S. 87 f. näher erläutert worden; eine häufige Ausbildung stellt Fig. 78 dar: *a* (100), *α* ($\bar{1}$00), *b* (010), *β* (0$\bar{1}$0), *f* (10$\bar{1}$), *c* (001), *u* ($\bar{1}$22), *γ* (00$\bar{1}$). Die Formen *a* und *α*, ebenso *b* und *β* unterscheiden sich meist deutlich durch Flächenbeschaffenheit, wie durch Ätzung. Spaltbarkeit nach *a* (100) sehr vollkommen. Ebene der optischen Axen und 1. Mittellinie nahe senkrecht zu *a* (100) (vgl. S. 56). Polar pyroelektrisch mit dem analogen Pol in *β* (0$\bar{1}$0).

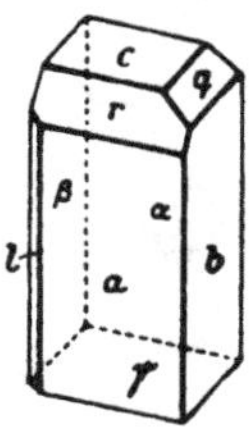

Fig. 79.

d-Äthylendiaminkobaltichlorotartrat = $C_4H_4O_6Cl\,Co(N_2H_4C_2H_4)_3$. a : b : c = 0,6211 : 1 : 0,6521; *α* = 102°20′, *β* = 101°16′, *γ* = 95°16′. Kombination (Fig. 79): *a* (100), *α* ($\bar{1}$00), *b* (010), *β* (0$\bar{1}$0), *γ* (00$\bar{1}$), *c* (001), *r* (101), *q* (011), *l* (230). Keine deutliche Spaltbarkeit. In den vertikalen Flächen kleine Auslöschungsschiefe.

l-Cholesterinsalicylat = $C_6H_4(OH) . CO_2(C_{27}H_{45})$. a : b : c = 0,7736 : 1 : 0,5041; *α* = 92°55½′, *β* = 101°58½′, *γ* = 95°14′. Prismen *a* (100), *b* (100), *β* (0$\bar{1}$0), *μ* ($\bar{1}\bar{1}$0), an einem Ende gut ausgebildet *c* (001) und *x* (0$\bar{1}$1), am anderen nur unvollkommene gekrümmte Flächen. Durch *β* (0$\bar{1}$0) ein Axenbild sichtbar.

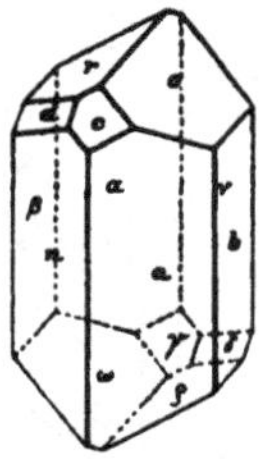

Fig. 80.

l-Äthyldesmotroposantonigsäure = 1,1269 : 1 : 0,6013; *α* = 69°40′, *β* = 130°47′, *γ* = 119°52′. Kombination (Fig. 80): *a* (100), *n* (1$\bar{1}$0), *α* ($\bar{1}$00), *ν* ($\bar{1}$10), *b* (010), *β* (0$\bar{1}$0), *o* ($\bar{1}$11), *r* ($\bar{1}$01), *ω* (1$\bar{1}\bar{1}$), *ϱ* (10$\bar{1}$), *c* (001), *γ* (00$\bar{1}$), *d* (0$\bar{1}$1), *δ* (01$\bar{1}$). Spaltbarkeit nach *c* (001) vollkommen. Ätzfiguren auf *b* (010) und *β* (0$\bar{1}$0) verschieden (s. Fig. 81).

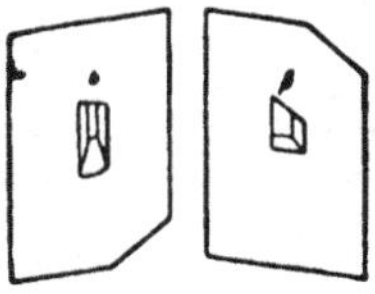

Fig. 81.

Pinakoïdale Klasse[1]).

Da in dieser Klasse, wie in der vorhergehenden, nur eine Art von Formen möglich ist, nämlich Paare paralleler Flächen (Pinakoïde), so können diese für jeden Krystall, nachdem für ihn eine bestimmte Aufstellung gewählt ist, nach dem gleichen Schema, wie S. 106, in folgender Weise benannt werden:

(100) als erstes Pinakoïd,
(010) als zweites Pinakoïd,
(001) als drittes Pinakoïd,
(0kl) als ein Pinakoïd erster Art,
(h0l) als ein Pinakoïd zweiter Art,
(hk0) als ein Pinakoïd dritter Art,
(hkl) als ein Pinakoïd vierter Art,

ferner (011), (0$\bar{1}$1), (111) u. a. als primäre Pinakoïde erster bzw. vierter Art usw.

Beispiele.

Borsäure (nat. Sassolin) = $B(OH)_3$. a : b : c = 1,7329 : 1 : 0,9228; *α* = 92°30′, *β* = 104°25′, *γ* = 89°49′. Die ausgezeichnet pseudohexagonalen Krystalle, welche (statt der bei rascher Ausscheidung entstehenden dünnen Tafeln) bei langsamer Verdunstung wässeriger Lösung sich bilden, zeigen die Formen (Fig. 82): *c* (001), *m* (110), *μ* (1$\bar{1}$0), *a* (100), *o* (111), *p* (1$\bar{1}$1), *r* (101), *ω* (11$\bar{1}$), *π* (1$\bar{1}\bar{1}$), *s* (10$\bar{1}$). Spaltbarkeit nach *c* (001) sehr vollkommen. Ebene und 1. Mittellinie der optischen Axen fast genau senkrecht zu *c* (001) (s. S. 56), Axenwinkel klein (also auch optisch hexagonalen Krystallen sehr ähnlich).

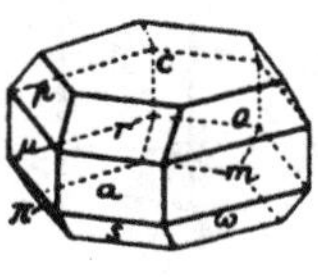

Fig. 82.

---

[1]) Nach der älteren Nomenklatur (s. S. 96) »triklin holoëdrische Klasse«

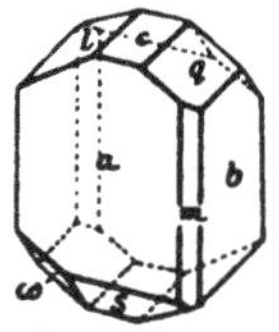

Fig. 83.

Ceronitrat-Hexahydrat = $(NO_3)_3Ce \cdot 6\,H_2O$. a : b : c = 0,8346 : 1 : 0,6242; $\alpha = 78°54'$, $\beta = 102°9'$, $\gamma = 92°3'$. Kombination (Fig. 83): *a* (100), *b* (010), *m* (110), *q* (011), *c* (001), *l* (0$\bar{1}$1), *s* (10$\bar{1}$), *ω* (1$\bar{1}\bar{1}$). Große zerfließliche Krystalle.

Cuprisulfat-Pentahydrat (Kupfervitriol) = $SO_4Cu \cdot 5\,H_2O$. a : b : c = 0,5721 : 1 : 0,5554; $\alpha = 82°5'$, $\beta = 107°8'$, $\gamma = 102°41'$. Die in manigfaltigen Kombinationen (Fig. 84 bis 86) auftretenden häufigeren Formen sind: *a* (100), *m* (110), *μ* (1$\bar{1}$0), *b* (010), *ω* (1$\bar{1}\bar{1}$), *π* (1$\bar{3}$0), *q* (011), *x* (0$\bar{1}$1), *t* (021), *τ* (0$\bar{2}$1), *c* (001), *ξ* (1$\bar{2}\bar{1}$), *σ* (12$\bar{1}$). Spaltbarkeit unvollkommen (s. S. 83) nach *m* (110), in Spuren nach *μ* (1$\bar{1}$0). 1. Mittellinie der optischen Axen im vorderen rechten oberen Oktanten, sehr schief gegen die krystallographischen Axen; $2\,V = 56°$.

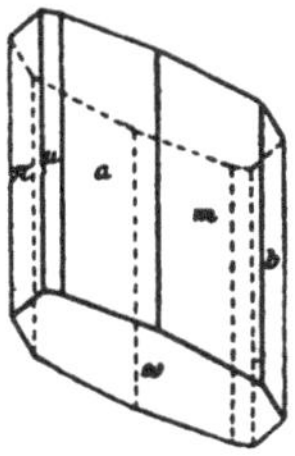

Fig. 84.

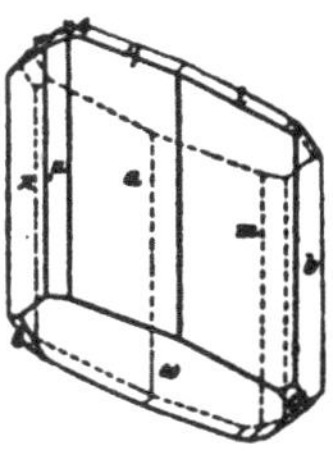

Fig. 85.

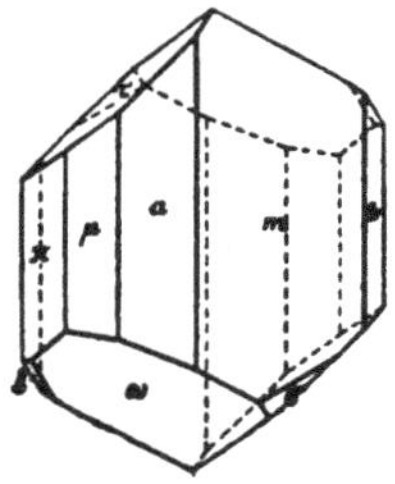

Fig. 86.

Manganometasilikat (nat. Rhodonit, Pajsbergit). a : b : c = 1,0729 : 1 : 0,6213; $\alpha = 103°18'$, $\beta = 108°44'$, $\gamma = 81°39'$. Mannigfach ausgebildete Krystalle mit den häufigsten Formen (001), (110), (1$\bar{1}$0), (100), (010), (11$\bar{1}$), (22$\bar{1}$), ($\bar{2}$21). Spaltbarkeit nach (110) und (1$\bar{1}$0).

Aluminiumdioxymetasilikat (nat. Disthen) = $SiO_2(AlO)_2$. a : b : c = 0,8994 : 1 : 0,7090; $\alpha = 90°5\frac{1}{2}'$, $\beta = 101°2'$, $\gamma = 105°44\frac{1}{2}'$. Nach der *c*-Axe verlängerte Kombination von *a* (100) (vorherrschend), *b* (010), *m* (110), *μ* (1$\bar{1}$0), *l* (210), am Ende gewöhnlich nur *c* (001). Meist regelmäßige Verwachsungen nach *a* (100), wobei entweder (100) zugleich Zwillingsebene oder die *c*-Axe oder die *a*-Axe Zwillingsaxe ist. Spaltbarkeit nach *a* (100) sehr vollkommen, nach *b* (010) ziemlich vollkommen; *c* (001) Absonderungsfläche infolge der leichten Gleitfähigkeit nach der *c*-Axe und der dadurch ermöglichten Biegungen der Gleitfläche (100) um die zur *c*-Axe senkrechte Richtung (s. S. 58). Ebene und 1. Mittellinie der optischen Axen nahe senkrecht zu *a* (100) (s. S. 56); erstere bildet mit der *c*-Axe ca. 32° im spitzen Winkel *α*; $2\,V = 82°-83°$.

Natriumaluminiumtrisilikat (nat. Natronfeldspat, Albit, Periklin) = Si_3O_8AlNa. a : b : c = 0,6335 : 1 : 0,5577; $\alpha = 94°3'$, $\beta = 116°29'$; $\gamma = 88°9'$. Die pseudomonoklinen Krystalle zeigen die Formen[1]): *M* (010), *P* (010), *l* (110), *T* (1$\bar{1}$0), *z* (1$\bar{3}$0), *x* (10$\bar{1}$), *n* (0$\bar{2}$1), *y* (20$\bar{1}$), *μ* (11$\bar{1}$), seltener *ε* (40$\bar{3}$) u. a.; sie sind

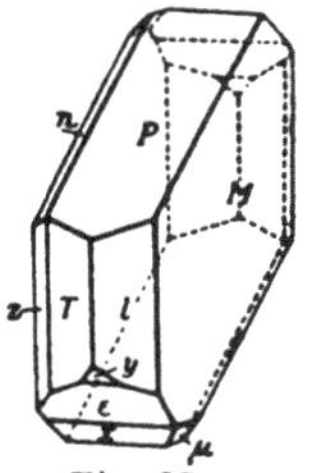

Fig. 87.

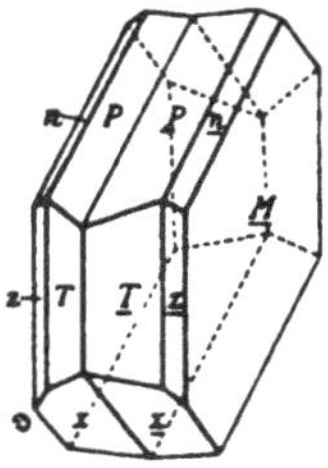

Fig. 88.

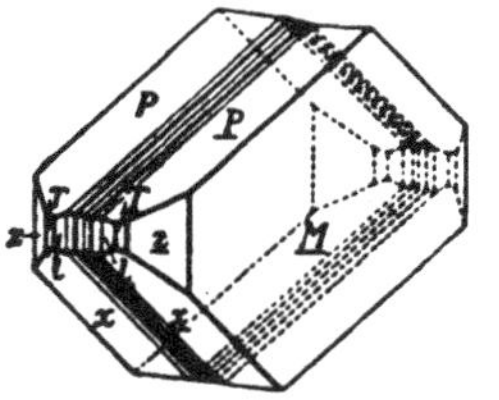

Fig. 89.

entweder tafelförmig nach *M* (Fig. 87), dann aber fast immer Zwillinge (Albitgesetz) nach derselben Fläche (Fig. 88), meist in lamellarer Wiederholung der Zwillingsbildung (Fig. 89) oder prismatisch nach der *b*-Axe durch Vorherrschen von *P* und

[1]) Die bei diesem Mineral üblichen Buchstabenbezeichnungen sind die von Hau y, welche für die drei Spaltungsebenen die großen Anfangsbuchstaben von Pri-mi-tiv (s. S. 65), für die übrigen Flächen kleine Buchstaben benutzte.

x, in letzterem Falle Verwachsungen mit *b*, der Kante *P* : *x*, als Zwillingsaxe (Periklingesetz), meist mit Durchkreuzung (Fig. 90); zwei solche Zwillinge, deren *M*-Flächen einen einspringenden Winkel mit schief zur *a*-Axe verlaufenden Kante bilden, können auch symmetrisch nach *P* miteinander zu einem Vierling verbunden sein (Fig. 91). Spaltbarkeit nach *P* (001) vollkommen, nach *M* (010) ziemlich vollkommen, nach *T* (1$\bar{1}$0) unvollkommen. Die der Ebene der optischen Axen entsprechende Schwingungsrichtung in *M* (110) bildet 96° mit der *c*-Axe im stumpfen Winkel *β*; in der dazu senkrechten Ebene ist die 1. Mittellinie nur wenig gegen die Normale zu *M* (010) geneigt, daher durch diese Fläche beide Axenbilder mit großem Winkel (2 *V* = 73°—74°) sichtbar; die Auslöschungsschiefe zur *a*-Axe in *P* (100) beträgt 4° im stumpfen Winkel *γ*.

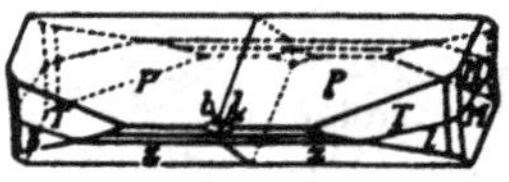

Fig. 90.

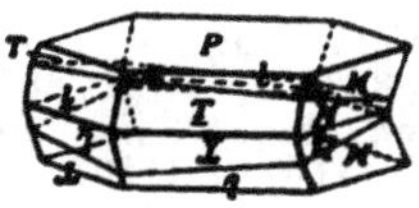

Fig. 91.

Kaliumaluminiumtrisilikat (nat. Kalifeldspat, Mikroklin, Orthoklas) = $Si_3O_8Al\,K$. a : b : c = 0,65 : 1 : 0,55; *α* = 94½°, *β* = 116°, *γ* = 90° ca. Die Elemente sind nicht genau bestimmbar, weil das Mineral sich nur in scheinbar monoklinen Krystallen findet, welche aus zahllosen, sehr dünnen Zwillingslamellen (nach (010) (Albitgesetz) und nach dem Periklingesetz (s. oben) bestehen (s. S. 103) und deren Flächen daher Scheinflächen mit nahezu in bezug auf jene Ebene symmetrischer Orientierung sind, welche keine Messung der sie zusammensetzenden schmalen Flächen der einzelnen Lamellen gestatten[1]). Eine solche pseudomonokline Kombination ist in Fig. 92 (die Streifung deutet die zuweilen makroskopisch sichtbare Lamellierung nach dem Albitgesetze an) dargestellt, in welcher *T* = (110), *P* = (001), *M* = (010), *y* = (20$\bar{1}$), *x* = (10$\bar{1}$), *o* = (11$\bar{1}$), *n* = (021); andere folgen bei der Beschreibung des Minerals im monoklinen Krystallsystem. Spaltbarkeit wie beim Natronfeldspat, nur daß diejenige nach (1$\bar{1}$0) infolge der Zwillingslamellierung undeutlich ist und sowohl nach (1$\bar{1}$0), als nach (110) stattfindet. Die Ebene der optischen Axen bildet mit (001) 12°, mit (010) 97½°, die entsprechende Schwingungsrichtung in (010) 110° mit der *c*-Axe im stumpfen Winkel *β*; die Auslöschungsschiefe zur *a*-Axe in *P* (001) beträgt 15½° im spitzen Winkel *γ*, nimmt aber bei steigender Feinheit der Zwillingslamellierung scheinbar alle möglichen Werte bis zu 0° an.

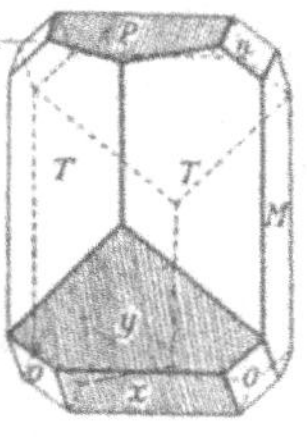

Fig. 92.

Calciumalumosilikat (Kalkfeldspat, Anorthit) = $Si_2O_8Al_2Ca$. a : b : c = 0,6347 : 1 : 0,5501; *α* = 93°13′, *β* = 115°55′, *γ* = 91°19′. Das Mineral zeigt mannigfaltige, meist denen der beiden vorhergehenden ähnliche Kombinationen, von denen eine weitere, nach der Ebene vollkommenster Spaltbarkeit tafelförmige in Fig. 93 abgebildet ist mit den Formen: *P* (001), *l* (110), *T* (1$\bar{1}$0), *y* (20$\bar{1}$), *M* (010), *e* (021), *n* (0$\bar{2}$1), *p* (1$\bar{1}\bar{1}$), *o* (11$\bar{1}$), *f* (130), *z* (1$\bar{3}$0), *w* (2$\bar{4}\bar{1}$); die fast nie fehlenden Zwillingslamellen nach dem Albitgesetz sind auf *P*, *l* und *e*, die nach dem Periklingesetz auf *M*, *f* und *l* angedeutet. Spaltbarkeit nach *P* (001) vollkommen; nach *M* (010) ziemlich vollkommen. Die Ebene der optischen Axen bildet einen kleinen Winkel mit der *c*-Axe, einen größeren mit *b* und den größten mit der *a*-Axe; die 2. Mittellinie ist ungefähr senkrecht zu *e* (021); stumpfer Axenwinkel 112° ca.; eine Schwingungsrichtung in *P* (001) bildet 37° mit der *a*-Axe im stumpfen Winkel *γ*, die der Axenebene entsprechende in *M* (010) 28° mit der *c*-Axe im spitzen Winkel *β*.

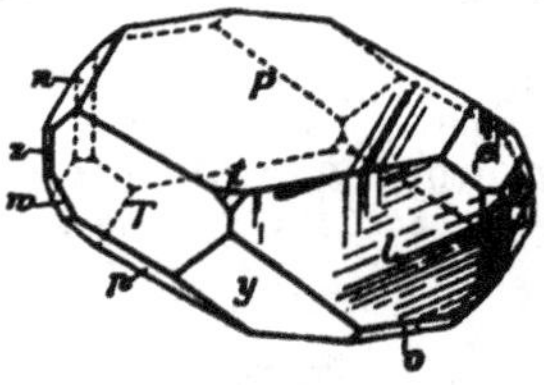

Fig. 93.

Natriumparawolframat-Oktokaiikosihydrat = $W_{12}O_{41}Na_{10}$. 28 H_2O. a : b : c = 0,5341 : 1 : 1,1148; *α* = 93°56′, *β* = 113°36′, *γ* = 85°55′. Kombination (Fig. 94): *c* (001), *b* (010), *m* (110), *μ* (1$\bar{1}$0), *ω* (11$\bar{1}$), *π* 1$\bar{1}\bar{1}$), *a* (100), *q* (011). Eine optische Axe nahe senkrecht zu *c* (001).

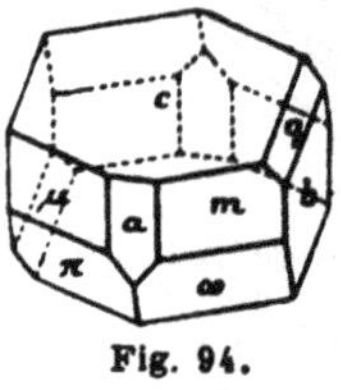

Fig. 94.

[1]) Der Name »Mikroklin« bezieht sich darauf, daß der Winkel (001) : (010) scheinbar nur wenig von 90° abweicht, ist daher eigentlich irrtümlich gewählt.

Kaliumpersulfat = $S_2O_8K_2$. a : b : c = 0,5759 : 1 : 0,5740; α = 98°33′, β = 94°2′, γ = 88°39′. Beobachtete Formen (Fig. 95): *b* (010), *m* (110), *o* (111), *c* (001), *a* (100), *μ* (1$\bar{1}$0), *p* (1$\bar{1}$1), *x* (0$\bar{1}$1), *π* (1$\bar{1}\bar{1}$). Aus warmer Lösung Zwillinge nach *b* (010). Spaltbarkeit nach *b* (010) ziemlich vollkommen. Doppelbrechung positiv, stark; die optischen Axen liegen im Oktanten + a, + b, + c und bilden einen kleinen Winkel, daher die Interferenzbilder beider in stark brechenden Medien durch *b* (010) und *m* (110) sichtbar, in Luft nur je eines.

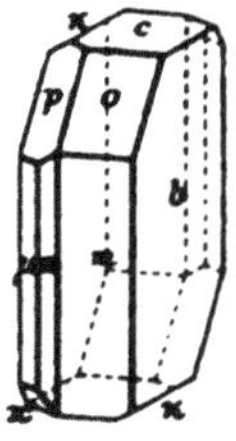
Fig. 95.

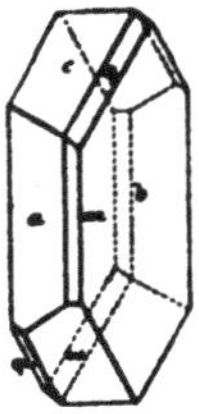
Fig. 96.

Yttriumacetat-Tetrahydrat = $(C_2H_3O_2)_3\,Y \cdot 4\,H_2O$. a : b : c = 0,8354 : 1 : 0,8661; α = 115°0′, β = 118°52′, γ = 64°14′. Rhomboëderähnliche Kombination von *a* (100), *b* (010), *c* (001) oder flächenreichere Krystalle (Fig. 96) mit *ω* (11$\bar{1}$), *m* (110), *q* (011), *ϱ* (10$\bar{1}$). Spaltbarkeit nach *b* (010), *a* (100) und *ω* (11$\bar{1}$) sehr vollkommen.

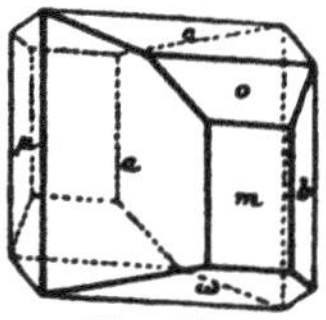
Fig. 97.

Malonsäure = $CH_2(CO_2H)_2$. a : b : c = 0,7440 : 1 : 0,4573; α = 102°42′, β = 100°44′, γ = 63°48′. Beobachtete Formen (Fig. 97): *a* (100), *b* (010), *c* (001), *ω* (11$\bar{1}$), *m* (110), *o* (111), *μ* (1$\bar{1}$0). Spaltbarkeit nach *a* (100) und *c* (001) sehr vollkommen. Eine Schwingungsrichtung in *c* (001) nahe parallel der *b*-Axe, in *a* (100) 22° zur *b*-, 36° zur *c*-Axe geneigt; eine Mittellinie fast normal zu *a* (100).

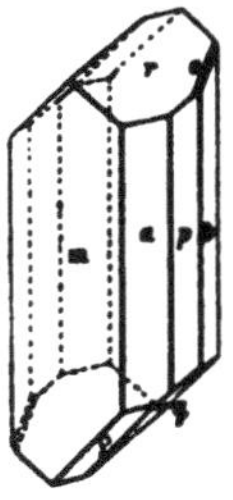
Fig. 98.

Traubensäure-Monohydrat = $C_4H_4O_6 \cdot H_2O$. a : b : c = 0,8065 : 1 : 0,4790; α = 76°2′, β = 96°58′, γ = 120° 8′. Gewöhnliche Kombination (Fig. 98): *m* (1$\bar{1}$0), *b* (010), *p* (110), *a* (100), *r* (101), *q* (0$\bar{1}$1), *ϱ* (10$\bar{1}$), *o* (111). Spaltbarkeit nach *b* (010) vollkommen, nach *q* (0$\bar{1}$1) und *p* (110) deutlich. Ebene der optischen Axen ungefähr parallel *p* (110); die 1. Mittellinie bildet 43° mit der Normalen zu *m* (1$\bar{1}$0) und ca. 90° mit der Kante *r* : *m*; 2 *V* = 67°.

p-Bromnitrobenzol = $C_6H_4\,Br\,(NO_2)$. a : b : c = 1,04 : 1 : 0,39 ca.; α = 91°, β = 107½°, γ = 92½° ca. Dünne Prismen der nach der *c*-Axe stark verlängerten Kombination Fig. 102 der isomorphen Jodverbindung oder mit den nicht meßbaren Flächen *z* und *ξ* s (Fig. 99), stets Zwillinge nach *b* (010). Infolge sehr leichter Gleitfähigkeit nach *c* (001) entstehen daraus Zwillinge mit *a* als Zwillingsaxe (Fig. 100). Spaltbarkeit nach *b* (010) ziemlich vollkommen.

Fig. 99.

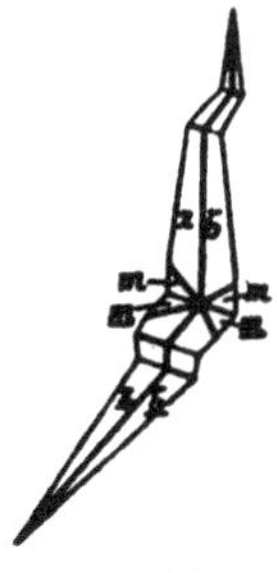
Fig. 100.

p-Jodnitrobenzol = $C_6H_4J(NO_2)$. a : b : c = 1,0399 : 1 : 0,3922; α = 91°6′, β = 107°36′, γ = 92°41½′. Unter 12° einfache Krystalle mit den Formen (Fig. 101): *m* (110), *μ* (1$\bar{1}$0), *b* (010), *q* (011), *x* (0$\bar{1}$1), *ξ* (2$\bar{1}\bar{1}$), *k* (031) oder Zwillinge nach *b* (010) Fig. 102); über 12° Zwillinge der letzten Art, aber dünnprismatisch nach *mm*, wie die der Bromverbindung. Wie diese zeigen die Krystalle Gleitung nach *c* (001) und Zwillingsbildung nach dem Gesetze der Fig. 100.

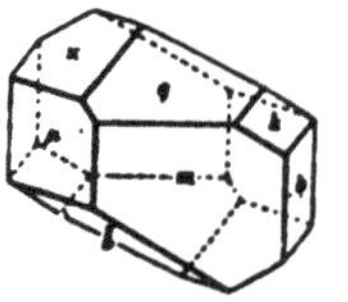
Fig. 101.

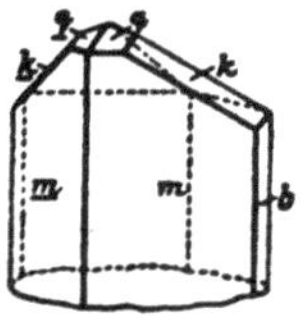
Fig. 102.

3, 4, 5-Trichlornitrobenzol = $C_6H_2Cl_3(NO_2)$. a : b : c = 1,1855 : 1 : 0,4420; α = 103°12′, β = 91°23′, γ = 77°32′. Kombination (Fig. 103): *c* (001), *ω* (11$\bar{1}$), *m* (110), *a* (100), *b* (010), *o* (111), *ν* (1$\bar{2}$0), *λ* (2$\bar{1}$0), *u* (2$\bar{1}$1), *v* (2$\bar{1}$2). Keine deutliche Spaltbarkeit. Auslöschungsschiefe zur *c*-Axe in *m* (110) ca. 40°.

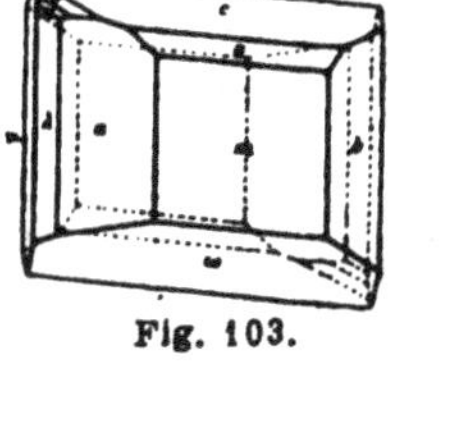
Fig. 103.

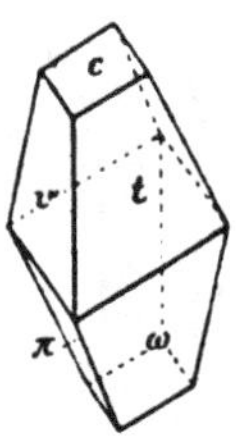

Fig. 104.

2, 6-Dibrom-4-nitrophenol = $C_6H_2Br_2(NO_2)(OH)$. a : b : c = 1,6982 : 1 : 2,2115; α = 90°32′, β = 112°5½′, γ = 90°38½′. Ausgezeichnet pseudomonokline Kombination (Fig. 104): *t* (331), *v* (3̄31), *ω* (11̄1), *π* (1̄1̄1), *c* (001). Spaltbarkeit nach *a* (100) (als Krystallfläche selten beobachtet) vollkommen; *c* (001) ist Gleitfläche und weniger vollkommen spaltbar. 1. Mittellinie und Ebene der optischen Axen nahe senkrecht zu *a* (100) (vgl. S. 56); letztere bildet mit der *b*-Axe für Grün ca. 5°, für Blau ca. 2°; Axenwinkel in Öl 46°40′ Li, 50°57′ Na, 55°0′ Tl.

2,6-Dijod-4-nitrophenol = $C_6H_2J_2(NO_2)(OH)$. a : b : c = 0,9177 : 1 : 1,7160; α = 104° 16′, β = 85°18′, γ = 122°1′. Beobachtete Formen (Fig. 105): *b* (010), *a* (100), *c* (001), *r* (101̄), *k* (012̄), *ω* (1̄1̄1). Spaltbarkeit nach *a* (100) vollkommen, nach *c* (001) unvollkommen. 1. Mittellinie und Ebene der optischen Axen nahe senkrecht zu *a* (100); die Axenebenen für verschiedene Farben sind so stark dispergiert, daß ihre Spur auf *a* (100) mit der *b*-Axe für Gelb 42½° im spitzen Winkel *α*, für Blau 1½° im stumpfen Winkel *α* bildet (s. Fig. 105); 2 *E* = 59½° Li, 55½° Na, 52° Tl.

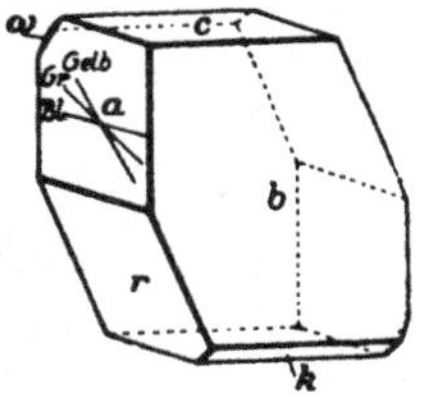

Fig. 105.

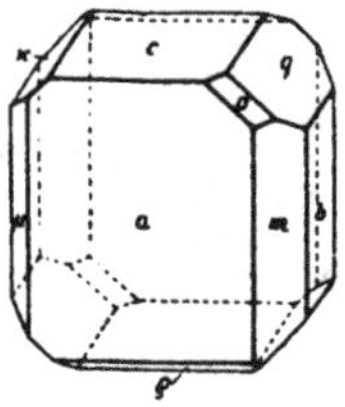

Fig. 106.

Diacet-2,6-dibrom-4-nitranilid = $C_6H_2Br_2(NO_2).N(C_2H_3O)_2$. a : b : c = 1,0901 : 1 : 0,8325; α = 91°17′, β = 109°10½′, γ = 86°34′. Pseudomonokline Kombination (Fig. 106): *a* (100), *c* (001), *m* (110), *μ* (11̄0), *b* (010), *q* (011), *κ* (01̄1), *ρ* (101̄), selten *o* (111). Zwillinge nach *b* (010), besonders häufig an Krystallen aus essigsaurer Lösung. Spaltbarkeit nach *c* (001) ziemlich vollkommen. Die Ebene der optischen Axen ist nahe parallel *b* (010), die Mittellinie bildet ca. 40° mit der *c*-Axe im stumpfen Winkel *β*; durch *a* (100) und *c* (001) je ein Axenbild sichtbar.

Diacet-2,6-dijod-4-nitranilid = $C_6H_2J_2(NO_2).N(C_2H_3O)_2$. a : b : c = 0,9682 : 1 : 0,7260; α = 96°53′, β = 103°51½′, γ = 80°17¼′. Beobachtete Formen (Fig. 107): *ρ* (101̄), *κ* (01̄1), *m* (110), *μ* (11̄0), *c* (001), *b* (010), *a* (100), *ω* (111̄), *r* (101). Spaltbarkeit nach *c* (001) vollkommen. Eine Schwingungsrichtung in *c* (001) bildet 12° mit der *b*-Axe; durch dieselbe Fläche ein stark dispergiertes Axenbild sichtbar.

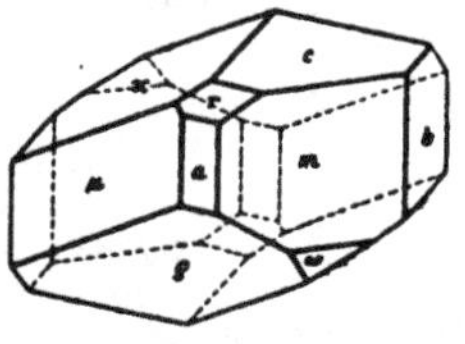

Fig. 107.

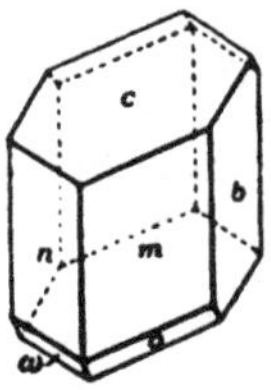

Fig. 108.

Tribrommesitylen = $C_6Br_3(CH_3)_3$. a : b : c = 0,5798 : 1 : 0,4942; α = 83° 19½′, β = 111°58′, γ = 90°10′. Pseudohexagonale Prismen *m* (110), *n* (11̄0), *b* (010) mit *c* (001), *o* (111̄) und *ω* (11̄1̄) (Fig. 108). Spaltbarkeit nach *c* (001) sehr vollkommen. Auslöschungsschiefe in *b* (010) 21°, in *m* (110) 15°, in *n* (11̄0) 5½°; durch *c* (001) beide Axenbilder mit 2 *E* = 24° nahe zentrisch symmetrisch sichtbar in einer mit der *a*-Axe ca. 12° bildenden Ebene. Nach der Spaltungsebene *c* (001) häufig lamellare Zwillingsbildung von ausgezeichnet pseudohexagonalem Charakter (s. S. 102).

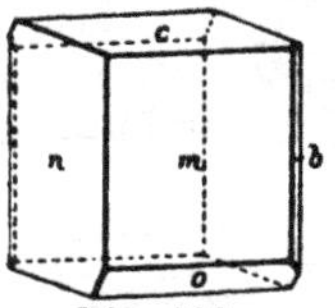

Fig. 109.

1, 5 - Chlornaphthalinsulfonsäurechlorid = $C_{10}H_6Cl.SO_2Cl$. a : b : c = 0,9963 : 1 : 1,1560; α = 92°8′, β = 92°28′, γ = 89°47′. Würfelähnliche Krystalle mit den Formen (Fig. 109): *m* (110), *n* (110), *c* (001), *o* (111̄), *b* (010). Ebene der optischen Axen ungefähr parallel *c* (001), eine derselben nahe senkrecht zu *m* (110), die andere sehr schief zu *n* (11̄0).

rac. Santonigsäureäthylester = $C_{15}H_{19}O_3.C_2H_5$. a : b : c = 1,6891 : 1 : 0,7930; α = 92°59′, β = 112°3′, γ = 85°25′. Pseudomonokline Kombination (Fig. 110): *b* (010), *a* (100), *c* (001), *ρ* (101̄), *ω* (111̄), *l* (210), *o* (111), *r* (101), *p* (11̄1). Keine deutliche Spaltbarkeit. Auslöschungsschiefe zur *c*-Axe in *a* (100) 12°, in (*b* 010) 16°.

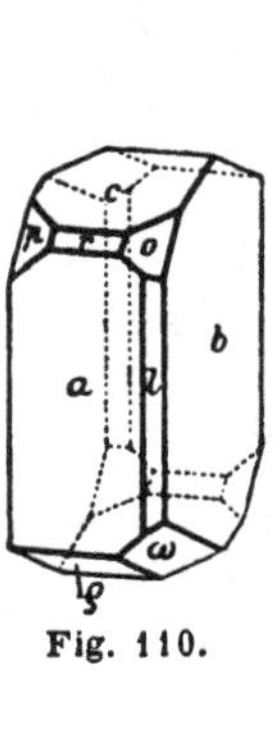

Fig. 110.

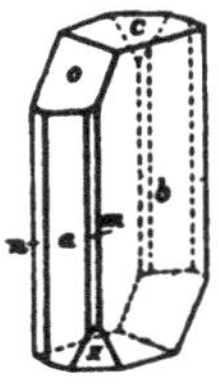

Fig. 111.

Amarin-Hemihydrat = $C_{21}H_{18}N_2 \cdot \frac{1}{2} H_2O$. a : b : c = 0,3685 : 1 : 0,2328; $\alpha = 103°59'$, $\beta = 92°27'$, $\gamma = 86°36'$. Beobachtete Formen (Fig. 111): *b* (010), *a* (100), *c* (001), *o* $(1\bar{1}1)$, *m* (110), *n* $(1\bar{1}0)$, *x* $(17\bar{1})$ (?); meist Verwachsung zweier Krystalle mit *c* als Zwillingsaxe. Spaltbarkeit nach *a* (100) sehr vollkommen, nach *b* (010) unvollkommen. Auslöschungsschiefe zur *c*-Axe in *a* (100) fast Null, in *b* (010) 37½°.

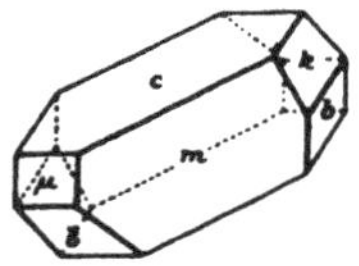

Fig. 112.

Pyridincadmiumbromid = $(C_5H_5N \cdot HBr)_2 \cdot CdBr_2$. a : b : c = 0,5863 : 1 : 1,3485; $\alpha = 70°13'$, $\beta = 111°30'$, $\gamma = 88°4'$. Kombination (Fig. 112): *c* (001), *m* (110), *ξ* $(1\bar{1}\bar{2})$, *k* (021), *μ* $(1\bar{1}0)$, *b* (010).

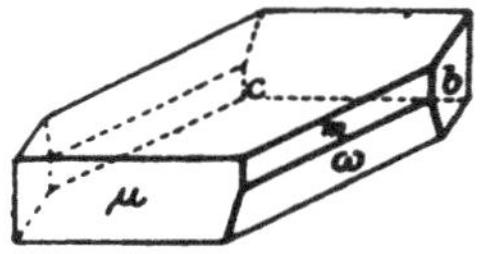

Fig. 113.

Pyridinquecksilberbromid = $(C_5H_5N \cdot HBr)_2 \cdot HgBr_2$. a : b : c = 0,5823 : 1 : 1,3820; $\alpha = 70°28'$, $\beta = 111°45'$, $\gamma = 88°27'$. Tafeln *c* (001) mit den Randflächen *μ* $(1\bar{1}0)$, *ω* $(11\bar{1})$, *m* (110), *b* (010) (Fig. 113).

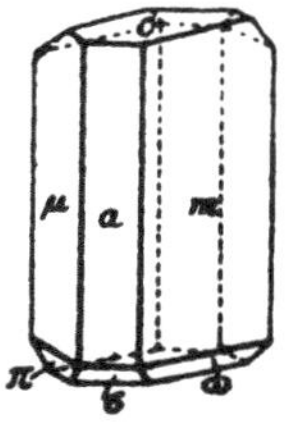

Fig. 114.

Pyridinplatinchlorid = $(C_5H_5N \cdot HCl)_2 \cdot PtCl_4$. a : b : c = 1,5726 : 1 : 0,9842; $\alpha = 88°24'$, $\beta = 96°7'$, $\gamma = 95°7'$. Kombination (Fig. 114): *m* (110), *μ* $(1\bar{1}0)$, *a* (100), *c* (001), *ω* $(11\bar{1})$, *σ* $(20\bar{1})$, *π* $(1\bar{1}\bar{1})$. Ebene der optischen Axen nahe senkrecht zur *c*-Axe, 1. Mittellinie fast normal zu *a* (100), $2E = 60°$.

Monoklines Krystallsystem.

Es wurde bereits S. 93f. dargelegt, daß die monoklinen Krystalle drei Arten der Symmetrie besitzen können und auf ein System von Axen zu beziehen sind, deren eine entweder zweizählige Symmetrieaxe oder die zur Symmetrieebene normale Kante ist, während die beiden anderen auf der ersten senkrecht stehen. Man pflegt nun die erstgenannte Kante als *b*-Axe, die beiden zu ihr senkrechten als *a*- und *c*-Axe anzunehmen, wobei es beliebig ist, welche von ihnen als *c*-Axe vertikal gestellt wird; die Elemente eines monoklinen Krystalls können also (unter Weglassung der konstanten Werte von $\alpha = \gamma = 90^0$) geschrieben werden:

$$a : b : c = ., \ldots . : 1 : ., \ldots ., \quad \beta = \ldots{}^0 \ldots{}',$$

und ihre Bestimmung erfordert daher nur die Messung von drei Fundamentalwinkeln, z. B. des Flächenwinkels (100) : (001) und der Winkel, welche eine Einheitsfläche mit zweien der Axenebenen bildet.

In der stereographischen Projektion eines monoklinen Krystalls auf die zur *c*-Axe senkrechte Ebene sind nach obigem die Pole von (100) und (010) um 90⁰ voneinander entfernt und die von (100) und (001) liegen in dem als Durchmesser des Grundkreises erscheinenden Zonenkreise [010]; der andere Durchmesser (d. i. die *b*-Axe) ist in Fig. 115, in welcher die beiden Pole der allgemeinen Form (hkl) der

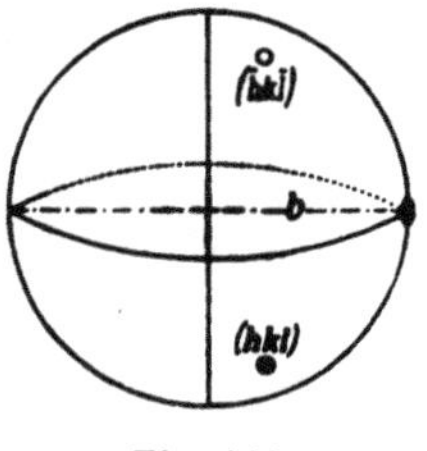

Fig. 115.

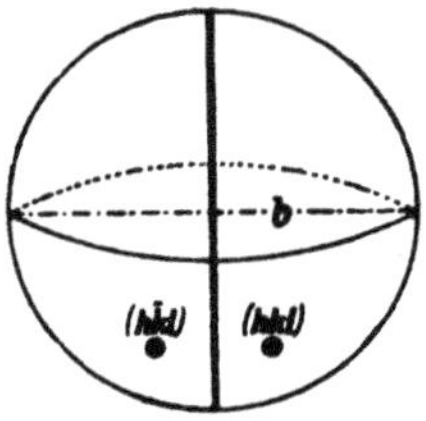

Fig. 116.

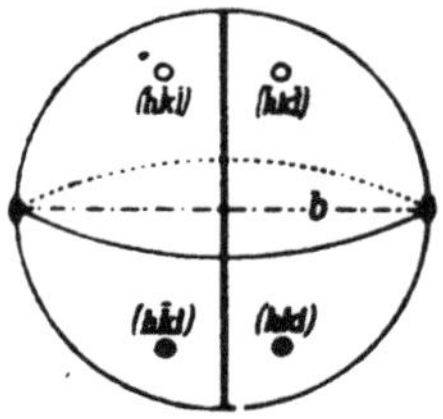

Fig. 117.

ersten hierher gehörigen Symmetrieklasse eingetragen sind, strichpunktiert und an dem positiven der beiden (nicht gleichwertigen) Pole durch das Zeichen ⬮ als zweiwertige Symmetrieaxe charakterisiert; eine Drehung von 180⁰ um diese Axe führt die obere Fläche (hkl) in die gleichwertige untere (h̄kl̄) über; die von diesen beiden Flächen gebildete Form wird »Sphenoïd« (von ὁ σφήν, der Keil) genannt, und darnach heißt die Gesamtheit der Krystalle dieser Symmetrie »sphenoïdische

Klasse«. Die allgemeine Form der zweiten Klasse des monoklinen Systems erscheint in Fig. 116 in der gleichen Weise projiziert, wobei die Zone [010], d. i. die durch die *a*- und die *c*-Axe gehende Symmetrieebene durch eine stärkere Gerade bezeichnet ist; die Form besteht aus zwei Flächen (hkl) und $(h\bar{k}l)$ und wird ein »Doma« (von τὸ δῶμα, das Dach, eigentlich Haus) genannt, daher der Name »domatische Klasse«. Den dritten möglichen Fall monokliner Symmetrie, die Kombination der beiden ersten, stellt Fig. 117 dar, in welcher die Symmetrieaxe infolge des Hinzutretens der ebenso wie in Fig. 116 bezeichneten Symmetrieebene zwei gleichwertige Pole ● besitzt; die Drehung von 180° führt hier die beiden zuletzt genannten Flächen in die entgegengesetzten $(\bar{h}\bar{k}\bar{l})$ und $(\bar{h}k\bar{l})$ über, so daß die vollständige allgemeine Form aus vier Flächen besteht, welche ein »Prisma« bilden, daher man diese Klasse als »prismatische« bezeichnet.

Diese drei Symmetriearten unterscheiden sich dadurch, daß in den beiden ersten entgegengesetzte Flächen im allgemeinen nicht gleichwertig sind, daher über die Zugehörigkeit eines Krystalls zu einer derselben in allen den Fällen, in denen solche Flächen in scheinbar gleicher Ausbildung auftreten (s. S. 101), durch univektorielle Eigenschaften entschieden werden muß, eine Entscheidung, welche bei vielen gemessenen, monoklin krystallisierenden Substanzen noch aussteht, namentlich bei solchen, an denen nur die mehreren Klassen gemeinsamen einfachen Formen beobachtet werden. Dies gilt besonders für einen Teil der optisch aktiven Substanzen, welche nach dem Pasteurschen Gesetze (S. 91) der einzigen enantiomorphen Klasse, der sphenoïdischen, angehören, während für die übrigen Stoffe mit noch nicht sicher bestimmter Symmetrie die Zugehörigkeit zu der prismatischen Klasse die wahrscheinlichste ist, weil auch hier, wie im triklinen Krystallsystem und in allen übrigen, die höchst symmetrische Klasse die meisten Vertreter zählt, und zwar so viele sicher bestimmte, daß sie die weitaus häufigste unter allen existierenden Symmetriearten darstellt.

Eigenschaften, welche in den beiden entgegengesetzten Richtungen einer Geraden nicht verschieden sein können, lassen daher die drei Klassen nicht unterscheiden, d. h. für sämtliche bivektorielle Eigenschaften besitzen alle monoklinen Krystalle die Symmetrie der monoklinen Raumgitter (S. 68), d. i. diejenige der prismatischen Klasse. Es müssen also stets zwei Flächen, deren Stellung in bezug auf (010) symmetrisch ist, gleich vollkommen spalten (s. S. 56), gleiche und entgegengesetzte Auslöschungsschiefe zeigen (s. S. 35), es müssen die optischen Axen entweder für alle Farben in der Ebene (010), dem gemeinsamen Hauptschnitt, liegen oder in Ebenen, welche zu (010) senkrecht stehen (s. S. 35 f.) usw. Da auch die Ausdehnung monokliner Krystalle durch die Wärme symmetrisch zu (010) stattfindet (s. S. 48), so erfahren dadurch wohl die Axenverhältnisse und der Axenwinkel β eine Änderung, niemals aber die Rechtwinkeligkeit der beiden Axen *a* und *c* zu *b*.

Optisches Drehungsvermögen können natürlich nur die Krystalle der sphenoïdischen Klasse, der einzigen enantiomorphen, zeigen, ebenso wie die in Lösung optisch aktiven Körper nur in dieser krystallisieren.

Von der Verschiedenheit der drei Klassen dieses Systems vermag die Theorie der Raumgitter (s. S. 72) keine Rechenschaft zu geben, da sämtliche monoklinen Raumgitter die Symmetrie der letzten, höchst symmetrischen, zeigen. Die geringere Symmetrie der beiden anderen Klassen kann nur hervorgebracht sein entweder durch die Art der Ineinanderstellung der Raumgitter oder durch die Symmetrie bzw. Orientierung der den ineinandergestellten Raumgittern angehörigen Atome oder endlich durch beide Ursachen. Schraubenstruktur ist in den Anordnungen der allgemeinen Theorien (S. 72—74) wohl vorhanden, aber nur mit zweizähligen Schraubenaxen, bei welchen kein Unterschied zwischen rechtem und linkem Windungssinn vorhanden ist; da es unter den Krystallen der enantiomorphen sphenoïdischen Symmetrieklasse solche mit optischem Drehungsvermögen gibt, so geht daraus hervor, daß diese Eigenschaft nicht nur durch einen schraubenartigen Charakter der Krystallstruktur hervorgebracht werden kann, sondern ganz allgemein durch einen enantiomorphen, d. h. durch das Fehlen jeder Art von Symmetrieebenen in der Struktur.

Sphenoïdische Klasse[1]).

Für die hier vorliegende Symmetrie nach einer zweizähligen Axe ergeben sich aus der allgemeinen Form (hkl), welche nach dem beim triklinen System benutzten Prinzip der Benennung als »Sphenoïd vierter Art« zu bezeichnen ist, die übrigen Formen als besondere Fälle, wie man sich mit Hilfe der Projektion Fig. 118 leicht vorstellen kann. Sind die Flächen eines Sphenoïds parallel der als *a*- oder der als *c*-Axe gewählten Kante, so ist es ein solches erster bzw. dritter Art, sind sie aber parallel der *b*-Axe, so liegen ihre Pole in der Projektion auf dem senkrechten Durchmesser, d. h. die beiden Flächen bilden ein aus zwei entgegengesetzten Ebenen bestehendes »Pinakoïd«; diejenigen beiden Pinakoïde, welche zugleich einer der beiden anderen Axen, *a* oder *c*, parallel sind, müssen dementsprechend als erstes bzw. drittes Pinakoïd bezeichnet werden. In dem besonderen Falle jedoch, daß der Pol einer Fläche mit einem der beiden Pole der Symmetrieaxe zusammenfällt, gilt dies natürlich auch für den der zweiten gleichwertigen Fläche, und die vollständige einfache Form ist alsdann eine einzige Fläche, ein »Pedion«. Es ergibt sich also folgende Zusammenstellung:

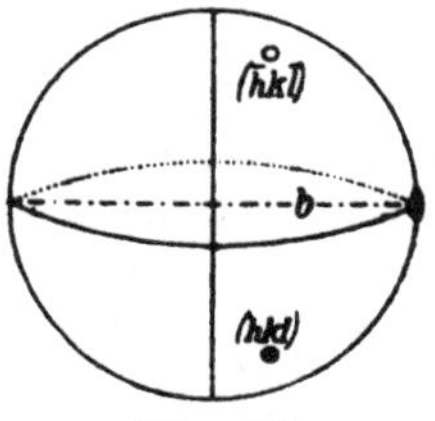

Fig. 118.

(100) erstes Pinakoïd,
(010) zweites positives Pedion, (0$\bar{1}$0) zweites negatives Pedion,
(001) drittes Pinakoïd,
(0kl) ein Sphenoïd erster Art,
(h0l) ein Pinakoïd zweiter Art,
(hk0) ein Sphenoïd dritter Art,
(hkl) ein Sphenoïd vierter Art.

Der üblichen Aufstellung der Krystalle entsprechend kann man (010) und (0$\bar{1}$0) auch als »rechtes« und »linkes« Pedion bezeichnen und ebenso unter den Sphenoïden 1., 3. und 4. Art »rechte« und »linke« unterscheiden, je nachdem der zweite Index positiv oder negativ ist. Die Formen, deren Symbole nur die Werte 0 und 1 enthalten, werden auch

[1]) Auch »monoklin hemimorphe« Klasse genannt (s. S. 96).

hier »primäre« genannt, daher (101) und ($\bar{1}$01) als »positives bzw. negatives primäres Pinakoïd zweiter Art«, (011) und (0$\bar{1}$1) als »rechtes bzw. linkes primäres Sphenoïd erster Art« sowie (110) und (1$\bar{1}$0) als »rechtes bzw. linkes primäres Sphenoïd dritter Art« bezeichnet werden.

Da die primären Formen im allgemeinen sich am häufigsten bilden (vgl. S. 83), so treten solche gleicher Art, wie (011) und (0$\bar{1}$1), (110) und (1$\bar{1}$0) an Krystallen dieser Klasse oft zu Kombinationen zusammen, welche scheinbar nach (010) symmetrisch sind, während Krystallisationen, an denen Formen mit weniger einfachen Symbolen vorkommen, nur die einem Pole der *b*-Axe angehörigen zeigen. In allen Fällen, in welchen die nach dieser Axe polare Natur nicht aus der verschiedenen Ausbildung der Krystalle an deren beiden Enden unzweifelhaft hervorgeht, muß sie durch univektorielle Eigenschaften festgestellt werden. Eines der Mittel hierzu bietet das elektrische Verhalten der Krystalle bei einer Temperaturänderung dadurch dar, daß in den sphenoïdischen Krystallen die Symmetrieaxe stets zugleich »elektrische Axe« ist, daher die Untersuchung eines Krystalls nach der S. 52 angegebenen Methode ohne weiteres die Zugehörigkeit desselben zur vorliegenden Klasse erkennen läßt. Ebenso sicher läßt sich dieser Nachweis führen durch ungleiche Lösungsgeschwindigkeit des Krystalls an den beiden entgegengesetzten Enden der *b*-Axe (s. S. 60) oder durch Verschiedenheit der Ätzfiguren auf den Flächen der entsprechenden rechten und linken Formen bzw. durch das Auftreten von Ätzfiguren, welche nicht nach (010) symmetrisch sind, auf Flächen von Pinakoïden zweiter Art (s. bei mehreren der unten folgenden Beispiele).

Vollständige Gleichwertigkeit beider Enden der *b*-Axe kann nur infolge einer nach (010) symmetrischen Zwillingsbildung zustande kommen; solche, scheinbar der prismatischen Klasse angehörige Krystalle sind aber als aus zwei spiegelbildlich entgegengesetzten Teilen bestehend ebenfalls durch deren verschiedenes Verhalten in pyroelektrischer Beziehung und beim Ätzen zu erkennen. Da in der sphenoïdischen Klasse keine Symmetrieebene existiert, kann Zwillingsebene einer regelmäßigen Verwachsung außer (010) auch jede andere Krystallfläche sein. Handelt es sich um eine optisch aktive Substanz, so gehören die beiden nach der Zwillingsebene symmetrischen Krystalle, da sie enantiomorph sind, den beiden optischen Antipoden (S. 91) an; ist hierbei die Zwillingsbildung eine lamellare, so können Formen mit der scheinbaren Symmetrie der prismatischen Klasse entstehen (s. Phenylglycerinsäure, Beispiele S. 122), welche im Falle submikroskopischer Feinheit der Lamellen nicht mehr von prismatischen unterschieden werden können. Derartige Krystalle liefern, wenn sie aus gleichen Mengen der rechts- und linksdrehenden Substanz bestehen, eine optisch inaktive Lösung, wie die racemische Molekülverbindung der beiden Antipoden; während diese aber eine andere Krystallform, andere Dichte, optische Eigenschaften usw. besitzt, weichen jene sog. »pseudoracemischen« Krystalle nur durch ihre scheinbar höhere Symmetrie von denen der beiden enantiomorphen, optisch aktiven Substanzen ab.

Zwei optisch aktive Krystalle derselben Art können nur in der Weise zu einem Zwilling verbunden sein, daß der eine gegen den andern 180° um eine »Zwillingsaxe« gedreht erscheint; letztere ist entweder eine Kante oder die Normale zu einer Fläche der beiden Krystalle.

An Krystallen optisch inaktiver Substanzen kommen Zwillinge nach zwei Gesetzen vor, bei denen die gleiche Fläche beiden Krystallen gemeinsam ist; in dem einen Falle ist sie zugleich Zwillingsebene und die beiden Krystalle sind enantiomorph, in dem andern ist ihre Normale oder eine in ihr liegende Kante Zwillingsaxe und die Krystalle sind beide rechte oder beide linke (s. Lithiumsulfat-Monohydrat und Isobenzil unter den Beispielen).

Beispiele.

Optisch inaktive Substanzen.

Lithiumsulfat-Monohydrat = $SO_4Li_2 \cdot H_2O$. a : b : c = 1,6066 : 1 : 0,5633; $\beta = 92^0 5'$. Aus der wässerigen Lösung entstehen in gleicher Menge Krystalle der beiden in Fig. 119a und b abgebildeten enantiomorphen Kombinationen: a) *s* (̄101), *r* (101), *a* (100), *m* (110), *x* (121), *μ* (1̄10), *λ* (2̄10), *t* (301); b) *s* (̄101), *r* (101),

Fig. 119a.

Fig. 119b.

a (100), *μ* (1̄10), *ξ* (1̄21), *m* (110), *l* (210), *t* (301). Häufig Zwillinge, entweder mit *s* als Zwillingsebene oder mit der Normalen von *s* als Zwillingsaxe (es wäre daher vielleicht richtiger, statt dieser bisher allgemein angenommenen Aufstellung *s* als (001) und *x* als Einheitsfläche anzunehmen). Spaltbarkeit nach *r* (101) vollkommen, nach *a* (100) deutlich, nach *m* (110) weniger deutlich. Ebene der optischen Axen senkrecht zu (010); Brechungsindices für Na : $\alpha = 1{,}459$, $\beta = 1{,}477$, $\gamma = 1{,}488$; $2V = 78^0 24'$. Drehungsvermögen parallel der optischen Axen für 1 mm = $1\frac{3}{4}^0$ (Na). Das Ende der *b*-Axe, an welchem die Flächen *l* bzw. *λ* auftreten, entspricht dem analogen Pole der elektrischen Axe.

Tetraäthyläthylenphosphammoniumhexachloroplatinat =

$$PtCl_6 \left\{ \begin{matrix} NH \cdot C_2H_5 \cdot C_2H_5 \\ PH \cdot C_2H_5 \cdot C_2H_5 \end{matrix} \right\rangle C_2H_4 \Big\}.$$

a : b : c = 0,9986 : 1 : 0,9934; $\beta = 98^0 8'$. Beobachtete Formen: *m* (110) bzw. *μ* (1̄10), *q* (011) bzw. *x* (01̄1), *c* (001), *a* (100) in der tetraëderähnlichen Kombination Fig. 120 mit den fast genau rechtwinkeligen Kanten *μ* : *μ* und *q* : *q* oder in Tafeln Fig. 121a und b.

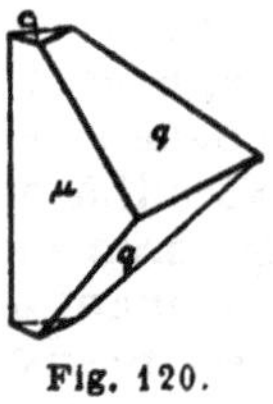

Fig. 120.

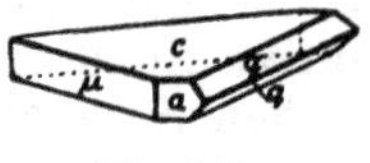

Fig. 121 a.

Fig. 121 b.

Thallopikrat = $C_6H_2(NO_2)_3 \cdot OTl$. a : b : c = 2,1118 : 1 : 2,3345; $\beta = 100^0 58'$. Nach der *c*-Axe, manchmal auch nach der *b*-Axe verlängerte Kombinationen der Formen *m* (110), *μ* (1̄10), *a* (100), *n* (120), *c* (001), *s* (10̄1), *r* (101), *g* (̄124) (Fig. 122 und 123). Keine deutliche Spaltbarkeit. Ebene der optischen Axen *b* (010).

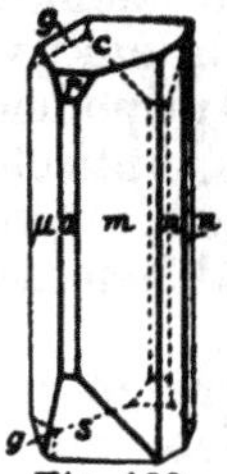

Fig. 122.

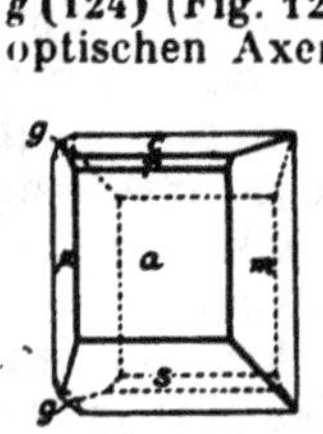

Fig. 123.

Magnesium-p-dichlorbenzolsulfonat-Oktohydrat = $(C_6H_3Cl_2 \cdot SO_3)_2Mg \cdot 8\,H_2O$. a : b : c = 2,9970 : 1 : 2,4450; $\beta = 100^0 18'$. Nach der *b*-Axe verlängerte Tafeln *a* (100) mit *r* (101), *σ* (30̄1), *c* (001), *ξ* (21̄2), *ω* (1̄1̄1), *p* (1̄11), *k* (01̄2) (Fig. 124).

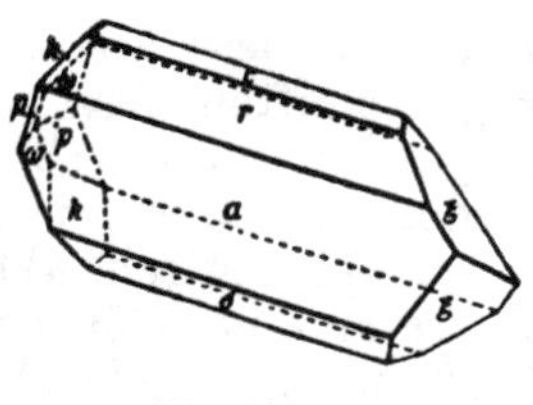

Fig. 124.

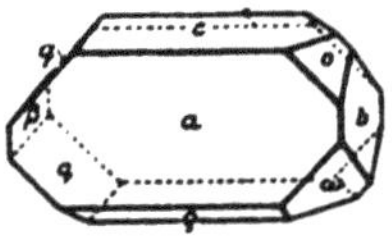

Fig. 125.

p-Brom-o-toluidinchlorhydrat = $C_6H_3Br(CH_3)(NH_2) \cdot HCl$. a : b : c = 1,1680 : 1 : 1,0224; β = 104°19′. Tafelige Kombination (Fig. 125): *a* (100), *c* (001), *ϱ* (10$\bar{1}$), *b* (010), *o* (111), *ω* (11$\bar{1}$), *q* (0$\bar{1}$1), *β* (0$\bar{1}$0) oder deren Spiegelbild. Zwillinge nach *b* (010). Spaltbarkeit nach *a* (100) vollkommen, nach *c* (001) ziemlich vollkommen. Der rechte Pol der elektrischen Axe in Fig. 125 ist der analoge; Zwillinge sind mit ihren antilogen Polen verwachsen.

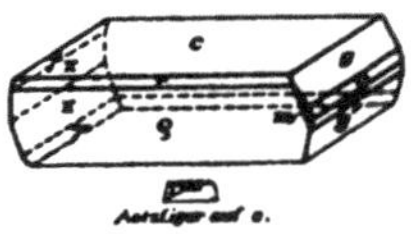

Fig. 126.

m-Brombenzoësäure = $C_6H_4Br \cdot CO_2H$. a : b : c = 1,2903 : 1 : 5,4285; β = 91°43½′. Beobachtete Formen (Fig. 126): *c* (001), *ϱ* (10$\bar{1}$), *r* (101), *g* (012), *x* (0$\bar{1}$1), *q* (011), *γ* (0$\bar{1}$2), *m* (110). Spaltbarkeit nach *c* (001) sehr vollkommen, nach *ϱ* (10$\bar{1}$) vollkommen. Ätzfiguren auf *c* (001) (s. Fig. 126). Ebene der optischen Axen senkrecht zu *b* (010), Axe *b* 1. Mittellinie.

Isobenzil (Dibenzoyldioxystilben) = $\begin{matrix} C_6H_5 \cdot CO \cdot C_6H_5 \\ C_6H_5 \cdot CO \cdot C_6H_5 \end{matrix}$. a : b : c = 0,9682 : 1 : 0,8409; β = 100°34½′. Beobachtete Formen (Fig. 127): *a* (100), *c* (001), *m* (110), *μ* (1$\bar{1}$0), *q* (011), *ω* (11$\bar{1}$), *x* (0$\bar{1}$1), oder die enantiomorphe Kombination mit *π* (1$\bar{1}\bar{1}$).

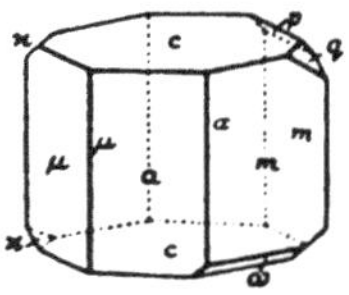

Fig. 127.

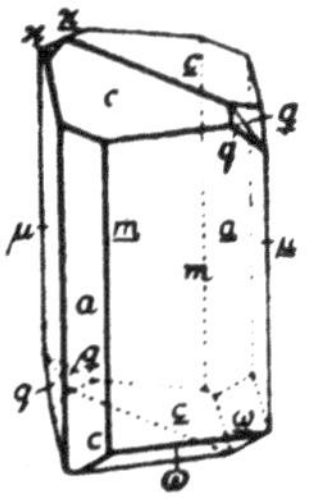

Fig. 128.

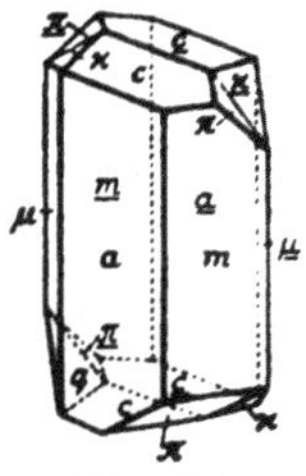

Fig. 129.

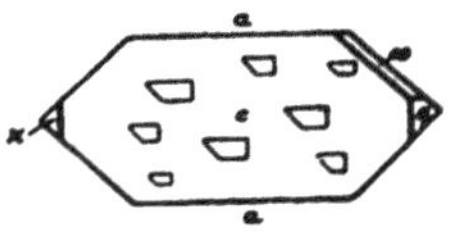

Fig. 130.

Symmetrische Zwillinge nach *a* (100) (Fig. 128) oder mit *c* als Zwillingsaxe (in Fig. 129 ist ein solcher zweier Krystalle der in Fig. 127 abgebildeten Art dargestellt). Spaltbarkeit nach *a* (100) und *c* (001) vollkommen. Das in Fig. 127 rechte Ende der *b*-Axe ist der elektrisch analoge Pol. Ätzfiguren auf *c* (001) Fig. 130. Die Ebene der optischen Axen senkrecht zu (010) bildet mit der *c*-Axe 54½° im stumpfen Winkel *β*, 2 *V* = 85°58′, alles für Na-Licht.

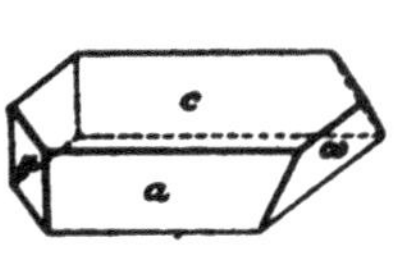

Fig. 131.

Retenperhydrür (nat. Fichtelit) = $C_{18}H_{32}$. a : b : c = 1,4330 : 1 : 1,7563; β = 126°47′. Beobachtete Formen: *c* (001), *a* (100), *m* (110), *μ* (1$\bar{1}$0), *ω* (11$\bar{1}$), *ϱ* (10$\bar{1}$) in verschiedenen Kombinationen, z. B. Fig. 131. Spaltbarkeit nach *c* (100) vollkommen, nach *ϱ* (10$\bar{1}$) deutlich. Ätzfiguren auf *c* (001) deutlich polar nach der *b*-Axe, deren analoger Pol der linke in Fig. 131 ist. Ebene der optischen Axen *b* (010), Axenwinkel groß.

Optisch aktive Substanzen.

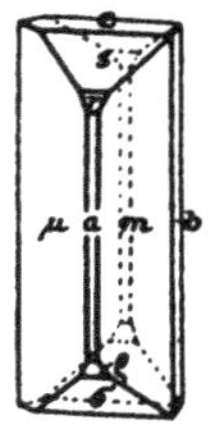

Fig. 132.

Magnesiummalat-Trihydrat = $C_2H_3(OH)(CO_2)_2Mg \cdot 3\,H_2O$. a : b : c = 0,8579 : 1 : 0,6015; β = 105°36′. Prismen *μ* (1$\bar{1}$0), *m* (110), *b* (010), *a* (100) mit den Endflächen *s* (102), *σ* (10$\bar{2}$), *c* (001), *r* (101), *ϱ* (10$\bar{1}$). Spaltbarkeit nach *c* (001) vollkommen (Fig. 132).

Zinkmalat-Trihydrat = $C_2H_3(OH)(CO_2)_2Zn \cdot 3\,H_2O$. a : b : c = 0,8619 : 1 : 0,5762; β = 106°18′. Kombination (Fig. 133): *a* (100), *c* (001), *r* (10$\bar{1}$), *μ* (1$\bar{1}$0), *m* (110), *b* (010); aus saurer und alkoholischer Lösung Krystalle wie Fig. 133.

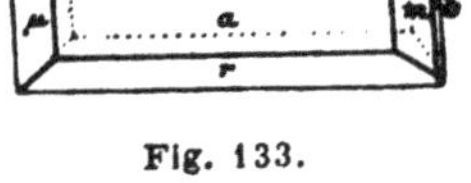

Fig. 133.

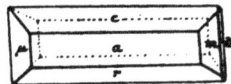

d- und l-Weinsäure = $\begin{matrix} CH(OH)\cdot COOH \\ CH(OH)\cdot COOH \end{matrix}$. a : b : c = 1,2747 : 1 : 1,0266; β = 100°17′. Die gewöhnlichen Formen der Rechtsweinsäure (s. Fig. 134a) sind: *a* (100), *c* (001), *m* (110), *μ* (1$\bar{1}$0), *q* (011), *r* (101), *ρ* (10$\bar{1}$); an nach (100) dünntafeligen Krystallen ist (011) zuweilen so groß, daß das Sphenoid (110) fast ganz verdrängt wird und die Krystalle die Form dreiseitiger Tafeln annehmen. Die Krystallform der Linksweinsäure zeigt Fig. 134b. Spaltbarkeit nach *a* (100) voll-

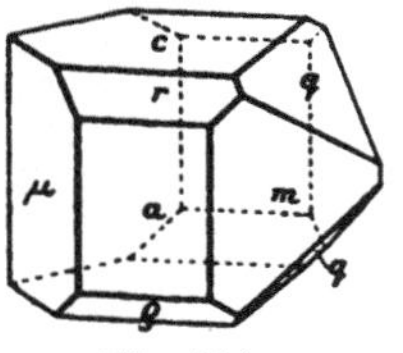

Fig. 134 a.

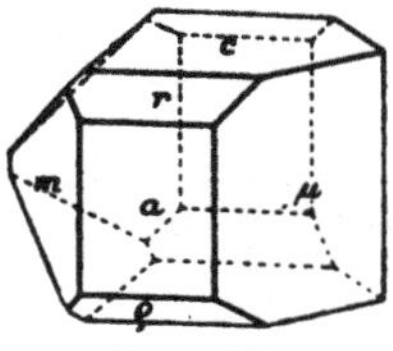

Fig. 134 b.

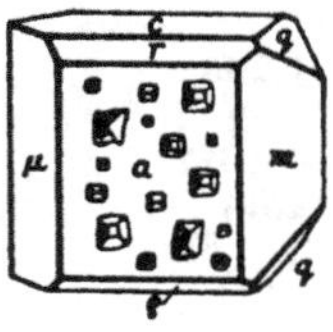

Fig. 135 a.

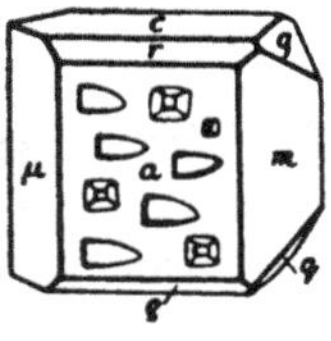

Fig. 135 b.

kommen. Ätzfiguren der *d*-Säure auf *a* (100) mit Wasser (s. Fig. 135a), bzw. Essigsäure (s. Fig. 135b) erhalten. Der in Fig. 134a linke ist der analoge Pol der elektrischen Axe. Ebene der optischen Axen senkrecht zu (010); die 1. Mittellinie bildet mit der *c*-Axe 71° (rot) bzw. 72° (blau) im spitzen Winkel β; 2 *V* = 78° (gelb). Drehungsvermögen der Rechtsweinsäure in den Axen für 1 mm — 8°,55 Li, — 11,4 Na, — 14,25 Tl[1]).

Kaliumtartrat-Hemihydrat = $C_4H_4O_6K_2 \cdot {}^1/_2\, H_2O$. a : b : c = 3,0869 : 1 : 3,9701; β = 90°50′. Das rechtsweinsaure Salz zeigt zuweilen die Kombination Fig. 136: *a* (100), *ρ* (10$\bar{1}$), *c* (001), *r* (101), *o* (111), *β* (0$\bar{1}$0); oft ist aber *c* (001) vorherrschend, und es tritt links *p* (1$\bar{1}$1) oder *π* (1$\bar{1}\bar{1}$) mit *β* (0$\bar{1}$0) auf. Spaltbarkeit nach *a* (100) und *c* (001) vollkommen. Ätzfiguren auf *a* (100), durch Wasser erhalten, Fig. 137. Der linke Pol der *b*-Axe ist der analoge. Ebene der optischen Axen senkrecht zu (010); die 1. Mittellinie bildet 21° mit der *c*-Axe im stumpfen Winkel β; 2 *V* = 62° ca. $\rho < v$.

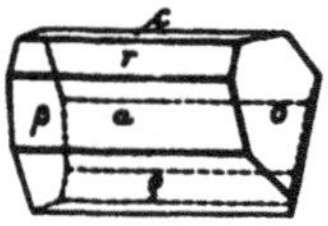

Fig. 136.

Fig. 137.

Ammoniumtartrat = $C_4H_4O_6(NH_4)_2$. a : b : c = 1,1506 : 1 : 1,4383; β = 92°23′. Kombination des rechtsweinsauren Salzes (Fig. 138): *a* (100), *c* (001), *r* (101), *ρ* (10$\bar{1}$), *q* (011), *p* (1$\bar{1}$1), *π* (1$\bar{1}\bar{1}$); das linksweinsaure Salz zeigt das Spiegelbild. Spaltbarkeit nach *c* (001) vollkommen. Ätzfiguren auf *a* (100) Fig. 139. Pyroelektrizität wie das vorige Salz. Ebene der optischen Axen (010); die 1. Mittellinie bildet 18° mit der *c*-Axe im stumpfen Winkel β; 2 *V* = 40°, $\rho < v$.

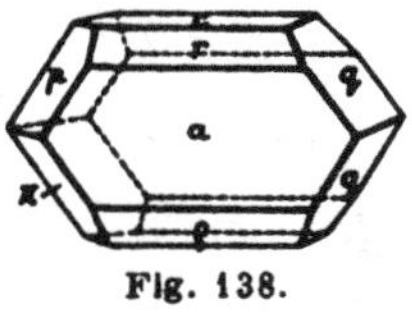

Fig. 138.

Fig. 139.

d-Rhamnose-(Isodulcit-)Monohydrat = $C_6H_{12}O_5 \cdot H_2O$. a : b : c = 0,9998 : 1 : 0,8435; β = 95°25′. Gewöhnliche Form (Fig. 140) mit gleicher Ausbildung der beiden Sphenoide als Prismen *m* (110), *μ* (1$\bar{1}$0) und *q* (011), *ϰ* (0$\bar{1}$1), untergeordnet *a* (100), *c* (001), *ρ* (10$\bar{1}$); an Krystallen aus Alkohol fehlt hingegen das rechte Sphenoid *q* oder ist sehr klein ausgebildet (Fig. 141). Spaltbarkeit nach *ρ* (10$\bar{1}$) und *a* (100) deutlich. Ebene der optischen Axen *b* (010), die 1. Mittellinie bildet 83°20′ mit der *c*-Axe im spitzen Winkel β; 2 *V* = 59°13′ Li; 58°5′ Na, 57°4′ Tl.

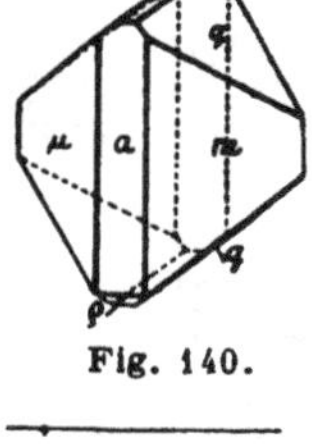

Fig. 140.

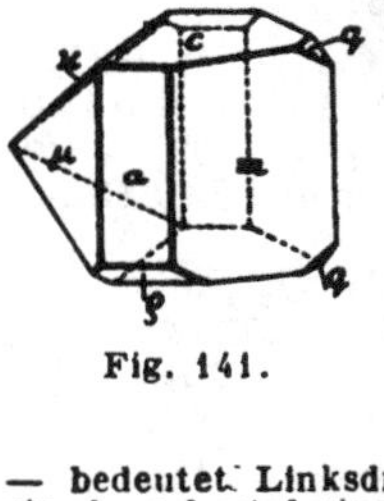

Fig. 141.

[1]) Das Zeichen — bedeutet Linksdrehung. Die Rechtsdrehung der Lösung nimmt mit Zunahme der Sättigung ab und wird eine linke bei Übersättigung.

d-Glykose-(Traubenzucker-, Dextrose-)**Monohydrat** = $C_6H_{12}O_6 \cdot H_2O$. a : b : c = 1,735 : 1 : 1,908; β = 97°59′. Die Krystalle zeigen die Formen (Fig. 142): *c* (001), *r* (101), μ (1$\bar{1}$0), ϱ (10$\bar{1}$), sind aber stets nur am linke Ende ausgebildet. Lösungsgeschwindigkeit des rechten Endes viel größer als die des linken. Die Ätzfiguren auf *c* (100) und *r* (101) zeigen links gerundete, rechts scharfe Flächen. Ebene der optischen Axen senkrecht zu *b* (010), 1. Mittellinie ungefähr senkrecht zu *r* (101), Axenwinkel groß.

Fig. 142.

Rohrzucker (Saccharose) = $C_{12}H_{22}O_{11}$. a : b : c = 1,2595 : 1 : 0,8782; β = 103°30′. Der Kandiszucker zeigt gewöhnlich die Formen (s. Fig. 143): *a* (100), *c* (001), ϱ (10$\bar{1}$), *m* (110), μ (1$\bar{1}$0), $\varkappa$ (0$\bar{1}$1), seltener ω (1$\bar{1}$1) und *r* (101). Häufig Zwillinge mit *c* als Zwillingsaxe. Spaltbarkeit nach *a* (100) deutlich. Ätzfiguren (mit Wasser) auf *m* (110) unsymmetrische Dreiecke, deren eine Seite parallel der *c*-Axe, auf μ (1$\bar{1}$0) Rhomboide, deren längere Seiten parallel der Kante μ : *c*, deren kürzere Seiten parallel der *c*-Axe. Auflösungsgeschwindigkeit auf (0$\bar{1}$0) größer als auf (010). Der analoge Pol der elektrischen Axe ist der rechte in Fig. 143. Ebene der optischen Axen (010); die 1. Mittellinie bildet 67° mit der *c*-Axe im stumpfen Winkel β; 2 *V* = 47¾° mit sehr schwacher Dispersion $\varrho < v$. Die zu *a* (100) nahe senkrechte optische Axe hat das Drehungsvermögen — 2°,2, die andere + 6°,4 für 1 mm.

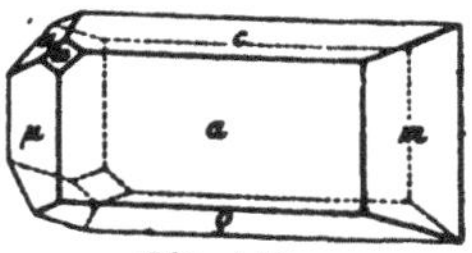

Fig. 143.

Milchzucker-(Lactose-)**Monohydrat** = $C_{12}H_{22}O_{11} \cdot H_2O$. a : b : c = 0,3677 : 1 : 0,2143; β = 109°47′. Kombination (Fig. 144): $\varkappa$ (0$\bar{1}$1), *a* (100), *m* (110), *b* (010), μ (1$\bar{1}$0), β (010). Spaltbarkeit nach *a* (100) deutlich, nach *b* (010) ziemlich deutlich. Der analoge Pol der elektrischen Axe liegt in β (0$\bar{1}$0). Ebene der optischen Axen senkrecht zu *b* (010), die erste Mittellinie bildet mit der *c*-Axe 10 bis 11° im stumpfen Winkel β, 2 *E* = 33½° (Na), $\varrho < v$.

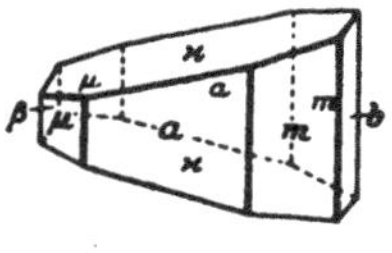

Fig. 144.

d-α-Chlorcampher = $C_{10}H_{15}OCl$. a : b : c = 0,9707 : 1 : 1,2079; β = 93°15′. Nach der *b*-Axe verlängerte Tafeln *a* (100), begrenzt von *c* (001), ϱ (10$\bar{1}$), *m* (110), *q* (011), *r* (101); häufig *m* nur an einem, *q* nur am anderen Ende der *b*-Axe (nähere Untersuchung fehlt).

d-α-Bromcampher = $C_{10}H_{15}OBr$. a : b : c = 0,9751 : 1 : 1,2062; β = 93°59′. Kombination (Fig. 145): *a* (100), *r* (101), ϱ (10$\bar{1}$), *m* (110), μ (1$\bar{1}$0); an anderen Krystallisationen tritt hierzu $\varkappa$ (0$\bar{1}$1) (nur links). Spaltbarkeit nach *c* (001) deutlich. Ebene der optischen Axen senkrecht zu (010); die 1. Mittellinie bildet 9° mit der *c*-Axe im stumpfen Winkel β; Axenwinkel groß.

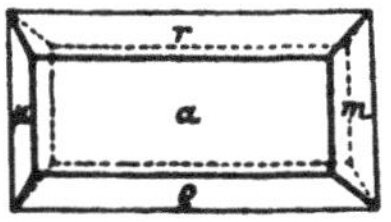

Fig. 145.

d-α-Cyancampher = $C_{10}H_{15}O(CN)$. a : b : c = 0,9579 : 1 : 1,2488; β = 94°48′. Kombination gleich der des Chlorcamphers. Der polare Charakter der *b*-Axe wurde an destillierten Kryställchen erkannt, deren eines Ende zugespitzt, das andere von einer zur Längsrichtung senkrechten Kante gebildet wurde. Spaltbarkeit unbekannt. Ebene der optischen Axen senkrecht zu *b* (010); 1. Mittellinie fast genau senkrecht zu *c* (001), Axenwinkel groß.

Ammonium-d-α-chlor-π-camphersulfonat = $C_{10}H_{14}ClO \cdot SO_3(NH_4)$. a : b : c = 1,9260 : 1 : 1,0471; β = 105°4′. Kombination (Fig. 146): *a* (100), *c* (001), *r* (101), σ (20$\bar{1}$), *m* (110), *l* (210), $\varkappa$ (0$\bar{1}$1), λ (2$\bar{1}$0). Spaltbarkeit nach *a* (100) vollkommen. 1. Mittellinie der optischen Axen ungefähr senkrecht zu *a* (100). Der analoge Pol der elektrischen Axe ist der linke in Fig. 146.

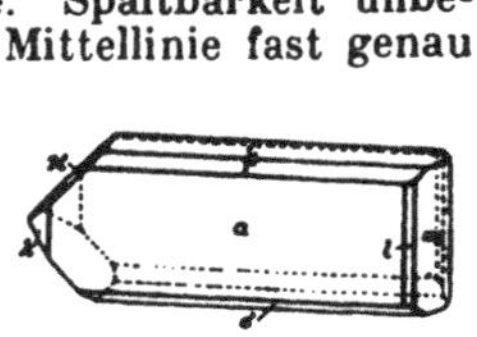

Fig. 146.

d-Mandelsäure (Phenylglykolsäure) = $C_6H_5.CH(OH).CO_2H$. a : b : c = 1,4180 : 1 : 2,9269; β = 102°55′. Dünne Tafeln *c* (001) mit *m* (110), μ (1$\bar{1}$0), ω (11$\bar{1}$), π (1$\bar{1}\bar{1}$) (Fig. 147). Spaltbarkeit nach *a* (100) vollkommen. Ätzfiguren auf *c* (001) unsymmetrisch. Ebene der optischen Axen *b* (010).

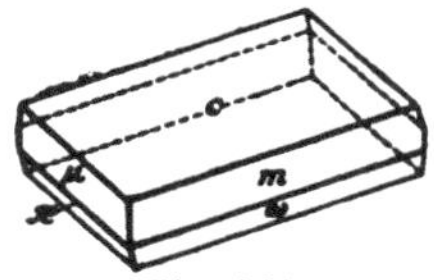

Fig. 147.

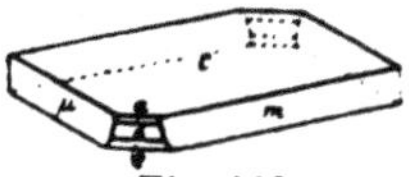

Fig. 148.

d-p-Methoxymandelsäure = $C_6H_4(O \cdot CH_3) \cdot CH(OH) \cdot CO_2H$. a : b : c = 1,4207 : 1 : 3,3415; β = 93°47½'. Kleine Täfelchen *c* (001) mit *m* (110), *μ* (1$\bar{1}$0), *σ* (20$\bar{1}$), *a* (100), *ρ* (10$\bar{1}$) (Fig. 148). Spaltbarkeit nach *σ* (20$\bar{1}$) deutlich. Unsymmetrische Ätzfiguren auf *c* (001). Ebene der optischen Axen *b* (010); durch *c* (001) ein Axenbild sichtbar.

d- und l-Phenylglycerinsäure = $C_6H_5 \cdot (CH \cdot OH)_2 \cdot COOH$. a : b : c = 2,1875 : 1 : 2,0794; β = 93°53'. Kombination der *d*-Säure (Fig. 149a): *a* (100), *r* (101), *m* (110), *ι* (1$\bar{1}$2), *μ* (1$\bar{1}$0), *c* (001), *s* (102), *σ* (10$\bar{2}$), der *l*-Säure (Fig. 149b): *a* (100), *r* (101), *m* (1$\bar{1}$0), *i* (112), *μ* (110), *c* (001), *s* (102), *σ* (10$\bar{2}$). Die sog. inaktive, in Wirklichkeit pseudorazemische Säure (s. S. 117) zeigt nur die Formen (Fig. 151): *a* (100), *c* (001), *m* (110) (prismatisch ausgebildet), *r* (101), *s* (102), *σ* (10$\bar{2}$) und sind nach *a* (100) lamellare Verwachsungen beider enantiomorpher Säuren, wie durch die mit Alkohol erhaltenen Ätzfiguren (s. Fig. 150) nachgewiesen wird, welche in einer *a*-Fläche nur der *d*- oder der *l*-Säure angehören, in aufeinander folgenden Schichten aber entgegengesetzt sind. Spaltbarkeit nach *a* (100) vollkommen, nach *b* (010) ziemlich vollkommen, nach *c* (001) deutlich. Ebene der optischen Axen *b* (010); die 1. Mittellinie für Na bildet 47° mit der *c*-Axe im spitzen Winkel β; $2E$ = 19°, Dispersion stark, $\rho < v$; durch *a* (100) ein Axenbild sichtbar, bei den Zwillingen verdoppelt (s. S. 40).

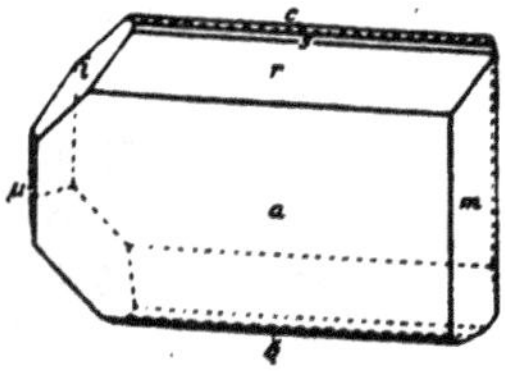

Fig. 149 a.

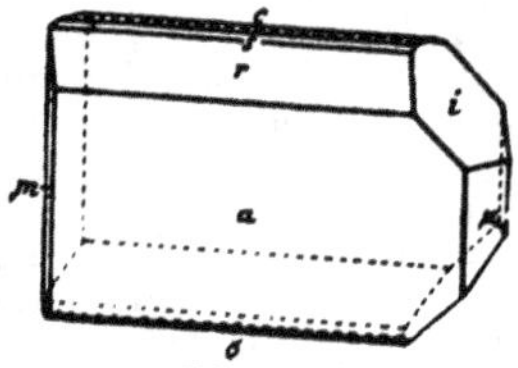

Fig. 149 b.

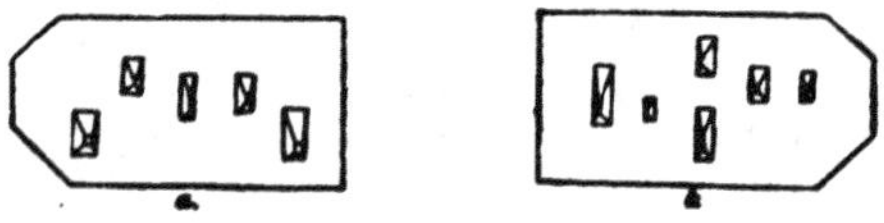

Fig. 150.

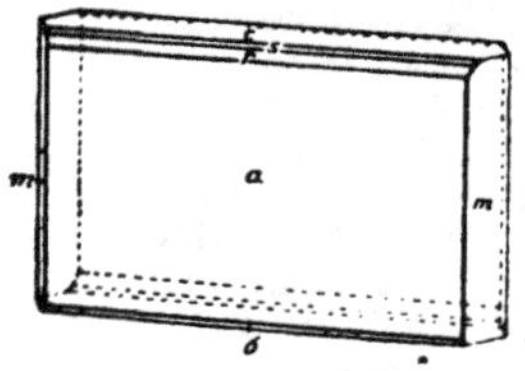

Fig. 151.

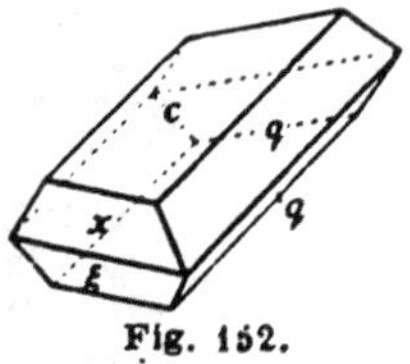

Fig. 152.

Tyrosinchlorhydrat = $C_6H_4(OH) \cdot CH_2 \cdot CH(NH_2) \cdot CO_2H \cdot HCl$. a : b : c = 0,5612 : 1 : 1,2550; β = 101°28'. Kombination (Fig. 152): *c* (001), *q* (011), *x* (0$\bar{1}$1), *x* (2$\bar{2}$1), *ξ* (22$\bar{1}$). Ebene der optischen Axen *b* (010); durch *c* (001) ein Axenbild fast zentral sichtbar.

d-Ratanhinchlorhydrat = $C_6H_4(OH) \cdot CH_2 \cdot CH(NH \cdot CH_3) \cdot CO_2H \cdot HCl$. a : b : c = 1,0109 : 1 : 0,5010; β = 103°54½'. Beobachtete Formen (Fig. 153): *a* (100), *q* (011), *c* (001), *μ* (1$\bar{1}$0), *λ* (3$\bar{2}$0), *m* (110), *b* (010), *l* (320). Spaltbarkeit nach *c* (001) vollkommen. Ebene der optischen Axen *b* (010), durch *a* (100) ein Axenbild sichtbar.

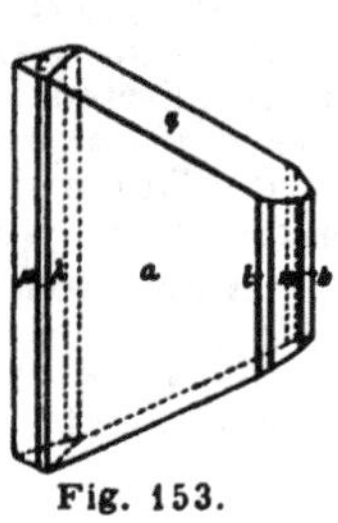

Fig. 153.

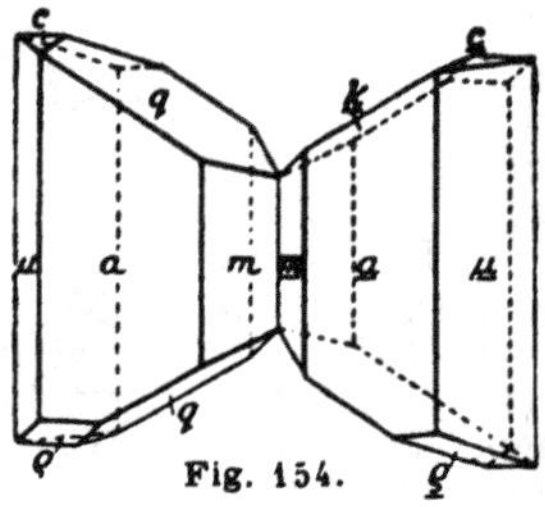

Fig. 154.

Isohydrobenzoïn = $[CH(OH) \cdot C_6H_5]_2$. a : b : c = 1,5667 : 1 : 0,7344; β = 92°53'. Kombination: *a* (100), *μ* (1$\bar{1}$0), *m* (110), *q* (011), *ρ* (10$\bar{1}$), *c* (001); Zwillinge nach *b* (010) (Fig. 154). Spaltbarkeit nach *a* (100) vollkommen. Doppelbrechung negativ stark; die Axenebene, senkrecht zu *b* (010), bildet mit der *c*-Axe 63° im stumpfen Winkel β; 1. Mittellinie Axe *b*; $2V$ = 85°, Dispersion schwach, $\rho > v$.

d- und **l-Santonigsäureäthylester** = $C_{15}H_{19}O_3(C_2H_5)$. a : b : c = 0,5626 : 1 : 0,6959; β = 108°32′. Aus Alkohol u. a. Lösungsmitteln die scheinbar prismatische Kombination (Fig. 155): *c* **(001)**, *r* **(10$\bar{1}$)**, *a* **(100)**, *m* **(110)**, μ **(1$\bar{1}$0)**, *b* **(010)**, β **(0$\bar{1}$0)**,

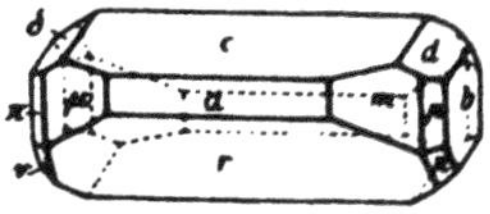

Fig. 155.

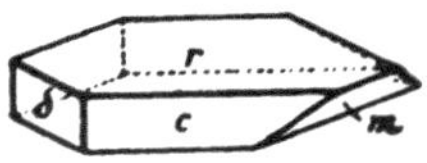

Fig. 156 a.

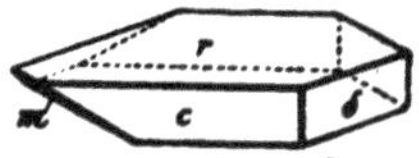

Fig. 156 b.

d **(011)**, δ **(0$\bar{1}$1)**, *p* **(120)**, π **(1$\bar{2}$0)**, *n* **(12$\bar{1}$)**, ν **(1$\bar{2}\bar{1}$)**, aus Mischungen von Alkohol mit Salz- oder Essigsäure die Formen Fig. 156a (rechtsdrehender Ester) bzw. Fig. 156b (linksdrehender Ester). Spaltbarkeit nach *c* **(001)** vollkommen. Mit Äther erhaltene Ätzfiguren Fig. 157a (rechtsdrehender Ester) bzw. Fig. 157b (linksdrehender Ester). Der analoge Pol der elektrischen Axe ist der rechte in Fig. 156a und 157a, der linke in Fig. 156b und 157b. Doppelbrechung positiv, stark; Axenebene senkrecht zu *b* (010), 1. Mittellinie nahe senkrecht zu *c* **(001)**.

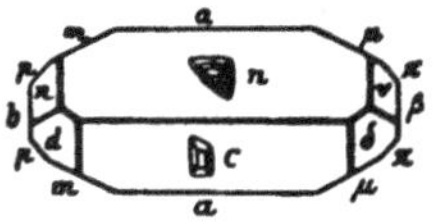

Fig. 157 a.

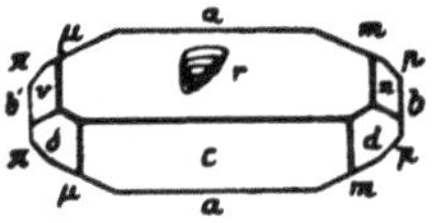

Fig. 157 b.

l-Desmotroposantonigsäure = $C_{15}H_{20}O_3$. a : b : c = 2,7497 : 1 : 4,1070; β = 99°58′. Die Flächen der scheinbar prismatischen Kombination *a* **(100)**, *c* **(001)**, *r* **(10$\bar{1}$)**, *m* **(110)**, μ **(1$\bar{1}$0)**, *o* **(11$\bar{2}$)**, ω **(1$\bar{1}\bar{2}$)** zeigen die Ätzfiguren Fig. 158. Spaltbarkeit nach *r* (10$\bar{1}$) vollkommen. Der linke Pol der elektrischen Axe ist der analoge. Ebene der optischen Axen *b* (010), eine Mittelinie ungefähr senkrecht zu *r* (10$\bar{1}$).

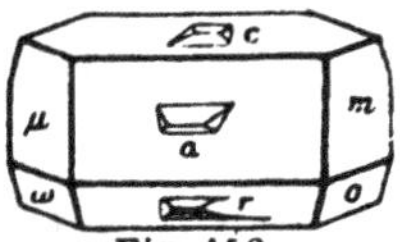

Fig. 158.

Hämatoxylin-Trihydrat = $C_{16}H_{14}O_6 \cdot 3\,H_2O$. a : b : c = 1,5283 : 1 : 1,0325; β = 109°48′. Kombination (Fig. 159): *a* (100), *c* (001), *m* (110), μ (1$\bar{1}$0), ϱ (10$\bar{1}$), σ (20$\bar{1}$). Die Ätzfiguren auf (100) sind sehr spitze Dreiecke, deren Spitzen dem linken Pol der *b*-Axe zugekehrt sind. Letztere ist 1. Mittellinie der optischen Axen, deren Winkel sehr klein ist.

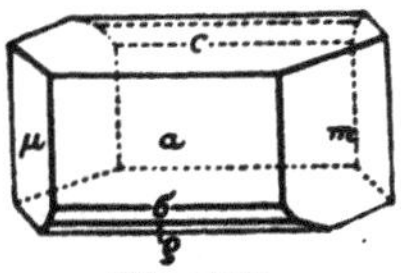

Fig. 159.

α-Pipecolinditartrat-Dihydrat = $C_6H_{12}NH \cdot C_4H_6O_6 \cdot 2\,H_2O$. a : b : c = 1,1698 : 1 : 1,7477; β = 98° 40′. Das rechtsweinsaure Salz der *d*-Base und das linksweinsaure der *l*-Base zeigen die enantiomorphen Kombinationen: *a* **(100)**, *c* **(001)**, ϱ **(10$\bar{1}$)**, *q* **(011)**, μ **(1$\bar{1}$0)** (Fig. 160a) bzw. $\varkappa$ **(0$\bar{1}$1)**, *m* **(110)** (Fig. 160b). Spaltbarkeit nach *c* **(001)** und *a* **(100)**.

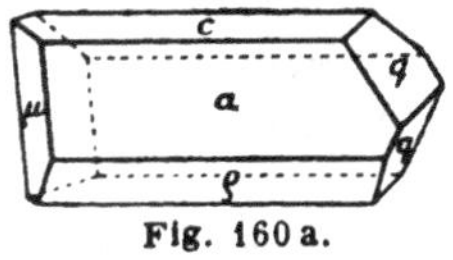

Fig. 160 a.

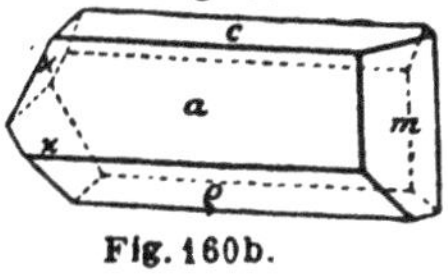

Fig. 160 b.

d- und **l-Tetrahydro-p-toluchinaldin** = $C_{11}H_{15}N$. a : b : c = 3,2742 : 1 : 1,4339; β = 93°58′. Prismen *a* **(100)**, *r* **(101)**, ϱ **(10$\bar{1}$)** mit den Endflächen *o* **(11$\bar{1}$)**, β **(0$\bar{1}$0)** (rechtsdrehende Base, Fig. 161a) bzw. ω **(1$\bar{1}\bar{1}$)**, *b* **(010)** (linksdrehende Base, Fig. 161b). Ebene der optischen Axen *b* **(010)**, durch *a* **(100)** ein Axenbild sichtbar.

Fig. 161 a.

Fig. 161 b.

l-Ecgonin-Monohydrat = $C_9H_{15}O_3N \cdot H_2O$. a : b : c = 0,7916 : 1 : 0,6410; β = 92°50′. Gewöhnliche Kombination (Fig. 162): *a* **(100)**, *c* **(001)**, *m* **(110)**, *q* **(0$\bar{1}$1)**; aus einer Lösung mit dem Amid dünne Tafeln *a* **(100)** mit *c* (001), *m* **(110)**, ω **(1$\bar{1}\bar{1}$)**, μ **(1$\bar{1}$0)** (Fig. 163). Spaltbarkeit nach *a* **(100)** vollkommen, nach *c* **(001)** unvollkommen. Ebene der optischen Axen senkrecht zu *b* (010), 1. Mittellinie nahe normal zu *c* (001), $2\,E$ = 70° ca.

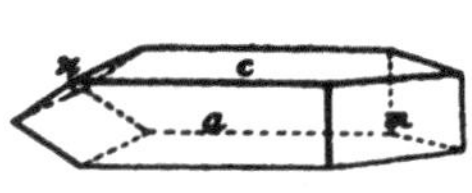

Fig. 162.

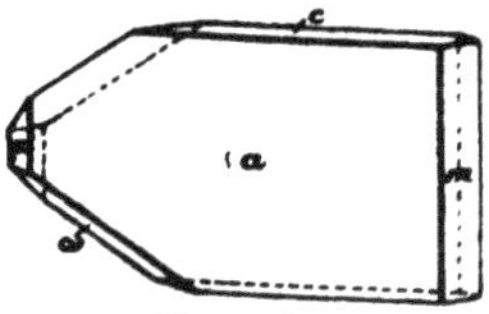

Fig. 163.

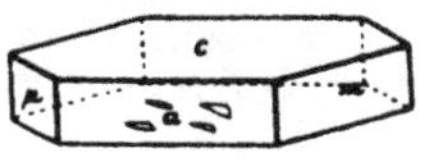

Fig. 164.

r-Cocaïn = $C_{17} H_{21} O_4 N$. a : b = 1,4454 : 1 (c unbekannt); β = 119°44′. Die Krystalle (Fig. 164) zeigen nur die Formen *c* (001), *a* (100), *m* (110) und *μ* (1$\bar{1}$0). Keine deutliche Spaltbarkeit. Ätzfiguren auf *a* (100) (s. Fig. 164). Ebene der optischen Axen *b* (010).

Fig. 165.

Chininnitrat-Monohydrat = $C_{20}H_{24}O_2N_2 \cdot HNO_3 \cdot H_2O$. a : b : c = 0,7493 : 1 : 1,0777; β = 105°29′. Kombination (Fig. 165): *μ* (1$\bar{1}$0), *b* (010), *m* (110), *β* (0$\bar{1}$0), *c* (001), *x* (0$\bar{1}$1).

Cinchonin = $C_{19} H_{22} ON_2$. a : b : c = 1,4833 : 1 : ?; β=107°53′. Prismen *c* (001), *a* (100), gewöhnlich mit den Endflächen *m* (110) und *μ* (1$\bar{1}$0), oder dieselben Formen nach (001) tafelförmig, zuweilen auch nach der *c*-Axe kurz prismatisch. Spaltbarkeit nach *c* (001) vollkommen, nach *a* (100) ziemlich vollkommen. Doppelbrechung negativ, sehr stark; Axenebene senkrecht zu *b* (010), 1. Mittellinie bildet 57° mit der *c*-Axe im stumpfen Winkel *β*; 2 *E* = 30¾° Li, 36° Na, 41°Tl.

Fig. 166.

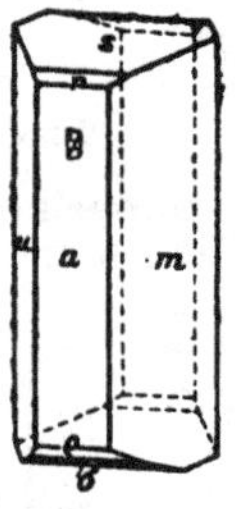

Fig. 167.

Strychninnitrat = $C_{21}H_{22}O_2N_2 \cdot HNO_3$. a : b : c = 1,904 : 1 : 0,888; β = 90°33. Aus Wasser oder Alkohol Prismen (Fig. 166): *a* (100), *m* (110), *n* (120), *μ* (1$\bar{1}$0), *r* (101), *ϱ* (10$\bar{1}$); aus warmen Lösungen Krystalle der Kombination Fig. 167 mit *s* (102) und *σ* (10$\bar{2}$). Spaltbarkeit nach *a* (100) sehr vollkommen, nach *c* (001) deutlich. Ätzfiguren (mit Alkohol) auf *a* (100) (s. Fig. 167). Zwillingsbildung nach *a* (100), Ebene der optischen Axen fast genau parallel *a* (100), 1. Mittellinie Axe *b*.

Domatische Klasse[1]).

Der bisherigen Methode der Benennung entsprechend möge die in Fig. 168 projizierte allgemeine Form dieser Klasse ein »Doma vierter Art« heißen, diejenige, deren in der Symmetrieebene liegende Kante der *a*- bzw. der *c*-Axe parallel ist, »Doma erster bzw. dritter Art«. In dem besonderen Falle, daß der Winkel der Flächen zu (010) = 90°, fallen die Pole der gleichwertigen Flächen zusammen und liegen in dem senkrechten Durchmesser der Projektion, d. h. die Form besteht nur aus einer einzigen, der *b*-Axe parallelen Fläche, welche als »drittes bzw. erstes Pedion« zu bezeichnen ist, wenn sie die *a*- bzw. die *c*-Axe enthält. Sind dagegen die beiden Flächen eines Domas der Symmetrieebene parallel, so bilden sie das »zweite Pinakoïd«. Es läßt sich also die folgende Tabelle der möglichen einfachen Formen aufstellen:

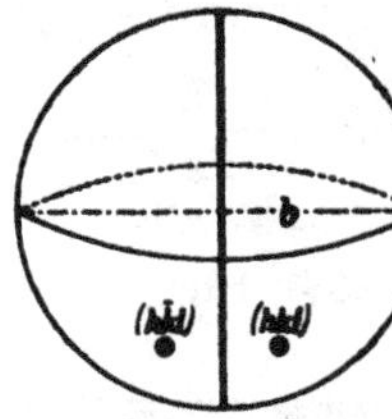

Fig. 168.

(100) erstes positives, ($\bar{1}$00) erstes negatives Pedion,
(010) zweites Pinakoïd,
(001) drittes positives, (00$\bar{1}$) drittes negatives Pedion,
(0kl) ein Doma erster Art,
(h0l) ein Pedion zweiter Art,
(hk0) ein Doma dritter Art,
(hkl) ein Doma vierter Art.

[1]) »Monoklin hemiëdrische« Klasse der älteren Bezeichnung (s. S. 96).

Von den »primären« Domen erster und dritter Art kommen, als den bei richtiger Aufstellung des Krystalls häufigsten Formen, nicht selten die positiven und negativen, z. B. (110) und ($\bar{1}$10), zusammen vor und bilden dann Kombinationen von scheinbar prismatischer Symmetrie, welche nur durch die Verschiedenheit der Ätzfiguren oder durch ungleiches pyroelektrisches Verhalten der entgegengesetzten Flächen als nur nach einer Ebene symmetrisch erkannt werden können (s. das Mineral Skolezit unter den Beispielen).

Beispiele.

Kaliumtetrathionat = $S_4O_6K_2$. a : b : c = 0,9302 : 1 : 1,2666; β = 104°16′. Beobachtete Formen (Fig. 169): *a* (100), *α* ($\bar{1}$00), *m* (110), *μ* ($\bar{1}$10), *c* (001), *q* (001), *o* (11$\bar{1}$), *v* (13$\bar{3}$), *p* ($\bar{1}$1$\bar{1}$); oft herrscht *α* ($\bar{1}$00) vor und *μ* ($\bar{1}$10) fehlt. Spaltbarkeit nach *a* (100) ziemlich vollkommen. Ebene der optischen Axen (010); durch *a* (100) ein Axenbild im spitzen Winkel β sichtbar.

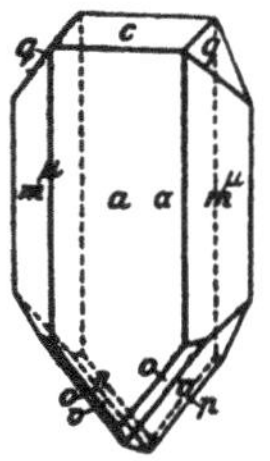

Fig. 169.

Natriummetasilikat-Pentahydrat = $SiO_3Na_2 \cdot 5\,H_2O$. a : b : c = 0,6961 : 1 : 1,2001; β = 95°50′. Kombination (Fig. 170): *ϱ* ($\bar{1}$0$\bar{1}$), *r* (101), *ω* (11$\bar{1}$, *x* (01$\bar{1}$), *q* (011), *t* (012), *o* (111), *σ* ($\bar{1}$11), *ξ* ($\bar{1}$13). Keine deutliche Spaltbarkeit.

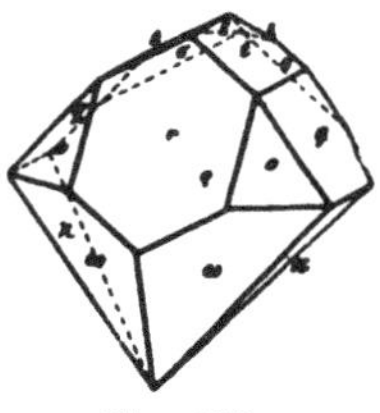

Fig. 170.

Calciumzinkhydrosilikat (Klinoëdrit) = SiO_5CaZnH_2. a : b : c = 0,6826 : 1 : 0,3226; β = 103°56′. Das Mineral zeigt sehr flächenreiche Kombinationen mit vorherrschenden (110), (551), ($\bar{3}$31), ($\bar{1}$11) u. a. Spaltbarkeit nach (010) vollkommen. Doppelbrechung negativ; Axenebene (010); die 1. Mittellinie bildet 60° mit der *c*-Axe im spitzen Winkel β. Eine elektrische Axe in der Symmetrieebene.

Skolezit = $Si_3O_{10}Al_2Ca \cdot 3\,H_2O$. a : b : c = 0,9764 : 1 : 0,3434; β = 90°42′. Langprismatische Kombinationen von *b* (010), *m* (110), *μ* ($\bar{1}$10) mit den Endflächen *o* (111), *ω* (11$\bar{1}$), meist Zwillinge nach *a* (100) (Fig. 171). Spaltbarkeit nach (110) ziemlich vollkommen. Die Ätzfiguren auf den sämtlichen Flächen von *m*, *μ* und *b* eines einfachen Krystalls sind in Fig. 172 nebeneinander dargestellt, in Fig. 173 die eines Zwillings von der Ausbildung der Fig. 171. Beim Abkühlen eines erwärmten

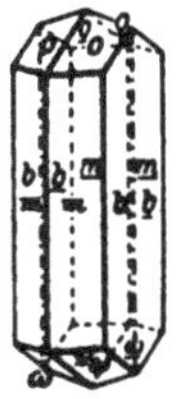

Fig. 171.

Fig. 172.

Fig. 173.

Krystalls werden die Kanten *m* : *m* positiv, die Kanten *μ* : *μ* negativ elektrisch; an den Zwillingen Fig. 171 werden die vorderen und die hinteren Prismenkanten positiv und an der Zwillingsgrenze erscheint eine negative Zone. Ebene der optischen Axen senkrecht zu (010); die 1. Mittellinie bildet 17° mit der *c*-Axe im stumpfen Winkel β; 2 *E* = 53°41′ rot, 59°37′ blau.

Kupfersulfat - Trihydrat = $SO_4Cu \cdot 3\,H_2O$. a : b : c = 0,4321 : 1 : 0,5523; β = 96°25′. Kombination (Fig. 174): *m* (110), *π* ($\bar{1}$11), *x* (02$\bar{1}$), *μ* ($\bar{1}$10), *ω* ($\bar{1}$1$\bar{1}$). Spaltbarkeit nach *b* (010) deutlich.

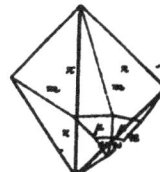

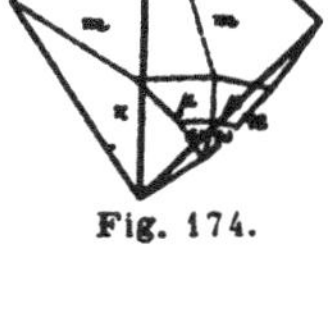

Fig. 174.

Norpinsäure = $C_9H_{12}O_4$. $a:b:c = 1,4267:1:0,6248$; $\beta = 128^0 20'$. Häufigste Kombination aus Essigäther (Fig. 175): a ($\bar{1}00$), a (100), q (011), m (110),

s ($20\bar{1}$), c (001), b (010), μ ($\bar{1}10$), zuweilen auch durch Hinzutreten x ($01\bar{1}$), γ ($00\bar{1}$) und σ (201) Kombinationen (Fig. 176) von scheinbar prismatischer Symmetrie, welche aber durch die unsymmetrischen, mit Äther erhaltenen Ätzfiguren auf b (010) sich als domatische erweisen. Spaltbarkeit nach b (010) sehr vollkommen, nach c (001) vollkommen, nach q (011) ziemlich vollkommen, nach a (100) unvollkommen. Ebene der optischen Axen senkrecht zu (010); die 1. Mittellinie bildet 126^0 mit der c-Axe im stumpfen Winkel β; $2E = 7^0$ ca. Li, 0^0 ca. Tl.

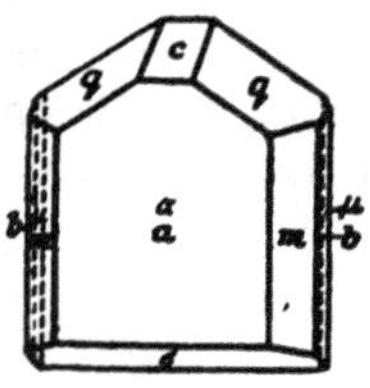

Fig. 175.   Fig. 176.

2, 4, 6-Tribrombenzonitril = $C_6H_2Br_3(CN)$. $a:b:c = 1,2113:1:1,1025$; $\beta = 135^0 36'$. Aus Benzol Tafeln (Fig. 177) c (001) mit m (110), o ($88\bar{1}$), r ($80\bar{1}$), a (100), t ($\bar{4}03$); aus Aceton Prismen (Fig. 178) m (110), μ ($\bar{1}10$) mit c (001), γ ($00\bar{1}$), x ($01\bar{1}$), ω ($\bar{2}23$). Häufig Zwillinge nach c (001). Spaltbarkeit nach c (001) vollkommen. 1. Mittellinie der optischen Axen nahe senkrecht zu c (001), Axenwinkel klein.

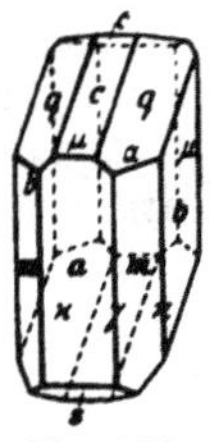

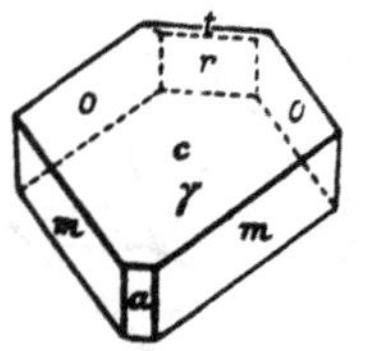

Fig. 177.   Fig. 178.

Diäthyldipropylammoniumpikrat = $C_6H_2(NO_2)_3(O \cdot N (C_2H_5)_2(C_3H_7)_2$. $a:b:c = 1,2145:1:1,5931$; $\beta = 97^0 40'$. Kombination (Fig. 179): a (100), α ($\bar{1}00$), b (010), γ ($00\bar{1}$), π ($\bar{1}11$), c (001), r (201). Spaltbarkeit nach a (100) ziemlich vollkommen. Eine optische Axe nahe senkrecht zu a (100). Goldgelb mit schwachem Pleochroïsmus.

Allylmethylanilinpikrat = $C_6H_5N(CH_3)(C_3H_5) \cdot C_6H_2(NO_2)_3$ OH. $a:b:c = 1,3972:1:1,7437$; $\beta = 105^0 33'$. Beobachtete Formen (Fig. 180): α ($\bar{1}00$), n (210), b (010), o (111), ω ($11\bar{1}$), r (101). Spaltbarkeit nach a (100) ziemlich

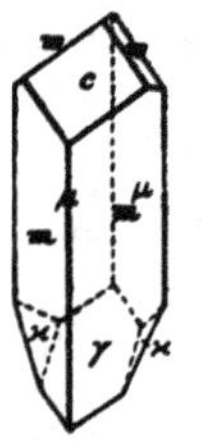

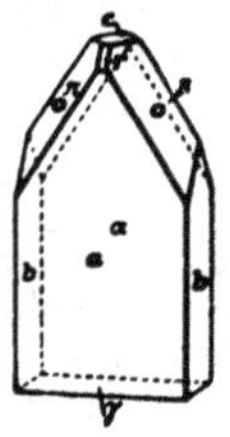

Fig. 179.   Fig. 180.   Fig. 181.   Fig. 182.   Fig. 183.

vollkommen. Ebene der optischen Axen b (010); durch α ($\bar{1}00$) ein Axenbild nahe zentral, das andere am Rande des Gesichtsfeldes sichtbar; Dispersion sehr stark.

p-Toluidoïsobuttersäureäthylester = $C_6H_4(CH_3) \cdot NH \cdot C(CH_3)_2 \cdot CO_2(C_2H_5)$. $a:b:c = 0,8106:1:0,6796$; $\beta = 100^0 30'$. Gewöhnliche Kombination (Fig. 181): γ ($00\bar{1}$), c (001), a (100), e ($\bar{1}01$), b (010), q (011), α ($\bar{1}00$), n (130), l (210). Spaltbarkeit nach c (001) und b (010) unvollkommen. Ebene der optischen Axen b (010), durch c (001) und a (100) je ein Axenbild sichtbar.

m-Tolursäure (Methylbenzoylaminoèssigsäure) = $C_6H_4(CH_3) \cdot CO \cdot NH(CH_2 \cdot CO_2H)$. $a:b:c = 1,1198:1:0,3346$; $\beta = 90^0 18'$. Prismen a (100), b (010) mit einer einzelnen Fläche von o (111) und mit σ ($30\bar{1}$), τ ($\bar{4}0\bar{1}$) (Fig. 182). Spaltbarkeit nach c (001) vollkommen (Fig. 183 ein Krystall mit abgebrochenem oberen Ende).

ψ-Tropin-O-carbonsäurechlorhydrat = $C_9H_{15}O_3N \cdot HCl$. $a:b:c = 1,1754:1:0,6596$; $\beta = 130^0 43'$. Beobachtete Formen (Fig. 184): m (110) matt, μ ($\bar{1}10$) glänzend, c (001) matt, ebenso ψ ($\bar{2}1\bar{1}$) und x ($21\bar{1}$), b (010) und ξ (211) glänzend. Spaltbarkeit nach b (010) vollkommen. Die 1. Mittellinie der optischen Axen bildet 10^0 mit der c-Axe im stumpfen Winkel β; Axenebene senkrecht zu b (010), Axenwinkel groß.

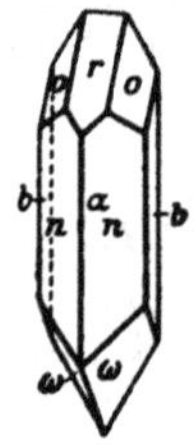

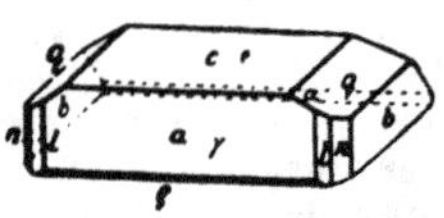

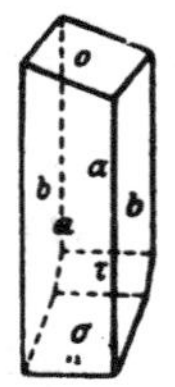

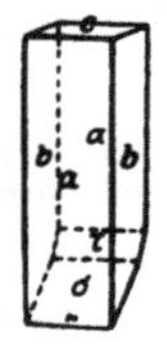

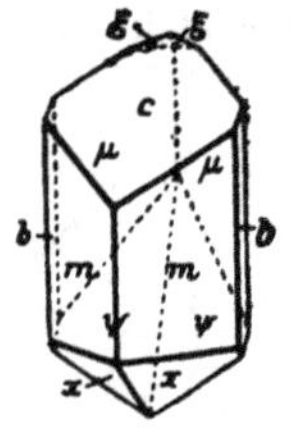

Fig. 184.

Prismatische Klasse[1]).

Die höchste Symmetrie des monoklinen Systems, die nach einer Ebene und einer dazu senkrechten zweizähligen Axe, bedingt nach S. 115 die Gleichwertigkeit von vier Flächen, deren je zwei parallel sind. Eine solche Form wird als »Prisma vierter Art« bezeichnet, wenn seine Flächen keiner der drei (in der S. 114 angegebenen Weise gewählten) Axen parallel sind, als »Prisma erster oder dritter Art«, wenn sie der *a*- bzw. der *c*-Axe parallel sind. Aus der Projektion Fig. 185 ist zu ersehen, daß die Flächen (h k l) und (h $\bar{k}$ l), ebenso die beiden ihnen parallelen, in eine Ebene fallen, wenn sie mit (010) 90° einschließen; die Prismen verwandeln sich also dann in Pinakoïde, welche der *b*-Axe parallel sind (häufig auch »Querflächen« genannt). In dem entgegengesetzten besonderen Falle, daß jener Winkel = 0°, fallen dagegen die Flächen (h k l) und ($\bar{h}$ k $\bar{l}$) einerseits, (h $\bar{k}$ l) und ($\bar{h}$ $\bar{k}$ $\bar{l}$) anderseits zusammen, und es entsteht das der Symmetrieebene parallele Pinakoïd (010) (auch »Längsfläche« genannt). Die Übersichtstabelle der möglichen einfachen Formen gestaltet sich daher folgendermaßen:

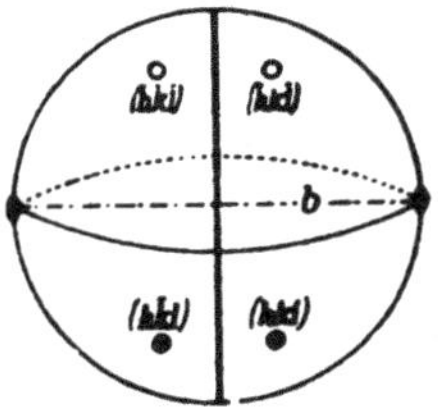

Fig. 185.

(100) erstes Pinakoïd,
(010) zweites Pinakoïd,
(001) drittes Pinakoïd,
(0 k l) ein Prisma erster Art,
(h 0 l) ein Pinakoïd zweiter Art,
(h k 0) ein Prisma dritter Art,
(h k l) ein Prisma vierter Art.

Die bereits S. 115 erwähnte außerordentliche Häufigkeit dieser Symmetrieart ermöglicht es, die Gesetzmäßigkeiten in dem mehr oder weniger häufigen Auftreten der verschiedenen, im monoklinen System möglichen Arten der Spaltbarkeit (s. S. 56) festzustellen. Am häufigsten ist vollkommenste Spaltbarkeit entweder nach der Symmetrieebene oder nach einer dazu senkrechten »Querfläche«; zuweilen ist beides der Fall, wobei natürlich die Vollkommenheit beider Spaltungsebenen verschieden ist.

Zwillingsebene kann jede Krystallfläche sein; ausgenommen ist nur (010) als Symmetrieebene. Weitaus die meisten Zwillingsbildungen sind solche mit der höchstmöglichen Symmetrie, nämlich nach einer zur Symmetrieebene senkrechten Fläche, in welchem Falle das entstehende Gebilde nach zwei zueinander senkrechten Ebenen, der Zwillingsebene und (010), symmetrisch ist, eine Symmetrieart, welche in einfachen Krystallen einer Klasse des rhombischen Systems verwirklicht ist. Wenn eine derartige Zwillingsbildung in lamellarer Wiederholung auftritt, so entstehen Gebilde, welche eine Pseudosymmetrie nach drei zueinander senkrechten Ebenen zeigen, entsprechend der höchst symmetrischen Klasse des rhombischen Systems (s. unter den Beispielen Ferricyankalium und Magnesiummetasilikat). Regelmäßige Verwachsung nach einer Prismenfläche kommt häufig nur an solchen

[1]) »Monoklin holoëdrische« Klasse der älteren Nomenklatur (s. S. 230).

Substanzen vor, an denen diese Fläche einer pseudotetragonalen (s. Feldspat) oder pseudohexagonalen (s. Natriumtrikaliumsulfat und -chromat) Form angehört, daher auch dann durch die Zwillingsbildung eine höhere Symmetrie gewissermaßen nachgeahmt wird.

Ist die Spaltbarkeit eines Krystalls eine besonders ausgezeichnete nach einer Ebene (welche nach obigem nur parallel oder senkrecht zur Symmetrieebene sein kann) und befinden sich in dieser zwei bzw. drei nahezu gleichwertige Richtungen, d. h. ist der Krystall pseudotetragonal oder pseudohexagonal, so treten die S. 102 besprochenen Zwillings- bzw. Drillingsbildungen ein, bei welchen die Zwillingsaxen diejenigen Richtungen sind, welche den Winkel der nahe gleichwertigen Richtungen halbieren, so daß diese in den Zwillingen vertauscht sind (s. unter den Beispielen Ferrocyankalium und Glimmer). Die innige Beziehung zwischen den Kohäsionsverhältnissen und der Zwillingsbildung (vgl. S. 61) ist ferner in besonders lehrreicher Weise zu ersehen beim pseudomonoklinen Feldspat, dessen Krystalle fast nur solche Zwillingsbildungen zeigen, bei denen entweder eine der beiden Spaltungsebenen den Krystallen gemeinsam ist oder in denen beide miteinander vertauscht sind.

Beispiele.

β-Schwefel (stabile Modifikation von 95°,5 bis zum Schmelzpunkte). a : b : c = 0,9958 : 1 : 0,9998; β = 95°46′. Aus dem Schmelzflusse entstehen gewöhnlich lange pseudotetragonale Prismen *m* (110) mit den Endflächen *c* (001), zuweilen auch mit *a* (100), *o* (111) und *q* (011) (Fig. 186); Zwillinge nach *a* (100) oder nach dem

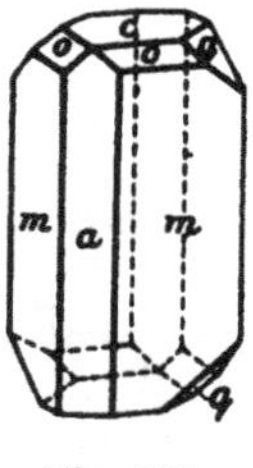

Fig. 186.

Fig. 187.

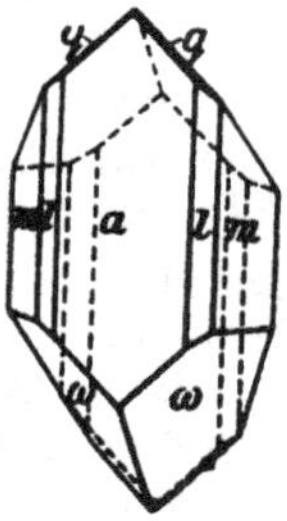

Fig. 188.

ebenfalls pseudotetratragonalen Prisma *q* (011), letztere gewöhnlich so, daß an einem langprismatischen Krystall eine Reihe von Täfelchen nach *c* (001), welches nahe parallel (010) des ersten, angewachsen sind (Fig. 187). Aus warmen Lösungen im Alkohol, besonders aus alkoholischer Lösung von Ammoniumpolysulfid entsteht die Kombination Fig. 188 mit ω (11$\bar{1}$) und *l* (210). Spaltbarkeit nach *m* (110) deutlich. Doppelbrechung schwach, negativ; Axenebene (010), 2 V = 58°; 1. Mittellinie bildet 44° mit der *c*-Axe.

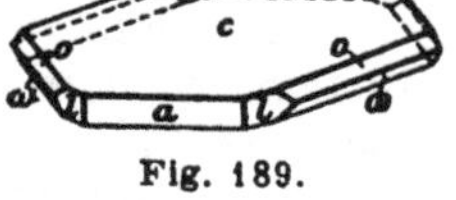

Fig. 189.

Selen. Aus Schwefelkohlenstoff Tafeln *c* (001) mit *a* (100), *o* (111), ω (11$\bar{1}$), *l* (210) (Fig. 189). Durch *c* (001) kein Axenbild sichtbar.

Fig. 190.

β-Arsentrioxyd = As_2O_3. a : b : c = 0,4040 : 1 : 0,3445; β = 93°57′. Die unter hohem Drucke sublimierten Krystalle sind meist flächenreiche Zwillinge nach (100) mit den Formen: *b* (010), *m* (110), *o* (111), ω (11$\bar{1}$), *q* (011), *t* (021), *u* (041) (Fig. 190). Spaltbarkeit nach *b* (010) höchst vollkommen, nach *m* (110) deutlich. Ebene der optischen Axen *b* (010); die 1. Mittellinie bildet mit der *c*-Axe 5½° im stumpfen Winkel β; Axenwinkel groß, $\rho > v$.

Arsenmonosulfid (nat. Realgar) = AsS. $a:b:c = 1{,}4403:1:0{,}9729$; $\beta = 113^\circ 55'$. Kombination (Fig. 191): *c* (001), *m* (110), *l* (210), *b* (010), *q* (011), *ω* (11$\bar{1}$). Spaltbarkeit nach *b* (010) ziemlich vollkommen. Ebene der optischen Axen (010); die 1. Mittellinie für Rot bildet mit der *c*-Axe 11° im stumpfen Winkel *β*, Axenwinkel groß, Dispersion stark, $\varrho > v$.

Arsentrisulfid (Auripigment) = As_2S_3. $a:b:c = 0{,}5962:1:0{,}6650$; $\beta = 90^\circ 41'$. Durch Sublimation entstehen nach *b* (010) dünnblättrige Aggregate, wie sie auch das Mineral gewöhnlich bildet; dünnprismatische Krystalle des letzteren zeigen die Formen (Fig. 192): *m* (110), *l* (320), *a* (100), *n* (120), *r* (101), *v* (12$\bar{1}$), *z* (523), *i* (243), *ν* (343). Spaltbarkeit nach *b* (010) höchst vollkommen; dieselbe Ebene zugleich Gleitfläche. Ätzfiguren auf den Spaltungsflächen nur zentrisch symmetrisch und fast immer in zwei Stellungen durch Zwillingsbildung nach *a* (100). Ebene der optischen Axen fast genau senkrecht zur *c*-Axe; durch *n* (120) die Axenbilder nahe zentral sichtbar, Dispersion sehr stark, $\varrho > v$.

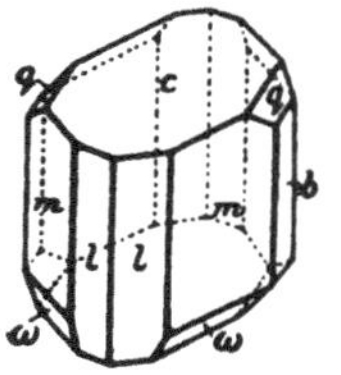

Fig. 191.

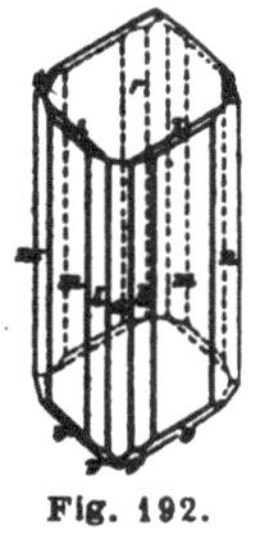
Fig. 192.

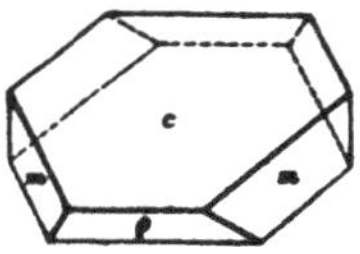

Fig. 193.

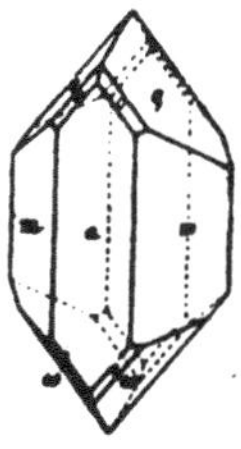
Fig. 194.

Kohlenstofftetrabromid = CBr_4. $a:b:c = 1{,}7414:1:1{,}9617$; $\beta = 125^\circ 3'$. Pseudoktoëdrische Kombination (Fig. 193): *c* (001), *m* (110), *ϱ* (10$\bar{1}$). Spaltbarkeit nach *c* (001) vollkommen, nach *b* (010) deutlich. Ebene der optischen Axen *b* (010); durch *c* (001) ein Axenbild sichtbar.

Stannochlorid-Dihydrat (Zinnsalz) = $SnCl_2 \cdot 2\,H_2O$. $a:b:c = 1{,}2888:1:1{,}2452$; $\beta = 114^\circ 58'$. Beobachtete Formen (Fig. 194): *a* (100), *m* (110), *q* (011), *ω* (11$\bar{1}$), *o* (111), *i* (21$\bar{1}$). Keine deutliche Spaltbarkeit.

Baryumchlorid-Dihydrat = $BaCl_2 \cdot 2\,H_2O$. $a:b:c = 0{,}6177:1:0{,}6549$; $\beta = 91^\circ 5'$. Kombination: *b* (010), *r* (101), *ϱ* ($\bar{1}$01), *o* (111), *ω* ($\bar{1}$11), *m* (110), *n* (120), *q* (011), *t* (021), fast immer Zwillinge, entweder nach (001) (Fig. 195) oder nach (100), meist aber nach beiden Gesetzen. Diese beiden Ebenen sind Gleitflächen und Zwillingslamellen, nach ihnen sehr leicht durch Druck zu erhalten. Ebene der optischen Axen *b* (010); 1. Mittellinie 8° zur *c*-Axe geneigt im stumpfen Winkel *β*, $2V = 84^\circ$, $\varrho < v$.

Magnesiumchlorid-Hexahydrat (Bischofit) = $MgCl_2 \cdot 6\,H_2O$. $a:b:c = 1{,}348:1:0{,}818$; $\beta = 96^\circ 39'$. Die zerfließlichen Krystalle zeigen die Formen *a* (100), *m* (110), *o* (111), selten *x* (221) (Fig. 196) und schmale Flächen anderer, nicht sicher bestimmbarer Prismen 3. Art. Keine deutliche Spaltbarkeit.

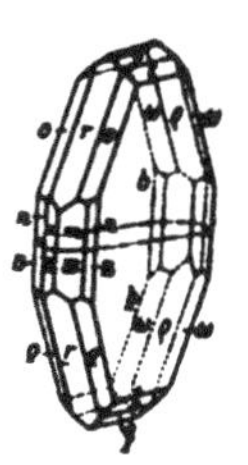
Fig. 195.

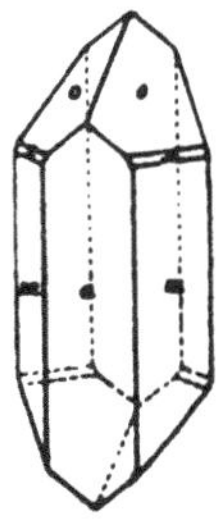
Fig. 196.

Natriumhexafluoroaluminat (Kryolith) = AlF_6Na_3. $a:b:c = 0{,}9662:1:1{,}3882$; $\beta = 90^\circ 11'$. Das Mineral zeigt die würfelähnliche Kombination *m* (110), *c* (001), untergeordnet *r* (101), *ϱ* (10$\bar{1}$), *q* (011) u. a. Häufig Zwillingsbildung nach *m* (110). Spaltbarkeit nach *c* (001) ziemlich vollkommen, nach *m* (110) deutlich. Sehr niedrige Lichtbrechung ($\beta = 1{,}364$ Na); Axenebene senkrecht zu *b* (010), die 1. Mittellinie bildet 44° mit der *c*-Axe im spitzen Winkel *β*, $2E = 59^\circ$ rot, 60° blau.

Kaliumhexacyanoferroat-Trihydrat (Ferrocyankalium, gelbes Blutlaugensalz) = $Fe(CN)_6K_4 \cdot 3 H_2O$. a : b : c = 0,3936 : 1 : 0,3943; β = 90°2′. Beobachtete Formen (Fig. 197): *b* (010), *m* (110), *q* (011), *r* (101), *ϱ* (10$\bar{1}$), *i* (121); gewöhnlich nur *b*, *m* und *q* als scheinbar tetragonale Kombination. Spaltbarkeit nach *b* (010) sehr vollkommen. Ebene der optischen Axen senkrecht zu *b* (010), die 1. Mittellinie bildet mit der *c*-Axe 32° im stumpfen Winkel β; 2 V = 78°. Die gewöhnlichen, nach der pseudotetragonalen Basis *b* (010) tafeligen Krystalle bestehen aus Lamellen in vier Zwillingsstellungen (s. Fig. 198), nach den Diagonalen (Zwillingsebene (101) oder (10$\bar{1}$)) und den Seiten (Zwillingsebene (100) oder (001)), welche einander unregelmäßig durchdringen, so daß Spaltungsplatten, in denen hauptsächlich Lamellen 1 und 2 bzw. 3 und 4 übereinander liegen, statt der vier außerhalb des Gesichtsfeldes liegenden Axenbilder zwei mit kleinerem Winkel in der Diagonale zeigen, während an den Stellen, an denen das Licht durch Lamellen aller vier Stellungen hindurchgeht, optische Einaxigkeit zu beobachten ist (vgl. S. 41).

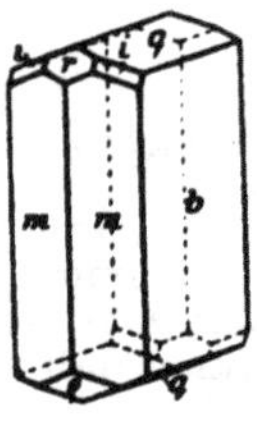

Fig. 197.

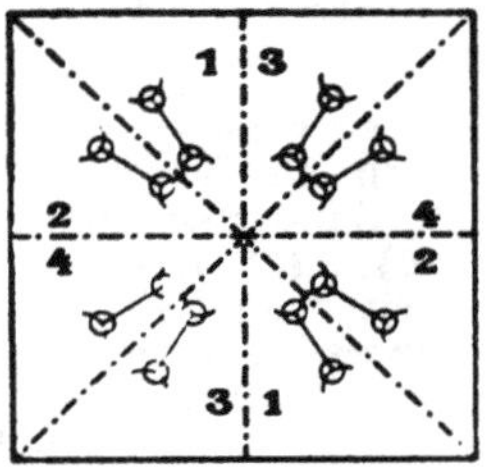

Fig. 198.

Kaliumhexacyanoferriat (Ferricyankalium, rotes Blutlaugensalz) = $Fe(CN)_6K_3$. a : b : c = 1,2876 : 1 : 0,8012; β = 90°6′. Die pseudorhombischen Krystalle zeigen die Formen (Fig. 199): *m* (110), *a* (100), *x* (322), *o* (111), *q* (011), *v* ($\bar{1}$22), *ω* (11$\bar{1}$), sind aber gewöhnlich lamellare Zwillinge nach *a* (100), welche um so vollkommener die Form rhombischer Krystalle haben, je zahlreicher und feiner die sie zusammensetzenden Lamellen sind. Spaltbarkeit nach *a* (100) vollkommen. Ebene der optischen Axen (010); die 1. Mittellinie bildet 4° mit der *c*-Axe im stumpfen Winkel β; 2 E = 71° rot, 76° gelb; Pleochroïsmus: 𝔞 orangerot, 𝔟 hyazinthrot, 𝔠 kirschrot.

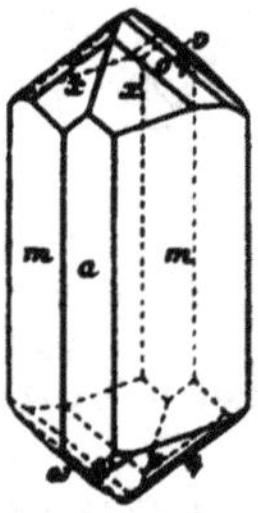

Fig. 199.

Diäthylammoniumhexachloroplatinat = $PtCl_6(NH_2 \cdot 2C_2H_5)_2$. a : b : c = 0,9270 : 1 : 0,8575; β = 93°46′. Beobachtete Formen: *m* (110), *r* (101), *q* (011), *ϱ* (10$\bar{1}$), *o* (111), *ω* (11$\bar{1}$), *c* (001) (Fig. 200 und 201, letztere aus warmer Lösung); Zwillinge nach *ϱ* (10$\bar{1}$). Spaltbarkeit nach *m* (110) und *r* (101) sehr vollkommen.

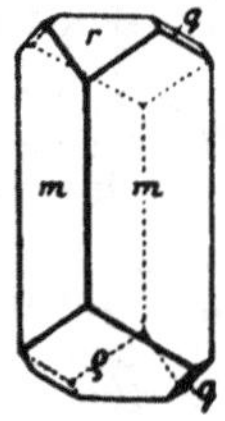

Fig. 200.

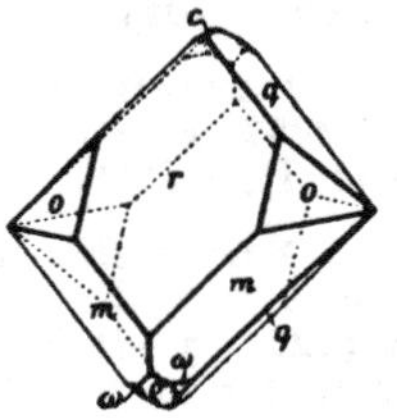

Fig. 201.

Triäthylammoniumhexachloroplatinat = $PtCl_6(NH \cdot 3C_2H_5)_2$. a : b : c = 1,0028 : 1 : 0,9322; β = 99°37′. Kombination (Fig. 202): *ϱ* (10$\bar{1}$), *m* (110), *q* (011), *ω* (11$\bar{1}$), *r* (101), *o* (111), *c* (001). Spaltbarkeit nach *ϱ* (10$\bar{1}$) sehr vollkommen, nach *r* (101) fast ebenso vollkommen. Ebene der optischen Axen *b* (010); durch *r* (101) und *ϱ* (10$\bar{1}$) das Bild je einer Axe sichtbar.

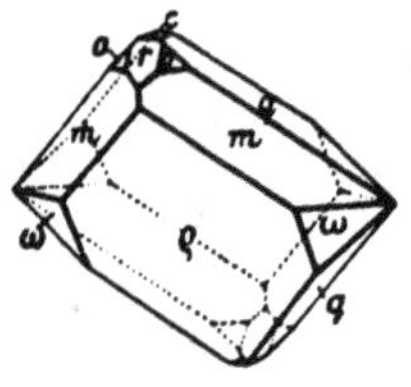

Fig. 202.

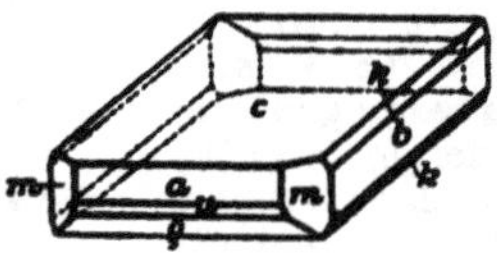

Fig. 203.

Kaliumdioxytetrafluorowolframat-Monohydrat = $WO_2F_4K_2 \cdot H_2O$. a : b : c = 1,0019 : 1 : 1,0481; β = 98°47′. Flächenreiche Krystalle von wechselndem Habitus; häufigste Kombination (Fig. 203): *c* (001), *b* (010), *a* (100), *ϱ* (10$\bar{1}$), *m* (110), *k* (021), *u* (401). Spaltbarkeit nach *b* (010) unvollkommen. Ebene der optischen Axen *b* (010), 1. Mittellinie bildet 8° mit der *c*-Axe im stumpfen Winkel β; 2 H = 72½° rot, 71¼° grün.

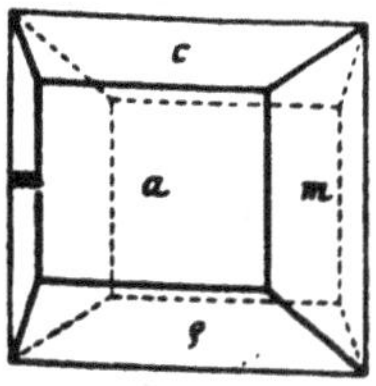

Fig. 204.

Ammoniumthiocyanat (Rhodanammonium) = $NCS \cdot NH_4$. a : b : c = 2,035 : 1 : 2,367; β = 117°2′. Kombination (Fig. 204): *a* (100), *m* (110), *c* (001), *ρ* (10$\bar{1}$). Zerfließlich. Spaltbarkeit nach *a* (100) und *ρ* (10$\bar{1}$) vollkommen. Ebene der optischen Axen *b* (010); durch *ρ* (10$\bar{1}$) beide Axenbilder mit starker Dispersion der Mittellinien und der Axen sichtbar.

Kaliumchlorat = ClO_3K. a : b : c = 0,8331 : 1 : 1,2673; β = 109°42′. Rhomboëderähnliche Kombination (Fig. 205): *m* (110), *c* (001), *ρ* (10$\bar{1}$) oder Tafeln nach *c*, zuweilen mit *o* (11$\bar{1}$), *q* (011), *a* (100) (Fig. 206 und 207); meist Zwillinge nach *c* (001) (Fig. 208), häufig in lamellarer Wiederholung mit eingelagerten dünnen Zwillingslamellen. Spaltbarkeit nach *c* (001) und *m* (110) vollkommen; Gleitfläche *a* (100). Ebene

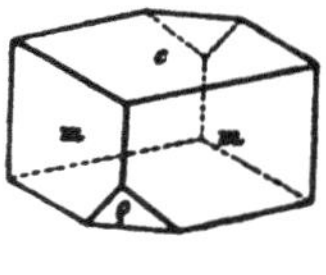

Fig. 205.

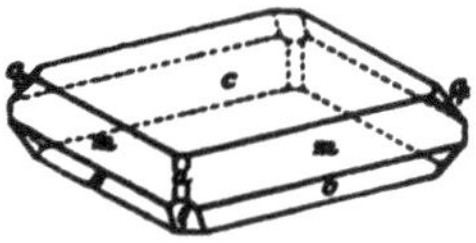

Fig. 206.

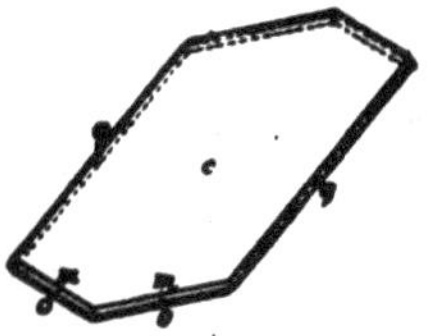

Fig. 207.

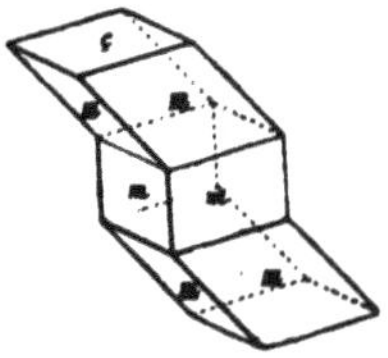

Fig. 208.

der optischen Axen senkrecht zu (010); die 1. Mittellinie bildet 57½° mit der *c*-Axe im stumpfen Winkel *β*, ist also angenähert der pseudotrigonalen Axe des Pseudorhomboëders *mc* parallel; 2 *E* = 43° ca., $\rho < v$.

Kaliumjodat = JO_3K. a : b : c = 1,0089 : 1 : 0,7697; β = 90°45′. Kombination *m* (110), *c* (001), *a* (100), *o* (111), *ω* (11$\bar{1}$) in pseudokubischen Vierlingskrystallen nach *m* (110) (Fig. 209). Keine deutliche Spaltbarkeit. Negative Doppelbrechung mit 2 *E* = 45° ca.

Ammoniumlanthanonitrat-Tetrahydrat = $(NO_3)_5 La (NH_4)_2 \cdot 4 H_2O$. a : b : c = 1,2475 : 1 : 2,1863; β = 112°36′. Beobachtete Formen: *c* (001), *m* (110), *ρ* (10$\bar{1}$),

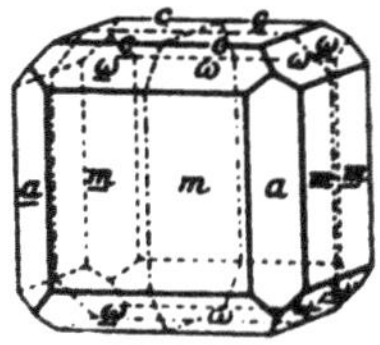

Fig. 209.

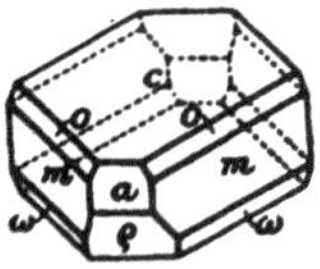

Fig. 210.

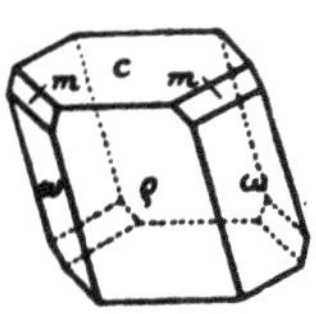

Fig. 211.

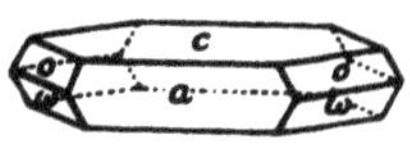

Fig. 212.

o (111), *ω* (11$\bar{1}$), *a* (100) (Fig. 210 und 211). Spaltbarkeit nach *c* (001) vollkommen. Beide Axenbilder durch *c* (001) in *b* (010) mit starker Dispersion, $\rho > v$, sichtbar; der Axenwinkel wird mit der Temperatur kleiner und bei mäßiger Wärme Null.

Magnesiumcerinitrat-Oktohydrat = $(NO_3)_6 Ce Mg \cdot 8 H_2O$. a : b : c = 1,032 : 1 : 1,586; β = 96°43′. Kombination (Fig. 212): *c* (001), *a* (100), *o* (111), *ω* (11$\bar{1}$). Ebene der optischen Axen senkrecht zu *b* (010), 1. Mittellinie nahe senkrecht zu *c* (001), Axenwinkel groß.

Monokaliumcarbonat (Kaliumbicarbonat) = CO_3KH. a : b : c = 2,6770 : 1 : 1,3115; β = 103°25′. Kombination (Fig. 213): *c* (001), *r* (101), *a* (100), *σ* (20$\bar{1}$), *m* (110). Spaltbarkeit nach *a* (100), *c* (001) und *r* (101). Ebene der optischen Axen *b* (010); 1. Mittellinie bildet mit der *c*-Axe 30° im stumpfen Winkel *β*; 2 *V* = 81½°.

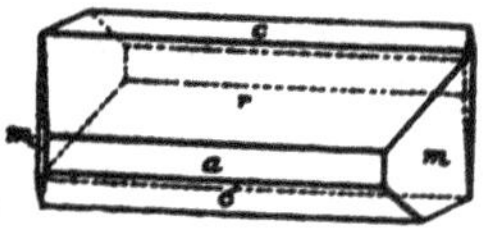

Fig. 213.

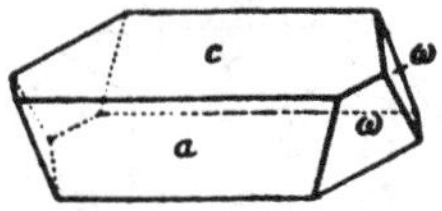

Fig. 214.

Trinatriumdicarbonat-Dihydrat (Trona) = $CO_3\,Na\,H \cdot CO_3Na_2 \cdot 2H_2O$. a : b : c = 2,8426 : 1 : 2,9494; β = 103° 29'. Natürliche Krystalle Fig. 214: *c* (001), *a* (100), *ω* (11$\bar{1}$); an Krystallen aus Sodalösung wurde noch beobachtet: *r* (304), *τ* ($\bar{1}$.0.18), *σ* ($\bar{2}$.0.$\bar{1}$3), *ρ* (30$\bar{2}$) (Fig. 215). Spaltbarkeit nach *a* (100) sehr vollkommen. Ebene der optischen Axen bildet mit *c* (001) 6° im stumpfen Winkel β, 1. Mittellinie Axe *b*, Axenwinkel groß.

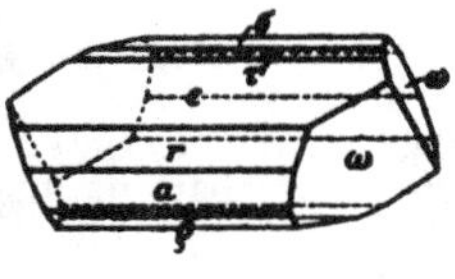

Fig. 215.

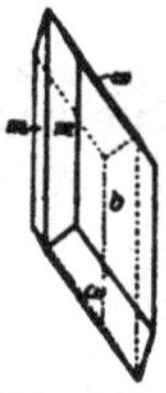

Fig. 216

Natriumcarbonat-Dekahydrat (Soda) = $CO_3\,Na_2 \cdot 10\,H_2O$. a : b : c = 1,4186 : 1 : 1,4828; β = 122°20'. Kombination (Fig. 216): *b* (010), *m*(110), *ω* (11$\bar{1}$). Spaltbarkeit nach *a* (100) deutlich, nach *b* (010) unvollkommen. Ebene der optischen Axen, senkrecht zu *b* (010) bildet mit der *c*-Axe 100° im stumpfen Winkel β; 1. Mittellinie Axe *b*; 2 *E* = 112¾°; Dispersion der Axen und ihrer Ebenen sehr klein.

Magnesiummetasilikat (»Klinoënstatit«, nat. als Enstatit in pseudorhombischen Krystallen) = $(SiO_3)_2Mg_2$. a : b : c = 1,03 : 1 : 0,60; β = 92½° ca. Aus dem Schmelzflusse Prismen (110) mit (100), (010) und den Endflächen (111), ($\bar{1}$11) oder (102), ($\bar{1}$02); stets lamellare Zwillinge nach (100). Spaltbarkeit nach (110) vollkommen. Ebene der optischen Axen senkrecht zu (010), die 1. Mittellinie bildet 21° mit der *c*-Axe; 2 *V* = 53½°.

Magnesiumcalciummetasilikat (nat. Diopsid) = $(SiO_3)_2MgCa$. a : b : c = 1,0921 : 1 : 0,5894; β = 105°48½'; die nat. Krystalle sind pseudotetragonale Prismen *b* (010), *a* (100), *m* (110) mit schmalem *f* (310) und den in Fig. 217 auf die zur *c*-Axe senkrechte Ebene projiziert dargestellten Endflächen *c* (001), *p* ($\bar{1}$01), *u* (111), *s* ($\bar{1}$11), *o* ($\bar{2}$21). Wegen der Verwandtschaft mit der vorigen Substanz kann man die Krystalle auch beziehen auf die Elemente: a : b : c = 1,0503 : 1 : 0,5894; β = 90°9'; alsdann werden die Symbole der Endflächen: *c* (102), *p* ($\bar{1}$02), *u* (322), *s* ($\bar{1}$22), *o* ($\bar{3}$42), also weniger einfach. Häufig Zwillinge nach *a* (100), auch als Lamellen in scheinbar einfachen Krystallen. Aus dem Schmelzflusse erhaltene Krystalle zeigen *m*, *b*, *s*, *o*. Spaltbarkeit nach *m* (110) ziemlich vollkommen. Ebene der optischen Axen *b* (010); die 1. Mittellinie bildet 38½° mit der *c*-Axe im stumpfen Winkel β; 2 *V* = 59°.

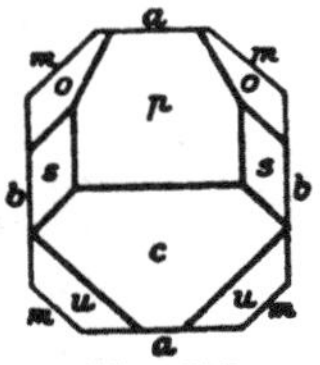

Fig. 217.

Calciummetasilikat (nat. Wollastonit) = $(SiO_3)_2Ca_2$. a : b : c = 1,0523 : 1 : 0,9649; β = 95°24½'. Die stets nach der *b*-Axe verlängerten Krystalle zeigen die Formen (Fig. 218): *a* (100), *c* (001), *r* (101), *ρ* (10$\bar{1}$), an den Enden *m* (110) u. a. Lamellare Zwillingsbildung nach *a* (100). Spaltbarkeit nach *a* (100) und *c* (001) vollkommen, *ρ* (10$\bar{1}$) deutlich. Ebene der optischen Axen *b* (010); die 1. Mittellinie bildet 12° mit der *c*-Axe im spitzen Winkel β; 2 *E* = 70½° rot, 68½° violett.

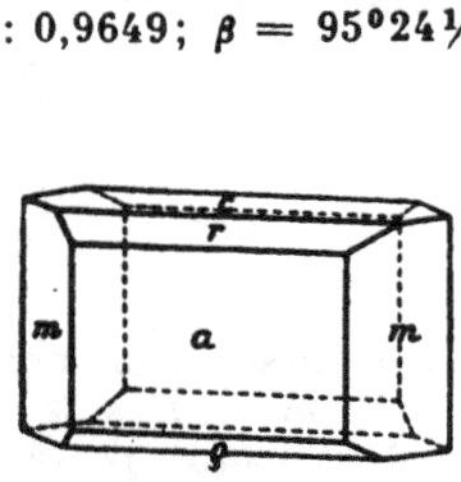

Fig. 218.

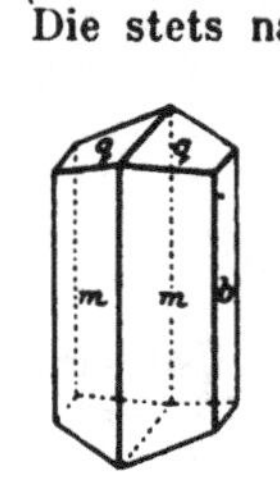

Fig. 219.

Trimagnesiumcalciummetasilikat (Tremolit) = $(SiO_3)_4Mg_3Ca$. a : b : c = 0,5318 : 1 : 0,2936; β = 104° 58'. Das Mineral erscheint in Prismen *m* (110) mit *b* (010) und *q* (011) (Fig. 219). Spaltbar nach *m* (110) vollkommen. Ebene der optischen Axen *b* (010), die 1. Mittellinie bildet 75° mit der *c*-Axe im stumpfen Winkel β; 2 *V* = 87½°.

Hydrogeniumkaliumaluminiumorthosilikat (Glimmer, Muscovit) = $(SiO_4)_3Al_3KH_2$. a : b : c = 0,5774 : 1 : 2,217; β = 95° 5'. Die ausgezeichnet pseudohexagonalen Krystalle sind sechsseitige Tafeln (001) mit den Randflächen (110), (010), untergeordnet (11$\bar{1}$) u. a.; stets aus zahlreichen Lamellen in drei Stellungen bestehend (vgl. S. 102), mit den in (001) liegenden Normalen zu den Kanten [001, 110] und [001, 1$\bar{1}$0] als Zwillingsaxen. Die häufigen großen Tafeln ohne deutliche Randflächen sind meist einfache Krystalle. Spaltbarkeit nach (001) außerordentlich vollkommen. Gleitrichtungen sind die drei fast genau gleichwertigen Kanten [001, 010], [001, 110], [001, 1$\bar{1}$0], Richtungen der Fältelung und faserigen Bruches die drei dazu senkrechten Geraden in (001). Ätzfiguren auf (001) nur nach der *a*-Axe symmetrisch. Ebene der optischen Axen senkrecht zu (010); die 1. Mittellinie weicht von den Normalen zu (001) nur ca. 1° im spitzen Winkel β ab; 2 *E* = 70° ca., $\varrho - v$.

Hydrogeniummagnesiumaluminiumsilikat (Klinochlor) = $Si_3O_{18}Al_2Mg_5H_8$. a : b : c = 0,5774 : 1 : 2,2771; β = 90°20'. Das stets eisenhaltige Mineral bildet pseudohexagonale Krystalle der Kombination (Fig. 220): *c* (001), *t* (043), *x* (112), ω (11$\bar{1}$), ϱ (10$\bar{1}$), *v* (132); häufig Zwillinge und Drillinge in lamellarer Wiederholung, wie beim vor. Mineral. Spaltbarkeit nach *c* (001) sehr vollkommen. Doppelbrechung positiv, 1. Mittellinie bildet 6 bis 8° mit der Normalen zu *c* (001), Axenwinkel variabel; Farbe grün durch *c* (001), senkrecht dazu rotbraun.

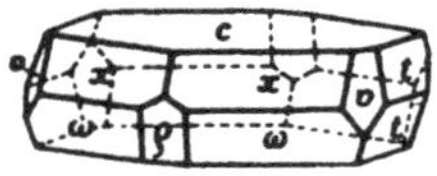

Fig. 220.

Calciumaluminiumhydroxyorthosilikat (Klinozoisit, eisenhaltig Epidot) = $(SiO_4)_3Al_2(Al \cdot OH)Ca_2$. a : b : c = 2,8914 : 1 : 1,8057; β = 98° 57'. Nach der *b*-Axe prismatische Kombinationen von Pinakoïden, unter denen meist (001), (100), (101) und (10$\bar{1}$) vorherrschen, mit den Endflächen (111), (11$\bar{1}$), (210) u. a. Häufig Zwillinge nach (100), oft mit lamellarer Wiederholung. Spaltbarkeit nach (10$\bar{1}$) vollkommen, nach (100) ziemlich vollkommen. Ebene der optischen Axen (010), erste Mittellinie nahe senkrecht zu (100); 2 *V* = 73°, $\varrho > v$. Die nat. eisenhaltigen Krystalle sind außerordentlich stark pleochroïtisch (braun—grün) und zeigen in der Richtung der Axen Büschel (s. S. 38).

Calciumsilikotitanat (Titanit, Sphen) = $SiTiO_5Ca$. a : b : c = 0,4271 : 1 : 0,6576; β = 94°37½'. Aus $CaCl_2$-Schmelze entstehen dünne Prismen (011); die nat. Krystalle zeigen einen sehr wechselnden Habitus und die Formen (001), ($\bar{1}$02), ($\bar{1}$01), (110), ($\bar{1}$23) u. a. Spaltbarkeit nach (011) deutlich. Doppelbrechung positiv, sehr stark; Axenebene (010), 1. Mittellinie nahe senkrecht zu ($\bar{1}$02); 2 *E* ca. 50° f. Rot, ca. 45° f. Gelb, ca. 40° f. Grün.

Monokaliumsulfit (Kaliumbisulfit) = SO_3KH. a : b : c = 0,9276 : 1 : 2,2917; β = 94°46'. Dünnprismatische Kombinationen *c* (001), *a* (100), *r* (101), *s* (105), *t* (10$\bar{3}$), am Ende *m* (110) (Fig. 221).

Natriumsulfit-Heptahydrat = $SO_3Na_2 \cdot 7\,H_2O$. a : b : c = 1,5728 : 1 : 1,1694; β = 93°36'. Beobachtete Formen (Fig. 222): *c* (001), *a* (100), *r* (101), σ (20$\bar{1}$), *m* (110), *x* (232). Spaltbarkeit nach *c* (001), weniger gut nach *a* (100). Ebene der optischen Axen für Rot und Gelb *b* (010), für Blau und Violett senkrecht dazu; die 1. Mittellinie bildet 68° mit der *c*-Axe im spitzen Winkel β.

Fig. 221.

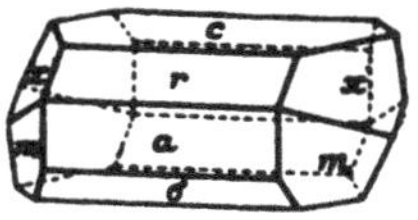

Fig. 222.

Natriumtrikaliumsulfat (nat. Glaserit) = $(SO_4)_2K_3Na$ und **Natriumtrikaliumchromat** = $(CrO_4)_2K_3Na$ bilden pseudohexagonale Tafeln, deren sechsseitige Basis parallel den Seiten in sechs Sektoren geteilt ist (Fig. 223), deren zwei gegenüberliegende einem monoklinen Krystall entsprechen, gebildet von den Formen *c* (001), *a* (100), ϱ ($\bar{1}$01), *r* (101) und den Verwachsungsflächen *m* (110), mit den Elementen (für das Chromat): a : b : c = 1,7499 : 1 : 0,8923; β = 90°46'; da die *c*-Flächen in eine Ebene fallen, sind als Zwillingsaxen die in dieser Ebene liegenden Normalen zu den Kanten *cm* anzunehmen; die drei Krystalle durchdringen einander auch in Zwillingslamellen und durch Übereinanderlagerung derselben entstehen optisch einaxige Partien. Die 1. Mittellinie der optischen Axen ist fast genau senkrecht zu *c* (001), der Axenwinkel klein. Beim Erwärmen vermehren sich die Lamellen und aus warmen Lösungen entstehen scheinbar einfache, optisch einaxige Krystalle.

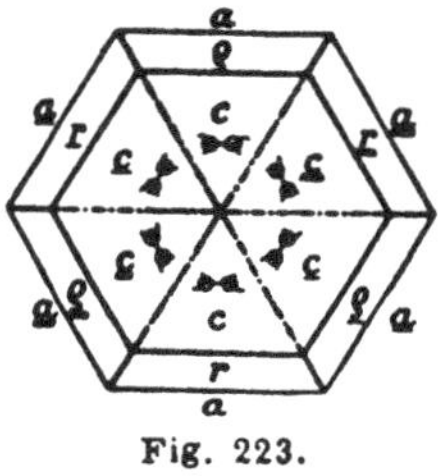

Fig. 223.

Fig. 224.

Natriumsulfat-Dekahydrat (Glaubersalz, nat. Mirabilit) = $SO_4Na_2 \cdot 10\,H_2O$. a : b : c = 1,1158 : 1 : 1,2380; $\beta = 107^\circ 45'$. Gewöhnliche Kombination (Fig. 224): *a* (100), *c* (001), *ϱ* (10$\bar{1}$), *q* (011), *m* (110), *ω* (11$\bar{1}$), *b* (010), *s* (102), *σ* (10$\bar{2}$), *k* (021). Zuweilen Zwillinge nach *a* (100). Spaltbarkeit nach *a* (100) vollkommen. Ebene der optischen Axen, senkrecht zu *b* (010), für Rot bildet mit der *c*-Axe 76¾°, die für Blau 81¼° im stumpfen Winkel *β*; 1. Mittellinie Axe *b*; 2 *V* = 80½° mit sehr geringer Dispersion, $\varrho > v$.

Bleichromat (Krokoït) = CrO_4Pb. a : b : c = 0,9603 : 1 : 0,9159; $\beta = 102^\circ 27'$. Aus der Lösung von Bleinitrat und Kaliumdichromat Prismen *m* (110), *a* (100), *b* (010) mit den Endflächen *q* (001), *ω* (11$\bar{1}$), *c* (001), *ϱ* (10$\bar{1}$) (Fig. 225); die natürlichen Krystalle zeigen als Endflächen vorwaltend *o* (111) und *h* (401). Spaltbarkeit nach *m* (110) deutlich. Doppelbrechung positiv, außerordentlich stark; Axenebene *b* (010), 1. Mittellinie bildet 5½° mit der *c*-Axe im stumpfen Winkel *β*; 2 *V* = 54°.

Ferrowolframat (Ferberit, manganhaltig Wolframit) = WO_4Fe. a : b : c = 0,8229 : 1 : 0,8463; $\beta = 90^\circ 22'$. Prismen *m* (110), *a* (100), *b* (010), *s* (102), *q* (011), *ω* (11$\bar{1}$), *ξ* (21$\bar{1}$), *σ* (10$\bar{2}$) (Fig. 226); Zwillinge nach *a* (100). Spaltbarkeit nach *b* (010) vollkommen.

Calciumsulfat-Dihydrat (nat. Gyps) = $SO_4Ca \cdot 2\,H_2O$. a : b : c = 0,6895 : 1 : 0,4132; $\beta = 98^\circ 58'$. Die häufigste Kombination die von *b* (010) mit *m* (110) und *o* (11$\bar{1}$) (Fig. 227), nicht selten auch *ω* (11$\bar{1}$); Zwillinge nach *a* (100) (Fig. 228 oder ähnlich der Fig. 171, S. 125): Krystalle mit den vorherrschenden Formen

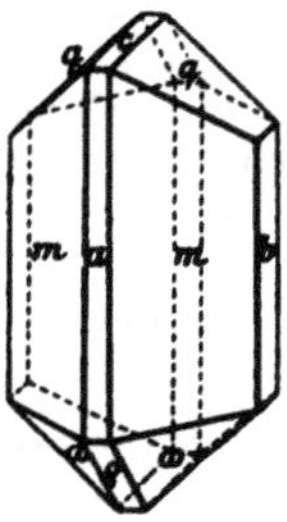

Fig. 225.

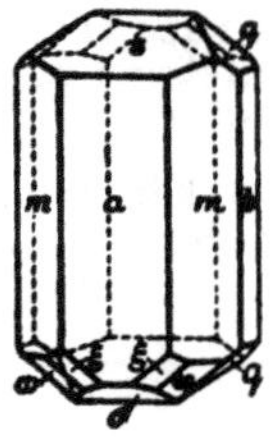

Fig. 226.

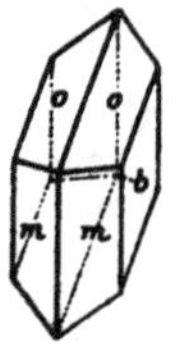

Fig. 227.

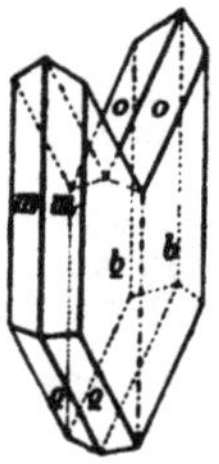

Fig. 228.

o (111), *w* (113), *c* (001) sind meist Zwillinge nach (101). Spaltbarkeit nach *b* (010) höchst vollkommen, nach *ω* (11$\bar{1}$) ziemlich vollkommen (infolge der Gleitfähigkeit faseriger Bruch), nach *a* (100) deutlich (ebener bis muscheliger Bruch). *b* (010) ist die Ebene leichtester Gleitung parallel der *c*-Axe, infolge deren leicht Biegung um die in (010) liegende Normale zur Gleitrichtung stattfindet. Ebene der optischen Axen *b* (010), die erste Mittellinie bildet mit der *c*-Axe ca. 75° im stumpfen Winkel *β* und zeigt anormale Dispersion, ebenso der Axenwinkel, welcher für Gelb am größten ist (58°). Die Richtung der größten thermischen Ausdehnung ist die *b*-Axe, die der kleinsten bildet 45° bis 46° mit der *c*-Axe im stumpfen Winkel *β*; von 0 bis 100° nimmt a : b um 0,0016, c : b um 0,0007 ab, *β* um 7′ zu. Dementsprechend ändern sich die Brechungsindices mit der Temperatur so verschieden stark, daß die Axenebene gegen 100° (zuerst für Blau) senkrecht zu (010) wird (s. S. 48).

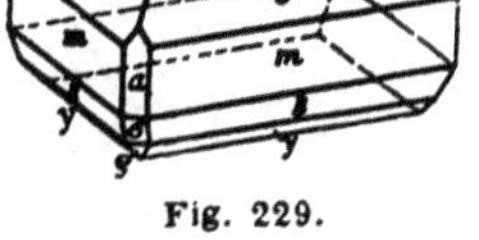

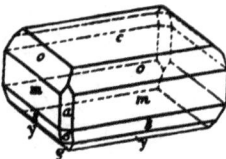

Fig. 229.

Magnesiumsulfat-Hexahydrat = $SO_4Mg \cdot 6\,H_2O$. a : b : c = 1,4039 : 1 : 1,6683; $\beta = 98^\circ 34'$. Aus warmer Lösung die meist kurz prismatische Kombination (Fig. 229): *m* (110), *c* (001), *o* (111), *ξ* (22$\bar{1}$), *y* (12$\bar{2}$), *a* (100), *ϱ* (10$\bar{1}$), *σ* (20$\bar{1}$). Ebene der optischen Axen *b* (010); 1. Mittellinie bildet mit der *c*-Axe 25° im spitzen Winkel *β*, Axenwinkel klein, $\varrho > v$.

Ferrosulfat-Heptahydrat (Eisenvitriol, nat. Melanterit) = $SO_4Fe \cdot 7\,H_2O$. a : b : c = 1,1828 : 1 : 1,5427; β = 104°15½′. Beobachtete Formen: *m* (110), *c* (001), *ϱ* $(10\bar{1})$, *r* (101), *q* (011), *o* (111), *b* (010), *s* (103), weniger häufig: *ξ* $(12\bar{1})$, *y* (211), *x* (121), *i* (112), *t* (013); die einfachsten Kombinationen (Fig. 230 u. 231)

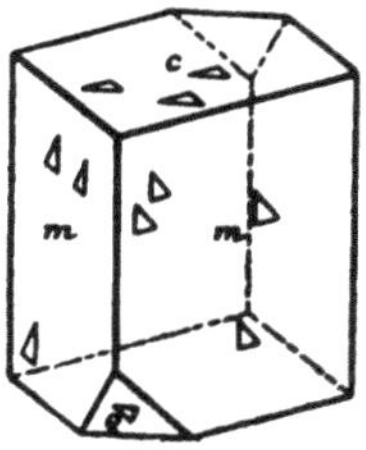
Fig. 230.

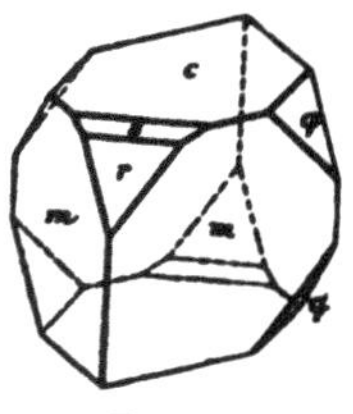
Fig. 231.

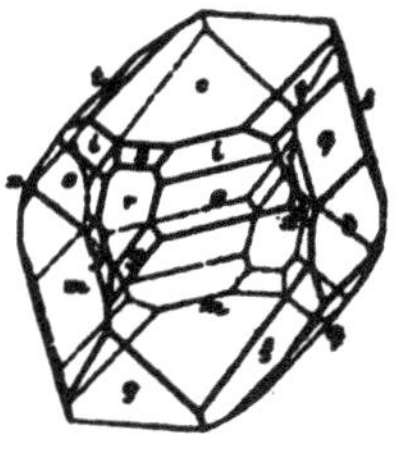
Fig. 232.

sind rhomboëderähnlich, nicht selten sind solche mit fast allen in Fig. 232 eingezeichneten Formen. Spaltbarkeit nach *c* (001) vollkommen, nach *m* (110) deutlich. Ätzfiguren (mit Alkohol) auf *c*, *m* und *ϱ* (der pseudorhomboëdrischen Basis), s. Fig. 230. Ebene der optischen Axen *b* (010); die 1. Mittellinie bildet 62½° mit der *c*-Axe im spitzen Winkel β; 2 *V* = 85½°; Dispersion der Mittellinien und der Axen gering.

Magnesiumsulfat-Kaliumchlorid-Trihydrat (nat. Kainit) = $SO_4Mg \cdot KCl \cdot 3\,H_2O$. a : b : c = 1,2186 : 1 : 0,5863; β = 94°55′. Beim Eindampfen einer Lösung von $MgCl_2$, SO_4Mg und $SO_4\,K_2$ entsteht die Kombination (100), $(11\bar{1})$, (111), (001), (010); die natürlichen Krystalle zeigen dieselben Formen mit vorherrschenden (001). Spaltbarkeit nach (100) vollkommen, nach (111) deutlich. Doppelbrechung negativ; Axenebene (010); die 1. Mittellinie bildet mit der *c*-Axe 11° im stumpfen Winkel β; 2 *V* = 84½° Na.

Praseodymsulfat-Oktohydrat = $(SO_4)_3Pr_2 \cdot 8\,H_2O$. a : b : c = 2,9863 : 1 : 1,9995; β = 118°0′. Beobachtete Formen: *c* (001), *ω* $(11\bar{1})$, *a* (100), *ϱ* $(10\bar{1})$, *π* $(21\bar{1})$, *o* (111), *r* (101), *ξ* $(31\bar{1})$, *x* (311), *τ* $(31\bar{3})$, *σ* $(20\bar{1})$, *q* (011) in den Kombinationen Fig. 233 bis 235[1]). Spaltbarkeit nach *c* (001) sehr vollkommen, nach *ϱ* $(10\bar{1})$ deutlich. Ätzfiguren auf *c* (001) symmetrisch nach *b* (010). Doppelbrechung positiv, schwach; Axenebene senkrecht zu *b* (010) und fast genau senkrecht zu *c* (001); 1. Mittellinie Axe *b*; Brechungsindices für Na : α = 1,5399, β = 1,5494, γ = 1,5607, 2 *V* = 85°27′.

Fig. 233.

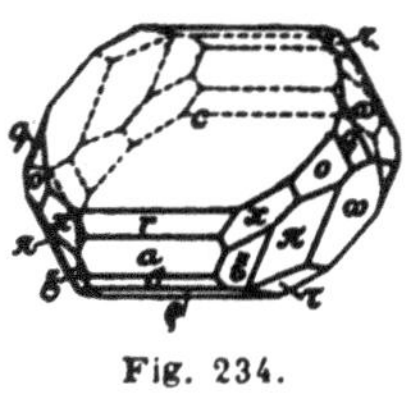
Fig. 234.

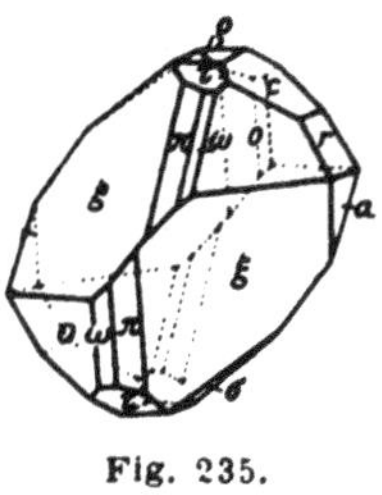
Fig. 235.

Thoriumsulfat-Enneahydrat = $(SO_4)_2Th \cdot 9\,H_2O$. a : b : c = 0,5972 : 1 : 0,6667; β = 98°17′. Kombination (Fig. 236): *m* (110), *c* (001), *a* (100), *q* (011) (zuweilen auch sehr groß ausgebildet), *b* (010); Zwillinge nach *a* (100), an denen ferner auftreten *ω* $(11\bar{1})$, *ϱ* $(10\bar{1})$, *ξ* $(12\bar{1})$ und *t* (031) (Fig. 237). Spaltbarkeit nach *q* (011) und *b* (010) vollkommen; Ätzfiguren der prismatischen Symmetrie entsprechend. Ebene der optischen Axen senkrecht zu *b* (010); 1. Mittellinie bildet für Rot 15½°, für Grün 18° mit der *c*-Axe im spitzen Winkel β; 2 *E* = 84°, $\varrho > v$.

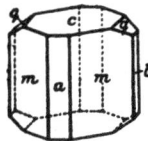

Fig. 236.

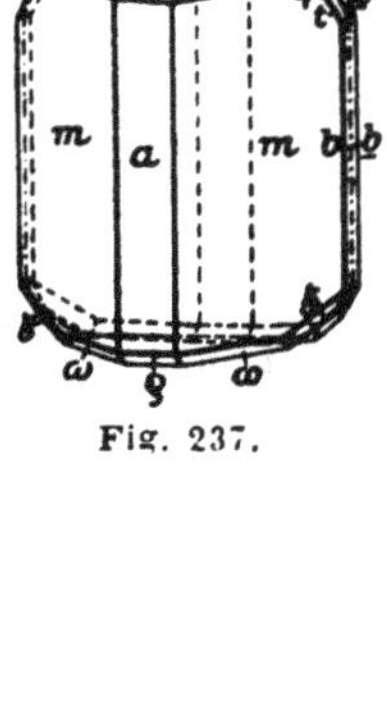
Fig. 237.

[1]) In Fig. 235 ist der linke Pol der *b*-Achse nach vorn gekehrt.

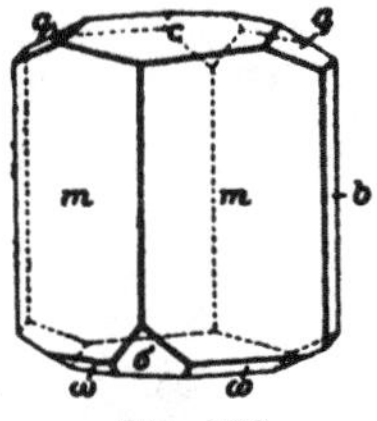

Fig. 238.

Kaliummagnesiumsulfat - Hexahydrat (nat. Pikromerit, Schönit) = $(SO_4)_2Mg\ K_2 \cdot 6\ H_2O$. a : b : c = 0,7413 : 1 : 0,4993; β = 104°48′. Aus reiner Lösung die Kombination (Fig. 238): *m* (110), *c* (001), *q* (011), *σ* $(20\bar{1})$, *b* (010), *ω* $(11\bar{1})$, von denen *b* und *ω* zuweilen fehlen; bei einem Überschuß von Magnesiumsulfat in der Lösung sind die Krystalle länger prismatisch nach der *c*-Axe. Spaltbarkeit nach *σ* $(20\bar{1})$ vollkommen[1]). Ebene der optischen Axen *b* (010), die sehr wenig dispergierte erste Mittellinie bildet mit der *c*-Axe 103 ½° im stumpfen Winkel β; $2\ V = 48°$, $2\ E = 73°$, Dispersion sehr schwach, $\varrho < v$.

Ammoniummagnesiumsulfat-Hexahydrat = $(SO_4)_2Mg(NH_4)_2 \cdot 6\ H_2O$. a : b : c = 0,7400 : 1 : 0,4918; β = 107°6′. Beobachtete Formen: *m* (110), *q* (011), *c* (001), *b* (010), *σ* $(20\bar{1})$, *ω* $(11\bar{1})$, selten: *n* (130), *o* (111), *x* (121) (Fig. 239, 240). Spaltbarkeit nach *σ* $(20\bar{1})$ vollkommen. Ebene der optischen Axen *b* (010); die 1. Mittellinie bildet 95° mit der *c*-Axe im stumpfen Winkel β; $2\ V = 51°$, $2\ E = 79°$, $\varrho > v$.

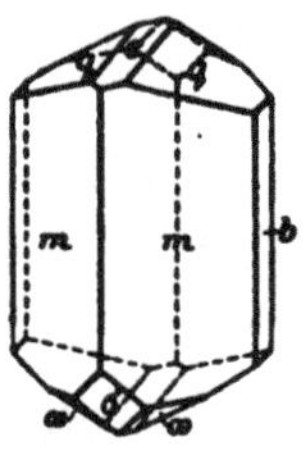

Fig. 239.

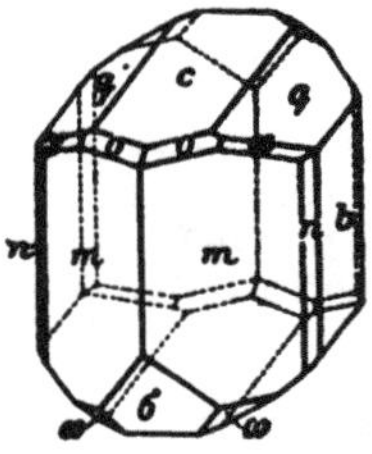

Fig. 240.

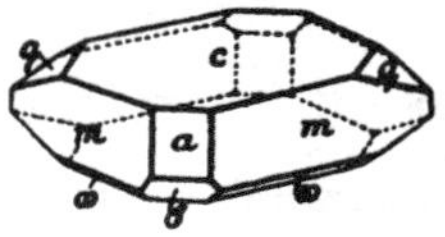

Fig. 241.

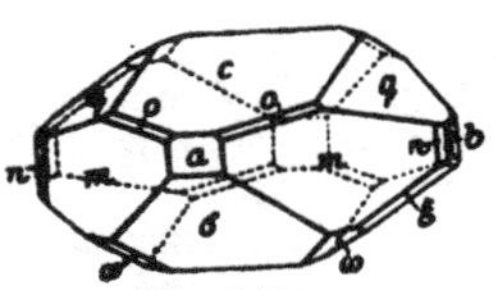

Fig. 242.

Kaliumferrosulfat-Hexahydrat = $(SO_4)_2Fe\ K_2 \cdot 6\ H_2O$. a : b : c = 0,7377 : 1 : 0,5020; β = 104°32′. Das Salz zeigt die Formen *c* (001), *m* (110), *q* (011), *σ* $(20\bar{1})$, *a* (100), *ω* $(11\bar{1})$, weniger häufig *o* (111), *b* (010), *l* (120), *ξ* $(12\bar{1})$, in den Kombinationen Fig. 241 und 242. Spaltbarkeit nach *σ* $(20\bar{1})$ vollkommen. Ebene der optischen Axen *b* (010); die 1. Mittellinie bildet 102° mit der *c*-Axe im stumpfen Winkel β; $2\ V = 67°$, $2\ E = 110°$, $\varrho < v$.

Ammoniumferrosulfat-Hexahydrat (Mohrsches Salz) = $(SO_4)_2Fe(NH_4)_2 \cdot 6H_2O$. a : b : c = 0,7466 : 1 : 0,4950; β = 106°48′. Kombination (Fig. 243): *c* (001), *σ* $(20\bar{1})$, *m* (110), *q* (011), *b* (010), *ω* $(11\bar{1})$, zuweilen auch dünntafelig nach *σ* $(20\bar{1})$, nach welcher Fläche die Krystalle weniger vollkommen spalten, als die der vorhergehenden Salze (vgl. Anm. unten). Die Messungen der Wachstumsgeschwindigkeit ergaben, daß diese, entsprechend der Ausdehnung von *σ* $(20\bar{1})$, für diese Fläche weitaus am kleinsten war (vgl. S. 62), dann folgten: *m* (110), *c* (001), *ω* $(11\bar{1})$, *q* (011). Ebene der optischen Axen *b* (010); die 1. Mittellinie bildet 100° mit der *c*-Axe im stumpfen Winkel β; $2\ V = 77°$, $2\ E = 136°$, $\varrho < v$.

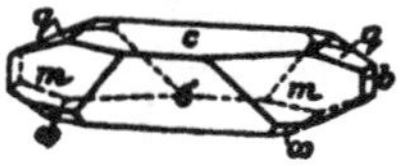

Fig. 243.

Natrium-Dichromat-Dihydrat = $Cr_2O_7Na_2 \cdot 2\ H_2O$. a : b : c = 0,5698 : 1 : 1,1824; β = 94°55′. Kombination (Fig. 244): *c* (001), *ϱ* $(10\bar{1})$, *a* (100), *r* (101), *b* (010), *t* (021), *q* (011), *s* (012), *ω* $(11\bar{1})$, *o* (111). Keine deutliche Spaltbarkeit. Ebene der optischen Axen senkrecht zu *b* (010), 1. Mittellinie bildet mit der *c*-Axe 13° im stumpfen Winkel β; Brechungsindices für Na: $\alpha = 1,6610$, $\beta = 1,6994$, $\gamma = 1,7510$; $2\ V = 84°$, $\varrho < v$.

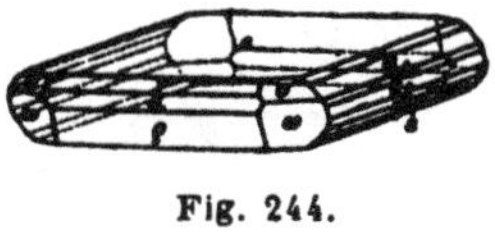

Fig. 244.

Natriumthiosulfat-Pentahydrat (Antichlor) = $S_2O_3Na_2 \cdot 5\ H_2O$. a : b : c = 0,3508 : 1 : 0,2745; β = 103°58′. Prismen *b* (010), *m* (110), *n* (120) mit den Endflächen *c* (001), *q* (011), *ω* $(11\bar{1})$, *ξ* $(13\bar{1})$ (Fig. 245). Erste optische Mittellinie Axe *b*, die zweite bildet 41° mit der *c*-Axe im spitzen Winkel β; Brechungsindices für Na: $\alpha = 1,4886$, $\beta = 1,5079$, $\gamma = 1,5360$, $2\ V = 81°$.

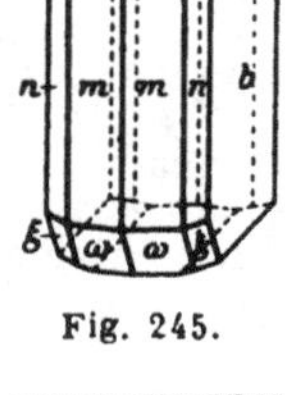

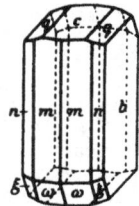

Fig. 245.

[1]) Nach dieser Spaltbarkeit sollte den Krystallen statt der obigen, allgemein angenommenen Aufstellung eine solche gegeben werden, bei welcher die auch oft größer ausgebildete Form *σ* als (001) oder (100) gewählt ist (s. auch das isomorphe Ammoniumferrosalz).

Baryumdithionat-Dihydrat = $S_2O_6Ba \cdot 2\,H_2O$. a : b : c = 0,9398 : 1 : 1,3813; $\beta = 111^\circ 21'$. Die Formen *a* (100), *c* (001), *ϱ* (10$\bar{1}$), *ω* (11$\bar{1}$), *m* (110), *n* (120), *q* (011), *b* (010), *ζ* (22$\bar{1}$), *x* (722), *ξ* (72$\bar{2}$), *σ* (20$\bar{1}$) u. a. treten in sehr mannigfacher Ausbildung auf (s. Fig. 246 bis 250), je nach Temperatur und Beimengungen in

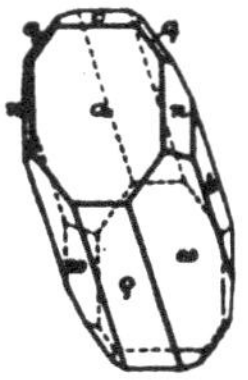

Fig. 246.

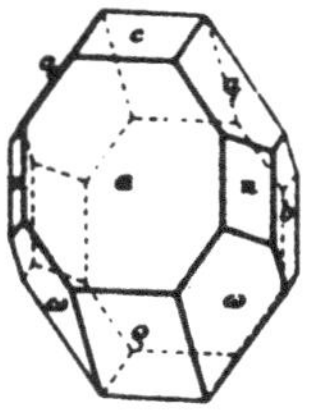

Fig. 247.

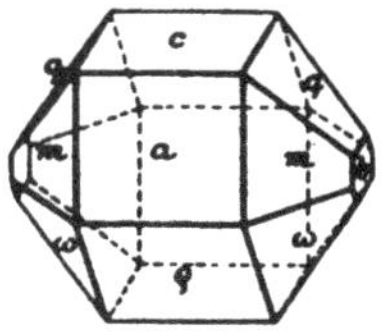

Fig. 248.

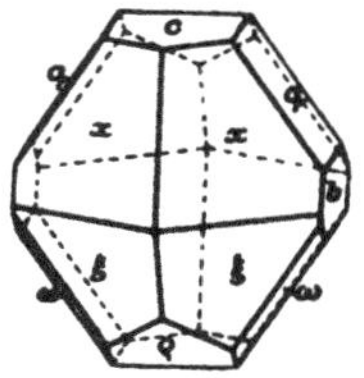

Fig. 249.

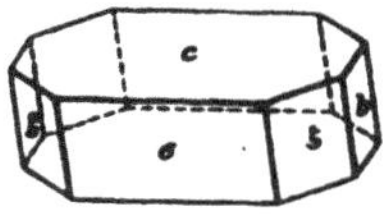

Fig. 250.

der Lösung. Spaltbarkeit nach *c* (001) vollkommen. Ebene der optischen Axen *b* (010), 1. Mittellinie bildet 13° mit der *c*-Axe im spitzen Winkel *β*; Brechungsindices für Na: $\alpha = 1{,}5860$, $\beta = 1{,}5951$, $\gamma = 1{,}6072$, $2\,V = 84^\circ$.

Ammoniumpersulfat = $S_2O_8(NH_4)_2$. a : b : c = 1,2956 : 1 : 1,1872; $\beta = 103^\circ 48'$. Kombination (Fig. 251): *c* (001), *o* (111), *ω* (11$\bar{1}$), *a* (100), *i* (121), *ξ* (21$\bar{2}$). Spaltbarkeit nach *c* (001) unvollkommen. Ebene der optischen Axen *b* (010), 1. Mittellinie bildet 27° mit der *c*-Axe im stumpfen Winkel *β*, $2\,V = 24^\circ$; durch *c* (001) beide Axenbilder sichtbar.

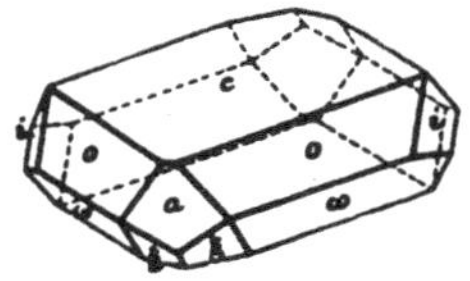

Fig. 251.

Ammoniumparamolybdat (gewöhnliches Ammoniummolybdat des Handels) = $(MoO_4)_6(NH_4)_5H_7$. a : b : c = 0,6297 : 1 : 0,2936; $\beta = 91^\circ 12'$. Aus wässeriger Lösung stark gestreifte Krystalle mit den Formen (Fig. 252): *b* (010), *m* (110), *l* (310), *τ* (21$\bar{1}$), *σ* (22$\bar{1}$), *y* (121), *x* (232), *o* (111). Spaltbarkeit nach *b* (010) sehr vollkommen. Die optischen Axen sind ungefähr parallel der kryst. Axen *a* und *c*.

Natriumtetraborat-Dekahydrat (Borax) = $B_4O_7Na_2 \cdot 10\,H_2O$. a : b : c = 1,0995 : 1 : 0,5629; $\beta = 106^\circ 35'$. Gewöhnliche Form (Fig. 253): *a* (100), *m* (110), *b* (010), *c* (001), *ω* (11$\bar{1}$), *ξ* (11$\bar{2}$). Spaltbarkeit nach *a* (100) deutlich, nach *m* (110) unvollkommen. Ebene der optischen Axen senkrecht zu *b* (010), 1. Mittellinie Axe *b*; die Axenebenen, für die äußersten Farben um 4° dispergiert, bilden im

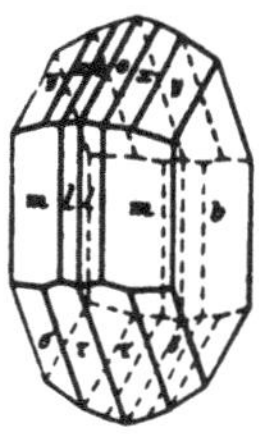

Fig. 252.

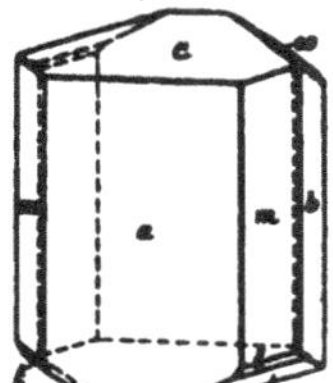

Fig. 253.

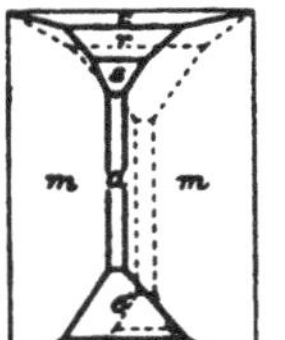

Fig. 254.

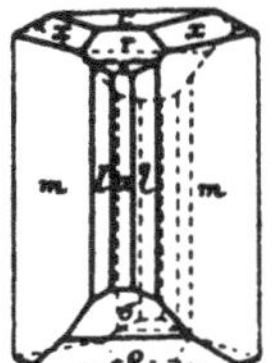

Fig. 255.

Mittel 54° mit der *c*-Axe im spitzen Winkel *β* und drehen sich bei einer Temperaturerhöhung von 60° um 3 bis 4°; $2\,V = 40^\circ$ rot, 39° gelb, 37° violett, $2\,E = 59^\circ$ gelb.

Hydrogennatriumammoniumorthophosphat-Tetrahydrat (Natriumammoniumphosphat, Phosphorsalz, nat. Stercorit) = $PO_4(NH_4)NaH \cdot 4\,H_2O$. a : b : c = 2,8828 : 1 : 1,8616; $\beta = 99^\circ 18'$. Beobachtete Formen: *m* (110), *c* (001), *ϱ* (10$\bar{1}$) *a*,(100), nicht immer vorhanden: *s* (201), *r* (101), *σ* (20$\bar{1}$), *x* (112), *ξ* (11$\bar{2}$), *l* (310). Kombinationen Fig. 254 und 255. Spaltbarkeit undeutlich. Doppelbrechung positiv; Axenebene *b* (010); die 1. Mittellinie bildet mit der *c*-Axe einen kleinen Winkel im spitzen Winkel *β*, eine Schwingungsrichtung in *m* (110) 10° mit derselben Axe im spitzen Winkel [001] : [1$\bar{1}$0].

Dinatriumorthophosphat-Heptahydrat = $PO_4Na_2H \cdot 7\,H_2O$. a : b : c = 1,2047 : 1 : 1,3272; β = 96°57′. Kombination (Fig. 256): *c* (001), *m* (110), *l* (210), *o* (111), *ω* (11$\bar{1}$), *b* (010). Spaltbarkeit nicht bestimmt (das isomorphe arsensaure Salz spaltet nach *a* (100). Ebene der optischen Axen senkrecht zu *b* (010), 1. Mittellinie bildet 72° mit der *c*-Axe im spitzen Winkel β: Brechungsindices für Na: α = 1,4412, β = 1,4424, γ = 1,4526; 2 *V* = 39°.

Dinatriumorthophosphat-Dodekahydrat = $PO_4Na_2H \cdot 12\,H_2O$. a : b : c = 1,7319 : 1 : 1,4163; β = 121°24′. Gewöhnliche Formen der sehr rasch verwitternden Krystalle: *m* (110), *c* (001), nicht immer vorhanden: *ω* (11$\bar{1}$), *a* (100), *b* (010), *ϱ* (10$\bar{1}$) (s. Fig. 257); zuweilen *k* (023); Krystalle, welche sich in einer

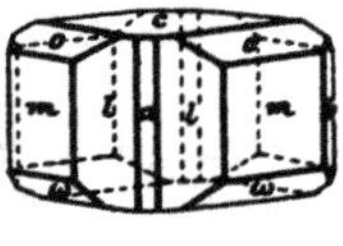

Fig. 256.

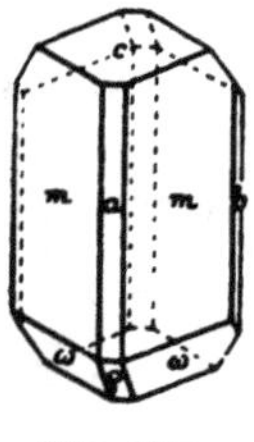

Fig. 257.

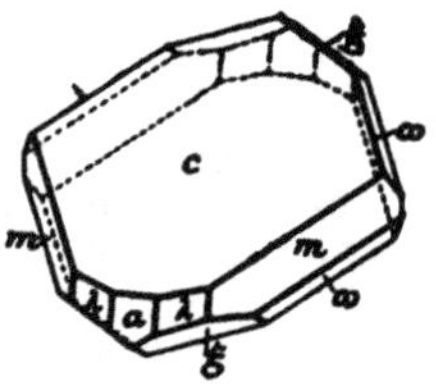

Fig. 258.

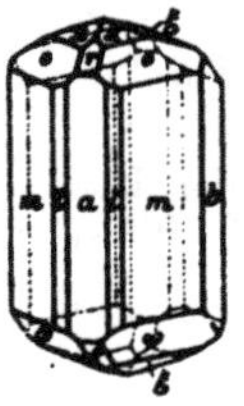

Fig. 259.

Lösung von Triphosphat gebildet hatten, zeigten die ungewöhnliche Kombination Fig. 258 mit *ξ* (83$\bar{8}$) und *λ* (11.3.0) (Beispiel einer Bildung von Flächen mit komplizierten Indices unter besonderen Bedingungen). Doppelbrechung negativ; Axenebene *b* (010); die 1. Mittellinie bildet 31° mit der *c*-Axe im spitzen Winkel β; 2 *V* = 56¾°, 2 *E* = 86° Na.

Magnesiumfluorophosphat (Wagnerit) = $PO_4Mg(MgF)$. a : b : c = 1,9145 : 1 : 1,5059; **e** = 108°7′. Die oft sehr flächenreichen Krystalle dieses Minerals zeigen die Formen: (110), (210), (310), (100), (001), (21$\bar{4}$), (011), (21$\bar{2}$) u. a. Spaltbarkeit nach (100) und (110) unvollkommen. Ebene der optischen Axen (010), 1. Mittellinie nahe parallel der *c*-Axe, 2 *E* = 44¾° rot, 43° blau.

Ferroorthophosphat-Oktohydrat = $(PO_4)_2Fe_3 \cdot 8\,H_2O$ (Vivianit). a : b : c = 0,7498 : 1 : 0,7015; β = 104°26′. Das Mineral bildet flächenreiche Kombinationen wie Fig. 259: *m* (110), *b* (010), *a* (100), *l* (310), *o* (111), *ω* (11$\bar{1}$), *x* (112), *ξ* (11$\bar{2}$), *ϱ* (10$\bar{1}$), *r* (101). Spaltbarkeit nach *b* (010) sehr vollkommen. Ebene der optischen Axen senkrecht zu *b* (010), 1. Mittellinie bildet 61½° mit der *c*-Axe im stumpfen Winkel β; 2 *V* = 73°, $\varrho < v$.

Kobaltorthoarsenat-Oktohydrat (Erythrin) = $(AsO_4)_2Co_3 \cdot 8\,H_2O$. a : b : c = 0,7937 : 1 : 0,7356; β = 105°9′. Aus der Lösung von Kobaltsulfat und Dinatriumarsenat entsteht die den einfachen Gypskrystallen (Fig. 227) ähnliche Kombination: *b* (010), *m* (110), *ω* (11$\bar{1}$); das Mineral zeigt dieselben Formen mit den Abstumpfungen der Kanten *m* : *m* und *ω* : *ω* durch (100) und (10$\bar{1}$). Spaltbarkeit nach *b* (010) sehr vollkommen. Doppelbrechung negativ; 1. Mittellinie Axe *b*.

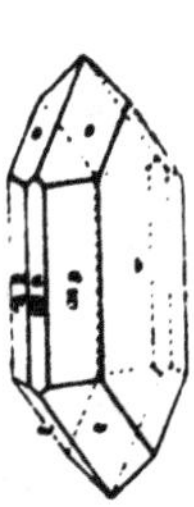

Fig. 260.

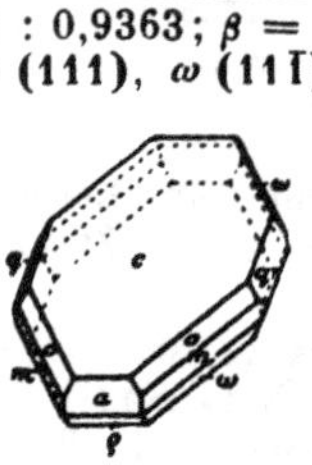

Fig. 261.

Kaliummethandisulfonat = $CH_2(SO_3K)_2$. a : b : c = 1,6160 : 1 : 0,9363; β = 90°11′. Kombination (Fig. 260): *b* (010), *m* (110), *o* (111), *ω* (11$\bar{1}$). *a* (100). Spaltbarkeit nach *c* (001) vollkommen. Ätzfiguren auf *a* (100), *m* (110) und (1$\bar{1}$0) s. Fig. 260. Ebene der optischen Axen senkrecht zu *b* (010), 1. Mittellinie bildet 41° mit der *c*-Axe im stumpfen Winkel β, 2 *V* = 72°.

Chloralhydrat (Trichloräthylidenglykol) = $CCl_3 \cdot CH(OH)_2$. a : b : c = 1,6188 : 1 : 1,7701; β = 111°8′. Beobachtete Formen (Fig. 261): *c* (001), *m* (110), *a* (100), *q* (011), *o* (111), *ω* (11$\bar{1}$), *ϱ* (10$\bar{1}$); zuweilen nur *c* und *m*, einem Rhomboëder ähnlich. Spaltbarkeit nach *c* (001) sehr vollkommen. Ebene der optischen Axen (010); die 1. Mittellinie bildet mit der *c*-Axe 58¾° im stumpfen Winkel β: 2 *E* = 35° (durch *c* (001) ein Axenbild sichtbar).

Natriumacetat - Trihydrat = $CH_3 \cdot COONa \cdot 3\,H_2O$. a : b : c = 1,1809 : 1 : 0,9962; β = 111°43'. Aus wässeriger Lösung gewöhnlich prismatische Krystalle *m* (110), *a* (100), *b* (010), an den Enden *c* (001), *ω* (11$\bar{1}$), *σ* (20$\bar{1}$), zuweilen auch *r* (101), *o* (111), *π* (22$\bar{1}$), *i* (11$\bar{2}$), *ϱ* (10$\bar{1}$), *ξ* (31$\bar{2}$) (Fig. 262); aus alkoholischer saurer Lösung bei rascher

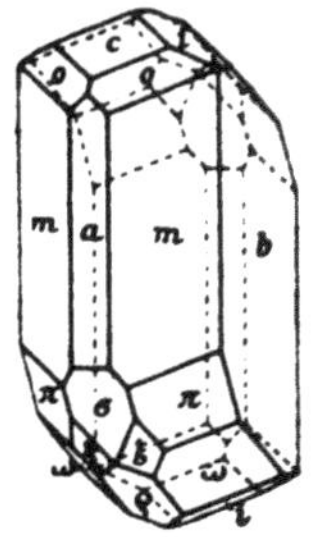

Fig. 262.

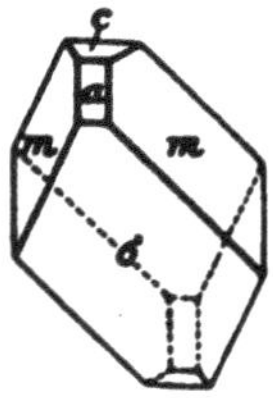

Fig. 263.

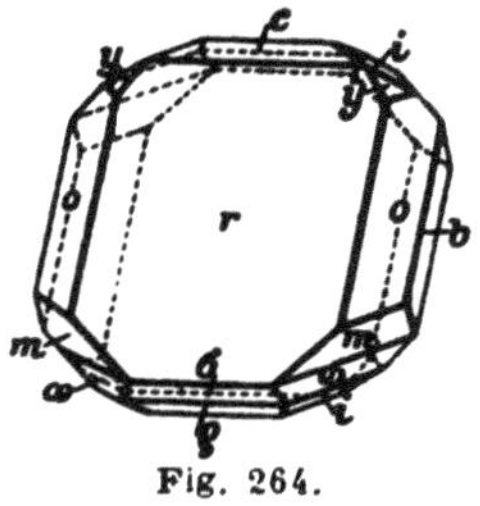

Fig. 264.

Abkühlung die Kombination Fig. 263, bei langsamer Krystallisation Tafeln Fig. 264 (mit der unsicheren Form *y*). Spaltbarkeit nach *m* (110) und *c* (001) deutlich. Doppelbrechung neg., sehr stark; Axenebene senkrecht zu *b* (010); die 1. Mittellinie bildet 55° mit der *c*-Axe im spitzen Winkel β; 2 *E* = 100° rot, 102° violett.

Cupriacetat - Monohydrat (Grünspan) = $(CH_3 \cdot COO)_2\,Cu \cdot H_2O$. a : b : c = 1,5320 : 1 : 0,8108; β = 116°26'. Gewöhnliche Kombination (Fig. 265): *m*(110), *c* (001), *a* (100), *σ* (20$\bar{1}$), *ω* (11$\bar{1}$); nicht selten Zwillinge nach *σ* (201). Spaltbarkeit nach *c* (001) vollkommen, nach *m* (110) ziemlich vollkommen. Sehr stark pleochroïtisch (hellgrün—dunkelblau); die übrigen optischen Eigenschaften nicht bekannt.

Bleiacetat-Trihydrat (Bleizucker) = $(CH_3 \cdot CO_2)_2Pb \cdot 3\,H_2O$. a : b : c = 2,1791 : 1 : 2,4790; β = 109°48'. Beobachtete Formen (Fig. 266): *c* (001), *a* (100), *m* (110),

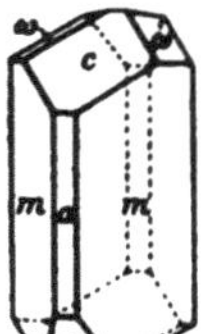

Fig. 265.

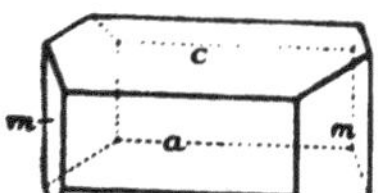

Fig. 266.

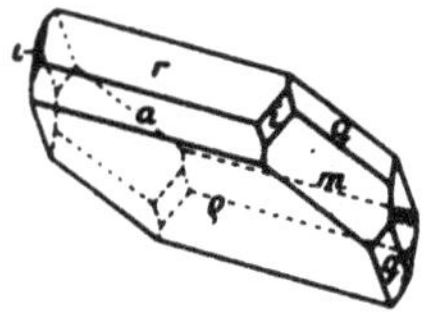

Fig. 267.

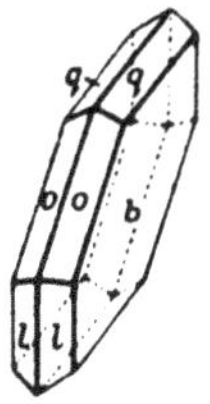

Fig. 268.

nicht immer vorhanden *ϱ* (10$\bar{1}$), selten *r* (101); oft dünntafelig nach *c* (001). Spaltbarkeit nach *a* (100), *c* (001) und *b* (010) deutlich. Ebene der optischen Axen *b* (010); die erste Mittellinie bildet 55° mit der *c*-Axe im stumpfen Winkel β; 2 *V* = 83½° rot, 87½° blau.

Zinkacetat - Trihydrat = $(CH_3 \cdot CO_2)_2Zn \cdot 3\,H_2O$. a : b : c = 1,5565 : 1 : 1,8431; β = 105°34'. Kombination (Fig. 267): *ϱ* (10$\bar{1}$), *r* (101), *a* (100), *m* (110), *q* (011), *i* (211). Häufig Zwillinge nach *ϱ* (10$\bar{1}$). Spaltbarkeit nach *ϱ* (10$\bar{1}$) sehr vollkommen (wäre besser als (001) oder (100) anzunehmen). Ebene der optischen Axen *b* (010), 1. Mittellinie nahe senkrecht zur Spaltungsebene, 2 *V* = 84½°.

Chloressigsäure = $CH_2Cl \cdot CO_2H$. a : b : c = 0,8176 : 1 : 0,5633; β = 109°17'. Tafeln *b* (010) mit *q* (011), *o* (111), *l* (210). Spaltbarkeit nach *b* (010) sehr vollkommen, nach *a* (100) vollkommen. Eine Schwingungsrichtung in *b* (010) nahe parallel der Kante *b* : *o*; Axenebene *b* (010).

Glycolsäure = $CH_2(OH) \cdot CO_2H$. a : b : c = 0,8473 : 1 : 0,7385; β = 114°57′. Aus Alkohol die Kombination Fig. 269: *b* (010), *m* (110), *ω* (11$\bar{1}$), *ϱ* (10$\bar{1}$), *c* (001); aus Aceton besser ausgebildete sechsseitige Tafeln (Fig. 270) mit *q* (011). Spaltbarkeit nach *b* (010) unvollkommen. Ebene der optischen Axen senkrecht zu (010), die 1. Mittellinie bildet 2½° mit der *c*-Axe im spitzen Winkel β.

Glycocoll (Aminoessigsäure) = $CH_2(NH_2) \cdot COOH$. a : b : c = 0,8532 : 1 : 0,4530; β = 111°38½′. Aus wässeriger Lösung entstehen die Kombinationen Fig. 271 und 272 mit den Formen: *m* (110), *b* (010), *q* (011), *l* (210); die Aus-

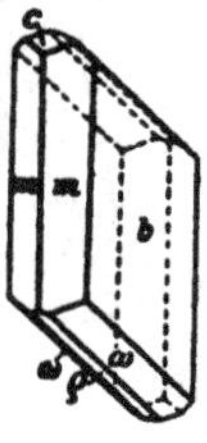

Fig. 269.

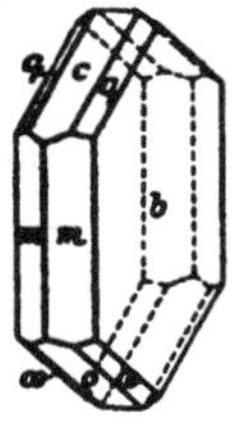

Fig. 270.

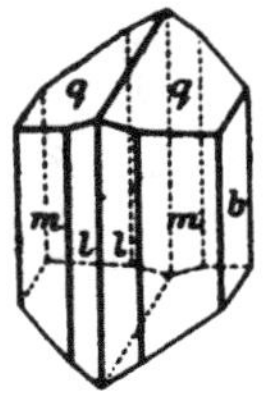

Fig. 271.

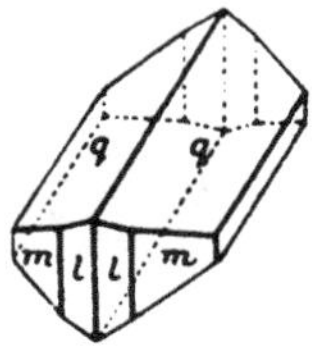

Fig. 272.

bildung ändert sich leicht durch geringe Zusätze der Lösung. Spaltbarkeit nach *b* (010) sehr vollkommen, nach *c* (001) deutlich, nach *a* (100) unvollkommen. Ebene der optischen Axen nahe parallel (001), 1. Mittellinie Axe *b*. Auf 70° erhitzt werden die Krystalle polar elektrisch nach der Axe *a*; falls dies nicht durch eine chemische Veränderung bewirkt ist, würden sie der domatischen Klasse zuzurechnen sein, was noch durch Ätz- und Krystallisationsversuche zu beweisen wäre (vgl. S. 125).

Oxalsäure-Dihydrat = $C_2O_4H_2 \cdot 2H_2O$. a : b : c = 1,6949 : 1 : 3,3360; β = 106°12′. Gewöhnliche Kombination Fig. 273: *c* (001), *m* (110), *r* (101), *ϱ* (10$\bar{1}$), *q* (011). Spaltbarkeit nach *m* (110). Doppelbrechung neg., stark; Axenebene senkrecht zu (010) und ungefähr senkrecht zu *c* (001); 1. Mittellinie Axe *b*; $2V = 68°$, $2E = 117° - 118°$, $\varrho < v$.

Monokaliumoxalat (Kaliumdioxalat, Kleesalz) = C_2O_4KH. a : b : c = 0,3360 : 1 : 0,8011; β = 133°29′. Beobachtete Formen (Fig. 274): *c* (001), *b* (010), *m* (110), *a* (100), *q* (011), *k* (021), *ξ* (12$\bar{1}$), *ω* (11$\bar{1}$), *σ* (10$\bar{2}$). Spaltbarkeit nach *a* (100) sehr vollkommen, nach *b* (010) ziemlich vollkommen. Doppel-

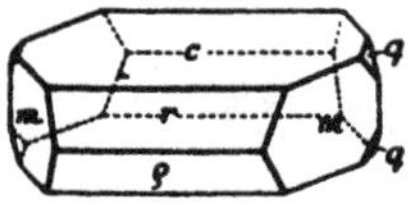

Fig. 273.

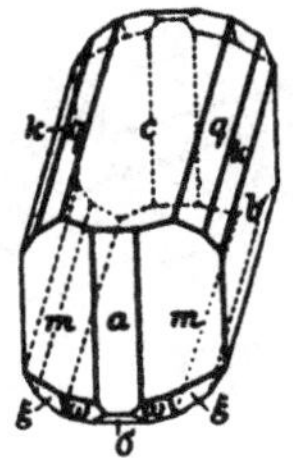

Fig. 274.

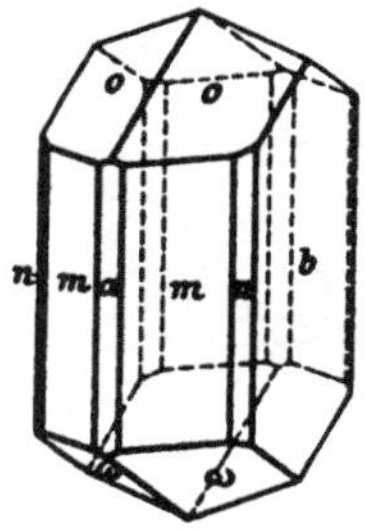

Fig. 275.

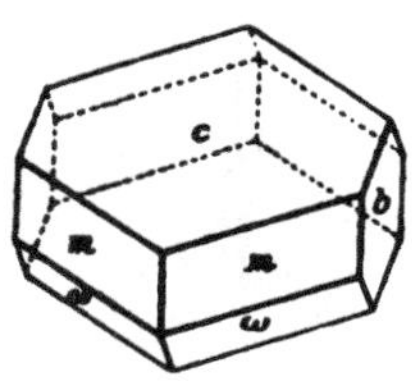

Fig. 276.

brechung neg., sehr stark, Axenebene senkrecht zu *b* (010); 1. Mittellinie ungefähr senkrecht zu *a* (100); $2V = 37°$ mit sehr schwacher Dispersion $\varrho < v$.

Ammoniumaluminiumoxalat-Trihydrat = $(C_2O_4)_3Al(NH_4)_3 \cdot 3H_2O$. a : b : c = 0,9971 : 1 : 0,3915; β = 92°26′. Kombination (Fig. 275): *b* (010), *m* (110), *o* (111), *ω* (11$\bar{1}$), *n* (120), *a* (100). Ebene der optischen Axen *b* (010).

Bernsteinsäure = $(CH_2 \cdot CO_2H)_2$. a : b : c = 0,5747 : 1 : 0,8581; β = 133°37′. Kombination (Fig. 276): *c* (001), *m* (110), *b* (010), *ω* (11$\bar{1}$); zuweilen auch durch Vorherrschen von *m* prismatisch, besonders aus Aceton; letztere meist Zwillinge nach *c* (001). Spaltbarkeit nach *b* (010) vollkommen, nach *m* (110) deutlich (Faserbruch). Ebene der optischen Axen *b* (010), 1. Mittellinie fast genau senkrecht zur *c*-Axe; durch *c* (001) ein Axenbild (in Zwillingen zwei, s. S. 40) sichtbar; $2V$ = 82° gelb, 81° blau.

Maleïnsäure = $(CH \cdot CO_2H)_2$. a : b : c = 0,7686 : 1 : 0,7015; β = 117°7′. Beobachtete Formen: *m* (110), *b* (010), *c* (001), *q* (011), *k* (021); stets Zwillinge nach *a* (100). Spaltbarkeit nach *c* (001) vollkommen. Fig. 277 stellt einen unten durch Spaltungsflächen begrenzten Krystall dar. Ebene der optischen Axen *b* (010); durch *c* (001) das Interferenzbild der 2. Mittellinie sichtbar.

Natriumammoniumracemat-Monohydrat = $C_4H_4O_6(NH_4)Na \cdot H_2O$. a : b : c = 2,0278 : 1 : 3,0038; β = 94°24′. Kombination (Fig. 278): *a* (100), *m* (110), *c* (001), *t* (302), *o* (111), *ω* $(11\bar{1})$, *x* $(\bar{2}11)$. Spaltbarkeit nach *a* (100) sehr vollkommen. Ebene der optischen Axen senkrecht zu *b* (010), 1. Mittellinie nahe senkrecht zu *a* (100); 2 *V* = 44°, Dispersion sehr schwach, $\rho < v$.

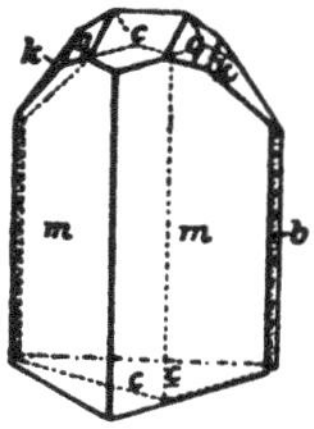
Fig. 277.

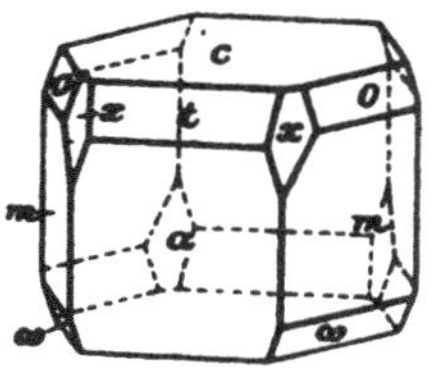
Fig. 278.

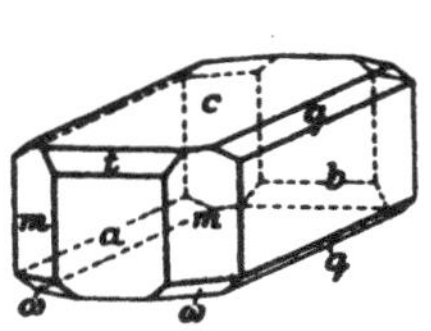
Fig. 279.

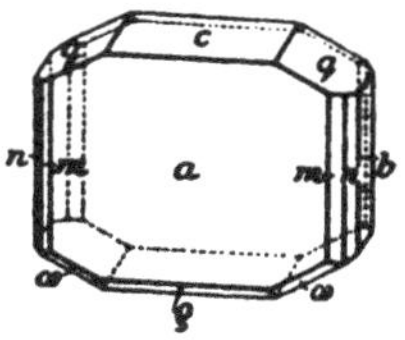
Fig. 280.

Kaliumracemat-Dihydrat = $C_4H_4O_6K_2 \cdot 2\,H_2O$. a : b : c = 0,8866 : 1 : 0,7521; β = 92°28′. Beobachtete Formen: *c* (001), *b* (010), *a* (100), *m* (110), *q* (011), *ω* $(11\bar{1})$, *t* (201) u. a. in wechselnder Größe, meist *c* vorherrschend (Fig. 279). Die Ebene der optischen Axen, senkrecht zu *b* (010), bildet mit der *c*-Axe 65° im stumpfen Winkel β, 1. Mittellinie die *b*-Axe, 2 *E* = 130° rot, 132° blau.

trans-Benzolhexachlorid = $C_6H_6Cl_6$. a : b : c = 0,4969 : 1 : 0,5075; β = 110° 54′. Kombination (Fig. 280): *a* (100), *c* (001), *q* (011), *b* (010), *ρ* $(10\bar{1})$, nicht immer vorhanden: *m* (120), *n* (140), *ω* $(11\bar{1})$. Spaltbarkeit nach *b* (010) sehr vollkommen. Doppelbrechung positiv, sehr schwach; Axenebene *b* (010), erste Mittellinie bildet 42½° mit der *c*-Axe im stumpfen Winkel β; 2 *E* = 61° rot, 62½° grün.

p-Diketohexamethylen = $CO(CH_2)_4CO$. a : b : c = 1,0571 : 1 : 1,0932; β = 99°49′. Aus Alkohol Tafeln *a* (100) mit *m* (110), *ρ* $(10\bar{1})$, *c* (001) (Fig. 281); aus unreinen Lösungen Zwillinge nach *ρ* $(10\bar{1})$ (Fig. 282). Spaltbarkeit nach *ρ* $(10\bar{1})$ ziemlich vollkommen. Doppelbrechung stark; Axenebene senkrecht zu *b* (010), 1. Mittellinie bildet 7° mit der *c*-Axe im stumpfen Winkel β, Axenwinkel groß.

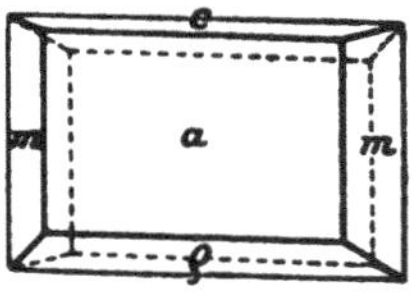
Fig. 281.

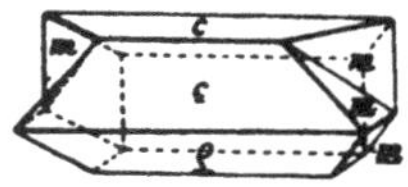
Fig. 282.

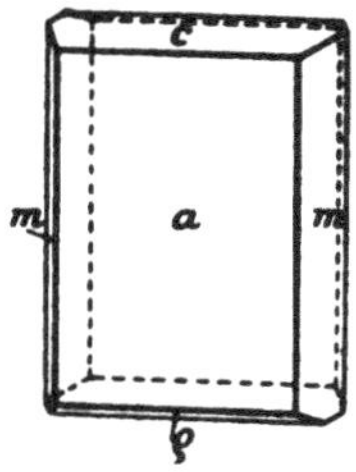
Fig. 283.

p-Dichlorbenzol = $C_6H_4Cl_2$. a : b : c = 2,5193 : 1 : 1,3920; β = 112°30′. Kombination (Fig. 283): *a* (100), *m* (110), *c* (001), *ρ* $(10\bar{1})$. Doppelbrechung negativ, stark; Axenebene *b* (010); 1. Mittellinie nahe senkrecht zu *c* (001), Axenwinkel groß mit starker Dispersion $\rho > v$.

m-Jodnitrobenzol = $C_6H_4J(NO_2)$. a : b : c = 2,2920 : 1 : 2,2581; β = 104°14′. Beobachtete Formen: *a* (100), *m* (110), *c* (001), *r* (101), *ρ* $(10\bar{1})$, *σ* $(10\bar{2})$ (Fig. 284 und 285). Spaltbarkeit nach *a* (100) vollkommen nach *c* (001) unvollkommen. Durch *a* (100) und *c* (001) je ein Axenbild sichtbar.

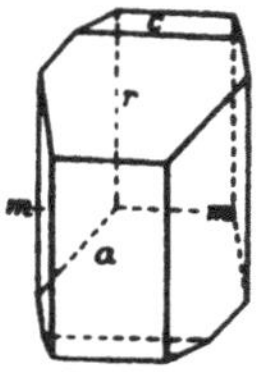
Fig. 284.

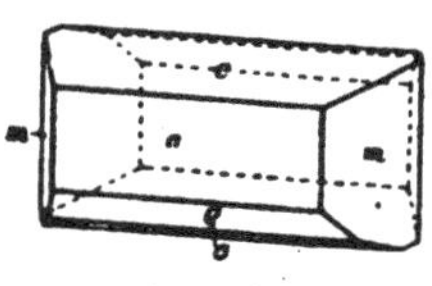
Fig. 285.

Brenzcatechin = $C_6H_4(OH)_2$. a : b : c = 1,6086 : 1 : 1,0229; β = 95°15′. Kleine quadratische Tafeln *a* (100), begrenzt von *m* (110) und *c* (001), aus Äther Krystalle mit *x* (121) (Fig. 286). Spaltbarkeit nach *a* (100) vollkommen. Ebene der optischen Axen senkrecht zu *b* (010); 1. Mittellinie bildet 6 bis 7° mit der *c*-Axe, 2 *E* = 58°, $\varrho < v$.

o-Nitrophenol = $C_6H_4(NO_2)(OH)$. a : b : c = 0,4466 : 1 : 0,4769; β = 103°34′. Dünnprismatische Kombination (Fig. 287): *m* (110), *n* (120), *b* (110), *c* (001), *q* (011), *σ* (10$\bar{2}$). Spaltbarkeit nach *b* (010) ziemlich vollkommen. Ebene der optischen Axen senkrecht zu *b* (010), 1. Mittellinie bildet 5° mit der *c*-Axe im spitzen Winkel β.

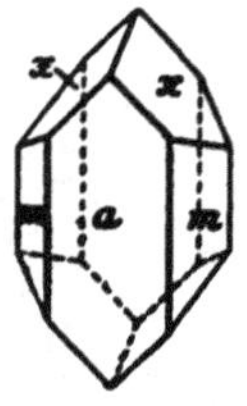
Fig. 286.

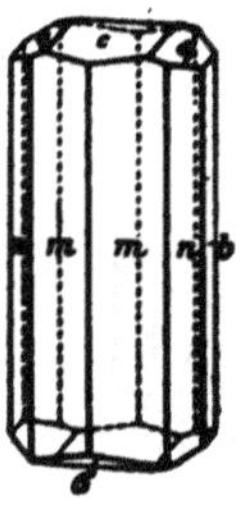
Fig. 287.

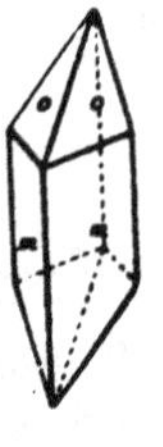
Fig. 288.

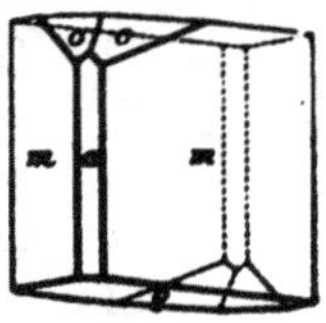
Fig. 289.

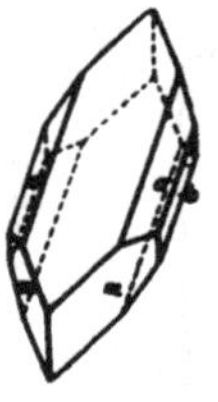
Fig. 290.

m-Nitrophenol = $C_6H_4(NO_2)(OH)$. a : b : c = 0,9223 : 1 : 0,153; β = 120°21′. Beobachtete Formen: *m* (110), *n* (120), *c* (001), *o* (111), *ω* (11$\bar{1}$); je nach dem Lösungsmittel prismatisch nach der *c*-Axe oder tafelig nach *c* (001); häufig Zwillinge nach *a* (100) oder *c* (001). Spaltbarkeit nach *m* (110) vollkommen, nach *n* (120) ziemlich vollkommen. Ebene der optischen Axen senkrecht zu *b* (010) und nahe senkrecht zur *c*-Axe.

α-p-Nitrophenol = $C_6H_4(NO_2)(OH)$. a : b : c = 1,3419 : 1 : 0,6930; β = 106°52′. Beobachtete Formen: *m* (110), *o* (111), *ϱ* (10$\bar{1}$), *a* (100), *r* (101), *b* (010); Krystalle aus Äther Fig. 288, aus Wasser Fig. 289, aus Toluol Fig. 290. Spaltbarkeit nach *o* (111) vollkommen. Doppelbrechung sehr stark, Axenebene *b* (010), 1. Mittellinie bildet 47½° mit der *c*-Achse im spitzen Winkel β, eine Axe fast genau senkrecht zu *ϱ* (101), daher 2 *V* = 70° ca.

β-p-Nitrophenol = $C_6H_4(NO_2)(OH)$. a : b : c = 1,3836 : 1 : 0,3398; β = 106°55′. Aus heißer wässeriger Lösung dünne Prismen *m* (110) mit *q* (011) (Fig. 291), aus dem Schmelzflusse dieselben Formen mit *b* (010), aus heißem Toluol die Kombination (Fig. 292): *c* (001), *q* (011), *m* (110), *b* (010). Spaltbarkeit nach *c* (001) deutlich, nach *b* (010) unvollkommen. Ebene der optischen Axen *b* (010), 1. Mittellinie bildet 22° mit der *c*-Axe im stumpfen Winkel β; durch *c* (001) beide Axenbilder in großem Abstande sichtbar.

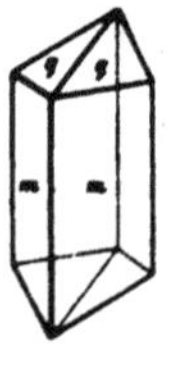
Fig. 291.

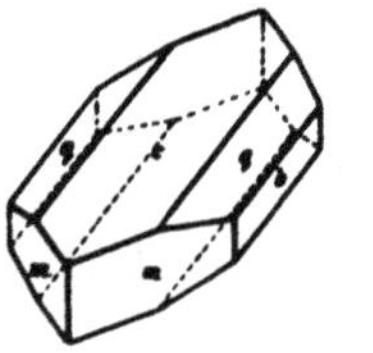
Fig. 292.

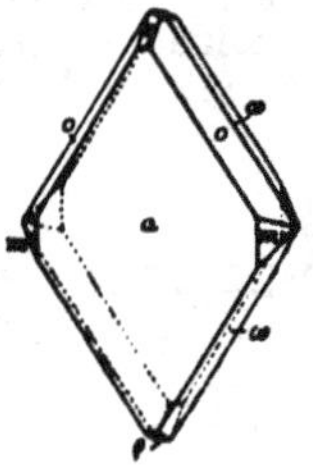
Fig. 293.

Tetraäthylammoniumpikrat = $C_6H_2(NO_2)_3[O.N(C_2H_5)_4]$. a : b : c = 2,8942 : 1 : 1,6575; β = 95°2½′. Täfelchen: *a* (100) mit *o* (111), *ω* (11$\bar{1}$), *m* (210), *r* (101) und *ϱ* (10$\bar{1}$) (Fig. 293). Spaltbarkeit nach *r* (101) ziemlich vollkommen. Farbe gelbrot mit starkem Pleochroïsmus.

p-Chinon = $C_6H_4O_2$. a : b : c = 1,0325 : 1 : 1,7100; β = 101°0′. Sechsseitige Tafeln *c* (001) mit *ϱ* (10$\bar{1}$) und *m* (110) (Fig. 294), seltener mit *ξ* (11$\bar{2}$) (Fig. 295); oft Zwillinge nach *ϱ* (10$\bar{1}$) (Fig. 296). Spaltbarkeit nach *ϱ* (10$\bar{1}$) sehr vollkommen. Doppelbrechung negativ, stark; Axenebene *b* (010); 1. Mittellinie nahe senkrecht zu *ϱ* (10$\bar{1}$); Axenwinkel groß, $\varrho < v$.

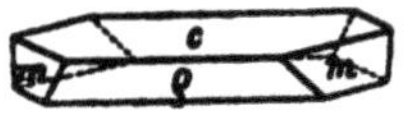
Fig. 294.

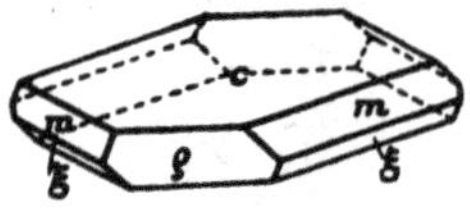
Fig. 295.

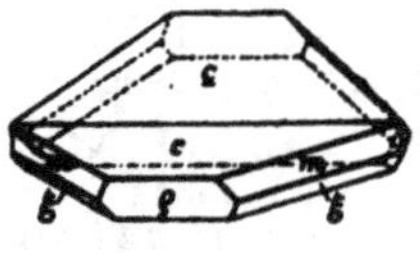
Fig. 296.

Anilinchlorhydrat = $C_6H_5(NH_2) \cdot HCl$. a : b : c = 1,2969 : 1 : 0,8674; β = 94°50′. Krystallisiert aus Wasser in Täfelchen (Fig. 297) nach *r* (101), begrenzt von *m* (110), zuweilen mit ϱ (10$\bar{1}$). Meist lamellar verzwillingt nach *r* (101) und darnach sehr vollkommen spaltbar. Ebene der optischen Axen *b* (010), eine Mittellinie senkrecht zu *r* (101).

Phenacetin = $C_6H_4(O \cdot C_2H_5) \cdot NH(C_2H_3O)$. a : b : c = 1,4213 : 1 : 0,8054; β = 109°17′. Kombination (Fig. 298): *a* (100), *m* (110), ω (11$\bar{1}$), *c* (001), *q* (011), *t* (021), ϱ (10$\bar{1}$), σ ($\bar{1}$02), *r* (101), *s* (201). Spaltbarkeit nach *c* (001) vollkommen. Ebene der optischen Axen *b* (010), 1. Mittellinie nahe parallel der *a*-Axe, $2V = 62°$ Na. $\varrho < v$.

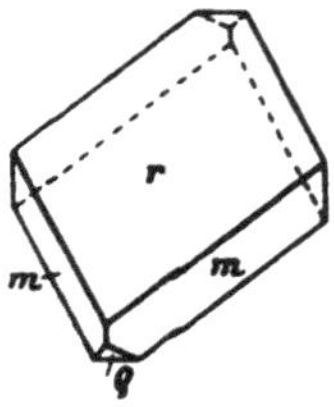
Fig. 297.

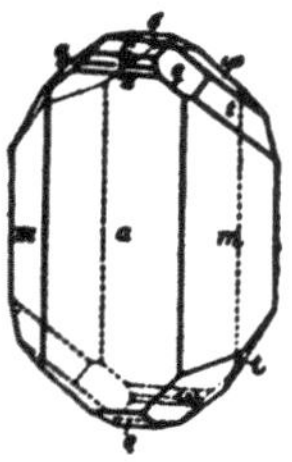
Fig. 298.

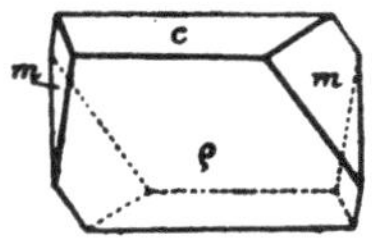
Fig. 299.

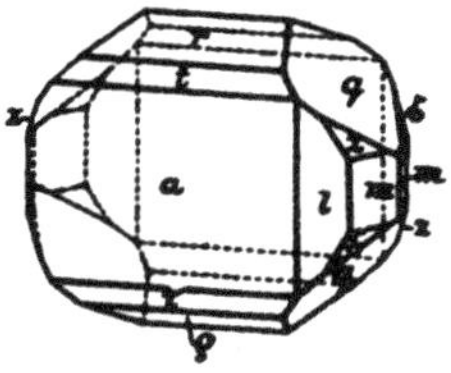
Fig. 300.

Phenylhydrazin = $C_6H_5 \cdot NH \cdot NH_2$. a : b : c = 2,0442 : 1 : 3,3546; β = 114°55′. Aus dem Schmelzflusse entstehende Krystalle zeigen die Formen (Fig. 299): ϱ (10$\bar{1}$), *c* (001), *m* (110). Keine deutliche Spaltbarkeit.

Magnesiumbenzolsulfonat-Hexahydrat = $(C_6H_5 \cdot SO_3)_2Mg \cdot 6\,H_2O$. a : b : c = 3,538 : 1 : 1,099; β = 93°22′. Kombination (Fig. 300): *a* (100), *l* (310), *m* (110), *q* (011), *r* (101), ϱ (10$\bar{1}$), *t* (301), τ (30$\bar{1}$), *z* (331), ς (33$\bar{1}$); Zwillinge nach *a* (100). Spaltbarkeit nach *a* (100) deutlich. Ebene der optischen Axen nahe parallel *a* (100).

Zinkbenzolsulfonat-Hexahydrat = $(C_6H_5 \cdot SO_3)_2Zn \cdot 6\,H_2O$. a : b : c = 3,546 : 1 : 1,108; β = 93°54′. Die Krystalle zeigen dieselben Formen wie vorige, außer *z* und ς, sowie die gleiche Zwillingsbildung, Spaltbarkeit und optische Orientierung.

p-Acettoluid = $C_6H_4(CH_3) \cdot NH(C_2H_3O)$. a : b : c = 1,2175 : 1 : 0,7868; β = 106°7′. Aus Äther-Alkohol die Kombination (Fig. 301): *a* (100), *m* (110), *c* (001), ω (11$\bar{1}$), *k* (021), *q* (011). Spaltbarkeit nach *c* (001) vollkommen, nach *a* (100) ziemlich vollkommen. Ebene der optischen Axen *b* (010), Axenwinkel fast 90°, eine Mittellinie bildet mit der *c*-Axe 15½° im stumpfen Winkel β.

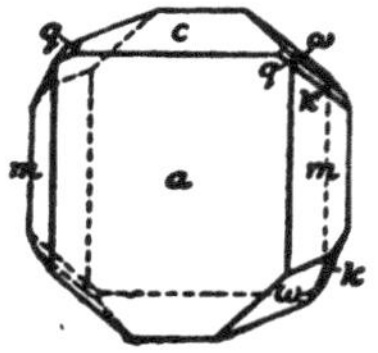
Fig. 301.

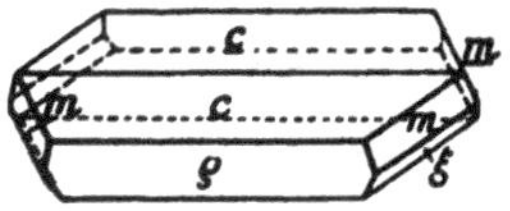
Fig. 302.

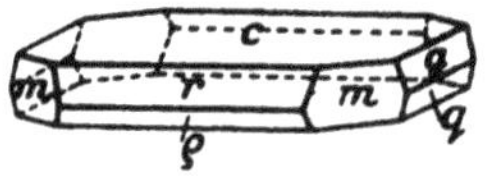
Fig. 303.

Vanillin = $C_6H_3(OH)(O \cdot CH_3) \cdot CHO$. a : b : c = 1,7942 : 1 : 3,9463; β = 119°27′. Fig. 302: *c* (001), ϱ (10$\bar{1}$), *m* (110), ξ (11$\bar{2}$), Zwilling nach ϱ (10$\bar{1}$). Spaltbarkeit nach ϱ (10$\bar{1}$). Ebene der optischen Axen senkrecht zu *b* (010) und nahe senkrecht zu ϱ (10$\bar{1}$).

Benzoësäure = $C_6H_5 \cdot CO_2H$. a : b : c = 1,0511 : 1 : 4,2081; β = 97°5′. Kombination (Fig. 303): *c* (001), *r* (101), ϱ (10$\bar{1}$), *q* (011), *m* (110). Spaltbarkeit nach *c* (001) vollkommen. Ebene der optischen Axen *b* (010), eine derselben nahe senkrecht zu *c* (001); die 1. Mittellinie bildet 35½° mit der *c*-Axe im stumpfen Winkel β.

p-Brombenzoësäure = $C_6H_4Br \cdot CO_2H$. a : b : c = 1,2850 : 1 : 4,8309; β = 95°24′. Kombination (Fig. 304): *c* (001), *q* (011), *k* (012), *r* (101), *n* (210), *x* (211), *y* (212). Spaltbarkeit nach *c* (001) vollkommen. Ebene der optischen Axen *b* (010), 2. Mittellinie nahe parallel der *c*-Axe.

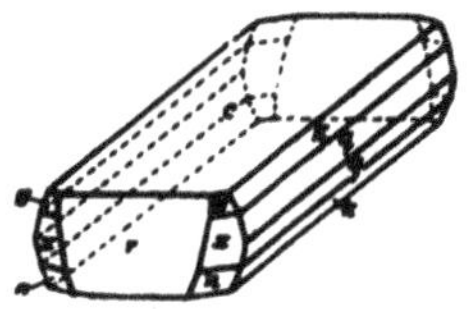
Fig. 304.

p-Chlorbenzoësäuremethylester = $C_6H_4Cl \cdot CO_2(CH_3)$. a : b : c = 1,8626 : 1 : 3,4260; β = 115° 42′. Beobachtete Formen: *a* (100), *c* (001), *ω* (11$\bar{1}$), *σ* (10$\bar{2}$),

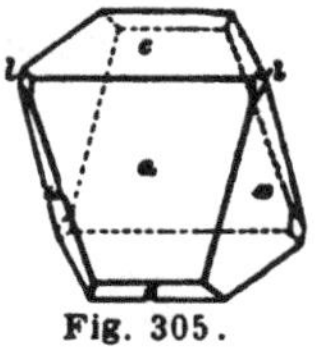

Fig. 305.

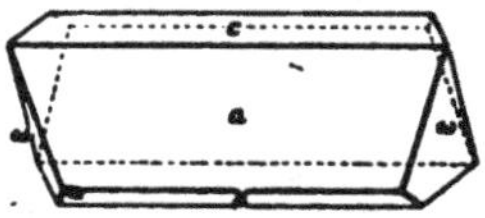

Fig. 306.

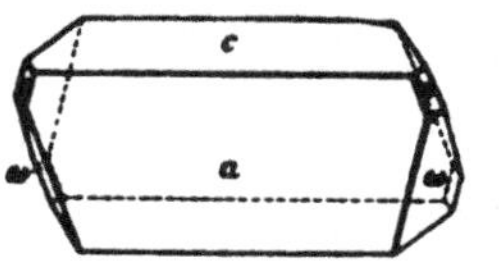

Fig. 307.

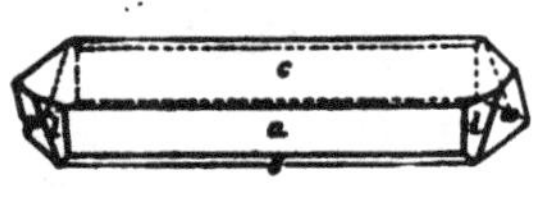

Fig. 308.

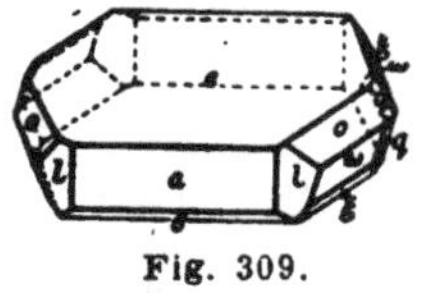

Fig. 309.

l (210), *o* (111), *q* (011), *ξ* (11$\bar{3}$) in den Kombinationen: Fig. 305 aus kaltem, Fig. 306 und 307 aus warmem Methylalkohol, Fig. 308 aus Äther und Äthylalkohol, Fig. 309 aus letzterem in etwas höherer Temperatur. Keine deutliche Spaltbarkeit. Ebene der optischen Axen senkrecht zu *b* (010), Dispersion sehr stark $\rho > v$.

m-Nitrobenzoësäure = $C_6H_4(NO_2) \cdot CO_2H$. a : b : c = 0,9656 : 1 : 1,2326; β = 91° 11½′. Gewöhnliche Kombination (Fig. 310): *c* (001), *ξ* (21$\bar{1}$), *q* (011), *m* (110), *ω* (11$\bar{1}$), *σ* (20$\bar{1}$), aus Aceton die Formen Fig. 311 mit *ϱ* (10$\bar{1}$). Spaltbarkeit nach *c* (001) deutlich. Ebene der optischen Axen *b* (010), durch *c* (001) ein Axenbild sichtbar.

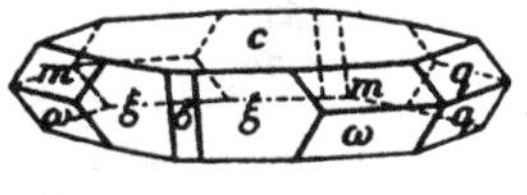

Fig. 310.

Fig. 311.

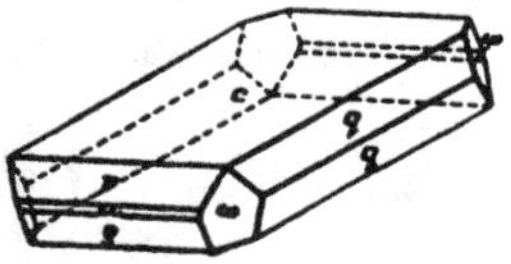

Fig. 312.

p-Nitrobenzoësäure = $C_6H_4(NO_2) \cdot CO_2H$. a : b : c = 2,5615 : 1 : 4,2314; β = 96° 38′. Tafeln *c* (001) mit den Randflächen *q* (011), *r* (101), *ϱ* (10$\bar{1}$), *ω* (11$\bar{1}$), *a* (100) (Fig. 312). Spaltbarkeit nach *c* (001) sehr vollkommen, nach *a* (100) deutlich. Ebene der optischen Axen *b* (010), durch *c* (001) ein Axenbild mit sehr starker Dispersion sichtbar.

Salicylsäure (o-Oxybenzoësäure) = $C_6H_4(OH) \cdot CO_2H$. a : b : c = 1,0298 : 1 : 0,4343; β = 91° 22′. Aus Wasser dünne Nadeln, aus Alkohol dickere Prismen *m* (110) mit *a* (100) und den Endflächen *s* (201), *o* (111), *c* (001), *x* (211) (Fig. 313). Spaltbarkeit nach *m* (110) vollkommen. Auslöschungsschiefe durch *b* (010) 42½° zur *c*-Axe; Axenebene *b* (010).

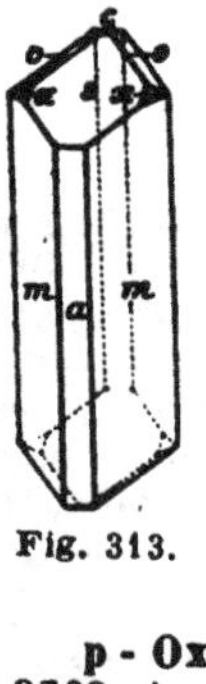

Fig. 313.

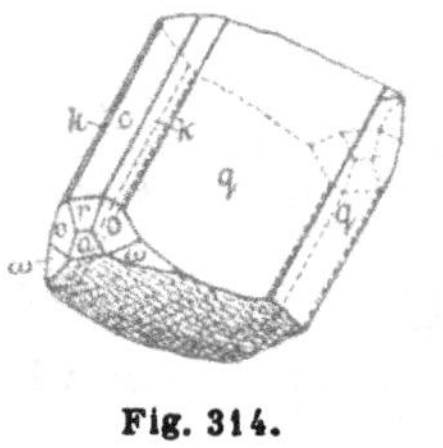

Fig. 314.

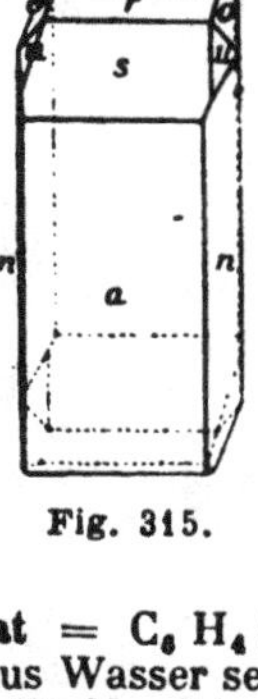

Fig. 315.

p-Oxybenzoësäure = $C_6H_4(OH) . CO_2H$. a : b : c = 2,4326 : 1 : 4,3978; β = 126° 42′. Beobachtete Formen (Fig. 314): *q* (011), *c* (001), *k* (012), *r* (101), *a* (100), *o* (211), *ω* (21$\bar{1}$), *m* (210) und eine linsenförmig gekrümmte Flächengruppe im spitzen Axenwinkel *β*. Spaltbarkeit nach *r* (101) vollkommen. Ebene der optischen Axen senkrecht zu *b* (010), durch *r* (101) das Interferenzbild der 2. Mittellinie sichtbar.

p-Oxybenzoësäure-Monohydrat = $C_6H_4(OH) . CO_2H . H_2O$. a : b : c = 1,3703 : 1 : 1,0224; β = 105° 26′. Aus Wasser sechsseitige Prismen *n* (120), *a* (100) mit *c* (001), aus wässerigem Aether die Kombination (Fig. 315): *a* (100), *n* (120), *s* (201), *r* (101), *c* (001), *o* (111), *u* (322). Spaltbarkeit nach *a* (100) deutlich. Doppelbrechung negativ, sehr stark; Axenebene *b* (010), durch *a* (100) ein Axenbild sichtbar, Axenwinkel groß, $\rho < v$.

Phtalsäure = $C_6H_4(CO_2H)_2$. a : b : c = 0,7083 : 1 : 1,3451; β = 93°53′. Beobachtete Formen: *c* (001), *b* (010), *q* (011), *l* (210), *ξ* (21̄2), *x* (212), *τ* (104̄), *y* (214); Fig. 316 aus Wasser bei 10°, Fig. 317 aus warmem Wasser, Fig. 318 aus Alkohol, Fig. 319 aus Essigäther bei gewöhnlicher und Fig. 320 bei niedriger Temperatur. Spaltbarkeit

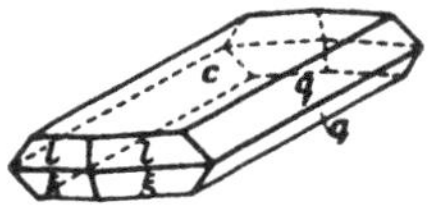
Fig. 316.

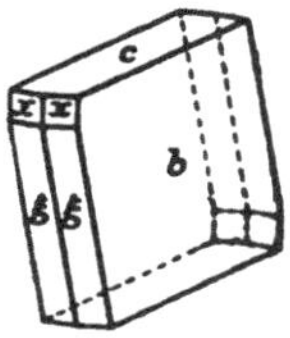
Fig. 317.

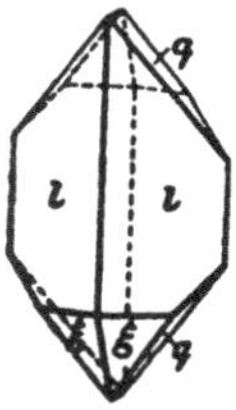
Fig. 318.

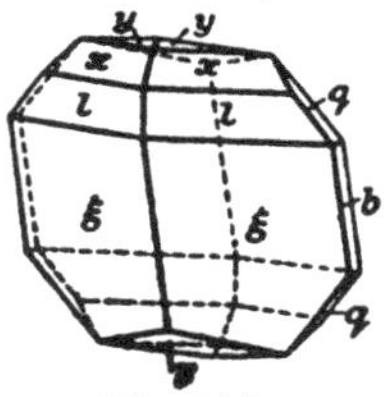
Fig. 319.

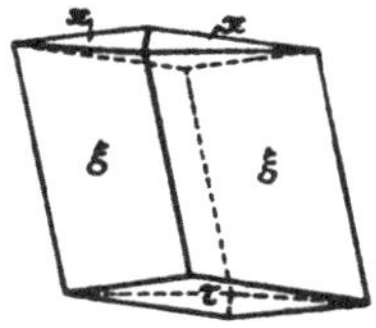
Fig. 320.

unvollkommen nach *x* (212), *c* (001) und *q* (011). Ebene der optischen Axen senkrecht zu *b* (010), die 1. Mittellinie bildet 44½° mit der *c*-Axe im stumpfen Winkel β; $2E$ = 30° ca.

p-p′-Dichlorbiphenyl $(C_6H_4Cl)_2$. a : b : c = 1,1569 : 1 : 0,7078; β = 96°48′. Kombination (Fig. 321): *m* (110), *l* (210), *q* (011), *a* (100), *o* (111), *ω* (111̄), *r* (101), *ϱ* (101̄). Spaltbarkeit nach *c* (001) unvollkommen. Auslöschungsschiefe in *m* (110), 12°, durch *m* (110) je ein Axenbild sichtbar.

p-p′-Diaminobiphenyl (Benzidin) = $(C_6H_4 \cdot NH_2)_2$. a : b : c = 0,71 : 1 : ?; β? Aggregat sehr dünner Blättchen (Fig. 322) *c* (001) mit den Randflächen *b* (010) und *m* (110). Ebene der optischen Axen senkrecht zu *b* (010); 1. Mittellinie ca. 30° zur Normale auf *c* (001) geneigt; durch diese Tafelfläche beide Axenbilder mit $2E$ ca. 60° sichtbar.

p-p′-Bitolyl = $(C_6H_4 \cdot CH_3)_2$. a : b : c = 1,1722 : 1 : 0,7137; β = 94°20′. Gewöhnliche Kombination

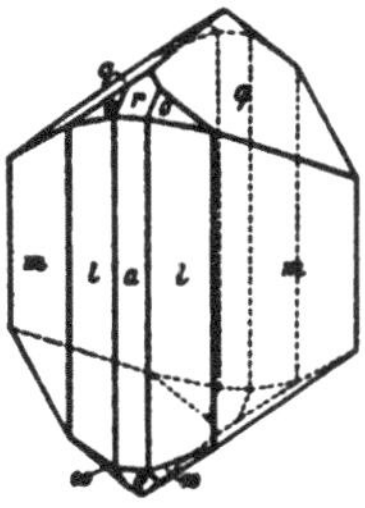
Fig. 321.

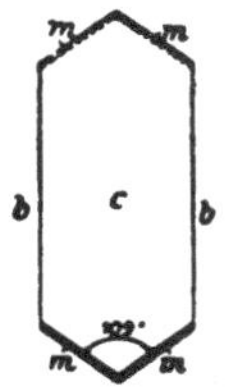
Fig. 322.

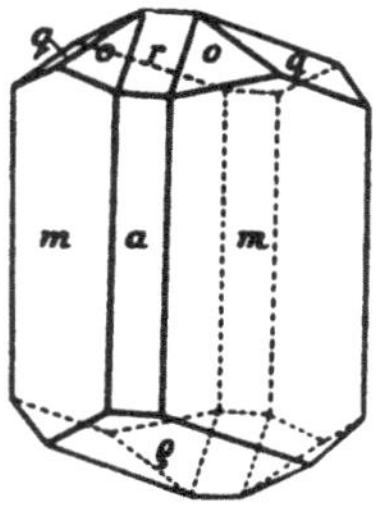
Fig. 323.

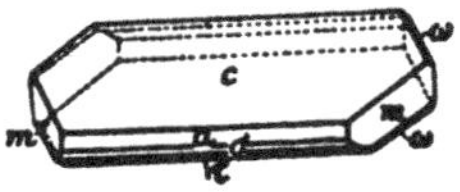
Fig. 324.

(Fig. 323): *m* (110), *a* (100), *q* (011), *ϱ* (101̄), *o* (111), *r* (101). Spaltbarkeit nach *b* (010) und *c* (001) unvollkommen. Auslöschungsschiefe in *m* (110) 15°; durch *m* (110) je ein Axenbild sichtbar.

Azobenzol = $(C_6H_5)_2N_2$. a : b : c = 2,1076 : 1 : 1,3312; β = 114°26′. Tafeln *c* (001) mit *m* (110), *a* (100), *σ* (201̄), *τ* (403̄), *ω* (111̄) (Fig. 324). Keine deutliche Spaltbarkeit. Ebene der optischen Axen senkrecht zu *b* (010); 1. Mittellinie bildet 62° mit der *c*-Axe im spitzen Winkel β, $2E$ = 59°, für Rot viel kleiner; orangerot mit starkem Pleochroïsmus.

p-p′-Azotoluol = $(C_6H_4 \cdot CH_3)_2N_2$. a : b : c = 2,1768 : 1 : 1,9674; β = 90°16′. Kombination (Fig. 325): *c* (001), *a* (100), *ω* (111̄), zuweilen auch tafelförmig nach *c* (001). Spaltbarkeit nach *a* (100) und *c* (001) sehr unvollkommen. Ebene der optischen Axen *b* (010), durch *a* (100) ein Axenbild sichtbar.

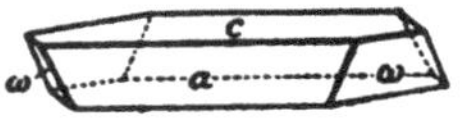
Fig. 325.

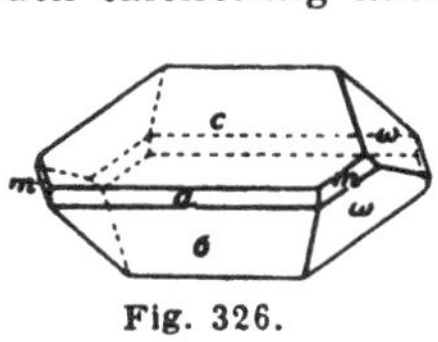
Fig. 326.

Dibenzyl = $(C_6H_5 . CH_2)_2$. a : b : c = 2,0806 : 1 : 1,2522; β = 115°54′. Beobachtete Formen (Fig. 326): *c* (001), *σ* (201̄), *ω* (111̄), *a* (100), *m* (110), von denen die beiden letzten auch fehlen. Keine deutliche Spaltbarkeit. Durch *c* (001) und *σ* (201̄) je ein Axenbild sichtbar.

Stilben = $(C_6H_5 \cdot CH)_2$. a : b : c = 2,1702 : 1 : 1,4003; β = 114°6′. Kombination (Fig. 327): *c* (001), *m* (110), *a* (100), *σ* (20$\bar{1}$), *τ* (40$\bar{3}$). Keine Spaltbarkeit. Ebene der optischen Axen senkrecht zu *b* (010), 1. Mittellinie bildet 60° mit der *c*-Axe im spitzen Winkel *β*, 2 *E* = 91½°, Dispersion stark, $\varrho < v$.

Tolan = $(C_6H_5 \cdot C)_2$. a : b : c = 2,2108 : 1 : 1,3599; β = 115°1′. Beobachtete Formen (Fig. 328): *c* (001), *σ* (20$\bar{1}$), *s* (201), *m* (110), *ω* (11$\bar{1}$), *k* (021), selten *τ* (40$\bar{3}$) und *a* (100). Keine Spaltbarkeit. Ebene der optischen Axen senkrecht zu *b* (010), 1. Mittellinie nahe parallel der *a*-Axe; 2 *E* = 42° rot, 72° blau.

Fig. 327.

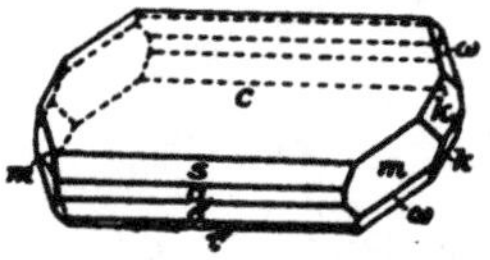

Fig. 328.

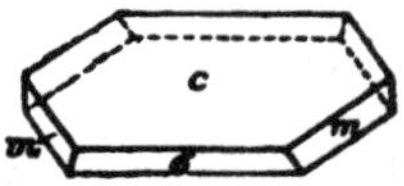

Fig. 329.

Naphthalin = $C_{10}H_8$. a : b : c = 1,3777 : 1 : 1,4364; β = 122°49′. Dünne Tafeln *c* (001), bei langsamer Bildung mit den Randflächen *σ* (20$\bar{1}$), *m* (110) (Fig. 329), selten *ω* (11$\bar{1}$). Spaltbarkeit nach *c* (001) vollkommen. Sehr starke Doppelbrechung; durch *c* (001) ein Axenbild mit starker Dispersion im stumpfen Winkel *β* sichtbar.

Naphthalin-s-Trinitrobenzol = $C_{10}H_8 \cdot C_6H_3(NO_2)_3$. a : b : c = 2,3170 : 1 : 4,0961; β = 96°36′. Aus Chloroform und Alkohol Prismen *ϱ* (10$\bar{1}$), *c* (001), *r* (101),

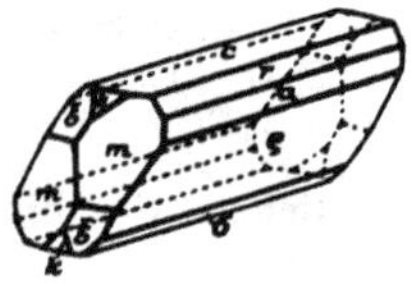

Fig. 330.

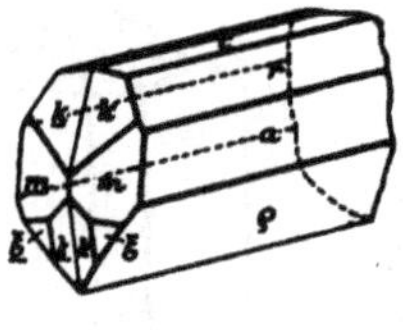

Fig. 331.

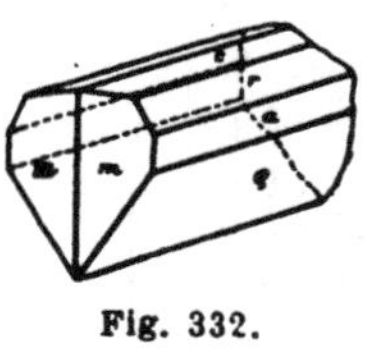

Fig. 332.

a (100), *σ* (10$\bar{2}$) mit den Endflächen *m* (110), *ξ* (11$\bar{2}$), *k* (012) (Fig. 330), häufig Zwillinge nach *a* (100) (Fig. 331 und 332).

α-Naphthol = $C_{10}H_7(OH)$. a : b : c = 2,7483 : 1 : 2,7715; β = 117°10′. Tafeln *c* (001), begrenzt von *a* (100), *σ* (20$\bar{1}$), *ω* (11$\bar{1}$) (Fig. 333). Spaltbarkeit nach *c* (001) sehr vollkommen. Ebene der optischen Axen senkrecht zu *b* (010) und fast senkrecht zu *c* (001), 1. Mittellinie Axe *b*, Axenwinkel klein.

p-Chlornaphthalinsulfonsäureäthylester = $C_{10}H_6Cl \cdot SO_3(C_2H_5)$. a : b : c = 1,3281 : 1 : 1,1262; β = 99°1′. Kombination (Fig. 334): *a* (100), *r* (101), *c* (001), *m* (110), *n* (120), *q* (011). Spaltbarkeit nach *c* (001) sehr vollkommen. Ebene der optischen Axen senkrecht zu *b* (010).

Fluoranthen = $C_{15}H_{10}$. a : b : c = 1,495 : 1 = 1,025; β = 97°10′. Dünne Tafeln *c* (001), begrenzt von *ϱ* (10$\bar{1}$) und *m* (110) (Fig. 335). Spaltbarkeit nach *c* (001) vollkommen. Doppelbrechung stark, Axenebene *b* (010), 1. Mittellinie fast genau senkrecht zu *c* (001), Axenwinkel sehr groß.

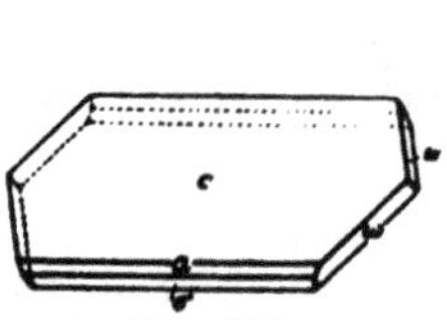

Fig. 333.

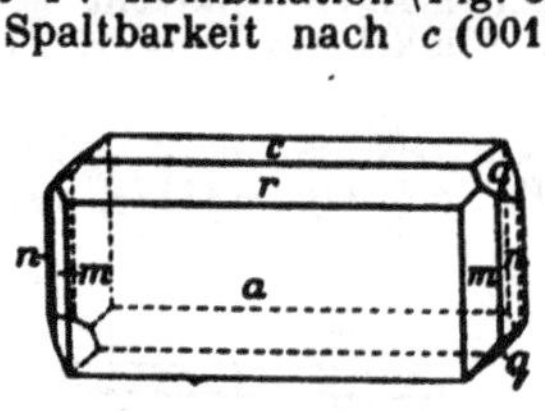

Fig. 334.

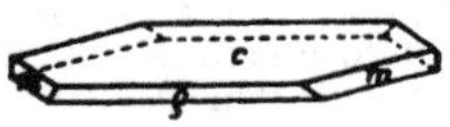

Fig. 335.

Anthracen = $C_{14}H_{10}$. a : b : c = 1,4220 : 1 : 1,8781; β = 124°24′. Beobachtete Formen: *c* (001), *σ* $(20\bar{1})$, *m* (110), *ω* $(11\bar{1})$ (Fig. 336 und 337). Spaltbarkeit nach *c* (001) vollkommen. Doppelbrechung sehr stark; Axenebene *b* (010); durch *c* (001) ein **Axenbild** mit sehr starker Dispersion sichtbar.

Isatin (Dioxyindolin) = $C_8H_5O_2N$.

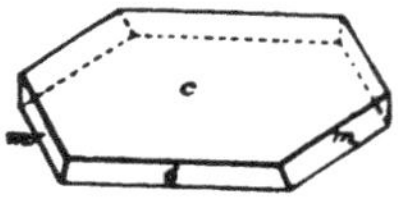

Fig. 336.

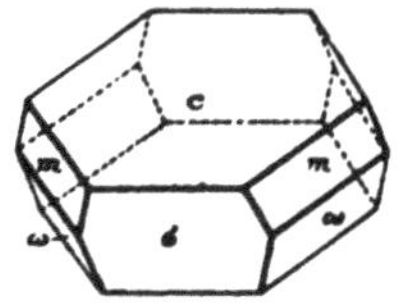

Fig. 337.

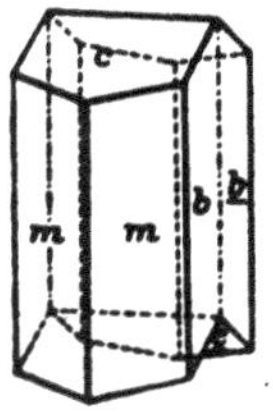

Fig. 338.

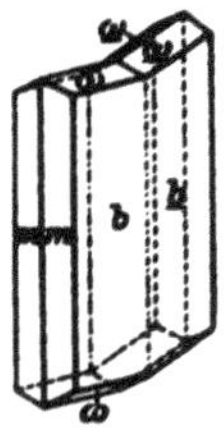

Fig. 339.

a : b : c = 0,4251 : 1 : 0,5025; β = 94°42′. Prismen *m* (110), *b* (010) mit den Endflächen *c* (001) oder (aus Aceton) *ω* $(11\bar{1})$; meist Zwillinge nach *a* (100) (Fig. 338 und 339). Spaltbarkeit nach *c* (001) ziemlich vollkommen. Ebene der optischen Axen *b* (010).

Antipyrin = (Phenyldimethylpyrazolon) = $C_{11}H_{12}ON_2$. a : b : c = 2,4001 : 1 : 2,2722; β = 117°9′. Tafeln *c* (001), begrenzt von *q* (011), *a* (100), *ω* $(11\bar{1})$, *ξ* $(21\bar{1})$, *r* (101) (Fig. 340). Spaltbarkeit nach *ϱ* $(10\bar{1})$ vollkommen, nach *b* (010) deutlich. Ebene der optischen Axen *b* (010), die 1. Mittellinie bildet 43° mit der *c*-Axe im spitzen Winkel *β*; 2 *V* = 53¾° rot, 54½° gelb, 55½° grün.

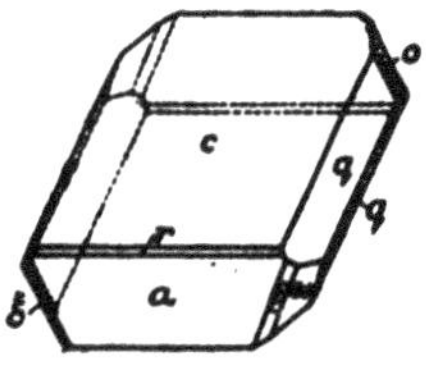

Fig. 340.

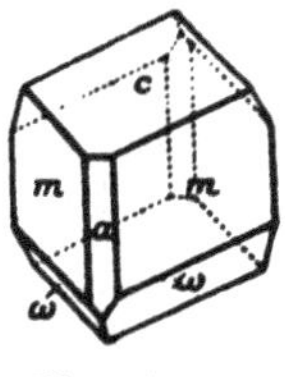

Fig. 341.

Indazol = $C_7H_6N_2$. a : b : c = 1,3647 : 1 : 1,3577; β = 111°36′. Kombination (Fig. 341): *m* (110), *c* (001), *ω* $(11\bar{1})$, *a* (100). Spaltbarkeit nach *a* (100) vollkommen. Ebene der optischen Axen *b* (010), 1. Mittellinie bildet mit der *c*-Axe 18° im stumpfen Winkel *β*, 2 *V* = 50° ca., durch *c* (001) ein Axenbild sichtbar.

Dimethylpyron = $C_7H_8O_2$. a : b : c = 1,0599 : 1 : 1,6441; β = 92°30′. Krystalle mit den Formen: *c* (001), *ϱ* $(10\bar{1})$, *r* (101), *q* (011) und *m* (110), nach *c* oder *ϱ* tafelförmig und nach der *b*-Axe verlängert. Spaltbarkeit nach *ϱ* $(10\bar{1})$ sehr vollkommen.

Chinolinsäure = $C_5H_3N(CO_2H)_2$. a : b : c = 0,5418 : 1 : 0,6075; β = 115°6′. Kurze Prismen *m* (110), *b* (010) mit *q* (011). Spaltbarkeit nach *b* (010) vollkommen. Ebene der optischen Axen senkrecht zu *b* (010), 2. Mittellinie bildet 51° mit der *c*-Axe im spitzen Winkel *β*.

Dihydrocollidindicarbonsäurediäthylester = $C_8H_{11}N(CO_2 \cdot C_2H_5)_2$. a : b : c = 1,4678 : 1 : 1,9994; β = 93°52′. Kombination (Fig. 342): *c* (001), *m* (110), *r* (101), *ϱ* $(10\bar{1})$, *a* (100). Spaltbarkeit nach *c* (001) sehr vollkommen.

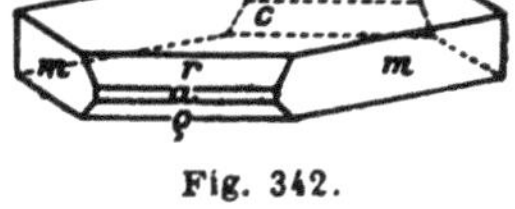

Fig. 342.

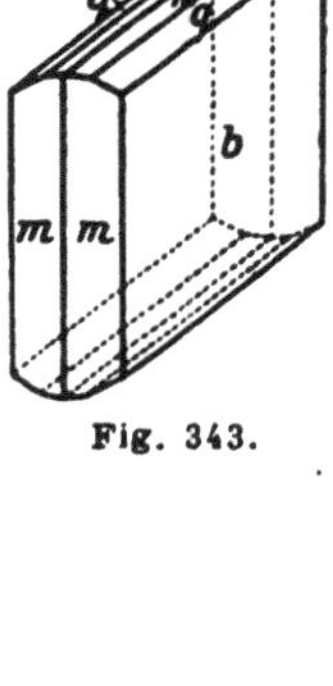

Fig. 343.

Piperin = $C_{17}H_{19}O_3N$. a : b : c = 0,9657 : 1 : 0,5867; β = 109°27′. Dünne Prismen *m* (110), *b* (010), gewöhnlich nur mit *c* (001). Keine deutliche Spaltbarkeit. Auslöschungsschiefe in *m* (110) 9°.

Cinchoninsäure - Dihydrat = $C_9H_6N(CO_2H) \cdot 2\,H_2O$. a : b : c = 0,2758 : 1 : 0,5328; β = 98°3′. Kombination (Fig. 343): *b* (010), *m* (110), *q* (011), *k* (012). Auslöschungsschiefer in *b* (010) 22½° im stumpfen Winkel *β*.

Pseudomonokline Krystalle.

Kaliumaluminiumtrisilikat (nat. Kalifeldspat, Orthoklas, Adular, Sanidin) $= Si_3O_8AlK$. a : b : c = 0,6586 : 1 : 0,5558; $\beta = 116^0 7'$. Der gewöhnliche Orthoklas (s. S. 110) läßt häufig die in Fig. 92 angedeutete Zwillingsstreifung erst im Mikroskop erkennen und ist stellenweise auch, der sog. Adular durchweg, frei davon und verhält sich wie ein monokliner Krystall (vgl. S. 103). Letzterer zeigt die

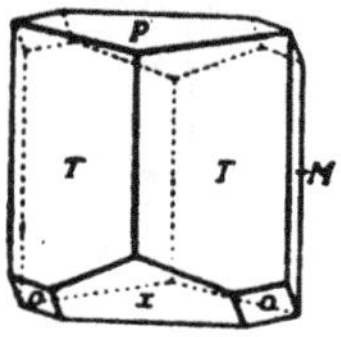

Fig. 344.

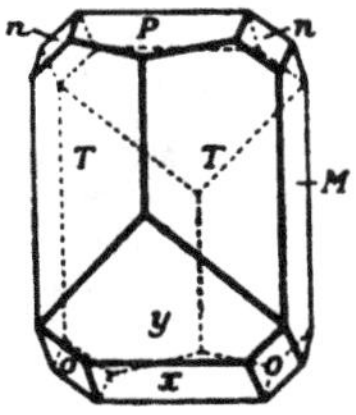

Fig. 345.

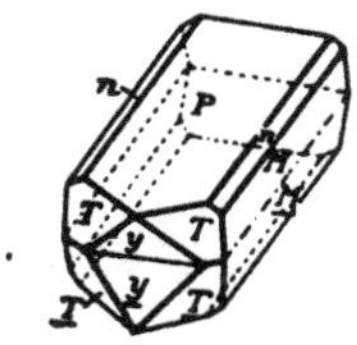
Fig. 346.

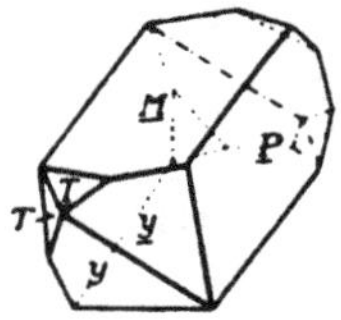
Fig. 347.

Kombinationen Fig. 344 und 345: *T* (110), *M* (010), *P* (001), *x* (101), *y* (20$\bar{1}$), *o* (11$\bar{1}$), *n* (021). Spaltbarkeit nach *P* (001) vollkommen, nach *M* (010) ziemlich vollkommen, nach *T* (110) undeutlich. Die Beziehungen der Zwillingsbildung zur Kohäsion zeigen sich in folgenden Gesetzen regelmäßiger Verwachsung: 1. Zwillingsebene *P* (001) (Fig. 346), wobei *P* und *M* in eine Ebene fallen; 2. Zwillingsebene *n* (021) (Fig. 347), wobei *P* und *M* des einen Krystalls parallel *M* und *P* des anderen; 3. Zwillingsebene (100) (Fig. 348), wobei *M* (010) beider Krystalle zusammenfällt. Die Kombination des 1. und 2. Gesetzes liefert einen pseudotetragonalen Vierling (Fig. 349; Projektion auf die Basis des pseudotetragonalen Prismas $P\underline{P}\underline{\underline{P}}\underline{\underline{\underline{P}}}$). Ebene der optischen Axen senkrecht zu (010); die 1. Mittellinie bildet 111° mit der *c*-Axe im stumpfen Winkel β; $2V = 69^0$, $\varrho > v$ (in dem natronhaltigen Sanidin, dessen Interferenzbild in den Fig. 1 und 2 Tafel IV abgebildet ist, bilden die Axen einen erheblich kleineren Winkel).

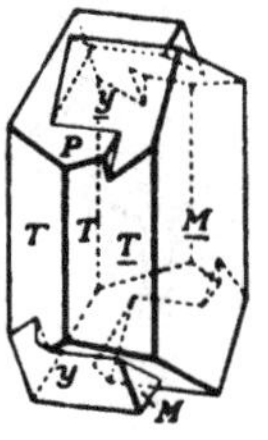
Fig. 348.

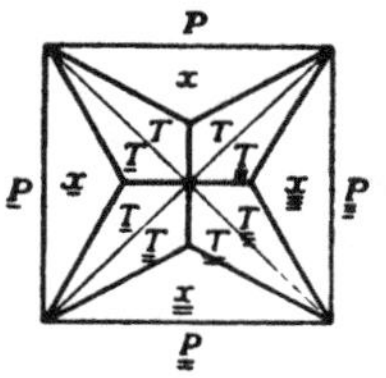

Fig. 349.

1-Nitro-3,5-dichlor-4-diacetanilid $= C_6H_2Cl_2(NO_2).N(C_2H_3O)_2$. a : b : c = 1,1361 : 1 : 0,8753; $\beta = 109^0 56'$. Kombination (Fig. 350): *a* (100), *m* (110), *q* (011), *c* (001), *b* (010), *ϱ* (10$\bar{1}$). Spaltbarkeit nach *c* (001) unvollkommen. Ebene der optischen Axen *b* (010); durch *a* (100) und *c* (001) je ein Axenbild sichtbar (vgl. die entsprechende Dibromverbindung S. 112).

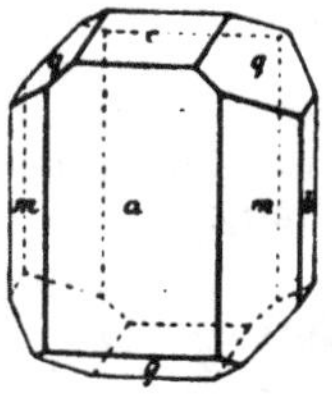

Fig. 350.

Rhombisches Krystallsystem.

Die allgemeinen Verhältnisse der rhombischen Krystalle und ihre Beziehung zu den rechtwinkelig parallelepipedischen Raumgittern wurden bereits S. 94 angegeben.

Wenn zu der zweizähligen Symmetrieaxe, welche die erste monokline Krystallklasse charakterisiert, noch eine zweite hinzugefügt wird, so kann dies nur senkrecht zur ersten geschehen, weil andernfalls durch Drehung um die erste noch mehr als eine weitere Symmetrieaxe hervorgebracht werden würde. Durch das Hinzutreten der zweiten zweizähligen Axe (*a* in Fig. 351[1]) zu der ersten (*b* in Fig. 351) verliert diese ihren polaren Charakter, und es ergeben sich zu den Flächen des rechten Sphenoïds **(hkl)**, nämlich (hkl) und ($\bar{h}k\bar{l}$), noch zwei, ein linkes Sphenoïd bildende Flächen, ($h\bar{k}\bar{l}$) und ($\bar{h}\bar{k}l$), als damit gleichwertig; es entsteht als allgemeine Form das »Disphenoïd« **(hkl)**. Dieses besitzt aber, wie Fig. 351 zeigt, notwendig noch eine dritte, zu den beiden ersten senkrechte, zweizählige Symmetrieaxe *c*, deren entgegengesetzte Pole, ebenso wie die der beiden anderen, wegen der Existenz einer dazu senkrechten Symmetrieaxe gleichwertig sind. Die geringste Zahl zweizähliger Symmetrieaxen, welche in einem krystallographischen Polyeder mit mehr als einer solchen möglich ist, beträgt also drei; diese müssen zueinander senkrecht sein und zu den krystallographischen Axen gewählt werden, denn es sind die drei Kanten des Elementarparallelepipedes eines jeden einfachen rhombischen Raumgitters; offenbar erhalten auch nur bei dieser Axenwahl die gleichwertigen Flächen gleiche Werte ihrer Indices. Die Elemente eines derartigen Krystalls sind also gegeben durch die Axenverhältnisse a : b : c, da die Axenwinkel den konstanten, für alle hierher gehörigen Substanzen gültigen Wert 90° besitzen. Wird zu der Symmetrieebene der zweiten monoklinen Klasse (s. Fig. 116) eine zweite hinzugefügt, so kann auch dies nur unter einem rechten Winkel geschehen, da sonst noch weitere Symmetrieebenen sich ergeben würden. Durch diese Hinzufügung werden zu den Flächen (hkl) und ($h\bar{k}l$) eines vorderen Domas noch die Flächen ($\bar{h}kl$) und ($\bar{h}\bar{k}l$) eines hinteren gleichwertig und die allgemeine Form **(hkl)** hat die Gestalt einer »rhom-

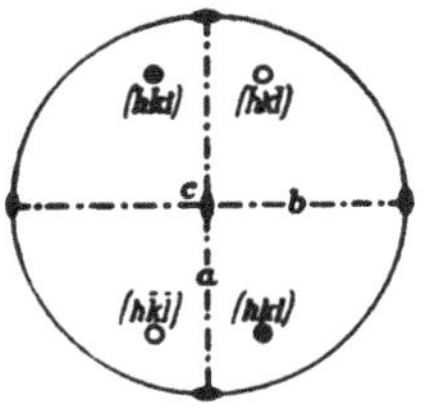

Fig. 351.

[1]) Diese Figur ist ebenfalls, wie Fig. 115—117, eine stereographische Projektion auf die zur *c*-Axe senkrechte Ebene; hier fällt aber der Zonenkreis [010] mit der *a*-Axe zusammen und ist daher ebenso wie die *b*-Axe durch eine strichpunktierte Gerade ersetzt (vgl. Fig. 115).

bischen Pyramide«. Wie aus der Projektion Fig. 352 hervorgeht, gelangt diese Form durch eine Drehung von 180° um die zur Projektionsebene senkrechte Axe c, in welcher sich die beiden Symmetrieebenen schneiden, mit sich selbst zur Deckung; die Kombination zweier Ebenen der Symmetrie erzeugt also notwendig eine zweizählige Symmetrieaxe, welche einen polaren Charakter besitzen muß, da die den in der Figur eingezeichneten vier Flächen entgegengesetzten, $(hk\bar{l})$ usw., nicht damit gleichwertig sind. Auch hier müssen die drei mit a, b, c bezeichneten Kanten des Krystalls zu Axen gewählt werden, wobei es natürlich beliebig ist, ob die Symmetrieaxe mit a, b oder c bezeichnet wird (das letzte ist das übliche und daher in der Figur erfolgt). Fügt man endlich zu dieser »rhombisch pyramidalen« Symmetrie noch die nach einer weiteren zweizähligen Axe hinzu, so kann dies nur rechtwinkelig zu c und in einer der beiden Symmetrieebenen stattfinden, also entweder parallel a oder b; da aber jede dieser beiden Symmetrieaxen nach dem Vorhergehenden notwendig die Existenz der anderen erfordert, ergeben sich dann die drei zueinander senkrechten zweizähligen Axen a, b, c, wie in der ersten Klasse (s. vor. S.), außerdem aber auch Symmetrie nach der zu den beiden ersten Symmetrieebenen senkrechten Ebene, wie aus Fig. 353 zu ersehen ist[1]); die vollständige allgemeine Form (hkl) besteht alsdann aus acht gleichwertigen Flächen, d. h. aus den in allen acht Oktanten, in welche der Raum durch die Axenebenen zerlegt wird, möglichen Ebenen mit den gleichen Werten von h, k und l, es ist eine »rhombische Dipyramide«, daher diese Klasse als »dipyramidale« bezeichnet wird. Da auch hier die Kanten a, b und c als »Axen« angenommen werden müssen, gelten in allen drei Klassen die konstanten Werte 90° für α, β und γ; es sind also zur Bestimmung der Elemente eines rhombischen Krystalls nur zwei Fundamentalwinkel zu messen nötig, aus welchen die Axenverhältnisse $a : b$ und $c : b$ folgen.

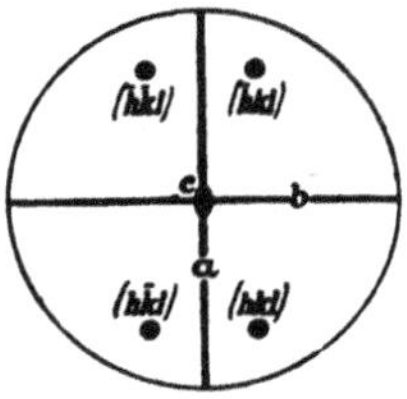

Fig. 352.

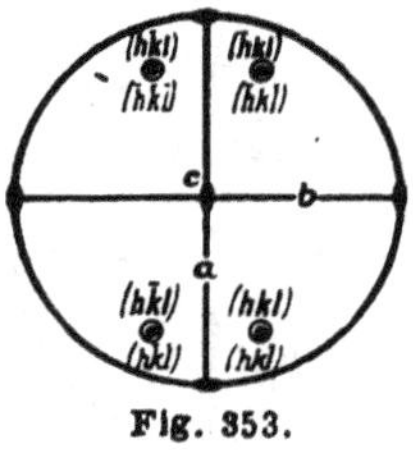

Fig. 353.

Mit diesen drei Symmetrieklassen, den drei monoklinen und den beiden triklinen ist die Gesamtheit aller möglicher Symmetrieverhältnisse optisch zweiaxiger Krystalle erschöpft, denn die Hinzufügung einer weiteren zweizähligen Axe oder einer Symmetrieebene, den Winkel zwischen a und b halbierend, würde eine Vierzähligkeit der c-Axe und damit die Gleichwertigkeit von vier zu ihr gleich geneigten und in zwei zueinander senkrechten Ebenen gelegenen Richtungen bedingen, wodurch die Indexfläche die Gestalt eines Rotationsellipsoids annehmen würde — die Hinzufügung solcher weiterer Symmetrieelemente unter 30° (statt unter 45°) würde eine Sechszähligkeit der c-Axe bewirken, und bei anderen Winkeln würde sich eine noch größere Zähligkeit ergeben, also eine nach S. 89 für krystallographische Polyeder unmögliche Symmetrie.

[1]) In dieser Figur sind die Pole der zu den vier Flächen der Fig. 352 entgegengesetzten Flächen durch mit jenen konzentrische Kreise angedeutet.

Die drei Symmetrieklassen des rhombischen Krystallsystems unterscheiden sich, wie die des monoklinen, dadurch, daß in den beiden ersten entgegengesetzte Flächen im allgemeinen nicht gleichwertig sind, daher hier ebenso über die Zugehörigkeit eines Krystalls zu einer dieser Klassen nur durch univektorielle Eigenschaften (Ätzfiguren, polare Pyroelektrizität) entschieden werden kann, wenn entgegengesetzte Flächen in scheinbar gleicher Weise oder nur solche Formen ausgebildet sind, welche mehreren dieser Klassen gemeinsam angehören. Dies ist besonders wichtig bei den optisch aktiven Substanzen, welche nach dem Pasteurschen Gesetze (s. S. 91) der ersten Klasse, der einzigen enantiomorphen in diesem Krystallsystem, zuzurechnen sind. Abgesehen von solchen Substanzen zählt auch hier, wie im vorhergehenden Krystallsystem, die höchstsymmetrische Klasse, die dipyramidale, weitaus die meisten Vertreter und darunter sehr wichtige Stoffe, wie weiterhin aus den Beispielen hervorgeht.

Was die für alle rhombischen Krystalle gemeinsamen bivektoriellen Eigenschaften betrifft, welche notwendig die Symmetrie der letzten Klasse zeigen, so ergeben sich die möglichen Kohäsionsverhältnisse aus den Darlegungen S. 55 f.; am häufigsten ist die vollkommenste Spaltbarkeit nach einer der drei Axenebenen, nicht selten, wenn auch weniger vollkommen, zugleich nach einer zweiten, manchmal auch, natürlich noch weniger gut, nach der dritten (s. Calciumsulfat unter den Beispielen); weniger häufig ist die vollkommenste Spaltbarkeit die nach Ebenen parallel einer der drei Axen, deren notwendig zwei, ein rhombisches Prisma bildend, gleichwertig sind; selten und an Vollkommenheit gegen die beiden ersten Arten der Spaltbarkeit zurücktretend, ist eine solche nach Ebenen, welche gegen alle drei Axen geneigt sind, also nach einer rhombischen Dipyramide (Beisp.: Baryumsulfat). Die optischen Eigenschaften der rhombischen, d. h. der optisch trisymmetrischen Krystalle sind S. 32—34 ausführlich beschrieben worden; darnach liegen die optischen Axen stets in einer der drei Ebenen der krystallographischen Axen und eine der letzteren ist die erste Mittellinie; die Schwingungsrichtungen sind in allen Flächen, welche der *a*-, *b*- oder *c*-Axe parallel sind, diese Axen selbst und ihre Normale; dispergiert können sie daher nur in solchen Ebenen sein, welche zu allen drei Axen geneigt sind; analog ist das Verhalten in bezug auf die Absorption des Lichtes. Da die thermischen Axen mit den krystallographischen zusammenfallen (s. S. 46), so ändern sich zwar die Axenverhältnisse a : b : c stetig mit der Temperatur, aber die allgemeinen Symmetrieverhältnisse des rhombischen Systems bleiben unverändert.

Disphenoïdische Klasse[1]).

Die allgemeine Form dieser Symmetrieart, das rhombische Disphenoïd, ist die erste unter den bisher betrachteten einfachen Formen, welche einen Raum abschließt und deshalb auch allein die Begrenzung eines Krystalls bilden kann; sie hat die Gestalt eines Tetraëders, dessen Flächen ungleichseitige Dreiecke sind. Das in die Projektion Fig. 354 eingetragene Disphenoïd (hkl), welches in Fig. 355a mit vertikal gestellter *c*-Axe abgebildet ist, wird ein »rechtes« genannt, das

[1]) »Rhombisch hemiëdrische« Klasse der älteren Nomenklatur.

enantiomorphe, durch Spiegelung an einer der drei Axenebenen daraus hervorgehende Disphenoïd $(h\bar{k}l)$ (Fig. 355b) heißt ein »linkes«; die Flächen beider besitzen die gleichen Kantenwinkel, welche aber im umgekehrten Sinne aufeinander folgen. In dem besonderen Falle, daß die vier Pole der Fig. 354 auf der Geraden *b* liegen, wobei in der Projektion je zwei sich decken, nimmt das Disphenoïd die Gestalt eines

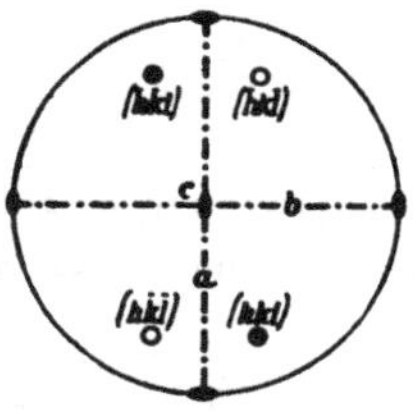

Fig. 354.

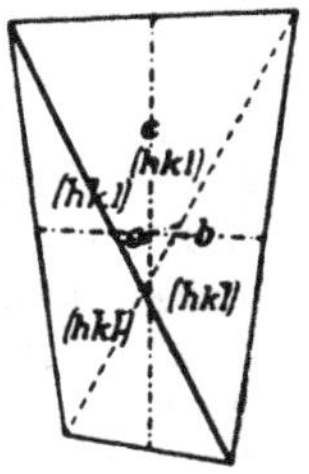

Fig. 355 a.

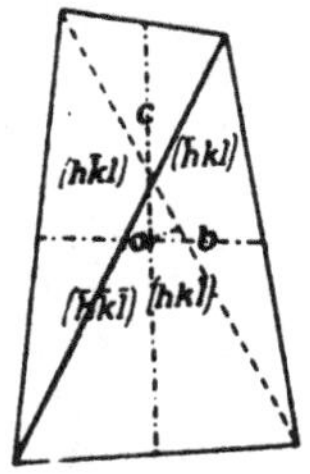

Fig. 355 b.

der *a*-Axe parallelen rhombischen Prismas an, wenn die Pole auf der Geraden *a* liegen, die eines der *b*-Axe parallelen rhombischen Prismas, endlich, wenn die vier Pole in den Grundkreis fallen, entsprechen sie den vier Flächen eines zur *c*-Axe parallelen rhombischen Prismas. Weitere besondere Fälle folgen aus diesen drei Arten von Prismen dadurch, daß je zwei Pole miteinander und mit einem der Axenpole zusammenfallen, d. h. die Flächen nicht nur einer, sondern auch einer zweiten Axe parallel werden, wodurch sich die Prismen in Pinakoïde verwandeln. So ergibt sich die folgende Übersicht der möglichen Formen dieser Klasse:

(100) erstes Pinakoïd,
(010) zweites Pinakoïd,
(001) drittes Pinakoïd,
(0kl) Prisma erster Art,
(h0l) Prisma zweiter Art,
(hk0) Prisma dritter Art,
(hkl) Disphenoïd.

(111) und $(1\bar{1}1)$ pflegt man die beiden »primären Disphenoïde«, (011), (101) und (110) das »primäre Prisma« erster bzw. zweiter und dritter Art zu nennen.

Unter den aufgezählten Formen sind naturgemäß die häufigsten die Pinakoïde und die primären Prismen, und an den Krystallen sehr vieler hierher gehöriger Substanzen werden überhaupt nur Formen dieser beiden Kategorien, und zwar von der letzteren nur die mit den einfachsten Werten der Indices, beobachtet. Alsdann zeigen die Kombinationen scheinbar die Symmetrie der dipyramidalen Klasse, und noch mehr gilt dies für solche Krystalle, an denen enantiomorphe Disphenoïde in ungefähr gleicher Ausbildung auftreten. Die Entscheidung über die wahre Symmetrie kann dadurch erfolgen, daß unter geänderten Krystallisationsbedingungen die Ungleichwertigkeit der beiden Disphenoïde unzweifelhaft hervortritt (s. unter den Beispielen Bittersalz, Baryumformiat usw.) oder durch den Nachweis des Mangels von Symmetrieebenen mittels der Ätzfiguren (s. z. B. Silbernitrat, Strontiumformiat u. a.) oder endlich durch das pyroelektrische Verhalten (s. unter den Beispielen Baryumformiat). Von vielen optisch aktiven Substanzen sind nur die vorerwähnten einfachsten Formen bekannt, es hat sich jedoch in allen Fällen, in welchen eine genügend vielseitige Prüfung durch univektorielle Eigenschaften erfolgt ist, entsprechend dem Pasteurschen Gesetze die Zugehörigkeit der Krystalle zur disphenoïdischen Klasse erwiesen. Wie die Beispiele lehren, ist aber auch die Zahl derjenigen optisch aktiven Substanzen recht groß, deren Krystalle ohne weiteres durch ihre Ausbildung die Enantiomorphie der rechts- und linksdrehenden Substanzen zeigen.

Zwillingsebene kann in dieser Klasse mangels einer Symmetrieebene jede Krystallfläche sein, aber eine in bezug auf eine Ebene symmetrische Verwachsung ist nur möglich, wenn sie aus einem rechten und einem linken Krystall besteht, und eine derartige Zwillingsbildung kommt natürlich besonders leicht zustande nach einer Ebene vollkommenster Spaltbarkeit (s. z. B. Bittersalz). Regelmäßige Verwachsung zweier gleichartiger Krystalle ist nur möglich mit einer Kante oder der Normalen zu einer solchen als Zwillingsaxe; auch hier tritt der Fall ein, daß bei einem pseudohexagonalen Krystall die fast vollständige Gleichwertigkeit dreier in einer Ebene vollkommenster Spaltbarkeit liegender Richtungen eine lamellare Drillingsbildung verursacht (Beisp. Camphotricarbonsäure).

Beispiele.

Optisch inaktive Substanzen.

α-Schwefel (stabil bei niederen Temperaturen bis 95°,5). a : b : c = 0,8108 : 1 : 1,9005 (diese sich aus der Flächenentwicklung naturgemäß ergebenden Axenverhältnisse sind durch die röntgenometrischen Bestimmungen vollständig bestätigt worden, nach welchen das der Struktur zugrunde liegende rechtwinkelig parallelepipedische Raumgitter das gleiche Verhältnis seiner Kantenlängen besitzt; die Atomanordnung zeigt dadurch den Mangel einer Symmetrieebene, daß sie (nach Bragg) aus zweierlei Schwefelatomen besteht. Die aus Lösungen in CS_2 usw. entstehenden Krystalle zeigen stets scheinbar dipyramidale Ausbildung, nämlich *o* **(111)**, *ω* **(1$\bar{1}$1)** als Dipyramide (Fig. 356), oft mit den untergeordneten Formen *n* **(011)**, *b* **(010)**, *s* **(113)**, *σ* **(1$\bar{1}$3)**, *c* **(001)** (Fig. 357). An den natürlichen Krystallen erscheint dagegen nicht selten nur ein Disphenoïd, und zwar entweder nur *o* **(111)** (s. Fig. 355 a, S. 152) oder nur *ω* **(1$\bar{1}$1)** (s. Fig. 355 b); manche flächenreichere Krystalle zeigen auch eine dieser beiden Formen oder *s* **(113)** bzw. *σ* **(1$\bar{1}$3)** vorherrschend, meist aber sind an solchen die beiden enantiomorphen Formen ungefähr gleichgroß (daher die Krystalle meist als dipyramidale beschrieben wurden). Charakteristisch für die Formenreihe des Schwefels ist die relative Häufigkeit der Flächen mit den Indices **(111)**, **(113)**, **(115)**, **(117)**, gegenüber **(112)**, **(114)** usf. Zwillinge sind nicht häufig und wurden nach folgenden Gesetzen angegeben: Zwillingsebene **(101)**, **(011)**, **(110)** und **(111)**. Spaltbarkeit nach **(111)**, **(001)** und **(110)** unvollkommen. Natürlich entstandene Ätzfiguren von unsymmetrischer Form wurden besonders auf **(011)** beobachtet. Doppelbrechung positiv, sehr stark; Axenebene **(010)**, 1. Mittellinie Axe *c*; $2V = 68°58'$ Na, $68°46'$ Tl. Ausdehnung durch die Wärme stark und nach verschiedenen Richtungen sehr verschieden; der größte Ausdehnungskoeffizient (s. S. 46) ist parallel der *b*-Axe, der kleinste parallel der *c*-Axe, die Dielektrizitätskonstante (s. S. 49), entsprechend den Brechungsindices, am größten in der *c*-Axe, am kleinsten in der *a*-Axe.

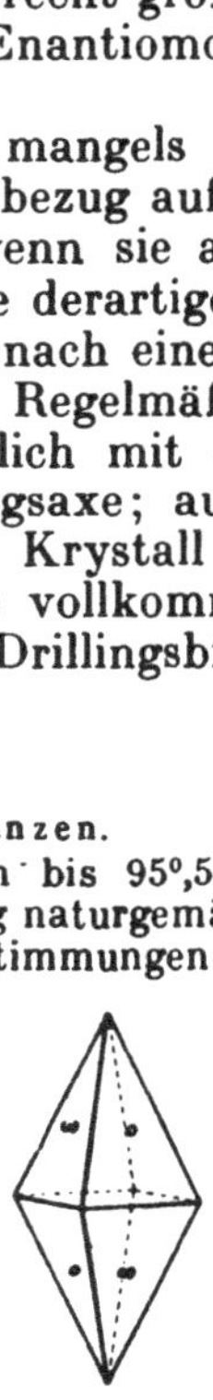
Fig. 356.

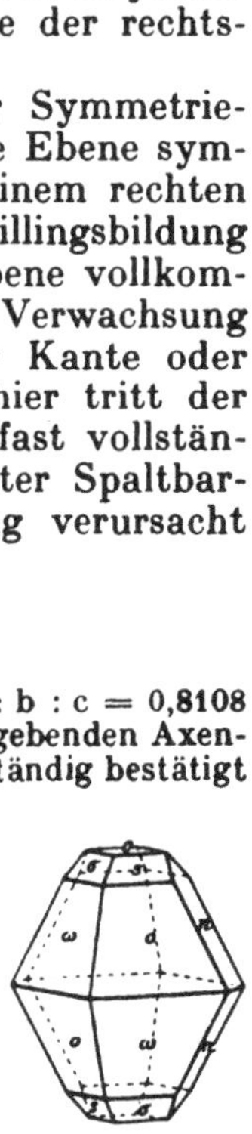
Fig. 357.

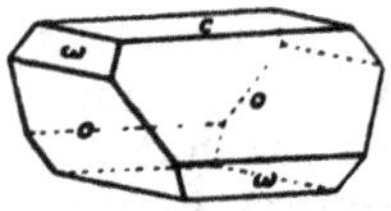

Fig. 358.

α-Silbernitrat $= NO_3Ag$. a : b : c = 0,9430 : 1 : 1,3697. Tafelige Kombinationen von *c* (001) mit *o* (111) und *ω* (1$\bar{1}$1), welche oft ungefähr gleichgroß, nicht selten aber auch recht verschieden entwickelt sind (Fig. 358); in niedriger Temperatur sowie bei Anwesenheit freier Salpetersäure oder von Natriumnitrat in der Lösung bilden sich flächenreichere Krystalle, in Fig. 359 auf (001) projiziert, mit den Formen *l* (210), *b* (010), *m* (110) und *x* (211). Die mit Alkohol erhaltenen Ätzfiguren auf *c* (001) haben eine symmetrische Gestalt, sind aber gegen die Krystallaxen *a* und *b* um einen kleinen Winkel *φ* gedreht (s. Fig. 359), auf *γ* (00$\bar{1}$) im gleichen Sinne, also denen auf (001) nicht parallel. Ebene der optischen Axen (100), 1. Mittellinie Axe *c*; $2E = 126^1/_2{}^0$ rot, 134^0 blau.

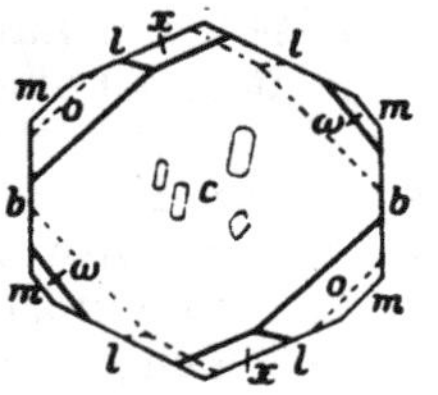

Fig. 359.

Magnesiumsulfat-Heptahydrat (nat. Epsomit, Bittersalz) $= SO_4Mg \cdot 7H_2O$. a : b : c = 0,9901 : 1 : 0,5709. Aus reiner Lösung bildet sich die Kombination: *m* (110), *o* (111), *ω* (1$\bar{1}$1), *b* (010), *r* (101) (Fig. 360); bei Zusatz von Borax oder Glaubersalz tritt *o* oder *ω* zurück bis zum Verschwinden, so daß schließlich die beiden Kombinationen Fig. 361 a bzw. b erscheinen, und zwar in gleicher Menge, wenn keine Impfung (s. S. 72) durch feste Partikel rechter oder linker Krystalle stattfindet; in diesem Falle bilden sich auch Zwillinge zweier enantiomorpher Krystalle mit parallelen Krystallaxen, die man als symmetrisch nach *b* (010) betrachten kann. Spaltbarkeit nach *b* (010) vollkommen, nach *r* (101) deutlich. Ebene der optischen Axen (001), 1. Mittellinie Axe *b*; $2E = 78^0$ mit sehr schwacher Dispersion. Das Drehungsvermögen (vgl. S. 33) beträgt im Na-Licht für 1 mm $2^0,6$ (die untersuchten Krystalle waren linksdrehend und zeigten das Disphenoïd *ω* (1$\bar{1}$1) am Ende vorherrschend.

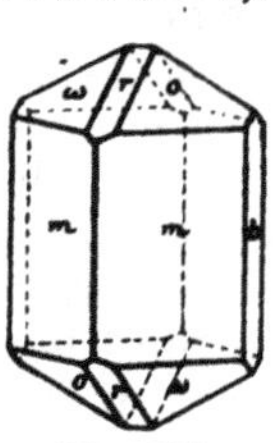

Fig. 360.

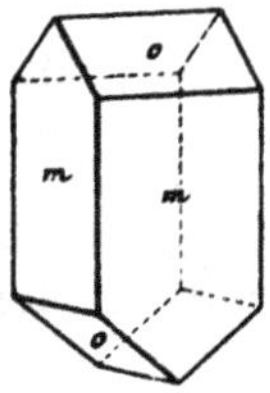

Fig. 361 a.

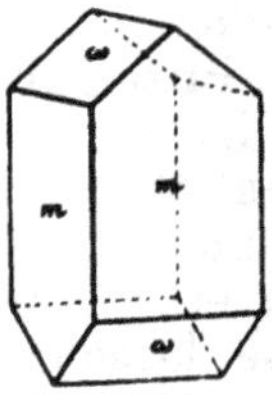

Fig. 361 b.

Zinksulfat-Heptahydrat (nat. Goslarit, Zinkvitriol) $= SO_4Zn \cdot 7H_2O$. a : b : c = 0,9804 : 1 : 0,5631. Die nur unter 30° entstehenden Krystalle zeigen die gleichen Kombinationen wie vor. Spaltbarkeit nach *b* (010) vollkommen: Ebene der optischen Axen (001), 1. Mittellinie Axe *b*; $2V = 46^0$, $2E = 71^0$, $\varrho > v$.

Mononatriumorthophosphat-Dihydrat $= PO_4NaH_2 \cdot 2H_2O$. a : b : c = 0,9147 : 1 : 1,5687. Kombination der linksdrehenden Krystalle Fig. 362: *r* (101), *q* (011), *c* (001), *ω* (1$\bar{1}$1), *m* (110), *ξ* (1$\bar{1}$2), *v* (121), *o* (111). Ebene der optischen Axen (010), 1. Mittellinie Axe *c*; $2V = 83^0$. Drehungsvermögen im Na-Licht für 1 mm $4^0,45$.

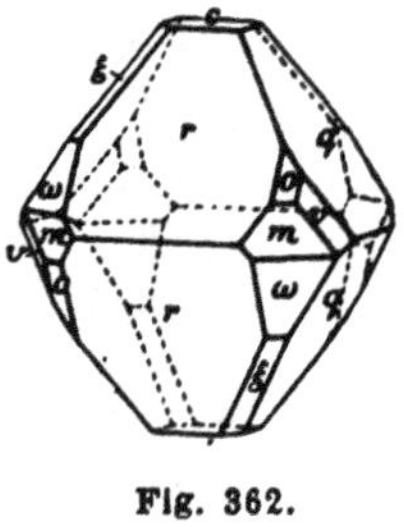

Fig. 362.

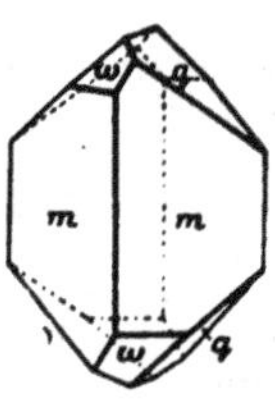

Fig. 363.

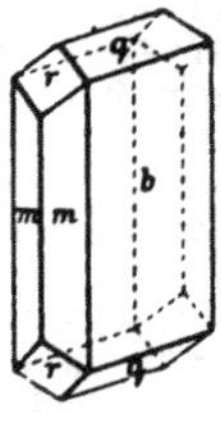

Fig. 364.

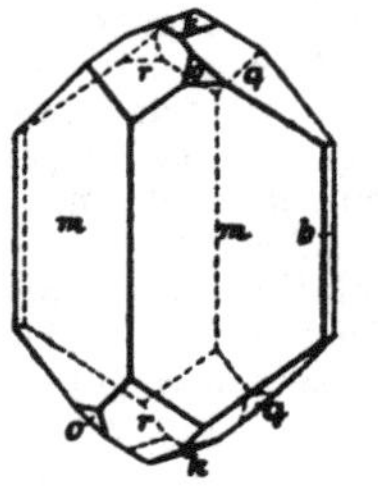

Fig. 365.

Formamidoxim (Isouretin) $= CH(NH_2): NOH$. a : b : c = 0,6556 : 1 : 1,1204. Kombination (Fig 363): *m* (110), *q* (011). *ω* (1$\bar{1}$1). Keine deutliche Spaltbarkeit. Doppelbrechung positiv, Axenebene *c* (001). 1. Mittellinie Axe *b*, $2E = 92^0$ rot, $94^1/_2{}^0$ blau.

Strontiumformiat $(HCOO)_2Sr$. a : b : c = 0,7846 : 1 : 0,8292. Aus heißer Lösung die Kombination (Fig. 364): *b* (010), *m* (110), *q* (011), *r* (101), bei 50° (Fig. 365) : *m* (110), *q* (011), *r* (101), *b* (010), häufig auch *o* (111), seltener *k* (012). Spaltbarkeit nach *q* (011) unvollkommen. Ätzfiguren auf *b* (010) Rhomboïde, deren längere Seiten der *c*-Axe parallel sind. Ebene der optischen Axen (100); 1. Mittellinie Axe *b*; $2V = 74°$, $2E = 143°—145°$, $\rho > v$.

Baryumformiat = $(HCOO)_2Ba$. a : b : c = 0,7650 : 1 : 0,8638. Bei gewöhnlicher Temperatur entstehen Krystalle von der Form der Fig. 366 mit *m* (110), *r* (101), *b* (010), *q* (011), *k* (021), aus warmer Lösung dagegen Prismen *m* (110) mit *r* (101) und *ξ* $(1\bar{1}2)$ oder *x* (112) (Fig. 367a und b) nebeneinander. Spaltbarkeit nach *q* (011) unvollkommen. Der Mangel einer Symmetrieebene geht auch daraus hervor, daß bei einer Temperaturänderung der obere und untere Teil der *m*-Flächen entgegengesetzt elektrisch wird, und zwar umgekehrt bei benachbarten Flächen, während die Pole der *c*-Axe gleiche Elektrizität zeigen; die elektrischen Axen sind also die vier Normalen zu einem Bisphenoïd. Ebene der optischen Axen *b* (010). 1. Mittellinie Axe *a*; $2V = 78°—80°$, $\rho < v$.

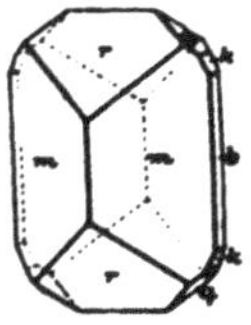
Fig. 366.

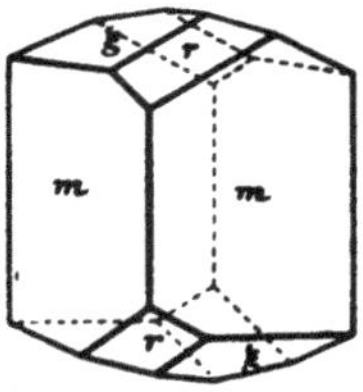
Fig. 367 a.

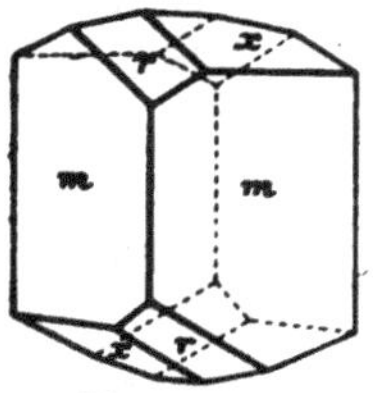
Fig. 367 b.

Bleiformiat = $(HCOO)_2Pb$. a : b : c = 0,7463 : 1 : 0,8480. Bei gewöhnlicher Temperatur bilden sich nur die Formen *m* (110), *r* (101), *q* (011), *b* (010), *c* (001), aus warmer Lösung entsteht die Kombination Fig. 368 mit *x* (112) und *ω* $(1\bar{1}1)$ oder den enantiomorphen Formen *ξ* $(1\bar{1}2)$ und *o* (111). Spaltbarkeit nach *q* (011) sehr unvollkommen. Ebene der optischen Axen *b* (010); 1. Mittellinie Axe *c*; $2V = 70°—71^1/_2°$, $\rho > v$. Polare Pyroelektrizität wie vor.

Strontiumformiat-Dihydrat = $(HCOO)_2Sr . 2H_2O$. a : b : c = 0,6088 : 1 : 0,5942. Gewöhnliche Kombinationen (Fig. 369a und b): *m* (110), *b* (010), *q* (011), *ξ* $(1\bar{2}1)$ und *o* (111) bzw. *x* (121) und *ω* $(1\bar{1}1)$, welche sich nebeneinander bilden, während

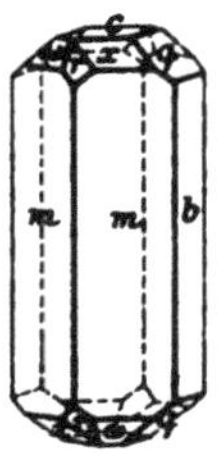
Fig. 368.

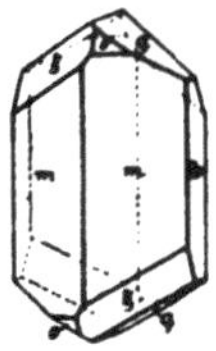
Fig. 369 a.

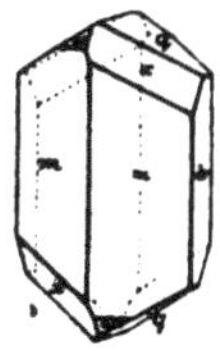
Fig. 369 b.

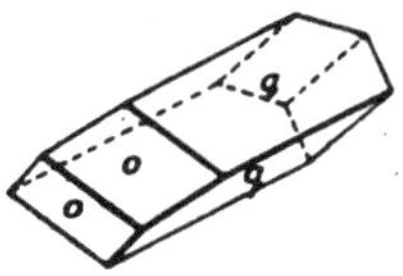
Fig. 370.

aus übersättigter Lösung beim Impfen mit einem rechten Krystall nur rechte, beim Impfen mit einem linken nur linke Krystalle entstehen. Spaltbarkeit nach *b* (010) und *q* (011) undeutlich. Ätzfiguren auf *b* (010) Rhomboïde mit ihren längsten Seiten im Uhrzeigersinne auf rechten Krystallen, im entgegengesetzten Sinne auf linken gegen die *c*-Axe gedreht; völlig unsymmetrisch sind die Ätzfiguren auf den Flächen von *m* (110). Ebene der optischen Axen *b* (010), 1. Mittellinie Axe *c*; $2V = 66^1/_2°$, $2E = 113°$ für rot, $2V = 68°$, $2E = 116°$ für violett.

Glycerin = $CH_2(OH) . CH(OH) . CH_2(OH)$. a : b : c = 0,70 : 1 : 0,66 ca. Kombination (Fig. 370): *q* (011), *o* (111); ferner wurden beobachtet: (010), (111), (101). Spaltbarkeit nach (100) unvollkommen. Ebene der optischen Axen (001), 1. Mittellinie Axe *a*; Axenwinkel groß, $\rho < v$.

Succinbromimid = $(CH_2 . CO)_2 NBr$. a : b : c = 0,8994 : 1 : 1,6360. Beobachtete Formen : *c* (001), *ω* (1$\bar{1}$1), *o* (111), *q* (011); aus Benzol Fig. 371, aus Aceton Fig. 372. Ätzfiguren auf *c* (001) s. Fig. 372. Ebene der optischen Axen *a*(100), 1. Mittellinie Axe *b*.

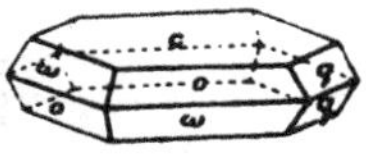

Fig. 371.

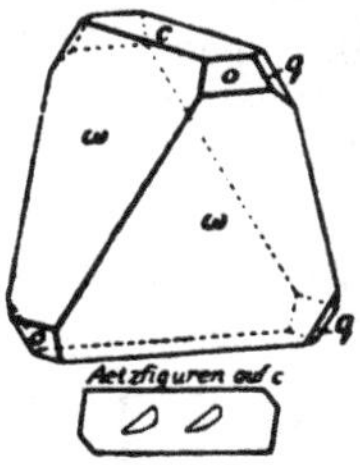

Fig. 372.

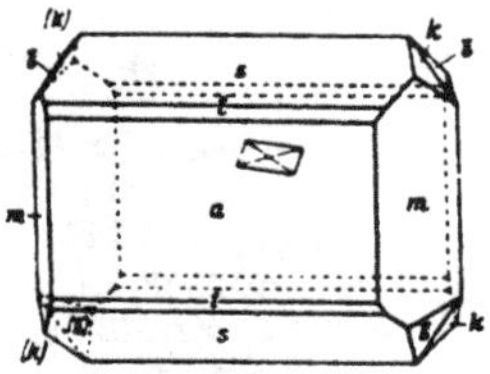

Fig. 373.

1,8-Dinitro-4,6-Dijodbenzol = $C_6H_2J_2(NO_2)_2$. a : b : c = 2,1892 : 1 : 0,7054. Kombination (Fig. 373): *a* (100), *s* (201), *m* (110), *k* (021), *t* (301), *ξ* (1$\bar{2}$1). Spaltbarkeit nach *a* (100) ziemlich vollkommen. Ätzfiguren s. Fig. 373. Ebene der optischen Axen *a* (100), 1. Mittellinie Axe *c*, 2 *V* = 61½° rot 66½° grün.

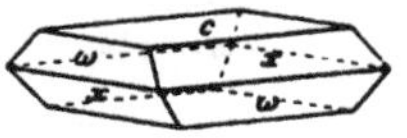

Fig. 374.

Trinitrodimethylanilin = $C_6H_2(NO_2)_3 . N(CH_3)_2$. a : b : c = 0,6468 : 1 : 2,7662. Kombination (Fig. 374): *c* (001), *x* (113), *ω* (1$\bar{1}$1). Ebene der optischen Axen *a* (100), 1. Mittellinie Axe *c*.

o-Methoxyphenylguanidinchlorhydrat = $C_6H_4(O . CH_3) . CN_3H_4 . HCl$. a : b : c = 0,9890 : 1 : 0,8693. Beobachtete Formen: *c* (001), *m* (110), *o* (111), *y* (221); gewöhnliche Ausbildung Fig. 375, seltener Fig. 376. Spaltbarkeit nach *c* (001) sehr vollkommen. Ebene der optischen Axen *a* (100), 1. Mittellinie Axe *c*, Axenwinkel klein, $\varrho > v$.

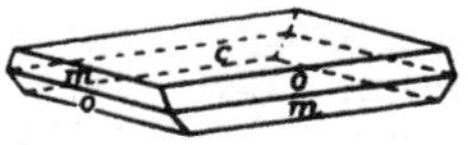

Fig. 375.

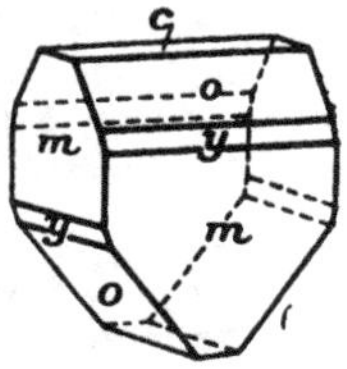

Fig. 376.

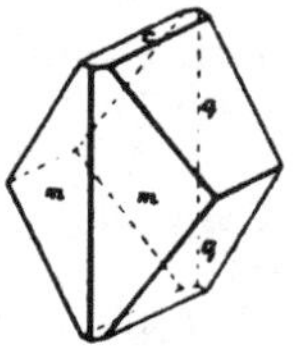

Fig. 377.

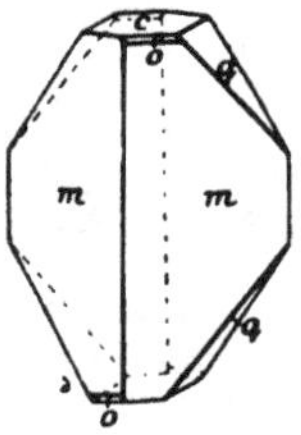

Fig. 378.

Kaliumthiochromat-Tetrahydrat = $C_6(OH)(SO_3K)_4(SO_4K) . 4 H_2O$. a : b : c = 0,6461 : 1 : 0,6402. Kombination von *m* (110) mit *o* (111) oder *ω* (1$\bar{1}$1) (die rechten und linken Krystalle entstehen in gleicher Anzahl in einer Lösung).

2,4,6-Trichlorbenzamid = $C_6H_2Cl_3 . CO . NH_2$. a : b : c = 0,5380 : 1 : 1,5180. Beobachtete Formen : *m* (110), *q* (011), *c* (001), *o* (111) (Fig. 377 u. 378). Spaltbarkeit nach *q* (011) unvollkommen.

Hippursäure = $C_6H_5 . CO . NH(CH_2 . CO_2H)$. a : b : c = 0,8391 : 1 : 0,8616. Je nach den Krystallisationsbedingungen Fig. 379 *a* (100), *m* (110), *r* (101), *q* (011), *c* (001) oder Fig. 380: *s* (102), *k* (012), *o* (111) und

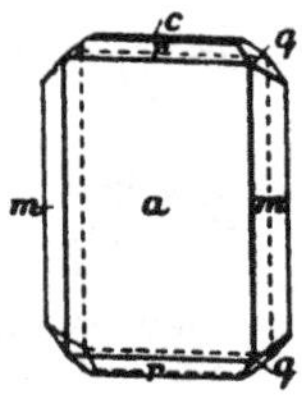

Fig. 379.

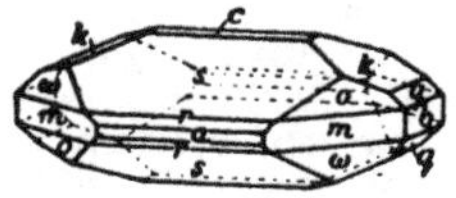

Fig. 380.

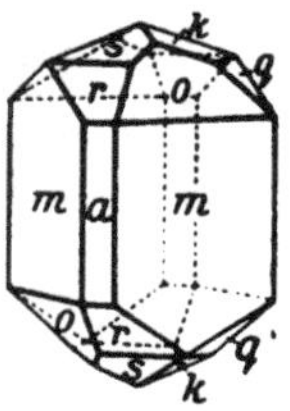

Fig. 381.

ω (1$\bar{1}$1) als scheinbare Dipyramide, *m* (110), *b* (010), *q* (011), *r* (101), *a* (100) oder Fig. 381 mit *o* als Bisphenoïd. Spaltbarkeit nach *c* (001) ziemlich vollkommen. Ätzfiguren auf *m* (110) unsymetrische Vierecke. Ebene der optischen Axen *c* (001), 2 *V* = 66° rot, 65½° grün.

2,3 - Dinitro - 1,4 - xylol + 2,6 - Dinitro - 1,4 - xylol = $C_6H_2(NO_2)_2(CH_3)_2$ + $C_6H_2(NO_2)_2(CH_3)_2$. a : b : c = 0,6965 : 1 : 1,0682. Aus reiner Lösung die Kombination (Fig. 382) : *m* **(110)**, *o* **(111)**. *ω* **(1$\bar{1}$1)**, *q* **(011)**, *ξ* (1$\bar{1}$2) oder *x* (112), aus Lösung mit Überschuß eines der beiden Isomeren die einfache Kombination (Fig. 383) *m* **(110)**, *o* **(111)** und in gleicher Menge ihr Spiegelbild *m* **(110)**, *ω***(1$\bar{1}$1)**. Spaltbarkeit nach *c***(001)** vollkommen. Ebene der optischen Axen *a* **(100)**, 1. Mittellinie Axe *c*; 2 *E* = $32^1/_2{}^0$ rot, 43° grün.

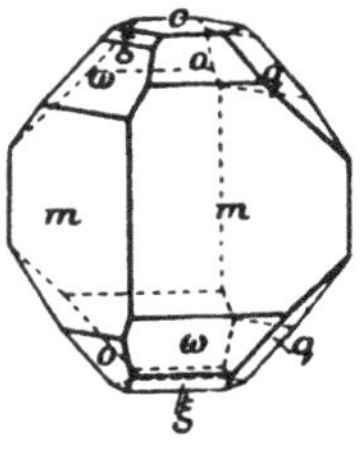

Fig. 382.

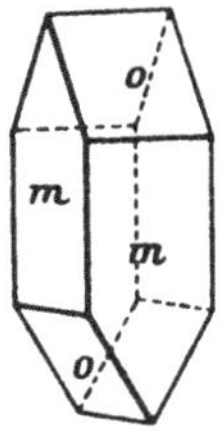

Fig. 383.

Chlorphtalimid = $C_6H_4(CO)_2$: NCl. a : b : c = 0,3000 : 1 : 0,2715. Aus Chloroform Tafeln *b* (010), *m* **(110)**, *q* **(011)** (Fig. 384) aus Aceton rechte und linke Krystalle mit *o***(111)** bzw. *ω* **(1$\bar{1}$1)** (Fig. 385 a u. b).

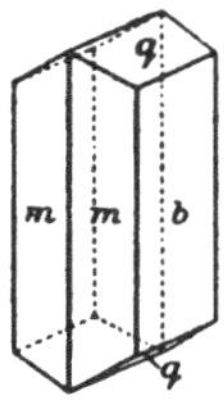

Fig. 384.

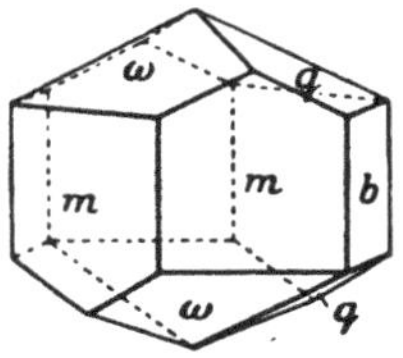

Fig. 385 a.

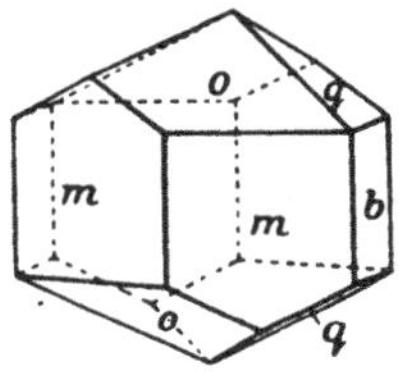

Fig. 385 b.

Benzophenon = $(C_6H_5)_2CO$. a : b : c = 0,8511 : 1 : 0,6644. Aus dem Schmelzflusse die Kombination (Figur 386 a) : *m* **(110)**, *r* **(101)**, *ω* **(1$\bar{1}$1)**, aus Lösungen gewöhnlich die gleiche und ihr Spiegelbild mit *o* **(111)** (Fig. 386 b). Doppelbrechung negativ, sehr stark; Axenebene *b* **(010)**, 1. Mittellinie Axe *c*, Axenwinkel groß, $\varrho < v$.

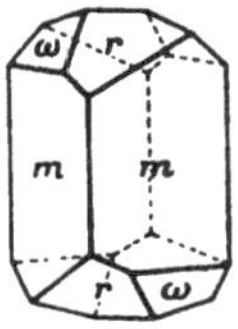

Fig. 386 a.

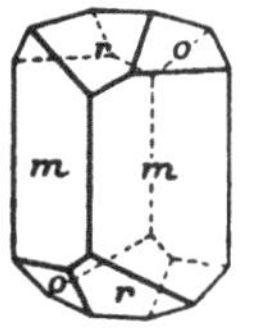

Fig. 386 b.

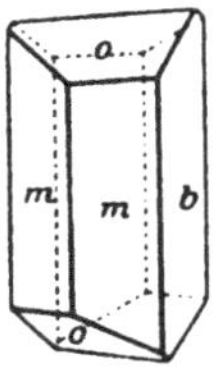

Fig. 387.

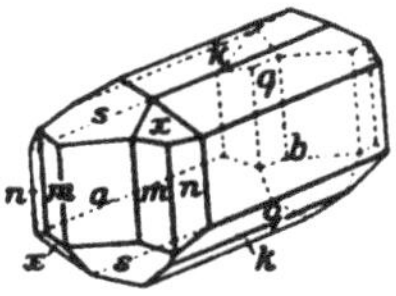

Fig. 388.

1-Bromnaphthol (2) = $C_{10}H_6Br(OH)$. a : b : c = 0,6694 : 1 : 0,2954. Kombination (Fig. 387). *m* **(110)**, *b* **(010)**, *o* **(111)**. Ebene der optischen Axe *a* **(100)**.

α-Naphtylphenylketon = $C_{10}H_7.CO.C_6H_5$. a : b : c = 0,8386 : 1 : 0,8135. Beobachtete Formen (Fig. 388). *q* **(011)**, *b* **(010**, *m* **(110)**, *a* **(100)**, *k* **(012)**, *n* **(120)**, *x* **(122)**, *s* (102). Spaltbarkeit nach *a* **(100)** und *c* **(001)** vollkommen.

α-Diphenylen-δδ-dimethylfulgid = $(C_6H_4)_2C_6O_3(CH_3)_2$. *b* **(010)**, *m* **(110)**, *r* **(101)**, *q* **(011)**, *ω* **(1$\bar{1}$1)**, *ζ* **(1$\bar{3}$1)**, *ξ* **(1$\bar{2}$1)** Fig. 389 u. 390. Ebene der optischen Axen *a* **(100)**.

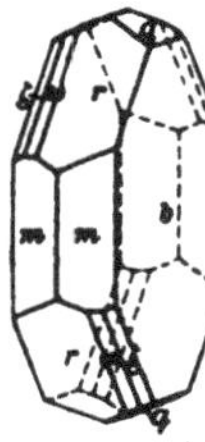

Fig. 389.

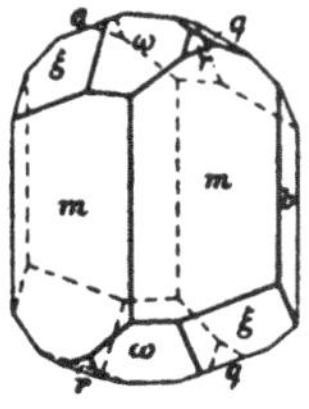

Fig. 390.

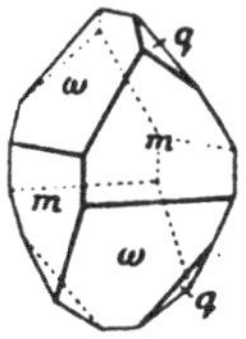

Fig. 391.

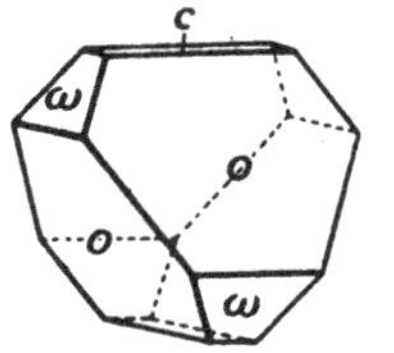

Fig. 392.

Amarinnitrat = $C_{21}H_{18}N_2.HNO_3$. a : b : c = 0,8652 : 1 : 1,1410. Aus Alkohol krystallisieren nebeneinander die Kombination *m* **(110)**, *ω* **(1$\bar{1}$1)**, *q* **(011)** (Fig. 391) und die enantiomorphe mit *o* (111).

Aethyloxypropylpiperidinjodäthylat = $C_3H_{15}(OH)N(C_2H_5).C_2H_5J$. a : b : c = 0,8823 : 1 : 1,1095. Kombination (Fig. 392) : *o* **(111)**, *ω* **(1$\bar{1}$1)**, *c* **(001)**.

Optisch aktive Substanzen.

l-Luteo-Triäthylendiaminkobaltinitrat = $Co(NO_3)_3.3(NH_2.CH_2.CH_2.NH_2)$. a : b : c = 0,8647 : 1 : 0,5983. Beobachtete Formen (Fig. 393) : *a* (100), *m* (110), *b* (110), *o* (111), *r* (101), *ξ* (2$\bar{1}$1), *q* (011).

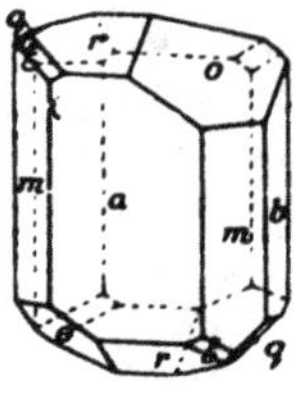

Fig. 393.

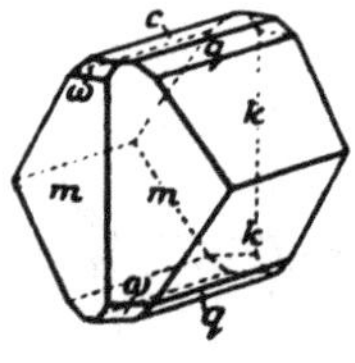

Fig. 394a.

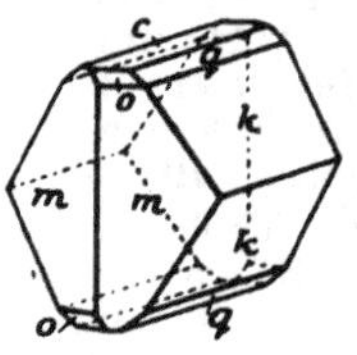

Fig. 394b.

d-u.l-Asparagin-(Aminobernsteinsäureamid-)**Monohydrat** =

$$\begin{matrix} CH_2(CO.NH_2) \\ (NH_2)\dot{C}H(COOH) \end{matrix} . H_2O.$$

a : b : c = 0,4737 : 1 : 0,8327. Krystallform des gewöhnlichen Links - Asparagin Fig. 394a : *k*(021), *m*(110), *q*(011), *c*(001), *ω* (1$\bar{1}$1), des Rechts-Asparagin Fig. 394b : *m* (110), *k* (021), *q* (011), *c* (001), *o* (111). Spaltbarkeit nach *c* (001) unvollkommen. Ätzfiguren auf *c* (001) Rhomboïde, deren Seiten parallel der *a*-Axe und den Kanten von *c* : *ω* bzw. *c* : *o* sind. Ebene der optischen Axen (010), 1. Mittellinie Axe *c*; $2V = 86^1/_2{}^0$ rot, $87^1/_2{}^0$ blau. Die Normalen zu den Bisphenoïdflächen sind elektrische Axen.

Kaliumdimalat - Hemiheptahydrat (saures äpfelsaures Kalium) = $C_2H_3(OH).(COO)_2HK.3^1/_2H_2O$. a : b : c = 0,5355 : 1 : 0,5471. Kombination (Fig. 395) : *m* (110), *b* (010), *q* (011). Ätzfiguren auf *b* (010) Fig. 396. Ebene der optischen Axen *b* (010), 1. Mittellinie Axe *a*.

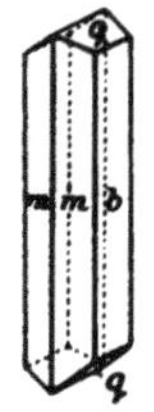

Fig. 395.

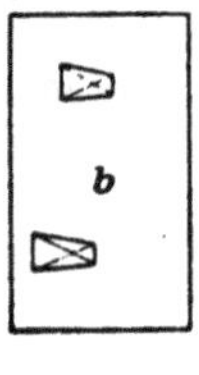

Fig. 396.

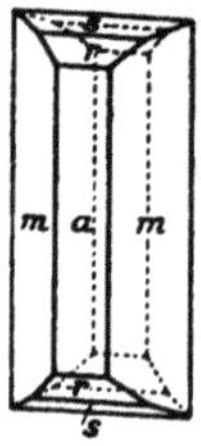

Fig. 397.

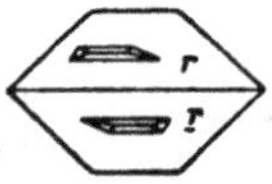

Fig. 398.

Strontiumdimalat-Hexahydrat (saures äpfels. Strontium) = $[C_2H_3(OH).(COO)_2]_2H_2Sr.6H_2O$. a : b : c = 0,9646 : 1 : 0,9037. Beobachtete Formen (Fig. 397) : *m* (110), *a* (100), *r* (101), *s* (102); nur aus stark saurer Lösung bilden sich Krystalle mit einem (nicht meßbaren) Bisphenoïd. Ätzfiguren auf *r* (101) Fig. 398. Ebene der optischen Axen *a* (100); 1. Mittellinie Axe *c*.

d-u.l-Kaliumditartrat (Weinstein) = $C_4H_4O_6HK$. a : b : c = 0,7116 : 1 : 0,7292. Der gewöhnliche d-Weinstein zeigt die Kombination (Fig. 399) : *m* (110), *b* (010), *ω* (1$\bar{1}$1), *o* (111), *r* (101), nicht selten aber auch *o* und *ω* gleichgroß. An den nach *b* (010) tafeligen und nach der *a*-Axe verlängerten Krystallen treten ferner auf: (011), (021), (031), und es erscheint an denen des rechtsweinsauren Salzes *o* (111) größer als *ω* (1$\bar{1}$1), an denen des linksweinsauren umgekehrt. Spaltbarkeit nach (001) vollkommen, nach (011) ziemlich vollkommen, nach *b* (010) unvollkommen. Die Ätzfiguren der verschiedenen Flächen entsprechen der bisphenoïdischen Symmetrie. Ebene der optischen Axen (001); 1. Mittellinie Axe *b*; $2E = 161^2/_3{}^0$, $\varrho > v$.

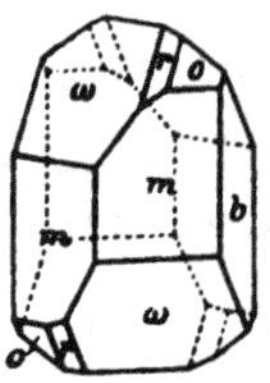

Fig. 399.

d-u.l-Natriumkaliumtartrat - Tetrahydrat (Seignettesalz) = $C_4H_4O_6KNa.4H_2O$. a : b : c = 0,8317 : 1 : 0,4296. Kombination des rechtsweinsauren (gewöhnlichen) Seignettesalzes (Fig. 400a) : *b* (010), *m* (110), *n* (120), *l* (210), *a* (100), *c* (001), *q* (011), *r* (101), *ω* (1$\bar{1}$1), *x* (211); am linksweinsauren Salze (Fig. 400b) treten statt *ω* und *x* auf : *o* (111) und *ξ* (2$\bar{1}$1). Spaltbarkeit nach *a* (100) unvollkommen, nach *c* (001) sehr unvollkommen. Ebene d. optisch. Axen *b* (010), 1. Mittellinie Axe *a*, $2V = 71^0$, $2E = 120^0$ für Rot (für die übrigen Farben beträchtlich kleiner, so daß im Konoskop keine dunklen, sondern breite farbige Hyperbeln sichtbar sind); der Axenwinkel nimmt mit steigender Temperatur stark zu. Optisches Drehungsvermögen der *d*-Krystalle + 1⁰,35 (Na) für 1 mm. Durch Abkühlung oder Druck werden die Flächen von *o* (111) negativ, die von *ω* (1$\bar{1}$1) positiv elektrisch.

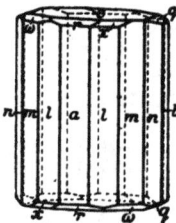

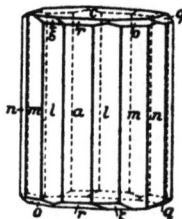

Fig. 400a.

Fig. 400b.

d-u.l-Natriumammoniumtartrat-Tetrahydrat = $C_4H_4O_6(NH_4)Na \cdot 4\,H_2O$. a : b : c 0,8233 : 1 : 0,4200. Kombinationen gleich vor. Ebene der optischen Axen *a* (100), 1. Mittellinie Axe *c*; $2\,V = 65^1/_2{}^0$ rot, 60^0 gelb, 55^0 grün; $2\,E = 106^1/_2{}^0$ rot, $96^1/_2{}^0$ gelb, $86^1/_2{}^0$ grün. Drehungsvermögen der *l*-Krystalle — $1{,}55^0$ (Na) für 1 mm.

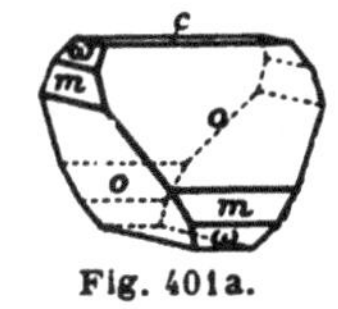

Fig. 401a.

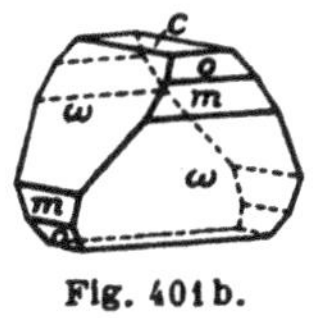

Fig. 401b.

d-u.l-Kaliumantimonyltartrat-Monohydrat (Brechweinstein) = $C_4H_4O_6(SbO)K \cdot H_2O$. a : b : c = 0,9578 : 1 : 1,1048. Die tetraëderähnlichen Krystalle des rechtsweinsauren (Fig. 401a) und des linksweins. (Fig. 401b) Salzes zeigen die Formen: *o* (111), *ω* (1$\bar{1}$1), *c* (001), *m* (110). Spaltbarkeit nach *c* (001) vollkommen, nach *a* (100) und *b* (010) ziemlich vollkommen. Ebene der optischen Axen *c* (001), 1. Mittellinie Axe *b*; $2\,V = 75^1/_2{}^0$ f. Na; $2\,E = 85^1/_3{}^0$ rot, 83^0 blau.

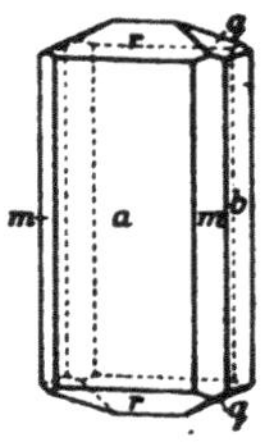

Fig. 402.

Kaliumantimonyltartrat - Magnesiumnitrat - Monohydrat = $2\,C_4H_4O_6(SbO)K \cdot (NO_3)_2Mg \cdot H_2O$. a : b : c = 0,9475 : 1 : 0,4968. Kombination (Fig. 402): *a* (100), *b* (010), *m* (110), *r* (101), *q* (011). Die Ätzfiguren auf den Flächen von *m* (110) sind unsymetrische Trapeze. Ebene der optischen Axen *c* (001), 1. Mittellinie Axe *a*.

d-u.l-Glutaminsäure = $CH_2\left\langle\begin{matrix}CH(NH_2) \cdot COOH\\ CH_2 \cdot COOH\end{matrix}\right.$. a : b : c = 0,6868 : 1 : 0,8548. Die gewöhnliche (rechtsdrehende) Säure zeigt die Formen: *m* (110), *o* (111), *ω* (1$\bar{1}$1), *b* (010), *c* (001), *ξ* (1$\bar{2}$1) in den Kombinationen Fig. 403 und Fig. 404; die linksdrehende die enantiomorphen mit *ξ* (121). Spaltbarkeit nach *c* (001) deutlich. Ebene der optischen Axen *b* (010), 1. Mittellinie Axe *a*; $2\,V = 40^1/_2{}^0$ gelb; $2\,E = 65^1/_2{}^0$ rot, $66^1/_2{}^0$ gelb, 67^0 grün.

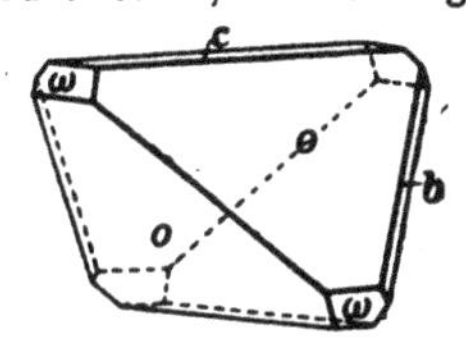

Fig. 403.

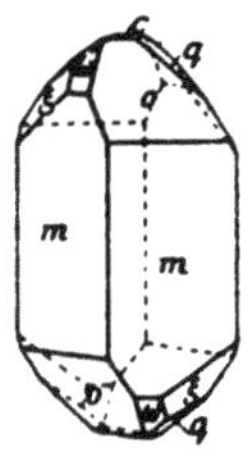

Fig. 404.

d-Glykosaccharinsäureanhydrid (Saccharin) = $C_6H_{10}O_5$. a : b : c = 0,6839 : 1 : 0,7374. Prismen (110) mit den Endflächen (011), (0$\bar{1}$1), (021), (0$\bar{2}$1), (101). Spaltbarkeit nach (010) vollkommen, nach (001) deutlich. Ätzfiguren auf (110) asymmetrisch. Axenebene für Rot und Gelb (001), für die übrigen Farben (100); einaxig für Rot bei 6^0, für Gelb bei gewöhnlicher Temperatur, für Grün bei 24^0, für Blau bei 35^0, für Violett bei 48^0.

d-α-Methylglykosid = $C_6H_{11}O_6(CH_3)$. a : b : c = 0,7672 : 1 : 0,3596. Gewöhnliche Kombination: *m* (110), *n* (120), *b* (010), an den Enden *r* (101) oder auch *q* (011). Doppelbrechung positiv schwach; Axenebene *b* (010), 1. Mittellinie Axe *c*; $2\,V = 85^0 32'$ Li, $85^0 9'$ Tl. Drehungsvermögen parallel den optischen Axen = $+\,4^0{,}4$.

d-π-Camphersulfonsäurechlorid = $(C_8H_{13} \cdot SO_2Cl)\left\langle\begin{matrix}CH_2\\ CO\end{matrix}\right.$. a : b : c = 0,9980 : 1 : 1,0368. Beobachtete Formen (Fig. 405) = *o* (111), *c* (001), *m* (110), *ω* (1$\bar{1}$1), *r* (101), *q* (011). Doppelbrechung positiv, sehr stark; $2\,E = 45^0$ ca.

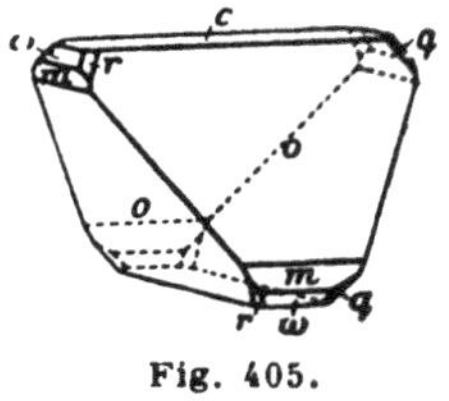

Fig. 405.

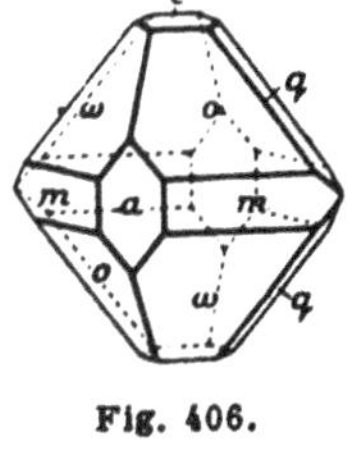

Fig. 406.

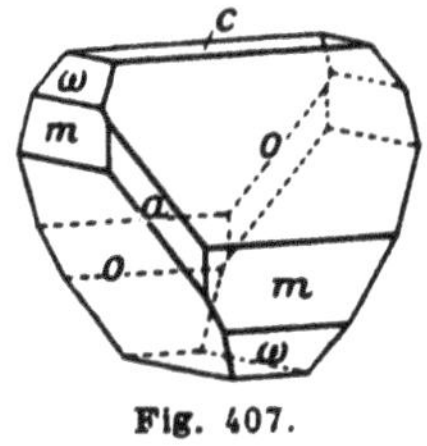

Fig. 407.

d-π-Camphersulfonsäurebromid = $(C_8H_{13} \cdot SO_2Br)\left\langle\begin{matrix}CH_2\\ CO\end{matrix}\right.$. a : b : c = 0,9816 : 1 : 1,0249. Beobachtete Formen: *o* (111), *ω* (1$\bar{1}$1), *c* (001), *m* (110), *a* (100), *q* (011) in den Kombinationen Fig. 406 und 407.

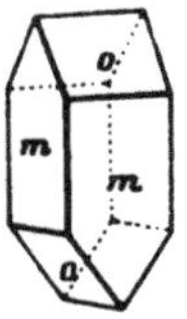
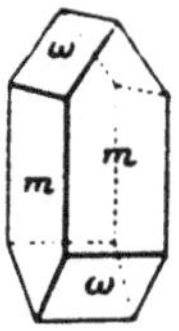

Fig. 408 a. Fig. 408 b.

d-u.l-Pinennitrolbenzoylamin = $C_6H_5.CH_2.NH(C_{10}H_{15}:N.OH)$. a : b : c = 0,8591 : 1 : 0,9423. Kombination: *m* (110), *o* (111) (Fig. 408 a) bzw. *m* (110), *ω* (1$\bar{1}$1) (Fig. 408 b). Ebene der optischen Axen *c* (001), 1. Mittellinie Axe *a*, 2 *E* = 88°, Dispersion sehr gering.

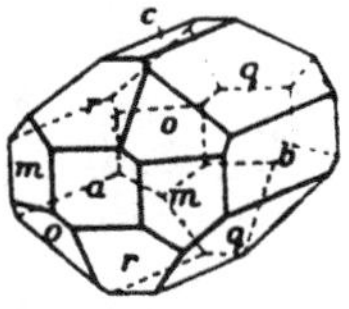

Fig. 409.

l-Benzoylcampheroxim = $C_6H_5.CO_2.N(C_9H_{16})$. a : b : c = 1,0194 : 1 : 0,8544. Beobachtete Formen (Fig. 409): *q* (011), *r* (101), *b* (010), *m* (110), *o* (111), *a* (100), *c* (001). Optische Axen nahe senkrecht zu *q* (01).

o-Nitrobenzoësäurementhylester = $C_6H_4(NO_2).CO_2(C_{10}H_{19})$. a : b : c = 1,4568 : 1 : 0,8532. Kombination: *a* (100), *m* (110), *q* (011), *o* (111). Spaltbarkeit nach *a* (100) vollkommen. Doppelbrechung negativ, stark; Axenebene *b* (010), 1. Mittellinie Axe *c*, 2 *V* = 30$^1/_2$°.

l-Ratanhinsulfat = $C_6H_4(OH).CH_2.CH(NH.CH_3).CO_2H.H_2SO_4$. a : b : c = 0,3586 : 1 : 0,3243. Dünne Prismen *m* (110), *b* (010) mit *ω* (1$\bar{1}$1), zuweilen untergeordnet *o* (111). Durch *m* (110) die Axenbilder sichtbar.

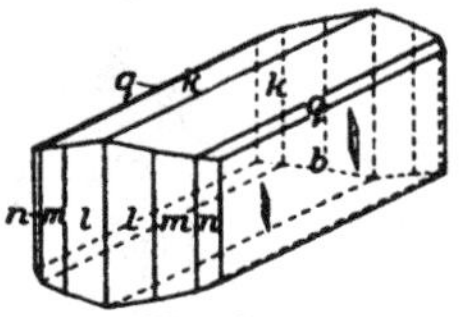

Fig. 410.

Santonin = $C_{15}H_{18}O_3$. a : b : c = 0,6134 : 1 : 0,4096. Kombination (Fig. 410): *k* (012), *b* (010), *q* (011), *l* (210), *m* (110), *n* (120). Spaltbarkeit nach *b* (010) vollkommen. Ätzfiguren auf *b* s. Fig. 410. Ebene der optischen Axen *a* (100), 1. Mittellinie Axe *b*; 2 *E* = 36° für *C*, 41$^1/_2$° für *D*, 49° für *E* bei 15°, 38$^1/_3$° für *C*, 43$^1/_2$° für *D*, 51° für *E* bei 70°.

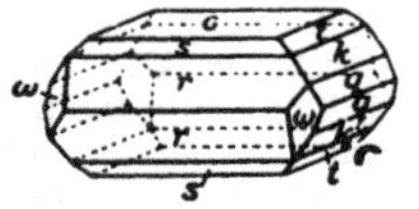

Fig. 411.

Metasantonin = $C_{15}H_{18}O_3$. a : b : c = 0,9766 : 1 : 2,9820. Pseudotetragonale Kombination (Fig. 411): *c* (001), *r* (101), *s* (103), *k* (012), *q* (011), *t* (013), *ω* (1$\bar{1}$1). Spaltbarkeit nach *c* (001) sehr vollkommen. Doppelbrechung positiv, sehr stark; Axenebene *a* (100), 1. Mittellinie Axe *c*, Axenwinkel groß.

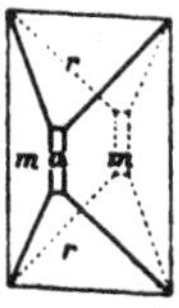

Fig. 412.

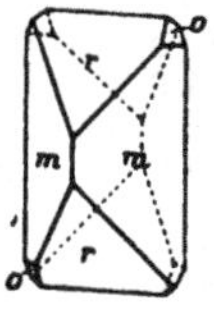

Fig. 413.

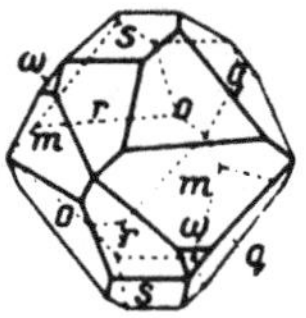

Fig. 414.

Metasantonsäure = $C_{15}H_{20}O_4$. a : b : c = 1,3033 : 1 : 1,2519. Beobachtete Formen: *m* (110), *r* (101), *o* (111), *q* (011), *s* (102), *a* (100), *ω* (1$\bar{1}$1) (matt); Kombinationen Fig. 412—414. Spaltbarkeit nach *r* (101) vollkommen. Ebene der optischen Axen *a* (100), 1. Mittellinie Axe *c*, 2 *E* = 68$^1/_2$° rot, 71$^1/_2$° blau.

d-u.l-Usninsäure = $C_{18}H_{16}O_7$. a : b : c = 0,9322 : 1 : 0,7941. Kombination Fig. 415 *m* (110), *b* (010), *q* (011), *x* (112), *s* (102), *k* (012) (beob. an rechtsdreh. S.), oder (Fig. 416): *b* (010), *l* (210), *q* (011), *k* (012) mit eingezeichneten Ätzfiguren, welche zwar auf *b* (010) scheinbar symmetrisch sind, auf den anderen Flächen aber das Fehlen jeder Symmetrieebene zeigen. Spaltbarkeit nach *c* (001) deutlich. Ebene der optischen Axen *a* (100), 1. Mittellinie Axe *c*, Axenwinkel groß.

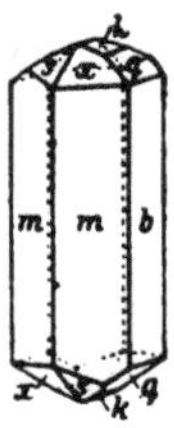

Fig. 415.

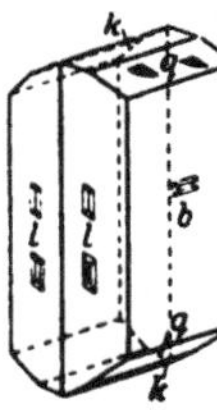

Fig. 416.

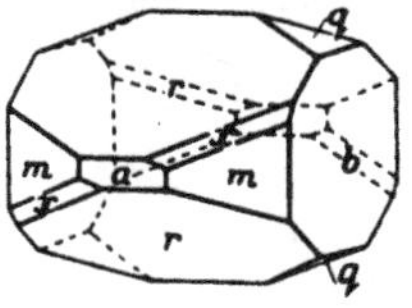

Fig. 417.

d-Coniinchlorhydrat = $C_8H_{16}NH.HCl$. a : b : c = 0,8665 : 1 : 0,4109. Beobachtete Formen (Fig. 417): *r* (101), *b* (010), *m* (110), *x* (211), *q* (011), *a* (100). Spaltbarkeit nach *b* (010), *m* (110) und *a* (100) ziemlich vollkommen. 1. optische Mittellinie Axe *b*, Axenebene für Rot *a* (100), für Gelb bis Violett *c* (001); 2 *E* = 23$^1/_2$° rot, 20° gelb, 39$^3/_4$° grün, 46$^1/_2$° blau.

d-u.l-Cincholoiponsäurechlorhydrat = $C_8H_{13}O_4N.HCl$. a : b : c = 0,729 : 1 : 0,810. Rektanguläre Tafeln *c* (001), begrenzt von *r* (101) und *q* (011) oder anderen Prismen 1. und 2. Art. Ätzfiguren unsymmetrisch.

α-Phenyl-α′-methylpiperidintartrat-Monohydrat = $C_5H_8(CH_3)(C_6H_5)NH.C_4H_6O_6.H_2O$. a : b : c = 0,8718 : 1 : 1,0840. Das *d*-Tartrat der *l*-Base zeigt die Kombination (Fig. 418 a) : *m* (110), *ω* (1$\bar{1}$1), *c* (001), das *l*-Tartrat der *d*-Base die enantiomorphe (Fig. 418 b) : *m* (110), *o* (111), *c* (001). Spaltbarkeit nach *c* (001) vollkommen. Ebene der optischen Axen *b* (010), 1. Mittellinie Axe *c*, $2\,E = 55^\circ - 56'$, $\rho < v$.

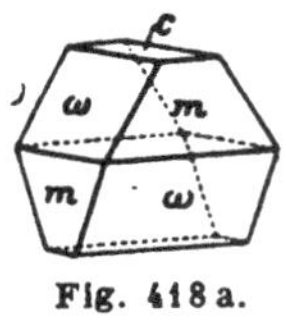

Fig. 418 a.

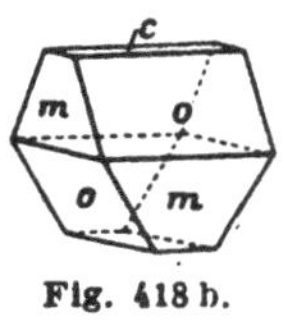

Fig. 418 b.

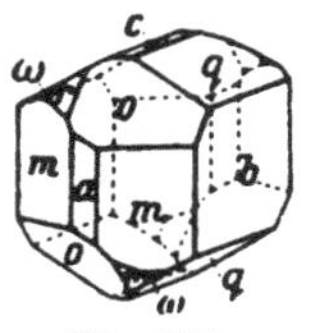

Fig. 419 a.

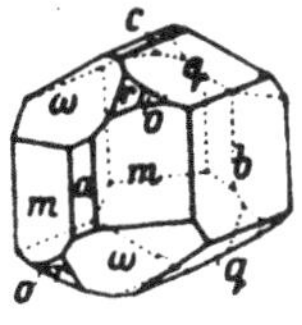

Fig. 419 b.

Tetrahydro-p-toluchinaldinhydrochlorid-Monohydrat = $C_{11}H_{15}N.HCl.H_2O$. a : b : c = 0,8165 : 1 : 0,5703. Kombinationen (Fig. 419 a Salz der *d*-Base, Fig. 419 b Salz der *l*-Base) : *b* (010), *q* (011), *m* (110), *o* (111), *ω* (1$\bar{1}$1), *a* (100), *c* (001), *r* (101).

l-Cocaïnchlorhydrat = $C_{17}H_{21}O_4N.HCl$. a : b : c = 0,3294 : 1 : 0,9758. Kombination (Fig. 420) : *c* (001), *q* (011), *r* (101) und mit stark gerundeten Flächen ein Bisphenoïd *x*, wahrscheinlich (116). Spaltbarkeit nach *c* (001) vollkommen. Ebene der optischen Axen *b* (010), 1. Mittellinie Axe *c*, Axenwinkel sehr groß.

Atropin = $C_{17}H_{23}O_3N$. a : b : c = 0,6301 : 1 : ?. Dünne Prismen *m* (110), *b* (010) ohne Endflächen. Optische Axen nahe senkrecht zu den Flächen von *m*.

Narcotin = $C_{22}H_{23}O_7N$. a : b : c = 0,9512 : 1 : 0,4894. Kombination (Fig. 421) : *b* (010), *a* (100), *m* (110), *q* (011), *o* (111). Spaltbarkeit nach *b* (010) vollkommen. Doppelbrechung negativ, stark; Axenebene *a* (100), 1. Mittellinie Axe *c*; 2 *E* ca. 50°, Dispersion stark, $\rho < v$.

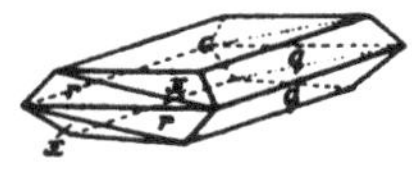

Fig. 420.

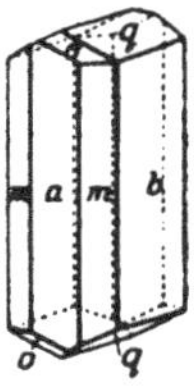

Fig. 421.

Hydrastin = $C_{21}H_{21}O_6N$. a : b : c = 0,8461 : 1 : 0,3761. Beobachtete Formen (Fig. 422): *m* (110), *n* (230), *p* (130), *d* (203), *r* (101), *s* (403).

Morphin-Monohydrat = $C_{17}H_{19}O_3N.H_2O$. a : b : c = 0,4999 : 1 : 0,9285. Prismen *m* (110), *b* (010), an den Enden *q* (011) oder *k* (012) oder ein Disphenoïd mit *c* (001). Spaltbarkeit nach *b* (010).

Codeïn = $C_{17}H_{18}O_2(O.CH_3)N$. a : b : c = 0,9298 : 1 : 0,5087. Kombination (Fig. 423) : *b* (010), *n* (120), *m* (110), *a* (100), *r* (101), *o* (111), *q* (011). Ebene der optischen Axen *c* (001), 1. Mittellinie Axe *b*, $2\,V = 77^3/_4{}^\circ$ Li, 75° Na, 73° Tl.

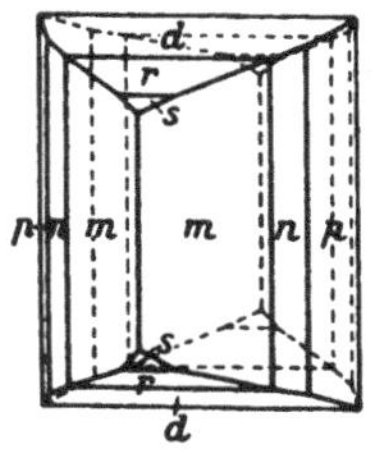

Fig. 422.

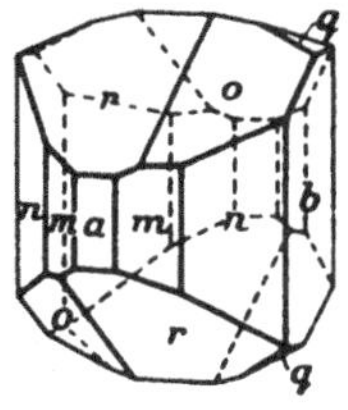

Fig. 423.

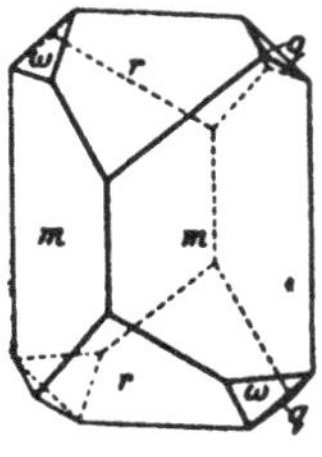

Fig. 424.

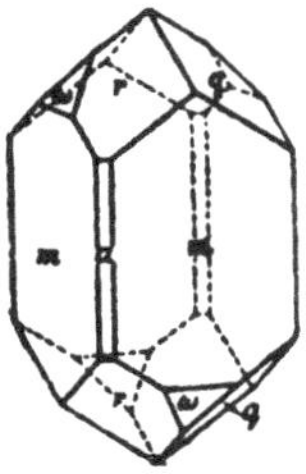

Fig. 425.

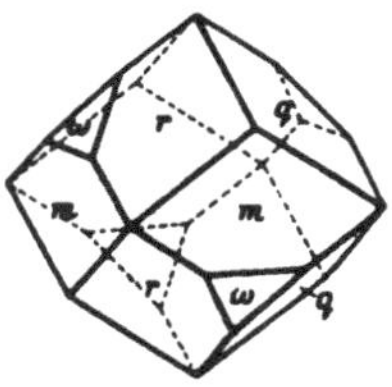

Fig. 426.

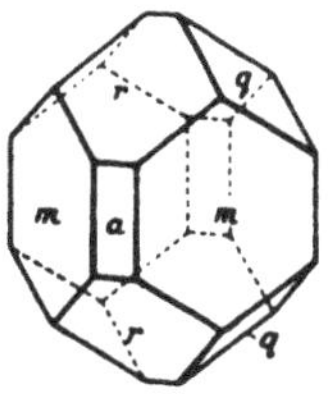

Fig. 427.

Strychnin = $C_{21}H_{22}O_2N_2$. a : b : c = 0,9827 : 1 : 0,9309. Beobachtete Formen : *m* (110), *r* (101), *q* (011), *ω* (1$\bar{1}$1), *a* (100) in den einem Rhombendodekaëder ähnlichen Kombinationen Fig. 424—427. Keine deutliche Spaltbarkeit. Ebene der opt. Axen *a* (100).

Pyramidale Klasse[1]).

Nach S. 149 f. ist die zweite mögliche Art der Symmetrie im rhombischen System die nach zwei zueinander senkrechten Ebenen, deren gemeinsame Kante dann notwendig eine zweizählige Symmetrieaxe ist; in der Fig. 428 (Wiederholung von Fig. 352) ist diese zur *c*-Axe gewählt und also vertikal gestellt zu denken, daher die eingezeichneten Pole von (hkl), $(h\bar{k}l)$, $(\bar{h}kl)$ und $(\bar{h}\bar{k}l)$ einer oberen (positiven) rhombischen Pyramide (hkl) (Fig. 429) entsprechen, während die vier Flächen $(hk\bar{l})$, $(h\bar{k}\bar{l})$, $(\bar{h}k\bar{l})$ und $(\bar{h}\bar{k}\bar{l})$ die umgekehrte untere (negative) Pyramide $(hk\bar{l})$ bilden würden. Eine solche, natürlich nur in Kombinationen mögliche Form besitzt zweierlei »Polkanten«. In dem besonderen Falle, daß in der Projektion Fig. 428 die Pole auf dem mit *b* bezeichneten Durchmesser liegen, fallen je zwei zusammen, und es entsteht ein der *a*-Axe paralleles »Doma« 1. Art; liegen dagegen die Pole in *a*, sind die Flächen also der *b*-Axe parallel, so bilden sie ein Doma 2. Art. Anders verhält sich die Sache, wenn die Flächen der *c*-Axe parallel sind, d. h. wenn ihre Pole im Grundkreis liegen, denn alsdann entsprechen sie einem rhombischen »Prisma«, welches als ein solches 3. Art zu bezeichnen ist, wenn die Symmetrieaxe, wie üblich und hier geschehen, zur *c*-Axe gewählt wurde. Ein solches Prisma verwandelt sich in ein Pinakoïd, wenn die Flächen außerdem auch der *a*- oder der *b*-Axe parallel sind, da dann jedesmal zwei derselben zusammenfallen. Dagegen gibt es zwei einzelne, nicht gleichwertige Flächen, welche zugleich der *a*- und der *b*-Axe parallel sind, denn in diesem besonderen Falle tritt an Stelle der vier Pole der oberen Pyramide nur ein einziger des oberen (positiven) Pedions (001), an Stelle der vier unteren das der unteren (negativen) Fläche $(00\bar{1})$. Die bei dieser Aufstellung[2]) sich ergebenden möglichen Formen dieser Klasse sind also die folgenden:

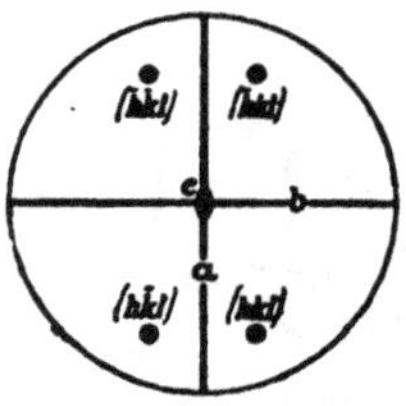

Fig. 428.

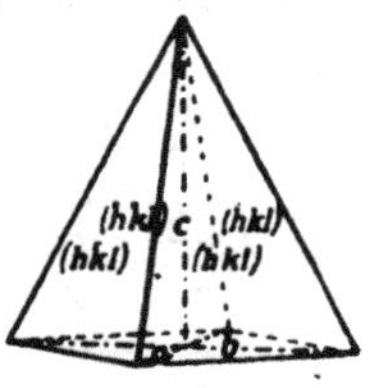

Fig. 429.

(100) erstes Pinakoïd,
(010) zweites Pinakoïd,
(001) oberes (pos.) drittes Pedion, $(00\bar{1})$ unteres (neg.) drittes Pedion,
(0kl) Doma erster Art,
(h0l) Doma zweiert Art,
(hk0) Prisma dritter Art,
(hkl) Pyramide (vierter Art).

Die »primären« Formen, deren Indices den Wert 1 nicht übersteigen, sind natürlich die häufigsten (bei richtiger Wahl der Elemente), daher sich unter den weniger flächenreichen Krystallen solche finden, welche scheinbar dipyramidal ausgebildet sind. In solchen Fällen läßt sich der polare Charakter der Symmetrieaxe durch das entgegengesetzte pyroelektrische Verhalten erkennen, da jene Axe stets elektrische Axe

[1]) »Rhombisch hemimorphe« Klasse der älteren Benennungsweise.
[2]) Wenn die Symmetrieaxe als *a*- oder *b*-Axe angenommen wird, ändert sich natürlich die Benennung der Formen dementsprechend.

ist, ebenso durch den Mangel der Symmetrie der Ätzfiguren nach der dazu senkrechten Ebene, wie die folgenden Beispiele zeigen.

Zwillingsebene einer symmetrischen Verwachsung kann von den drei krystallographischen Axenebenen nur die zur polaren Symmetrieaxe senkrechte Ebene sein, und alsdann sind derartige Zwillinge an beiden Enden jener Axe notwendig gleich ausgebildet (Beisp.: Wismutthiocyanat). Außerdem kann natürlich Zwillingsbildung stattfinden nach einer domatischen, einer prismatischen oder einer pyramidalen Fläche. Besonders leicht bilden sich Zwillinge bzw. Drillinge nach den Flächen eines pseudotetragonalen bzw. pseudohexagonalen Prismas (s. S. 102), wie unter den folgenden Beispielen der Salpeter und die Gruppe des Aragonits lehren.

Beispiele.

Wismutthiocyanat = $(NCS)_3Bi$. a : b : c = 0,7613 : 1 : 0,2842. Aus Rhodanwasserstoffsäure krystallisiert das Salz mit den Formen *q* (011), *m* (110), *b* (010) und einer negativen, nicht meßbaren Pyramide; stets Zwillinge nach (001), an denen die Pyramidenflächen eine schmale Rinne bilden (Fig. 430).

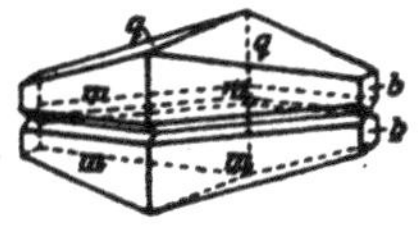
Fig. 430.

Kaliumnitrat (Salpeter) = NO_3K. a : b : c = 0,5910 : 1 : 0,7011. Die gewöhnliche Kombination der Formen *m* (110), *μ* (1$\bar{1}$0), *b* (010), *β* (0$\bar{1}$0), *q* (011), *κ* (0$\bar{1}$1) (Fig. 431) besitzt scheinbar dipyramidale Symmetrie; nicht selten bilden sich jedoch Krystalle mit *t* (021) und *u* (0$\bar{1}$2) (Fig. 433), welche die Polarität der *b*-Axe[1]) erkennen lassen, wie sie auch deutlich hervortritt an mikroskopischen, nach der *b*-Axe verlängerten Kryställchen. Zwillinge nach *m* (110). Spaltbarkeit nach *q* (011) deutlich, nach *b* (010) unvollkommen; Gleitflächen *m* (110). Ätzfiguren, mit Metylalkohol erhalten, auf *m* (110) und *μ* (1$\bar{1}$0) nach *b* polar. Doppelbrechung schwach; Axenebene *b* (010), 1. Mittellinie Axe *c*; $2V$ = 6° rot, 8° grün, 10° violett (bei Temperaturerhöhung merklich kleiner werdend).

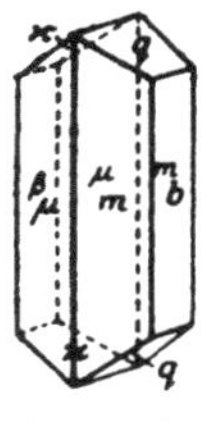
Fig. 431.

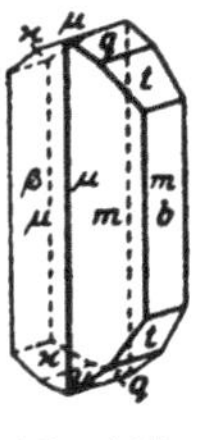
Fig. 432.

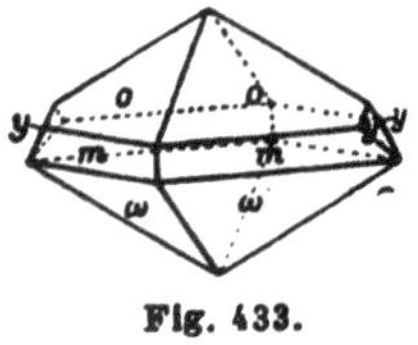
Fig. 433.

Strontiumchlorat = $(ClO_3)_2Sr$. a : b : c = 0,9174 : 1 : 0,6003. Kombination (Fig. 433); *o* (111), *ω* (11$\bar{1}$), *m* (110), *y* (131). Der obere Pol der *c*-Axe ist der elektrisch analoge (s. S. 52).

β-Calciumcarbonat (nat. Aragonit) = CO_3Ca. a : b : c = 0,6228 : 1 : 0,7204. Die gewöhnlichsten Formen des Minerals sind die der Fig. 431, zu denen aber häufig noch mehrere (0kl) und (hkl) hinzutreten, sämtlich entsprechend der Symmetrie der dipyramidalen Klasse ausgebildet, weshalb das Mineral (wie auch die drei folgenden) ziemlich allgemein der letzteren Klasse zugezählt wird. Fast ausnahmslos Zwillinge nach dem pseudohexagonalen Prismen *m* (110), bzw. *μ* (1$\bar{1}$0), entweder wie Fig. 434 (Projektion auf (001) oder noch häufiger in lamellarer Ausbildung (Fig. 435); gewisse Vorkommen zeigen an den Enden des sechsseitigen Prismas das nach der Axe *a* gestreifte *c* (001) und sind stets Verwachsungen von drei einander durchkreuzenden (Fig. 436) oder mehr Krystallen nach jenem Gesetze.

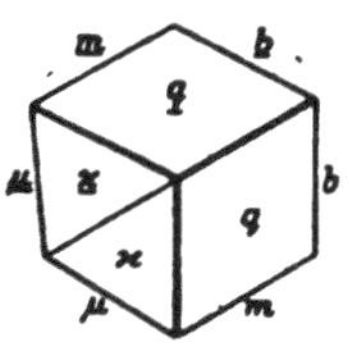
Fig. 434.

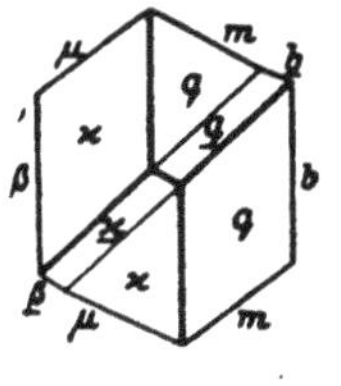
Fig. 435.

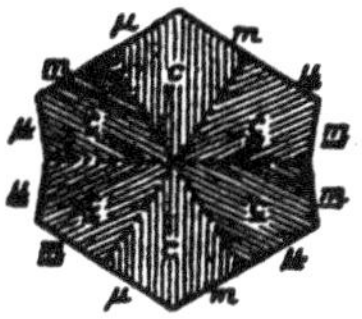
Fig. 436.

[1]) Für dieses und die folgenden Salze ist die allgemein adoptierte Aufstellung, bei welcher die Axe der pseudohexagonalen Zone als *c*-Axe angenommen ist, beibehalten worden (vgl. S. 162 Anm. [2])).

Spaltbarkeit nach *m* (110) unvollkommen. Ätzfiguren auf Schliffflächen nach *c* (001) z. T. polar mit entgegengesetzter Stellung verschiedener Teile, z. T. unregelmäßig infolge der komplizierten Zwillingsbildung; auf eine solche nach (010) deuten die aus demselben Grunde sehr verwickelten pyroelektrischen Verhältnisse. Doppelbrechung sehr stark, negativ; Axenebene (100), 1. Mittellinie Axe *c*, $2\,V = 18^0$, $2\,E = 30^0$ rot, 31^0 grün; Platten nach *c* (001) zeigen infolge der sehr verschiedenen Richtung der doppeltgebrochenen Strahlen das Interferenzbild einer Axe eingeschalteter Zwillingslamellen ohne Polarisitionsapparat (idiocyclophanische Krystalle).

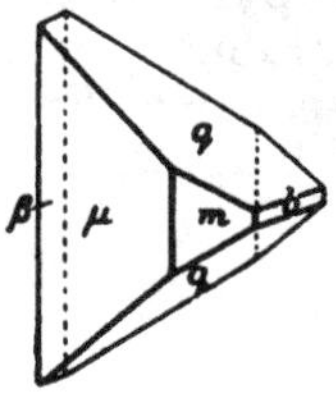

Fig. 437.

Strontiumcarbonat (nat. Strontianit) = CO_3Sr. a : b : c = 0,6090 : 1 : 0,7237. Die natürlichen Krystalle bilden die gleichen Formen und Zwillingsverwachsungen, wie die des Aragonits, doch wurden auch Krystalle mit deutlicher Polarität der *b*-Axe beobachtet, nämlich die Kombination Fig. 437 : *μ* (1$\bar{1}$0), *q* (011), *β* (0$\bar{1}$0), *b* (010), *m* (110). Spaltbarkeit nach *m* (110) und *b* (010) unvollkommen. Ebene der optischen Axen (100), 1. Mittellinie Axe *c*; $2\,V = 6^1/_2{}^0$, $2\,E = 10^1/_2{}^0$ rot, 11^0 grün.

Baryumcarbonat (nat. Witherit) = CO_3Ba. a : b : c = 0,5949 : 1 : 0,7413. Das Mineral tritt meist in Form scheinbarer hexagonaler Dipyramiden auf, Drillingen nach (110) s. die Projektion auf (001) Fig. 438, gebildet von den Formen *q* (011), *t* (021) und *b* (010). Spaltbarkeit nach (010) und (110) unvollkommen. Ebene der optischen Axen (010), 1. Mittellinie Axe *c*; $2\,E = 26^1/_2{}^0$ mit fast unmerklicher Dispersion $\varrho > v$.

Bleicarbonat (nat. Cerussit) = CO_3Pb. a : b : c = 0,6102 : 1 : 0,7232. Die natürlichen Krystalle zeigen vorherrschend die Formen : *b* (010), *m* (110), *μ* (1$\bar{1}$0),

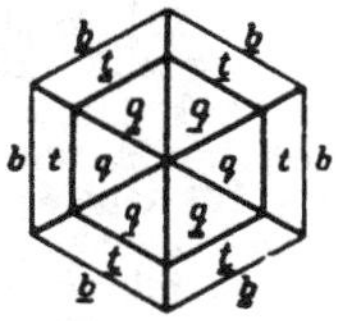

Fig. 438.

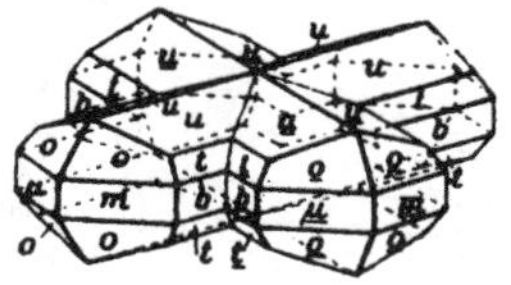

Fig. 439.

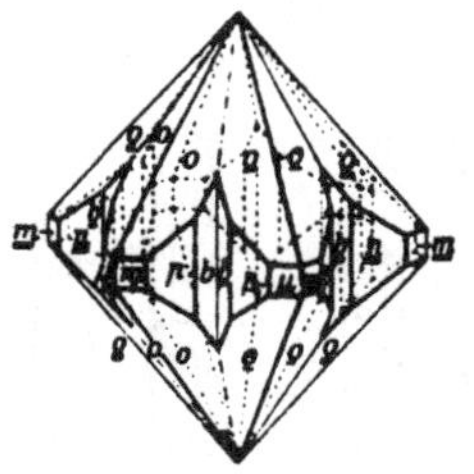

Fig. 440.

o (111) als Dipyramide, ferner *u* (012), *t* (021), *p* (130) als Prismen und sind meist Zwillinge (Fig. 439) oder Drillinge (Fig. 440) nach *m* (110). Spaltbarkeit nach *m* (110) unvollkommen. Ebene der optischen Axen *b* (010), 1. Mittellinie Axe *c*; $2\,V = 8^1/_2{}^0$ rot, $7^1/_2{}^0$ grün; $2\,E = 17^0$ rot, 16^0 grün.

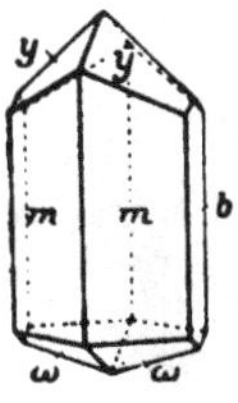

Fig. 441.

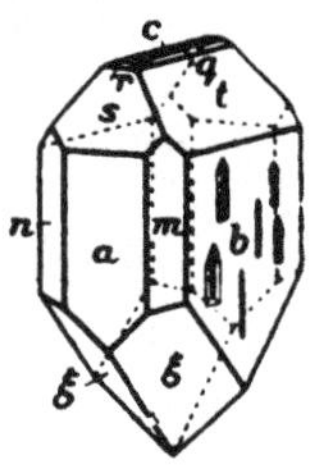

Fig. 442.

Natriumcalciumcarbonat - Dihydrat (nat. Pirssonit) = $(CO_3)_2CaNa_2 \,.\, 2\,H_2O$. a : b : c = 0,5662 : 1 : 0,9019. Eine der Formen des Minerals zeigt Fig. 441 : *m* (110), *y* (131), *ω* (11$\bar{1}$), *b* (010). Keine deutliche Spaltbarkeit. Ebene der optischen Axen (001), 1. Mittellinie Axe *b*; $2\,V = 31^1/_2{}^0$, $\varrho < v$. Der analoge Pol der elektrischen Axe ist der obere (positive) der *c*-Axe.

Zinkhydrosilikat (nat. Kieselzinkerz, Calamin, Hemimorphit) = $SiO_5Zn_2H_2$. a : b : c = 0,7835 : 1 : 0,4778. Kombination (Fig. 442): *b* (010), *a* (100), *m* (110); am analogen Pole der *c*-Axe: *t* (031), *s* (301), *q* (011), *r* (101), *c* (001), am antilogen *ξ* (12$\bar{1}$). Zuweilen Zwillingsbildung nach (001). Spaltbarkeit nach *m* (110) vollkommen, nach *r* (101) deutlich, nach *c* (001) unvollkommen. Ätzfiguren s. Fig. 442. Ebene der optischen Axen *a* (100); Axe *c* 1. Mittellinie, $2\,V = 47^1/_2{}^0$ rot, 46^0 gelb, $44^1/_2{}^0$ grün; $2\,E = 81^0$ rot, $78^1/_2{}^0$ gelb, 76^0 grün.

Kaliummagnesiumorthophosphat-Hexahydrat = $PO_4MgK . 6 H_2O$. a : b : c = 0,5584 : 1 : 0,9001. Gewöhnliche Kombination (Fig. 443) : *c* (001), *γ* (00$\bar{1}$), *m* (110), *q* (011), *x* (01$\bar{1}$); weniger häufiger (Fig. 444) : *r* (101), *t* (021), *q* (011), *x* (01$\bar{1}$), *τ* (02$\bar{1}$).

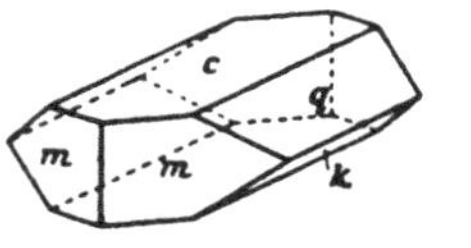

Fig. 443.

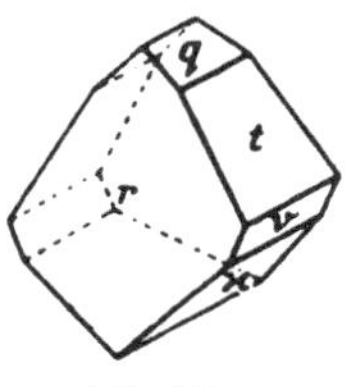

Fig. 444.

Ammoniummagnesiumorthophosphat-Hexahydrat (nat. Struvit, Guanit) = $PO_4Mg(NH_4) . 6 H_2O$. a : b : c = 0,5667 : 1 : 0,9121. Das Mineral zeigt die Formen (Fig. 445): *r* (101), *γ* (00$\bar{1}$), *b* (010), *u* (041), *q* (011), *σ* (10$\bar{3}$). Aus wässerigen Lösungen entstehen auch nach *b* (010) tafelige Krystalle, z. B. bei Gegenwart von Magnesiumsulfat die Kombination Fig. 446 mit *r* (101), *c* (001) und *τ* (02$\bar{1}$). Spaltbarkeit nach *c* (001) ziemlich vollkommen, nach *b* (010) deutlich. Ebene der optischen Axen (001), 1. Mittellinie Axe *b*; 2 *E* = 46½° (bei 95° C 52°) rot, 47½° gelb, 49° violett. Der in den Figuren untere Pol der *c*-Axe ist der analoge, der obere der antiloge der Pyroelektrizität.

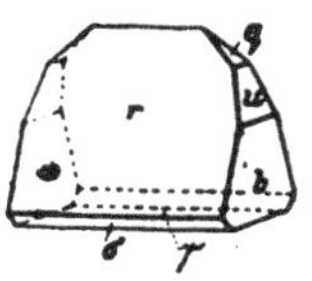

Fig. 445.

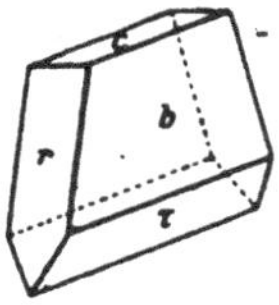

Fig. 446.

r-Luteo-Triäthylendiaminkobaltinitrat = $Co(NO_3)_3.3(NH_2.CH_2.CH_2.NH_2)$[1]. a : b : c = 0,8079 : 1 : 2,2558. Beobachtete Formen : *o* (111), *ν* ($\bar{1}$20), *a* (100), *c* (001), *b* (010), *n* (120), *ω* ($\bar{1}$11), in den nach der *a*-Axe polaren Kombinationen (Fig. 447 bis 449. Keine deutliche Spaltbarkeit.

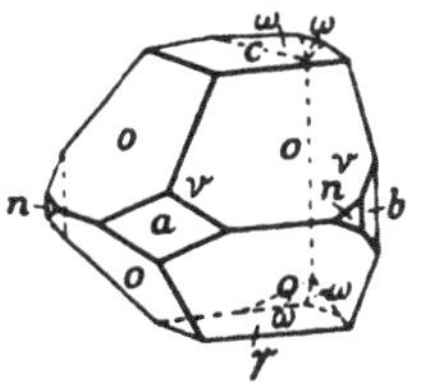

Fig. 447.

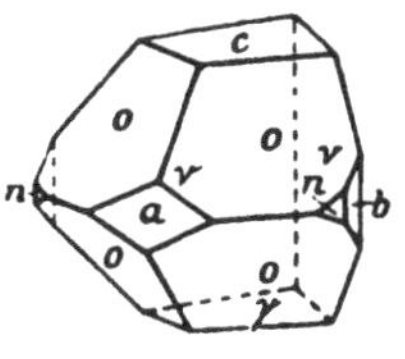

Fig. 448.

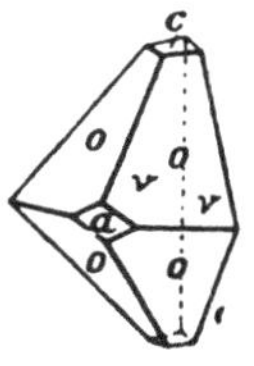

Fig. 449.

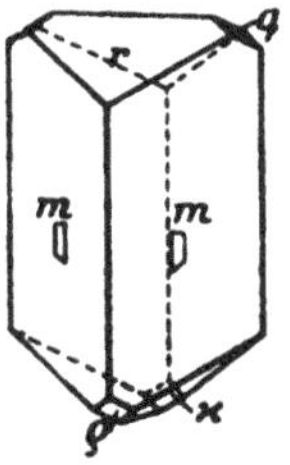

Fig. 450.

Ammoniummolybdänhexarhodanatacetat-Monohydrat = $Mo(NCS)_6(NH_4)_3 . C_2H_4O . H_2O$. a : b : c = 0,7255 : 1 : 0,6338. Kombination (Fig. 450): *m* (110), *r* (101), *x* (01$\bar{1}$), *q* (011), *ρ* (10$\bar{1}$). Spaltbarkeit nach *m* (110) unvollkommen. Ätzfiguren auf *m* (110) s. Fig. 450. Ebene der optischen Axen *b* (010).

1,2,3-Trinitrobenzol = $C_6H_3(NO_2)_3$. a : b : c = 0,6703 : 1 : 0,8835. Krystalle a. Essigester stets Zwillinge nach (001) (Fig. 451), welche an einem Ende die Formen *k* (012), *a* (100), *m* (110), *n* (120), *b* (010), am anderen nur gerundete unvollkommene Flächen zeigen. Keine deutliche Spaltbarkeit. Ätzfiguren auf *b* (010) ausgezeichnet polar nach der *c*-Axe. Doppelbrechung negativ; Axenebene *c* (001), 1. Mittellinie Axe *a*, Dispersion $\rho < v$, sehr schwach.

m-Chlornitrobenzol = $C_6H_4Cl(NO_2)$. a : b : c = 0,5604 : 1 : 0,5004. Beobachtete Formen: *b* (010), *m* (110), *q* (011), *ρ* (10$\bar{1}$), *x* (01$\bar{1}$), *r* (101), *x* (212) in den Fig. 452 und 453. (Der obere Pol der *c*-Axe ist der elektrisch analoge.) Spaltbarkeit nach *b* (010) sehr vollkommen. Ätzfiguren auf *b* (010) nur nach *a* (100) symmetrisch. Ebene der optischen Axen *a* (100), 1. Mittellinie Axe *c*, 2 *E* = 91° rot, 91¾° grün.

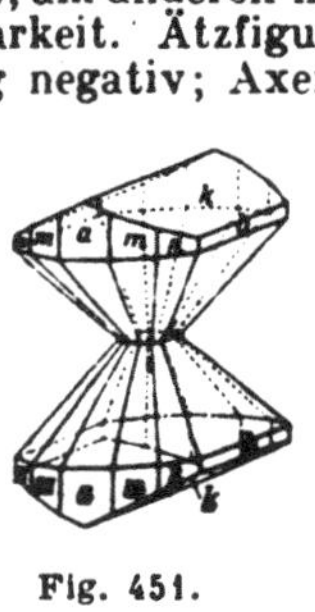

Fig. 451.

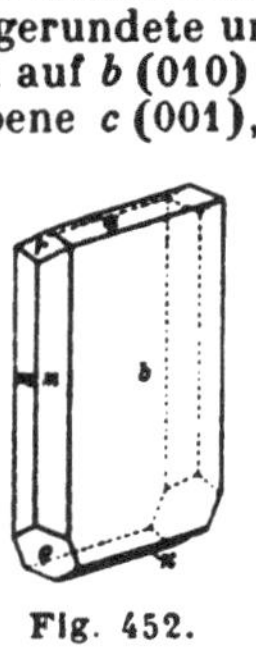

Fig. 452.

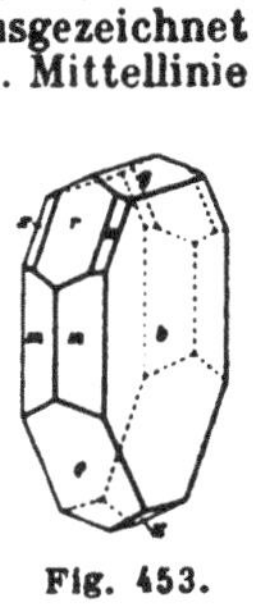

Fig. 453.

[1] Die Krystallform der optischen aktiven Komponenten der racemischen Verbindung s. S. 158.

m-Bromnitrobenzol $= C_6H_4Br(NO_2)$. a : b : c = 0,5490 : 1 : 0,4928. Die Kombinationen (Fig. 454 u. 455) zeigen die Formen : *b* (010), *m* (110), *r* (101), *x* (01$\bar{1}$), *q* (011), *ρ* (10$\bar{1}$), *z* (212), *n* (230), *ξ* (21$\bar{2}$). Spaltbarkeit nach *b* (010) vollkommen, nach *a* (100) deutlich. Ätzfiguren = vor. Optische Orientierung ebenso.

Resorcin $= C_6H_4(OH)_2$. a : b : c = 0,9105 : 1 : 0,5404. Prismen *m* (110), *n* (120) mit *r* (101) und *ω* (11$\bar{1}$) (Fig. 481) oder statt des letzteren *ρ* (10$\bar{1}$). Der in Fig. 456 obere Pol der *c*-Axe ist der elektrisch analoge. Ebene der optischen Axen *c* (001), 1. Mittellinie Axe *a*; 2 $E = 76^1/_2{}^0$ rot, $74^1/_2{}^0$ blau.

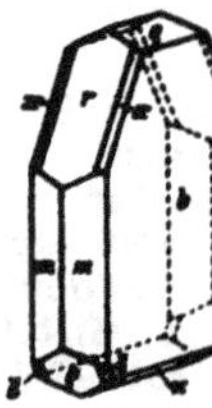
Fig. 454.

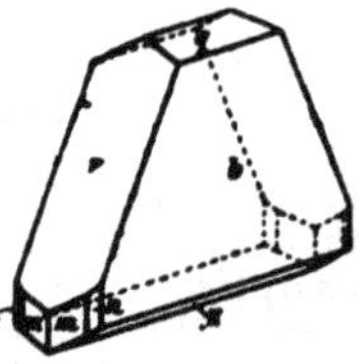
Fig. 455.

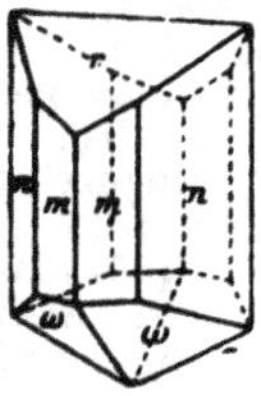
Fig. 456.

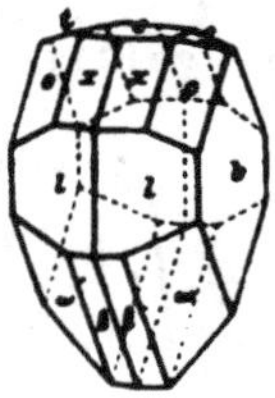
Fig. 457.

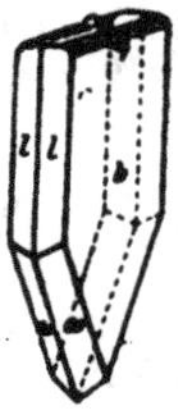
Fig. 458.

Pikrinsäure $= C_6H_2(NO_2)_3(OH)$. a : b : c = 0,9691 : 1 : 1,0145. Beobachtete Formen: *b* (010), *l* (210), *ω* (11$\bar{1}$), *c* (001), *o* (111), *x* (212), *ξ* (21$\bar{2}$), *t* (014), *q* (011), *s* (012) (Fig. 457 und 458); häufig die einfache, scheinbar dipyramidale Kombination *b* (010), *l* (210), mit den gleichgroßen Endflächen *o* (111) und *ω* (11$\bar{1}$). Keine deutliche Spaltbarkeit. Doppelbrechung positiv, sehr stark; die Axenebene *a* (100), 1. Mittellinie Axe *c*; 2 $V = 82^3/_4{}^0$ Na, $\rho < v$. Polare Pyroelektriziät sehr stark, der analoge Pol der in den Fig. obere.

2,4-Dinitrodimethylanilin $= C_6H_3(NO_2)_2 . N(CH_3)_2$. a : b : c = 0,6077 : 1 : 0,3601. Kombination (Fig. 459): *a* (100), *m* (110), *l* (210), *b* (010), *τ* (03$\bar{1}$), *q* (011), *o* (111), *x* (121), *t* (031). Keine deutliche Spaltbarkeit. Axenebene *c* (001), 1. Mittellinie Axe *a*, 2 $E = 23^1/_2{}^0$ Na, $\rho < v$.

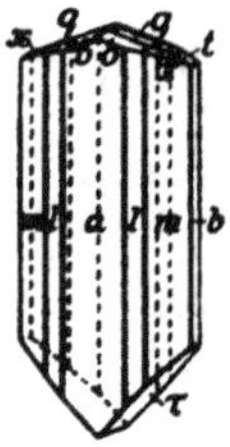
Fig. 459.

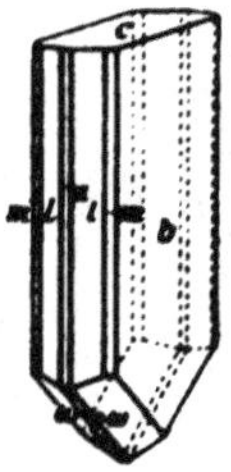
Fig. 460.

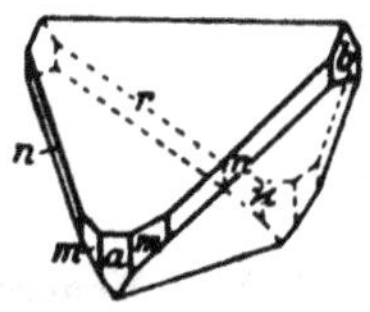
Fig. 461.

p-Chloracetanilid $= C_6H_4Cl . NH(C_2H_3O)$. a : b : c = 1,3347 : 1 : 0,6857. Kombination (Fig. 460): *b* (010), *c* (001), *ω* (11$\bar{1}$), *l* (210), *m* (110), *a* (100), *ρ* (10$\bar{1}$); zuweilen auch statt *l* und *m* groß ausgebildet *a*. Spaltbarkeit nach *a* (100) vollkommen, nach *c* (001) unvollkommen. Ebene der optischen Axen *b* (010), 1. Mittellinie Axe *c*, Augenwinkel groß. Analoger Pol der in der Fig. obere.

Phenyldithiocarbaminsäureäthylenester $= C_6H_5 . NCS_2(C_2H_4)$. a : b : c = 0,8770 : 1 : 0,6517. Tetraëderähnliche Krystalle (Fig. 461): *r* (101), *x* (02$\bar{1}$), *n* (120), *a* (100), *b* (010), *m* (110). Spaltbarkeit nach *b* (010) und *a* (100) ziemlich vollkommen.

Cäsium-o-sulfobenzoat $= C_6H_4 . CO_2H . SO_3Cs$. a : b : c = 0,6552 : 1 : 1,1572. Tafeln *c* (001) mit *q* (011) und *o* (111) als scheinbare Dipyramide (Fig. 462). Spaltbarkeit nach *c* (001) ziemlich vollkommen. Ätzfiguren auf *c* (001) nur nach der *a*-Axe symmetrisch, nach welcher starke polare Pyroelektrizität. Ebene der optischen Axen *b* (010), 1. Mittellinie Axe *a*.

Cumarin $= C_6H_4 . C_3H_2O_2$. a : b : c = 0,9833 : 1 : 0,3696. Beobachtete Formen: *a* (100), *m* (110), *r* (101), *y* (131), *x* (121), Zwillinge nach *b* (010) (Fig. 463), mit dem analogen Pol der polaren *b*-Axe verwachsen. Spaltbarkeit nach *c* (001) vollkommen. Ebene der optischen Axen (010), 1. Mittellinie Axe *b*, Axenwinkel klein.

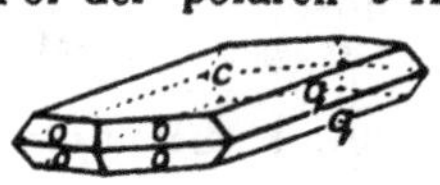
Fig. 462.

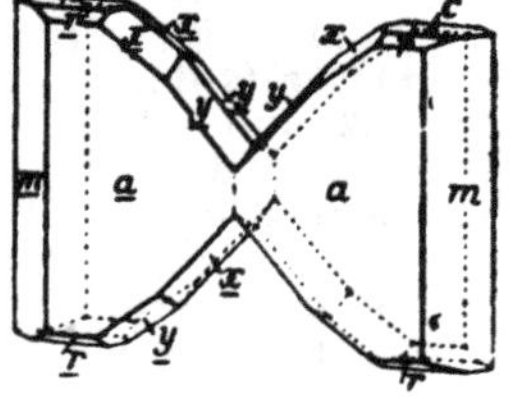
Fig. 463.

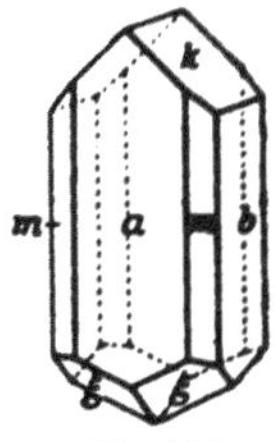

Fig. 464.

Triphenylmethan = $(C_6H_5)_3CH$. a : b : c = 0,5716 : 1 : 0,5867. Kombination (Fig. 464): *a* (100), *b* (010), *m* (110), *k* (021), *ξ* (12$\bar{2}$); an dünn nadelförmigen Krystallen ist zuweilen *m* (110), vorherrschend und an ihrem allein ausgebildeten oberen Ende *q* (011) oder *s* (034) oder *q* und *k*. Ebene der optischen Axen *c* (001), 1. Mittellinie Axe *b*.

Bromisatin = C_8H_3Br . NH(CO)$_2$. a : b : c = 0,4585 : 1 : 0,4186. Dünne Prismen *m* (110), *b* (010), an einem Ende *q* (011), am andern eine nicht bestimmbare Pyramide (h k $\bar{l}$). Spaltbarkeit nach *b* (010) vollkommen. Ebene der optischen Axen *b* (010), 1. Mittellinie Axe *a*. Rotbraun mit deutlichem Pleochroïsmus.

Thallin = $C_6H_3(O . CH_3) . C_3H_7N$. a : b : c = 0,9412 : 1 : 1,0307. Kombination (Fig. 465): *ρ* (10$\bar{1}$), *q* (011), *r* (101), *ϰ* (01$\bar{1}$). Ebene der optischen Axen für Rot und Gelb *c* (001), für Grün usw. *b* (010); 2 *E* = 20° Li, 11° Na, 13½ Tl.

r-Tropidinchlormethylatplatinchlorid = $[C_7H_{10}N(CH_3)_2]_2 PtCl_6$. a : b : c = 0,6631 : 1 : 0,5202. Kombinationen von *m* (110), *n* (120), *μ* (1$\bar{1}$0), *ν* (1$\bar{2}$0), *b* (010), *β* (0$\bar{1}$0), *a* (100), *s* (201), *o* (111), *q* (011), *ω* (1$\bar{1}$1) in der Ausbildung Fig. 466; häufig Zwillinge nach *q* (011) (Fig. 467). Ebene der optischen Axen *b* (010), 1. Mittellinie Axe *c*, 2 *E* 70° Na, Dipersion sehr stark, *ρ* > *v*. Farbe rot mit deutlichem Pleochroïsmus.

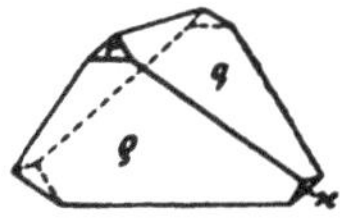

Fig. 465.

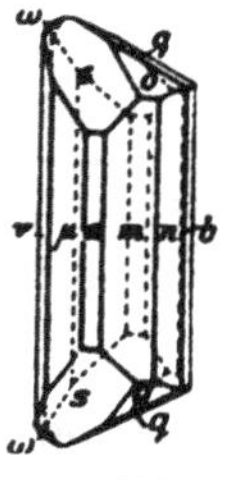

Fig. 466.

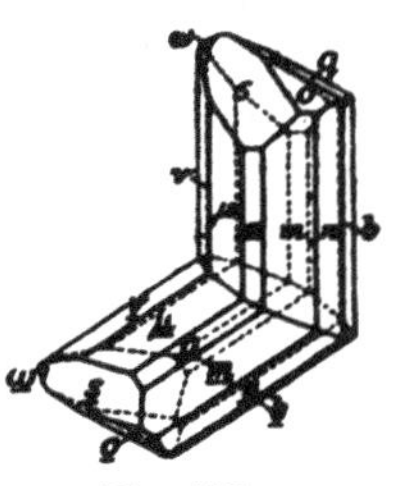

Fig. 467.

r-ψ-Ecgoninchlorhydrat-Monohydrat = $C_9H_{15}O_3N . HCl . H_2O$. a : b : c = 0,8501 : 1 : 0,27 ca. Dünne Prismen *m* (110) mit *a* (100) und *b* (010), an einem Ende *o* (111), das andere in eine Spitze auslaufend (nicht meßbare, sehr steile Pyramiden).

Dipyramidale Klasse [1].

Die meisten rhombischen Krystalle gehören derjenigen Klasse an, in welcher die drei als Axenebenen dienenden Fundamentalflächen zugleich Symmetrieebenen und die drei krystallographischen Axen zugleich zweizählige Symmetrieaxen sind (Fig. 468). Die allgemeine Form (hkl), die rhombische Dipyramide (Fig. 469), welche als eine den Raum abschließende auch für sich allein die Begrenzung eines Krystalls bilden kann, hat dreierlei Kanten, welche als stumpfere bzw. schärfere Polkanten und als Basiskanten[2]) bezeichnet werden und von denen zwei die dritte bestimmen. Dadurch, daß der Winkel der einen Art von Polkanten den Wert Null annimmt, d. h. zwei Doppelpole der Projektion (Fig. 468) in dem Durchmesser *b* oder *a* liegen, verwandelt sich die Dipyramide in ein der *a*- bzw. *b*-Axe paralleles rhombisches Prisma, wenn die in den Basiskanten ein-

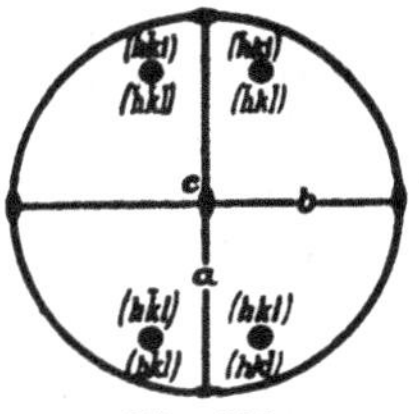

Fig. 468.

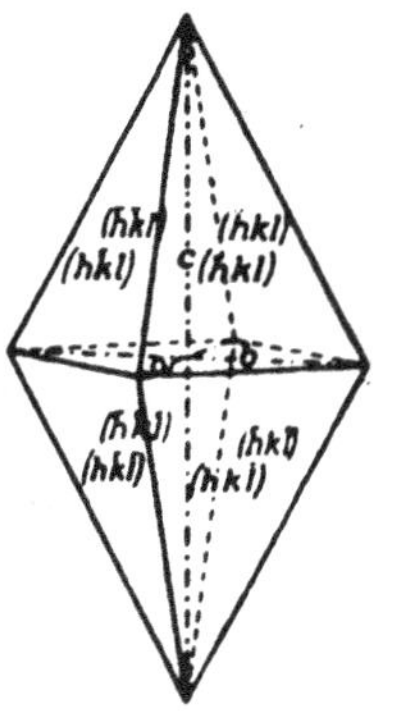

Fig. 469.

[1]) = »Rhombisch holoëdrische« Klasse.
[2]) Welche der Kanten horizontal, d. h. Basiskanten sind, hängt natürlich davon ab, welche der drei Axen vertikal gestellt wird, und diese Wahl ist eine beliebige.

ander schneidenden Flächen zusammenfallen, die Doppelpole also im Grundkreise der Projektion liegen, in ein der *c*-Axe paralleles rhombisches Prisma. In den besonderen Fällen endlich, daß die Pole der Flächen mit denen der drei Axen zusammenfallen, vereinigen sich je vier zu denen eines Pinakoïds, so daß sich die folgende Übersichtstabelle ergibt:

(100)	erstes Pinakoïd,
(010)	zweites Pinakoïd,
(001)	drittes Pinakoïd,
(0kl)	Prisma erster Art,
(h0l)	Prisma zweiter Art,
(hk0)	Prisma dritter Art,
(hkl)	Dipyramide.

Die häufigsten Formen sind notwendig die drei Pinakoïde und die primären Prismen (011), (101), (110). Es kommt daher nicht selten vor, daß von einer Substanz nur Kombinationen dieser Formen beobachtet werden, und dann sind diese von solchen der beiden vorhergehenden Klassen ohne Feststellung ihrer univektoriellen Eigenschaften nicht zu unterscheiden, und selbst das Auftreten einer oder mehrerer Dipyramiden schließt, wie in den beiden vorhergehenden Abschnitten gezeigt wurde, noch nicht die Zugehörigkeit des betreffenden Krystalls zur disphenoïdischen oder pyramidalen Klasse aus. Nur wenn die Gleichwertigkeit der acht Richtungen, welche den Normalen einer rhombischen Dipyramide entsprechen, in bezug auf Wachstum, Auflösung u. a. univektorielle Eigenschaften unzweifelhaft festgestellt ist, kann die Zugehörigkeit zu dieser Klasse als sicher betrachtet werden, daher es zahlreiche, in dieser Beziehung noch nicht genügend untersuchte Substanzen gibt, für welche die dipyramidale Symmetrie nur als wahrscheinlich bezeichnet werden kann (dies gilt auch für einen Teil der im folgenden aufgeführten Beispiele).

Zwillingsebene kann in dieser Klasse eine Fläche eines Prismas oder einer Dipyramide sein. Der weitaus häufigste Fall der Verwachsung ist der erste als der am meisten symmetrische, denn alsdann haben die beiden Krystalle außer der Zwillingsebene auch die derselben parallele Axe und das zu ihr senkrechte Pinakoïd gemeinsam; die gegenseitige Stellung der beiden Krystalle ergibt sich dann ebenso, wie durch eine Spiegelung an der Zwillingsebene, durch eine halbe Umdrehung um die Normale derselben als Zwillingsaxe. Hierzu gehören auch die Zwillinge bzw. Drillinge nach den Flächen eines pseudotetragonalen bzw. pseudohexagonalen Prismas, für die in bezug auf ihre Häufigkeit das Gleiche gilt, wie für die der vorigen Klasse (s. unter den Beispielen Kupfersulfür, Kaliumsulfat u. a.).

Beispiele.

Jod. a : b : c = 0,6644 : 1 : 1,3653. Beobachtete Formen: *o* (111), *c* (001), *b* (010), *x* (313), *y* (316), *m* (110), *z* (119). Ausgezeichnetes Beispiel großer Mannigfaltigkeit der Ausbildung: durch Sublimation entstehen die Kombinationen Fig. 470 oder 471, manchmal beide in paralleler Verwachsung, zuweilen auch Fig. 472; durch Zersetzung von HJ Fig. 473; aus der Lösung in Alkohol, Äther oder Chloroform Fig. 474; endlich aus CS_2 Fig. 475. Keine deutliche Spaltbarkeit. Oberflächenfarbe dunkel stahlgrau mit stark pleochroïti-

Fig. 470.

schem, auf *o* (111) gelbgrünem, auf *c* (001) hellgrünem Schiller (die übrigen optischen Eigenschaften wegen der starken Absorption nicht bekannt).

Fig. 471.

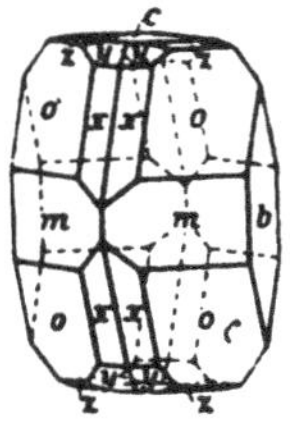
Fig. 472.

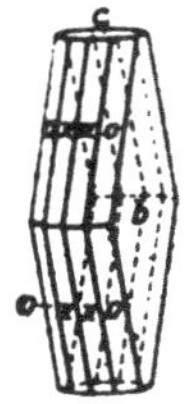
Fig. 473.

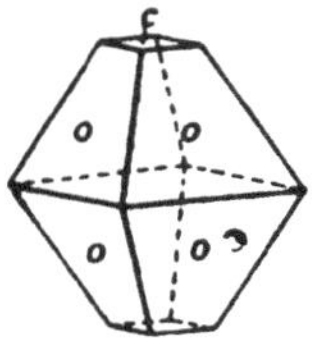
Fig. 474.

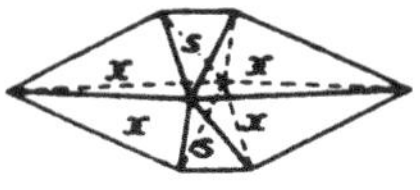
Fig. 475.

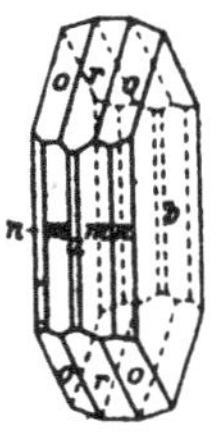
Fig. 476.

γ-Zinn. Die über 170° sich bildende Modifikation zeigt tafelige Kryställchen mit den Formen (Fig. 476) : *b* (010), *m* (110), *n* (120), *a* (100), *r* (101), *o* (111). Spaltbarkeit nach *b* (010) und *r* (101) sehr unvollkommen.

Tricuproarsenid (nat. Domeykit, Arsenkupfer) = Cu_3As. a : b : c = 0,5771 : 1 : 1,0206. Pseudohexagonale Kombination (Fig. 477) : *c* (001), *m* (110), *b* (010), *o* (111), *k* (021), *i* (112), *z* (113), *t* (023). Spaltbarkeit nach *a* (100) deutlich. Farbe metallisch stahlgrau.

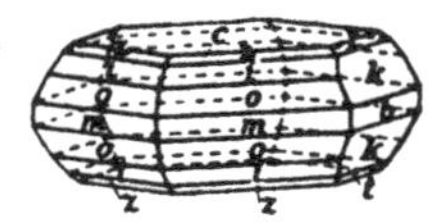
Fig. 477.

Bleioxyd (Bleiglätte) = PbO. a : b : c = 0,6706 : 1 : 0,9764. Tafeln *a* (100), begrenzt von *o* (111) u. a. Dipyramiden, die dünnen, oft unregelmäßig begrenzten Tafeln (wahrscheinlich auch nach *a*) der „Bleiglätte" zeigen außer dem herrschenden, vollkommen spaltbaren Pinakoïd, dem die Ebene der optischen Axen parallel ist, noch die beiden anderen Pinakoïde.

Siliciumdioxyd (nat. Tridymit). = SiO_2. a : b : c = 0,5774 : 1 : 0,9544. Dünne regulär-sechsseitige Täfelchen, stets pseudohexagonale Drillinge, oft mehrere solche symmetrisch zu Pyramidenflächen verwachsen. Spaltbarkeit nach (001) deutlich. Doppelbrechung positiv, Axenebene (100), 1. Mittellinie Axe *c*, 2 *E* = 66°.

Titandioxyd (nat. Brookit) = TiO_2. a : b : c = 0,8416 : 1 : 0,9444. Die häufigsten Formen der Krystalle sind außer *a* (100), nach welchem die natürlichen Krystalle meist tafelig sind, *m* (110) und *y* (122), welche eine pseudohexagonale Dipyramide mit *b* (010) als Basis bilden; Fig. 578 stellt einen Krystall des Minerals mit *o* (111), *t* (021), *s* (102), *i* (112), *u* (104 dar. Spaltbarkeit nach *b* (010), unvollkommen. Ebene der optischen Axen für Rot und Gelb (001), 2 *E* = 55° rot, 30° gelb, dagegen für Grün (010) mit 2 *E* = 33°; 1. Mittellinie für alle Farben Axe *a* (s. S. 33).

Aluminiummonohydroxyd (nat. Diaspor) = AlO.OH. a : b : c = 0,9372 : 1 : 0,6039. Das Mineral zeigt die Kombination (Fig. 479) : *b* (010), *n* (120), *l* (210), *q* (011), *y* (212), *o* (111). Spaltbarkeit nach *b* (010) vollkommen. Ebene der optischen Axen *b* (010), 1. Mittellinie Axe *a*; 2 *V* = 84° rot, 85° blau.

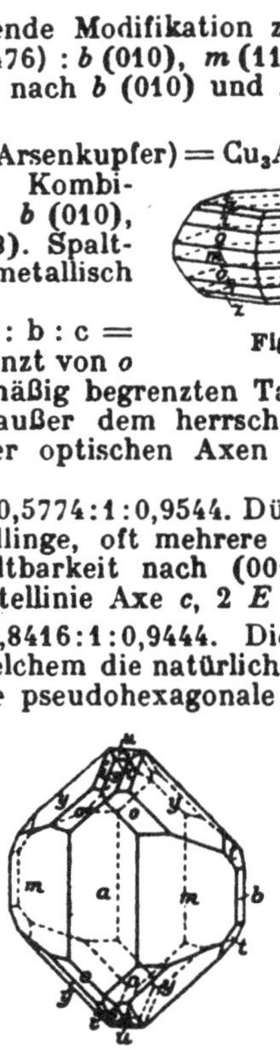
Fig. 478.

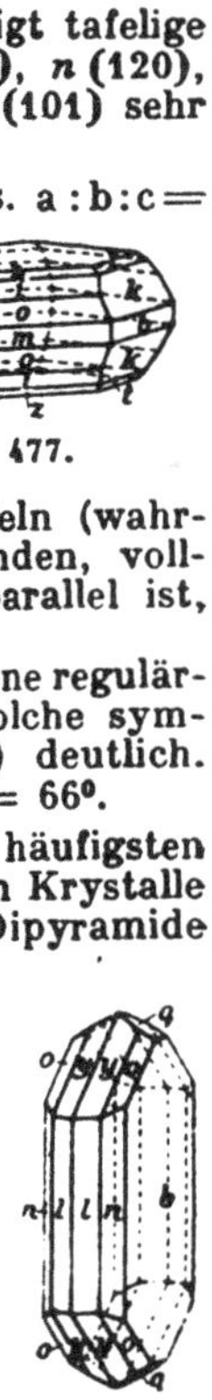
Fig. 479.

Manganimonohydroxyd (nat. Manganit) = MnO.OH. a : b : c = 0,8441 : 1 : 0,5448. Einen der mannigfaltigen und oft sehr flächenreichen Krystalle zeigt Fig. 480. *m* (110), *n* (120), *l* (210), *q* (011), *y* (212), *o* (111), z (313). Zwillinge nach *q* (011). Spaltbarkeit nach *m* (110) vollkommen. Metallisch dunkelgrau; sehr wenig durchsichtig mit brauner Farbe.

Ferrimonohydroxyd (nat. Göthit) = FeO.OH. a : b : c = 0,9185 : 1 : 0,6068. Dünne Prismen *m* (110), *l* (210), *b* (010) m. d. Endflächen *o* (111), *q* (011) (Fig. 481) oder sehr dünne Täfelchen *b* (010), begrenzt von *m* (110) oder *a* (100) und *q* (011). Spaltbarkeit nach *b* (010) sehr vollkommen. Ebene der optischen Axen für Rot (100), für Gelb und Grün (001), 1. Mittellinie Axe *b*.

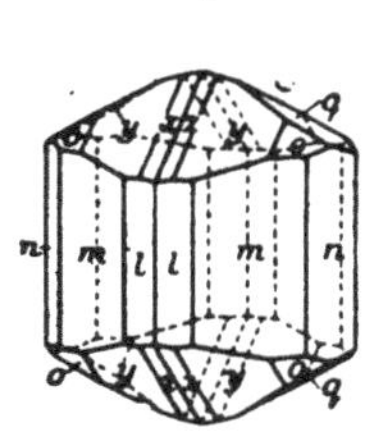
Fig. 480.

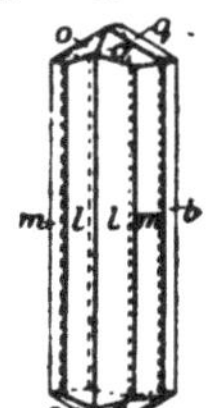
Fig. 481.

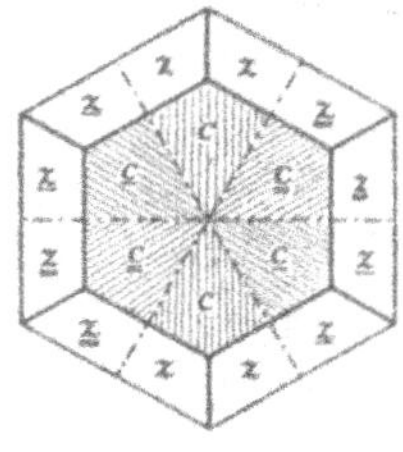

Fig. 482.

α-**Cuprosulfid** (Kupfersulfür, nat. Chalkosin, Kupferglanz) = Cu_2S. a : b : c = 0,5822 : 1 : 0,9701. Pseudohexagonale Krystalle mit den gleichen Formen, wie Fig. 477, meist Drillinge nach *m* (110), erkennbar durch die Streifung nach der *a*-Axe auf c (001) (s. Fig. 482). Metallisch dunkelgrau, undurchsichtig.

Antimontrisulfid (nat. Antimonit, Antimonglanz) = Sb_2S_3. a : b : c = 0,9926 : 1 : 1,0179. Nach der *c*-Axe prismatische Kombinationen von *m* (110), *b* (010), *l* (210) und anderen Prismen dritter Art mit den Endflächen *o* (111) oder *x* (113) u. a. Dipyramiden. *b* (010) ist die Ebene vollkommener Spaltbarkeit und zugleich Gleitfläche, Gleitrichtung ist die *c*-Axe, daher auf *b* (010) leicht Biegungen um die *a*-Axe erfolgen (s. S. 58). Oberflächenfarbe bleigrau mit vollkommen metallischer Reflexion; Durchsichtigkeit sehr gering und nur für Rot mit den hohen Brechungsindices 3,873 für Schwingungen parallel der *a*-Axe, 4,129 für Schwingungen parallel der *c*-Axe. Das Ellipsoid der oberflächlichen Wärmeleitfähigkeit (s. S. 44) hat auf (100) das Axenverhältnis b : c = 1 : 1,8, auf (010) a : c = 1 : 1,4, auf (001) a : b = 1,3 : 1.

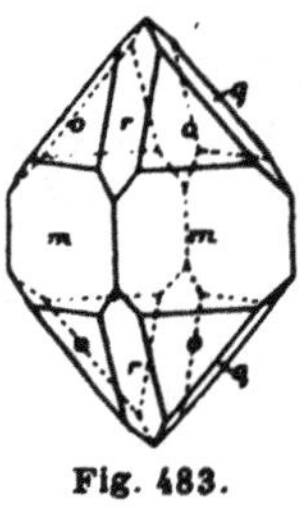

Fig. 483.

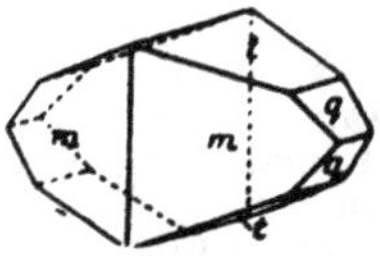

Fig. 484.

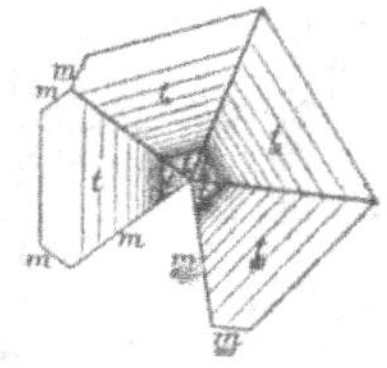

Fig. 485.

α-**Eisendisulfid** (nat. Markasit) = FeS_2. a : b : c = 0,7623 : 1 : 1,2167. Durch Einwirkung von H_2S auf Eisenvitriollösung entsteht die Kombination Fig. 483 : *m* (110), *o* (111), *r* (101), *q* (011). Das Mineral zeigt gewöhnlich vorherrschend *t* (013), daneben *m* und *q* (Fig. 484), und sehr häufig Zwillinge, Drillinge usw. nach *m* (110) »Speerkies« (Fig. 485). Spaltbarkeit nach *m* (110) unvollkommen. Farbe metallisch graugelb (speisgelb).

Eisenarsenosulfid (nat. Arsenopyrit, Arsenkies, Mispickel) = FeAsS. a : b : c = 0,6773 : 1 : 1,1882. Häufige Kombinationen des Minerals: Fig. 486—488 mit den Formen *m* (110), *t* (013), *q* (011), *u* (014), *k* (012), *r* (101); Zwillinge

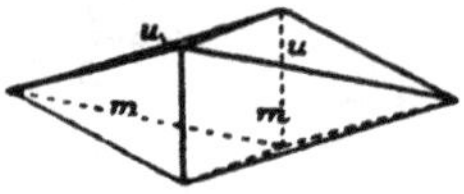

Fig. 486.

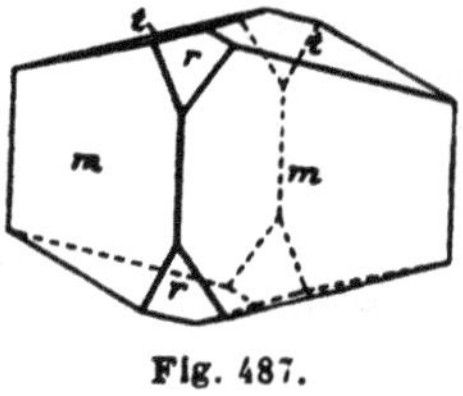

Fig. 487.

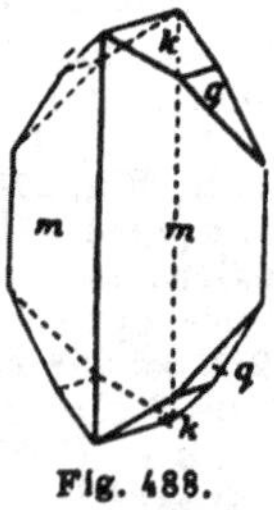

Fig. 488.

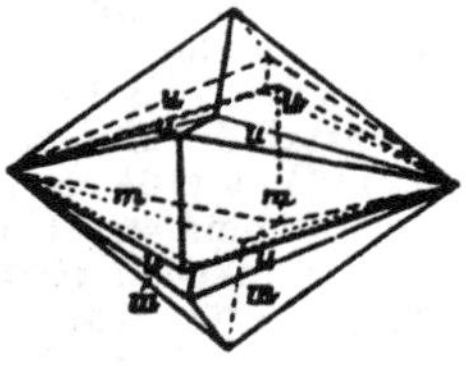

Fig. 489.

nach *m* (110) und noch häufiger nach einer Fläche des pseudohexagonalen Prismas *r* (101) (Fig. 489). Spaltbarkeit nach *m* (110) deutlich. Farbe metallisch zinnweiß.

Mercurichlorid (Quecksilberdichlorid) = $HgCl_2$. a : b : c = 0,7251 : 1 : 1,0697. Die durch Sublimation entstehenden Krystalle zeigen die Formen (Fig. 490): *c* (001), *q* (011), *t* (021), *b* (010), *s* (201), *r* (101), manchmal nur *q* (011); aus Alkohol und Wasser entstehen Prismen *m* (110) mit *c* (001), *q* (011) und *o* (111), bei Zusatz von Zinkchlorid die Kombination Fig. 491 mit *x* (221), aus Lösungen mit $HgBr_2$ Tafeln Fig. 492. Spaltbarkeit nach *q* (011) vollkommen, nach *c* (001) unvollkommen. Ebene der optischen Axen (100); 1. Mittellinie Axe *c*.

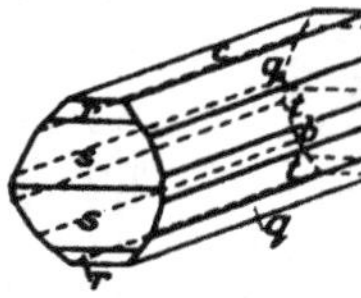

Fig. 490.

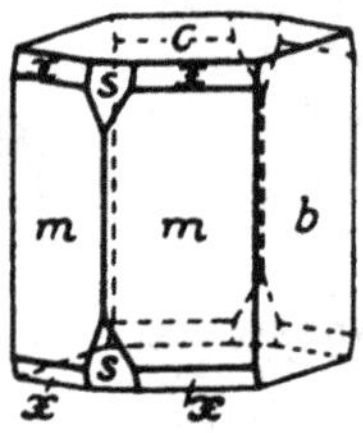

Fig. 491.

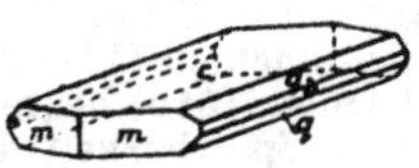

Fig. 492.

Mercuribromid (Quecksilberdibromid) = $HgBr_2$. a : b : c = 0,6826 : 1 : 1,7953. Aus salzsaurer Lösung dünne Tafeln *c* (001) mit den Randflächen *m* (110), *o* (111), *y* (332), *i* (112) (Fig. 493), aus alkoholischer Lösung dickere Tafeln nur mit *m* (110), bei Überschuß von Brom kleine spitze Dipyramiden *z* (221). Spaltbarkeit nach *c* (001) höchst vollkommen; sehr weich und biegsam mit *c* (001) als Gleitfläche. Ebene der optischen Axen *c* (001).

Fig. 493.

Bleidichlorid (nat. Cotunnit) = $PbCl_2$. a : b : c = 0,5952 : 1 : 1,1872. Aus Wasser entsteht die Kombination Fig. 494 : *b* (010), *x* (121), *u* (012), *c* (001), *q* (011), oder dünne Prismen mit vorherrschenden *b* und *c*, aus salzsaurer Lösung Fig. 495: *c* (001), *o* (111), *i* (112), *b* (010), *t* (021), *u* (012), aus konzentrierter Salzsäure eine Kombination derselben

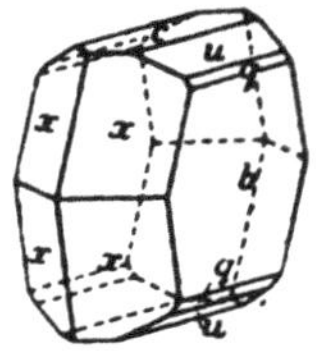

Fig. 494.

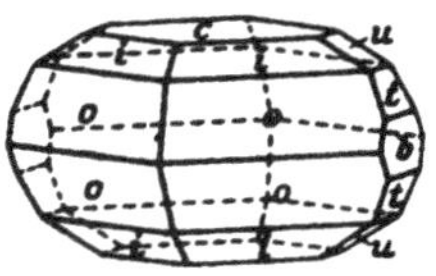

Fig. 495.

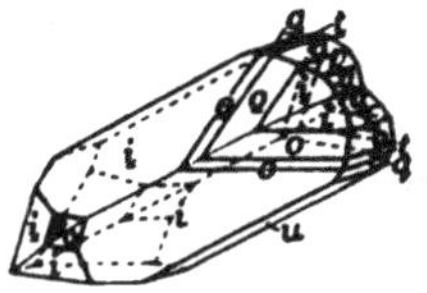

Fig. 496.

Formen mit *q* (011) in Zwillingen nach *u* (012) (Fig. 496). Die natürlichen, durch Sublimation entstandenen Krystalle zeigen die Formen: (012), (011), (101), (001), (010), (100), (111). Spaltbarkeit nach *c* (001) vollkommen. Ebene der optischen Axen *b* (010), 1. Mittellinie Axe *a*; 2 *V* = 67° (Na).

Diammin-Zinkchlorid = $ZnCl_2 . 2\,NH_3$. a : b : c = 0,9161 : 1 : 0,9508. Kombination (Fig. 497) : *m* (110), *a* (100), *q* (011). Spaltbarkeit nach *m* (110), *q* (011) und *b* (010) vollkommen. Sehr große Plasticität. Ebene der optischen Axen *b* (010), 1. Mittellinie Axe *a*, Axenwinkel sehr groß.

Purpureokobaltchlorid = $CoCl_3 . 5\,NH_3$. a : b : c = 0,9825 : 1 : 1,5347. Kombination *r* (101), *q* (011), einer tetragonalen Dipyramide gleichend.

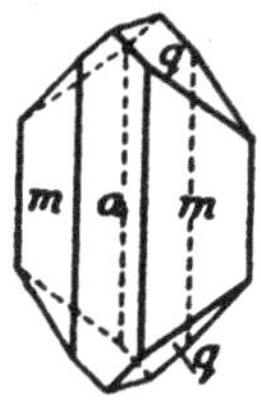

Fig. 497.

Kaliumzinkchlorid = $ZnCl_2 . 2\,KCl$. a : b : c = 0,7177 : 1 : 0,5836. Beobachtete Formen : *b* (010), *a* (100), *m* (110), *q* (011), *l* (230), *n* (130), *o* (111) (Fig. 498). Spaltbarkeit nach *b* (010) vollkommen. Ebene der optischen Axen *c* (001); durch *m* (110) die Axenbilder nahe zentrisch sichtbar.

Kaliumzinnchlorür - Dihydrat = $SnCl_2 . 2\,KCl . 2\,H_2O$. a : b : c = 0,6852 : 1 : 0,7586. Kombination (Fig. 499) : *a* (100), *m* (110), *b* (010), *n* (130), *r* (101), *o* (111), *x* (121), *t* (021), *i* (211) (beobachtet an Krystallen aus langsam abkühlender warmer Lösung). Keine deutliche Spaltbarkeit. Doppelbrechung negativ, Axenebene *b* (010), 1. Mittellinie Axe *a*, 2 *E* = 64°.

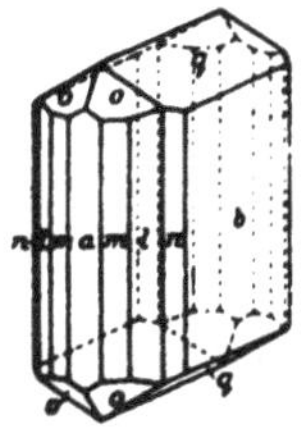

Fig. 498.

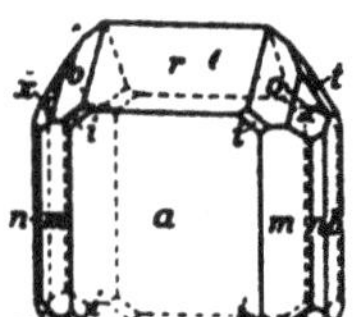

Fig. 499.

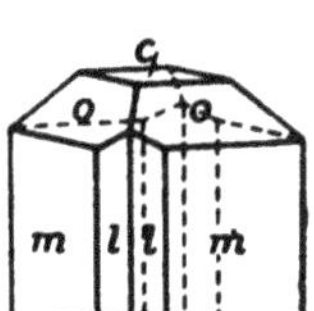

Fig. 500.

Kaliumquecksilberchlorid-Monohydrat = $HgCl_2 . 2\,KCl . H_2O$. a : b : c = 0,7074 : 1 : 0,7655. Beobachtete Formen: *m* (110), *o* (111), *c* (001), selten *l* (310) (Fig. 500). Ebene der optischen Axen *c* (001), 1. Mittellinie Axe *a*, 2 *V* = 78½ Na, Dispersion stark, $\varrho > v$.

Kaliummagnesiumchlorid-Hexahydrat (nat. Carnallit) = $MgCl_3K . 6\,H_2O$. a : b : c = 0,5891 : 1 : 1,3759. Pseudohexagonale Kombination (Fig. 501): *c* (001), *m* (110), *b* (010), *o* (111), *k* (021), *i* (112), *q* (011), *y* (113), *t* (023), *r* (101). Durch Druck entstehen Zwillingslamellen nach *m* (110). Keine deutliche Spaltbarkeit. Ebene der optischen Axen *b* (010), 1. Mittellinie Axe *c*; 2 *V* = 69½° rot, 70½° grün.

Fig. 501.

Nitroprussidnatrium = $Fe(CN)_5(NO)Na_2 . 2\,H_2O$. a : b : c = 0,7650 : 1 : 0,4115. Kombination (Fig. 502): *m* (110), *b* (010), *a* (100), *q* (011), *i* (121), *r* (101), *s* (201). Ebene der optischen Axen *a* (100), 1. Mittellinie Axe *c*, 2 *E* = 61°, $\varrho < v$. Stark diamagnetisch, am stärksten nach der Axe *b*.

Dimethylammoniumchlorostannat = $SnCl_6(NH_2 . 2\,CH_3)_2$. a : b : c = 1,0158 : 1 : 1,9661. Tafeln c (001) mit *r* (101), *q* (011) und *m* (110) (Fig. 503). Spaltbarkeit nach *q* (011) vollkommen, nach *c* (001) deutlich.

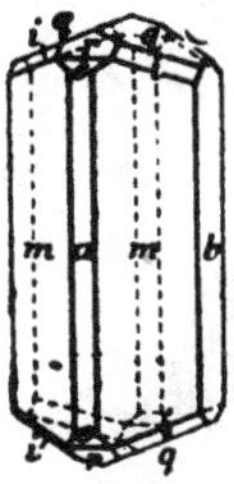
Fig. 502.

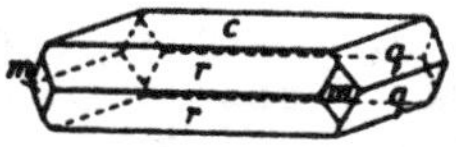
Fig. 503.

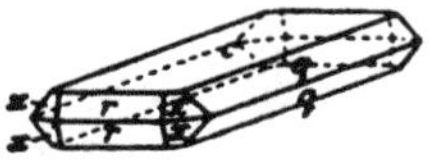
Fig. 505.

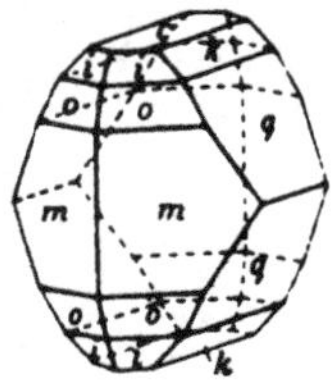
Fig. 504.

Dimethylammoniumchloroplatinat = $PtCl_6(NH_2 . 2\,CH_3)_2$. a : b : c = 0,9776 : 1 : 1,9919. Kombination : *m* (110), *q* (011) allein oder mit *c* (001), *o* (111), *k* (012), *i* (112), (Fig. 504); zuweilen nach der *a*-Axe prismatisch. Spaltbarkeit nach *q* (011) vollkommen, nach *c* (001) deutlich.

Ammoniumoxyfluoromolybdat = $MoO_2F_4(NH_4)_2$. a : b : c = 0,4207 : 1 : 1,0164. Rektanguläre Tafeln *c* (001) mit *q* (011), *r* (101) und *x* (121) (Fig. 505) oder durch Vorherrschen von *q* prismatisch. Ebene der optischen Axen *a* (100), 1. Mittellinie Axe *b*; 2 *V* = 78½° rot, 77° grün.

Kaliumthiocyanat (Rhodankalium) = NCSK. a : b : c = 1,779 : 1 : 1,819. Beobachtete Formen: *a* (100), *b* (010), o (111), *y* (212) in den Kombinationen Fig. 506 und 507. Keine deutliche Spaltbarkeit. Ebene der optischen Axen *a* (100), 1. Mittellinie Axe *b*; 2 *V* = 86½°. $v > \varrho$.

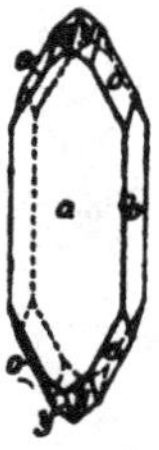
Fig. 506.

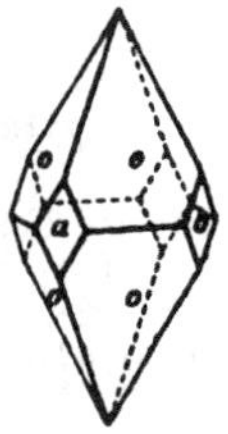
Fig. 507.

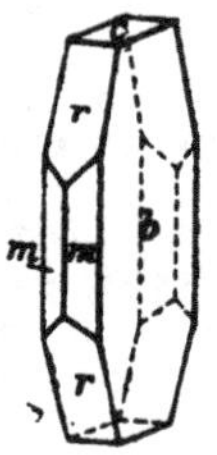
Fig. 508.

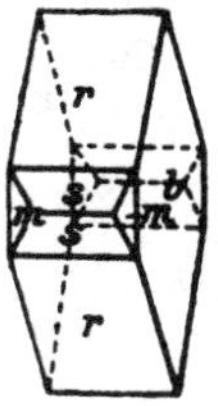
Fig. 509.

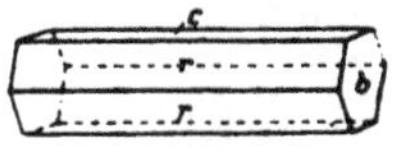
Fig. 510.

Natriumnitrit = NO_2Na. a : b : c = 0,6399 : 1 : 0,9670. Aus wässeriger Lösung Kombination Fig. 508: *b* (010), *m* (110), *r* (101), *c* (001), bei Zusatz von Bleinitrit Fig. 509 mit *s* (201), bei Anwesenheit von Quecksilbernitrit Fig. 510. Spaltbarkeit nach *r* (101) vollkommen. Ebene der optischen Axen *b* (010), 1. Mittellinie Axe *c*.

Ammoniumnitrat = $NO_3(NH_4)$. a : b : c = 0,9092 : 1 : 1,0553. Beobachtete Formen: *m* (110), *b* (010), *o* (111), *q* (011) in nach der *c*-Axe dünn prismatischen oder nach *b* (010) tafeligen Kombinationen. Spaltbarkeit nach *b* (010) deutlich. Ebene der optischen Axen (100), 1. Mittellinie Axe *b*; 2 *E* = 59° ca. $\varrho < v$.

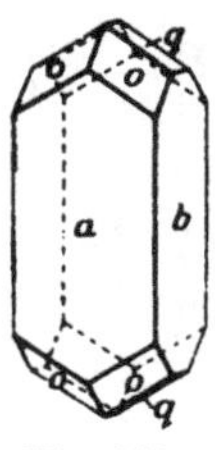
Fig. 511.

Uranylnitrat - Hexahydrat = $(NO_3)_2UO_2 . 6\,H_2O$. a : b : c = 0,8731 : 1 : 0,6105. Beobachtete Formen (Fig. 511): *b* (010), *a* (100), *o* (111), *q* (011), häufig tafelig nach *b*, seltener nach *a*, zuweilen rhombendodekaëderähnliche Kombinationen von *o*, *a* und *b*. Spaltbarkeit nach *b* (010) deutlich. Ätzfiguren auf *a* und *b* disymmetrisch. Doppelbrechung positiv, Axenebene *b* (010); Farbe gelbgrün mit deutlich pleochroïtischer Fluoreszenz.

Kaliumperchlorat = ClO_4K. a : b : c = 0,7817 : 1 : 1,2792. Aus warmer wässeriger Lösung bildet sich die Kombination Fig. 512 mit den Formen *m* (110), *s* (102), *c* (001) und *q* (011), beim langsamen Verdunsten in gewöhnlicher Temperatur Tafeln nach *c* (001) mit

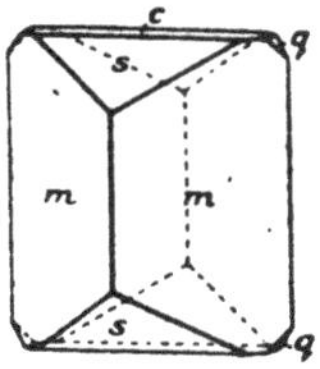

Fig. 512.

Fig. 513.

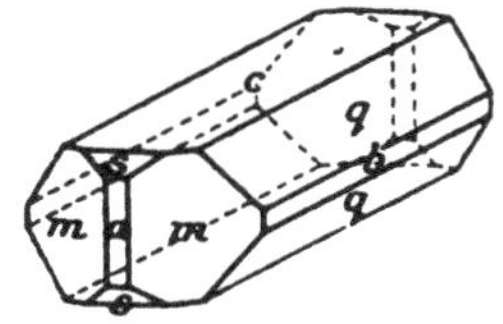

Fig. 514.

q (011), *b* (010), *a* (100), *s* (102), *o* (111) (Fig. 513 und 514). Spaltbarkeit nach *c* (001) vollkommen, nach *m* (110) ziemlich vollkommen. Doppelbrechung positiv, schwach; Axenebene *c* (001), 1. Mittellinie Axe *b*; $2V = 75^0$ ca.

Ammoniumperchlorat = $ClO_4(NH_4)$. a : b : c = 0,7932 : 1 : 1,2808. Aus warmer wässeriger Lösung kurze Prismen *m* (110) mit *c* (001), selten untergeordnet *s* (102), aus kalter Lösung Tafeln nach *c* (001) mit allen am Kaliumsalz beobachteten Formen. Spaltbarkeit nach *m* (110) vollkommen, nach *c* (001) ziemlich vollkommen. Doppelbrechung positiv, Axenebene *c* (001), 1. Mittellinie Axe *b*: $2V = 68^0$.

Kaliumpermanganat = MnO_4K. a : b : c = 0,7972 : 1 : 1,2982. Kombination (Fig. 515): *s* (102), *c* (001), *m* (110), *a* (100), *q* (011), *o* (111). Spaltbarkeit nach *c* (001) und *m* (110) vollkommen. Nur in den dünnsten mikroskopischen Nadeln rot durchsichtig ohne merklichen Pleochroismus.

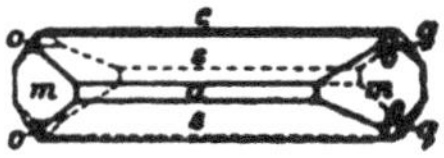

Fig. 515.

Ammoniumbicarbonat (im Gemenge mit Ammoniumcarbaminat Hirschhornsalz, nat. Teschemacherit) = $CO_3(NH_4)H$. a : b : c = 0,6726 : 1 : 0,3998. Kombination (Fig. 516); *m* (110), *b* (010), *q* (011), *o* (100), *r* (101), *c* (001). Spaltbarkeit nach *m* (110) sehr vollkommen. Doppelbrechung negativ, Axenebene *b* (010). 1. Mittellinie Axe *a*, $2E = 66^1/_2$.

Magnesiumorthosilikat (nat. Forsterit) = SiO_4Mg_2. a : b : c = 0,4666 : 1 : 0,5868. An den aus dem Schmelzflusse erhaltenen Krystallen beobachtet man die Formen: *b* (010), *m* (110), *n* (120), *k* (021) (Fig. 517), zuweilen auch *r* (101), *c* (001), *q* (011), *o* (111); die natürlichen eisenhaltigen Krystalle (Olivin) zeigen außerdem noch eine Reihe anderer Formen, unter denen *a* (100) zuweilen vorherrscht. Spaltbarkeit nach *b* (010) deutlich, nach *a* (100) unvollkommen. Ebene der optischen Axen *c* (001), 1. Mittellinie Axe *a*; $2V = 85^1/_2{}^0 - 86^0$, $\varrho < v$.

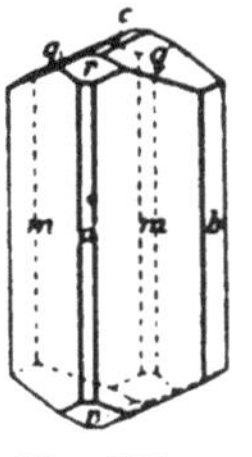

Fig. 516.

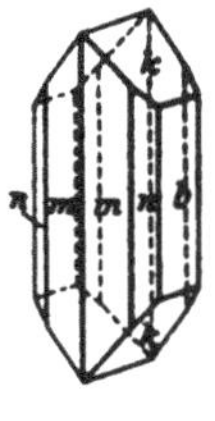

Fig. 517.

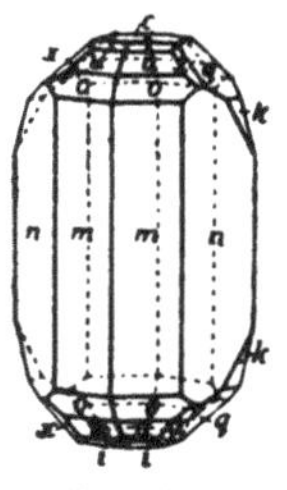

Fig. 518.

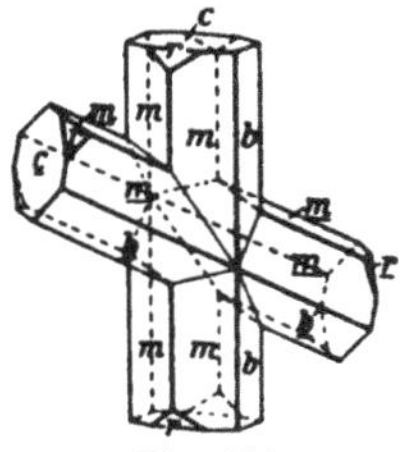

Fig. 519.

Ferroorthosilikat (Eisenfrisch- bzw. Puddelschlacke, nat. Fayalit) = SiO_4Fe. a : b : c = 0,4584 : 1 : 0,5791. Kombinationen der gleichen Formen wie vor. (s. Fig. 517). Spaltbarkeit und Ebene der optischen Axen ebenfalls = vor.

Aluminiumfluorosilikat (nat. Topas) = $SiO_4F_2Al_2$. a : b : c = 0,5281 : 1 : 0,9542. Das Mineral zeigt z. T. die flächenreiche Kombination Fig. 518: *m* (110), *n* (120), *q* (011), *k* (021), *c* (001), *o* (111), *u* (112), *i* (113), *x* (123). Spaltbarkeit nach *c* (001) vollkommen. Ebene der optischen Axen (010), 1. Mittellinie Axe *c*: $2V = 67^0$, $2E = 126^0$ (Na).

Staurolith = $Si_2O_{12}Al_5FeH$. a : b : c = 0,4723 : 1 : 0,6804. Die Krystalle dieses Minerals, deren gewöhnliche Formen *m* (110), *b* (010), *c* (001) und *r* (101) sind, bilden häufig Zwillinge nach einer pyramidalen Fläche $(23\bar{2})$ (Fig. 519), in welchen die *c*-Axen beider Kristalle 60° ca. miteinander bilden, zuweilen auch Drillinge. Spaltbarkeit nach *b* (010) deutlich. Ebene der optischen Axen (100), 1. Mittellinie Axe *c*; 2 $V = 89°$, $\varrho < v$.

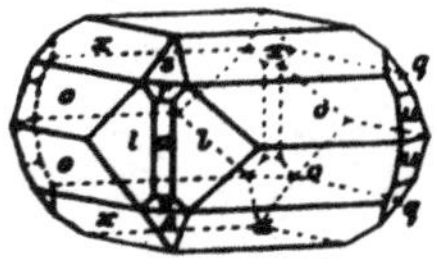

Fig. 520.

Kaliumbisulfat = SO_4KH. a : b : c = 0,8609 : 1 : 1,9344. Beobachtete Formen (Fig. 520): *c* (001), *o* (111), *x* (113), *l* (210), *s* (102), *r* (101), *q* (011), *u* (021), *a* (100). Keine deutliche Spaltbarkeit. Doppelbrechung positiv, Axenebene *c* (001), *a* 1. Mittellinie; 2 $E = 81^1/_2°$, Dispersion schwach, $\varrho < v$.

Natriumsulfat (nat. Thenardit) = SO_4Na_2. a : b : c = 0,4731 : 1 : 0,7996. Kombination (Fig. 521): *o* (111), *m* (110), *x* (113), *b* (010); letztere drei Formen nicht immer vorhanden, an den natürlichen Krystallen ist ebenfalls meist nur *o* (111) ausgebildet. Häufig Zwillinge nach *m* (110). Spaltbarkeit nach *b* (010) ziemlich vollkommen, nach *o* (111) deutlich. Ebene der optischen Axen *b* (010), 1. Mittellinie Axe *a*; 2 $V = 83^1/_2°$, Dispersion sehr gering.

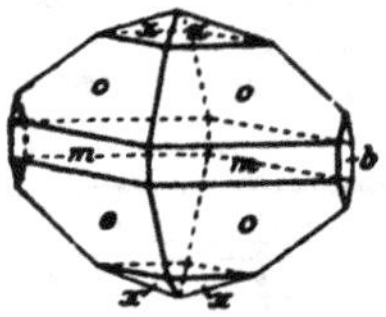

Fig. 521.

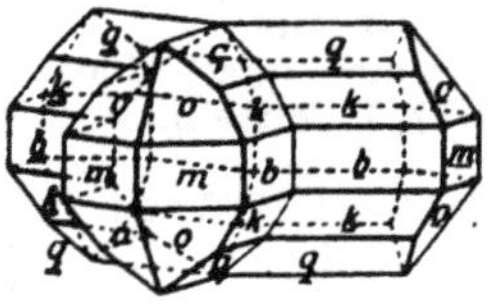

Fig. 522.

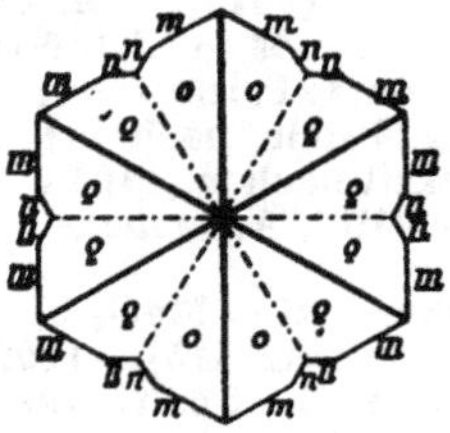

Fig. 523.

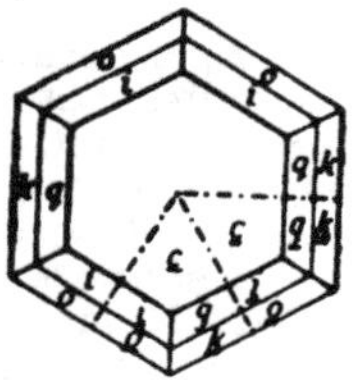

Fig. 524.

Silbersulfat = SO_4Ag_2. a : b : c = 0,4614 : 1 : 0,8079. Aus Salpetersäure Krystalle von derselben Ausbildung wie Natriumsulfat (Fig. 546), aus Lösung in Schwefelsäure nur *o* (111). Spaltbarkeit nach *b* (010) ziemlich vollkommen, nach *o* (111) deutlich.

Kaliumsulfat = SO_4K_2. a : b : c = 0,5727 : 1 : 0,7418. Die häufigsten Formen *o* (111), *k* (021), *q* (011), *m* (110), *b* (010) bilden meist pseudohexagonale Kombinationen, in denen die beiden ersten einer hexagonalen Dipyramide, die beiden letzten einem hexagonalen Prisma gleichen; einen Zwilling nach *m* (110) zweier nach der Axe *a* verlängerter Krystalle stellt Fig. 522 dar; meist Drillinge vom Aussehen einfacher hexagonaler Dipyramiden, s. Fig. 523, auf (001) projiziert; Schliffe nach letzterer Fläche zeigen oft eine andere Art der Durchdringung der Krystalle, wobei die Grenzen jedoch meist senkrecht zu *m* (110), d. h. fast genau parallel zu *n* (130) sind; mehrfach erweist sich auch letzteres als Zwillingsebene; ein Beispiel s. Fig. 524: die Verwachsung dreier ungleich großer Krystalle zu einem nach *c* (001) tafeligen Drilling (erhalten aus kaliumsulfithaltiger Lösung) mit den Randflächen *i* (112), *o* (111), *q* (011), *k* (021). Zwillingslamellen nach beiden Gesetzen entstehen durch Erhitzen auch in einfachen Krystallen. Spaltbarkeit nach *b* (010) und *c* (001) deutlich. Ebene der optischen Axen (100), 1. Mittellinie Axe *c*; 2 $V = 67^1/_2°$ rot, 67° violett; 2 $E = 111°$ bei gewöhnlicher Temperatur, 118° bei 116° C; bei 380° C vereinigen sich die optischen Axen in der *b*-Axe, gehen dann in *c* (001) auseinander, vereinigen sich bei 490° C in der *a*-Axe, und jenseits dieser Temperatur ist (010) Ebene der optischen Axen.

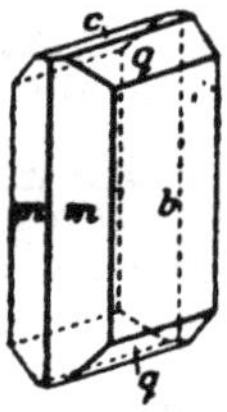

Fig. 525.

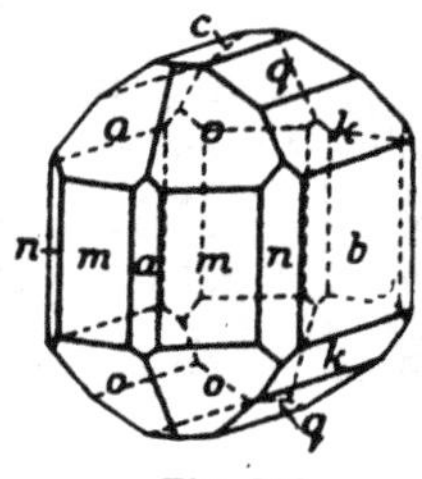

Fig. 526.

Ammoniumsulfat = $SO_4(NH_4)_2$. a : b : c = 0,5635 : 1 : 0,7319. Beobachtete Formen: *b* (010), *m* (110), *q* (011), *k* (021), *o* (111), *c* (001), *n* (130), *a* (100); beim Erkalten heißer Lösung entsteht die Kombination Fig. 525, beim langsamen Verdunsten kalter Lösung Fig. 526. Zwillinge und Drillinge wie beim vor. Salz, jedoch nicht häufig, entsprechend der etwas größeren Abweichung der Winkel von denen hexagonaler Krystalle. Spaltbarkeit nach *c* (001) vollkommen. Ebene der optischen Axen *b* (010), 1. Mittellinie Axe *a*. 2 $V = 52°$, 2 $E = 84°$, Dispersion fast Null,

Kaliumchromat = CrO_4K_2. a : b : c = 0,5694 : 1 : 0,7298. Formen und Zwillingsbildungen wie beim Sulfat. Spaltbarkeit ebenso. Ebene der optischen Axen (100), 1. Mittellinie Axe *b*; 2 *V* = 52°, 2 *E* = 97°; Dispersion schwach, $\varrho > v$.

Kaliumselenat = SeO_4K_2. a : b : c = 0,5731 : 1 : 0,7319. Einfache Krystalle mit den Formen *b* (010), *m* (110), *k* (021), *q* (011), *a* (100), *c* (001) Fig. 527 oder Drillinge mit *o* (111), *i* (112) und *s* (102), meist mit vollständiger Durchkreuzung (Fig. 528 und 529, vgl. auch Fig. 523). Spaltbarkeit nach *b* (010) vollkommen, nach *c* (001) deutlich. Ebene der optischen Axen *a* (100), 1. Mittellinie Axe *c*; 2 *V* = 76¾° rot, 77° blau; 2 *E* = 145° rot, 150° blau.

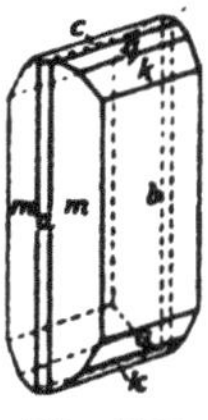
Fig. 527.

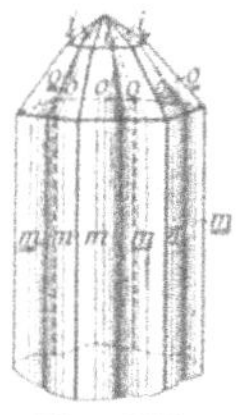
Fig. 528.

Fig. 529.

Calciumsulfat (nat. Anhydrit) = SO_4Ca. a : b : c = 0,8932 : 1 : 1,0008. Gewöhnliche Kombination des Minerals : (001), (010), (100), selten Dipyramiden; da auch nur wenige Bestimmungen der aus Lösungen erhaltenen Krystalle und noch keine ausreichenden röntgenometrische Messungen vorliegen, ist die Wahl der Einheitsflächen noch nicht als sicher begründet anzusehen. Spaltbarkeit nach (001) vollkommen, nach (010) fast ebenso vollkommen, nach (100) ziemlich vollkommen. Ebene der optischen Axen (010), 1. Mittellinie Axe *a*, 2 *V* = 43° rot, 44° blau; 2 *E* = 70° rot, 73° violett.

Strontiumsulfat (nat. Cölestin) = SO_4Sr. a : b : c = 0,7790 : 1 : 1,2800. Aus saurer Lösung von $SrCl_2$ entstehen durch langsames Zufügen von Schwefelsäure Krystalle der Kombination (Fig. 530) : *m* (110), *b* (010), *c* (001), *o* (111), *q* (011), *s* (102); die natürlichen Krystalle sind prismatisch nach *q* oder tafelig nach *c* und zeigen außer den genannten Formen zuweilen groß entwickelt (122) und (144). Spaltbarkeit nach *c* (001) vollkommen, nach *m* (110) ziemlich vollkommen. Ebene der optischen Axen *b* (010), 1. Mittellinie Axe *a*; 2 *E* = 87° rot, 90° grün; 2 *V* für Gelb ist bei gewöhnlicher Temperatur = 52°, bei 200° C = 60°.

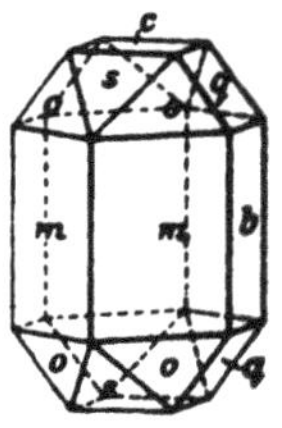
Fig. 530.

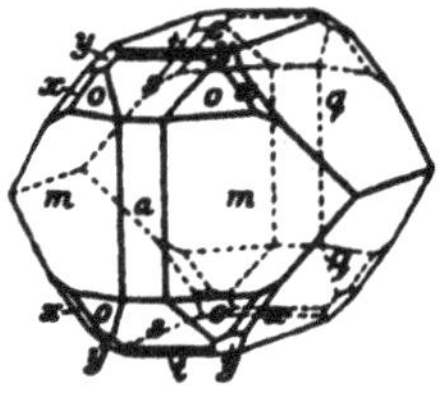
Fig. 531.

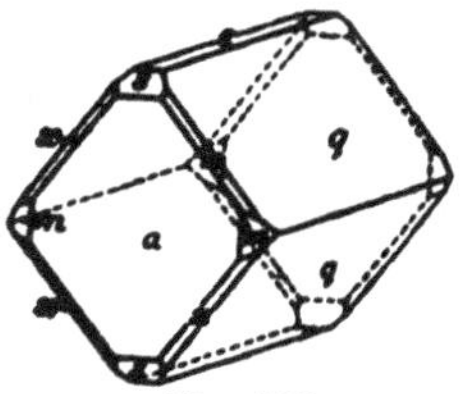
Fig. 532.

Baryumsulfat (nat. Baryt, Schwerspat) = SO_4Ba. a : b : c = 0,8152 : 1 : 1,3136. Nach demselben Verfahren wie beim Strontiumsalz erhaltene Krystalle zeigen die Formen (Fig. 531) : *q* (011), *m* (110), *c* (001), *a* (100), *s* (102), *t* (104), *o* (111), *x* (122), *y* (124); die Kombinationen des Minerals sind meist Tafeln nach *c* (001) mit den vorherrschenden Randflächen *s* (102), *q* (011) und *m* (110). Spaltbarkeit nach *c* (001) vollkommen, nach *m* (110) ziemlich vollkommen, nach *b* (010) deutlich, nach *o* (111) unvollkommen. Ebene der optischen Axen (010), 1. Mittellinie Axe *a*; 2 *V* = 37½°, 2 *E* = 63° f. Gelb; der Axenwinkel nimmt bis 100° C um 6° zu infolge sehr verschiedener Abnahme der Hauptbrechungsindices.

Bleisulfat (nat. Anglesit, Bleivitriolerz) = SO_4Pb. a : b : c = 0,7852 : 1 : 1,2894. Kombination der ebenso wie die beiden vorhergehenden Salze erhaltenen Krystalle Fig. 532 : *q* (011), *a* (100), *s* (102), *x* (122), *c* (001), *m* (110); die natürlichen Krystalle zeigen noch zahlreiche andere Formen und eine sehr mannigfaltige Ausbildung. Spaltbarkeit nach *c* (001) ziemlich vollkommen, nach *m* (110) deutlich. Ebene der optischen Axen *b* (010), 1. Mittellinie Axe *a*; 2 *V* = 75½° gelb, bei 200° C = 89°.

Ammoniumthiowolframat $= WS_4(NH_4)_2$. a : b : c = 0,7846 : 1 : 0,5692. Kombination (Fig. 533) : *a* (100), *o* (111), *m* (110), *n* (120), *b* (010), *q* (011). Farbe blutrot mit metallischer violetter Oberflächenfarbe.

Natriumdithionat-Dihydrat $= S_2O_6Na_2 . 2H_2O$. a : b : c = 0,9922 : 1 : 0,5981. Kombination (Fig. 534) : *m* (110), *r* (101), *o* (111), *x* (121), *a* (100). Spaltbarkeit nach *m* (110) vollkommen. Ebene der optischen Axen *b* (010), 1. Mittellinie Axe *a*; $2\,V = 73^1/_2{}^0$ rot, $76^1/_2{}^0$ grün.

Silberdithionat-Dihydrat $= S_2O_6Ag_2 . 2H_2O$. a : b : c = 0,9884 : 1 : 0,5811. Formen = vor. (s. Fig. 534). Spaltbarkeit nach *m* (110) vollkommen. Ebene der optischen Axen (001), 1. Mittellinie Axe *b*; $2\,V = 33^1/_2{}^0$ rot, 28° blau.

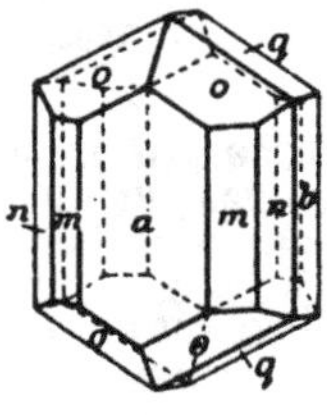
Fig. 533.

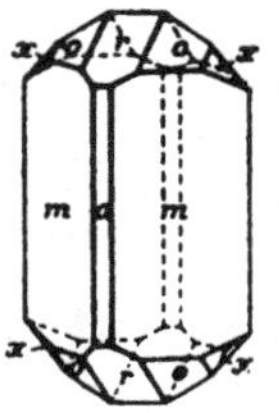
Fig. 534.

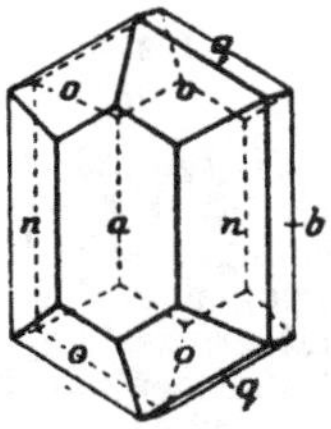
Fig. 535.

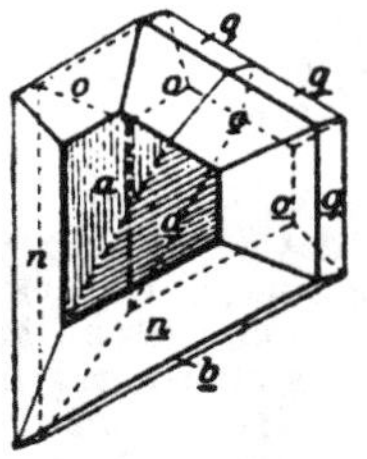
Fig. 536.

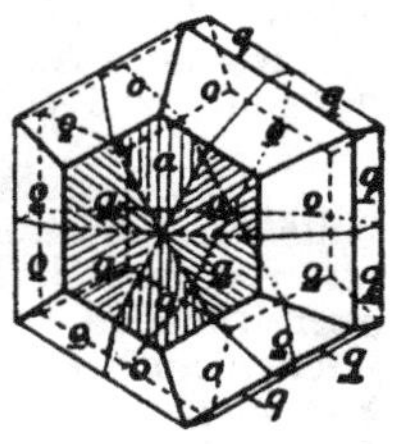
Fig. 537.

Berylliumaluminat (nat. Chrysoberyll, Alexandrit) $= (AlO_2)_2Be$. a : b : c = 0,4707 : 1 : 0,5823. Das Mineral zeigt die Formen (Fig. 535) : *a* (100), *n* (120), *o* (111), *b* (010), *q* (011), von denen die beiden letzten ein pseudohexagonales Prisma, *n* und *o* eine pseudohexagonale Dipyramide und *a* deren Basis bildet; meist Zwillinge (Fig. 536) oder Drillinge (Fig. 537) nach dem ebenfalls pseudohexagonalen Prisma (031). Spaltbarkeit nach *q* (011) deutlich, nach *b* (010) und *a* (100) unvollkommen. Ebene der optischen Axen *b* (010), 1. Mittellinie Axe *c*; $2\,V = 68^0$, $2\,E = 85^0$ ca., $\rho < v$.

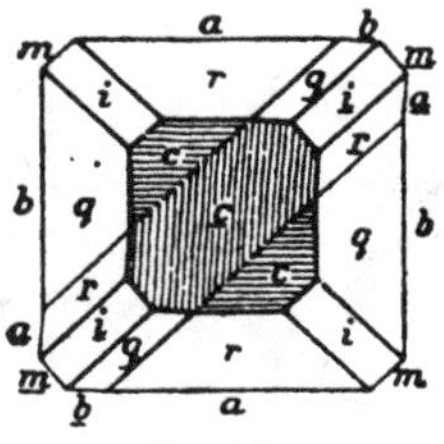
Fig. 538.

Cuprobleiorthosulfantimonit (nat. Bournonit) $= SbS_3PbCu$. a : b : c = 0,9380 : 1 : 0,8969. Die Krystalle dieses Minerals bieten ein Beispiel pseudotetragonaler Form und Zwillingsbildung dar, wie Fig. 538 (Projektion auf *c* (001)) zeigt: *q* (011), *r* (101), *i* (112), *b* (010), *a* (100), *m* (110); Zwillingsebene *m* (110). Spaltbarkeit nach *b* (010), *a* (100) und *c* (001) unvollkommen. Farbe metallisch stahlgrau.

Cuproorthosulfarsenat (nat. Enargit) $= AsS_4Cu_3$. a : b : c = 0,8694 : 1 : 0,8308. Das Mineral zeigt gestreifte prismatische Kombinationen von (100), (110), (120), (130), (010) mit (001). Spaltbarkeit nach (110) vollkommen, nach (100) und (010) deutlich. Metallisch schwarz.

Ferriorthophosphat-Dihydrat (nat. Strengit) $= PO_4Fe . 2H_2O$. a : b : c = 0,8663 : 1 : 0,9776. Das Mineral zeigt vorwiegend die Formen (s. Fig. 539) : *a* (100), *o* (111), *n* (120), untergeordnet: *x* (121), *q* (011), *s* (201), *c* (001) u. a. Spaltbarkeit nach *c* (001), unvollkommen nach *a* (100). Ebene der optischen Axen *b* (010), 1. Mittellinie Axe *c*; $2\,E = 30^0$ rot, 46° gelb, 55° grün, 110° blau.

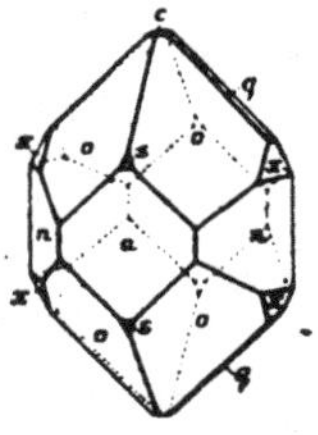
Fig. 539.

Ferriorthoarsenat-Dihydrat (nat. Skorodit) $= AsO_4Fe . 2H_2O$. a : b : c = 0,8658 : 1 : 0,9541. Durch Erhitzen von Eisen mit konzentrierter Arsensäurelösung entstehen Dipyramiden (111) mit untergeordneten (201), (012), (101), (120), (100), (001). Die Krystalle des Minerals zeigen vorherrschend die gleichen Formen, wie die des Strengit (Fig. 539). Doppelbrechung positiv, Axenebene (100), 1. Mittellinie Axe *c*, $2\,E = 131^0$ rot, $129^1/_2{}^0$ gelb, $122^1/_2{}^0$ blau.

Calciumformiat = $(HCOO)_2Ca$. a : b : c = 0,7599 : 1 : 0,4681. Kombination (Fig. 540) : *b* (010), *n* (120), *o* (111), *y* (221), *a* (100); die beiden letzten Formen fehlen an den aus warmen Lösungen erhaltenen Krystallen. Keine deutliche Spaltbarkeit. Ätzfiguren auf den verschiedenen Flächen der dipyramidalen Symmetrie entsprechend. Ebene der optischen Axen *b* (010), 1. Mittellinie Axe *a*; $2\,V = 26\,{}^1/_2{}^0$, $2\,E = 40^0$ f. Rot, $2\,V = 28^0$, $2\,E = 43$ f. Blau (stark zunehmend beim Erwärmen).

Hexachloräthan (Perchloräthan) = C_2Cl_6. a:b:c = 0,5677:1:0,3160. Aus Äther oder Schwefelkohlenstoff entsteht die Kombination (Fig. 541): *a* (010), *r* (101), *m* (110), selten *b* (010) und *x* (121). Keine deutliche Spaltbarkeit. Ebene der optischen Axen *a* (100), 1. Mittellinie Axe *c*; $2\,E = 66\,{}^1/_2{}^0$ (Na), $\varrho < v$.

Hexabromäthan (Perbromäthan) = C_2Br_6. a : b : c = 0,5639 : 1 : 0,3142. Die aus CS_2 ausgeschiedenen Krystalle zeigen entweder die einfachere Kombination Fig. 541 oder die flächenreichere Fig. 542 mit oder ohne *k* (021). Keine deutliche Spaltbarkeit. Ätzfiguren auf a und b symmetrisch zu den Axenebenen. Ebene der optischen Axen *a* (100), 1. Mittellinie Axe *c*; $2\,E = 79\,{}^1/_2{}^0$ (Na), $\varrho < v$.

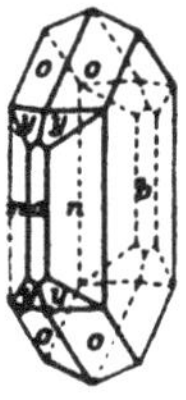

Fig. 540.

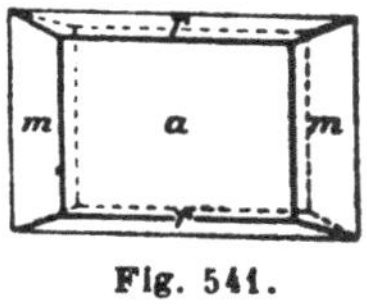

Fig. 541.

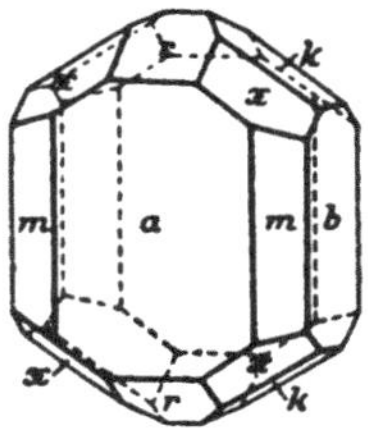

Fig. 542.

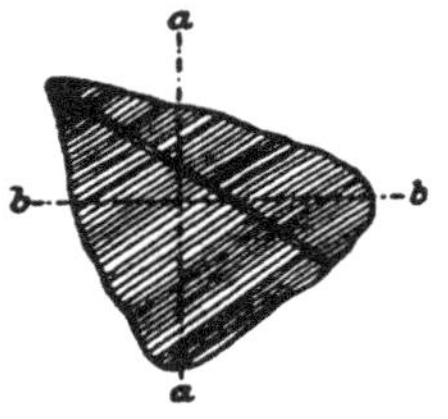

Fig. 543.

Essigsäure = $CH_3.CO_2H$. a:b:c = 0,67:1:? Aus wenig Wasser enthaltender Säure scheiden sich dünne Tafeln nach *c* (001) ohne regelmäßige Begrenzung aus, bestehend aus einer oder mehreren schmalen Leisten nach einer prismatischen Fläche, an welche feinere nach der zweiten Fläche derselben Form angeschlossen sind (s. Fig. 543). Nach beiden Richtungen, welche 68° miteinander bilden, unvollkommene Spaltbarkeit. Infolge einer der *a*-Axe parallelen Gleitfläche verwandelt sich durch leichten Druck die ebene Platte in eine nach a—a gewellte mit Winkeln der Knickung von 6°—10°. Doppelbrechung negativ, Axenebene *a* (100), 1. Mittellinie Axe *b*, Axenwinkel ziemlich klein; infolgedessen sieht man durch die Platten das Interferenzbild der 2. Mittellinie.

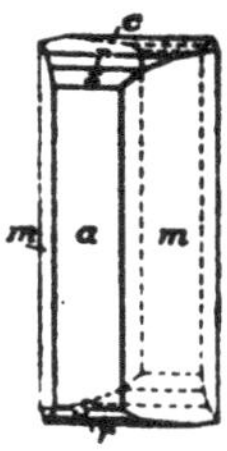

Fig. 544.

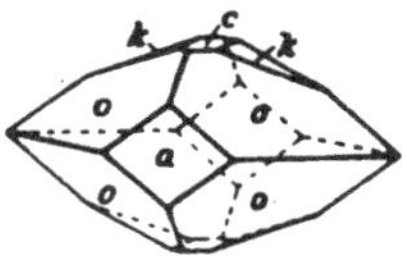

Fig. 545.

Acetamid = $CH_3.CONH_2$. a : b : c = 2,49 : 1 : 0,46. Die zerfließliche, durch Umwandlung sich rasch trübende, rhombische Modifikation entsteht aus dem Schmelzfluß in prismatischen Kombinationen (Fig. 544) : *m* (110), *a* (100), selten *c* (001), *r* (101), *s* (201). Spaltbarkeit nach *a* (100) vollkommen. Ebene der optischen Axen *b* (010).

Oxalsäure = $(COOH)_2$. a : b : c = 0,8301 : 1 : 0,7678. Aus warmer Lösung in Eisessig oder Aceton entsteht die Kombination (Fig. 545) : *o* (111), *a* (100), *c* (001), *k* (012), selten mit vorherrschenden a und c. Spaltbarkeit nach *a* (100) vollkommen. Ebene der optischen Axen *c* (001), 1. Mittellinie Axe *b*.

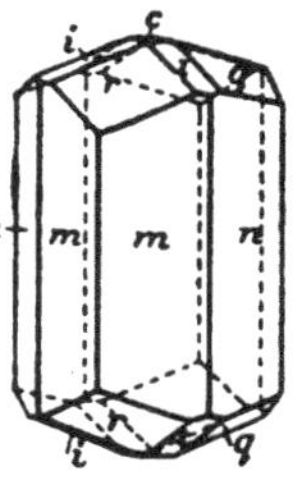

Fig. 546.

r-α-Aminopropionsäure (Alanin) = $CH_3.CH(NH_2).CO_2H$. a:b:c = 0,9971 : 1 : 0,4949. Dünnprismatische Kombinationen (Fig. 546) von *m* (110), *n* (120) mit den Endflächen *r* (101), *q* (011), *i* (112). Spaltbarkeit nach *a* (100) und *m* (110) unvollkommen. Ebene der optischen Axen *b* (010), 1. Mittellinie die *c*-Axe.

Bernsteinsäureanhydrid = $\begin{matrix}CH_2.CO\\ CH_2.CO\end{matrix}\!\!>O$. a:b:c = 0,5945:1:0,4603. Prismen *m* (110), *n* (120), *b* (010), mit den Endflächen *r* (101) und *q* (011) (Fig. 547); an Krystallen aus Benzol untergeordnet noch *x* (121), an denen aus Ligroïn nur *m* (110) und *r* (101). Spaltbarkeit nach *r* (101) vollkommen. Ebene der optischen Axen (001), 1. Mittellinie Axe *b*; 2 *V* = 63½°, Dispersion fast Null.

Bernsteinsäureimid = $\begin{matrix}CH_2.CO\\ CH_2.CO\end{matrix}\!\!>NH$. a:b:c = 0,7888:1:1,3655. Beobachtete Formen: *c* (001), *o* (111), *i* (112), *s* (102), *k* (012), *t* (021), *b* (010); aus Aceton entstehen, je nach Reinheit des Lösungsmittels, die Kombinationen Fig. 548 bis 550. Keine deutliche Spaltbarkeit. Ebene der optischen Axen *b* (010), 1. Mittellinie Axe *c*, 2 *E* = 99°.

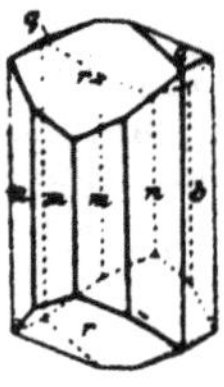
Fig. 547.

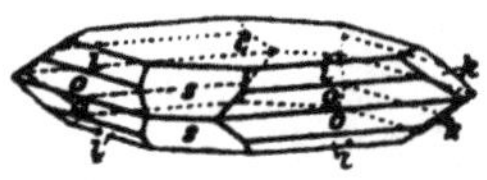
Fig. 548.

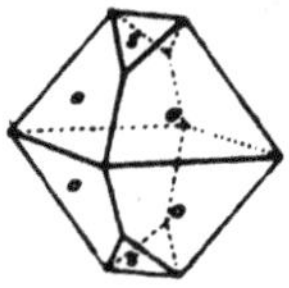
Fig. 549.

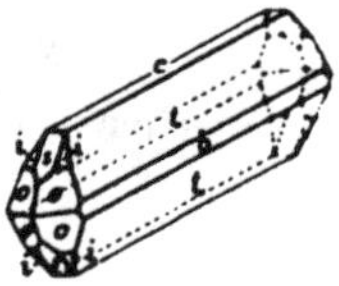
Fig. 550.

Maleïnsäureanhydrid = $\begin{matrix}CH.CO\\ CH.CO\end{matrix}\!\!>O$. a:b:c = 0,6408:1:0,4807. Krystalle aus Chloroform Fig. 551: *r* (101), *m* (110), *n* (120), *b* (010). Keine deutliche Spaltbarkeit. Ebene der optischen Axen (001), 1. Mittellinie Axe *b*.

Zitronensäure-Monohydrat = $C_3H_5(COOH)_3 . H_2O$. a:b:c = 0,6740:1:1,6621. Gewöhnliche Kombination Fig. 552: *q* (011), *m* (110), *r* (001), *o* (111), nicht selten auch *c* (001). Spaltbarkeit nach *c* (001) vollkommen. Ebene der optischen Axen (100), 1. Mittellinie Axe *b*; 2 *V* = 66°, 2 *E* = 110° f. Rot, 2 *V* = 63°, 2 *E* = 104° f. Violett.

Thiocarbamid (Sulfoharnstoff) = $CS(NH_2)_2$. a : b : c = 0,7163 : 1 : 1,1155. Aus Wasser oder Alkohol entstehen nur die Formen: *b* (010), *c* (001), *m* (110), aus Metylalkohol die Kombination Fig. 553 mit *n* (120), *a* (100), *r* (101), *s* (301). Spaltbarkeit nach *b* (010) und *r* (101) sehr vollkommen. Ebene der optischen Axen *a* (100), 1. Mittellinie Axe *b*; 2 *E* = 73° (Li), 70½ (Na).

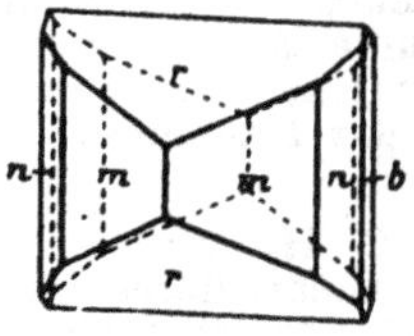
Fig. 551.

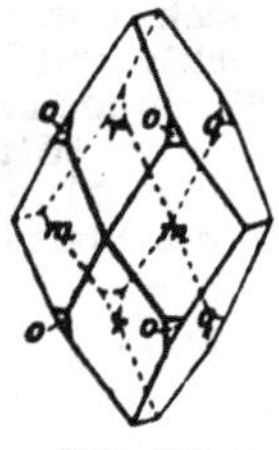
Fig. 552.

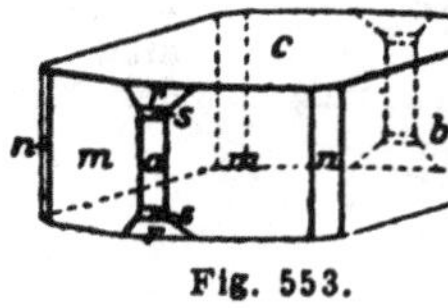
Fig. 553.

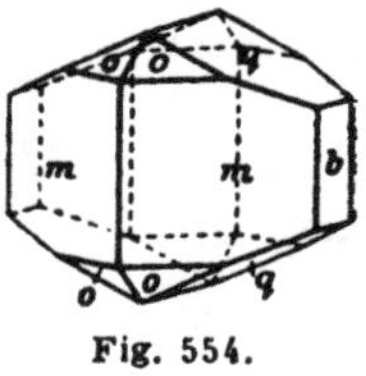
Fig. 554.

Terpin-Monohydrat = $C_{10}H_{18}(OH)_2 . H_2O$. a : b : c = 0,8072 : 1 : 0,4764. Gewöhnliche Kombination Fig. 554: *m* (110), *q* (011), *b* (011), *o* (111). Spaltbarkeit nach *m* (110) unvollkommen. Ebene der optischen Axen *b* (010), 1. Mittellinie Axe *a*; 2 *V* = 77½°, 2 *E* = 143°; Dispersion schwach, $\rho > v$.

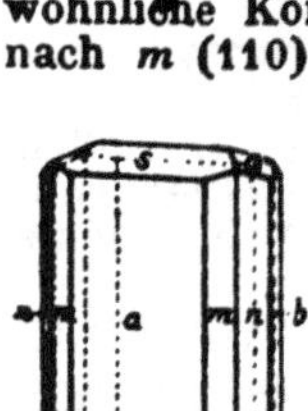
Fig. 555.

Benzol = C_6H_6. a : b : c = 0,891 : 1 : 0,799. Große Dipyramiden *o* (111), untergeordnet *x* (322). Weitere Bestimmungen wegen des niedrigen Schmelzpunktes und der großen Flüchtigkeit nicht möglich.

1,3-(m-) Dinitrobenzol = $C_6H_4(NO_2)_2$. a : b : c = 0,9435 : 1 : 0,5434. Tafelige Krystalle mit den Formen: *a* (100), *m* (110), *n* (120), *b* (010), *s* (102), *q* (011) (Fig. 555). Spaltbarkeit nach *a* (100) deutlich. Ebene der optischen Axen *b* (010), 1. Mittellinie Axe *c*.

1,3,5-(s-)Trinitrobenzol = $C_6H_3(NO_2)_3$. a : b : c = 0,9487 : 1 : 0,7269. Aus Alkohol erhaltene Krystalle zeigen die Formen (Fig. 556) : *b* (010), *a* (100), *m* (110), *o* (111), *y* (212), *t* (034), *u* (014), *v* (412), von denen die vier letzten nicht immer ausgebildet sind. Keine deutliche Spaltbarkeit. Ebene der optischen Axen *a* (100), 1. Mittellinie Axe *c*.

2,4-(α-)Dinitrophenol = $C_6H_3(NO_2)_2(OH)$. a : b : c = 0,4487 : 1 : 0,5278. Kombination (Fig. 557) : *b* (010), *m* (110), *q* (011), *r* (101), *n* (230), *t* (032). Keine deutliche Spaltbarkeit. Ebene der optischen Axen (100), 1. Mittellinie Axe *c*.

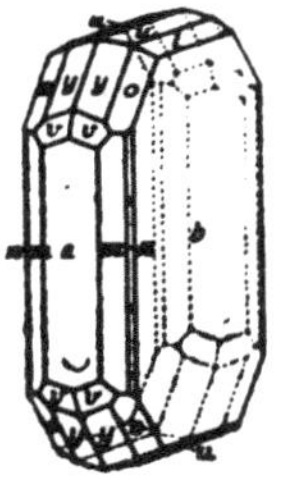
Fig. 556.

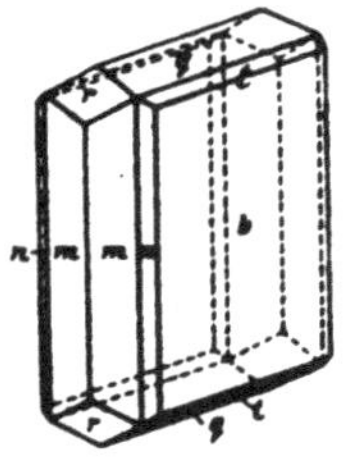
Fig. 557.

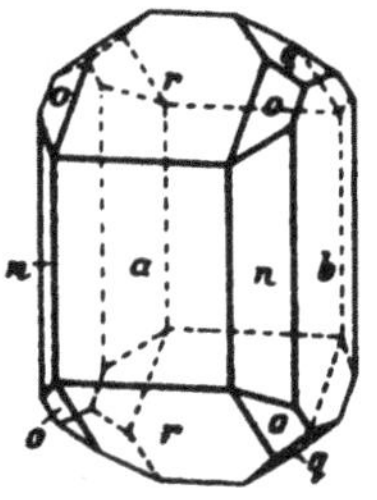
Fig. 558.

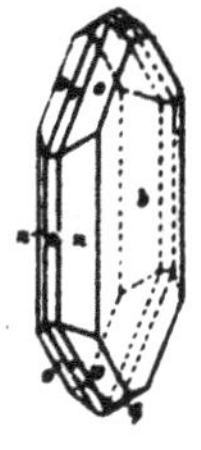
Fig. 559.

2,6-(β-)Dinitrophenol = $C_6H_3(NO_2)_2(OH)$. a : b : c = 0,9510 : 1 : 0,7449. Beobachtete Formen : *a* (100), *b* (010), *n* (120), *o* (111), *r* (101), *q* (011) in den Kombinationen Fig. 558 u. 559. Spaltbarkeit nach *a* (100) unvollkommen. Ebene der optischen Axen *b* (010), 1. Mittellinie Axe *a*; $2E = 76^3/_4{}^0$ Li, $95^3/_4{}^0$ Na, $120^1/_2{}^0$ Tl.

Kaliumpikrat = $C_6H_2(NO_2)_3.OK$. a : b : c = 0,6974 : 1 : 0,3732. Dünne Prismen *m* (110) mit *a* (100) und *b* (010), am Ende *q* (011), an Krystallen aus Aceton auch *x* (121) und *y* (211) (Fig. 560). Spaltbarkeit nach *a* (100). Ebene der optischen Axen für Rot bis Grün *a* (100), für Blau *b* (010), 1. Mittellinie Axe *c*; $2E = 95^0$ Li, 69^0 Na, 25^0 Tl. Körperfarbe gelb, auf *m* (110) blaue Schillerfarbe.

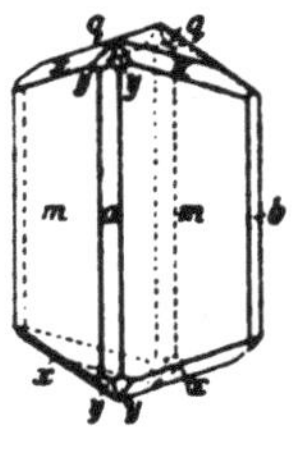
Fig. 560.

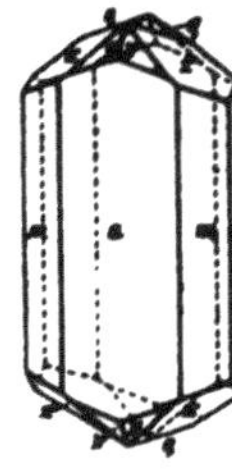
Fig. 561.

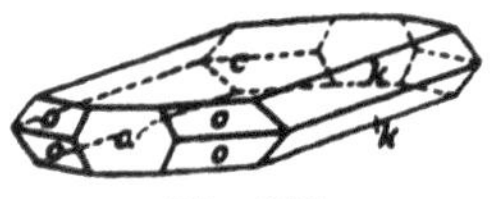
Fig. 562.

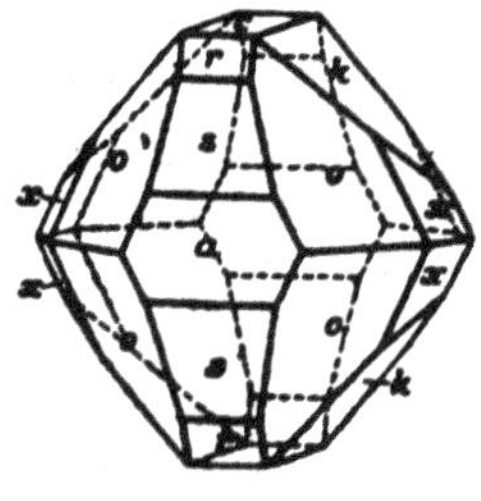
Fig. 563.

Ammoniumpikrat = $C_6H_2(NO_2)_3.O(NH_4)$. a : b : c = 0,6799 : 1 : 0,3600. Dünne Prismen *b* (010), darnach meist tafelig, *m* (110), *a* (100), mit den Endflächen *q* (011); Krystalle aus Aceton Fig. 561 mit *x* (121) und *y* (211). Spaltbarkeit nach *a* (100) ziemlich vollkommen. Optische Eigenschaften wie vor. mit $2E = 79^1/_2{}^0$ Li, 56^0 Na.

Acetanilid = $C_6H_5.NH(C_2H_3O)$. a : b : c = 0,8421 : 1 : 2,0671. Aus Alkohol Tafeln *c* (001) mit *k* (012), *o* (111) und *a* (100) (Fig. 562); aus Benzol flächenreichere Kombinationen z. B. Fig. 563 mit *s* (201), *r* (101), *x* (122). Spaltbarkeit nach *c* (001) vollkommen, nach *a* (100) deutlich. Ebene der optischen Axen *b* (010), 1. Mittellinie Axe *c*; $2V = 89^0$ rot, 88^0 grün.

Phenylthioharnstoff = $C_6H_5.NH(CS.NH_2)$. a : b : c = 0,5898 : 1 : 0,8201. Kombination (Fig. 564) : *q* (011), *i* (112), *k* (012), *c* (001), *a* (100), *b* (010), *r* (101), *n* (120). Spaltbarkeit nach *c* (001) und *b* (010) sehr vollkommen. Doppelbrechung negativ, stark; Axenebene *c* (001), 1. Mittellinie Axe *a*, Axenwinkel groß.

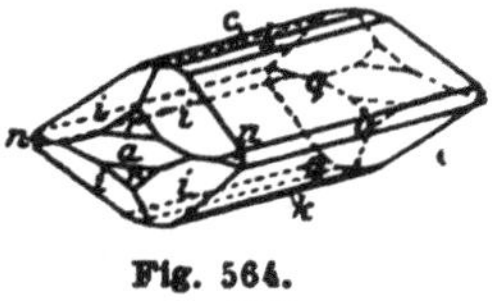
Fig. 564.

p-Acettoluid = $C_6H_4(CH_3).NH(C_2H_3O)$. a : b : c = 0,6515 : 1 : 0,3289. Die aus übersättigten Lösungen krystallisierte Modifikation bildet dünne Prismen *b* (010), *a* (100), *m* (110), an den Enden *r* (101) oder *c* (001), *r* (101), *x* (121) (Fig. 565). Ebene der optischen Axen *b* (010), 1. Mittellinie Axe *a*; Axenwinkel groß, $\varrho < v$.

Ammoniumbenzoat = $C_6H_5.CO_2(NH_4)$. a : b : c = 0,9873 : 1 : 2,1505. Pseudotetragonale quadratische Täfelchen *c* (001), begrenzt von *o* (111); lamellare Zwillingsbildung nach *m* (110) mit gekreuzten Axenebenen. Spaltbarkeit nach *c* (001) vollkommen. Doppelbrechung positiv, stark; Axenebene *a* (100), 1. Mittellinie Axe *c*; $2E = 67^0$ Na.

p-Brombenzoësäuremethylester = $C_6H_4Br.CO_2(CH_3)$. a : b : c = 1,3967 : 1 : 0,8402 Beobachtete Formen: *a* (100), *b* (010), *l* (210), *q* (011), *v* (122), *i* (112) in den Kombinationen Fig. 566 (aus Methylalkohol), Fig. 567 (aus Äther). Spaltbarkeit nach *b* (010) vollkommen. Ebene der optischen Axen *c* (001), 1. Mittellinie Axe *b*; Axenwinkel groß, $\varrho > v$.

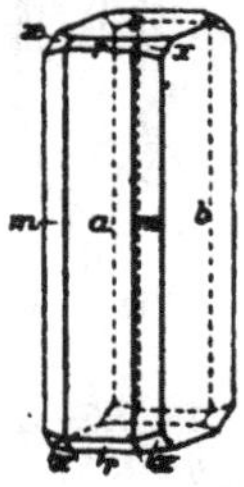
Fig. 565.

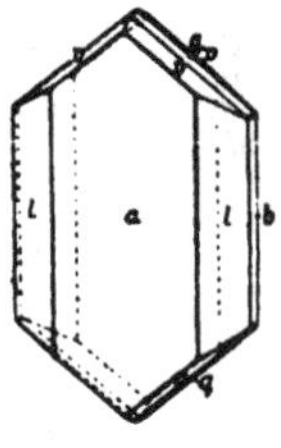
Fig. 566.

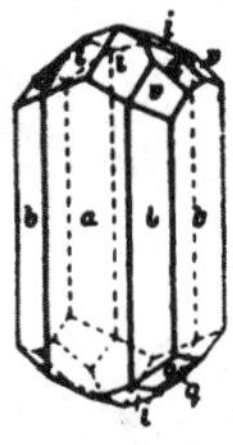
Fig. 567.

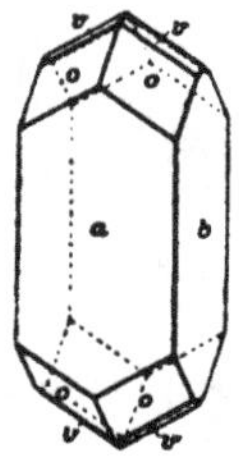
Fig. 568.

p-Jodbenzoësäuremethylester = $C_6H_4J.CO_2(CH_3)$. a : b : c = 1,4144 : 1 : 0,8187. Kombination Fig. 566. Spaltbarkeit nach *b* (010). Optische Eigenschaften = vor.

m-Oxybenzoësäure = $C_6H_4(OH).CO_2H$. a : b : c = 0,7008 : 1 : 1,2261. Täfelchen *c* (001), begrenzt von *r* (101) und *q* (011). Spaltbarkeit nach *c* (001) sehr vollkommen. Ebene der optischen Axen *c* (001).

o-Aminobenzoësäure (Anthranilsäure) = $C_6H_4(NH_2).CO_2H$. a : b : c = 0,6877 : 1 : 0,6161. Beobachtete Formen: *a* (100), *b* (010), *o* (111), selten *v* (122) (Fig. 568). Spaltbarkeit nach *a* (100) sehr vollkommen. Ebene der optischen Axen *c* (001), 1. Mittellinie Axe *a*; $2E = 78^1/_2{}^0$ gelb, 73^0 blau.

Ammonium-o-sulfobenzoat = $C_6H_4.CO_2H.SO_3(NH_4)$. a : b : c = 0,6678 : 1 : 1,2074. Beobachtete Formen: *c* (001), *o* (111), *q* (011), *s* (102), *b* (010) in mannigfachen Kombinationen, wie Fig. 569 und 570. Spaltbarkeit nach *c* (001) vollkommen, nach *b* (010) deutlich, nach *m* (110) ziemlich deutlich. Doppelbrechung negativ, stark; Axenebene *b* (010), 1. Mittellinie Axe *a*; $2E = 84^1/_2{}^0$, Dispersion sehr schwach.

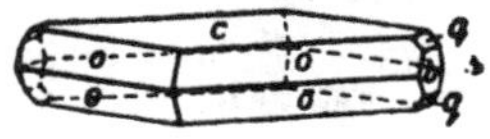
Fig. 569.

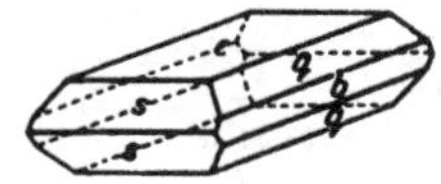
Fig. 570.

Kalium-o-sulfobenzoat = $C_6H_4.CO_2H.SO_3K$. a : b : c = 0,6845 : 1 : 1,2305. Kombination (Fig. 571) *c* (001), *o* (111), *q* (011); aus saurer Lösung Krystalle (Fig. 572) mit *b* (010), *m* (110) und *n* (120). Spaltbarkeit nach *c* (001) vollkommen. Optische Orientierung = vor.; $2V = 42^1/_2{}^0$, $\varrho > v$.

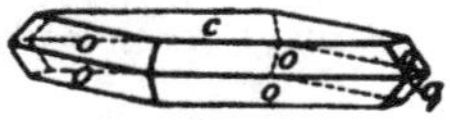
Fig. 571.

Fig. 572.

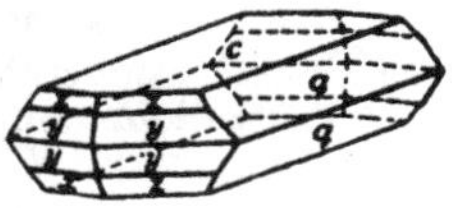
Fig. 573.

Mononatriumphtalat = $C_6H_4.CO_2H.CO_2Na$. a : b : c = 0,7263 : 1 : 1,4198. Kombination (Fig. 573): *c* (001), *q* (011), *z* (223), *y* (221). Spaltbarkeit nach *c* (001) sehr vollkommen. Ebene der optischen Axen *c* (001), 1. Mittellinie Axe *a*, $2E = 30^0$.

Monokaliumphtalat = $C_6H_4 . CO_2H . CO_2K$. a : b : c = 0,6710 : 1 : 1,3831. Kombination (Fig. 574): *c* (001), *q* (011), *o* (111), *i* (112). Spaltbarkeit nach *c* (001) vollkommen. Ebene der optischen Axen *b* (010), 1. Mittellinie Axe *a*.

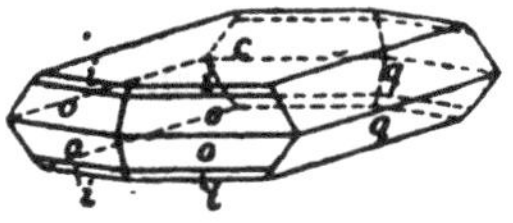

Fig. 574.

Ammoniummellitat-Enneahydrat = $C_6(CO_2.NH_4)_6.9H_2O$. a : b : c = 0,6461 : 1 : 0,3561. Sechsseitige Prismen *m* (110), *b* (010), mit den Endflächen *c* (001), nicht selten auch *q* (011) und *r* (101). Spaltbarkeit nach *c* (001) deutlich. Doppelbrechung negativ, 1. Mittellinie Axe *c*; optische Axen mit $2 E = 17^0$ in *b* (010) für Rot, 20^0 in *a* (100) für Blau.

Salicylsäurephenylester (Salol) = $C_6H_4(OH) . CO_2 (C_6H_5)$. a : b : c = 0,9684 : 1 : 0,6971. Kombination (Fig. 575): *b* (010), *o* (111), *a* (100), *x* (212), *m* (110). Keine deutliche Spaltbarkeit. Doppelbrechung sehr stark; Axenebene *a* (100), Axenwinkel groß, $\varrho > v$.

Diphenylharnstoff (Carbanilid) = $CO(NH . C_6H_5)_2$. a : b : c = 0,8611 : 1 : 1,1165. Kombination (Fig. 576): *c* (001), *q* (011), *a* (100), *b* (010), *m* (110). Spaltbarkeit nach *b* (010) und *q* (011) sehr vollkommen, nach *a* (100) vollkommen. Doppelbrechung negativ, sehr stark; Axenebene *a* (100), 1. Mittellinie Axe *c*; Axenwinkel in Bromnaphtalin $56^1/_2{}^0$ Na, Dispersion stark, $\varrho > v$.

Diphenylthioharnstoff (Sulfocarbanilid) = $CS(NH.C_6H_5)_2$. a : b : c = 0,7150 : 1 : 3,2597. Kurzprismatische Kombinationen von *c* (001) und

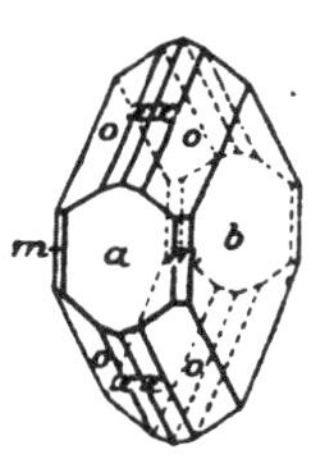

Fig. 575.

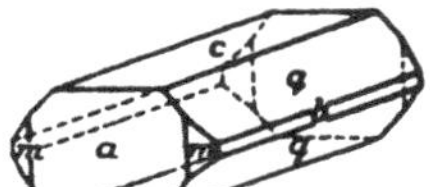

Fig. 576.

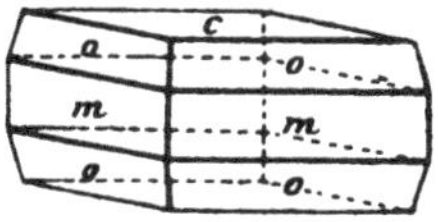

Fig. 577.

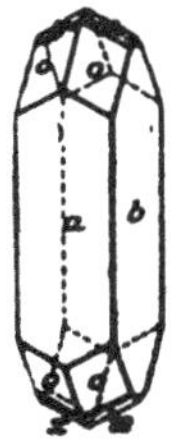

Fig. 578.

m (110) ohne oder mit *o* (111) (Fig. 577). Spaltbarkeit nach *c* (001) sehr vollkommen, nach *b* (010) deutlich. Ebene der optischen Axen *a* (100), Axenwinkel groß.

Diphenylbernsteinsäureanhydrid = $(C_6H_5 . CH)_2(CO)_2O$. a : b : c = 0,5079 : 1 : 0,5460. Beobachtete Formen (Fig. 578): *b* (010), *a* (100), *o* (111), *x* (122). Ebene der optischen Axen *b* (010), 1. Mittellinie Axe *a*, Axenwinkel groß.

Diphenylmaleinsäureanhydrid = $(C_6H_5 . C)_2(CO)_2O$. a : b : c = 0,5176 : 1 : 0,7024. Aus Aceton, Benzol u. a. die Formen *m* (110), *o* (111), *q* (011) (Fig. 579), aus Alkohol dünnprismatisch nach *m*, aus Toluol *k* (021), *m* (110), *b* (010), *q* (011), (Fig. 580), aus Xylol dieselben prismatisch nach der *a*-Axe und mit *o* (111). Keine deutliche Spaltbarkeit. Ebene der optischen Axen *a* (100), 1. Mittellinie Axe *c*, Axenwinkel klein.

s - Triphenylbenzol = $C_6H_3(C_6H_5)_3$. a : b : c = 0,5662 : 1 : 0,7666. Beobachtete Formen: *m* (110), *b* (010), *a* (100), *l* (310), *q* (011), *i* (112), *k* (012) in den

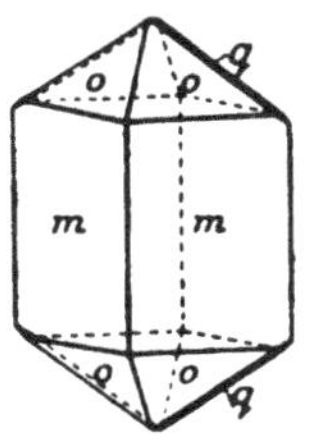

Fig. 579.

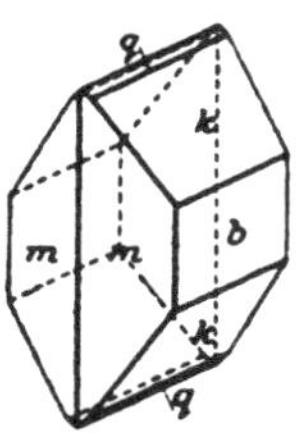

Fig. 580.

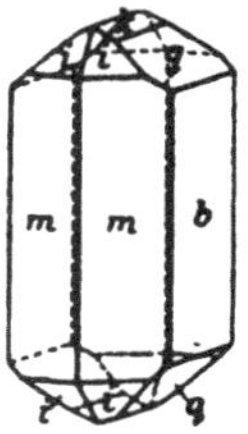

Fig. 581.

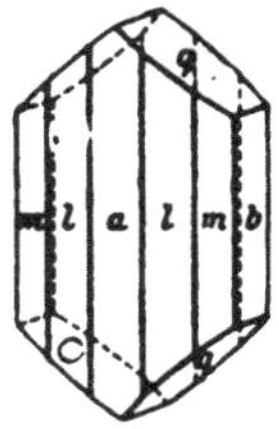

Fig. 582.

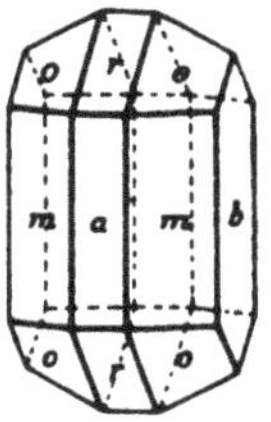

Fig. 583.

Kombinationen Fig. 581 und 582. Spaltbarkeit nach *c* (001) unvollkommen. Brechungsindices für Na: $\alpha = 1{,}5241$, $\beta = 1{,}8670$, $\gamma = 1{,}8725$: 2 *V* daraus berechnet $9^0 50'$; $2 E = 17^3/_4{}^0$ Li, $18^1/_2{}^0$ Na, $19^1/_2{}^0$ Tl.

Acenaphten = $C_{10}H_6(CH_2)_2$. a : b : c = 0,5903 : 1 : 0,5161. Aus Essigäther die Kombination (Fig. 583): *m* (110), *b* (010), *a* (100), *o* (111), *r* (101), aus Benzol und Chloroform dieselbe dünn tafelförmig nach *b* (010). Spaltbarkeit nach *b* (010) vollkommen. Ebene der optischen Axen *a* (100), 1. Mittellinie Axe *b*; Brechungsindices: $\alpha = 1{,}4065$, $\beta = 1{,}4678$, $\gamma = 1{,}6201$, $2 V = 70^0 26'$ für Na, $2 E = 114^1/_2$ rot, $115^2/_3{}^0$ gelb.

Acenaphtylen $C_{10}H_6(CH)_2$. a:b:c = 0,5926:1:4996. Dünne Prismen *m* (110), *b* (010), *a* (100) mit den Endflächen *r* (101) u. a. Spaltbarkeit nach *b* (010) vollkommen. Optische Eigenschaften sehr ähnlich den vorigen.

Anthrachinon = $C_{14}H_8O_2$. a:b:c = 0,8004:1:0,1607. Dünne Prismen *m* (110), *b* (010), an den Enden *c* (001), an den Krystallen aus Benzol (Fig. 584) *y* (311), *d* (301), *x* (221). Spaltbarkeit nach *a* (100) und *c* (001) unvollkommen. Doppelbrechung stark: Axenebene *a* (100), 1. Mittellinie Axe *c*, Axenwinkel klein.

Alizarin = $C_{14}H_6(OH)_2O_2$. a:b:c = 0,8071:1:? Dünne rote Prismen *m* (110), *l* (310) ohne deutliche Endflächen. Spaltbarkeit nach *c* (001) ziemlich vollkommen.

Chantharidin = $C_{10}H_{12}O_4$. a:b:c = 0,8833:1:0,5388. Kombination (Fig. 585): *q* (011), *b* (010), *a* (100), *o* (111), *r* (101), oft auch tafelförmig nach *a* (100) oder *b* (010). Spaltbarkeit nach *b* (010) vollkommen, nach *a* (100) deutlich. Ebene der optischen Axen *c* (001), 1. Mittellinie Axe *b*; $2V = 89°$ Na, Dispersion schwach, $\varrho < v$.

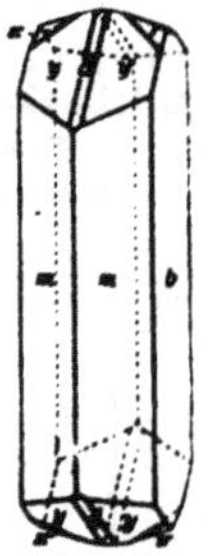
Fig. 584.

Fig. 585.

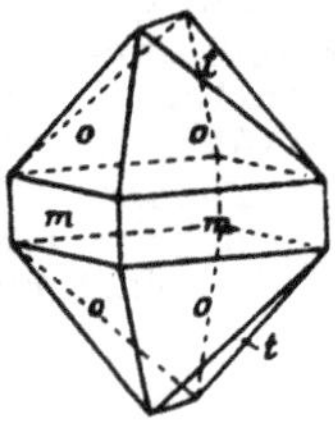
Fig. 586.

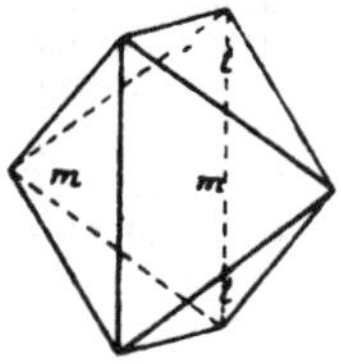
Fig. 587.

Fig. 588.

Benzimidazol = $C_7H_6N_2$. a:b:c = 0,9823:1:1,9608. Beobachtete Formen: *m* (110), *t* (012), *o* (111) in den Kombinationen Fig. 586 und 587. Spaltbarkeit nach *c* (001) vollkommen. Ebene der optischen Axen *c* (001), 1. Mittellinie Axe *b*; $2V = 86\frac{3}{4}°$, $\varrho < v$.

Piperidinchlorhydrat = $C_5H_{11}N$. HCl. a:b:c = 0,4946:1:0,7481. Aus Alkohol dünne Prismen *a* (100), *b* (010) mit *q* (011), aus Chloroform die Kombination (Fig. 588): *a* (100), *b* (010), *m* (110), *k* (021). Spaltbarkeit nach *c* (001) unvollkommen. Ebene der optischen Axen *c* (001), 1. Mittellinie Axe *a*; $2V = 54°$ rot, 51° grün.

Acridin = $C_{13}H_9N$. a:b:c = 0,6669:1:0,3408, Prismen *a* (100), *b* (010), *m* (110) mit den Endflächen *q* (011). Ebene der optischen Axen *c* (001), 1. Mittellinie Axe *a*; $2E = 117°$, $\varrho < v$ (durch *a* (100) und *b* (010) beide Axenbilder sichtbar.

Papaverin = $C_{20}H_{21}O_4N$. a:b:c = 0,3193:1:0,4266. Sechsseitige Prismen *m* (110), *b* (010), an den Enden *q* (011).

Pseudorhombische Krystalle.

β-Antimontrioxyd (nat. Valentinit) = Sb_2O_3. a:b:c = 0,3914:1:0,3367. Das Mineral bildet nach *b* (010) tafelige oder nach der *c*-Axe prismatische Krystalle, ähnlich denen des Arsentrioxydes (S. 128), z. T. mit ungewöhnlich komplizierten Symbolen; dieser Umstand, die Übereinstimmung der Kohäsionsverhältnisse mit denen von As_2O_3 und die optischen Eigenschaften machen als sehr wahrscheinlich, daß die Krystalle lamellare Zwillingsbildungen und isomorph mit dem monoklinen Arsentrioxyd sind. Spaltbarkeit nach *b* (010) sehr vollkommen, nach *m* (110) ziemlich vollkommen. Die Axe *a* ist Mittellinie der optischen Axen, welche z. T. in (001), z. T. in (010) liegen und deren Winkel in verschiedenen Krystallen große Abweichungen zeigt.

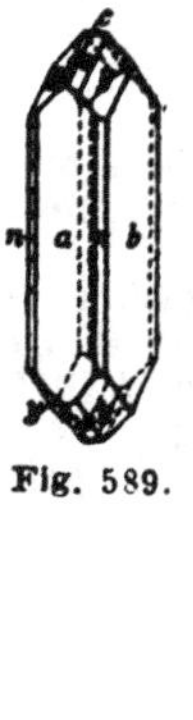
Fig. 589.

Isopropylammoniumchloroplatinat = $PtCl_6(NH_3 . C_3H_7)_2$. a:b:c = 1,2207:1:0,7460; $\beta = 90° 0'$. Die Krystalle der scheinbar dipyramidal-rhombischen Kombination (Fig. 589): *b* (010), *a* (100), *n* (430), *y* (232), *o* (111), *c* (001) bestehen aus sehr dünnen Zwillingslamellen nach *a* (100). Spaltbarkeit nach *b* (010) sehr vollkommen, nach *a* (100) vollkommen, nach *o* (111) deutlich. Ebene der optischen Axen senkrecht zu *b* (010); die 2. Mittellinie bildet $19\frac{1}{2}°$ mit der *c*-Axe, daher die Schwingungsrichtungen der alternierenden Lamellen in *b* (010) 39° bilden; sehr starke gekreuzte Dispersion.

Magnesiummetasilikat (nat. Enstatit, eisenhaltig Bronzit, Hypersthen) = $(SiO_3)_2Mg_2$. Die natürlichen Krystalle lassen meist die S. 132 erwähnten Zwillingslamellen nicht erkennen und zeigen die Eigenschaften rhombischer Krystalle mit a : b : c = 1,0308 : 1 : 0,5885 und den Formen (110), (100), (010), (111), (012) u. a. Spaltbarkeit nach (100) ziemlich vollkommen. Die Axe *c* ist die erste Mittellinie der in (100) liegenden optischen Axen; $2V = 70^0$ ca.

Calciumaluminiumhydroxyorthosilikat (Zoisit) = $(SiO_4)_3Al_2(Al.OH)Ca_2$. a : b : c = 2,9158 : 1 : 1,7900. Prismatische Kombinationen mit den Formen und Winkeln, wie sie den aus äußerst dünnen Zwillingslamellen zusammengesetzten Krystallen des Epidot (S. 133) entsprechen, häufig auch mit mikroskopisch deutlich sichtbarer Lamellierung. Aus dieser, der Übereinstimmung der optischen Eigenschaften und der vollkommenen Spaltbarkeit nach der Zwillingsebene geht die Identität des Minerals mit dem Klinozoisit (eisenarmen Epidot) hervor.

Natriumaluminiumhydrosilikat (Natrolith) = $Si_3O_{10}Al_2Na_2 . 2\,H_2O$. Dieses Mineral findet sich zuweilen in monoklinen Zwillingskrystallen, deren Elemente sind: a : b : c = 1,0165 : 1 : 0,3599, $\beta = 90^0 5'$, meist aber in ganz ähnlichen Krystallen von rhombischer Symmetrie. Für letztere gelten die Werte: a : b : c = 1,0218 : 1 : 0,3716. Gewöhnliche Formen : (110), (010), (111). Spaltbarkeit nach (100) (Zwillingsebene der anzunehmenden lamellaren Verwachsung). Ebene der optischen Axen (010), 1. Mittellinie Axe *c* (in den monoklinen Krystallen wenig davon abweichend); $2V = 62^0$, $\varrho < v$.

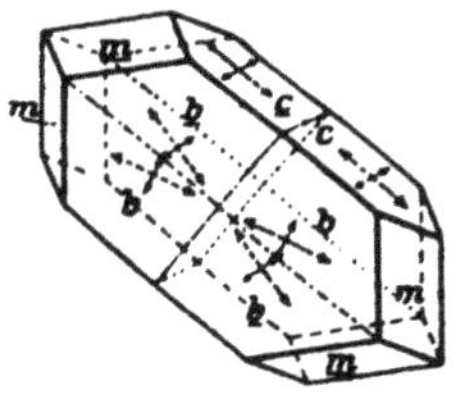

Fig. 590.

Calciumaluminiumhydrosilikat (nat. Desmin) = $Si_6O_{16}Al_2Ca . 6\,H_2O$. a : b : c = 0,7624: 1 : 1,1939; $\beta = 129^0 11'$. Kombination : *b* (010), *c* (001), *m* (110) (der einfachen Feldspatkombination M, P, T, vgl. S. 148, ähnlich), stets in Durchkreuzungszwillingen (Fig. 590) nach *c* (001). Spaltbarkeit nach *b* (010) und *c* (001). Doppelbrechung negativ; Axenebene *b* (010), 1. Mittellinie wenig zur *a*-Axe geneigt (s. die Schwingungsrichtungen in der Figur); $2V = 33^0$.

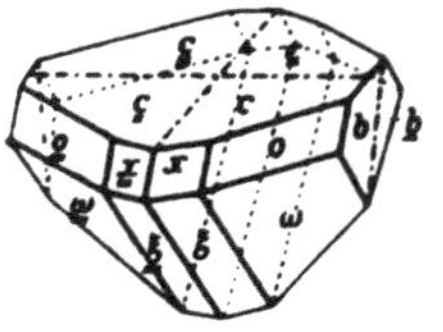
Fig. 591.

Cerosulfat-Oktohydrat = $(SO_4)_3Ce_2 . 8\,H_2O$. a : b : c = 1,0650 : 1 : 1,1144; $\alpha = 90^0 52'$, $\beta = 90^0 40'$, $\gamma = 91^0 45'$. Scheinbare rhombische Dipyramiden oder pyramidale Kombinationen ω $(11\bar{1})$, *o* (111), ξ $(21\bar{2})$, *x* (212) mit *c* (001) und *b* (010) (Fig. 591), stets Doppelzwillinge nach (100) und (010), z. T. mit lamellarer Ausbildung. Doppelbrechung negativ, Axenebene nahe parallel *b* (010) und 1. Mittellinie nur wenig von der *c*-Axe verschieden, so daß die Schwingungsrichtungen der Zwillingssektoren in *c* (001) nur kleine Winkel miteinander bilden; $2E = 128^0$, Dispersion schwach.

Tetragonales Krystallsystem.

S. 150 wurde gezeigt, daß die bisher betrachteten Klassen die Gesamtheit der optisch zweiaxigen Krystalle umfassen und daß die Existenz einer vierzähligen Symmetrieaxe in einem Krystall nothwendig dessen optische Einaxigkeit und das Zusammenfallen dieser ausgezeichneten Richtung mit der optischen Axe bedinge. Dies gilt auch, wenn diese Axe eine solche der zusammengesetzten Symmetrie ist, wie aus Folgendem hervorgeht. In Fig. 592 sind vier Pole eingetragen, welche sich aus einem beliebigen unter ihnen ergeben durch Drehung von 90° um die Normale zur Projektionsebene unter gleichzeitiger Spiegelung nach derselben Ebene; der Pol der Drehspiegelungsaxe ist hier mit einem entsprechenden Doppelzeichen versehen, da die vierzählige Axe der zusammengesetzten Symmetrie notwendig zugleich eine zweizählige der einfachen Symmetrie ist. Für die bivektoriellen Eigenschaften, z. B. die optischen, sind die vier Richtungen, welche den durch ihre Pole in der Figur bezeichneten entgegengesetzt sind, mit ihnen gleichwertig, woraus sich die Gleichwertigkeit von vier Richtungen, welche in zwei zueinander senkrechten Ebenen den gleichen Winkel mit der Symmetrieaxe bilden, und damit die Gestalt des Indexellipsoïdes als eines Rotationsellipsoïdes ergibt.

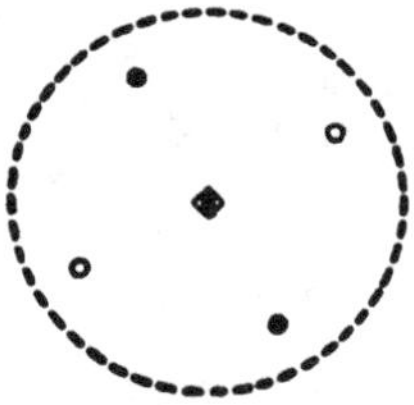

Fig. 592.

Nach S. 94 liegt der Struktur aller Krystalle mit einer vierzähligen Symmetrieaxe ein tetragonales Raumgitter zugrunde, dessen Elementarparallelepiped (Fig. 54) sich von dem eines rektangulär parallelepipedischen Raumgitters dadurch unterscheidet, daß die beiden Kanten a und b gleichlang sind. Da die Kante c als vierzählige Symmetrieaxe Richtung der größten oder kleinsten thermischen Ausdehnung ist, so ändert sich ihr Längenverhältnis zu den beiden anderen stetig mit der Temperatur und kann deshalb nur angenähert angegeben werden. Die Elemente eines tetragonalen Krystalls lauten demnach, wenn $a = b = 1$ gesetzt wird:

$$a : a : c = 1 : 1 : ., \dots ; \; \alpha = \beta = \gamma = 90^0,$$

wofür abgekürzt geschrieben wird: $a : c = 1 : ., \dots$ Ihre Bestimmung erfordert nur die Messung eines einzigen Winkels, aus welchem der relative Wert von c folgt. Wegen der besonderen Bedeutung, welche der c-Axe in geometrischer und physikalischer Beziehung, besonders auch als optischer Axe zukommt, pflegt man sie die Hauptaxe, die beiden anderen die Nebenaxen, die Basis des tetragonalen Prismas schlechtweg die Basis, endlich deren Diagonalen die Zwischenaxen zu nennen. Letztere sind die Seiten der Basis des S. 55 erwähnten tetragonalen Prismas, deren Länge sich zu a wie 0,7071 . . . : 1 verhält; würden diese als Nebenaxen gewählt, so ergäbe sich ein Wert von c, der sich zu dem obigen verhalten würde wie 1 : 0,7071 . . . Da wegen der Vierzähligkeit der Hauptaxe in der dazu senkrechten Ebene zu jeder Punktreihe des Raumgitters, also zu jeder Kante des Krystalls, eine gleichwertige vorhanden ist, welche mit ihr 90° bildet, so könnte man auch zwei beliebige derartige Kanten als Nebenaxen wählen, wodurch jedoch die Indices der Flächen um so weniger einfach würden, je mehr die Dichtigkeit der Besetzung der entsprechenden Punktreihen mit Atomen von derjenigen der Kanten des Elementarparallelepipedes abweicht. Da auch bei einer derartigen Wahl der Nebenaxen die beiden Werte a in den Elementen gleichgroß gesetzt werden können, gilt allgemein der Satz, daß die Parameterlängen $\frac{a}{h}$ und $\frac{a}{k}$ auf den beiden gleichwertigen Nebenaxen sich stets verhalten wie rationale Zahlen.

Für eine Anzahl tetragonaler Krystalle (s. S.76—77) sind die Dimensionen $a : a : c$ des Elementarparallelepipeds röntgenometrisch festgestellt worden. Für alle übrigen muß dasselbe bzw. seine relativen Dimensionen durch die Wahl einer Einheitsfläche nach den S. 83 angegebenen Grundsätzen bestimmt werden. Ist eine Spaltbarkeit nach einer tetragonalen Dipyramide (s. S. 55) vorhanden, so sind dadurch die Einheitsflächen gegeben, andernfalls müssen diejenigen als solche betrachtet werden, auf welche bezogen die Symbole der übrigen Formen die einfachsten Werte erhalten.

In bezug auf die beiden gleichwertigen Nebenaxen eines tetragonalen Axensystems können die Krystallflächen dreierlei Stellung haben: 1. eine diagonale, bei welcher die beiden Parameter gleichgroß sind, 2. die einer Nebenaxe parallele, 3. eine zwischenliegende, d. h. mit zwei ungleichen Parametern $^a/_h$ und $^a/_k$, welche in rationalem Verhältnis zueinander stehen. Darnach unterscheidet man die Formen dieses Systems als solche erster, zweiter und dritter Art.

Unter den möglichen Klassen des vorliegenden Krystallsystems besitzen den niedrigsten Grad der Symmetrie diejenigen Krystalle, in welchen außer der vierzähligen Symmetrieaxe kein weiteres Symmetrieelement vorhanden ist. Deren gibt es aber zwei, je nachdem die Hauptaxe eine Symmetrieaxe der zusammengesetzten oder der einfachen Symmetrie ist. Im ersteren Falle ist die allgemeine Form (hkl), wie aus Fig. 593[1]) hervorgeht, ein »tetragonales Disphenoïd«, welches sich von denjenigen des rhombischen Systems dadurch unterscheidet, daß die beiden von den Flächen (hkl) und $(\bar{h}\bar{k}l)$ bzw. von $(k\bar{h}\bar{l})$ und $(\bar{k}h\bar{l})$ gebildeten Kanten einander

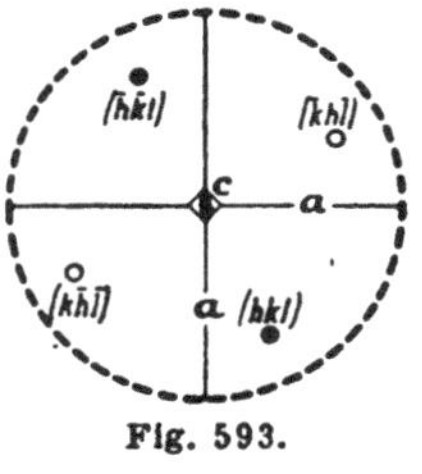
Fig. 593.

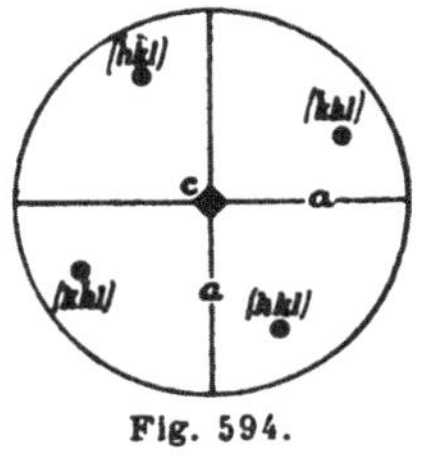
Fig. 594.

[1]) Hier wie in den folgenden Figuren ist stets der Index, welcher dem kleineren Parameter einer Nebenaxe entspricht, mit h, der andere mit k bezeichnet.

unter rechtem Winkel kreuzen. Ist dagegen die Hauptaxe eine vierzählige Axe der einfachen Symmetrie, so besteht die allgemeine Form (hkl) zwar auch aus vier Flächen, aber aus so gelegenen, daß sie durch einfache Drehung mit einander zur Deckung gelangen (Fig. 594), sie ist eine »tetragonale Pyramide«. Tritt zu der vierzähligen Symmetrieaxe noch eine zweizählige hinzu, so kann dies nur eine solche des tetragonalen Raumgitters sein, z. B. eine Nebenaxe, wodurch sich

Fig. 595.

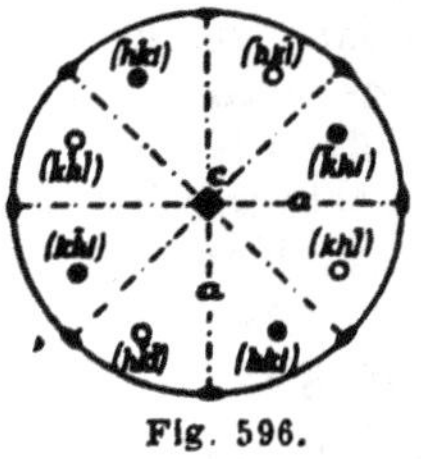

Fig. 596.

das Gleiche auch für die andere als notwendig gibt. Diese beiden Drehungsaxen mit der vierzähligen Drehspiegelungsaxe kombiniert liefert den in Fig. 595 dargestellten Fall einer allgemeinen Form (hkl), welche zugleich zwei in der Hauptaxe einander schneidende Symmetrieebenen besitzt und als »tetragonales Skalenoëder« bezeichnet wird. Die Kombination zweier zweizähliger Axen mit der vierzähligen der einfachen Symmetrie (Fig. 596) ergibt dagegen eine Form (hkl), welche keine Symmetrieebene, dafür aber noch zwei weitere zweizählige Drehungsaxen (parallel den Zwischenaxen), also sämtliche Symmetrieaxen der tetragonalen Raumgitter besitzt, ein »tetragonales Trapezoëder«. Die Hinzufügung einer einzigen Sym-

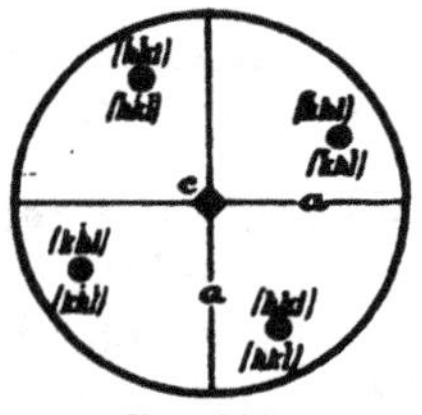

Fig. 597.

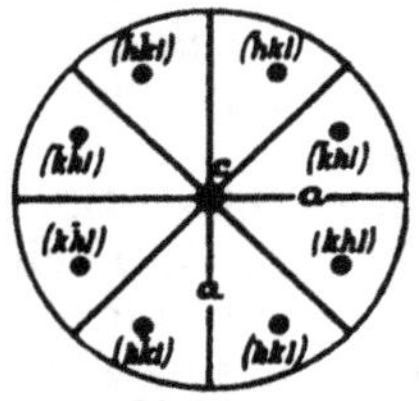

Fig. 598.

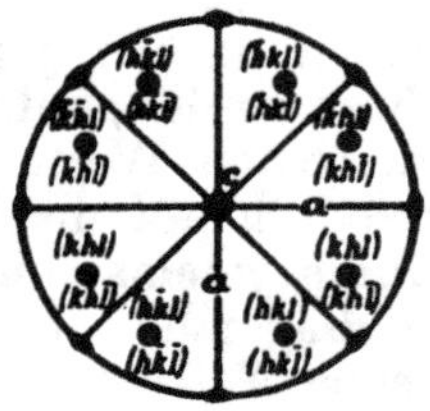

Fig. 599.

metrieebene zu der »pyramidalen« Symmetrie (Fig. 594) kann nur senkrecht zur Hauptaxe erfolgen, und diese Kombination liefert, wie Fig. 597 zeigt, eine »tetragonale Dipyramide«. Findet dagegen die Hinzufügung einer der Hauptaxe parallelen Ebene der Symmetrie statt, so ergeben sich zu den vier Polen der Fig. 594 vier weitere gleichwertige, welche mit jenen zusammen eine »ditetragonale Pyramide« bilden, und diese ist, wie Fig. 598 zeigt, nach nicht weniger als vier Ebenen symmetrisch. Tritt endlich zu dieser Symmetrie noch diejenige nach der Basis wie in Fig. 597 hinzu, so entsteht eine »ditetragonale Dipyramide«, deren Projektion in Fig. 599 dargestellt ist, aus welcher hervorgeht, daß eine solche Form nicht nur die sämtlichen Symmetrieebenen, sondern auch alle Symmetrieaxen der tetragonalen Raumgitter besitzt. Daß diese die höchste, an einem Krystall mit einer vierzähligen Axe mögliche Symmetrieart ist, geht daraus hervor, daß die Hinzufügung einer weiteren Axe oder Ebene der Symmetrie entweder eine Vervielfachung der Zähligkeit der Hauptaxe (also eine an Krystallen unmögliche Zähligkeit) oder die Existenz weiterer vierzähliger Axen hervorbringen würde.

Die allgemeine Form der letzten Klasse besteht aus sechzehn Flächen, d. i. der Gesamtheit aller mit den gleichen Werten von h, k und l einschließlich der möglichen Vertauschungen der beiden auf die gleichwertigen Nebenaxen bezüglichen Zahlen h und k; die allgemeinen Formen der vier vorhergehenden Klassen bestehen aus der Hälfte jener Flächenzahl (daher sie auch als »hemiëdrische« bzw. »hemimorphe« Formen bezeichnet werden); endlich in den beiden ersten Klassen beträgt die Zahl der gleichwertigen Flächen nur ein Viertel (»tetartoëdrische« Formen). Von den hierdurch möglichen zwei bzw. vier Formen mit gleichen Winkeln können nun Kombinationen auftreten, welche den Anschein einer höheren Symmetrie erwecken, an denen jedoch die Ungleichwertigkeit der sie zusammensetzenden einfachen Formen mittels Ätzfiguren oder polarer Pyroelektrizität nachgewiesen werden kann. Die Prüfung derartiger Eigenschaften ist vor allem dann zur Entscheidung der Frage nach der Zugehörigkeit eines Krystalls zu einer bestimmten Symmetrieklasse erforderlich, wenn derselbe nur solche Formen zeigt, welche mehreren Klassen gemeinsam sind. Das Nähere hierüber bei der Betrachtung der einzelnen Symmetrieklassen. Allgemein mag hier nur das eine bemerkt werden, daß Enantiomorphie nur in zwei Klassen existiert, der zweiten (»tetragonal-pyramidalen«) und der »trapezoëdrischen«, und daher nur in diesen Klassen die Schwingungsebene des Lichtes rechts oder links drehende Krystalle vorkommen; infolgedessen beweist das Vorhandensein einer Krystalldrehung, gleichgültig, ob sie nur auf der Struktur beruht oder bereits den Molekülen eigen ist, die Zugehörigkeit zu einer dieser beiden Klassen, welche voneinander durch die Polarität bzw. Nichtpolarität der Hauptaxe leicht zu unterscheiden sind.

Gemeinsam ist allen tetragonalen Krystallen die Symmetrie der bivektoriellen Eigenschaften. Betreffs der Kohäsionsverhältnisse gelten daher die S. 55 angegebenen möglichen Arten der Spaltbarkeit, und ebenso folgt das optische und thermische Verhalten aus den Darlegungen S. 12 bis 23 und S. 43 und 45.

Disphenoïdische Klasse[1]).

Die durch eine vierzählige Axe der zusammengesetzten Symmetrie charakterisierte allgemeine Krystallform (hkl), deren Pole in Fig. 600 projiziert sind, ist ein tetragonales Disphenoïd Fig. 601, dessen Flächen gleichschenkelige Dreiecke sind und das daher vier gleiche, von den beiden rechtwinkelig gekreuzten Polkanten verschiedene Mittelkanten besitzt. Es wird nach S. 185 als ein solches dritter Art bezeichnet, ein zu den Nebenaxen diagonal bzw. parallel gestelltes als Disphenoïd erster bzw. zweiter Art. Diesen drei Arten von Formen entsprechen drei weitere, deren Flächen der Hauptaxe parallel sind und welche daher die Gestalt tetragonaler Prismen besitzen, deren eines, mit h = k, also

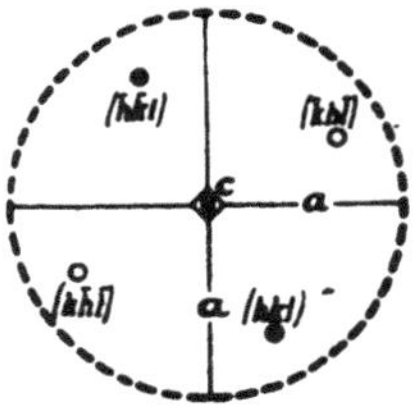

Fig. 600.

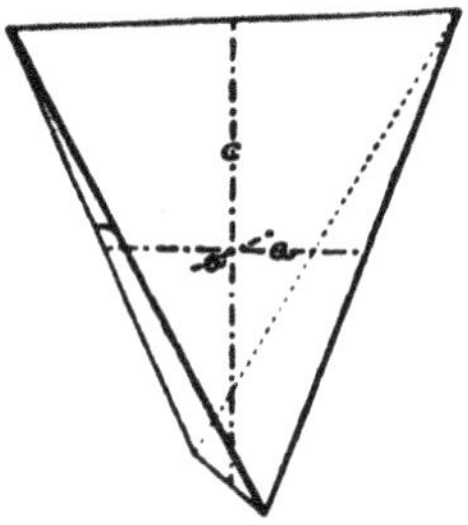

Fig. 601.

[1]) Sphenoïdisch-tetartoëdrische Klasse.

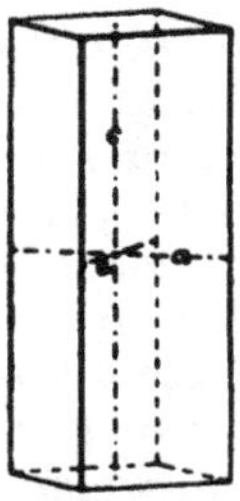

Fig. 602.

dasjenige erster Art, in Fig. 602 dargestellt ist. Endlich verwandelt sich jedes Disphenoïd durch das Zusammenfallen je zweier seiner Pole (s. Fig. 600) mit je einem Pol der Hauptaxe in ein Pinakoïd, dessen Flächen den Nebenaxen parallel sind, d. i. die »Basis«. Daraus ergeben sich folgende mögliche Formen:

(001) Basis,
(110) Prisma erster Art,
(100) Prisma zweiter Art,
(hk0) Prisma dritter Art,
(hhl) Disphenoïd erster Art,
(h0l) Disphenoïd zweiter Art,
(hkl) Disphenoïd dritter Art.

Bisher ist nur ein Beispiel dieser Klasse bekannt geworden, das durch Schmelzen von Kaolin mit Calciumbromid entstehende **Calciumalumosilikat** $SiO_7Al_2Ca_2$, dessen kleine Krystalle die Kombination (001) (110) mit zwei Arten von nicht meßbaren Disphenoïden bilden und deren auf den beiden entgegengesetzten Flächen der Basis rechtwinkelig gekreuzte, auf den Prismenflächen asymmetrische Ätzfiguren mit der vorliegenden Symmetrie übereinstimmen.

Pyramidale Klasse[1]).

Die in Fig. 603 projizierte allgemeine Form (hkl) mit einer vierzähligen Axe der einfachen Symmetrie ist eine obere linke tetragonale Pyramide dritter Art, in Fig. 604 mit der Fläche (00$\bar{1}$) kombiniert abgebildet. Dieselben Winkel der vier gleichen Polkanten besitzt auch die rechte obere Pyramide (khl), welche aus ihr durch Spiegelung nach (110) hervorgeht, und ebenso die beiden unteren (hk$\bar{l}$) und (kh$\bar{l}$), die Spiegelbilder der beiden ersten nach (001). In dem besonderen Falle h = k, d. h. wenn die Pole in den Diagonalen der Fig. 603 liegen, fällt jedesmal die rechte Pyramide mit der linken zusammen, und das gleiche tritt ein, wenn die Pole in den Nebenaxen liegen, die Flächen also diesen parallel sind; es gibt also nur je eine obere und eine untere Pyramide erster und zweiter Art mit einem bestimmten Verhältnis 1 : h, somit im ganzen nur vier primäre Pyramiden: (111), (11$\bar{1}$), (101), (10$\bar{1}$). Liegen die vier Pole im Grundkreis, so entsprechen sie einem der Hauptaxe parallelen tetragonalen Prisma erster, zweiter oder dritter Art. Sind endlich die Flächen senkrecht zur Hauptaxe, so fallen jedesmal vier zusammen und liefern, je nachdem es sich um eine obere oder eine untere Pyramide handelt, nur eine einzige basische Fläche. Die Formen dieser Klasse sind also folgende:

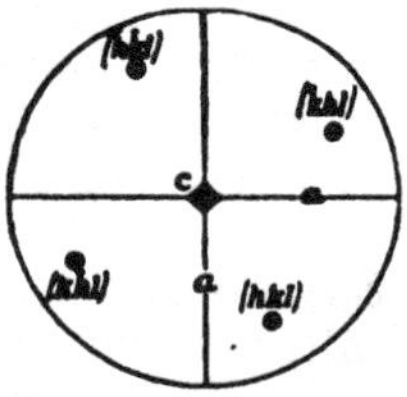

Fig. 603.

Fig. 604.

(001) obere (positive) Basis, (00$\bar{1}$) untere (negative) Basis,
(110) Prisma erster Art,
(100) Prisma zweiter Art,
(hk0) Prisma dritter Art,
(hhl) Pyramide erster Art,
(h0l) Pyramide zweiter Art,
(hkl) Pyramide dritter Art.

[1]) Hemimorph-tetartoëdrische Klasse.

Kombinationen, welche nur von Prismen und Pyramiden erster und zweiter Art gebildet werden, unterscheiden sich geometrisch nicht von solchen der vorletzten Klasse (s. S. 186, Fig. 598) und auch, wenn die gleichartigen Formen an beiden Polen der Hauptaxe ausgebildet sind, nicht von solchen der letzten, höchst symmetrischen Klasse. Die Enantiomorphie zeigt sich in der Gestalt nur dann, wenn zu jenen Formen solche dritter Art, entweder als rechte, oder als linke, hinzutreten; andernfalls muß sie durch Ätzfiguren festgestellt werden, wie aus dem Beispiele des Baryumantimonyltartrates (s. unten) zu ersehen ist. Die Polarität der Hauptaxe kann, außer durch die Form, auch pyroelektrisch nachgewiesen werden.

Das optische Drehungsvermögen hierher gehöriger Krystalle kann ebenso wie dasjenige des Quarzes (s. S. 73) erklärt werden durch eine rechts oder links schraubenförmige Krystallstruktur mit einer vierzähligen Schraubungsaxe, und zwar durch eine Ineinanderstellung von vier tetragonalen Raumgittern, deren entsprechende Punkte eine einfache Vierpunktschraube bilden. Unter den regelmäßigen Punktsystemen der allgemeinen Theorie der Krystallstruktur (s. S. 74) gibt es aber auch solche ohne schraubenartige Struktur, welche die Symmetrie dieser Klasse besitzen, daher theoretisch auch Krystalle ohne Drehungsvermögen möglich sind; in der Tat hat man ein solches an einigen der folgenden Beispiele nicht beobachtet.

Zwillinge sind in dieser Klasse nach jeder Krystallfläche möglich; der einfachste Fall einer symmetrischen Verwachsung wäre der nach (001).

Beispiele.

Optisch inaktive Substanzen.

Bleimolybdat (Wulfenit) = MoO_4Pb. a : c = 1 : 1,5777. Das Mineral zeigt meist die Kombinationen Fig. 605 und 606: *o* (111), *ω* $(11\bar{1})$, *l* (430), *γ* $(00\bar{1})$, *c*(001), selten die flächenreichere Fig. 607 mit *π* $(10\bar{1})$, *ζ* $(31\bar{1})$, *y* (432). Aus der Schmelze von Natriummolybdat und Bleichlorid krystallisieren Tafeln *c* (001) mit *o* (111) und *ω* $(11\bar{1})$. Spaltbarkeit nach *o* (111) deutlich. Brechungsindices *ω* = 2,40, *ε* = 2,30 für Rot.

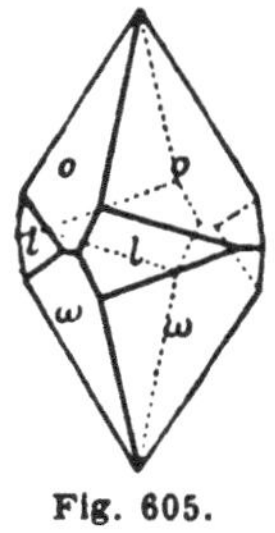

Fig. 605.

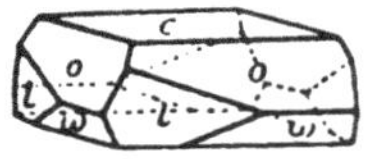

Fig. 606.

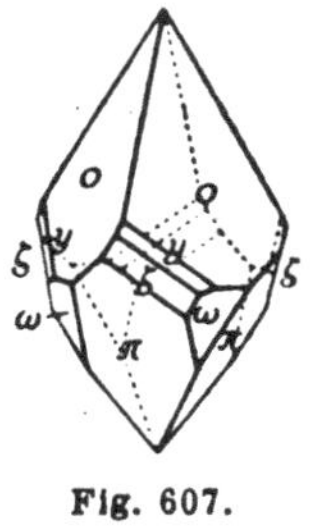

Fig. 607.

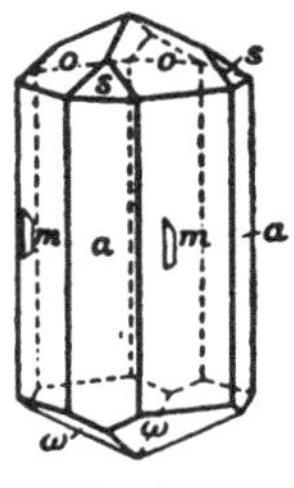

Fig. 608.

Optisch aktive Substanzen.

Baryumantimonyltartrat-Monohydrat = $(C_4H_4O_6)_2(SbO)_2Ba . H_2O$. a : c = 1 : 0,4406. Kombination (Fig. 608): *m* (110), *a* (100), *ω* $(11\bar{1})$, *o* (111), *s* (201). Ätzfiguren auf *m* (110) s. Fig. 608. Doppelbrechung positiv; rechtsdrehend. Der analog elektrische Pol ist der untere in Fig. 608.

Pleopsidsäure = $C_{17}H_{28}O_4$. a : c? Täfelchen (001) mit einer spitzen Pyramide als Randflächen. Doppelbrechung positiv.

Skalenoëdrische Klasse[1]).

Die in Fig. 609 projizierte Form (hkl) (Fig. 610), welche man als positives Skalenoëder zu bezeichnen pflegt, besitzt zweierlei Polkanten, deren Winkel von den beiden Symmetrieebenen halbiert werden, und vier untereinander gleiche Mittelkanten; ihre Flächen sind ungleichseitige Dreiecke. Die zu ihren Flächen entgegengesetzten bilden das negative Skalenoëder $(h\bar{k}l)$, welches nur durch seine Stellung davon

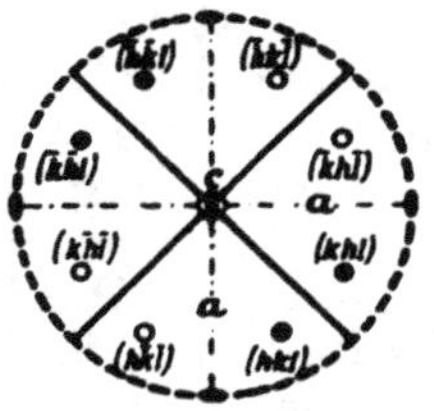
Fig. 609.

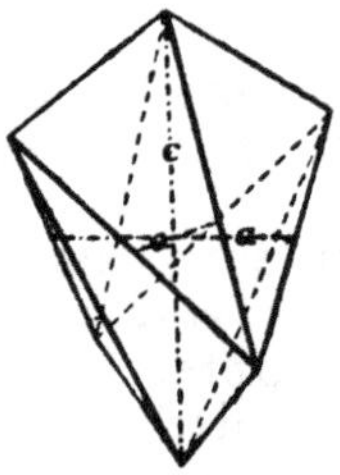
Fig. 610.

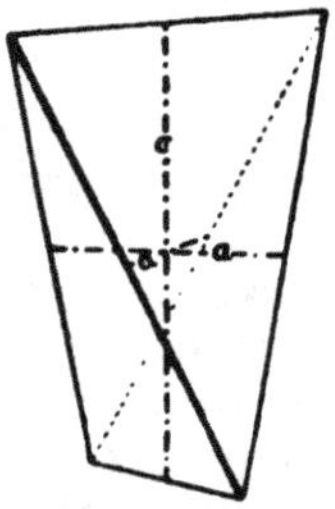
Fig. 611.

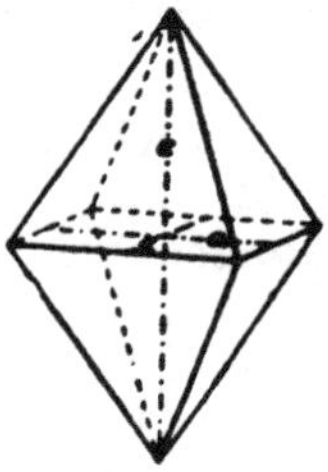
Fig. 612.

verschieden ist, da es durch Drehung von 90° um die Hauptaxe mit ihm zur Deckung gebracht wird. Diesem allgemeinen Fall entsprechen nun sechs besondere Fälle, je nachdem die Pole der Flächen auf einer der drei Seiten oder in einer der drei Ecken der sphärischen Dreiecke liegen, welche in der Projektion Fig. 609 von den Neben-, den Zwischenaxen und dem Grundkreis begrenzt werden. Bei diagonaler Lage fallen je zwei Pole zusammen, und es entsteht als Form erster Art ein Disphenoïd Fig. 611 (vgl. S. 185 unten); liegen die Pole in den Nebenaxen, ist die Form also zweiter Art, so ergibt sich eine tetragonale Dipyramide Fig. 612, d. h. in dem Grenzfalle k oder h = 0 besitzen die acht Polkanten des Skalenoëders den gleichen Winkel und die Mittelkanten sind horizontal; die Lage der acht Pole im Grundkreis endlich bringt ein ditetragonales Prisma Fig. 613 hervor, welches abwechselnd schärfere und stumpfere Kanten besitzt (ein solches Prisma mit acht gleichen Kanten entspräche einem irrationalen Verhältnis von h : k, d. h. einer achtzähligen, also unmöglichen Symmetrieaxe). Fallen die Pole in die Ecken der oben erwähnten Dreiecke, so führt die Vereinigung je zweier in den Polen der Zwischenaxen bzw. der Nebenaxen zu dem tetragonalen Prisma erster bzw. zweiter Art, Fig. 614 und 615, die Vereinigung von je vier in den Polen der Hauptaxe zu der Basis als

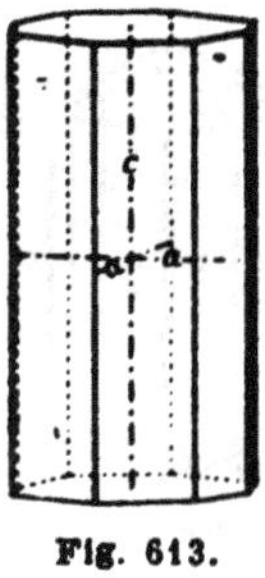
Fig. 613.

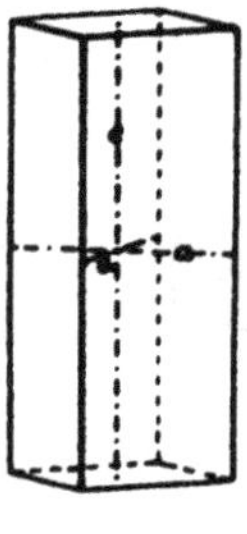
Fig. 614.

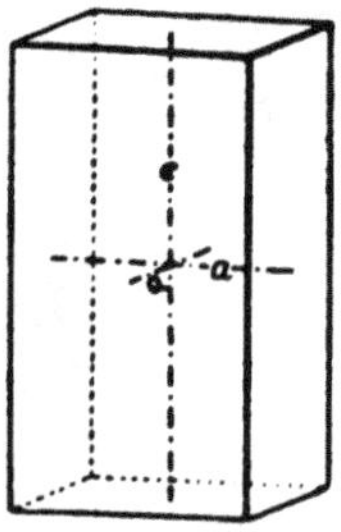
Fig. 615.

[1]) Sphenoïdisch-hemiëdrische Klasse.

Pinakoïd, welches in den drei letzten Figuren als obere und untere Begrenzung der Prismen erscheint. Hiernach ergibt sich folgende Übersicht:

(001)	Basis,
(110)	Prisma erster Art,
(100)	Prisma zweiter Art,
(hk0)	ditetragonales Prisma,
(hhl)	Disphenoïd (erster Art),
(h0l)	Dipyramide (zweiter Art),
(hkl)	Skalenoëder.

Von diesen Formen nennt man (111) das positive, $(1\bar{1}1)$ das negative primäre Disphenoïd, (101) die primäre Dipyramide zweiter Art. Zwillingsebene kann in dieser Klasse jede Fläche sein, mit Ausnahme derjenigen von (110).

Beispiele.

Quecksilbercyanid = $Hg(CN)_2$. a : c = 1 : 0,4596. Krystalle aus wässeriger Lösung Fig. 616: *o* (111), *a* (100), zuweilen untergeordnet auch *ω* $(1\bar{1}1)$. Spaltbarkeit nach *a* (100) unvollkommen. Doppelbrechung negativ.

Cuprosulfoferrit (nat. Chalkopyrit, Kupferkies) = FeS_2Cu. a : c = 1 : 0,9856. Die häufigste Kombination des Minerals ist die dem regulären Oktaëder ähnliche

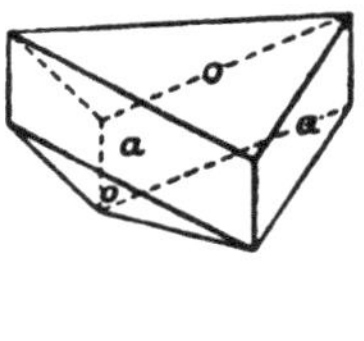

Fig. 616.

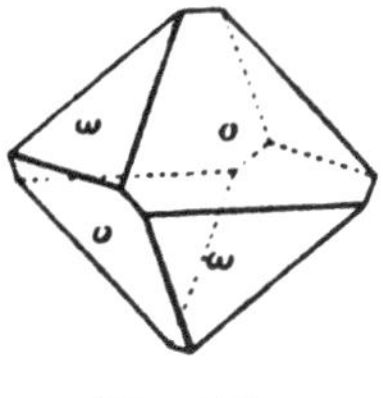

Fig. 617.

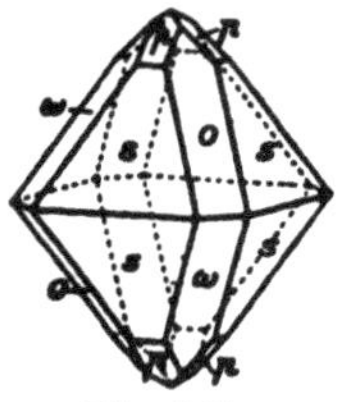

Fig. 618.

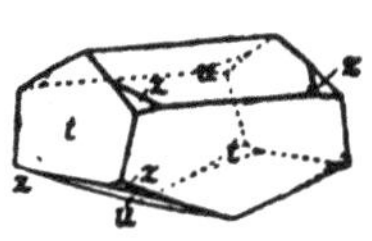

Fig. 619.

Fig. 617: *o* (111), *ω* $(1\bar{1}1)$ (häufig das eine glänzend, das andere matt); andere sind Fig. 618: *s* (201), *p* (101), *o* (111), *ω* $(1\bar{1}1)$, selten Fig. 619: *u* (114), *t* $(4\bar{4}1)$, *z* (6.3.16), oder endlich ein Skalenoëder z. B. (825) als vorherrschende Form. Zwillinge der ersten Kombination mit der Normalen zu (111) als Zwillingsaxe; weniger häufig Zwillinge nach (101). Keine vollkommene Spaltbarkeit. Farbe metallisch gelb.

Tetraäthylammoniumjodid = $N(C_2H_5)_4J$. a : c = 1 : 0,5544. Kombination Fig. 620: *o* (111), *ω* $(1\bar{1}1)$ oder Fig. 621: *o* (111), *m* (110), untergeordnet *ω* (111) und *a* (100). Spaltbarkeit nach *m* (110) deutlich. Doppelbrechung negativ, schwach.

Cäsiumcuprobaryumthiocyanat = $(NCS)_7BaCu_2Cs_3$. a : c = 1 : 0,9183. Beob-

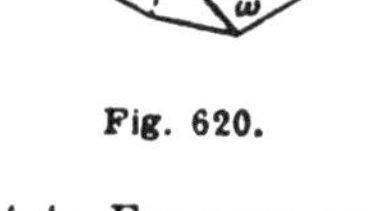

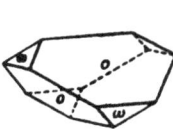

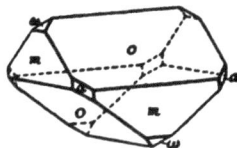

Fig. 620.

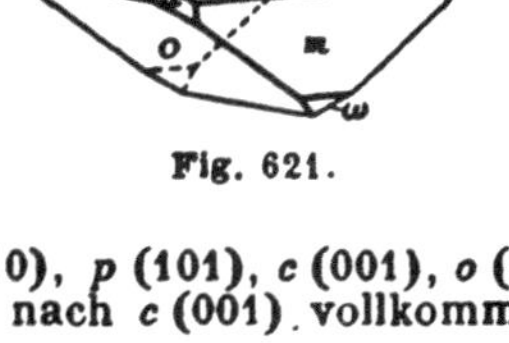

Fig. 621.

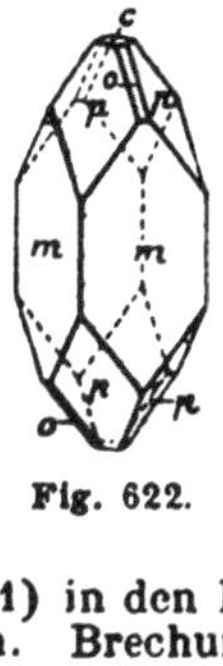

Fig. 622.

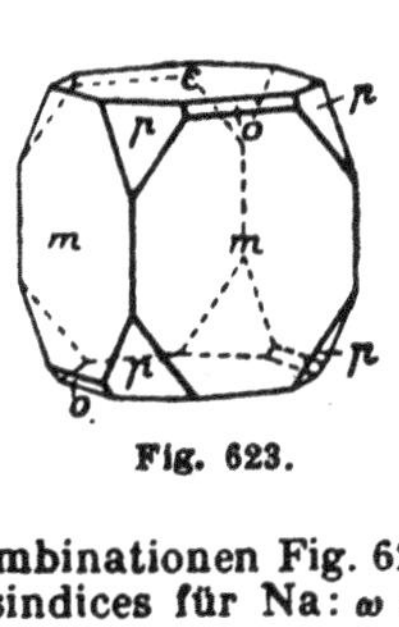

Fig. 623.

achtete Formen: *m* (110), *p* (101), *c* (001), *o* (111) in den Kombinationen Fig. 622 und 623. Spaltbarkeit nach *c* (001) vollkommen. Brechungsindices für Na: *ω* = 1,8013, *ε* = 1,6882.

Cäsiumsilberbaryumthiocyanat = $(NCS)_7BaAg_2Cs_3$. a : c = 1 : 0,9063. Kombination Fig. 622 (s. vor. S.) ohne *o*. Spaltbarkeit nach *c* (001) vollkommen. Ätzfiguren auf der Ober- und Unterseite (letztere punktiert) einer Spaltungsplatte Fig. 624. Brechungsindices für Na: $\omega = 1{,}7761$, $\varepsilon = 1{,}6788$.

Silbernitrit-Ammoniak = $NO_2Ag.NH_3$. a : c = 1 : 0,6086. Kombination (Fig. 625): *m* (110), *o* (111). Spaltbarkeit nach *c* (001) ziemlich vollkommen. Doppelbrechung positiv.

Monokaliumorthophospat = PO_4KH_2. a : c = 1 : 0,9391. Kombination (Fig. 626): *a* (100), *p* (101). Keine deutliche Spaltbarkeit. Ätzfiguren auf *a* (100) Rhomboïde, auf *p* (101) unsymmetrische Dreiecke (auf benachbarten Flächen entgegengesetzt, symmetrisch nach den Ebenen (110)). Brechungsindices für *D*: $\omega = 1{,}5095$, $\varepsilon = 1{,}4684$.

Monokaliumorthoarsenat = AsO_4KH_2. a : c = 1 : 0,9380. Krystallform und Ätzfiguren wie vor. Brechungsindices für *D*: $\omega = 1{,}5674$, $\varepsilon = 1{,}5179$.

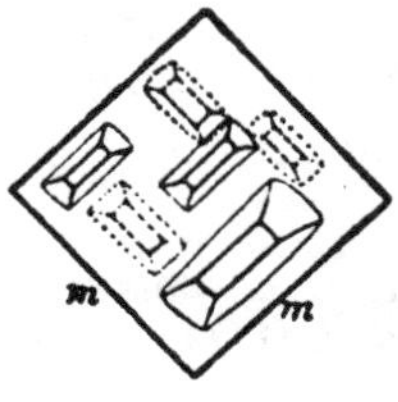

Fig. 624.

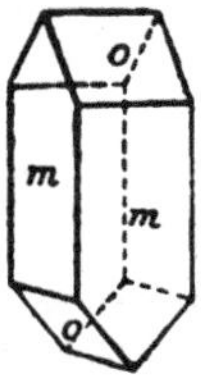

Fig. 625.

Fig. 626.

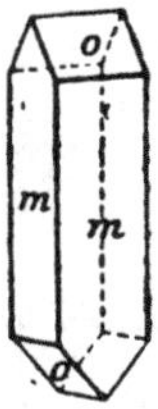

Fig. 627.

Fig. 628.

Carbamid (Harnstoff = $CO(NH_2)_2$. a : c = 1 : 0,8333. Aus Wasser und Alkohol meist lange, dünne Prismen *m* (110) mit den Endflächen *o* (111) (Fig. 627). Spaltbarkeit nach *m* (110) vollkommen, nach (001) ziemlich vollkommen. Die mit Alkohol erhaltenen Ätzfiguren auf (110) (nicht (111)!) und (001) s. Fig. 628. Doppelbrechung positiv, stark.

Trapezoëdrische Klasse[1]).

Die Kombination der vierzähligen Axe der einfachen Symmetrie mit vier dazu senkrechten zweizähligen, parallel den Neben- und Zwi-

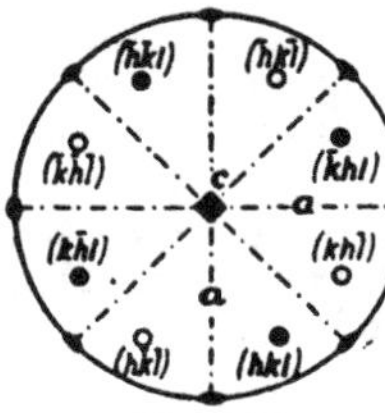
Fig. 629.

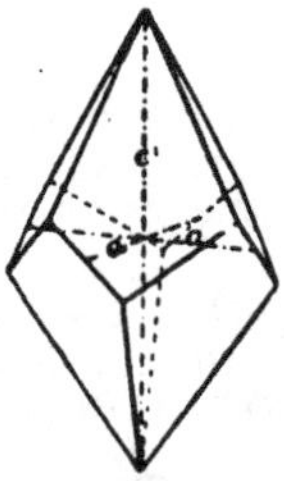
Fig. 630 a.

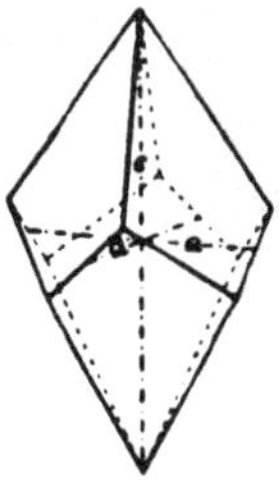
Fig. 630 b.

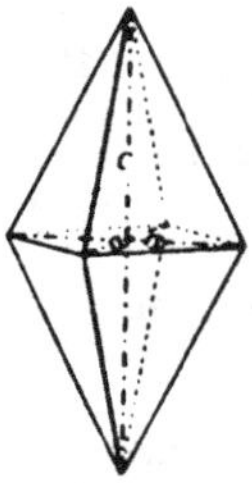
Fig. 631.

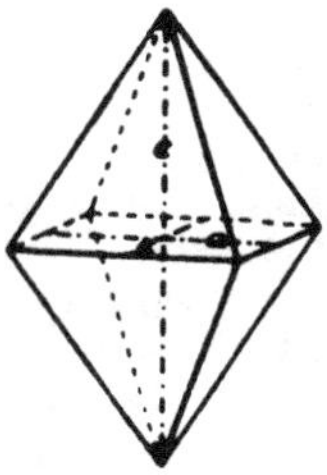
Fig. 632.

schenaxen (Fig. 629), bedingt als allgemeine Form (hkl) ein Trapezoëder, und zwar nennt man das in die Projektion eingezeichnete und in Fig. 630a abgebildete ein linkes, das aus den entgegengesetzten Flächen bestehende Spiegelbild desselben (Fig. 630b) ein rechtes; das eine wie das andere besitzt acht gleiche Polkanten und zweierlei Mittelkanten. Die sechs besonderen Fälle, welche sich dadurch ergeben, daß die Pole in den Seiten oder Ecken der S. 190 erwähnten Dreiecke fallen, sind folgende: wenn h = k, entspricht dem rechten und linken Trapezoëder als gemeinsame Grenzform eine tetragonale Dipyramide erster Art (Fig. 631),

[1]) Trapezoëdrisch-hemiëdrische Klasse der älteren Benennung.

wenn h oder k = 0, ebenso eine tetragonale Dipyramide zweiter Art (Fig. 632, S. 192). Diese drei Arten dipyramidaler Formen verwandeln sich im Falle des Parallelismus mit der Hauptaxe in die gleichen drei Arten von Prismen, wie in der vorigen Klasse (s. S. 90), und ebenso ergibt sich, wenn h = k = 0, das basische Pinakoïd. Die möglichen Formen dieser Klasse sind also die folgenden:

(001) Basis,
(110) Prisma erster Art,
(100) Prisma zweiter Art,
(hk0) ditetragonales Prisma,
(hhl) Dipyramide erster Art,
(h0l) Dipyramide zweiter Art,
(hkl) Trapezoëder.

Von den Dipyramiden werden (111) und (101) die primären genannt.

Die gewöhnlichsten Kombinationen sind natürlich diejenigen der Formen erster und zweiter Art mit der Basis; solche mit einem Trapezoëder sind an den in Betracht kommenden Substanzen bisher nur an einer einzigen beobachtet worden, daher die Zugehörigkeit zu dieser Klasse in den meisten Fällen nur durch die Gestalt der Ätzfiguren oder durch das Vorhandensein eines optischen Drehungsvermögens festgestellt ist.

Letzteres kann ebenso, wie in der pyramidalen Klasse, erklärt werden durch ein regelmäßiges Punktsystem mit einer vierzähligen Schraubungsaxe, da aber die Axe des einfachen Vierpunktschraubensystems einen polaren Charakter besitzt, muß hier, analog dem S. 73 abgebildeten Dreipunktschraubensystem, ein aus acht tetragonalen Raumgittern zusammengesetztes Vierpunktschraubensystem angenommen werden. Ebenso wie in der pyramidalen Klasse, sind aber auch hier regelmäßige Systeme ohne Schraubenstruktur theoretisch möglich, wie denn in der Tat auch Krystalle dieser Klasse ohne Drehungsvermögen existieren.

Für die Zwillinge gilt das gleiche wie in der ersten Klasse.

Beispiele.

Optisch inaktive Substanzen.

Methylammoniumjodid = $NH_3(CH_3)J$. a : c = 1 : 1,467. Tetragonale Tafeln oder Prismen mit unvollkommenen Flächen eines spitzen Trapezoëders. Zerfließlich. Spaltbarkeit nach *c* (001) vollkommen. Doppelbrechung negativ, stark.

Nickelsulfat-Hexahydrat = $SO_4Ni . 6 H_2O$. a:c = 1:1,9119. Tafelförmige oder dipyramidale Kombinationen der Formen *o* (111), *x* (112), *y* (113), *c* (001), *a* (100), *r* (101), *s* (203) (Fig. 633 und 634). Spaltbarkeit nach *c* (001) vollkommen. Ätzfiguren auf *c* (001) Quadrate von etwas gedrehter Stellung, auf *o* (111) Trapeze mit zwei horizontalen Seiten. Brechungsindices für D : ω = 1,5109, *E* = 1,4873. Farbe smaragdgrün.

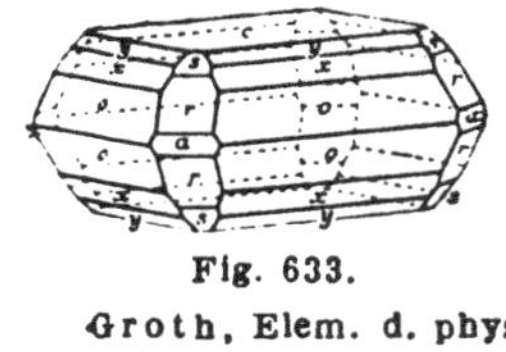
Fig. 633.

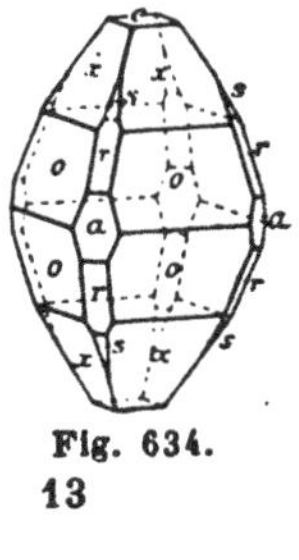
Fig. 634.

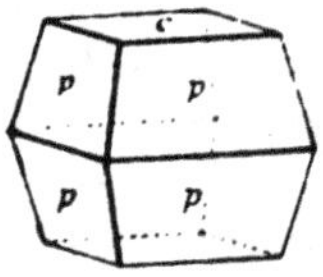

Fig. 635.

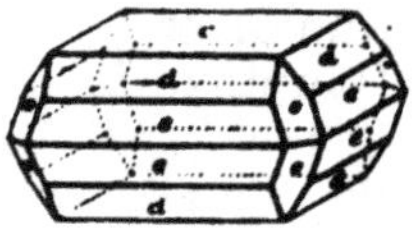

Fig. 636.

Äthylendiaminsulfat = $C_2H_4(NH_2)_2.SO_4H_2$. a:c = 1:1,4943. Meist tafelförmige Krystalle mit den Formen *c* (001), *p* (221), *d* (101), *e* (201), *o* (111) (Fig. 635 und 636). Spaltbarkeit nach *c* (001) vollkommen. Doppelbrechung positiv; Drehungsvermögen für 1 mm 15 1/2° (Na).

Guanidincarbonat = 2 $CNH(NH_2)_2.H_2CO_3$. a : c = 1 : 0,9910. Oktaëderähnliche Dipyramiden (111) mit kleinen Flächen von *c* (001) und *a* (100). Spaltbarkeit nach *c* (001) vollkommen. Brechungsindices für D : ω = 1,4963, ε = 1,4864. Drehungsvermögen für 1 mm 14 1/2° (Na).

Monokaliumtrichloracetat = $CCl_3(CO_2K).CCl_3(CO_2H)$. a : c = 1 : 0,7808. Kombination von *o* (111) mit dem Trapezoëder *x* (311) (Fig. 637). Keine deutliche Spaltbarkeit. Doppelbrechung positiv, stark. Drehungsvermögen nicht beobachtet.

Sulfobenzoltrisulfid = $(C_6H_5.SO_2)_2S_3$. a:c = 1 :2,3834. Kombination (Fig. 638): *i* (112), *o* (111), *c* (001). Drehungsvermögen deutlich (nicht bestimmt). Brechungsindices für Na: ω = 1,7204, ε = 1,7077.

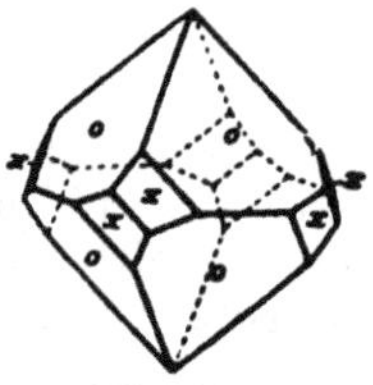

Fig. 637.

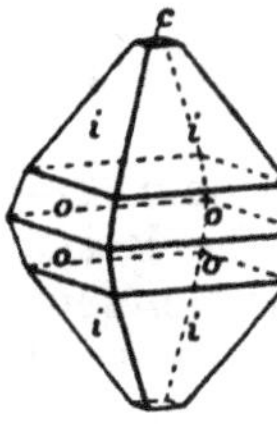

Fig. 638.

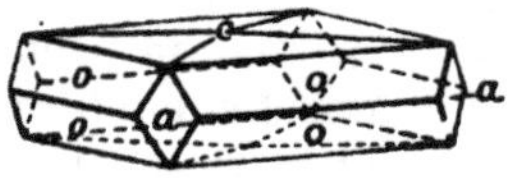

Fig. 639.

Diacetylphenolphtalein = $(C_6H_4)_3C_2O_2(C_2H_3O)_2$. a : c = 1:1,3593. Beobachtete Formen (Fig. 639) : *c* (001) meist durch eine sehr flache vizinale Dipyramide ersetzt, *o* (111), *a* (100). Spaltbarkeit nach *m* (110) deutlich. Doppelbrechung negativ; Drehungsvermögen für 1 mm : 17°,1 Li, 19°,7 Na, 23°,8 Tl.

Optisch aktive Substanzen.

Zinkdimalat-Dihydrat = $(C_4H_5O_5)_2Zn$. 2 H_2O. a : c = 1 : 2,0410. Kombination (Fig. 640) : *o* (111), *c* (001). Spaltbarkeit nach *c* (001) vollkommen. Ätzfiguren der Ober- und Unterseite einer basischen Spaltungsplatte einem Trapezoëder entsprechend, s. Fig. 641. Meist zeigen die basischen Platten eine Zusammensetzung aus vier zweiaxigen Sektoren, Axenwinkel 5°—10°, Axenebene senkrecht zur Kante *c*:*o*, sind daher wahrscheinlich pseudotetragonal mit lamellarer Zwillingsbildung; einaxige Platten besitzen ein Drehungsvermögen von 3° (Na) für 1 mm, d. i. das Sechsfache desjenigen einer Lösung mit der gleichen Menge des Salzes.

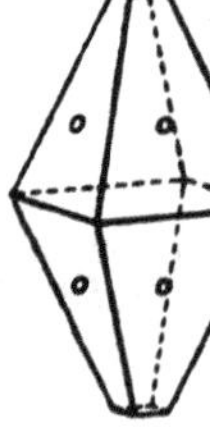

Fig. 640.

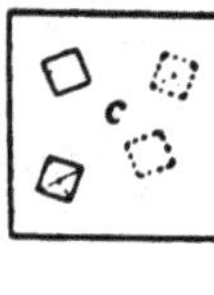

Fig. 641.

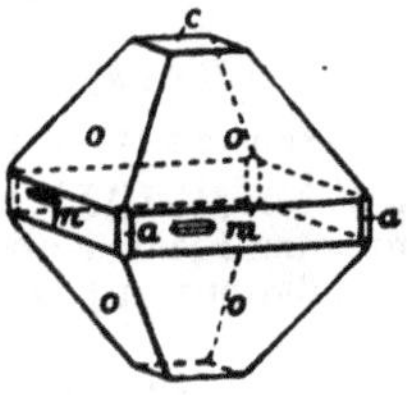

Fig. 642.

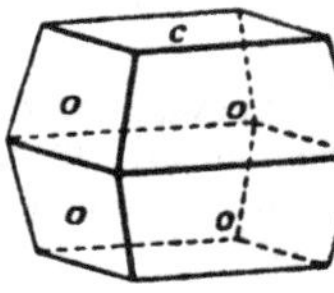

Fig. 643.

Kaliumantimonyltartrat-Natriumsulfat = 2 $C_4H_4O_6(SbO)K.SO_4Na_2$. a : c = 1:1,0832. Kombination (Fig. 642 : *o* (111), *c* (001), *m* (110), *a* (100), zuweilen nach *c* (001) tafelförmig. Die Ätzfiguren auf *c* (001) entsprechen Formen 3. Art, die auf *m* (110) s. Fig. 642[1]) Doppelbrechung negativ, sehr stark.

[1]) Die inneren Flächen der Ätzfiguren sind oft unregelmäßig, daher es nicht ausgeschlossen ist, daß die Krystalle einer noch niedrigeren Symmetrieart angehören, was nur durch erneute sorgfältige Untersuchung festgestellt werden kann.

l-Hyoscyamin = $C_{17}H_{23}O_3N$. a:c = 1:2,7082. Kombination (Fig. 643): *c* (001), *o* (111). Doppelbrechung positiv.

Strychninsulfat-Hexahydrat = $(C_{21}H_{22}O_2N_2)_2 . H_2SO_4 . 6 H_2O$. a : c = 1 : 3,1808. Quadratische Tafeln *c* (001), begrenzt von *o* (111), oder Kombination mit vorherrschenden *o*, ähnlich Fig. 643. Spaltbarkeit nach *c* (001) sehr vollkommen. Durch Ätzen mit Salzsäure entstehen auf Spaltungsplatten feine Risse (s. Fig. 644), welche auf der Unterseite (in der Figur punktiert) umgekehrt gedreht erscheinen, also einem Trapezoëder entsprechen. Doppelbrechung negativ; Drehungsvermögen 11°—13° (links, wie das der Lösung).

Fig. 644.

Dipyramidale Klasse[1]).

Wenn zu der Symmetrie der tetragonal-pyramidalen Klasse noch die nach der Basis hinzukommt, so entsteht, wie die Projektion Fig. 645 lehrt, eine tetragonale Dipyramide dritter Art als allgemeine Form (hkl) (Fig. 646), deren Spiegelbild nach einer der vertikalen Axenebenen, die Form (khl), durch eine halbe Umdrehung um eine Nebenaxe mit ihr zur Deckung gelangt, daher diese beiden Formen, gewöhnlich auch als »rechte« und »linke« bezeichnet, nicht enantiomorph sind. Beide gehen in eine tetragonale Dipyramide erster Art über, wenn h = k, in eine solche zweiter Art, wenn einer dieser beiden Indices = 0 ist. Den drei Arten von Dipyramiden entsprechen drei Arten von tetragonalen Prismen, unter denen die dritter Art mit dem gleichen Verhältnis h : k zwei sind, ein linkes (hk0) und ein rechtes (kh0). Da die Hauptaxe nicht polar ist, bildet die Basis auch hier ein Pinakoïd. Die Übersichtstabelle der Formen lautet daher:

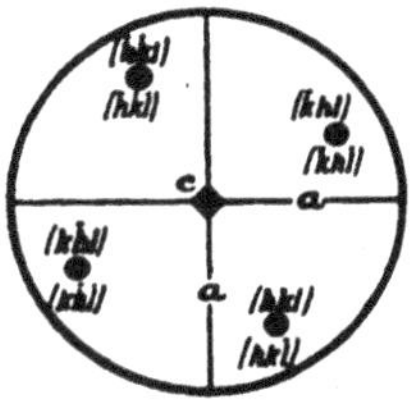

Fig. 645.

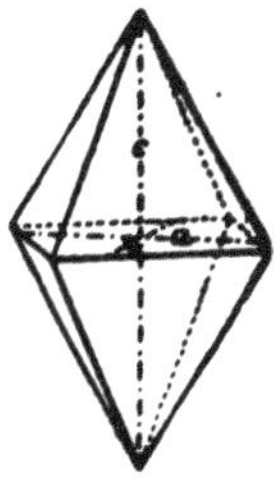

Fig. 646.

(001) Basis,
(110) Prisma erster Art,
(100) Prisma zweiter Art,
(hk0) Prisma dritter Art,
(hhl) Dipyramide erster Art,
(h0l) Dipyramide zweiter Art,
(hkl) Dipyramide dritter Art.

Auch hier sind die Kombinationen von Formen erster und zweiter Art scheinbar höher symmetrisch, und das Fehlen vertikaler Symmetrieebenen tritt in der äußeren Gestalt der Krystalle nur beim Vorhandensein von Formen dritter Art hervor.

Symmetrische Zwillinge sind in dieser Klasse möglich nach jeder Ebene, ausgenommen nach (001); der einfachste und am höchsten symmetrische Fall ist der nach (110) bzw. (100), wie er an den S. 196 beschriebenen Durchkreuzungszwillingen von Scheelit verwirklicht ist.

[1]) Pyramidal-hemiëdrische Klasse.

Beispiele.

Pentamminaquochrominitrat = $(NO_3)_3Cr(NH_3)_5(H_2O)$. a : c = 1 : 0,5940. Beobachtete Formen (Fig. 647): *a* (100), *o* (111), *s* (131), *m* (110). Spaltbarkeit nach *c* (001) unvollkommen. Doppelbrechung negativ.

Calciummolybdat (nat. Powellit) = MoO_4Ca. a : c = 1 : 1,5457. Durch Schmelzen von Natriummolybdat mit Calciumchlorid entstehen nadelförmige Aggregate, Parallelverwachsungen der Kombination *o* (111), *p* (101) mit *x* (113) (Fig. 648) oder mit (001); an natürlichen Krystallen wurde die Kombination Fig. 649 beobachtet : *p* (101), *o* (111), *y* (313), *z* vizinal zu (414). Spaltbarkeit (111) vollkommen, (001) deutlich. Doppelbrechung positiv.

Calciumwolframat (nat. Scheelit) = WO_4Ca. a : c = 1 : 1,5268. Die durch Umsetzung von Natriumwolframat und Calciumchlorid, in Schmelze oder Lösung, entstehenden Krystalle zeigen ebenfalls die Formen Fig. 648, die natürlichen

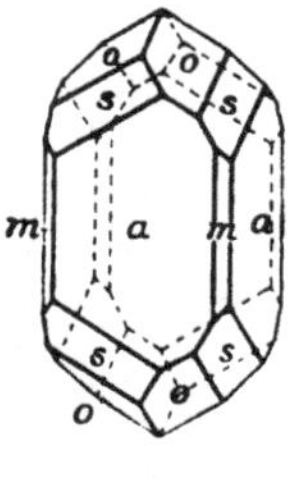
Fig. 647.

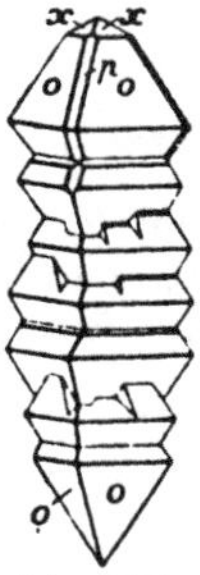
Fig. 648.

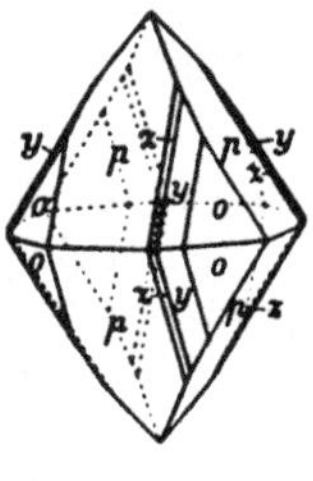
Fig. 649.

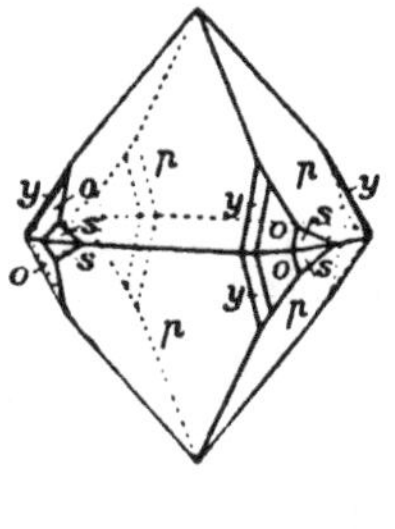
Fig. 650.

Krystalle entweder dieselben oder oktaëderähnliche Kombinationen (Fig. 650), in denen *p* (101) vorherrscht, während untergeordnet *o* (111), *y* (313) und *s* (131) auftreten. Das Mineral bildet zuweilen Durchkreuzungszwillinge, gleichzeitig symmetrisch nach (110) und (100), aus vier abwechselnden Teilen des einen und des anderen Krystalls bestehend, welche im Falle des Fehlens der einspringenden Winkel einfachen Dipyramiden gleichen. Spaltbarkeit (111) ziemlich vollkommen, nach (001) deutlich, nach (101) unvollkommen. $\omega = 1,9185$, $\varepsilon = 1,9345$ f. Rot.

Magnesiumborat-Trihydrat (nat. Pinnoït) = $(BO_2)_2Mg.3H_2O$. a : c = 1 : 0,7609. Kombination (Fig. 651): a (100), *o* (111), *p* (101), *z* (132).

i-Erythrit (Erythroglucin, Phycit) = $C_4H_{10}O_4$. Kombination (Fig. 652): *a* (100), *o* (111), *s* (131), *σ* (311); die letzte Form fehlt oft ganz und *s* ist zuweilen weit größer ausgebildet als *o*. Keine deutliche Spaltbarkeit. $\omega = 1,5444$, $\varepsilon = 1,5210$ (Na).

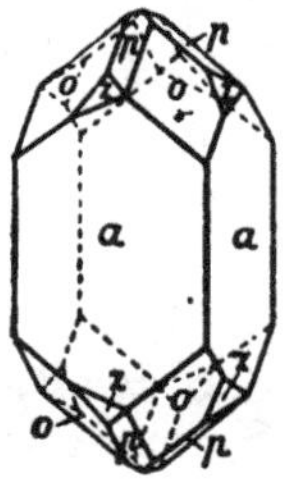
Fig. 651.

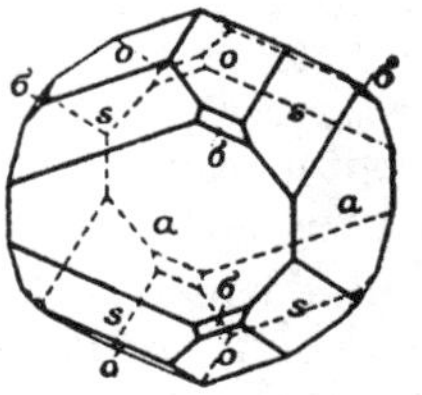
Fig. 652.

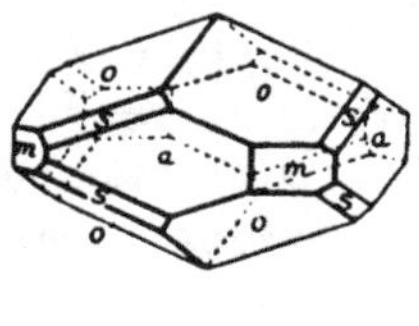
Fig. 653.

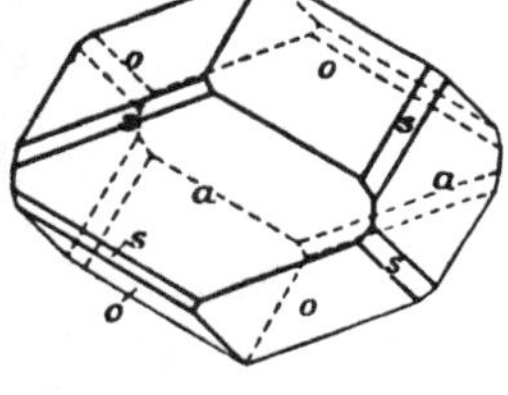
Fig. 654.

Phloroglucindiäthyläther = $C_6H_3(OH)(O.C_2H_5)_2$. a : c = 1 : 0,2817. Kombination (Fig. 653): *o* (111), *a* (100), *m* (110), *s* (131). Doppelbrechung positiv.

p-Bromphenol = $C_6H_4Br(OH)$. a : c = 0,4555. Beobachtete Formen (Fig. 654): *o* (111), *a* (100), *s* (131), meist durch Vorherrschen einzelner *o*-Flächen unsymmetrisch ausgebildet. Keine deutliche Spaltbarkeit. Doppelbrechung positiv.

o-Toluolsulfonamid = $C_6H_4(CH_3).SO_2.NH_2$. a : c = 1 : 0,3444. Aus Wasser Prismen *m* (110), am Ende *o* (111), *v* (331), *s* (311) (Fig. 655), aus Alkohol nur die Dipyramide 3. Art *s* mit *m* (Fig. 656). Keine deutliche Spaltbarkeit. Doppelbrechung positiv.

Propylpiperidinchlorostanat = $[C_5H_{10}N(C_3H_7).HCl]_2.SnCl_4$. a : c = 1 : 0,8248. Kombination (Fig. 657): *n* (130), *o* (111). Doppelbrechung positiv.

Lupininnitrat = $C_{10}H_{19}ON.HNO_3$. a : c = 1 : 1,3522. Beobachtete Formen (Fig. 658) :

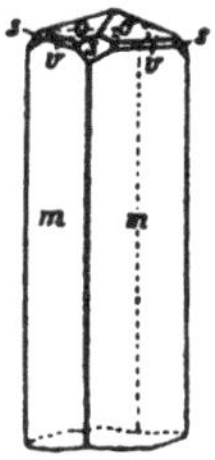
Fig. 655.

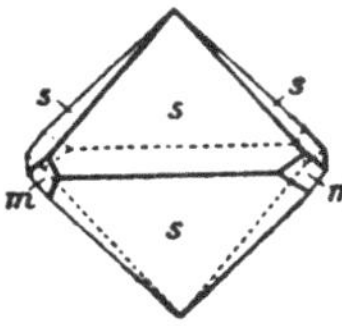
Fig. 656.

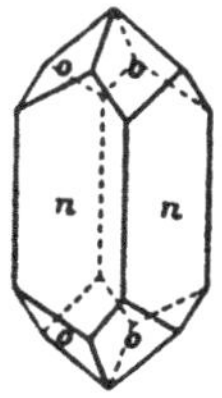
Fig. 657.

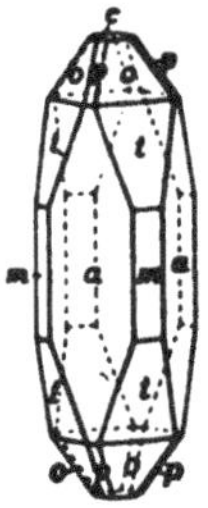
Fig. 658.

a (100), *o* (111), *t* (221), *c* (001), selten *m* (110) und *p* (101). Spaltbarkeit nach *c* (001) vollkommen. Die Ätzfiguren auf *c* (001) sind Quadrate, teils parallel den Kanten [001, 111], teils 30° gedreht, aber auf der Ober- und Unterseite einer Spaltungslamelle in gleichem Sinne.

Ditetragonal-pyramidale Klasse[1]).

Wie S. 186 bereits erwähnt, bedingt die Existenz einer der Hauptaxe parallelen Ebene der Symmetrie die gleichzeitige Anwesenheit noch dreier anderer, wie aus der hier wiederholten Projektion Fig. 659 hervorgeht. Die vollständige einfache Form, welche den allgemeinen Fall (hkl) darstellt, ist eine ditetragonale Pyramide Fig. 660, in welcher zu den vier Flächen der linken Pyramide (hkl) (Fig. 604, S. 188) noch die vier der rechten (khl) als gleichwertig hinzukommen, und zwar ist es eine obere, während (hk$\bar{l}$) das Symbol einer damit nicht gleichwertigen, dem entgegengesetzten Pole der Hauptaxe angehörigen ditetragonalen Pyramide ist. Jede derartige Form hat vier schärfere und vier stumpfere Polkanten (Gleichheit der Flächenwinkel an allen acht Polkanten ist ebensowenig möglich, wie ein oktogonales Prisma, s. S. 190). In dem besonderen Falle h = k fallen je zwei Flächen der ditetragonalen Pyramide zusammen, und es entsteht je eine obere oder untere tetragonale erster Art; liegen die Pole statt in den Diagonalen in den Nebenaxen, so fallen je zwei andere zusammen, und die entstehende (obere oder untere) tetragonale Pyramide ist eine solche zweiter Art. Diesen drei Arten von Pyramiden entsprechen für den Fall des Parallelismus mit der Hauptaxe die drei in Fig. 613 bis 615 (S. 190) abgebildeten Arten von Prismen, und als Basis der oberen und der

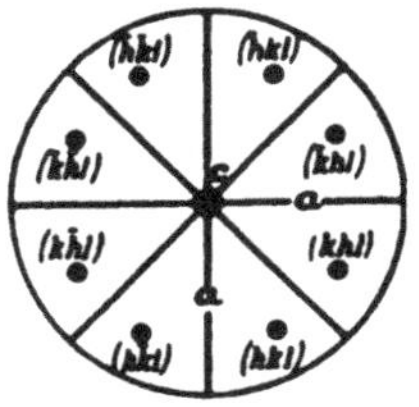
Fig. 659.

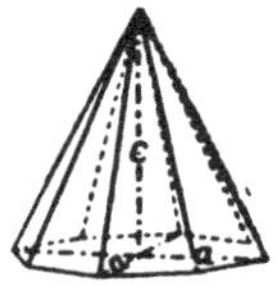
Fig. 660.

[1]) Tetragonal-hemimorphe Klasse.

unteren Pyramiden ergibt sich je ein Pedion (001) bzw. (00$\bar{1}$). Man erhält also folgende mögliche Arten von Formen:

(001) obere (positive) Basis, (00$\bar{1}$) untere (negative) Basis,
(110) Prisma erster Art,
(100) Prisma zweiter Art,
(hk0) ditetragonales Prisma,
(hhl) Pyramide erster Art,
(h0l) Pyramide zweiter Art,
(hkl) ditetragonale Pyramide.

Die Kombinationen dieser Klasse können durch Ausbildung der einander entsprechenden Formen beider Pole der Hauptaxe scheinbar auch symmetrisch nach der Basis werden, ebenso infolge einer Zwillingsbildung nach (001), wie sie am Succinjodimid (s. unten) auftritt und im Falle des Fehlens der einspringenden Winkel an der Zwillingsgrenze nur durch die Stellung der Ätzfiguren oder durch die elektrische Polarität beider Krystalle zu erkennen ist.

Beispiele.

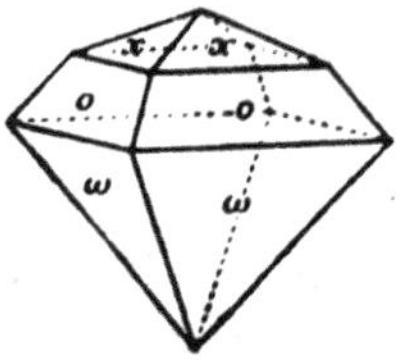

Fig. 661.

Silberfluorid-Monohydrat = $AgF.H_2O$. a : c = 1,1366. Beobachtete Formen: *ω* (11$\bar{1}$), *o* (111), zuweilen auch *x* (113) (Fig. 661). Darnach könnte das Salz auch der tetragonal-pyramidalen Klasse (S. 188) angehören, was sich wegen seiner Zerfließlichkeit durch Ätzfiguren nicht entscheiden läßt.

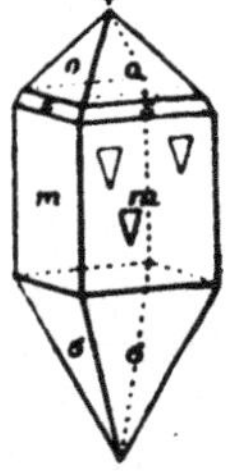
Fig. 662.

Succinjodimid = $C_4H_4O_2NJ$. a : c = 1 : 0,8733. Kombination (Fig. 662) : *m* (110), *σ* (22$\bar{1}$), *o* (111), *s* (221); Zwillinge nach (001) Fig. 663. Spaltbarkeit nach *o* (111) ziemlich deutlich. Die Ätzfiguren auf *m* (110) sind symmetrische gleichschenkelige Dreiecke (s. Fig. 662 und 663). Doppelbrechung negativ. Der in den Figuren mit — bezeichnete Pol der elektrischen Axe ist der analoge.

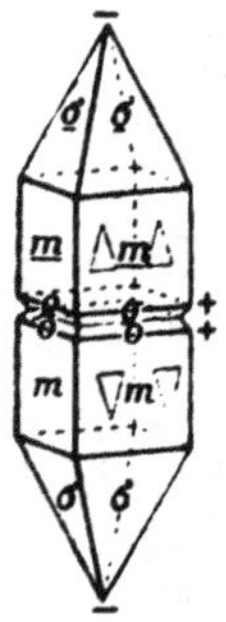
Fig. 663.

Pentaërythrit (*1, 3, k, k*-Tetrahydroxydimethylpropan) = $C(CH_2.OH)_4$. a : c = 1 : 1,0236. Beobachtet wurden die Kombinationen: *c* (001), *ω* (11$\bar{1}$), *o* (111), *a* (100) (Fig. 664) und : *m* (110), *a* (100), *ω* (11$\bar{1}$), *z* (117) (vizinal zu (001)), Fig. 665. Spaltbarkeit nach *c* (001) höchst vollkommen, nach *a* (100) ziemlich vollkommen. Die Ätzfiguren auf *c* (001) werden durch Pyramidenflächen erster Art gebildet. Die Krystalle lösen sich vom oberen Pol her viel schneller als vom unteren (s. S. 60). Brechungsindices = für *D*: *ω* = 1,5588, *ε* = 1,5480. Platten nach *c* (001) zeigen optisch zweiaxige Partien mit wechselndem Axenwinkel, sind daher wahrscheinlich nur pseudotetragonal und aus gekreuzten Zwillingslamellen zusammengesetzt.

Fig. 664.

Aurodibenzylsulfinchlorid = $AuS(CH_2.C_6H_5)_2Cl$. Kombination (Fig. 666) : *m* (110), *a* (100), *o* (111), *ω* (11$\bar{1}$), *x* (112), *σ* (22$\bar{1}$), *ϱ* (20$\bar{1}$). Spaltbarkeit nach *m* (110) sehr vollkommen, nach *c* (001) deutlich. Ätzfiguren auf *m* (110) symmetrische Trapeze mit nach unten gerichteter Spitze. Brechungsindices für Na : *ω* = 1,7606, *ε* = 1,7046.

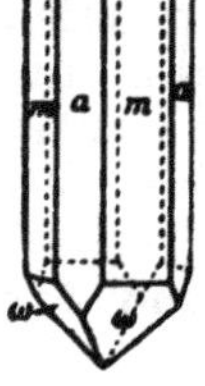
Fig. 665.

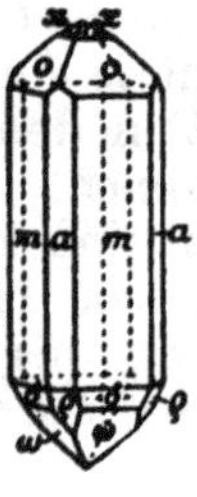
Fig. 666.

Ditetragonal-dipyramidale Klasse[1]).

Die allgemeine Form dieser, der höchst symmetrischen Klasse der tetragonalen Krystalle, die ditetragonale Dipyramide Fig. 668, aus der Gesamtheit der Flächen mit den Indiceswerten h, k, l, bestehend, besitzt dreierlei Kanten, die Basiskanten, die schärferen und die stumpferen Polkanten. Alle übrigen Formen sind mit solchen von vorhergehenden Klassen übereinstimmend und ergeben sich an der Hand beistehender Projektion ohne weiteres, wenn man den Polen der Flächen besondere Lagen in den von Nebenaxen, Zwischenaxen und Grundkreis begrenzten Dreiecken zuschreibt, wodurch je zwei Pole zusammenfallen, wenn sie auf einer der Seiten, je vier oder acht, wenn sie in einer der Ecken jener Dreiecke liegen. Auf diese Art ergibt sich folgende Tabelle:

Fig. 667.

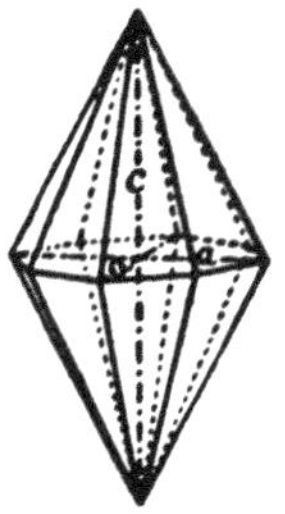

Fig. 668.

(001)	Basis,
(110)	Prisma erster Art,
(100)	Prisma zweiter Art,
(hk0)	ditetragonales Prisma,
(hhl)	Dipyramide erster Art,
(h0l)	Dipyramide zweiter Art,
(hkl)	ditetragonale Dipyramide.

Da die Basis und die beiden tetragonalen Prismen hier als Zwillingsebenen ausgeschlossen sind, so können symmetrische Verwachsungen fast nur nach pyramidalen Ebenen in Betracht kommen; am häufigsten sind erklärlicherweise solche nach Flächen von (111) oder (101), den primären Formen, wobei auch die zur Zwillingsebene senkrechte Symmetrieebene den beiden Krystallen gemeinsam ist.

Beispiele[2]).

β-Zinn = Sn. a : c = 1 : 0,3857. Aus dem Schmelzfluß dünne Prismen (110), (100) oder plattenförmige Parallelverwachsungen kleiner Dipyramiden (111); aus Blei und Wismuth enthaltender Schmelze große quadratische Tafeln (001) mit (110). Besser ausgebildete Krystalle bei langsamer Elektrolyse von Zinnchlorürlösung mit den Formen: *o* (111), *p* (101), *m* (110), *r* (301), *t* (331), *a* (100), (Fig. 669); häufig Zwillingsbildung nach *o* (111) (Fig. 670), meist mit paralleler Fortwachsung zu langen Platten, deren vorherrschende Fläche die Zwillingsebene ist.

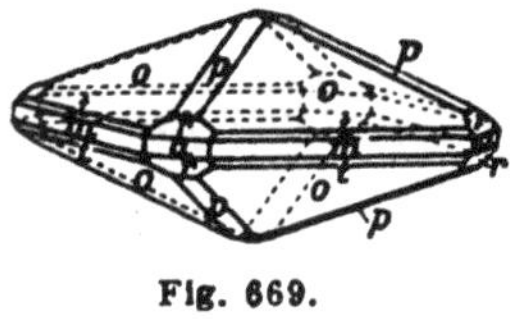

Fig. 669.

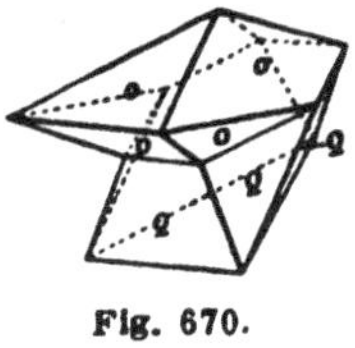

Fig. 670.

Bor = B (dieses, das sog. diamantartige Bor, enthält stets Aluminium und Kohlenstoff und ist wahrscheinlich ein Boraluminiumcarbid, ungefähr $B_{48}Al_3C_2$). a : c = 0,5762. Die von Wöhler und Deville dargestellte Substanz bildet kurz

[1]) Holoëdrische Klasse.

[2]) Die Namen derjenigen Substanzen, deren Zugehörigkeit zu dieser Klasse noch nicht sicher festgestellt ist, sind durch ein * bezeichnet; es handelt sich um Substanzen, an denen nur Formen erster und zweiter Art und noch keine Ätzfiguren beobachtet wurden.

pyramidale oder lang prismatische Kombinationen (Fig. 671 und 672) mit den Formen: *m* (110), *a* (100), *o* (111), *p* (101), *s* (221), *x* (211); häufig Zwillinge nach *p* (011) mit Verlängerung nach einer Polkante von *o* (Fig. 673).

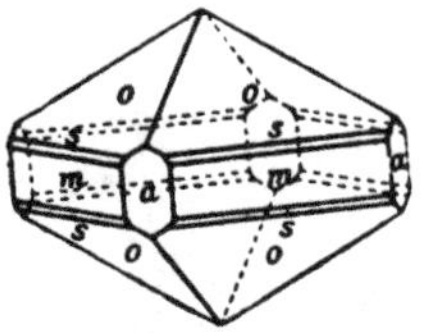

Fig. 671.

Titandioxyd (nat. Anatas) = TiO_2. a:c = 1 : 1,7771 (bestätigt durch die röntgenometrische Bestimmung des Elementarparallelepipeds s. S. 76). Gewöhnliche Formen: (111) und (001); das Mineral bildet jedoch sehr mannigfaltige und z. T. flächenreiche Kombinationen mit ditetragonalen Dipyramiden von meist recht komplizierten Verhältnissen der Indices. Spaltbarkeit nach (111) vollkommen, nach (001) ziemlich vollkommen. Brechungsindices für D : ω = 2,5618, ε = 2,4886.

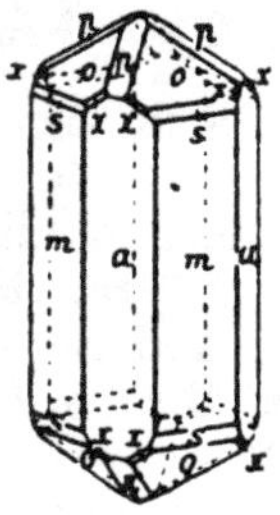

Fig. 672.

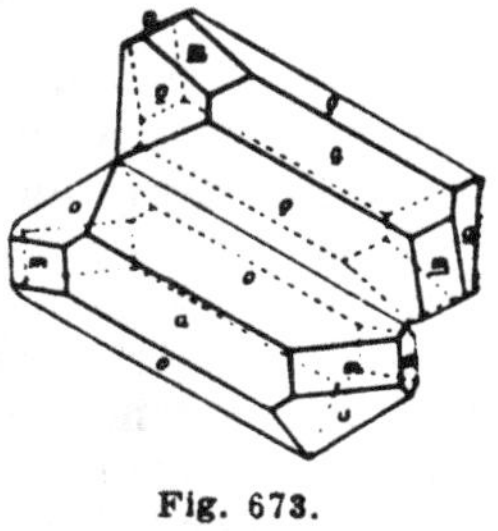

Fig. 673.

bis-Titandioxyd (nat. Rutil) = $TiTiO_4$. a:c = 0,6439 (Krystallstruktur s. S. 77). Die aus geschmolzenem Borax oder Phosphorsalz (in der Lötrohrperle) sich ausscheidenden Kryställchen sind Prismen (100), (110) mit den Endflächen (111), (101) u. a. in mannigfacher Zwillingsverwachsung nach (101) und (301) (in Fig. 674 auf (100) liegend dargestellt). Die natürlichen Krystalle zeigen die gleichen Formen und Zwillingsbildungen (s. auch bis-Zinndioxyd). Spaltbarkeit nach (100) vollkommen, nach (110) ziemlich vollkommen, nach (111) deutlich. Ätzfiguren auf (110), (100) und (111) in entsprechender Weise symmetrisch. Brechungsindices für Na : ω = 2,6158, ε = 2,9029.

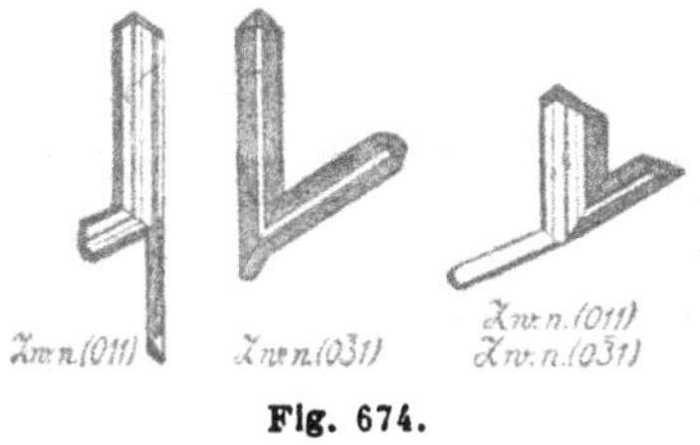

Fig. 674.

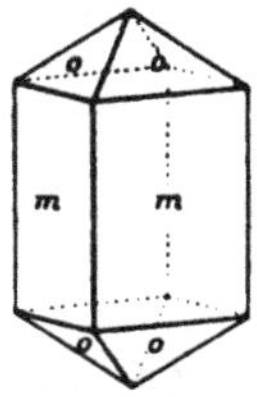

Fig. 675.

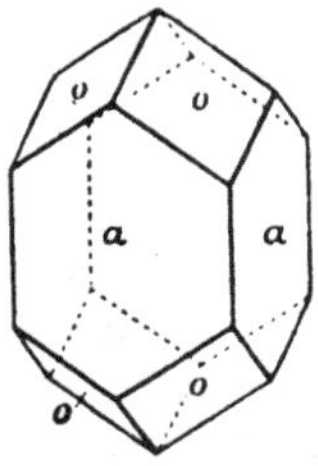

Fig. 676.

Zirkoniumsiliciumdioxyd (nat. Zirkon) = $SiZrO_4$. a : c = 1 : 0,6391 (Krystallstruktur s. S. 77). Die aus der Schmelzlösung in Lithiumdimolybdat erhaltenen Krystalle zeigen die der Fig. 672 ähnliche Kombination : *m* (110), *a* (100), *o* (111), *p* (101, *x* (311). Die natürlichen Krystalle zeigen oft einfachere Formen, wie Fig. 675 und 676 (letztere dem Rhombendodekaëder ähnlich). Spaltbarkeit nach *m* (110) deutlich. Brechungsindices für D : ω = 1,9302, ε = 1,9832.

bis-Zinndioxyd (nat. Kassiterit, Zinnerz) = $SnSnO_4$. a : c = 1 : 0,6726. An in den Spalten von Schmelzöfen gefundenen Krystallen wurde die Kombination Fig. 677 beobachtet: *m* (110), *a* (100), *p* (101), *y* (431). Das Mineral zeigt gewöhnlich die Formen : *m* (110), *a* (100), *h* (210), *o* (111), *p* (101), meist in Zwillingen nach *p* (011) (Fig. 678 und mit vorherrschenden *o* (111) Fig. 679). Spaltbarkeit unvollkommen nach *a* (100), *m* (110) u. *o* (111). Brechungsindices f. Gelb: ω = 1,9966, ε = 2,0934.

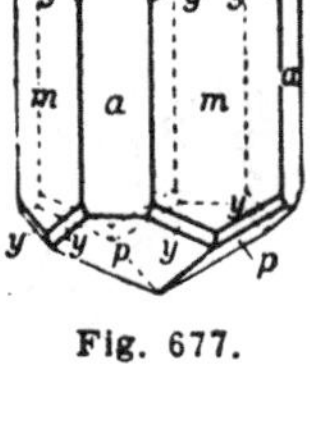

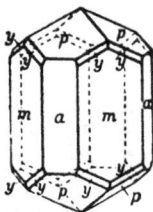

Fig. 677.

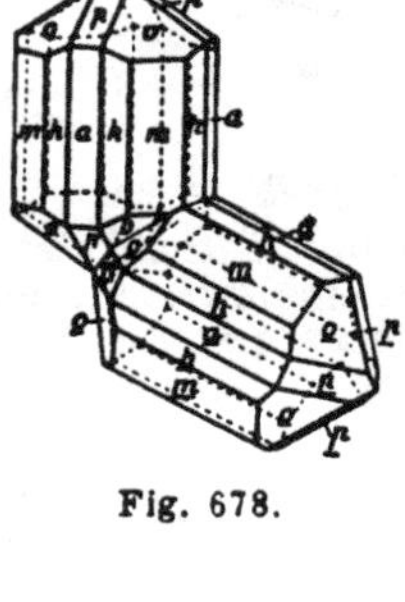

Fig. 678.

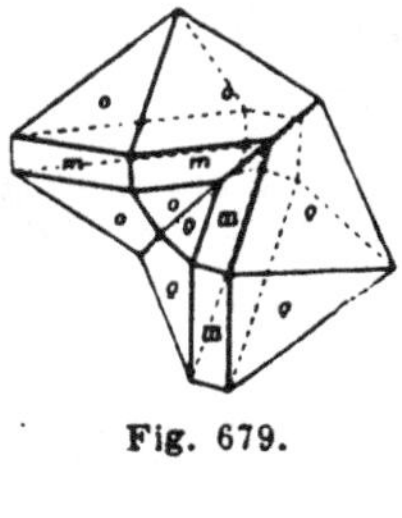

Fig. 679.

***Natriumsulfid-Enneahydrat** = $Na_2S.9H_2O$. a : c = 1 : 0,982. Prismen *m* (110) mit den Endflächen *o* (111). Doppelbrechung positiv.

Mercurochlorid (Quecksilberchlorür, nat. Kalomel) = HgCl. a : c = 1 : 1,7356. Durch Sublimation entstehen die Kombinationen Fig. 680 und 681 : *a* (100), *o* (111), *p* (101), *c* (001); die natürlichen Krystalle sind oft sehr flächenreich. Spaltbarkeit nach *a* (100) und *o* (111) deutlich. Brechungsindices für D : $\omega = 1,9733$, $\varepsilon = 2,6559$ (die stärkste bekannte Doppelbrechung).

* **Tetramethylammoniumjodid** = $N(CH_3)_4J$. a : c = 1 : 0,7223. Aus warmer wässeriger oder alkoholischer Lösung die Kombination (Fig. 682) : *a* (100), *o* (111),

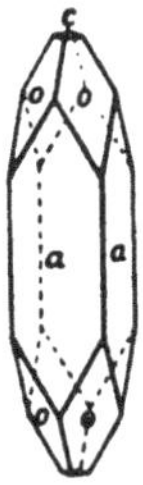

Fig. 680.

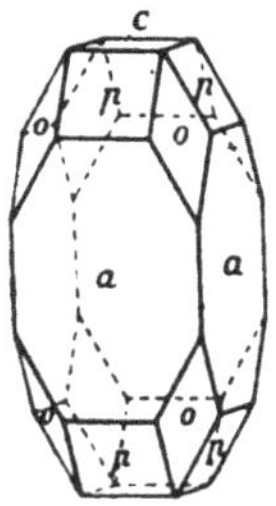

Fig. 681.

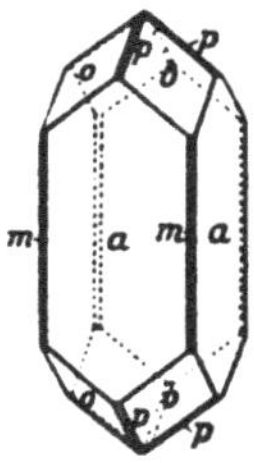

Fig. 682.

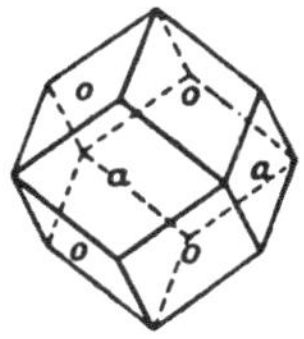

Fig. 683.

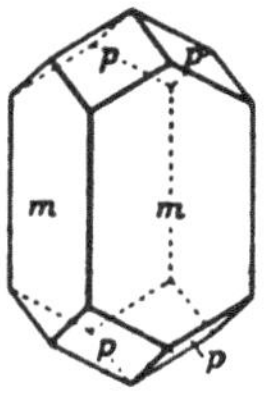

Fig. 684.

m (110), *p* (101); aus Wasser bei gewöhnlicher Temperatur Pseudo-Rhombendodekaëder Fig. 683. Spaltbarkeit nach *a* (100) und *c* (001) vollkommen. Doppelbrechung negativ, schwach.

* **Tetramethylphosphoniumjodid** = $P(CH_3)_4J$. a : c = 1 : 0,7310. Aus wässeriger Lösung Prismen *m* (110) mit *p* (101) (Fig. 684), aus alkoholischer dieselben Formen mit *c* (001), nach letzterem tafelig. Spaltbar nach *c* (001) vollkommen, nach *a* (100) weniger gut. Doppelbrechung negativ.

* **Magnesiumplatincyanür-Heptahydrat** = $Pt(CN)_4Mg . 7\,H_2O$. a : c = 1 : 0,6103. Kombination : *a* (100), *c* (001), einem Würfel ähnlich oder tafelig nach *c* oder kurzprismatisch nach *a*, oft mit geordnetem (111). Spaltbarkeit nach (001) vollkommen. Doppelbrechung positiv, sehr schwach; $\omega = 1,5608$ (*D*), Dispersion anomal. Körperfarbe karminrot mit deutlichem Pleochroismus; Oberflächenfarbe auf *a* (100) grün metallisch.

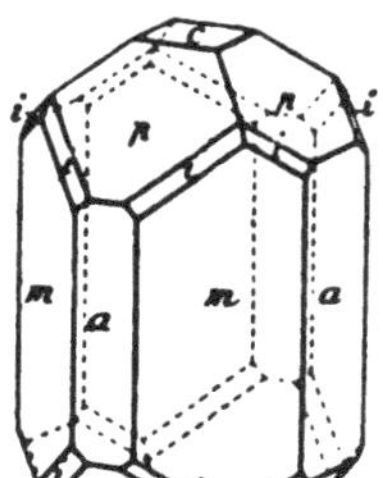

Fig. 685.

Silberchlorat = ClO_3Ag. a : c = 1 : 0,9325. Kombination (Fig. 685) : *m* (110), *a* (100), *p* (101), *c* (001), *i* (211).

Natriummetaperjodat = $J_2O_8Na_2$. a : c = 1 : 1,590. Kombination (Fig. 686): *o* (111), *p* (101). Spaltbarkeit nach *c* (001). Ätzfiguren der Symmetrieklasse entsprechend. Doppelbrechung positiv.

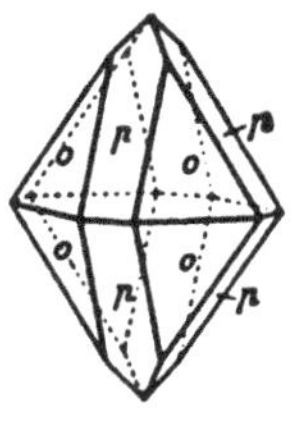

Fig. 686.

Calciumaluminiumhydroxysilikat (Idokras, Vesuvian) = $Si_2O_7Al\,Ca_2\,(OH)$. Das Mineral (dessen Zusammensetzung durch die angegebene Formel nur annähernd ausgedrückt wird) zeigt mannigfaltige und zuweilen sehr flächenreiche Kombinationen von (110), (100), (111), (001), (101), (210), (310), (331), (211) u. a. Spaltbarkeit unvollkommen. Doppelbrechung negativ, sehr schwach, zuweilen anomal zweiaxig.

***Berylliumsulfat-Tetrahydrat** = $SO_4Be.4\,H_2O$. a : c = 1 : 0,9461. Große oktaëderähnliche Dipyramiden (101), oft mit Abstumpfungen der Basisecken durch (110). Keine deutliche Spaltbarkeit. $\omega = 1,472$, $E = 1,437$ (Na). Häufig optische Anomalien infolge eingelagerter Zwillingslamellen nach (101).

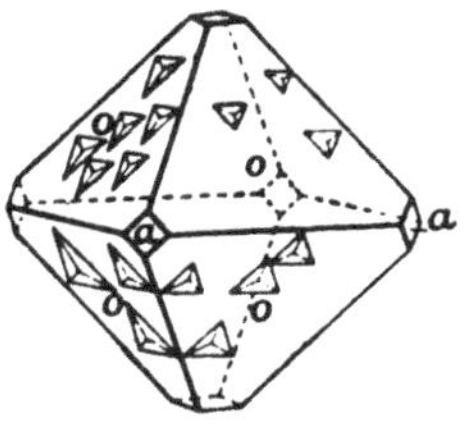

Fig. 687.

Kobalthypophosphit-Hexahydrat = $(PH_2O_2)_2Co.6\,H_2O$. a : c = 1 : 0,9892. Pseudooktaëdrische Krystalle (Fig. 687): *o* (111), *a* (100), *c* (001). Ätzfiguren s. Fig. 687. Doppelbrechung positiv, sehr schwach.

Yttriumorthophosphat (nat. Xenotim) = PO_4Y. a : c = 1 : 0,627. Das Mineral zeigt ähnliche Formen, wie Zirkon (S. 200) und ergab bei der röntgenometrischen Untersuchung auch eine ähnliche Krystallstruktur (ein bei der Verschiedenheit der chemischen Konstitution vorläufig noch unerklärliches Verhältnis). Spaltbarkeit nach (110) ziemlich vollkommen. Doppelbrechung positiv.

Pseudotetragonale Krystalle.

Quecksilberjodid = HgJ_2. a : c = 1 : 2,0080. Kombination (001), (111). Spaltbarkeit (001) sehr vollkommen. Doppelbrechung negativ, sehr stark; die Krystalle aus Jodkaliumlösung einaxig, die aus Acetonlösung nur stellenweise, sonst zweiaxig (2 *E* bis 30°) mit senkrecht gekreuzten Axenebenen.

Kaliumkupferchlorid-Dihydrat = $CuCl_4K_2 . 2\,H_2O$. a : c = 1 : 0,7525. Das Salz zeigt die Formen *a* (100) und *o* (111) in ähnlichen Kombinationen wie Fig. 682 und 683. In Schliffen nach (001) zeigen die scheinbar einfachen Krystalle nach den Nebenaxen eine Teilung in vier optisch zweiaxige Sektoren mit diagonalen Axenebenen und sind darnach rhombische Durchkreuzungszwillinge nach einem pseudotetragonalen Prisma.

Triisobutylammoniumhexachloroplatinat = $PtCl_6(NH . 3\,C_4H_9)_2$. Das Salz bildet quadratische Tafeln (001), begrenzt von einer spitzen Dipyramide (101) und bestehend aus vier, nach (100) und (010) verwachsenen Sektoren, deren paarweise gekreuzte Axenebenen (2 *E* = 15°, 1. Mittellinie senkrecht zu (001)) 45° mit den Zwillingsgrenzen bzw. den Seiten der Tafeln bilden. Spaltbarkeit nach (001) sehr vollkommen.

Analog dem Quecksilberjodid sind auch die optisch einaxigen Krystalle des **Ferrocyankaliums** (s. S. 130) und des **Kupferuranits** (s. S. 104) als pseudotetragonale, lamellare Zwillingsbildungen zu betrachten.

Das Mineral **Apophyllit** = $(SiO_3)_8Ca_4KH_7 . 4^1/_2H_2O$ bildet spitze tetragonale Dipyramiden (111), welche aber nur z. T. optische Einaxigkeit zeigen; es sind lamellare Vierlingsverwachsungen wahrscheinlich monokliner Krystalle (a : b : c = 1 ca. : 1 : 1,7615, β = 90° ca.) nach (001) und (110). Spaltbarkeit nach (001) sehr vollkommen.

Hexagonales Krystallsystem.

Den fünf Klassen tetragonaler Krystalle, deren Hauptaxe eine vierzählige Axe der einfachen Symmetrie ist, entsprechen fünf weitere Klassen von Krystallen mit einer sechszähligen Drehungsaxe[1]). Durch eine solche werden die hexagonalen Raumgitter (S. 70) charakterisiert, und die Existenz dieser Axe bedingt die Gleichwertigkeit von je drei dazu senkrechten, einander unter 60° schneidenden Punktreihen eines derartigen Gitters. Der Krystallstruktur jener fünf Klassen können daher keine anderen als hexagonale Raumgitter zugrunde liegen, und es muß für sie auch noch die weitere Bedingung gelten, daß durch ihre Ineinanderstellung die Sechszähligkeit der Hauptaxe nicht aufgehoben wird (wie es z. B. bei den S. 73 betrachteten regelmäßigen Punktsystemen der Fall ist).

Unter den zur Hauptaxe senkrechten, gleichwertigen Kanten des Krystalls bzw. Punktreihen des Raumgitters kommt die dichteste Besetzung mit Atomen denjenigen parallel den Seiten der Basis des hexagonalen bzw. trigonalen Prismas Fig. 56, S. 70 zu, und diese drei Kanten haben für die hexagonalen Krystalle genau die gleiche Bedeutung, wie die beiden aufeinander senkrechten Nebenaxen des tetragonalen Krystallsystems. Dieser Analogie wird dadurch Rechnung getragen, daß die hexagonalen Krystalle außer auf die Hauptaxe auf jene drei Kanten als Nebenaxen bezogen werden; alsdann liefert die durch eine einzige Messung gegebene Stellung einer Einheitsfläche das Verhältnis des Parameters einer Nebenaxe zu dem der Hauptaxe $a : c = 1 : .,....,$ also die vollständigen Elemente des Krystalls, wie im tetragonalen System.

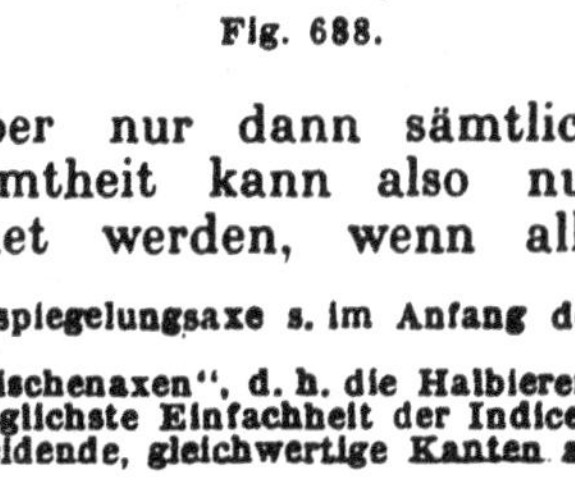

Fig. 688.

Das Axensystem, welches hiernach den hexagonalen Krystallen zugrunde gelegt werden soll, ist in Fig. 688 dargestellt mit Einzeichnung der sechs gleichwertigen Einheitsflächen, für deren Wahl dieselben Grundsätze gelten, wie für die der tetragonalen Krystalle (S. 185)[2]). Die gleichwertigen Flächen einer einfachen Form erhalten aber nur dann sämtlich die gleichen Werte der Indices, ihre Gesamtheit kann also nur dann mit einem einzigen Symbol bezeichnet werden, wenn alle

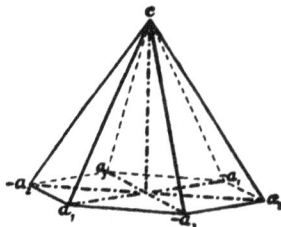

[1]) Über die Symmetrieklassen mit einer sechszähligen Drehspiegelungsaxe s. im Anfang des trigonalen Krystallsystems.

[2]) Wie dort können auch hier statt der Nebenaxen die „Zwischenaxen", d. h. die Halbierenden der Winkel der ersteren, oder, unter Verzicht auf die möglichste Einfachheit der Indices, irgend drei, in der „Basis" liegende, einander unter 60° schneidende, gleichwertige Kanten als krystallographische Axen angenommen werden.

drei auf die Nebenaxen bezüglichen Indiceszahlen, von denen natürlich die dritte aus den beiden anderen folgt, eingesetzt werden. Dies soll nun immer in der Reihenfolge geschehen, wie es in Fig. 688 angegeben ist; alsdann erhalten von den sechs Einheitsflächen, welche eine hexagonale Pyramide bilden, die nach vorn gekehrte die Bezeichnung $(10\bar{1}1)$, die nach rechts folgenden die Indices: $(01\bar{1}1)$, $(\bar{1}101)$, $(\bar{1}011)$, $(0\bar{1}11)$ und $(1\bar{1}01)$; die Gesamtheit dieser Flächen ist folglich durch das Symbol $(10\bar{1}1)$ vollständig charakterisiert[1]), ebenso jede andere hexagonale Pyramide, welche gleiche Parameter zweier benachbarter Nebenaxen besitzt und daher auch hier, wie im tetragonalen System, als erster Art bezeichnet wird, durch das allgemeine Symbol $(h0\bar{h}l)$. Sind in Fig. 689 die strichpunktierten Geraden die drei Nebenaxen und ist $H_1 H_3$ die vordere Basiskante der in voriger Figur dargestellten Pyramide (allgemein einer solchen erster Art), so ist $H_1 H_2$ die damit 30° bildende Basiskante einer Pyramide zweiter Art, deren Indices

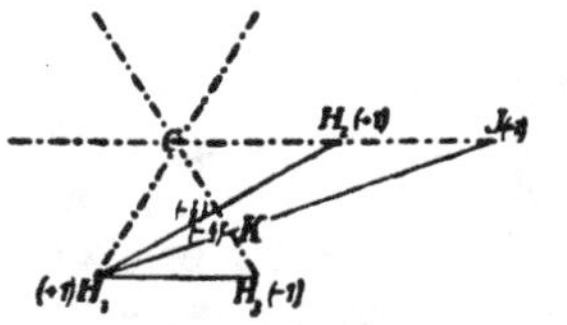

Fig. 689.

offenbar $(11\bar{2}1)$ sind, woraus als allgemeines Symbol der Pyramiden dieser Stellung sich ergibt: $(h.h.\bar{2h}.l)$. Handelt es sich endlich um eine Pyramide dritter Art, d. h. um eine solche, für welche das Verhältnis CK : CH zwischen 1 und ½ liegt, so verhalten sich die drei Parameter CH_1, CI und CK (in dem der Fig. 689 zugrunde gelegten Beispiele $1:2:{}^2/_3 = {}^1/_2:1:{}^1/_3$) so zueinander, daß die drei ihnen entsprechenden Indices h, i, k, von denen notwendig wenigstens einer negativ sein muß, die Summe Null geben; das allgemeine Symbol einer Form dritter Art ist also (hikl), in welchem die drei ersten Indices die eben angeführte Bedingung erfüllen müssen, z. B. $(21\bar{3}2)$[2]) (der Fig. 689 entsprechend) oder $(31\bar{4}3)$ (letzteres Verhältnis ist in den folgenden Abbildungen der einfachen Formen der einzelnen Klassen zugrunde gelegt worden, weil diese hierdurch bei der üblichen Projektion des Axensystems besser hervortreten).

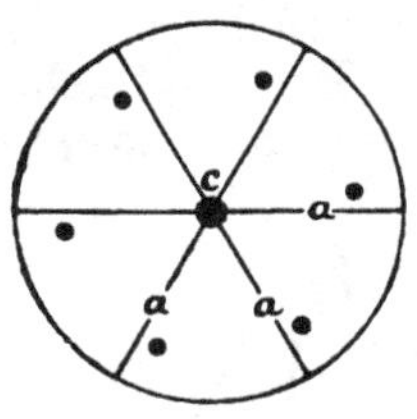

Fig. 690.

Der niedrigste Grad der Symmetrie kommt im hexagonalen System derjenigen Klasse zu, in welcher neben der sechszähligen Hauptaxe kein weiteres Symmetrieelement vorhanden ist; alsdann ist die in Fig. 690 projizierte allgemeine Form eine hexagonale Pyramide dritter Art; diese Klasse entspricht vollkommen der pyramidalen Klasse des tetragonalen Krystallsystems und wird daher auch ebenso benannt. Tritt zu der sechszähligen Axe noch eine zweizählige, notwendig dazu senkrechte, hinzu, so erfordert diese Kombination, wie aus der Projektion Fig. 691 hervorgeht, nicht weniger als sechs zweizählige Axen parallel den Neben- und den Zwischenaxen, also sämtliche Symmetrieaxen der hexagonalen Raumgitter, wie es bei der analogen Klasse des

[1]) Würde man die Flächen auf nur zwei Nebenaxen, z. B. auf die beiden nach vorn gerichteten, beziehen, so erhielte man für die beiden ersten der aufgezählten Flächen die Indices (111) und (011), also für gleichwertige Flächen verschiedene Symbole.

[2]) Von den Indices dieser vierstelligen, sogen. Bravaisschen Symbole dürfen bei der Ableitung der Indices einer Fläche aus den Zonen nach den S. 84 f. angegebenen Methoden natürlich nur drei, stets auf die gleichen Nebenaxen (z. B. auf die beiden nach vorn gerichteten) und die Hauptaxe bezüglichen verwendet werden, also solche, die für gleichwertige Flächen sich in der Weise unterscheiden, wie es in der vor. Anm. erwähnt wurde. Nachträglich wird dann der aus den beiden ersten Indices sich ergebende dritte Index in das berechnete Symbol eingefügt.

tetragonalen Systems der Fall ist; die allgemeine Form ist auch hier ein »Trapezoëder«. Die Hinzufügung einer einzigen, folglich zur Hauptaxe senkrechten Ebene der Symmetrie zu derjenigen der ersten Klasse liefert, wie Fig. 692 zeigt, eine hexagonale »Dipyramide«. Findet dagegen die Hinzufügung einer der Hauptaxe parallelen Symmetrieebene statt, so ergeben sich zu den sechs Polen der Fig. 690 sechs weitere

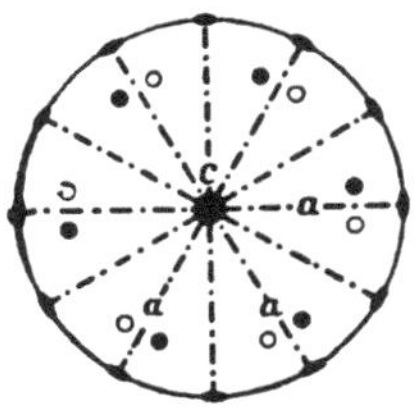

Fig. 691.

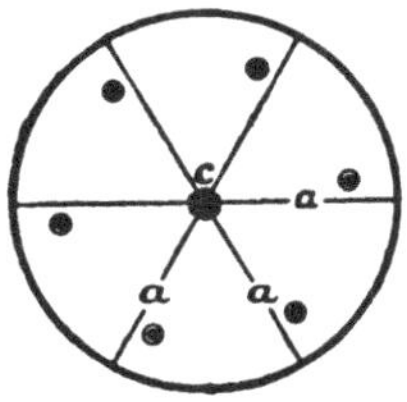

Fig. 692.

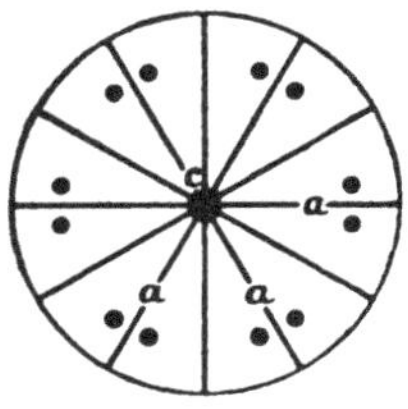

Fig. 693.

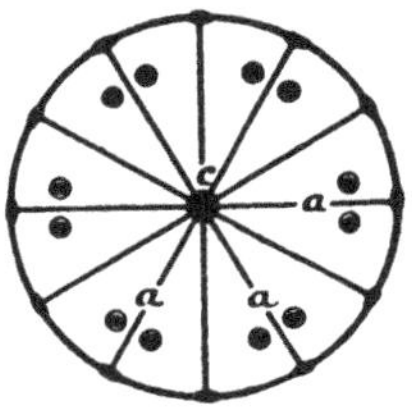

Fig. 694.

gleichwertige, welche mit jenen zusammen eine »dihexagonale Pyramide« bilden, und diese ist, wie Fig. 693 zeigt, nach nicht weniger als sechs Ebenen symmetrisch. Tritt endlich zu dieser Symmetrie noch diejenige nach der Basis, wie in Fig. 692, hinzu, so entsteht eine »dihexagonale Dipyramide«, deren Projektion in Fig. 694 dargestellt ist, aus welcher hervorgeht, daß eine solche Form nicht nur die sämtlichen Symmetrieaxen, sondern auch alle Symmetrieebenen der hexagonalen Raumgitter besitzt.

Für die letzte, höchst symmetrische Klasse gelten ebenfalls vollständig die S. 186 f. angestellten Betrachtungen, nur mit dem Unterschiede, daß die Gesamtzahl der Flächen mit den gleichen Indiceswerten, einschließlich der möglichen Vertauschungen, hier vierundzwanzig beträgt und dementsprechend die Hälfte bzw. das Viertel zwölf bzw. sechs.

Ebenso sind auch hier die bivektoriellen Eigenschaften den Krystallen aller Klassen gemeinsam, so daß auf die Abschnitte über Spaltbarkeit S. 54f. und über die optischen und thermischen Eigenschaften S. 12 bis 23, 43, 45 verwiesen werden kann.

Pyramidale Klasse[1]).

Die in Fig. 695 projizierte allgemeine Form (hikl) mit einer sechszähligen Axe als einzigem Symmetrieelement ist eine obere linke hexagonale Pyramide dritter Art, in Fig. 697 in Kombination mit der unteren Basisfläche $(000\bar{1})$ abgebildet. Dieselben Winkel der sechs gleichen Polkanten besitzt die durch Spiegelung nach einer der vertikalen Axenebenen daraus hervorgehende rechte $(k\bar{i}hl)$, ebenso die beiden unteren $(hik\bar{l})$ und $(k\bar{i}h\bar{l})$, die Spiegelbilder der beiden ersten nach der Basis. In den besonderen Fällen $k = \bar{h}$ und $k = 2\bar{h}$, d. h. wenn die Pole in den 30° mit den Nebenaxen bildenden bzw. in den mit letzteren identischen Durchmessern der Projektion liegen, fällt jedesmal die linke Pyramide mit der rechten zusammen, und es ergibt sich nur je eine Pyramide erster bzw. zweiter

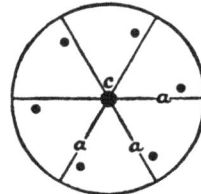

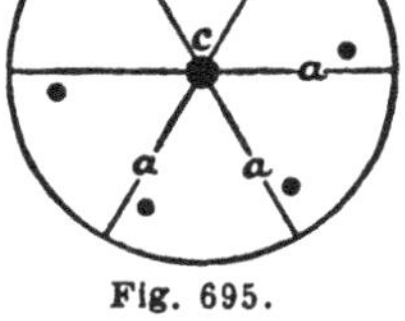

Fig. 695.

[1]) Hemimorph-hemiëdrische Klasse.

Art (Fig. 696 bzw. 698), es existieren also nur vier primäre Pyramiden: $(10\bar{1}1)$, $(10\bar{1}\bar{1})$, $(2\bar{1}\bar{1}2)$ und $(2\bar{1}\bar{1}\bar{2})$, von denen die beiden letzten die Polkanten der ersten gerade abstumpfen. Liegen die sechs Pole im

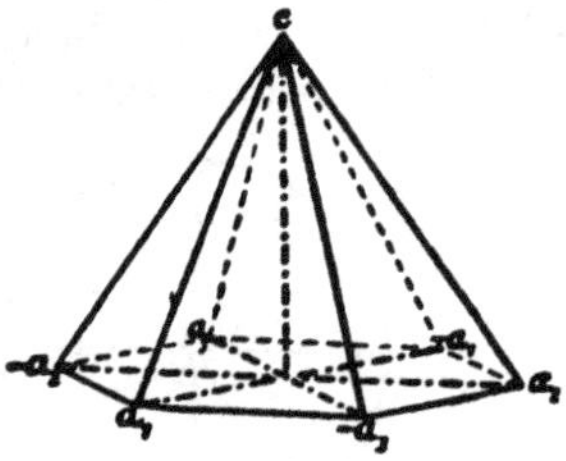
Fig. 696.

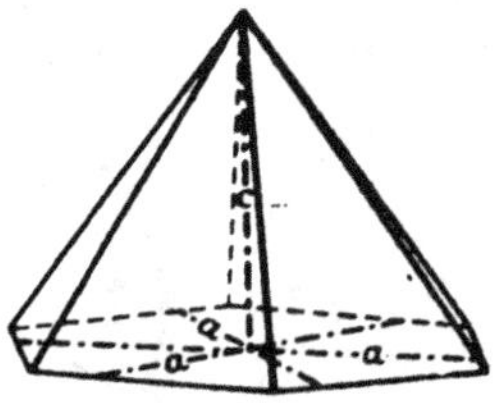
Fig. 697.

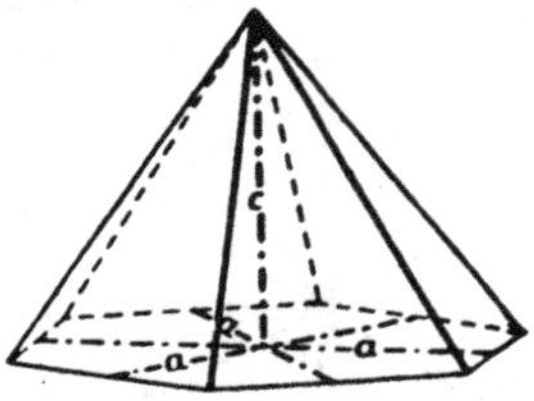
Fig. 698.

Grundkreise der Projektion, so entsprechen sie einem hexagonalen Prisma, im allgemeinen Falle dritter (Fig. 700), im besonderen erster (Fig. 699) oder zweiter Art (Fig. 701); fallen sie mit einem Pole der Hauptaxe zusammen, so entspricht ihnen nur eine einzige Fläche (0001) oder $(000\bar{1})$.

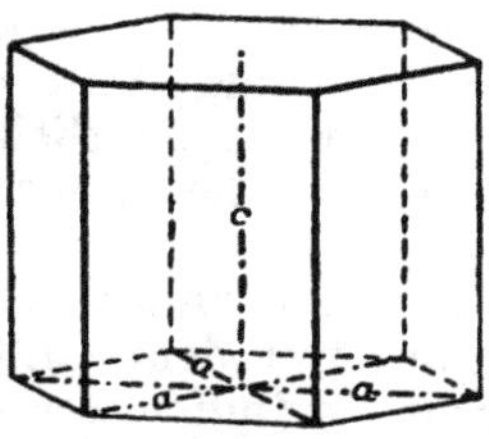
Fig. 699.

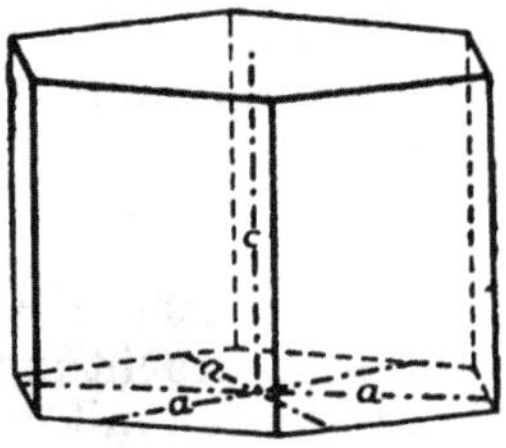
Fig. 700.

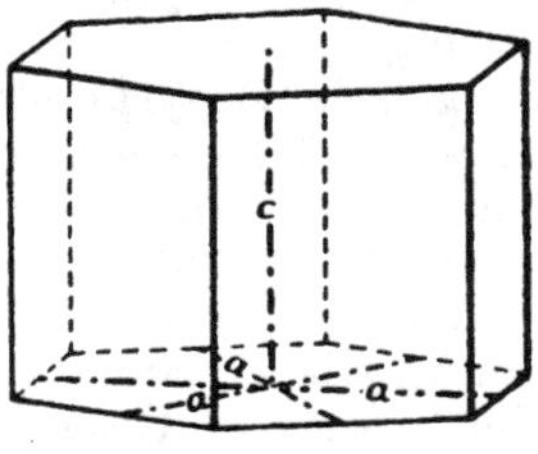
Fig. 701.

Es ergeben sich also folgende Formen in dieser Klasse als möglich:

(0001) obere (positive) Basis; $(000\bar{1})$ untere (negative) Basis,
$(10\bar{1}0)$ Prisma erster Art,
$(11\bar{2}0)$ Prisma zweiter Art,
(hik0) Prisma dritter Art,
$(h0\bar{h}l)$ Pyramide erster Art,
$(h.h.\overline{2h}.l)$ Pyramide zweiter Art,
(hikl) Pyramide dritter Art.

Wie in der entsprechenden Klasse des tetragonalen Systems (S. 189) können auch hier die Kombinationen der häufigsten Formen von solchen höherer Symmetrie nur durch Ätzfiguren und durch pyroelektrischen Nachweis der Polarität der Hauptaxe unterschieden werden. Ferner gibt es auch hier Krystalle mit und ohne optisches Drehungsvermögen; erstere können erklärt werden durch ein regelmäßiges Punktsystem mit Schraubenstruktur (Sechspunktschraubensystem), welches aus sechs hexagonalen Raumgittern besteht, die letzteren durch Punktsysteme der allgemeinen Theorie der Krystallstruktur, welche keine einseitigen Schraubungsaxen besitzen, aber der vorliegenden Symmetrie entsprechen und daher in zwei enantiomorphen Anordnungen existieren.

Zwillinge sind in dieser Klasse nach jeder Fläche möglich; die einfachsten Fälle, nämlich nach (0001) und $(10\bar{1}0)$ kommen bei einem der folgenden Beispiele (Nephelin) sogar vereinigt vor.

Beispiele.

Optisch inaktive Substanzen.

Lithiumkaliumsulfat = SO_4KLi. a:c = 1:1,6755. Selten einfache Krystalle mit den Formen *m* (10$\bar{1}$0), *o* (10$\bar{1}$1), *c* (0001), meist Zwillinge nach der Basis (Fig. 702 und 703) vom Aussehen einfacher dipyramidaler Krystalle, erkennbar durch die enantiomorphen Ätzfiguren der oberen und unteren Endflächen sowie durch Auftreten positiver Elektrizität an beiden Enden und negativer in der Mitte beim Abkühlen eines erwärmten Krystalls. Spaltbarkeit nach *c* (0001) unvollkommen. Ätzfiguren auf *o* (10$\bar{1}$1) Trapeze. Brechungsindices für die *D*-Linie: $\omega = 1{,}4715$, $\varepsilon = 1{,}4721$. Drehungsvermögen für 1 mm $3^1/_2{}^\circ$ (wahrscheinlich stärker, da die Krystalle fast immer nach (0001) eingelagerte, entgegengesetzt drehende Zwillingsschichten enthalten.

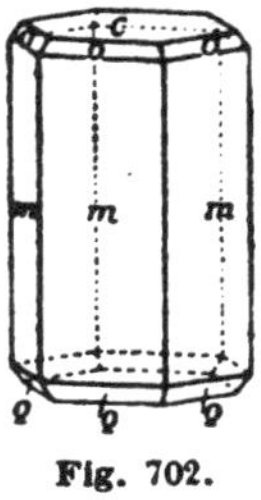

Fig. 702.

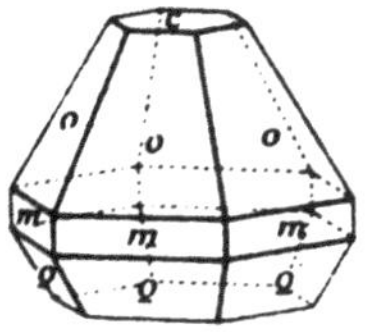

Fig. 703.

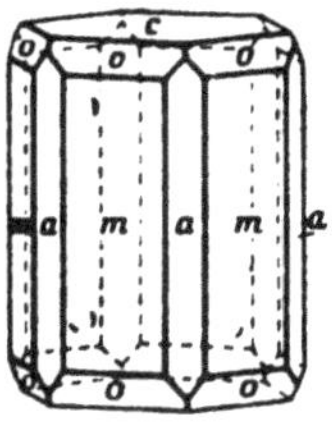

Fig. 704.

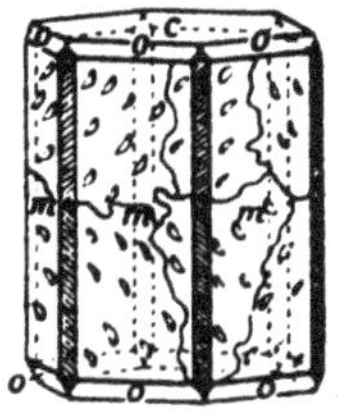

Fig. 705.

Nephelin = $Si_9O_{34}Al_8Na_8$. a:c = 1:0,8389. Kombination der natürlichen Krystalle *m* (10$\bar{1}$0), *c* (0001), nicht selten auch *o* (10$\bar{1}$1) und *a* (2$\bar{1}\bar{1}$0) (Fig. 704). Die mit Flußsäure erhaltenen Ätzfiguren auf *m* (10$\bar{1}$0) sind unsymmetrisch; gewöhnlich sind die scheinbar einfachen Krystalle Durchwachsungszwillinge nach zwei Gesetzen: „Zwillingsebene *m* (10$\bar{1}$0)" und „Zwillingsebene *c* (0001)", so daß auf den Prismenflächen Ätzfiguren in vier verschiedenen Stellungen α, β, γ, δ (Fig. 705) auftreten; die schmalen Abstumpfungen der Prismenkanten sind durch Ätzung entstandene Flächen von *a* (11$\bar{2}$0); dieselben sind schief, also unsymmetrisch, gerieft. Spaltbarkeit nach *m* (10$\bar{1}$0) und *c* (0001) unvollkommen. Brechungsindices für Na: $\omega = 1{,}5427$, $\varepsilon = 1{,}5378$.

Optisch aktive Substanzen.

Strontiumantimonyltartrat = $(C_4H_4O_6)_2(SbO)_2Sr$. a:c = 1:0,8442. Kombination Fig. 706 oder 707: *m* (10$\bar{1}$0), *o* (10$\bar{1}$1), ξ (20$\bar{2}\bar{1}$), ω (10$\bar{1}\bar{1}$). Ätzfiguren auf *m* s. Fig. 706. Brechungsindices für Rot: $\omega = 1{,}6827$, $\varepsilon = 1{,}5874$. Drehungsvermögen nicht beobachtet. Der analoge Pol der elektrischen Axe ist der in den Figuren untere.

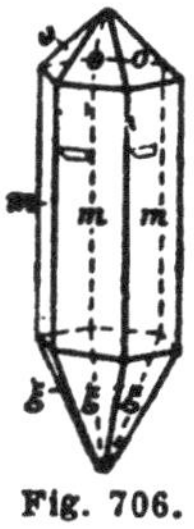

Fig. 706.

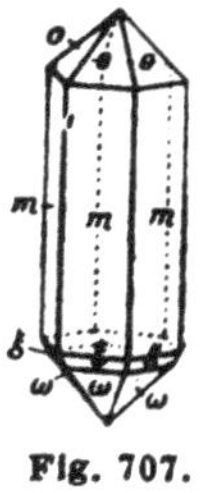

Fig. 707.

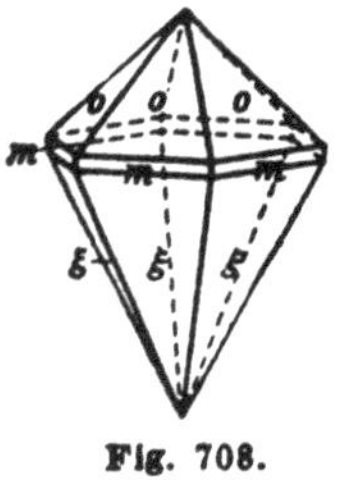

Fig. 708.

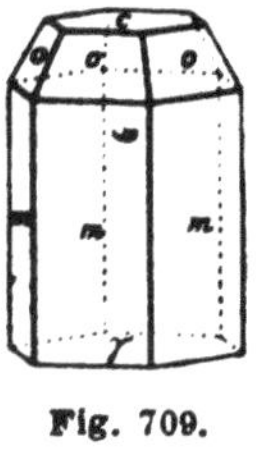

Fig. 709.

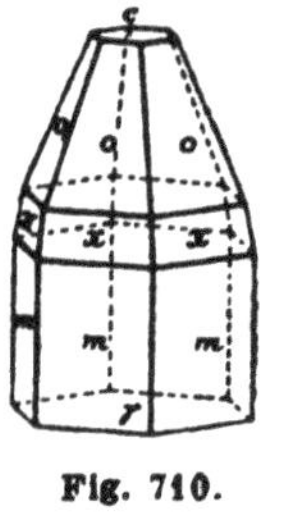

Fig. 710.

Bleiantimonyltartrat = $(C_4H_4O_6)_2(SbO)_2Pb$. a : c = 1 : 0,8526. Kombination (Fig. 708): ξ (20$\bar{2}\bar{1}$), *o* (10$\bar{1}$1), *m* (10$\bar{1}$0). Ätzfiguren, optische und elektrische Eigenschaften = vor.

l-cis-π-Camphansäure = $(C_8H_{13}.COOH)\langle{}^{O}_{CO}$. a:c = 1:1,7691. Kombination (Fig. 709): *m* (10$\bar{1}$0), *o* (10$\bar{1}$1), γ (000$\bar{1}$), *c* (0001). Linksdrehend. Der analoge Pol der elektrischen Axe ist der untere.

Hydrocinchoninsulfat-Hendekahydrat = $(C_{19}H_{24}ON_2)_2 . H_2SO_4 . 11\,H_2O$. a : c = 1:2,1799. Beobachtete Formen: *m* (10$\bar{1}$0), γ (000$\bar{1}$), *c* (0001), *o* (10$\bar{1}$1), *x* (50$\bar{5}$2); Kombinationen wechselnd, von Tafeln nach der Basis bis zu dünnen Prismen (Fig. 710). Spaltbarkeit nach *c* (0001) vollkommen. Doppelbrechung negativ; Drehungsvermögen $+\,13^\circ$Na.

Trapezoëdrische Klasse[1]).

Die Kombination der sechszähligen Axe der einfachen Symmetrie mit sechs dazu senkrechten zweizähligen, parallel den Neben- und Zwischenaxen (Fig. 711), bedingt als allgemeine Form (hikl) ein Trapezoëder, und zwar nennt man das in die Projektion eingezeichnete und in Fig. 712a abgebildete ein linkes,

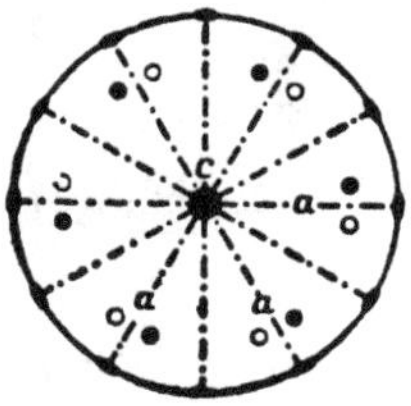

Fig. 711.

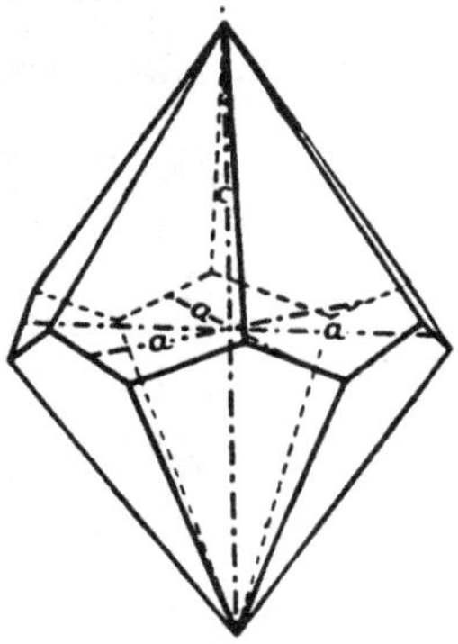

Fig. 712a.

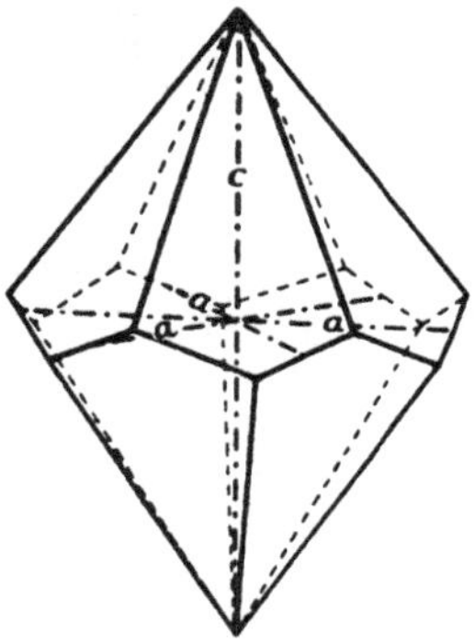

Fig. 712b.

das aus den entgegengesetzten Flächen bestehende Spiegelbild desselben (Fig. 712b) ein rechtes; das eine wie das andere besitzt zwölf gleiche Polkanten und zweierlei Mittelkanten. Die sechs besonderen Fälle, welche sich dadurch ergeben, daß die Pole in den Seiten oder Ecken der von Grundkreis, Neben- und Zwischenaxen begrenzten Dreiecke der Projektion fallen, sind folgende: wenn k = h̄, entspricht dem

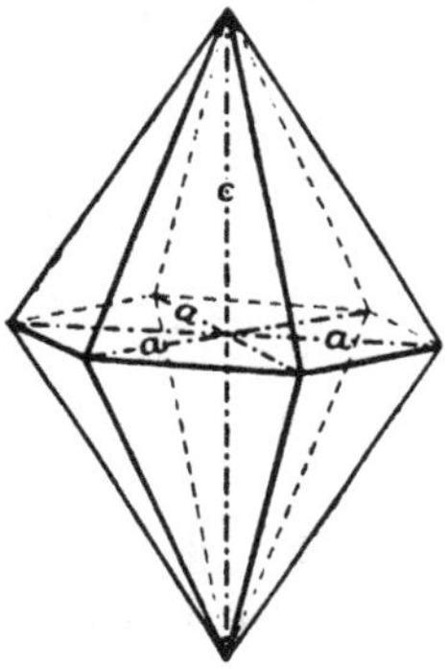

Fig. 713.

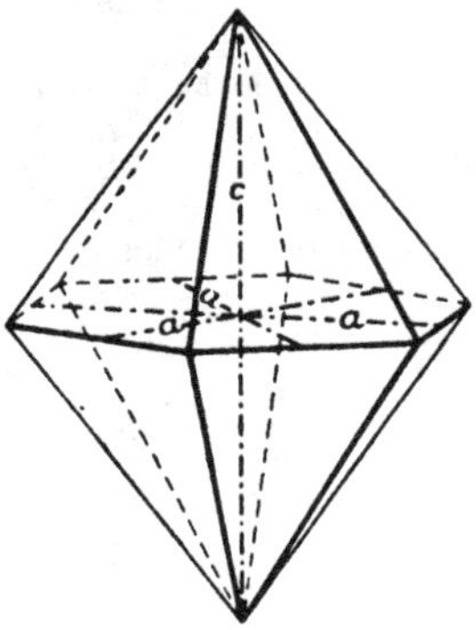

Fig. 714.

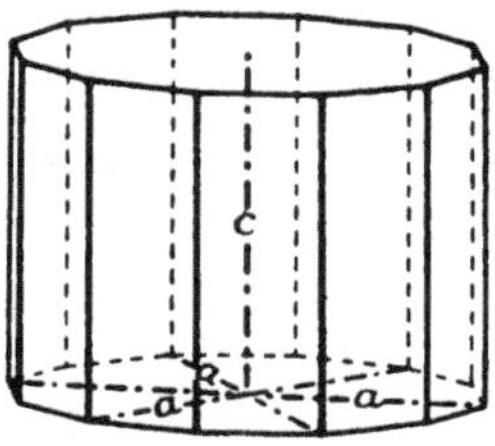

Fig. 715.

rechten und linken Trapezoëder als gemeinsame Grenzform eine hexagonale Dipyramide erster Art (Fig. 713), wenn $k = 2\bar{h}$, ebenso eine hexagonale Dipyramide zweiter Art (Fig. 714). Diese drei Arten dipyramidaler Formen verwandeln sich im Falle des Parallelismus mit der Hauptaxe im ersten Falle in ein dihexagonales Prisma (Fig. 715) mit zweierlei Kanten (ein solches mit zwölf gleichen Flächenwinkeln würde irrationale Indices besitzen), im zweiten und dritten Falle in die beiden hexagonalen Prismen Fig. 699 und 701 (S. 206). Für h = i = k = 0

---

[1]) Trapezoëdrisch-hemiëdrische Klasse.

endlich ergibt sich das basische Pinakoïd. Die möglichen Formen dieser Klasse sind also die folgenden:

(0001) Basis,
(10$\bar{1}$0) Prisma erster Art,
(11$\bar{2}$0) Prisma zweiter Art,
(hik0) dihexagonales Prisma
(h0$\bar{h}$l) Dipyramide erster Art,
(h.h.2$\bar{h}$.l) Dipyramide zweiter Art,
(hikl) Trapezoëder.

Die gewöhnlichsten Kombinationen sind natürlich diejenigen der Formen erster und zweiter Art mit der Basis, und bisher sind auch nur solche an den Krystallen beobachtet worden, welche wegen der Gestalt ihrer Ätzfiguren und ihres optischen Drehungsvermögens dieser Klasse zugerechnet werden müssen. Die letztere Eigenschaft der hierher gehörigen Krystalle kann, analog derjenigen der tetragonal-trapezoëdrischen (S. 193), erklärt werden durch ein aus zwölf hexagonalen Raumgittern bestehendes, regelmäßiges Punktsystem, das zusammengesetzte Sechspunktschraubensystem Sohncke's; nach der allgemeinen Theorie der Krystallstruktur wären aber auch Krystalle dieser Symmetrie ohne Drehungsvermögen möglich.

Symmetrische Verwachsungen können nach jeder Fläche stattfinden; die wahrscheinlichsten sind die nach der Basis, dem Prisma erster und dem zweiter Art.

Beispiele.

Optisch inaktive Substanzen.

β-Quarz = SiO_2. a : c = 1 : 1,0999. Die gewöhnlichste Kombination des Minerals ist die des Prismas 1. Art (10$\bar{1}$0) mit einer Dipyramide (10$\bar{1}$1) von ähnlicher Gestalt wie Fig. 713 (S. 208). Die Krystalle besitzen aber nur eine dreizählige Hauptaxe und gehören daher dem trigonalen Krystallsystem an (s. dieses); scheinbar sechszählig ist dagegen die Hauptaxe der häufigen (bereits S. 52 unten erwähnten) Durchdringungszwillinge zweier rechts- bzw. zweier links drehenden Krystalle. Bei 570° C. findet nun eine Umwandlung des Quarzes in eine Modifikation statt, welche sich nur durch eine Änderung der Stärke der Doppelbrechung und des Drehungsvermögens zeigt, also nicht, wie bei der Polymorphie (S. 3), mit einer wesentlichen Änderung der Krystallstruktur verbunden ist. Der so entstehende »β-Quarz« zeigt nun Ätzfiguren, welche beweisen, daß er die Symmetrie der hexagonal-trapezoëdrischen Klasse besitzt. Beim Abkühlen unter 570° verwandelt er sich stets in einen (den natürlichen analogen) Zwilling der entsprechenden trigonalen Symmetrieklasse.

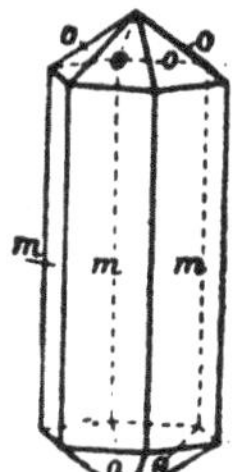
Fig. 716.

Kaliumsilicomolybdat-Oktokaidekahydrat = $Mo_{12}SiO_{40}K_4.18H_2O$. a : c = 1 : 0,6809. Prismen *m* (10$\bar{1}$0), am Ende *o* (10$\bar{1}$1) (Fig. 716). Doppelbrechung negativ, ziemlich stark; Drehungsvermögen 17° Na.

Kaliumsilicowolframat-Oktokaidekahydrat = $W_{12}SiO_{40}K_4.18H_2O$. a : c = 1 : 0,6585. Kombination = vor. Größe des Drehungsvermögens nicht bestimmt.

Optisch aktive Substanzen.

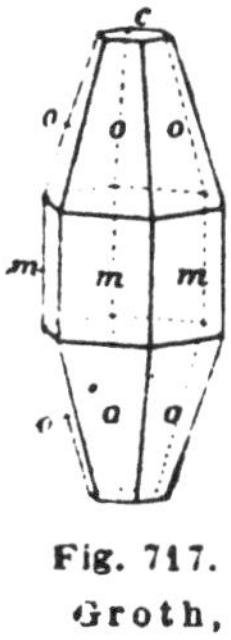
Fig. 717.

Baryumantimonyltartrat-Kaliumnitrat = $(C_4H_4O_6)_2(SbO)_2Ba.NO_3K$. a : c = 1 : 3,0289. Kombination (Fig. 717): *m* (10$\bar{1}$0), *o* (10$\bar{1}$1), *c* (0001). Ätzfiguren unsymmetrisch. Doppelbrechung positiv; größtenteils zweiaxig mit wechselndem Axenwinkel, daher pseudohexagonal.

Bleiantimonyltartrat-Kaliumnitrat = $(C_4H_4O_6)_2(SbO)_2Pb.NO_3K$. a : c = 1 : 3,3181. Beobachtete Formen, Ätzfiguren und optische Eigenschaften wie vor.

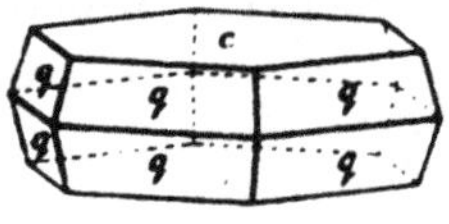

Fig. 718.

d-trans-Camphotricarbonsäure $= C_{10}H_{14}O_6 \cdot \frac{1}{2}(?)H_2O$. a : c = 1 : 3,3017. Pseudohexagonale Tafeln (Fig. 718), sehr regelmäßige Drillinge der rhombischen Kombination *c* (001), *q* (011), deren optische Axen einen kleinen Winkel in (010) bilden (Fig. 719); bei rascher Abkühlung einaxige Tafeln mit deutlichem Drehungsvermögen.

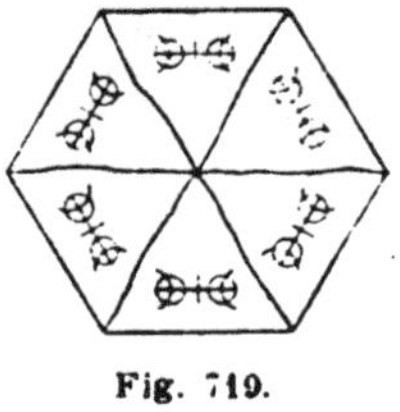

Fig. 719.

Patchoulicampher $= C_{15}H_{25}(OH)$. a : c = 1 : 0,5653. Kombination (ähnlich Fig. 716): *m* (10$\bar{1}$0), *o* (10$\bar{1}$1). Doppelbrechung negativ; Drehungsvermögen — 1,3° Na (wenig mehr als in Lösung).

Cinchoninantimonyltartrat-2½-Hydrat $= C_{19}H_{22}ON_2(SbO) . C_4H_4O_6 . 2\frac{1}{2}H_2O$. a : c = 1 : 4,6726. Tafeln *c* (0001), begrenzt von der spitzen Dipyramide *o* (10$\bar{1}$1). Ätzfiguren auf *c* (0001) Hexagone, 5° gegen die Seiten der Tafeln gedreht, einem rechten Trapezoëder entsprechend. Doppelbrechung negativ; Drehungsvermögen 9,8°Na (2¼ mal so groß als in Lösung).

Dipyramidale Klasse[1]).

Wenn zu der Symmetrie der hexagonal-pyramidalen Klasse noch die nach der Basis hinzukommt, so entsteht, wie die Projektion Fig. 720 lehrt, eine hexagonale Dipyramide dritter Art als allgemeine Form (hikl) (Fig. 721), deren Spiegelbild nach einer der vertikalen Axenebenen, die Form (k$\bar{\text{i}}\bar{\text{h}}$l), durch eine halbe Umdrehung um eine Nebenaxe mit ihr zur Deckung gelangt, daher diese beiden Formen, gewöhnlich auch als »rechte« und »linke« bezeichnet, nicht enantiomorph sind. Beide gehen in eine hexagonale Dipyramide erster Art (Fig. 713) über, wenn k = $\bar{\text{h}}$, in eine solche zweiter Art (Fig. 714), wenn k = 2$\bar{\text{h}}$. Den drei Arten von Dipyramiden entsprechen drei Arten von hexagonalen Prismen (s. Fig. 699 bis 701), unter denen die dritter Art mit dem gleichen Verhältnis h:k zwei sind, ein linkes (hik0) und ein rechtes (k$\bar{\text{i}}\bar{\text{h}}$0). Da die Hauptaxe nicht polar ist, bildet die Basis auch hier ein Pinakoïd. Die Übersichtstabelle der Formen lautet daher:

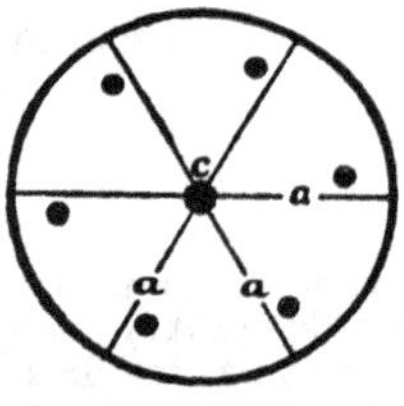

Fig. 720.

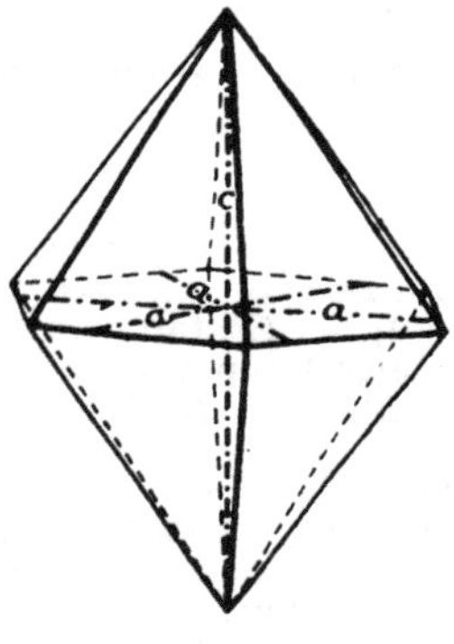

Fig. 721.

(0001)	Basis,
(10$\bar{1}$0)	Prisma erster Art,
(11$\bar{2}$0)	Prisma zweiter Art,
(hik0)	Prisma dritter Art,
(h0$\bar{\text{h}}$l)	Dipyramide erster Art,
(h.h.2$\bar{\text{h}}$.l)	Dipyramide zweiter Art,
(hikl)	Dipyramide dritter Art.

Auch hier sind die Kombinationen von Formen erster und zweiter Art scheinbar höher symmetrisch, und das Fehlen vertikaler Sym-

[1]) Pyramidal-hemiëdrische Klasse.

metrieebenen tritt in der äußeren Gestalt der Krystalle nur beim Vorhandensein von Formen dritter Art hervor.

Symmetrische Zwillinge sind in dieser Klasse möglich nach jeder Ebene, ausgenommen (0001).

Beispiele.

Lanthansulfat-Enneahydrat = $(SO_4)_3La_2.9H_2O$. a : c = 1 : 0,7356. Dünne Prismen *m* $(10\bar{1}0)$, zuweilen mit *a* $(11\bar{2}0)$, an den Enden *o* $(10\bar{1}1)$ (Fig. 722). Keine deutliche Spaltbarkeit. Ätzfiguren auf *o* unsymmetrisch, durch Pyramidenflächen dritter Art begrenzt. Doppelbrechung positiv, schwach.

Cerosulfat-Enneahydrat = $(SO_4)_3Ce_2.9H_2O$. a : c = 1 : 0,7310. Prismen *m* $(10\bar{1}0)$ mit den Endflächen *o* $(10\bar{1}1)$, *i* $(10\bar{1}2)$, *p* $(11\bar{2}2)$, *s* $(11\bar{2}1)$ (Fig. 723) Ätzfiguren und optische Eigenschaften = vor.

Calciumfluoro- (bzw. **chloro-**) **orthophosphat** (nat. Apatit) = $(PO_4)_3Ca_4(CaF)$ bzw. $(PO_4)_3Ca_4(CaCl)$. a : c = 1 : 0,7346. Gewöhnliche Formen : *m* $(10\bar{1}0)$, *c* (0001), häufig auch *o* $(10\bar{1}1)$ (Fig. 724); die natürlichen Krystalle zeigen nicht selten die flächenreiche Kombination Fig. 725 mit *o*$(10\bar{1}1)$, *s*$(11\bar{2}1)$, *x*$(31\bar{4}1)$, *t* $(20\bar{2}1)$. Spaltbarkeit nach *m* $(10\bar{1}0)$ und *c* (0001) un-

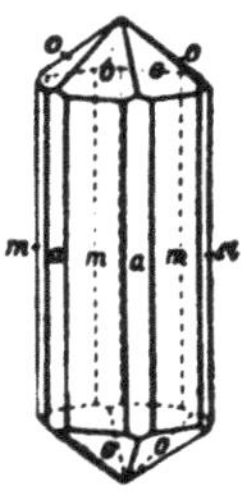
Fig. 722.

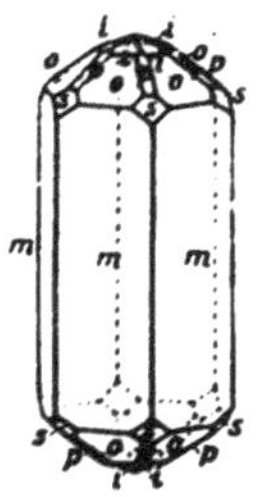
Fig. 723.

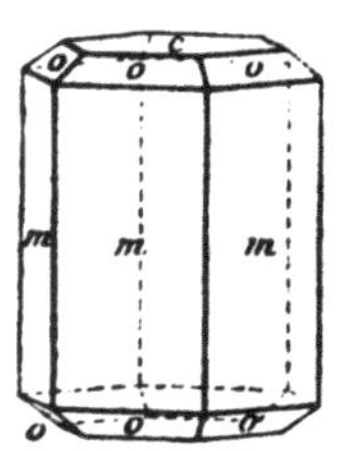
Fig. 724.

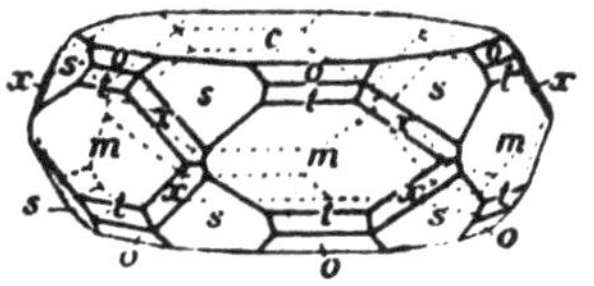
Fig. 725.

vollkommen. Die Ätzfiguren auf (0001) sind gedrehte Sechsecke, von dipyramidalen Flächen dritter Art begrenzt, auf $(10\bar{1}0)$ Trapeze, welche nur nach der Normalen zur Hauptaxe symmetrisch sind. Brechungsindices für Na : ω = 1,6335, ϵ = 1,6316.

Bleichlorophosphat (nat. Pyromorphit) = $(PO_4)_3Pb_4(PbCl)$. a : c = 0,7362. Die Krystalle zeigen meist nur die Formen $(10\bar{1}0)$ und (0001). Doppelbrechung negativ.

Bleichlorovanadat (nat. Vanadinit) = $(VO_4)_3Pb_4(PbCl)$. a : c = 1 : 0,7122. Formen = Apatit.

Bleichloroarsenat (nat. Mimetesit) = $(AsO_4)_3Pb_4(PbCl)$. a : c = 1 : 0,7224. Gewöhnliche Kombination: *m* $(10\bar{1}0)$, *o* $(10\bar{1}1)$, *c* (0001) (Fig. 724).

Die Krystalle der drei letztgenannten Substanzen zeigen Ätzfiguren analog denen des Apatit, wodurch auch ohne das Auftreten von Formen dritter Art die Zugehörigkeit zu dieser Klasse sichergestellt ist.

Dihexagonal-pyramidale Klasse[1]).

Wie S. 205 bereits erwähnt, bedingt die Existenz einer der Hauptaxe parallelen Ebene der Symmetrie die gleichzeitige Anwesenheit noch fünf anderer, wie aus der Projektion Fig. 726 (Wiederholung von Fig. 693) hervorgeht. Die vollständige einfache Form, welche den allgemeinen Fall (hikl) darstellt, ist eine dihexagonale Pyramide Fig. 727, in welcher zu den sechs Flächen der linken Pyramide (hikl) (Fig.

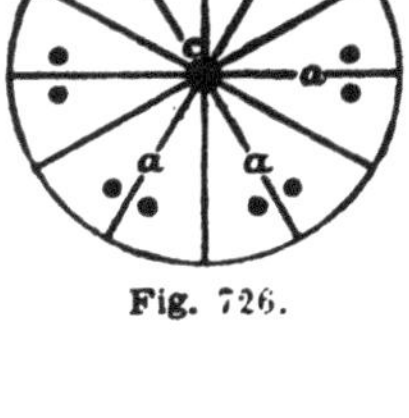
Fig. 726.

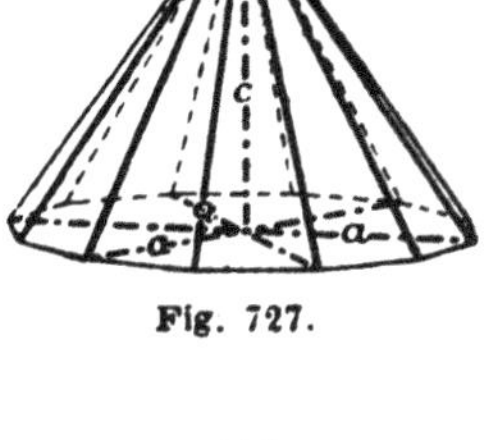
Fig. 727.

[1]) Hexagonal-hemimorphe Klasse.

697, S. 206) noch die sechs der rechten $(\bar{k}\,\bar{i}\,\bar{h}\,l)$ als gleichwertig hinzukommen, und zwar ist es eine obere, während $(h\,i\,k\,\bar{l})$ das Symbol einer damit nicht gleichwertigen, dem entgegengesetzten Pole der Hauptaxe angehörigen dihexagonalen Pyramide ist. Jede derartige Form hat sechs schärfere und sechs stumpfere Polkanten (Gleichheit der Flächenwinkel an allen zwölf Polkanten ist ebensowenig möglich, wie ein dodekagonales Prisma, s. S. 208). In dem besonderen Falle $k = \bar{h}$ fallen je zwei Flächen der dihexagonalen Pyramide zusammen und es entsteht eine hexagonale erster Art (Fig. 696); liegen die Pole statt in den Zwischenaxen in den Nebenaxen, so fallen je zwei andere zusammen, und die entstehende hexagonale Pyramide ist eine solche zweiter Art (Fig. 698). Diesen drei Arten von Pyramiden entsprechen für den Fall des Parallelismus mit der Hauptaxe die drei in Fig. 715, 699 und 701 abgebildeten Arten von Prismen, und als Basis der oberen und der unteren Pyramiden ergibt sich je ein Pedion (0001) bzw. $(000\bar{1})$. Man erhält also folgende mögliche Arten von Formen:

(0001) obere (positive) Basis, $(000\bar{1})$ untere (negative) Basis,
$(10\bar{1}0)$ Prisma erster Art,
$(11\bar{2}0)$ Prisma zweiter Art,
$(h\,i\,k\,0)$ dihexagonales Prisma,
$(h\,0\,\bar{h}\,l)$ Pyramide erster Art,
$(h.h.\bar{2h}.l)$ Pyramide zweiter Art,
$(h\,i\,k\,l)$ dihexagonale Pyramide.

Die gewöhnlichen Kombinationen sind solche von Formen erster und zweiter Art, welche auch der hexagonal-pyramidalen Klasse (S. 205) angehören könnten, daher an derartigen Krystallen nur durch den Nachweis des Vorhandenseins der Symmetrieebenen durch Ätzfiguren die Zugehörigkeit zu der vorliegenden Klasse sicher nachgewiesen werden kann, wenn keine dihexagonalen Formen beobachtet werden, wie es bei dem zweiten der folgenden Beispiele der Fall ist.

Beispiele.

Eis = H_2O. a : c = 1 : 1,617 nach unsicheren Messungen an einer Kombination von $(10\bar{1}0)$ mit $(000\bar{1})$, (0001), $(10\bar{1}2)$, $(10\bar{1}1)$ und $(40\bar{4}1)$. Die gewöhnliche Kombination ist die des Prismas erster Art mit der Basis, häufig mit pyramidaler Zuspitzung an einem Pole der Hauptaxe. Die Schneesterne sind Wachstumsformen nach den hexagonalen Nebenaxen; das Seeeis ist ein Aggregat von Krystallen mit paralleler Hauptaxe. Keine deutliche Spaltbarkeit. Brechungsindices für Na : $\omega = 1{,}3091$, $\varepsilon = 1{,}3104$.

Zinkoxyd (nat. manganhaltig Zinkit) = ZnO. a : c = 1 : 1,6077. Häufig als Hüttenprodukt mit den Formen *m* $(10\bar{1}0)$, *o* $(10\bar{1}1)$, γ $(000\bar{1})$, zuweilen in recht flächenreichen Krystallen mit *v* $(11\bar{2}4)$, *t* $(20\bar{2}1)$, *w* $(11\bar{2}3)$ (Fig. 728), auch mit dihexagonalen Pyramiden $(3\bar{2}\bar{1}1)$, $(4\bar{3}\bar{1}1)$ u. a. Zwillinge nach *c* (0001) Fig. 729. Spaltbarkeit nach *m* $(10\bar{1}0)$ vollkommen, nach *c* (0001) deutlich. Ätzfiguren symmetrisch nach den Prismenflächen. Doppelbrechung positiv. Elektrische Polarität schwach.

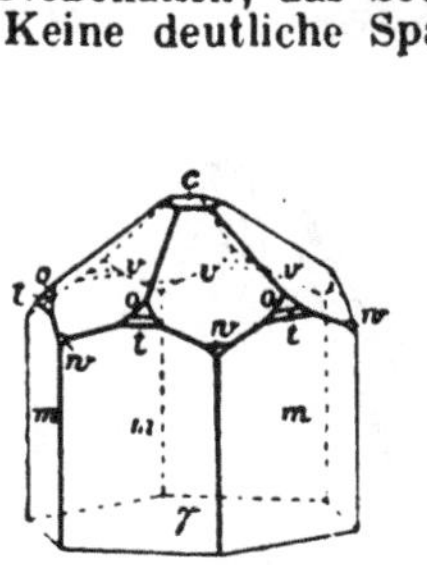

Fig. 728.

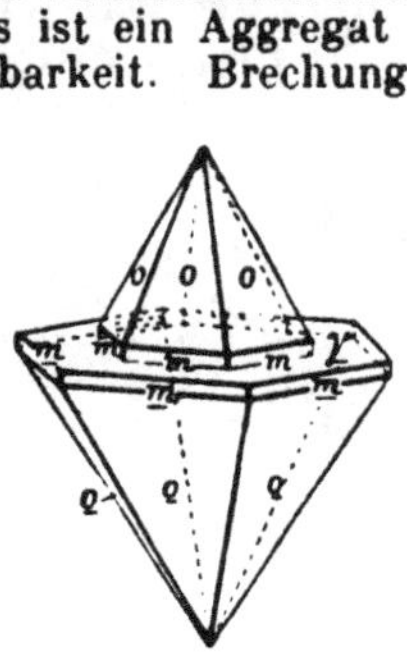

Fig. 729.

Zinksulfid (nat. Wurtzit) = ZnS. a : c = 1 : 1,6350. Beobachtete Formen: *m* (10$\bar{1}$0), *γ* (000$\bar{1}$), *o* (10$\bar{1}$1), *i* (10$\bar{1}$2), *c* (0001) (Fig. 730), auch mit *ω* (10$\bar{1}\bar{1}$) und *ι* (10$\bar{1}\bar{2}$) in abwechselnder Ausbildung (Fig. 731). Spaltbarkeit nach *m* (10$\bar{1}$0) vollkommen, nach *c* (0001) unvollkommen. Doppelbrechung positiv, schwach.

Cadmiumsulfid (nat. Greenockit) = CdS. a : c = 1 : 1,6218. Kombination (Fig. 730): *m* (10$\bar{1}$0), *γ* (000$\bar{1}$), *o* (10$\bar{1}\bar{1}$), *i* (10$\bar{1}$2), *c* (0001). Spaltbarkeit nach *m* (10$\bar{1}$0) vollkommen, nach *c* (0001) unvollkommen. Doppelbrechung positiv, schwach.

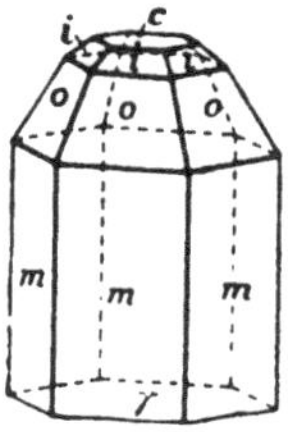

Fig. 730.

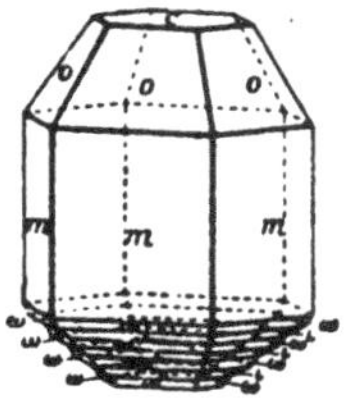

Fig. 731.

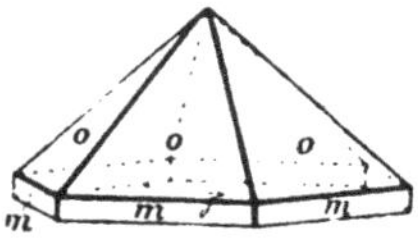

Fig. 732.

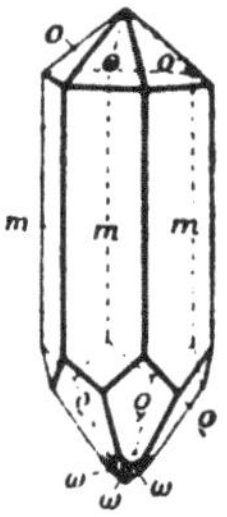

Fig. 733.

Triäthylammoniumchlorid = $NH(C_2H_5)_3Cl$. a : c = 1 : 0,8451. Aus kalter alkoholischer Lösung Kombination (Fig. 732): *o* (10$\bar{1}$1), *γ* (000$\bar{1}$), *m* (10$\bar{1}$0), aus warmer: *m* (10$\bar{1}$0), *o* (10$\bar{1}$1), *ρ* (11$\bar{2}\bar{1}$), *ω* (10$\bar{1}\bar{1}$) (Fig. 733). Spaltbarkeit nach *m* (10$\bar{1}$0) vollkommen, nach *c* (0001) ziemlich vollkommen. Doppelbrechung positiv. Der analog-elektrische Pol in den Figg. der untere.

Triäthylammoniumbromid = $NH(C_2H_5)_3Br$. a : c = 1 : 0,8746. Aus Alkohol von *m* (10$\bar{1}$0) begrenzte Tafeln *c* (0001) und statt *γ* (000$\bar{1}$) eine gestreifte flache Pyramide, aus wässerigem Alkohol die Kombination (Fig. 734) : *m* (10$\bar{1}$0), *o* (10$\bar{1}$1), *π* (11$\bar{2}\bar{2}$); häufig Zwillinge nach *c* (0001). Spaltbarkeit nach *c* (0001) vollkommen, nach *m* (10$\bar{1}$0) ziemlich vollkommen. Doppelbrechung positiv.

Silberjodid = AgJ. a : c = 1 : 0,8196. Beobachtete Formen: *c* (0001), *o* (10$\bar{1}$1) und (selten) *ω* (10$\bar{1}\bar{1}$), *t* (20$\bar{2}$1) und *τ* (20$\bar{2}\bar{1}$), *u* (40$\bar{4}$1). *a* (11$\bar{2}$0), *ι* (10$\bar{1}\bar{2}$), *x* (40$\bar{4}\bar{5}$),

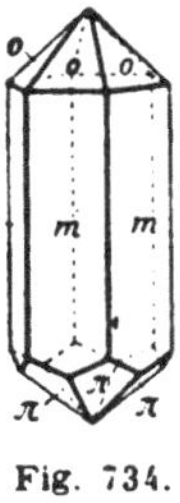

Fig. 734.

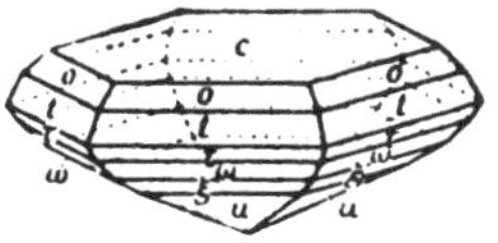

Fig. 735.

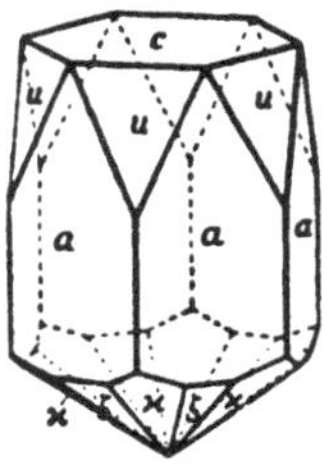

Fig. 736.

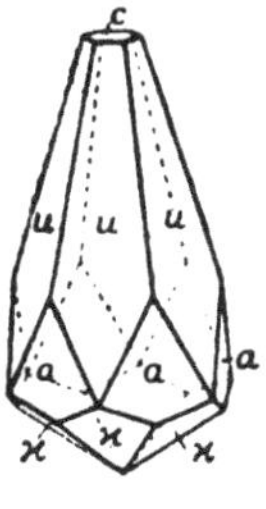

Fig. 737.

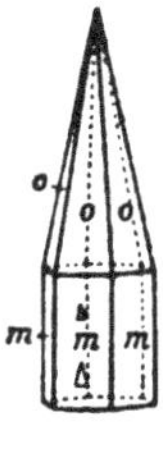

Fig. 738.

ξ (20$\bar{2}$3), *ζ* (9. 9. $\bar{1}\bar{8}$, $\bar{2}\bar{0}$) (?) in den Kombinationen Fig. 735—737; an den natürlichen Krystallen herrscht meist *m* (10$\bar{1}$0) vor. Spaltbarkeit nach *c* (0001) vollkommen. Doppelbrechung positiv, schwach.

Piperidinsulfocyanoplatinat = $Pt(NCS)_6(C_5H_{11}N)_2$. a : c = 1 : 5,3684. Aus warmem Wasser gewöhnlich die Formen (Fig. 738); *o* (10$\bar{1}$1), *m* (10$\bar{1}$0), *γ* (000$\bar{1}$), aus kaltem nur Prismen *m* (10$\bar{1}$1) mit *c* (0001) und *γ* (000$\bar{1}$), letztere beide mit sehr verschiedener Flächenbeschaffenheit. Keine deutliche Spaltbarkeit. Ätzfiguren auf *m* s. Fig. 738, auf dem glänzenden und ebenen *γ* reguläre Sechsecke, auf *c* nicht zu erhalten. Doppelbrechung positiv, stark.

Dihexagonal-dipyramidale Klasse.

Die allgemeine Form dieser, der höchst symmetrischen Klasse der hexagonalen Krystalle, die dihexagonale Dipyramide Fig. 740, aus der Gesamtheit der Flächen mit den Indiceswerten h, i, k, l bestehend, be-

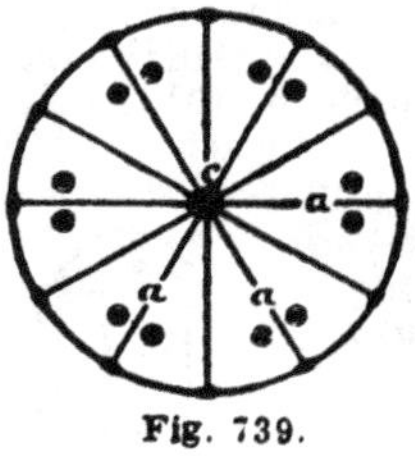

Fig. 739.

sitzt dreierlei Kanten, die Basiskanten, die schärferen und die stumpferen Polkanten. Alle übrigen Formen sind mit solchen von vorhergehenden Klassen übereinstimmend und ergeben sich an der Hand beistehender Projektion (Fig. 739) ohne weiteres, wenn man den Polen der Flächen in den von Nebenaxen, Zwischenaxen und Grundkreis begrenzten Dreiecken Lagen zuschreibt, wodurch je zwei Pole zusammenfallen, wenn sie auf einer der Seiten, je vier oder zwölf, wenn sie in einer der Ecken jener Dreiecke liegen. Auf diese Art ergibt sich folgende Tabelle:

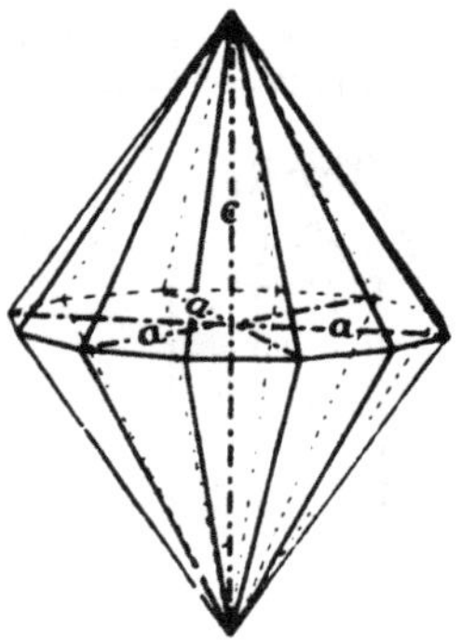

Fig. 740.

(0001) Basis,
(10$\bar{1}$0) Prisma erster Art,
(11$\bar{2}$0) Prisma zweiter Art,
(hik0) dihexagonales Prisma,
(h0$\bar{h}$l) Dipyramide erster Art,
(h.h.$\bar{2h}$.l) Dipyramide zweiter Art,
(hikl) dihexagonale Dipyramide.

Die häufigsten Formen hierher gehöriger Krystalle, d. h. die mit dichtester Atombesetzung, sind (10$\bar{1}$0) und (0001), nächst diesen (10$\bar{1}$1), und wenn nur diese an einem Krystall auftreten, könnte er auch einer der vorhergehenden Klassen angehören; das gleiche ist auch noch möglich, wenn andere Formen erster oder auch solche zweiter Art hinzukommen; erst die vollkommen symmetrische Ausbildung dihexagonaler Formen, sei es als Krystallflächen beim Wachstum, sei es als Ätzflächen bei der Auflösung, stellen die Zugehörigkeit zu dieser Klasse sicher.

Beispiele.

Magnesium = Mg. a : c = 1 : 1,6242. Durch Sublimation in H- oder N-Atmosphäre bildet sich die Kombination : *m* (10$\bar{1}$0), *c* (0001), *o* (10$\bar{1}$1); Fig. 741 zeigt diese mit den durch Einwirkung von Chlor entstehenden Ätzfiguren. Gleitebene (0001).

Fig. 741.

Zink = Zn. a : c = 1 : 1,3564. Die sublimierten Kristalle sind Tafeln (0001) mit (10$\bar{1}$0), (10$\bar{1}$1) und mehreren anderen Dipyramiden als gestreifte schmale Randflächen, daher die Bestimmung der Krystalle, auch in bezug auf ihre Symmetrie, weniger sicher. Wahrscheinlich gehört hierher auch das **Beryllium,** welches auch Formen zweiter Art zeigt und dessen a : c = 1 : 1,5802.

Cuprisulfid (nat. Covellin) = CuS. a : c = 1 : 3,972. Sehr dünne Täfelchen (0001) mit den Randflächen (10$\bar{1}$0), (10$\bar{1}$1). Spaltbarkeit nach (0001) vollkommen. Farbe metallisch indigoblau.

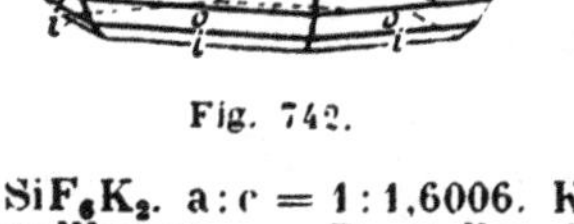

Fig. 742.

Ammoniumhexafluorosilikat (Kieselfluorammonium) = $SiF_6(NH_4)_2$. a : c = 1 : 1,6552. Beobachtete Formen : *c* (0001), *m* (10$\bar{1}$0), *o* (10$\bar{1}$1), *i* (10$\bar{1}$2) (Fig. 742). Spaltbarkeit nach *c* (0001) sehr vollkommen. Ätzfiguren auf *c* und *m* symmetrisch. Doppelbrechung negativ, schwach.

Kaliumhexafluorosilikat (Kieselfluorkalium) = SiF_6K_2. a : c = 1 : 1,6006. Kombination = Fig. 742 ohne *i*. Spaltbarkeit nach *c* (0001) vollkommen. Doppelbrechung negativ, schwach.

Berylliumaluminiummetasilikat (nat. Beryll, chromhaltig Smaragd) = $(SiO_3)_6Al_2Be_3$. a : c = 1 : 0,4989. Gewöhnliche Formen : *m* (10$\bar{1}$0), *c* (0001), weniger häufig: *o* (10$\bar{1}$1), *t* (20$\bar{2}$1), *r* (11$\bar{2}$1), *x* (3$\bar{2}\bar{1}$1) (Fig. 743). Spaltbarkeit nach *c* (0001) deutlich. Brechungsindices f. Na : ω = 1,5740, ε = 1,5690.

Lanthancerisulfat-Dodekahydrat = $(SO_4)_4CeLaH$. 12 H_2O. a : c = 1 : 2,3349. Kombination (Fig. 744) : *m* (10$\bar{1}$0), *c* (0001), *o* (10$\bar{1}$1), *v* (11$\bar{2}$3), *a* (11$\bar{2}$0).

Cerocerisulfat-Dodekahydrat = $(SO_4)_4CeCeH$. 12 H_2O. a : c = 1 : 2,3081. Kombination (Fig. 745): *o* (10$\bar{1}$1), *m* (10$\bar{1}$0), *t* (30$\bar{3}$2), *v* (11$\bar{2}$3), *c* (0001). Spaltbarkeit nach *c* (0001). Doppelbrechung negativ.

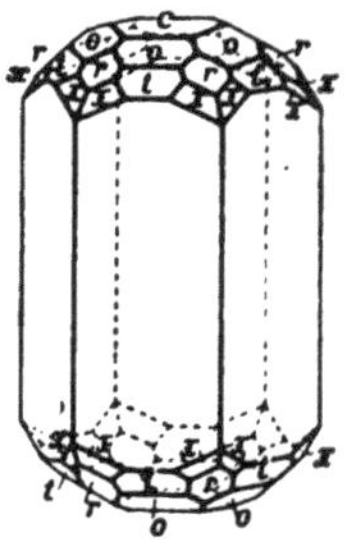
Fig. 743.

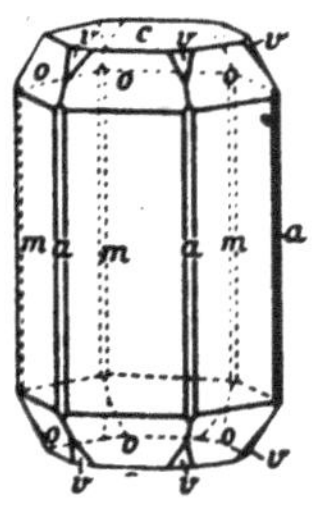
Fig. 744.

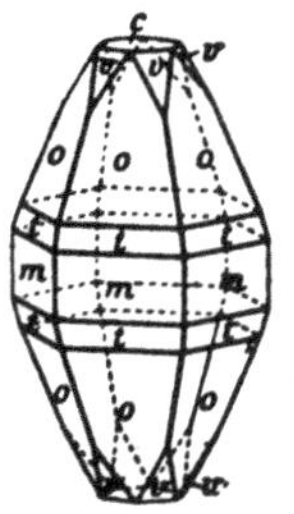
Fig. 745.

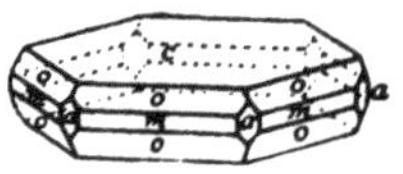
Fig. 746.

Jodoform = CHJ_3. a : c = 1 : 1,1084. Tafeln *c* (0001), begrenzt von *o* (10$\bar{1}$1), selten auch mit *m* (10$\bar{1}$0) und *a* (11$\bar{2}$0) (Fig. 746). Keine deutliche Spaltbarkeit. Doppelbrechung negativ, stark.

Styphninsäure = $C_6H(NO_2)_3(OH)_2$. a : c = 1 : 1,3890. Prismen *m* (10$\bar{1}$0) mit *c* (0001) und *o* (10$\bar{1}$1). Doppelbrechung negativ, stark.

Trimethyläthylammoniumpikrat = $C_6H_2(NO_2)_3[O.N(CH_3)_3(C_2H_5)$. a : c = 1 : 0,6242. Kombination (Fig. 747): *m* (10$\bar{1}$0), *o* (10$\bar{1}$1). Spaltbarkeit nach *c* (0001) unvollkommen. Ätzfiguren siehe Fig. 747. Doppelbrechung negativ, stark. Farbe o grünlichgelb, e gelbrot.

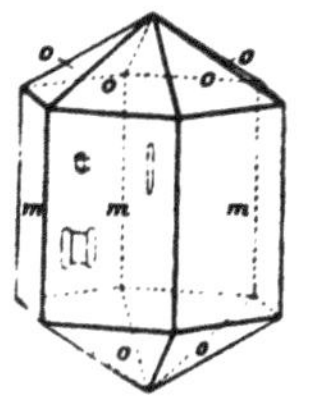
Fig. 747.

Trigonales Krystallsystem.

Mit optischer Einaxigkeit vereinbar sind außer den tetragonalen und hexagonalen Raumgittern nur noch die rhomboëdrischen (S. 70), und diese entsprechen der trigonalen Abteilung der einaxigen Krystalle (S. 55). Während aber die optische Axe der tetragonalen und hexagonalen Krystalle mit einer der krystallographischen Axen zusammenfällt, sind hier die drei Kanten des Elementarparallelepipeds, d. h. die durch die Struktur gegebenen krystallographischen Axen, drei zur optischen Axe (unter gleichem Winkel) geneigte Kanten des Krystalls, und die optische Axe ist die dreizählige Symmetrieaxe des Rhomboëders und zugleich sechszählige Drehspiegelungsaxe desselben. Da die drei Kanten des hier in Betracht kommenden Elementarparallelepipeds gleich lang sind, also $a = b = c$, so ist dessen Gestalt vollständig bestimmt durch den Winkel seiner Kanten, und dieser folgt aus dem Flächenwinkel, so daß es zu seiner Bestimmung nur einer einzigen Messung bedarf; die Elemente eines trigonalen Krystalls lauten daher

$$a : a : a = 1 : 1 : 1, \quad \alpha = \beta = \gamma = \ldots^{0} \ldots',$$

wofür man kurz $\alpha = \ldots^{0} \ldots'$ zu schreiben pflegt und hierbei den Wert von α mit der der Messung des Fundamentalwinkels entsprechenden Genauigkeit, also im allgemeinen auf ganze Minuten, anzugeben hat. Daß dieser Wert mit der Temperatur sich stetig ändert, gerade so wie der Wert $a : c$ der tetragonalen und hexagonalen Krystalle, geht aus der Betrachtung der thermischen Eigenschaften der optisch einaxigen Krystalle (S. 45) hervor.

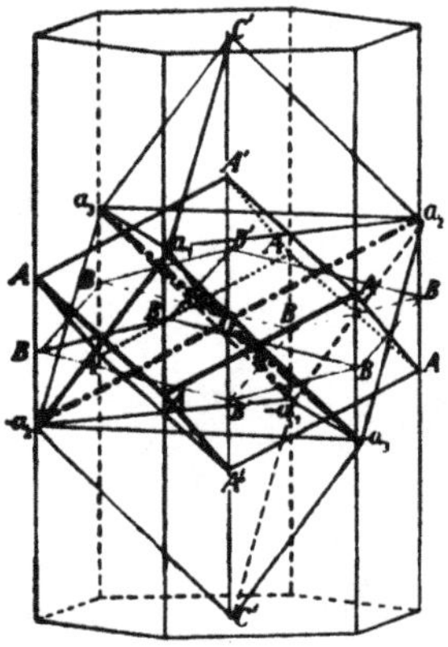

Fig. 748.

Das S. 70 als Beispiel für die rhomboëdrische Krystallstruktur gewählte Elementarparallelepiped, das Spaltungsrhomboëder des Kalkspats, ist in Fig. 748 wiederholt und seine beiden Polecken mit A', die sechs Mittelecken mit A bezeichnet; dasselbe soll das »Grundrhomboëder« heißen. Die durch dessen Mittelpunkt O gelegten, seinen Kanten parallelen und ebenso langen, strichpunktierten Geraden sind die drei krystallographischen Axen, auf welche die Indices in der Reihenfolge a_1, a_2, a_3 so bezogen werden, daß die den von O aus nach oben gerichteten Parametern entsprechenden positives, die entgegengesetzten negatives Vorzeichen erhalten. Nach diesem Schema sollen nun im folgenden die Symbole der am dichtesten mit Atomen besetzten Netzebenen, d. h. der bei der Bildung der hierher gehörigen Krystalle am meisten begünstigten Flächen in derselben Weise, wie es S. 80 für das allgemeine (trikline) Raumgitter geschah, aufgestellt werden.

Die drei gleichwertigen Axenebenen selbst, (100), (010) und (001), entsprechen den oberen, die parallelen, ($\bar{1}$00), (0$\bar{1}$0) und (00$\bar{1}$), den unteren Flächen des Grundrhomboëders $A'A$ ...... Unter den nächst einfachen Symbolen (mit der Quadratsumme 2) sind (110), (101) und (011) diejenigen von Flächen, welche (von den Punkten a_1, a_2, a_3 nach abwärts verschoben gedacht) die oberen Polkanten des Grundrhomboëders gerade abstumpfen (s. S. 85); diese bilden mit den drei parallelen ($\bar{1}\bar{1}$0), ($\bar{1}$0$\bar{1}$) und (0$\bar{1}\bar{1}$), den Abstumpfungen der unteren Polkanten, ein flaches Rhomboëder entgegengesetzter Stellung, welches in der Figur mit roter Farbe so eingezeichnet ist, daß der horizontale Abstand seiner Mittelecken BB gleich dem der Mittelecken AA; alsdann ist die Axe $B'B'$ dieses Rhomboëders genau die Hälfte von $A'A'$; es soll das »erste stumpfere Rhomboëder« heißen. Sechs Flächen von anderer Stellung entsprechen die Indices (10$\bar{1}$), (01$\bar{1}$), ($\bar{1}$10), ($\bar{1}$01), (0$\bar{1}$1), (1$\bar{1}$0); diese Flächen sind parallel den geraden Abstumpfungen der Mittelkanten AA des Grundrhomboëders, bilden also, wie aus der Figur ersichtlich, das hexagonale Prisma zweiter Art; die Flächendichtigkeit dieser Netzebenen unterscheidet sich von der der vorhergehenden sechs Ebenen um so mehr, je größer der Unterschied der Flächenwinkel an den Polkanten und den Mittelkanten des Grundrhomboëders ist. Von den Einheitsflächen (Quadratsumme 3) sind zwei, (111) und ($\bar{1}\bar{1}\bar{1}$), senkrecht zur Axe des Grundrhomboëders, bilden also eine gerade Abstumpfung der Polecke desselben (s. S. 85 Anm.[2])), während die übrigen, (11$\bar{1}$), ($\bar{1}$11), (1$\bar{1}$1), ($\bar{1}\bar{1}$1), (1$\bar{1}\bar{1}$) und ($\bar{1}$1$\bar{1}$), den Flächen eines Rhomboëders von entgegengesetzter Stellung und der doppelten Axenlänge[1]) entspricht; in Fig. 748 ist dieses, das »erste spitzere«, mit blauer Farbe so eingezeichnet, daß seine sechs Mittelecken mit den Punkten a_1, a_2, a_3, $-a_1$, $-a_2$, $-a_3$, den Endpunkten der Einheitsparameter der krystallographischen Axen, zusammenfallen, wodurch der Abstand der Polecken $C'C' = 2\,A'A'$ wird. Die nächst höhere Quadratsumme 5 kommt den Indices der Symbole (201), (210) usw. zu, entsprechend schiefen Abstumpfungen der Polkanten, bzw. (20$\bar{1}$), (2$\bar{1}$0) usw., entsprechend schiefen Abstumpfungen der Mittelkanten des Grundrhomboëders, und zwar sind diese Symbole die der einfachsten Abstumpfungsflächen der Kanten (100) : (101), (100) : (110) usw., bzw. der Kanten (100) : (10$\bar{1}$), (100) : (1$\bar{1}$0) usf. (vgl. S. 85). Die Quadratsumme 6 der Indices ergeben die Symbole (211), (121), (112), ($\bar{2}\bar{1}\bar{1}$), ($\bar{1}\bar{2}\bar{1}$), ($\bar{1}\bar{1}\bar{2}$), entsprechend einem Rhomboëder von der Stellung des Grundrhomboëders, aber mit ¼ von dessen Hauptaxe, ferner die Symbole der Flächen des hexagonalen Prismas erster Art, welche sich durch Addition (s. l. c.) aus den oben angegebenen Indices des Prismas zweiter Art ergeben zu (mit der Abstumpfung der Kante zwischen der sechsten und ersten Fläche beginnend): (2$\bar{1}\bar{1}$), (11$\bar{2}$), ($\bar{1}$2$\bar{1}$), ($\bar{2}$11), ($\bar{1}\bar{1}$2), (1$\bar{2}$1). Allgemein gehört, wie schon aus Fig. 748 ersichtlich, eine Fläche dann einer Form erster Art an, wenn zwei ihrer Indices p, q, r gleich

[1]) Es ist das S. 70 erwähnte Rhomboëder, durch dessen Verdoppelung das einfache rhomboëdrische Raumgitter mit dem Grundrhomboëder als Elementarparallelepiped entsteht.

groß sind und das gleiche Vorzeichen besitzen, dagegen einer Form zweiter Art, wenn $2q = p + r$ ist, wie sich nach S. 84 aus der Bedingungsgleichung für die Zone [111, 10$\bar{1}$] ergibt. Endlich erhält man in der gleichen Weise aus den Indices zweier beliebiger Flächen des hexagonalen Prismas erster oder zweiter Art als Bedingung für die Indices einer vertikalen (der »Hauptaxe« bzw. optischen Axe parallelen) Fläche, daß $p + q + r = 0$.

Das Verhältnis der Netzdichtigkeiten der verschiedenen Flächen mit den im vorstehenden aufgezählten einfachen Symbolen hängt von der Gestalt des Grundrhomboëders ab. In dem gewählten Beispiele kommt den Axenebenen, denen auch die vollkommene Spaltbarkeit entspricht, die dichteste Besetzung mit Atomen zu; liegt dagegen der Krystallstruktur ein spitzes Rhomboëder zugrunde, so besitzt die Basis (111) die größte Netzdichtigkeit und entspricht der vollkommensten Spaltbarkeit, während bei einem Grundrhomboëder, welches stumpfer ist als das des Kalkspats, die größte Dichtigkeit und daher auch die Spaltbarkeit den Ebenen eines hexagonalen Prismas zukommen kann. Im allgemeinen ist aber die Formenreihe einer Substanz von rhomboëdrischer Krystallstruktur charakterisiert durch das häufige Auftreten der oben aufgezählten Formen, wobei selbstverständlich je nach der Natur der betreffenden Substanz die einen oder die anderen mehr in den Vordergrund treten.

Für die Krystallstruktur eines trigonalen Krystalls ist aber noch eine zweite Möglichkeit vorhanden. Eine solche kann nämlich, wie S. 73 (Fig. 62 u. 63) an den Strukturen mit dreizähliger Schraubungsaxe gezeigt wurde, auch aus hexagonalen Raumgittern derart aufgebaut sein, daß eine nur dreizählige Hauptaxe zustande kommt, die Formen der Krystalle also dem trigonalen System angehören. In diesem Falle muß, da die Netzdichtigkeit der Flächen von dem Raumgitter abhängt, die Reihenfolge derselben in bezug auf die größere oder geringere Leichtigkeit ihrer Entstehung eine ganz andere sein, nämlich diejenige, welche der größeren oder geringeren Einfachheit der auf die hexagonalen Axen (s. S. 203) bezogenen Indices entspricht. Alsdann sind die durch Netzdichtigkeit am meisten begünstigten Formen je nach dem Verhältnis $a:c$ die Basis (0001) oder das hexagonale Prisma erster Art (10$\bar{1}$0), ferner die Flächen der primären hexagonalen Dipyramide (10$\bar{1}$1); dadurch, daß die Hauptaxe derartiger Krystalle nur eine dreizählige Axe der einfachen Symmetrie ist, sind an einem ihrer Pole nur drei Flächen der letztgenannten Form, z. B. (10$\bar{1}$1), ($\bar{1}$101) und (0$\bar{1}$11), gleichwertig, insgesamt also nur die sechs abwechselnden Flächen, welche wie Fig. 749 zeigt, ein Rhomboëder bilden, während die übrigen einem damit kongruenten Rhomboëder entsprechen, welches durch Drehung von 180° um die Hauptaxe mit dem ersten zur Deckung gelangt. Diese beiden, als positive und negative unterschiedenen Formen verhalten sich also etwa so zueinander, wie verschiedene Einheitsflächen (111), (1$\bar{1}$1) usw. eines Krystalls mit rechtwinkeligen Axen, welche die gleiche Netzdichtigkeit besitzen; sie

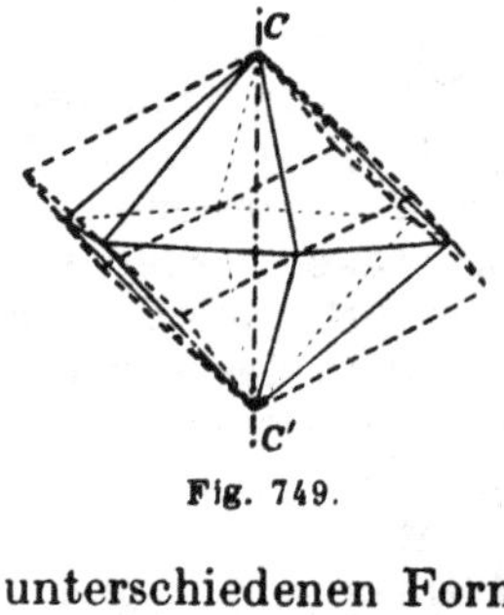

Fig. 749.

werden daher an Krystallen dieser Art häufig in Kombination miteinander auftreten. Letzterer Umstand ist aber unvereinbar mit rhomboëdrischer Krystallstruktur bzw. dem dieser Struktur entsprechenden Axensystem, denn, wie aus Fig. 749 ohne weiteres ersichtlich, ist das Symbol des positiven Rhomboëders (100), das des negativen (22$\bar{1}$); letztere Form, welche sich wegen ihrer hohen Quadratsumme der Indices (9) nicht unter den S. 217 aufgezählten befindet, muß also bei rhomboëdrischer Struktur zu den seltenen Formen gehören. Wenn dagegen die Krystallstruktur einer Substanz zwar eine trigonale ist, aber aus ineinander gestellten hexagonalen Raumgittern besteht, so müssen im allgemeinen die häufigen Formen einfachere Symbole erhalten, wenn sie auf die hexagonalen Axen bezogen werden, als wenn ihnen das rhomboëdrische Axensystem zugrunde gelegt würde.

Aus der Reihenfolge der Häufigkeit der auftretenden Formen ist es daher möglich, auch bei den meisten der zahlreichen, dem trigonalen Krystallsystem angehörigen Substanzen, für welche noch nicht, wie für Graphit, Kalkspat und Quarz, eine röntgenometrische Bestimmung der Krystallstruktur vorliegt, zu erkennen, ob dieselbe eine rhomboëdrische oder eine hexagonale ist. Abgesehen von der Existenz einer Spaltbarkeit nach nur einem Rhomboëder, wodurch die hexagonale Struktur von vornherein ausgeschlossen ist, zeigt sich insbesondere die rhomboëdrische Struktur am deutlichsten in dem häufigen Auftreten der drei in Fig. 748 eingezeichneten Rhomboëder, deren Hauptaxen in dem Verhältnisse $\frac{1}{2}:1:2$ stehen, und des Prismas 2. Art — die hexagonale dagegen in der Häufigkeit der Kombination eines positiven und eines negativen Rhomboëders mit gleich langer Hauptaxe, sowie des Prismas 1. Art. Die letzterwähnten Kombinationen werden namentlich beobachtet an pseudotrigonalen Krystallen, zu denen in gewissem Sinne auch die des Quarzes gehören, da sie nach S. 73 als aus monoklinen, basischen Lamellen zusammengesetzt betrachtet werden können. Da beide Arten der Krystallstruktur in einer Symmetrieklasse möglich sind, so müssen bei der allgemeinen Aufzählung der den betreffenden Klassen zugehörigen Formen beide Arten der Bezeichnung angegeben werden, dagegen soll bei denjenigen Beispielen, deren Struktur nach obigem als sicher bestimmt betrachtet werden kann, jedesmal nur die Bezeichnung zur Verwendung gelangen, welche nach obigem der betreffenden Substanz zuzuschreiben ist, d. h. diejenige, durch welche die häufigen Formen ihre einfachsten Symbole erhalten.

Die Umwandlung der im vorigen erklärten dreistelligen, der sogenannten »Millerschen Symbole« (pqr) in die »Bravaisschen« (hikl) und umgekehrt geschieht durch folgende Transformationsformeln:

$$h = p - q, \quad i = q - r, \quad k = r - p, \quad l = p + q + r$$

bzw.

$$p = h - k + l, \quad q = i - h + l, \quad r = k - i + l.$$

Diejenigen trigonalen Krystalle, deren Hauptaxe nur dreizählig ist (nicht zugleich sechszählige Drehspiegelungsaxe), zerfallen in fünf Symmetrieklassen, welche vollständig denen des hexagonalen Systems analog sind. Der niedrigste Grad der Symmetrie ist derjenige, bei welchem neben jener Axe kein weiteres Symmetrieelement vorhanden ist; alsdann ist die in Fig. 750[1]) projizierte allgemeine Form eine »trigonale Pyramide« dritter Art, daher diese Klasse, wie die entsprechenden des tetragonalen und hexagonalen Systems, die »pyramidale« genannt wird. Tritt zu der dreizähligen Axe noch eine zweizählige, notwendig dazu senkrechte hinzu, so erfordert die erstere, daß deren drei gleichwertige vorhanden sind, d. h. es entsteht eine Kombination zweizähliger Symmetrieaxen, welche der der rhomboëdrischen Raumgitter (S. 70) entspricht; dieses ist in der Projektion Fig. 751 zur Darstellung gebracht; die hierbei sich ergebende allgemeine Form ist ein »trigonales Trapezoëder«. Vorstehende beide Klassen sind, wie die pyramidale und die trapezoëdrische des tetragonalen bzw. hexagonalen Systems, die einzigen enantiomorphen. Die Hinzufügung einer einzigen, folglich zur Hauptaxe senkrechten, Ebene der Symmetrie zur dreizähligen Axe liefert, wie Fig. 752 zeigt, eine »trigonale Dipyramide«. Findet dagegen die Hinzufügung einer der Hauptaxe parallelen Symmetrieebene statt, so ergeben sich zu den drei Polen der Fig. 750 drei weitere gleichwertige, welche mit jenen zusammen eine »ditrigonale

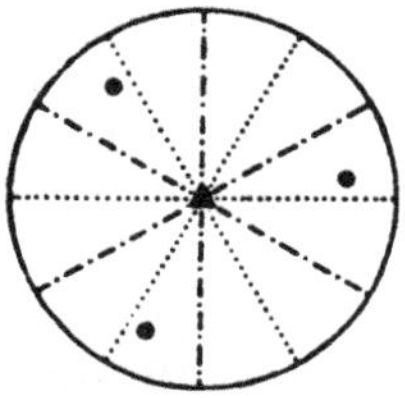

Fig. 750.

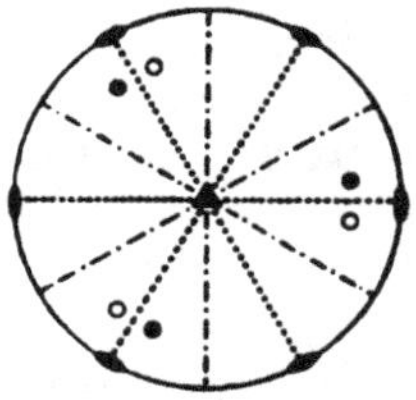

Fig. 751.

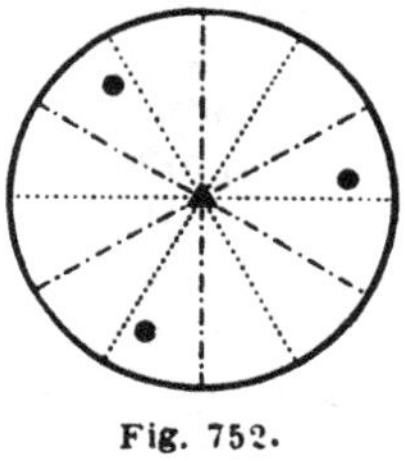

Fig. 752.

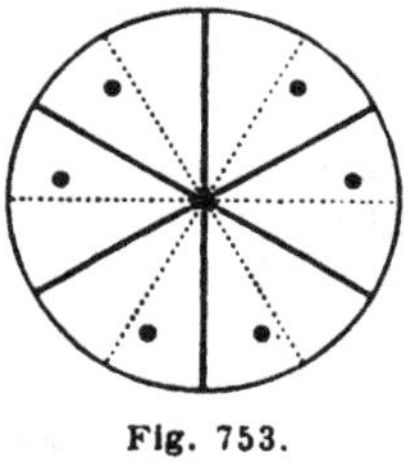

Fig. 753.

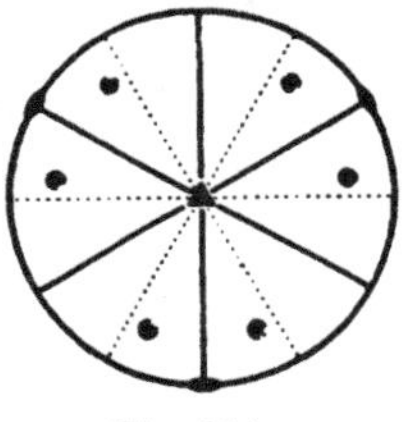

Fig. 754.

Pyramide« bilden, und diese ist, wie Fig. 753 zeigt, nach drei Ebenen symmetrisch. Tritt endlich zu dieser Symmetrie noch diejenige nach der Basis, wie in Fig. 752, hinzu, so entsteht eine »ditrigonale Dipyramide«, deren Projektion in Fig. 754 dargestellt ist, aus welcher hervorgeht, daß eine solche Form außer den vier Symmetrieebenen der beiden vorhergehenden Klassen noch drei zweizählige Symmetrieaxen besitzt. Von diesen fünf Klassen nehmen zwei, die trigonal-dipyramidale und die ditrigonal-dipyramidale, dadurch eine besondere Stellung ein, daß ihre Formen nur auf hexagonale Axen bezogen werden können, und gerade diese beiden Klassen sind durch Beispiele noch nicht völlig sicher nachgewiesen worden.

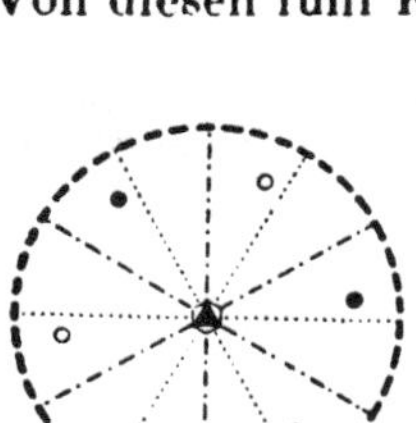

Fig. 755.

Fig. 756.

Ist die dreizählige Hauptaxe zugleich eine sechszählige

[1]) In dieser und den folgenden Projektionen sind die hexagonalen Nebenaxen punktiert, die Zwischenaxen strichpunktiert angegeben; letztere sind zugleich die Projektionen der rhomboëdrischen Axen (Fig. 748) auf die Basis.

Axe der zusammengesetzten Symmetrie, so ergeben sich, wie die Projektion Fig. 755 lehrt, sechs gleichwertige Pole, welche drei Paaren paralleler Flächen entsprechen und in dem dargestellten allgemeinen Falle die eines Rhomboëders dritter Art sind, daher diese Symmetrieklasse als »rhomboëdrische« bezeichnet wird (sie entspricht der disphenoïdischen Klasse des tetragonalen Krystallsystems). Tritt zu dieser Symmetrie noch eine solche nach zweizähligen Axen, welche denjenigen der rhomboëdrischen Raumgitter (S. 70) parallel sind, so entsteht die in Fig. 756 dargestellte Kombination von Axen, welche notwendig noch die Symmetrie nach drei Ebenen erfordert, so daß hier die gesamte Symmetrie der rhomboëdrischen Raumgitter vorliegt; diese führt zu einem »ditrigonalen Skalenoëder« als allgemeiner Form, daher diese Klasse, wie die entsprechende des tetragonalen Systems, als »skalenoëdrische« bezeichnet wird. Die Hinzufügung weiterer Symmetrieelemente würde, wie leicht einzusehen, entweder zu einer Mehrzahl dreizähliger Axen oder zur Sechszähligkeit der Hauptaxe, also zu den Klassen des hexagonalen Krystallsystems, oder endlich zu einer Hauptaxe mit noch größerer, d. h. unmöglicher Zähligkeit führen.

Daß die bivektoriellen Eigenschaften hinsichtlich ihrer Symmetrie allen trigonalen Klassen gemeinsam sind und speziell die optischen und thermischen Eigenschaften mit denen der tetragonalen und hexagonalen Krystalle übereinstimmen, folgt aus der Gleichwertigkeit je dreier zur Hauptaxe gleich geneigter Richtungen, welche nur mit optischer und thermischer Einaxigkeit vereinbar ist.

Pyramidale Klasse[1].

Die in der beistehenden Fig. 757 (Wiederholung von Fig. 750) projizierte allgemeine Form (pqr) = (hikl) dieser Klasse ist eine positive linke trigonale Pyramide; dieselbe Gestalt besitzt die durch Spiegelung nach einer Prismenfläche zweiter Art daraus hervorgehende rechte (prq) = ($\bar{k}\bar{i}\bar{h}l$), und beiden kongruent sind die linke und die rechte negative trigonale Pyramide, deren auf hexagonale Axen bezogenen Indiceszahlen die gleichen Werte haben, während die rhomboëdrischen Symbole aus anderen Zahlen p′, q′, r′[2]) zusammengesetzt sind; durch Spiegelung nach der Basis entstehen aus diesen vier oberen trigonalen Pyramiden vier untere mit denselben Winkeln, deren Indices die entgegengesetzten von denen der vier oberen sind. In dem besonderen Falle, daß die Pole der Flächen in den strichpunktierten Durchmessern der Projektion liegen, fällt jedesmal die linke Pyramide mit der rechten desselben Vorzeichens zusammen zu einer trigonalen Pyramide erster Art; es gibt also nur vier Pyramiden erster Art von gleicher Gestalt. Liegen die Pole dagegen in den punktierten Durchmessern, so vereinigt sich jedesmal eine linke positive mit einer rechten negativen Pyramide dritter Art und umgekehrt zu einer solchen zweiter Art; es

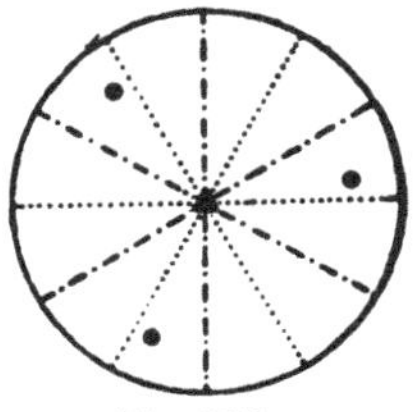

Fig. 757.

[1]) Hemimorph-tetartoëdrische oder ogdoëdrische Klasse des hexagonalen Krystallsystems nach älterer Bezeichnung, weil die Zahl der gleichwertigen Flächen ein Viertel von der einer dihexagonalen Pyramide und ein Achtel von derjenigen einer dihexagonalen Dipyramide ist (vgl. Fig. 693 u. 694 S. 205).

[2]) Hier ist $p' = 2q + 2r - p$, $q' = 2r + 2p - q$, $r' = 2p + 2q - r$.

gibt also auch nur vier Pyramiden zweiter Art, welche den gleichen Flächenwinkel bzw. die gleiche Neigung zur Hauptaxe besitzen. Liegen die Pole im Grundkreise der Projektion, so entsprechen sie einem trigonalen Prisma, im allgemeinen Falle einem solchen dritter Art, in den beiden besonderen, denen der Pyramiden erster bzw. zweiter Art analogen Fällen entweder dem positiven oder dem negativen trigonalen Prisma erster Art bzw. entweder dem rechten oder dem linken trigonalen Prisma zweiter Art. Sind endlich die Flächen senkrecht zur Hauptaxe, so fallen jedesmal drei zusammen und liefern, je nachdem es sich um eine obere oder um eine untere Pyramide handelt, nur eine einzige basische Fläche. Die möglichen Formen dieser Klasse sind also die folgenden:

$(111) = (0001)$ obere (positive), $(\bar{1}\bar{1}\bar{1}) = (000\bar{1})$ untere (negative) Basis,
$(2\bar{1}\bar{1}) = (10\bar{1}0)$ positives, $(11\bar{2}) = (01\bar{1}0)$ negatives Prisma erster Art,
$(10\bar{1}) = (11\bar{2}0)$ rechtes, $(1\bar{1}0) = (2\bar{1}\bar{1}0)$ linkes Prisma zweiter Art
$(pqr)_{p+q+r=0} = (hik0)$ Prisma dritter Art,
$(pqq) = (h0\bar{h}l)$ Pyramide erster Art,
$(pqr)_{2q=p+r} = (h.h.\overline{2h}.l)$ Pyramide zweiter Art,
$(pqr) = (hikl)$ Pyramide dritter Art.

Kombinationen, welche keine Formen dritter Art zeigen, können auch höher symmetrischen Klassen angehören und sind daher entweder durch solche Ätzfiguren, welche die Abwesenheit von Symmetrieebenen sicher erkennen lassen, oder optisch durch den Nachweis eines Drehungsvermögens zu unterscheiden. Wie in den entsprechenden Klassen des tetragonalen und hexagonalen Krystallsystems (s. S. 188 bzw. 205) kann durch ein regelmäßiges Punktsystem, nämlich das einfache Dreipunktschraubensystem (Fig. 62a b, S. 73), die Eigenschaft enantiomorpher Krystalle dieser Klasse, die Schwingungsebene des polarisierten Lichtes rechts bzw. links zu drehen, erklärt werden, und in der allgemeinen Theorie der Krystallstruktur (s. S. 74) gibt es sowohl Anordnungen der hier vorliegenden Symmetrie, welche schraubenartigen Charakter besitzen, als auch solche ohne letzteren, so daß die Existenz von optisch aktiven Krystallen und von solchen ohne Drehungsvermögen möglich erscheint. Während das S. 73 beschriebene Dreipunktschraubensystem aus hexagonalen Raumgittern besteht, ebenso das durch seine Verdoppelung entstehende zusammengesetzte Dreipunktschraubensystem (ebenda), sind die den beiden bisher bekannten Beispielen dieser Klasse zukommenden Raumgitter unzweifelhaft rhomboëdrische.

Der einfachste Fall einer Zwillingsverwachsung ist auch hier die zweier enantiomorpher Krystalle nach der Basis.

Beispiele.

β-Silbernitrat = NO_3Ag. $\alpha = 104°$ ca.*) Die sich rasch in die α-Modifikation (S. 154) umwandelnden Krystalle aus dem Schmelzflusse sind Tetraëder, d. h. Kombinationen der trigonalen Pyramide (100) mit der unteren Basis $(\bar{1}\bar{1}\bar{1})$; bei rascher Abkühlung warmer wässeriger Lösung entstehen trigonale Pyramiden erster Art [wahrscheinlich (100)] mit nicht meßbaren Formen dritter Art. Doppelbrechung negativ, stark.

---

*) Für diese, infolge ihrer geringen Beständigkeit nicht genau zu untersuchende Substanz muß wegen der Beziehung zu dem später zu behandelnden Natriumnitrat rhomboëdrische Struktur angenommen werden.

Natriumperjodat- (Natriummetaperjodat-) **Hexahydrat** = $J_2O_3Na_2 . 6 H_2O$. α = 94° 8′. Rechtsdrehende Krystalle zeigen die Formen : *r* (100), *γ* ($\bar{1}\bar{1}\bar{1}$), *o* (11$\bar{1}$). zuweilen mit der rechten positiven Pyramide 3. Art *t* (83$\bar{1}$) (Fig. 758) oder mit der linken negativen *τ* ($\bar{1}$85) (Fig. 759); häufig ist *d* (110), *s* ($\bar{2}$01), seltener *ω* (1$\bar{1}\bar{1}$), *ρ*($\bar{1}$00). *z* (801) und *h* (211) (Fig. 760); an den aus Lösungen mit Natriumnitrat erhaltenen Krystallen ist *o* (11$\bar{1}$) größer und oft auch *c* (111) ausgebildet. Zwillinge nach *c* (111). Keine deutliche Spaltbarkeit. Doppelbrechung positiv, ziemlich schwach.

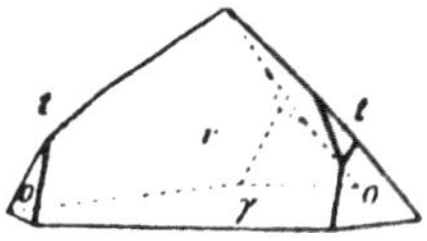

Fig. 758.

Fig. 759.

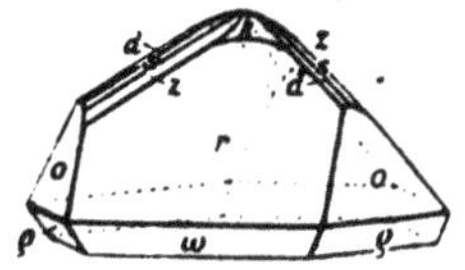

Fig. 760.

Drehungsvermögen für 1 mm : 23°,3 (Na); aus reiner Lösung scheiden sich ungefähr gleich viel rechtsdrehende und linksdrehende Krystalle aus; an den ersteren treten rechte Pyramiden zweiter und dritter Art (*t* in **Fig. 758**), sowie linke negative dritter Art, wie *τ* in Fig. 759, auf, an linksdrehenden die entgegengesetzten Formen, wie *s* und *z* in Fig. 760. Die Hauptaxe ist elektrische Axe mit dem analogen Pole in *c* (111); außerdem sind drei zur Hauptaxe senkrechte elektrische Axen vorhanden, deren antiloge Pole in den Flächen von *o* (11$\bar{1}$) liegen.

Trapezoëdrische Klasse[1]).

Die Kombination der dreizähligen Axe der einfachen Symmetrie mit drei dazu senkrechten zweizähligen, parallel den hexagonalen Nebenaxen, bedingt als allgemeine Form (pqr) = (hikl) ein trigonales Trapezoëder, und zwar nennt man das in der Projektion Fig. 761a eingetragene und in Fig. 762a abgebildete ein positives linkes, dasjenige Fig. 761b und 762b, d. h. (prq) = ($\bar{k}\bar{i}\bar{h}$l), welches durch Spiegelung nach einer den Winkel (60°) zweier zweizähliger Symmetrieaxen halbierenden Ebene daraus hervorgeht, ein positives rechtes[2]). Die Spiegelung nach einer der dreizähligen und einer zweizähligen Axe parallelen Ebene liefert zwei negative, mit den beiden positiven kongruente und zueinander enantiomorphe trigonale Trapezoëder (p′q′r′) und (p′r′q′) (vgl. S. 221 Anm.[2])) = ($\bar{h}\bar{i}\bar{k}$l) und (kihl). Diese vier Formen haben sämtlich die gleichen Winkel ihrer Polkanten, wie ihrer Mittelkanten, von denen die letzteren von zweierlei Art sind. In dem besonderen Falle, daß die Pole der Flächen gleichen Abstand von zwei Nebenaxen haben,

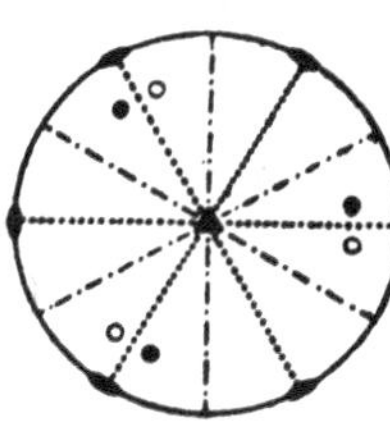

Fig. 761 a.

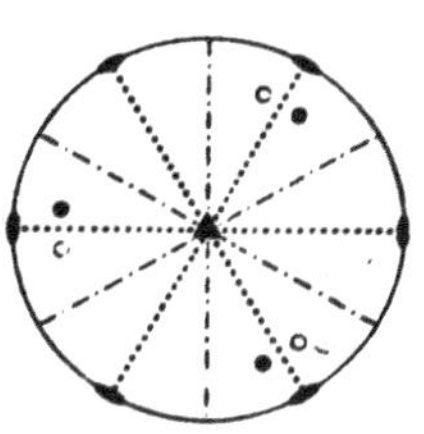

Fig. 761 b.

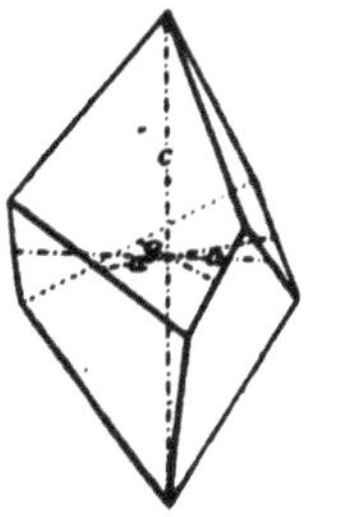

Fig. 762 a.

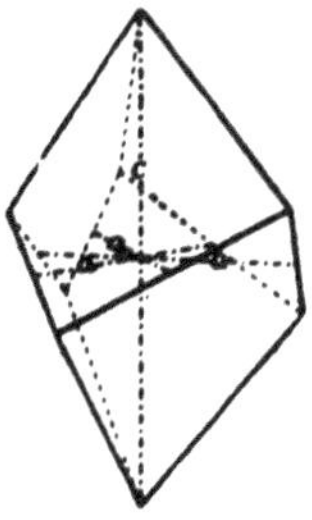

Fig. 762 b.

[1]) Trapezoëdrische Tetartoëdrie des hexagonalen Krystallsystems nach der älteren Nomenklatur.
[2]) In den Figuren 762 a, b und ebenso in denen der übrigen einfachen Formen dieses Krystallsystems sind die hexagonalen Axen entsprechend der Fig. 688 (S. 203) bezeichnet.

fällt jedesmal das linke Trapezoëder mit dem rechten desselben Vorzeichens zusammen zu einem Rhomboëder (erster Art), deren es also nur zwei von gleicher Gestalt gibt, das positive $(pqq) = (h0\bar{h}l)$ und das negative $(p'q'q') = (0h\bar{h}l)$. Liegen die Pole dagegen in den zweizähligen Symmetrieaxen, so vereinigt sich jedesmal ein linkes positives mit einem rechten negativen Trapezoëder und umgekehrt zu einer trigonalen Dipyramide (zweiter Art); es gibt also auch nur zwei trigonale Dipyramiden $(pqr) = (2h.\bar{h}.\bar{h}.l)$ und $(prq) = (\bar{h}.\bar{h}.2h.l)$, wo $2q = p + r$ bzw. $2q' = p' + r'$. von gleicher Gestalt wie sie in

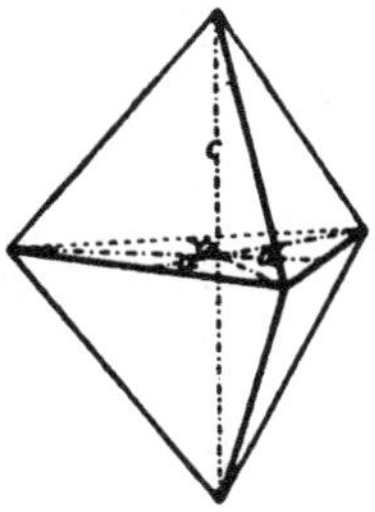

Fig. 763 a.

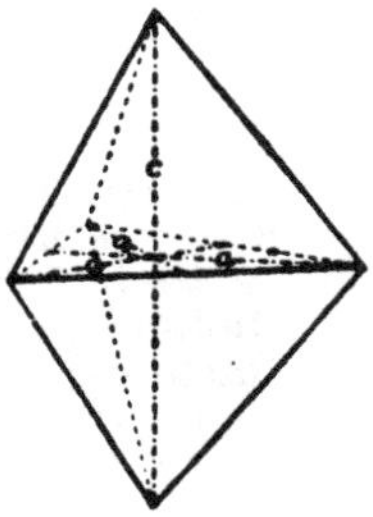

Fig. 763 b.

Fig. 764 a.

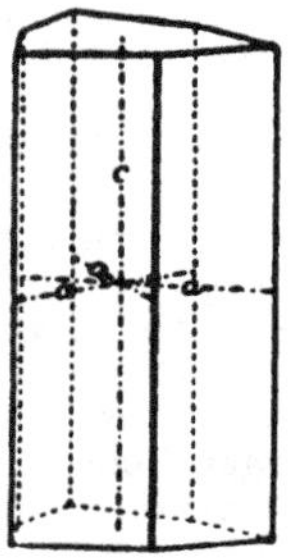

Fig. 764 b.

Fig. 763a und b abgebildet sind. Liegen die Pole im Grundkreise der Projektion, so entsprechen sie einem ditrigonalen Prisma, und zwar einem linken (Fig. 764a), wenn der Fall der Projektion Fig. 761a vorliegt, während die Projektion Fig. 761b ein rechtes ditrigonales Prisma (Fig. 764b) ergibt. Der weitere besondere Fall, daß die Pole in den Grundkreis mitten zwischen zwei Nebenaxen fallen, führt in Fig. 761a und b zu der gleichen Form, dem hexagonalen Prisma erster Art; liegen sie dagegen in den Polen der Nebenaxen, so ergibt sich aus Fig. 761a das linke, aus Fig. 761b das rechte trigonale Prisma zweiter Art. Sind endlich die Flächen senkrecht zur Hauptaxe, so fallen jedesmal drei zusammen und liefern das Pinakoïd $(111) = (0001)$. Die möglichen Formen dieser Klasse sind also folgende:

$(111) = (0001)$ Basis,
$(2\bar{1}\bar{1}) = (10\bar{1}0)$ hexagonales Prisma (erster Art),
$(10\bar{1}) = (11\bar{2}0)$ rechtes, $(1\bar{1}0) = (2\bar{1}\bar{1}0)$ linkes trigonales Prisma (zweiter Art),
$(pqr)_{p+q+r=0} = (hik0)$ ditrigonale Prismen,
$(pqq) = (h0\bar{h}l)$ Rhomboëder,
$(pqr)_{2q=p+r} = (h.h.\bar{2h}.l)$ trigonale Dipyramiden (zweiter Art),
$(pqr) = (hikl)$ trigonale Trapezoëder.

Die häufigsten, an den Krystallen dieser Klasse auftretenden Formen sind, außer der Basis und dem hexagonalen Prisma, positive und negative Rhomboëder, d. h. solche, welche einzeln und in Kombinationen die Enantiomorphie, also auch die Zugehörigkeit zu dieser Klasse, nicht erkennen lassen. Erst die Kombination eines Rhomboëders mit dem rechten bzw. linken trigonalen Prisma oder mit einer rechten qzw. linken trigonalen Dipyramide können nicht durch Drehung zur Deckung gebracht werden. Wenn daher keine derartige Kombination und auch keine Trapezoëder oder ditrigonalen Prismen beobachtet werden, welche die Zugehörigkeit zu dieser Klasse sicher beweisen, so ist es nötig, den Mangel jeglicher Ebene der Symmetrie durch Ätzfiguren festzustellen. Da hier nicht, wie in der vorigen Klasse, eine Polarität der Hauptaxe vorliegt, ist diese auch nicht elektrische Axe; dagegen sind hier die drei zweizähligen Axen polar und zeigen daher, wie bereits S. 52 an dem Beispiele des Quarzes angegeben wurde, bei einer Temperaturänderung entgegengesetzte freie Elektrizität.

Das optische Drehungsvermögen der hierher gehörigen Krystalle kann, wie ebenfalls bereits auseinandergesetzt wurde (S. 73 f.), erklärt werden durch ein regelmäßiges Punktsystem mit Schraubenstruktur, das zusammengesetzte Sechspunktschraubensystem. Die allgemeine Theorie der Krystallstruktur läßt aber auch die Möglichkeit von Krystallen dieser Klasse ohne Drehungsvermögen zu.

Was die Zwillingsverwachsungen zweier enantiomorpher Krystalle betrifft, so sind solche symmetrisch nach jeder beliebigen Fläche möglich; die einfachsten Fälle sind diejenigen, bei denen die Zwillingsebene die Basis oder eine Fläche eines hexagonalen Prismas ist. Unter den regelmäßigen Verwachsungen gleichartiger (zweier rechter oder zweier linker) Krystalle sind besonders häufig diejenigen, deren Zwillingsaxe die Hauptaxe ist.

Beispiele.

Optisch inaktive Substanzen.

Siliciumdioxyd (nat. Quarz) = SiO_2. a : c = 1 : 1,0999. Krystallstruktur siehe S. 73. Die gewöhnlichste Kombination, *m* $(10\bar{1}0)$, *r* $(10\bar{1}1)$, *ϱ* $(01\bar{1}1)$, zeigt *r* und *ϱ* oft gleichgroß als hexagonale Dipyramide; an gewissen Vorkommen des Minerals treten häufig hinzu: *s* $(2\bar{1}\bar{1}1)$ bzw. $(11\bar{2}1)$, *x* $(6\bar{1}\bar{5}1)$ bzw. $(51\bar{6}1)$ (Fig. 765 a bzw. b), nicht selten auch *u* $(4\bar{1}\bar{3}1)$ bzw. $(31\bar{4}1)$, sämtlich in der Zone *ϱ m* gelegen. Fig. 765 a zeigt die Form der linksdrehenden Krystalle, an denen die linke trigonale Dipyramide und linke positive Trapezoëder auftreten, Fig. 765 b die Kombination der rechtsdrehenden mit rechter Dipyramide und rechten positiven Trapezoëdern. Negative Trapezoëder kommen nur selten und untergeordnet vor; sie liegen stets an den gleichen Polen der Nebenaxen, wie die positiven, und sind daher an den linksdrehenden Krystallen rechte, an den rechtsdrehenden linke. An den entgegengesetzten Polen der Nebenaxen treten nur schmale rauhe Flächen auf, welche wahrscheinlich durch natürliche Ätzung entstanden sind. Auffallend ist die Seltenheit der Basis (0001), welche nur in unvollkommener, den Charakter von Ätzflächen entsprechender Ausbildung vorkommt.

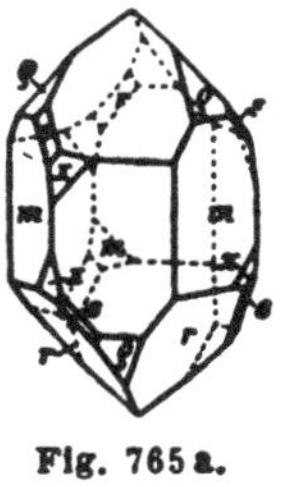

Fig. 765 a.

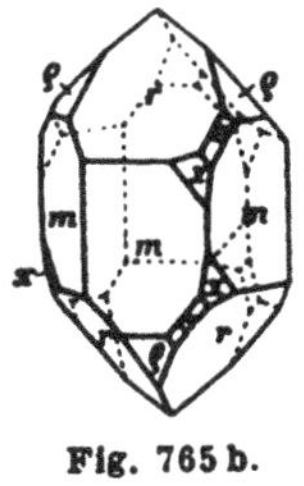

Fig. 765 b.

Das gewöhnlichste Gesetz der Quarzzwillinge ist dasjenige, bei welchem die Hauptaxe Zwillingsaxe ist; zwei gleichartige Krystalle, in Fig. 766a und b zwei

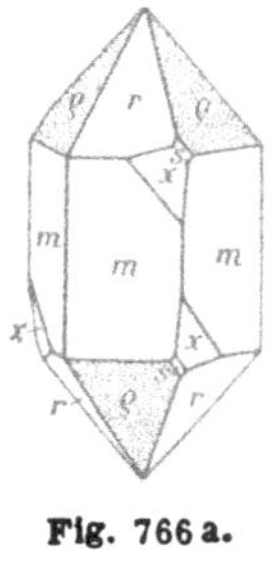

Fig. 766 a.

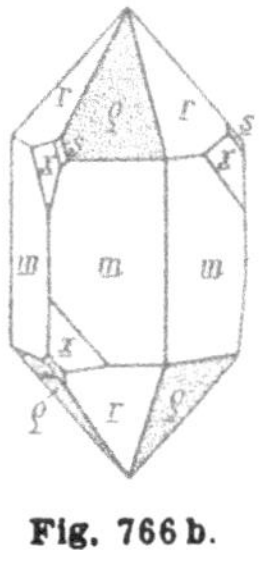

Fig. 766 b.

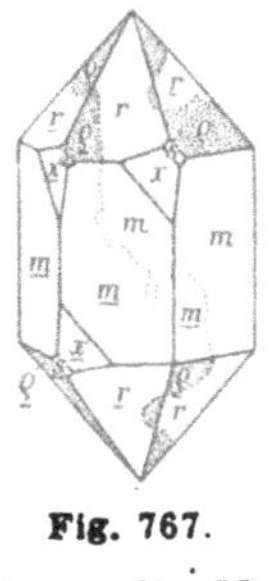

Fig. 767.

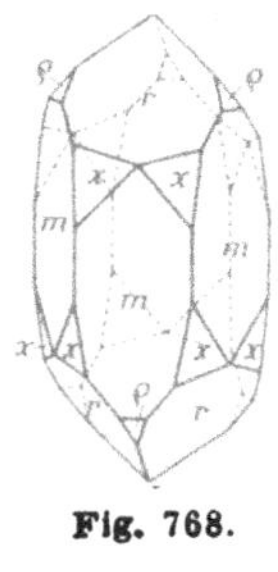

Fig. 768.

rechtsdrehende, von denen der zweite 180° um die Hauptaxe gegen den ersten gedreht ist, sind so durcheinander gewachsen, wie es beispielsweise Fig. 767 zeigt, daß die Verwachsung wie ein einfacher Krystall erscheint (s. auch S. 52 unten), von dem sie sich durch Auftreten von *s* und *x* an benachbarten Kanten des Prismas unterscheidet, ferner auch durch die Grenzen der in die gleichen Ebenen fallenden Flächenteile von *r* und *ρ*, wenn letztere (wie es besonders durch natürliche Ätzung zuweilen verursacht ist) matt, erstere glänzend sind. Der sog. Amethyst besteht meist aus dünnen, abwechselnden Schichten von Rechts- und Linksquarz (s. S. 21), zuweilen auch aus einer regelmäßigen Durchkreuzung zweier nach den Flächen des Prisma zweiter Art symmetrischer Krystalle, einen scheinbar einfachen Krystall (Fig. 768) bildend, an welchem aber die den rechts- und linksdrehenden Sektoren angehörigen *x*-Flächen als eine Kombination des rechten und des linken positiven Trapezoëders erscheinen.

Spaltbarkeit unvollkommen nach *r* $(10\bar{1}1)$ und in Spuren nach *ρ* $(01\bar{1}1)$; deutlicher unterscheiden sich die beiden Rhomboëder durch die verschiedene Form ihrer Ätzfiguren.

Die drei Nebenaxen sind elektrische Axen, deren analoge Pole an denjenigen Kanten des Prismas *m* liegen, an denen die Flächen *s*, *x* usw. (s. Fig. 765a und b) auftreten; durch pyroelektrische Untersuchung sind also, wenn solche Flächen nicht ausgebildet sind, diese Kanten von den drei anderen und ebenso Zwillinge des ersten der beiden obigen Gesetze von einfachen Krystallen zu unterscheiden (s. S. 52).

Brechungsindices:	Linie C:	$\omega = 1{,}54193$	$\varepsilon = 1{,}55095$
	— D:	$= 1{,}54426$	$= 1{,}55337$
	— E:	$= 1{,}54718$	$= 1{,}55639$
	— G:	$= 1{,}55398$	$= 1{,}56341$

Drehungsvermögen für 1 mm für C = 17°,3, für D = 21°,7, für E = 27°,5, für G = 42°,6.

α-Quecksilbersulfid (Zinnober) = HgS. $\alpha = 92°30'$ (a : c = 1 : 1,1453). Die auf verschiedenem Wege erhaltenen Krystalle sind meist rhomboëdrisch ausgebildet, haben aber keine Bestimmung ihrer Formen erfahren. Die natürlichen Krystalle zeigen eine sehr mannigfaltige Ausbildung und sind oft sehr flächenreich; da keine Spaltbarkeit nach einem Rhomboëder existiert und bald das eine, bald das andere der zahlreichen beobachteten Rhomboëder vorherrscht, ist die Wahl von (100) unsicher, so lange keine röntgenometrische Bestimmung der Krystalle vorliegt. Wenn auch die rhomboëdrischen Symbole einzelner, zuweilen vorherrschender Formen verhältnismäßig kompliziert sind, so spricht doch die im allgemeinen größere Einfachheit der Indices und die Art der Ausbildung weit mehr für rhomboëdrische, als für hexagonale Struktur. Nicht selten Zwillinge zweier enantiomorpher Krystalle nach (111) bzw. $(2\bar{1}\bar{1})$; Fig. 769 stellt einen einfachen Krystall, Fig. 770 einen solchen Zwilling dar mit folgenden Formen : *r* (100), *n* $(5\bar{1}\bar{1})$, *x* (13.1.5) (Symbole nach der üblichen Aufstellung des Minerals). Spaltbarkeit nach *m* $(2\bar{1}\bar{1})$ vollkommen. Brechungsindices: $\omega = 2{,}854$, $\varepsilon = 3{,}201$ für Rot. Drehungsvermögen 15 mal so groß als dasjenige des Quarzes.

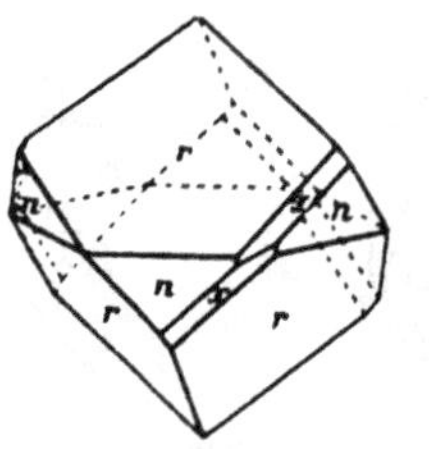

Fig. 769.

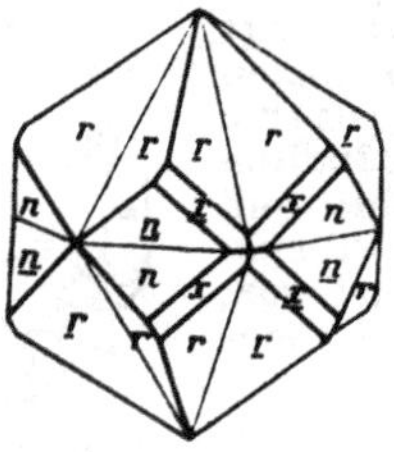

Fig. 770.

Kaliumdithionat = $S_2O_6K_2$. $\alpha = 108°27'$ (a : c = 1 : 0,6467). Die Krystalle sind scheinbar hexagonale Kombinationen von *c* (111) = (0001), *r* (100) = $(10\bar{1}1)$, *ρ* $(22\bar{1})$ = $(01\bar{1}1)$, *m* $(2\bar{1}\bar{1}) = (10\bar{1}0)$, *a* $(10\bar{1}) = (11\bar{2}0)$, *α* $(\bar{1}01) = (2\bar{1}\bar{1}0)$, *s* $(41\bar{2}) = (11\bar{2}1)$ und *σ* $(\bar{4}21) = (2\bar{1}\bar{1}1)$ (Fig. 771), stets aber Durchkreuzungszwillinge zweier rechter oder zweier linker Krystalle nach dem Gesetze der gewöhnlichen Quarzzwillinge (S. 225) in so inniger Durchwachsung, daß eine Unterscheidung der positiven und negativen Formen nicht möglich ist. Die Ätzfiguren auf (111) = (0001) sind trigonal. Brechungsindices : $\omega = 1{,}4550$, $\varepsilon = 1{,}5153$. Drehungsvermögen für 1 mm 8°,5 (Na).

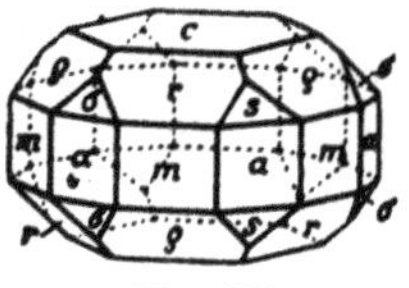

Fig. 771.

Bleidithionat-Tetrahydrat = $S_2O_6Pb \cdot 4\,H_2O$. a : c = 1 : 1,5160. Die einfachsten Kombinationen sind : *c* (0001), *r* $(10\bar{1}1)$, *ρ* $(01\bar{1}1)$, zuweilen mit vorherrschendem *r*; nicht selten sind ferner die Formen : *i* $(10\bar{1}2)$ und *t* $(20\bar{2}3)$; die Enantiomorphie links- und rechtsdrehender Krystalle zeigen die flächenreichsten beobachteten Kombinationen Fig. 772a und b mit den Formen: *p* $(2\bar{1}\bar{1}2)$ bzw. $(11\bar{2}2)$, *π* $(11\bar{2}2)$ bzw. $(2\bar{1}\bar{1}2)$, *x* $(11\bar{2}3)$ bzw. $(2\bar{1}\bar{1}3)$, *σ* $(11\bar{2}1)$ bzw. $(2\bar{1}\bar{1}1)$, *α* $(10\bar{1})$ bzw. $(1\bar{1}0)$. Häufig Zwillinge nach dem ersten, seltener nach dem zweiten, beim Quarz beobachteten Gesetze; die Krystalle sind stets mit (111) verwachsen und haben meist die Form trigonaler Tafeln. Keine deutliche Spaltbarkeit. Brechungsindices für D : $\omega = 1{,}6351$, $\varepsilon = 1{,}6531$. Drehungsvermögen für 1 mm = 5°,5 (D).

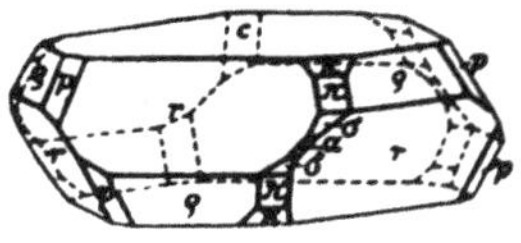

Fig. 772a.

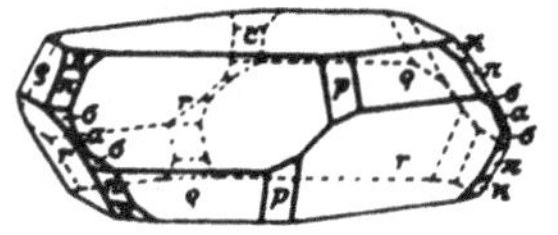

Fig. 772b.

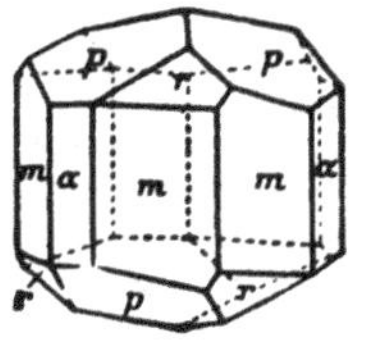

Fig. 773.

Guajakol = $C_6H_4(OH)(O.CH_3)$. $\alpha = 97°24'$ (a : c = 1 : 0,9933). Kombination (Fig. 773): *m* $(2\bar{1}\bar{1}) = (10\bar{1}0)$, *α*$(1\bar{1}0) = (2\bar{1}\bar{1}0)$, *p* $(210) = (2\bar{1}\bar{1}3)$, *r* $(100) = (10\bar{1}1)$. Außerordentlich plastisch. Brechungsindices für N : $\omega = 1{,}569$, $\varepsilon = 1{,}666$. Linksdrehend.

Benzil (Dibenzoyl) = $(C_6H_5.CO)_2$. $\alpha = 78°13'$ (a : c = 1 : 1,6322). Prismen *m* $(2\bar{1}\bar{1}) = (10\bar{1}0)$, an den Enden *r* $(100) = (10\bar{1}1)$ oder *c* (111) = (0001) mit untergeordneten Flächen von *r* $(100) = (10\bar{1}1)$, *ρ* $(22\bar{1}) = (01\bar{1}1)$ und *d* $(110) = (01\bar{1}2)$. Spaltbarkeit nach *c* (111) = (0001) vollkommen, nach *m* $(2\bar{1}\bar{1}) = (10\bar{1}0)$ und *a* $(10\bar{1}) = (11\bar{2}0)$ unvollkommen. Ätzfiguren auf *m* unsymmetrisch, auf *c* Trigone 2. Art. Brechungsindices für Na : $\omega = 1{,}6588$, $\varepsilon = 1{,}6784$. Drehungsvermögen 25° für Na. Die Krystalle zeigen optische Anomalien (Felderteilung), welche auf pseudohexagonalen Drillingsbau hindeuten.

Optisch aktive Substanzen:

d- u. l-Kaliumkobaltioxalat-Monohydrat = $Co(C_2O_4)_3K_3.H_2O$. a : c = 1 : 0,8968. Kombination (Fig. 774): *r* $(10\bar{1}1)$, *m* $(10\bar{1}0)$, *t* $(20\bar{2}1)$, *ρ* $(01\bar{1}1)$, *τ* $(02\bar{2}1)$, *c* (0001). Keine deutliche Spaltbarkeit.

d- u. l-Kaliumrhodiumoxalat-Monohydrat = $Rh(C_2O_4)_3K_3.H_2O$. a : c = 1 : 0,8938. Beobachtete Formen: *m* $(10\bar{1}0)$, *r'* $(10\bar{1}1)$, *ρ* $(01\bar{1}1)$, *c* (0001), *s* $(2\bar{1}\bar{1}1)$ (l) bzw. $(11\bar{2}1)$ (d), *s* $(02\bar{2}1)$, *t* $(20\bar{2}1)$; die gewöhnlichste Kombination gleicht derjenigen der Quarzkrystalle Fig. 765a bzw. b, nur mit *c* statt *x*; nicht selten herrscht aber auch *r* $(10\bar{1}1)$ stark vor, wie in der Abbildung des Kobaltsalzes Fig. 774. Keine deutliche Spaltbarkeit. Brechungsindices: $\omega = 1{,}6052$, $\varepsilon = 1{,}5804$. Drehungsvermögen gering. Farbe rot mit deutlichem Pleochroismus: o blutrot, e orangerot.

d- u. l-Rubidiumtartrat = $C_4H_4O_6Rb_2$. $\alpha = 73°11'$. Kombination (Fig. 775): *r* (100), *d* (110), *t* (411), *ρ* $(22\bar{1})$, *o* $(11\bar{1})$, *m* $(2\bar{1}\bar{1})$, *ω* $(5\bar{1}\bar{1})$; aus der Lösung des traubensauren Salzes bilden sich Durchkreuzungszwillinge nach (111), welche nur *r* (100) (mit enantiomorphen Ätzfiguren) zeigen. Doppelbrechung negativ, stark. Drehungsvermögen für 1 mm : 10°,2 (Na); die Krystalle des rechtsweinsauren Salzes drehen links, die des linksweinsauren rechts (s. S. 91).

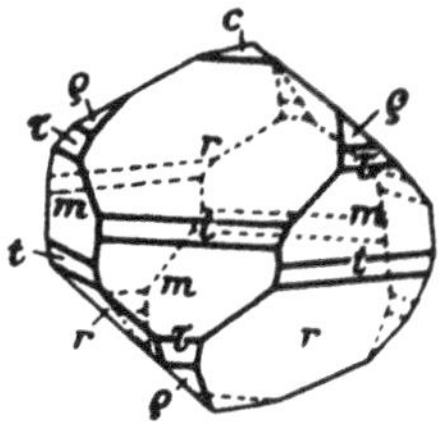

Fig. 774.

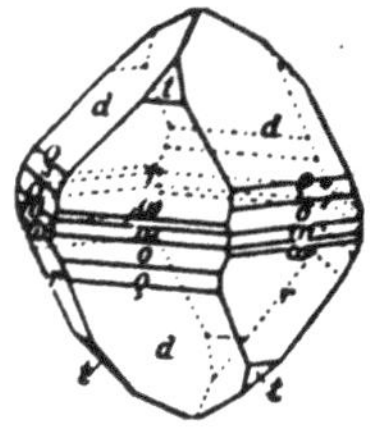

Fig. 775.

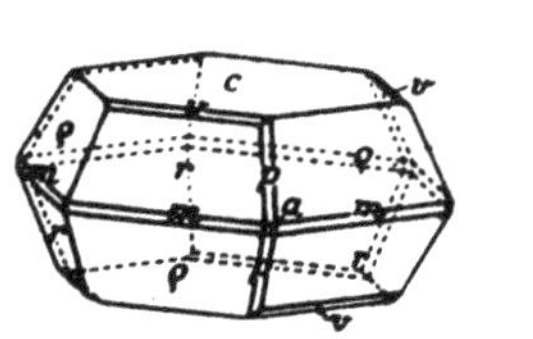

Fig. 776.

d-Campher (Laurineencampher) = $C_{10}H_{16}O$. a : c = 1 : 1,6851. Durch Sublimation dünne hexagonale Tafeln *c* (0001) mit den Randflächen *r* $(10\bar{1}1)$ und *ρ* $(01\bar{1}1)$, aus unreinen alkoholischen Lösungen die Kombination Fig. 776 mit *m* $(10\bar{1}0)$, *p* $(11\bar{2}2)$, *v* $(10\bar{1}8)$, *a* $(11\bar{2}0)$. Doppelbrechung negativ. Drehungsvermögen für 1 mm = + 0°,65 (Na), das der amorphen Substanz = 0°,55, in beiden Fällen rechts.

l-Maticocampher = $C_{12}H_{20}O$. α = 94°7′ (a : c = 1 : 1,0950). Kombination (Fig. 777): *m* $(21\bar{1}) = (10\bar{1}0)$, δ $(101) = (1\bar{1}02)$, α $(1\bar{1}0) = (2\bar{1}\bar{1}0)$, σ $(19.5.7) = (8\bar{4}\bar{4}7)$, ξ $(733) = (10.\bar{6}.\bar{4}.7)$ (nimmt man δ als $(100) = (10\bar{1}1)$, so werden die Symbole von σ und ξ noch komplizierter). Keine deutliche Spaltbarkeit. Doppelbrechung negativ, schwach. Drehung für Na : α = — 2° (Drehungsvermögen der geschmolzenen Substanz — 0°,3).

Pseudotrigonal krystallisieren folgende Substanzen:

d-Glykose-Natriumchlorid-Monohydrat (Traubenzucker-Chlornatrium) = 2 $C_6H_{12}O_6$. NaCl . H_2O. a : c = 1 : 1,7854. Beobachtete Formen : *r* $(10\bar{1}1)$, ϱ $(01\bar{1}1)$, *m* $(10\bar{1}0)$, *a* $(11\bar{2}0)$, $\alpha = (2\bar{1}\bar{1}0)$ (Fig. 778); wenn *r* vorherrscht, tritt dazu noch oft *d* $(01\bar{1}2)$ und *c* (0001) (Fig. 779). Keine deutliche Spaltbarkeit. Ätzfiguren auf *r* und ϱ unsymmetrisch und verschieden. Platten nach (0001) zeigen sechs optisch zweiaxige Sektoren mit sehr kleinem Axenwinkel, einem pseudohexagonalen rhombischen Durchkreuzungsdrilling entsprechend. Drehungsvermögen nicht meßbar.

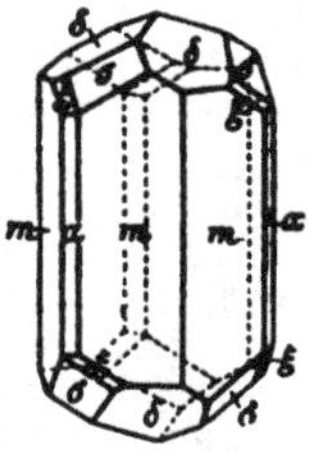

Fig. 777.

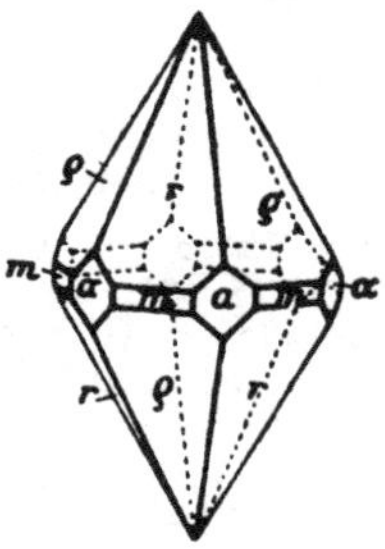

Fig. 778.

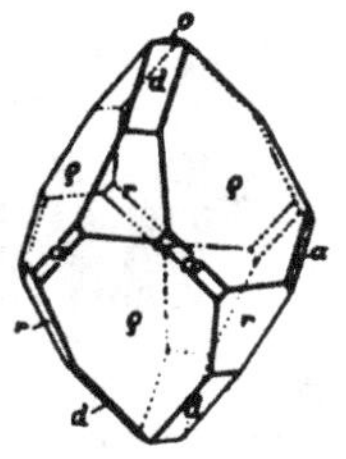

Fig. 779.

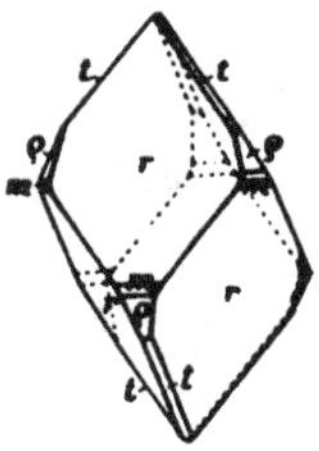

Fig. 780.

d-Glykose-Natriumjodid-Monohydrat (Traubenzucker-Jodnatrium) = 2 $C_6H_{12}O_6$. NaJ . H_2O. a : c = 1 : 1,8388. Kombination (Fig. 780): *r* $(10\bar{1}1)$, ϱ $(01\bar{1}1)$, *t* $(11\bar{2}3)$, *m* $(10\bar{1}0)$. Kohäsion und Ätzfiguren = vor., ebenso die optischen Eigenschaften.

Dipyramidale Klasse[1]).

Wenn zu der Symmetrie der trigonal-pyramidalen Klasse noch die nach der Basis hinzukommt, so entsteht im allgemeinen Falle (Fig. 781) eine trigonale Dipyramide dritter Art, deren es vier von gleicher Gestalt gibt, die in Fig. 782 dargestellte linke positive, die rechte positive und die beiden negativen, durch Drehung von 180° um die Hauptaxe mit jenen zur Deckung gelangenden. Jede dieser Formen besteht aus sechs gleichwertigen Flächen, welche nur dann gleiche Indiceszahlen erhalten, wenn sie auf hexagonale Axen bezogen werden, daher nur diese für die vorliegende Klasse in Betracht kommen können. In dem besonderen Falle, daß die Pole der Flächen in den strichpunktierten Durchmessern der Projektion liegen, fällt jedesmal die linke Dipyramide mit der rechten desselben Vorzeichens zusammen zu einer trigonalen Dipyramide erster Art; es gibt also nur zwei Dipyramiden erster Art von gleicher Gestalt. Liegen die Pole dagegen in den punktierten

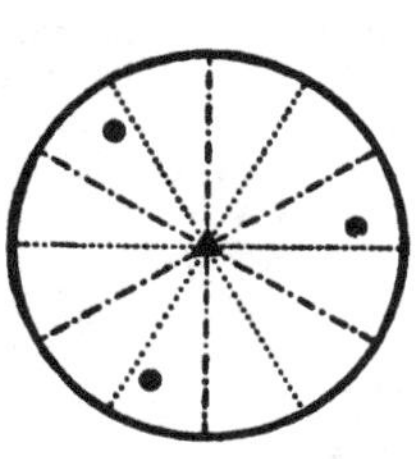

Fig. 781.

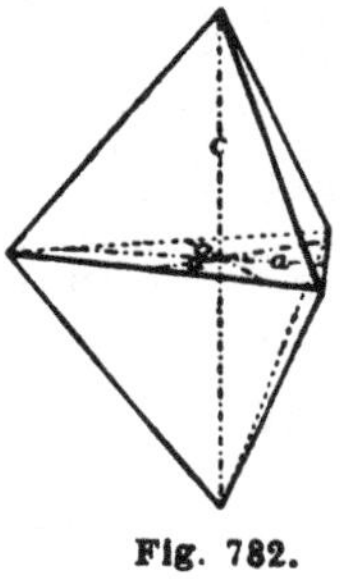

Fig. 782.

[1]) Trigonotyp-tetartoëdrische Klasse des hexagonalen Krystallsystems.

Durchmessern, so vereinigt sich jedesmal eine linke positive mit einer rechten negativen Dipyramide dritter Art und umgekehrt zu einer solchen zweiter Art. Liegen die Pole im Grundkreise der Projektion, so entsprechen sie einem trigonalen Prisma, im allgemeinen Falle einem solchen dritter Art, in den beiden besonderen, denen der Dipyramiden erster bzw. zweiter Art analogen Fällen entweder dem positiven oder dem negativen trigonalen Prisma erster Art bzw. entweder dem rechten oder dem linken trigonalen Prisma zweiter Art. Sind endlich die Flächen senkrecht zur Hauptaxe, so fallen an jedem Pol derselben je drei zusammen, und es entsteht das basische Pinakoïd. Die trigonal-dipyramidalen Krystalle können also folgende Formen zeigen:

(0001) Basis,
$(10\bar{1}0)$ positives, $(01\bar{1}0)$ negatives Prisma erster Art,
$(11\bar{2}0)$ rechtes, $(2\bar{1}\bar{1}0)$ linkes Prisma zweiter Art,
(hik0) Prismen dritter Art,
$(h0\bar{h}l)$ Dipyramiden erster Art,
$(h.h.\overline{2h}.l)$ Dipyramiden zweiter Art,
(hikl) Dipyramiden dritter Art.

Symmetrische Zwillinge sind in dieser Klasse möglich nach jeder Ebene, ausgenommen nach der Basis.

Bis jetzt ist nur ein Beispiel dieser Symmetrieart beschrieben worden und auch dieses ist insofern nicht ganz sicher, als die beobachteten Formen auch basische Zwillinge von Krystallen der später zu behandelnden skalenoëdrischen Klasse sein könnten und die Anstellung von Ätzversuchen, welche hierüber entscheiden würden, nicht gestatteten.

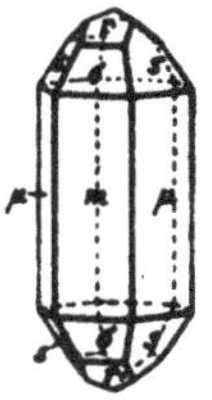
Fig. 783.

Disilberorthophosphat = PO_4Ag_2H. a : c = 1 : 0,7297. Prismen (Fig. 783) *m* $(10\bar{1}0)$, *μ* $(01\bar{1}0)$, mit den Endflächen *r* $(10\bar{1}1)$, *s* $(02\bar{2}1)$ und *σ* = $(20\bar{2}1)$ oder dreiseitige Tafeln *c* (0001) mit *r*, *s* und *σ*, meist ohne Prismenflächen. Zuweilen Zwillinge nach $(2\bar{1}\bar{1}0)$. Brechungsindices für Na: *ω* = 1,8036, *ε* = 1,7983.

Ditrigonal-pyramidale Klasse¹).

Treten zu der dreizähligen Axe drei ihr parallele, gleichwertige Ebenen der Symmetrie, so ergibt sich als allgemeine Form, entsprechend dem in der Projektion Fig. 784 dargestellten Falle, eine obere positive ditrigonale Pyramide (pqr) = (hikl) mit drei stumpferen und drei schärferen Polkanten, welche in Fig. 785 in Kombination mit der unteren Basis abgebildet ist; dieselbe Gestalt hat die negative Form (p'q'r') = $(\bar{h}\bar{i}\bar{k}l)$, welche durch eine Drehung von 180° um die Hauptaxe daraus hervorgeht, und die gleichen Winkel besitzen auch die positive und die negative untere ditrigonale Pyramide, die durch Spiegelung nach der Basis aus den beiden oberen entstehen. Fallen je zwei Pole in die den Symmetrieebenen entsprechenden

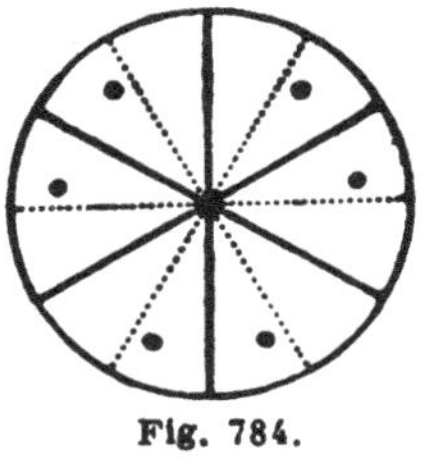
Fig. 784.

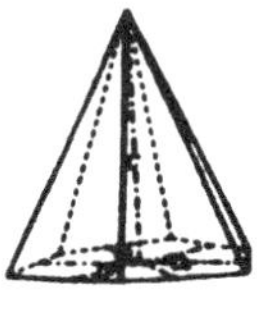
Fig. 785.

¹) Hemimorph-tetartoëdrische Klasse des hexagonalen Krystallsystems.

Durchmesser der Projektion, also zu einem zusammen, so verwandelt sich jede dieser ditrigonalen Pyramiden in eine trigonale erster Art; liegen die Pole jedoch in den punktierten Durchmessern, so nimmt die positive und die negative Pyramide des gleichen Poles der Hauptaxe die Gestalt einer und derselben hexagonalen Pyramide zweiter Art an (Fig. 786). In dem dritten besonderen Falle, der Lage der Pole im Grundkreis, resultiert ein positives ditrigonales Prisma (Fig. 787) bzw. ein negatives, wenn die Pole in den drei anderen Sextanten des Grundkreises liegen. Die Vereinigung zweier Pole an den Endpunkten der den Symmetrieebenen entsprechenden Durchmessern der Projektion führt zum positiven bzw. zum negativen trigonalen Prisma erster Art, die Lage der Pole an den Endpunkten der punktierten Durchmesser zu dem hexagonalen Prisma zweiter Art, endlich die Vereinigung von je sechs Polen mit einem der beiden Pole der Hauptaxe zur oberen oder zur unteren Basis. So ergibt sich die folgende Übersicht der möglichen Formen:

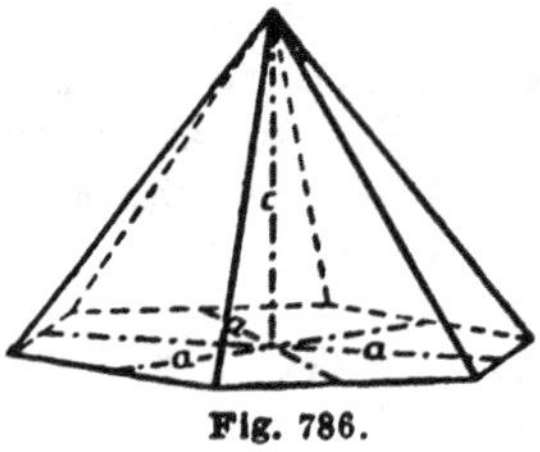

Fig. 786.

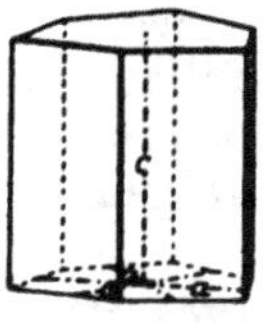

Fig. 787.

(111) = (0001) obere, ($\bar{1}\bar{1}\bar{1}$) = (000$\bar{1}$) untere Basis,
(2$\bar{1}\bar{1}$) = (10$\bar{1}$0) positives, (11$\bar{2}$) = (01$\bar{1}$0) negat. trig. Prisma (1. A.),
(10$\bar{1}$) = (11$\bar{2}$0) hexagonales Prisma (zweiter Art),
$(pqr)_{p+q+r=0}$ = (hik0) ditrigonale Prismen,
(pqq) = (h0$\bar{h}$l) positive, (q′q′p′) = (0h$\bar{h}$l) negative trigonale Pyramiden (erster Art),
$(pqr)_{2q=p+r}$ = (h.h.$\overline{2h}$.l) hexagonale Pyramiden (zweiter Art),
(pqr) = (hikl) ditrigonale Pyramiden.

Krystalle, welche nur an einem Pole der Hauptaxe ausgebildet sind oder an beiden Enden pyramidale Formen mit gleichen Winkeln zeigen, können auch einer höher symmetrischen Klasse angehören und von solchen durch die elektrische Polarität der Hauptaxe unterschieden werden. Außer durch die für die vorliegende Symmetrieart charakteristischen Kombinationen kann die Zugehörigkeit zu ihr auch durch Ätzfiguren festgestellt werden.

Unter den möglichen Zwillingsbildungen stellen den einfachsten und daher häufigsten Fall diejenigen nach der Basis dar.

Beispiele.

***Siliciumcarbid** (Carborundum) = SiC. $\alpha = 89^0 57'$ (a : c = 1,2265). Die im elektrischen Lichtbogen aus Quarz und Kokes entstehenden Krystalle sind hexagonale Tafeln (111) = (0001) mit zahlreichen gestreiften Randflächen, unter denen* *o* (11$\bar{1}$) = (01$\bar{1}$1) die gewöhnlichste ist. Nach dem Auftreten der übrigen unterscheiden sich die Krystalle in drei Typen, deren röntgenometrische Untersuchung verschiedenes Verhalten zeigt; nach diesem sowie nach der Verteilung und Beschaffenheit der Flächen gehören die beiden ersten Typen wahrscheinlich hierher, der dritte vielleicht zur dihexagonal-pyramidalen Klasse (S. 211). Die Krystalle der verschiedenen Typen bilden sich unter den gleichen Umständen nebeneinander und auch miteinander verwachsen mit paralleler Basis. Ätzfiguren, deutlich trigonal, sind nur auf einer Basisfläche zu erhalten. Keine deutliche Spaltbarkeit. Doppelbrechung positiv, $\omega = 2{,}786$, $\varepsilon = 2{,}832$ Na. Farbe dunkelblau bis blaugrün ohne deutlichen Pleochroïsmus.

Kaliumbromat = BrO_3K. $\alpha = 85^{\circ}57'$. Aus einer wässerigen Lösung entstehen scheinbare Rhomboëder, Kombinationen der gleichgroßen Formen *r* (100) und *ϱ* $(00\bar{1})$, welche sich aber durch ihre Oberflächenbeschaffenheit unterscheiden; bei der Krystallisation in niederer Temperatur tritt *r* zurück gegen *e* (110) und außerdem erscheint *m* $(2\bar{1}\bar{1})$ (Fig. 788); an Krystallen aus KBr-haltigen Lösungen kommt auch *c* (111) vor. Spaltbarkeit nach *c* (111) unvollkommen. Ätzfiguren auf *r* und *ϱ* gleichschenkelige Dreiecke, deren Spitze in beiden Fällen dem oberen Pole zugekehrt ist. Doppelbrechung negativ. Der analoge elektrische Pol der Hauptaxe ist der obere der Fig. 788.

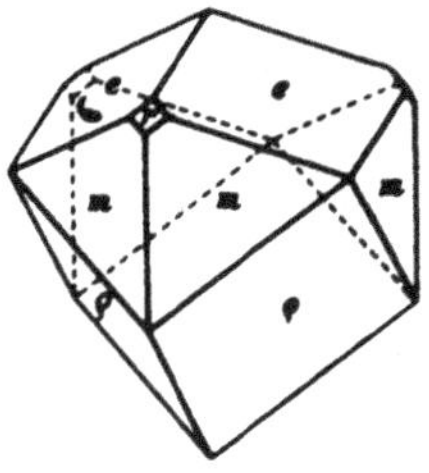

Fig. 788.

Lithiumnatriumsulfat = SO_4NaLi. $\alpha = 110^{\circ}54'$ (a : c = 1 : 0,5624). Beobachtete Formen: *m* $(2\bar{1}\bar{1}) = (10\bar{1}0)$ glänzend, *μ* $(11\bar{2}) = (01\bar{1}0)$ matt und gewöhnlich größer ausgebildet, *r* $(100) = (10\bar{1}1)$, *ϱ* $(00\bar{1}) = (01\bar{1}\bar{1})$, $x = (31\bar{1}) = (22\bar{4}3)$, *ξ* $(1\bar{1}3) = (22\bar{4}\bar{3})$ (Fig. 789); meist Zwillinge nach (111) = (0001) (Fig. 790). Keine deutliche Spaltbarkeit. Ätzfiguren auf *m* Rechtecke, deren Längsseiten senkrecht, auf *μ* solche, deren Längsseiten parallel zur Hauptaxe sind. Doppelbrechung positiv. Der untere Pol der Hauptaxe in Fig. 789 ist der analoge; mit diesen sind die Zwillinge verwachsen.

Turmalin = $Si_4O_{19}(B \cdot OH)_2Al_2R_9$, worin R = $^1/_3$ Al, $^1/_2$ Mg, $^1/_2$ Fe, Li, Na, H in wechselnden Mengen. $\alpha = 113^{\circ}58'$. Das Mineral zeigt meist vorherrschend die

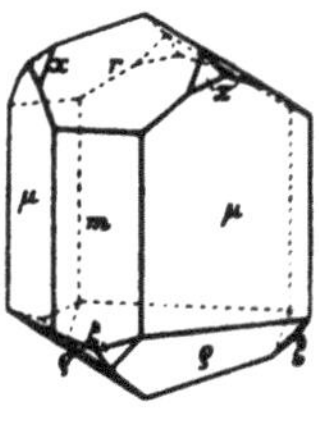

Fig. 789.

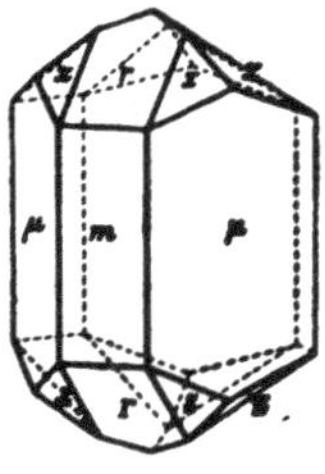

Fig. 790.

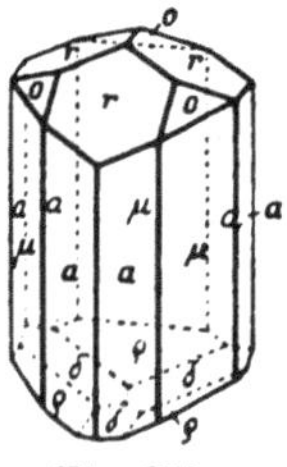

Fig. 791.

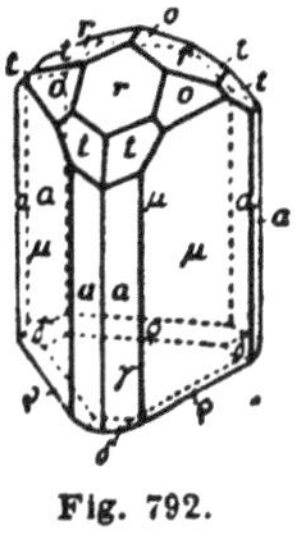

Fig. 792.

Prismen *a* $(10\bar{1})$, *μ* $(11\bar{2})$, nicht selten dazwischen ein ditrigonales Prisma, am häufigsten $(3\bar{2}\bar{1})$; am oberen Pol der Hauptaxe *r* (100), *o* $(11\bar{1})$, *t* $(20\bar{1})$ u. a. (Fig. 791 und 792), am unteren *ϱ* $(00\bar{1})$, *δ* $(\bar{1}0\bar{1})$, *γ* $(\bar{1}\bar{1}\bar{1})$, oft letzteres allein. Keine deutliche Spaltbarkeit. Brechungsindices des eisenfreien farblosen Minerals für D: $\omega = 1{,}6422$, $\varepsilon = 1{,}6225$. Der analoge elektrische Pol der Hauptaxe ist der in den Figuren untere (der im allgemeinen flächenärmere).

Magnesiumsulfit-Trihydrat = $SO_3Mg.3H_2O$. $\alpha = 96^{\circ}12'$. Kombination (Fig. 793): *ϱ* $(00\bar{1})$, *d* (110), *c* (111), *a* $(10\bar{1})$. Weitere Angaben fehlen.

Lithiumtrinatriumsulfat-Hexahydrat = $(SO_4)_2Na_3Li \cdot 6\,H_2O$. $\alpha = 100^{\circ}4'$. Beobachtete Formen (Fig. 794): *r* (100), *ϱ* $(00\bar{1})$, *o* $(11\bar{1})$, *c* (111), *γ* $(\bar{1}\bar{1}\bar{1})$, *ω* $(1\bar{1}\bar{1})$, *a* $(10\bar{1})$, *z* $(3\bar{1}\bar{1})$, *x* $(31\bar{1})$, *y* $(51\bar{3})$; die letztgenannten fehlen oft und *γ* ist häufig sehr klein oder fehlt ebenfalls. Zuweilen Zwillinge nach *c* oder *γ*. Doppelbrechung negativ.

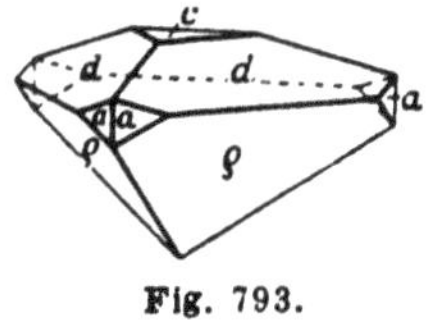

Fig. 793.

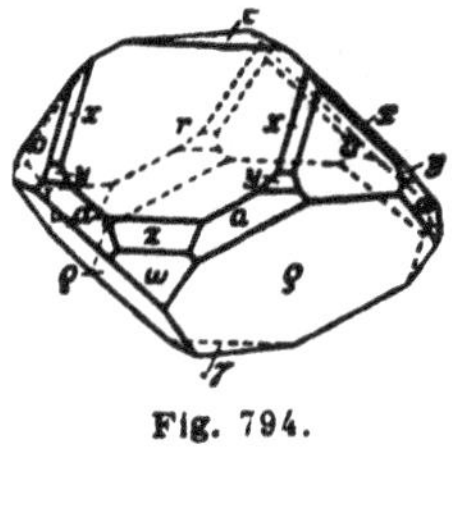

Fig. 794.

Silberorthosulfarsenit (nat. Proustit, Arsensilberblende) = AsS_3Ag_3. $\alpha = 103^{\circ}32'$. Die natürlichen Krystalle zeigen vorherrschend $(10\bar{1})$, zuweilen mit $(11\bar{2})$ und als Endflächen (100), (110), (210), $(20\bar{1})$ u. a. Formen; sie sind selten an beiden Enden, dann aber stets verschieden ausgebildet. Zwillinge nach (100), (111) u. a. Spaltbarkeit nach (100) deutlich. Brechungsindices für Li: $\omega = 2{,}9789$, $\varepsilon = 2{,}7113$, Farbe o blutrot, e cochenillerot.

Silbersulfantimonit (nat. Pyrargyrit, Antimonsilberblende) = SbS_3Ag_3. $\alpha = 104°0'$. Krystallformen, Zwillingsbildungen und Spaltbarkeit wie die des vorigen Minerals. Brechungsindices für Li: $\omega = 3{,}084$, $\varepsilon = 2{,}881$. Farbe dunkelrot in dünnen Schichten, Oberflächenfarbe stahlgrau.

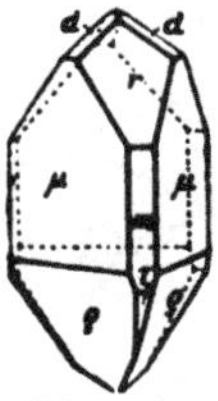

Fig. 795.

Phenyl-p-tolylketon (p-Tolylphenylketon) = $C_6H_5 . CO . C_6H_4(CH)_3$. $\alpha = 90°1'$. Kombination (Fig. 795): $\mu\,(11\bar{2})$, $m\,(2\bar{1}\bar{1})$, $r\,(100)$, $\varrho\,(00\bar{1})$, $d\,(110)$, $\tau\,(1\bar{2}\bar{2})$. Spaltbarkeit nach $m\,(2\bar{1}\bar{1})$ sehr unvollkommen. Brechungsindices für Na: $\omega = 1{,}7170$, $\varepsilon = 1{,}5629$. Polare Pyroelektrizität sehr stark; der analoge Pol ist der in der Figur obere.

Hexamethylentetraminbromhydrat = $C_6H_{12}N_4 . HBr$. Kombination einer trigonalen Pyramide von 83° 11′ mit einer entgegengesetzten ditrigonalen Pyramide (weitere Angaben fehlen).

Ditrigonal-dipyramidale Klasse[1]).

Die Kombination der Symmetrieverhältnisse der beiden vorhergehenden Klassen bedingt, wie Fig. 796 zeigt, das Vorhandensein dreier zweizähliger Axen; die daraus sich ergebende allgemeine Form ist eine ditrigonale Dipyramide (Fig. 797) mit zweierlei Polkanten, deren sämtliche Flächen nur dann gleiche Indiceszahlen erhalten, wenn sie auf das hexagonale Axensystem bezogen werden, daher hier für die Bezeichnung, wie in der trigonal-dipyramidalen Klasse, nur die Bravaisschen Symbole in Betracht kommen können. Die gleiche Gestalt, nur 180° um die Hauptaxe gedreht, besitzt eine zweite (negative) ditrigonale Dipyramide, deren Pole in Fig. 796 an den drei entgegengesetzten Seiten der zweizähligen Symmetrieaxen, der Zwischenaxen, liegen. In dem besonderen Falle, daß die Pole in die Symmetrieebenen fallen, verwandeln sich die ditrigonalen Dipyramiden in positive bzw. negative trigonale Dipyramiden erster Art; dagegen fallen die beiden entgegengesetzten zu einer hexagonalen Dipyramide zweiter Art zusammen, wenn die Pole auf den die Winkel der Nebenaxen halbierenden Durchmessern der Projektion liegen. Diesen drei Arten dipyramidaler Formen entsprechen drei Arten von Prismen, je nach der Lage der Pole auf dem Grundkreise der Projektion: positive und negative ditrigonale bzw. trigonale erster Art und das hexagonale Prisma zweiter Art. Das Zusammenfallen der Pole mit denen der Hauptaxe führt zum basischen Pinakoïd. Die möglichen Formen sind also die folgenden:

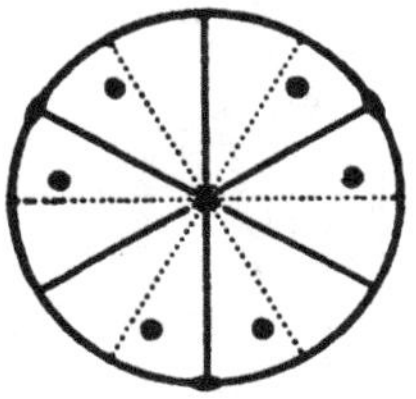
Fig. 796.

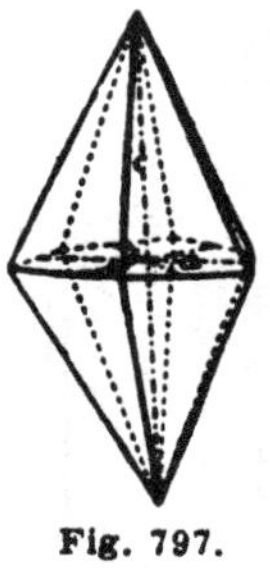
Fig. 797.

(0001) Basis,
$(10\bar{1}0)$ positives, $(01\bar{1}0)$ negatives trig. Prisma erster Art,
$(11\bar{2}0)$ hexagonales Prisma zweiter Art,
$(h\,i\,k\,0)$ positive, $(\bar{i}\,\bar{k}\,\bar{h}\,0)$ negative ditrigonale Prismen,
$(h\,0\,\bar{h}\,l)$ positive, $(0\,h\,\bar{h}\,l)$ negative trig. Dipyramiden erster Art,
$(h.h.\overline{2h}.l)$ hexagonale Dipyramiden zweiter Art,
$(h\,i\,k\,l)$ positive, $(\bar{i}\,\bar{k}\,\bar{h}\,l)$ negative ditrigonale Dipyramiden.

[1]) Trigonotyp-hemiëdrische Klasse des hexagonalen Krystallsystems.

Bisher ist nur ein Beispiel dieser Klasse beobachtet worden, dessen Formen und Ätzfiguren jedoch auch durch symmetrische Verwachsung zweier Krystalle der später zu betrachtenden skalenoëdrischen Klasse erklärt werden könnten.

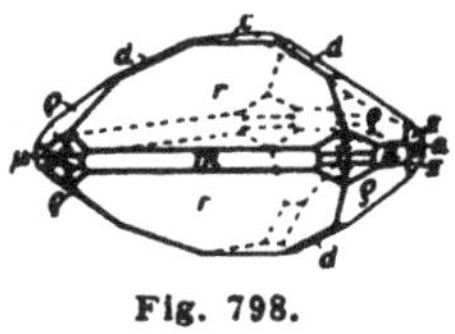

Fig. 798.

Baryumtitanosilikat (nat. Benitoit) = Si_3TiO_9Ba. a : c = 1 : 0,7319. Kombination (Fig. 798): *r* $(10\bar{1}1)$, *ϱ* $(01\bar{1}1)$, *c* (0001), *m* $(10\bar{1}0)$, *d* $(01\bar{1}2)$, *x* $(22\bar{4}1)$, *μ* $(01\bar{1}0)$, *a* $(11\bar{2}0)$. Spaltbarkeit nach *r* $(10\bar{1}1)$ unvollkommen. Ätzfiguren auf *c* (0001) trigonal, auf *r* $(10\bar{1}1)$ monosymmetrisch. Brechungsindices für Na: $\omega = 1,756$, $\varepsilon = 1,802$.

Rhomboëdrische Klasse[1]).

Die sechszählige Axe der zusammengesetzten Symmetrie bedingt, wie S. 221 auseinandergesetzt wurde, als allgemeine Form ein Rhomboëder dritter Art, und zwar ist das in der beistehend wiederholten Projektion Fig. 799 durch seine Flächenpole dargestellte und in Fig. 800 abgebildete, (pqr) = (hikl), ein positives linkes; durch Spiegelung nach den Ebenen des hexagonalen Prismas zweiter Art entsteht daraus das kongruente, nur durch seine Stellung davon verschiedene rechte (prq) = $(k\bar{i}\bar{h}l)$; durch Drehung von 180° um die Hauptaxe ergeben sich aus ihnen das entsprechende linke bzw. rechte negative Rhomboëder dritter Art, (p′q′r′) = $(\bar{h}\bar{i}\bar{k}l)$ bzw. (p′r′q′) = (kihl). Liegen die Pole in den strichpunktierten Durchmessern der Projektion, so entsprechen sie einem Rhomboëder erster Art, deren es jedesmal zwei von gleicher Gestalt gibt, ein positives (pqq) = $(h0\bar{h}l)$ und ein negatives (q′q′p′) = $(0\bar{h}hl)$. In dem Falle einer Form zweiter Art vereinigen sich ein rechtes positives mit einem linken negativen Rhomboëder dritter Art zu einem rechten Rhomboëder zweiter Art und ebenso ein linkes positives mit einem rechten negativen dritter Art zu einem linken zweiter Art. Der Lage der Pole im Grundkreis entsprechen dreierlei hexagonale Prismen, dasjenige erster bzw. zweiter Art, wenn die Pole an den Enden der strichpunktierten bzw. punktierten Durchmesser liegen, und ein solches dritter Art bei intermediärer Lage. Fallen die Pole mit denen der Hauptaxe zusammen, so entsteht das basische Pinakoïd. Die möglichen Formen dieser Klasse sind also die folgenden:

Fig. 799.

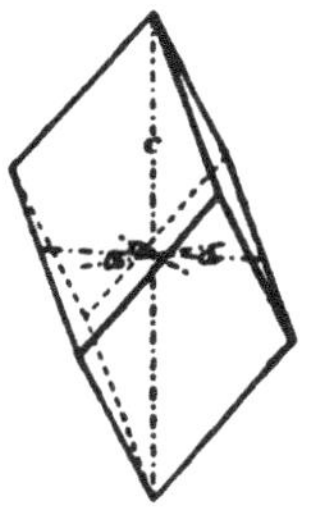

Fig. 800.

(111) = (0001) Basis,
$(2\bar{1}\bar{1}) = (10\bar{1}0)$ hexagonales Prisma erster Art,
$(10\bar{1}) = (11\bar{2}0)$ hexagonales Prisma zweiter Art,
$(pqr)_{p+q+r=0} = (hik0)$ hexagonale Prismen dritter Art,
$(pqq) = (h0\bar{h}l)$ Rhomboëder erster Art,
$(pqr)_{2q=p+r} = (h.h.\overline{2h}.l)$ Rhomboëder zweiter Art,
(pqr) = (hikl) Rhomboëder dritter Art.

[1]) Rhomboëdrisch-tetartoëdrische Klasse des hexagonalen Krystallsystems.

Treten an einem Krystalle außer der Basis und einem hexagonalen Prisma nur Rhomboëder derselben Art auf, so kann derselbe auch der folgenden skalenoëdrischen, ebenso aber auch der trapezoëdrischen Klasse (S. 223) angehören. Entscheidend für die vorliegende Symmetrie sind die Kombinationen von Rhomboëder erster und zweiter Art sowie das Auftreten von solchen dritter Art oder deren Hervorrufung als Ätzflächen, d. h. Ätzfiguren von solcher Gestalt, daß sie keine andere Symmetrie zeigen als die nach der sechszähligen Drehspiegelungsaxe.

Zwillingsebene kann in dieser Klasse jede Krystallfläche sein; die einfachsten Fälle regelmäßiger Verwachsung sind solche nach der Basis, dem hexagonalen Prisma erster Art und demjenigen zweiter Art.

Beispiele.

Rubidiumenneachlorodiantimonit (Antimonrubidiumchlorid) = $Sb_2Cl_9Rb_3$. $\alpha = 110^{0}54'$. Kombination (Fig. 801): *r* (100), *a* (10$\bar{1}$), *s* (20$\bar{1}$), *y* (30$\bar{2}$), *m* (2$\bar{1}\bar{1}$); die beiden letzten Formen fehlen zuweilen. Keine deutliche Spaltbarkeit. Doppelbrechung negativ.

Diammoniumperjodat (saures überjodsaures Ammonium) = $JO_6(NH_4)_2H_3$. $\alpha = 78^{0}\,38'$. Aus wässriger ammoniakalischer Lösung entweder die nach einer Fläche des Grundrhomboëders tafelige Kombination Fig. 802: *r* (100), *c* (111), *o* (11$\bar{1}$) oder die flächenreichere Fig. 803 mit *a* (10$\bar{1}$), *d* (110) und *t* (321); bei geringerem Ammoniakgehalt der Lösung werden die Krystalle tafelförmig nach *c* (111) und es treten noch andere Rhomboëder dritter Art, (20$\bar{1}$) und (10$\bar{3}$), auf. Spaltbarkeit nach *c* (111). Ätzfiguren auf *c* (111), mit kaltem Alkohol erhalten, Trigone erster Art, mit warmem Alkohol solche zweiter Art. Doppelbrechung positiv, schwach.

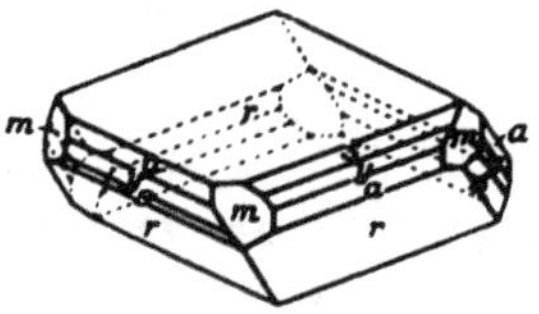

Fig. 801.

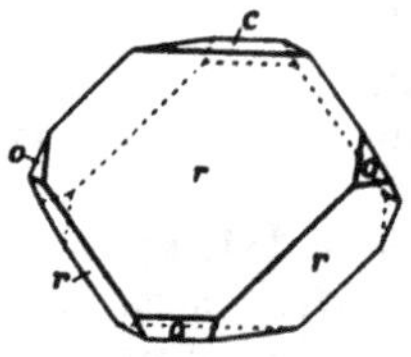

Fig. 802.

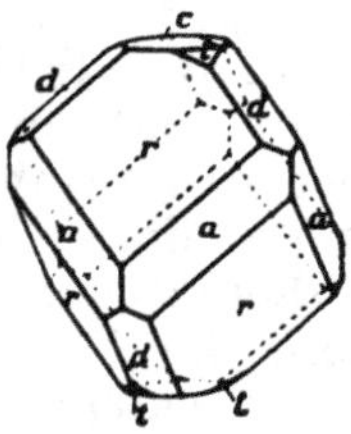

Fig. 803.

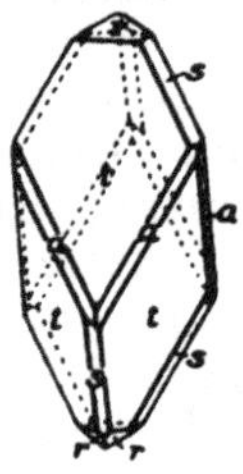

Fig. 804.

Calciummagnesiumcarbonat (nat. Dolomit) = $(CO_3)_2MgCa$. $\alpha = 102^{0}\,53'$. Krystallstruktur ähnlich der des Calcit (S. 77), mit abwechselnden Ca- und Mg-Atomen. Das Mineral zeigt am häufigsten *r* (100), nicht selten auch *t* (3$\bar{1}\bar{1}$) und *c* (111), zuweilen auch Rhomboëder dritter Art, wie in der Kombination (Fig. 804) mit *s* (20$\bar{1}$) und *a* (10$\bar{1}$). Zwillinge nach (2$\bar{1}\bar{1}$) häufig, ebenso Zwillingslamellen nach (11$\bar{1}$). Spaltbarkeit nach *r* (100) vollkommen. Ätzfiguren auf den Spaltungsflächen von *r* (100) s. Fig. 43, S. 61. Brechungsindices für Na: $\omega = 1{,}6817$, $\varepsilon = 1{,}5026$.

Lithiummetasilikat = SiO_3Li_2. $\alpha = 107^{0}\,48'$. In hoher Temperatur entstehen aus Lösungen oder Schmelzen dünne Prismen (10$\bar{1}$), (2$\bar{1}\bar{1}$) mit wechselnden Endflächen z. B. (100), (110), (21$\bar{1}$), (31$\bar{1}$) u. a. Keine deutliche Spaltbarkeit. Brechungsindices: $\omega = 1{,}65$, $\varepsilon = 1{,}67$ ca.

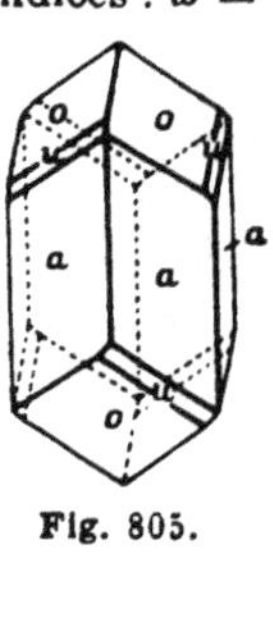

Fig. 805.

Ferrometatitanat (nat. Ilmenit, Titaneisenerz) = TiO_3Fe. $\alpha = 85^{0}\,8'$. Die künstlich erhaltene Substanz krystallisiert in der Kombination (111), (100); die natürlichen Krystalle zeigen außerdem (11$\bar{1}$), (10$\bar{1}$), (110) und die Rhomboëder zweiter Art (31$\bar{1}$) und (201).

Monocupriorthosilikat (nat. Dioptas) = SiO_4CuH_2. $\alpha = 111^{0}42'$. Das Mineral zeigt die Kombination (Fig. 805): *a* (10$\bar{1}$), *o* (11$\bar{1}$), *u* (7$\bar{7}$6). Spaltbarkeit nach (100) vollkommen. Brechungsindices für Na: $\omega = 1{,}6580$, $\varepsilon = 1{,}7079$.

Berylliumorthosilikat (nat. Phenakit) = SiO_4Be_2. $\alpha = 108^{0}1'$. Aus der Lösung in geschmolzenen Lithiumsalzen entstehen Rhomboëder *r* (100) mit kleinen Flächen von *d* (110), *a* (10$\bar{1}$), *m* (2$\bar{1}\bar{1}$), *s* (20$\bar{1}$), in sehr hoher Temperatur Prismen *m* (2$\bar{1}\bar{1}$) mit *r* (100). Die pneumatolytisch entstandenen natürlichen Krystalle sind oft sehr flächenreich mit den Formen: *r* (100), *ϱ* (22$\bar{1}$), *p* (210), *π* (201), *d* (110), *x* (12$\bar{1}$), *ξ* (2$\bar{1}$1), *s* (20$\bar{1}$), *y* (31$\bar{1}$); s. Fig. 806 (Projektion auf die Basis) und 807; sie sind zuweilen Durchkreuzungszwillinge nach (111). Spaltbarkeit nach *r* (100) und *a* (10$\bar{1}$) unvollkommen. Brechungsindices für Na: $\omega = 1{,}6542$, $\varepsilon = 1{,}6700$.

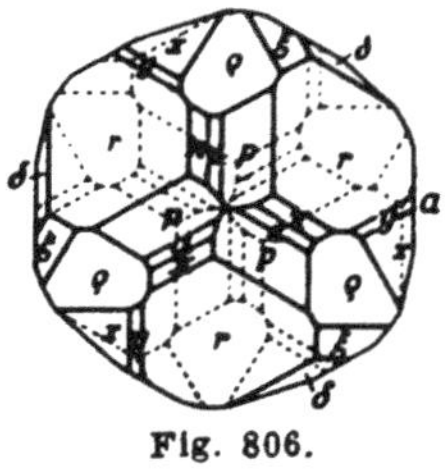

Fig. 806.

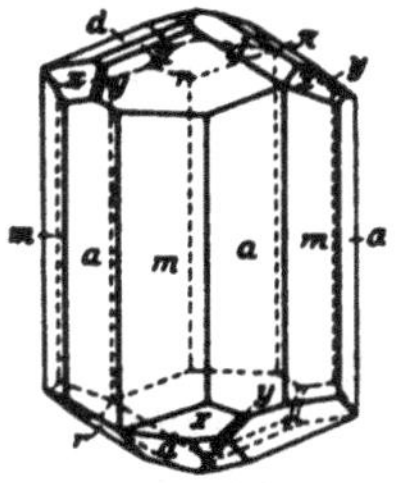

Fig. 807.

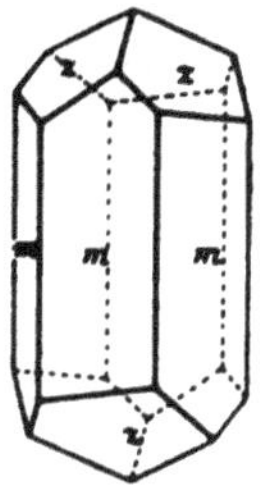

Fig. 808.

Ammoniumpalladiumtrichlorosulfit-Monohydrat = $SO_3Cl_3Pd(NH_4)_3 . H_2O$. $\alpha = 105^0\ 28'$. Kombination des Prismas *m* (2$\bar{1}\bar{1}$) mit dem Rhomboëder dritter Art *z* (342) (Fig. 808). Spaltbarkeit nach *a* (10$\bar{1}$) (die Spaltbarkeit spricht für rhomboëdrische Struktur, daher dem einzigen beobachteten Rhomboëder diejenige Stellung gegeben wurde, bei welcher die Indices die einfachsten Werte erhalten). Doppelbrechung positiv, stark. Farbe tiefrot (o rötlich gelb, e dunkel karminrot).

Natriumorthophosphat-(Natriumtriphosphat-)**Dodekahydrat** = $PO_4Na_3 . 12\ H_2O$. $\alpha = 111^0\ 44'$. Prismen *m* (2$\bar{1}\bar{1}$) mit *c* (111); Krystalle aus warmer Lösung zeigen untergeordnet *r* (100). Spaltbarkeit unvollkommen. Ätzfiguren auf *c* (111) Trigone dritter Art. Brechungsindices: $\omega = 1{,}4458$, $\varepsilon = 1{,}4524$ Na.

Ditrigonal-skalenoëdrische Klasse[1]).

Wie S. 221 gezeigt wurde, besitzen die Krystalle dieser Klasse die vollständige Symmetrie der rhomboëdrischen Raumgitter, d. i. die höchste Symmetrie, welche bei einer rhomboëdrischen Krystallstruktur möglich ist; der allgemeinen Erfahrung über die Häufigkeit der höchst symmetrischen Klassen der verschiedenen Krystallsysteme entsprechend, gehören ihr die meisten trigonal krystallisierenden Substanzen an, so daß sie als die wichtigste Symmetrieklasse des trigonalen Systems zu betrachten ist.

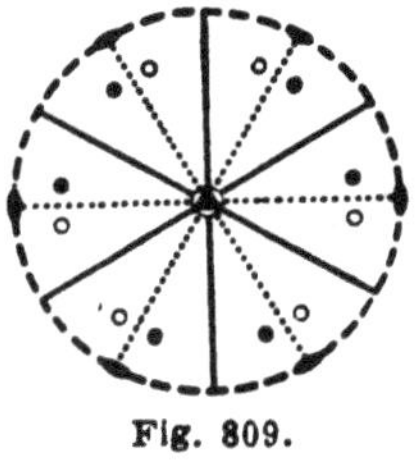

Fig. 809.

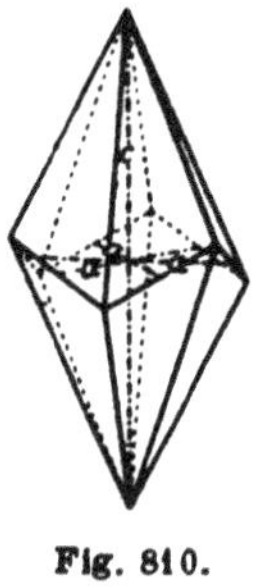

Fig. 810.

Die in nebenstehend wiederholter Projektion dargestellte allgemeine Form (pqr) = (hikl) ist ein positives ditrigonales Skalenoëder, Fig. 810, mit dreierlei Kanten, sechs stumpferen, sechs damit abwechselnden schärferen Polkanten und sechs Mittelkanten; von dieser Form nur durch Drehung von 180° um die Hauptaxe verschieden ist das negative Skalenoëder (p'q'r') = ($\overline{hikl}$). In dem besonderen Falle, daß die Pole in den ausgezogenen Durchmessern der Projektion liegen, fallen je zwei zusammen, und es entsteht ein positives bzw. negatives Rhomboëder. Liegen dagegen die Pole in den punktierten Durchmessern, so werden die

[1]) Rhomboëdrisch-hemiëdrische Klasse des hexagonalen Krystallsystem nach der älteren Bezeichnung.

Flächenwinkel der zweierlei Polkanten gleich und die Mittelkanten horizontal, d. h. je ein positives und das entsprechende negative Skalenoëder vereinigen sich zu einer hexagonalen Dipyramide zweiter Art (s. Fig. 714, S. 208). Die Skalenoëder verwandeln sich in dihexagonale Prismen (Fig. 715 ebenda), wenn die Pole ihrer Flächen im Grundkreise der Projektion liegen, und durch Zusammenfallen je zweier Pole prismatischer Flächen in den Endpunkten der ausgezogenen bzw. punktierten Durchmesser entsteht das hexagonale Prisma erster bzw. zweiter Art. Liegen endlich die Pole in der Mitte der Projektion, so fallen alle oberen wie alle unteren zusammen, und es entsteht das basische Pinakoïd. Es ergibt sich daher die folgende Zusammenstellung der möglichen Formen:

$(111) = (0001)$ Basis,
$(2\bar{1}\bar{1}) = (10\bar{1}0)$ hexagonales Prisma erster Art,
$(10\bar{1}) = (11\bar{2}0)$ hexagonales Prisma zweiter Art,
$(pqr)_{p+q+r=0} = (hik0)$ dihexagonale Prismen,
$(pqq) = (h0\bar{h}l)$ Rhomboëder (erster Art),
$(pqr)_{2q=p+r} = (h.h.\bar{2h}.l)$ hexagonale Dipyramide (zweiter Art)
$(pqr) = (hikl)$ ditrigonale Skalenoëder.

Die Mehrzahl der hierher gehörigen Substanzen besitzen eine rhomboëdrische Krystallstruktur und zeigen daher Formen, deren Häufigkeit im allgemeinen der größeren oder geringeren Einfachheit ihrer Symbole nach S. 217 f. entspricht, während nach S. 218 f. eine hexagonale Krystallstruktur sich dadurch kundgibt, daß die beiden korrelaten Rhomboëder gewöhnlich miteinander kombiniert erscheinen und das Prisma zweiter Art gegen dasjenige erster Art sehr zurücktritt. Kombinationen, welche außer Rhomboëdern nur Flächen der beiden hexagonalen Prismen und der Basis zeigen, können natürlich auch der vorhergehenden Klasse angehören, von der sie jedoch durch die symmetrische Gestalt ihrer Ätzfiguren zu unterscheiden sind (s. S. 61, Fig. 42). Unter den Skalenoëdern ist das häufigste dasjenige, dem das einfachste rhomboëdrische Symbol zukommt, nämlich $(20\bar{1})$, unter den hexagonalen Dipyramiden $(210) = (11\bar{2}3)$.

Die Zwillingsbildungen sind bei manchen skalenoëdrisch krystallisierenden Substanzen sehr mannigfaltig; da das Prisma zweiter Art wegen der Symmetrie als Zwillingsebene ausgeschlossen ist, kommen als häufigste Fälle einer symmetrischen Verwachsung in Betracht diejenigen nach der Basis (111) oder dem Prisma erster Art $(2\bar{1}\bar{1})$, welche zu dem gleichen Resultat führen, ferner nach einer Fläche des Grundrhomboëders (100) oder einer der übrigen primären Formen (110) und $(11\bar{1})$.

Beispiele.

α-Kohlenstoff (Graphit). $\alpha = 39° 45'$ nach der röntgenometrischen Bestimmung des Elementarparallelepipeds (s. S. 77). Die Randflächen der hexagonalen Tafeln (111) sind nicht meßbar. Spaltbarkeit und Gleitfähigkeit außerordentlich vollkommen; die Spaltungsflächen zeigen trianguläre Streifung nach drei Richtungen infolge des Vorhandenseins dreier weiterer Gleitebenen, deren krystallographische Orientierung durch die leichte Deformierbarkeit der Krystalle verhindert wird. Ätz- und Verbrennungsfiguren auf (111) Hexagone, wahrscheinlich, wie die der Krystallstruktur, zweiter Art. Farbe metallisch schwarz; undurchsichtig auch in feinster Verteilung (Ruß).

Arsen. $\alpha = 85^\circ 38'$[1]). Sublimierte Krystalle zeigen die Formen *c* (111), *r* (100) (Fig. 811), auch mit *h* (455) (Fig. 812), oder die Kombination *r* (100), *d* (110); gewöhnlich Zwillinge nach (110) (s. Antimon). Spaltbarkeit nach *c* (111) höchst vollkommen, nach *d* (110) deutlich.

Antimon. $\alpha = 86^\circ 58'$. Durch Sublimation im Vakuum entsteht die einem Oktaëder mit abgestumpften Ecken ähnliche Kombination *c* (111), *o* $(11\bar{1})$, *r* (100);

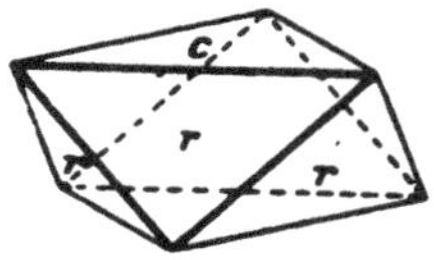

Fig. 811.

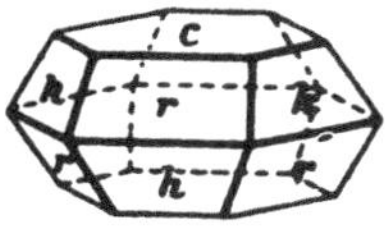

Fig. 812.

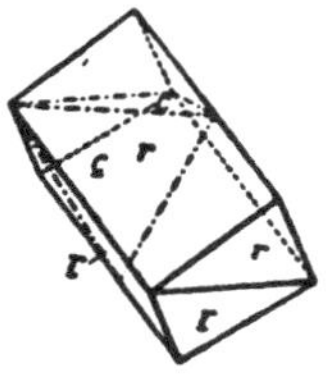

Fig. 813.

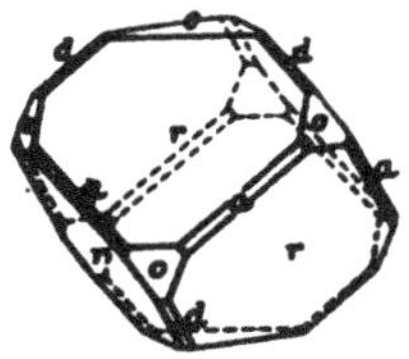

Fig. 814.

aus dem Schmelzflusse gewöhnlich nur *r* (100) in oft nach einer Polkante verlängerten Zwillingen nach *d* (110) (Fig. 813) in welcher *r* r̲ vorn unten einen aus-, hinten oben einen einspringenden Winkel bilden, an dessen Stelle durch Spaltung das strichpunktiert angedeutete Doma *c* c̲ hervorgebracht werden kann; selten die flächenreichere Kombination Fig. 814 mit *a* $(10\bar{1})$. Spaltbarkeit *c* (111) sehr vollkommen, *d* (110) ziemlich vollkommen, *o* $(11\bar{1})$ deutlich, *a* $(10\bar{1})$ unvollkommen; die Flächen von *d* (110) sind Gleitflächen, nach denen durch Druck Zwillingslamellen entstehen, wie im Kalkspat (s. S. 58).

Wismut. $\alpha = 87^\circ 34'$. Aus dem Schmelzfluß *r* (100), häufig in Zwillingen nach *d* (110) (Fig. 813). Spaltbarkeit nach *c* (111) vollkommen, nach *o* $(11\bar{1})$ ziemlich vollkommen; diese Spaltungsebenen bilden nahezu gerade Abstumpfungen des würfelähnlichen Rhomboëders, d. h. eine pseudooktaëdrische Form. Nach den Gleitflächen *d* (110) können durch Druck Zwillingslamellen erzeugt werden. Die Krystalle leiten Wärme und Elektrizität parallel und senkrecht zur Axe stark verschieden, wie auch Lichtabsorption und thermische Ausdehnung mit der Richtung sich erheblich ändern.

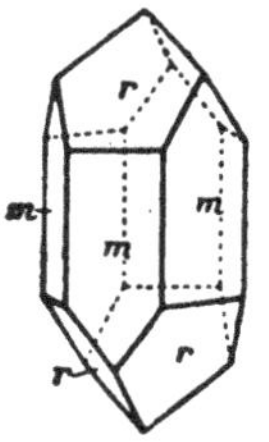

Fig. 815.

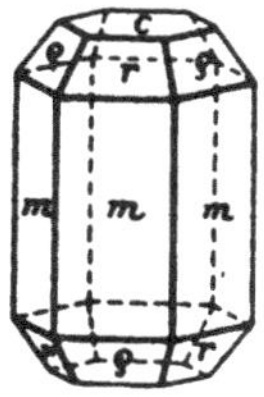

Fig. 816.

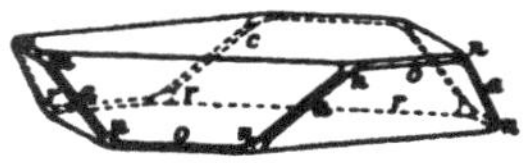

Fig. 817.

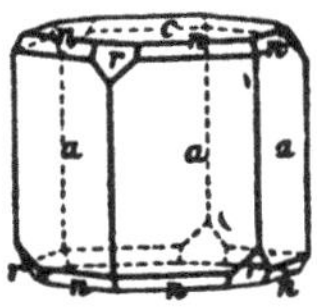

Fig. 818.

Selen (metallische Modifikation). $\alpha = 87^\circ$ ca. (a : c = 1 : 1,33 ca.). Durch Sublimation bilden sich kleine Krystalle der Kombination Fig. 815 : *m* $(2\bar{1}\bar{1}) = (10\bar{1}0)$, *r* (100) = $(10\bar{1}1)$.

Tellur. $\alpha = 86^\circ 47'$ (a : c = 1 : 1,3298). Aus dem Schmelzfluß entstehen Rhomboëder *r* (100) = $(10\bar{1}1)$, durch Sublimation dieselben oder Prismen *m* $(2\bar{1}\bar{1}) = (10\bar{1}0)$ mit den Endflächen *r* (100) = $(10\bar{1}1)$ und ϱ $(22\bar{1}) = (01\bar{1}1)$; die letztere Kombination mit *c* (111) = (0001) (Fig. 816) zeigen die natürlichen Krystalle. Spaltbarkeit nach *m* vollkommen, nach *c* ziemlich vollkommen.

Aluminiumoxyd (nat. Korund) = Al_2O_3. $\alpha = 85^\circ 43'$. Aus dem Schmelzfluß entstehen dünne Tafeln *c* (111) mit den Randflächen *r* (100), bei Gegenwart von CaF_2 dieselbe Kombination mit den untergeordneten Formen *a* $(10\bar{1})$, *o* $(11\bar{1})$, *n* $(31\bar{1})$ (Fig. 817); die birnförmigen Tropfen des »synthetischen Rubin« (Al_2O_3 mit einem Gehalt an gelöstem CrO) bestehen aus einem einheitlich erstarrten Krystall mit senkrechter Hauptaxe, an dessen breitem Ende die Flächen von *r* (100) als trigonales Netzwerk hervortreten. Die natürlichen Korundkrystalle, welche vorwiegend aus geschmolzenen Silikatmagmen, z. T. unter katalytischer Wirkung von Wasserdampf und fluorhaltigen Gasen, entstanden sind, zeigen besonders die Kombination (Fig. 818) : *a* $(10\bar{1})$, *c* (111), *n* $(31\bar{1})$, *r* (100), häufig auch spitzere

[1]) Die röntgenometrisch festgestellte Krystallstruktur dieser und der beiden folgenden Substanzen kann auch auf das spitzere Rhomboëder *o* $(11\bar{1})$ bezogen werden (vgl. S. 70).

hexagonale Dipyramiden zweiter Art als *n*. Spaltbarkeit nach *c* (111) und *r* (100) deutlich, nach letzteren Flächen bei dem natürlichen Korund oft scheinbar vollkommen infolge lamellarer Zwillingsbildung. Brechungsindices: $\omega = 1{,}7715$, $\varepsilon = 1{,}7630$.

Chromoxyd = Cr_2O_3. $\alpha = 85^\circ 22'$. An den durch Erhitzen von CrO_2Cl_2 erhaltenen Krystallen wurden beobachtet die Formen: *c* (111), *a* $(10\bar{1})$, *r* (100), *d* (110), *m* $(2\bar{1}\bar{1})$, *n* $(31\bar{1})$, *o* $(11\bar{1})$, *π* (210), *χ* $(21\bar{1})$ in den Kombinationen Fig. 819 bis 821; häufig Zwillinge nach *c* (111) (Fig. 822). Spaltbarkeit nach *r* (100) deutlich. Farbe in dünnen Schichten smaragdgrün.

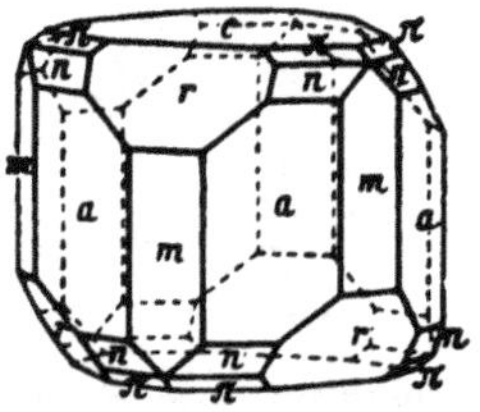

Fig. 819.

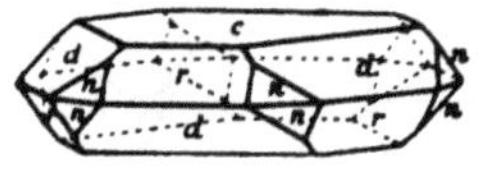

Fig. 820.

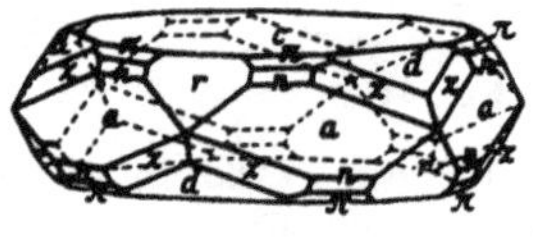

Fig. 821.

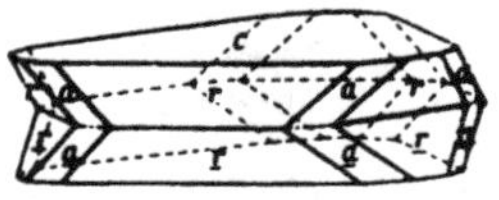

Fig. 822.

Eisenoxyd (nat. Hämatit, Eisenglanz) = Fe_2O_3. $\alpha = 85^\circ 42'$. Die bei hoher Temperatur durch Einwirkung von Wasserdampf auf Eisenchlorid entstehenden Krystalle zeigen dieselben Formen und Ausbildungsweisen, wie die des Chromoxydes. Auch die natürlichen Krystalle, von denen eine wichtige Kombination, *r* (100), *n* $(31\bar{1})$, *e* (112), *c* (111), in Fig. 823 abgebildet ist, zeigen sehr mannigfachen Habitus und nicht selten Zwillingsbildung nach *c* (111) (Fig. 824) oder solche von lamellarer Beschaffenheit nach *r* (100). Spaltbarkeit nach *c* (111) und *r* (100), letztere oft scheinbar vollkommen infolge lamellarer Zwillingsbildung. Oberflächenfarbe schwarz; in dünnen Schichten rot durchsichtig. Doppelbrechung negativ. Thermisches und elektrisches Leitungsvermögen parallel und senkrecht zur Axe sehr stark verschieden.

Magnesiumhydroxyd (nat. Brucit) = $Mg(OH)_2$. $\alpha = 81^\circ 12'$. Die in verschiedener Weise erhaltenen, wie die natürlichen Krystalle sind hexagonale Tafeln (111) mit den Randflächen (100), $(10\bar{1})$, $(11\bar{1})$ u. a. Spaltbarkeit nach (111) höchst vollkommen. Brechungsindices für Rot: $\omega = 1{,}559$, $\varepsilon = 1{,}5795$.

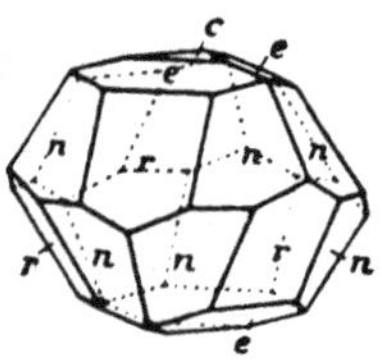

Fig. 823.

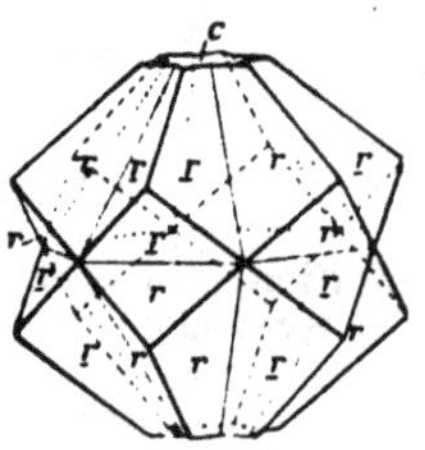

Fig. 824.

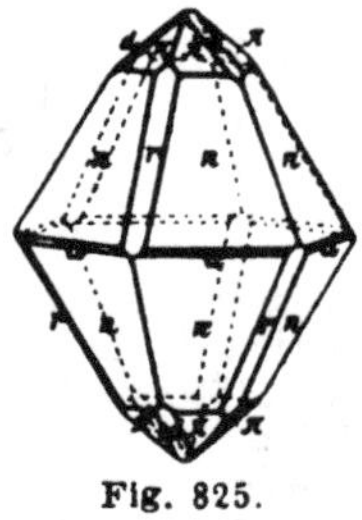

Fig. 825.

Kieselwolframsäure-24-Hydrat = $W_{12}SiO_{40}H_4 \cdot 24\,H_2O$. $\alpha = 88^\circ 47'$. Kombination: *r* (100), *c* (111), *o* $(11\bar{1})$, einem Würfel mit abgestumpften Ecken ähnlich oder tafelig nach *c*. Spaltbarkeit nach *c* (111). Doppelbrechung negativ.

Phosphorwolframsäure-50-Hydrat = $P_2O_5 \cdot 20\,WO_3 \cdot 50\,H_2O$. $\alpha = 87^\circ 54'$. Die Krystalle gleichen Kombinationen von Würfel und Oktaëder und zeigen die Formen: *o* $(11\bar{1})$, *r* (100), *c* (111). Doppelbrechung negativ.

Tetraäthylammoniumbromid = $N(C_2H_5)_4Br$. $\alpha = 82^\circ 46'$. Aus Alkohol in niedriger Temperatur Krystalle der Kombination (Fig. 825): *n* $(31\bar{1})$, *r* (100), *π* (210), *d* (110), *a* $(10\bar{1})$. Keine deutliche Spaltbarkeit. Doppelbrechung positiv, schwach.

Tetraäthylphosphoniumjodid = $P(C_2H_5)_4J$. $\alpha = 82^\circ 35'$. Bei der Darstellung aus $P(C_2H_5)_3$ und C_2H_5J in ätherischer Lösung bildet sich die gleiche Kombination (Fig. 825) wie die des vor. Salzes. Brechungsindices für Orange: $\omega = 1{,}660$, $\varepsilon = 1{,}668$.

Arsentrijodid = AsJ_3. $\alpha = 51^\circ 20'$. Krystallisiert, auf verschiedenem Wege dargestellt, in Tafeln (111) mit den Randflächen (110) und (100). Spaltbarkeit nach (111) vollkommen. Doppelbrechung negativ, sehr stark.

Wismuthtrijodid = BiJ_3. $\alpha = 54^\circ 22'$. Die Sublimation liefert Tafeln (111) mit (110) und (100).

Calciumchlorid-Hexahydrat = $CaCl_2 . 6\, H_2O$. $\alpha = 112^\circ 29'$. Prismen $(2\bar{1}\bar{1})$ mit den Endflächen (100). Spaltbarkeit nach (111) und $(2\bar{1}\bar{1})$ ziemlich vollkommen. Brechungsindices für Na : $\omega = 1{,}417$, $\varepsilon = 1{,}393$.

Strontiumchlorid-Hexahydrat = $SrCl_2 . 6\, H_2O$. $\alpha = 112^\circ 14'$. Lange dünne Nadeln derselben Kombination, wie das vorige Salz. Spaltbarkeit nach (111) ziemlich vollkommen. Brechungsindices für Na : $\omega = 1{,}5364$, $\varepsilon = 1{,}4866$.

Aluminiumchlorid-Hexahydrat = $AlCl_3 . 6\, H_2O$. $\alpha = 111^\circ 40'$. Prismatische Kombination $(10\bar{1})$, (100). Doppelbrechung negativ.

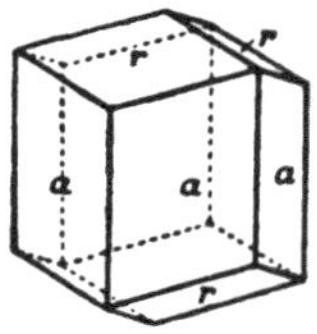

Fig. 826.

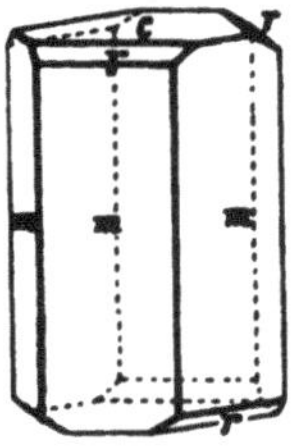

Fig. 827.

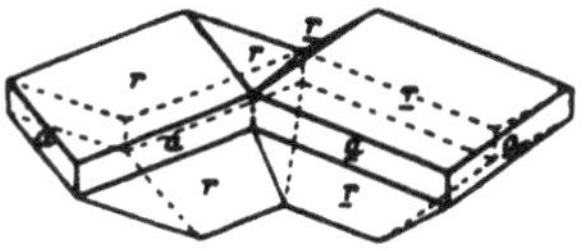

Fig. 828.

Hexamminkobaltcyanid = $Co(CN)_6 . Co(NH_3)_6$. $\alpha = 112^\circ 46'$. Kombination (Fig. 826): *a* $(10\bar{1})$, *r* (100). Spaltbarkeit nach *r* (100).

Triäthylendiamin-Kobalttrichlorid-Trihydrat (Luteoverbindung) = $CoCl_3 . 3\, C_2H_4(NH_2)_2 . 3\, H_2O$. $\alpha = 93^\circ 10'$. Kombination (Fig. 827) : *m* $(2\bar{1}\bar{1})$, *c* (111), *r* (100). Spaltbarkeit nach einer spitzen hexagonalen Dipyramide zweiter Art (daher die richtige Wahl der Grundform nur auf Grund weiterer Untersuchung möglich). Doppelbrechung negativ.

Kaliumhexachlorocadmiat (Cadmiumkaliumchlorid) = $CdCl_6K_4$. $\alpha = 109^\circ 38'$. Kombination: *r* (100), *a* $(10\bar{1})$, meist Zwillinge nach (111) bzw. $(\bar{1}2\bar{1})$ (Fig. 828), auch mit Durchkreuzung wie beim Hämatit (Fig. 824). An dem isomorphen $CdCl_6Rb_4$ tritt auch das Skalenoëder $(20\bar{1})$ auf. Spaltbarkeit nach *r* (100) vollkommen. Brechungsindices für Na: $\omega = 1{,}5906$, $\varepsilon = 1{,}5907$.

Methylammoniumhexachloroplatinat (Platinchlorid-Methylammoniumchlorid) = $PtCl_6(NH_3 . CH_3)_2$. $\alpha = 79^\circ 5^1/_2{}'$. Beobachtete Formen: *o* $(11\bar{1})$, *c* (111), *r* (100) (Fig. 829 und 830): zuweilen Zwillinge nach (111) in der Ausbildung der Fig. 831. Spaltbarkeit nach *c* (111) sehr vollkommen, nach *o* $(11\bar{1})$ deutlich. Ätzfiguren auf *c* (111) Hexagone erster oder zweiter Art, auf *o* $(11\bar{1})$ durch Skalenoëderflächen begrenzt. Doppelbrechung negativ, stark. Pleochroïsmus schwach, o gelbrot, e zitronengelb.

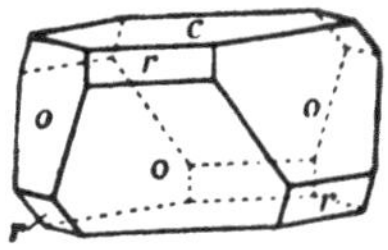

Fig. 829.

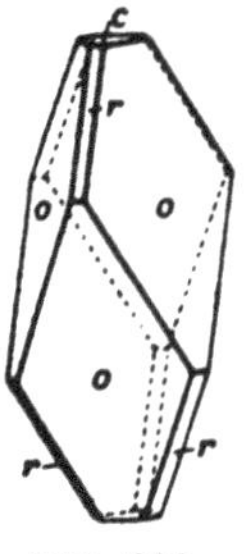

Fig. 830.

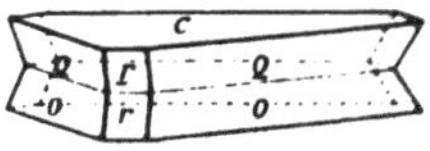

Fig. 831.

Aethylammoniumhexachloroplatinat (Platinchlorid-Aethylammoniumchlorid) = $PtCl_6(NH_3 . C_2H_5)_2$. $\alpha = 90^\circ 53'$. (a : c = 1 : 1,1965.) Kombinationen von *c* (111) mit *r* (100) (Fig. 832) oder mit *r* (100), ϱ $(22\bar{1})$ und *m* $(2\bar{1}\bar{1})$ (Fig. 833); nicht selten Zwillinge nach *c* (111) (in Fig. 834 ist der obere Krystall um 180° gedreht). Spaltbarkeit nach *c* (111) sehr vollkommen. Doppelbrechung negativ.

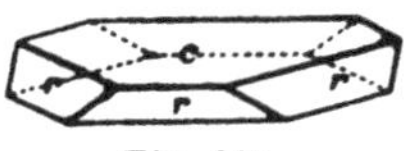

Fig. 832.

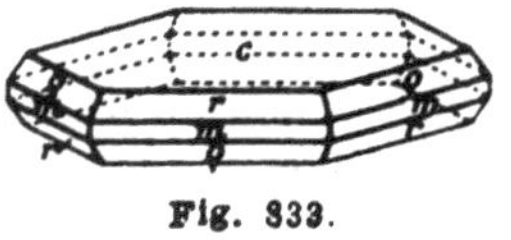

Fig. 833.

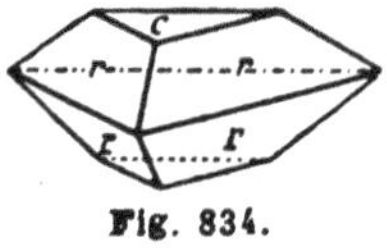

Fig. 834.

Magnesiumhexafluorosilikat-(Siliciummagnesiumfluorid-) **Hexahydrat** = $SiF_6Mg . 6 H_2O$. $\alpha = 112^\circ 9'$. Kombination (Fig. 835): *a* (10$\bar{1}$), *r* (100). Spaltbarkeit nach *a* (10$\bar{1}$) vollkommen. Brechungsindices für Na: ω = 1,3439, ε = 1,3602.

Kupferhexafluorosilikat-(Siliciumkupferfluorid-) **Hexahydrat** = $SiF_6Cu . 6 H_2O$. $\alpha = 111^\circ 34'$. Beobachtete Formen: *a* (10$\bar{1}$), *r* (100), zuweilen auch *o* (11$\bar{1}$) und *m* (2$\bar{1}\bar{1}$) (Fig. 836). Spaltbarkeit nach *a* (10$\bar{1}$) unvollkommen. Brechungsindices für Na: ω = 1,4092, ε = 1,4080.

Magnesiumhexachlorostannat-(Zinnmagnesiumchlorid-) **Hexahydrat** = $SnCl_6Mg . 6 H_2O$. $\alpha = 112^\circ 24'$. Kombination (Fig. 835): *a* (10$\bar{1}$), *r* (100). Spaltbarkeit nach *a* (10$\bar{1}$) vollkommen. Brechungsindices für Na: ω = 1,5885, ε = 1,5970.

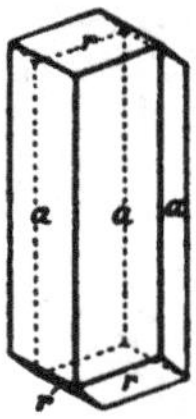

Fig. 835.

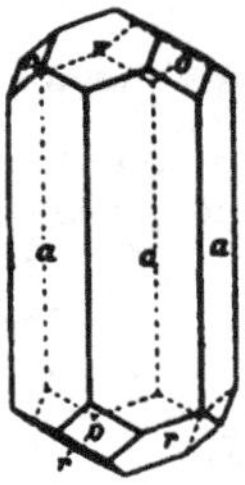

Fig. 836.

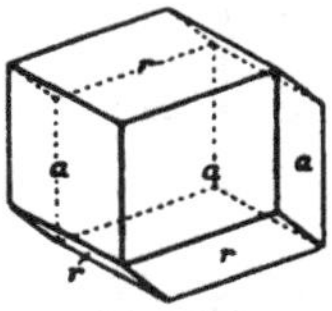

Fig. 837.

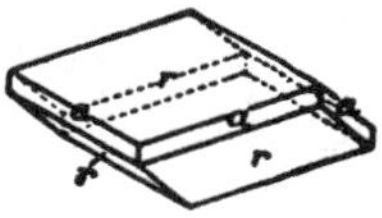

Fig. 838.

Magnesiumhexachloroplatinat-(Platinmagnesiumchlorid-) **Hexahydrat** = $PtCl_6Mg . 6 H_2O$. $\alpha = 112^\circ 10'$. Beobachtete Formen: *a* (10$\bar{1}$), *r* (100); meist herrscht das Prisma vor, wie in Fig. 835, doch bildet sich auch die dem Rhombendodekaëder ähnliche Kombination Fig. 837 und die mit vorherrschenden Rhomboëder Fig. 838.

Magnesiumhexajodoplatinat-(Platinmagnesiumjodid-) **Enneahydrat** = $PtJ_6Mg . 9 H_2O$. $\alpha = 72^\circ 6'$. Kombination (Fig. 839): *r* (100), untergeordnet: *d* (110), *a* (10$\bar{1}$), *c* (111).

Magnesiumhexachloroplatinat-(Platinmagnesiumchlorid-) **Dodekahydrat** = $PtCl_6Mg . 12 H_2O$. $\alpha = 106^\circ 39'$. Kombination (Fig. 840): *r* (100), *a* (10$\bar{1}$), mit oder ohne *o* (11$\bar{1}$). Doppelbrechung positiv.

Natriumnitrat = NO_3Na. $\alpha = 102^\circ 42^1/_2'$. Gewöhnliche Form *r* (100) in sehr großen Krystallen aus wässeriger Lösung zu erhalten; bei gewissen Zusätzen erscheinen daneben auch *c* (111) und *o* (11$\bar{1}$) (Fig. 841). Zwillinge nach (110), ferner nach (111), selten nach (11$\bar{1}$) und nach (100). Spaltbarkeit nach (100) vollkommen, nach (110) und (111) unvollkommen; die Ebenen von (110) sind Gleitflächen, und Zwillingsbildung nach denselben ist ebenso mechanisch herzustellen wie beim Kalkspat (s. S. 58 f.). Die Ätzfiguren auf (100) werden durch Skalenoëder (p q 0) hervorgebracht. Brechungsindices für D: ω = 1,5854, ε = 1,3369.

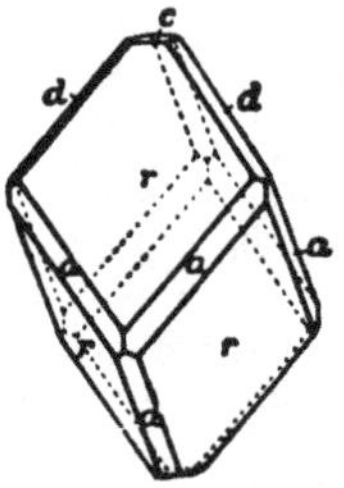

Fig. 839.

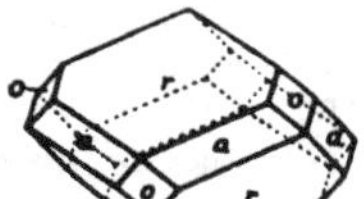

Fig. 840.

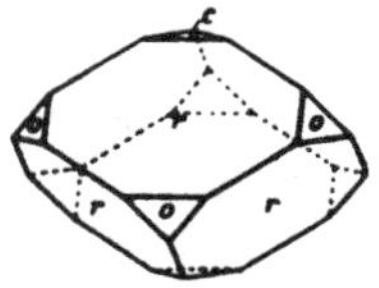

Fig. 841.

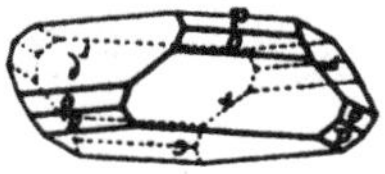

Fig. 842.

Magnesiumceronitrat-24-Hydrat = $(NO_3)_{12}Ce_2Mg_3 . 24 H_2O$. $\alpha = 80^\circ 43'$. Kombination (Fig. 842): *c* (111), *r* (100), *o* (11$\bar{1}$), *d* (110). Doppelbrechung negativ.

Magnesiumcarbonat (nat. Magnesit, Giobertit) = CO_3Mg. $\alpha = 103^\circ 21^1/_2'$. An den aus Lösungen erhaltenen und an den natürlichen Krystallen gewöhnlich nur *r* (100) (s. Calciumcarbonat). Spaltbarkeit nach *r* (100) vollkommen. Brechungsindices für Na: ω = 1,717, ε = 1,515.

α-Calciumcarbonat (Calcit, Kalkspat) = CO_3Ca. $\alpha = 101° 55'$ (Krystallstruktur s. S. 77). Aus reiner Lösung das Grundrhomboëder *r* (100) (Fig. 748, S. 216), bei Anwesenheit anderer Salze auch Flächen von *c*(111), *o*$(11\bar{1})$ und von spitzeren negativen Rhomboëdern. An den natürlichen Krystallen (aus Lösungen, oft in Anwesenheit mannigfacher fremder Substanzen) treten für sich auf außer *r* (100) die negativen Rhomboëder *d* (110) (s. Fig. 748 S. 216), *o*$(11\bar{1})$ (s. ebenda) und das Skalenoëder *s* $(20\bar{1})$ (Fig. 810, S. 235); in den außerordentlich mannigfaltigen Kombinationen, von denen einige in Fig. 843—845 abgebildet werden, sind außer den genannten am häufigsten die Formen: *m* $(2\bar{1}\bar{1})$, *t* $(3\bar{1}\bar{1})$, *a* $(10\bar{1})$, *y* $(30\bar{2})$, *p* (201), *v* (301). Zwillinge nach *c* (111), ferner nach *d* (110) (meist in durch Druck entstandenen Lamellen s. S. 58) oder nach *r* (100). Spaltbarkeit nach *r* (100) sehr vollkommen. Ätzfiguren siehe Fig. 42, S. 61. Lösungskörper s. S. 60. Brechungsindices s. S. 14.

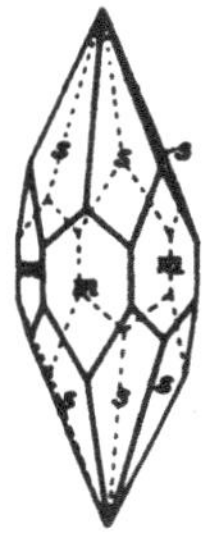
Fig. 843.

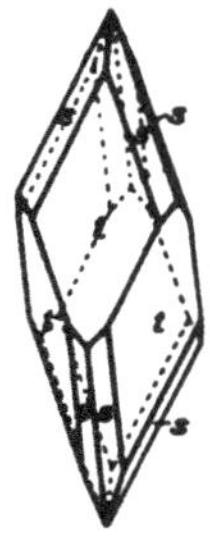
Fig. 844.

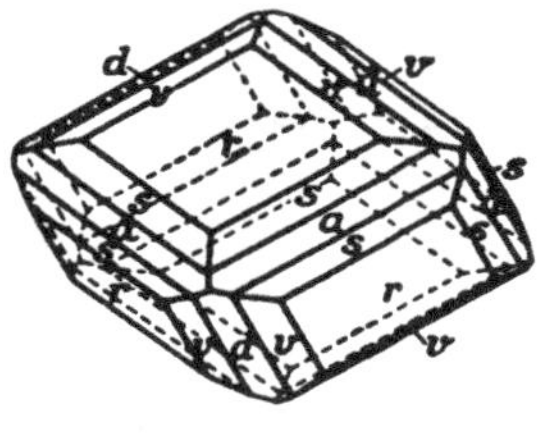
Fig. 845.

Manganocarbonat (nat. Rhodochrosit, Dialogit, Manganspat) = CO_3Mn. $\alpha = 102° 50'$. Das Mineral zeigt gewöhnlich nur (100), doch kommen auch (111) und die am Kalkspat häufigsten spitzen Rhomboëder und Skalenoëder vor. Spaltbarkeit (100) vollkommen. Doppelbrechung negativ, stark.

Ferrocarbonat (nat. Siderit, Chalybit, Eisenspat) = CO_3Fe. $\alpha = 103° 4^1/_2{}'$. Aus Lösungen nur Rhomboëder: auch die natürlichen Krystalle zeigen meist nur (100), zuweilen mit (111) oder Kombinationen wie Fig. 804, S. 234 (ohne *s*), seltener Skalenoëder. Lamellare Zwillingsbildung nach (110) häufig. Brechungsindices für Na: $\omega = 1{,}8722$, $\varepsilon = 1{,}6310$.

Zinkcarbonat (nat. Smithsonit, Calamin, Galmei) = CO_3Zn. $\alpha = 103° 28'$. Meist nur (100). Spaltbarkeit nach (100) vollkommen. Doppelbrechung negativ, stark.

Cadmiumcarbonat = CO_3Cd. $\alpha = 102° 30'$. Die in hoher Temperatur aus Lösungen erhaltenen Krystalle zeigen nur (100).

Natriumhydroxystannat = $Sn(OH)_6Na_2$. $\alpha = 83° 18'$. Kombination (Fig. 846): *r* (100), *c* (111), *t* $(3\bar{1}\bar{1})$. Weitere Angaben fehlen.

Kaliumhydroxystannat = $Sn(OH)_6K_2$. $\alpha = 70° 1'$. Kombination (Fig. 847): *c* (111), *r* (100), *d* (110). Spaltbarkeit nach *c* (111) vollkommen. Doppelbrechung positiv.

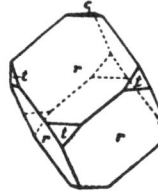

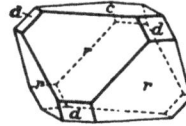

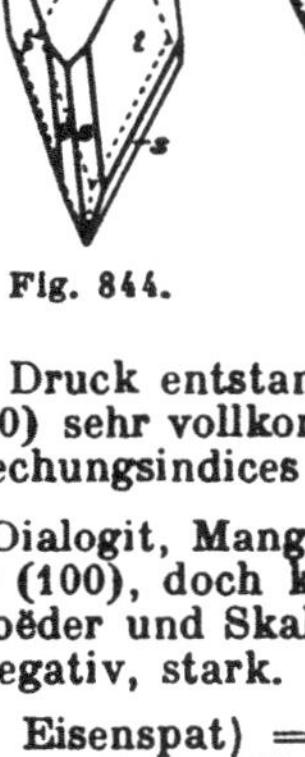
Fig. 846.

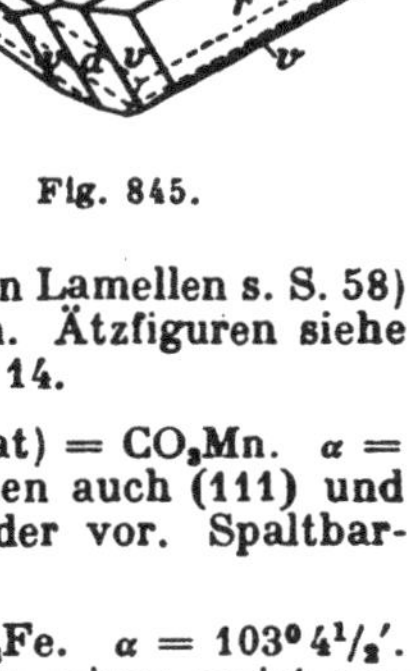
Fig. 847.

Lithiumsilikowolframat-Tetrakaiikosihydrat = $W_{12}SiO_{40}Li_4 . 24\,H_2O$. $\alpha = 87° 22'$. Tafeln (111), begrenzt von (100) und $(11\bar{1})$. Spaltbarkeit nach (111) vollkommen. Doppelbrechung negativ.

Calciumsilikowolframat-Tetrakaiikosihydrat = $W_{12}SiO_{40}Ca_2 . 24\,H_2O$. $\alpha = 89° 8'$. Tafeln (111) mit (100) und $(11\bar{1})$. Doppelbrechung negativ.

Baryumsilikowolframat-Tetrakaiikosihydrat = $W_{12}SiO_{40}Ba_2 . 24\,H_2O$. $\alpha = 86° 26'$. Oktaëderähnliche Kombination (111), $(11\bar{1})$ oder tafelig nach (111). Spaltbarkeit nach (111). Doppelbrechung negativ.

Natriumtetraborat-Pentahydrat (früher »oktaëdrischer Borax«) = $B_4O_7Na_2 . 5\,H_2O$. $\alpha = 72° 2'$. Die aus warmer Boraxlösung sich ausscheidenden Krystalle der Kombination (111), $(11\bar{1})$ gleichen regulären Oktaëdern, deren Ecken durch das würfelähnliche (110) abgestumpft sind. Doppelbrechung positiv.

Aluminiumsulfat-Heptakaiikosihydrat = $(SO_4)_3Al_2 . 27\,H_2O$. $\alpha = 83° 0'$. Kombination (Fig. 848 s. S. 242): *r* (100), *d* (110), *n* $(3\bar{1}\bar{1})$. Weitere Angaben fehlen.

Aldehyd-Ammoniak = $CH_3 . CH(OH)(NH_2)$. $\alpha = 84^\circ 50'$. Gewöhnlich bildet sich nur (100), untergeordnet zuweilen (110) und (111). Spaltbarkeit nach (100). Doppelbrechung negativ.

Acetamid = $CH_3 . CO(NH_2)$. $\alpha = 110^\circ 4'$. Kombination: *a* (10$\bar{1}$), *r* (100) von der Ausbildung der Fig. 835, S. 240. Keine deutliche Spaltbarkeit. Doppelbrechung negativ.

Hydrochinon = $C_6H_4(OH)_2$. $\alpha = 107^\circ 48'$. Den vorigen ähnliche Prismen *a* (10$\bar{1}$) mit den Endflächen *r* (100). Doppelbrechung negativ.

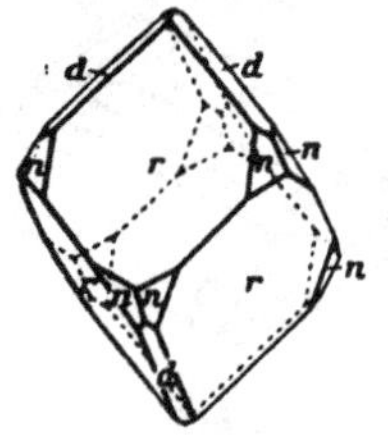
Fig. 848.

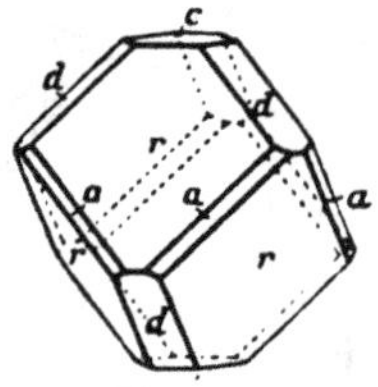
Fig. 849.

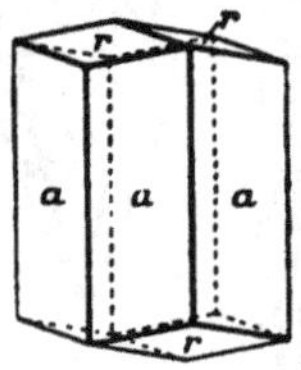
Fig. 850.

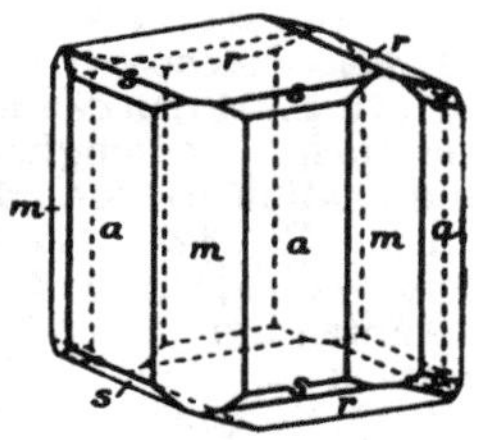
Fig. 851.

Thymol = $C_6H_3(OH)(CH_3).CH(CH_3)_2$. $\alpha = 79^\circ 52'$. Kombination (Fig. 849): *r* (100), *d* (110), *c* (111), *a* (10$\bar{1}$) (letzteres oft fehlend). Spaltbarkeit nach *r* (100) vollkommen. Brechungsindices für Na: $\omega = 1,525$, $\varepsilon = 1,609$.

Bromantipyrin = $C_{11}H_{11}ON_2Br$. $\alpha = 125^\circ 30'$. Prismen *a* (10$\bar{1}$) mit *r* (100) (Fig. 850). Spaltbarkeit nach *c* (111) sehr vollkommen. Doppelbrechung negativ.

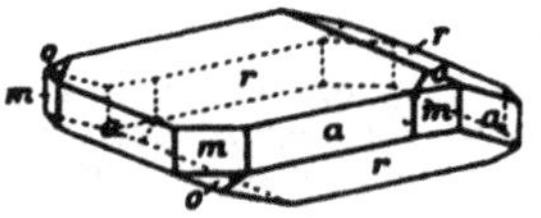
Fig. 852.

Jodantipyrin = $C_{11}H_{11}ON_2J$. $\alpha = 125^\circ 30'$. Kombination (Fig. 851): *a* (10$\bar{1}$), *m* (2$\bar{1}\bar{1}$), *r* (100), *s* (20$\bar{1}$). Spaltbarkeit nach *c* (111) vollkommen. Doppelbrechung negativ, sehr stark.

Amarinchlorhydrat = $C_{21}H_{18}N_2 . HCl$. $\alpha = 114^\circ 34'$. Kombination (Fig. 852): *r*(100), *a*(10$\bar{1}$), *m* (2$\bar{1}\bar{1}$), *o*(11$\bar{1}$). Keine deutliche Spaltbarkeit. Doppelbrechung positiv.

Pseudotrigonale Krystalle.

Natriumtrikaliumsulfat (nat. Glaserit) = $(SO_4)_2K_3Na$. Beobachtete Formen: *r* (100) = (10$\bar{1}$1), *ϱ* (22$\bar{1}$) = (01$\bar{1}$1), *m* (2$\bar{1}\bar{1}$) = (10$\bar{1}$0), *c* (111) = (0001); aus kalireichen Lösungen in den Kombinationen Fig. 853 und 854, aus natronreicheren in Tafeln Fig. 855, aus schwefelsaurer Lösung *r* (100) vorherrschend. Spaltbarkeit nach *c* (111) = (0001) unvollkommen. Brechungsindices für Na: $\omega = 1,4901$, $\varepsilon = 1,4996$. Die tafeligen Krystalle zeigen zuweilen deutliche Zusammensetzung aus sechs schwach zweiaxigen Sektoren, mit Grenzen parallel den Diagonalen und mit je einer Schwingungsrichtung parallel einer Seite des basischen Hexagons, außerdem zahlreiche Zwillingslamellen (s. S. 133). Die Ätzfiguren entsprechen der ditrigonal-skalenoëdrischen Symmetrie, während die pyroelektrischen Eigenschaften auf eine Polarität der pseudotrigonalen Hauptaxe hinweisen.

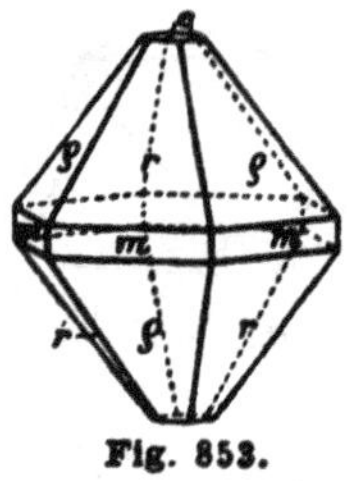
Fig. 853.

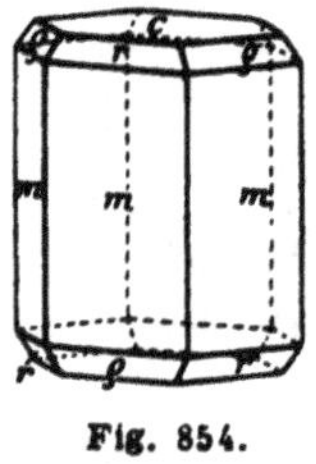
Fig. 854.

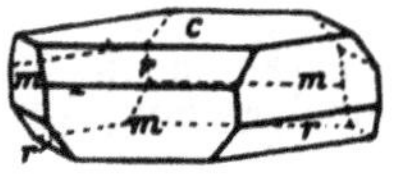
Fig. 855.

Natriumtrikaliumchromat = $(CrO_4)_2K_3Na$. $\alpha = 88^\circ 28'$. Kombinationen = vor., bei größerem Na-Gehalte der Lösung Fig. 856. oder 857. Spaltbarkeit nach *c* (111) = (0001) deutlich. Brechungsindices für Na: $\omega = 1,7278$, $\varepsilon = 1,7361$; infolge starker Dispersion der Doppelbrechung entsteht im konvergenten Lichte das Interferenzbild der sogen. »Leukocyklite« (s. S. 20). Bei gewöhnlicher Temperatur entstehen hexagonale Tafeln, welche deutlich als Durchkreuzungsdrillinge monokliner Krystalle zu erkennen sind (s. S. 133).

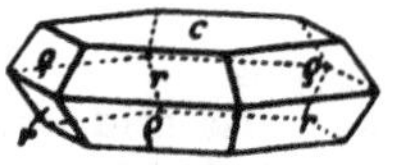
Fig. 856.

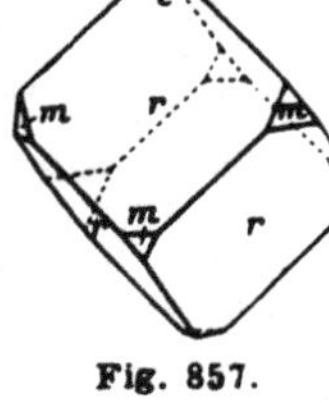
Fig. 857.

Pennin (Chlorit) = $Si_8Al_4Mg_{15}H_{20}O_{45}$. $\alpha = 44^{\circ}45'$. Spitze Rhomboëder (100) mit (111). Spaltbarkeit nach (111) sehr vollkommen. Brechungsindices für Rot: $\omega = 1{,}577$, $\varepsilon = 1{,}576$: Pleochroïsmus: o smaragdgrün, e hyazinthrot. Die Krystalle bestehen aus sehr dünnen, parallel (111) übereinander gelagerten und 120° gegeneinander gedrehten monoklinen Lamellen (s. S. 133).

Fig. 858.

Chabasit = $Si_4O_{16}Al_2Ca \cdot 8\,H_2O$. $\alpha = 94^{\circ}24'$. *r* (100), oft auch *o* (11$\bar{1}$) und *d* (110); häufig Durchkreuzungszwillinge nach *c* (111) (Fig. 858). Die scheinbaren Rhomboëder *r* bestehen aus triklinen Kombinationen der drei Pinakoïde (100), (010), (001), deren Flächenwinkel denen des Rhomboëders ähnlich sind und von denen je zwei nach einer der drei Pinakoïdflächen symmetrisch verwachsen sind, so daß das Pseudorhomboëder aus sechs, bei wiederholter Zwillingsbildung aus mehr als sechs Einzelkrystallen zusammengesetzt ist. Schnittplatten, z. B. nach den Flächen des Pseudorhomboëders zeigen daher stets eine Zusammensetzung aus Feldern mit entgegengesetzter schiefer Auslöschung und schiefwinkliger Lage der optischen Axen bei großem Axenwinkel.

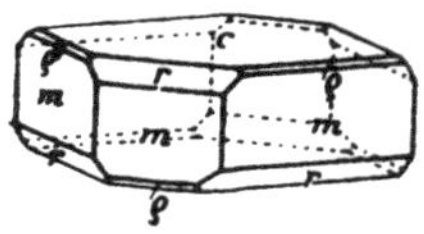

Fig. 859.

***r*-Luteo-Triäthylendiaminkobaltibromid-Trihydrat** = $(C_2H_8N_2)_3CoBr_3 \cdot 3\,H_2O$. $\alpha = 107^{\circ}27'$ ($a:c = 1:0{,}6794$). Beobachtete Formen (Fig. 859): *c* (111) = (0001), *m* (2$\bar{1}\bar{1}$) = (10$\bar{1}$0), *r* (100) = (10$\bar{1}$1), *ϱ* (22$\bar{1}$) = (01$\bar{1}$1), letzteres untergeordnet und oft fehlend. Spaltbarkeit nach *c* (111) = (0001) vollkommen. Doppelbrechend negativ, aber infolge lamellarer Zwillingsbildung nach der Spaltungsebene optisch anomal (die einzelnen Lamellen wahrscheinlich monoklin).

Kubisches Krystallsystem[1].

Unter allen Arten der Krystallstruktur kommt derjenigen der kubischen Krystalle der höchste Grad der Symmetrie zu (s. S. 71); das ihr zugrunde liegende Elementarparallelepiped, der Würfel, unterscheidet sich für die verschiedenen Substanzen mit kubischer Krystallstruktur nur durch seine absoluten Dimensionen, d. h. durch die Länge a seiner Kanten (s. die Beispiele S. 76), während die Richtung und das Längenverhältnis derselben, folglich auch die krystallographischen Elemente

$$a : a : a = 1 : 1 : 1, \quad \alpha = \beta = \gamma = 90^\circ,$$

und die Einheitsflächen (die vier des regulären Tetraëders bzw. die acht des regulären Oktaëders) für alle kubisch krystallisierten Substanzen die gleichen sind. Die Gleichwertigkeit der drei zueinander senkrechten Axen der kubischen Krystalle bedingt die Kugelgestalt der Bezugsfläche für alle Ellipsoïdeigenschaften, also ihre einfache Brechung des Lichtes, ihre gleiche thermische Ausdehnung nach allen Richtungen usw., d. h. die Unabhängigkeit obiger Elemente nicht nur von der chemischen Natur der betreffenden Substanz, sondern auch von der Temperatur. Die Gleichheit der drei primären Parameter bedingt ferner, daß die Parameter aller möglichen Flächen in rationalen Verhältnissen zueinander stehen und daß die Winkel der Formen gleichen Symbols für alle hierher gehörigen Substanzen die gleichen konstanten Werte besitzen, daß also verschiedene kubisch krystallisierte Substanzen nicht durch Winkelmessungen unterschieden werden können. Außer durch die bei der Bildung der Krystalle besonders bevorzugten unter den möglichen Formen werden die einzelnen Substanzen wesentlich charakterisiert durch ihre Zugehörigkeit zu einer bestimmten, mit kubischer Struktur vereinbaren Symmetrieklasse, und deren gibt es, wie bereits S. 95 erwähnt, fünf[2]).

Während im Rhomboëder, dem Elementarparallelepiped des trigonalen Krystallsystems, nur eine Diagonale eine dreizählige Symmetrieaxe ist, bedingt die Gleichwertigkeit der vier Diagonalen des Würfels die Existenz von vier dreizähligen Axen, welche sämtlich gleiche Winkel (109° 28′) miteinander bilden d. h. mit den Normalen des regulären Tetraëders zusammenfallen (vgl. Fig. 860, in welcher diese Normalen von den durch Dreiecke bezeichneten Mittelpunkten der Tetraëderflächen ab nach der Mitte hin stärker, nach den anderen Seiten schwächer strichpunktiert sind). Daß die kleinste Zahl dreizähliger Symmetrieaxen, wenn überhaupt deren mehrere vorhanden sind, vier beträgt, lehrt eine einfache Betrachtung: Fügt man zur ersten eine zweite hinzu, so erfordert die Dreizähligkeit der ersten noch zwei weitere, mit denen

---

[1]) Auch als »tesserales« oder »reguläres Krystallsystem« bezeichnet; die letztere Benennung wird am häufigsten gebraucht, ist aber am wenigsten geeignet, denn die Formen dieses Systems sind nach der für die Geometrie gültigen Nomenklatur nur zum kleinsten Teile »regulär«, d. h. solche mit gleichen Kanten und Ecken, und im krystallographischen Sinne, d. h. ihrer inneren Struktur nach, sind alle homogenen Krystalle »regelmäßige«.

[2]) Unter den 230 regelmäßigen Anordnungen, welche sich aus der allgemeinen Theorie der Krystallstruktur (S. 74) ergeben, befinden sich 36 mit kubischer Symmetrie, und zwar gehören davon den fünf weiterhin aufgezählten Klassen in der entsprechenden Reihenfolge an: 5, 8, 7, 6 und 10.

die zweite nach einer Drehung von 120° bzw. 240° um die erste zur Deckung gelangt; bilden diese vier Richtungen gleiche Winkel miteinander, so ist der Dreizähligkeit einer jeden von ihnen Genüge geleistet, also weitere dreizählige Axen nicht erforderlich. Wie aus Fig. 860 ersichtlich, bedingt diese Kombination aber noch die Existenz dreier zweizähliger Symmetrieaxen, denn eine Drehung von 180° um eine Gerade, welche die mit ● bzw. O bezeichneten Mittelpunkte zweier gegenüberliegender Flächen des Würfels verbindet, d. h. um eine der krystallographischen Axen, bringt die Vertauschung jener vier gleichwertigen Richtungen hervor. In Fig. 861[1]), der Projektion auf die horizontale Würfelfläche der Fig. 860, welche diesen niedrigsten Grad kubischer Symmetrie darstellt, sind daher die Pole der drei krystallographischen Axen mit ● bezeichnet, die vier gleichwertigen Pole der trigonalen Axen

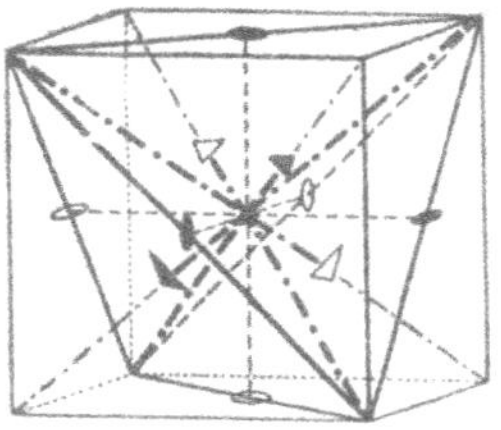
Fig. 860.

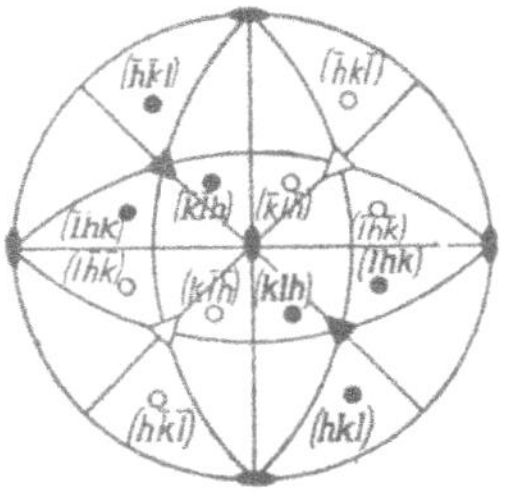
Fig. 861.

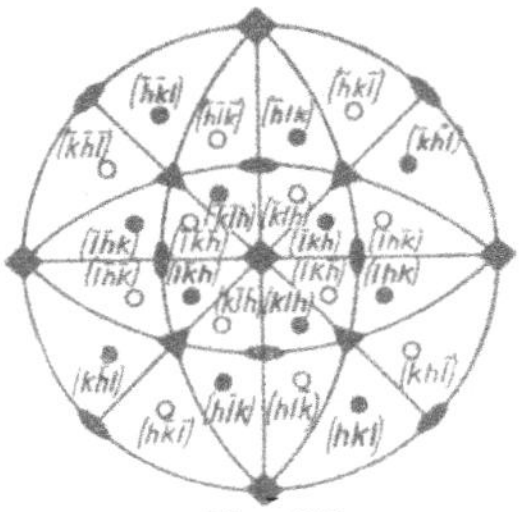
Fig. 862.

mit ▲ bzw. △; im allgemeinen Falle dreier ungleicher Indices $h > k > l$ wird jeder dieser vier Pole umgeben von drei Flächenpolen; die allgemeine Form (hkl) besteht also aus zwölf Flächen und heißt ein »tetraëdrisches Pentagondodekaëder«. Die kubischen Raumgitter besitzen nach S. 71 noch eine dritte Art von Symmetrieaxen, nämlich die Normalen zu den Flächen des Rhombendodekaëders, d. s. die Winkelhalbierenden der Normalen zu den Würfelflächen; treten diese zu Symmetrieaxen der vorigen Klasse hinzu, so ergeben sich, wie Fig. 862 zeigt, 24 gleichwertige Flächen, welche ein »Pentagonikositetraëder« (hkl) bilden, und die krystallographischen Axen werden vierzählige Symmetrieaxen. So entsteht die Kombination sämtlicher Symmetrieaxen der kubischen Raumgitter und diese umfaßt zugleich die höchste Zahl solcher, die überhaupt in einem krystallographischen Polyëder möglich sind, denn die Hinzufügung jeder weiteren Symmetrieaxe würde mindestens die Achtzähligkeit einer der krystallographen Axen erfordern. Da somit weitere Symmetrieklassen nur durch Hinzutreten von Symmetrieebenen zustande kommen, so sind die beiden genannten die einzigen Klassen des kubischen Krystallsystems, in welchen Enantiomorphie existiert und denen daher sämtliche Krystalle mit optischem Drehungsvermögen angehören. Da die kubischen Raumgitter zwei Arten von Ebenen der Symmetrie besitzen, die des Würfels und die des Rhombendodekaëders, so sind noch drei Klassen kubischer Krystalle

[1]) In dieser und den folgenden Projektionen, deren Grundkreisebene eine Würfelfläche ist, teilen die drei Axenebenen die Kugelfläche in acht Oktanten, deren jeder durch die die Winkel jener halbierenden Ebenen des Rhombendodekaëders in sechs rechtwinkelige sphärische Dreiecke geteilt wird. Ein Pol, welcher innerhalb eines solchen Dreiecks liegt, entspricht einer Fläche, welche mit den drei krystallographischen Axen drei ungleiche, von 0° verschiedene Winkel bildet, also dreierlei endliche Parameter bzw. Indices besitzt.

mit Symmetrieebenen möglich, nämlich zwei mit nur einer Art und eine mit beiden Arten solcher. Die Symmetrie nach den Würfelflächen, also nach den drei krystallographischen Axenebenen, wird durch die Projektion Fig. 863 dargestellt; durch die Hinzufügung dieser Spiegelungsebenen zu der Symmetrie der ersten Klasse werden die dreizähligen Axen sechszählige der zusammengesetzten Symmetrie, und es entsteht eine aus zwölf Paaren paralleler Flächen bestehende allgemeine Form (hkl), »Dyakisdodekaëder« genannt. Sind dagegen die Rhombendodekaëderflächen Symmetrieebenen (Fig. 864), so verwandeln sich die zweizähligen Axen der ersten Klasse in vierzählige der zusammengesetzten Symmetrie und die 24 gleichwertigen Flächen (hkl) bilden ein »Hexakistetraëder«. Werden endlich beide Arten von Symmetrieebenen zu der Symmetrie der ersten Klasse hinzugefügt, so entsteht die in Fig. 865 dargestellte Symmetrie, in welcher die drei Würfelnormalen vierzählige Axen der einfachen und die Normalen zu den Oktaëderflächen sechszählige der zusammengesetzten Symmetrie sind; die allgemeine Form

Fig. 863.

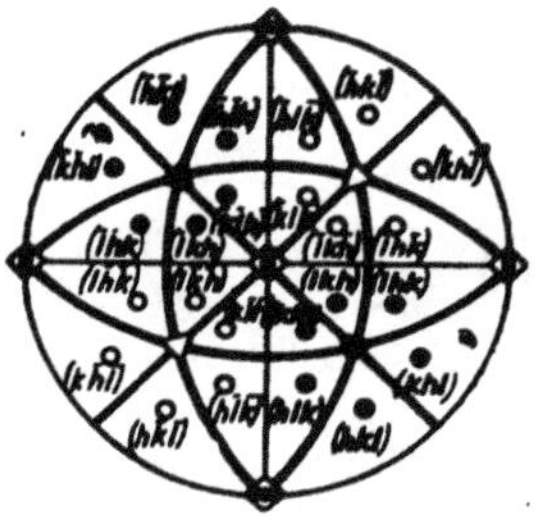
Fig. 864.

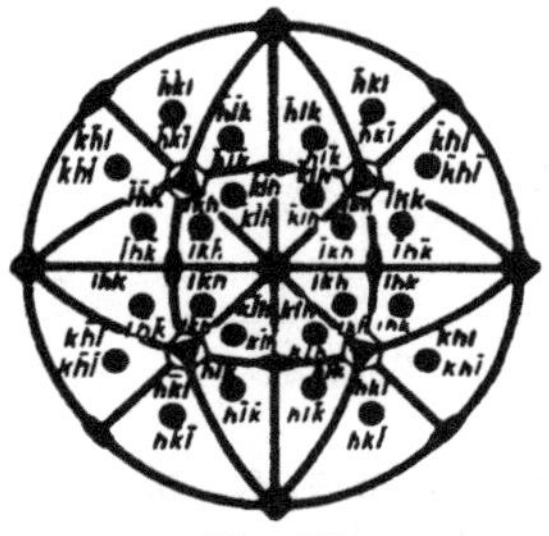
Fig. 865.

(hkl) besitzt 48 Flächen, es ist ein »Hexakisoktaëder«. Diese Zahl ist zugleich die höchste der möglichen gleichwertigen Flächen eines Krystalls, denn die Hinzufügung irgendeines weiteren Symmetrieelementes würde auch hier mindestens die Achtzähligkeit einer krystallographischen Axe zur Folge haben. Die Klasse mit dem höchsten überhaupt möglichen Grade der Symmetrie stellt zugleich den Fall dar, in welchem die Symmetrie der Formen mit der gesamten Symmetrie der kubischen Raumgitter identisch ist.

Die allgemeine Form dieser letzten Symmetrieklasse umfaßt die Gesamtheit aller Flächen, deren Symbole durch alle möglichen Vertauschungen der drei Zahlen h, k, l entstehen und deren es offenbar in jedem der acht Oktanten sechs gibt. Die allgemeinen Formen der drei vorhergehenden Klassen bestehen aus der jedesmal in anderer Weise ausgewählten Hälfte, die allgemeine Form der ersten Klasse aus einem Viertel der Flächen jener Klasse. Die höchst symmetrische Klasse diente in der älteren Darstellung als Ausgangspunkt der Betrachtung der Krystalle (s. S. 96) und wurde als »holoëdrische« bezeichnet; durch gesetzmäßige Auswahl der Hälfte der Flächen wurden von ihr die drei »hemiëdrischen« Klassen abgeleitet, und endlich ergab sich die niedrigst symmetrische Klasse durch jede Kombination zweier Arten der Hemiëdrie als einzig mögliche »tetartoëdrische«[1]).

[1]) Diese Ableitung wurde von Naumann bereits 1828 durchgeführt, lange ehe ein Beispiel dieser »Tetartoëdrie« erkannt worden war.

Nach dem Vorhergehenden sind in den vier ersten Klassen des kubischen Krystallsystems vier bzw. zwei Formen allgemeiner Art mit gleichen Winkeln bzw. von deckbar gleicher oder spiegelbildlich gleicher Gestalt möglich; es können daher Kombinationen solcher vorkommen, welche den Anschein einer höheren Symmetrie erwecken, an denen jedoch die Ungleichwertigkeit der sie zusammensetzenden einfachen Formen mittels Ätzfiguren oder durch polare Pyroelektrizität der trigonalen Axen (s. S. 52) nachgewiesen werden kann. Die Prüfung derartiger Eigenschaften ist vor allem zur Entscheidung der Frage nach der Zugehörigkeit eines Krystalls zu einer bestimmten Symmetrieklasse erforderlich, wenn derselbe nur solche Formen zeigt, welche, wie der Würfel und das Rhombendodekaëder, sämtlichen fünf Klassen des kubischen Krystallsystems gemeinsam sind, oder, wie das reguläre Oktaëder und einige andere einfache Formen, mehreren Klassen angehören. Daß das optische Drehungsvermögen eines Krystalls seine Zugehörigkeit zu einer der beiden ersten Klassen beweist, wurde bereits oben angeführt. Da diese beiden Klassen sich durch das Vorhandensein bzw. Fehlen elektrischer Polarität der trigonalen Axen unterscheiden, genügt der Nachweis dieser beiden physikalischen Eigenschaften zur Bestimmung der Symmetrie des Krystalls.

Was endlich die Häufigkeit der einzelnen Formen anlangt, so ist hier die S. 83 erwähnte Beziehung der Quadratsumme der Indices zu ihr die einfachste, weil nicht nur infolge der Rechtwinkeligkeit der Axen die Flächendichtigkeit für dieselben Symbole in allen Oktanten, sondern auch infolge der Gleichwertigkeit der Axen für jede beliebige Reihenfolge von h, k und l die gleiche ist: es ist nämlich in diesem Falle die Wurzel der Quadratsumme gleich dem Inhalt des Parallelogramms der betreffenden Netzebene, wenn der Inhalt des Quadrates, welches das Parallelogramm der hexaëdrischen Netzebene des einfachen kubischen Raumgitters darstellt, gleich 1 gesetzt wird. Bezeichnet man diesen Inhalt mit J, die Quadratsumme der Indices mit S^2, so ergibt sich folgende Reihenfolge der Symbole kubischer Formen:

J	S^2	Symbole
1	1	(100)
$\sqrt{2}$	2	(110)
$\sqrt{3}$	3	(111)
$\sqrt{5}$	5	(210)
$\sqrt{6}$	6	(211)
3	9	(221)
$\sqrt{10}$	10	(310)
$\sqrt{11}$	11	(311)
$\sqrt{13}$	13	(320)
$\sqrt{14}$	14	(321)
$\sqrt{17}$	17	(410), (322)
$\sqrt{18}$	18	(411)
$\sqrt{19}$	19	(331)
$\sqrt{21}$	21	(421)
$\sqrt{22}$	22	(332)
5	25	(430)
$\sqrt{26}$	26	(431), (510) usf.

Diese Reihenfolge entspricht derjenigen der Häufigkeit der kubischen Formen in ihrer Gesamtheit, während sie bei den einzelnen Substanzen je nach der speziellen Art ihrer Krystallstruktur eine andere sein kann, z. B. (111), nicht (100), die gewöhnliche Form oder (311) häufiger als (211) ist usw.

Für die regelmäßigen Verwachsungen kubischer Krystalle gilt das Gesetz, daß alle Flächen eines einem Zwilling angehörigen Krystalls durch rationale Indices auf die Axen des anderen Krystalls bezogen werden können.

Tetraëdrisch-pentagondodekaëdrische Klasse[1]).

Die allgemeine Form dieser Klasse, das tetraëdrische Pentagondodekaëder, besteht gewissermaßen aus vier trigonalen Pyramiden dritter Art (s. S. 221), deren jede einem Pole einer der vier dreizähligen Axen angehört und durch Drehung von 180° um die zweizähligen Axen die drei anderen erzeugt. Die in Fig. 866a projizierte und in Fig. 867a abgebildete Form (hkl)[2]) soll als positives linkes, die durch Spiegelung nach (1$\bar{1}$0) daraus entstehende, in Fig. 866b projizierte und in Fig. 867b abgebildete (khl) als positives rechtes tetraëdrisches Pentagondodekaëder bezeichnet werden. Den entgegengesetzten Polen der trigonalen Axen gehören das linke und das rechte negative tetraëdrische Pentagondodekaëder (k$\bar{h}$l) und (h$\bar{k}$l) an, welche ebenso, wie die beiden ersten, enantiomorph sind, mit ihnen aber durch Drehung von 90° um eine der krystallographischen Axen zur Deckung gebracht werden können. Diese vier Formen haben die gleichen Flächenwinkel, und zwar von dreierlei Kanten, zwölf an den stumpferen, zwölf an den spitzeren dreikantigen Ecken zusammenstoßenden und sechs hexaëdrischen, d. h. in den Ebenen des Würfels gelegenen Kanten; die Flächen sind unsymmetrische Fünfecke, deren Kantenwinkel an den beiden linken Formen im umgekehrten Sinne, wie an den beiden rechten, aufeinander folgen.

Fig. 866 a.

Fig. 866 b.

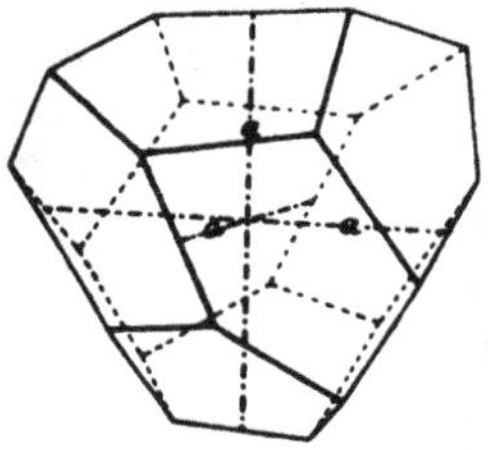

Fig. 867 a.

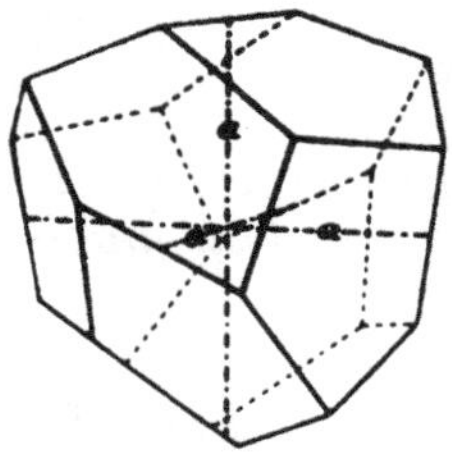

Fig. 867 b.

Die tetraëdrischen Pentagondodekaëder gehen in scheinbar höher symmetrische Formen über, wenn ihre Indices nicht drei voneinander und von Null verschiedene Werte haben, d. h. die Flächenpole nicht

[1]) Tetartoëdrische Klasse der älteren Systematik.
[2]) Der Abbildung ist das einfachste und daher häufigste Symbol (321) zugrunde gelegt.

innerhalb der rechtwinkeligen sphärischen Dreiecke liegen, welche von den in der Projektion eingetragenen Zonenkreisen begrenzt werden, sondern mit einer der Seiten oder einer der Ecken dieser Dreiecke zusammenfallen. Dadurch ergeben sich die folgenden sechs besonderen Fälle: Liegen die Pole in den Hypotenusen, so wird k = l und es fallen das rechte und linke tetraëdrische Pentagondodekaëder des gleichen Vorzeichens zu einer gemeinsamen Grenzform zusammen; es entsteht ein positives (z. B. (211), Fig. 868 a) bzw. negatives (z. B. $(2\bar{1}1)$, Fig. 868 b) **Triakistetraëder** (auch »Pyramidentetraëder« oder »Trigondodekaëder« genannt), welches nur zweierlei Kanten besitzt, die in vier dreikantigen Ecken, je einer trigonalen Pyramide erster Art entsprechend, und vier ditrigonalen Ecken zusammenstoßen.

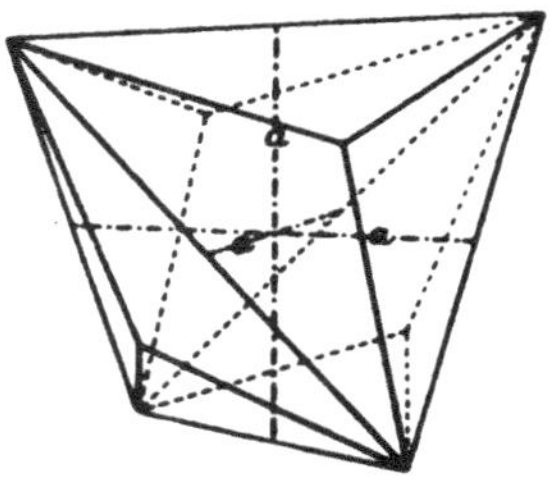
Fig. 868 a.

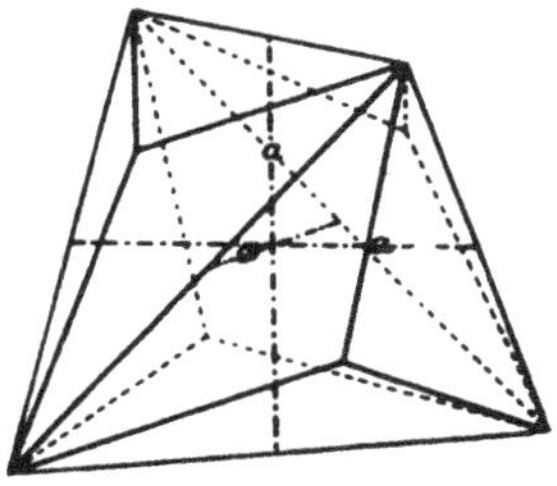
Fig. 868 b.

Liegen die Flächenpole in den kürzeren Katheten jener sphärischen Dreiecke, so wird k = h, und es fallen wieder die beiden enantiomorphen tetraëdrischen Pentagondodekaëder einer Stellung zusammen, aber zu der in Fig. 869 a bzw. b dargestellten Form ((221) bzw. $(2\bar{2}1)$), welche **Deltoiddodekaëder** genannt wird; diese besteht gleichsam aus vier stumpferen trigonalen Pyramiden (zweiter Art) und vier spitzen, an den entgegengesetzten Polen der dreizähligen Axen gelegenen, und besitzt daher ebenfalls zweierlei Kanten.

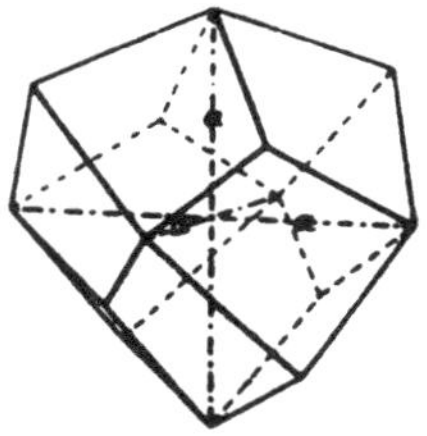
Fig. 869 a.

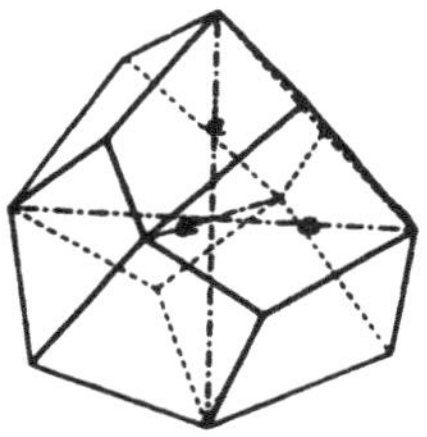
Fig. 869 b.

Liegen dagegen die Pole auf den längeren Katheten, so entsprechen sie Flächen, welche einer krystallographischen Axe parallel sind; in diesem Falle vereinigen sich das linke positive mit dem rechten negativen tetraëdrischen Pentagondodekaëder zu einem **Pentagondodekaëder** mit symmetrischen Flächen (z. B. (210), Fig. 870 a), welches als solches »erster Stellung« bezeichnet werden möge (auch »linkes« genannt), während die rechte positive und die linke negative allgemeine Form das Pentagondodekaëder »zweiter Stellung« (oder das »rechte«) z. B. (201), Fig. 870 b, liefern; diese beiden Formen besitzen sechs hexaëdrische, den Krystallaxen parallele und 24 an den acht dreikantigen Ecken zusammenstoßende Kanten, gleichsam diejenigen von vier Rhomboëdern. Fallen die Flächenpole

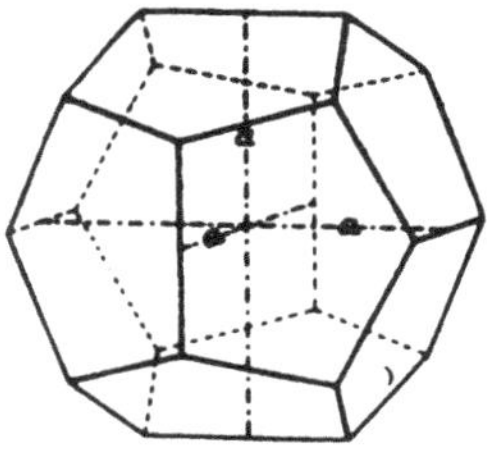
Fig. 870 a.

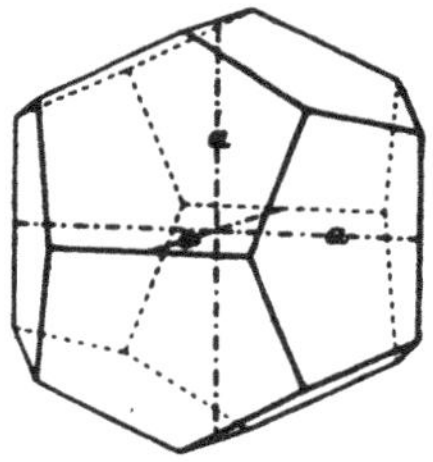
Fig. 870 b.

mit den rechtwinkeligen Ecken jener sphärischen Dreiecke der Projektion zusammen, so entsprechen sie Flächen, für welche zwei Indices gleich und der dritte = 0 ist, d. h. denen des **R h o m b e n d o d e k a ë d e r s**, der gemeinsamen Grenzform aller vier tetraëdrischen Pentagondodekaëder. Diese Form (110) (Fig. 871) hat 24 gleiche Kanten mit dem Flächenwinkel 60°, aber zweierlei Ecken (sechs vierkantige und acht dreikantige); sie stimmt geometrisch überein mit der Kombination eines Rhomboëders, dessen Flächenwinkel an den Polkanten = 60°, mit dem hexagonalen Prisma zweiter Art. Fallen die Pole der Flächen mit denen der dreizähligen Axen, also je drei zu einer zusammen, so entsteht aus dem rechten und dem linken positiven tetraëdrischen Pentagondodekaëder das positive **T e t r a ë d e r** (111) (Fig. 872a), aus den beiden allgemeinen Formen der entgegengesetzten Stellung das negative (Fig. 872b). Die Vereinigung von je zwei Flächenpolen der

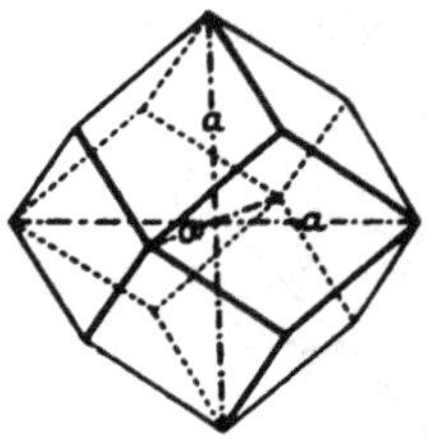

Fig. 871.

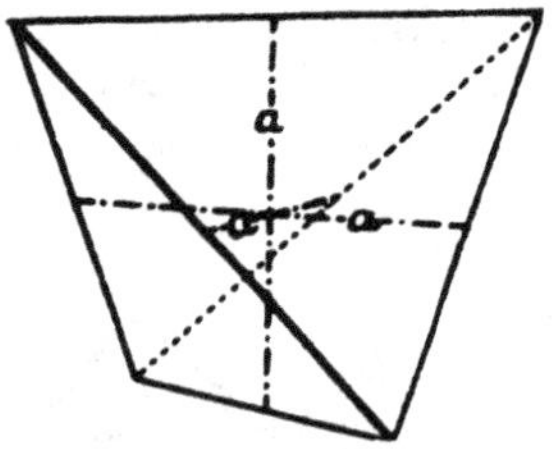

Fig. 872 a.

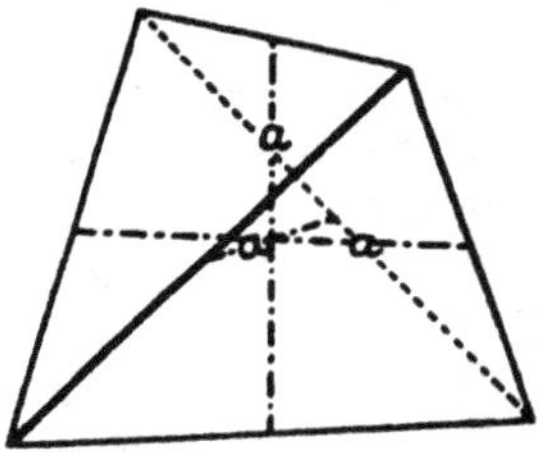

Fig. 872 b.

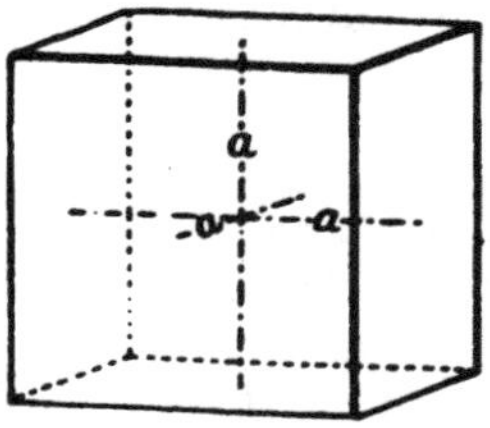

Fig. 873.

allgemeinen Form in den Polen der zweizähligen Axen führt endlich zum **H e x a ë d e r** oder Würfel (Fig. 873), so daß sich die folgende Tabelle der möglichen Formen ergibt:

(100) Hexaëder,
(110) Rhombendodekaëder,
(111) positives, (1$\bar{1}$1) negatives Tetraëder,
(hk0) bzw. (kh0) Pentagondodekaëder erster bzw. zweiter Stellung,
(hkk) positive, (h$\bar{k}$k) negative Triakistetraëder,
(hhl) positive, (h$\bar{h}$l) negative Deltoiddodekaëder,
(hkl) tetraëdrische Pentagondodekaëder.

Die Formen mit den einfachsten Indices und daher die häufigsten, d. s. die drei hier zuerst aufgezählten, kehren auch in den folgenden Klassen wieder und eine Kombination mit beiden, scheinbar gleich ausgebildeten Tetraëdern würde sich sogar nicht von einer Form der höchst symmetrischen letzten Klasse unterscheiden. Die Zugehörigkeit eines Krystalls, welcher nur die einfachsten Formen zeigt, zu der vorliegenden Symmetrieklasse kann jedoch, wie schon S. 247 erwähnt, erkannt werden durch das gleichzeitige Vorhandensein eines optischen Drehungsvermögens und elektrischer Polarität der dreizähligen Axen, ebenso wie durch Ätzfiguren von solcher Gestalt, daß sie den Mangel jeglicher Symmetrieebene und die Zwei- (nicht Vier-) zähligkeit der krystallographischen Axen beweist. Die Kombination mit den niedrigsten Indiceswerten, aus der ohne weiteres die tetraëdrisch-pentagondodekaëdrische Symmetrie hervorgeht und welcher daher für diese Klasse eine besondere Wichtigkeit zukommt, ist die eines Tetraëders mit dem linken Pentagondodekaëder (210) bzw. die enantiomorphe mit dem rechten Pentagondodekaëder (201). Alle anderen Formen treten weniger häufig und zum Teil nur unter ganz besonderen Krystallisationsbedingungen auf.

Die Krystalle der vorliegenden Klasse besitzen zum Teil optisches Drehungsvermögen, wie das Natriumchlorat, und zeigen dann die gleiche gesetzmäßige Beziehung des Drehungssinnes zur Krystallform, wie Natriumperjodat (S. 223), Quarz (S. 225) u. a. trigonale Substanzen.

Auch die Zwillinge nach (100) verhalten sich analog den symmetrischen Quarzzwillingen, d. h. sie bestehen aus einem rechts- und einem linksdrehenden Krystall.

Optisch inaktive Substanzen ohne Drehungsvermögen der Krystalle.

Nickelantimonosulfid (nat. Ullmannit, Antimonnickelkies) = NiSbS. Das Mineral zeigt Kombinationen von (100) mit schmalen Flächen von (110) und (210), an einem Vorkommen wurde jedoch die Kombination Fig. 874 beobachtet: *o* (111), *i* (211), *d* (110), *s* (221), *ω* (1$\bar{1}$1) mit Zwillingsbildung nach (100); Fig. 875 zeigt letztere in einer regelmäßigen Durchkreuzung der Kombination *o* (111), *d* (110). Außerdem finden sich auch scheinbar einfache Würfel mit Abstumpfung aller Ecken durch (111), welche sich aber durch ihre Streifung und durch einspringende Winkel in den Mitten der Würfelkanten als Durchkreuzungszwillinge desselben Getzes erweisen. Spaltbarkeit nach (100) vollkommen. Farbe metallisch hellgrau.

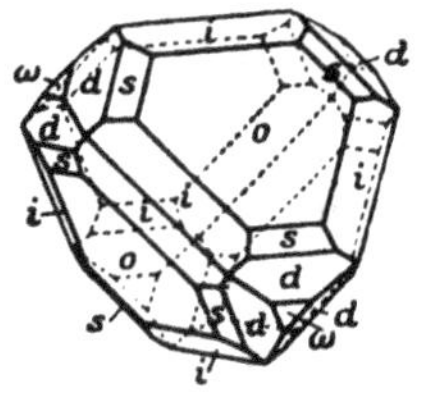

Fig. 874.

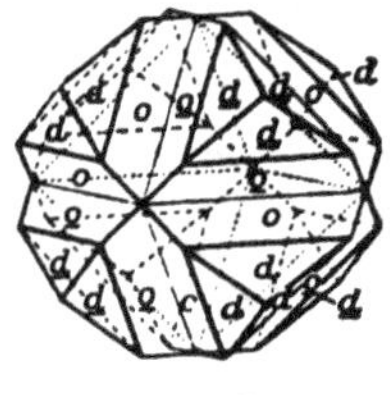

Fig. 875.

Strontiumnitrat = $(NO_3)_2Sr$. Oktaëderähnliche Kombinationen (111), (1$\bar{1}$1), bei Anwesenheit von $CaCl_2$ in der Lösung mit Flächen von (210) und (100). Brechungsindex für Na : $n = 1{,}5667$.

Baryumnitrat = $(NO_3)_2Ba$. Kombinationen von *o* (111), *ω* (1$\bar{1}$1), *a* (100), zuweilen mit *π* (201) (Fig. 876 und 877), bei Zusatz von NO_3Na zur Lösung auch mit einem nicht genau bestimmbaren tetraëdrischen Pentagondodekaëder *x* (Fig. 878), bei anderen Zusätzen noch flächenreichere Krystalle; aus einer ätherischen

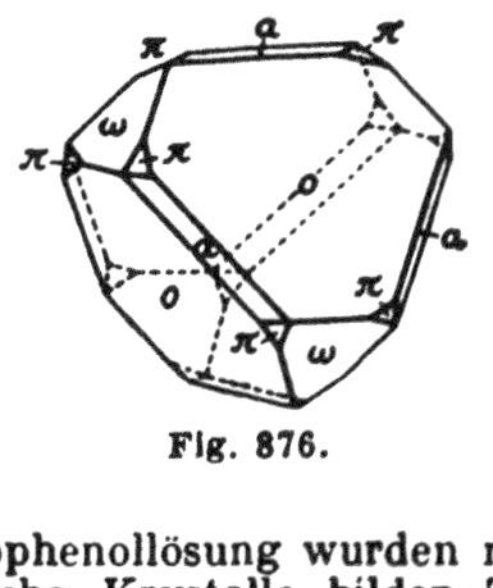

Fig. 876.

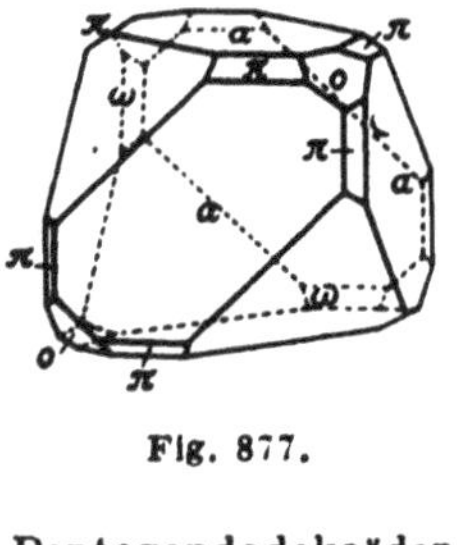

Fig. 877.

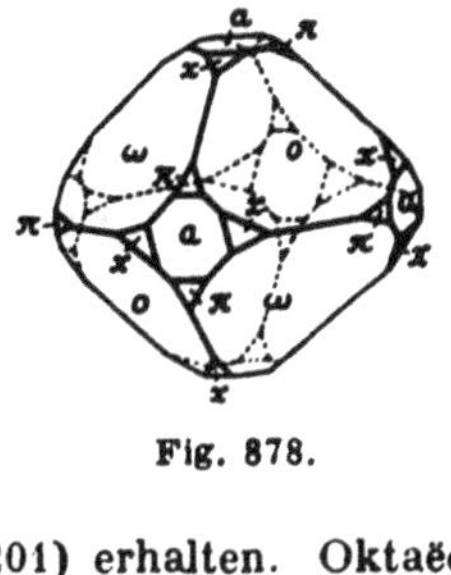

Fig. 878.

Nitrophenollösung wurden reine Pentagondodekaëder *π* (201) erhalten. Oktaëderähnliche Krystalle bilden Zwillinge nach (111). Die Ätzfiguren auf (100) und (111) werden von tetraëdrischen Pentagondodekaëdern hervorgebracht. Brechungsindex für Na: $n = 1{,}5711$. Die beiden Tetraëder können durch ihre polare Pyroelektrizität nach den trigonalen Axen unterschieden werden; hexaëdrische Krystalle erweisen sich durch die Lage der elektrischen Pole zuweilen als Zwillinge nach (100).

Bleinitrat = $(NO_3)_2Pb$. Kombinationen gleich denen des vorigen Salzes; die Bildung von *π* (201) wird durch Zusätze zur Lösung begünstigt, s. Fig. 879 und 880; selten ein tetraëdrisches Pentagondodekaëder *ζ*, annähernd (10.5.6) (Fig. 881). Zwillingsbildung = vorige. Ätzfiguren auf den Tetraëderflächen ebenfalls asym-

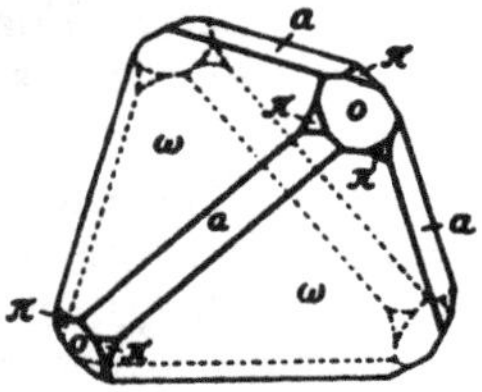

Fig. 879.

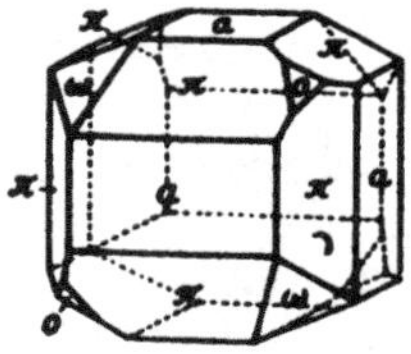

Fig. 880.

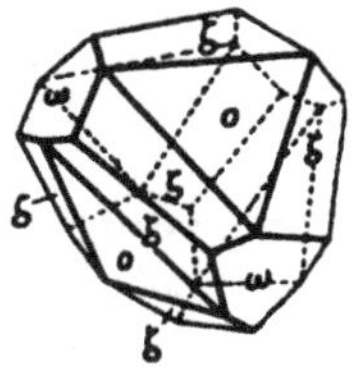

Fig. 881.

metrisch. Brechungsindex für Na : $n = 1{,}7820$. Nicht selten zeigen die Krystalle optische Anomalien, welche es wahrscheinlich machen, daß sie pseudokubische Verwachsungen optisch zweiaxiger sind, deren lamellare Übereinanderlagerung stellenweise Einaxigkeit hervorbringt (die gleichen Erscheinungen, wenn auch weniger deutlich, zeigen auch die beiden vorhergehenden Salze).

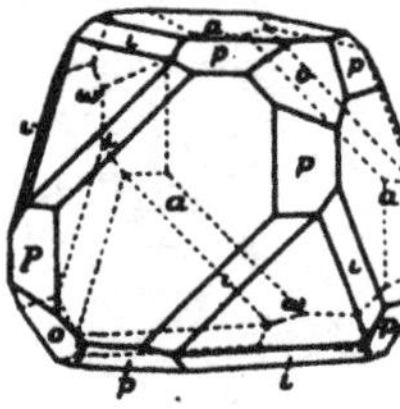

Fig. 882.

Kaliumdimagnesiumsulfat (nat. Langbeinit) = $(SO_4)_3Mg_2K_2$. Das Mineral zeigt die Kombination (Fig. 882): *a* (100), *ω* (1$\bar{1}$1), *o* (111), *ι* (2$\bar{1}$1), *p* (210) und andere Pentagondodekaëder. Keine deutliche Spaltbarkeit. Brechungsindex für Na: $n = 1{,}5329$. Die polare Pyroëlektrizität wurde nicht bestimmt.

Natriumstrontiumorthoarsenat - Enneahydrat = $AsO_4SrNa \,.\, 9\,H_2O$. Das Salz krystallisiert in Kombinationen eines Tetraëders mit dem Würfel, oft auch mit (110) und (210) in den gleichen Kombinationen, wie das Natriumchlorat (s. Fig. 833a und b).

Optisch inaktive Substanzen mit Drehungsvermögen der Krystalle.

Natriumchlorat = ClO_3Na. Bei gewöhnlicher Temperatur entstehen aus wässeriger Lösung nebeneinander die Kombinationen Fig. 883a und b; erstere, die der linksdrehenden Krystalle, zeigt *a* (100), *p* (210), *ω* (1$\bar{1}$1), *d* (110); letztere (rechtsdrehend): *a* (100), *π* (201), *ω* (1$\bar{1}$1), *d* (110); in niedriger Temperatur bilden sich Deltoiddodekaëder (332) oder Tetraëder *o* (111), letztere zuweilen in symmetrischen Zwillingen nach (100) (Fig. 884). Keine deutliche Spaltbarkeit. Die Ätzfiguren

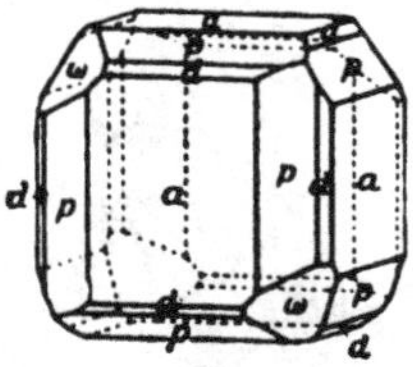

Fig. 883a.

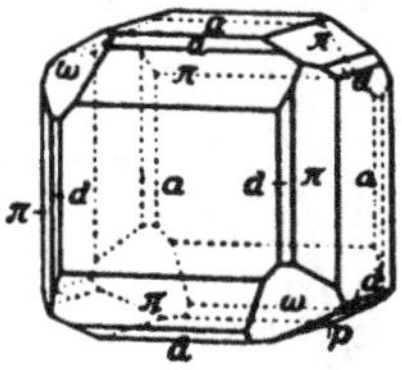

Fig. 883b.

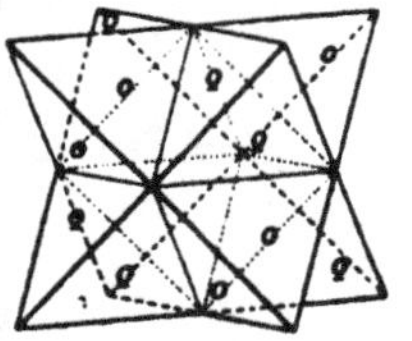

Fig. 884.

auf *h* (100) und *ω* (1$\bar{1}$1) werden von Pentagondodekaëdern gebildet und besitzen daher an den links- und rechtsdrehenden Krystallen Fig. 883a und b entgegengesetzte (nach (110) symmetrische) Orientierung. Brechungsindex für Na: $n = 1{,}5151$; Drehungsvermögen für 1 mm 3,13 (D). Die analogen Pole der piezo- und pyroelektrischen (trigonalen) Axen liegen in *ω* (1$\bar{1}$1), daher diese Flächen (Fig. 883a und b) beim Abkühlen negativ elektrisch werden, während die Flächen der in niedriger Temperatur entstehenden Tetraëder und Deltoiddodekaëder positiv werden.

Natriumbromat = BrO_3Na. Aus wässeriger Lösung Kombinationen von (100) mit (111) und (1$\bar{1}$1) in wechselnder Größe, zuweilen auch Pentagondodekaëder. Die Ätzfiguren auf (100) werden von einem tetraëdrischen Pentagondodekaëder gebildet und sind an rechts- und linksdrehenden Krystallen entgegengesetzt, nach der Diagonale der Würfelflächen symmetrisch, orientiert. Brechungsindex für Na: $n = 1{,}5943$; Drehungsvermögen 2°,8. Polare Pyroelektrizität wie beim vorigen Salze.

Natriumorthosulfantimonat-Enneahydrat (Schlippesches Salz) = $SbS_4Na_3 . 9 H_2O$. Kombinationen von (111) mit untergeordnetem (1̄11), (110) und (210) an linksdrehenden bzw. (201) an rechtsdrehenden Krystallen; jedoch treten auch Flächen beider Pentagondodekaëder an dem gleichen Krystall auf. Drehungsvermögen für 1 mm = 2°,7 für mittlere Farben. Elektrische Polarität und andere Eigenschaften nicht untersucht.

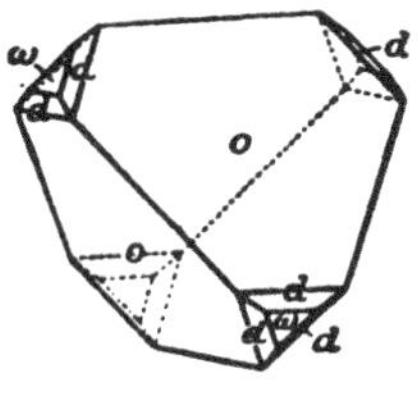

Fig. 885.

Natriumuranylacetat = $(C_2H_3O_2)_3(UO_2)Na$. Kombination (Fig. 885): *o* (111), *d* (110), *ω* (1̄11); zuweilen herrscht auch *d* (110) vor. Zwillinge gleichartiger und enantiomorpher Krystalle nach mehreren Gesetzen. Ätzfiguren auf *d* (110) unsymmetrisch. Brechungsindex für Na: $n = 1{,}5014$. Drehungsvermögen für 1 mm: 1°,48 (D). Farbe gelb mit grüner Fluoreszenz.

Optisch aktive Substanzen,
welche dieser Klasse zuzurechnen sind, kennt man nur zwei:

act. Amylaminalaun = $(SO_4)_2AlN(H_3 . C_5H_{11}) . 12 H_2O$, welcher in scheinbaren Oktaëdern mit optischen Drehungsvermögen krystallisiert, von dem aber nähere Untersuchungen fehlen.

Coniinalaun = $(SO_4)_2AlN(H_3 . C_8H_{15}) . 12 H_2O$. Oktaëder, deren Ätzfiguren jedoch tetraëdrisch-pentagondodekaëdrisch sind. Das (wahrscheinlich schwache) Drehungsvermögen konnte nicht nachgewiesen werden.

Pentagonikositetraëdrische Klasse[1]).

Tritt zu der Symmetrie der vorigen Klasse noch diejenige nach den zweizähligen Axen, welche die Winkel der nun vierzähligen krystallographischen Axen halbieren, so entsteht eine allgemeine Form (hkl) (Fig. 886), welche als »linkes Pentagonikositetraëder« bezeichnet werden möge und in Fig. 887a abgebildet ist, während durch Ver-

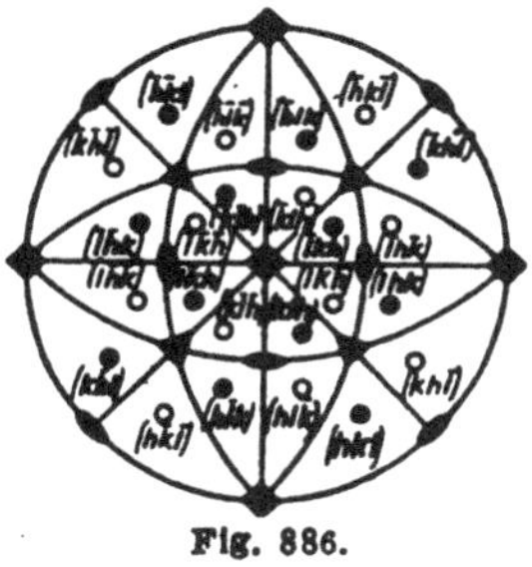

Fig. 886.

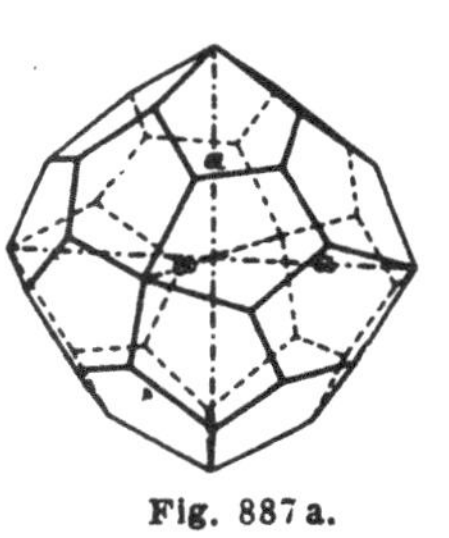

Fig. 887a.

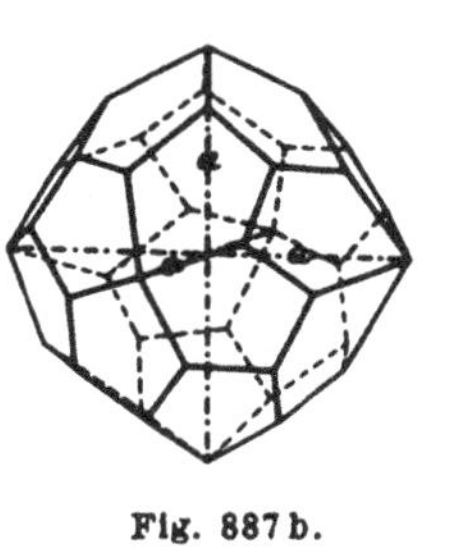

Fig. 887b.

tauschung der oberen und unteren Pole in Fig. 886 das in Fig. 887b dargestellte enantiomorphe »rechte Pentagonikositetraëder« (hlk) entsteht (in beiden Fällen wurden als einfachste Beispiele (321) und (312) gewählt), welches aus den linken durch Spiegelung nach einer Würfel- oder Rhombendodekaëderebene hervorgeht. Die Flächen dieser Formen, welche die Gestalt unsymmetrischer Fünfecke haben, bilden gleichsam vier trigonale Dipyramiden, deren Axen, die Oktaëdernormalen, nicht wie in der vorigen Klasse polar sind.

[1]) Plagiëdrische oder gyroëdrische Hemiëdrie (vgl. S. 246).

Die Pentagonikositetraëder gehen in scheinbar höher symmetrische Formen über, wenn die S. 245 f. erwähnten sechs Fälle einer besonderen Lage der Flächenpole in der Projektion eintreten. Für k = l liefern das rechte und das linke Pentagonikositetraëder als gemeinsame Grenzform das entsprechende (symmetrische) »Ikositetraëder« (hkk) (Fig. 888

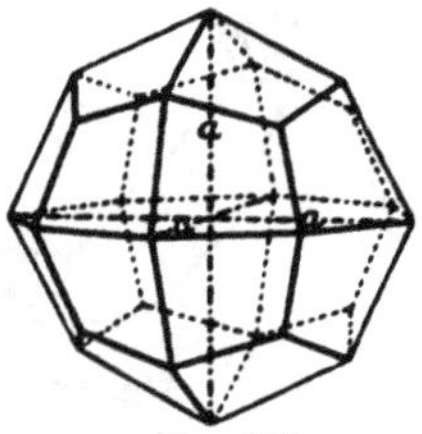

Fig. 888.

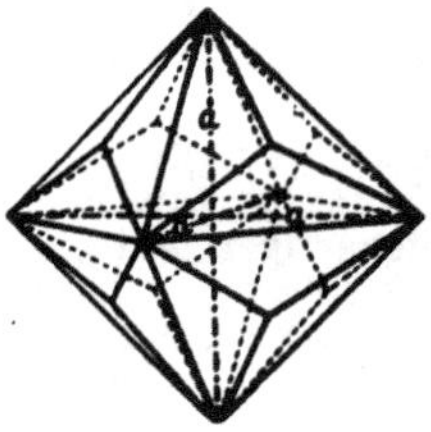

Fig. 889.

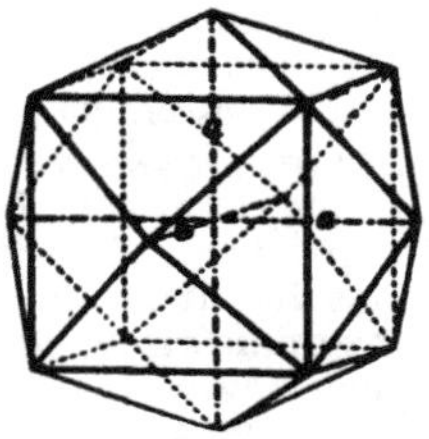

Fig. 890.

stellt das einfachste und daher häufigste (211) dar); wird k = h, so entsteht ebenfalls eine gemeinsame Grenzform der beiden enantiomorphen allgemeinen Formen, aber mit um die trigonalen Axen 60° gedrehter Orientierung der vier sie zusammensetzenden trigonalen Dipyramiden, das »Triakisoktaëder« oder »Pyramidenoktaëder« (s. Fig. 889 = (221)); für l = 0 liefert dagegen jede der beiden Pentagonikositetraëder das gleiche »Tetrakishexaëder« oder »Pyramidenwürfel« ((210) in Fig. 890), dessen in den Polen der trigonalen Axen liegenden Ecken ditrigonale, für gewisse Verhältnisse der Indices, z. B. für (210), hexagonale sind. Sind im letzten Falle die beiden ersten Indices gleichgroß, so entsteht das Rhombendodekaëder (110) (s. Fig. 871, S. 250), bei der Gleichheit aller dreier Indices des Oktaëder (111) (Fig. 891) und, wenn die Flächenpole mit denen der vierzähligen Axen zusammenfallen, das »Hexaëder« (100). Es sind somit folgende Arten von Formen in dieser Symmetrieklasse möglich:

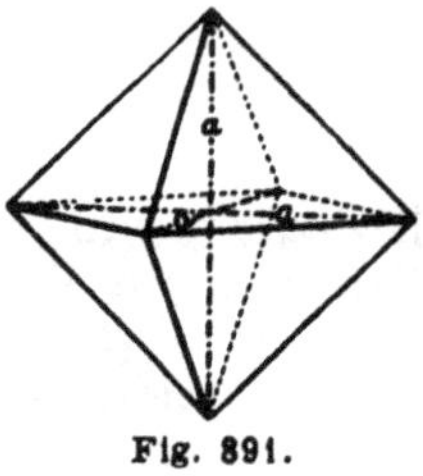

Fig. 891.

(100) Hexaëder,
(110) Rhombendodekaëder,
(111) Oktaëder,
(hk0) Tetrakishexaëder,
(hkk) Ikositetraëder,
(hhl) Triakisoktaëder,
(hkl) linke, (hlk) rechte Pentagonikositetraëder.

Bis auf die letztgenannten gehören alle diese Formen zugleich der höchst symmetrischen, der hexakisoktaëdrischen Klasse an, daher gerade die häufigsten Formen und Kombinationen beiden Klassen gemeinsam sind. In den meisten Fällen ist infolge dessen die Zugehörigkeit eines Krystalls zur vorliegenden Klasse nur dann zu erkennen, wenn es gelingt, Ätzfiguren zu erhalten, welche die Abwesenheit der für die hexakisoktaëdrische Klasse charakteristischen Symmetrieebenen unzweifelhaft feststellen. Ebenso wäre es möglich durch den Nachweis eines optischen Drehungsvermögens; bis jetzt ist aber noch kein optisch aktiver Krystall dieser Klasse gefunden worden und außer den beiden letzten Beispielen der vorigen (S. 253) auch noch keine kubisch krystallisierte Substanz, deren Lösung die Schwingungsebene des polarisierten Lichtes dreht. Von mehreren der hierher gehörigen Substanzen ist die Krystallstruktur röntgenometrisch bestimmt worden, hat sich aber übereinstimmend mit hexakisoktaëdrischer Symmetrie ergeben; es liegt also hier der Fall vor, daß die Symmetrie des Krystalls eine geringere ist als die der Struktur, und daher durch eine weniger symmetrische Beschaffenheit bzw. Orientierung der Atome bestimmt wird (s. S. 75 unten).

Symmetrische Zwillingsbildungen sind, da eine Ebene der Symmetrie nicht vorhanden ist, nach jeder Krystallfläche möglich; als Zwillingsaxen sind aber die Normalen zu den Flächen des Würfels und des Rhombendodekaëders ausgeschlossen, da sie zum Parallelismus der beiden Krystalle führen würden.

Beispiele.

Cuprooxyd (Kupferoxydul, nat. Cuprit, Rotkupfererz) = Cu_2O. Krystallstruktur s. S. 76. Die gewöhnlichste Form des Minerals ist (111), doch kommen auch (100), (110), (112) u. a. vor; eine sehr seltene Kombination ist die des Pentagonikositetraëders *z* (968) mit *o* (111) und *a* (100) (Fig. 892). Die nach verschiedenen Methoden dargestellten und die als Hüttenprodukte beobachteten Krystalle zeigen nur die Formen (100), (111), (110). Spaltbarkeit nach (111) unvollkommen. Die Ätzfiguren auf (111) werden von Triakidoktaëdern gebildet. Brechungsindex für Li: $n = 2{,}8489$.

Natriumchlorid (nat. Steinsalz) = NaCl. (Krystallstruktur s. S. 76). Die auf verschiedene Art erhaltenen Krystalle sind gewöhnlich Würfel, nur bei gewissen Zusätzen zur Lösung entstehen auch Oktoëderflächen, seltener (110) u. a. Formen; auch die natürlichen Krystalle zeigen meist nur *a* (100), zuweilen mit *p* (210) (Fig. 893), selten *o* (111) vorherrschend. Spaltbarkeit nach (100) vollkommen. Gleitflächen (110) (s. S. 58). Die Ätzfiguren auf (100) werden gewöhnlich von Tetrakishexaëdern hervorgebracht; vereinzelt wurden auch solche von Ikositetraëderflächen, mehrfach aber auch unsymmetrische, von vier Flächen eines rechten Pentagonikositetraëders begrenzte, beobachtet. Brechungsindex für Na: $n = 1{,}5442$.

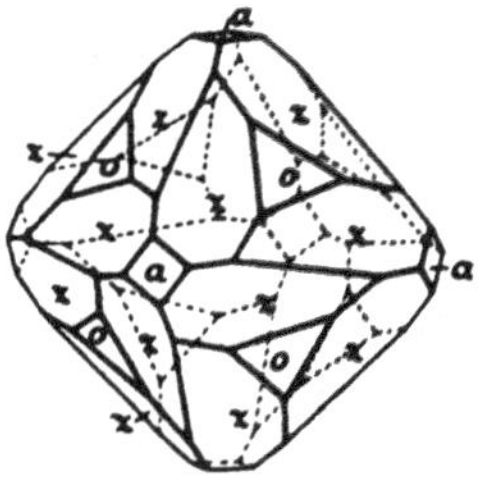

Fig. 892.

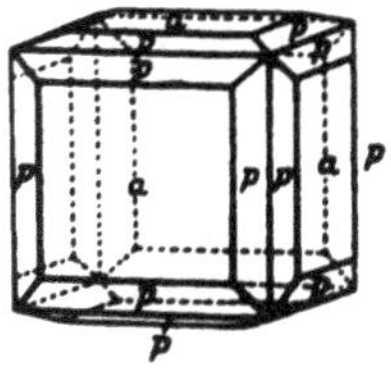

Fig. 893.

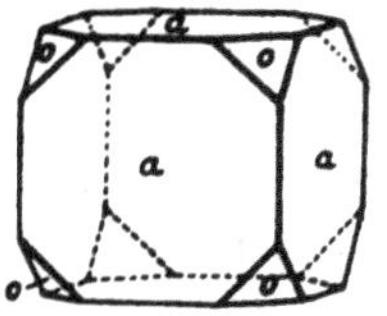

Fig. 894.

Das fast nur in Oktaëdern krystallisierte **Silberchlorid** = AgCl gehört wahrscheinlich ebenfalls hierher.

Kaliumchlorid (nat. Sylvin) = KCl. Krystallstruktur wie Steinsalz, aber mit $a = 0{,}627\ \mu\mu$. Gewöhnliche Form (100), aus Lösungen mit $MgCl_2$ die Kombination *a* (100), *o* (111) (Fig. 894); an natürlichen Krystallen wurden außer diesen beiden Formen auch Flächen von (421) u. a. beobachtet. Spaltbarkeit nach (100) vollkommen; Gleitflächen (110). Bei der Ätzung mit Wasser entstehen auf (100) den Kanten parallele Vertiefungen mit Flächen von Tetrakishexaëdern, bei Anwendung wenig verdünnter Lösung dagegen rechts gedrehte, von Pentagonikositetraëdern gebildete Vertiefungen. Brechungsindex für Na: 1,4903.

Kaliumbromid = KBr. Krystallstruktur = vor. mit $a = 0{,}659\ \mu\mu$. Beobachtete Formen gleich denen des Chlorids; durch besondere Krystallisationsbedingungen im Fabrikbetriebe bilden sich zuweilen große, nach einem Flächenpaare tafelige (100), Zwillinge nach (111), sowie spiralförmig aneinander gereihte Würfel. Spaltbarkeit und Gleitflächen wie KCl. Brechungsindex für Na: $n = 1{,}5593$.

Ammoniumchlorid (Salmiak) = NH_4Cl. Über die Krystallstruktur ist röntgenometrisch nur festgestellt, daß die Chloratome ein vierfaches kubisches Raumgitter bilden, welches von den Stickstoffatomen zentriert wird; die Anordnung der Wasserstoffatome ist unbekannt. Die natürlichen, durch Sublimation entstandenen Krystalle zeigen die Formen (100), (110), (111), (211) einzeln oder in Kombinationen. Aus wässeriger Lösung bei rascher Krystallisation Kristallskelette wie *b* in Fig. 45 (S. 63); aus unreinen Lösungen oft sehr große Würfel; bei Zusatz von Metallchloriden, z. B. $FeCl_3$ (welches in den gelbroten Krystallen des sog. »Eisensalmiak« in erheblicher Menge gelöst ist) Wachstumsformen wie *a* in Fig. 45, durch vorherrschendes Wachstum an den Ecken entstanden. Das sehr häufige Ikositetraëder *i* (211) zeigt nicht selten eine sehr unsymmetrische Ausbildung, wie in Fig. 895 und 896, in letzterer mit einzelnen großen Flächen von *k* (311) (aus salzsaurer Lösung entstanden). Selten entstehen Pentagonikositetraëder, wie *x* (875) in Kombination mit *i* (211) (Fig. 897) oder *y* (943) (Fig. 898). Pentagonikositetraëdrisch sind auch die Ätzfiguren auf (211) (Fig. 899). Besonders schöne Durchkreuzungszwillinge

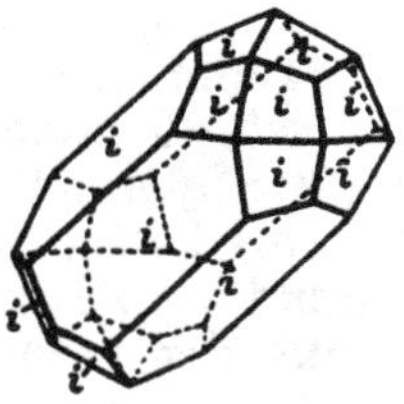

Fig. 895.

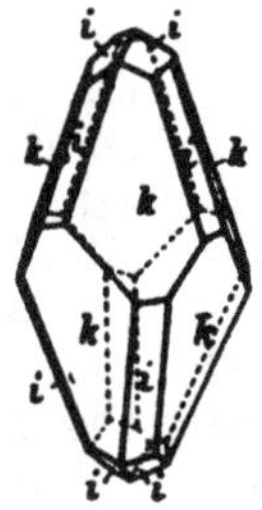

Fig. 896.

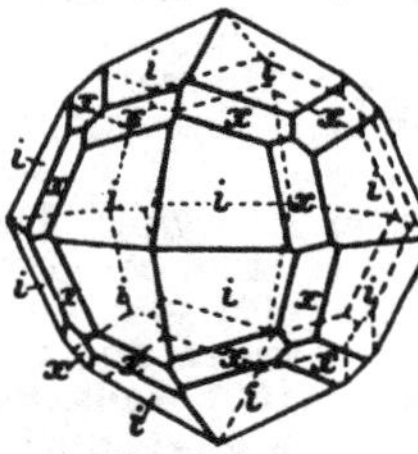

Fig. 897.

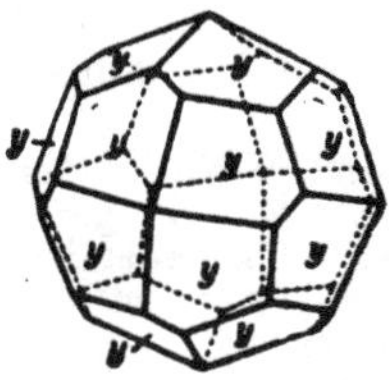

Fig. 898.

Fig. 899.

nach (111) zeigen die großen Würfel, die sich in der aus Ammoniakwasser der Gasfabrikation gewonnenen rohen Salmiaklauge absetzen. Spaltbarkeit nach (100) ziemlich vollkommen, aber wegen der großen Plastizität schwer darstellbar; Gleitflächen (110). Brechungsindex für Na: 1,6422. Der sogenannte »Eisensalmiak« und andere, fremde Substanzen in fester Lösung enthaltende Krystalle zeigen ziemlich starke anomale Doppelbrechung.

Dyakisdodekaëdrische Klasse[1]).

Die in beistehender Projektion, Fig. 900, dargestellte allgemeine Form (hkl), das Dyakisdodekaëder »erster Stellung«, Fig. 901a,

Fig. 900.

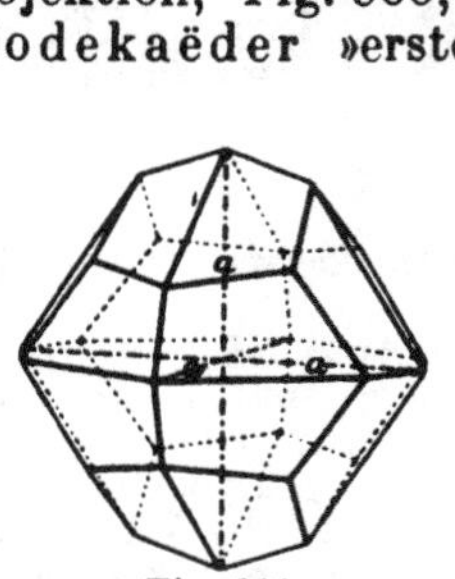

Fig. 901 a.

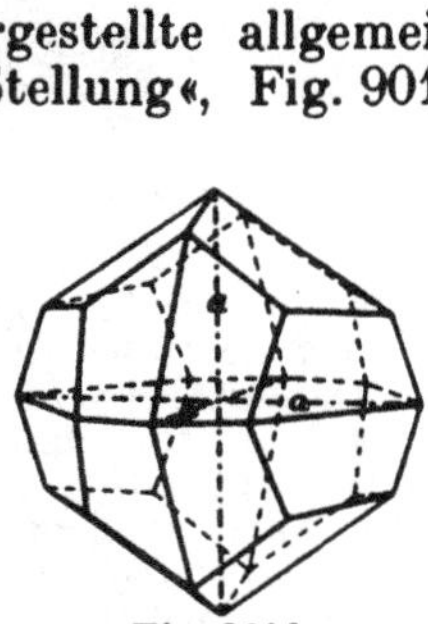

Fig. 901 b.

besteht aus den Flächen des linken positiven und des rechten negativen tetraëdrischen Pentagondodekaëders (S. 248), während die durch Drehung von 90° um eine zweizählige Axe daraus hervorgehende Form »zweiter Stellung« (hlk), Fig. 901b, die Flächen des rechten positiven

[1]) Pentagonal- (oder parallelflächig-) hemiëdrische Klasse.

und des linken negativen tetraëdrischen Pentagondodekaëders enthält. Je drei an einem Pole einer trigonalen Axe zusammenstoßende Flächen bilden mit den dreien des entgegengesetzten Poles gleichsam ein Rhomboëder dritter Art. Die Flächen sind Vierecke, welche von zwei mittleren, einer längeren und einer kürzeren Kante begrenzt sind, und diesen dreierlei Kanten entsprechen drei verschiedene Werte der Flächenwinkel.

Für den besonderen Fall k = l gehen die beiden Dyakisdodekaëder (hkl) und (hlk) in eine gemeinsame Grenzform, ein Ikositetraëder (hkk) (Fig. 888, S. 254) über, wenn k = h, ebenso in ein Triakisoktaëder (Fig. 889, ebenda); für l = 0 liefert dagegen (hkl) ein »Pentagondodekaëder erster Stellung«, z. B. (210) (Fig. 870a, S. 249), (hlk) ein solches »zweiter Stellung«, z. B. (201) (Fig. 870b, ebenda). Diese Formen gehen in das Rhombendodekaëder (110) (Fig. 871, S. 250) über, wenn zugleich h = k wird, während die Gleichheit aller drei Indices zum Oktaëder (111) (Fig. 891, S. 254) und der Wert 0 für k und l zum Hexaëder (100) führt. So ergibt sich die folgende Formentabelle:

(100) Hexaëder,
(110) Rhombendodekaëder,
(111) Oktaëder,
(hk0) Pentagondodekaëder erster Stellung, (h0k) zweiter Stellung,
(hkk) Ikositetraëder,
(hhl) Triakisoktaëder,
(hkl) Dyakisdodekaëder erster Stellung, (hlk) zweiter Stellung.

Zu den Formen mit sehr niedriger Quadratsumme der Indices gehören hier die Pentagondodekaëder (210) und (201), daher diese sehr häufig auftreten, an einigen Substanzen fast ebenso häufig wie Hexaëder und Oktaëder. Die Kombination des letzteren mit einer jener beiden Formen ist zugleich die einfachste, durch welche die Zugehörigkeit eines Krystalls zur vorliegenden Klasse erwiesen wird.

Zwillingsebene kann außer (100) jede Krystallfläche sein.

Beispiele.

β-Eisendisulfid (nat. Pyrit, Eisenkies, Schwefelkies) = FeS_2. Die röntgenometrisch festgestellte Krystallstruktur, welche nur durch ein Modell anschaulich zu machen ist, besitzt außer den vier, einander nicht schneidenden dreizähligen Axen scheinbar kein weiteres Symmetrieelement; sie geht aber durch eine Translation nach der Diagonale einer Würfelfläche um deren halbe Länge, verbunden mit einer Spiegelung nach derselben Würfelfläche, in sich selbst über und entspricht daher einer der 230 Anordnungen der allgemeinen Theorie (S. 74). Die nach verschiedenen Methoden erhaltenen Krystalle zeigen meist nur (100) und (111). Ersteres ist die gewöhnlichste Form des Minerals, welches aber auch nicht selten in Pentagondodekaëdern (210) (Pyritoëder) und in sehr mannigfaltigen Kombinationen beobachtet wird, wie Fig. 902: *o* (111),

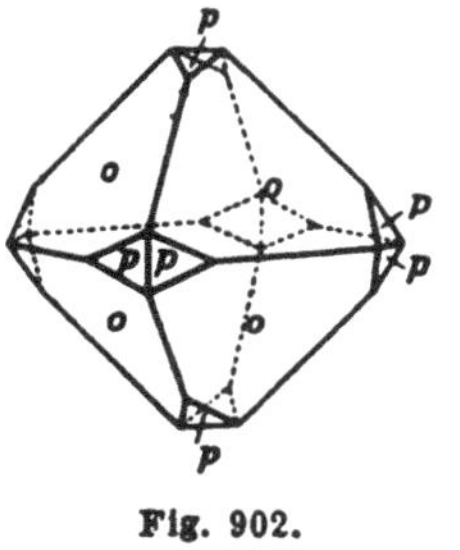

Fig. 902.

Fig. 903.

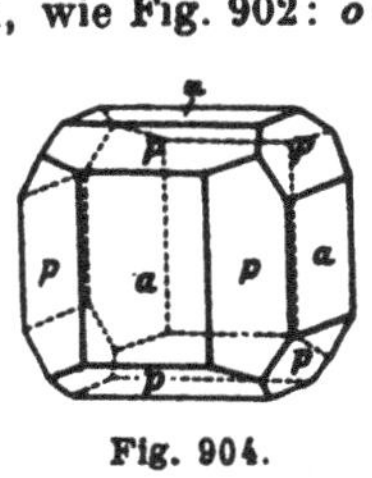

Fig. 904.

p (210); Fig. 903 die gleichen Formen in nahe gleicher Größe (einem »Ikosaëder« der Geometrie ähnlich, aber aus acht gleichseitigen und zwölf gleichschenkeligen Dreiecken bestehend); Fig. 904 : *a* (100), *p* (210) (letztere Form gewöhnlich als feine Streifung der Würfelflächen ausgebildet); Fig. 905 : *a* (100), *x* (321); Fig. 906 : *p* (210), *x* (321), *o* (111) u. a. Zwillinge nach (110) (Fig. 907). Spaltbarkeit nach (100) unvollkommen. Die Ätzfiguren werden besonders von Pentagondodekaëderflächen begrenzt und sind stets nach (100) symmetrisch. — Der Pyrit bildet das wichtigste Beispiel der S. 49 angeführten Substanzen, deren Krystalle teils sehr stark thermoelektrisch positiv, teils sehr stark thermoelektrisch negativ sind; diese beiden Arten von Krystallen zeigen auch in ihrer Ausbildung gewisse Unterschiede, z. B. ist das gewöhnliche Pentagondodekaëder der positiven Krystalle parallel den hexa-

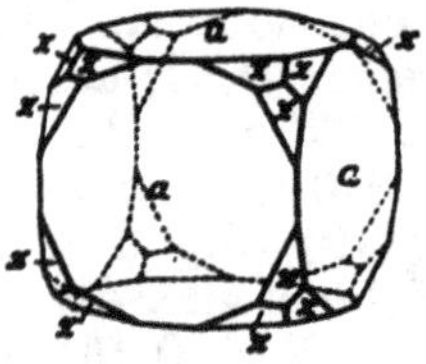

Fig. 905.

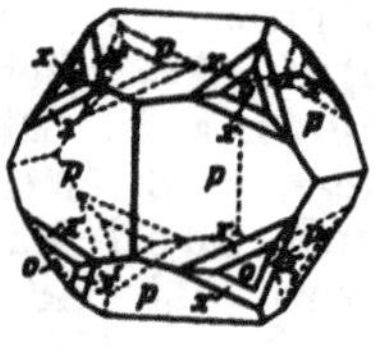

Fig. 906.

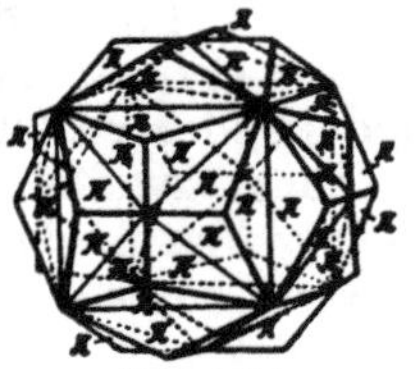

Fig. 907.

ëdrischen Kanten gestreift, das der negativen senkrecht dazu; man hat daher angenommen, daß ersteres (210), letzteres (201) sei, wofür auch der Umstand spricht, daß in den mannigfachen Kombinationen mehrerer Pentagondodekaëder miteinander und mit Dyakisdodekaëdern immer nur Formen der gleichen Stellung vorkommen (seltene Krystalle, an denen Flächen von Pentagondodekaëdern erster und zweiter Stellung kombiniert auftreten, wurden als Zwillinge eines thermoelektrisch positiven mit einem negativen Krystall in paralleler Verwachsung erwiesen).

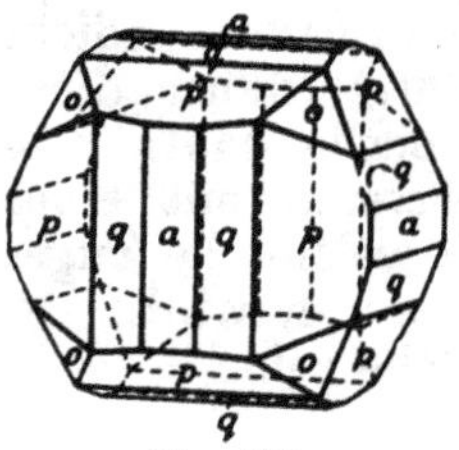

Fig. 908.

Kobaltarsenosulfid (Kobaltin, Kobaltglanz) = CoAsS. Das Mineral zeigt außer den gewöhnlichen Kombinationen des Pyrit auch die mit *q* (410) neben *p* (210) (Fig. 908).

Kobaltdiarsenid (Smaltin, Speiskobalt) = $CoAs_2$. An dem Mineral werden die Formen: (100), (111), (110), (211), selten das Pentagondodekaëder (310) beobachtet. Thermoelektrisches Verhalten wie Pyrit.

Platindiarsenid (nat. Sperrylith) = $PtAs_2$. Aus dem Schmelzfluß erhaltene Krystalle zeigen (100), (111), (210), natürliche außerdem (110) und ein Dyakisdodekaëder.

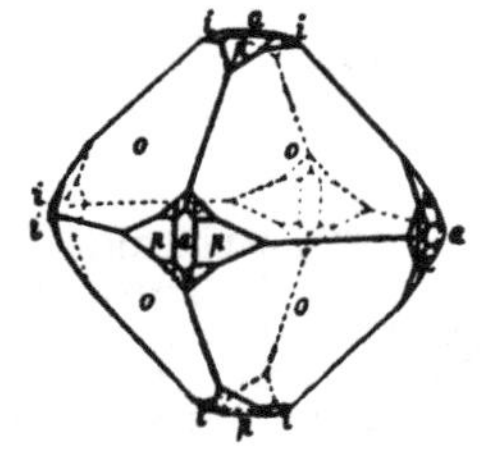

Fig. 909.

Zinntetrajodid = SnJ_4. Aus Lösungen entstehen gewöhnlich Oktaëder, aus CS_2 zuweilen die flächenreiche Kombination Fig. 909: *o* (111), *p* (210), *a* (100), *i* (211).

Kaliumaluminiumsulfat-Dodekahydrat (Alaun) = $(SO_4)_2AlK \cdot 12\ H_2O$. Gewöhnliche Form (111), untergeordnet (100) und (110), bei Zusatz von Alkalikarbonat, Borax oder anderen Salzen zur Lösung (100) vorherrschend; aus sauren Lösungen entstehen auch Kombinationen mit dem Pentagondodekaëder (210), seltener mit (211) (s. Fig. 909). Keine deutliche Spaltbarkeit. Die Ätzfiguren auf (111) werden von Triakisoktaëdern, die auf (100) von Ikositetraëdern gebildet. Brechungsindex für Na: $n = 1{,}4562$.

Cäsiumaluminiumsulfat-Dodekahydrat (Cäsiumalaun) = $(SO_4)_2AlCs \cdot 12\ H_2O$. Oktaëder oder die Kombination Fig. 903 (S. 257): *o* (111), *p* (210) mit *a* (100). Brechungsindex für Na : $n = 1{,}4586$.

Ammoniumaluminiumsulfat-Dodekahydrat (Ammoniakalaun, nat. Tschermigit) = $(SO_4)_2Al(NH_4) \cdot 12\ H_2O$. Beobachtete Formen : (111), (100), (110). Brechungsindex für Na : $n = 1{,}4594$.

Trimethylammoniumaluminiumsulfat-Dodekahydrat (Trimethylaminalaun) = $(SO_4)_2Al[NH(CH_3)_3] \cdot 12\ H_2O$. (111) mit untergeordneten (100) oder die Kombination (111), (210) (Fig. 902, S. 257) mit schmalen Flächen von (100). Spaltbarkeit nach (111) unvollkommen.

Kaliumchromisulfat-Dodekahydrat (Chromalaun) = $(SO_4)_2CrK . 12 H_2O$. Gewöhnlich bildet sich nur das Oktaëder. Keine erkennbare Spaltbarkeit. Ätzfiguren wie bei der Aluminiumverbindung. Brechungsindex für Na : $n = 1,4814$.

Kaliumferrisulfat-Dodekahydrat (Eisenalaun) = $(SO_4)_2FeK . 12 H_2O$. Oktaëder. Brechungsindex für Na : $n = 1,4817$.

Ammoniumferrisulfat-Dodekahydrat (Eisenammoniakalaun) = $(SO_4)_2Fe(NH_4) . 12 H_2O$. Gewöhnliche Form (111) mit kleinen Flächen von (100). Brechungsindex für Na : $n = 1,4848$.

Methylantibenzhydroximsäure = $C_6H_5 . C (O . CH_3) : N . OH$. Aus Äther die Kombination *o* (111), *a* (100), aus Alkohol auch das Ikositetraëder *i* (211) und das Pentagondodekaëder *p* (210). Spaltbarkeit nach *o* (111) deutlich.

Hexakistetraëdrische Klasse[1].

Wie aus der Projektion Fig. 910 hervorgeht, werden durch die Symmetrie nach den Ebenen (110) die Flächen des linken und des rechten positiven tetraëdrischen Pentagondodekaëders (S. 248) gleichwertig und bilden das positive Hexakistetraëder (hkl) (Fig. 911 a), während das linke und rechte negative tetraëdrische Pentagondodekaëder sich zum negativen Hexakistetraëder ($h\bar{k}l$) (Fig. 911 b) vereinigen. Diese beiden, durch Drehung von 90° um eine krystallographische Axe (welche dadurch vierzählige Axe der zusammengesetzten Symmetrie wird) ineinander überführbaren Formen bestehen je aus vier ditrigonalen Pyramiden, besitzen also, wie die tetraëdrischen Pentagondodekaëder, polare dreizählige Axen, in denen sich aber drei Symmetrieebenen schneiden. Diese Pyramiden können nun bei gewissen Verhältnissen der Indices ebenso, wie es in der ditrigonal-pyramidalen Klasse (s. S. 230) der Fall ist, in hexagonale zweiter Art übergehen, und dann werden die vier drei- und dreikantigen Ecken der Hexakistetraëder sechskantige mit gleichen Flächenwinkeln; im allgemeinen besitzen jedoch diese Formen, wie dreierlei Kanten, so auch dreierlei Flächenwinkel.

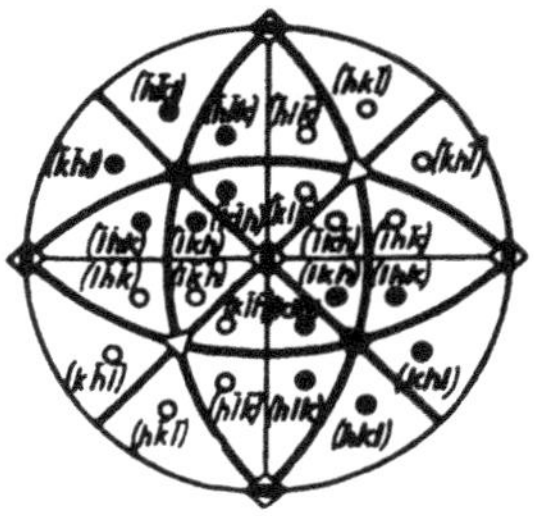

Fig. 910.

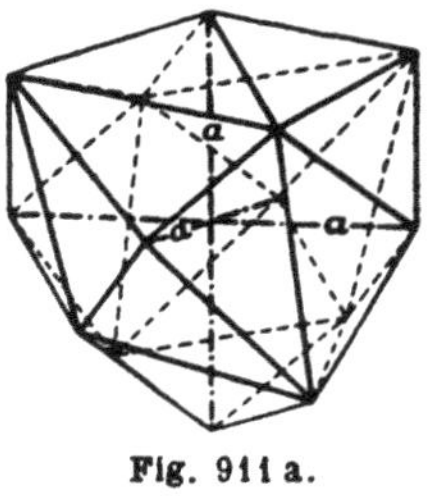

Fig. 911 a.

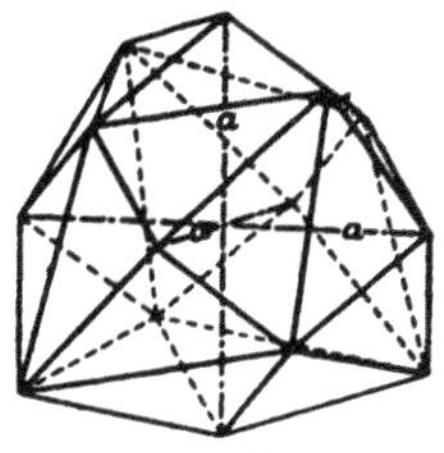

Fig. 911 b.

In den beiden besonderen Fällen k = l und k = h fallen je zwei Flächenpole zusammen, und es entsteht im ersteren Falle das positive bzw. negative Triakistetraëder (hkk) (Fig. 868 a) bzw. ($h\bar{k}k$) (Fig. 868 b), im letzteren das positive bzw. negative Deltoiddodekaëder (hhl) (Fig. 869 a) bzw. ($h\bar{h}l$) (Fig. 869 b, S. 249); ist dagegen l = 0, so gehen die beiden entgegengesetzten Hexakistetraëder in dieselbe gemeinsame Grenzform über, das Tetrakishexaëder (hk0) (Fig. 890, S. 254). Ist in dessen Symbol h = k, so entsteht das Rhombendodekaëder (110) (Fig. 871, S. 250), sind alle drei Indices gleich, das positive bzw. negative Tetraëder (111) bzw. ($1\bar{1}1$) (Fig. 872 a,

[1]) Tetraëdrische oder geneigtflächige Hemiëdrie.

b, S. 250), endlich, wenn k = l = 0, das Hexaëder (100). Es sind also in dieser Klasse folgende Formen möglich:

(100) Hexaëder,
(110) Rhombendodekaëder,
(111) positives, ($1\bar{1}1$) negatives Tetraëder,
(hk0) Tetrakishexaëder,
(hkk) positive, ($h\bar{k}k$) negative Triakistetraëder,
(hhl) positive, ($h\bar{h}l$) negative Deltoiddodekaëder,
(hkl) positive, ($h\bar{k}l$) negative Hexakistetraëder.

Die häufigste Kombination ist die des Würfels mit dem Rhombendodekaëder und einem oder beiden, meist durch ihre Beschaffenheit deutlich als ungleichwertig zu erkennenden Tetraëdern; diese Kombination könnte aber auch eine solche der tetraëdrisch-pentagondodekaëdrischen Klasse sein, was z. B. durch unsymmetrische Orientierung trigonaler Ätzfiguren auf dem Tetraëder oder durch optisches Drehungsvermögen festzustellen wäre. Nur der vorliegenden Klasse angehörig wäre eine Kombination eines Tetraëders, Triakistetraëders oder Deltoiddodekaëders mit einem Tetrakishexaëder.

Zwillingsebene kann außer (110) jede Krystallfläche sein, Zwillingsaxe jede Kante und die Normale zu jeder Fläche, ausgenommen die zu (100).

Beispiele.

Ferrosilicium = $FeSi_2$. Große Tetraëder von schwarzer metallischer Farbe.

α-Zinksulfid (nat. Sphalerit, Zinkblende) = ZnS. Als Hüttenprodukt und aus Na_2S-Lösung krystallisiert die Substanz in Tetraëdern oder in der Kombination (111), ($1\bar{1}1$). Die natürlichen Krystalle zeigen vorherrschend *d* (110), außerdem häufig *o* (111), *ω* ($1\bar{1}1$), *k* (311), *ι* ($2\bar{1}1$), *a* (100) (Fig. 912), ferner Hexakistetraëder, wie ($3\bar{2}1$), ($4\bar{3}1$) u. a., zuweilen sogar vorherrschend. Sehr häufig

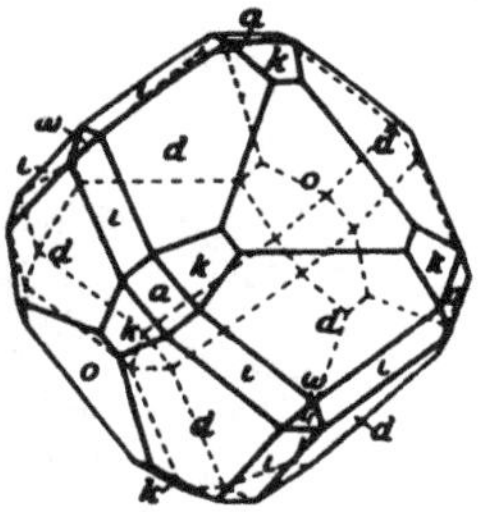

Fig. 912.

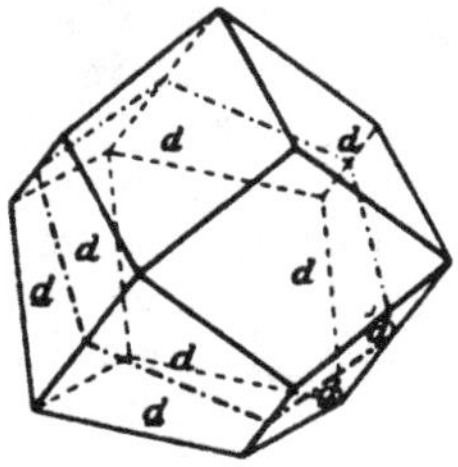

Fig. 913.

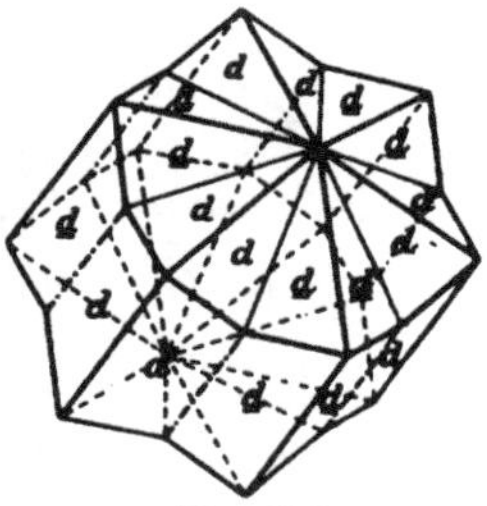

Fig. 914.

Zwillingsbildung mit einer trigonalen Axe als Zwillingsaxe, mit (111) bzw. ($\bar{1}\bar{1}\bar{1}$) als Verwachsungsfläche (Fig. 913), oft in lamellarer Wiederholung; zwei Krystalle dieses Gesetzes sind zueinander symmetrisch in bezug auf eine der Zwillingsaxe parallele Fläche von (211), und es kommen auch symmetrische Verwachsungen nach dieser Ebene und Durchkreuzungszwillinge (Fig. 914) vor. Spaltbarkeit nach *d* (110) vollkommen. Die Ätzfiguren werden hauptsächlich gebildet von positiven Triakistetraëdern, lassen daher auf Spaltungsflächen den Mangel der Symmetrie nach (100) erkennen und die positiven und negativen Oktanten unterscheiden. Brechungsindex für Na: $n = 2{,}3676$. Polare Piëzo- und Pyroelektrizität nach den trigonalen Axen sehr stark.

β-Mercurisulfid (nat. Metacinnabarit) = HgS. Die natürlichen Krystalle zeigen die Formen: (111), ($1\bar{1}1$), (110), (100), ($2\bar{1}1$) u. a. Zwillinge nach einer trigonalen Axe.

Cuprochlorid (Kupferchlorür, nat. Nantockit) = CuCl. Die auf verschiedenem Wege dargestellten Krystalle sind Tetraëder (111), manchmal Kombinationen mit (1$\bar{1}$1). Spaltbarkeit nach (110).

Wismutorthosilikat (nat. Eulytin) = $(SiO_4)_3Bi_4$. Das Mineral bildet Trigondodekaëder *i* (211) oder Kombinationen mit *ι* (2$\bar{1}$1), nicht selten Durchkreuzungszwillinge nach (100) (Fig. 915).

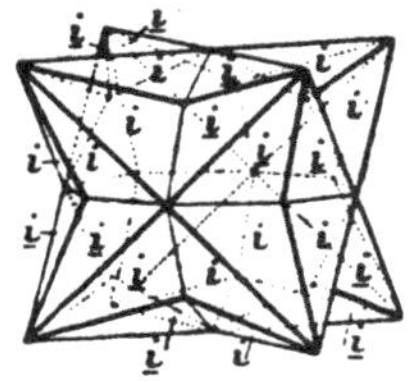

Fig. 915.

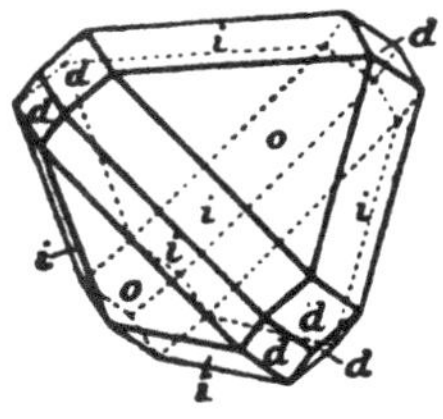

Fig. 916.

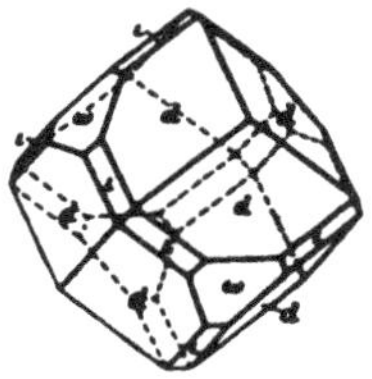

Fig. 917.

Kupfersulfarsenit (nat. Arsenfahlerz, Tennantit, Tetraëdrit z. T.) = $As_2S_7Cu_8$ (?). Die wichtigsten Kombinationen des Minerals sind in Fig. 916 und 917 dargestellt mit den Formen: *o* (111), *d* (110), *i* (211), *ω* (1$\bar{1}$1), *ι* (2$\bar{1}$1), neben denen noch (100), (210) u. a. auftreten. Häufig Zwillinge mit der Normalen zu (111) bzw. (1$\bar{1}$1) als Zwillingsaxe. Keine deutliche Spaltbarkeit. Metallisch stahlgrau.

Kupfersulfantimonit (nat. Antimonfahlerz, Tetraëdrit z. T.) = $Sb_2S_7Cu_8$ (?). Beobachtete Formen und Eigenschaften = vor.

Pseudokubische Krystalle.

Magnesiumchloroborat (nat. Boracit) = $B_{16}O_{30}Cl_2Mg_7$. Die in hoher Temperatur dargestellten Krystalle sind meist Tetraëder, die natürlichen zeigen mannigfache Kombinationen von *o* (111), *a* (100), *d* (110), *ω* (1$\bar{1}$1), *ι* (2$\bar{1}$1), selten *z* (531), s. Fig. 918—920. Stets komplizierte Verwachsungen, zum Teil mit lamellarer Wieder-

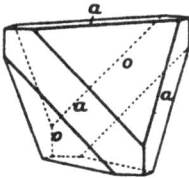

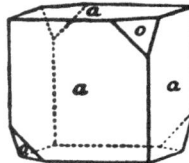

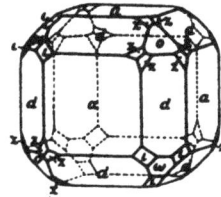

Fig. 918.

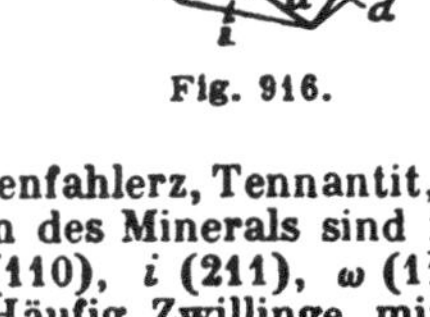

Fig. 919.

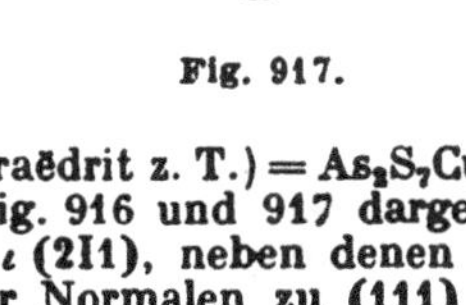

Fig. 920.

holung, von zwölf pyramidal rhombischen Krystallen mit den Brechungsindices für Na: $\alpha = 1{,}662$, $\beta = 1{,}667$, $\gamma = 1{,}673$, $2\,V = 84°$, Zwillingsebenen die des Rhombendodekaëders. Bei 265° werden die Krystalle einfachbrechend. Die pseudotrigonalen Axen sind solche der Pyroelektrizität mit den analogen Polen in (1$\bar{1}$1).

Natriumkaliumaluminiumoxalat-Oktohydrat = $(C_2O_4)_6Al_2K_3Na_4 \cdot 8\,H_2O$. Triakistetraëder (211) (Fig. 868a, S. 249) oder die Kombination (211), (2$\bar{1}$1), scheinbar als Ikositetraëder (Fig. 888 S. 254), auch mit (110) und (111). Die rhombendodekaëdrischen Krystalle bestehen aus 12 Pyramiden, deren optische Axen, mit $2\,V = 90°$ ca., in der Ebene der längeren Diagonale ihrer rhombischen Basis liegen, und werden beim Erwärmen einfachbrechend.

Hexakisoktaëdrische Klasse[1]).

Zu einer Wachstumsrichtung, der eine Krystallfläche mit drei ungleichen Indices entspricht, gehören in dieser Klasse nicht weniger als 47 gleichwertige, so daß hier die höchste, in einem Krystall überhaupt

[1]) Holoëdrie des regulären Krystallsystems nach der älteren Systematik.

mögliche Zahl (s. S. 246) gleichwertiger Richtungen, 48, erreicht ist. Die entstehende Form (hkl), das Hexakisoktaëder, besitzt die Gesamtsymmetrie der kubischen Raumgitter, nämlich drei zueinander senkrechte vierzählige Axen, vier gegen diese gleichgeneigte dreizählige (bzw. sechszählige der zusammengesetzten Symmetrie) und sechs, die Winkel der ersten halbierende zweizählige, außerdem drei den Würfelflächen und sechs den Rhombendodekaëderflächen entsprechende Symmetrieebenen. Diese neun Ebenen teilen die Kugelfläche in 48 rechtwinkelige sphärische Dreiecke, in deren jedem ein Pol des Hexakisoktaëders an einer seinen speziellen Indiceswerten entsprechenden Stelle gelegen ist. Die Projektion Fig. 921 entspricht den Indices 3, 2, 1, und Fig. 922 stellt dieses einfachste Beispiel (321) einer solchen Form dar,

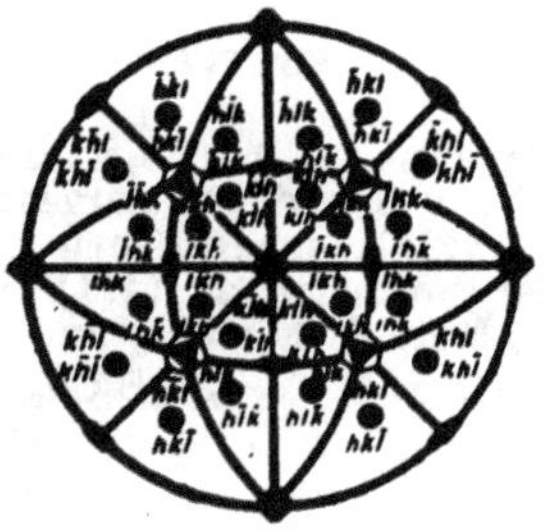
Fig. 921.

Fig. 922.

Fig. 923.

Fig. 923 das nächst einfache (421); die Flächenwinkel an den dreierlei Kanten dieser häufigsten Hexakisoktaëder haben die folgenden Werte:

(321)	A: 31° 1′	B: 21° 47′	C: 21° 47′
(421)	25° 13′	17° 45′	35° 57′.

Die Hexakisoktaëder bestehen gleichsam aus vier ditrigonalen Skalenoëdern bzw. (bei bestimmten Verhältnissen der Indices, die sich aus den Zonen mit der zur trigonalen Axe senkrechten Ebene (111) ohne weiteres ergeben) aus vier hexagonalen Dipyramiden.

Liegen die Flächenpole nicht innerhalb eines der oben erwähnten 48 sphärischen Dreiecke, sondern auf einer der Seiten, so fallen je zwei zusammen, und es ergeben sich dadurch drei Vierundzwanzigflächner: die Ikositetraëder (hkk), die Triakisoktaëder (hhl) und die Tetrakishexaëder (hk0) (s. Fig. 888 bis 890, S. 254). Endlich liefert das Zusammenfallen der Flächenpole mit den Ecken jener sphärischen Dreiecke die drei einfachsten Formen, das Rhombendodekaëder, das Oktaëder und das Hexaëder, und so ergibt sich die folgende Übersicht der Formen:

(100) Hexaëder,
(110) Rhombendodekaëder,
(111) Oktaëder,
(hk0) Tetrakishexaëder
(hkk) Ikositetraëder,
(hhl) Triakisoktaëder,
(hkl) Hexakisoktaëder

Die einfachsten und daher häufigsten dieser Formen gehören auch allen oder wenigstens mehreren der vorhergehenden Klassen an, so daß für diejenigen Substanzen, deren Krystalle nur solche Formen zeigen, die Zugehörigkeit zu dieser Klasse unsicher ist, wenn nicht durch Ätzversuche unter möglichst verschiedenartigen Bedingungen die vorliegende Symmetrie unzweifelhaft gemacht wird, was bei den folgenden Beispielen noch nicht in allen Fällen erfolgt ist.

Da die Flächen von (100) und (110) durch die Symmetrie als Zwillingsebenen ausgeschlossen sind, so bleibt als einfachster Fall einer solchen nur derjenige eines Zwillings nach (111) (das sog. »Spinellgesetz«) übrig, und dieses beherrscht denn auch in der Tat fast alle an hexakisoktaëdrischen Krystallen vorkommenden Zwillinge.

Beispiele.

Kupfer. Krystallstruktur S. 76. Durch Sublimation und aus dem Schmelzfluß Oktaëder, Hexaëder und Kombinationen beider; aus Lösungen durch Eisen gefälltes Zementkupfer bildet parallele Aggregate von Würfeln; am besten krystallisiert das Metall bei elektrolytischer Ausscheidung mit den Formen (111), (100), (211), (311), meist Durchkreuzungszwillinge nach (111), nach der Zwillingsaxe (der Normale zur Zwillingsebene) zu hexagonalen Prismen verlängert. Die natür-

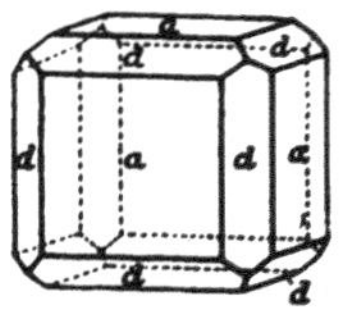

Fig. 924.

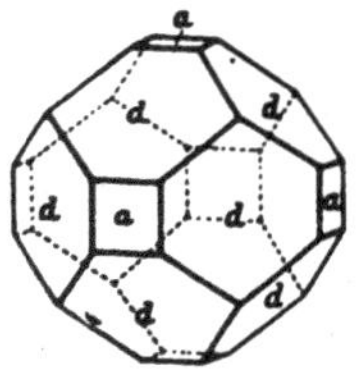

Fig. 925.

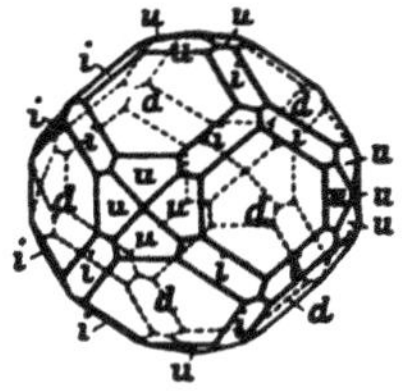

Fig. 926.

lichen Krystalle zeigen mannigfache Kombinationen der Formen: (100), (110), (111), (210), (310), (410), (211), (311) u. a. z. B. Fig. 924 und 925 von *a* (100) und *d* (110), Fig. 926 mit *u* (410) und *i* (211); häufig Zwillingsbildung nach (111). Gleitflächen (111). Brechungsindex für Rot: $n = 0{,}5$ ca.

Silber. Krystallstruktur S. 76. Durch Sublimation im Vakuum und beim Erstarren krystallisiert wie Kupfer; elektrolytisch entstehen zuweilen sehr flächenreiche Kombinationen, wie Fig. 927: *v* (751), *i* (211), und mannigfach ausgebildete

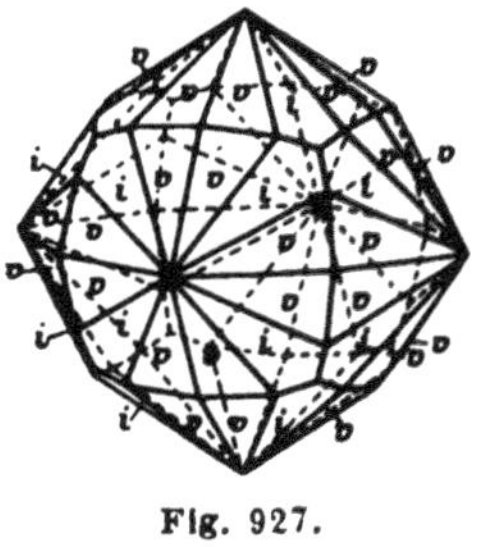

Fig. 927.

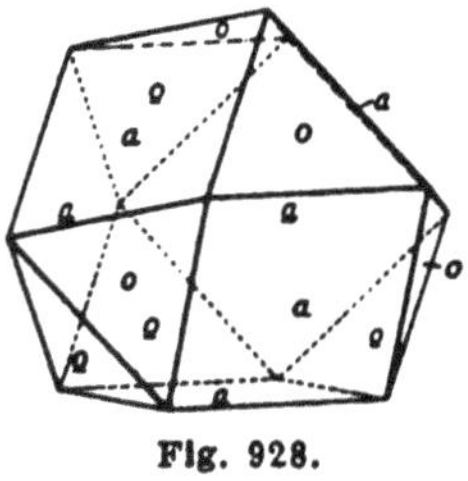

Fig. 928.

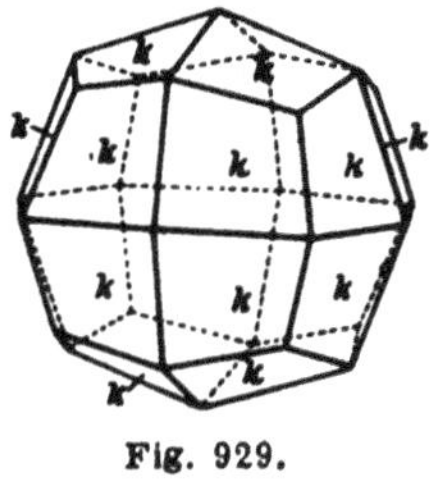

Fig. 929.

Zwillinge nach (111). An natürlichen Krystallen besonders häufig Zwillinge von Kubooktaëdern (Fig. 928, vgl. den einfachen Krystall Fig. 932 S. 264), oft nach der Zwillingsebene trianguläre Tafeln. Gleitflächen (111). Brechungsindex für Na: $n = 0{,}181$.

Gold. Krystallstruktur S. 76. Künstlich werden die deutlichsten Krystalle mit (100), (110) u. a. Formen erhalten durch Erhitzen von Goldamalgam. Die natürlichen Krystalle zeigen Kubooktaëder in Zwillingen wie Fig. 928, ferner häufig *p* (210) und besonders *k* (311) (Fig. 929); sie sind meist nach der Zwillingsebene (111) tafelige Parallelverwachsungen. Gleitflächen (111). Brechungsindex für Na: $n = 0{,}31$.

β-Kohlenstoff (nat. Diamant). Krystallstruktur S. 76. Die Krystalle des Minerals sind entweder Oktaëder, häufig mit Rinnen an Stelle der Kanten (Fig. 930) infolge schaligen Aufbaues nach den Oktaëderflächen[1]), oder Hexakisoktaëder *v* (651) mit *o* (111) (Fig. 931); letztere und andere dem Rhombendodekaëder ähnliche Formen treten auch allein auf; nicht selten Zwillinge nach (111). Spaltbarkeit nach (111) vollkommen. Brechungsindex für Na : $n = 2{,}4174$.

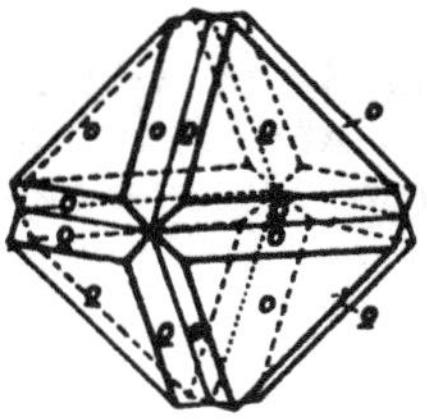

Fig. 930.

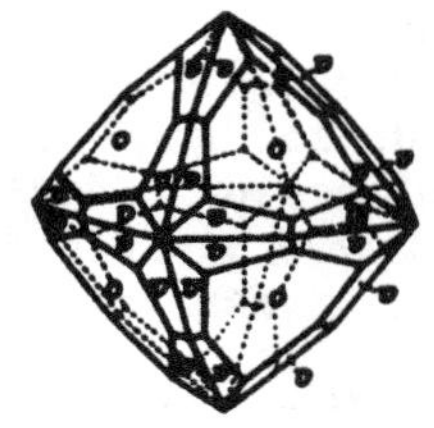

Fig. 931.

Silicium. Krystallstruktur wie Diamant, $a = 0{,}542\ \mu\mu$. Die nach verschiedenen Methoden erhaltenen, meist sehr kleinen Krystalle sind Oktaëder, seltener mit (110), häufig Zwillinge nach (111).

Blei. Aus dem Schmelzflusse Oktaëder, meist zu rechtwinkeligen Krystallskeletten vereinigt. Elektrolytisch erhaltene Krystalle zeigen außer (111) zuweilen auch (100), (110) und (311). Gleitflächen (111).

Phosphor (gewöhnlicher). An sublimierten Krystallen wurde einmal die Kombination (110), (111), (100), (210), (421), (311) beobachtet; aus Lösungen entstehen gewöhnlich Rhombendodekaëder. Brechungsindex für Na : $n = 2{,}117$.

Wolfram. Das durch Erhitzen von WO_3 in Wasserstoff erhaltene Pulver besteht aus Krystallpartikeln von der S. 76 angegebenen Struktur. Wird ein daraus mit einem Bindemittel hergestellter Faden über 2000° erhitzt, so verwandelt er sich auf größere Strecken hin in einen einheitlichen Krystall von der gleichen Struktur, d. h. es findet noch unter dem Schmelzpunkt ein Fortwachsen größerer Krystalle auf Kosten der kleineren statt.

Eisen. Aus dem Schmelzfluß Oktaëder, meist in parallelen Aggregaten, auch in Zwillingen nach (111); letztere besonders im Meteoreisen. Spaltbarkeit nach (100) vollkommen. Gleitflächen (111) und (211).

Platin. Auf verschiedenem Wege wurden Krystalle mit (111), (100) und (110) erhalten, auch Zwillinge nach (111); an den natürlichen wurden auch Tetrakishexaëder beobachtet.

Magnesiumoxyd (nat. Periklas) = MgO. Die in hoher Temperatur dargestellten, wie die natürlichen Krystalle sind meist Oktaëder. Spaltbarkeit nach (100) sehr vollkommen, nach (111) deutlich. Brechungsindex für Na : $n = 1{,}7364$.

β-Cuprosulfid (Kupfersulfür) = Cu_2S. Aus dem Schmelzfluß (111), zuweilen mit (100) und (221), sowie in Zwillingen nach (111).

Silbersulfid (nat. Argentit, Silberglanz) = Ag_2S. In hoher Temperatur dargestellt, bildet es Rhombendodekaëder. Die natürlichen Krystalle zeigen die Formen (100), (111), (110), (210), (310), (211), (311) u. a.; häufig Zwillinge nach (111). Spaltbar nach (100) und (110) sehr unvollkommen infolge großer Geschmeidigkeit.

Calciumsulfid (nat. Oldhamit) = CaS. Die in hohen Temperaturen entstehenden Krystalle sind Hexaëder. Spaltbarkeit nach (100) sehr vollkommen. Starke Brechbarkeit des Lichtes.

Fig. 932.

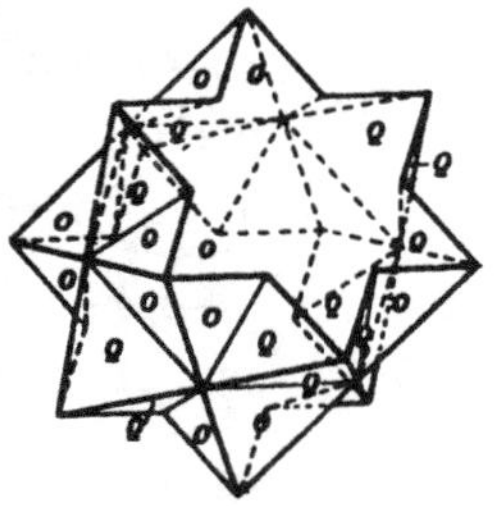

Fig. 933.

Bleisulfid (nat. Galenit, Bleiglanz) = PbS. Krystallstruktur s. S. 76. Durch Sublimation und aus Schmelzfluß bilden sich Hexaëder, durch andere Darstellungen bei hoher Temperatur Kubooktaëder (Fig. 932) zugleich die gewöhnlichste Kombination der natürlichen Krystalle, welche außerdem (110), (211), (311), (411), (221), (331), (301) u. a. Formen zeigen; häufig Zwillinge nach (111) (Fig. 928, S. 263, und 933). Spaltbarkeit nach (100) sehr vollkommen; Gleitflächen ebenfalls (100), Gleitrichtungen die Dodekaëdernormalen. Brechungsindex für Na : $n = 3{,}912$.

[1]) Derartige Krystalle wurden früher als Durchkreuzungszwillinge der Kombination (111), $(1\bar{1}1)$ nach (100) und der Diamant als hexakistetraëdrisch betrachtet; seine Zugehörigkeit zur hexakisoktaëdrischen Klasse ist jedoch durch die Abwesenheit elektrischer Polarität der trigonalen Axen neuerdings sicher nachgewiesen worden.

Calciumfluorid (nat. Fluorit, Flußspat) = CaF_2. Krystallstruktur s. S. 76. Aus Schmelzfluß, Lösungen usw. Oktaëder, Würfel oder Kombinationen beider. Die natürlichen Krystalle zeigen meist (100) allein oder vorherrschend, die mit Zinkerzen vorkommenden oft (111) allein; besonders mannigfaltig sind die pneumatolytisch entstandenen; häufigere Formen sind: (210) (s. Fig. 893, S. 255) (310), (410), *y* (421) (Fig. 934), (311), (221), (331). Durchkreuzungszwillinge nach (111) (Fig. 935) nicht selten. Spaltbarkeit nach (111) ziemlich vollkommen. Brechungsindex für Na : $n = 1,4339$.

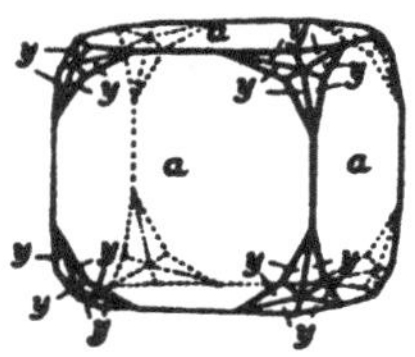

Fig. 934.

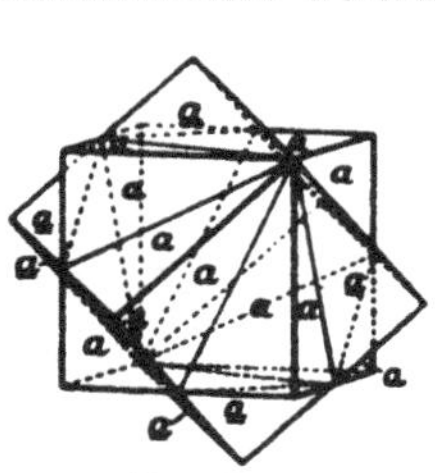

Fig. 935.

Kaliumhexafluorosilikat (nat. Hieratit) = SiF_6K_2. Beobachtete Formen: (111), (100), (110). Spaltbarkeit nach (111) vollkommen.

Kaliumhexachlorostannat = $SnCl_6K_2$. Oktaëder, untergeordnet Würfel, zuweilen auch Ikositetraëder. Spaltbarkeit nach (111) sehr vollkommen. Brechungsindex für Na : $n = 1,6574$.

Kaliumhexachloroplatinat = $PtCl_6K_2$. (111), selten und untergeordnet (100) und (110). Spaltbarkeit nach (111) ziemlich vollkommen.

Ammoniumhexachloroplatinat (Platinsalmiak) = $PtCl_6(NH_4)_2$. Große Oktaëder mit kleinen Würfelflächen. Spaltbarkeit nach (111) sehr vollkommen. Ätzfiguren auf (100) durch ein Ikositetraëder, auf (111) ebenfalls durch ein (hkk) oder durch ein (hkk) und ein (hhl) begrenzt.

Tetramethylammoniumhexachloroplatinat = $PtCl_6(N \,.\, 4\, CH_3)_2$. Aus kalter und heißer wässriger Lösung Oktaëder, zuweilen mit untergeordnetem Hexaëder. Spaltbarkeit nach (111) vollkommen. Ätzfiguren wie voriges Salz.

Magnesiumaluminat (nat. Spinell) = Al_2O_4Mg. Bildet sich aus dem Schmelzflusse, besonders leicht in basischen Silikatschmelzen, in Oktaëdern, zuweilen mit (110). An den natürlichen Krystallen kommt außerdem nicht selten *k* (311) vor (Fig. 936).

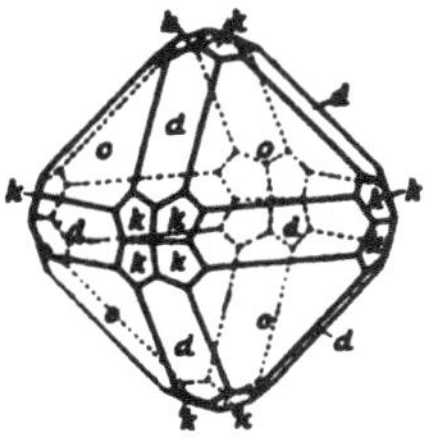

Fig. 936.

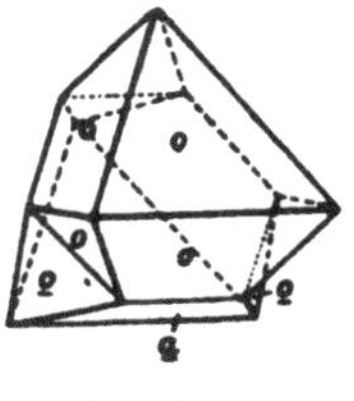

Fig. 937.

Fig. 938.

Häufig Zwillinge nach (111) (Fig. 937). Keine deutliche Spaltbarkeit. Brechungsindex für Na : $n = 1,7155$.

Ferroferrit (nat. Magnetit, Magneteisen) = Fe_2O_4Fe. In hoher Temperatur entstehen Oktaëder. Das Mineral zeigt entweder (111) oder (110) oder Kombinationen beider, seltener auch *k* (311), *z* (531) (Fig. 938) u. a. Häufig Zwillinge nach dem Spinellgesetz (Fig. 937). Keine deutliche Spaltbarkeit. Metallisch schwarz, undurchsichtig.

Natriumaluminiumchlorosilikat (nat. Sodalith) = $(SiO_4)_3Al_2(AlCl)Na_4$. In hoher Temperatur bilden sich Kombinationen (100), (110), häufig in Zwillingen nach (111) bzw. (211); dieselbe Zwillingsbildung zeigen auch die Krystalle des vulkanischen Minerals, welche gewöhnlich die Form des Rhombendodekaëders besitzen (s. Fig. 914, S. 260). Spaltbarkeit nach (110) ziemlich vollkommen. Brechungsindex für Na : $n = 1,4827$.

Natriumaluminiumsulfosilikat (nat. Ultramarin, Lasurit) = $(SiO_4)_3Al_2(Al \,.\, S_3Na)Na_4$. Das meist unreine Mineral bildet zuweilen Rhombendodekaëder von tiefblauer Farbe. Spaltbarkeit nach (110).

Calciumaluminiumorthosilikat (nat. Grossular, Kalktongranat) = $(SiO_4)_3Al_2Ca_3$. Die gewöhnlichste Form des Minerals ist das Rhombendodekaëder, häufig die Kombination *d* (110), *i* (211) (Fig. 939), dazu nicht selten *x* (321) (Fig. 940). Spaltbarkeit nach (110) unvollkommen. Brechungsindex für Na: $n = 1,7438$. Häufig optisch anomal mit verschiedener Beschaffenheit der den Krystall zusammensetzenden Schichten, daher vielleicht nur pseudokubisch.

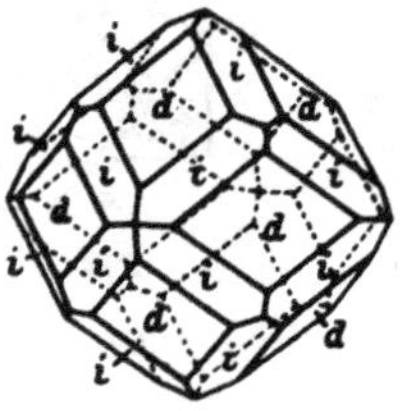
Fig. 939.

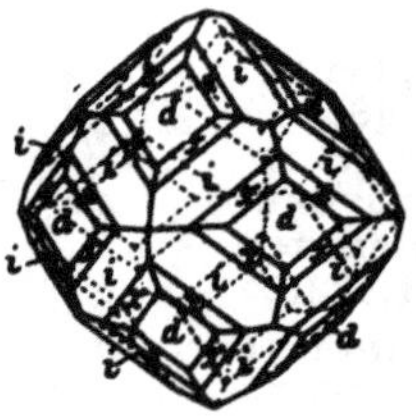
Fig. 940.

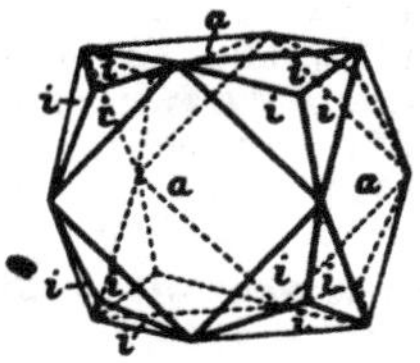
Fig. 941.

Calciumferriorthosilikat (nat. Andradit, Topazolith, Demantoid, Kalkeisengranat) = $(SiO_4)_3Fe_2Ca_3$. Formen und Spaltbarkeit wie vorig, ebenso die optischen Anomalien. Brechungsindex für Na : $n = 1,8893$.

Natriumaluminiummetasilikat-Monohydrat (nat. Analcim) = $(SiO_3)_2AlNa \,.\, H_2O$. Durch Erhitzen von Natriumsilikat und -aluminat in Kalkwasser erhaltene Krystalle zeigen *i* (211) und *a* (100), die gleiche Kombination (Fig. 941) oder (211) allein die natürlichen Krystalle. Meist anomal doppeltbrechend. Brechungsindex für Na: $n = 1,4881$.

Hexamethylentetramin = $(CH_2)_6N_4$. Aus Wasser oder Alkohol Rhombendodekaëder. Keine deutliche Spaltbarkeit. Ätzfiguren Rhomben, den Kanten von (110) parallel.

Pseudokubische Krystalle.

α-Arsentrioxyd = (nat. Arsenolith) = As_2O_3. Durch Sublimation und aus Lösungen Oktaëder, selten mit Flächen von (100) und von Triakisoktaëdern. Spaltbarkeit nach (111) deutlich. Brechungsindex für Na: $n = 1,755$. Die Krystalle sind teils einfachbrechend, teils aus schwach doppeltbrechenden Partien in sehr komplizierter Weise zusammengesetzt.

α-Antimontrioxyd (nat. Senarmontit) = Sb_2O_3. Die durch Sublimation und aus Lösungen erhaltenen Krystalle zeigen (111), zuweilen mit (110) oder (100), die natürlichen nur das Oktaëder. Spaltbarkeit nach (111) deutlich. Brechungsindex für Na; $n = 2,087$. Die Senarmontitkrystalle bestehen aus doppeltbrechenden Partien, wahrscheinlich von rhombischer Symmetrie, welche nach Flächen von (110) und (100) miteinander verwachsen sind.

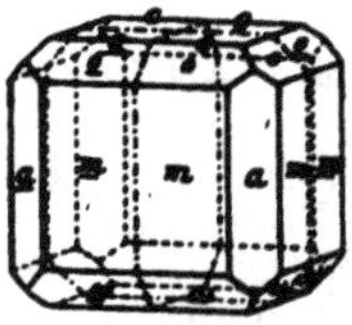
Fig. 942.

Kaliumjodat = JO_3K. Die früher für kubische Kombinationen (100) (110) gehaltenen Krystalle (Fig. 942) sind Vierlinge der monoklinen Kombination: *m* (110), *a* (100), *c* (001), *o* (111), *ω* (11$\bar{1}$) mit den Elementen a : b : c = 1,0089 : 1 : 0,7179, $\beta = 90^0 45'$ (statt $1:1:{}^1/_2\sqrt{2}$, $\beta = 90^0$); Zwillingsebene *m* (110). Keine deutliche Spaltbarkeit. Doppelbrechung stark; $2\,E = 45^0$ ca.

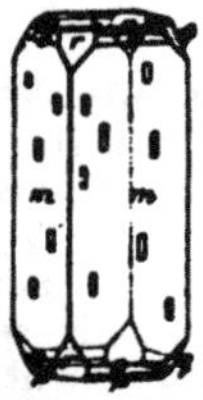
Fig. 943.

Ammoniumjodat = JO_3NH_4. Pseudorhombische Kombinationen (Fig. 943): *m* (110), *c* (001), *r* (101), *q* (011), *o* (111), *p* (112) mit den Elementen a : b : c = 0,9951 : 1 : 1,4299; $\beta = 90^0 0'$; fast immer Vierlinge nach *m* (110), wie die des K-Salzes (Fig. 942). Ätzfiguren auf *m* s. Fig. 943. Doppelbrechung stark, Axenebene *c* (001).

Calciummetatitanat (nat. Perowskit) = TiO_3Ca. Die in hoher Temperatur erhaltenen, wie die natürlichen Krystalle sind Hexaëder, aus deren Kanten parallelen, optisch zweiaxigen, wahrscheinlich rhombischen Zwillingslamellen zusammengesetzt, welche durch Übereinanderlagerung auch optisch einaxige Partien bilden.

Kaliumaluminiummetasilikat (nat. Leucit) = Si_2O_6AlK. Die Verbindung, künstlich dargestellt oder natürlich, krystallisiert über 560° in normalen Ikositetraëdern (211) (Fig. 888, S. 254); diese wandeln sich aber bei der Abkühlung um in ein Netzwerk von Zwillingslamellen nach den Rhombendodekaëderflächen; die Lamellen sind schwach doppeltbrechend mit kleinem Axenwinkel und wahrscheinlich rhombisch mit a : b : c = 1,032 : 1 : 1,025 ca.

Kaliumoxyfluorouranat = $UO_2F_5K_3$. Die selten einfachen Krystalle sind tetragonale Kombinationen (Fig. 944): *p* (201), *a* (100), *o* (111) mit a : c = 1 : 0,992, häufig

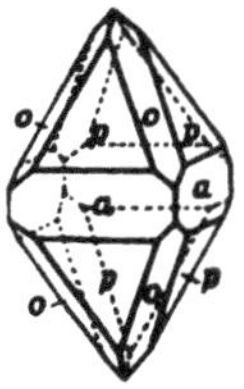

Fig. 944.

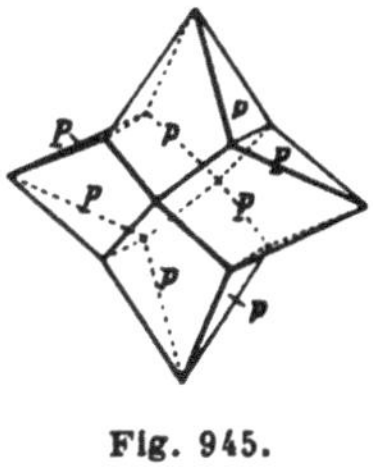

Fig. 945.

Fig. 946.

Durchwachsungszwillinge (Fig. 945) oder -drillinge (Fig. 946) nach (011); letztere erscheinen, da die *o*-Flächen fast in eine Ebene fallen, als reguläre Oktaëder mit eingekerbten Kanten.

Schlußbetrachtungen.

Unter den triklinen, monoklinen und rhombischen Krystallen befinden sich, wie die angeführten Beispiele lehren, nicht wenige, deren Formen solchen eines Krystallsystems von höherer Symmetrie ähnlich sind, und besonders zahlreich sind unter den trigonalen diejenigen, deren Grundrhomboëder Winkel von nahe 90° besitzt, deren Krystallformen also kubischen nahestehen (s. S. 237 f.). Derartige Formen könnte man sich hervorgegangen denken aus kubischen durch eine Deformation, welche aber eine »homogene« sein müßte, wie sie S. 50 definiert wurde, d. h. bei welcher der Parallelismus von Flächen und Kanten, also das Zonengesetz, nicht aufgehoben würde. Durch eine solche Deformation würden die Symbole der Flächen, da sie nur von den zonalen Beziehungen abhängen (s. S. 84 f.), nicht verändert werden, sondern nur deren krystallographische Bedeutung, entsprechend der stattfindenden Änderung der Symmetrie.

Ein Zug oder Druck, auf einen Würfel in der Richtung einer seiner Diagonalen ausgeübt, würde die Eigenschaft der letzteren als einer dreizähligen Symmetrieaxe nicht ändern, während die drei anderen trigonalen Axen diesen Charakter einbüßen würden. Bei einer derartigen Deformation, durch welche der Würfel in ein Rhomboëder verwandelt würde, müssen die Winkel aller derjenigen Flächen unverändert bleiben, welche der Zone der Deformationsaxe angehören, d. h., wenn diese Axe die Normale zur Fläche (111) ist, werden diejenigen sechs Flächen des Rhombendodekaëders, deren Indices durch Vertauschung der Werte von $(10\bar{1})$ entstehen (s. S. 217), zum hexagonalen Prisma zweiter Art, die sechs geraden Abstumpfungen ihrer Kanten, $(2\bar{1}\bar{1})$ . . . , zum hexagonalen Prisma erster Art; endlich werden durch die Deformation die der gleichen Zone angehörigen Flächen $(3\bar{2}\bar{1})$ . . ., ebenso $(43\bar{1})$ . . . usf. zu dihexagonalen Prismen. Alle anderen Ebenen des Krystalls erfahren dagegen eine Änderung ihrer Stellung, bedingt durch den Umstand, daß die drei vorher rechtwinkeligen krystallographischen Axen, d. s. die Kanten des Würfels (100), sich nun in drei schiefwinkelige, die Kanten des Grundrhomboëders (100), verwandeln. Von den in den Zonen dieser drei, nach wie vor gleichwertigen Axen gelegenen Flächen werden diejenigen sechs, deren Symbol durch Vertauschung der Indices (110) entstehen, zu dem negativen Rhomboëder mit halber trigonaler Axe des Grundrhomboëders (s. S. 217), die zwölf zwischen ihnen und (100) liegenden Flächen des Tetrakishexaëders (210) zu einer hexagonalen Dipyramide zweiter Art, die von (310), (410) usf. zu stumpfen ditrigonalen Skalenoëdern, endlich die Tetrakishexaëderflächen $(20\bar{1})$ . . ., $(30\bar{1})$ . . . usf., welche mit parallelen Kanten zwischen (100) und $(10\bar{1})$ bzw. den zugehörigen Flächen des hexagonalen Prismas zweiter Art liegen, zu spitzen Skalenoëdern. Die Oktaëderflächen (111) und $(\bar{1}\bar{1}\bar{1})$ bilden nach der Deformation die Basis, die sechs anderen, $(1\bar{1}1)$ . . ., das negative Rhomboëder mit doppelter trigonaler Axe des Grundrhomboëders (s. S. 217). Von den Flächen des gewöhnlichsten Ikositetraëders werden sechs, (211), (121), (112) und deren parallele, zu einem positiven Rhomboëder, dessen trigonale Axe ¼ von derjenigen des Grundrhomboëders ist, weitere sechs, wie oben erwähnt, zum hexagonalen Prisma erster Art, die übrigen zwölf zu einem negativen Skalenoëder $(21\bar{1})$[1]). Das häufigste Triakisoktaëder (221) verwandelt sich in die Kombination zweier negativer Rhomboëder (mit $^1/_5$- und 1facher Länge der trigonalen Axe des Grundrhomboëders) mit einem spitzen Skalenoëder. Endlich liefern von dem häufigsten Hexakisoktaëder (321) zwölf Flächen, (321), (312) usf., eine hexagonale Dipyramide zweiter Art, je zwölf weitere, $(32\bar{1})$, $(3\bar{1}2)$ usf. bzw. $(3\bar{2}1)$, $(31\bar{2})$ usf. ein stumpfes und ein spitzes negatives Skalenoëder, während zwölf Flächen, $(3\bar{2}\bar{1})$ usf., wie bereits erwähnt, ein dihexagonales Prisma bilden[2]).

Denkt man sich die deformierende Kraft statt in der Diagonale des Würfels parallel einer seiner Kanten wirkend, so bleiben die Winkel aller der Deformationsaxe parallelen Flächen unverändert, und es erhalten daher die betreffenden Flächen (vier) des Hexaëders, des Rhombendodekaëders (vier) und je eines Tetrakishexaëders (acht) die Bedeutung des tetragonalen Prismas zweiter Art (100), desjenigen erster Art (110) und eines ditetragonalen Prismas (210), (310) usf. Die beiden zur Deformationsaxe senkrechten Würfelflächen werden zur tetragonalen Basis, die Flächen (101), (011) . . . zur primären tetragonalen Dipyramide zweiter Art, das Oktaëder verwandelt sich in die primäre tetragonale Dipyramide erster Art (111), während die Ikositetraëder in eine stumpfere tetragonale und eine spitzere ditetragonale Dipyramide, die Triakisoktaëder in eine stumpfere ditetragonale und eine spitzere tetragonale Dipyramide, endlich jedes Hexakisoktaëder in drei verschiedene ditetragonale Dipyramiden zerfallen.

Ist dagegen die Deformationsaxe der Diagonalen einer Würfelfläche parallel, so verwandelt sich das Hexaëder in die Kombination eines rhombischen Prismas mit dem dritten Pinakoïd, vier Flächen des Rhombendodekaëders in die Kombination des ersten und zweiten

---

[1]) Das in Fig. 895 S. 256 abgebildete, nach einer trigonalen Axe verlängerte Ikositetraëder i (211) zeigt diese Kombination mit vorherrschendem hexagonalen Prisma erster Art.

[2]) Die vorstehenden Betrachtungen lassen die nahe Verwandtschaft zwischen den rhomboëdrischen und den kubischen Krystallformen deutlicher hervortreten, als es die Beschreibung der beiden Krystallsysteme zu tun vermochte. Diese Beziehung läßt es naturwidrig erscheinen, sämtliche trigonalen Krystalle auf hexagonale Axen zu beziehen, wodurch z. B. die nahezu gleichwertigen Flächen eines »Pseudooktaëders« z. T. das Symbol (0001), z. T. dasjenige $(02\bar{2}1)$ erhalten; wenn man mit Hilfe der Formeln S. 219 die auf hexagonale Axen bezogenen Symbole der oben angegebenen, einer und derselben kubischen Form entsprechenden trigonalen Einzelformen berechnet, so erhält man z. B. für die aus dem häufigsten Hexakisoktaëder (321) entstehenden Formen folgende Symbole: $(11\bar{2}6)$ für die hexagonale Dipyramide zweiter Art, $(13\bar{4}4)$ bzw. $(23\bar{5}2)$ für die beiden negativen Skalenoëder und $(5\bar{1}\bar{4}0)$ für das dihexagonale Prisma, so daß die letztere Form nach diesem Symbol eine sehr seltene sein müßte, während sie an den Krystallen mit rhomboëdrischer Struktur das häufigste dihexagonale Prisma ist, wie es nach ihrem richtigem Symbol $(3\bar{2}\bar{1})$ selbstverständlich erscheint (s. z. B. S. 231).

Pinakoïds, die übrigen in die primäre rhombische Dipyramide usw. Bei anderer Richtung der Deformationsaxe sind noch zwei weitere Fälle möglich: 1) diese liegt in einer Symmetrieebene des Würfels, aber ohne mit einer Symmetrieaxe zusammenzufallen; dann entsteht monokline Symmetrie — oder 2) die Deformation findet in einer Richtung statt, welche mit den Würfelkanten ungleiche Winkel bildet; dann verwandelt sich das Hexaëder in ein triklines Parallelepiped.

Geht man statt von dem Würfel von der den hexagonalen Raumgittern zugrunde liegenden Elementarform (s. S. 70), dem hexagonalen Prisma mit der Basis, aus und denkt sich dieses deformiert in der Richtung der Hauptaxe, so wird dadurch nur sein Axenverhältnis a : c, nicht aber seine Symmetrie geändert; eine Deformation in der Richtung einer seiner Nebenaxen jedoch verwandelt dasselbe in die Kombination eines rhombischen Prismas (110) mit (010) und (001), während eine, bei geringem Grade der Deformation noch »pseudohexagonale« monokline oder trikline Kombination entsteht, je nachdem die Deformationsaxe einer Symmetrieebene des hexagonalen Prismas parallel ist oder eine beliebige Richtung hat.

Alle soeben geschilderten homogenen Deformationen von Krystallformen sind, als solche des Elementarparellelepipeds der entsprechenden Krystallstruktur, gleichbedeutend mit homogenen Deformationen der letzteren. Eine solche Deformation kann man sich aber auch auf eine andere Weise als durch Zug oder Druck entstanden denken, nämlich dadurch, daß in der regelmäßigen Anordnung der Atome im Krystall eine bestimmte Art von Atomen durch die eines anderen Elementes oder durch eine Gruppe von Atomen ersetzt wird. Da nach einer solchen Substitution wieder eine regelmäßige Anordnung vorhanden ist, welche aber nun durch andere zwischen den Atomen wirkende Kräfte bestimmt wird, so kann man die dadurch hervorgebrachte Änderung der Krystallstruktur betrachten, wie eine homogene Deformation, und aus der Verschiedenheit der beiden Formen schließen, welche Änderung die Krystallstruktur der ursprünglichen Substanz durch jene Substitution erfahren hat; fand diese Änderung in einer bestimmten Richtung statt, so zeigt sich dieses darin, daß die Winkel der ihr parallelen Flächen unverändert geblieben sind, während die übrigen Flächen eine Änderung ihrer Stellung erfahren haben. Man kann also aus der Vergleichung der Strukturen bzw. Formen beider Arten von Krystallen einen Schluß ziehen auf die Größe und die Richtung jener Änderung und damit auf den Grad der Verwandtschaft, welche zwischen den Krystallen beider Substanzen besteht. Die Erforschung dieser Verwandtschaft ist aber die Hauptaufgabe der chemischen Krystallographie, welche den Gegenstand des folgenden Abschnittes bildet.

Chemische Krystallographie.

Chemische und krystallographische Symmetrie.

Die chemische Krystallographie beschäftigt sich mit den gesetzmäßigen Beziehungen zwischen den krystallographischen Verhältnissen der Stoffe und ihrer chemischen Natur, welche beide auf den gleichen Ursachen beruhen, den zwischen den Atomen wirksamen Kräften. Da die ersteren bestimmt werden von der Art der regelmäßigen Anordnung der Atome im Krystall, die chemische Natur dagegen von dem Aufbau des Moleküls aus den Atomen, so handelt es sich um die Beziehungen zwischen der Krystallstruktur der Substanz und der Struktur ihrer chemischen Moleküle. Die letzteren können aber bekanntlich auch dann, wenn sie aus den gleichen Atomen in gleicher Anzahl bestehen, verschieden sein, indem diese in anderer Weise zu Gruppen verbunden sind oder die gleichen Atome oder Atomgruppen eine verschiedene Stellung zueinander im Molekül einnehmen. Bei der Krystallisation entstehen aus Substanzen von derartig verschiedener Molekularbeschaffenheit, den chemisch isomeren Stoffen, stets Krystalle von verschiedenen Formen und physikalischen Eigenschaften, also von verschiedener Krystallstruktur. Dagegen können, wie bereits S. 3 auseinandergesetzt wurde, auch die gleichartigen Moleküle einer Substanz, unter verschiedenen Verhältnissen zur Krystallisation gelangend, verschiedenartige Krystallstrukturen liefern, weil die Stabilität der letzteren von Temperatur und Druck abhängig ist; die hierdurch sich ergebenden Verhältnisse der Polymorphie werden im folgenden in einem besonderen Abschnitte näher erörtert werden.

Von den gesetzmäßigen Beziehungen zwischen der Struktur der Moleküle und der Art des Aufbaues der aus ihrer Vereinigung entstehenden Krystalle wurde eine bereits in der physikalischen Krystallographie S. 90 f. im allgemeinen und bei der Darstellung der Krystallsysteme im einzelnen besprochen, d. i. diejenige des »Pasteurschen Gesetzes«, welche sich nach den jetzt vorliegenden Erfahrungen in folgender Weise ausdrücken läßt: Wenn die Struktur der chemischen Moleküle einer Substanz derartig beschaffen ist, daß sie mit ihrem Spiegelbilde nicht zur Deckung gebracht werden kann, d. h. daß ihr weder eine Ebene der einfachen noch der zusammengesetzten Symmetrie zukommt, und daher zwei enantiomorphe, mit entgegengesetztem optischen Drehungsvermögen verbundene Arten solcher Moleküle existieren, so liefert die Krystallisation aus ihnen zwei spiegelbildlich entgegengesetzte Krystallstrukturen. Die Enantiomorphie dieser letzteren kann schon in der

Anordnung der Schwerpunkte der Atome hervortreten; sie kann aber auch in der Orientierung der Atome selbst begründet sein, während die Anordnung derselben, das Punktsystem, eine höhere Symmetrie besitzt. Daraus erklärt sich, daß die krystallographische Enantiomorphie in vielen Fällen weniger deutlich hervortritt, indem die Krystalle Formen zeigen, welche auch höher symmetrischen Klassen angehören, und zuweilen sogar ihre Ätzfiguren eine Symmetrie nach einer oder mehreren Ebenen zu haben scheinen; jedoch ist die Zahl dieser letzteren Fälle gegen die der übrigen so gering, daß unzweifelhaft anzunehmen ist, es werde durch geeignete Mittel noch gelingen, die geringen Abweichungen von der Gleichwertigkeit der betreffenden Richtungen auch an solchen Krystallen nachzuweisen (vgl. S. 101 f.).

Während in dem vorbetrachteten Falle der Struktur der Moleküle und derjenigen der Krystalle einer Substanz ein Mangel an Symmetrie gemeinsam ist, zeigt sich umgekehrt eine weitere Beziehung zwischen beiden dadurch, daß im allgemeinen ein hoher Grad von Symmetrie des Krystallbaues verknüpft ist mit besonderer Einfachheit des chemischen Moleküls. Dies geht besonders deutlich daraus hervor, daß fast alle Elemente, deren Krystallformen man kennt, denjenigen Krystallsystemen angehören, in deren Atomanordnungen nicht weniger als drei verschiedene, in bezug auf die Symmetrie ausgezeichnete Richtungen in gleicher Weise mit Atomen besetzt sind, d. i. dem kubischen, dem trigonalen und dem hexagonalen.

Kubisch krystallisieren nämlich die Metalle: Kupfer, Silber, Gold, Aluminium, Titanium, Germanium, Zirkonium, Zinn (graue Modifikation), Blei, Thorium, Vanadium, Wolfram, Mangan, Eisen, Nickel, Palladium, Osmium, Iridium, Platin (wahrscheinlich auch Quecksilber, Indium, Kobalt, Ruthenium, Rhodium), ferner Kohlenstoff (als Diamant), Silicium, Phosphor, Arsen (unbeständige gelbe Modifikation), und diesen wurde durch die Untersuchung über Krystallisation in sehr tiefen Temperaturen (durch Wahl) noch hinzugefügt: Wasserstoff, Stickstoff und Argon.

Trigonal krystallisieren: Kohlenstoff (als Graphit), Arsen (in der metallischen Modifikation), Antimon, Wismuth, Schwefel (in einer sehr unbeständigen Modifikation), Selen (metall. Mod.), Tellur, endlich in Mischungen Iridium und Osmium.

Hexagonale Krystalle bilden Beryllium, Magnesium, Zink, Cadmium, wahrscheinlich auch Calcium und eine Modifikation des Sauerstoffs.

Den weniger symmetrischen Krystallsystemen gehören nur folgende Elemente an: Zinn (tetragonal und rhombisch), die stark doppeltbrechende Modifikation des Sauerstoffs, Schwefel (rhombisch und monoklin), endlich Chlor, Brom und Jod (rhombisch).

Wie die nachfolgende Zusammenstellung (in welche auch die Wahlschen Bestimmungen von bei gewöhnlicher Temperatur gasförmigen oder flüssigen Stoffen aufgenommen sind) lehrt, krystallisiert auch die große Mehrzahl der einfacheren chemischen Verbindungen, welche nur aus zweierlei Atomen bestehen, in den Krystallsystemen mit der größten Anzahl gleichwertiger Richtungen, und auch hier kommt mehrfach der Fall vor, daß von den beiden Modifikationen einer Substanz die eine kubisch, die andere trigonal oder hexagonal krystallisiert.

Kubisch krystallisieren von den Wasserstoffverbindungen NH_3, von den Metalliden (Verbindungen der Metalle untereinander): $NaCd_2$, die Hydrargyride (Amalgame) von Cu, Ag und Au, wahrscheinlich auch Cu_2Zn (Messing) und CuZn; ferner MgSn und $FeSi_2$; die Arsenide $FeAs_2$, $NiAs_2$, $CoAs_2$, $PtAs_2$ sowie $PtSb_2$ und $CoAs_3$; die Oxyde MgO, CaO, SrO, BaO, MnO, NiO, CoO, CdO, CO, SnO, CO_2, CeO_2, UO_2, AsO_3 (ausgezeichnet pseudokubisch), Sb_2O_3 (ebenso), Bi_2O_3, Cu_2O, Ag_2O, endlich N_2O. Besonders zahlreich sind die hierhergehörigen Sulfide und analogen Verbindungen: Li_2S, Cu_2S, Cu_2Se, Cu_2Te, Ag_2S, Ag_2Se, Ag_2Te, Au_2Te; MgS, CaS, SrS, BaS, MnS, MnSe, FeS, NiS, ZnS (Zinkblende), ZnSe, ZnTe, HgS (Metazinnabarit), HgSe, HgTe, PbS, PbSe, PbTe; MnS_2, FeS_2, RuS_2. Ebenso die Halogenide: LiF, NaF, LiCl, LiBr, LiJ, NaCl, NaBr, NaJ, KCl, KBr, KJ[1]), RbCl, RbBr, RbJ, CsCl, CsBr, CsJ, CuCl, CuBr, CuJ, AgCl, AgBr, AgJ (in Mischungen mit den vorhergehenden), TlCl, TlBr, TlJ (in höherer Temperatur); CaF_2, $CaCl_2$, $MnCl_2$; CCl_4, CBr_4, CJ_4, SiJ_4, TiJ_4, SnJ_4, IrJ_4. Die in der letzten Reihe angeführten Tetrahalogenide des Kohlenstoffs sind Substitutionsprodukte des Methans CH_4, welches ebenfalls kubisch krystallisiert, wie auch das Acetylen C_2H_2, das Tetramethylmethan $C(CH_3)_4$ und das Hexahydrobenzol C_6H_{12}.

Trigonal bzw. **hexagonal** krystallisieren folgende einfache Verbindungen zweier Elemente: CuSn, SiC (Carborundum), NiAs, NiSb, Cu_3As (ausgezeichnet pseudohexagonal), von den Oxyden H_2O, BeO, ZnO und die isomorphe Gruppe Al_2O_3, Ti_2O_3, Cr_2O_3, Fe_2O_3, zu der wahrscheinlich auch La_2O_3 gehört, endlich PbO_2; von den Sulfiden: Cu_2S (ausgezeichnet pseudohexagonal), MnS, FeS, NiS, CuS, ZnS (Wurtzit), CdS, HgS (Zinnober), MoS_2; von den Halogeniden: AgJ; $MgCl_2$, $FeCl_2$, $FeBr_2$, FeJ_2, CdJ_2, PbJ_2; AlF_3, $AlCl_3$, $FeCl_3$, AsJ_3, SbJ_3, BiJ_3. Unter den einfachen Kohlenwasserstoffen gehört hierher das Trimethylen

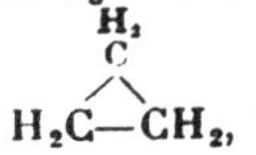

welches trigonal oder pseudotrigonal krystallisiert.

Den höchsten Grad von Symmetrie besitzen die chemischen Moleküle des Methans und derjenigen Derivate desselben, in welchen die vier Valenzen des Kohlenstoffs durch die gleichen Atome oder Atomgruppen gesättigt sind, denn von diesen Verbindungen muß angenommen werden, daß die Valenzrichtungen sämtlich gleiche Winkel miteinander bilden (vgl. S. 76 unter Diamant), die Moleküle also vier dreizählige Symmetrieaxen besitzen, wie sie das kubische Krystallsystem charakterisieren. In der Tat zeigt sich nun hier die vollständige Übereinstimmung zwischen der molekularen und der krystallographischen Symmetrie, denn es krystallisieren nicht nur, wie oben bereits angegeben, CH_4, CCl_4, CBr_4 und CJ_4 kubisch, sondern auch $C(NO_2)_4$ und $C(CH_3)_4$. Die Abhängigkeit der Symmetrie der Krystallstruktur von der des Moleküls der Methanderivate zeigt sich ferner darin, daß von den drei gleiche Atome oder Atomgruppen enthaltenden Verbindungen $CHCl_3$, $CHBr_3$, CHJ_3, ferner $CH_3(CH_3)$, $CH(CH_3)_3$, $C(OH)(CH_3)_3$ trigonale oder hexagonale Krystallformen zeigen[2]) und daß endlich die Vierzahl gleicher Atomgruppen auch mit tetragonaler Krystallisation verknüpft sein kann, wie in $C(O.C_2H_5)_4$ und $C(CH_2.OH)_4$ (Pentaerythrit).

Was nun die Verbindungen von drei und mehr verschiedenen Arten von Atomen überhaupt betrifft, so wird mit steigender Komplikation der chemischen Zusammensetzung das Auftreten höher symmetrischer Krystallisation immer seltener, eine Beziehung zwischen der molekularen und der krystallographischen Symmetrie ist aber dadurch immer noch zu erkennen, daß den Krystallsystemen, in denen eine größere Zahl gleichwertiger Richtungen existiert, besonders solche Substanzen angehören, die drei (oder Multipla davon) gleichwertige Atome oder Atomgruppen (zu denen auch die Gruppen H_2O wasserhaltiger Salze zu rechnen sind) enthalten, bzw. solche, deren Molekülen ein verhältnismäßig hoher Grad von Symmetrie zuzuschreiben ist. Dies geht aus den folgenden Beispielen hervor:

[1]) Diesen Halogeniden schließen sich das Cyanid K(CN) und das Chlorammonium $(NH_4)Cl$ an.
[2]) Dagegen krystallisieren die Verbindungen vom Typus CH_3R meist monoklin.

Kubisch krystallisieren: $Te(OH)_6$, SiF_6K_2, $SnCl_6K_2$, $PtCl_6K_2$ (ebenso $PtCl_6(NH_4)_2$), $PtCl_6(N.4C_2H_5)_2$, $SnBr_6(N.4C_2H_5)$, $Co(NH_3)_6J_3$, $NO_3(NH_4)$, ClO_3Na, BrO_3Na, JO_3K (pseudokub.), $(NO_3)_2Sr$, $(NO_3)_2Ba$, $(NO_3)_2Pb$, TiO_3Ca (pseudokub.), $(SiO_4)_3Al_2Ca_3$, $(SiO_4)_3Fe_2Ca_3$, $(SiO_3)_2AlK$ (pseudokub.), $SnS_3K_2 . 3H_2O$, $SO_4Be . 6H_2O$, $(SO_4)_3Mg_2K_2$, $(SO_4)_2AlK . 12H_2O$, $AsO_4SrNa . 9H_2O$, $SbS_4Na_3 . 9H_2O$. Ferner: $(CH_2)_6N_4$, $C_6H_6Br_6$ und Biphenyldodekachlorid $Cl_6H_5C_6 . C_6H_5Cl_6$.

Trigonal bzw. **hexagonal** krystallisieren: NO_3Na, $As(SAg)_3$, CO_3Ca, $SiF_6(NH_4)_2$, $As_2Cl_9Rb_3$, $Sb_2Br_9Cs_3$, $CdBr_3 . NH(CH_3)_3$, $NH(C_2H_5)_3Cl$, $NH(C_2H_5)_3Br$, $Co(CN)_6Co(NH_3)_6$, $(ClO_4)_2ClCo . 6NH_3$, $Ir(CN)_6K_3$, $IrCl_6Na_3 . 12H_2O$, $CaCl_2 . 6H_2O$, $SrCl_2 . 6H_2O$, $AlCl_3 . 6H_2O$, $Tl_2Cl_9Cs_3$, SiF_6K_2, $PtCl_6(NH_3 . CH_3)_2$, $SiF_6Mg . 6H_2O$, $SiCl_6Mg . 6H_2O$ und zahlreiche analog zusammengesetzte Salze, $MnCl_6Mg_2 . 12H_2O$, $PtJ_6Mg . 9H_2O$, $PtCl_6Mg . 12H_2O$ $Fe(CN)_6BaK_2 . 3H_2O$, $CoCl_3 . 3C_2H_4(NH_2)_2 . 3H_2O$, $Pt(NCS)_6K_2$, $(NO_3)_{12}Ce_2Mg_3 . 24H_2O$, $Sn(OH)_6Na_2$, $Sn(OH)_6K_2$, $(SO_4)_3FeNa_3 . 3H_2O$, $(SiO_3)_6Al_2Be_3$; $PO_4Na_3 . 12H_2O$ und die Silikowolframate mit 12 W und $24H_2O$ (S. 241), ferner CHJ_3, $C_6H_4(OH)_2$ (Hydrochinon), $C_6H_3(COO.C_2H_5)_3$, $(C_6H_4 . CH_3)_3Sb$, $(C_6H_5)_3CBr$, $(C_6H_5)_3C(OH)$, $(C_6H_5 . CH_2)_3CCl$ und andere Derivate des pseudohexagonalen Triphenylmethans, endlich das Tri-p-tolylentriamin = $(C_6H_4 . CH_3)_2(C_6 . NH_2 . CH_3)N_2$.

Pseudohexagonal krystallisieren: $B(OH)_3$ und $C_6Br_3(CH_3)_3$.

Tetragonal krystallisierende Substanzen sind z. B.: PH_4J, $N(CH_3)_4Cl$, $N(CH_3)_4Br$, $N(CH_3)_4J$, $P(CH_3)_4J$, $N(C_2H_5)_4J$, $PtCl_4K_2$, $CuCl_4K_2 . 2H_2O$, $AuCl_4N(CH_3)_4$, $CuCl_4(N.4C_2H_5)_2$, $UO_2Cl_4(N.4CH_3)_2$, $UO_2Cl_4(N.4C_2H_5)_2$.

Die zahlreichen organischen Verbindungen, deren Konstitution großenteils eine so komplizierte ist, daß man ihren Molekülen im allgemeinen nur einen geringen Grad von Symmetrie zuschreiben kann, krystallisieren, soweit sie bisher daraufhin untersucht wurden, fast alle triklin, monoklin (die Mehrzahl) oder rhombisch. Einen Schluß auf die Symmetrieverhältnisse ihrer Moleküle gestattet in gewissen Fällen das Auftreten stereoisomerer Formen, welche infolge verschiedener Stellung der gleichen Atome oder Atomgruppen sich in ihrer molekularen Symmetrie und im Zusammenhange damit im allgemeinen nicht nur durch ihre Krystallformen, sondern auch durch deren Symmetrie unterscheiden. So krystallisiert z. B. das widerstandsfähigere und daher wohl höher symmetrische cis-Benzolhexachlorid, wie das Hexamethylen selbst, kubisch, die trans-Verbindung dagegen monoklin, und das gleiche gilt für $C_6H_6Br_6$. Es finden sich jedoch auch einzelne Angaben über auffallende krystallographische Ähnlichkeiten stereoisomerer Körper, z. B. der beiden o-Cyclohexandiole $C_6H_{10}(OH)_2$ und des aktiven und inaktiven Inosit $C_6H_6(OH)_6$, von dem ersterer rhombische, letzterer monokline Krystallform zeigt, welche sich auf ähnliche Elemente zurückführen lassen; indessen sind diese Fälle noch nicht genügend genau untersucht, um zu entscheiden, ob es sich hier um eine Gesetzmäßigkeit handelt. In anderen, besonders wichtigen Fällen, z. B. der Fumar- und der Maleïnsäure, ist nur von einer der beiden Stereoisomeren die Krystallform bekannt, und von vielen fehlt überhaupt noch jede krystallographische Bestimmung, so daß die Erforschung der Beziehungen zwischen der Symmetrie der molekularen Struktur und derjenigen der Krystallstruktur noch eingehende systematische Untersuchungen erfordert.

Krystallochemische Verwandtschaft
(Morphotropie, Isomorphie).

Eine weitere Beziehung der Struktur der Krystalle zu derjenigen der Moleküle zeigt sich darin, daß gewisse, durch eine Substitution im Bau des Moleküls bewirkte Änderungen begleitet werden von entsprechenden Änderungen im Krystallbau, derart, daß die betreffenden, chemisch verwandten Substanzen auch eine krystallographische Verwandtschaft erkennen lassen. Unter den Kohlenstoffverbindungen sind es besonders die Glieder homologer Reihen, welche sich durch ihr Verhalten als chemisch verwandt erweisen, und es ist daher die Frage zu untersuchen, ob die Ersetzung eines Wasserstoffatoms durch die Methylgruppe eine so mässige Änderung der Krystallstruktur zur Folge haben kann, daß zwischen der Art des Aufbaues der Krystalle der beiden im Verhältnis der Homologie stehenden Körper eine verwandtschaftliche Beziehung hervortritt. Da letztere sich dann auch in den Krystallformen zeigen muß, so hat man allgemein derartige Beziehungen zwischen einer Substanz und einem Substitutionsprodukt derselben »morphotropische« genannt[1]).

Die morphotropische Wirkung einer Substitution beruht darauf, daß das Elementarparallelepiped der Struktur der ursprünglichen Substanz eine Änderung erfährt, welche, wenn sie in einer bestimmten Richtung erfolgt, als eine homogene Deformation des Raumgitters betrachtet werden kann (vgl. S. 268 bis 270). Da nun die absoluten Dimensionen der Raumgitter organischer Substanzen wegen der Unmöglichkeit, den Ort der Wasserstoffatome röntgenometrisch zu bestimmen, z. Z. noch unbekannt sind, so muß die Vergleichung der beiden Krystallstrukturen erfolgen auf Grund der Kenntnis der Elementarparallelepipede, wie sie nach S. 83—84 aus den krystallographischen Verhältnissen der beiden Körper abzuleiten ist; von den so erhaltenen drei Parametern der Einheitsflächen sind aber nur die relativen Werte, bezogen auf eine der drei Längen als Einheit, bekannt, während das Verhältnis, in welchem die Einheit der einen Substanz zu der der zweiten steht, unbekannt ist. Die Vergleichung der beiden Elementarparallelepipede kann nun dadurch ermöglicht werden, daß die Verhältnisse der Kanten derselben auf eine gemeinsame Einheit bezogen werden. Dies geschieht durch Berück-

[1]) Es wurde neuerdings vorgeschlagen, den Begriff der »Morphotropie« durch den Namen »Topotropie« zu ergänzen, um darauf hinzudeuten, daß es sich um eine Änderung des Ortes (der Atome in der Krystallstruktur) handelt, doch kann wohl der erstere Name ebenso gut auf die »Änderung der Gestalt des Elementarparallelepipeds der Struktur« hinweisen.

sichtigung der Volumverhältnisse auf Grund der folgenden Erwägung: Da die Volumina äquivalenter Mengen, V_1 und V_2, zweier analog konstituierter Verbindungen bei gleichdichter Raumerfüllung sich verhalten wie die Molekulargewichte M_1 und M_2, dagegen umgekehrt proportional sind ihren Dichten d_1 und d_2, so gilt die Beziehung

$$V_1 : V_2 = \frac{M_1}{d_1} : \frac{M_2}{d_2}.$$

Die Quotienten der Molekulargewichte durch die Dichten werden die Äquivalentvolumina genannt.

Zur Bestimmung dieser Größen bedarf es der genauen Bestimmung des spezifischen Gewichtes der beiden zu vergleichenden Substanzen, und diese erfolgt bei Krystallen am geeignetsten nach der sogenannten »Schwebemethode«, d. h. durch Mischen einer schweren Flüssigkeit mit einer leichteren bis zur genauen Gleichheit ihrer Dichte mit der des Krystalls, was durch das Schweben des letzteren in der Flüssigkeit erkannt wird, und durch die Bestimmung des spezifischen Gewichtes der Flüssigkeit mittels der Westphalschen Wage. Die hierzu besonders geeigneten schweren Flüssigkeiten sind Acetylentetrabromid, Methylenjodid und die Thouletsche (Kaliumquecksilberjodid-)Lösung.

Denkt man sich nun eine Substanz, für welche $M = d$ ist, so würde deren Äquivalentvolumen $V = 1$ sein, und im Falle einfach-kubischer Krystallstruktur einer solchen Substanz wäre dieses Volumen der Inhalt der ein Molekül derselben umfassenden kubischen Raumeinheit, die Seite dieses Würfels also $= 1$. Berechnet man nun für irgendeine krystallisierte Substanz aus der Gestalt ihres Elementarparallelepipeds und ihrem Äquivalentvolumen die Länge der Kanten des ersteren, auf die soeben definierte Einheit bezogen, so erhält man drei Werte χ, ψ, ω, welche die topischen Parameter genannt werden und die für zwei verschiedene Substanzen vergleichbar sind, da sie sich auf die gleiche Einheit beziehen.

Für den allgemeinsten Fall eines triklinen Raumgitters ergeben sich die topischen Parameter aus dem Äquivalentvolumen V und den Elementen a, b, c, α, β, γ nach folgenden Formeln:

$$\psi = \sqrt[3]{\frac{V}{ac \sin\beta \sin\gamma \sin A}}$$

$$\chi = a\,\psi = \sqrt[3]{\frac{a^2 V}{c \sin\beta \sin\gamma \sin A}}$$

$$\omega = c\,\psi = \sqrt[3]{\frac{c^2 V}{a \sin\beta \sin\gamma \sin A}}$$

wo A der Winkel, welcher in dem sphärischen Dreieck mit den Seiten α, β, γ der Seite α gegenüberliegt.

Hieraus folgen ohne weiteres die einfacheren Formeln für die übrigen Krystallsyteme.

Nach den vorstehenden Erwägungen bedarf es also zur krystallochemischen Vergleichung zweier Substanzen der genauen Kenntnis der spezifischen Gewichte und außerdem der Art ihres Raumgitters, d. h. es muß z. B. bei einer kubisch krystallisierten Substanz auf Grund der Spaltbarkeit bekannt sein, ob das einfache oder eines der beiden zusammengesetzten kubischen Raumgitter (s. S. 70—71) vorliegt, d. h. ob in der kubischen Raumeinheit ein, zwei oder vier Moleküle der

Substanz enthalten sind. Diese Verhältnisse, namentlich die der Dichte, sind allerdings erst von einem kleinen Teile der krystallographisch untersuchten Substanzen genügend bekannt; trotzdem beweisen die folgenden Beispiele, daß auch unter diesen sich homologe Körper befinden, deren morphotropische Beziehungen unverkennbare Gesetzmäßigkeit zeigen.

Für das **Ammoniumhexachloroplatinat** = $PtCl_6(NH_4)_2$ (S. 265) sind die nach obigem berechneten Dimensionen der kubischen Raumeinheit gegeben durch die topischen Parameter $\chi (= \psi = \omega) = 8,313$; die Substitution je eines Wasserstoffatoms durch Methyl in den beiden Ammoniumgruppen verwandelt jenen Würfel in ein Rhomboëder, dessen $\alpha = 79^0 5'$ und dessen Kantenlängen $\chi = \psi = \omega = 9,214$ sind; es hat also eine Vergrößerung der Raumeinheit durch die Einfügung der Methylgruppen in den Krystallbau nur in der Richtung einer der vier Diagonalen des Würfels stattgefunden (vgl. S. 268); dadurch ist die Kombination des Oktaëders mit untergeordneten Würfelflächen in eine pseudooktaëdrische der Basis **(111)** mit dem Rhomboëder **(11$\bar{1}$)** und dem untergeordneten Rhomboëder **(100)** umgewandelt worden, (s. $PtCl_6(NH_3 . CH_3)_2$ S. 239), deren Spaltbarkeit, dem größeren Abstand der Netzebenen in der Richtung der verlängerten trigonalen Axe entsprechend, nach **(111)** nunmehr vollkommener ist, als die nach **(11$\bar{1}$)**. Werden aber, statt nur einer, alle vier Wasserstoffatome der beiden Ammoniumgruppen durch Methyl ersetzt, so findet die Vergrößerung der Dimensionen der Raumeinheit nach den sämtlichen Diagonalen des Würfels statt, es resultiert also wieder eine kubische Raumeinheit, aber mit entsprechend größerem Volumen; die topischen Parameter des **Tetramethylammoniumplatinchlorids** = $PtCl_6(N . 4\,CH_3)_2$ (S. 265) haben die Werte: $\chi (= \psi = \omega) = 10,678$ (daraus ergibt sich eine Volumenvermehrung der Raumeinheit, welche ungefähr das Vierfache von derjenigen bei der Substitution je eines der Wasserstoffatome beträgt); das Salz spaltet ebenso vollkommen nach allen Flächen des Oktaëders, wie der Platinsalmiak selbst. Bei der Ersetzung zweier Wasserstoffatome durch CH_3 in den beiden Ammoniumgruppen komplizieren sich die Verhältnisse dadurch, daß mehrere polymorphe Modifikationen auftreten, und das gleiche findet bei der Substitution durch Äthyl usw. statt.

Carbamid (Harnstoff) = $CO(NH_2)_2$ (s. S. 192) krystallisiert tetragonal mit pseudokubischer Spaltbarkeit nach dem Prisma **(110)** und der Basis **(001)**.

Methylcarbamid = $CO(NH_2)(NH . CH_3)$ bildet ganz ähnliche (pseudotetragonale) rhombische Prismen mit der gleichen pseudokubischen Spaltbarkeit nach **(110)** und **(001)**, wie Harnstoff. Die Krystalle des **aa-Dimethylcarbamid** = $CO(NH_2)(N . 2\,CH_3)$ sind monoklin und zeigen nur noch zwei nahe senkrechte Spaltungsebenen und eine scheinbar recht abweichende Form; vergleicht man aber die topischen Parameter der drei Verbindungen (und zwar für χ und ψ das Mittel beider):

	χ	ψ	$\frac{\chi + \psi}{2}$	ω	β
$CO . NH_2 . NH_2$	3,778	3,778	3,778	3,148	90°
$CO . NH_2 . NH(CH_3)$	3,677	3,713	3,695	4,503	90°
$CO . NH_2 . N(CH_3)_2$	3,920	3,241	3,581	5,531	93° 52½′,

so zeigt sich, daß die Einfügung der Methylgruppe im wesentlichen nur eine Vergrößerung der *c*-Axe bewirkt, während das Mittel der beiden anderen Dimensionen eine geringe, aber ebenso regelmäßig fortschreitende Verringerung erfährt. Eine ganz abweichende Änderung findet in der Krystallstruktur des Methylcarbamids statt, wenn die zweite Methylgruppe nicht in die gleiche, sondern in die andere Aminogruppe eintritt; alsdann bleibt die rhombische Symmetrie der Monomethylverbindung erhalten, während die topischen Parameter folgende Werte annehmen: $CO(NH . CH_3)_2 : \chi = 2,412,\ \psi = 5,490,\ \omega = 5,819$, woraus die völlige Verschiedenheit der Krystallformen der beiden isomeren Dimethylharnstoffe hervorgeht.

Ähnliche Beziehungen, wie sie die angeführten Beispiele zeigen, scheinen im allgemeinen nicht zu existieren zwischen Verbindungen, welche mehrere Kohlenstoffatome in offener Kette enthalten, und ihren Homologen, z. B. in der Gruppe der Bernsteinsäure. Diese krystallisiert monoklin, die Methylbernsteinsäure (Brenzweinsäure) triklin und, soweit ihre allerdings sehr unvollständige Krystallbestimmung zu ersehen gestattet, ohne nähere Verwandtschaft mit jener; von den beiden stereoisomeren symmetrischen Dimethylbernsteinsäuren krystallisiert die eine monoklin, die andere triklin, und beide zeigen eine Übereinstimmung nur in der Spaltbarkeit nach der Axenebene (010) sowie einige Ähnlichkeit des Parameters ψ, sonst aber ganz verschiedene krystallographische Verhältnisse. Im Gegensatz dazu lassen die Homologen des Bernsteinsäureanhydrids und die des Bernsteinsäureïmids eine morphotropische Beziehung zu ihren Mutterkörpern deutlich erkennen, woraus geschlossen werden darf, daß bei der Krystallisation von Substanzen, deren Moleküle offene Kohlenstoffketten enthalten, die Art der entstehenden Atomverkettung in einer weniger einfachen Beziehung zu der im chemischen Molekül steht, als bei zyklischen Verbindungen, d. h. daß ringförmige Bindungen beim Übergang in den krystallisierten Zustand leichter erhalten bleiben als andere Arten der Atomverkettung. Dadurch würde sich erklären, daß eine nahe krystallochemische Verwandtschaft zwischen homologen Verbindungen sich viel häufiger unter den aromatischen Körpern findet, als unter den aliphatischen. Obgleich, wie aus der folgenden Übersicht der krystallographischen Verhältnisse homologer aromatischer Verbindungen hervorgeht, die Kenntnis derselben noch eine sehr mangelhafte ist, läßt sich doch erkennen, daß ihre krystallochemische Verwandtschaft um so mehr hervortritt, je größer ihre chemischen Moleküle sind, d. h. daß der Eintritt des Methyls eine um so kleinere Änderung der Krystallstruktur bewirkt, je mehr der Einfluß der übrigen Bestandteile überwiegt.

Benzol erstarrt unter 0° zu großen rhombischen Dipyramiden, welche nur eine angenäherte Bestimmung ihrer Elemente (a:b:c = 0,891:1:0,799) gestatten. Über **Toluol** liegt nur die Angabe von Wahl vor, daß es in sehr niedriger Temperatur rhombisch und ähnlich wie Benzol krystallisiere. Von den drei isomeren Dimethylbenzolen ist nur das **p-Xylol** in krystallisiertem Zustande bekannt; es bildet monokline Tafeln (100) mit (001), (10$\bar{1}$) und (110), deren Elemente a:b:c = 2,320:1:2,344, β = 110° 7'. Das symmetrische **1,3,5-Trimethylbenzol,** das Mesitylen, erhielt Wahl in sehr tiefer Temperatur in rhombischen Prismen.

Das ebenfalls sehr niedrig schmelzende **Nitrobenzol** bildet monokline prismatische Krystalle mit den Elementen a:b:c = 1,162:1:0,346, β = 102° ca., welche nach (100) und (001) spalten und, besonders nach der letzteren Ebene, sehr große Gleitfähigkeit zeigen. **p-Nitrotoluol** krystallisiert rhombisch mit wesentlich anderer Ausbildung, aber einem ähnlichen Prisma (110), wie Nitrobenzol; bei gleicher Stellung der Spaltungsebene (100) erhalten die Elemente die Werte: a:b:c = 1,0977:1:1,2041. Ein Dimethylnitrobenzol ist nicht gemessen worden. Die Ähnlichkeit des Prismas (110) mit dem des Nitrobenzols tritt endlich noch hervor bei dem symmetrischen **Trimethylnitrobenzol,** dem Nitromesitylen, wenn man die rhombischen Krystalle desselben, welche keine bemerkbare Spaltbarkeit besitzen, so stellt, daß a : b : c = 1,1480 : 1 : 2,0925; die nur an einer einzigen Krystallisation beobachteten Formen sind dann : (001), (101), (110), (010), während unter anderen Verhältnissen entstandene Krystalle vielleicht auch im Habitus nähere Verwandtschaft mit dem p-Nitrotoluol zeigen würden, von dem es sich durch Eintritt zweier Methylgruppen in symmetrischer Stellung ableitet.

m-Dinitrobenzol (S. 178) krystallisiert rhombisch, das durch Eintritt einer Methylgruppe an der einer Nitrogruppe benachbarten Stelle entstehende **2,4-Dinitrotoluol** monoklin, aber mit demselben Winkel des Prismas 1. Art (011); das CH_3 zwischen den beiden Nitrogruppen enthaltende, also höher symmetrische **2,6-Dinitrotoluol** hat dagegen die rhombische Symmetrie des Dinitrobenzols bewahrt, aber auch den Prismenwinkel, von (011); das dritte, von m-Dinitrobenzol durch Substitution des symmetrisch gelegenen Wasserstoffatoms durch die Methylgruppe abgeleitete **3,5-Dinitrotoluol** krystallisiert zwar monoklin, aber mit fast rechtwinkeligem β und dem gleichen Prismenwinkel von (011); da die topischen Parameter der Toluolderivate nicht vollständig bekannt sind, werden hier die gewöhnlichen Axenverhältnisse zusammengestellt, aus denen ebenfalls die auffallende Konstanz des Verhältnisses $\psi : \omega$ (= b : c) in der Reihe hervorgeht:

	a : b : c	β
m-Dinitrobenzol	0,9435 : 1 : 0,5434	90° 0′
2,4-Dinitrotoluol	0,8592 : 1 : 0,5407	94° 48′
2,6-Dinitrotoluol	0,5714 : 1 : 0,5407	90° 0′
3,5-Dinitrotoluol	0,4690 : 1 : 0,5276	90° 9′.

Von den höheren Homologen des m-Dinitrobenzols ist nur eines krystallographisch untersucht worden und auch dieses nur unvollständig, das Dinitromesitylen = $C_6H(NO_2)_2(CH_3)_3$; es bildet rhombische Prismen mit dem Axenverhältnis 1 : 0,5475.

Eine sehr nahe Verwandtschaft zeigen die Krystallformen des rhombischen **1, 3, 5-Trinitrobenzols** (S. 179) und des **α-Trinitrotoluols**, welches daraus durch Eintritt einer Methylgruppe entsteht. Vertauscht man in ersteren die Axen *a* und *c*, so sind die topischen Elemente:

Benzolverbindung	$\chi : \psi : \omega$ = 4,123 : 5,676 : 5,387	α = 90°,	β = 90°,	γ = 90°
Toluolverbindung	$\chi : \psi : \omega$ = 4,004 : 6,465 : 5,303	α = 90°,	β = 90° 31′,	γ = 90°

Außer der Erniedrigung der Symmetrie hat also nur ψ eine wesentliche Änderung erfahren.

Von den Homologen der **Benzoësäure** = $C_6H_5 . COOH$ ist nur ein Dimethylderivat, die **Mesitylensäure** = $C_6H_3(CH_3)_2 . COOH$ gemessen worden, welche, wie die erstere, monoklin krystallisiert, und zwar in Formen von einigermaßen ähnlichem Habitus und mit fast genau gleichem Winkel von (110).

Phtalsäure = $C_6H_4(COOH)_2$ und die homologe **p-Dimethylphtalsäure** krystallisieren beide monoklin mit fast genau gleichem Axenwinkel β, doch ist die zweite, die einzige von den Homologen der Phtalsäure, welche krystallographisch untersucht wurde, zu wenig genau bekannt, um sie mit jener eingehender zu vergleichen.

Das rhombische **Acetanilid** = $C_6H_5 . NH(C_2H_3O)$ zeigt meist eine tafelförmige Kombination, deren Formen die Symbole (001), (011), (221), (100) zugeteilt werden können. Die stabile Modifikation des **p-Acettoluid** = $C_6H_4(CH_3) . NH(C_2H_3O)$ (S. 180) krystallisiert monoklin, aber in Formen von ähnlichem Habitus, welche auch die beiden Spaltbarkeiten des Acetanilids nach (001) und (100) bewahrt haben; nimmt man auch hier die vorherrschende Form als (001), so ergeben sich die folgenden topischen Parameter der beiden Substanzen:

Acetanilid	χ = 4,310	ψ = 4,987	ω = 5,154	β = 90° 0′
p-Acettoluid	χ = 4,022	ψ = 5,112	ω = 6,224	β = 106° 7′.

Der Eintritt der Methylgruppe hat also außer der Erniedrigung der Symmetrie nur eine mäßige Veränderung der Parameter zur Folge gehabt, welche hauptsächlich in einer Vergrößerung von ω besteht. Eine wesentlich andere Deformation erfährt die Krystallstruktur des Acetanilids, wenn das an Stickstoff gebundene Wasserstoffatom durch CH_3 bzw. C_2H_5 ersetzt wird, denn **Methylacetanilid** $C_6H_5 . N(CH_3)(C_2H_3O)$ und **Äthylacetanilid** $C_6H_5 . N(C_2H_5)(C_2H_3O)$ krystallisieren rhombisch, haben aber ein ähnliches Axenverhältnis a : c mit ihrem Mutterkörper; ihre topischen Parameter sind unbekannt.

2,4-Dinitrodiäthylanilin = $C_6H_3(NO_2)_2 . N(C_2H_5)(C_2H_5)$ krystallisiert in pseudohexagonalen rhombischen Kombinationen mit vorherrschendem (010). Tritt in die Aminogruppe ein weiteres CH_3 ein, so entsteht das ebenfalls rhombische **2,4-Dinitroäthylpropylanilin** = $C_6H_3(NO_2)_2 . N(C_2H_5)(C_3H_7)$, welche in ganz ähnlichen Tafeln krystallisiert; stellt man diese entsprechend denen der ersten Verbindung, so resultieren die topischen Parameter:

Diäthylverbindung:	χ = 7,597	ψ = 6,307	ω = 3,631
Äthylpropylverbindung:	χ = 7,691	ψ = 6,737	ω = 3,650,

d. h. die Änderung beschränkt sich auf eine mäßige Zunahme, hauptsächlich des zweiten Parameters.

Die Elemente der **Biphensäure** $(C_6H_4.COOH)_2$ und ihres **Methylesters** unterscheiden sich nur durch den Wert der *a*-Axe:

Säure: a : b : c = 1,1392 : 1 : 1,1988; β = 91° 48′
Ester: a : b : c = 0,5514 : 1 : 1,2088; β = 91° 24½.

Das einzige krystallisierte **Methylnaphtalin** (β) $C_{10}H_7 . CH_3$ ist nur unvollständig bestimmt; die monoklinen Krystalle besitzen aber die gleiche Ausbildung, übereinstimmende Spaltbarkeit und ähnliches Verhältnis a : b wie Naphthalin.

Die Erscheinung, daß der Eintritt einer weiteren Methylgruppe in ein großes Molekül, welches schon solche Gruppen enthält, nur einen geringen morphotropischen Einfluß ausübt, wiederholt sich bei einer großen Anzahl von Verbindungen.

Tetramethyl- und **Tetraäthylammoniumdioxytetrachlorouranat** = $UO_2Cl_4(N.4\,CH_3)_2$ bzw. $UO_2Cl_4(N.4\,C_2H_5)_2$ krystallisieren tetragonal mit gleicher Form und Spaltbarkeit; a : c = 1 : 0,9057 bzw. 1 : 0,9094.

Der Eintritt einer CH_3-Gruppe in das **Tropinennitrolmethylamin** = $C_{10}H_{15}(N.OH)(NH.CH_3)$ bringt nur eine mäßige Änderung der *a*-Axe hervor:

Methylverbindung a : b : c = 0,8819 : 1 : 0,4292; β = 109° 5′
Äthylverbindung a : b : c = 1,0618 : 1 : 0,4466; β = 108° 11′.

Die rhombischen Salze **Methylammoniumpikrat** $C_6H_2(NO_2)_3[O.NH_3(CH_3)]$ und **Dimethylammoniumpikrat** $C_6H_2(NO_3)_2[O.NH_2(CH_3)_2]$ zeigen eine ähnliche Ausbildung und unterscheiden sich wesentlich nur durch den Wert des topischen Parameters ψ:

Methylverbindung $\chi : \psi : \omega$ = 9,003 : 3,854 : 4,443
Dimethylverbindung $\chi : \psi : \omega$ = 9,009 : 4,687 : 4,225.

Eine auffallende Ähnlichkeit, trotz der Verschiedenheit ihrer Symmetrie, zeigen das rhombische **p-Acetanisid** $C_6H_4(O.CH_3).NH(C_2H_3O)$ und das homologe **Phenacetin** $C_6H_4(O.C_2H_5).NH(C_2H_3O)$; während die Axenverhältnisse durch den Eintritt der Methylgruppe nur eine mäßige Änderung erfahren haben, ist der Axenwinkel β ein schiefer geworden.

Noch geringer ist der Einfluß der Substitution von H durch CH_3 in den meisten der folgenden Verbindungen mit sehr komplizierter Konstitution:

Phenacetursäuremethylester $C_6H_5.CH_2.CO.NH[CH_2.CO_2(CH_3)]$ und der **Äthylester** derselben Säure haben die gleichen rhombischen Formen und die Axenverhältnisse:

Methylester: a : b : c = 0,8161 : 1 : 0,7848
Äthylester: a : b : c = 0,8197 : 1 : 0,7783.

α-Methyl-β-phenylzimmtsäureäthylester und **α-Äthyl-β-phenylzimmtsäureäthylester** $(C_6H_5)_2C:C(CH_3).CO_2(C_2H_5)$ bzw. $(C_6H_5)_2C:C(C_2H_5).CO_2(C_2H_5)$ zeigen sehr ähnliche rhombische Formen und die Axenverhältnisse:

Methylverbindung a : b : c = 0,9747 : 1 : 0,9382
Äthylverbindung a : b : c = 0,9656 : 1 : 0,9004.

1,5-Fluornaphtalinsulfonsäuremethylester $C_{10}H_6F.SO_3(CH_3)$ und **-äthylester** $C_{10}H_6F.SO_3(C_2H_5)$ krystallisieren rhombisch mit ganz übereinstimmender Ausbildung und den Elementen:

Methylester: a : b : c = 0,8381 : 1 : 0,5106
Äthylester: a : b : c = 0,8825 : 1 : 0,5426.

Die triklinen Modifikationen von **Methyltriphenylpyrrolon** $C_{23}H_{19}ON$ und **Äthyltriphenylpyrrolon** $C_{24}H_{21}ON$ besitzen nahe übereinstimmende Krystallform und Kohäsionsverhältnisse mit den Elementen:

Methylverbindung a : b : c = 0,9051 : 1 : 0,8695; α = 79° 52′, β = 86° 3′, γ = 70° 26′.
Äthylverbindung a : b : c = 0,9120 : 1 : 0,9524; α = 78° 48′, β = 89° 10′, γ = 68° 2′.

die monoklinen Modifikationen der letzteren sowie der entsprechenden **Propyl-** und **Allylverbindung** sind ebenso nahe verwandt:

Äthylverbindung a : b : c = 1,6898 : 1 : 1,9579; β = 93° 6′
Propylverbindung a : b : c = 1,8060 : 1 : 1,8821; β = 93° 43′
Allylverbindung a : b : c = 1,6654 : 1 : 1,841: β = 91° 7′

Ähnliche Beziehungen zeigen **1-Phenyl-3-Methylpyrazolon** $C_{10}H_{10}ON_2$ und seine Homologen.

1-(N-) Äthylpiperidinchloroplatinat $[C_5H_{10}N(C_2H_5).HCl]_2.PtCl_4$ und **1-(N-) Isopropylpiperidinchloroplatinat** $[C_5H_{10}N(C_3H_7).HCl]_2.PtCl_4$ krystallisieren monoklin mit den Elementen:

Äthylverbindung a : b : c = 1,0829 : 1 : 1,0972; β = 92° 37′
Isopropylverbindung a : b : c = 1,0780 : 1 : 1,0140; β = 91° 31′.

Dem morphotropischen Einfluß der Methylgruppe ähnlich ist derjenige des Chlors, und wenn auch hier die zur sicheren Feststellung desselben nötigen Daten, d. i. die genauere Kenntnis der Krystallisationsverhältnisse, der topischen Parameter usw., der zu vergleichenden Substanzen erst für sehr wenige vorliegen, so geht dies doch daraus hervor, daß mehrfach Chlorderivate hochmolekularer Verbindungen mit den entsprechenden Methylderivaten in ihren krystallographischen Verhältnissen fast vollständig übereinstimmen, und selbst bei einfacheren Verbindungen, bei denen es sich um offenbar sehr große Änderungen der Krystallstruktur durch den Eintritt von Cl bzw. CH_3 für H handelt, sich häufig noch eine gewisse krystallochemische Ähnlichkeit zwischen den beiderlei Abkömmlingen erkennen läßt.

Monochlorbenzol, sowie o- und m-Dichlorbenzol sind nur in flüssigem Zustande bekannt. **p-Dichlorbenzol** (S. 141) krystallisiert, wie **p-Dimethylbenzol,** in rektangulären monoklinen Tafeln (100), begrenzt von (001), (10$\bar{1}$) und (110); die Winkel beider Formen zeigen nur inbezug auf (10$\bar{1}$) einen größeren Unterschied, wie aus den Elementen beider Substanzen hervorgeht:

	a : b : c	
p-Dichlorbenzol:	2,519 : 1 : 1,392	$\beta = 112^\circ\ 30'$
p-Xylol:	2,320 : 1 : 2,344	$\beta = 110^\circ\ 7'$.

Von dem monoklinen Nitrobenzol (S. 280) leiten sich durch Substitution des H durch Cl drei **Chlornitrobenzole** ab, von denen die ebenfalls monokline Orthoverbindung nur eine unvollständige Bestimmung ihrer Elemente (a : b : c = 1,3526 : 1 : ? $\beta = 110^\circ\ 30'$) erfahren hat; die Metaverbindung krystallisiert rhombisch und mit Axenverhältnissen (s. S. 165), welche von denen des Nitrobenzols recht verschieden sind. Das p-Derivat endlich hat die monokline Symmetrie des Mutterkörpers bewahrt, seine Elemente a : b : c = 1,9661 : 1 : 1,1265, $\beta = 97^\circ\ 21'$ beweisen aber, daß auch in diesem Falle die Änderung durch die Substitution, abgesehen von β, eine sehr große war; anderseits ist eine Beziehung zu derjenigen durch CH_3 unverkennbar, denn p-Nitrotoluol (s. S. 280) krystallisiert zwar rhombisch, hat aber ein ähnliches Verhältnis b : c. Von den Di- und Trichlornitrobenzolen sind zwar mehrere genauer untersucht worden; zur Feststellung der jedenfalls großen Änderungen, welche der Eintritt eines oder zweier weiterer Chloratome hervorbringt, wäre aber eine ebenso genaue Bestimmung der Monochlorderivate erforderlich.

Das rhombische m-Dinitrobenzol (S. 178) liefert bei der Substitution des einem der beiden Nitrogruppen benachbarten Wasserstoffatomes durch Cl das **4-Chlor-1,3-Dinitrobenzol,** dessen bei gewöhnlicher Temperatur stabile Modifikation ebenfalls rhombisch krystallisiert, in den Axenverhältnissen jedoch keine Verwandtschaft mit jenem erkennen läßt; vergleicht man aber die in diesem Falle bekannten topischen Parameter beider,

m-Dinitrobenzol:	$\chi : \psi : \omega$	= 5,596 : 5,931 : 3,223
4-Chlor-1,3-Dinitrobenzol:	$\chi : \psi : \omega$	= 4,751 : 5,875 : 4,189,

so sieht man, daß ψ bei der Ersetzung des H durch Cl nahezu seinen Wert beibehalten hat; mit dem entsprechenden Methyldinitrobenzol besteht nur einige Ähnlichkeit im Winkel des Prismas (110). Das ein Chloratom zwischen den beiden Nitrogruppen enthaltende **2-Chlor-1,3-Dinitrobenzol** krystallisiert in mehreren monoklinen Modifikationen, von denen die stabile die folgenden topischen Parameter besitzt:

$$\chi : \psi : \omega = 5,682 : 4,026 : 6,464 \quad \beta = 125^\circ\ 41';$$

es ist also in diesem Falle der erste Parameter, welcher seinen Wert behalten hat während alle übrigen krystallographischen Verhältnisse eine große Änderung erfahren haben (die einzige bisher gemessene Modifikation der analogen Methylverbindung zeigt keine nähere Beziehung zur Chlorverbindung). Das dem symmetrischen 3,5-Dinitrotoluol entsprechende 1-Chlor-3,5-Dinitrobenzol ist nicht gemessen worden, ebensowenig die dem Dinitromesitylen entsprechende Trichlorverbindung.

Die monokline Krystallform der **Benzoësäure** (s. S. 143) ist charakterisiert durch den ungewöhnlich hohen Wert des Parameters der *c*-Axe; durch Substitution eines Chloratoms in der Orthostellung ist eine wesentliche Änderung aller übrigen Dimensionen mit Ausnahme jenes ungewöhnlichen Wertes eingetreten, und auch die mit letzterem in Beziehung stehende vollkommene Spaltbarkeit nach (001) ist erhalten geblieben; die topischen Parameter beider Substanzen sind:

	$\chi : \psi : \omega$	β
Benzoësäure	2,902 : 2,760 : 11,615	97° 5′
o-Chlorbenzoësäure	6,190 : 1,637 : 10,843	112° 40′.

p-Chlorbenzoësäure krystallisiert triklin und läßt sich, wenn die vollkommenste Spaltungsebene entsprechend orientiert wird, auf folgende topische Parameter beziehen:

$$\chi : \psi : \omega = 4{,}955 : 2{,}565 : 10{,}244 \quad \alpha = 95^\circ 40' \quad \beta = 122^\circ 48' \quad \gamma = 69^\circ 9'.$$

Andere Chlorderivate der Benzoësäure und solche der Phtalsäure sind bisher krystallographisch nicht untersucht worden.

Die topischen Parameter des Acetanilids wurden bereits S. 281 angegeben; das davon abgeleitete **p-Chloracetanilid** krystallisiert ebenfalls rhombisch und hat bei Gleichstellung der vollkommenen Spaltbarkeit Werte der Parameter, welche zeigen, daß die größte Deformation in der Richtung der *c*-Axe stattgefunden hat:

Acetanilid $\chi : \psi : \omega = 4{,}310 : 4{,}987 : 5{,}154$
p-Cloracetanilid $\chi : \psi : \omega = 3{,}506 : 5{,}114 : 6{,}825$.

Vergleicht man die letzteren mit denen des p-Acetoluids (S. 281), so ist die Ähnlichkeit der morphotropischen Wirkung von Cl und CH_3 unverkennbar. Die Einführung eines zweiten Chloratoms in die der Gruppe $NH(C_2H_3O)$ benachbarte Stellung bewirkt eine Verringerung der Symmetrie, verbunden mit wesentlicher Änderung der nun monoklinen Parameter:

Dichlor-(1,3-)acetanilid(4): $\chi : \psi : \omega = 5{,}194 : 6{,}294 : 4{,}263 \quad \beta = 102^\circ 34'$.

Näher verwandt sind die Krystallformen einer Substanz und ihrer Chlorderivate, wenn es sich um Verbindungen von komplizierterer Zusammensetzung bzw. von größeren Molekulargewichten handelt. Z. B. krystallisieren **Thymochinonoxim** (2) $= C_6H_2O(:N.OH)(CH_3).CH(CH_3)_2$ und **6-Chlorthymochinonoxim** (2) $= C_6HClO(:N.OH)(CH_3).CH(CH_3)_2$ beide monoklin mit den ähnlichen Elementen

$a : b : c = 1{,}9874 : 1 : 0{,}8941 \quad \beta = 94^\circ 57'$
$a : b : c = 2{,}1203 : 1 : 0{,}8713 \quad \beta = 99^\circ 36'$.

Penta- und **Hexachlor-α-ketohydronaphthalin** $C_{10}H_5OCl_5$ bzw. $C_{10}H_4OCl_6$, ebenfalls monoklin, zeigen eine merkliche Verschiedenheit nur in dem Werte von *c* und β, während die Ausbildung der Krystalle eine weitgehend übereinstimmende ist:

Pentachlorverbindung $a : b : c = 1{,}6665 : 1 : 1{,}7412 \quad \beta = 107^\circ 55'$
Hexachlorverbindung $a : b : c = 1{,}6663 : 1 : 1{,}5948 \quad \beta = 120^\circ 12'$.

Von dem monoklin krystallisierenden, äußerst kompliziert zusammengesetzten **Hexahydroterephtalsäurediphenylester** $C_{20}H_{20}O_4$ leitet sich ein Bromderivat ab, dessen Krystallform so nahe mit dem der bromfreien Verbindung übereinstimmt, daß man beide als »isomorph« bezeichnen könnte; da das gleiche auch unzweifelhaft für die (nicht untersuchte) Chlorverbindung gilt, so würde diese ein besonders instruktives Beispiel für die außerordentlich geringe Änderung der Krystallstruktur einer so hochmolekularen Verbindung durch den Eintritt eines Halogenatoms darbieten).

Wie nahe die morphotropische Wirkung des Chlors mit derjenigen der Methylgruppe bei ihrer Substitution für Wasserstoff in einem großen Moleküle übereinstimmt, mögen die folgenden Beispiele zeigen.

Das S. 281 erwähnte **Methylacetanilid** $= C_6H_5.N(CH_3)(CO.CH_3)$ krystallisiert rhombisch in rektangulären Tafeln (001), begrenzt von (012), (101) und (110) mit den Elementen $a:b:c = 0{,}9293 : 1 : 2{,}3486$. Die Verbindung, welche an Stelle des letzten Methyls ein Chloratom enthält, das **Methylphenylharnstoffchlorid** $= C_6H_5.N(CH_3)(COCl)$ bildet ebenfalls rhombische Krystalle der gleichen tafelförmigen Kombination (001), (012), (101), (110) mit den Axenverhältnissen $a:b:c = 0{,}9457 : 1 : 2{,}4420$.

pp′-Dichlorbiphenyl $= ClH_4C_6.C_6H_4Cl$ und **pp′-Dimethylbiphenyl** (pp′-Bitolyl) $= (CH_3)H_4C_6.C_6H_4(CH_3)$ (s. S. 145) stimmen in ihren Krystallformen fast vollständig überein, und das gleiche ist mit ihren topischen Parametern der Fall:

	$\chi : \psi : \omega$	β
Dichlorbiphenyl:	6,651 : 5,749 : 4,069	96° 48′
Bitolyl:	6,834 : 5,830 : 4,161	94° 20′.

Die beiden Molekülverbindungen **Isoapiol-Pikrylchlorid** = $C_{12}H_{14}O_4.C_6H_2Cl(NO_2)_3$ und **Isoapiol-1, 3, 5-Trinitrotoluol** = $C_{12}H_{14}O_4 . C_6H_2(CH_3)(NO_2)_3$ krystallisieren triklin in ähnlichen Kombinationen mit den Elementen:

Cl-Verb. a : b : c = 0,5453 : 1 : 0,4847 $\alpha = 86^\circ 6'$ $\beta = 111^\circ 58'$ $\gamma = 106^\circ 57'$
CH_3-Verb. a : b : c = 0,5495 : 1 : 0,4907 $\alpha = 87^\circ 36'$ $\beta = 112^\circ 34'$ $\gamma = 105^\circ 16'$.

Ebenso ähnlich sind die gleichfalls triklinen beiden Molekülverbindungen **Naphthalin-Pikrylchlorid** = $C_{10}H_8 . C_6H_2Cl(NO_2)_3$ und **Naphthalin-s-Trinitrotoluol** = $C_{10}H_8 . C_6H_2(CH_3)(NO_2)_3$;

Cl-Verb. a : b : c = 0,4940 : 1 : 0,4455 $\alpha = 100^\circ 59'$ $\beta = 93^\circ 54'$ $\gamma = 85^\circ 28'$
CH_3-Verb. a : b : c = 0,4891 : 1 : 0,4839 $\alpha = 99^\circ 16'$ $\beta = 94^\circ 35'$ $\gamma = 85^\circ 35'$.

Die rhombischen Krystalle der Verbindungen **Phenyldichlorpyrrodiazol** = $\begin{array}{l} N\text{———}CCl \\ Cl\ddot{C}.N(C_6H_5).\ddot{N} \end{array}$ und **Phenylmethylchloropyrrodiazol** = $\begin{array}{l} N\text{———}C.CH_3 \\ Cl\ddot{C}.N(C_6H_5).\ddot{N} \end{array}$ zeigen sogar übereinstimmende Formen mit komplizierten Symbolen; ihre Elemente sind:

Cl-Verb. a : b : c = 1,4379 : 1 : 1,4632
CH_3-Verb. a : b : c = 1,4679 : 1 : 1,4641.

Nach dem Vorhergehenden ist zu erwarten, daß außer CH_3 auch andere einwertige Atomgruppen, wie OH, NH_2 oder NO_2 durch ihren Eintritt für 1 Atom H eine Änderung der Krystallstruktur der betreffenden Verbindung hervorbringen, welche, besonders bei zyklischen Verbindungen von hohem Molekulargewichte, eine so mässige ist, daß sich noch eine Verwandtschaft zwischen der Krystallform des Mutterkörpers und des Derivates erkennen läßt. Eine Schwierigkeit, welche der Aufsuchung derartiger gesetzmäßiger Beziehungen schon in manchen der bisher betrachteten Fälle entgegensteht, beruht darauf, daß viele der zu vergleichenden Substanzen fähig sind, in verschiedenen Modifikationen zu krystallisieren (s. S. 3), und es zweifelhaft bleibt, ob die zufällig untersuchte Modifikation eines Derivates diejenige ist, deren Krystallstruktur die Verwandtschaft mit der des Mutterkörpers bewahrt hat. Dies ist theoretisch nur für diejenige Modifikation zu erwarten, welche sich unmittelbar aus dem Schmelzflusse ausscheidet, d. h. diejenige, deren Krystalle beim Schmelzpunkte mit der aus den Molekülen bestehenden Flüssigkeit im Gleichgewicht sind; von den meisten Substanzen sind jedoch nur solche Krystalle bestimmt worden, welche sich aus einer Lösung bei gewöhnlicher oder wenig höherer Temperatur ausgeschieden haben und daher einer anderen Modifikation angehören können. Trotzdem gibt es unter den Substitutionsprodukten mit den erwähnten Atomgruppen doch eine Anzahl Fälle, in welchen die Erhaltung gewisser Eigentümlichkeiten der Krystallstruktur bei der Substitution unverkennbar ist.

Im folgenden sollen zunächst derartige Beispiele für die morphotropische Wirkung des Hydroxyls angeführt werden. Es kommen hierfür nur aromatische Substanzen in Frage, denn unter den aliphatischen wäre eine Beziehung höchstens zu erwarten bei den Derivaten der Bernsteinsäure, deren Monoxyderivat jedoch zerfließlich ist, während die zwei Hydroxyle enthaltende Weinsäure keine Ähnlichkeit mit jener zeigt. Auch unter den einfacheren Benzolderivaten sind wenige nähere Beziehungen festzustellen, vorwiegend wohl infolge der hier durch die Häufigkeit der Polymorphie eintretenden Komplikation der Verhältnisse.

Während **Benzol** (s. S. 280) nur in einer krystallisierten Modifikation existiert, besitzt **Phenol** deren zwei, von denen die stabile zwar erst bei 43° schmilzt, aber so zerfließlich ist, daß von ihr nur eine sehr unvollständige Bestimmung möglich war; die Krystalle sind rhombische Prismen von ca. 64°. **1, 2-Phendiol** (Brenzkatechin) krystallisiert monoklin (s. S. 142), aber mit einem Prisma, dessen Winkel ebenfalls = 64° ist, das Metaderivat **Resorcin** dagegen in rhombischen Formen (s. S. 166), unter denen aber eine (*r* (10?)) noch eine Ähnlichkeit des Winkels mit der pseudohexagonalen Prismenzone des Phenols bewahrt, außerdem aber noch in einer zweiten rhombischen Modifikation, deren Axenverhältnisse unbekannt sind; das dritte isomere Dioxyderivat, das 1,4-Phendiol (**Hydrochinon**), besitzt ebenfalls zwei Modifikationen, von denen die stabile trigonal (s. S. 242) mit vorherrschendem hexagonalen Prisma, die zweite monoklin krystallisiert. Von den Trioxyderivaten ist in wasserfreien Krystallen nur das monokline **1, 2, 4-Phentriol** bekannt.

Von dem monoklinen **Nitrobenzol** (S. 280) leiten sich drei **Nitrophenole** ab, welche ebenfalls monoklin krystallisieren; die Orthoverbindung hat den gleichen Winkel von (110), aber mit umgekehrter Orientierung zur Symmetrieebene: die beiden anderen zeigen in der gleichen Zone noch einige Ähnlichkeit der Winkel, miteinander aber eine sehr nahe Übereinstimmung.

Der Eintritt einer Hydroxylgruppe liefert aus den drei Dinitrobenzolen sechs isomere **Dinitrophenole.** Von diesen krystallisiert 2, 3-Dinitrophenol monoklin, wie o-Dinitrobenzol, und mit fast den gleichen topischen Parametern, aber anderer Orientierung der Symmetrieebene; 2,4-Dinitrophenol hat mit m-Dinitrobenzol die rhombische Symmetrie und das Axenverhältnis c: b gemeinsam; 2,5-Dinitrophenol bildet monokline, nach der *b*-Axe prismatische Kombinationen, von denen zwei Flächenpaare denselben Winkel bilden, wie die des Prismas (110) von p-Dinitrobenzol, aber der Symmetrieaxe parallel sind; 2,6-Dinitrophenol entsteht aus m-Dinitrobenzol durch Substitution des zwischen den beiden Nitrogruppen stehenden H-Atoms und unterscheidet sich von jenem nur durch die größere *c*-Axe; die beiden anderen Dinitrophenole zeigen keine nähere Verwandtschaft mit den betreffenden Dinitrobenzolen.

Die Vergleichung der topischen Paramenter von **1, 3, 5-Trinitrobenzol** und **2, 4, 6-Trinitrophenol** (Pikrinsäure, s. S. 166) lehrt, daß der Eintritt von OH die rhombische Symmetrie nicht geändert und am stärksten die *c*-Axe beeinflußt hat:

Trinitrobenzol: $\chi : \psi : \omega = 5,386 : 5,678 : 4,127$
Trinitrophenol: $\chi : \psi : \omega = 4,928 : 5,085 : 5,159$.

Auch die Ausbildung der Krystalle beider Substanzen ist eine sehr ähnliche bis auf den Umstand, daß die *c*-Axe bei dem Oxyderivat einen polaren Charakter erhalten hat.

Sehr viel größer scheint die Änderung durch den Eintritt eines Hydroxyls in das **Acetanilid** zu sein (s. S. 281), denn **p-Acetaminophenol** krystallisiert monoklin und recht abweichend von jenem.

o-Oxybenzoësäure (Salicylsäure) (S. 144) krystallisiert zwar monoklin, wie Benzoësäure (S. 143) und stimmt mit dieser in bezug auf den Winkel des Prismas (110) sehr genau überein, weicht aber im Habitus und den Kohäsionsverhältnissen ganz erheblich ab, und auch die topischen Elemente beider Säuren lassen eine nähere Verwandtschaft nicht erkennen; **m-Oxybenzoësäure** (S. 180) zeigt zwar rhombische Symmetrie, steht aber im Habitus und in der Spaltbarkeit der Benzoësäure sehr nahe und hat mit ihr auch das Auftreten von Formen gemeinsam, welche sehr große Winkel mit der Ebene der vollkommenen Spaltbarkeit einschließen: p-Oxybenzoësäure endlich ließe sich durch Halbierung von *c* auf ähnliche (und sogar naturgemäßere) Elemente, wie die Benzoësäure, zurückführen, hat aber andere Ausbildungsweise und Spaltbarkeit.

Von der m-Nitrobenzoësäure leitet sich durch Substitution eines H durch OH die **5-Nitrosalicylsäure** ab, welche zwar eine andere Ausbildungsweise zeigt, aber sehr ähnliche monokline Parameter besitzt:

Nitrobenzoësäure: $\chi : \psi : \omega = 4,358 : 4,513 : 5,562 \quad \beta = 91^\circ 11^1/_2{}'$
Nitrosalicylsäure: $\chi : \psi : \omega = 4,551 : 4,695 : 5,197 \quad \beta = 92^\circ 5'$.

Viel geringer ist die morphotropische Wirkung des Hydroxyls bei den folgenden Substanzen mit großem Molekulargewicht:

Trichlortriphenylmethan = $(C_6H_4Cl)_3CH$ und **Trichlortriphenylcarbinol** = $(C_6H_4Cl)_3C(OH)$ krystallisieren beide rhombisch mit den gleichen vorherrschenden Formen und den topischen Parametern:

Trichlortriphenylmethan: $\chi : \psi : \omega = 4,500 : 7,623 : 7,059$
Trichlortriphenylcarbinol: $\chi : \psi : \omega = 4,552 : 7,575 : 7,409$.

Es hat also nur eine mäßige Veränderung, welche wesentlich in einer Vergrößerung der *c*-Axe besteht, bei der Substitution stattgefunden.

1-Oxynaphthalin (α-Naphthol) $C_{10}H_7(OH)$ bildet monokline Krystalle von ähnlichem Habitus wie Naphthalin (s. S. 146) und mit derselben Spaltbarkeit, während von den Elementen nur der Parameter *b* wesentlich verschieden ist; **2-Oxynaphthalin** (β-Naphthol) zeigt eine nicht minder nahe krystallographische Verwandtschaft mit Naphthalin, hier ist es aber die *c*-Axe, welche eine Vergrößerung ihres Wertes erfahren hat.

Die Molekülverbindungen des **Isoapiols** $C_{12}H_{14}O_4$ mit **1, 3, 5-Trinitrobenzol** $C_6H_3(NO_2)_3$ und mit dem entsprechenden **Trinitrophenol** $C_6H_2(NO_2)_3(OH)$ zeigen sehr ähnliche monokline Kombinationen, gleiche Spaltbarkeit nach (110) und die folgenden Elemente:

Trinitrobenzolverbindung: a : b : c = 0,9090 : 1 : 0,4194 β = 90° 57′
Trinitrophenolverbindung: a : b : c = 0,9163 : 1 : 0,4226 β = 90° 5′.

Diejenigen des **Naphthalins** $C_{10}H_8$ mit denselben beiden Trinitroderivaten des Benzols krystallisieren ebenfalls monoklin in sehr ähnlichen Formen, deren Elemente folgende Werte haben:

Trinitrobenzolverbindung: a : b : c = 2,3170 : 1 : 4,0961 β = 96° 36′
Trinitrophenolverbindung: a : b : c = 2,3582 : 1 : 4,1846 β = 96° 48′.

Die Aminogruppe bringt, wie die bisher betrachteten Substituenten, in der Krystallstruktur nicht zyklischer Verbindungen sehr tiefgreifende Veränderungen hervor, daher z. B. zwischen den Krystallformen der Bernsteinsäure und denen der Asparaginsäure keine nähere Beziehung zu erkennen ist. Für die Vergleichung aromatischer Substanzen mit ihren Aminoderivaten stehen, wie aus folgendem hervorgeht, nur eine beschränkte Zahl, großenteils nicht genügend eingehende Beobachtungen zur Verfügung.

Anilin ist nur flüssig bekannt. Von den **Diaminobenzolen** krystallisiert o-Phenylendiamin in monoklinen Täfelchen nach der Ebene sehr vollkommener Spaltbarkeit, welche nur eine unvollständige Bestimmung gestatten; m-Phenylendiamin bildet nicht meßbare, wahrscheinlich rhombische Blättchen, endlich p-Phenylendiamin monokline Krystalle mit den Elementen a : b : c = 1,3772 : 1 : 1,3024, β = 112° 58′. Von den drei und mehr Aminogruppen enthaltenden Verbindungen sind, soweit sie überhaupt in freiem Zustande existieren, noch keine meßbaren Krystalle erhalten worden.

o-Aminobenzoësäure besitzt zwei rhombisch krystallisierte Modifikationen, von denen keine eine nähere krystallochemische Verwandtschaft mit der monoklinen Benzoësäure zeigt; p-Aminobenzoësäure gehört zwar derselben Symmetrieklasse an, wie letztere, und spaltet ebenso nach einer zur Symmetrieebene senkrechten Fläche, hat aber eine ganz abweichende Krystallform.

Auch das einzige gemessene (m-)**Aminobenzamid** zeigt mit dem Benzamid außer der monoklinen Symmetrie keine Übereinstimmung.

Trimethylpyrogallol = $C_6H_3(O\,.\,CH_3)_3$ und **Aminotrimethylpyrogallol** = $C_6H_2(NH_2)(O\,.\,CH_3)_3$ krystallisieren beide rhombisch mit gleichem Winkel des Prismas (110), aber die Krystalle des Aminoderivates sind nur unvollständig bekannt.

Hydrozimmtsäure = $C_6H_5\,.\,CH_2\,.\,CH_2\,.\,COOH$ und **1¹-Aminohydrozimmtsäure** = $C_6H_5\,.\,CH(NH_2)\,.\,CH_2\,.\,COOH$ bilden tafelförmige monokline Krystalle, deren Verhältnis a : c und Winkel β ähnlichen Wert haben, doch muß bemerkt werden, daß von der letzteren nur eine einzelne Krystallisation gemessen worden ist.

Reichlicher ist das für die Beurteilung der morphotropischen Wirkung der Nitrogruppe zur Verfügung stehende Beobachtungsmaterial, da von den zahlreichen wohlkrystallisierten, NO_2 enthaltenden Benzolabkömmlingen ein beträchtlicher Teil in krystallographischer Beziehung eingehend untersucht worden ist. Die nachfolgende Zusammenstellung der wichtigsten Ergebnisse dieser Untersuchungen läßt nun deutlich erkennen, daß die oft nur in einer bestimmten Richtung stattfindende Änderung der Krystallstruktur um so geringer wird, je größer das chemische Molekül ist, in welchem die Substitution vor sich geht.

Die monokline Form des **Nitrobenzols** beweist, daß der Eintritt eines NO_2 in das Benzol eine bedeutende Deformation der Krystallstruktur des letzteren bewirkt hat. Ebenfalls noch recht groß ist diejenige, welche durch die Substitution eines zweiten Wasserstoffatoms durch die Nitrogruppe hervorgebracht wird, und zwar je nach der relativen Stellung der beiden Substituenten eine ganz verschiedene, denn die rhombische Krystallform des **m-Dinitrobenzols** (S. 178) und die monoklinen Krystalle von o- und p-Dinitrobenzol zeigen keine Ähnlichkeit, auch nicht in den Kohäsionsverhältnissen, mit dem Monoderivat, und sind voneinander völlig verschieden, wie auch aus ihren topischen Parametern hervorgeht:

	$\chi : \psi : \omega$	β
1,2-Dinitrobenzol:	4,227 : 6,916 : 3,966	112° 7′
1,3-Dinitrobenzol:	5,596 : 5,931 : 3,223	90° 0′
1,4-Dinitrobenzol:	7,501 : 3,680 : 3,839	92° 18′.

Von m-Dinitrobenzol leitet sich durch Eintritt einer dritten Nitrogruppe in symmetrischer Stellung das ebenfalls rhombische **s-Trinitrobenzol** (S. 179) ab, dessen topischen Parameter $\chi : \psi : \omega = 5{,}386 : 5{,}678 : 4{,}127$ zeigen, daß hierbei eine wesentliche Änderung nur die *c*-Axe erfahren hat¹).

Phenol bildet, wie S. 285 angegeben, unvollkommene rhombische Krystalle. Der Eintritt einer Nitrogruppe bewirkt eine Erniedrigung der Symmetrie, denn sämtliche drei isomeren **Nitrophenole** krystallisieren monoklin; die Änderung der Krystallstruktur des Phenols ist jedoch, je nach der Stellung des substituierten H-Atoms zum Hydroxyl sehr verschieden, wie aus der Beschreibung dieser drei Verbindungen, von denen das p-Derivat in zwei Modifikationen existiert, zu ersehen ist, (s. S. 142). Vom 1,2-(o-)Nitrophenol leiten sich vier **Dinitrophenole** ab: 1, 2, 3-Dinitrophenol, dessen Krystalle zwar auch monoklin sind, aber ganz abweichende topische Parameter und eine Spaltbarkeit besitzen, welche senkrecht zu derjenigen des o-Nitrophenols ist; 1, 2, 4-Dinitrophenol dagegen krystallisiert rhombisch, jedoch mit auffallender Winkelähnlichkeit der vorherrschenden Form (110), wie auch aus den topischen Parametern hervorgeht:

	$\chi : \psi : \omega$	β
o-Nitrophenol:	3,421 : 7,660 : 3,653	103° 34′
1, 2, 4-Dinitrophenol:	3,468 : 7,729 : 4,079	90° 0′;

eine ganz andere Ausbildung zeigen die monoklinen Krystalle von 1, 2, 5-Dinitrophenol, deren Verhältnisse jedoch weniger genau studiert sind; 1, 2, 6-Dinitrophenol endlich krystallisiert rhombisch mit ähnlichem Verhältnis von χ und ψ, wie beim 1, 2-Nitrophenol. Von 1, 3-(m-)Nitrophenol leiten sich ab: 1, 2, 3-Dinitrophenol, welches mit ihm ebenso geringe Verwandtschaft, wie mit o-Nitrophenol, und auch entgegengesetzte Orientierung der Spaltbarkeit zeigt; 1, 3, 4-Dinitrophenol krystallisiert triklin, ist nur unvollständig krystallographisch bestimmt und bis auf eine pseudohexagonale Zone ohne Winkelähnlichkeit mit jenem; 1, 3, 5-Dinitrophenol besitzt monokline, aber ebenfalls von m-Nitrophenol verschiedene Formen. Weit größer ist jedoch die krystallochemische Verwandschaft des **1, 2, 4, 6-Trinitrophenols** mit den beiden Dinitrophenolen, von denen es sich durch Eintritt einer dritten Gruppe NO_2 ableitet, besonders mit 1, 2, 6-Dinitrophenol, wie die Vergleichung der topischen Parameter der drei rhombisch krystallisierenden Substanzen lehrt:

1, 2, 4-Dinitrophenol:	$\chi : \psi : \omega = 3{,}468 : 7{,}729 : 4{,}079$
1, 2, 6-Dinitrophenol:	$\chi : \psi : \omega = 5{,}140 : 5{,}405 : 4{,}026$
1, 2, 4, 6-Trinitrophenol:	$\chi : \psi : \omega = 4{,}928 : 5{,}085 : 5{,}159$.

Noch deutlicher tritt die Verwandtschaft der Nitroderivate des **Acetanilids** (s. S. 179) mit diesem selbst hervor; da deren topische Parameter nur unvollständig bekannt sind, so müssen hier, was aber für den vorliegenden Zweck genügt, die gewöhnlichen Elemente verglichen werden:

	a : b : c	β
Acetanilid:	0,8642 : 1 : 1,0334	90° 0′
o-Nitroacetanilid:	0,8935 : 1 : 1,9198	96° 9′
m-Nitroacetanilid:	0,7278 : 1 : 1,9772	98° 13′
p-Nitroacetanilid:	0,8889 : 1 : 1,0445	90° 0′.

¹) Daß diese Verbindung die drei Nitrogruppen in der Stellung 1, 3, 5 enthält, wurde bereits vor dem chemischen Nachweis dieser Stellung daraus geschlossen, daß sie nur mit dem m-Dinitrobenzol und mit keinem der beiden anderen isomeren eine deutliche krystallochemische Verwandtschaft erkennen läßt.

Die geringste Änderung tritt somit bei der Ersetzung des in der symmetrischen Parastellung zur Acetylamingruppe befindlichen Wasserstoffatoms ein; beim Meta- und Paraderivat bleibt auch die vollkommene Spaltbarkeit des Acetanilids nach (001) erhalten.

Die Nitroderivate der Benzoësäure existieren meist in mehreren Modifikationen, daher die Verhältnisse hier weit komplizierter sind. Berücksichtigt man nur die stabilen Formen, welche allein näher untersucht sind, so ergibt sich folgendes: **o-Nitrobenzoësäure** krystallisiert triklin und zeigt nur in einer Zone eine Ähnlichkeit der Winkel mit denen der Benzoësäure; m-Nitrobenzoësäure hat die monokline Symmetrie und den Prismenwinkel von (110) der Benzoësäure bewahrt, aber mit entgegengesetzter Orientierung der Symmetrieebene; die größte Verwandtschaft mit der Muttersubstanz zeigt die p-Nitrobenzoësäure (S. 144), deren Krystalle die gleichen Winkel der Zone der a-Axe, dieselbe vollkommene Spaltbarkeit und den gleichen allgemeinen Habitus aufweisen; auch die topischen Elemente zeigen, daß die symmetrische Substitution vorwiegend nur das Verhältnis der a-Axe zu den anderen vergrößert hat:

Benzoësäure: $\chi : \psi : \omega = 2{,}902 : 2{,}760 : 11{,}615 \quad \beta = 97^\circ\, 5'$
p-Nitrobenzoësäure: $\chi : \psi : \omega = 5{,}451 : 2{,}128 : 9{,}000 \quad \beta = 96^\circ\, 38'$.

3,5-Dinitrobenzoësäure krystallisiert monoklin in Formen, welche bei Gleichstellung der vollkommenen Spaltbarkeit denen der m-Nitrobenzoësäure ähnlich sind und den Winkel des Prismas (110) der Benzoësäure zeigen; die topischen Elemente sind folgende:

m-Nitrobenzoësäure: $\chi : \psi : \omega = 4{,}358 : 4{,}513 : 5{,}562 \quad \beta = 91^\circ\, 11'$
3,5-Dinitrobenzoësäure: $\chi : \psi : \omega = 5{,}050 : 4{,}711 : 5{,}345 \quad \beta = 95^\circ\, 37'$.

Von der rhombisch krystallisierten 2,6-Dinitrobenzoësäure leitet sich durch symmetrische Substitution die einzige gemessene **Trinitrobenzoësäure** ab, welche ebenfalls rhombisch krystallisiert und bis auf c recht ähnliche Axenverhältnisse besitzt:

2, 6-Dinitrobenzoësäure: a : b : c = 0,8847 : 1 : 0,3538
2, 4, 6-Trinitrobenzoësäure: a : b : c = 0,8757 : 1 : 0,5005.

Eine nicht minder nahe Verwandtschaft zeigen die monoklinen Krystallformen der folgenden beiden Säuren:

Mesitylensäure: a : b : c = 1,1518 : 1 : 1,1737 $\beta = 111^\circ\, 50'$
β-Nitromesitylensäure: a : b : c = 1,1781 : 1 : 0,8131 $\beta = 110^\circ\, 5'$.

Die im vorstehenden Abschnitt gegebene Zusammenstellung der Ergebnisse krystallographischer Untersuchungen von aromatischen Substanzen läßt zwar erkennen, daß im allgemeinen die Krystallformen von Substitutionsprodukten mit denen ihrer Mutterkörper bei Zunahme der Molekulargröße eine nähere Verwandtschaft annehmen, daß aber die zugrunde liegenden Beobachtungen noch viel zu lückenhaft sind, um weitere Gesetzmäßigkeiten, namentlich die Abhängigkeit der Änderung der Krystallstruktur von der chemischen Natur der substituierenden Atomgruppe, festzustellen. Vergleicht man aber mit der morphotropischen Wirkung des Chlors, welche S. 283 f. betrachtet wurde, diejenige eines nahe mit dem Chlor verwandten Elementes, so zeigt sich, daß dieses, an Stelle desselben Wasserstoffatoms tretend, fast genau die gleiche Änderung der Krystallstruktur bewirkt.

Von dem monoklinen **4-Brom-2-nitrophenol** mit den topischen Elementen

$$\chi : \psi : \omega = 8{,}636 : 2{,}934 : 4{,}734 \quad \beta = 115^\circ\, 56'$$

leitet sich durch Eintritt von Chlor unter starker Änderung der drei Parameter das ebenfalls monokline **4-Brom-6-chlor-2-nitrophenol** ab:

$$\chi : \psi : \omega = 6{,}204 : 5{,}926 : 3{,}552 \quad \beta = 114^\circ\, 38'.$$

Fast genau die gleiche Änderung bringt aber die entsprechende Substitution durch Brom bzw. Jod hervor, denn dem **4,6-Dibrom-2-nitrophenol** (a) und dem **4-Brom-6-jod-2-nitrophenol** (b) kommen die folgenden Elemente zu:

(a) $\chi : \psi : \omega = 6{,}207 : 6{,}025 : 3{,}562 \quad \beta = 114^\circ\, 37'$
(b) $\chi : \psi : \omega = 6{,}413 : 6{,}167 : 3{,}578 \quad \beta = 114^\circ\, 14'$.

Wie man sieht, sind am ähnlichsten diejenigen Werte, welche die kleinsten Änderungen gegenüber dem Mutterkörper erfahren haben. Alle drei Dihalogenverbindungen zeigen die gleichen Formen, mit nur geringen Verschiedenheiten im Habitus, und die gleiche Spaltbarkeit nach (100) und (001).

Dieselbe Gesetzmäßigkeit wiederholt sich nun auch bei den übrigen Halogenderivaten derart, daß in allen Fällen, in welchen die entsprechenden Modifikationen derselben zur Untersuchung gelangten, die analog konstituierten Chlor-, Brom- und Jodverbindungen eine fast vollständige Übereinstimmung aller krystallographischen Verhältnisse zeigen. Die meisten scheinbaren Ausnahmen von dieser Regel infolge der Polymorphie kommen bei den Jodverbindungen vor, während über Fluorderivate überhaupt nur wenige Beobachtungen vorliegen.

Das Gesetz, daß die Atome chemisch verwandter Elemente bei der Ersetzung desselben Wasserstoffatoms eine nahezu gleiche Änderung der Krystallstruktur bewirken, ist aber nun ein ganz allgemeines.

So erfährt z. B. die monokline **Phtalsäure** (s. S. 145), deren topischen Elemente:

$$\chi : \psi : \omega = 3{,}393 : 4{,}799 : 6{,}443 \qquad \beta = 93^{\circ}\,35',$$

durch den Eintritt eines Kaliumatoms eine wesentliche Änderung der Symmetrie ihrer Krystallstruktur, denn **Monokaliumphtalat** $= C_6H_4(COOH)(COOK)$ krystallisiert rhombisch (s. S. 181) mit den topischen Parametern

$$\chi : \psi : \omega = 3{,}061 : 5{,}365 : 7{,}420;$$

und ebenso wirkt der Eintritt von Rubidium bzw. Cäsium, indem **Monorubidium-** bzw. **Monocäsiumphtalat**, $C_6H_4(COOH)(COORb)$ bzw. $C_6H_4(COOH)(COOCs)$, genau die gleichen rhombischen Kombinationen zeigen mit gleicher Spaltbarkeit und mit folgenden Parametern:

$$\text{Rb-Salz:}\ \chi : \psi : \omega = 3{,}507 : 5{,}332 : 6{,}923$$
$$\text{Cs- — }\ \chi : \psi : \omega = 3{,}497 : 5{,}745 : 6{,}811$$

denselben morphotropischen Einfluß übt aber auch das dem Kalium nahe verwandte Ammonium aus, denn **Monoammoniumphtalat** $= C_6H_4(COOH)(COO.NH_4)$ krystallisiert ebenfalls rhombisch mit den Formen (001), (011), (111) in derselben Ausbildung und nach (001) spaltbar, wie die beiden letzterwähnten Salze; seine topischen Elemente sind:

$$\chi : \psi : \omega = 3{,}347 : 5{,}670 : 6{,}816.$$

Etwas größere Abweichung zeigt das **Mononatriumphtalat** (s. S. 180), welches zwar auch in Symmetrie, allgemeinen Habitus und Spaltbarkeit mit den übrigen Alkalisalzen übereinstimmt, aber andere Bipyramiden zeigt und auf ein dem Kaliumsalze ähnliches Axenverhältnis nur durch Annahme etwas weniger einfacher Symbole für diese Formen bezogen werden kann (s. l. c.).

Aus obigen Beispielen geht hervor, daß infolge der Beziehungen zwischen der morphotropischen Wirkung von Cl, Br, J einerseits, K, Rb, Cs usw. anderseits derartige, chemisch verwandte Elemente einander ohne wesentliche Änderung der krystallographischen Verhältnisse vertreten können. Die daraus sich ergebende Ähnlichkeit der Krystalle von Substanzen analoger chemischer Konstitution, deren Zusammensetzung sich nur durch nahe verwandte Elemente unterscheidet, zeigt sich nun bei zahlreichen chemischen Verbindungen, und sie war es auch, welche zuerst, und zwar bei den beiden tetragonal krystallisierenden Salzen PO_4KH_2 und AsO_4KH_2 (s. S. 192), von Mitscherlich bemerkt und in ihrer Wichtigkeit erkannt wurde[1]). Dieser bezeichnete das Verhältnis, in welchem derartige Substanzen

[1]) Diese Wichtigkeit beruht u. a. darauf, daß z. B. die Übereinstimmung der Krystallformen des Kaliumsulfats und des Kaliumselenats (s. S. 174 u. 175) es gestattete, eine analoge chemische Konstitution für beide Salze anzunehmen und daher aus der Gewichtsmenge des Selens in der zweiten Verbindung auf die Größe des Atomgewichts dieses Elementes zu schließen. Auf dieser Voraussetzung beruhten längere Zeit hindurch die Bestimmungen der Atomgewichte eine Reihe von Elementen.

zueinander stehen, als **Isomorphie,** in der anfänglichen Meinung, daß die mit den damaligen Hilfsmitteln nur angenähert meßbaren Krystalle jener Salze in genau der gleichen Form krystallisieren, während es sich in Wirklichkeit bei den sog. isomorphen Körpern niemals um vollständige Identität der Krystallstruktur handelt, denn selbst bei kubischer Krystallisation derselben, bei welcher Differenzen der Winkel unmöglich sind, unterscheiden sich die absoluten Dimensionen ihrer Elementarparallelepipede und in den übrigen Krystallsystemen auch deren relative Werte, wenn auch im allgemeinen in um so geringerem Grade, je näher verwandt die einander isomorph vertretenden Elemente sind und je größer das chemische Molekül der Verbindung ist, d. h. je mehr der Einfluß ihrer übrigen Bestandteile auf die Struktur der Krystalle überwiegt. Es handelt sich also bei der Isomorphie gewissermaßen um einen relativen Begriff, d. h. um eine mehr oder weniger innige Verwandtschaft der Krystallstrukturen der betreffenden Substanzen, welche sich durch ähnliche Elemente. häufig auch durch übereinstimmende Ausbildung der Krystalle und meist durch Zugehörigkeit zu der gleichen Symmetrieklasse erweist. Die Änderung, welche die isomorphe Vertretung eines Elementes durch ein anderes bewirkt, ist aus den S. 277 f. angegebenen Gründen nur aus den topischen Elementen ersichtlich, und zur Feststellung der hierbei auftretenden, meist kleinen Differenzen sind diese auch zuerst eingeführt und verwendet worden. Die genaueren Bestimmungen derselben an einer Reihe solcher Substanzen welche sich nur durch die nächstverwandten Elemente unterscheiden, also im engeren Sinne des Wortes isomorph sind, haben nun gelehrt, daß die Änderung der Dimensionen des Elementarparallelepipeds innerhalb einer solchen Reihe in gesetzmäßiger Abhängigkeit steht zu der Änderung des Äquivalentvolumens und damit auch zu der Verschiedenheit der Atomgewichte der einander isomorph vertretenden Elemente. So gelten für die drei rhombischen Sulfate von Kalium (s. S. 174), Rubidium und Cäsium die Werte:

	V	Diff.	χ	Diff.	ψ	Diff.	ω	Diff.
SO_4K_2	65,33		3,068		5,358		3,974	
		8,44		0,116		0,206		0,190
SO_4Rb_2	73,77		3,184		5,564		4,164	
		11,40		0,145		0,264		0,225
SO_4Cs_2.	85,17		3,329		5,828		4,389	

Für die mit Kaliumsulfat isomorphen Salze Kaliumchromat und -selenat (s. S. 175) gelten die folgenden Elementargrößen:

	V	Diff.	χ	Diff.	ψ	Diff.	ω	Diff.
SO_4K_2	65,33		3,068		5,358		3,974	
		5,06		0,083		0,175		0,064
CrO_4K_2.	70,39		3,151		5,533		4,038	
		1,32		0,030		0,017		0,005
SeO_4K_2.	71,71		3,181		5,550		4,043	

Aus den Zahlen für die Differenzen in der ersten, am genauesten untersuchten Reihe geht deutlich hervor, daß die Zunahme jedes der drei Parameter beim Fortschreiten vom Kalium- zum Rubidium- und zum Cäsiumsalz vollkommen der Zunahme des Äquivalentvolumens entspricht, und auch in der zweiten Reihe, aus der zu ersehen, daß die Ersetzung des Schwefels durch Chrom bzw. Selen eine kleinere Zunahme bewirkt, ist trotz der zum Teil geringeren Genauigkeit der zugrunde gelegten Bestimmungen die gleiche Gesetzmäßigkeit unverkennbar. Dieselbe gilt aber ebenso für die isomorphe Vertretung anderer Metalle, z. B. ergeben sich für diejenige von Calcium durch Strontium und Baryum bei den natürlichen, rhombisch krystallisierten Karbonaten Aragonit, Strontianit und Witherit (s. S. 163 f.) die folgenden Werte der topischen Parameter:

	V	Diff.	χ	Diff.	ψ	Diff.	ω	Diff.
CO_3Ca	34,01		2,64		4,23		3,05	
		5,86		0,09		0,26		0,20
CO_3Sr	39,87		2,73		4,49		3,25	
		5,95		0,11		0,21		0,19
CO_3Ba	45,82		2,84		4,70		3,44	

und bei den tetragonal krystallisierten Wolframaten Scheelit (s. S. 196) und dem nur künstlich dargestellt bekannten Strontium- und Baryumsalz:

	V	Diff.	χ	Diff.	ψ	Diff.	ω	Diff.
WO_4Ca	47,53		3,146		3,146		4,803	
		6,74		0,120		0,120		0,286
WO_4Sr	54,27		3,266		3,266		5,089	
		6,42		0,091		0,091		0,207
WO_4Ba	60,69		3,357		3,357		5,386	

Diesen beiden isomorphen Gruppen werden nun allgemein noch hinzugerechnet die entsprechenden Salze des Bleis, da dessen Karbonat, das Mineral Cerussit (s. S. 164), mit den obigen kohlensauren Salzen und dessen Wolframat, als ein seltenes Mineral »Stolzit« in der Natur beobachtet, mit den Substanzen der Scheelitreihe krystallographisch fast ebenso nahe übereinstimmt, wie diese untereinander; vergleicht man aber die topischen Elemente dieser beiden Salze

	V	χ	ψ	ω
CO_3Pb	40,44	2,75	4,51	3,26 und
WO_4Pb . .	54,81	3,272	3,272	5,111,

mit denen der beiden obigen Reihen, so zeigt sich, daß für die Bleisalze jenes Gesetz der Zunahme der Parameter im Verhältnis zu derjenigen des Äquivalentvolumens, d. h. zu dem Atomgewicht des die Änderung bedingenden Elementes, nicht mehr gilt. Entsprechend seiner Stellung im natürlichen System der Elemente gegenüber den drei Metallen Calcium, Strontium und Baryum übt also das Blei eine etwas mehr abweichende Wirkung aus, die Isomorphie seiner Salze mit denen jener Metalle entspricht nicht dem gleichen Grade der Verwandtschaft, wie sie den drei anderen Salzen zukommt, und das gleiche wiederholt sich bei den verschiedensten Elementen und ebenso bei der isomorphen Vertretung des Kaliums durch Ammonium im Vergleich mit der durch Cäsium und Rubidium.

Verhalten einer Substanz gegenüber der Lösung einer ihr isomorphen Substanz. Eine Lösung befindet sich bekanntlich vom Punkte ihrer Sättigung ab bei zunehmender Menge des gelösten Stoffes nicht mehr in stabilem Zustande, und man bezeichnet den einer übersättigten Lösung als metastabil, wenn er nur durch Berühren (Impfen) mit einem Krystallpartikel der gelösten Substanz aufgehoben wird, dagegen als labil, wenn die stärker übersättigte Lösung durch Berühren mit einem beliebigen Körper oder spontan (durch Erschütterung u. dgl.) zur Krystallisation gebracht wird.

Eine charakteristische Eigenschaft isomorpher Substanzen ist es nun, daß in einer metastabil übersättigten Lösung nicht nur ein festes Partikel des in ihr enthaltenen Stoffes, sondern auch das einer isomorphen Substanz die Ausscheidung von Krystallen hervorruft. Da das Krystallisieren aus einer Lösung notwendig eine, wenn auch nur geringe Übersättigung voraussetzt, so hängt mit jener Eigenschaft die Erscheinung zusammen, daß ein Krystall, in der verdunstenden Lösung eines isomorphen Stoffes befindlich, genau ebenso fortwächst, wie in seiner eigenen Lösung. Eine solche »isomorphe Fortwachsung«[1]) entsteht z. B. durch Einbringen eines Oktaëders des dunkelvioletten Chromalauns (s. S. 259) in eine Lösung von Aluminiumalaun (S. 258), in der er sich mit einer farblosen Hülle umgibt; wendet man umgekehrt eine verdunstende Lösung von Chromalaun und einen Krystall von gewöhnlichem Alaun mit Würfelflächen an, so setzen sich auf den letzteren, durch die tiefere Färbung leicht erkennbar, dickere Schichten von Chromalaun ab als auf den Oktaëderflächen, und schließlich resultiert ein reines Oktaëder, die gewöhnliche Form des Chromalauns. Einen besonders interessanten, in der Natur vorkommenden Fall bilden die parallelen Fortwachsungen von Natron- auf Kalifeldspat (S. 110).

Isomorphe Mischungen.

Wenn zwei nicht isomorphe Substanzen sich nebeneinander in einer Lösung befinden, so existiert ein bestimmtes Verhältnis, in welchem die größten Mengen eines jeden derselben in der gesättigten Lösung miteinander im Gleichgewicht sind, ein Verhältnis, welches dem »eutektischen Punkt« zweier ineinander löslicher Flüssigkeiten bzw. Schmelzen entspricht. Eine wässerige Lösung z. B. der Salze Kaliumchlorid und Natriumchlorid, welche zwar beide kubisch krystallisieren (s. S. 255), aber nicht isomorph sind, liefert, wenn sie das eine dieser Salze in größerer Menge enthält, als es jenem Verhältnis entspricht, beim allmählichen Verdunsten zuerst nur das überschüssige Salz in reinem Zustande, bis die Zusammensetzung der Lösung das erwähnte Verhältnis erreicht hat; von da ab scheidet sich ein mechanisches Gemenge der beiden Salze aus, welches dieselben in dem konstanten »eutektischen« Verhältnisse enthält, und zwar solange, bis die Flüssigkeit vollständig verdunstet ist.

Ganz anders verhalten sich isomorphe Substanzen. Ist z. B. neben Kaliumchlorid das isomorphe Kaliumbromid (s. S. 255) in der Lösung vorhanden, so bilden sich beim Verdunsten derselben Krystalle, welche unter allen Umständen beide Salze enthalten, aber in verschiedenen Verhältnissen, je nach ihren in der Lösung befindlichen relativen Mengen, der Temperatur und der von dieser abhängigen Löslichkeit der beiden Salze. Die röntgenometrische Untersuchung solcher Mischkrystalle hat nun gezeigt, daß dieselben nicht mechanische Gemenge sind oder aus abwechselnden Schichten der beiden Substanzen bestehen, sondern, daß ihre Struktur von der der beiden reinen Salze sich nur insofern unterscheidet, als ein Teil der Chloratome im Krystallbau durch Bromatome ersetzt ist und hierbei die Punktreihen bzw. Netzebenen der Struktur

[1]) Zum Unterschied von »Fortwachsung« schlechtweg, mit welchem Namen man in der Mineralogie die Erscheinung bezeichnet, daß ein Krystall durch einen Wechsel in den Wachstumsbedingungen (s. S. 62) eine Änderung seiner Ausbildung erfahren hat und infolgedessen die Fortwachsung von anderen Flächen begrenzt ist, als der zuerst entstandene Teil des Krystalls.

durchschnittlich statt einer Art von Atomen eine ebenso große Anzahl beider Arten enthalten. Bei der Bildung eines Mischkrystalls wird aber Gleichgewicht offenbar dann am leichtesten eintreten, wenn die Verteilung der Atome eine regelmäßige ist, z. B. in gleichwertigen Punktreihen die beiderlei Atome periodisch miteinander abwechseln und ebenso die Abwechselung von gleichwertigen Punktreihen, welche mit einer Art von Atomen besetzt sind, und solchen mit ungleichartiger Besetzung ebenfalls eine regelmäßige ist. Dafür sprechen neuere Beobachtungen über die Angreifbarkeit von Mischkrystallen, z. B. von Gold mit Silber bzw. Kupfer, durch Säuren, von denen die mit mehr als 0,5 Au kein Ag bzw. Cu abgeben, weil bei der regelmäßigsten Durchmischung gleichvieler Atome beider Arten die Atome des Silbers bzw. Kupfers derart von den nicht angreifbaren Goldatomen umgeben sind, daß jene dadurch vor der Auflösung geschützt werden. Im allgemeinen verhalten sich Mischkrystalle in ihren physikalischen Eigenschaften wie die Krystalle chemisch einheitlicher Substanzen.

Da die inneren Kräfte der beiden isomorphen Strukturen nicht vollkommen identisch sind, beruht das Gleichgewicht derselben in einem solchen Mischkrystall auf einem Ausgleich der den beiden Atomarten zukommenden Differenzen, und es ist dadurch die Möglichkeit des Vorhandenseins dauernder Spannungen und des Auftretens optischer Anomalien (s. S. 51) in den Krystallen isomorpher Mischungen ebenso gegeben, wie bei mechanischen Einschlüssen oder der Anwesenheit fremder Substanzen in fester Lösung (s. S. 7), wie z. B. der von Eisenchlorid im sog. Eisensalmiak (S. 256). Auf solchen Spannungen beruhen jedenfalls die nicht selten zu beobachtenden Doppelbrechungserscheinungen kubischer Krystalle, z. B. von käuflichem, etwas natriumhaltigem Alaun, sowie andere optische Anomalien von Krystallen, welche isomorphe Beimischungen enthalten.

Die Ausgleichung der inneren Kräfte in der Krystallstruktur einer isomorphen Mischung erfolgt offenbar um so leichter, je weniger sich deren Komponenten in den Dimensionen ihrer Krystallstruktur unterscheiden, daher es bei isomorphen Substanzen, deren Äquivalentvolumina nahe gleichgroß sind, unschwer gelingt, durch Ausscheidung aus zahlreichen, verschieden zusammengesetzten Lösungen, eine kontinuierliche Reihe von Mischkrystallisationen zwischen den beiden reinen Komponenten zu erhalten, deren jede aus homogenen Krystallen besteht, wenn die jedesmal angewandte Menge der Lösung so groß ist, daß durch die Ausscheidung der Krystalle keine wesentliche Änderung in der Zusammensetzung der Lösung bewirkt wird.

In einer solchen Mischungsreihe findet nun eine stetige Änderung der physikalischen Eigenschaften der Krystalle statt, entsprechend der Änderung des Verhältnisses, in welchem die Komponenten des Mischkrystalls zueinander stehen. Für die wichtigste der skalaren Eigenschaften, die Dichte, ist bei einer Anzahl isomorpher Mischungen von Substanzen mit möglichst verschiedenem spez. Gew., z. B. denen von Kalium- und Ammoniumsulfat, Kalium- und Thalliumalaun u. a., eine so nahe Proportionalität der Dichte mit dem Verhältnis der Volumprozente der beiden Bestandteile nachgewiesen worden, daß die Abhängigkeit der Dichte der Mischkrystalle von deren Zusammensetzung angenähert durch eine Gerade dargestellt werden kann. In ähnlicher, wenn auch weniger einfachen Weise hängen auch die optischen u. a. physikalischen Eigenschaften der Mischungen von deren Zusammensetzung ab, und man kann es daher als charakteristisch für isomorphe Substanzen betrachten, daß die Eigenschaften ihrer Mischungen kontinuierliche Funktionen der chemischen Zusammensetzung der letzteren sind.

Wenn isomorphe Stoffe in mehreren polymorphen Modifikationen zu krystallisieren fähig sind, so kann eine vollständige Mischungsreihe zwischen den entsprechenden Modifikationen zweier derselben natürlich nur dann zustande kommen, wenn diese unter den obwaltenden Umständen beide stabil sind, wie es bei vielen, namentlich weniger einfachen Verbindungen, z. B. krystallwasserhaltigen Salzen, der Fall ist, daher auch an solchen Substanzen die Tatsache der unbegrenzten Mischbarkeit isomorpher Stoffe (ebenfalls von Mitscherlich) zuerst erkannt wurde. Die Mischungsreihen sind dagegen unvollständig und reichen nur bis zu einem gewissen Gehalte an der zweiten Substanz, wenn die Grenzen der Stabilität der verschiedenen Modifikationen (vgl. S. 3) für die eine Substanz sehr stark abweichen von denjenigen für die andere, so daß eine der Komponenten bei der Temperatur, bei welcher die gemischte Lösung krystallisiert, nicht fähig ist, stabile Krystalle der der anderen entsprechenden Modifikation zu bilden. Die hierdurch sich ergebenden Verhältnisse sollen in dem folgenden, der Polymorphie gewidmeten Abschnitte näher erörtert werden.

Besonders wichtig sind die isomorphen Mischungen für die Kenntnis der chemischen Zusammensetzung der Mineralien, denn ein großer Teil von diesen sind derartige Mischungen, und manche chemische Verbindungen (auch einige Elemente) kommen überhaupt nicht in reinem Zustande in der Natur vor.

So tritt z. B. das Kobaltdiarsenid nur in isomorpher Mischung mit den entsprechenden Diarseniden von Nickel und Eisen auf, und dem Mineral Smaltin (S. 258) kommt also eigentlich die Formel $(Co, Ni, Fe)As_2$ zu, welche andeutet, daß seine chemische Zusammensetzung zwar der Formel $CoAs_2$ entspricht, daß aber eine wechselnde Menge des vorherrschenden Metalls Kobalt durch äquivalente Mengen von Nickel und Eisen vertreten wird. Ebenso kommt das Mineral Enstatit (S. 183) niemals ohne einen Gehalt von zweiwertigem Eisen als Vertreter einer äquivalenten Menge des Magnesiums vor, ist also stets eine isomorphe Mischung mit dem Ferroorthosilikat SiO_4Fe_2, während Bronzit und Hypersthen ebenfalls $SiO_4(Mg, Fe)_2$ mit größerem Eisengehalt sind.

Aus der Existenz einer mehr oder weniger langen Mischungsreihe, deren Glieder übereinstimmende krystallographische Verhältnisse und kontinuierliche Änderung der physikalischen Eigenschaften mit ihrer Zusammensetzung zeigen, kann daher auf die Isomorphie der Komponenten der Mischung geschlossen werden. Umgekehrt liefert die Unmöglichkeit, isomorphe Mischungen zweier Substanzen zu erhalten, das Mittel, die nicht seltene Ähnlichkeit[1]) der krystallographischen Elemente (bzw. bei kubischen Krystallen deren Identität) von Substanzen, welche chemisch in keiner die Isomorphie bedingenden Verwandtschaft zueinander stehen, zu unterscheiden von der Beziehung, welche die isomorphen Körper verknüpft.

Zu den Eigenschaften isomorpher Mischungen, welche sich mit deren Zusammensetzung gesetzmäßig ändern, gehört auch der Schmelzpunkt, welcher für einige

[1]) Die Häufigkeit ähnlicher Elemente chemisch nicht näher verwandter Substanzen beruht darauf, daß die Parameterverhältnisse für die Gesamtheit der krystallisierten Stoffe sich naturgemäß in der Nähe von mittleren Werten häufen, von denen sich nur wenige um sehr viel entfernen.

Mischungsreihen nahezu proportional dem molekularprozentischen Gehalte der Mischung ist, während in den meisten Fällen die **Schmelzkurve** sehr stark von einer Geraden abweicht und auch zwischen ihren beiden Endpunkten, welche den beiden reinen Komponenten entsprechen, ein Minimum oder Maximum besitzen kann. Ähnliches findet auch bei den Schmelzkurven zweier nicht in dem Verhältnisse der Isomorphie stehenden Substanzen statt, von denen manche, wie bereits S. 7 erwähnt wurde, feste Lösungen, wenn auch nur in beschränktem Verhältnis, miteinander bilden können. Es ist daher ganz ungerechtfertigt, wenn, wie es in physikalisch-chemischen Veröffentlichungen zuweilen geschieht, aus der Schmelzkurve zweier Substanzen, deren Krystallformen vollständig unbekannt sind, auf deren „Isomorphie" geschlossen wird. Zur Vermeidung einer derartigen, irreführenden Verwendung dieses Wortes ist es geeignet, den Begriff „feste Lösung", von der die isomorphe Mischung nur einen ganz besonderen, scharf definitiven Fall bildet, auf die dilute Mischung nicht isomorpher Stoffe zu beschränken.

Aus den bisherigen Erörterungen geht hervor, daß die Fähigkeit zweier Elemente, in einer Verbindung einander isomorph zu vertreten, nicht nur von ihrer nahen chemischen Verwandtschaft, sondern auch von der Zusammensetzung und besonders von der Molekulargröße der Verbindung abhängt. Elemente, welche einander weniger nahestehen als es bei Cl, Br und J bzw. bei K, Rb und Cs der Fall ist, vermögen einander nur in komplizierteren Verbindungen ohne wesentliche Änderungen der Krystallstruktur zu ersetzen, während näher verwandte (wie die eben genannten) Elemente sich auch in einfachen Verbindungen so verhalten und die einander am nächsten stehenden auch im freien Zustande, wenn dieser krystallisiert ist, vollkommen isomorphe Modifikationen zu bilden imstande sind.

Betrachtet man nun die durch Krystallform und isomorphe Mischbarkeit festgestellte Isomorphie der Elemente in den verschiedenen Arten von Verbindungen und vergleicht sie mit der Zugehörigkeit derselben zu den einzelnen Gruppen des periodischen Systems, so ergibt sich, daß stets das erste Glied einer solchen Gruppe, also dasjenige, dem das niedrigste Atomgewicht zukommt, sich in bezug auf isomorphe Vertretbarkeit von dem zweiten Element derselben Gruppe weit mehr unterscheidet als dieses von dem dritten usf., daß also die Unterschiede, welche die Elemente einer solchen Gruppe in dieser Beziehung zeigen, mit dem Steigen des Atomgewichtes immer geringer werden, wie es ja ähnlich auch in ihrem chemischen Verhalten der Fall ist. Dementsprechend zeigt sich auch, daß Elemente verschiedener Gruppen, welche eine besonders große Analogie in ihren Verbindungen zeigen, wie Magnesium und das zweiwertige Eisen, auch in hohem Grade die Fähigkeit besitzen, einander in solchen isomorph zu vertreten.

Alle diese Verhältnisse gehen aus der nun folgenden Übersicht hervor, in welcher alle wichtigeren Fälle isomorpher Vertretung aufgezählt werden, und zwar geordnet nach den in Betracht kommenden Elementen, von denen die gleicher Wertigkeit, welche einander zu vertreten imstande sind, zu einer Gruppe zusammengefaßt wurden.

1. Gruppe des Wasserstoffs, der Alkalimetalle und der einwertigen Schwermetalle.

Entsprechend der Tatsache, daß in Verbindungen von hohem Molekulargewichte die Ersetzung des Wasserstoffs nur eine sehr geringe Änderung der Krystallstruktur bewirkt, sind z. B. die Krystallformen der komplexen Kieselwolframsäure $W_{12}SiO_{40}H_4 . 24\,H_2O$ (S. 238) und ihres Lithiumsalzes $W_{12}SiO_{40}Li_4 . 24\,H_2O$ (S. 241) fast identisch, und beide Substanzen bilden Mischungen in den verschiedensten Verhältnissen. Ebenso vertreten in einer Anzahl natürlicher Silikate, wie Turmalin (S. 231), den Mineralien der Glimmergruppe u. a., Wasserstoff und die

Alkalimetalle einander in wechselnder Menge (wie es bereits l. c. bei der Formel des Turmalins zum Ausdruck gebracht worden ist).

LiCl und NaCl krystallisieren zwar beide kubisch mit hexaëdrischer Spaltbarkeit, ihre Molekulargewichte sind aber sehr verschieden, und ob sie Mischkrystalle bilden, ist noch zweifelhaft. NO_3Li und NO_3Na krystallisieren in Rhomboëdern von fast genau gleichen Winkeln, aber aus gemischten Lösungen scheidet sich nur das zweite Salz, frei von Lithium, aus. JO_4Li und JO_4Na besitzen ähnliche tetragonale Krystallformen, während SO_4Li_2 und SO_4Na_2 keinerlei krystallographische Übereinstimmung zeigen und bei der Mischung Doppelsalze, wie SO_4NaLi (S. 231) und $(SO_4)_2Na_3Li$ (S. 231), bilden. Dagegen können, wenn auch mangels des Nachweises der Mischbarkeit noch nicht sicher, auf Grund der Ähnlichkeit ihrer Krystallformen als isomorph betrachtet werden die rhombischen Dithionate $S_2O_6Li_2 . 2H_2O$ und $S_2O_6Na_2 . 2H_2O$ (S. 176), die triklinen Razemate $C_4H_4O_6TlLi . 2H_2O$ und $C_4H_4O_6TlNa . 2H_2O$, sowie einige andere, weniger einfach zusammengesetzte Salze. Sicher ist die isomorphe Vertretbarkeit von Lithium und Natrium nur in den kompliziertesten Silikaten, wie im Turmalin, anzunehmen.

Natrium unterscheidet sich von den folgenden Gliedern der Gruppe schon dadurch, daß es mit verschiedenen Säuren, deren Kaliumsalze wasserfrei krystallisieren, wasserhaltige Verbindungen liefert und daß Natrium und Kalium (wie auch Lithium und Kalium, s. S. 207) in einfacher zusammengesetzten Salzen nicht in wechselnden Mengen, sondern in bestimmtem Atomverhältnis enthalten sind, wie in den Doppelsalzen Glaserit = $(SO_4)_2K_3Na$ (S. 242), dem Seignettesalz = $C_4H_4O_6KNa . 4H_2O$ (S. 158) u. a. Während Natrium- und Kaliumchlorid und ebenso die beiden Nitrate aus Lösungen keine isomorphen Mischungen liefern (S. 293), entstehen aus dem Schmelzflusse dieser, wie auch anderer Salze beider Metalle Mischkrystalle, welche aber beim Abkühlen in ein Gemenge der Komponenten zerfallen, so daß also feste Lösungen derselben ineinander nur in höherer Temperatur existenzfähig sind. Die beiden Salze Natrium- und Kaliumhydroxystannat = $Sn(OH)_6Na_2$ und $Sn(OH)_6K_2$ krystallisieren zwar beide trigonal (S. 241), aber so verschieden, daß ihnen keine analoge Krystallstruktur zugeschrieben werden kann. Durch Mischbarkeit in Lösungen, wie durch die Krystallformen der Mischungen ist sicher festgestellt die Isomorphie zwischen Natrium- und Kaliumverbindungen nur bei solchen von hohem Molekulargewicht, wie Natrium- und Kaliumalaun = $(SO_4)_2AlNa . 12H_2O$ und $(SO_4)_2AlK . 12H_2O$ (S. 258 u. 294), die monoklinen p-toluolthiosulfonsauren Salze $C_6H_4(CH_3) . SO_2 . SNa . H_2O$ und $C_6H_4(CH_3) . SO_2 . SK . H_2O$, sowie die rhombisch krystallisierenden Phthalate (s. S. 290); den weitaus wichtigsten, hierher gehörigen Fall bilden aber Natron- und Kalifedspat (S. 109 f.), von denen letzterer stets kleinere oder größere Mengen Natrium anstatt der äquivalenten Menge Kalium enthält.

Dagegen findet die isomorphe Vertretung der drei einander in chemischer Beziehung sehr nahestehenden Metalle Kalium, Rubidium und Cäsium auch in sehr einfachen Verbindungen statt, denn die Halogenide derselben stimmen sämtlich in ihren Eigenschaften so vollkommen mit dem Kaliumchlorid (s. S. 255) überein, daß sie wohl als isomorph betrachtet werden müssen. Die gegenseitigen Beziehungen der Nitrate, Chlorate und verwandter Salze werden durch Polymorphie kompliziert, während bei den Sulfaten (s. S. 291), ebenso bei den monoklinen Doppelsulfaten (S. 136), den Perchloraten, welche die gleiche gesetzmäßige Abhängigkeit vom Atomgewicht des Metalls zeigen, und zahlreichen Salzen organischer Säuren (s. z. B. S. 290) vollkommene Isomorphie vorhanden ist.

Das Thallium ist in seinem Verhalten bekanntlich einerseits den Alkalimetallen, anderseits dem Silber und Kupfer nahe verwandt. Der ersteren Beziehung entspricht die Ähnlichkeit der tetragonalen Krystallform des Thalloazids (Thalliumtrinitrit) = N_3Tl mit denen von N_3K, N_3Rb und N_3Cs, der rhombischen Form des Thallonitrats NO_3Tl mit der des Salpeters, mit dem das Salz aber nur in geringem Mengenverhältnis Mischkrystalle bildet, ferner die durch eine continuierliche Reihe von Mischkrystallen nachgewiesene Isomorphie des Thalloperchlorats ClO_4Tl mit ClO_4K (S. 173), des Thallosulfats SO_4Tl_2 mit SO_4K_2 (S. 174) und zahlreicher, weniger einfach zusammengesetzter Salze derselben Metalle mit verschiedenen, sowohl anorganischen als organischen Säuren.

Von den übrigen einwertigen Schwermetallen zeigt das Silber die nächsten krystallochemischen Beziehungen zum Natrium, indem die beiden Chloride (S. 255) in verschiedenen Verhältnissen homogene Mischkrystalle liefern, ebenso β-Silbernitrat (S. 222) mit Natriumnitrat (S. 240) und Silbersulfat SO_4Ag mit Natriumsulfat (S. 174), besonders aber die ebenfalls rhombischen Dithionate $S_2O_6Na_2.2H_2O$ und $S_2O_6Ag_2.2H_2O$ (S. 176) als unzweifelhaft isomorph zu betrachten sind.

Kupfer, Silber und Gold bilden bereits als Elemente eine isomorphe Gruppe (s. S. 263), deren Glieder nicht nur völlig übereinstimmend krystallisieren, sondern auch in allen Verhältnissen isomorphe Mischungen liefern. Ebenso stimmen auch einfache, wie komplizierte Verbindungen, im Falle der Polymorphie jedesmal die entsprechenden Modifikationen, krystallographisch miteinander überein, wie folgende Beispiele zeigen: Ag_2O bildet Oktaëder, die gewöhnlichste Form des Cuprooxydes (S. 255); das gleiche gilt für Cu_2S und Ag_2S (S. 264), welche in der Natur auch in isomorphen Mischungen vorkommen; das monokline Mineral Calaverit $= AuTe_2$ findet sich meist mit bedeutendem Gehalt von Silber als Sylvanit $= (Ag,Au)Te_2$; im Fahlerz (S. 261) wird oft ein Teil des Kupfers durch Silber, manchmal auch durch einwertiges Quecksilber vertreten; isomorph sind ferner: $(SCN)_7BaCs_3Cu_2$ und $(SCN)_7BaCs_3Ag_2$ (S.191f.), die ebenfalls tetragonal-skalenoëdrisch krystallisierenden Thiosulfate $4\,S_2O_3(NH_4)_2.NH_4Cl.CuCl$ und $4\,S_2O_3(NH_4)_2.NH_4Cl.AgCl$ u. a.

Außer dem einwertigen Quecksilber tritt in einigen seltenen Mineralien auch Thallium als isomorpher Vertreter von Kupfer und Silber auf.

2. Gruppe der zweiwertigen Metalle.

Das Beryllium bewahrt seine eigentümliche Stellung gegenüber den anderen zweiwertigen Elementen auch in krystallochemischer Beziehung; in elementarem Zustande krystallisiert es zwar hexagonal mit ähnlichem Axenverhältnis, wie das Magnesium (S. 214), aber dies beweist nicht seine Isomorphie mit letzterem, denn der betreffende Wert gehört zu denjenigen, welche bei einer ganzen Reihe nicht verwandter Substanzen vorkommen (vgl. S. 295 Anmerk.), z. B. auch bei dem ebenfalls hexagonalen Berylliumoxyd. In der Tat ist auch krystallographische Ähnlichkeit, aber ohne isomorphe Mischbarkeit, zwischen analog zusammengesetzten Beryllium- und Magnesiumsalzen nur bei einigen Phosphaten und Silikaten zu beobachten, während in anderen Fällen vollständige Verschiedenheit stattfindet, z. B. bei den rhombischen Verbindungen Al_2O_4Be (Chrysoberyll S. 176) und Cr_2O_4Be gegenüber Al_2O_4Mg (Spinell S. 265) und des damit isomorphen Cr_2O_4Mg, ferner bei den Salzen $SO_4Be\,.\,4\,H_2O$ (tetragonal S. 201) und $SO_4Mg\,.\,4\,H_2O$ (monoklin), ebenso bei $SO_4Be\,.\,6\,H_2O$, welches kubisch krystallisiert, während $SO_4Mg\,.\,6\,H_2O$ monoklin krystallisiert. Meist existieren die den Magnesiumverbindungen entsprechenden Berylliumsalze überhaupt nicht oder sie krystallisieren mit anderem Wassergehalt.

Mit dem Magnesium sind in bezug auf Isomorphie am nächsten verwandt die zweiwertigen Metalle Mangan, Eisen, Nickel, Kobalt, Zink und Cadmium, denn wenn auch die Elemente selbst nicht übereinstimmend krystallisieren, vielmehr sich in bestimmten Atomverhältnissen verbinden, so findet isomorphe Vertretung derselben, soweit ihre entsprechenden Verbindungen krystallographisch bekannt sind und abgesehen von den durch Polymorphie bedingten scheinbaren Ausnahmen, doch ganz allgemein statt, nicht nur in komplizierten sondern auch in den einfachsten Verbindungen. Das in der Natur vorkommende Magnesiumoxyd (S. 264) enthält FeO in isomorpher Mischung, und mit ihm sind ferner isomorph die als seltene Mineralien auftretenden Oxyde MnO (Manganosit), NiO (Bunsenit) und CdO, während ZnO in isomorpher Mischung mit MnO in einer zweiten hexagonalen Modifikation das Mineral Zinkit (S. 212) bildet. Im Sphalerit (S. 260) ist fast immer ein Teil des Zinks durch andere zweiwertige Metalle vertreten, hauptsächlich durch Eisen, in geringerer Menge durch Mangan und Cadmium, und ebenso ist der hexagonale Wurtzit (S. 213) wesentlich (Zn, Fe)S. Wahrscheinlich isomorph sind auch die hexagonalen Chloride $MgCl_2$ und $FeCl_2$. Unter den Halogendoppelsalzen krystallisieren monoklin isomorph $Au_2Cl_8Mg\,.\,8\,H_2O$, $Au_2Cl_8Ni\,.\,8\,H_2O$ und $Au_2Cl_8Zn\,.\,8\,H_2O$, während einer zweiten Modifikation angehörig $Au_2Cl_8Mn\,.\,8\,H_2O$ und $Au_2Cl_8Co\,.\,8\,H_2O$ trikline, ebenfalls völlig übereinstimmende Krystallformen zeigen; von besonderer Wichtigkeit ist aber die Gruppe der trigonal krystallisierenden, mit dem Magnesiumhexafluorosilikat-Hexahydrat $= SiF_6Mg\,.\,6\,H_2O$ (S. 240) isomorphen Doppelsalze, zu welcher außer den entsprechenden Verbindungen von Mn, Fe, Ni, Co und Zn auch das Salz mit zweiwertigem Kupfer (S. 240) gehört, und dieses Metall erscheint als isomorpher Vertreter des Magnesiums und der ihm am nächsten verwandten Elemente auch in der analogen Gruppe: $PtCl_6Mg\,.\,6\,H_2O$ (S. 240), $PtCl_6Mn\,.\,6\,H_2O$, $PtCl_6Fe\,.\,6\,H_2O$, $PtCl_6Ni\,.\,6\,H_2$, $PtCl_6Co\,.\,6\,H_2O$,

$PtCl_6Cu . 6 H_2O$, $PtCl_6Zn . 6 H_2$ und $PtCl_6Cd . 6 H_2O$. Kubisch und jedenfalls isomorph krystallisieren die bromsauren Salze $(BrO_3)_2Mg . 6 H_2$ und die entsprechenden Nickel-, Kobalt- und Zinkverbindungen. Unter den Nitraten ist zu erwähnen die trigonal krystallisierte Gruppe des $(NO_3)_{12}Ce_2Mg_3 . 24 H_2O$ und der ebenso zusammengesetzten Salze von Mn, Ni, Co und Zn an Stelle von Mg. Die wichtigsten hierher gehörigen Beispiele bilden die rhomboëdrischen Carbonate CO_3Mg (Magnesit S. 240), CO_3Mn (Manganspat s. S. 241), CO_3Fe (Eisenspat ebenda), CO_3Ni (künstlich in Rhomboëdern erhalten), CO_3Co (Kobaltspat), CO_3Zn (Zinkspat S. 241) und CO_3Cd (s. ebenda). Ganz allgemein ist die isomorphe Vertretung des Magnesiums durch zweiwertiges Eisen, häufig auch durch die anderen oben aufgezählten Metalle, namentlich Mangan, in den natürlichen Silikaten, von denen diejenigen des Magnesiums fast nie frei von einer Beimischung des entsprechenden Ferrosilikates sind, so z. B. das Metasilikat Enstatit (S. 183), welches stets einige % FeO, noch häufiger aber mehr (Bronzit) bis zu ungefähr der gleichen Menge wie MgO (Hypersthen), enthält. Auch das entsprechende, rhomboëdrisch krystallisierte, titansaure Salz, das seltene Mineral Geikielith enthält eine isomorphe Beimischung des Ferrometatitanats (S. 234). Das gleiche gilt für das Magnesiumorthosilikat (S. 173), welches gewöhnlich als Olivin mit der Zusammensetzung $SiO_4 (Mg, Fe)_2$ vorkommt; außer dem Ferroorthosilikat (S. 173) sind damit isomorph SiO_4Mn_2 (Tephroit) und das Mineral Röpperit = $SiO_4 (Fe, Mn, Zn, Mg)_2$, während das reine Zinksalz in einer trigonalen Modifikation, als Willemit, auftritt, welche dem Berylliumorthosilikat Phenakit (S. 234) sehr nahesteht. Den Mineralien der Olivingruppe analog verhalten sich die Glieder der kubischen Granatgruppe: das Magnesiumaluminiumorthosilikat stets eisenhaltig als Pyrop = $(SiO_4)_3Al_2(Mg, Fe)_3$, die Ferroverbindung als Hauptbestandteil des Almandin = $(SiO_4)_3Al_2(Fe, Mg)_3$ und das Manganoaluminiumorthosilikat als Hauptbestandteil des Spessartin = $(SiO_4)_3Al_2(Mn, Fe)_3$. In ziemlich vollständiger Weise ist die isomorphe Vertretung der hier in Betracht kommenden Metalle nachgewiesen in den wasserhaltigen Sulfaten, den sog. Vitriolen: von den Pentasulfaten krystallisieren übereinstimmend triklin: $SO_4Mg . 5 H_2O$, $SO_4Mn . 5H_2O$ und $SO_4Fe . 5 H_2O$ wie $SO_4Cu . 5 H_2O$, (S. 109), während vom Kobalt- und Zinksalz die entsprechende Form durch isomorphe Mischung erkannt worden ist; unter den Hexahydraten krystallisieren monoklin $SO_4Mg . 6 H_2O$ (S. 134), $SO_4Ni . 6 H_2O$, $SO_4Co . 6 H_2$, $SO_4Zn . 6 H_2O$, in einer zweiten tetragonalen Modifikation (bei niedrigerer Temperatur) $SO_4Ni . 6 H_2O$ (S. 193), von welcher Form auch Mischkrystalle des Kupfer- und Zinksalzes beobachtet wurden; die Heptahydrate bilden ebenfalls zwei im Verhältnis der Polymorphie stehende Reihen: zu der rhombisch-disphenoïdischen gehören: das Bittersalz (S. 154), Nickel- und Zinkvitriol (ebenda), in isomorphen Mischungen auch $SO_4Mn . 7 H_2O$ und $SO_4Fe . 7 H_2O$, zu der monoklinen $SO_4Mg . 7 H_2O$ (aus übersättigter Lösung), der Eisenvitriol (S. 135), $SO_4Co . 7 H_2O$, $SO_4Cu . 7 H_2O$ und in isomorpher Mischung $SO_4Mn . 7 H_2O$, $SO_4Zn . 7H_2O$ und $SO_4Cd . 7 H_2O$. Die große isomorphe Gruppe der monoklinen Doppelsulfate der Alkalien und der zweiwertigen Metalle umfaßt von Kaliumsalzen: $(SO_4)_2MgK . 6 H_2O$ (S. 136), (Manganosalze sind nur mit Rb und Cs bekannt), $(SO_4)_2FeK_2 . 6 H_2O$ (ebenda), $(SO_4)_2NiK_2 . 6 H_2O$, $(SO_4)_2CoK_2 . 6 H_2O$, $(SO_4)_2CuK_2 . 6 H_2O$, $(SO_4)_2ZnK_2 . 6 H_2O$ und wahrscheinlich auch $(SO_4)_2CdK_2 . 6 H_2O$. Wichtige Beispiele bietet auch die oktaëdrisch krystallisierte Spinellgruppe dar. die Aluminate von Magnesium (S. 265), Mangan, Eisen, Kobalt und Zink, sowie die Ferrite derselben Metalle, zu denen das Magneteisenerz (ebenda) gehört, deren Glieder als Mineralien in mannigfachen isomorphen Mischungen vorkommen. Unter den phosphorsauren und arsensauren Salzen gehören einer isomorphen Gruppe an: $(PO_4)_2Mg_3 . 8 H_2O$, $(PO_4)_2Fe_3 . 8 H_2O$ (S. 138) ferner $(AsO_4)_2Mg_3 . 8 H_2O$, $(AsO_4)_2Fe_3 . 8 H_2O$, $(AsO_4)_2Ni_3 . 8 H_2O$, $(AsO_4)_2Co_3 . 8 H_2O$ (ebenda) und in isomorpher Mischung $(AsO_4)_2Zn . 8 H_2O$. Die isomorphe Vertretung des Magnesiums durch die im vorhergehenden erwähnten zweiwertigen Metalle ist eine ebenso allgemeine, wie in den Salzen anorganischer Säuren, auch in denen organischer Säuren. Hierher gehören verschiedene Gruppen wasserhaltiger einfacher und komplexer Salze der Essigsäure, der Äpfelsäure, (z. B. der sehr vollständig bekannten Reihe, zu welcher das Zinkdimalat S. 194 gehört), der Weinsäure (s. S. 159 die Verbindung mit Magnesiumnitrat, mit der die entsprechenden Salze von Mn, Ni, Co, Cu und Zn vollkommen übereinstimmen), der Benzolsulfonsäure, z. B. in den isomorphen Salzen: $(C_6H_5 . SO_3)_2Mg . 6 H_2O$ (s. S. 143), $(C_6H_5 . SO_3)_2Mn . 6 H_2O$, $(C_6H_5 . SO_3)_2Fe . 6 H_2O$, $(C_6H_5 . SO_3)_2Ni . 6 H_2O$, $(C_6H_5 . SO_3)_2Co . 6 H_2O$, $(C_6H_5 . SO_3)_2Cu . 6 H_2O$, $(C_6H_5 . SO_3)_2Zn . 6 H_2O$ (S. 143), $(C_6H_5 . SO_3)_2Cd . 6 H_2O$, und anderer Säuren, welche sich von der Benzolsulfonsäure durch Substitution ableiten.

Im Vergleich zu der krystallochemischen Verwandtschaft der im Vorhergehenden angeführten zweiwertigen Metalle, besonders des Mangans, Eisens und Zinks, mit dem Magnesium ist diejenige des Calciums mit dem letzteren eine weniger nahe, denn wenn auch beide Elemente einander in komplizierten Verbindungen isomorph zu vertreten imstande sind, so ist die Mischbarkeit einfacherer Magnesium- und Calciumsalze doch im allgemeinen nur eine beschränkte und manche derselben vereinigen sich zu intermediären Verbindungen, in denen die beiden Metalle in bestimmten einfachen Atomverhältnissen enthalten sind. Hierher gehören der Dolomit = $(CO_3)_2MgCa$ (S. 234), der Diopsid = $(SiO_3)_2MgCa$ (S. 132) und der Tremolit = $(SiO_3)_4Mg_3Ca$ (ebenda), Mineralien, in denen meist wechselnde Mengen des Magnesiums, aber nicht des Calciums, durch Eisen vertreten sind, daher ihre Zusammensetzung alsdann der Formel $(CO_3)_2(Mg,Fe)Ca$ bzw. $(SiO_3)_2(Mg, Fe)Ca$ und $(SiO_3)_4(Mg, Fe)_3Ca$ (Aktinolith oder Strahlstein) entspricht. Die Krystallformen dieser Mineralien stehen jedoch in ihren Axenverhältnissen denen der entsprechenden einfachen Salze so nahe, daß sie im weiteren Sinne noch als isomorph mit ihnen betrachtet werden können, und das gleiche gilt für das Mineral Monticellit = SiO_4MgCa im Vergleich mit dem Forsterit (S. 173); das Calciumorthosilikat SiO_4Ca_2 ist bisher nur künstlich aus Schmelzen bei hohen Temperaturen in mehreren Modifikationen erhalten worden, deren Krystallformen keine nähere Bestimmung gestatteten. Im engeren Sinne des Wortes sind dagegen isomorph die entsprechenden Verbindungen von Calcium, Strontium und Baryum, denen sich als weniger nahe verwandt, wie bereits S. 292 an zwei Beispielen gezeigt wurde, die Bleiverbindungen anreihen. Das Verhältnis dieser Metalle tritt schon in den Oxyden hervor, indem CaO,SrO und BaO kubisch, PbO in einer rhombischen und einer tetragonalen Modifikation krystallisieren, während CaS (S. 264), SrS, BaS und auch PbS (ebenda) kubische Krystalle mit hexaëdrischer Spaltbarkeit bilden. Calciumnitrat = $(NO_3)_2Ca$ kann durch Erhitzen des Hydrates in Oktaëdern erhalten werden und ist unzweifelhaft isomorph mit den kubischen Salzen $(NO_3)_2Sr$, $(NO_3)_2Ba$ und $(NO_3)_2Pb$ (s. S. 251 f.). Zwei hierher gehörige isomorphe Gruppen, die der Carbonate und die der Wolframate, wurden bereits S. 292 näher behandelt. Verwickelter sind die Verhältnisse bei den Sulfaten, indem SO_4Sr, SO_4Ba und SO_4Pb zwar unzweifelhaft isomorphe rhombische Krystalle bilden (s. S. 175), das Calciumsalz (ebenda) dagegen zwar auch rhombisch, aber in Form und Spaltbarkeit völlig verschieden krystallisiert. Die Dithionate $S_2O_6Ca \cdot 4\,H_2O$, $S_2O_6Sr \cdot 4\,H_2O$ und $S_2O_6Pb \cdot 4\,H_2O$ krystallisieren übereinstimmend trigonal-trapezoëdrisch (s. S. 226), während das Baryumsalz zwar in einer anderen, monoklinen Modifikation erhalten wird, jedoch mit ersteren isomorphe Mischungen bildet. Mit dem Chlorapatit = $(PO_4)_3Ca_4(CaCl)$ (S. 211) sind isomorph die Salze $(PO_4)_3Sr_4(SrCl)$, $(PO_4)_3Ba_4(BaCl)$ und der Pyromorphit $(PO_4)_3Pb_4(PbCl)$ (ebenda), ferner bilden eine übereinstimmend rhombisch krystallisierende Gruppe die Verbindungen $AsO_4CaH \cdot H_2O$ (Haidingerit), $AsO_4SrH \cdot H_2O$ und $AsO_4BaH \cdot H_2O$. Unter den Salzen organischer Säuren krystallisieren die Formiate von Calcium, Strontium, Baryum und Blei sämtlich rhombisch, isomorph sind aber nur die drei letzten (s. S. 155), während $(HCOO)_2Ca$ (S. 177) einer anderen Modifikation angehört, aber mit jenen, wenn auch in beschränkten Verhältnissen, isomorphe Mischungen bildet. Von den meisten anderen Säuren sind die krystallographischen Verhältnisse nur von den Salzen eines oder zweier von den in Rede stehenden Metallen bekannt. Vollständiger untersucht ist nur die Reihe der rhombischen, ausgezeichnet pseudotetragonalen Benzolsulfonate $(C_6H_5 \cdot SO_3)_2Ca \cdot H_2O$, $(C_6H_5 \cdot SO_3)_2Ba \cdot H_2O$ und $(C_6H_5 \cdot SO_3)_2Pb \cdot H_2O$.

Eine isomorphe Vertretung der bisher genannten Metalle durch zweiwertiges Quecksilber ist nur in einigen komplizierten Verbindungen, wie in den rhombisch krystallisierten Doppelsalzen $CuCl_4(N \cdot 4\,CH_3)_2$ und $HgCl_4(N \cdot 4\,CH_3)_2$, den triklinen Verbindungen Pyridincadmiumbromid $(C_5H_5N \cdot HBr)_2 \cdot CdBr_2$ und Pyridinquecksilberbromid $(C_5H_5N \cdot HBr)_2 \cdot HgBr_2$ (S. 113) nachgewiesen worden, eine solche von Eisen durch die Platinmetalle in den Salzen $Ru(CN)_6K_4 \cdot 3\,H_2O$ und $Os(CN)_6K_4 \cdot 3\,H_2O$, welche mit dem gelben Blutlaugensalze (S. 130) vollkommen isomorph sind, endlich von Baryum durch Radium in der mit dem monoklinen $BaBr_2 \cdot 2\,H_2O$ übereinstimmenden Verbindung $RaBr_2 \cdot 2\,H_2O$.

3. Gruppe der dreiwertigen Elemente.

Die Beziehungen des ersten Gliedes dieser Gruppe, des Bors, mit den folgenden beschränkt sich auf eine Ähnlichkeit, welche die monoklinen Krystalle des Minerals Hydrargillit = $Al(OH)_3$ in der Ausbildung und den Kohäsionsverhältnissen mit den pseudohexagonalen Krystallen der Borsäure (S. 108) zeigen, und auf gewisse Analogien von Bor und Aluminium in der chemischen Konstitution einiger Silikate, aber eine eigentliche Isomorphie von Verbindungen beider Elemente existiert nicht.

Dagegen wird Aluminium stets isomorph vertreten durch dreiwertiges Chrom, Mangan, Eisen und nicht selten auch durch Titan. Beispiele dafür sind: die Oxyde Al_2O_3, Cr_2O_3 und Fe_2O_3 (S. 237 f.), denen sich das damit vollkommen isomorphe Ti_2O_3 anschließt; die in sehr ähnlichen rhombischen Formen auftretenden Mineralien Diaspor = AlO(OH), Manganit = MnO(OH) und Göthit = FeO(OH); trigonal und wahrscheinlich isomorph krystallisieren AlF_3, CrF_3 und $FeCl_3$, deren Formen jedoch nicht genau bekannt sind, und in Oktaëdern die Doppelsalze $AlF_6(NH_4)_3$, $TiF_6(NH_4)_3$, $VF_6(NH_4)_3$, $CrF_6(NH_4)_3$ und $FeF_6(NH_4)_3$. Besonders zahlreich sind die Beispiele isomorpher Vertretung von Aluminium durch dreiwertiges Eisen bei den Silikaten: so krystallisiert die Verbindung Si_2O_6FeK genau so, wie der Leucit (S. 267) und Si_3O_8FeK vollkommen isomorph mit dem Orthoklas (S. 148); die beiden Kalkgranaten, Grossular und Andradit (S. 266) finden sich in isomorphen Mischungen der verschiedensten Verhältnisse, und eine teilweise Ersetzung von Al durch Fe findet statt im Epidot (S. 133), im Augit und in der Hornblende, letztere beide Mineralien, welche als isomorphe Mischungen des Diopsid- bzw. -Tremolitsilikats (s. S. 132) mit einer hypothetischen Aluminium- bzw. Ferriverbindung $SiO_6Al_2(Mg,Fe)$ bzw. $SiO_6Fe_2(Mg,Fe)$ betrachtet werden. Mit dem Spinell (S. 265) sind isomorph das Magnesiumchromit Cr_2O_4Mg und das Magnesiumferrit Fe_2O_4Mg, Verbindungen, welche in mannigfachen isomorphen Mischungen mit dem Ferroferrit Fe_2O_4Fe (ebenda) in der Natur vorkommen. Die größte Mannigfaltigkeit in der isomorphen Vertretung dreiwertiger Elemente zeigt die Gruppe der Alaune, welcher außer den drei S. 258 f. beschriebenen Salzen $(SO_4)_2AlK.12H_2O$, $(SO_4)_2CrK.12H_2O$ und $(SO_4)_2FeK.12H_2O$ von Kaliumverbindungen noch angehören: $(SO_4)_2VK.12H_2O$, $(SO_4)_2CoK.12H_2O$, $(SO_4)_2GaK.12H_2O$, $(SO_4)_2RhK.12H_2$, $(SO_4)_2InK.12H_2O$ und $(SO_4)_2IrK.12H_2O$, während der Titankaliumalaun und der Manganikaliumalaun so unbeständig sind, daß nur die entsprechenden Rubidium- und Cäsiumverbindungen krystallisiert erhalten werden konnten. Weniger zahlreich sind Beispiele unter den Salzen organischer Säuren, von denen erwähnt seien die mit dem Ammoniumaluminiumoxalat-Trihydrat = $(C_2O_4)_3Al(NH_4)_3.3H_2O$ (S. 140) isomorphen Verbindungen: $(C_2O_4)_3Cr(NH_4)_3.3H_2O$, $(C_2O_4)_3Fe(NH_4)_3.3H_2O$ und $(C_2O_4)_3Co(NH_4)_3.3H_2O$, sowie die pseudokubisch krystallisierten Salze $(C_2O_4)_6Al_2K_2Na_4.8H_2O$ (S. 261) und $(C_2O_4)_6Cr_2K_2Na_4.8H_2O$.

Was die dreiwertigen Metalle der sog. seltenen Erden betrifft, so kann eine Beziehung zu den vorher besprochenen höchstens in einigen sehr kompliziert zusammengesetzten Mineralien durch Vertretung von Cer, Eisen und Aluminium, wie in dem dem Epidot (S. 133) analog zusammengesetzten Orthit angenommen werden. Einander vertreten jedoch diese Metalle stets ohne wesentliche Änderung der Krystallform, wie die vollkommene Isomorphie zahlreicher Salze derselben beweist; auf dieser beruht die bekannte Schwierigkeit ihrer Trennung, da sie stets isomorphe Mischungen bilden, deren Komponenten nur durch zahlreiche fraktionierte Krystallisationen, welche allmählich immer reicher an dem schwerer löslichen Salze werden, einigermaßen rein erhalten werden können. Die älteren Messungen beziehen sich daher sämtlich auf Mischsalze, namentlich die von Verbindungen der früher als Didym bezeichneten Gemenge, und von den Metallen Scandium und Thulium sind überhaupt noch keine Salze krystallographisch untersucht worden. Mehr oder weniger vollständig ist die Vertretung der Elemente Yttrium, Lanthan, Cer, Praseodym, Neodym, Samarium, Terbium, Erbium und Ytterbium nachgewiesen besonders in folgenden Salzgruppen, deren mehrere für die Trennung der seltenen Erden von Bedeutung sind: die triklin krystallisierenden Nitrate von der allgemeinen Formel $(NO_3)_3R.6H_2O$ (s. S. 109), mit denen auch das Wismuthsalz isomorphe Mischungen bildet; die monoklinen Doppelsalze, wie $(NO_3)_5La(NH_4)_2.4H_2O$ (S. 131), die trigonalen, wie $(NO_3)_{12}Ce_2Mg_3.24H_2O$ (S. 240), ferner die normalen Sulfate mit $8H_2O$, von denen das Cersalz in einer triklinen Modifikation (S. 183) existiert, während dessen zweite monokline Form isomorph ist mit den entsprechenden Salzen von Y, Pr (s. S. 135), Nd, Sm, Gd, Er; endlich gehören hierher die Gruppe trikliner essigsaurer Salze, welche isomorph sind mit $(CH_3.COO)_3Y.4H_2O$ (S. 111) und die monoklinen Oxalate von der Formel $(C_2O_4)_3R_2.11H_2O$.

Der Krystallstruktur des kubischen Aluminiums ist außerordentlich ähnlich diejenige des Goldes, welches in gewissen Verbindungen als dreiwertiges Element vorhanden ist, doch scheint jene Ähnlichkeit nicht auf einer atomistischen Verwandtschaft zu beruhen, da keine mit Aluminiumverbindungen analog zusammengesetzten Aurate bekannt sind.

Unzweifelhafte Beziehungen der Isomorphie bestehen dagegen zwischen dem dreiwertigen Chrom, Mangan, Nickel, Kobalt, Eisen einerseits und denjenigen Platinmetallen anderseits, welche als dreiwertige Elemente zu fungieren imstande sind, in den folgenden Komplexsalzen: mit dem roten Blutlaugensalze (S. 130) sind nicht nur $Cr(CN)_6K_3$, $Mn(CN)_6K_3$, $Co(CN)_6K_3$, sondern auch $Rh(CN)_6K_3$ und $Ir(CN)_6K_3$ isomorph, ebenso mit dem Purpureokobaltchlorid (S. 171) das entsprechende Pentammin-Rhodiumtrichlorid $RhCl_3.5NH_3$ und die tetragonalen Luteoverbindungen $(NO_3)_3Co.6NH_3$ und $(NO_3)_3Ir.6NH_3$; ferner stimmen mit den Formen des racemischen Luteotriäthylendiaminkobaltchlorid (S. 239) vollkommen überein die von $Cr(C_2H_8N_2)_3Cl_3.3H_2O$ und $Rh(C_2H_8N_2)_3Cl_3.3H_2O$, und sowohl mit denen des aktiven, als des razemischen Luteotriäthylendiaminkobaltnitrat (S. 158) bzw. die des Salzes $Rh(C_2H_8N_2)_3(NO_3)_3$.

Die Verhältnisse des dreiwertigen Arsens, Antimons und Wismuths werden wegen der Verwandtschaft dieser Elemente mit Stickstoff und Phosphor im Zusammenhange der 5. Gruppe behandelt werden.

4. Gruppe der vierwertigen Elemente.

Der S. 296 erwähnte große Unterschied zwischen den beiden ersten Gliedern einer Gruppe tritt hier besonders deutlich hervor, denn Kohlenstoff und Silicium krystallisieren zwar beide, wie die meisten Elemente, kubisch, sind aber keinesfalls isomorph, denn sie bilden keine isomorphen Mischungen, sondern die Verbindung SiC (s. S. 230); daß CJ_4 und SiJ_4 krystallographisch übereinstimmen, liefert, da es sich auch hier um kubische Krystallisation handelt, keinen Beweis ihrer Isomorphie; eine isomorphe Vertretung beider Elemente findet vielmehr nirgends, nicht einmal in komplizierten Verbindungen statt. Was die übrigen Glieder dieser Gruppe betrifft, so krystallisieren Germanium, Blei und Thorium kubisch, Zinn aber tetragonal und rhombisch, während die Krystallformen von Titan und Zirkonium nicht sicher bekannt sind. Auch die Dioxyde zeigen noch wesentliche Unterschiede, denn eine mit dem Quarz (S. 225) oder Tridymit (S. 169) isomorphe Verbindung der anderen Elemente existiert nicht (die Beziehung des letzteren mit dem rhombischen Titandioxyd, dem Brookit (s. S. 169), beschränkt sich auf eine teilweise Ähnlichkeit der Axenverhältnisse), ebensowenig ein mit der tetragonalen Modifikation von TiO_2, dem Anatas (S. 200), isomorphes Dioxyd eines anderen vierwertigen Elements. Dagegen besteht vollständige Übereinstimmung der Krystallstruktur zwischen den Verbindungen $SiZrO_4$ (Zirkon S. 200), dem analogen $SiThO_4$ (Thorit), der stabilen Modifikation des Titandioxyds (Rutil ebenda) und dem Zinndioxyd (Kassiterit S. 200), denen sich als ähnlich krystallisiert Mangandioxyd (Polianit) und Rutheniumdioxyd anreihen, es sind jedoch isomorphe Mischungen dieser Substanzen nicht bekannt. Das gleiche gilt für die wohl als isomorph zu betrachtenden, kubisch krystallisierenden Halogenide SiJ_4, TiJ_4, SnJ_4 (S. 258) und die Verbindungen: $P_2O_5.SiO_2$, $P_2O_5.TiO_2$, $P_2O_5.ZrO_2$, $P_2O_5.SnO_2$. Besonders zahlreiche Beispiele der isomorphen Vertretung vierwertiger Elemente finden sich unter den komplexen Halogensalzen, so die trigonale Gruppe: $SiF_6Mg.6H_2O$, (S. 240), $TiF_6Mg.6H_2O$, $SnF_6Mg.6H_2O$, welcher außerdem auch die Chlorosalze $SnCl_6Mg.6H_2O$ (S. 240), $PdCl_6Mg.6H_2O$ und $PtCl_6Mg.6H_2O$ (ebenda) angehören. An die Stelle des Zinns treten die Platinmetalle, Blei und unter andern, nur selten vierwertigen Elementen auch Selen, Tellur und Antimon in den oktaëdrisch krystallisierten Salzen, welche dem Kaliumhexachlorostannat (S. 265) entsprechen, nämlich $PtCl_6K_2$ (ebenda), $RuCl_6K_2$, $PdCl_6K_2$, $OsCl_6K$, $IrCl_6K_2$, $PbCl_6K_2$, ferner $SeBr_6K_2$, $TeCl_6K_2$ und $SbCl_6Cs_2$; diesen Salzen schließen sich an die trigonal krystallisierenden Verbindungen: $Sn(OH)_6K_2$ (S. 241), $Pt(OH)_6K_2$ und $Pb(OH)_6K_2$. Isomorph sind ferner zahlreiche Chloroplatinate organischer Basen mit den entsprechenden Chlorostannaten, z. B. $PtCl_6(NH_3.CH_3)_2$ (S. 239) mit $SnCl_6(NH_3.CH_3)_2$, $PtCl_6(NH_3.C_2H_5)_2$ (ebenda) mit $SnCl_6(NH_3.C_2H_5)_2$, $PtCl_6(NH_2.2CH_3)_2$ mit $SnCl_6(NH_2.2CH_3)_2$ (S. 172), die Chloroplatinate heterozyklischer Basen, wie Piperidin u. a. mit den entsprechenden Stannaten.

Die Übereinstimmung von Blei und Zinn tritt außer in den bereits angeführten kubischen Chlorosalzen u. a. auch in den monoklinen isomorphen Salzen SnF_8K_3H und PbF_8K_3H hervor.

Cer und Thorium vertreten einander in den isomorphen, monoklin krystallisierten Nitraten $(NO_3)_6CeMg \cdot 8\,H_2O$ (S. 131) und $(NO_3)_6ThMg \cdot 8\,H_2O$, vierwertiges Uran und Thorium in den ebenfalls monoklinen und isomorphen Sulfaten $(SO_4)_2Th \cdot 9\,H_2O$ (S. 135) und $(SO_4)_2U \cdot 9\,H_2O$.

Die Elemente der Platingruppe zeigen mit denen der Eisengruppe insofern auch eine krystallochemische Verwandtschaft, als das natürliche metallische Platin stets wechselnde Mengen Eisen enthält (beide Metalle krystallisieren kubisch) und die Verbindung RuS_2, das seltene Mineral Laurit, die Krystallform des Pyrit (S. 257) und der Sperrylith $PtAs_2$ (S. 258) die des Smaltin (s. ebenda) zeigt.

5. Gruppe des Stickstoffs und der damit verwandten (drei- und fünfwertigen) Elemente.

Die in der vorhergehenden Gruppe angeführte isomorphe Vertretung einander weniger nahestehender Elemente in komplizierten Verbindungen zeigt sich auch bei den beiden ersten Gliedern der vorliegenden Gruppe, dem Stickstoff und dem Phosphor; während NH_4J und PH_4J nicht isomorph sind, stimmen in ihrer Krystallisation überein: $N(CH_3)_4J$ und $P(CH_3)_4J$ (S. 201), $N(C_2H_5)_4Br$ und $P(C_2H_5)_4J$ (S. 238), sowie das kubische Tetraäthylphosphoniumchloroplatinat mit der oktaëdrischen Modifikation des entsprechenden Ammoniumsalzes; wahrscheinlich ist auch das nur unvollständig gemessene Triphenylphosphin $(C_6H_5)_3P$ isomorph mit dem Triphenylamin $(C_6H_5)_3N$.

Näher stehen einander in krystallochemischer Beziehung die Elemente Phosphor und Arsen, wenn auch ihre Isomorphie im elementaren Zustande nicht sicher ist (Arsen krystallisiert in sehr niedriger Temperatur in einer kubischen Modifikation, welche vielleicht der des gewöhnlichen Phosphors, S. 264, entspricht). Unter den Verbindungen, in denen diese Elemente dreiwertig sind, bilden die Trioxyde monokline Krystalle, von denen jedoch die von P_2O_3 so zerfließlich sind, daß es nicht möglich ist, zu bestimmen, ob sie mit der monoklinen Modifikation von As_2O_3 (s. S. 128) isomorph sind; auch die Verwandtschaft der Krystalle von Phosphortrijodid mit den trigonalen Krystallen des Arsentrijodides ist noch nicht festgestellt. Dagegen vertreten diese beiden Elemente einander stets isomorph, wenn sie fünfwertig sind, wie in den phosphorsauren und arsensauren Salzen; hierher gehören die tetragonal krystallisierenden Verbindungen PO_4KH_2 und AsO_4KH_2 (S. 192) und die beiden analogen Ammoniumsalze, an denen Mitscherlich zuerst das Gesetz der Isomorphie erkannte (S. 290), ferner $PO_4NaH_2 \cdot 2H_2O$ (S. 154) und $AsO_4NaH_2 \cdot 2H_2O$ das Phosphorsalz $PO_4(NH_4)NaH \cdot 4H_2O$ (S. 137) und $AsO_4(NH_4)NaH \cdot 4H_2O$, $PO_4Na_2H \cdot 7H_2O$ (S. 138) und $AsO_4Na_2H \cdot 7H_2O$, sowie die Dodekahydrate derselben Salze (s. ebenda), ferner die rhombischen Mineralien Libethenit = $PO_4Cu(Cu.OH)$ und Olivenit = $AsO_4Cu(Cu.OH)$, die hexagonalen Pyromorphit = $(PO_4)_3Pb_4(PbCl)$ und Mimetesit = $(AsO_4)_3Pb_4(PbCl)$ (S. 211), welche mit dem Apatit (s. ebenda) isomorph sind, der monokline Vivianit = $(PO_4)_2Fe_3 \cdot 8H_2$ (S. 138) und Symplesit = $(AsO_4)_2Fe_3 \cdot 8H_2O$, die rhombischen Salze $PO_4MgNH_4 \cdot 6H_2O$ (Struvit, S. 165) und $AsO_4MgNH_4 \cdot 6H_2O$, die Mineralien Strengit = $PO_4Fe \cdot 2H_2O$ und Skorodit = $AsO_4Fe \cdot 2H_2O$ (S. 176) u. a. (in allen diesen Fällen entspricht die citierte Beschreibung des Phosphates bis auf kleine Differenzen der Elemente und der Ausbildung der Krystalle auch dem Arsenate). Als isomorph können auch betrachtet werden die beiden kubisch krystallisierten Salze Bromäthyltriäthylphosphoniumbromid = $P(C_2H_4Br)(C_2H_5)_3Br$ und Bromäthyltriäthylarsoniumbromid = $As(C_2H_4Br)(C_2H_5)_3Br$.

Nach der Größe des Atomgewichtes steht zwischen Phosphor und Arsen das Vanadin, welches aber in seinem chemischen Charakter sich mehr dem Niob und dem Tantal nähert. Als Metall krystallisiert es kubisch. Dreiwertig vertritt es isomorph das Aluminium im Vanadinalaun (s. S. 301), fünfwertig den Phosphor im Vanadinit (S. 211), der einzigen krystallographisch näher untersuchten Verbindung, in welcher es genau die Rolle des Phosphors und Arsens spielt. Außerdem sind jedenfalls isomorph die trigonalen Salze $PO_4Na_3 \cdot 12\,H_2O$, $AsO_4Na_3 \cdot 12\,H_2O$ und $VO_4Na_3 \cdot 12\,H_2O$, da jedes derselben in der übersättigten Lösung eines der beiden andern fortwächst (S. 293), aber deren Axenverhältnisse sind unbekannt.

Eine in bezug auf Isomorphie völlig zusammenhängende Reihe bilden dagegen die drei Elemente Arsen, Antimon und Wismuth, in welcher diese Beziehung schon in den krystallographischen Verhältnissen der Elemente selbst (s. S. 237) beginnt und sich in den Verbindungen verschiedenster Art fortsetzt, im allgemeinen verbunden mit unbegrenzter Mischbarkeit, wie sie auch die Elemente bei der Ausscheidung aus dem Schmelzfluße zeigen. Dreiwertig vertreten einander diese drei

Elemente in den folgenden isomorphen Gruppen: den **Oxyden**, welche je in einer kubischen und einer rhombischen bzw. pseudorhombischen (monoklinen) Modifikation existieren; in den Sulfiden, von denen As_2S_3 allerdings nur in der nichtmetallischen Modifikation des Auripigmentes (S. 129), welches dem orangeroten, durch Fällung entstehenden Sb_2S_3 entspricht, krystallographisch untersucht ist, während man von letzterem nur die Krystallform der metallischen Modifikation, den Antimonit (S. 170), kennt, mit welchem der Bismuthit Bi_2S_3 vollkommen isomorph ist; ferner in den mit dem Kobaltin (S. 258) isomorphen Verbindungen NiAsS (Gersdorfit), NiSbS (Ullmannit) und NiBiS (in isomorpher Mischung mit der vorigen im Kallilith) und in den natürlich vorkommenden Sulfosalzen. Von den letzteren sind meist nur zwei der drei analogen Verbindungen in Krystallen bekannt, z. B. SbS_2Cu (Chalkostibit) und BiS_2Cu (Emplektit), $(AsS_2)_2Pb$ (Skleroklas) und $(SbS_2)_2Pb$ (Zinckenit), AsS_3Ag (Proustit) und SbS_3Ag (Pyrargyrit, s. S. 231 f.), AsS_3PbCu (Seligmannit) und SbS_3PbCu (Bournonit s. S. 176); im Fahlerz (S. 261) sind stets Arsen und Antimon in wechselnden Mengen enthalten. Endlich ist mit dem triklin krystallisierenden Triphenylstibin $= Sb(C_6H_5)_3$ isomorph das allerdings nur in unvollständig bestimmbaren Krystallen bekannte Triphenylarsin $= As(C_6H_5)_3$, während die unvollkommenen Krystalle, welche bisher vom Triphenylbismin $= Bi(C_6H_5)_3$ erhalten worden sind, zwei monoklinen Modifikationen anzugehören scheinen.

Niob und Tantal bilden, wie das Vanadin, sehr mannigfaltig zusammengesetzte Polysäuren; es sind aber bisher keine analogen Salze von Vanadinsäuren einerseits, Niob- und Tantalsäuren anderseits krystallographisch untersucht worden, daher eine Vergleichung z. Z. noch nicht möglich ist. Über die Krystallformen der Oxyde V_2O_5, Nb_2O_5 und Ta_2O_5 ist so wenig bekannt, daß sich auch hieraus über die krystallochemische Beziehung der drei Elemente nichts aussagen läßt. Dagegen vertreten Niob und Tantal einander isomorph in allen analogen, krystallographisch untersuchten Verbindungen, z. B. in den beiden rhombischen Fluorosalzen NbF_7K_2 und TaF_7K_2, besonders aber in den niob- und tantalsauren Salzen, von denen die einfachsten die Metaniobate und Metatantalate des zweiwertigen Mangans und Eisens sind, welche in isomorpher Mischung die rhombisch krystallisierten Mineralien Niobit (Kolumbit) $= [(Nb, Ta)O_3]_2(Fe, Mn)$ und Tantalit $= [(Ta, Nb)O_3]_2(Fe, Mn)$ bilden.

6. Gruppe des Sauerstoffs (zwei-, vier- und sechswertige Elemente).

Die meist kubisch krystallisierten einfachsten Verbindungen des Sauerstoffs und Schwefels mit Metallen zeigen infolge ihrer hohen Symmetrie (s. S. 274) in vielen Fällen eine Übereinstimmung ihrer Krystallstruktur, welche jedoch nicht als »Isomorphie« betrachtet werden darf. So krystallisiert MgS in Würfeln und spaltet ebenso, wie MgO (S. 264), und ebenso verhalten sich CaS zu CaO, SrS zu SrO und BaS zu BaO; ferner kann man die Formen der hexagonalen Modifikation des Zinksulfids (S. 213) auf ein ähnliches Axenverhältnis zurückführen, wie die Krystalle des Zinkoxyds (S. 212); endlich krystallisieren übereinstimmend kubisch Cu_2O (S. 255) und Cu_2S (S. 264), ebenso das Mineral Linneït $= (CoS_2)_2Co$, welches eine dem Magnetit $= (FeO_2)_2Fe$ analoge Konstitution besitzt, u. a.[1]). Daß in diesen Fällen keine Isomorphie vorliegt, geht daraus hervor, daß die krystallographischen Verhältnisse komplizierterer Verbindungen des Sauerstoffs und des Schwefels keine Übereinstimmung zeigen. Es sind z. B. die Krystallformen der Thiosulfate von denen der Sulfate auch bei gleichem Gehalt an Krystallwasser verschieden, so die trikline Verbindung $S_2O_3Fe \cdot 5\,H_2O$ von dem mit dem Kupfervitriol (S. 109) isomorphen $SO_4Fe \cdot 5H_2O$, das monokline Doppelsalz $(S_2O_3)_2MgK \cdot 6\,H_2O$ von $(SO_4)_2MgK \cdot 6H_2O$ (S. 136); völlig verschieden sind die Krystallformen des Sulfoharnstoffs (S. 178) von denen des Carbamids selbst (S. 192) und ebenso, trotz der Größe des Molekuls, Form und Spaltbarkeit von Diphenylharnstoff und Diphenylthioharnstoff (S. 181).

Von den auf den Schwefel folgenden beiden Elementen Chrom und Selen ist die Krystallform des ersteren (wahrscheinlich kubisch) nicht sicher bekannt, und das Selen bildet mehrere krystallisierte Modifikationen (s. S. 128 u. 237), von denen keine einer solchen des Schwefels entspricht; die Möglichkeit der Existenz korrespondierender Modifikationen beider Elemente geht jedoch daraus hervor, daß rhombischer Schwefel (S. 153) bei der Krystallisation aus selenhaltiger Lösung in Schwefelkohlenstoff nicht unbeträchtliche Mengen Selen aufzunehmen vermag

[1]) Durch ihre große Annäherung an rhombische Symmetrie, sowie durch die Übereinstimmung ihrer höchst vollkommenen Spaltbarkeit und ihrer Zwillingsbildung zeigen eine auffallende Verwandtschaft Arsentrisulfid und Arsentrioxyd (S. 128 f.), welche sogar auf ähnliche Elemente bezogen werden könnten (eine röntgenometrische Strukturbestimmung liegt noch nicht vor).

und sich aus selenreicheren Lösungen auch isomorphe Mischkrystalle nahe gleicher Mengen beider Elemente bilden, deren monokline Krystallform mit der einer dritten, aus heißen Lösungen zu erhaltenden, aber labilen Modifikation des Schwefels übereinstimmt. Dagegen vertreten die drei Elemente Schwefel, Chrom und Selen einander stets isomorph in den analogen Sauerstoffsalzen, in denen sie sechswertig sind, wofür als wichtigste Beispiele angeführt werden mögen die Gruppe SO_4K_2, CrO_4K_2 und SeO_4K_2 (S. 174f), die der Hydrate $SO_4Na_2 . 10 H_2O$ (S. 134), $CrO_4Na_2 . 10 H_2O$, $SeO_4Na_2 . 10 H_2O$ (mit denen wahrscheinlich auch $MoO_4Na_2 . 10 H_2O$ und $WO_4Na_2 . 10 H_2O$ isomorph sind), die mit SO_4Ba (S. 175) vollkommen isomorphen Salze CrO_4Ba und SeO_4Ba und die dem $(SO_4)_2MgK_2 . 6 H_2O$ (S. 136) und den damit isomorphen Verbindungen entsprechenden chromsauren und selensauren Doppelsalze. Da Selen in chemischer Beziehung dem Schwefel näher steht, als Chrom, so ist die Isomorphie analoger Schwefel- und Selenverbindungen eine ganz allgemeine und erstreckt sich auch auf diejenigen einfachster Zusammensetzung. In den meisten Fällen schließt sich ihnen ferner das Tellur an, dessen nahe Verwandtschaft mit dem Selen auch aus der Isomorphie dieses Elementes mit dem metallischen Selen (s. S. 237) hervorgeht; so müssen als isomorph betrachtet werden Ag_2S (S. 264), Ag_2Se und Ag_2Te, ZnS (S. 260), ZnSe und ZnTe, PbS (S. 264), PbSe und PbTe; da diese meist natürlich vorkommenden Substanzen sämmtlich kubisch krystallisieren, wäre die Vergleichung der Sauerstoffverbindungen der drei Elemente von großer Wichtigkeit, aber leider ist die Kenntnis der Di- und Trioxyde derselben äußerst mangelhaft und tellursaure Salze, welche den Sulfaten und Selenaten in ihrer Zusammensetzung entsprechen, sind bisher nicht erhalten worden.

Dem Chrom stehen in chemischer Beziehung näher, als Selen und Tellur, die beiden Elemente Molybdän und Wolfram, und diese scheinen in analog zusammengesetzten Verbindungen einander durchweg isomorph zu vertreten, was bisher allerdings erst für wenige Fälle sicher nachgewiesen ist; so für einige komplexe Oxyfluoride, während die einfachen Oxyde in krystallographischer Hinsicht sehr mangelhaft erforscht sind. Als unzweifelhaft isomorphe Gruppen können folgende betrachtet werden: die monoklinen Salze $CrO_4(NH_4)_2$, $MoO_4(NH_4)_2$ und $WO_4(NH_4)_2$, ferner die tetragonal krystallisierenden Molybdate und Wolframate von Calcium, Strontium, Baryum und Blei, von denen die Mineralien Wulfenit = MoO_4Pb und Scheelit = WO_4Ca S. 189 bzw. 196 beschrieben wurden; die rhombischen Salze MoS_4K_2, WS_4K_2, $MoS_4(NH_4)_2$ und $WS_4(NH_4)_2$ (S. 176), deren durch metallische Oberflächenfarben ausgezeichneten Krystalle ganz übereinstimmende Verhältnisse zeigen und auch Mischungen bilden (bei gleicher Orientierung der pseudohexagonalen Axe *c* mit *a* des Kaliumsulfates und der damit isomorphen Salze zeigt sich auch eine unverkennbare Ähnlichkeit dieser sämtlichen Verbindungen, deren Konstitution eine analoge ist); unter den Polymolybdaten und -wolframaten sind entsprechend zusammengesetzte noch nicht gemessen worden, dagegen ist die Isomorphie einiger komplexer Verbindungen, wie z. B. $MoO_2F_4(NH_4)_2$ (S. 172) und $WO_2F_4(NH_4)_2$, mehrerer kieselmolybdänsaurer und kieselwolframsaurer sowie phosphormolybdänsaurer und phosphorwolframsaurer Salze bekannt, z. B. die der Verbindungen $Mo_{12}SiO_{40}K_4 . 18 H_2O$ und $W_{12}SiO_{40}K_4 . 18 H_2O$, deren hexagonale Krystalle (Komb. $(10\bar{1}0)$, $(10\bar{1}1)$) optisches Drehungsvermögen zeigen, die der triklinen Salze $Mo_9PO_{31}K_3 . 7 H_2$ und $W_9PO_{31}K_3 . 7 H_2O$ u. a.

Die Isomorphie einer Verbindung des sechswertigen Urans mit einer analogen Molybdän- oder Wolframverbindung ist noch nicht sicher festgestellt, doch ist es möglich, daß die pseudohexagonalen Täfelchen von UO_4K_2 (Axenverhältnisse unbekannt) der isomorphen Gruppe des Kaliumsulfats (S. 174f) angehören, welche alsdann die vollständigste isomorphe Vertretung der auf den Schwefel folgenden Elemente der vorliegenden Gruppe zeigen würde, da außer SO_4K_2, CrO_4K_2 und SeO_4K_2 (s. l. c.) auch MoO_4K_2 und WO_4K_2 als wahrscheinlich ihr angehörig zu betrachten sind, was übrigens auch für die analog konstitituierten Salze MnO_4K_2 und FeO_4K_2 gilt. Ähnliche isomorphe Reihen bilden die Salze $(SO_4)_2Na_3Li . 6 H_2O$ (S. 231), $(CrO_4)_2Na_3Li . 6 H_2O$, $(SeO_4)_2Na_3Li . 6 H_2O$, $(MoO_4)_2Na_3Li . 6 H_2O$ und $(WO_4)_2Na_3Li . 6 H_2O$, ferner die Gruppe der mit dem Glaubersalz (S. 134) isomorphen Verbindungen, welcher außer $CrO_4Na_2 . 10 H_2O$ und $SeO_4Na_2 . 10 H_2O$ wahrscheinlich auch $MoO_4Na_2 . 10 H_2O$ und $WO_4Na_2 . 10 H_2O$ angehören, während von den monoklinen Doppelsalzen (S. 136) außer den Sulfaten, Chromaten und Selenaten ein analoges molybdänsaures Salz, $(MoO_4)_2Mg(NH_4)_2 . 6 H_2O$, nur in isomorphen Mischungen mit dem entsprechenden schwefelsauren bekannt ist. Unter den Salzen organischer Säuren möge erwähnt werden, daß die Verbindung $C_2H_4O_2(NCS)_6Mo(NH_4)_3 . H_2O$ (S. 165) isomorph ist mit $C_2H_4O_2(NCS)_6Cr(NH_4)_3 . H_2O$.

7. Gruppe des Fluors.

Das Fluor zeigt in chemischer Beziehung ein von den übrigen Halogenen mehrfach abweichendes Verhalten, und dementsprechend steht es ihnen auch in bezug auf isomorphe Vertretung weniger nahe, als die drei Elemente Chlor, Brom und Jod einander (s. S. 290). Natriumfluorid stimmt zwar in Form und Kohäsionsverhältnissen mit NaCl überein, hat aber ein viel größeres Äquivalentvolumen; die Krystallform von KF ist nicht sicher bekannt, und von Ammoniumfluorid wurden bisher nur hexagonale, also von denen des Salmiaks verschiedene Krystalle erhalten. Stannofluorid = SnF_2 bildet flächenreiche monokline Krystalle, während eine damit übereinstimmend krystallisierende Clorverbindung nicht zu existieren scheint. Unzweifelhaft festgestellte Fälle der Isomorphie ergeben sich erst bei Verbindungen mit größerem Molekulargewicht; so ist das Magnesiumfluorostannat $SnF_6Mg \cdot 6\,H_2O$ isomorph mit $SnCl_6Mg \cdot 6\,H_2O$ (S. 240), das Fluorophosphat des Calciums mit dem Chlorophosphat (s. Apatit S. 211), p,p'-Difluorbiphenyl = $FH_4C_6 \cdot C_6H_4F$ mit p,p'-Dichlorbiphenyl (S. 145), 1,4-Fluornaphthalinsulfonsäurechlorid = $C_{10}H_6F.SO_2Cl$ mit 1,4-Chlornaphthalinsulfonsäurechlorid = $C_{10}H_6Cl \cdot SO_2Cl$ (trikline, nicht genau meßbare Krystalle) und die Ester derselben beiden Säuren: 1,4-Fluornaphthalinsulfonsäureäthylester = $C_{10}H_6F.SO_3(C_2H_5)$ mit 1,4-Chlornaphthalinsulfonsäureäthylester = $C_{10}H_6Cl \cdot SO_3(C_2H_5)$ (S. 146). Ob die p-Fluorbenzoësäure mit der p-Brombenzoësäure (S. 143) isomorph ist (die p-Chlorbenzoësäure krystallisiert in einer anderen, triklinen Modifikation), kann bei der flächenarmen Ausbildung ihrer Krystalle nicht als sicher festgestellt betrachtet werden, wie denn überhaupt organische Fluorverbindungen von annähernd so großer Krystallisationsfähigkeit, wie sie im allgemeinen den Chlor-, Brom- und Jodderivaten zukommt, nur wenige bekannt sind.

Chlor, Brom und Jod sind zweifellos schon im elementaren Zustande isomorph, denn die beiden ersteren erstarren in niederer Temperatur zu rhombischen Krystallen mit prismatischer Spaltbarkeit, deren Winkel beim Brom zu 70°, d. h. ähnlich dem von (110) des krystallisierten Jods (S. 168) bestimmt werden konnte; ferner bilden sie paarweise kontinuierliche Mischungsreihen. Diese drei Elemente, deren nahe übereinstimmende morphotropische Wirkung S. 289 zum Ausgangspunkt der Erklärung isomorpher Beziehungen überhaupt gewählt wurde, zeigen nun auch in allen (auch den einfachsten) Verbindungen, in denen nicht infolge der Polymorphie (da, wie die Schmelzpunkte, auch die Umwandlungspunkte (s. S. 3) der verschiedenen Modifikationen bei den Verbindungen des Broms und noch mehr bei denen des Jods höher liegen als bei den Chlorverbindungen) eine nicht korrespondierende Modifikation vorliegt, eine vollständige isomorphe Vertretbarkeit. Demgemäß zeigen die drei Halogensalze des Kaliums (S. 255) die gleiche Krystallstruktur mit regelmäßiger Zunahme der Dimensionen des Elementarparallelepipeds; Ammoniumjodid ist isomorph mit dem Kaliumjodid, während Ammoniumchlorid (S. 256) und das vollkommen damit übereinstimmende Ammoniumbromid einer zweiten, ebenfalls kubischen Modifikation angehören. Von den Silberhalogeniden krystallisieren AgCl und AgBr ebenfalls kubisch, und zwar wahrscheinlich hexakisoktaëdrisch (gewöhnlich einfache Oktaëder), AgJ dagegen in einer hexagonalen Modifikation (S. 213); das letztere Salz besitzt aber ebenfalls eine kubische Modifikation, welche jedoch bei gewöhnlicher Temperatur nicht beständig ist, daher sie mit den beiden anderen Salzen nur solche isomorphe Mischungen bildet, in denen letztere vorwalten, während AgCl und AgBr in jedem Verhältnis mischbar sind. Ebenso zeigt sich die durch Polymorphie bedingte Abweichung der Jodverbindung bei mehreren Dihalogeniden, z. B. denen des Quecksilbers, welche in dem Abschnitte über Polymorphie näher betrachtet werden, denen des Bleies, indem $PbBr_2$ vollkommen isomorph mit $PbCl_2$ (S. 171), PbJ_2 dagegen hexagonal krystallisiert, und bei den Trihalogeniden des Antimons, während bei den Doppelhalogeniden meist alle drei Verbindungen bei gewöhnlicher Temperatur der korrespondierenden Modifikation angehören. So sind $PtBr_6K_2$ und PtJ_6K_2 isomorph mit $PtCl_6K_2$ (S. 265), $PtBr_6Ni \cdot 6\,H_2O$ und $PtJ_6Ni \cdot 6\,H_2O$ mit $PtCl_6Ni \cdot 6\,H_2O$, welches mit $PtCl_6Mg \cdot 6\,H_2O$ (S. 240) isomorph ist, und viele andere. Das gleiche gilt für Verbindungen mit noch höherem Molekulargewichte; z. B. sind mit dem Apatit (S. 211) isomorph die Salze $(PO_4)_3Ca_4(CaBr)$ und $(PO_4)_3Ca_4(CaJ)$. Dagegen kompliziert das Auftreten der Polymorphie die Verhältnisse bei den Salzen, in denen die Halogene fünfwertig sind; so krystallisiert Natriumjodat (wasserfrei aus wässeriger Lösung nur bei nahe 100° zu erhalten) rhombisch, also verschieden von ClO_3Na und BrO_3Na (S. 252); Kaliumchlorat krystallisiert monoklin (S. 131), Kaliumbromat trigonal

(S. 231), beide bilden aber Mischkrystalle der einen oder der anderen Form, während die Krystallform des Kaliumjodates eine ganz abweichende monokline ist (s. S. 266).

Sehr zahlreich sind die Fälle isomorpher Vertretung von Chlor und Brom, nicht selten auch von Jod, bei den organischen Verbindungen, von denen eine Anzahl bereits als Beispiele bei der Betrachtung der einzelnen Symmetrieklassen der Krystalle angeführt wurden, wie C_2Cl_6 und C_2Br_6 (S. 177), von denen auch zwei intermediäre, chemisch isomere Verbindungen, $CCl_3.CClBr_2$ und $CCl_2Br.CCl_2Br$ gemessen wurden, wobei sich zeigte, daß die Zunahme der topischen Parameter durch Ersetzung von Chlor durch Brom am größten in der *b*-Axe und in den beiden anderen Richtungen bei dem symmetrischen Dibromid weit stärker ist, als bei dem unsymmetrischen. Mit den beiden trigonalen Glykoseverbindungen $2C_6H_{12}O_6.NaCl.H_2O$ und $2C_6H_{12}O_6.NaJ.H_2O$ (S. 228) stimmt die analoge Bromverbindung vollkommen überein. Isomorph mit dem Benzolhexachlorid (S. 141) ist das Bromid $C_6H_6Br_6$. Eine übereinstimmend rhombisch krystallisierende Reihe bilden *d*-*α*-*π*-Dichlor- und -Dibromcampher, $C_{10}H_{14}OCl_2$ und $C_{10}H_{14}OBr_2$, mit den beiden intermediären Verbindungen $C_{10}H_{14}OBrCl$ und $C_{10}H_{14}OClBr$; ebenfalls rhombisch und isomorph sind *d*-*π*-Camphersulfonsäurechlorid und -bromid (S. 159), die Ammoniumsalze derselben beiden Säuren (s. S. 121) u. a. Unter den aromatischen Verbindungen sind sehr viele Gruppen vorhanden, in denen das Chlor- und das Bromderivat isomorph sind, während die Jodverbindung unter den gleichen Umständen in einer anderen Modifikation erhalten wird. So ist die Krystallform von *p*-Dibrombenzol übereinstimmend mit der von *p*-Dichlorbenzol (S. 141), die von *p*-Dijodbenzol rhombisch; ebenso sind die beiden rhombischen Verbindungen *m*-Chlornitrobenzol und *m*-Bromnitrobenzol (S. 165 f.) vollkommen isomorph, während die entsprechende Jodverbindung (S. 141) monoklin krystallisiert. Von den drei, zu letzteren isomeren, Paraderivaten dagegen gehört die Form der Chlorverbindung (s. S. 283) einer anderen Modifikation an, als die Brom- und die Jodverbindung, welche vollkommen isomorph sind, (s. S. 111). Ebenso verhalten sich *p*-Chlor-, Brom- und Jodbenzoësäureäthylester (s. S. 144 u. 180). Besonders vollständig sind die krystallographischen Verhältnisse einer anderen Gruppe von Halogennitroderivaten des Benzols untersucht, welche sich vom Nitrobenzol durch Eintritt dreier Halogenatome ableitet, diejenige des 3, 4, 5-Trichlornitrobenzols (S. 111) und 3, 4, 5-Trijodnitrobenzols (monoklin); während von ersterem sowie vom Tribromderivat und einer Anzahl intermediärer Verbindungen nur die trikline Form bekannt ist, von dem letzteren und den Derivaten mit zwei Jodatomen nur die monokline, konnten von 3, 5-Chlor-4-Bromnitrobenzol beide Formen festgestellt werden. Anders liegen die Verhältnisse in der Gruppe des Diacet-2, 6-Dichlor-4-Nitranilid (S. 148), welches, wie auch die 2-Chlor-6-Bromverbindung, monoklin krystallisiert, während das 2-Chlor-6-Jodderivat scheinbar damit isomorphe, aber nur pseudomonokline Krystalle bildet, und endlich 2, 6-Dibrom- bzw. Dijod-4-nitranilin (S. 112) triklin krystallisieren, ersteres mit nur wenig, letzteres mit etwas mehr von den vorigen abweichenden Winkeln; daß man es hier mit einer einzigen pseudomonoklinen Reihe, welche ein vollständiges Analogon zu der der Feldspäte (S. 110) bildet, zu tun hat, beweist die Ähnlichkeit der topischen Parameter und die stetige Zunahme von ψ in dieser besonders sorgfältig untersuchten isomorphen Gruppe:

	χ	ψ	ω	α	β	γ
$C_6H_2ClCl(NO_2).N(C_2H_3O)_2$	6,632	5,838	5,110	90°	109° 56′	90°
$C_6H_2ClBr(NO_2).N(C_2H_3O)_2$	6,664	5,989	5,096	90°	109° 24′	90°
$C_6H_2BrBr(NO_2).N(C_2H_3O)_2$	6,670	6,119	5,094	91° 17′	109° 10½′	86° 34′
$C_6H_2ClJ(NO_2).N(C_2H_3O)_2$	6,572	6,333	5,059	90°	108° 16′	90°
$C_6H_2BrJ(NO_2).N(C_2H_3O)_2$	6,372	6,729	4,904	96° 0′	102° 33′	80° 54
$C_6H_2JJ(NO_2).N(C_2H_3O)_2$	6,544	6,758	4,906	96° 53′	103° 51′	80° 17′

Ebenso wird Chlor durch Brom und Jod ohne wesentliche Änderung der Krystallform ersetzt in den weniger kompliziert zusammengesetzten Stoffen 2, 4-Dichlor-Dibrom- und Dijodanilin, welche sämtlich sehr einfache rhombische Krystalle bilden. Von dem Thymochinon $= C_6H_2O_2(CH_3)(C_3H_7)$ leiten sich durch Halogensubstitution in der Stellung 3 eine rhombische Chlorverbindung und die isomorphen, monoklinen Derivate mit Brom und Jod ab, während die 6-Derivate sämtlich monoklin krystallisieren, aber von dieser nur die Chlor- und die Bromverbindung isomorph sind; auch die Oxime der ersteren sind monoklin, aber hier gehören die Krystalle des Chlorderivates einer anderen Modifikation an als die der beiden anderen; vollkommen isomorph sind die rhombisch krystallisierten Acetylverbindungen $C_6HClO(N.OC_2H_3O)(CH_3)(C_3H_7)$, $C_6HBrO(N.OC_2H_3O)(CH_3)(C_3H_7)$ und $C_6HJO(N.OC_2H_3O)(CH_3)(C_3H_7)$. Isomorph sind ferner die monoklinen Krystalle von o-Chlor- und o-Brombenzophenon, während o-Jodbenzophenon = $C_6H_5.CO.C_6H_4J$ nur in einer triklinen Modifikation bekannt ist. Ebenso verhalten sich die Halogenderivate von Benzoylthymochinonoxim, von denen die Chlor- und die Bromverbindung monoklin. die Jodverbindung rhombisch krystallisiert. Dagegen sind die drei Paraderivate des Triphenylmethans $(C_6H_4Cl)_3CH$, $(C_6H_4Br)_3CH$ und $(C_6H_4J)_3CH$ sämtlich isomorph (rhombisch) mit regelmäßiger Zunahme der topischen Parameter nach dem Atomgewicht des Halogens. Die gleiche Gesetzmäßigkeit tritt in den Axenverhältnissen hervor in der ebenfalls rhombischen Gruppe Chlor-, Brom- und Jod-β-Naphthol (S. 157) Ebenso sind mit 1,5-Chlornaphthalinsulfonsäurechlorid (S. 112) vollkommen isomorph 1,5-Brom- und 1,5-Jodnaphthalinsulfonsäurechlorid.

Aus dieser Zusammenstellung geht deutlich hervor, daß die Temperaturintervalle, innerhalb deren im Falle der Polymorphie die verschiedenen Modifikationen beständig sind, bei entsprechenden Chlor-, Brom- und Jodverbindungen sich im allgemeinen um so weniger unterscheiden, je komplizierter deren Zusammensetzung ist; daher wird mit steigender Molekulargröße immer häufiger die Tatsache zu beobachten sein, daß bei gewöhnlicher Temperatur sich die korrespondierenden und infolgedessen isomorphen Modifikationen aller drei Substanzen bilden. Von weitaus den meisten Halogenderivaten organischer Verbindungen sind übrigens nur die des Chlors und des Broms oder nur die eines dieser beiden Halogene krystallographisch untersucht worden.

Zu der Gruppe des Fluors gehört endlich, nach der Größe des Atomgewichts unmittelbar auf das Chlor folgend, das Mangan. Verbindungen dieses Elements von analoger Konstitution mit solchen des Chlors sind nur in den übermangansauren Salzen bekannt; das wichtigste Beispiel der isomorphen Vertretung der beiden Elemente bietet die Gruppe des Kaliumperchlorats und -permanganats (S. 173), zu der auch die Verbindungen ClO_4Rb und MnO_4Rb sowie ClO_4Cs und MnO_4Cs gehören; alle diese Salze krystallisieren übereinstimmend und bilden lückenlose Reihen von Mischkrystallen; bei der Ersetzung von Chlor durch Mangan nehmen außerdem die topischen Parameter regelmäßig einen entsprechend höheren Wert an. Analoge Bromverbindungen existieren nicht, und die überjodsauren Salze haben eine abweichende Konstitution, daher sie ganz anders krystallisieren, als die überchlor- und übermangansauren.

Die vorstehend aufgezählten Fälle betreffen sämtlich die isomorphe Vertretung je eines Atoms durch das eines mehr oder weniger verwandten Elementes. Außerdem kann aber auch ein solches ohne wesentliche Änderung der Krystallstruktur vertreten werden durch eine Atomgruppe, und zwar um so leichter, je ähnlicher das chemische Verhalten dieser Gruppe demjenigen des von ihr ersetzten Elementes ist.

Die nächste hier in Betracht kommende Verwandtschaft ist diejenige zwischen der Gruppe NH_4, dem Ammonium, und den Alkalimetallen, und dementsprechend sind namentlich die analogen Kalium- und Ammoniumsalze ganz allgemein isomorph; ihre Übereinstimmung unterscheidet sich von derjenigen im engsten Sinne isomorpher Salze jedoch dadurch, daß ihre Strukturdimensionen nicht dasjenige Gesetz der Abhängigkeit vom Atomgewichte der einander ersetzenden Bestandteile der Verbindung befolgt, welches S. 291 f. auseinandergesetzt wurde. So besitzen z. B. die topischen Parameter des Ammoniumsulfats (S. 174) Werte, welche denen des Rubidiumsalzes (s. d. Tab. S. 291) sehr nahestehen, während das Gewicht der Atomgruppe NH_4 erheblich kleiner als das des Kaliumatoms ist; das gleiche gilt für die topischen Parameter von $(SO_4)_2Mg(NH_4)_2 . 6\,H_2O$ (S. 136), und ähnliche Verhältnisse ergeben sich bei der Vergleichung anderer Ammoniumsalze, z. B. $ClO_4(NH_4)$ und $MnO_4(NH_4)$, mit den damit isomorphen Verbindungen von Kalium (S. 173), Rubidium und Cäsium. Auch hier werden die Verhältnisse besonders häufig bei einfach zusammengesetzten Salzen kompliziert durch die Polymorphie, indem die Grenztemperaturen für die Stabilität der verschiedenen Modifikationen eines Ammoniumsalzes oft bedeutend von denen des entsprechenden Kaliumsalzes abweichen. Chlorammonium z. B. existiert in zwei Modifikationen, welche beide kubisch krystallisieren und von denen die bei gewöhnlicher Temperatur beständige (S. 256) nicht mit dem Chlorkalium (S. 255) isomorph ist; die zweite Modifikation entsteht in hoher Temperatur bei der Sublimation im Vakuum, wandelt sich aber beim Abkühlen sehr rasch in die stabile um. Ebenfalls dimorph sind das Bromid und das Jodid des Ammoniums, und es bilden sich daher aus einer alle drei Salze enthaltenden Lösung in der Wärme andere Wachstumsformen als in niederer Temperatur, wie aus Fig. 45 S. 63 ersichtlich ist, in welcher die zuerst ausgeschiedenen Hexaëder mit *a*, die beim reinen Salmiak gewöhnlichen Skeletbildungen mit *b* bezeichnet sind; hieraus und aus den Mischungsversuchen je zweier dieser Salze geht hervor, daß NH_4Cl und NH_4Br noch eine zweite, in höherer Temperatur beständige, ebenfalls kubische Modifikation besitzen, welche derjenigen von KCl entspricht; diese letztere bildet sich bei gewöhnlicher Temperatur auch bei der Krystallisation einer reinen Lösung von NH_4J. Zahlreich sind die Beispiele isomorpher Vertretung von Kalium und Ammonium unter den Doppelhalogeniden und -Cyaniden; von solchen mögen angeführt werden: $CdCl_6K_4$ (S. 239) und $CdCl_6(NH_4)_4$, $Fe(CN)_6K_4 . 3\,H_2O$ (S. 130) und $Fe(CN)_6(NH_4)_4 . 3\,H_2O$, $ZnCl_4K_2$ (S. 171) und $ZnCl_4(NH_4)_2$, $CuCl_4K_2 . 2\,H_2O$ (S. 202), $CuCl_4Rb_2 . 2\,H_2O$ und $CuCl_4(NH_4)_2 . 2\,H_2O$, $SnCl_4K_2 . 2\,H_2O$ (S. 171) und $SnCl_4(NH_4)_2 . 2\,H_2O$, $HgCl_4K_2 . H_2O$ (ebenda) und $HgCl_4(NH_4)_2 . H_2O$, die mit dem roten Blutlaugensalze (S. 130) isomorphen Verbindungen $Co(CN)_6K_3$ und $Co(CN)_6(NH_4)$, SiF_6K_2 und $SiF_6(NH_4)_2$ je in einer kubischen und einer hexagonalen Modifikation, denen sich noch eine Anzahl analoger Halogenosalze der einen oder der anderen Form anschließen (s. z. B. S. 302), $UO_2F_5K_3$ (S. 267) und $UO_2F_5(NH_4)_3$. Bei den Salzen der übrigen anorganischen Säuren zeigen sich wieder Komplikationen durch Polymorphie besonders dann, wenn es sich um Verbindungen von einfacherer Zusammensetzung handelt; z. B. krystallisiert Rhodankalium (S. 172) rhombisch, Rhodanammonium monoklin, beide bilden aber isomorphe Mischungen der einen und der anderen Form; das gleiche ist der Fall bei den beiden rhombischen, jedoch nicht korrespondierenden Formen von NO_3K (S. 163) und $NO_3(NH_4)$ (S. 172) sowie den ebenfalls rhombischen Krystallen von SO_4KH (S. 174) und $SO_4(NH_4)H$, endlich bei den Persulfaten, da $S_2O_8K_2$ (S. 111) triklin und $S_2O_8(NH_4)_2$ (S. 137), mit welchem das Rb- und Cs-Salz isomorph sind, monoklin krystallisiert. Isomorph krystallisieren dagegen die pseudokubischen Salze JO_3K und $JO_3(NH_4)$ (S. 266), ferner $J_2O_8K_2$ und $J_2O_8(NH_4)_2$ (tetragonal wie $J_2O_8Na_2$ S. 201), $(SO_4)_2AlK . 12\,H_2O$ und $(SO_4)_2Al(NH_4) . 12\,H_2O$ (S. 258), PO_4KH_2 (S. 192) und $PO_4(NH_4)H_2$, AsO_4KH_2 (S. 192) und $AsO_4(NH_4)H_2$. Von den zahlreichen Fällen isomorpher Vertretung von K und NH_4 in organischen Säuren mögen nur einige besonders wichtige Salze angeführt werden: Weinstein (S. 158) und Ammoniumditartrat, die beiden Seignettesalze (ebenda), die p-Nitrobenzoate $C_6H_4(NO_2) . COOK . 2H_2O$ und $C_6H_4(NO_2) . COO(NH_4) . 2\,H_2O$ (monoklin), die pikrinsauren Salze $C_6H_2(NO_2)_3(OK)$ und $C_6H_2(NO_2)_3(O . NH_4)$ (S. 179), die o-Sulfobenzoate $C_6H_4 . SO_3K . COOH$ und $C_6H_4 . SO_3(NH_4) . COOH$ (S. 180), die phtalsauren Salze $C_6H_4(COOH)(COOK)$ (S. 181) und $C_6H_4(COOH)(COO . NH_4)$, endlich die rhombischen mellithsauren Salze $C_6(COOK)_6 . 9\,H_2O$ und $C_6(COO . NH_4)_6 . 9\,H_2O$, von denen das letztere die Interferenzerscheinung des Brookit (S. 33) zeigt.

Eine andere, hier in Betracht kommende, einwertige Atomgruppe ist die des Cyans CN, welche in chemischer Beziehung eine gewisse Analogie mit dem Chlor und den übrigen Halogenen zeigt. Daß die Cyanide der Alkalimetalle in regulären Hexaëdern krystallisieren, ist jedoch mangels jeder Untersuchung über dieselben und über ihre etwaige Mischbarkeit mit den Chloriden kein Beweis für eine nähere krystallochemische Verwandtschaft beider Gruppen, und die Verschiedenheit der monoklinen Krystallform des Cu(CN) von der kubischen des CuCl macht eine solche unwahrscheinlich. Dementsprechend krystallisiert auch $Hg(CN)_2$ (S. 191) ganz verschieden von $HgCl_2$ (S. 170), ebenso $ZnCl_4K_2$ (rhombisch) von $Zn(CN)_4K_2$ (kubisch); zu anderen Doppelcyaniden wie $Ag(CN)_2K$, den Blutlaugensalzen u. a. sind die analog zusammengesetzten Halogensalze entweder nicht bekannt oder wenigstens nicht krystallographisch untersucht worden, bis auf die Verbindungen $Pt(CN_4)_4Br_2K_2$ und $Pt(CN)_4Br_2(NH_4)_2$, welche monoklin krystallisieren, also mit den kubischen Salzen $PtBr_6K_2$ und $PtBr_6(NH_4)_2$ nicht übereinstimmen. Ähnlich verhält es sich bei den organischen Verbindungen, denn die den Säurechloriden entsprechenden Nitrile sind im allgemeinen krystallographisch nicht bekannt, und in anderen Fällen sind die Formen von analogen Cyan- und Chlorverbindungen verschieden, z. B. krystallisiert p-Chlorbenzolsulfochlorid $C_6H_4Cl . SO_2Cl$ monoklin, $C_6H_4(CN) . SO_2Cl$ rhombisch, und ebenso abweichend sind die Krystallformen von p-Chlor- (und p-Brom-)benzolsulfamid $C_6H_4Cl . SO_2(NH_2)$ und $C_6H_4(CN) . SO_2(NH_2)$. Eine krystallochemische Verwandtschaft zwischen Cyan und den Halogenen ist nur bei einigen Verbindungen von hohem Molekulargewicht zu erkennen; z. B. krystallisiert Triphenylbrommethan = $(C_6H_5)_3CBr$ trigonal und das monokline Triphenylacetonitril = $(C_6H_5)_3C(CN)$ zeigt eine pseudohexagonale Zone, deren Winkel mit denen des herrschenden hexagonalen Prismas der Bromverbindung fast identisch sind, und infolge seiner vollständigen Übereinstimmung kann als isomorph betrachtet werden mit dem d-α-Chlor- und Bromcampher (S. 121) der d-α-Cyancampher = $C_{10}H_{15}O(CN)$ (ebenda); in diesen Fällen tritt jedenfalls zu dem Einflusse des hohen Molekulargewichtes auf die krystallochemische Verwandtschaft noch derjenige hinzu, welcher durch zyklische Bindung der Atome bewirkt wird (S. 280).

In manchen Verbindungen tritt an Stelle eines Halogenatoms die Nitrosogruppe NO, doch lassen sich hierbei nur in sehr wenigen Fällen krystallographische Analogien erkennen; so krystallisieren z. B. die Salze $RuCl_5(NO)K_2$ und $OsCl_5(NO)K_2$ in rhombischen Kombinationen, deren Winkel denen des regulären Oktaëders, der Krystallform von $PtCl_6K_2$, nahestehen, und o-Nitrosoacetanilid = $C_6H_4(NO) . NH(C_2H_3O)$ bildet monokline Prismen von 83° 3′, während eine herrschende prismatische Form des rhombischen o-Jodacetanilid = $C_6H_4J . NH(C_2H_3O)$ den Winkel 83° 24′ zeigt; in den übrigen, nicht sehr zahlreichen Fällen, in denen die Krystallformen entsprechender Nitroso- und Halogenverbindungen bekannt sind, läßt sich keine Verwandtschaft derselben wahrnehmen.

Dagegen ist eine isomorphe Vertretung eines Halogens, des Fluors, durch die Hydroxylgruppe OH anzunehmen in gewissen Mineralien; z. B. krystallisiert mit dem monoklinen Wagnerit = $PO_4Mg(MgF)$ übereinstimmend der Triploidit = $PO_4(Mn, Fe)(Mn . OH)$ und wechselnde Mengen des Fluors sind durch OH vertreten im Topas u. a. fluorhaltigen Silikaten.

Daß in komplizierten Verbindungen ein Halogenatom ohne wesentliche Veränderung der Krystallstruktur auch ersetzt werden kann durch die Methylgruppe CH_3, ist S. 283 ausführlich dargelegt worden.

Während es sich bei den zuletzt betrachteten Beziehungen um Ersetzung säurebildender Elemente durch Atomgruppen handelt, sind auch krystallographische Ähnlichkeiten erkannt worden zwischen Salzen des Zinntrimethyls und einwertiger Metalle, sowie zwischen solchen des Zinndimethyls und seiner Homologen mit denen zweiwertiger Schwermetalle; z. B. zeigt $SO_4[Sn(CH_3)_3]_2$ vorherrschend eine rhombische Dipyramide, deren Axenverhältnisse nahe 2a : b : c von SO_4Na_2 (S. 174) sind; das rhombisch krystallisierende Salz $Sn(C_2H_5)_2Cl_2$ besitzt in einer prismatischen Zone Winkel, welche denen einer solchen von $PbCl_2$ (S. 171) sehr ähnlich sind, und $(HCOO)_2Sn(CH_3)_2$ stimmt mit dem ebenfalls rhombischen $(HCOO)_2Pb$ (S. 155) im Verhältnis a : b nahe überein.

Eine eigentliche isomorphe Vertretung kommt dagegen, besonders in weniger einfach zusammengesetzten Verbindungen, vor zwischen Atomen mehrwertiger Elemente und Gruppen von Atomen, deren Valenzsumme der ersterer gleich ist. Die einfachsten Fälle derartiger Vertretung sind die von Ca durch 2 Na in einer Reihe von Silikaten, besonders den wasserhaltigen sogen. Zeolithen, und die von Pb, Zn u. a. durch 2 Cu in mehreren natürlichen Sulfoarseniten und Sulfantimoniten. Hierher gehört ferner die krystallographische Übereinstimmung der Mineralien Spodumen = $(SiO_3)_2AlLi$ und Aegirin = $(SiO_3)_2FeNa$ mit dem Klinoënstatit (S. 132) und dem Wollastonit (ebenda), welche statt eines drei- und eines einwertigen Metallatoms zwei bivalente, 2 Mg bzw. 2 Ca, enthalten. Das verbreitetste Mineral derselben isomorphen Reihe, der sog. »Pyroxengruppe«, ist der Augit, eine isomorphe Mischung von Diopsid = $(SiO_3)_2MgCa$ (S. 132) mit einer Tonerde- bzw. Eisenoxydverbindung, der man die Zusammensetzung $SiO_3MgAlAlO_3$ zuschreiben kann, welche sich von der des Diopsides durch die Atomgruppe AlAl statt der ebenfalls hexavalenten SiCa unterscheidet; in dieser hypothetischen Verbindung (dem sog. Tschermakschen Silikat) wird meist ein großer Teil des Aluminiumoxyds durch Eisenoxyd und, wie im Diopsid, die Magnesia z. T. durch Eisenoxydul ersetzt. Eine solche Vertretung ganz analoger sechswertiger Atomgruppen könnte man auch annehmen zur Erklärung der bis auf die Symmetrie vollständigen krystallographischen Übereinstimmung des Titaneisenerzes (Ilmenit, S. 234) = $\overset{IV}{Ti}\overset{II}{Fe}O_3$ mit dem Eisenoxyd = $\overset{III}{Fe}\overset{III}{Fe}O_3$ (S. 238), zweier Verbindungen, als deren isomorphe Mischungen man die in der Natur vorkommenden titanhaltigen Eisenoxyde (Titaneisenerz z. T.) betrachten kann. Die Verhältnisse der eben erwähnten Pyroxengruppe wiederholen sich in der dazu polymeren Gruppe der Amphibole, welcher der Tremolit = $(SiO_3)_4Mg_3Ca$ (S. 132) angehört; zu diesem Silikat, dessen isomorphe Mischungen mit der entsprechenden Ferroverbindung den Aktinolith (Strahlstein) bilden, tritt in der gewöhnlichen Hornblende die Beimischung eines Alumoferrisilikates, welches die gleiche Zusammensetzung besitzt, wie das Tschermaksche Silikat. In gleicher Weise lassen sich die durch einen wechselnden Gehalt an Tonerde und Eisenoxyd, bzw. an Oxyden anderer dreiwertiger Elemente, von der Normalformel abweichender Glieder verschiedener Mineralgruppen erklären, wie die des Titanit (S. 133) u. a. Das wichtigste Beispiel einer isomorphen Vertretung zweier Atomgruppen mit der Valenzsumme fünf, welche je aus einem säurebildenden Element und einem nur in Basen auftretenden Metall bestehen, bietet die Feldspatgruppe dar; ersetzt man in der Formel des Albit = Si_3O_8AlNa (S. 109) die Atome SiNa durch AlCa, so erhält man die Formel des Anorthit = $Si_2O_8Al_2Ca$ (S. 110), welcher nicht nur eine der Isomorphie entsprechende, vollständige Übereinstimmung der krystallographischen Verhältnisse mit dem Albit zeigt, sondern auch mit ihm in den verschiedensten Verhältnissen homogene Mischungen bildet, wozu jedenfalls die fast vollkommene Identität der Äquivalentvolumina beider Silikate beiträgt; diese als Bestandteile von Erstarrungsgesteinen außerordentlich verbreiteten Mischungen bilden die Reihe der sog. Plagioklase (Kalknatronfeldspäte), wie Oligoklas, Andesin und Labradorit.

Unter den nicht in der Natur vorkommenden Substanzen sind eine Anzahl komplizierter Fluorverbindungen zu nennen, in welchen die Atomgruppen TiF_2 oder SnF_2 durch NbOF und durch MoO_2 oder WO_2 ersetzt sind; so stimmen in ihren Krystallformen überein die monoklinen Salze SnF_8K_3H und $NbOF_7K_3H$, die Monohydrate $TiF_6K_2.H_2O$ und $NbOF_5K_2.H_2O$ mit $WO_2F_4K_2.H_2O$ (S. 130), die ebenfalls monoklinen Salze $TiF_6Cu.4H_2O$, $NbOF_5Cu.4H_2O$ und $WO_2F_4Cu.4H_2O$, endlich die trigonal (vgl. S. 240) krystallisierenden Verbindungen $SnF_6Zn.6H_2O$, $NbOF_5Zn.6H_2O$, $MoO_2F_4Zn.6H_2O$; doch zeigen die letzteren Salze nur eine beschränkte Mischbarkeit. Sowohl in bezug auf die Elemente, als auf die Ausbildung verhalten sich gleich die Krystalle von Kaliumiminosulfonat = $NH(SO_3K)_2$ und von Kaliummethandisulfonat = $CH_2(SO_3K)_2$ (S. 138), unterschieden durch die zweiwertigen Atomgruppen NH bzw. CH_2. Wie diese besitzen einen ähnlichen chemischen Charakter auch die Carboxyl- und die Sulfonylgruppe, und damit dürfte die auffallende Ähnlichkeit des Ammoniumbenzoates $C_6H_5.COO(NH_4)$ (S. 180) mit dem Ammoniumbenzolsulfonat $C_6H_5.SO_3(NH_4)$ sowie der phtalsauren Salze $C_6H_4(COOH)(COOK)$ (S. 181) und $C_6H_4(COOH)(COO.NH_4)$ mit den o-sulfobenzoësauren $C_6H_4(COOH)(SO_3K)$ (S. 180) und $C_6H_4(COOH)(SO_3.NH_4)$ zusammenhängen. Endlich zeigen die rhombischen Krystalle des 1,4-naphthyl-hydrazinsulfonsauren Natriums = $C_{10}H_6(NH.NH_2).SO_3Na.4H_2O$ nicht nur eine der Isomorphie entsprechende Übereinstimmung mit denen der rhombischen Modifikation des 1, 4-naphthylaminsulfonsauren Natriums = $C_{10}H_6(NH_2).SO_3Na.4H_2O$, sondern bilden auch Mischkrystalle mit ihnen.

In allen vorstehend erörterten Fällen ist die Krystallstruktur der Verbindungen, um deren gegenseitige krystallographische Beziehungen es sich handelt, experimentell noch nicht erforscht. Zum Verständnis dieser Beziehungen kann nun aber die neuerdings (von Vegard) röntgenometrisch festgestellte Tatsache dienen, daß die Krystallstruktur des Xenotim (Ytterspat) = PO_4Y (S. 202) eine auch in bezug auf die absoluten Dimensionen mit derjenigen des Zirkons = SiO_4Zr (S. 200) übereinstimmende ist; beide Mineralien besitzen ferner nicht nur sehr ähnliche krystallographische Elemente, sondern bilden auch regelmäßige, den isomorphen Fortwachsungen (S. 293) entsprechende Verwachsungen. Wenn daher das fünfwertige Phosphoratom und das dreiwertige Yttrium durch die Gruppe der beiden vierwertigen Atome Si und Zr ohne wesentliche Änderung der Krystallstruktur ersetzt werden kann, so werden nicht nur die vorher angeführten Fälle sondern auch die Tatsache erklärlich, daß das Natriumnitrat = NO_3Na (S. 240) und Calciumcarbonat = CO_3Ca (S. 241) eine Ähnlichkeit ihrer Krystalle zeigen, welche sich auch auf die optischen und die Cohäsionsverhältnisse erstreckt, und daß Kalkspatkrystalle in einer verdunstenden Lösung von Natronsalpeter sich mit parallel gestellten Rhomboëdern des letzteren bedecken. Zu derselben Kategorie gehört wohl auch die nahe Übereinstimmung der krystallographischen Verhältnisse von Verbindungen, in denen eine Ersetzung von Schwefel durch Arsen (vielleicht unter Verdoppelung der Formeln als eine solche der gleichwertigen Gruppen -S-S-S-S-, -S-As-As-S- und -As-As-As-As- aufzufassen) stattfindet, nämlich die der rhombischen Formen des Markasit = FeS_2 (S. 170) und des Arsenopyrit = FeAsS (ebenda), sowie der kubischen Krystalle von Pyrit = FeS_2 (S. 257), Kobaltin = CoAsS und Smaltin = $CoAs_2$ (S. 258), denen sich die entsprechenden Nickelverbindungen anschließen, die, wie die des Eisens und Kobalts, z. T. in jenen Mineralien mit beiden in isomorpher Mischung auftreten; zu der Gruppe der letzterwähnten, dyakisdodekaëdrisch krystallisierten Substanzen gehören auch zwei seltene Mineralien, in denen das Eisen durch ein Metall der Platingruppe isomorph ersetzt wird, der Sperrylit = $PtAs_2$ (S. 258) und der Laurit = RuS_2.

Die Atomgruppen, welche in den vorstehend (S. 308—312) aufgezählten Fällen ohne eine wesentliche Änderung der Krystallstruktur einander zu ersetzen vermögen, sind z. T. gleichwertige infolge teilweiser Bindungen zwischen den die Gruppe bildenden Atomen, z. T. solche, in denen die Summe der Valenzen der einzelnen Atome gleich groß ist. Ähnliche krystallographische Verwandtschaften zeigen aber auch organische Substanzen, deren chemische Moleküle sich durch die Anzahl der Bindungen zwischen den Kohlenstoffatomen und infolgedessen auch durch die Zahl der Wasserstoffatome unterscheiden, wie die folgenden Beispiele lehren. Bernsteinsäure- und Maleïnsäureanhydrid (S. 178) zeigen eine auffallende Ähnlichkeit aller krystallographischen Verhältnisse; Diketohexamethylen und Chinon (S. 142) unterscheiden sich wesentlich nur durch den Wert der *c*-Axe, während sie in den übrigen Elementen, im Habitus, in den Kohäsionsverhältnissen und selbst in der Zwillingsbildung sich analog verhalten; die monoklinen Krystalle der trans-Δ^4-Tetrahydrophthalsäure zeigen die Kombination zweier prismatischer Formen, welche mit fast genau den gleichen Winkeln, wenn auch untergeordnet und mit vorherrschenden anderen Formen, bei der entsprechenden Hexahydrophthalsäure wiederkehren (die sonst noch beobachteten Ähnlichkeiten zwischen den mehr oder weniger hydrierten Dicarbonsäuren des Benzols sowie zwischen analogen Derivaten derselben bedürfen noch weiterer Untersuchungen); die monoklinen Krystalle von p, p'-Hydrazotoluol = $C_6H_4(CH_3).NH.NH.C_6H_4(CH_3)$ unterscheiden sich von denen des p, p'-Azotoluols = $C_6H_4(CH_3).N:N.H_6H_4(CH_3)$ (S. 145) wesentlich nur durch ihre kleinere *c*-Axe. Ein besonders interessantes Beispiel bilden die drei Kohlenwasserstoffe

$$\begin{aligned} &\text{Dibenzyl} = C_6H_5.CH_2.CH_2.C_6H_5 \ \text{(S. 145)} \\ &\text{Stilben} = C_6H_5.CH : CH.C_6H_5 \ \text{(S. 146)} \\ &\text{Tolan} = C_6H_5.C \vdots C.C_6H_5 \ \text{(S. 146),} \end{aligned}$$

deren Krystalle in allen Beziehungen eine in die Augen fallende Ähnlichkeit zeigen und die auch Mischkrystalle bilden, welche jedoch noch nicht näher untersucht sind; ebenso fehlt noch die Kenntnis ihrer topischen Parameter und damit der Richtung, in welcher die durch den Wechsel der Bindung der Kohlenstoffatome bewirkte Änderung der Krystallstruktur stattfindet, endlich liegen auch noch keine Beobachtungen darüber vor, ob die Verwandtschaft dieser Substanzen sich auch auf ihre Derivate erstreckt. Die größte Übereinstimmung unter allen bisher bekannten Fällen zeigen die rhombischen Krystalle von

$$\text{Acenaphthen} = C_{10}H_6\left\langle\begin{matrix}CH_2\\ \vert \\ CH_2\end{matrix}\right. \text{ und Acenaphthylen} = C_{10}H_6\left\langle\begin{matrix}CH\\ \Vert \\ CH\end{matrix}\right. \text{(S. 181f.).}$$

Die S. 310 bis 312 angeführten krystallographischen Ähnlichkeiten entsprechen zweifellos verschiedenen Arten von Beziehungen zwischen den miteinander verglichenen Substanzen, welche zum Teil nicht mehr der eigentlichen »Isomorphie« angehören, deren Unterscheidung aber wohl erst erfolgen kann, wenn die Kenntnis der krystallisierten Körper eine weit vollständigere und mehr als bisher über die Kräfte bekannt sein wird, welche die Vereinigung der Atome zum chemischen Molekül einerseits und zur Krystallstruktur anderseits bewirken. Hand in Hand mit dieser Erkenntnis wird voraussichtlich auch die Lösung des Problems der Polymorphie gehen, welche ja, wie aus dem Vorhergehenden ersichtlich, in die Beziehungen zwischen chemischer Konstitution und Krystallstruktur so wesentlich eingreift und deren Verhältnisse im folgenden Abschnitte näher erörtert werden sollen.

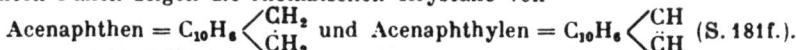

Polymorphie[1].

Daß eine Substanz, je nach den bei der Bildung ihrer Krystalle herrschenden Umständen, in verschiedenen, durch ungleiche Krystallstruktur charakterisierten Modifikationen zu krystallisieren vermag, wurde bereits S. 3 erwähnt und die allgemeinen Verhältnisse dieser Erscheinung auseinandergesetzt. Bei dem umgekehrten Vorgange, dem Überführen in den amorphen Zustand (beim Schmelzen, Lösen oder Verdampfen) werden die Unterschiede der Eigenschaften solcher Modifikationen vollständig beseitigt, d. h. die Schmelze, die Lösung oder das Gas der Substanz, aus welcher ihrer krystallisierten Modifikationen sie auch erhalten worden sind, zeigen genau gleiches Verhalten und erweisen dadurch die Gleichheit der zurückgebildeten Moleküle.

Da bei der Umwandlung einer polymorphen Modifikation in eine andere eine diskontinuierliche Änderung der Eigenschaften stattfindet, so bietet der Umwandlungspunkt gewisse Analogien mit dem Schmelz- und Erstarrungspunkte dar. Dementsprechend erfolgt bei der Umwandlung aus einem in niederer Temperatur stabileren Zustande α in einen in höherer Temperatur stabileren β eine Wärmetönung, und zwar besitzt β in der Regel eine größere spezifische Wärme und eine geringere Dichte als α. Bei der Umwandlungstemperatur sind α und β im Gleichgewichte, und dieser Punkt zeigt dieselbe Abhängigkeit vom Drucke wie der Schmelzpunkt, d. h. wenn mit der Umwandlung von α in β eine Volumvergrößerung verbunden ist, so steigt die Umwandlungstemperatur mit dem Drucke nach dem gleichen Gesetze wie der Schmelzpunkt.

Ein Überschreiten der Umwandlungstemperatur in dem einen oder anderen Sinne, ohne daß die Umwandlung stattfindet, ist ebenso wie die Unterkühlung einer Flüssigkeit unter den Erstarrungspunkt, nur dann möglich, wenn keine Spur der anderen Modifikation anwesend ist. Nach einer derartigen Überschreitung befindet sich die krystallisierte Substanz in einem Zustande, welchen man als metastabil bezeichnet, weil er zwar einem stabilen Gleichgewichte entspricht, das aber durch bloße Berührung mit der anderen Modifikation aufgehoben wird, indem die Krystallstruktur sich unter Wärmetönung in die dem nunmehr stabileren Gleichgewichte entsprechende Struktur der anderen Modifikation umwandelt. Als labil bezeichnet man dagegen denjenigen Zustand der krystallisierten Substanz, bei welchem die Umwandlung auch ohne Berührung mit der stabilen Modifikation,

---

[1]) Vielfach auch als »Allotropie« bezeichnet, ein Name, der jedoch meist nur für die Polymorphie chemischer Elemente angewendet wird. Je nach der Zahl der beobachteten Modifikationen spricht man auch von Dimorphie, Trimorphie usw.

z. B. durch Erschütterung, Berührung mit einer beliebigen festen Substanz oder vollkommen freiwillig erfolgt. In beiden Fällen kann die Umwandlung eine sehr rasch verlaufende sein, sie kann aber auch, infolge zunehmender Starrheit der Struktur, sehr langsam fortschreiten. Während in der Nähe des Umwandlungspunktes die Tendenz zur Umwandlung und somit die Umwandlungsgeschwindigkeit naturgemäß mit der Entfernung von diesem Gleichgewichtspunkte steigt, kann sie infolge jenes Umstandes ein Maximum erreichen und dann wieder abnehmen, indem bei weiterer Unterkühlung infolge der Zunahme der inneren Reibung, d. h. der Starrheit des Gebildes, welche jener Tendenz entgegenwirkt, von einer bestimmten Temperatur, dem »Indifferenzpunkt«, an abwärts die Umwandlungsgeschwindigkeit Null wird; dies erklärt, daß in Temperaturen, welche erheblich tiefer als der Umwandlungspunkt liegen, die metastabile Modifikation eines krystallisierten Stoffes durch die Berührung mit der stabilen nicht verändert wird, beide, wie z. B. bei gewöhnlicher Temperatur Diamant und Graphit oder Aragonit und Kalkspat, sich vollkommen indifferent zueinander verhalten.

Die bei einer bestimmten Temperatur, z. B. der gewöhnlichen, stabile und metastabile Modifikation lassen sich dadurch unterscheiden, daß letztere leichter verdampft und eine größere Löslichkeit besitzt. Diese beiden Eigenschaften, der Dampfdruck und die Lösungstension, steigen mit zunehmender Temperatur, und diese Abhängigkeit kann für einen bestimmten äußeren Druck durch eine Kurve dargestellt werden, welche für die beiden Modifikationen eine verschiedene ist. Seien z. B. in Fig. 947 die Kurven, welche der Änderung des Dampfdruckes p mit der Temperatur T entsprechen, für die bei gewöhnlicher Temperatur stabile α-Modifikation I und für die metastabile β-Modifikation II, und schneiden sich diese Kurven in einem Punkte u, dessen Temperatur unterhalb F, der Dampfdruckkurve der flüssigen Substanz, liegt, so wird von diesem Punkte, dem Umwandlungspunkte, an die vorher metastabile zur stabilen, denn sie hat von da ab den kleineren Dampfdruck, und nach der Umwandlung von α in β schmilzt die letztere bei dem Punkte f_2. Gelingt es jedoch, den Punkt u zu überschreiten, ohne daß vor dem Schmelzen eine Umwandlung eintritt, so schmilzt nun die Modifikation α bei f_1, sie zeigt also einen niedrigeren Schmelzpunkt als β. Geht man umgekehrt von der geschmolzenen Substanz aus, so ist der Verlauf der entgegengesetzte, d. h. unter normalen Verhältnissen erstarrt die Schmelze in f_2 zur Modifikation β und diese wandelt sich bei der Abkühlung im Punkte u in α um. Man nennt deshalb derartig sich verhaltende polymorphe Substanzen enantiotrope. Gelingt es jedoch, die Schmelze bis zu einem labilen Zustande zu unterkühlen, z. B. bis zu dem Punkte x, so erstarrt sie schließlich spontan in der metastabilen Modifikation II, entsprechend der sog. Ostwaldschen Regel, nach welcher beim Verlassen irgendeines Zustandes und Übergang in einen stabileren nicht der unter den obwaltenden Verhältnissen stabilste aufgesucht wird, sondern der nächstliegende, d. i. derjenige, welcher unter möglichst geringem Verlust an freier Energie erreicht werden kann.

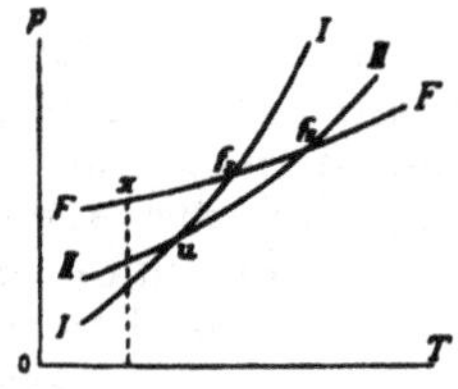

Fig. 947.

Liegt jedoch die Kurve F unterhalb des Schnittpunktes der beiden Kurven I und II (s. Fig. 948), so findet vor dem Schmelzen keine Umwandlung der stabilen Modifikation α statt, und diese schmilzt bei dem Punkte f_1, die metastabile β, falls sie nicht vorher durch Impfen mit der andern zur Umwandlung gebracht worden ist, beim Punkte f_2; in diesem Falle hat also β den niedrigeren Schmelzpunkt. Da hier die Umwandlung im festen Zustande nur in einem Sinne, β in α, nicht umgekehrt, stattfinden kann, so nennt man derartige polymorphe Substanzen monotrope. Wird die Schmelze eines solchen Stoffes unterkühlt bis jenseits f_2, so liefert sie beim Erstarren nach der oben angegebenen Regel, wenn keine Impfung durch Teilchen von α stattfindet, die metastabile Modifikation β (II).

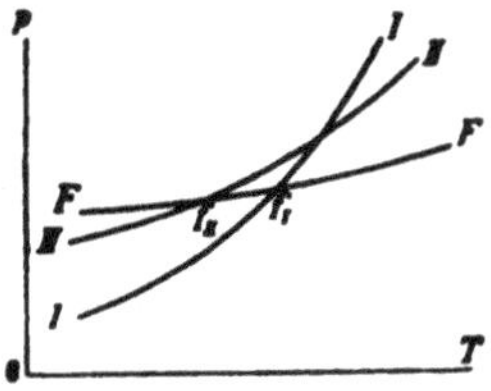

Fig. 948.

Da sich sowohl der Schmelzpunkt f, als auch der Umwandlungspunkt u mit dem äußeren Drucke ändern, und zwar nach verschiedenen Gesetzen, so kann bei einer enantiotropen Substanz mit steigendem äußeren Drucke der Punkt u sich der Kurve F immer mehr nähern und bei einem bestimmten Drucke mit ihr zusammenfallen in einem Punkte, in welchem dann beide Modifikationen nicht nur miteinander, sondern auch mit der Schmelze im Gleichgewichte sind. Unter noch höherem äußeren Drucke verhält sich die Substanz als eine monotrop polymorphe. Eine ungleiche Verschiebung der Punkte f und u tritt, außer durch Druck, auch ein durch Zusatz sowohl fremder als auch isomorpher Stoffe, daher auch durch derartige Zusätze die Umwandlung einer enantiotrop polymorphen Substanz in eine monotrop polymorphe oder umgekehrt bewirkt werden kann.

Was das Verhalten der Modifikationen polymorpher Substanzen bei ihrer Ausscheidung aus Lösungen betrifft, so zeigt dieses nahe Beziehungen zu dem des geschmolzenen und des festen Zustandes. Es existiert auch hier eine Grenztemperatur für die Bildung der einen und der anderen Modifikation aus einem bestimmten Lösungsmittel, aber diese ist verschieden von der Umwandlungstemperatur u. Liegt sie beträchtlich tiefer als letztere und haben sich beim Abkühlen der Lösung nacheinander beide Arten von Krystallen ausgeschieden, so verhalten sich diese, falls sie eine beträchtliche Starrheit besitzen, auch innerhalb der Lösung völlig indifferent zueinander, andernfalls wandeln sich die metastabilen mehr oder weniger schnell in ein Aggregat der stabilen um. Die Grenztemperatur ist ferner eine andere bei einem anderen Lösungsmittel und wird auch bei dem gleichen verschoben durch Zusatz fremder, auch isomorpher, gelöster Stoffe. Die bei der Grenztemperatur gesättigte Lösung einer Substanz ist sowohl mit den Krystallen der einen Modifikation, wie mit denen der anderen im Gleichgewichte, die bei einer anderen Temperatur gesättigte Lösung nur mit einer Art von Krystallen. Ist die Lösung dagegen für beide Modifikationen übersättigt, so wird, ebenso wie in einer unterkühlten Schmelze, die Krystallisation der einen oder der anderen Modifikation durch Einbringung eines Kryställchen oder Krystallbruchstückes derselben (oder der entsprechenden Modifikation einer isomorphen Substanz, s. S. 293) hervorgerufen. Zur Herstellung einer übersättigten Lösung ist es daher nötig, die Anwesenheit fester Teilchen der Substanz zu vermeiden.

Wenn eine im labilen Zustande befindliche übersättigte Lösung freiwillig zu krystallisieren beginnt, so bilden sich nach der S. 314 angegebenen Regel, wie aus einer labil unterkühlten Schmelze, Krystalle nicht der stabilen, sondern der metastabilen Modifikation, obgleich letztere leichter löslich, also der Zustand der Lösung für sie weniger weit vom Sättigungspunkte entfernt ist. Diese Krystalle wandeln sich entweder schon in der Lösung oder beim Herausnehmen aus derselben in ein Aggregat von Krystallen der stabilen Modifikation um.

Die experimentelle Feststellung der Polymorphieverhältnisse erfolgt mit dem von O. Lehmann eingeführten Krystallisationsmikroskop[1]), welches gestattet, ein auf dem Objekttische befindliches Präparat in höherer Temperatur im polarisierten Lichte zu untersuchen. Zu dem Zwecke wird eine kleine Menge der Substanz zwischen dem Objektglase und einem dünnen Deckgläschen geschmolzen und die beim Abkühlen sich ausscheidenden Krystalle beobachtet. Ist die Substanz vollständig erstarrt und findet bei weiterer Abnahme der Temperatur eine Umwandlung statt, so erkennt man das Eintreten der letzteren durch eine Veränderung der Struktur, deren mehr oder weniger schnelles Fortschreiten, wenn die Doppelbrechung der beiden Modifikationen merklich verschieden ist, besonders deutlich wird durch die plötzliche Entstehung anderer Interferenzfarben zwischen gekreuzten Nicols; am auffallendsten ist die Erscheinung natürlich dann, wenn die neu entstehende Modifikation einfachbrechend ist und daher bei der Umwandlung die Interferenzfarben vollständiger Dunkelheit Platz machen. Ist die Substanz enantiomorph polymorph, so verlaufen beim Wiedererwärmen die Umwandlungserscheinungen im umgekehrten Sinne. Welche von zwei Modifikationen bei einer bestimmten Temperatur die stabile ist, erkennt man dadurch, daß ihre Krystalle auf Kosten der anderen wachsen.

Das Krystallisationsmikroskop kann auch mit Vorteil zur Entscheidung der zuweilen recht schwierigen Frage benutzt werden, ob zwei krystallisierte Substanzen im Verhältnis der chemischen oder der physikalischen Isomerie stehen, indem man eine derselben auf dem Objektträger schmilzt und dann während der Abkühlung den Schmelzfluß an zwei verschiedenen Stellen mit je einem Kryställchen der beiden in Frage stehenden Substanzen berührt. Wachsen beide Krystalle in der Schmelze weiter und wächst nach dem Zusammentreffen beider die eine Krystallisation auf Kosten der andern (zu deren Umwandlung oft erneutes Erwärmen erforderlich ist) weiter, so handelt es sich um zwei polymorphe Modifikationen des gleichen (chemisch identen) Körpers. Wächst jedoch nur eine der beiden zum Impfen benutzten Krystalle in der Schmelze weiter oder verhalten sich, falls beide weiterwachsen, die entstandenen Krystallisationen nach ihrer Berührung indifferent gegeneinander, auch wenn die Temperatur gesteigert wird, so muß man die beiden Substanzen als chemisch isomer betrachten. Das Variieren der Temperatur ist deshalb notwendig, weil, wie S. 314 angegeben, die Umwandlungsgeschwindigkeit polymorpher Modifikationen bei niederer Temperatur eine sehr geringe sein kann, so daß manche beliebig lange in Berührung nebeneinander existieren können. Ferner ist sorgfältigst auf etwaige Spuren von Lösungsmitteln zu achten, weil bei gewissen chemisch isomeren (tautomeren) Substanzen, welche sich nur in Lösung ineinander umwandeln, schon durch eine Spur des Lösungsmittels die Umwandlung eingeleitet und so scheinbar direkt der eine krystallisierte Zustand in den andern übergeführt werden kann.

Außer durch die direkte Beobachtung der Umwandlung kann die Polymorphie auch dadurch erkannt werden, daß zwei Substanzen

[1]) Siehe die Beschreibung und Abbildung desselben im Anhang.

A und *B*, deren chemische Analogie eine vollkommene Isomorphie erwarten läßt, Krystalle bilden, welche sich nicht auf ähnliche Elemente zurückführen und dadurch, sowie durch abweichende Kohäsionsverhältnisse usw. auf eine völlige Verschiedenheit ihrer Krystallstrukturen schließen lassen. Alsdann muß nämlich angenommen werden, daß *A* noch eine zweite Modifikation besitze, welche mit *B* isomorph ist, und umgekehrt *B* eine solche, deren Krystallstruktur derjenigen von *A* entspricht (eine derartige Gruppe zweier oder mehr Substanzen nennt man eine »isodimorphe«), daß aber die Stabilitätsgrenzen der Modifikationen von *A* und *B* sehr verschieden seien und infolgedessen unter den obwaltenden Verhältnissen von *A* die eine, von *B* die andere, nicht korrespondierende, zur Krystallisation gelangt. Diese Annahme läßt sich nun prüfen durch die Herstellung von Mischkrystallen der beiden Stoffe. Nach S. 295 nimmt eine Substanz von der mit ihr isomorphen Modifikation einer zweiten, wenn letztere bei der betreffenden Temperatur metastabil ist, nur eine begrenzte Menge in isomorpher Mischung auf, und das gleiche ist umgekehrt der Fall für die Krystalle der zweiten Substanz in bezug auf die erste, d. h. die Mischungsreihe zeigt eine Lücke zwischen den beiden Arten von Krystallen.

Dies soll im folgenden durch zwei besonders instruktive Beispiele näher erläutert werden.

Die beiden Salze $SO_4Mg \cdot 7H_2O$ (Bittersalz) und $SO_4Fe \cdot 7H_2O$ (Eisenvitriol) scheinen im Widerspruche zu stehen mit der S. 298 f. angegebenen Regel, daß Magnesium und zweiwertiges Eisen in analogen Verbindungen einander stets isomorph ersetzen, denn ersteres krystallisiert rhombisch-bisphenoïdisch (S. 154), letzteres ganz verschieden davon monoklin-prismatisch (S. 135). Aus wässerigen Lösungen bei gewöhnlicher Temperatur kann man nun Mischungen von der monoklinen Form des Eisenvitriols erhalten bis zu einem Gehalte von 54% $SO_4Mg \cdot 7H_2O$. Es muß also eine zweite monokline Form des Magnesiumsulfates existieren, welche mit dem Eisenvitriol isomorphe Mischungen zu bilden imstande ist. Von dem angegebenen Gehalte ab zeigt sich eine Lücke in der Mischungsreihe bis zu 81%; von da ab bis zum reinen Bittersalze besitzen die Mischkrystalle die rhombische Form des letzteren. In beiden Teilen der Mischungsreihe findet eine kontinuierliche Änderung der Eigenschaften statt, von denen die einfachste skalare, nämlich die Dichte, die Dimorphie beider Substanzen unzweideutig beweist. Diese ändert sich nahezu proportional der Zusammensetzung; trägt man die spezifischen Gewichte und die zugehörigen Gewichtsprozente dieser Mischungen, wie es in Fig. 949 geschehen ist, als Koordinaten auf, so sieht man, daß dieselben auf zwei verschiedenen, nicht parallelen Geraden liegen. Die Dichte der angenommenen Modifikation des Magnesiumsalzes würde sich aus der Verlängerung der oberen Geraden zu 1,691, also 0,014 höher als die der rhombischen Modifikation, ergeben, während die rhombische Form des Ferrosulfates mit $7H_2O$ ein spezifisches Gewicht von 1,875 haben müßte (0,023 niedriger, als die monokline), so daß in beiden Fällen die monokline Modifikation die höhere Dichte besitzen würde. Daß die Mischung der beiden Salze noch monoklin zu krystallisieren imstande ist, selbst wenn der Magnesiumgehalt den an Eisen etwas überwiegt, weist darauf hin, daß die Stabilitätsgrenze für diese Form des Magnesiumsulfates nicht sehr entfernt von der gewöhnlichen Temperatur gelegen ist. In der Tat kann man aus übersättigter Lösung in der Kälte Krystalle von $SO_4Mg \cdot 7H_2O$ erhalten, welche sich beim Herausnehmen sofort umwandeln und daher eine bei gewöhnlicher Temperatur nicht stabile Modifikation bilden, und diese ergeben bei approximativer Messung Winkel, welche mit denen des Eisen-

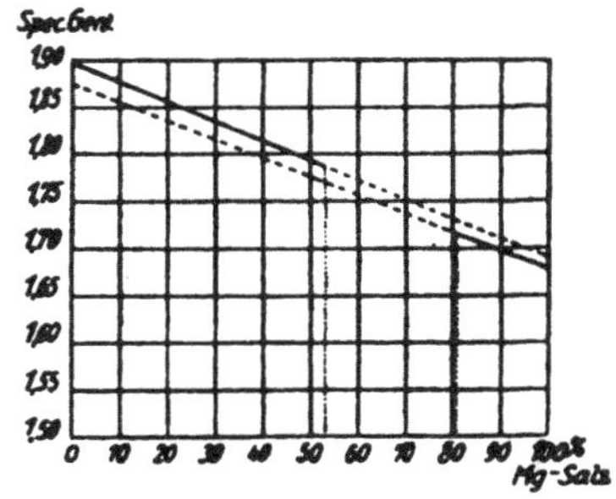

Fig. 949.

vitriols sehr nahe übereinstimmen. Von reinem $SO_4Fe \cdot 7H_2O$ ist dagegen eine rhombische Form noch nicht dargestellt worden, wie auch zu erwarten ist, da dieses Salz nur in Mischungen mit sehr stark vorwaltendem Magnesiumgehalt rhombisch zu krystallisieren vermag.

Von den Dihalogeniden des Quecksilbers krystallisiert bei gewöhnlicher Temperatur Mercurichlorid = $HgCl_2$ rhombisch (S. 170), Mercuribromid = $HgBr_2$ ebenfalls rhombisch, aber mit wesentlich anderer Krystallstruktur (s. S. 171), endlich Mercurijodid tetragonal bzw. pseudotetragonal (S. 202). Daß die Formen des Chlorides und des Bromides einander nicht entsprechen, geht aus dem Verhalten ihrer Mischungen hervor, denn bis zu einem Gehalte von über 56% $HgBr_2$ zeigen diese die Krystallform von $HgCl_2$, dann folgt eine Lücke und von 90% $HgBr_2$ ab krystallisieren aus den Lösungen die Mischungen in der Form des reinen Bromides. Isomorphe Mischungen des letzteren mit dem Jodid existieren bis zu einem Gehalte von 97% HgJ_2 in der rhombischen Form von $HgBr_2$ und erst bei fast reinem Jodid bilden sich die tetragonalen Krystalle des letzteren. Dieses Salz bietet nun ein bekanntes Beispiel der Dimorphie dar: es bildet bei gewöhnlicher Temperatur tiefrote Krystalle der S. 202 beschriebenen Form, welche sich bei 126° in eine gelbe Modifikation von geringerer Dichte umwandeln; über dieser Temperatur kann man die letztere durch Sublimation oder aus Lösungen in rhombischen Krystallen erhalten, die vollkommen isomorph mit denen des Mercuribromides sind; da sie bei Unterkühlung unter 126° metastabil und schließlich labil werden, wandeln sie sich bekanntlich bei gewöhnlicher Temperatur äußerst leicht, z. B. durch Ritzen, in die rote Modifikation um. Der Umwandlungspunkt wird durch eine geringe Beimischung von $HgBr_2$ außerordentlich stark erniedrigt, so daß an den Mischungen mit größeren Mengen des letzteren Salzes keine Umwandlungen mehr beobachtet werden können. Das gleiche ist der Fall für die Mischungen von $HgCl_2$ und $HgBr_2$ in bezug auf die Umwandlung der beiden rhombischen Modifikationen ineinander. Will man also die Existenzgebiete der drei Modifikationen von $HgCl_2$, $HgBr_2$ und HgJ_2 mit den dazwischen liegenden Mischungen graphisch darstellen, so ist dies nur für ein kurzes Stück der Grenzkurve zwischen α (tetragonal) und β (rhombische Form des Bromides) auf Grund von Beobachtungen möglich, wie dies in Fig. 950 geschehen ist, während der übrige Verlauf der Grenzkurven nur (durch gestrichelte Linien) angedeutet werden kann. Dagegen ist die Schmelzkurve S der Mischungsreihen mit Ausnahme der oben erwähnten Lücke sicher bestimmt worden. Wir haben es daher in der vorliegenden Gruppe mit drei Modifikationen zu tun, deren Existenzgebiete derartig verschieden für die drei Substanzen liegen, daß bei gewöhnlicher Temperatur jede von ihnen eine andere Krystallform zeigen muß.

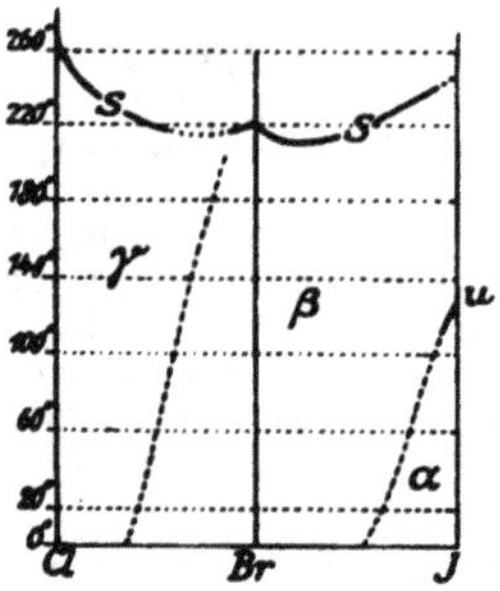

Fig. 950.

Als wahrscheinlich muß Polymorphie auch dann angenommen werden, wenn zwei Substanzen von naher chemischer Verwandtschaft die zu erwartenden nahen morphotropischen Beziehungen nicht zeigen, d. h. es ist anzunehmen, daß sie in nicht korrespondierenden Zuständen krystallographisch untersucht worden sind.

Die Häufigkeit des Auftretens polymorpher Substanzen steht in unverkennbarem Zusammenhang mit der Einfachheit der chemischen Zusammensetzung. Wenn auch unter den komplizierteren organischen Verbindungen sich jedenfalls eine weit beträchtlichere Zahl polymorpher Substanzen befindet, als aus den bisherigen Beobachtungen hervorzugehen scheint, weil von sehr vielen nur eine zufällig erhaltene, einzelne Krystallisation untersucht wurde und selbst in solchen Fällen, in denen sich die große Wahrscheinlichkeit der Polymorphie aus der Vergleichung mit verwandten Körpern ergab, meist keine Prüfung auf die Existenz noch anderer Modifikationen stattgefunden hat — so ist das Verhältnis der polymorphen zu den übrigen doch auf alle Fälle ein weit kleineres als bei den einfachsten Kohlenstoffverbindungen, den Methanderivaten, welche bei gewöhnlicher Temperatur meist flüssig sind, von denen aber nach den Untersuchungen von Wahl in niederen Temperaturen (bis — 200°) über die Hälfte mehrere Modifikationen erkennen läßt. Ähnlich liegen die Verhältnisse bei den anorganischen Verbindungen, deren einfachst zusammengesetzte zu einem großen Bruchteil polymorph sind, während sich unter den komplizierteren Salzen nur eine beschränkte Anzahl befindet. Was endlich die Elemente selbst betrifft, so gibt es unter diesen, soweit ihre krystallographischen Verhältnisse bekannt sind, nur sehr wenige, welche nicht in mehreren Modifikationen zu krystallisieren imstande sind. Diese Beziehung der Polymorphie zur Einfachheit der Zusammensetzung geht auch aus der folgenden Übersicht der Polymorphieverhältnisse der einzelnen Substanzen hervor, obgleich diese naturgemäß nur die wichtigeren Fälle umfaßt.

Von den kubischen Metallen **Kupfer, Silber** und **Gold** wird angegeben, daß die durch Zerstäuben einer Kathode hergestellten Schichten derselben sich verhalten wie ein paralleles Aggregat optisch einaxiger Krystalle, und vom Silber wurde bei galvanischer Ausscheidung eine schwarze Modifikation beobachtet, welche sich unter Umständen plötzlich in die gewöhnliche umwandelte. Auch die Änderungen der spezifischen Wärme mit der Temperatur deuten bei den genannten und anderen Metallen die Existenz mehrerer Modifikationen an, und vom Kupfer wurde dilatometrisch ein Umwandlungspunkt bei 70° beobachtet.

Die zweiwertigen Metalle **Beryllium, Magnesium, Zink** und **Cadmium** sind nur in hexagonalen Krystallen bekannt, doch wurde von dem letztgenannten nachgewiesen, daß es sich in metastabilem Zustande befinde und bei 60° eine Umwandlung erfahre; einen, aber erheblich höher liegenden, Umwandlungspunkt scheint auch das Zink zu besitzen.

Von den Elementen der Borgruppe existieren keine Beobachtungen über Polymorphie bis auf die oben erwähnte Änderung der spezifischen Wärme beim Aluminium.

Kohlenstoff ist dimorph; von den beiden Modifikationen ist der Graphit (S. 236) als die stabile, der Diamant (S. 264) als die metastabile zu betrachten, da Beobachtungen über die Umwandlung des letzteren in ersteren, nicht umgekehrt, vorliegen.

Silicium soll außer der gewöhnlichen kubischen Modifikation (S. 264) noch eine in Flußsäure lösliche von etwas niedrigerem spez. Gewicht besitzen, welche in dünnen, gelb durchsichtigen Blättchen krystallisiert.

Zinn kann in drei Modifikationen existieren: α) Graues Z. (Krystallform kubisch), stabil bis 20°; β) weißes Z., tetragonal (S. 199), stabil von 20°—170° ca.; γ) rhombisches Z. (S. 169), stabil von 170°—232° (Schmelzpunkt) bildet sich zuweilen bei sehr langsamer Abkühlung, während gewöhnlich beim Erstarren der Schmelze die 2. Modifikation entsteht.

Blei (S. 264) zeigt, wie das weiße Zinn, zuweilen die Erscheinung des Zerfalls in eine graue Masse, welche zweifellos einer anderen Modifikation entspricht.

Von den beiden Modifikationen des **Phosphors** ist die Krystallform des sog. roten P. nicht sicher bekannt (monoklin ?), während der gewöhnliche weiße P. kubisch krystallisiert (S. 264).

Arsen bildet in sehr niedriger Temperatur kubische gelbe Krystalle, welche wahrscheinlich denen des gewöhnlichen Phosphors entsprechen; das in höherer Temperatur stabile schwarze A. wandelt sich bei 360° in die gewöhnliche, durch Sublimation entstehende, metallisch weiße Modifikation (S. 237) um.

Antimon besitzt ebenfalls eine gelbe (kubische ?) Modifikation, welche aber bei — 50° noch metastabil ist; durch schnelles Abkühlen des Dampfes entsteht eine schwarze Modifikation, deren Krystallform ebenfalls unbekannt ist und welche sich beim Erwärmen in die aus dem Schmelzflusse entstehende metallische (S. 237) umwandelt.

Das metallische **Wismuth** (S. 237) erfährt bei 75° eine Änderung seiner Dichte u. a. Eigenschaften, welche auf die Entstehung einer anderen Modifikation hindeutet.

Sauerstoff erstarrt in niedriger Temperatur zu einem Aggregate einfach brechender Krystalle, welches sich bei weiterer Abkühlung in eine feinkörnige Masse mit sehr starker Doppelbrechung umwandelt.

Vom **Schwefel** ist eine kubische Modifikation nicht bekannt. Der gewöhnliche, rhombische α-Schwefel (S. 153) ist stabil bis 96° und wandelt sich dann in die monokline β-Modifikation (S. 128) um unter Absorption von Wärme (bei der umgekehrten Umwandlung wird Wärme frei); letztere hat geringere Dichte, größere Löslichkeit und höhere spezifische Wärme. Der Punkt u kann leicht überschritten werden, ohne daß Umwandlung eintritt, und durch vorsichtiges Steigern der Temperatur und sorgfältigstes Fernhalten jeder Spur monoklinen Schwefels gelingt es, den von 96° ab metastabilen bei $f_1 = 113\frac{1}{2}°$ zu schmelzen, während die monokline Modifikation erst bei $f_2 = 119\frac{1}{2}°$ schmilzt (es ist dies das am längsten bekannte und am genauesten untersuchte Beispiel eines enantiotrop »dimorphen« Körpers). Die aus dem Schmelzflusse entstandenen monoklinen Krystalle bleiben, wenn jede Berührung mit α-Schwefel vermieden wird, weit unter 96°, bis zu gewöhnlicher Temperatur, unverändert, befinden sich in letzterem Falle jedoch in labilem Zustande, so daß sie sich sehr bald freiwillig umwandeln und zwar unter Trübewerden in ein paralleles Aggregat rhombischer Kryställchen. Der Punkt u, welcher durch die starke Volumänderung genau gemessen werden kann, steigt mit dem Drucke um 0,05° für 1 Atmosphäre, während die Schmelztemperatur mit steigendem Drucke eine geringere Zunahme erfährt; infolgedessen fallen bei 1400 kg Druck und 152° beide zusammen (vgl. S. 315). In einer unterkühlten Schmelze kann durch Impfen die Ausscheidung jeder der beiden Modifikationen hervorgerufen werden; die so durch α-Schwefel eingeleitete Erstarrung schreitet aber weit schneller vorwärts als die durch β-Schwefel eingeleitete. Außer den beiden beschriebenen Modifikationen können sich aus dem Schmelzflusse, wenn er längere Zeit auf höhere Temperatur erhitzt worden war, und aus gewissen heißen Lösungen noch andere krystallisierte Modifikationen ausscheiden, welche sich aber sehr leicht freiwillig in α-Schwefel umwandeln und sich daher bei gewöhnlicher Temperatur wohl in labilem Zustande befinden; ihre Bildung ist jedenfalls dadurch zu erklären, daß sie ihre Entstehung Schwefelmolekülen von anderer Größe (Atomzahl) verdanken, welche in der Schmelze bzw. der Lösung vorhanden sind, ebenso wie auch der Schwefeldampf aus verschieden großen Molekülen bestehen kann. Die betreffenden Modifikationen sind: γ-Schwefel, monokline dünne Täfelchen (010); δ-Schwefel, wahrscheinlich ebenfalls monokline, scheinbar hexagonale Täfelchen; ε-Schwefel, sehr stumpfe Rhomboëder; wahrscheinlich existieren noch weitere, sehr labile Modifikationen, welche jedoch keine krystallographische Bestimmung gestatten.

Vom **Selen** sind keine Krystalle bekannt, welche mit denen des α- oder β-Schwefels übereinstimmen, jedoch erhält man aus Schwefelkohlenstofflösung beider Elemente tiefrote rhombische Krystalle von Schwefel, welche nicht unbeträchtliche Mengen Selen (in isomorpher Mischung?) enthalten; aus demselben Lösungsmittel ausgeschiedene Mischkrystalle mit nahe gleichen Mengen S und Se zeigten dieselben Formen und fast genau die gleichen Elemente, wie γ-Schwefel, solche mit überwiegendem Selengehalt endlich ebenfalls monokline Formen, welche vielleicht denen des δ-Schwefels, jedenfalls aber derjenigen Modifikation des reinen Selens entsprechen, die sich bei langsamer Krystallisation aus Schwefelkohlenstoff bildet (s. S. 128). Neben diesen letzteren entstehen ebenfalls monokline und rot durchscheinende, aber halbmetallische Krystalle einer zweiten Modifikation. Eine dritte Modifikation ist das aus Lösung in Selenalkali, durch Erhitzen der roten Modifikationen oder durch Sublimation in dunkler Rotglut erhaltene metallische Selen (S. 237). Das gewöhnliche »graue Selen« zeigt ein thermisches und elektrisches Verhalten, welches auf Beimengung eines anderen Zustandes hindeutet, vielleicht auf eine solche von amorphen »glasigen Selen«, d. h. von dem labilen unterkühlten Schmelzflusse.

Ebenso zeigt das gewöhnliche gefällte **Tellur** Eigenschaften, welche auf ein Gemenge verschiedener Zustände hindeuten. Dagegen sind die Krystalle des metallischen Tellurs (S. 237), sei es, daß sie durch Sublimation, aus dem Schmelzflusse oder durch Zersetzung von Tellurkalium entstanden sind, stets die gleichen und isomorph mit dem metallischen Selen.

Während Chlor und Brom im krystallisierten Zustande keine Umwandlung zeigen, wurde vom **Jod**, dessen rhombische Krystalle (S. 168) ebenfalls in niederen Temperaturen unverändert bleiben, eine pseudohexagonal-monokline Modifikation beobachtet, welche sich besonders leicht bei der Sublimation in niederer Temperatur und aus rasch verdampfenden Lösungen zu bilden und daher eine monotrope Form mit geringer Umwandlungsgeschwindigkeit zu sein scheint.

Eisen besitzt drei, sämtlich kubisch krystallisierte Modifikationen; das bei gewöhnlicher Temperatur stabile α-Eisen zeigt nur schwierig Gleitung und Zwillingsbildung nach (111); bei 765—770° wandelt es sich in β-Eisen um, dem Gleitungs- und Zwillingsbildung fehlen, während sie sehr vollkommen vorhanden sind beim γ-Eisen, welches stabil ist von 850° (oder 895°) bis zum Schmelzpunkte; die Krystallisation aus dem Schmelzflusse (S. 264) gehört also dem γ-Eisen an, während ihre innere Struktur bei gewöhnlicher Temperatur der α-Modifikation entspricht. Beim **Nickel** scheinen die beiden Umwandlungspunkte zusammenzufallen und daher nur die α- und γ-Modifikation zu existieren; Zwillingsbildung durch Deformation wurde auch hier beobachtet. Endlich zeigt auch das dritte dieser isomorphen Metalle, das **Kobalt**, nur einen Umwandlungspunkt bei ca. 1150°.

Platin und die damit verwandten Metalle krystallisieren in hohen Temperaturen ebenfalls kubisch (s. S. 264), aber vom Palladium und den isomorphen Mischungen von Osmium und Iridium sind natürliche trigonale Krystalle beobachtet worden, so daß die Gruppe der Platinmetalle als isodimorph zu betrachten ist.

Kobaltdiarsenid = $CoAs_2$ findet sich natürlich als Smaltin (S. 258) in kubischen, sehr viel seltener als Spatiopyrit (Safflorit) in rhombischen Krystallen.

Das gewöhnliche **Eis** (S. 212) bildet sich bei rascher Abkühlung des Wassers und bei Drucken bis 2500 kg; in ersterem Falle entsteht zuweilen eine weniger dichte und bei Drucken über 2500 kg eine dichtere Modifikation, über deren Struktur und Form nichts bekannt ist.

Magnesiumoxyd = MgO krystallisiert kubisch (s. S. 264), beim Erhitzen von $Mg(OH)_2$ (Brucit) entsteht jedoch eine optisch einaxige Modifikation, welche wahrscheinlich dem hexagonalen Zinkoxyd (S. 212) entspricht.

Bleioxyd = PbO existiert in einer gelben rhombischen Modifikation (Bleiglätte) und einer roten tetragonalen, welche wahrscheinlich bei gewöhnlicher Temperatur die stabile ist; die Krystallformen beider sind nur sehr unvollkommen bekannt.

Siliciumdioxyd = SiO_2. Der gewöhnliche (α-) Quarz (S. 225) erfährt bei 570° eine plötzliche Änderung der Doppelbrechung und des Drehungsvermögens, ohne daß die Krystalle scheinbar ihre Homogenität einbüßen; nach den Ätzfiguren in höheren Temperaturen ist der entstandene β-Quarz trapezoëdrisch-hexagonal (s. S. 209). Dieser wandelt sich bei ca. 1000° in Tridymit (S. 169) um, welcher pseudohexagonal rhombisch krystallisiert und bei ca. 1600° schmilzt. Eine weitere (vielleicht polymere) Modifikation ist der natürliche Christobalit, dessen pseudokubische tetragonale Krystalle sich bei 75° in einfachbrechende, also kubische, umwandeln.

Titandioxyd = TiO_2 ist in drei Modifikationen bekannt, von denen keine einer solchen von SiO_2 entspricht. Bei der am wenigsten hohen Temperatur entsteht der tetragonale Anatas (S. 200), bei einer wenig höheren, unter Umständen sogar bei niedrigerer der rhombische Brookit (S. 169), endlich in sehr hohen Temperaturen der Rutil (S. 200), dessen Krystallstruktur derjenigen des Zirkons (s. ebenda) vollkommen analog ist und der daher als polymer, $(TiO_2)_2$, zu betrachten ist. Es scheint, daß die ersten beiden Modifikationen sich bei starkem Glühen in die dritte umwandeln, und Rutil tritt in der Natur ebenfalls in Aggregaten (Paramorphosen) auf, welche die Formen des Anatas oder des Brookit zeigen.

Vom **Zirkondioxyd** = ZrO_2 wurden sowohl tetragonale als auch hexagonale oder pseudohexagonale Krystalle dargestellt, während die natürlichen (Baddeleyit) monoklin sind.

Zinndioxyd = SnO_2 scheint außer der tetragonalen Modifikation (S. 200) noch eine rhombische und eine hexagonale Modifikation zu besitzen, über deren Eigenschaften jedoch sehr wenig bekannt ist.

Bleidioxyd = PbO_2 ist dimorph; die rote Modifikation krystallisiert tetragonal, die gelbe hexagonal, aus der Schmelze von Bleihydroxyd mit Kalihydrat entstehen beide nebeneinander.

Eisenoxyd = Fe_2O_3 erfährt über 600° eine Umwandlung seiner Eigenschaften, welche auf die Bildung einer zweiten Modifikation hindeuten.

Arsentrioxyd = As_2O_3 bildet α) kubische bzw. pseudokubische Krystalle (S. 266), β) monokline (S. 128), beide sowohl durch Sublimation als aus Lösungen, und zwar β in höherer Temperatur.

Antimontrioxyd = Sb_2O_3 zeigt analoge Verhältnisse; die kubischen Krystalle (S. 266) sind wegen ihrer Doppelbrechung als pseudokubische zu betrachten, das sog. rhombische Antimontrioxyd als pseudorhombisch (S. 182); eine direkte Umwandlung ist, wie bei der vorhergehenden Substanz, nicht beobachtet worden.

Cuprosulfid = Cu_2S krystallisiert unter verschiedenen Verhältnissen rhombisch pseudohexagonal (S. 170), in hohen Temperaturen, besonders aus dem Schmelzflusse, kubisch (S. 264); die Krystalle der letzteren metastabilen Modifikation zeigen bei gewöhnlicher Temperatur die gleiche Dichte wie die rhombischen, sind also wohl in die stabile Modifikation umgewandelt.

Zinksulfid = ZnS besitzt eine hexagonale (S. 213) und eine kubische Modifikation (S. 260), von denen jede sich in hohen Temperaturen bilden kann; da eine direkte Umwandlung nicht sicher beobachtet ist, kann nicht angegeben werden, welche derselben die bei niederen Temperaturen stabile ist.

Von den beiden Formen des **Mercurisulfids** = HgS ist dagegen die nicht metallische, der trigonale Zinnober (S. 226), die stabile und dichtere Modifikation, während die weniger dichten, kubischen Krystalle des metallischen Metacinnabarits (S. 260) sich leicht in die rote Modifikation umwandeln.

Eisendisulfid = FeS_2. Die rhombische Form des Markasit (S. 170) entspricht den niederen Temperaturen und wandelt sich beim Erhitzen in die kubische des Pyrit (S. 257) um; in hohen Temperaturen entsteht nur die letztere.

Antimontrisulfid = Sb_2S_3 existiert in zwei Modifikationen, einer roten, deren Krystallform unbekannt ist, und einer metallischen schwarzen, welche mit dem natürlichen Antimonit (S. 170) identisch ist; letztere entsteht aus der ersten durch Erhitzen.

Ammoniumchlorid = NH_4Cl (S. 256) wandelt sich bei 159° in eine zweite, weniger dichte Modifikation um; diese ist ebenfalls kubisch und isomorph mit der bei gewöhnlicher Temperatur stabilen Modifikation des Kaliumchlorids (S. 255), daher bilden die Mischungen beider Salze zweierlei Krystalle, kompakte Hexaëder mit geringerem Gehalt an NH_4 und salmiakähnliche Skelette (s. S. 63), vorherrschend aus Ammoniumchlorid bestehend.

Polymorphie tritt auch bei verschiedenen Halogensalzen von Alkylsubstitutionsprodukten des Ammoniums auf.

Silberjodid = AgJ krystallisiert hexagonal (S. 213), wandelt sich aber in tiefen Temperaturen unter hohem Druck in eine kubische, beim Erhitzen auf 143° in eine dritte, ebenfalls kubische Modifikation um; eine dieser kubischen Formen ist isomorph mit AgCl und AgBr, denn sie bildet mit diesen homogene Mischkrystalle. Über die Polymorphie von **Quecksilberdijodid** = HgJ_2 s. S. 318.

Kohlenstofftetrabromid = CBr_4 krystallisiert bei gewöhnlicher Temperatur aus Lösungen in monoklinen Krystallen, welche fast genau die Winkel und die Ausbildung des nach einem Flächenpaare tafelförmigen regulären Oktaëders haben; bei 46° wandeln sich diese, ohne ihre Durchsichtigkeit einzubüßen, in wirkliche, d. h. einfachbrechende Oktaëder um; die kubische Modifikation entsteht aus dem Schmelzflusse (Erstarrungspunkt 92,5°) und zeigt bei 46° die entgegengesetzte Umwandlung, wobei aber die entstehenden monoklinen Krystalle keinen Zusammenhang ihrer Begrenzung mit der der kubischen erkennen lassen; die monokline Modifikation bleibt beständig auch bei den niedrigsten Temperaturen (— 200°); der Schmelzpunkt 92,5° wird durch Druck um doppelt soviel erhöht als der Umwandlungspunkt 46°, so daß auch bei höherem Druck die monokline Modifikation nicht zum Schmelzen gebracht werden kann und die Enantiomorphie der Substanz nur durch negativen Druck in Monotropie umgewandelt werden könnte (vgl. S. 315).

Ganz analog sind die Polymorphieverhältnisse des **Kohlenstofftetrachlorids** = CCl_4, nur liegen bei diesem in gewöhnlicher Temperatur flüssigen Stoffe die entsprechenden Punkte tiefer, nämlich der Schmelzpunkt der kubischen Modifikation bei — 22°, der Umwandlungspunkt in die doppeltbrechende bei — 47°. Vom **Tetrajodid** = CJ_4 ist bisher nur die kubische Modifikation (in Oktaëdern) bekannt, welche wahrscheinlich isomorph mit denen des Zinntetrajodids (S. 258) sind.

Das **Natriumhexafluoroaluminat** (Kryolith) = AlF_6Na_3 krystallisiert monoklin (S. 129), wandelt sich aber bei 570° in eine kubische Modifikation um, welche aus dem Schmelzflusse entsteht und beim Abkühlen die umgekehrte Umwandlung erfährt; mit ihr ist wahrscheinlich der mit dem Kryolith zusammen vorkommende kubische Kryolithionit = $Al_2F_{12}Na_3Li_3$ isomorph.

Kalium- und **Ammoniumhexafluorosilikat** = SiF_6K_2 und $SiF_6(NH_4)_2$ krystallisieren aus kalten Lösungen hexagonal, aus warmen kubisch; beim Erwärmen wandelt sich die hexagonale Modifikation nur sehr langsam in die kubische um.

Kalium- und **Ammoniumhexachloroplatinat** = $PtCl_6K_2$ und $PtCl_6(NH_4)_2$ kristallisieren in Oktaëdern (S. 265). Der Platinsalmiak wandelt sich beim Abkühlen unter 0° in eine pseudooktaëdrische Modifikation um und diese unter —100° in eine dritte, wiederum kubische.

Diäthylammoniumhexachloroplatinat $= PtCl_6(NH_2 . 2\,C_2H_5)_2$. Blättchen der monoklinen, bei gewöhnlicher Temperatur entstehenden Form (S. 130) verwandeln sich bei 144°, ohne ihre Form und Durchsichtigkeit einzubüßen, in eine viel schwächer doppeltbrechende Modifikation; die umgekehrte Umwandlung tritt ebenso ein, aber erst bei 111°—108°.

Triäthylammoniumhexachloroplatinat $= PtCl_6(NH . 3\,C_2H_5)_2$. Statt der S. 130 beschriebenen monoklinen, aber einem kubischen (110) ähnlichen Krystalle entstehen aus heißen Lösungen häufig Aggregate einfachbrechender Kryställchen und zuweilen deutlich ausgebildete kleine Rhombendodekaëder, welche sich bei gewöhnlicher Temperatur langsam umwandeln und in der Lösung bald verschwinden bzw. durch solche der monoklinen Modifikation ersetzt werden.

Das bei gewöhnlicher Temperatur rhombisch krystallisierende **Silbernitrat** $= NO_3Ag$ (S. 154) wandelt sich bei 159°,5 in die trigonale β-Modifikation (S. 222) um; letztere kann, aus dem Schmelzflusse entstanden, bis zu gewöhnlicher Temperatur unterkühlt werden, ist dann aber labil, ebenso wie ihre aus übersättigter Lösung rasch ausgeschiedenen Krystalle. Aus gemischten Lösungen mit **Natriumnitrat** bilden sich zum Teil flächenreichere, trigonale Mischkrystalle mit bis 48% NO_3Na, bei höherem Silbernitratgehalt der Lösung Krystalle beider Modifikationen und endlich nur rhombische von NO_3Ag mit sehr kleinem Gehalt an NO_3Na. Die natriumreicheren Mischkrystalle zeigen bei gewöhnlicher Temperatur keine Umwandlungserscheinungen, entsprechend der tiefen Lage des Umwandlungspunktes des reinen Natriumnitrats (unter — 50°).

Ähnliche Verhältnisse zeigt das **Kaliumnitrat** $= NO_3K$, dessen rhombische Krystalle (S. 163) sich bei 127° in ein Aggregat trigonaler umwandeln; diese Modifikation entsteht sehr leicht aus übersättigten Lösungen in Form von Rhomboëdern, deren Winkel nahezu identisch ist mit dem von (100) des Natriumnitrats (S. 240) und welche auch die gleiche Spaltbarkeit zeigen. Bilden sich in einem Tropfen der Lösung auf dem Objektträger des Mikroskops infolge Abnahme der Übersättigung rhombische Krystalle und wachsen diese bis in die Nähe eines Rhomboëders, so beginnt sich letzteres aufzulösen (infolge der leichteren Löslichkeit der metastabilen Modifikation s. S. 314); berührt der rasch wachsende rhombische Krystall ein Rhomboëder, so wird dieses in ein trübes Aggregat der stabilen Modifikation umgewandelt.

Ammoniumnitrat $= NO_3(NH_4)$ besitzt fünf verschiedene Zustände, welche innerhalb der folgenden Temperaturgrenzen stabil sind: α) unter — 17°, wahrscheinlich tetragonal; β) zwischen — 17° und + 33° die aus Lösungen bei gewöhnlicher Temperatur entstehenden rhombischen Krystalle (S. 172); γ) von 33° bis 83° Krystalle, welche wahrscheinlich mit denen des Kalisalpeters (S. 163) isomorph sind; δ) zwischen 83° und 125° optisch einaxige (trigonale?) und endlich ε) von 125° bis zum Schmelzpunkt 168° kubische Krystalle. Diese Umwandlungen sind leicht unter dem Krystallisationsmikroskop (S. 316) zu beobachten beim Abkühlen des geschmolzenen Salzes: dieses erstarrt zu einfachbrechenden Krystallskeletten; bei 125° wird die Masse plötzlich doppeltbrechend, um bei 83° und 33° abermals Umwandlungen zu erfahren, welche sich durch Änderung der Doppelbrechung bemerkbar machen. Außerdem sind die Umwandlung von β in γ und die von δ in ε mit einer Vergrößerung, die von γ in δ mit einer Verkleinerung des Volumens verbunden. Daß die Krystalle der β-Modifikation nicht denen des Kaliumnitrates entsprechen, geht außer der großen Verschiedenheit der Elemente auch daraus hervor, daß die aus gemischten Lösungen von $NO_3(NH_4)$ und NO_3K bei gewöhnlicher Temperatur entstehenden Krystalle keine kontinuierliche Mischungsreihe bilden, sondern diejenigen von der Form des Ammoniumsalzes nur bis ca. 40% NO_3K aufnehmen, diejenigen von der Form des letzteren nur geringe Mengen des ersteren.

Natriumchlorat ClO_3Na besitzt außer der kubischen Form (S. 252) noch eine trigonale, welche sich aus stark übersättigter Lösung ausscheidet; es sind Rhomboëder, deren Winkel und Doppelbrechung denen des Natronsalpeters sehr nahestehen; für die Isomorphie mit diesem spricht auch der Umstand, daß die Krystalle von NO_3Na bis ca. 20% ClO_3Na aufzunehmen vermögen.

In einer ähnlichen Beziehung zueinander stehen auch die beiden entsprechenden Kaliumsalze. Zwar ist ClO_3K nur in monoklinen Krystallen (S. 131) bekannt, aber diese zeigen mit denen der trigonalen Modifikation von NO_3K eine unverkennbare Ähnlichkeit und nehmen unter Umständen über 30% des Nitrats in isomorpher Mischung auf.

Von den beiden Modifikationen des **Calciumcarbonats** = CO_3Ca ist die trigonale, der Kalkspat (S. 241), die bei gewöhnlicher Temperatur stabile, die rhombische, der Aragonit (S. 163), die metastabile, wie aus der größeren Löslichkeit des letzteren und daraus hervorgeht, daß der Aragonit sich beim Erhitzen in Kalkspat umwandelt. Aus der Lösung von reinem Calciumcarbonat scheidet sich unter 30° stets die trigonale Modifikation ab, während aus heißen Lösungen, besonders wenn sie durch rasches Abkühlen übersättigt werden, die rhombische entsteht; geringe Mengen von Strontium- oder Bleicarbonat in der Lösung bewirken jedoch die Ausscheidung von Aragonit auch in niederen Temperaturen.

Calciummetasilikat = SiO_3Ca krystallisiert monoklin (S. 132), scheidet sich aber aus dem Schmelzflusse auch in hexagonalen Krystallen aus. Die erstere Form ist nahe verwandt mit der des monoklinen (S. 132) bzw. pseudorhombischen (S. 183) **Magnesiummetasilikates** = SiO_3Mg, mit welchem SiO_3Fe isomorphe Mischungen bildet. Das letztgenannte Salz ist aber dimorph, denn es bildet ebenso isomorphe Mischungen (krystallisierte Eisenmanganschlacken) mit dem triklinen **Manganmetasilikat** = SiO_3Mn (S. 109).

Aluminiumoxyorthosilikat $SiO_4Al(AlO)$ findet sich in der Natur in zwei rhombischen Modifikationen, als Andalusit in pseudotetragonalen Krystallen mit deutlicher prismatischer Spaltbarkeit, als Sillimanit in Prismen mit vollkommener pinakoïdaler Spaltbarkeit und ganz anderen optischen Eigenschaften; letzterer ist ein Bestandteil des Porzellans, bildet sich also in hoher Temperatur.

Das rhombische **Natriumsulfat** = SO_4Na_2 (S. 174) wandelt sich bei 233° in eine hexagonale Modifikation um.

Kaliumsulfat = SO_4K_2 (S. 174) verhält sich ebenso; Umwandlungspunkt 595°.

Ammoniumchromat = $CrO_4(NH_4)_2$ krystallisiert bei gewöhnlicher Temperatur monoklin, bildet aber mit $SO_4(NH_4)_2$ bis zu 50% isomorphe Mischungen in der rhombischen Form des letzteren (S. 174).

Ebenso ist von **Ammoniumselenat** = $SeO_4(NH_4)_2$ die mit dem Sulfat isomorphe rhombische Modifikation nur in isomorphen Mischungen bekannt, während das reine Salz monoklin, isomorph mit dem Chromat, krystallisiert.

Calciumsulfat = SO_4Ca existiert in der stabilen rhombischen Form als Anhydrit (S. 175) und in einer metastabilen, leichter löslichen, wahrscheinlich triklinen Modifikation, welche durch Entwässerung des Dihydrats Gyps schon unter 100° entsteht, sich leicht wieder mit Wasser verbindet, bei längerer Berührung mit siedendem Wasser aber in Anhydrit übergeht.

Von der S. 300 und 305 erwähnten Isomorphie der Sulfate und Chromate von Sr, Ba und Pb scheint das **Bleichromat** = CrO_4Pb (S. 134) eine Ausnahme zu machen, da es monoklin krystallisiert; daß hier jedoch eine Polymorphie vorliegt, geht daraus hervor, daß **Strontiumchromat** = CrO_4Sr aus Schmelzen übereinstimmend mit dem Sulfat rhombisch, aus Lösungen aber monoklin, isomorph mit Bleichromat, krystallisiert.

Die Isodimorphie von Bittersalz und Eisenvitriol ist bereits S. 317 eingehend erörtert worden. Das mit dem Bittersalz isomorphe Nickelsulfat-Heptahydrat krystallisiert mit bis 21% Eisenvitriol ebenfalls rhombisch, von 50—100% des letzteren monoklin. Vom Zinksalz (S. 154) erhält man auch im reinen Zustande die monokline Modifikation durch Impfen (s. S. 315) einer übersättigten Lösung mit einem Krystall von Eisenvitriol, dieselbe wandelt sich aber sehr rasch in die stabile rhombische um.

Kaliumdichromat = $Cr_2O_7K_2$ krystallisiert triklin (S. 107), $Cr_2O_7(NH_4)_2$ dagegen monoklin; dies erklärt sich durch Polymorphie, da das Kaliumsalz noch eine zweite labile Modifikation von viel geringerer Dichte besitzt, welche man in monoklinen Krystallen durch Zusatz einer konzentrierten Lösung von Rhodankalium zu einer heißen Lösung des Salzes erhalten kann, die aber schon an feuchter Luft in die stabile übergeht.

Von den einfachsten Kohlenstoffverbindungen zeigt das **Methan** = CH_4 in sehr tiefer Temperatur eine doppeltbrechende Modifikation; von seinen Derivaten sind die Polymorphieverhältnisse der Tetrahalogenide schon S. 322 behandelt worden. Diejenigen, in denen nicht alle Wasserstoffatome durch Halogen vertreten sind, besitzen ebenfalls zum Teil mehrere Modifikationen, deren Eigenschaften jedoch noch wenig bekannt sind. Auch der **Methylalkohol** $CH_3 . OH$ zeigt in tiefer Temperatur eine umkehrbare Umwandlung aus einer stark in eine schwach doppeltbrechende Modifikation.

Hexachloräthan = C_2Cl_6 krystallisiert bei gewöhnlicher Temperatur rhombisch, wandelt sich jedoch bei 43° in eine trikline Modifikation um, deren Krystalle auch aus heißem Benzol entstehen, endlich bei 71° in eine kubische Modifikation, beide Male unter erheblicher Vergrößerung des Volumens. Aus dem Schmelzfluß entsteht die kubische Modifikation als pflasterähnliches Aggregat, welches sich bei 71° in die trikline umwandelt.

Acetylen = C_2H_2 bildet in niederer Temperatur kubische Krystalle, welche sich bei stärkerer Abkühlung in stark doppeltbrechende umwandeln.

Äthyläther = $(C_2H_5)_2O$ besitzt eine stabile, bei —116° schmelzende, rhombische Modifikation; in dem bei plötzlicher Abkühlung in flüssiger Luft entstehenden Glase bilden sich jedoch gewöhnlich Krystalle von viel schwächerer Doppelbrechung, welche, wenn sie sich nicht vorher in die stabilen umgewandelt haben, bei —123° schmelzen.

Das bei gewöhnlicher Temperatur monokline **Chloralhydrat** = $CCl_3 . CH(OH)_2$ (S. 138) erstarrt aus dem Schmelzflusse bei langsamer Abkühlung in optisch einaxigen Nadeln, welche bei gewöhnlicher Temperatur metastabil sind, sich aber nur sehr langsam in die monoklinen Krystalle umwandeln.

Essigsäure = $CH_3 . CO_2H$ krystallisiert aus dem Schmelzflusse in der S. 177 beschriebenen Form; in tieferer Temperatur wurde eine enantiotrope Umwandlung beobachtet.

Chloressigsäure = $CH_2Cl . CO_2H$ besitzt drei, sämtlich monokline Modifikationen: die stabile (α) (S. 139), Schmelzpunkt 62°,4, bildet sich aus wässeriger Lösung oder bei langsamer Abkühlung des Schmelzflusses; die erste metastabile (β), Schmelzpunkt 56,5°, entsteht durch Umwandlung der labilen (γ), die letztere, Schmelzpunkt 51°, aus dem unterkühlten Schmelzflusse oder plötzlich abgekühlter Lösung; diese, unter Umständen lange beständig, liefert beim Erschüttern β, beim Impfen mit α die stabile. Die Umwandlungspunkte von α in β bzw. γ liegen erheblich über dem Schmelzpunkte, diese Umwandlungen sind also monotrop (siehe S. 315).

Zu den monotrop polymorphen Substanzen gehört auch die **Glykolsäure** = $CH_2(OH) . CO_2H$; aus dem Schmelzflusse entsteht meist eine labile Modifikation, welche sich sehr schnell in die stabile (S. 140) umwandelt.

Das gleiche gilt für **Acetamid** = $CH_3 . CONH_2$, dessen stabile, trigonale Form (S. 242), Schmelzpunkt 71°, aus Lösungen krystallisiert, während die labile, rhombische (S. 177) in langen Nadeln, welche bei 61° schmelzen, aus dem unterkühlten Schmelzflusse entsteht, sich aber beim Impfen mit der stabilen Form rasch umwandelt und dann den höheren Schmelzpunkt zeigt.

Malonamid = $CH_2(CONH_2)_2$ krystallisiert aus dem Schmelzflusse und aus übersättigten Lösungen in tetragonalen Pseudooktaëdern, welche sich allmählich von selbst, schneller beim Erwärmen in die stabile monokline Modifikation umwandeln.

Bernsteinsäure = $\begin{matrix} CH_2 . CO_2H \\ | \\ CH_2 . CO_2H \end{matrix}$ besitzt außer der stabilen monoklinen Modifikation (S. 140) noch eine zweite, über die jedoch keine näheren Angaben existieren, und das gleiche gilt auch für das **Bernsteinsäureanhydrid** (S. 178).

Trimethylessigsäure = $(CH_3)_3C . CO_2H$ krystallisiert in zwei Modifikationen, welche beide einfachbrechend sind.

Campher = $C_{10}H_{16}O$ (S. 227) krystallisiert aus dem Schmelzfluß in oktaëdrischen Wachstumsformen, ebenso **Chlor-**, **Brom-** und **Cyancampher** = $C_{10}H_{15}OCl$ bzw. $C_{10}H_{15}OBr$ und $C_{10}H_{15}O(CN)$ (S. 121); auch andere Campherderivate, z. B. das Oxim, zeigen in höherer Temperatur eine kubische Modifikation[1]).

p-Dichlorbenzol = $C_6H_4Cl_2$ besitzt drei enantiotrope Modifikationen, welche sämtlich monoklin krystallisieren, deren Umwandlungspunkte bei 25° und 29° liegen; die der höchsten Temperatur entsprechende ist pseudotrigonal und bildet sehr leicht durch Gleitung Zwillinge nach einer mit der Symmetrieebene 60° einschließenden Fläche.

m-Chlornitrobenzol = $C_6H_4Cl(NO_2)$, rhombisch (S. 165), hat den Schmelzpunkt 45°; beim raschen Abkühlen der Schmelze entsteht eine bei 23° schmelzende Modifikation, welche sich sehr bald, beim Zerdrücken sofort, in die stabile umwandelt.

Das vom vorigen durch Eintritt einer zweiten Nitrogruppe abgeleitete **4-Chlor-1,2-Dinitrobenzol** = $C_6H_3Cl(NO_2)_2$ besitzt außer der stabilen, in dünnen (rhom-

[1]) Sonst sind unter den hydroaromatischen Verbindungen nur wenige, deren Polymorphie sicher nachgewiesen ist.

bischen?) Nadeln krystallisierenden Modifikation, Schmelzpunkt 38°,8, noch zwei monokline von sehr verschiedener Form, aber sehr ähnlichen Schmelzpunkten, 36°,3 bzw. 37°,1, welche sich leicht, sogar neben der stabilen bilden, sich aber allmählich, beim Reiben schneller, in die stabile umwandeln.

2-Chlor-1, 3-Dinitrobenzol = $C_6H_3Cl(NO_2)_2$ krystallisiert monoklin und zeigt keine Umwandlung bis zum Schmelzpunkte; aus übersättigten Lösungen entsteht aber eine ebenfalls monokline β-Modifikation; beim **2-Brom-1, 3-Dinitrobenzol** = $CH_3Br(NO_2)_2$ liegen dagegen die Stabilitätsgrenzen der β-Modifikation so viel tiefer, daß sie bei gewöhnlicher Temperatur die stabile ist, und hier tritt bei 60° bis 70° eine dritte, ebenfalls monokline, γ-Modifikation auf, welche auch aus dem Schmelzflusse und aus übersättigten heißen Lösungen entsteht, sich aber bald in β umwandelt, zu diesem also im Verhältnis der Enantiotropie steht.

Auch das isomere 4-Chlor-1, 3-Dinitrobenzol = $C_6H_3Cl(NO_2)_2$ besitzt zwei rhombische Modifikationen, von denen sich die eine bei der Berührung mit der anderen umwandelt; aus dem Schmelzflusse krystallisiert zuerst eine dritte, noch weniger stabile Form.

2, 6-Dichlornitrobenzol = $C_6H_3Cl_2(NO_2)$ bietet ein gutes Beispiel der Enantiotropie zweier monokliner Modifikationen mit dem Umwandlungspunkt 48° dar.

Phenol = $C_6H_5(OH)$ krystallisiert in rhombischen Prismen von ca. 64°, deren Endflächen wegen der starken Zerfließlichkeit der Substanz nicht gemessen werden konnten; es existiert noch eine zweite Modifikation von merklich verschiedener Dichte, jedoch ist eine Umwandlung nur unter hohem Drucke möglich.

Resorcin (1, 3-Phendiol) = $C_6H_4(OH)_2$ besitzt außer der stabilen Modifikation (S. 166) noch eine metastabile, ebenfalls rhombische Modifikation, welche bei 71° aus jener, sowie aus heißer übersättigter Lösung entsteht.

Hydrochinon (1, 4-Phendiol) = $C_6H_4(OH)_2$ krystallisiert aus Lösungen in dünnen hexagonalen Prismen mit einem Rhomboëder von 58° ($\alpha = 107° 48'$), durch Sublimation in monoklinen Blättchen mit dem Kantenwinkel von 42°; wird der Schmelzfluß mit beiden Modifikationen geimpft, so wächst jede fort, bis sie einander berühren, dann aber nur noch die trigonale auf Kosten der monoklinen (vgl. S. 316).

p-Nitrophenol = $C_6H_4(NO_2)(OH)$ hat zwei monokline Modifikationen, deren Prismenwinkel sehr ähnlich ist (s. S. 142); die gelben Krystalle der stabilen entstehen aus gesättigten Lösungen, die fast farblosen der metastabilen Form aus dem Schmelzfluß und aus übersättigten Lösungen.

Tetramethylammoniumpikrat = $C_6H_2(NO_2)_3O.N(CH_3)_4$ krystallisiert triklin (S. 107) unter 10°, aus wärmeren Lösungen in pseudohexagonalen Kombinationen **(10$\bar{1}$0) (10$\bar{1}$1)**, aus feinen Lamellen nach **(11$\bar{2}$0)** bestehend; bei 38° verschwinden die Lamellen und die Krystalle werden hexagonal; diese dritte, wahrscheinlich dihexagonal-dipyramidale Modifikation erhält man auch aus heißer Lösung. Auch die übrigen Pikrate der aliphatischen Ammoniumbasen besitzen ähnliche pseudosymmetrische und hochsymmetrische Modifikationen.

Acetanilid = $C_6H_5 . NH(C_2H_3O)$ besitzt außer der rhombischen Modifikation (S. 179) noch eine labile, wahrscheinlich monokline, welche aus dem Schmelzflusse entsteht, wenn dieser stark erhitzt und rasch abgekühlt wird. Ähnliche Verhältnisse zeigen auch einige Halogen- und Nitroderivate des Acetanilids.

Phenylthioharnstoff = $C_6H_5 . NH(CS . NH_2)$ krystallisiert bei gewöhnlicher Temperatur rhombisch (S. 179), wandelt sich aber bei 110° um; die aus heißer Lösung entstehenden metastabilen Krystalle sind monoklin und haben ähnliche Elemente wie die stabilen, aber ganz andere Ausbildung und Spaltbarkeit.

Eine »isotrimorphe« Gruppe bilden die folgenden Verbindungen (die Pfeile bedeuten die mikroskopisch beobachteten Umwandlungen):

		Monokl. Mod.		Rhomb. Mod.		Trikl. Mod
2,4-Dichlorbenzolsulfochlorid	= $C_6H_3ClCl . SO_2Cl$	stabil	←	metastabil		—
2,4-Bromchlorbenzolsulfochlorid	= $C_6H_3BrCl . SO_2Cl$	stabil	←	metastabil		—
2,4-Chlorbrombenzolsulfochlorid	= $C_6H_3ClBr . SO_2Cl$	metastabil		stabil		—
2,4-Dibrombenzolsulfochlorid	= $C_6H_3BrBr . SO_2Cl$	metastabil		stabil	←	metastabil
2,4-Dibrombenzolsulfobromid	= $C_6H_3BrBr . SO_2Br$	—		stabil	←	metastabil
2,4-Chlorbrombenzolsulfobromid	= $C_6H_3ClBr . SO_2Br$	—		—		stabil
2,4-Bromchlorbenzolsulfobromid	= $C_6H_3BrCl . SO_2Br$	—		—		stabil
2,4-Dichlorbenzolsulfobromid	= $C_6H_3ClCl . SO_2Br$	—		—		stabil

Eine ähnliche, aber »isotetramorphe« Gruppe ist die isomere des **3, 5-Dichlorbenzolsulfochlorid.**

m-Dinitro-p-toluidin = $C_6H_2(NO_2)_2(CH_3)(NH_2)$ besitzt vier Modifikationen: eine in sehr niedrigen Temperaturen stabile rhombische, eine über —10° stabile trikline, eine zweite rhombische, welche von 63° bis 148° beständig ist, und eine zuerst aus dem Schmelzflusse entstehende, deren Krystallform nicht bekannt ist.

p-Acettoluid = $C_6H_4(CH_3) . NH(C_2H_3O)$ existiert in zwei Formen, einer stabilen monoklinen (S. 143) und einer metastabilen rhombischen (S. 180), welche sich aus übersättigten Lösungen abscheidet.

Salicylsäure = $C_6H_4(OH) . CO_2H$ liefert in unterkühlter Schmelze eine monotrop metastabile Modifikation.

m-Nitrobenzoësäure = $C_6H_4(NO_2) . CO_2H$ besitzt außer der stabilen Modifikation (S. 144) noch zwei ebenfalls monokline, von denen sich die eine langsam, die andere schnell in die stabile umwandelt.

Benzamid = $C_6H_5 . CO(NH_2)$ existiert in einer stabilen monoklinen Modifikation und in einer metastabilen, wahrscheinlich triklinen, welche sich beim raschen Erkalten heißer Lösungen in dünnen Nadeln ausscheidet und leicht in die stabile übergeht.

Von den beiden stereoïsomeren **Zimmtsäuren** = $C_6H_5 . CH : CH . CO_2H$ besitzt die cis-Säure drei monoklin krystallisierende Modifikationen, deren stabile die sog. Allozimmtsäure ist, die trans-Säure zwei, ebenfalls monokline; die stabile Form der letzteren, die gewöhnliche Zimmtsäure, bildet Tafeln nach (010), begrenzt von *m* (110) und *q* (011) ($a : b : c = 0,8627 : 1 : 0,3138$, $\beta = 96° 49½'$), die metastabile dagegen nach der b-Axe prismatische Krystalle ($a : b : c = 3,8855 : 1 : 3,0240$, $\beta = 90° 48'$), aus dem Schmelzfluß dünne Nadeln, welche sich spontan, besonders leicht beim Erwärmen, in die Blättchen der stabilen Form umwandeln.

Phthalsäureanhydrid = $C_6H_4(CO)_2O$ krystallisiert bei gewöhnlicher Temperatur rhombisch ($a : b : c = 0,5549 : 1 : 0,4173$), aus dem Schmelzflusse und heißen Lösungen aber in wahrscheinlich monoklinen Täfelchen, welche sich in Berührung mit der ersten Modifikation momentan in diese umwandeln.

Das symmetrische **Trimethylbenzol** (Mesitylen) = $C_6H_3(CH_3)_3$ erstarrt in sehr tiefer Temperatur zu rhombischen Prismen, welche bis — 200° unverändert bleiben; aus stark unterkühlter Schmelze bildet sich eine zweite, ebenfalls rhombische Modifikation, welche langsam in die stabile übergeht.

Benzophenon (Diphenylketon) = $(C_6H_5)_2CO$ ist das erste, durch Beobachtung festgestellte Beispiel eines monotrop dimorphen Körpers; während es aus Lösungen stets rhombisch krystallisiert (S. 157), entstehen aus erhitzter und rasch abgekühlter Schmelze rhomboëderähnliche, wahrscheinlich monokline Krystalle, welche bei 26° schmelzen und sich gewöhnlich spontan, stets aber in Berührung mit der stabilen Modifikation (Schmelzpunkt 48°) in letztere umwandeln. Auch an mehreren Derivaten des Benzophenons wurde Polymorphie nachgewiesen.

Salol (Salicylsäurephenylester) = $C_6H_4(OH) . CO_2(C_6H_5)$ besitzt außer der stabilen rhombischen Modifikation (Schmelzpunkt 42°) noch zwei andere von niedrigeren Schmelzpunkten (38°,8 bzw. 28°,5), von denen sich die erste aus der Schmelze bei 37—0°, die zweite bei — 20° bildet und von denen sich letztere viel schneller in die stabile umwandelt.

m-Dinitrodiphenylcarbamid = $(C_6H_4(NO_2) . NH)_2CO$ existiert in drei monoklin krystallisierenden Modifikationen, welche aus Lösungen entstehen: α bei höchstens 15° allein, dann mit β bis 40°, von wo ab sich statt dessen γ bildet; die bei gewöhnlicher Temperatur stabileren Krystalle von α werden bei 60° opak (Umwandlung in β), bei 180° tritt die Umwandlung in γ ein und dieses schmilzt bei 242°.

Diphenylmaleïnsäureanhydrid = $(C_6H_5)_2C_4O_3$ krystallisiert in stabilen, je nach dem Lösungsmittel sehr wechselnd ausgebildeten rhombischen Kombinationen; aus wässerigem Aceton entsteht aber neben ihr eine monokline Modifikation, welche sich in Berührung mit der ersteren und ebenso beim Erwärmen umwandelt, nicht umgekehrt; die metastabile Form entsteht auch aus dem Schmelzflusse.

Triphenylmethan = $(C_6H_5)_3CH$ besitzt außer der stabilen Modifikation (S. 167) eine ebenfalls rhombische (aber dipyramidale) metastabile von etwas niedrigerem Schmelzpunkt, welche sich beim raschen Abkühlen der Schmelze sowie aus übersättigten Lösungen bildet und sich leicht in die stabile umwandelt. Polymorphie zeigt sich ferner bei mehreren komplizierteren Aminoderivaten des Triphenylmethans.

Triphenylguanidin $(C_6H_5 . NH)_2C : N(C_6H_5)$ ist ebenfalls dimorph mit einer stabilen rhombischen und einer etwas niedriger schmelzenden zweiten Modifikation, welche sich aus dem unterkühlten Schmelzflusse neben der ersten bildet und eine sehr geringe Umwandlungsgeschwindigkeit zeigt.

Carbostyril (α-Oxychinolin) = $C_6H_4 \langle {CH : CH \atop N : \dot{C}(OH)}$. Sowohl aus dem Schmelzflusse als aus Lösungen kann neben der stabilen eine zweite Modifikation erhalten werden, welche von der ersten sehr rasch aufgezehrt wird (die Krystallformen beider sind unbekannt). Auch mehrere andere Chinolinderivate zeigen Polymorphie.

Dibenzaltropinon = $C_{22}H_{21}ON$. Bei rascher Abkühlung der Lösungen bildet sich die metastabile rhombische Modifikation, aber auch etwas der stabilen monoklinen, bei langsamer Abkühlung vorwiegend die letztere; die metastabile Modifikation wandelt sich etwas unter dem Schmelzpunkt in die stabile um.

In die vorstehende Zusammenstellung polymorpher Substanzen sind nur solche aufgenommen worden, in welchen die Existenz mehrerer Modifikationen durch Beobachtung festgestellt worden ist und deren Verschiedenheit nicht durch chemische Isomerie, wenigstens nicht durch eine der bisher bekannten Arten der Isomerie, erklärt werden kann. Außerdem gibt es aber zahlreiche Fälle, in denen nach S. 317 f. auf Polymorphie daraus zu schließen ist, daß chemisch nahe verwandte Substanzen keine krystallographische Verwandtschaft zeigen, wie z. B. die so häufige Verschiedenheit der Krystallformen entsprechender Chlor-, Brom- und Jodverbindungen, deren Mischkrystalle, wenn dieselben dargestellt wurden, in der Tat zeigen, daß verschiedene Modifikationen vorliegen.

Während bei den Elementen und deren einfachsten Verbindungen Polymorphie nicht nur eine gewöhnliche Erscheinung ist, sondern auch bei den Stoffen der verschiedensten Art auftritt, ist sie bei den komplizierteren, besonders den organischen Verbindungen, bei denen ihr Vorkommen im Vergleich zu der Gesamtzahl der Substanzen ein weit sparsameres ist, verhältnismäßig häufig in einzelnen Gruppen, wie zum Teil schon aus obiger Zusammenstellung hervorgeht. Als solche seien angeführt die Derivate des Harnstoffs, des Camphers, des Nitrobenzols, des Azotoluols, ferner das Tribenzhydroxylamin und fast alle seine Methyl- und Methoxyderivate; endlich sind unter den zahlreichen heterozyklischen Verbindungen nachgewiesene Fälle der Polymorphie fast ausschließlich beschränkt auf das Triphenylpyrrolon und seine Abkömmlinge, auf die Tropingruppe und auf die Opiumalkaloïde. Anderseits konnten keine polymorphen Modifikationen, auch nicht bei sehr tiefen Temperaturen, nachgewiesen werden bei zahlreichen, zum Teil ziemlich einfach zusammengesetzten Kohlenwasserstoffen, wie Benzol, Toluol, p-Xylol, Tetraphenylmethan, Hexamethylbenzol, Naphthalin und verschiedenen Kohlenwasserstoffen der Fettreihe.

Wie chemisch isomere Substanzen, so besitzen auch polymorphe Modifikationen im allgemeinen derartig verschiedene Krystallstruktur, daß sie nicht nur in ihren physikalischen Eigenschaften wesentlich voneinander abweichen, sondern auch ihre Krystallformen keinerlei Ähnlichkeit zeigen. Es gibt jedoch eine Anzahl polymorpher Körper, deren beide Formen in einer sehr nahen Beziehung stehen; es sind das diejenigen, deren eine Modifikation eine pseudosymmetrische (s. S. 102 f.) Form besitzt und daher in Zwillingsverwachsungen von scheinbar höherer Symmetrie auftritt, während die zweite diejenige höher symmetrische ist, der die erstere nahesteht. Wie die folgenden Beispiele zeigen, sind derartige Fälle von Polymorphie besonders unter den pseudokubischen und pseudotrigonalen, meist weniger einfach zusammengesetzten Substanzen vertreten.

Tellursäure = $Te(OH)_6$ krystallisiert aus salpetersaurer Lösung teils in Oktaëdern, teils in der monoklinen Kombination (110), (010), (011), ($\bar{1}01$), einem hexagonalen Prisma mit Rhomboëder ähnlich und mit Winkeln, welche denen des Rhombendodekaëders nahestehen; diese monoklinen Krystalle sind aber niemals einfach, sondern stets aus Zwillingslamellen nach (110) zusammengesetzt. Eine direkte Umwandlung der kubischen Modifikation findet zwar in diesem Falle nicht statt; in der Lösung zerfallen jedoch die Oktaëder in ein Aggregat monokliner Krystalle.

Methylammoniumhexabromostannat = $SnCl_6(NH_3 . CH_3)_2$. Pseudotrigonale Tafeln, ähnlich dem Chloroplatinat (S. 239), mit zahlreichen, unter 60° sich schneidenden Zwillingslamellen; infolgedessen teils einaxig, teils zweiaxig mit wechselndem Axenwinkel; 1. Mittellinie senkrecht zur Tafel- und Spaltfläche *c* (111). Bei 175° verschwinden plötzlich die Lamellen, und es entsteht unter Änderung der Dichte und der Doppelbrechung ein einaxiger trigonaler Krystall, der beim Abkühlen unter jene Temperatur sich wieder in einen pseudotrigonalen mit lamellarem Zwillingsbau umwandelt.

Tetraäthylammoniumbromostannat = $SnBr_6(N . 4C_2H_5)_2$. Die aus wässeriger Lösung entstehenden Krystalle sind Pseudoktaëder, aus doppeltbrechenden Partien mit (110) als Zwillingsebene bestehend; von 112° bis zum Schmelzpunkt einfachbrechend; bei der Abkühlung unter den Umwandlungspunkt tritt wieder die Bildung doppeltbrechender Lamellen ein.

Isopropylammoniumchloroplatinat = $PtCl_6(NH_3 . C_3H_7)_2$ (S. 182). Bei 32° verschwinden plötzlich die Lamellen und der Krystall zeigt alle Eigenschaften eines einfachen rhombischen: beim Abkühlen unter 32° tritt der lamellare Zwillingsbau wieder ein.

Kaliumaluminiummetasilikat (nat. Leucit) = Si_2O_6AlK. Das Mineral tritt in scheinbaren Ikositetraëdern (211) auf, welche jedoch aus zahlreichen Zwillingslamellen nach den Flächen des Pseudododekaëders (110) bestehen; diese sind optisch zweiaxig mit kleinem Axenwinkel und besitzen pseudotetragonal-rhombische Symmetrie. Die Winkel nähern sich beim Erhitzen denen der kubischen Symmetrie, bei 560° verschwinden die Lamellen und der Krystall wird einfachbrechend, während beim Abkühlen die Zwillingsbildung wieder eintritt. Da die Bildung des Minerals in hoher Temperatur stattfand, so waren die Krystalle bei ihrer Entstehung Ikositetraëder (vgl. S. 267).

Kaliumsulfat = SO_4K_2. In den pseudohexagonalen Krystallen (S. 174) entsteht durch Erhitzen eine Zwillingslamellierung nach (110) und (130). Zwischen 600° und 650° wandelt sich plötzlich der Krystall in einen einheitlichen, optisch einaxigen von stärkerer Doppelbrechung um.

Magnesiumchloroborat (nat. Boracit) = $B_{16}O_{30}Cl_2Mg_7$. Pseudokubisch (siehe S. 261). Bei der Umwandlung in die kubische Modifikation findet erhebliche Kontraktion und Wärmebindung statt.

Von den zuletzt besprochenen Fällen sind wohl zu unterscheiden diejenigen, in denen pseudosymmetrisch krystallisierte Substanzen in zwei nur scheinbar verschiedenen Formen auftreten, von welchen die höher symmetrische aus Zwillingslamellen derjenigen von niederer Symmetrie besteht, die so fein sind, daß der Krystall als einfacher erscheint. Alsdann sind die skalaren Eigenschaften beider Formen die gleichen und die vektoriellen unterscheiden sich nur insoweit, als es durch die Zwillingsbildung bedingt wird. Da die wesentlichste Verschiedenheit der beiden Formen solcher Stoffe auf ihrer Symmetrie beruht, so soll diese Erscheinung als **Polysymmetrie** bezeichnet werden.

In dem Verhältnis der Polysymmetrie stehen zueinander der trikline und der monokline Kaliumfeldspat (S. 132 u. 183), die monokline und die rhombische Form des Magnesiummetasilikates (S. 110 u. 148), die monokline und die tetragonale Form des Ferrocyankaliums (S. 130) und andere S. 202 angeführte Beispiele. Nach S. 73 kann die Struktur der Quarzkrystalle betrachtet werden als aus Lamellen von höchstens monokliner Symmetrie aufgebaut; in dem Quarzin (Chalcedon) liegt nun ein Aggregat außerordentlich kleiner, optisch zweiaxiger Partikel vor, welche sonst alle Eigenschaften des Quarzes besitzen und zuweilen sogar eine trigonaler Symmetrie entsprechende gegenseitige Stellung zeigen. Außerdem seien noch einige hierher gehörige Beispiele organischer Verbindungen angeführt.

Tetrachlorchinon (Chloranil) = $C_6Cl_4O_2$ krystallisiert monoklin in dünnen Tafeln (001), begrenzt von prismatischen Formen, nach (001) vollkommen spaltbar und häufig nach derselben Fläche Zwillinge. Ebenso krystallisieren **Bromanil** = $C_6Br_4O_2$ und die intermediären Verbindungen, außer **Chlortribromanil** = $C_6ClBr_3O_2$; dieses erscheint in Krystallen des gleichen Habitus, mit derselben Spaltbarkeit und ganz ähnlichen Elementen; die Randflächen bilden jedoch eine rhombische Dipyramide, deren Streifung auf einen lamellaren Zwillingsbau monokliner, mit denen der übrigen Glieder dieser Gruppe isomorpher Krystalle hindeutet.

Diacet-2,6-Dichlor-4-Nitranilid = $C_6H_2Cl\,Br\,(NO_2)\,.\,N(C_2H_3O)_2$ und **Diacet-2,6-Dibrom-4-Nitranilid** = $C_6H_2Br_2(NO_2)\,.\,N(C_2H_3O)_2$ krystallisieren in völlig übereinstimmenden Kombinationen mit ähnlichen Winkeln, optischen Eigenschaften usw., ersteres aber monoklin (S. 148), letzteres triklin (s. S. 112) mit häufiger Zwillingsbildung nach der Pseudosymmetrieebene, d. h. die beiden Substanzen sind isomorph und verhalten sich genau ebenso zueinander wie monokliner und trikliner Feldspat.

Strychninselenat-Hexahydrat = $(C_{21}H_{22}O_2N_2)_2\,.\,H_2SeO_4\,.\,6\,H_2O$. Die Krystalle sind quadratische Tafeln mit einer pseudotetragonalen Dipyramide, ähnlich derjenigen des Sulfats (S. 195), zeigen aber das Axenbild eines zweiaxigen Krystalls mit $2\,E = 93^0$ in einer Ebene parallel einer Seite der Basis; sie sind meist Zwillinge mit rechtwinkeliger Durchkreuzung der Axenebenen, deren Axenwinkel aber nach dem Herausnehmen aus der Lösung immer kleiner wird, bis endlich Einaxigkeit mit viel geringerer Doppelbrechung eintritt.

Die zuletzt erwähnte Erscheinung, wie das Auftreten neuer Zwillingslamellen durch Erwärmen im Glaserit (S. 133) u. a. pseudosymmetrischen Krystallen, bietet eine gewisse Ähnlichkeit mit der Umwandlung polymorpher Substanzen dar, und da die Eigenschaften der letzteren sich mit dem Drucke ändern, so kann bei einem bestimmten Drucke eine skalare Eigenschaft, z. B. die Dichte, zweier polymorpher Modifikationen gleichen Wert besitzen wie die polysymmetrischer Formen. In manchen Fällen bedarf es daher sehr eingehender Untersuchungen, um festzustellen, welcher der beiden Fälle vorliegt.

Anhang.

Anleitung zur Krystallbestimmung.

Einleitung.

Die Aufgabe einer Krystallbestimmung kann entweder bestehen in der Identifizierung einer bereits krystallographisch bekannten Substanz oder in der Erforschung der Eigenschaften eines bisher nach dieser Richtung hin noch nicht untersuchten Stoffes.

Der erste Fall ergibt sich bei chemischen Arbeiten dann, wenn eine krystallisierte Substanz erhalten wurde und ihre Identität mit einer früher auf anderem Wege dargestellten von gleicher empirischer Zusammensetzung nachgewiesen werden soll. Hierzu benutzt man meist die Bestimmung des Schmelzpunktes, doch ist dieser, abgesehen von der Beeinflussung durch selbst in geringer Menge beigemengte Stoffe, schon deshalb kein ganz sicheres Beweismittel, weil in dem so häufigen Falle der Polymorphie das Präparat in einer anderen (monotropen, s. S. 315) Modifikation. als das früher erhaltene, vorliegen und daher einen anderen Schmelzpunkt besitzen kann. Jeder Zweifel an der Identität ist dagegen ausgeschlossen, wenn beide Präparate, aus demselben Lösungsmittel unter ähnlichen Bedingungen krystallisiert, die gleichen Formen mit übereinstimmenden physikalischen Eigenschaften zeigen[1]). Um dieses Resultat sicherzustellen, genügt in den meisten Fällen der Nachweis der Übereinstimmung einiger wichtiger Winkel, der Spaltbarkeit und der am einfachsten zu beobachtenden optischen Eigenschaften, z. B. der durch die vorherrschenden Flächen sichtbaren Axenbilder, namentlich, wenn dieselben besonders charakteristische Eigentümlichkeiten (starke Dispersion u. dgl.) darbieten. In dem Falle einer Substanz, deren Krystallhabitus durch die Verhältnisse bei der Bildung der Krystalle stark beeinflußt wird, kann allerdings die Ausbildung der neuen Krystalle merklich von derjenigen der früher untersuchten abweichen und dadurch eine etwas eingehendere Bestimmung nötig werden, um mit Sicherheit festzustellen, daß die auftretenden Formen denselben Elementen entsprechen wie die früher beobachteten, und daß die Verschiedenheit der Formen lediglich eine Folge der verschiedenen Krystallisationsbedingungen ist. Erweisen sich jedoch die beiden Präparate als geometrisch und physikalisch verschiedenartige, so ist ihre chemische Identität noch nicht ausgeschlossen, falls die Substanz polymorph ist und in zwei verschiedenen Modifika-

[1]) Die Angaben über die Formen und physikalischen Eigenschaften der bisher daraufhin untersuchten krystallisierten Körper sind vollständig und kritisch zusammengestellt in dem Werke des Verfassers »Chemische Krystallographie, 5 Bde., Leipzig 1906—1918«. Da manche dieser Angaben nur auf einer einzelnen Krystallisation beruhen, so ist es von großer Wichtigkeit. bei der Beschreibung eines chemischen Präparates die zur Identifizierung benutzten Eigenschaften anzuführen und dadurch unter Umständen die krystallographische Kenntnis der betr. Substanz noch zu vervollständigen.

tionen vorliegt; alsdann liefert die S. 316 beschriebene Methode das Mittel zur Entscheidung der Frage. Eine Prüfung mit dem Krystallisationsmikroskop ist überhaupt immer zu empfehlen, um zu erkennen, ob Verschiedenheiten des Schmelzpunktes und der sonstigen Eigenschaften von Präparaten infolge von Polymorphie zu erwarten sind.

Handelt es sich dagegen um die Krystallbestimmung einer bisher noch nicht untersuchten Substanz (wobei im allgemeinen nur die bei gewöhnlicher Temperatur stabile Modifikation in Frage kommt), so sind, entsprechend den Darlegungen S. 83, zunächst möglichst verschiedene Krystallisationen herzustellen und zu vergleichen.

Zur Gewinnung meßbarer Krystalle wird die gesättigte Lösung, am besten mit einzelnen darin enthaltenen kleinen Kryställchen, in einer Krystallisierschale bei möglichst konstanter Temperatur der langsamen Verdunstung überlassen. Wenn das Lösungsmittel sehr flüchtig ist, so bedeckt man die Schale mit Fließpapier und einer Glasplatte. Die Verdunstung kann auch verzögert werden durch Benutzung eines Kolbens, dessen Hals mit Watte geschlossen ist, aus welchem aber die Krystalle weniger bequem zu entfernen sind als aus einer Schale mit ebenem Boden. Um von einer schwer löslichen Verbindung größere Krystalle zu erhalten, empfiehlt es sich, sie durch Diffusion oder dadurch allmählich entstehen zu lassen, daß man in regelmäßigen Zwischenräumen einen Tropfen der einen Lösung in die andere fallen läßt[1]); endlich kann man auch durch oft wiederholtes Erwärmen und Abkühlen bewirken, daß die größeren der ausgeschiedenen Krystalle allmählich auf Kosten der kleineren wachsen. Krystallisationen in höherer als gewöhnlicher Temperatur werden am geeignetsten in einem sich sehr langsam abkühlenden Raume vorgenommen, den man in folgender Weise herstellt.

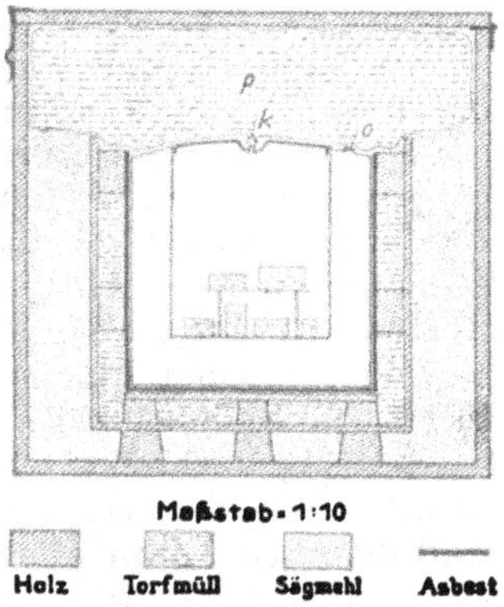

Fig. 951.

Zwei ineinander gestellte Kisten (s. Fig. 951), deren Zwischenraum mit Sägemehl angefüllt ist, enthalten einen Zylinder von Asbest, in welchen ein doppelwandiges zylindrisches, zur Aufnahme der Krystallisierschalen dienendes Blechgefäß, welches durch den Deckel mit dem Knopf *k* zu schließen ist, eingesetzt werden kann; über demselben befindet sich ein mit Torfmull gefülltes Kissen *p*. Wenn nach dem Einbringen der heißen Lösungen der ca. 9 l fassende Zwischenraum des Blechgefäßes mit siedendem Wasser gefüllt und die Kiste geschlossen wird, so ist die Temperatur des Innenraumes erst nach 30 Std. auf 60° gesunken, und es erfordert z. B. das Intervall 40° bis 30° nahezu zwei Tage.

Hat eine Krystallisation in einem kühlen Raume stattgefunden, so muß vermieden werden, dieselbe mit der Lösung in einen solchen von höherer Temperatur zu bringen, in welchem eine Ätzung der Flächen stattfinden könnte. Um eine solche zu verhindern, müssen jedenfalls die Krystalle möglichst rasch und vollständig von der Mutterlauge getrennt werden, was am besten in folgender Weise geschieht: nach dem Abgießen der Flüssigkeit werden die Krystalle auf einer mehrfachen

[1]) S. z. B. bei den Sulfaten von Sr, Ba, Pb S. 175.

Lage sehr weichen, stark aufsaugenden Fließpapieres ausgebreitet und von der Mutterlauge befreit durch Betupfen mit einem Pinsel, welchen man sich aus ebensolchem Fließpapier durch Zusammenrollen herstellt und durch Abreißen des feuchten Endes immer wieder erneuert.

Die Untersuchung der so gewonnenen Krystalle wird am geeignetsten in folgender Weise vorgenommen:

Einem ausgewählten, möglichst allseitig und anscheinend regelmäßig ausgebildeten Krystall wird eine vorläufige Deutung gegeben und diese optisch auf ihre Richtigkeit geprüft, zunächst im parallelen Lichte mit Hilfe des Mikroskopes oder, wenn die Krystalle größere Dimensionen besitzen, mit dem als Orthoskop dienenden Nörrembergschen Polarisationsapparat (s. S. 17 u. 18), alsdann auch im konvergenten Lichte, wobei meist die Anwendung von Natriumlicht erforderlich ist, um entscheidende Interferenzbilder zu erhalten. Bei dieser Voruntersuchung begnügt man sich mit einer Skizze des Krystalls, in welcher die Flächen vorläufig mit den Zahlen 1, 2, 3, ... bezeichnet werden. Dieses Verfahren soll im folgenden durch einige Beispiele erläutert werden:

1. Krystalle vom Aussehen regulärer Oktaëder, aber mit normaler Doppelbrechung, daher nicht kubisch. Sind die Schwingungsrichtungen der Flächen parallel und senkrecht zu einer Kante derselben, so ist die Form eine tetragonale Dipyramide und jene Kante die der Basis parallele; die Messung der betreffenden Flächenwinkel muß daher einen anderen Wert liefern, als die der Flächenwinkel an den Polkanten; Kontrolle durch das einaxige Interferenzbild einer Schliff- (ev. Spaltungs-)Platte nach (001). Liegen die Schwingungsrichtungen schief gegen die Kanten der dreieckigen Flächen, bilden aber in allen Flächen die gleichen Winkel mit ihnen, so ist die Form eine rhombische Dipyramide und muß daher bei der Messung dreierlei Winkel liefern. Findet die Gleichheit der Auslöschungsschiefen nur in je zwei Paaren paralleler Flächen statt, so ist die scheinbare Dipyramide eine monokline Kombination zweier Prismen. Sind endlich die Schwingungsrichtungen in allen vier Flächenpaaren unsymmetrisch orientiert, so liegt eine trikline Kombination von vier Pinakoiden vor, welche einander sämtlich unter verschiedenen Winkeln schneiden. Außer diesen Fällen kommt noch ein besonders einfach zu erkennender vor, nämlich der, daß die oktaëderähnliche Kombination von einem spitzen Rhomboëder und der Basis gebildet wird (s. z. B. Fig. 847, S. 241, welche außer dem Pseudooktaëder *r c* auch den Pseudokubus *d* zeigt); alsdann sind die Schwingungsrichtungen der sechs Rhomboëderflächen parallel und senkrecht zu einer ihrer Dreiecksseiten, während die beiden Basisflächen in jeder Stellung Auslöschung und im konvergenten Lichte das einaxige Interferenzbild zeigen.

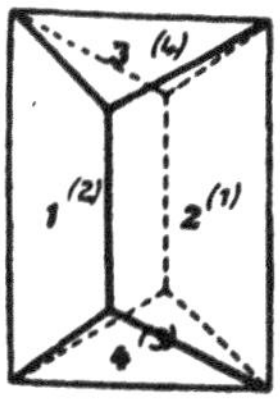

Fig. 952.

2. Die Kombination Fig. 952 kann eine rhombische sein mit 1, 2 als (110), 3, 4 als (101), dann müssen nicht nur die Schwingungsrichtungen in 1 und 2 der Kante 1 : 2 parallel sein, sondern es muß auch in einfarbigem konvergenten Lichte das Flächenpaar 1 (1) genau die gleichen und in bezug auf (010) symmetrischen Interferenzstreifen zeigen wie Flächenpaar 2 (2). Ist dies nicht der Fall, ist z. B. durch eines dieser beiden Flächenpaare ein Axenbild sichtbar, durch das andere nicht oder unter anderer Neigung, so ist der Krystall eine monokline, nach der *b*-Axe verlängerte Kombination zweier Pinakoïde 2. Art (1 und 2) mit einem Prisma (3, 4). Sind die Schwingungsrichtungen in 1 und 2 schief zur Kante 1 : 2, so sind zwei Fälle zu unterscheiden: a) bei gleicher Auslöschungsschiefe von 1 und 2 liegt ein monoklines Prisma (1, 2) vor, dessen Symmetrieebene diejenige halbierende Ebene ist, zu der die Schwingungsrichtungen symmetrisch liegen; je nach deren Orientierung ist 3, 4 ein Prisma oder die Kombination zweier Pinakoïde 2. Art; b) bei ungleicher Auslöschungsschiefe von 1 und 2 ist der Krystall triklin, und dementsprechend sind die Flächenwinkel sämtlich verschieden.

3. Der Krystall Fig. 953 hat das Ansehen eines Rhomboëders mit untergeordneter Basis (4). Ist er wirklich trigonal, so müssen die Schwingungsrichtungen

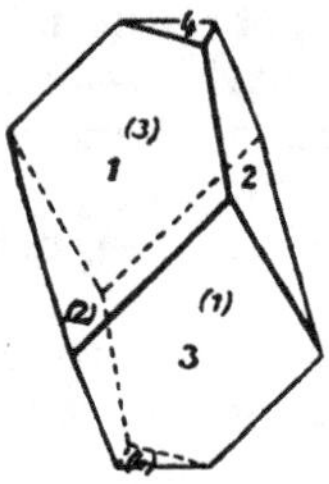

Fig. 953.

in den Flächenpaaren 1, 2 und 3 den Diagonalen parallel sein; die sichere Entscheidung liefert das einaxige Interferenzbild durch 4. Erweisen sich jedoch die Schwingungsrichtungen nur in 3 diagonal, in 1 und 2 anders, aber gleich und entgegengesetzt geneigt, so liegt die monokline Kombination eines Prismas (1, 2) mit zwei Pinakoïden 2. Art (3 und 4) vor. Sind endlich die Auslöschungsschiefen in 1 und 2 ungleich, so ist der Krystall triklin und, falls die Winkel 1 : 3 und 2 : 3 ähnliche Werte haben, pseudomonoklin, was ev. bei der Wahl der Axen in Betracht zu ziehen ist.

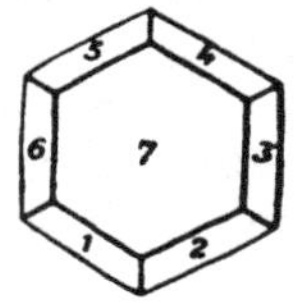

Fig. 954.

4. Die in Fig. 954 nur mit ihren oberen Flächen abgebildete sechsseitige Tafel kann, wenn das Flächenpaar 7 die einaxige Interferenzfigur zeigt, hexagonal oder trigonal sein, je nachdem die Randflächen sämtlich gleichwertig oder von zweierlei Art sind. Ist der Krystall optisch zweiaxig und zeigt das vorherrschende Flächenpaar (7) eine der Zonenaxe 3, 6 parallele Auslöschung und eine zu seinen beiden Schwingungsrichtungen symmetrische Interferenzfigur, so ist er rhombisch und 3, 6 gehören einem Prisma 1, 2, 4, 5 einer Dipyramide an; ist dagegen die Interferenzfigur nur zu einer der beiden Schwingungsrichtungen von 7 symmetrisch, so ist der Krystall monoklin; endlich kann er auch triklin sein, was durch unsymmetrisches optisches Verhalten des vorherrschenden Flächenpaares ersichtlich wird. Wie zahlreiche Beispiele pseudohexagonaler Krystalle im spez. Teil zeigen, sind derartige Krystalle häufig Zwillinge bzw. Drillinge, deren zusammengesetzter Bau sich schon im parallelen Lichte erkennen läßt. Ebenfalls sechsseitig tafelförmig sind die Krystalle des Kaliummethandisulfonat (S. 138, Fig. 260), unterscheiden sich aber durch den Parallelismus der Kanten *o* : *m* und *ω* : *m* von einer hexagonalen Kombination und könnten als rhombisch betrachtet werden; die Auslöschungsschiefe in *b* (010) zur Kante *b*: *m* beweist, daß die Symmetrie höchstens monoklin sein kann trotz der großen Ähnlichkeit der Kombination mit einer rhombischen, welche sich auch aus den Elementen ergibt.

Erst wenn die vorläufige Deutung des Krystalls in vorgenannter Weise geprüft und bestätigt ist, wird zur Messung geschritten[1]). Zu diesem Zwecke wird eine Zone des Krystalls nach der anderen nach dem weiterhin beschriebenen Verfahren durchgemessen und dabei unter sorgfältiger Bezeichnung jeder einzelnen Fläche und der Beschaffenheit ihres Reflexbildes werden die Ablesungen (mit schließlicher nochmaliger Einstellung der ersten Fläche) vorgenommen; die Differenzen dieser Ablesungen entsprechen den gesuchten Flächenwinkeln mit einer größeren oder geringeren Annäherung je nach der Beschaffenheit der eingestellten Reflexbilder. Bei symmetrischen Zonen, deren Winkel voneinander abhängig sind, wird aus ihnen, unter Berücksichtigung ihrer Genauigkeit, ein Mittelwert abgeleitet und aus mehreren gleichwertigen Zonen ein gemeinsames Mittel. Durch Untersuchung mehrerer Krystalle kann man so von allen wichtigen Winkeln Mittelwerte erhalten, von denen die am besten bestimmten der Rechnung zugrunde gelegt werden; nach Ableitung der Elemente aus jenen »Fundamentalwinkeln« werden die diesen Elementen entsprechenden Werte der übrigen Winkel berechnet. Die Vergleichung der so berechneten Zahlen mit den beobachteten liefert einen Maßstab für die Genauigkeit der Elemente.

Die Bestimmung der letzteren muß dann eine unvollständige bleiben, wenn die Zahl der beobachteten Flächen zu gering ist, um alle Elemente zu berechnen, also z. B. bei einem triklinen Krystall weniger als fünf voneinander unabhängige Winkel vorhanden sind. In einzelnen

[1]) An einem einfachbrechenden Krystall, dessen Form als (111), (100) oder (110) ohne weiteres erkennbar ist, sind überhaupt keine Messungen vorzunehmen.

derartigen Fällen gelingt es jedoch, durch Einstellung einer an den Krystallen herzustellenden Ebene vollkommener Spaltbarkeit zu der erforderlichen Anzahl von Fundamentalwinkeln zu gelangen.

Das allgemeine Prinzip der Berechnung der Flächen- und Kantenwinkel wurde S. 81f. angegeben. Im einzelnen ist der Gang der Rechnung für jeden Fall ein besonderer, kann aber vielfach vereinfacht werden durch Hinzuziehung graphischer Methoden, und es ist sogar möglich, aus einer geeigneten Projektion alle Winkelwerte, wenn auch weniger genau, herzuleiten, wodurch eine wertvolle Kontrolle der Rechnung ermöglicht wird. Hierfür sei verwiesen auf das Hilfsbuch von B. Gossner, Krystallberechnung und Krystallzeichnung, Leipzig 1914, in welchem auch die Methoden der Projektion in ihrer Anwendung zur Herstellung von Krystallbildern auseinandergesetzt sind[1]).

Im folgenden sollen nun die zu krystallographischen Untersuchungen gebräuchlichsten Instrumente in derjenigen Konstruktion, wie sie von der Firma R. Fuess in Steglitz bei Berlin geliefert wird, und die Art ihrer Anwendung erläutert werden.

Mikroskop.

Die wesentlichsten Bestandteile eines zur Untersuchung der Krystalle geeigneten Mikroskopes sind außer den optischen Teilen ein drehbarer Objekttisch mit Kreisteilung, an welcher Zehntelgrade geschätzt werden können, und zwei Nicolsche Prismen, von denen der Polarisator in ein an der Unterseite des Objekttisches befestigtes Rohr so eingeschoben werden kann, daß seine Schwingungsebene parallel einem der beiden Fäden im Gesichtsfelde ist, während der damit gekreuzte Analysator am besten so angebracht wird, daß er von der Seite kulissenartig in das Mikroskoprohr eingeschoben werden kann. Ist der letztere ausgeschaltet, so dient das Instrument zur Untersuchung im gewöhnlichen Lichte, also zur Orientierung über die Form mikroskopischer Krystalle, zur Beobachtung von Wachstums- und Auflösungserscheinungen, besonders von Ätzfiguren, endlich zur Messung von Kantenwinkeln an kleinen tafeligen Krystallen (s. z. B. Fig. 955, in welche außerdem die Schwingungsrichtungen und die ungefähre Orientierung einer optischen Axe eingetragen sind). Zu dem letzterwähnten Zwecke wird der auf einem Objektglase befindliche Krystall mittels dieses verschoben, bis die von den beiden Kanten, deren Winkel gemessen werden soll, gebildete Ecke mit dem Kreuzungspunkt der beiden Fäden zusammenfällt und durch Drehen des Objekttisches nacheinander die eine und die andere Kante mit dem gleichen Faden zur Deckung gebracht; die Differenz der Ablesungen dieser beiden Stellungen des Tisches ist der gesuchte Winkel. Analog wird bei der Bestimmung der Orientierung der Seiten einer Ätzfigur gegen die Kanten der geätzten Fläche verfahren.

Fig. 955.

Ist durch Einschieben des Analysators das Gesichtsfeld des Mikroskopes verdunkelt, so dient dasselbe nach S. 8 bis 11 zur Beobachtung der Doppelbrechung und besonders zur Bestimmung der Auslöschungs-

[1]) Bei der Behandlung der für die Berechnung wesentlichen Zonenlehre sind hier auch die Beweise für die S. 84 f. angeführten Sätze gegeben.

schiefe, allgemein der Orientierung der Schwingungsrichtungen in bezug auf die Kanten des Krystalls. Zu diesem Zwecke wird zuerst, was auch ohne Polarisation geschehen kann, eine durch ihre Länge und scharfe Ausbildung geeignete Kante des Krystalls mit einem der Fäden im Gesichtsfelde zur Deckung gebracht und die zugehörige Stellung des Objekttisches abgelesen; dann wird die Stellung größter Dunkelheit des Krystalls (am besten mit dem Natriumlichte eines Bunsenbrenners mit breiter, schlitzförmiger Öffnung) auf folgende Art festgestellt: Der Tisch wird gedreht, bis volle Dunkelheit eintritt und abgelesen; dann wird weiter gedreht, bis Aufhellung eingetreten ist, und nun im umgekehrten Sinne gedreht bis zum Wiedereintritt voller Dunkelheit und abgelesen; das Mittel dieser beiden Ablesungen wird als Orientierung maximalster Auslöschung angenommen: noch genauer wird das Resultat, wenn eine Anzahl solcher Doppeleinstellungen zu einem Mittel vereinigt wird; am Schlusse einer derartigen Messungsreihe ist die Einstellung der Kante noch einmal zu wiederholen.

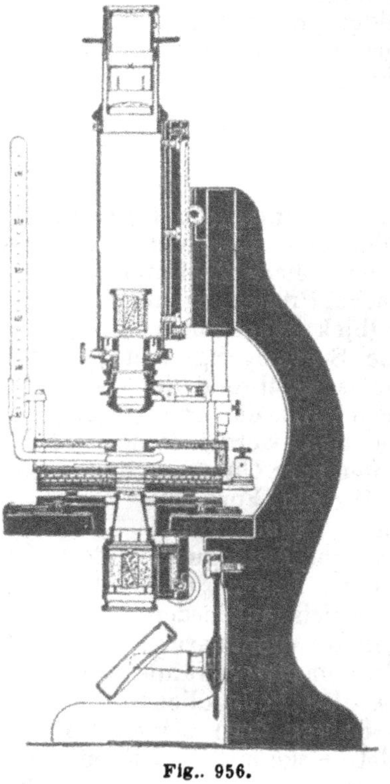
Fig. 956.

Besonders wichtig ist die Messung der Auslöschungsschiefe an dünn nadelförmigen Krystallen ohne Endflächen, weil sie meist gestattet, an solchen wenigstens das Krystallsystem zu bestimmen. Trikline Krystalle sind daran zu erkennen, daß die Winkel zwischen den Schwingungsrichtungen und der Längsrichtung der Krystalle durch verschiedene Flächenpaare gesehen ungleiche sind. Dünnprismatische monokline Krystalle können, wie zahlreiche Beispiele im 2. Teil zeigen, ebenso nach der Symmetrieaxe, wie nach einer prismatischen Form vorherrschend ausgebildet sein; im ersteren Falle haben sie die Auslöschungsschiefe Null und sind von rhombischen Prismen nur durch Anwendung konvergenten Lichtes zu unterscheiden; im zweiten Falle sind die Schwingungsrichtungen gleich schief in beiden Flächenpaaren eines Prismas, verschieden davon in (010) und parallel in dem zur Symmetrieebene senkrechten Pinakoïd der prismatischen Zone.

Endlich kann das Mikroskop noch mit einer Vorrichtung zum Erwärmen versehen werden behufs der Beobachtung der Krystallisationserscheinungen in höherer Temperatur, besonders der Umwandlung polymorpher Modifikationen. Ein derartiges »Krystallisationsmikroskop« (vgl. S. 316) ist in Fig. 956 abgebildet. Die Heizvorrichtung besteht in einer zwischen zwei Metallplatten befindlichen isolierten elektrischen Wicklung und wird mittels zweier Stifte mit dem drehbaren Objekttische verbunden; während sie nach unten durch eine Glimmerplatte von letzterem isoliert ist, dient ihre Oberseite als Objekttisch; ihre Temperatur wird durch ein das Deckglas des Präparates berührendes Thermoelement oder durch ein Thermometer gemessen, dessen Gefäß zweckmäßig mit einem auf das Deckglas teilweise aufliegenden dünnen

Metallblech umwickelt ist. Statt der elektrischen Heizung kann man auch eine solche durch einen kleinen Bunsenbrenner bewirken, welcher nach Bedarf unter das Objekt gebracht oder zur Seite geschlagen werden kann.

Refraktometer.

Zur Bestimmung der Brechungsindices mit der Prismenmethode dient das Reflexionsgoniometer derjenigen Konstruktion, wie es im letzten Abschnitte beschrieben werden wird. Die erheblichere Vorteile

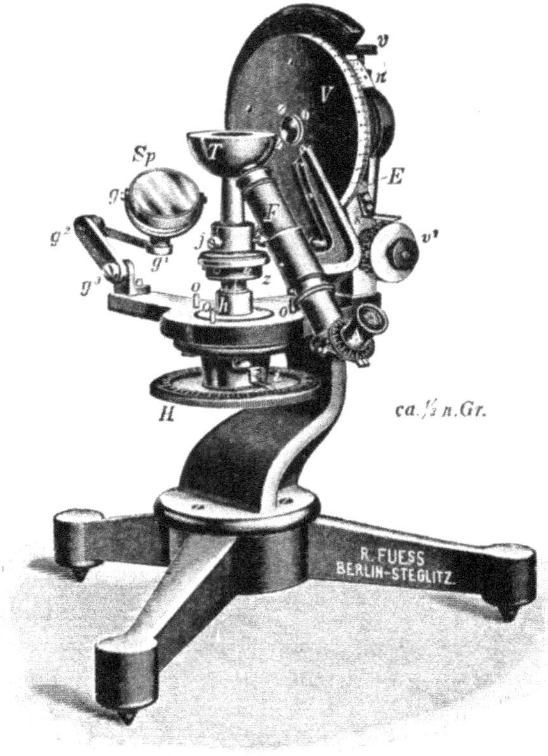

Fig. 957.

darbietende Methode der Totalreflexion (vgl. S. 15 u. 27) wird in dem von **Pulfrich** konstruierten »Krystallrefraktometer« verwendet. Der wichtigste Teil dieses Apparates (Fig. 957) ist eine aus sehr stark brechendem Glase angefertigte Halbkugel *T*, welche mittels des Teilkreises *H* um die vertikale Axe gedreht werden kann und auf deren, genau zur Axe senkrechte, ebene Oberfläche die Krystallplatte, mit einer kapillaren Schicht stark brechender Flüssigkeit dazwischen, aufgelegt wird. Mit dem Spiegel *Sp* wird nun diffuses monochromatisches[1]) Licht von der einen

[1]) Die bequemste und am meisten verwendete Methode für Herstellung monochromatischen Lichtes ist die eines Bunsenbrenners, dessen nicht leuchtende Flamme durch die Dämpfe eines Natriumsalzes gefärbt ist. Bringt man statt dessen ein Lithium- bzw. Thalliumsalz in die Flamme, so erhält man einfarbiges rotes bzw. grünes Licht. Für genaue Messungen sehr geeignetes Licht bestimmter Wellenlänge liefert die Quecksilberlampe, deren Strahlen durch bestimmte Farbplatten filtriert werden, so daß nur eine der von der Lampe ausgesandten Farben zur Wirkung gelangt.

Seite in die Halbkugel gesandt und von der anderen Seite die Grenze der totalen Reflexion in dem Fernrohr *F* beobachtet; die genaue Einstellung derselben (mit Hilfe der Mikrometerschraube *v*) wird an dem vertikalen Teilkreise *V* abgelesen. Durch Drehen des horizontalen Kreises *H* können nach und nach verschiedene in der Ebene der Krystallplatte gelegene Richtungen in die durch die Fernrohraxe gehende senkrechte Ebene gebracht und die ihnen entsprechenden Brechungsindices gemessen werden. Zur Bestimmung der Schwingungsrichtungen der zugehörigen Strahlen dient ein auf das Fernrohr aufzusetzendes Nicolsches Prisma.

Konoskop.

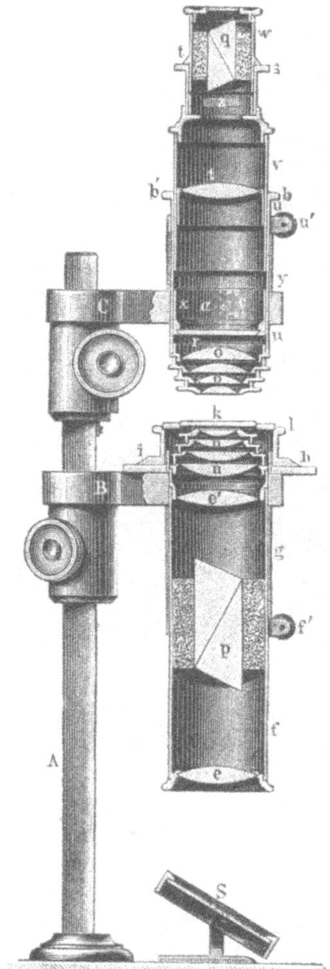

Fig. 958.

Das in Fig. 8 (S. 17) schematisch dargestellte Polarisationsinstrument zur Beobachtung im konvergenten Lichte ist in Fig. 958 in der gebräuchlichsten Form in einem senkrechten Durchschnitte abgebildet. Das vom hellen Himmel oder einem Brenner mit breiter Flamme ausgesandte Licht wird durch den Spiegel *S* in das Rohr *f* reflektiert und hier, durch die Linsen *e* und *e'* zu einem Doppelkegel vereinigt, möglichst vollständig durch den Polarisator *p* hindurchgelassen. Durch einen Klemmring mit einer Nase, welche in einen Einschnitt des Rohres *g* eingreifen muß, wird die richtige Stellung des Nicols bestimmt. Die Sammellinse *n* ist eine vierfache, welche ein System von sehr kurzer Brennweite bildet, und ebenso ist das Objektivsystem *o* vierfach und von derselben Brennweite, so daß bei genügender Annäherung des letzteren an die auf *k* aufgelegte Krystallplatte sehr stark konvergente Strahlen noch in das Gesichtsfeld fallen; *k* ist eine Glasplatte, welche in einem Messingring befestigt ist, der in einer durch einen Einschnitt bestimmten Stellung in das Rohrstück *l* eingelegt wird; letzteres ist drehbar und trägt einen Teilkreis *hi*, welcher auf der festen kreisrunden Nonienplatte schleift. Über dem Objektivsystem befindet sich das Glasmikrometer *r*, dessen geschwärzte eingerissene Teilung gleichzeitig mit dem Interferenzbilde sichtbar ist, so daß es die ungefähre Bestimmung des Winkels gestattet, den die optischen Axen mit der Normale der Krystallplatte bilden (ein Teilstrich entspricht ungefähr einem scheinbaren Winkel von 6°). Der Analysator *q* befindet sich über dem Okular *t* und kann aus der parallelen Stellung in die gekreuzte gedreht werden, welche beide durch Marken bezeichnet sind. Unter demselben ist ein Schlitz z angebracht, durch welchen eine Viertelundulationsglimmerplatte (s. S. 39) eingeschoben werden kann. Während der Träger B des unteren Rohres in passender Höhe am Stativ festgeklemmt wird, kann durch die an C angebrachte Stellschraube das obere Rohr so weit gehoben werden, daß man durch das Instrument den auf r liegenden Krystall selbst (und zwar verkehrt) sieht, es kann aber auch zur Beobachtung des Interferenzbildes fast bis zur Berührung des Objektivsystems mit dem Krystall gesenkt werden.

Die optischen Teile des vorbeschriebenen Instrumentes können auch zu einem Apparat zur Messung des Winkels der optischen Axen, wie er in Fig. 959 dargestellt ist, verwendet werden, indem sie in ein Stativ eingeschoben werden, welches an einer drehbaren Axe, deren Drehung auf dem Teilkreise K abgelesen wird, eine Vorrichtung enthält,

Fig. 959.

welche gestattet, die auf einem Glasstreifen aufgekittete Krystallplatte p in der richtigen Stellung zwischen Objektiv- und Sammellinsen zu bringen und durch ihre Drehung die beiden Axenbilder nacheinander mit dem Mittelpunkt des Gesichtsfeldes zur Deckung zu bringen (in der Abbildung ist noch ein Glasgefäß eingefügt, welche mit einer stark brechenden Flüssigkeit gefüllt ist, s. S. 30).

Statt der starkbrechenden Flüssigkeit kann bei der Messung des Axenwinkels auch ein schweres Glas in der Form zweier Halbkugeln angewendet werden, zwischen welche die Krystallplatte eingeklemmt wird. Durch Drehen der Kugel, die gleichsam die beiden mittelsten Linsen des Konoskops ersetzt, ist es möglich, die beiden Axenbilder selbst von Krystallen mit sehr großem Axenwinkel noch einzustellen, d. h. von solchen, deren scheinbarer Axenwinkel in Luft nicht mehr gemessen werden kann, denjenigen in der betreffenden Glassorte festzustellen. Dieses Prinzip liegt der Konstruktion des sog. Adamsschen

Polarisationsapparates zugrunde, mit welchem es durch die von den übrigen Teilen unabhängige Drehung der erwähnten Glaskugel sogar möglich ist, die Interferenzbilder einer zur Axenebene merklich schiefen Krystallplatte einzeln in die Mitte des Gesichtsfeldes zu bringen.

Goniometer.

Die einfachste Methode, den von zwei Ebenen gebildeten Winkel zu messen, besteht darin, zwei gegeneinander drehbare Metallschienen mit den beiden Ebenen so zur Berührung zu bringen, daß sie senkrecht zu der Schnittgeraden der beiden Flächen auf ihnen aufliegen, und dann den Winkel der beiden Schienen durch Auflegen auf eine Kreisteilung zu bestimmen. Dieses Verfahren ist natürlich nur auf Ebenen von einer Ausdehnung anwendbar, wie sie an Krystallen fast nie vorkommt, und die Genauigkeit eine so geringe, daß ein derartiges »Kontakt-« oder »Anlegegoniometer« nur bei der Anfertigung von Krystallmodellen gebraucht zu werden pflegt.

Die Messung der Flächenwinkel an den Krystallen erfolgt mit dem »Reflexionsgoniometer«, bestehend aus einem Teilkreise, auf dessen Axe der Krystall so befestigt ist, daß die Flächen der zu messenden Zone der Axe parallel sind, und versehen mit zwei Fernröhren, welche dem Kreise parallel unter einem beliebigen, aber bestimmten Winkel zueinander stehen; von diesen enthält das eine, der »Collimator«, statt des Okulars eine beleuchtete Öffnung[1]), das andere, das Beobachtungsfernrohr, ein Fadenkreuz, mit welchem durch Drehen der Axe des Teilkreises einmal das von der einen, das andere Mal das von der zweiten Krystallfläche reflektierte Spiegelbild der hellen Öffnung des Collimators zur Deckung gebracht wird. Die Differenz der beiden diesen Stellungen des Krystalls entsprechenden Ablesungen des Teilkreises ist der gesuchte Flächenwinkel. Da hierbei die vom Signal, d. i. der hellen Öffnung des Collimators, ausgehenden Strahlen nach dem Austritt aus dem Objektive parallel sind, ist es nicht erforderlich, daß die von den beiden Flächen gebildete Kante genau zentriert ist, d. h. mit der Drehungsaxe des Teilkreises zusammenfällt. Dies hat den Vorteil, daß die sämtlichen Flächen einer Zone nacheinander eingestellt, also alle Winkel der Zone gemessen werden können, falls dieselbe nur »justiert« ist, d. h. die Zonenaxe genau parallel der Drehungsaxe des Teilkreises ist. Nur wenn der Krystall sehr große Dimensionen hat oder die zu messenden Flächen an ihm teilweise sehr weit voneinander entfernt sind, also die von ihnen reflektierten Strahlen nicht mehr oder nur noch randlich in das Objektiv des Beobachtungsfernrohres eindringen könnten, ist eine Zentrierung je eines Teiles der Zone erforderlich. Eine größere Wichtigkeit beansprucht die Zentrierung der zu messenden Kante bei der Benutzung einfacher kleinerer Goniometer, wie sie in praktischen Übungen der Studierenden mehrorts verwendet werden, bei denen eine in größerer Entfernung aufgestellte Lichtquelle die Stelle des Collimators vertritt; an diesen einfacheren Instrumenten ist gewöhnlich der Teilkreis vertikal.

---

[1]) Als solche diente am zweckmäßigsten ein sogen. Webskyscher Spalt, welcher aus zwei in der Mitte mit feinen Spitzen zusammenstoßenden dreiseitigen Ausschnitten besteht.

Im folgenden soll nun das gebräuchlichste, von der S. 337 genannten Firma konstruierte Reflexionsgoniometer und seine Anwendung beschrieben werden. Der Krystall wird mittels eines Wachskegels auf das Tischchen *u* (Fig. 960), welches zu dem Zwecke nach Lösen der Klemmschraube *v* abgenommen werden kann, so aufgesetzt, daß die zu messende Zone möglichst nahe senkrecht zur Ebene des Tischchens steht. Die genaue Justierung erfolgt dann durch die beiden, je in einen Zylinderschlitten *r* bzw. *r'* eingreifenden Justierschrauben, von denen in Fig. 960 nur die untere *x* erscheint, während die obere nur in der Mitte des Durchschnittes durch den oberen Zylinderschlitten dicht unter dem Stiel des Tischchens *u* sichtbar ist. Da die beiden Justierschrauben den Krystall in zwei zueinander senkrechten Ebenen zu neigen gestatten,

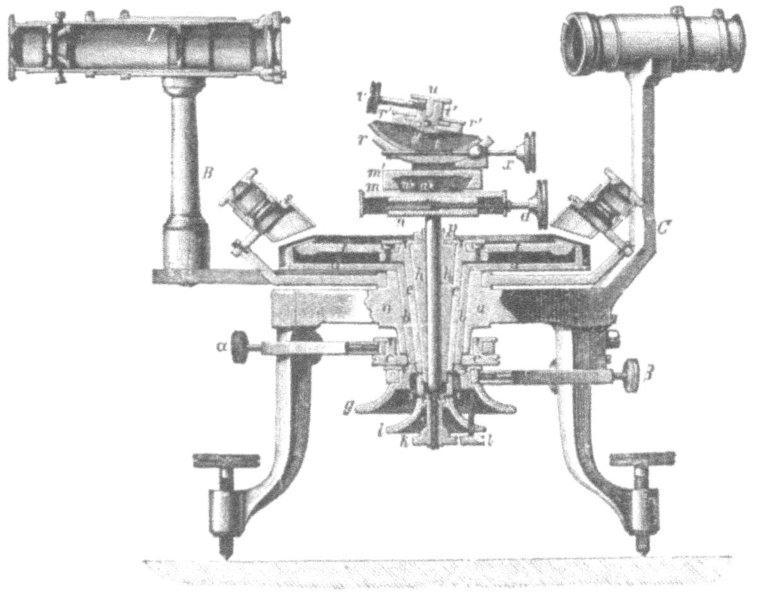

Fig. 960.

so erfolgt die Justierung am schnellsten, wenn der Krystall vorher so aufgesetzt wurde, daß eine besonders groß und gut ausgebildete Fläche der Zone möglichst genau parallel einer jener beiden Ebenen ist. Diese Fläche wird dann mittels der zu ihr senkrechten Justierschraube so geneigt, daß das von ihr gespiegelte Bild des Signals[1]) beim Drehen des Teilkreises im Gesichtsfelde des Beobachtungsfernrohres genau durch die Mitte läuft; alsdann wird das Reflexbild einer zweiten, durch ihre Beschaffenheit besonders geeigneten und einen nicht zu kleinen Winkel mit der ersten bildenden Fläche aufgesucht und diese mit der zweiten Schraube justiert; nach einer etwa noch erforderlichen kleinen Korrektion der ersten Fläche müssen schließlich die Reflexbilder aller Flächen der Zone bei einer ganzen Umdrehung des Teilkreises die Mitte

[1]) Um dieses im Beobachtungsrohr (in der Figur das linke) zu sehen, muß die vor dessen Objektiv befindliche Linse ausgeschaltet werden.

des Gesichtsfeldes im Beobachtungsfernrohr passieren. Wenn eine Zentrierung des Krystalls oder einzelner Teile einer ausgedehnten Zone nötig ist, so erfolgt sie mit den beiden Zentrierschrauben *a* bzw. *a'*, welche eine Verschiebung der Justiervorrichtung in zwei zueinander und zur Axe des Teilkreises senkrechten Richtungen gestatten; um hierbei den Krystall zu sehen, wird die in der Figur vor dem Objektiv befindliche Linse wieder eingeschaltet. Die geeignetste Höhenstellung des Krystalls wird endlich durch Drehen des Knopfes *k* bewirkt, in dessen inneres Schraubengewinde der unterste Teil der Axe eingreift. Die Drehung der Axe beim Zentrieren und Justieren geschieht durch den Knopf *i* (nach dem Lösen der Schraube *l*), mit welchen sich der Konus *h* und somit auch die darin befindliche Axe dreht. Die Einstellung der Signalbilder erfolgt dagegen nach dem Wiederanziehen der

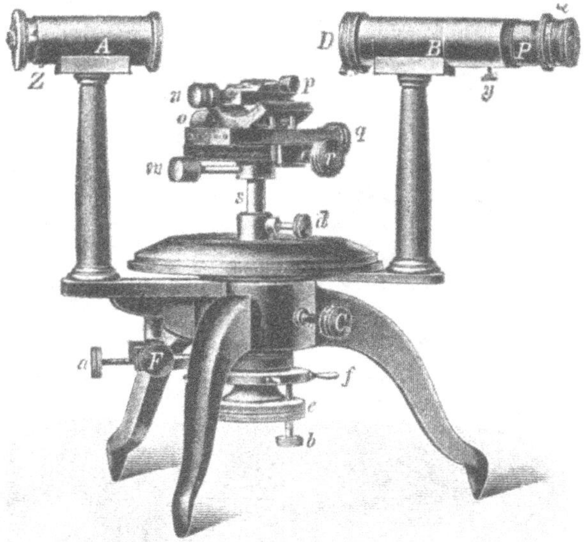

Fig. 961.

Schraube *l* durch Drehung des Knopfes *g*, mit welchem sich der konische Zylinder *e* und der Teilkreis *f* dreht, zunächst roh, mit freier Hand, dann fein, nach dem Anziehen der Schraube *β*, mit der zu letzterer senkrechten Feinstellschraube, deren Knopf hinter dem rechten Fuße in der Abbildung teilweise sichtbar ist. Die Ablesung wird an den beiden auf ½' geteilten Nonien des Kreises *d* vorgenommen, welcher mit dem damit durch den Träger *B* festverbundenen Beobachtungsfernrohr mittels der Schraube *a* in einer geeigneten Stellung zu dem mit dem Stativ festverbundenen Collimator fixiert ist. Der Teilkreis, dessen Teilung sich auf einer nach außen schräg abfallenden konischen Fläche befindet, ist vor Verunreinigung geschützt durch eine Messingkappe mit zwei einander gegenüberliegenden Fenstern, durch welche die Nonien durch Lupen, an denen kleine Beleuchtungsspiegel angebracht sind, abgelesen werden können.

Das Instrument kann ebenso wie als Goniometer auch als Refraktometer verwendet werden, um die Ablenkung der Lichtstrahlen durch ein Prisma zu messen. Alsdann löst man die Schraube a und macht daher den Nonienkreis d gemeinsam mit dem Beobachtungsfernrohr L beweglich, so daß letzteres in diejenige Stellung gebracht werden kann, in welcher das durch das Prisma gebrochene Bild des Signals die kleinste Ablenkung erfährt;

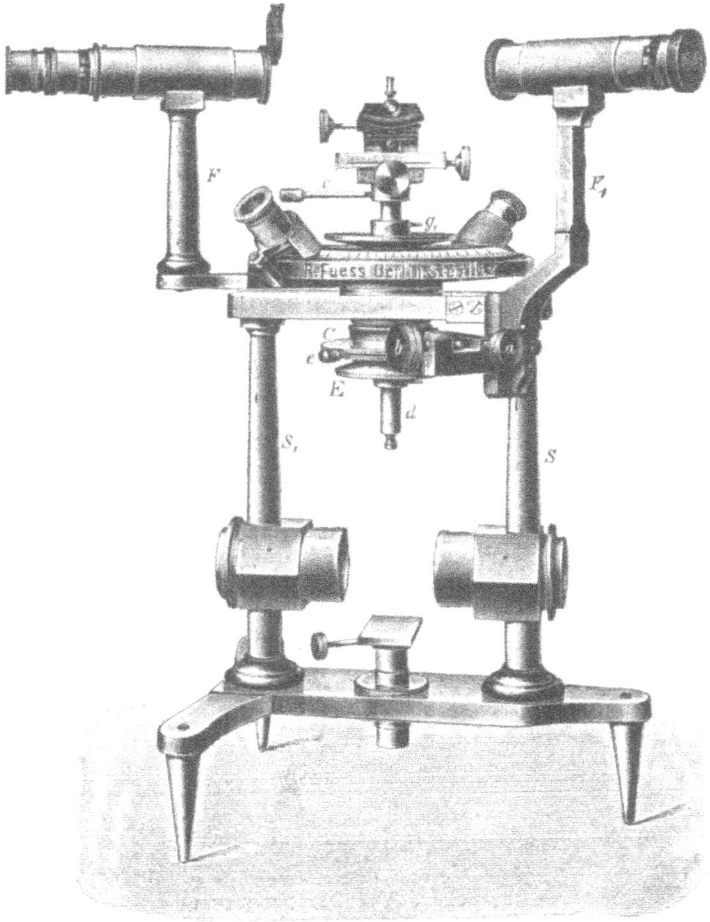

Fig. 962.

um die hierzu erforderliche Einstellung des Prismas unabhängig davon vornehmen zu können, muß die Schraube l gelöst werden (statt derselben kann auch eine Feinstelleinrichtung an dem Instrument angebracht werden).

Ein kleineres, etwas vereinfachtes Goniometer der gleichen Konstruktion (Modell IV a derselben Firma) ist in Fig. 961 abgebildet. Endlich kann auch das Stativ des in Fig. 959 dargestellten Axenwinkelapparates durch Hinzufügung zweier Fernrohre und einer Zentrier- und Justiervorrichtung zu einem Goniometer ergänzt werden, wie aus Fig. 962 zu ersehen ist, indem der Collimator mit dem Arm F_1, an das Stativ, das Beobachtungsfernrohr mit F an den Teilkreis angeschraubt wird. Will man dieses kleine Goniometer zur Messung von Brechungsindices benutzen, so kann man durch geeignete Vorrichtungen auch die Drehung des Krystallträgers unabhängig von der des Beobachtungsfernrohres machen. Die in den Fig. 958, 959 und 962 abgebildeten Teile bilden zusammen den »Universalapparat für krystallographisch-optische Untersuchungen« der Firma Fuess.

Die im vorstehenden beschriebene Methode der Krystallmessung beruht auf dem Zonenverbande der Flächen, d. h. darauf, daß jede Fläche bestimmt ist durch eine Zone, der sie angehört, und einen Winkel, welcher von einer bekannten Fläche aus gemessen wird. Es gibt aber noch ein anderes Verfahren, den Ort eines Pols auf der sphärischen bzw. der stereographischen Projektion und damit die Stellung einer Krystallfläche zu bestimmen, nämlich (ebenso wie auf der Erde einen Ort durch seine geographische Länge und Breite) durch zwei sphärische Koordinaten ϱ und φ, welche an zwei zueinander senkrechten Teilkreisen abgelesen werden. Diese, die sog. Theodolith-Methode, ist vortrefflich geeignet zur Untersuchung sehr flächenreicher Krystalle, wie sie bei Mineralien zuweilen vorkommen, und für gewisse Spezialarbeiten, z. B. zum Studium der von Vizinalflächen gelieferten Reflexbilder. Die an den Theodolithgoniometern gewonnenen Resultate sind aber zur Vergleichung der Krystallformen chemisch verwandter Substanzen nicht zu verwenden, weil die Beziehungen der krystallochemischen Verwandtschaft auf denen der Zonen und Winkel beruhen, welche aus den Koordinaten ϱ und φ erst besonders berechnet werden müssen. Die Hauptaufgaben krystallographischer Forschung können demnach auch ohne jene weitaus komplizierteren Instrumente unter Anwendung des einfachen (einkreisigen) Goniometers gelöst werden.

Berichtigungen und Nachträge.

Seite 1, zu Zeile 20 ist zu bemerken, daß die Abkühlung wesentlich die Geschwindigkeit und nur wenig die Weglänge vermindert.

» 68, **Fig. 53 steht umgekehrt, daher die stärker gezeichneten Kanten an der Rückseite, statt an der Vorderseite, erscheinen.**

» 126, Fig. 175 unten lies: *s* statt *σ*.

» 131. Die Beschreibung des **Kaliumjodat** und Fig. 209 sind durch die Seite 266 gegebene und Fig. 941 ersetzt.

» 136, Zeile 15 von unten lies: **Natriumdichromat** statt **Natrium-Dichromat.**

» 138 unten (vor Chloralhydrat) ergänze: **Diäthylsulfondimethylmethan** (Sulfonal). a : b : c = 1,553 : 1 : 1,446; $\beta = 90^\circ\ 32'$. Mannigfaltige Kombinationen der Formen: *b* (010), *a* (100), *c* (001), *r* (101), *ϱ* (10$\bar{1}$) u. a. Spaltbarkeit nach *a* (100) vollkommen; hohe Plastizität. Doppelbrechung negativ, Axenebene *b* (010), 1. Mittellinie senkrecht zur *c*-Axe, Axenwinkel groß.

» 140 vor Oxalsäuredihydrat ergänze: **Taurin** (Aminoäthylsulfosäure) = $CH_2(NH_2) \cdot CH_2(SO_3H)$. a : b : c = 0,6817 : 1 : 0,9073; $\beta = 93^\circ\ 47'$. Prismen *m* (110), *b* (010) mit den Endflächen: *ϱ* (10$\bar{1}$), *x* (112), *ξ* (11$\bar{2}$), *k* (012). Spaltbarkeit nach *ϱ* (10$\bar{1}$) vollkommen. Die Ebene der optischen Axen, senkrecht zu *b* (010), bildet 47° mit der *c*-Axe im stumpfen Winkel *β*; 1. Mittellinie Axe *b*.

» 147, Zeile 8 von oben lies: a : b : c = 0,4745 : 1 : 0,2513; $\beta = 116^\circ\ 47'$.

» 147, » 9 » » » *ω* (12$\bar{1}$) statt *ω* (11$\bar{1}$).

» 157, » 8 » unten ergänze: a : b : c = 0,462 : 1 : 0,441.

» 159, » 14 » » lies: (011), (021), (101) statt (011), (0$\bar{1}$1), (021), (0$\bar{2}$1), (101).

» 165 ist in Fig. 444 zu setzen: *τ* statt *ν*.

» 166, Zeile 2 von unten lies: (001) statt (010).

» 171 in Fig. 501 müssen die Buchstaben der rechten (der *a*-Axe parallelen) Zone lauten: *t*, *q*, *k*, *b*, *k*, *q*, *t*, statt: *y*, *i*, *o*, *m*, *o*, *i*, *y*.

» 176, Zeile 1 von oben lies: **Ammoniumthiomolybdat** = $MoS_4(NH_4)_2$ statt **Ammoniumthiowolframat** = $WS_4(NH_4)_2$.

» 198, Zeile 6 von unten ergänze: a : c = 1 : 0,8670.

» 228, Fig. 779 ist 60° um die Hauptaxe gedreht zu denken und die Buchstaben *r* und *ϱ* sind zu vertauschen.

» 229 zu **Disilberorthophosphat** ist zu bemerken, daß es auch der ditrigonaldipyramidalen Klasse angehören könnte.

» 239, Zeile 16 von oben lies: **Hexamminkobalticyanid** statt **Hexamminkobaltcyanid.**

» 255 letzte Zeile ergänze: **Kaliumjodid** = KJ. Krystallstruktur wie KCl mit *a* = 0,705 *μμ*. Gewöhnliche Form (100), bei Zusatz von anderen Salzen auch (111). Spaltbarkeit und Gleitung wie KCl. Brechungsindex für Na: *n* = 1,667.

» 256, Zeile 1 von oben ist zu ergänzen, daß die Angaben über die Krystallstruktur des Ammoniumchlorids aus der röntgenometrischen Untersuchung des isomorphen Ammoniumjodids geschlossen ist.

» 312, Zeile 20 von oben ist hinzuzufügen, daß Bernsteinsäure- und Maleïnsäureanhydrid jedoch verschiedene Spaltbarkeit zeigen.

Register.

A.

Absorption des Lichtes 7
Absorption des Lichtes in einaxigen Kr. 21
Absorption des Lichtes in zweiaxigen Kr. 33, 37, 39
Abstumpfung einer Kante 85
Acenaphten 181, 312
Acenaphtylen 182, 312
Acetamid 177, 242, 325
Acetaminophenol 286
Acetanilid 179, 281, 288, 326
Acetanisid 282
Acetate der seltenen Erden 301
Acettoluid 143, 180, 281, 327
Acetylen 275, 325
Acridin 182
Adamsscher Polarisationsapparat 341
Adular 103, 148
Aegirin 310
Aepfelsaures Kalium, saures 158
Aepfelsaures Strontium, saures 158
Aequivalentvolumen 278
Aethylacetanilid 281
Aethyläther 325
Aethylammoniumhexachloroplatinat 239
Aethyldesmotroposantonigsäure 108
Aethylendiaminkobaltichlorotartrat 108
Aethylendiaminsulfat 194
Aethyloxypropylpiperidinjodäthylat 157
Aethylphenylzimmtsäureäthylester 282
Aethylpiperidinchloroplatinat 282
Aethyltriphenylpyrrolon 282
Aetzfiguren 60
Aggregate, krystallinische 2
Aggregate, pulverförmige 2 Anm. 1
Aggregate, pseudoïsotrope 2
Aggregatpolarisation 12
Akridin 182
Aktinolith 300, 311
Alanin 177
Alaun 59, 62, 258
Albit 109
Aldehyd-Ammoniak 242
Alexandrit 176
Alizarin 182
Allgemeine Form einer Krystallklasse 101
Allylmethylanilinpikrat 126
Allyltriphenylpyrrolon 282
Almandin 299
Aluminium 274
Aluminium, isomorphe Vertretung 301
Aluminiumchlorid 275
Aluminiumchlorid-Hexahydrat 239
Aluminiumdioxymetasilikat 109
Aluminiumfluorid 275, 301
Aluminiumfluorosilikat 173
Aluminiummonohydroxyd 169
Aluminiumoxyd 237
Aluminiumoxyorthosilikat 324
Aluminiumsulfat-Heptakaiïkosihydrat 241
Amalgam 274
Amarinchlorhydrat 242
Amarin-Hemihydrat 113
Amarinnitrat 157
Amethyst 226
Aminoäthylsulfosäure 347
Aminobenzamid 287
Aminobenzoesäure 180, 287
Aminobernsteinsäureamid-Monohydrat 158
Aminoessigsäure 140
Aminogruppe, morphotropischer Einfluß 287
Aminohydrozimmtsäure 287
Aminopropionsäure 177
Aminotrimethylpyrogallol 287
Ammoniak 274
Ammoniakalaun 258
Ammonium, isomorphe Vertretung 308 f.
Ammoniumaluminiumoxalat-Trihydrat 140
Ammoniumaluminiumsulfat-Dodekahydrat 258
Ammoniumbenzoat 180
Ammoniumbenzolsulfonat 311
Ammoniumbicarbonat 173
Ammoniumbisulfat 309
Ammoniumbromid 306
Ammoniumbromid, Polymorphie 309
Ammoniumchlorcamphersulfonat 121
Ammoniumchlorid 63, 256, 322, 347
Ammoniumchlorid, Polymorphie 309
Ammoniumchromat 305, 324
Ammoniumchromihexarhodanatacetat-Monohydrat 305
Ammoniumchromioxalat-Trihydrat 301
Ammoniumditartrat 309
Ammoniumferrioxalat-Trihydrat 301
Ammoniumferrisulfat-Dodekahydrat 259
Ammoniumferrosulfat-Hexahydrat 136

Ammoniumfluorid 306
Ammoniumhexachloroplatinat 265, 279, 322
Ammoniumhexacyanoferroat-Trihydrat 309
Ammoniumhexacyanokobaltiat 309
Ammoniumhexafluoroaluminat 301
Ammoniumhexafluoroferrit 301
Ammoniumhexafluorosilikat 214, 309, 322
Ammoniumjodat 266
Ammoniumjodid 306
Ammoniumjodid, Polymorphie 309
Ammoniumkupferchlorid-Dihydrat 309
Ammoniumlanthanonitrat-Tetrahydrat 131
Ammoniummagnesiummolybdat-Hexahydrat 305
Ammoniummagnesiumorthoarsenat-Hexahydrat 303
Ammoniummagnesiumorthophosphat-Hexahydrat 165
Ammoniummagnesiumsulfat-Hexahydrat 136
Ammoniummellitat-Enneahydrat 181, 309
Ammoniummolybdänhexarhodanatacetat-Monohydrat 165
Ammoniummolybdat 137, 305
Ammoniumnitrat 172, 309, 323
Ammoniumnitrobenzoat-Dihydrat 309
Ammoniumoxyfluoromolybdat 172
Ammoniumoxyfluorouranat 309
Ammoniumoxyfluorowolframat 305
Ammoniumpalladiumtrichlorosulfit-Monohydrat 235
Ammoniumparamolybdat 137
Ammoniumperchlorat 173
Ammoniumperjodat 309
Ammoniumpersulfat 137
Ammoniumphtalat 290
Ammoniumpikrat 179
Ammoniumquecksilberchlorid-Monohydrat 309
Ammoniumselenat 324
Ammoniumsulfat 174, 324
Ammoniumsulfobenzoat 180
Ammoniumtartrat 120
Ammoniumthiocyanat 131, 309
Ammoniumthiomolybdat-(wolframat) 176, 347
Ammoniumthiosulfat-Ammoniumcuprochlorid 298
Ammoniumthiosulfat-Ammoniumsilberchlorid 298
Ammoniumwolframat 305
Ammoniumzinkchlorid 309
Ammoniumzinnchlorür-Dihydrat 309
Amorphe Stoffe 1
Amphibolgruppe 311
Amylaminalaun 253
Analcim 266
Anatas 76, 200
Andalusit 324
Andesin 311
Andradit 266
Anglesit 175
Anhydrit 175
Anilinchlorhydrat 143
Anisotropie 2
Anomalien, optische 102
Anorthit 110
Anthracen 147
Anthrachinon 182
Anthranilsäure 180
Antichlor 136
Antimon 237, 303, 319.
Antimon, isomorphe Vertretung 303
Antimonfahlerz 261
Antimonglanz 170
Antimonit 170
Antimonnickelkies 251
Antimonrubidiumchlorid 234
Antimonsilberblende 232
Antimontrioxyd 182, 266, 321.
Antimontrisulfid 170, 322.
Antipyrin 147
Apatit 211
Apophyllit 202
Aragonit 163, 292, 324
Argentit 264
Argon 274
Arsen 237, 274, 303, 319
Arsen, isomorphe Vertretung 303
Arsenfahlerz 261
Arsenkies 170, 312
Arsenkufer 169
Arsenolith 266
Arsenmonosulfid 129
Arsenopyrit 170, 312
Arsensilberblende 231
Arsentrijodid 239
Arsentrioxyd 128, 266, 304 Anm., 321
Arsentrisulfid 129, 304 Anm.
Asparagin-Monohydrat 158
Asymmetrische Klasse 106
Atom 1
Atomgitter 2
Atomgruppe, isomorphe Vertretung 308 f.
Atropin 161
Auflösung der Kr. 59
Aufstellung, rationelle, der Kr. 83 f.
Augit 301, 310
Auripigment 129
Aurodibenzylsulfinchlorid 198, 347
Ausdehnung einfach brechender Kr. d. d. Wärme 44
Ausdehnung optisch einaxiger Kr. d. d. Wärme 45
Ausdehnung optisch zweiaxiger Kr. d. d. Wärme 46
Auslöschungsschiefe 11
Axen, elektrische 52
Axen, krystallographische 79
Axenebenen, krystallographische 79
Axenfarben 34
Axensystem der rhomboëdrischen Krystalle 216
Axensystem der trigonalen Krystalle 216, 218
Axenwinkelapparat 341
Azobenzol 145
Azotoluol 145, 312

B.

Baryt 175
Baryum, isomorphe Vertretung 300
Baryumantimonyltartrat-Kaliumnitrat 209
Baryumantimonyltartrat-Monohydrat 189
Baryumbenzolsulfonat-Monohydrat 300
Baryumbromid-Dihydrat 300
Baryumcarbonat 164, 292
Baryumchlorid-Dihydrat 129
Baryumchloroorthophosphat 300
Baryumchromat 305
Baryumdithionat-Dihydrat 137
Baryumdithionat-Tetrahydrat 300
Baryumformiat 155

Baryumhydrogeniumarsc-
nat-Monohydrat 300
Baryumnitrat 251
Baryumoxyd 274, 300
Baryumselenat 305
Baryumsilikowolframat-
Tetrakaiikosihydrat 241
Baryumsulfat 175
Baryumsulfid 275, 300
Baryumtitanosilikat 233
Baryumwolframat 292
Basis, hexagonale 203
Basis, tetragonale 185, 188
Benitoit 233
Benzamid 327
Benzidin 145
Benzil 227
Benzimidazol 182
Benzoësäure 143, 283
Benzol 178, 280
Benzolhexabromid 307
Benzolhexachlorid 141, 276
Benzophenon 157, 327
Benzoylcampheroxim 160
Berechnung der Krystalle
81 f., 337
Bernsteinsäure 140, 279, 325
Bernsteinsäureanhydrid
178, 280, 312, 325, 347
Bernsteinsäureimid 178,
280
Beryll 215
Beryllium 214, 319
Beryllium, isomorphe Ver-
tretung 298
Berylliumaluminat 176
Berylliumaluminiummeta-
silikat 215
Berylliumchromit 298
Berylliumorthosilikat 234
Berylliumoxyd 298
Berylliumsulfat-Hexa-
hydrat 298
Berylliumsulfat-Tetra-
hydrat 201
Biphensäure 281
Biphensäuremethylester 281
Biphenyldodekachlorid 276
Bischofit 129
Bismutit 304
Bitolyl 145, 284
Bittersalz 33, 154, 317
Bivektorielle Eigenschaften
4
Blei 264, 274, 319
Blei, isomorphe Vertretung
300, 302
Bleiacetat-Trihydrat 139
Bleiantimonyltartrat 207
Bleiantimonyltartrat-
Kaliumnitrat 209
Bleibenzolsulfonat-Mono-
hydrat 300
Bleibromid 306

Bleicarbonat 164, 292
Bleichloroarsenat 211
Bleichlorophosphat 211
Bleichlorovanadat 211
Bleichromat 134, 324
Bleidichlorid 171
Bleidioxyd 321
Bleidithionat-Tetrahydrat
226
Bleiformiat 155
Bleiglätte 169
Bleiglanz 76, 264
Bleijodid 275, 306
Bleimolybdat 189
Bleinitrat 252
Bleioxyd 169, 300, 321
Bleisulfat 175
Bleisulfid 264
Bleivitriolerz 175
Bleiwolframat 292
Bleizucker 139
Blutlaugensalz, gelbes 130
Blutlaugensalz, rotes 130
Bor 199
Boracit 261, 329
Boraluminiumcarbid 199
Borax 137
Borax, oktaëdrischer 241
Borsäure 108
Bournonit 176
Bravaissche Symbole hexa-
gonaler Formen 204
Bravaissche Symbole trigo-
naler Formen 219
Brechungsindex 5
Brechweinstein 159
Brenzcatechin 142, 286
Brom 274, 306
Brom, isomorphe Vertre-
tung 289, 306 f.
Bromäthyltriäthylarso-
niumbromid 303
Bromäthyltriäthylphos-
phoniumbromid 303
Bromanil 330
Bromantipyrin 242
Bromapatit 306
Brombenzoësäure 119, 143
Brombenzoësäuremethyl-
ester 180
Brombenzophenon 308
Bromcampher 121, 310, 325
Bromchlorbenzolsulfobro-
mid 326
Bromchlorbenzolsulfo-
chlorid 326
Bromchlornitrophenol 289
Bromdinitrobenzol 326
Bromjodnitrophenol 289
Bromisatin 167
Bromnaphtalinsulfon-
säurechlorid 308
Bromnaphtol 157

Bromnitrobenzol 111, 166
Bromnitrophenol 289
Bromphenol 196
Bromtoluidinchlorhydrat
119
Bronzit 183, 295, 299
Brookit 169, 321
Brucit 238
Büschelerscheinung 34
Bunsenit 298

C.

Cadmium 274, 319
Cadmium, isomorphe Ver-
tretung 298 f.
Cadmiumbenzolsulfonat-
Hexahydrat 299
Cadmiumcarbonat 241, 299
Cadmiumhexachloroplati-
nat-Hexahydrat 299
Cadmiumkaliumchlorid 239
Cadmiumoxyd 274, 298
Cadmiumsulfid 213
Cäsium, isomorphe Ver-
tretung 297
Cäsiumalaun 258
Cäsiumaluminiumsulfat-
Dodekahydrat 258
Cäsiumbromid 275
Cäsiumbromoantimonit 276
Cäsiumchlorid 275
Cäsiumcuprobaryumthio-
cyanat 191
Cäsiumhalogenide 297
Cäsiumjodid 275
Cäsiumphtalat 290
Cäsiumsilberbaryumthio-
cyanat 192
Cäsiumsulfat 291
Cäsiumsulfobenzoat 166
Cäsiumtrinitrid 297
Calamin 164, 241, 299
Calaverit 298
Calcit 241
Calcium 274
Calcium, isomorphe Ver-
tretung 300
Calciumaluminiumhydro-
silikat 183
Calciumaluminiumhydro-
xyorthosilikat 133, 183
Calciumaluminiumhydroxy-
silikat 201
Calciumaluminiumortho-
silikat 266
Calciumalumosilikat 110,
188
Calciumbenzolsulfonat-
Monohydrat 300
Calciumcarbonat 163, 241,
292, 311, 324
Calciumchlorid 275

Calciumchlorid-Hexahydrat 239
Calciumchloroorthophosphat 211
Calciumdithionat-Tetrahydrat 300
Calciumferriorthosilikat 266
Calciumfluorid 265
Calciumfluoroorthophosphat 211
Calciumformiat 177
Calciumhydrogeniumarsenat-Monohydrat 300
Calciummagnesiumcarbonat 234
Calciummetasilikat 132, 324
Calciummetatitanat 266
Calciummolybdat 196
Calciumnitrat 300
Calciumorthosilikat 300
Calciumoxyd 274, 300
Calciumsilikotitanat 133
Calciumsilikowolframat-Tetrakaiïkosihydrat 241
Calciumsulfat 175, 324
Calciumsulfat-Dihydrat 134
Calciumsulfid 264, 275
Calciumthiosulfat-Hexahydrat 107
Calciumwolframat 196, 292
Calciumzinkhydrosilikat 125
Camphansäure 207
Campher 227, 325
Camphersulfonsäurebromid 159
Camphersulfonsäurechlorid 159
Camphotricarbonsäure 210
Cantharidin 182
Carbamid 192, 279
Carbanilid 181
Carborundum 230
Carbostyril 328
Carnallit 171, 347
Cererden, isomorphe Vertretung 301
Cerocerisulfat-Dodekahydrat 215
Ceronitrat-Hexahydrat 109
Cerosulfat-Enneahydrat 211
Cerosulfat-Oktohydrat 183
Ceroxydul 274
Cerussit 164, 292
Chabasit 243
Chalkopyrit 191
Chalkosin 170
Chalkostibit 304
Chalybit 241, 299
Chemische und krystallographische Symmetrie 273
Chininnitrat-Monohydrat 124
Chinolinsäure 147
Chinon 142
Chlor 274, 306
Chlor, isomorphe Vertretung 289, 306 f.
Chlor, morphotropischer Einfluß 283 f.
Chloracetanilid 166, 284
Chloracetylthymochinonoxim 308
Chloralhydrat 138, 325
Chloranil 330
Chlorbenzoësäure 284
Chlorbenzoësäuremethylester 144
Chlorbenzophenon 308
Chlorbrombenzolsulfobromid 326
Chlorbrombenzolsulfochlorid 326
Chlorbromcampher 307
Chlorcampher 121, 310, 325
Chlordinitrobenzol 283, 325, 326
Chloressigsäure 139, 325
Chlorit 243
Chlornaphtalinsulfonsäureäthylester 146
Chlornaphtalinsulfonsäurechlorid 112, 306
Chlornaphtol 308
Chlornitrobenzol 165, 283, 325
Chlorphtalimid 157
Chlorthymochinonoxim 284
Chlortribromanil 330
Cholesterinsalicylat 108
Christobalit 321
Chrom, isomorphe Vertretung 301 f., 304
Chromalaun 259
Chromoxyd 238
Chrysoberyll 176
Cincholoiponsäurechlorhydrat 160
Cinchonin 124
Cinchoninantimonyltartrat-$2^1/_2$-Hydrat 210
Cinchoninsäure-Dihydrat 147
Citronensäure-Monohydrat 178
Cocaïn 124
Cocaïnchlorhydrat 161
Codeïn 161
Cölestin 175
Cohäsion der Kr. 53
Combination 93
Combinationen doppeltbrechender Kr. 39
Combinationsstreifung 63
Coniinalaun 253
Coniinchlorhydrat 160
Corrosionsfiguren 60
Cotunnit 171
Covellin 214
Cumarin 166, 347
Cupriacetat-Monohydrat 139
Cuprihexachloroplatinat-Hexahydrat 299
Cuprisulfat-Pentahydrat 109
Cuprisulfid 214
Cuprit 76, 255
Cuprobleiorthosulfantimonit 176
Cuprochlorid 261
Cuprojodid 275
Cuproorthosulfarsenat 176
Cuprooxyd 255
Cuprosulfid 170, 264, 322
Cuprosulfoferrit 191
Cyan, isomorphe Vertretung 309 f.
Cyancampher 121, 310, 325
Cyclohexandiol 276

D.

Deformationen, homogene 50, 268
Deltoiddodekaëder 249
Demantoid 266
Desmin 183
Desmotroposantonigsäure 123
Dextrose-Monohydrat 121
Diacetbromjodnitranilid 307
Diacetchlorbromnitranilid 307
Diacetchlorjodnitranilid 307
Diacetdibromnitranilid 112, 330
Diacetdichlornitranilid 148, 330
Diacetdijodnitranilid 112
Diacetylphenolphthaleïn 194
Diäthylammoniumhexachloroplatinat 130
Diäthyldipropylammoniumpikrat 126
Diäthylsulfondimethylmethan 347
Dialogit 241, 299
Diamant 76, 264, 319
Diaminobenzol 287
Diaminobiphenyl 145
Diammin-Zinkchlorid 171
Diammoniumperjodat 234
Diaspor 169
Dibenzaltropinon 328
Dibenzoyl 227
Dibenzoyldioxystilben 119
Dibenzyl 145, 312
Dibromanilin 307

Dibrombenzol 307
Dibrombenzolsulfobromid 326
Dibrombenzolsulfochlorid 326
Dibromcampher 307
Dibromnitrophenol 112, 289
Dibromtetrachloräthan 307
Dichloracetanilid 284
Dichloranilin 307
Dichlorbenzol 141, 283, 325
Dichlorbenzolsulfobromid 326
Dichlorbenzolsulfochlorid 326
Dichlorbiphenyl 145, 284
Dichlorbromnitrobenzol 307
Dichlorcampher 307
Dichlornitrobenzol 326
Dichroïsmus 22
Dichroskop 22
Didym, isomorphe Vertretung 301
Difluorbiphenyl 306
Dihexagonal-dipyramidale Klasse 213
Dihexagonale Dipyramide 213
Dihexagonale Pyramide 211
Dihexagonales Prisma 208
Dihexagonal-pyramidale Klasse 211
Dihydrocollidindicarbonsäurediäthylester 147
Dijodanilin 307
Dijodbenzol 307
Dijodnitrophenol 38 Anm. 1, 112
Diketohexamethylen 141, 312
Dimethylammoniumchlorostannat 172
Dimethylammoniumpikrat 282
Dimethylbenzol 280, 283
Dimethylbernsteinsäure 280
Dimethylcarbamid 279
Dimethylphtalsäure 281
Dimethylpyron 147
Dimorphie 313
Dinatriumdicarbonat-Dihydrat 132
Dinatriumorthoarsenat-Dodekahydrat 303
Dinatriumorthoarsenat-Heptahydrat 303
Dinatriumorthophosphat-Dodekahydrat 138
Dinatriumorthophosphat-Heptahydrat 138
Dinitroäthylpropylanilin 281
Dinitrobenzoësäure 289
Dinitrobenzol 178, 280, 283, 288
Dinitrodiäthylanilin 281
Dinitrodijodbenzol 156
Dinitrodimethylanilin 166
Dinitrodiphenylcarbamid 327
Dinitromesitylen 280
Dinitrophenol 179, 286, 288
Dinitrotoluidin 327
Dinitrotoluol 280
Dinitroxylol 157
Diopsid 132, 300
Dioptas 234
Dioxyindolin 147, 347
Diphenylbernsteinsäure-anhydrid 181
Diphenylendimethylfulgid 157, 347
Diphenylharnstoff 181
Diphenylmaleïnsäure-anhydrid 181, 327
Diphenylthioharnstoff 181
Dipyramidale Klasse des hexagonalen Systems 210
Dipyramidale Klasse des rhombischen Krystallsystems 167
Dipyramidale Klasse des tetragonalen Systems 195
Dipyramidale Klasse des trigonalen Systems 228
Dipyramide, dihexagonale 213
Dipyramide, ditetragonale 199
Dipyramide, ditrigonale 232
Dipyramide, hexagonale 208, 210
Dipyramide, tetragonale 190, 192, 195
Dipyramide, trigonale 224 f.
Disilberorthophosphat 229, 347
Dispersion der Doppelbrechung 11, 14
Dispersion der Hauptschwingungsrichtungen zweiaxiger Kr. 31
Dispersion der optischen Axen 31
Disphenoïd, rhombisches 149
Disphenoïd, tetragonales 187, 190
Disphenoïdische Klasse des rhombischen Systems 151
Disphenoïdische Klasse des tetragonalen Systems 187
Disthen 109
Ditetragonal-dipyramidale Klasse 199
Ditetragonale Dipyramide 199
Ditetragonale Pyramide 197
Ditetragonal-pyramidale Klasse 197
Ditrigonal-dipyramidale Klasse 232
Ditrigonales Prisma 224 f.
Ditrigonal-pyramidale Klasse 229
Ditrigonal-skalenoëdrische Klasse 235
Dolomit 61, 234
Domatische Klasse 124
Domeykit 169
Doppelbrechung 7
Doppelbrechung, Stärke derselben 8
Doppelbrechung, Bestimmung ihres Zeichens 39
Doppelbrechung, Erkennung schwacher D. 10. Anm. 1
Doppeltbrechende Kryst. 7
Drehspiegelung 92
Drehungsvermögen einfachbrechender Krystalle 6
Drehungsvermögen einaxiger Kr. 21
Drehungsvermögen zweiaxiger Kr. 33, 37, 38
Dyakisdodekaëder 256
Dyakisdodekaëdrische Klasse 256

E.

Ecgoninchlorhydrat-Monohydrat 167
Ecgonin-Monohydrat 123
Einaxige Krystalle 12
Einfachbrechende Kryst. 5
Einfache Form 93
Einheitsfläche 79
Eis 212, 321
Eisen 264, 274, 320
Eisen, isomorphe Vertretung 298 f., 301
Eisenalaun 259
Eisenammoniakalaun 259
Eisenarsenosulfid 170, 312
Eisenchlorid 275, 301
Eisenchlorür 275, 298
Eisendisulfid 170, 257, 312, 322
Eisenfrischschlacke 173
Eisenglanz 238
Eisenkies 257, 312
Eisenmanganschlacke 324
Eisenoxyd 238, 310, 321
Eisenoxydul 298
Eisenspat 241, 299
Eisenvitriol 135, 317
Elastizität der Kr. 50
Elektrische Eigenschaften der Kr. 49
Elementarflächen 81 f.

Elementarflächen, rationelle Wahl 83 f.
Elementarparallelepiped 67
Elemente 79 f.
Elemente, Berechnung 81
Elemente (chem.), kryst. Symmetrie 274
Ellipsoideigenschaften 4
Emplektit 304
Enantiomorphie 90
Enantiotrope Substanzen 314
Enargit 176
Enstatit 132, 183, 295, 299
Epidot 133
Epsomit 154
Erythrin 138
Erythrit 196
Erythroglucin 196
Essigsäure 177, 325
Eulytin 261

F.

Fayalit 173
Feldspatgruppe 311
Ferberit 134
Ferricyankalium 130
Ferrimonohydroxyd 169
Ferriorthoarsenat-Dihydrat 176
Ferriorthophosphat-Dihydrat 176
Ferrobenzolsulfonat-Hexahydrat 299
Ferrocarbonat 241, 299
Ferrocyankalium 130
Ferrocyanrubidium-Dihydrat 106
Ferroferrit 265
Ferrohexachloroplatinat-Hexahydrat 298
Ferrometasilikat 324
Ferrometatitanat 234
Ferroorthoarsenat-Oktohydrat 299
Ferroorthophosphat-Oktohydrat 138
Ferroorthosilikat 173
Ferrosilicium 260
Ferrosulfat-Heptahydrat 135, 317
Ferrosulfat-Pentahydrat 299, 304
Ferrothiosulfat-Pentahydrat 304
Ferrowolframat 134
Fichtelit 119
Flächenwinkel, Definition 86, Anm. 1
Fluor, isomorphe Vertretung 306, 310
Fluorbenzoësäure 306
Fluorit 76, 265
Fluornaphtalinsulfonsäureäthylester 282, 306
Fluornaphtalinsulfonsäurechlorid 306
Fluornaphtalinsulfonsäuremethylester 282
Flußspat 76, 265
Form, einfache 93
Formamidoxim 154
Formen von scheinbar höherer Symmetrie 101
Forsterit 173
Fortwachsungen isomorpher Substanzen 293
Fundamentalwinkel 81

G.

Galenit 76, 264
Galliumalaun 301
Galmei 241, 299
Gekreuzte Dispersion 37
Geneigte Dispersion 36
Germanium 274
Gersdorfit 304
Giobertit 240, 299
Gittercomplex 75
Glaserit 133, 242
Glaubersalz 134
Gleichwertige Flächen 89
Gleichwertige Richtungen 2, 89
Gleitflächen 57
Glimmer 56, 132
Glimmerkombinationen 41
Glutaminsäure 159
Glycerin 155
Glycocoll 140
Glycolsäure 140, 325
Glykosaccharinsäureanhydrid 159, 347
Glykose-Monohydrat 121
Glykose-Natriumbromid-Monohydrat 307
Glykose-Natriumchlorid-Monohydrat 228, 347
Glykose-Natriumjodid-Monohydrat 228
Goethit 169
Gold 76, 263, 319
Gold, isomorphe Vertretung 298
Goniometer 342
Goslarit 154
Granat 266, 299
Graphit 2, 77, 236, 319
Greenockit 213
Grossular 266
Grünspan 139
Grundform 79
Guajakol 227
Guanidincarbonat 194
Guanit 165
Gyps 134

H.

Hämatit 238
Hämatoxylin-Trihydrat 123
Härte 57
Haidingerit 300
Haidingersche Lupe 22
Harnstoff 192, 279
Hauptaxe 184, 203
Hauptbrechungsindices 14, 24
Hauptschwingungsrichtungen 24
Hauysches Gesetz 78
Hemiëdrie 96
Hemimorphie 96
Hemimorphit 164
Hexabromäthan 177
Hexachloräthan 177, 325
Hexachlorketohydronaphtalin 284
Hexaëder 250
Hexagonale Dipyramide 208, 210
Hexagonale Krystalle, homogene Deformation 270
Hexagonale Pyramide 205 f. 280
Hexagonales Krystallsystem 203
Hexagonales Prisma 206 f., 230
Hexahydrobenzol 275
Hexahydroterephtalsäurediphenylester 284
Hexakisoktaëder 262
Hexakisoktaëdrische Klasse 261
Hexakistetraëder 259
Hexakistetraëdrische Klasse 259
Hexamethylen 276
Hexamethylentetramin 266
Hexamethylentetraminbromhydrat 232
Hexamminiridiumnitrat 302
Hexamminkobaltichloroperchlorat 276
Hexamminkobalticyanid 239, 276
Hieratit 265
Hippursäure 156
Hirschhornsalz 173
Homogene Deformationen 50, 268
Homologe Verbindungen, krystallogr. Beziehungen 279 f.
Horizontale Dispersion 36
Hornblende 301, 311
Hydrargillit 300
Hydrastin 161
Hydrazotoluol 312
Hydrochinon 242, 286, 326

Hydrocinchoninsulfat-Hendekahydrat 207
Hydrogeniumkaliumaluminiumorthosilikat 132
Hydrogeniummagnesiumaluminiumsilikat 133
Hydrogennatriumammoniumorthoarsenat-Tetrahydrat 303
Hydrogennatriumammoniumorthophosphat-Tetrahydrat 137
Hydroxyl, isomorphe Vertretung 310
Hydroxyl, morphotropischer Einfluß 285
Hydrozimmtsäure 287
Hyoscyamin 195
Hypersthen 183, 295, 299

I.

Idokras 201
Ikositetraëder 254
Ilmenit 234, 310
Impfung übersättigter Lösung durch isomorphe Substanzen 293
Indazol 147
Indexellipsoid 23
Indices d. Krystallfl. 80, Maß ihrer Einfachheit 83
Indices, Bestimmung durch Zonenverband 84
Indices, Quadratsumme 83, 247
Indium 274
Indiumalaun 301
Inosit 276
Interferenzerscheinungen einaxiger Kr. im parallelen Lichte 15
Interferenzerscheinungen einaxiger Kr. im konvergenten Licht 17 f.
Interferenzerscheinungen zweiaxiger Kr. 27 f.
Interferenzfarben d. doppeltbr. Kr. 10
Iridium 274
Iridiumalaun 301
Iridiumtetrajodid 275
Iridosmium 321
Isatin 147, 347
Isoapiol-Pikrylchlorid 285
Isoapiol-Trinitrobenzol 287
Isoapiol-Trinitrophenol 287
Isoapiol-Trinitrotoluol 285
Isobenzil 119
Isodimorphie 317
Isodulcit-Monohydrat 120
Isohydrobenzoïn 122
Isomerie, physikalische 3 Anm.
Isomorphe Mischungen 293 f.
Isomorphe Vertretung der Elemente 296
Isomorphie 291
Isopropylammoniumchloroplatinat 182, 329
Isopropylpiperidinchloroplatinat 282
Isotrope Stoffe 1
Isouretin 154

J.

Jod 168, 274, 320
Jod, isomorphe Vertretung 289, 306 f.
Jodacetanilid 310
Jodantipyrin 242
Jodapatit 306
Jodbenzoësäuremethylester 180
Jodbenzophenon 308
Jodnaphthalinsulfonsäurechlorid 308
Jodnitrobenzol 111, 141
Jodoform 215

K.

Kainit 135
Kalifeldspat 103, 110, 148
Kalium, isomorphe Vertretung 297
Kaliumaluminiummetasilikat 267, 329
Kaliumaluminiumsulfat-Dodekahydrat 258
Kaliumaluminiumtrisilikat 110, 148
Kaliumantimonyltartrat-Magnesiumnitrat-Monohydrat 159
Kaliumantimonyltartrat-Monohydrat 159
Kaliumantimonyltartrat-Natriumsulfat 194
Kaliumbicarbonat 131
Kaliumbisulfat 174
Kaliumbisulfit 133
Kaliumbromat 231, 307
Kaliumbromid 255
Kaliumchlorat 131, 307, 323
Kaliumchlorid 255, 322
Kaliumchromat 175, 291
Kaliumchromisulfat-Dodekahydrat 259
Kaliumcyanid 309
Kaliumdichromat 107, 324
Kaliumdimagnesiumsulfat 252
Kaliumdimalat-Hemiheptahydrat 158
Kaliumdioxalat 140
Kaliumdioxytetrafluorowolframat-Monohydrat 130
Kaliumditartrat 158
Kaliumdithionat 226
Kaliumferrat 305
Kaliumferrimetasilikat 301
Kaliumferrisulfat-Dodekahydrat 259
Kaliumferritrisilikat 301
Kaliumferrosulfat-Hexahydrat 136
Kaliumfluoroniobat 304
Kaliumfluorotantalat 304
Kaliumhexabromoplatinat 306
Kaliumhexachlorocadmiat 239
Kaliumhexachloroplatinat 265
Kaliumhexachloroplumbat 302
Kaliumhexachloroselenat 302
Kaliumhexachlorostannat 265
Kaliumhexachlorotellurat 302
Kaliumhexacyanochromiat 302
Kaliumhexacyanoferroat-Trihydrat 130
Kaliumhexacyanoferriat 130
Kaliumhexacyanoiridiat 276, 302
Kaliumhexacyanokobaltiat 302
Kaliumhexacyanomanganiat 302
Kaliumhexacyanoosmiat-Trihydrat 300
Kaliumhexacyanorhodiat 302
Kaliumhexacyanorutheniat-Trihydrat 300
Kaliumhexafluorosilikat 214, 265, 322
Kaliumhexafluorotitanat-Monohydrat 311
Kaliumhexajodoplatinat 306
Kaliumhydroxyplatinat 302
Kaliumhydroxyplumbat 302
Kaliumhydroxystannat 241
Kaliumiminosulfonat 311
Kaliumjodat 266
Kaliumjodid 306, 347
Kaliumkobaltioxalat-Monohydrat 227
Kaliumkobaltsulfat-Hexahydrat 299
Kaliumkupferchlorid-Dihydrat 202

Kaliumkupfersulfat-Hexahydrat 299
Kaliummagnesiumchlorid-Hexahydrat 171, 347
Kaliummagnesiumorthophosphat-Hexahydrat 165, 347
Kaliummagnesiumsulfat-Hexahydrat 136, 299
Kaliummagnesiumthiosulfat-Hexahydrat 304
Kaliummanganat 305
Kaliummellitat-Enneahydrat 309
Kaliummethandisulfonat 138
Kaliummolybdat 305
Kaliumnickelsulfat-Hexahydrat 299
Kaliumnitrat 163, 309, 323
Kaliumnitrobenzoat-Dihydrat 309
Kaliumoktofluoroplumbat 302
Kaliumoktofluorostannat 302
Kaliumoxyfluorouranat 267
Kaliumoxypentafluoroniobat-Monohydrat 311
Kaliumperchlorat 173
Kaliumperjodat 309
Kaliumpermanganat 173
Kaliumpersulfat 111
Kaliumphosphoromolybdat Heptahydrat 305
Kaliumphosphorowolframat-Heptahydrat 305
Kaliumphtalat 181, 290
Kaliumpikrat 179
Kaliumquecksilberchlorid-Monohydrat 171
Kaliumracemat-Dihydrat 141
Kaliumrhodiumoxalat-Monohydrat 227
Kaliumselenat 175, 291
Kaliumsilikomolybdat-Oktokaidekahydrat 209, 305
Kaliumsilikowolframat-Oktokaidekahydrat 209, 305
Kaliumsulfat 174, 291, 324, 329
Kaliumsulfobenzoat 180
Kaliumsulfomolybdat 305
Kaliumsulfowolframat 305
Kaliumtartrat-Hemihydrat 120
Kaliumthiochromat-Tetrahydrat 156
Kaliumthiocyanat 172
Kaliumtetrathionat 125
Kaliumtoluolthiosulfonat-Monohydrat 297
Kaliumtrinitrid 297
Kaliumuranat 305
Kaliumwolframat 305
Kaliumzinkchlorid 171
Kaliumzinksulfat-Hexahydrat 299
Kaliumzinnchlorür-Dihydrat 171
Kalkeisengranat 266
Kalkfeldspat 110
Kalknatronfeldspat 311
Kalkspat 13, 14, 45 Anm. 2, 57, 61, 77, 241, 324
Kalktongranat 266
Kalkuranit 104
Kallilith 304
Kalomel 201
Kantharidin 182
Kassiterit 200
Kieselfluorammonium 214
Kieselfluorkalium 214
Kieselphosphorsäure 302
Kieselwolframsäure-24-Hydrat 238
Kieselzinkerz 164
Kleesalz 140
Klinochlor 133
Klinoëdrit 125
Klinoënstatit 132
Klinozoisit 133
Kobalt 274, 321
Kobalt, isomorphe Vertretung 298 f.
Kobaltalaun 301
Kobaltarsenosulfid 258, 312
Kobaltbenzolsulfonat-Hexahydrat 299
Kobaltchlorid-Ammoniak 171
Kobaltdiarsenid 258, 295, 312, 321
Kobaltglanz 258, 312
Kobaltgoldchlorid-Oktohydrat 298
Kobalthexachloroplatinat-Hexahydrat 298
Kobalthypophosphit-Hexahydrat 201
Kobaltin 258, 312
Kobaltorthoarsenat-Oktohydrat 138
Kobaltoxydul 274
Kobaltspat 299
Kobaltsulfat-Heptahydrat 299
Kobaltsulfat-Hexahydrat 299
Kobalttriarsenid 274
Körperfarbe 7
Kohlenoxyd 274
Kohlensäure 274
Kohlenstoff 2, 236, 264, 319
Kohlenstofftetrabromid 129, 275, 322
Kohlenstofftetrachlorid 275, 322
Kohlenstofftetrajodid 275, 322
Kolumbit 304
Konoskop 17
Korund 237
Krokoït 134
Kryolith 129
Kryolithionit 322
Krystallberechnung 337
Krystallbestimmung 333 f.
Krystallfläche = Netzebene des Raumgitters 79
Krystallflächen, regelmäßige 2
Krystallflächen, unregelmäßige 2
Krystallinische Aggregate 2
Krystallisationsmethoden 334
Krystallisationsmikroskop 316
Krystallisationsvorgang 2
Krystallisierter Zustand 2
Krystallklasse = Symmetrieklasse
Krystallmessung 337, 342
Krystallmoleküle 74
Krystallskelette 63
Krystallstruktur, experimentelle Erforschung 74
Krystallstruktur, Theorie
von Hauy 65
von Bravais (Frankenheim) 67
von Sohncke 72
von Fedorow 74
von Schoenflies 74
Krystallsysteme, Übersicht 93—96
Kubische Krystalle, homogene Deformationen 268 f.
Kubisches Krystallsystem 244
Kupfer 76, 263, 319
Kupfer, isomorphe Vertretung 298 f.
Kupferbenzolsulfonat-Hexahydrat 299
Kupferchlorür 261
Kupfercyanür 309
Kupferglanz 170
Kupferhexafluorosilikat-Hexahydrat 240
Kupferkies 191
Kupferoxydul 255
Kupferstannid 275
Kupfersulfantimonit 261
Kupfersulfarsenit 261

Kupfersulfat-Heptahydrat 299
Kupfersulfat-Trihydrat 125
Kupfersulfür 170, 264, 322
Kupferuranit 104
Kupfervitriol 109

L.

Labiler Zustand 292, 313
Labradorit 311
Lactose-Monohydrat 121
Langbeinit 252
Lanthancerisulfat-Dodekahydrat 215
Lanthansulfat-Enneahydrat 211
Lasurit 265
Laurineencampher 227
Laurit 312
Leucit 267, 329
Libethenit 303
Linnéit 304
Lithium, isomorphe Vertretung 297
Lithiumbromid 275
Lithiumchlorid 275, 297
Lithiumdithionat-Dihydrat 297
Lithiumfluorid 275
Lithiumjodid 275
Lithiumkaliumsulfat 207
Lithiummetasilikat 234
Lithiumnatriumsulfat 231
Lithiumnitrat 297
Lithiumperjodat 297
Lithiumsilikowolframat-Tetrakaiïkosihydrat 241
Lithiumsulfat-Monohydrat 118
Lithiumsulfid 275
Lithiumthalliumracemat-Dihydrat 297
Lithiumtrinatriumchromat-Hexahydrat 305
Lithiumtrinatriummolybdat-Hexahydrat 305
Lithiumtrinatriumselenat-Hexahydrat 305
Lithiumtrinatriumsulfat-Hexahydrat 231
Lithiumtrinatriumwolframat-Hexahydrat 305
Lösungsfiguren 59
Lupininnitrat 197
Luteo-Triäthylendiaminkobaltinitrat 158, 165

M.

Magnesit 240, 299
Magnesium 214, 319
Magnesiumaluminat 265
Magnesiumbenzolsulfonat-Hexahydrat 143
Magnesiumborat-Trihydrat 196
Magnesiumbromat-Hexahydrat 299
Magnesiumcalciummetasilikat 132
Magnesiumcarbonat 240, 299
Magnesiumcerinitrat-Oktohydrat 131
Magnesiumceronitrat-24-Hydrat 240, 299
Magnesiumchlorid 275, 298
Magnesiumchlorid-Hexahydrat 129
Magnesiumchloroborat 261, 329
Magnesiumchromit 298, 301
Magnesiumdichlorbenzolsulfonat-Oktohydrat 118
Magnesiumferrit 301
Magnesiumfluorophosphat 138
Magnesiumgoldchlorid 298
Magnesiumhexachloroplatinat-Dodekahydrat 240
Magnesiumhexachloroplatinat-Hexahydrat 240
Magnesiumhexachlorostannat-Hexahydrat 240
Magnesiumhexafluorosilikat-Hexahydrat 240
Magnesiumhexafluorostannat-Hexahydrat 306
Magnesiumhexajodoplatinat-Enneahydrat 240
Magnesiumhydroxyd 238
Magnesiummalat-Trihydrat 119
Magnesiummetasilikat 132, 183, 324
Magnesiummetatitanat 299
Magnesiumorthoarsenat-Oktohydrat 299
Magnesiumorthophosphat-Oktohydrat 299
Magnesiumorthosilikat 173
Magnesiumoxyd 264
Magnesiumplatincyanür-Heptahydrat 201
Magnesiumsulfat-Heptahydrat 154, 299, 317
Magnesiumsulfat-Hexahydrat 134, 298
Magnesiumsulfat-Kaliumchlorid-Trihydrat 135
Magnesiumsulfat-Pentahydrat 299
Magnesiumsulfat-Tetrahydrat 298
Magnesiumsulfid 275, 304
Magnesiumsulfit-Trihydrat 231
Magnesiumthoriumnitrat-Oktohydrat 303
Magneteisen 265
Magnetische Eigenschaften der Kr. 48
Magnetit 265
Maleïnsäure 141
Maleïnsäureanhydrid 178, 312, 347
Malonamid 325
Malonsäure 111
Mandelsäure 121
Mangan 274
Mangan, isomorphe Vertretung 298 f., 301, 308
Manganalaun 301
Mangandioxyd 302
Mangangoldchlorid-Oktohydrat 298
Manganimonohydroxyd 169
Manganit 169
Manganobenzolsulfonat-Hexahydrat 299
Manganocarbonat 241, 299
Manganohexachloroplatinat-Hexahydrat 298
Manganometasilikat 109, 324
Manganoorthosilikat 299
Manganosit 298
Manganosulfat-Pentahydrat 299
Manganoxydul 274, 298
Manganspat 241, 299
Markasit 170, 312
Maticocampher 228
Melanterit 135
Mercuribromid 171, 318
Mercurichlorid 170, 318
Mercurijodid 202, 318
Mercurisulfid 260, 322
Mercurochlorid 201
Meroëdrie 96
Mesitylen 280, 327
Mesitylensäure 281, 289
Messing 274
Messung der Krystalle 337, 342
Metacinnabarit 260, 322
Metasantonin 160
Metasantonsäure 160
Metastabiler Zustand 292, 313
Methan 275, 324
Methoxymandelsäure 122
Methoxyphenylguanidinchlorhydrat 156
Methylacetanilid 281, 284
Methyläthyldipropylammoniumpikrat 107
Methylalkohol 324

Methylammoniumhexabromostannat 329
Methylammoniumhexachloroplatinat 239, 279
Methylammoniumjodid 193
Methylammoniumpikrat 282
Methylantibenzhydroximsäure 259
Methylbenzol 280
Methylbenzoylaminoessigsäure 126
Methylbernsteinsäure 279
Methylcarbamid 279
Methylglykosid 159
Methylgruppe, morphotropischer Einfluß 279 f.
Methylmethan 275
Methylnaphtalin 281
Methylphenylharnstoffchlorid 284
Methylphenylzimmtsäureäthylester 282
Methyltriphenylpyrrolon 282
Mikroklin 110
Mikroskop, Verwendung als Orthoskop 16, 18, 337
Mikroskop, Verwendung als Konoskop 18
Mikroskop zur Krystallbestimmung 337
Milchzucker-Monohydrat 121
Millersche Bezeichnung 80, Anm. 1
Millersche Symbole trigonaler Krystalle 219
Mimetesit 211
Mirabilit 134
Mischungen, isomorphe 293 f.
Mispickel 170, 312
Modifikationen, polymorphe 3, 313 f.
Mohrsches Salz 136
Molekül 1
Molybdän, isomorphe Vertretung 305
Monoammoniumorthoarsenat 309
Monoammoniumorthophosphat 309
Monoammoniumphtalat 309
Monochromatisches Licht 339 Anm. 1
Monocupriorthosilikat 234
Monokaliumcarbonat 131
Monokaliumorthoarsenat 192
Monokaliumorthophosphat 192
Monokaliumoxalat 140
Monokaliumsulfit 133
Monokaliumtrichloracetat 194
Monoklines Krystallsystem 114
Mononatriumorthoarsenat-Dihydrat 303
Mononatriumorthophosphat-Dihydrat 154
Monotrope Substanzen 315
Monticellit 300
Morphin-Monohydrat 161
Morphotropie 277
Muscovit 132

N.

Nantockit 261
Naphtalin 146
Naphtalin-Pikrylchlorid 285
Naphtalin-Trinitrobenzol 146, 287
Naphtalin-Trinitrophenol 287
Naphtalin-Trinitrotoluol 285
Naphtol 146, 287
Naphtylphenylketon 157
Narcotin 161
Natrium, isomorphe Vertretung 297
Natriumacetat-Trihydrat 139
Natriumaluminiumchlorosilikat 265
Natriumaluminiumhydrosilikat 183
Natriumaluminiummetasilikat-Monohydrat 266
Natriumaluminiumsulfosilikat 265
Natriumaluminiumtrisilikat 109
Natriumammoniumphosphat 137
Natriumammoniumracemat-Monohydrat 141
Natriumammoniumtartrat-Tetrahydrat 159
Natriumbromat 252
Natriumcadmid 274
Natriumcalciumcarbonat-Dihydrat 164
Natriumcarbonat-Dekahydrat 132
Natriumchlorat 6, 72, 252, 323
Natriumchlorid 255, 297
Natriumchromat-Dekahydrat 305
Natriumdichromat-Dihydrat 136
Natriumdithionat-Dihydrat 176
Natriumfluorid 275, 306
Natriumhexachloroiridat 276
Natriumhexafluoroaluminat 129, 322
Natriumhydroxystannat 241
Natriumjodat 306
Natriumkaliumaluminiumoxalat-Oktohydrat 261
Natriumkaliumchromioxalat-Oktohydrat 301
Natriumkaliumtartrat-Tetrahydrat 158
Natriummetaperjodat 201
Natriummetaperjodat-Hexahydrat 223
Natriummetasilikat-Pentahydrat 125
Natriumnitrat 240, 311, 323
Natriumnitrit 172
Natriumorthophosphat-Dodekahydrat 235, 303
Natriumorthosulfantimonat-Enneahydrat 253
Natriumparawolframat-Oktokaiïkosihydrat 110
Natriumperjodat 297
Natriumperjodat-Hexahydrat 223
Natriumphtalat 180, 290
Natriumselenat-Dekahydrat 305
Natriumstrontiumorthoarsenat-Enneahydrat 252
Natriumsulfat 174, 324
Natriumsulfat-Dekahydrat 134
Natriumsulfid-Enneahydrat 200
Natriumsulfit-Heptahydrat 133
Natriumtetraborat-Dekahydrat 137
Natriumtetraborat-Pentahydrat 241
Natriumthalliumracemat-Dihydrat 297
Natriumthiosulfat-Pentahydrat 136
Natriumtoluolthiosulfonat-Monohydrat 297
Natriumtrikaliumchromat 133, 242
Natriumtrikaliumsulfat 133 242
Natriumtriphosphat-Dodekahydrat 235
Natriumuranylacetat 253
Natrolith 183
Natronfeldspat 103, 109
Naumannsche Bezeichnung 79, Anm. 1
Nebenaxen, hexagonale 203

Nebenaxen, tetragonale 185
Nephelin 207
Netzebenen der Raumgitter 66
Nickel 274, 321
Nickel, isomorphe Vertretung 298 f.
Nickelantimonosulfid 251
Nickelbenzolsulfonat-Hexahydrat 299
Nickelcarbonat 299
Nickelgoldchlorid 298
Nickelhexabromoplatinat-Hexahydrat 306
Nickelhexachloroplatinat-Hexahydrat 298, 306
Nickelhexajodoplatinat-Hexahydrat 306
Nickelmonoarsenid 275
Nickelorthoarsenat-Oktohydrat 299
Nickeloxydul 274, 298
Nickelsulfat-Heptahydrat 299, 324
Nickelsulfat-Hexahydrat 193, 299
Niob, isomorphe Vertretung 304
Niobit 304
Nitrate der seltenen Erden 301
Nitroacetanilid 288
Nitrobenzoësäure 144, 286, 289, 327
Nitrobenzoësäurementhylester 160
Nitrobenzol 280
Nitrodichlordiacetanilid 148, 330
Nitrogruppe, morphotropischer Einfluß 287 f.
Nitromesitylen 280
Nitromesitylensäure 289
Nitrophenol 142, 286, 288, 326
Nitroprussidnatrium 172
Nitrosalicylsäure 286
Nitrosoacetanilid 310
Nitrosogruppe, krystallochemische Beziehungen zu den Halogenen 310
Nitrotoluol 280
Nörrembergsche Glimmerkombinationen 41
Norpinsäure 126, 347

O.

Oberflächenfarbe 7
Ogdoëdrie 96
Oktaëder 254
Oldhamit 264
Oligoklas 311
Olivenit 303
Olivin 173, 299
Optisch aktive Substanzen 90
Optisch asymmetrische Kr. 38
Optische Eigenschaften d. Kr. 5
Optisch einaxige Krystalle 12
Optischer Hauptschnitt 13
Optisches Drehungsvermögen s. Drehungsvermögen
Optische Symmetrie zweiaxiger Kr. 31
Optisch monosymmetrische Kr. 34
Optisch trisymmetrische Kr. 32
Optisch zweiaxige Kr. 23 f.
Orthit 301
Orthoklas 148
Orthoskop 15
Osmiridium 321
Osmium 274
Oxalate der seltenen Erden 301
Oxalsäure 177
Oxalsäure-Dihydrat 140
Oxybenzoësäure 144, 180, 286
Oxybenzoësaure-Monohydrat 144
Oxychinolin 328
Oxynaphtalin 287

P.

Pajsbergit 109
Palladium 274
Papaverin 182
Parameter 79
Parameter, topische 278
Pasteursches Gesetz 91, 273
Patchoulicampher 210
Pediale Klasse 106
Pedion 104
Pennin 243
Pentachlorketohydronaphtalin 284
Pentaërythrit 198
Pentagondodekaëder 249, 257
Pentagondodekaëder, tetraëdrisches 248
Pentagonikositetraëder 253
Pentagonikositetraëdrische Klasse 253
Pentamminaquochrominitrat 196
Pentamminrhodiumtrichlorid 302
Perbromäthan 177
Perchloräthan 177
Periklas 264
Periklin 109
Perowskit 266
Phenacetin 143, 282
Phenacetursäureäthylester 282
Phenacetursäuremethylester 282
Phenakit 234
Phendiol 286
Phenol 285, 326
Phentriol 286
Phenyldichlorpyrrodiazol 285
Phenyldimethylpyrazolon 147
Phenyldithiocarbaminsäureäthylenester 166
Phenylendiamin 287
Phenylglycerinsäure 122
Phenylglykolsäure 121
Phenylhydrazin 143
Phenylmethylchloropyrrodiazol 285
Phenylmethylpiperidintartrat-Monohydrat 161
Phenylmethylpyrazolon 282
Phenylthioharnstoff 179, 326
Phenyltolylketon 232
Phloroglucindiäthyläther 196
Phosphor 264, 319
Phosphor, isomorphe Vertretung 303
Phosphorsalz 137
Phosphorwolframsäure-50-Hydrat 238
Phtalsäure 145, 281, 290
Phtalsäureanhydrid 327
Phycit 196
Piëzoëlektrizität der Kr. 52
Pikrinsäure 166, 286, 288
Pikromerit 136
Pinakoidale Klasse 108
Pinennitrolbenzoylamin 160
Pinnoït 196
Pipecolinditartrat-Dihydrat 123
Piperidinchlorhydrat 182
Piperidinsulfocyanoplatinat 213
Piperin 147
Pirssonit 164
Plagioklas 311
Plastizität 58
Platin 264, 274, 321
Platinchlorid-Aethylammoniumchlorid 239
Platinchlorid-Methylammoniumchlorid 239, 279
Platindiarsenid 258, 312

Platinmagnesiumchlorid-Dodekahydrat 240
Platinmagnesiumchlorid-Hexahydrat 240
Platinmagnesiumjodid-Enneahydrat 240
Platinmetalle, isomorphe Vertretung 300, 302, 303
Platinsalmiak 265, 279, 322
Pleochroismus 22
Pleochroismus zweiaxiger Kr. 33
Pleopsidsäure 189
Pol einer Krystallfläche 86
Polarisationsfarben d. doppeltbr. Kr. 10
Pole, elektrische 52
Polymorphie 3, 313 f.
Polysymmetrie 329
Polysynthetische Zwillingsverwachsungen 41, 102
Powellit 196
Praseodymsulfat-Oktohydrat 135
Primäre Formen 106
Primärform 79
Primitivform 78
Prisma, ditetragonales 190
Prisma, ditrigonales 224 f.
Prisma, hexagonales 70, 206 f., 230
Prisma, monoklines 68, 115
Prisma, rhombisches 68, 152
Prisma, tetragonales 187, 190
Prisma, trigonales 70, 222 f.
Prismatische Klasse 127
Projektion, sphärische 86
Projektion, stereographische 86
Propylpiperidinchlorostannat 197
Propyltriphenylpyrrolon 282
Proustit 231
Pseudohexagonale Formen 270
Pseudohexagonale Kr. 102
Pseudokubische Formen 268
Pseudorazemische Krystalle 117, 122
Pseudosymmetrische Krystalle 102
Pseudotetragonale Kr. 102
Puddelschlacke 173
Punktsystem, regelmäßiges 72
Purpureokobaltchlorid 171
Pyramidale Klasse des hexagonalen Systems 205
Pyramidale Klasse des rhombischen Systems 162
Pyramidale Klasse des tetragonalen Systems 188
Pyramidale Klasse des trigonalen Systems 221
Pyramide, dihexagonale 211
Pyramide, ditrigonale 229
Pyramide, hexagonale 205, 230
Pyramide, rhombische 162
Pyramide, tetragonale 188, 197
Pyramide, trigonale 221 f.
Pyramidenoktaëder 254
Pyramidentetraëder 249
Pyramidenwürfel 254
Pyrargyrit 232
Pyridincadmiumbromid 113, 300
Pyridinplatinchlorid 113
Pyridinquecksilberbromid 113, 300
Pyrit 257, 312
Pyroëlektrizität der Kr. 52
Pyromorphit 211
Pyrop 299
Pyroxengruppe 310

Q.

Quadratsumme der Indices 83, 247
Quarz 209, 225, 321
Quecksilber 274
Quecksilber, isomorphe Vertretung 298, 300
Quecksilberchlorür 201
Quecksilbercyanid 191
Quecksilberdibromid 171, 318
Quecksilberdichlorid 170, 318
Quecksilberdijodid 202, 318
Quecksilbersulfid 226, 322

R.

Radiumbromid-Dihydrat 300
Ratanhinchlorhydrat 122
Ratanhinsulfat 160
Rationalität der Indices 81
Raumgitter 65
Realgar 129
Reflexionsgoniometer 342
Refraktometer 339, 345
Resorcin 166, 286, 326
Retenperhydrür 119
Reuschsche Glimmerkombinationen 41
Rhamnose-Monohydrat 120
Rhodanammonium 131
Rhodankalium 172
Rhodium 274
Rhodium, isomorphe Vertretung 302
Rhodiumalaun 301
Rhodochrosit 241, 299
Rhodonit 109
Rhombendodekaëder 54, 250
Rhombische Dipyramide 167
Rhombische Pyramide 162
Rhombisches Krystallsystem 149
Rhomboëdrische Axen und Formen, Beziehung zu den kubischen 268
Rhomboëdrische Klasse 233
Rhomboëdrische Krystalle, Axensystem 216
Röntgenogramm 75
Röntgenometrie 75
Röntgenstrahlen, Beugung in Krystallen 74
Röpperit 299
Rohrzucker 37, 121
Rotkupfererz 76, 255
Rotzinkerz = Zinkit 212, 298
Rubidium, isomorphe Vertretung 297
Rubidiumbromid 275
Rubidiumchlorid 275
Rubidiumchloroarsenat 276
Rubidiumhalogenide 297
Rubidiumhexacyanoferroat-Dihydrat 106
Rubidiumjodid 275
Rubidiumenneachlorodiantimonit 234
Rubidiumphtalat 290
Rubidiumsulfat 291
Rubidiumtartrat 227
Rubidiumtrinitrid 297
Ruthenium 274
Rutheniumdioxyd 302
Rutheniumdisulfid 303, 312
Rutil 77, 200

S.

Saccharin 159, 347
Saccharose 121
Salicylsäure 144, 327
Salicylsäurephenylester 181, 327
Salmiak 256 (s. auch Ammoniumchlorid)
Salol 181, 327
Salpeter 163, 309, 323
Sanidin 148
Santonigsäureäthylester 112, 123
Santonin 160
Sassolin 108
Sauerstoff 274, 319
Scheelit 196, 292
Schiebung nach Gleitflächen 58
Schlippesches Salz 253

Schmelzkurve isomorpher Substanzen 296
Schönit 136
Schwefel 128, 153, 274, 319, 320
Schwefel, isomorphe Vertretung 304
Schwefelkies 257, 312
Schwerspat 175
Schwingungsebene des Lichtes 6
Schwingungsebene des Lichtes, Drehung derselben 6
Schwingungsrichtungen d. pol. Lichtes 8, 11
Seignettesalz 158
Selen 128, 237, 320
Selen, isomorphe Vertretung 304 f.
Selenblei 305
Selenkupfer 275
Selensilber 275, 305
Selenzink 305
Seligmannit 304
Senarmontit 266
Siderit 241, 299
Silber 76, 263, 319
Silber, isomorphe Vertretung 297
Silberbromid 306
Silberchlorat 201
Silberchlorid 255, 297
Silberdithionat-Dihydrat 176
Silberfluorid-Monohydrat 198
Silberglanz 264
Silberjodid 213, 306, 322
Silbernitrat 154, 222, 323
Silbernitrit-Ammoniak 192
Silberorthosulfarsenit 231
Silberoxyd 298
Silbersulfantimonit 232
Silbersulfat 174
Silbersulfid 264
Silicium 264, 319
Silicium, isomorphe Vertretung 302
Siliciumcarbid 230
Siliciumdioxyd 169, 209, 225, 321
Siliciumkupferfluorid-Hexahydrat 240
Siliciummagnesiumfluorid-Hexahydrat 240
Siliumtetrajodid 275, 302
Sillimanit 324
Skalare Eigenschaften 3
Skalenoëder, ditrigonales 235
Skalenoëder, tetragonales 190
Skalenoëdrische Klasse des tetragonalen Systems 190
Skalenoëdrische Klasse des trigonalen Systems 235
Skleroklas 304
Skolezit 125
Skorodit 176
Smaltin 258, 295, 312
Smaragd 215
Smithsonit 241, 299
Soda 132
Sodalith 265
Spaltbarkeit 53
Speiskobalt 258, 295, 312
Sperrylith 258, 312
Spessartin 299
Sphalerit 260
Sphen 133
Sphenoid 114
Sphenoidische Klasse 116
Spinell 265
Spiegelungsebene 92
Spodumen 310
Stannochlorid-Dihydrat 129
Stannofluorid 306
Staurolith 173
Steinsalz 58, 76, 255
Stercorit 137
Stickoxydul 275
Stickstoff 274
Stickstoff, isomorphe Vertretung 303
Stilben 146, 312
Stolzit 292
Strahlstein 300, 311
Strengit 176
Strontianit 164, 292
Strontium, isomorphe Vertretung 300
Strontiumantimonyltartrat 207
Strontiumcarbonat 164, 292
Strontiumchlorat 163
Strontiumchlorid-Hexahydrat 239
Strontiumchloroorthophosphat 300
Strontiumchromat 324
Strontiumdimalat-Hexahydrat 158
Strontiumditartrat-Tetrahydrat 87, 107
Strontiumdithionat-Tetrahydrat 300
Strontiumformiat 155
Strontiumformiat-Dihydrat 155
Strontiumhydrogenium-arsenat-Monohydrat 300
Strontiumnitrat 251
Strontiumoxyd 274, 300
Strontiumsulfat 175
Strontiumsulfid 275, 300
Strontiumwolframat 292
Struktur der Krystalle 2, 65
Strukturanalyse durch Röntgenstrahlen 75
Struvit 165
Strychnin 161
Strychnin-Hexahydrat 195
Strychninnitrat 124
Styphninsäure 215
Strychninselenat-Hexahydrat 330
Succinbromimid 156
Succinjodimid 198
Sulfate der seltenen Erden 301
Sulfobenzoltrisulfid 194
Sulfocarbanilid 181
Sulfoharnstoff 178
Sulfonal 347
Sylvanit 298
Sylvin 255
Symbole der Krystallfl. 80
Symmetrie 88
Symmetrie, chemische und krystallographische 273
Symmetrie, zusammengesetzte 92
Symmetrieaxen 68 f., 89
Symmetrieebene 23, 91
Symmetrieklasse 74, 89
Symmetriezentrum 92
Symplesit 303
Syngonie 93, Anm. 1

T.

Tantal, isomorphe Vertretung 304
Tantalit 304
Taurin 347
Tellur 237, 320
Tellur, isomorphe Vertretung 305
Tellurblei 275, 305
Tellurgold 275
Tellurkupfer 275
Tellursäure 276, 329
Tellursilber 275, 305
Tellurzink 305
Tennantit 261
Tephroit 299
Terpin-Monohydrat 178
Teschemacherit 173
Tetartoëdrie 96
Tetraäthoxymethan 275
Tetraäthylammonium-bromid 238
Tetraäthylammonium-bromostannat 329
Tetraäthylammoniumdi-oxytetrachlorouranat 282
Tetraäthylammoniumjodid 191
Tetraäthylammoniumpikrat 142

Tetraäthyläthylenphosphammoniumhexachloroplatinat 118
Tetraäthylphosphoniumchloroplatinat 303
Tetraäthylphosphoniumjodid 238
Tetrachlorchinon 330
Tetraëder 250
Tetraëdrisch pentagondodekaëdrische Klasse 248
Tetraëdrit 261
Tetragonales Krystallsystem 184
Tetrahydrotoluchinaldin 123
Tetrahydrotoluchinaldinhydrochlorid-Monohydrat 161
Tetrahydroxydimethylpropan 198
Tetrakishexaëder 254
Tetramethylammoniumdioxytetrachlorouranat 282
Tetramethylammoniumhexachloroplatinat 265, 279
Tetramethylammoniumjodid 201
Tetramethylammoniumkupferchlorid 300
Tetramethylammoniumpikrat 107, 326
Tetramethylammoniumplatinchlorid 265, 279
Tetramethylammoniumquecksilberchlorid 300
Tetramethylmethan 275
Tetramethylphosphoniumjodid 201
Tetranitromethan 275
Thallin 167
Thalliumazid 297
Thalliumbromid 275
Thalliumchlorid 275
Thalliumjodid 275
Thalliumtrinitrid 297
Thalloperchlorat 297
Thallopikrat 118
Thallosulfat 297
Thenardit 174
Theodolithgoniometer 346
Thermische Eigenschaften der Kr. 43
Thiocarbamid 178
Thorit 302
Thorium 274
Thorium, isomorphe Vertretung 302 f.
Thoriumsulfat-Enneahydrat 135
Thymochinonoxim 284
Thymol 242
Titan, isomorphe Vertretung 301, 302
Titanalaun 301
Titandioxyd 77, 169, 200, 321
Titaneisenerz 234, 310
Titanit 133
Titanium 274
Titanoxyd 301
Titantetrajodid 275, 302
Tolan 146, 312
Toluidoïsobuttersäureäthylester 126
Toluol 280
Toluolsulfonamid 197
Tolursäure 126
Tolylphenylketon 232
Topas 173
Topazolith 266
Topische Parameter 278
Topotropie 277, Anm.
Translationen 58
Trapezoëder, hexagonales 208
Trapezoëder, tetragonales 192
Trapezoëder, trigonales 223
Trapezoëdrische Klasse des hexagonalen Systems 208
Trapezoëdrische Klasse des trigonalen Systems 223
Traubensäure-Monohydrat 111
Traubenzucker-Chlornatrium 228
Traubenzucker-Jodnatrium 228
Traubenzucker-Monohydrat 121
Tremolit 132, 300
Triakisoktaëder 254
Triakistetraëder 249
Triäthylammoniumbromid 213
Triäthylammoniumchlorid 213, 276
Triäthylammoniumhexachloroplatinat 130
Triäthylendiaminchromchlorid 302
Triäthylendiaminkobaltibromid-Trihydrat 243
Triäthylendiaminkobaltinitrat 158, 165
Triäthylendiamin-Kobalttrichlorid-Trihydrat 239
Triäthylendiaminrhodiumchlorid 302
Tribrombenzonitril 126
Tribrommesitylen 112
Tribrommethan 275
Trichloräthylidenglykol 138
Trichlorbenzamid 156
Trichlormethan 275
Trichlornitrobenzol 111
Trichlortriphenylcarbinol 286
Trichlortriphenylmethan 286, 308
Trichroïsmus 34
Tricuproarsenid 169
Tridymit 169, 321
Trigonale Dipyramide 224 f.
Trigonale Pyramide 221 f.
Trigonales Krystallsystem 216
Trigonales Prisma 222 f.
Trigondodekaëder 249
Triïsobutylammoniumhexachloroplatinat 202
Trijodmethan 275
Trijodnitrobenzol 307
Triklines Krystallsystem 105
Trimagnesiumcalciummetasilikat 132
Trimethyläthylammoniumpikrat 215
Trimethylaminalaun 258
Trimethylaminkadmiumbromid 276
Trimethylammoniumaluminiumsulfat-Dodekahydrat 258
Trimethylbenzol 280, 327
Trimethylcarbinol 275
Trimethylen 275
Trimethylessigsäure 325
Trimethylmethan 275
Trimethylnitrobenzol 280
Trimethylpyrogallol 287
Trimorphie 313
Trinitrobenzoësäure 289
Trinitrobenzol 165, 179, 281, 286, 288
Trinitrodimethylanilin 156
Trinitrophenol (Pikrinsäure) 166, 286, 288
Trinitrotoluol 281
Triphenylacetonitril 310
Triphenylarsin 304
Triphenylbenzol 181
Triphenylbismin 304
Triphenylbrommethan 310
Triphenylguanidin 328
Triphenylmethan 167, 327
Triphenylstibin 304
Triploidit 310
Tritolylentriamin 276
Trona 132
Tropidinchlormethylatplatinchlorid 167
Tropincarbonsäurechlorhydrat 126

Tropinennitrolmethylamin 282
Tschermaksches Silikat 310
Tschermigit 258
Turmalin 231
Tyrosinchlorhydrat 122

U.

Überjodsaures Ammonium saures 234
Übersättigte Lösung, Ausscheidung von Krystallen 293
Ullmannit 251, 304
Ultramarin 265
Umwandlung polymorpher Modifikationen 313 f.
Umwandlungsgeschwindigkeit 314
Umwandlungspunkt 314
Univektorielle Eigenschaften 4
Universalapparat 346
Uran, isomorphe Vertretung 303, 305
Uranosulfat-Enneahydrat 303
Uranoxydul 274
Uranylnitrat-Hexahydrat 172
Usninsäure 160

V.

Valentinit 182
Vanadin 303
Vanadin, isomorphe Vertretung 303
Vanadinit 211
Vanadium 274
Vanadiumalaun 301
Vanillin 143
Vektorielle Eigenschaften 3
Vertretung, isomorphe, der Elemente 296
Vesuvian 201
Viertelundulationsglimmerplatte 39
Vivianit 138

W.

Wachstum d. Kr. 2, 61
Wärmeänderung der optischen Eigenschaften 47
Wärmeausdehnung der Kr. 44
Wärmeleitung der Kr. 43
Wagnerit 138, 310
Wasserstoff 274
Wasserstoff, isomorphe Vertretung 296
Weinsäure 37, 120
Weinstein 158
Weißsche Bezeichnung 79, Anm. 1
Wellenfläche 12
Willemit 299
Winkel der optischen Axen 30
Winkel der optischen Axen, scheinbarer 30
Winkeländerung der Kr. d. d. Wärme 45 f.
Wismut 237, 303, 319
Wismut, isomorphe Vertretung 301, 303
Wismutorthosilikat 261
Wismutoxyd 274
Wismutthiocyanat 163
Wismuttrijodid 239
Wismuttrisulfid 304
Witherit 164, 292
Wolfram 76, 264
Wolfram, isomorphe Vertretung 305
Wolframit 134
Wollastonit 132
Wulfenit 189
Wurtzit 213, 298

X.

Xenotim 202, 311
Xylol 280, 283

Y.

Yttererden, isomorphe Vertretung 301
Yttriumacetat-Tetrahydrat 111
Yttriumorthophosphat 202

Z.

Zimmtsäure 327
Zinckenit 304
Zink 214, 319
Zink, isomorphe Vertretung 298 f.
Zinkacetat-Trihydrat 139
Zinkbenzolsulfonat-Hexahydrat 143
Zinkblende 76, 260
Zinkcarbonat 241, 299
Zinkchlorid-Ammoniak 171
Zinkdimalat-Dihydrat 194
Zinkdioxytetrafluoromolybdat-Hexahydrat 311
Zinkgoldchlorid 298
Zinkhexachloroplatinat-Hexahydrat 299
Zinkhexafluorostannat-Hexahydrat 311
Zinkhydrosilikat 164
Zinkit 212, 298
Zinkmalat-Trihydrat 119
Zinkorthosilikat 299
Zinkoxyd 212, 298
Zinkoxypentafluoroniobat-Hexahydrat 311
Zinkspinell 299
Zinksulfat-Hextahydrat 154, 324
Zinksulfat-Hexahydrat 299
Zinksulfid 213, 260, 298, 322
Zinkvitriol 154, 324
Zinn 169, 199, 319
Zinn, isomorphe Vertretung 302
Zinndimethylchlorid 310
Zinndimethylformiat 310
Zinndioxyd 200, 321
Zinnerz 200
Zinnmagnesiumhexachlorid-Hexahydrat 240
Zinnober 226
Zinnoxydul 274
Zinnsalz 129
Zinntetrajodid 258
Zinntrimethylsulfat 310
Zirkon 77, 200, 311
Zirkondioxyd 321
Zirkonium 274
Zirkonium, isomorphe Vertretung 302
Zirkoniumsiliciumdioxyd 200
Zitronensäure-Monohydrat 178
Zoisit 183
Zonenaxe 84
Zonengleichung 84
Zonenverband d. Krystallflächen 84
Zwillingsaxe 64
Zwillingsebene 64
Zwillingsstreifung 63
Zwillingsverwachsungen 40, 64, 102
Zwischenaxen, hexagonale 203
Zwischenaxen, tetragonale 185

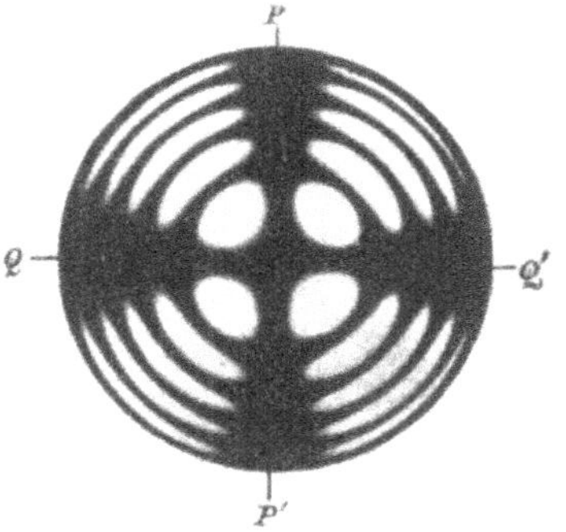

Fig. 1

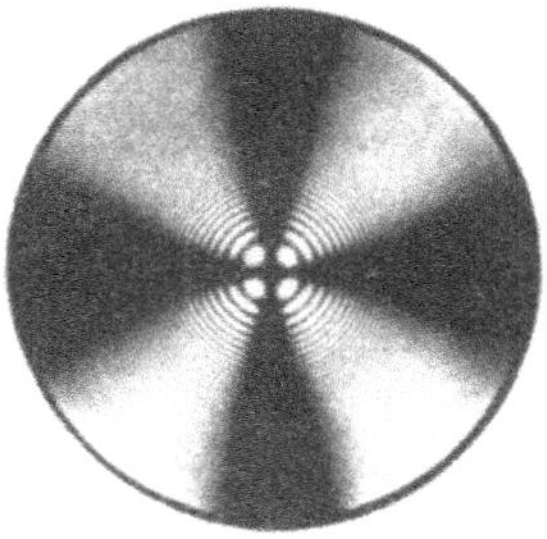
Fig. 2

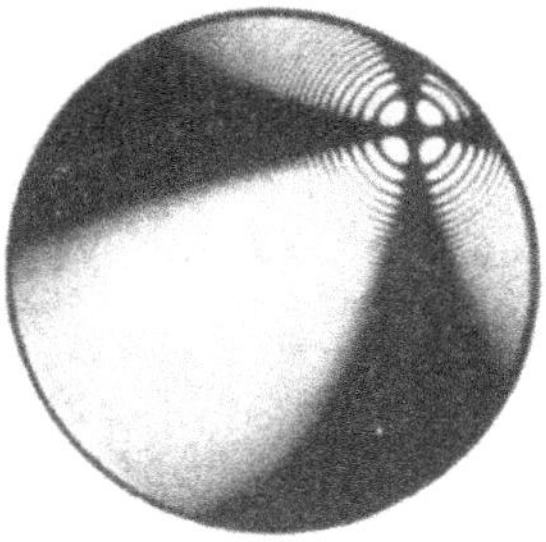
Fig. 3

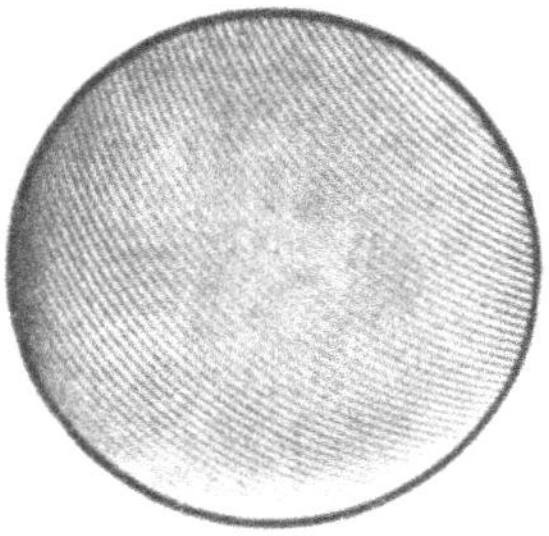
Fig. 4

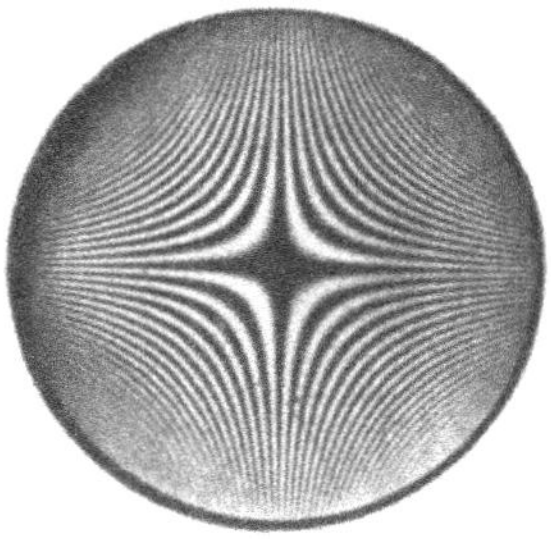
Fig. 5

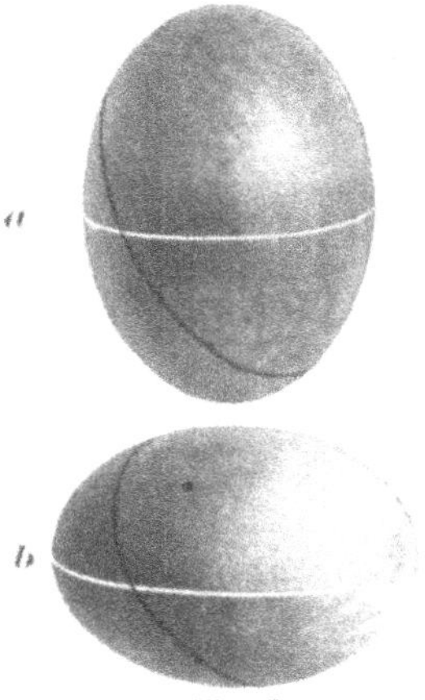

Fig. 7

Fig. 6 a

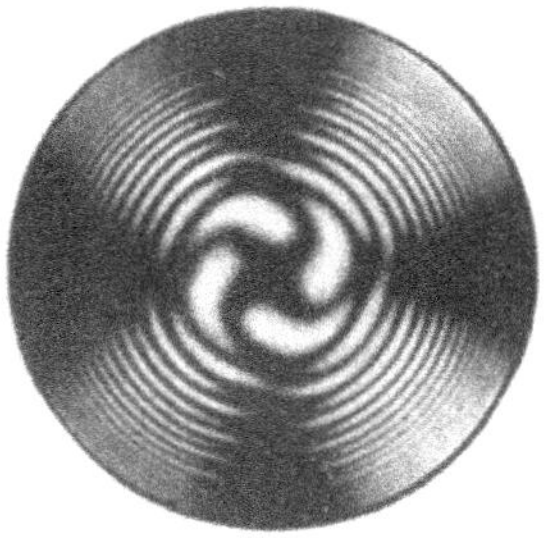
Fig. 6 b

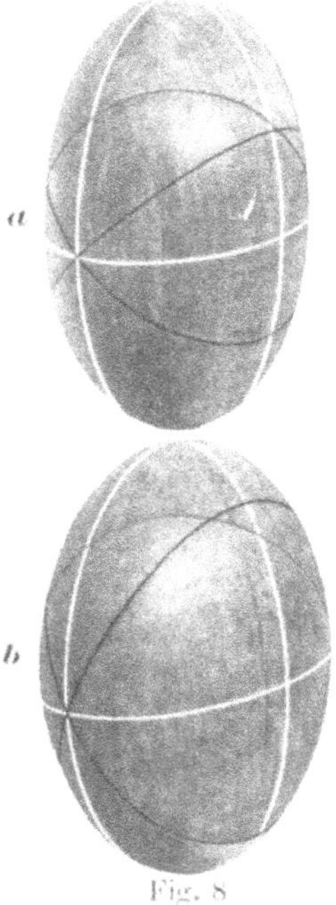

Fig. 8

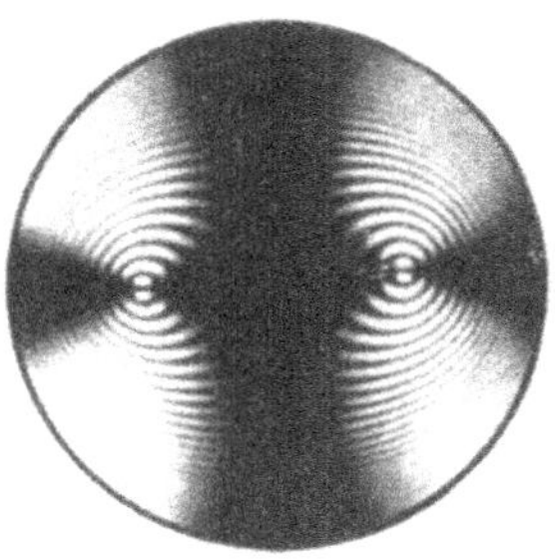
Fig. 9 a

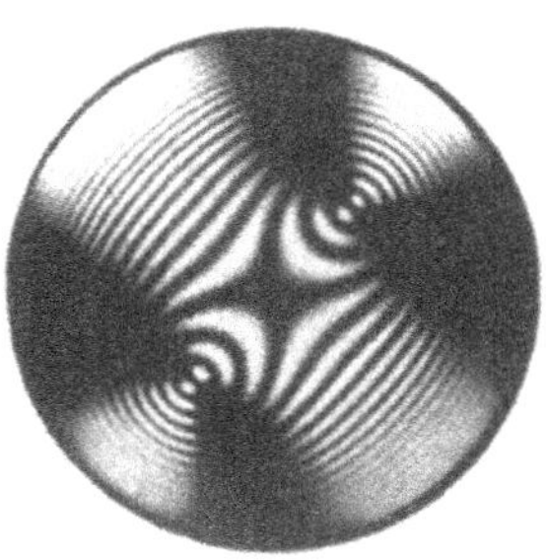
Fig. 9 b

Verlag R. Oldenbourg, München und Berlin.

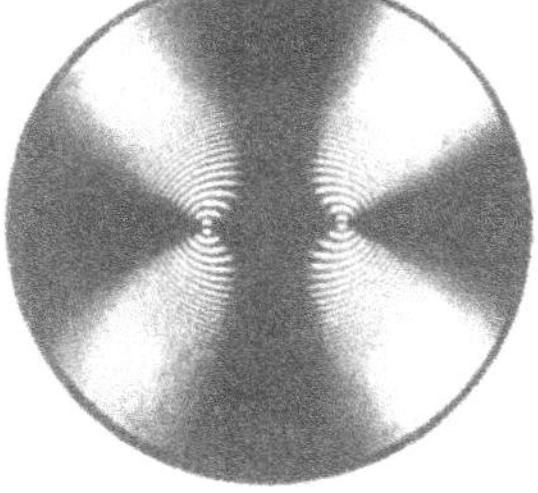
Fig. 1a

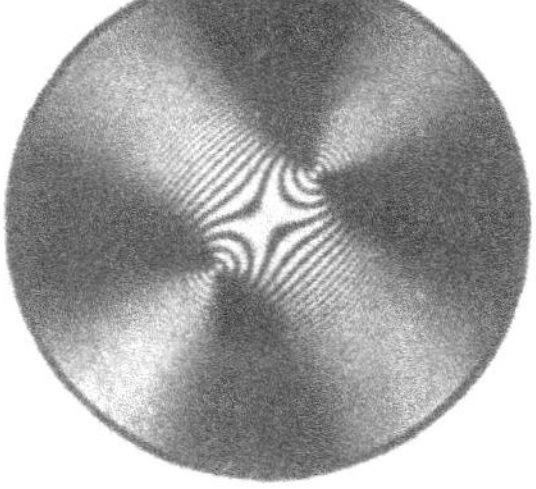
Fig. 1b

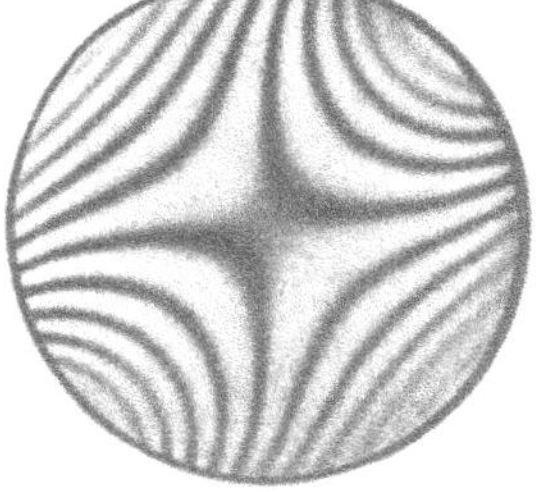
Fig. 3

Fig. 2a

Fig. 2b

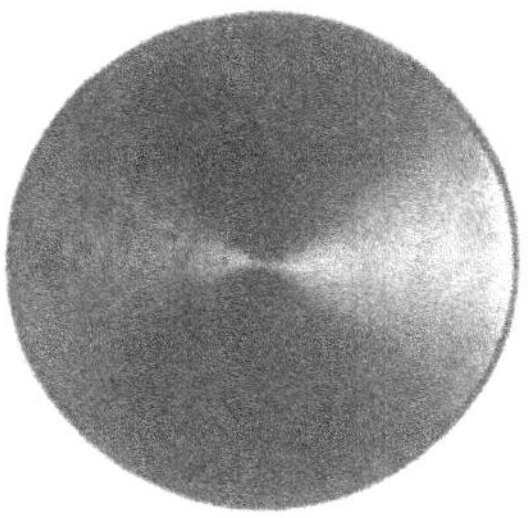
Fig. 4

Fig. 5a

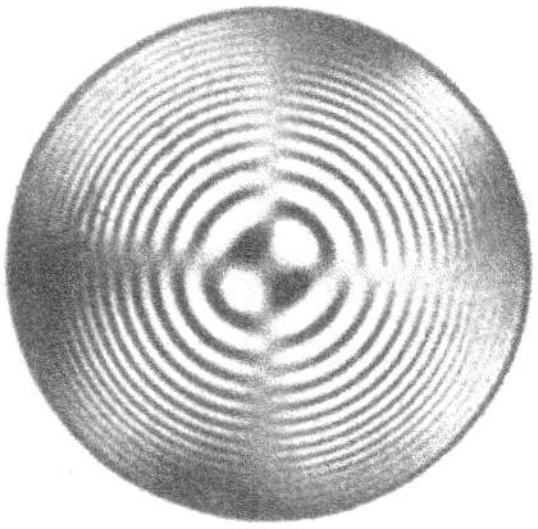
Fig. 5b

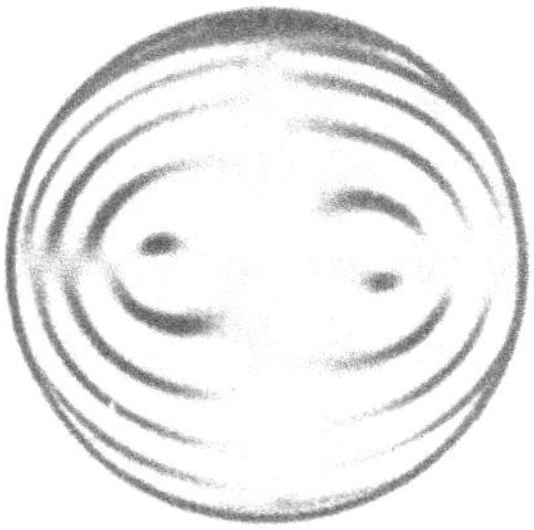
Fig. 7

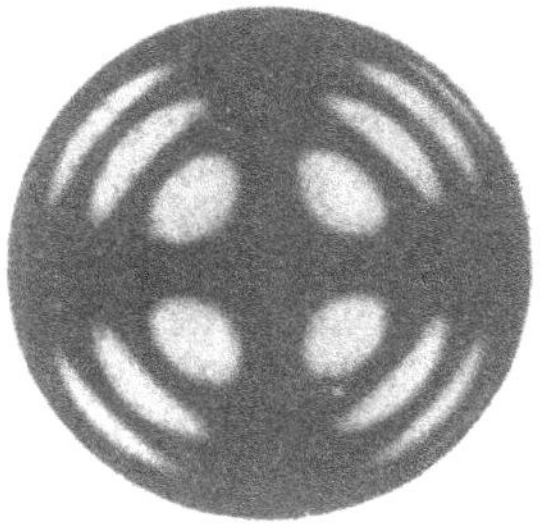
Fig. 6a

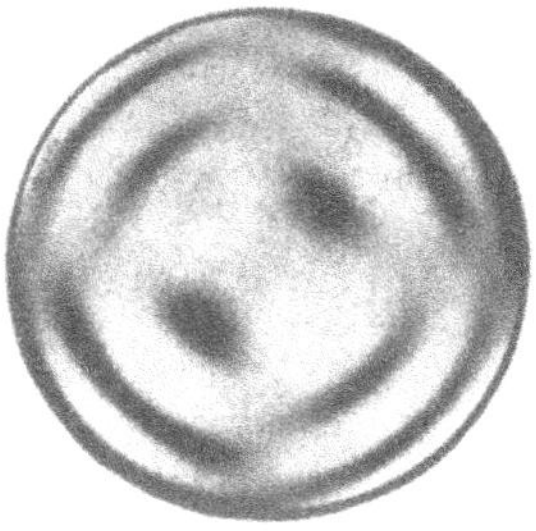
Fig. 6b

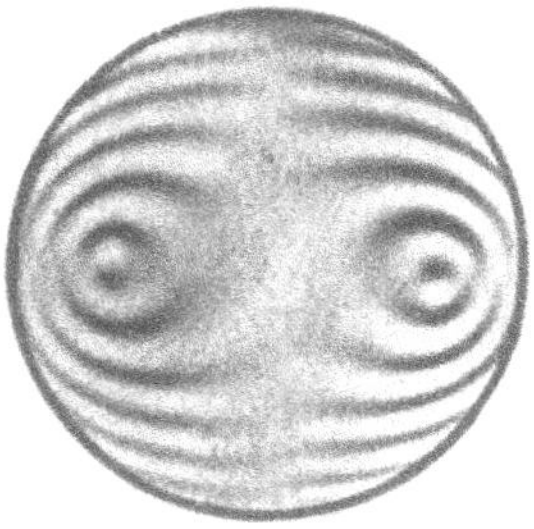
Fig. 8

Verlag R. Oldenbourg, München und Berlin.

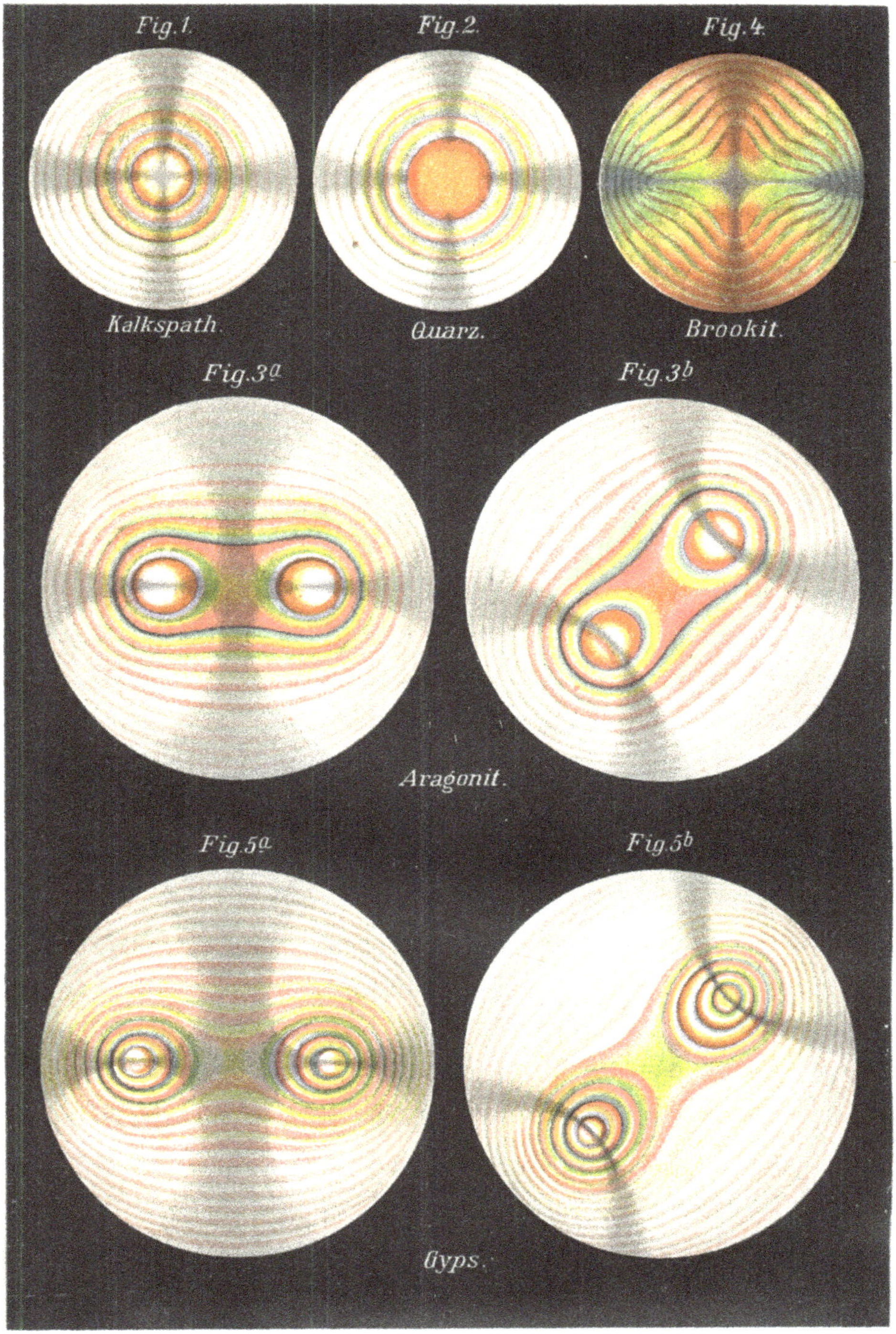

Verlag R. Oldenbourg, München und Berlin.

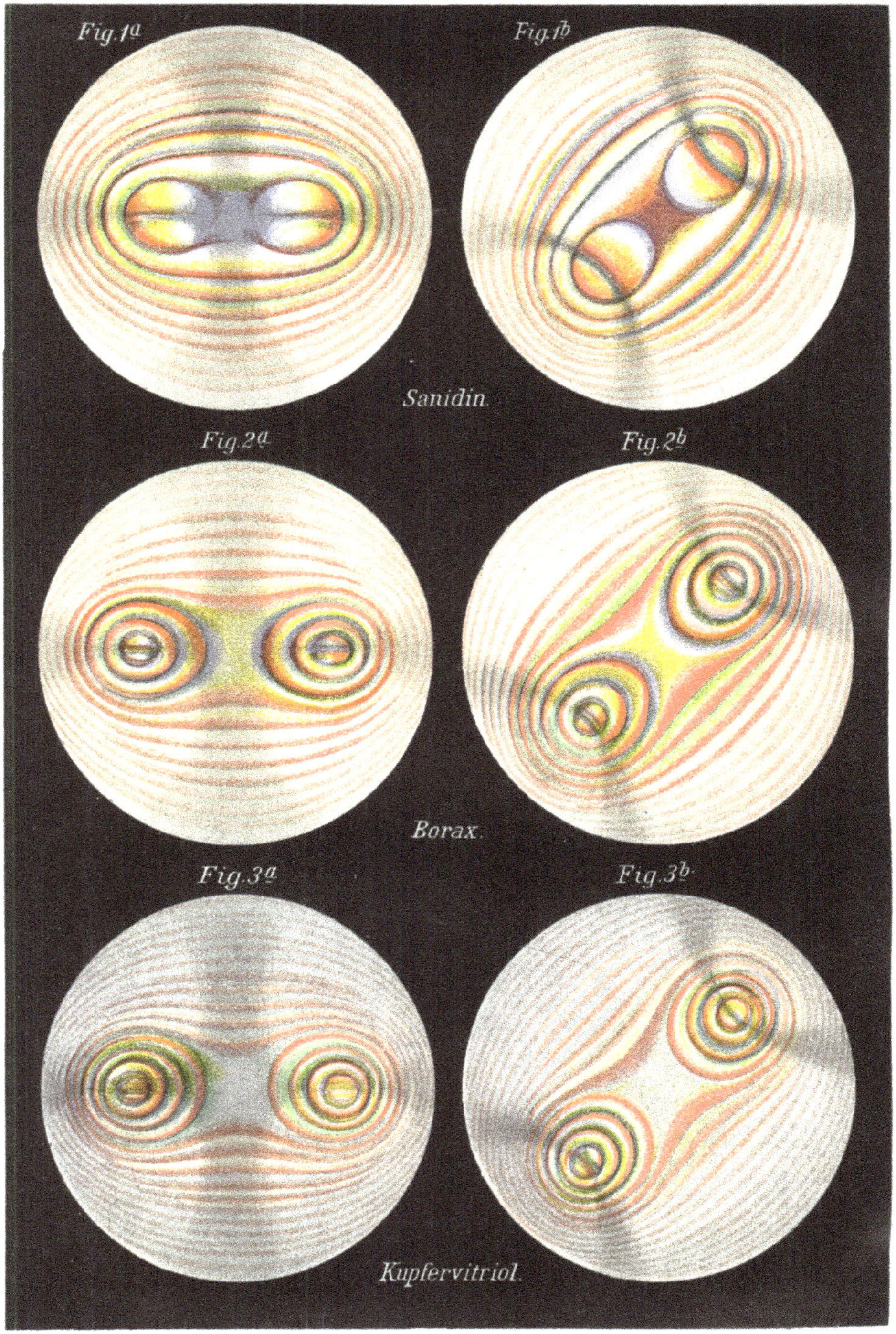

Verlag R. Oldenbourg, München und Berlin.

www.ingramcontent.com/pod-product-compliance
Lightning Source LLC
Chambersburg PA
CBHW081502190326
41458CB00015B/5311
9783486746150